AF587309

Technische Elektrodynamik

Von

Franz Ollendorff

Band II

Innere Elektronik

Zweiter Teil

Elektronik freier Raumladungen

Springer-Verlag Wien GmbH
1957

Elektronik freier Raumladungen

Von

Franz Ollendorff

Dr.-Ing., Dipl.-Ing., Member I. E. E., Member A. I. E. E., Senior Member I. R. E.
Research-Professor der Elektrotechnik an der Hebräischen Technischen Hochschule Haifa,
Mitglied des wissenschaftlichen Forschungsrates für Israel

Mit 240 Textabbildungen

Springer-Verlag Wien GmbH
1957

ISBN 978-3-7091-2107-8 ISBN 978-3-7091-2106-1 (eBook)
DOI 10.1007/978-3-7091-2106-1

Ursprünglich erschienen bei Springer-Verlag in Vienna 1957
Softcover reprint of the hardcover 1st edition 1957

Vorwort.

Im ersten Bande der vorliegenden Darstellung der „Inneren Elektronik" wurde die Lebensgeschichte des einzelnen Elektrons auf seinem Wege durch eine schon fertige Welt geschildert, in die es nach Verlassen seiner Mutterelektrode hineingeboren wird. Dem Reichtum heuristischer Erkenntnisse, welche uns diese Methode verschafft, steht ihre im Maßstabe der technischen Wirklichkeit nur beschränkte Reichweite gegenüber: Die Beschäftigung mit dem Einzelelektron bleibt doch lediglich ein Gedankenexperiment; die reale Elektronik hat es stets mit Erscheinungen zu tun, bei welchen eine ungeheure, ja menschlichem Vorstellungsvermögen unfaßbar große Zahl von Elektronen beteiligt ist. Spielt nun das Einzelelektron eine vorwiegend passive Rolle, in welcher es sich den jeweils gegebenen Bedingungen anzupassen hat, so bildet dagegen die Gemeinschaft der gleichzeitig strömenden Elektronen ein durchaus aktives „Volk", welches nach Maßgabe seiner physikalischen Eigenschaften am Aufbau seines Lebensraumes und dessen schließlicher Gestalt wesentlichen Anteil nimmt: Aus den von äußeren Kräften aufgezwungenen elektrodynamischen Feldern des vorher leeren Raumes sind nunmehr *Raumladungsfelder* geworden, in welchen mechanische und elektromagnetische Vorgänge unlösbar miteinander verkoppelt sind; die Analyse ihrer Gesetze bildet das Ziel des vorliegenden zweiten Bandes der „Inneren Elektronik".

Für die gewünschte Untersuchung stehen uns zwei unterschiedliche Verfahren zur Verfügung: Von der Mikrostruktur der Raumladung abstrahierend, kann man die Elektronengesamtheit als kontinuierlich verteilte Materie auffassen, deren Strömung mittels der Begriffe der *Feldtheorie* im Verein mit jenen der *Hydrodynamik* beschrieben wird. Geht man dagegen von den individuellen Teilchen der Raumladung aus, so führt erst deren *Statistik* über die Erwartungswerte der Mikroverteilung zur Kenntnis der Makroerscheinungen.

In dem didaktischen Aufbau der theoretischen Elektronik, welcher einem Lehrbuch der hier geplanten Art angepaßt ist, haben wir gewiß mit einer Darlegung der erstgenannten Methode zu beginnen; denn sie schließt sich in ihrer mathematischen Terminologie wie in ihrer physikalischen Konzeption so eng an die Gedankenwelt der *Faraday-Maxwell-Lorentz*schen Elektrodynamik an, daß sie geradezu als deren natürliche Ergänzung gelten darf. In der Tat mag dieses Gebiet der Elektronik heute insofern als ein „klassisches" Kapitel der technischen Physik bezeichnet werden, als seine Probleme in hinreichender Allgemeinheit formuliert und, wenn auch nicht vollständig, so doch zu einem wesentlichen Teil gelöst sind. Nichtsdestoweniger konnte ich mich bei der Niederschrift dieses Buches durchaus nicht mit der bloßen Zusammenstellung früherer Arbeiten begnügen, sondern mußte häufig eigene Wege suchen, um die zu analysierenden Erscheinungen in einem möglichst klaren mathematisch-physikalischen Bilde zu erfassen und, wo es nottat, Fehlmeinungen zu berichtigen. Diese unkonventionellen Methoden, zwar den Hörern meiner Vorlesungen schon seit vielen Jahren geläufig, werden doch hier zum ersten Male veröffentlicht; unter ihnen mögen die folgenden genannt werden: Die Herleitung des *Maxwell*schen Geschwindigkeitsgesetzes aus einer phänomenologisch fundierten Integralgleichung; die systematische Einführung der *Green*schen Funktion in die Potentialtheorie des für die Röhrentechnik fundamentalen Durchgriffes einer Elektrode durch ein benachbartes Gitter; die vereinfachte Behandlung der Elektronenbahnen in der Gitterzone; der Aufbau des Feldes schwingender Elektronen aus bewegten planparallelen Flächenladungen, und schließlich die Beschreibung elektronischer Wanderwellen mittels passend verallgemeinerter *Hertz*scher und *Fitz-Gerald*scher Vektoren.

Als Teilgebiet der klassischen Physik darf die Elektronik freier Raumladungen in gewissem Sinne als abgeschlossen gelten; in der Tat enthält das gegenwärtige Schrifttum der Elektronik vorwiegend Arbeiten über das moderne Gebiet der elektronischen Halbleiter. Eine Ausnahme von dieser Regel bilden jedoch die Wanderfeldröhren, deren technische Entwicklung sich noch in vollem Flusse befindet: In rascher Folge erscheinen neue Röhrentypen, in welchen höchst verwickelte Elektronenschwingungen erregt werden. Es muß jedoch dahingestellt bleiben, wieviele von diesen, zum Teil mit phantastischen Namen ausgezeichneten Geräten sich auf die Dauer als technisch lebensfähig erweisen werden, und daher sind sie gewiß noch nicht zur Aufnahme in ein vorwiegend Lehrzwecken dienendes Buch reif: Ein solches hat diejenigen Grundlagen und Prinzipien der Wissenschaft zu vermitteln, welche dem raschen Wechsel der Zeit entzogen sind. Das Kapitel über die Wanderfeldröhren ist daher relativ kürzer gehalten als die übrigen Abschnitte. Im Gegensatz hierzu habe ich mich bemüht, die am Schluß dieses Kapitels zusammengestellten Literaturhinweise über Wanderfeldröhren möglichst reichhaltig zu gestalten und bis auf den letzten Stand zu bringen.

Der in diesem Buch dargestellte Stoff vermittelt so eine nahezu vollständige Übersicht derjenigen freien Raumladungsfelder, deren zeitlicher Verlauf streng determiniert ist. Dagegen versagt die benützte Methode grundsätzlich bei der Untersuchung jener zufallsdiktierten Schwankungserscheinungen, welche im Elektronenrauschen manifest werden; solche Erscheinungen sind nur der statistischen Behandlung zugänglich. Da jedoch sowohl die erkenntnistheoretische Grundlage der Wahrscheinlichkeitsrechnung als auch ihre mathematische Terminologie nicht, oder vielleicht auch nur noch nicht, zum täglichen Handwerkszeug des Technikers gehören, habe ich mich entschlossen, die „statistische Elektronentheorie“ ausführlich in einem besonderen Band, dem kommenden dritten der „Inneren Elektronik“ zu bringen. Diese Einteilung des Stoffes erscheint umso mehr gerechtfertigt, als auch die bisher nur phänomenologisch behandelten Vorgänge der Grenzflächenelektronik und der Halbleiterphysik erst durch statistische Methoden der theoretischen Behandlung erschlossen werden. Damit soll dann im vierten Band die „Innere Elektronik“ abgeschlossen werden.

Mit diesem Versprechen will ich von dem vorliegenden Band und mit ihm von einem der schwersten Abschnitte meines Lebens Abschied nehmen. Während der Niederschrift dieses Buches durfte ich mich der stets freundschaftlichen Hilfe des Springer-Verlages erfreuen, dessen verständnisvolles Eingehen auf meine Wünsche es mir erst ermöglichte, die Arbeit zu einem hoffentlich guten Ende zu führen.

Hohfluh am Brünig, im Spätsommer 1957,
vor der Heimkehr nach Haifa.

Franz Ollendorff.

Inhaltsverzeichnis.

Drittes Kapitel.

Mehrfach elektrisch gesteuerte Raumladungsfelder.

Viertes Kapitel.

Raumladungsschwingungen.

Fünftes Kapitel.

Magnetisch gesteuerte Raumladungsfelder.

Sechstes Kapitel.

Elektromagnetisch gesteuerte Raumladungsfelder.

Verzeichnis der wichtigsten in diesem Buche benutzten mathematisch-physikalischen Formelzeichen.

A Amplitude
A Emissionskonstante, faktorielle
A Längeneinheit, natürliche zylindrischer Elektrodensysteme
A Strombelag

a Emissionskonstante, faktorielle
a Gitter-Anodenabstand
a Halbmesser
a Vierpolkonstante

B Emissionskonstante, exponentielle
B Induktion, magnetische
B_k *Bernoulli*sche Zahlen

b Beweglichkeit
b Breite
b Emissionskonstante, exponentielle
b Halbmesser

C Amplitude
C Emissionskonstante, faktorielle
C Kapazität
C Kapazitäts-Belag

c Emissionskonstante, exponentielle
c Kapazitätsbelag
c Lichtgeschwindigkeit im leeren Raume

D Durchgriff
D Elektrische Induktion
D Emissionskonstante, exponentielle

d Elektrodenabstand

E Elektrische Feldstärke

$e = 2{,}71828..$ *Euler*sche Konstante

F Achsenpotential, skalares elektrisches
F *Fitz-Gerald*scher Vektor
F Fläche
F Freie Energie

f Brennweite
f Frequenz

G Leitwert
G Vergitterung, numerische

g Leitwert je Flächeneinheit

H Magnetische Feldstärke
$H_p^{(1)}$ *Hankel*sche Zylinderfunktion erster Art der Ordnung p

h Dispersionsmaß des Kathodenstrahles
h Gitterschritt
h Höhe

I Stromverhältnis
I_p *Bessel*sche Zylinderfunktion der Ordnung p
$i = \sqrt{-1}$ Einheit der imaginären Zahlen

J Stromstärke

j Stromdichte

K Kraft

k *Boltzmann*sche Konstante
k Kopplungsfaktor
k Reflexionsmodul
k Triftmodul
k Wellenzahl

L Induktivität
L *Lagrange*sche Funktion
L *Loschmidt*sche (*Avogadro*sche) Zahl

l Länge
l Längeneinheit, natürliche

M Bildvergrößerung, lineare elektronenoptische
M Magnetische Feldstärke

m Masse
m Röhrenkonstante nach *Harnisch* und *Raudorf*
m_0 Ruhmasse des Elektrons

N Leistung
N Nutenzahl des Schwingtopfes
N Teilchenzahl
N_p *Neumann*sche Zylinderfunktion der Ordnung p

n Gitterdrahtzahl
n Konzentration
n Quantenzahl der Eigenschwingungen
n Röhrenkonstante nach *Harnisch* und *Raudorf*

O Ursprung

P Druck
P_k Zonale Kugelfunktion der Ordnung k

p Impuls
p Gitterdrahtzahl
p Polpaarzahl

Q Güteziffer
Q Ladung
Q Zeitkonstante, dimensionsfreie

q_0 Absoluter Betrag der Elektronenladung

R Allgemeine Gaskonstante
R *Ohm*scher Widerstand
R Radialdistanz (Kugelkoordinaten)
R Rollkreishalbmesser der Zykloide

S Amplitude
S *Poynting*scher Vektor
S Steilheit

s Länge
s Stromdichte
s Teilchenstrom

T Absolute Temperatur
T Periodendauer
T Periodenverhältnis der ϑ-Funktionen
T Transmissionsmaß des Gitters
T Verweilzeit

t laufende Zeit

U Spannung

u dimensionsfreie Spannung
u reelle Komponente der *Gauß*schen Koordinate

V magnetisches Vektorpotential
V Volumen

v dimensionsfreies Potential
v Geschwindigkeit
v imaginäre Komponente der *Gauß*schen Koordinate

W Arbeit
W Energie
W Wellenwiderstand
W_{str} Strahlungswiderstand

w *Gauß*sche komplexe Koordinate
w Geschwindigkeit
w Wahrscheinlichkeit

X *Kartesi*sche Koordinate

x *Kartesi*sche Koordinate

Y *Kartesi*sche Koordinate
Y_p Zylinderfunktionen zweiter Art der Ordnung p

y *Kartesi*sche Koordinate

Z *Hertz*scher Vektor
Z_p Allgemeine Zylinderfunktion der Ordnung p

z *Gauß*sche komplexe Koordinate
z *Kartesi*sche Koordinate

α Azimut [Zylinderkoordinaten]
α Einfallswinkel
α Exponent der Exponentialkennlinie
α Faktorfunktion der sphärischen *Child-Langmuir*-Formel

β Faktorfunktion der zylindrischen *Child-Langmuir*-Formel

$\beta = \frac{v}{c}$ numerische Geschwindigkeit

Γ Sekundär-Emissionszahl

γ Bahnparameter der Gitterpassage
γ dimensionsfreie Stromdichte
γ räumliche Ausbreitungsziffer
γ Sekundär-Emissionsvermögen
γ zeitliche Entwicklungsziffer

Δ sogenannte [absolute] Dielektrizitätskonstante des leeren Raumes

δ Eindringtiefe
δ Einstellung des parallelebenen Magnetrons
δ Elektrodenabstand, numerischer
δ Korrektur der numerischen Laufzeit

ε in der Regel reeller Parameter

ζ dimensionsfreie *Kartes*ische Koordinate
ζ *Gauß*sche komplexe Koordinate

η dimensionsfreie *Kartes*ische Koordinate
η dimensionsfreies Potential
η Energie
η Wirkungsgrad

ϑ dimensionsfreie Laufzeit-Korrektur
ϑ Polarwinkel (Kugelkoordinaten)
ϑ_k ϑ-Funktion k-ter Art

$\varkappa$ *Ohm*sche Leitfähigkeit

λ Ladungsbelag
λ dimensionsfreie Längeneinheit
λ Wellenlänge

μ Modulationsgrad
μ [relative] Permeabilität
μ Verstärkungszahl

ν Modulationsgrad

ξ dimensionsfreie *Kartes*ische Koordinate

Π sogenannte [absolute] Permeabilität des leeren Raumes

$\pi = 3{,}1415..$ Kreiszahl

ϱ Drahthalbmesser
ϱ Raumladungsdichte

σ Flächenladungsdichte
σ Nutenlänge
σ Stromfunktion

τ Blockschritt
τ dimensionsfreie Zeit
τ Gitterschritt
τ Transmissionszahl

Φ dimensionsfreies Potential

$\Phi(x) = \frac{2}{\sqrt{\pi}} \int\limits_0^x e^{-u^2} du$ Fehlerintegral, *Kramp*sche Transzendente

φ elektrisches Skalarpotential

X komplexes Potential

χ komplexes Potential

Ψ Kraftfluß

$\Psi(x) = \int\limits_0^x e^{u^2} du = \frac{1}{i} \frac{\sqrt{\pi}}{2} \Phi(i\,x)$

ψ Azimut (Kugelkoordinaten)
ψ *Green*sche Funktion
ψ Neigungswinkel
ψ Phase
ψ Stromfunktion

Ω dimensionsfreie Kreisfrequenz
Ω Raumwinkel

ω Kreisfrequenz

Symbole der Vektorrechnung

div Divergenz
grad Gradient
rot Rotor
∇^2 *Laplace*scher Operator

Einleitung.

Phänomenologische Grundlagen.

E 1. Das Verhalten des Elektronen-Kollektivs im Vakuum.

a) Gegeben sei ein von aller Materie freies, abgeschlossenes Gefäß vom festen Rauminhalte V, in welches wir N Elektronen hineinbringen. Wir orientieren uns an Hand eines relativ zum Gefäße ruhenden Bezugssystemes der rechtsläufigen, *Kartesi*schen Koordinaten x, y, z. Gefragt wird nach der Elektronenkonzentration

$$n = n(x, y, z) \tag{E 1, 1}$$

welche sich unter folgenden Gleichgewichtsbedingungen innerhalb des Gefäßes einstellt:

1. Innerhalb V herrscht die gleichförmige, absolute Temperatur T.

2. Die Kraftwirkungen auf die Elektronen sind ausschließlich elektrischer Natur. Als solche leiten sie sich aus dem zeitfreien, elektrischen Skalarpotential

$$\varphi = \varphi(x, y, z) \tag{E 1, 2}$$

her; seine Basis $\varphi = 0$ darf ohne Beschränkung der Allgemeinheit mit dem Ursprung des Bezugssystemes identifiziert werden

$$\varphi(0, 0, 0) = 0. \tag{E 1, 3}$$

b) Wir nehmen an, daß das Elektronen-Kollektiv innerhalb des Gefäßes den phänomenologischen Gesetzen *idealer Gase* gehorche. Es wird sich allerdings später herausstellen, daß diese einfache Beschreibung nur auf Zustände hinreichend niedriger Elektronenkonzentration zutrifft, wie sie im Entladungsgebiet aller technischen Hochvakuum-Röhren herrscht; dagegen verhalten sich etwa die im Innern der Elektroden eingeschlossenen Elektronen gänzlich anders.

Die Gleichheit des Elektronen-Kollektivs mit einem idealen Gase findet ihren quantitativen Ausdruck in der *Zustandsgleichung*, welche den Druck P als Funktion der Konzentration n, der absoluten Temperatur T und der *Boltzmann*schen Konstanten k darstellt

$$P = k\,n\,T. \tag{E 1, 4}$$

Wir erinnern uns, daß die sogenannte allgemeine Gaskonstante R der phänomenologischen Thermodynamik, welche dort auf die Zahl der Mole je Raumeinheit bezogen wird, gemäß dieser Übereinkunft aus k durch Multiplikation mit der *Loschmid*schen [*Avogadro*schen] Zahl L der Moleküle je Mol hervorgeht:

$$R = k \cdot L; \qquad L = 602{,}5 \cdot 10^{21}. \tag{E 1, 5}$$

c) Wir richten unser Augenmerk auf den infinitesimal kleinen, zur Gänze dem Gebiete V unter Ausschluß seiner Grenzen angehörigen Kontrollraum, welcher von den drei Paaren beziehentlich infinitesimal benachbarter Ebenen $x, x + \Delta x$; $y, y + \Delta y$; $z, z + \Delta z$ begrenzt wird. Welches sind die Bedingungen seines mechanischen Gleichgewichtes?

1. In Richtung der positiven x-Achse resultiert aus den Drücken auf die beziehentlich in x und $(x + \Delta x)$ gelegenen Flächen $\Delta y \cdot \Delta z$ die „Flächenkraft" [Abb. E 1]

$$\Delta K_{f,x} = P(x)\,\Delta y\,\Delta z - P(x + \Delta x)\cdot\Delta y\cdot\Delta z. \qquad \text{(E 1, 6)}$$

2. In derselben Richtung entwickelt das Potential φ die elektrische Feldkomponente

$$E_x = -\frac{\partial\varphi}{\partial x} \qquad \text{(E 1, 7)}$$

welche an jedem Elektron [Ladung $(-q_0)$] mit der *Coulomb*-Kraft

$$K_{C,x} = -q_0 E_x = q_0 \frac{\partial\varphi}{\partial x} \qquad \text{(E 1, 8)}$$

angreift. Da der Kontrollraum $n\cdot\Delta x\,\Delta y\,\Delta z$ Elektronen enthält, summieren sich die Einzelwirkungen (E 1, 8) zu der Volumkraft

$$\Delta K_{V,x} = K_{C,x}\cdot n\,\Delta x\,\Delta y\,\Delta z = q_0 n \frac{\partial\varphi}{\partial x}\Delta x\,\Delta y\,\Delta z. \qquad \text{(E 1, 9)}$$

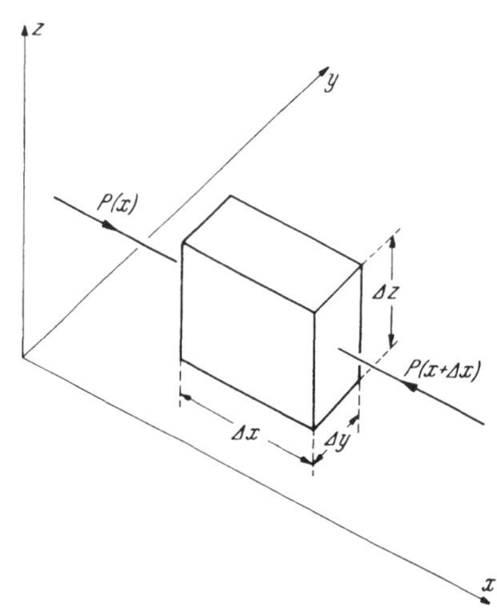

Abb. E 1. Kontrolle der Kräfte am Elektronengas.

Im Gleichgewichte folgt aus (E 1, 6) und (E 1, 9) die Aussage

$$P(x)\,\Delta y\,\Delta z - P(x + \Delta x)\,\Delta y\,\Delta z + q_0 n \frac{\partial\varphi}{\partial x}\Delta x\,\Delta y\,\Delta z = 0. \qquad \text{(E 1, 10)}$$

Wir kürzen sie durch Division mit $\Delta x\,\Delta y\,\Delta z$ und erhalten mittels des Grenzprozesses $\Delta x \to 0$ die Relation

$$\frac{\partial P}{\partial x} = q_0 n \frac{\partial\varphi}{\partial x} \qquad \text{(E 1, 11)}$$

welche mit Rücksicht auf (E 1, 4) in

$$\frac{\partial n}{\partial x} = \frac{q_0}{kT} n \frac{\partial\varphi}{\partial x} \qquad \text{(E 1, 12)}$$

übergeht. Da dieselben Überlegungen für alle drei Koordinatenrichtungen zu Recht bestehen, darf man (E 1, 12) sogleich zu

$$\operatorname{grad} n = \frac{q_0}{kT} n \operatorname{grad}\varphi \qquad \text{(E 1, 13)}$$

vektoriell verallgemeinern. Wir bringen diese Gleichung in die Form

$$\operatorname{grad} \ln n = \operatorname{grad}\frac{q_0\varphi}{kT}. \qquad \text{(E 1, 14)}$$

Sei nun n_0 die Elektronenkonzentration am Ursprung

$$n_0 = n(0, 0, 0) \qquad \text{(E 1, 15)}$$

so lautet zufolge der Übereinkunft (E 1, 3) das Integral der Gl. (E 1, 14)

$$n = n_0 \, e^{\frac{q_0 \varphi}{k T}} \tag{E 1, 16}$$

d) Wir führen die potentielle Energie η_P eines Elektrons relativ zur Basis des Potentiales ein

$$\eta_P = -q_0 \varphi \tag{E 1, 17}$$

und gewinnen aus (E 1, 16) das *Boltzmann*sche Gesetz

$$n = n_0 \, e^{-\frac{\eta_P}{k T}} \tag{E 1, 18}$$

als Verallgemeinerung der wohlbekannten *Barometerformel* auf konservative Felder beliebiger Struktur. In der Tat haben wir bei der Herleitung dieser Gleichung von den spezifischen Eigenschaften der Elektronen nur insoferne Gebrauch gemacht, als wir die potentielle Elektronenenergie durch (E 1, 17) mit dem elektrischen Skalarpotential φ verknüpft haben; daher gilt (E 1, 18) für jedes molekulare System, welches der Zustandsgleichung (E 1, 4) gehorcht, sofern man nur die potentielle Energie η_P des Einzelteilchens der Natur der jeweils wirksamen Feldkräfte anpaßt.

e) Wir stellen uns die Aufgabe, von dem in (E 1, 18) formulierten *statistischen Gleichgewichte* der Teilchen auf ihre *Kinematik* zu schließen. Zu diesem Zwecke spezialisieren wir vorübergehend auf ein nur eindimensionales Kraftfeld, welches antiparallel zur positiven z-Achse gerichtet sei; wir beschränken es auf den „oberen" Halbraum

$$\eta_P = \eta_P(z) \geqq 0 \qquad \text{für} \qquad z \geqq 0 \tag{E 1, 19}$$

und erhalten aus (E 1, 18) als Verteilungsgesetz der Teilchenkonzentration

$$n = n_0 \, e^{-\frac{\eta_P(z)}{k T}} \tag{E 1, 20}$$

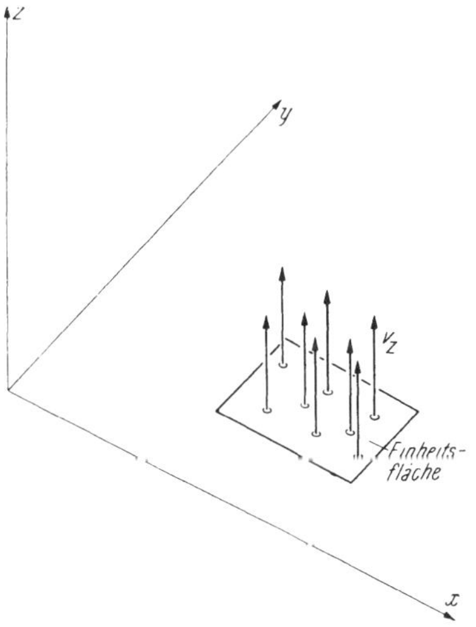

Abb. E 2. Zur Kinematik des Elektronengases.

Im Anschluß an Abb. E 2 richten wir unser Augenmerk auf eine Kontrollfläche von der Größe der Einheit in der Ebene $z = 0$. Von den n_0 unter sich gleichen Teilchen, welche dort die Raumeinheit erfüllen, möge der Anteil dn_0 eine der positiven z-Achse parallele Geschwindigkeitskomponente v_x besitzen, welche dem infinitesimal schmalen Intervalle $v_{z,0} < v_z < v_{z,0} + dv_{z,0}$ angehört. Da wir uns auf dem Boden der *Newton*schen Mechanik befinden, haben wir *Geschwindigkeiten beliebig großen absoluten Betrages* in Betracht zu ziehen; setzen wir daher

$$dn_0 = n_0 \, f(v_{z,0}) \, dv_{z,0} \qquad \int_{-\infty}^{\infty} f(v_{z,0}) \, dv_{z\,0} = 1 \tag{E 1, 21}$$

so definiert die Funktion $f = f(v_{z,0})$ die *Wahrscheinlichkeitsdichte* der [eindimensionalen] Geschwindigkeitsverteilung, welche von uns gesucht wird.

Die Teilchengruppe dn_0 transportiert je Zeiteinheit durch die Kontrollfläche den Teilchenstrom

$$ds = v_{z,0}\, dn_0. \tag{E 1, 22}$$

Wir ersetzen nun die wahre Kinematik des Kollektivs durch eine ideelle, bei welcher jedes der in $z = 0$ mit einer Geschwindigkeitskomponente $v_{z,0} > 0$ startenden Teilchen ohne Zusammenstöße mit seinen Partnern längs der z-Achse frei auf- und niedersteigen kann; der hierdurch bestimmte Mechanismus ändert sich nicht wesentlich, falls man die tatsächlich stattfindenden, merklich elastischen Zusammenstöße zwischen den Teilchen in Rechnung stellt, da hierbei lediglich die Individuen des Teilchenkollektives ihre Rollen untereinander austauschen. Bezeichnen wir also durch m die [konstante] Masse je Teilchen und mit v_z seine Geschwindigkeitskomponente parallel zur z-Achse in der Kontrollebene $z > 0$, so bleiben bei der angenommenen, ideellen Bewegung die senkrecht zur z-Achse gerichteten Komponenten der Geschwindigkeit erhalten, und die Energiebilanz jedes individuellen Teilchens reduziert sich auf die Aussage

$$\frac{1}{2} m \left[v_{z,0}^2 - v_z^2\right] = \eta_P(z) \tag{E 1, 23}$$

welches das kinematische Gesetz

$$v_z = \sqrt{v_{z,0}^2 - 2\frac{\eta_P(z)}{m}} \tag{E 1, 24}$$

nach sich zieht.

Von nun an setzen wir die potentielle Energie $\eta_P = \eta_P(z)$ als eine mit z monoton zunehmende Funktion voraus. Die Kontrollebene $z > 0$ wird dann von jenen, und nur von jenen Teilchen erreicht, deren Startgeschwindigkeit der Ungleichung

$$v_{z,0} \geqq \sqrt{2\frac{\eta_P(z)}{m}} \tag{E 1, 25}$$

genügt, während alle anderen vorher zur Umkehr gezwungen werden; das Gleichheitszeichen führt zur Kenntnis der Gipfelhöhe z_{max} der Teilchen von der Startgeschwindigkeit $v_{z,0}$. Jede Gruppe dn_0 von Teilchen, welche sich durch die Eigenschaft (E 1, 25) auszeichnen, gehorcht daher im Bereiche $0 \leqq z < z_{max}$ der Materialbilanz $ds = \text{const.}$: Bezeichnet dn die Konzentration der untersuchten Gruppe in der Kontrollebene z, so gelangen wir zu der Aussage

$$v_{z,0}\, dn_0 = v_z\, dn \tag{E 1, 26}$$

welche im Verein mit (E 1, 21) und (E 1, 24) auf die Kinematik der Konzentrationsverteilung

$$dn = \frac{v_{z,0}}{v} dn_0 = \frac{v_{z,0}}{\sqrt{v_{z,0}^2 - 2\frac{\eta_P(z)}{m}}} n_0\, f(v_{z,0})\, dv_{z,0} \tag{E 1, 27}$$

führt. Da nun jedes Teilchen nach seiner Kulmination in $z = z_{max}$ die Kontrollebene $0 \leqq z < z_{max}$ mit der Geschwindigkeitskomponente

$$v_z' = -v_z \tag{E 1, 28}$$

ein zweites Mal kreuzt, bilden die rückströmenden Teilchen der Gruppe einen Strom der Dichte

$$ds' = -ds \tag{E 1, 29}$$

so daß dessen Materiebilanz die Relation

$$f(-v_{z,0}) = f(v_{z,0}) \tag{E 1, 30}$$

nach sich zieht. Die Gesamtkonzentration $n = n(z)$ der Teilchen in der Kontrollebene $z > 0$ berechnet sich nun durch Integration über alle Gruppen der Eigenschaft (E 1, 25) mittels der Gleichung

$$\frac{n(z)}{n_0} = \int_{-\infty}^{-\sqrt{2\frac{\eta p(z)}{m}}} f(v_{z,0}) \frac{v_{z,0}}{\sqrt{v_{z,0}^2 - 2\frac{\eta p(z)}{m}}} dv_{z,0} + \int_{\sqrt{2\frac{\eta p(z)}{m}}}^{\infty} f(v_{z,0}) \frac{v_{z,0}}{\sqrt{v_{z,0}^2 - 2\frac{\eta p(z)}{m}}} dv_{z,0} =$$

$$= 2\int_{\sqrt{2\frac{\eta p(z)}{m}}}^{\infty} f(v_{z,0}) \frac{v_{z,0}}{\sqrt{v_{z,0}^2 - 2\frac{\eta p(z)}{m}}} dv_{z,0}. \tag{E 1, 31}$$

Da fortan Mißverständnisse nicht mehr entstehen können, vertauschen wir abkürzend das Zeichen $v_{z,0}$ mit dem Symbol v_z, substituieren

$$\sqrt{2\frac{\eta p(z)}{m}} = u \tag{E 1, 32}$$

und erhalten mit Rücksicht auf (E 1, 20) für die unbekannte Verteilungsfunktion $f(v_z)$ die *Integralgleichung*

$$\int_u^{\infty} f(v_z) \frac{v_z}{\sqrt{v_z^2 - u^2}} dv_z = g(u); \qquad g(u) = \frac{1}{2} e^{-\frac{m u^2}{2kT}}. \tag{E 1, 33}$$

f) Zur Lösung der Integralgleichung (E 1, 33) rufen wir das bestimmte Integral

$$S(u; w) = \int_u^w \frac{v_z \, dv_z}{\sqrt{(v_z^2 - u^2)(w^2 - v_z^2)}}; \qquad u < v_z < w, \tag{E 1, 34}$$

zu Hilfe. Die Substitution $v_z = w \sin \alpha$ gibt zunächst

$$S(u; w) = \int_{\arcsin\frac{u}{w}}^{\pi/2} \frac{w \sin \alpha}{\sqrt{w^2 \sin^2 \alpha - u^2}} d\alpha \equiv \int_{\arcsin\frac{u}{w}}^{\pi/2} \frac{w \sin \alpha}{\sqrt{w^2 - u^2 - w^2 \cos^2 \alpha}} \tag{E 1, 35}$$

und die weitere Substitution $\frac{w \cos \alpha}{\sqrt{w^2 - u^2}} = \sin \beta$

$$S(u; w) = -\int_{\pi/2}^{0} d\beta = \pi/2. \tag{E 1, 36}$$

Wir erweitern diese Identität mit einer vorerst willkürlichen Funktion $\varphi = \varphi(w)$ und integrieren die entstehende Relation unter der Voraussetzung, daß das auftretende Integral existiert, über den Bereich

$$u \leqq w < \infty:$$

$$\frac{\pi}{2} \int_{u}^{\infty} \varphi(w)\, dw = \int_{u}^{\infty} \varphi(w)\, dw \int_{u}^{w} \frac{v_z\, dv_z}{\sqrt{(v_z^2 - u^2)(w^2 - v_z^2)}}. \qquad (E\ 1,\ 37)$$

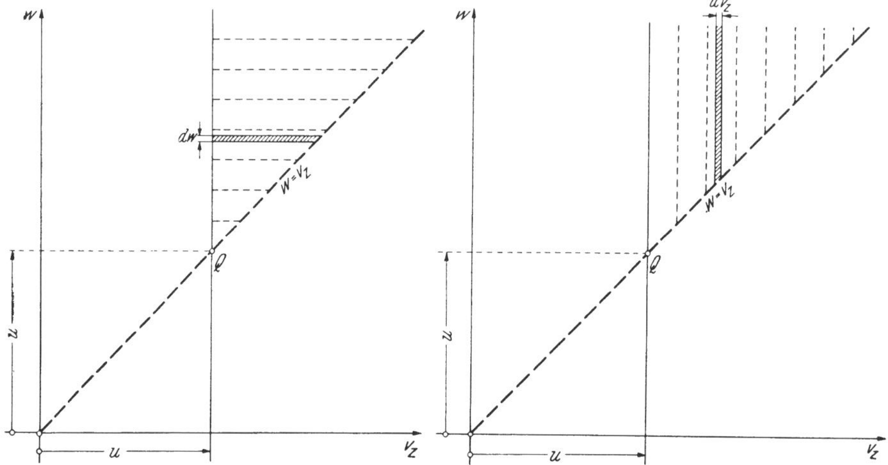

Abb. E 3. Umformung des Doppelintegrales (E 1, 37).

Zur Interpretation des rechterhand erscheinenden Zweifachintegrales ziehen wir Abb. E 3 heran: In ein rechtwinkeliges Bezugssystem der Variabeln v_z [Abszisse] und w [Ordinate] tragen wir die Symmetriegerade

$$w = v_z \qquad (E\ 1,\ 38)$$

sowie die parallel der Ordinatenachse verlaufende Grenzgerade

$$v_z = u \qquad (E\ 1,\ 39)$$

ein, welche einander im Punkte $Q = (u, u)$ schneiden. Für jeden festen Wert von w erstreckt sich dann die in (E 1, 37) zuerst verlangte Integration nach v_z längs der abszissenparallelen Strecke $u \leqq v_z \leqq w$; die anschließende Integration nach w beginnt in Q und dehnt sich bis ins Unendliche aus. Beide Operationen gemeinsam erfassen die Gesamtheit des im Scheitel Q beginnenden, von den Geraden (E 1, 38) und (E 1, 39) begrenzten oberen Winkelbereiches im ersten Quadranten $[v_z > 0,\ w > 0]$ der Zeichenebene. Kehren wir jetzt innerhalb dieses Bereiches die Reihenfolge der Integrationen um, so durchläuft w bei festem v_z zuerst den Halbstrahl $v_z \leqq w < \infty$, während bei der dann anschließenden Integration nach v_z diese Veränderliche den Wertevorrat $u \leqq v_z < \infty$ überstreicht. Da das Ergebnis der Doppelintegration von der Reihenfolge der Einzelintegrationen unabhängig ist, kann man also (E 1, 37) in

$$\frac{\pi}{2} \int_{u}^{\infty} \varphi(w)\, dw = \int_{u}^{\infty} \frac{v_z\, dv_z}{\sqrt{v_z^2 - u^2}} \int_{v_z}^{\infty} \frac{\varphi(w)\, dw}{\sqrt{w^2 - v_z^2}} \qquad (E\ 1,\ 40)$$

umformen. Setzen wir in dieser Relation

$$g(u) = \frac{\pi}{2} \int_u^\infty \varphi(w)\, dw; \qquad \varphi(w) = -\frac{2}{\pi}\frac{dg}{dw} = -\frac{2}{\pi} g'(w) \quad \text{(E 1, 41)}$$

so stimmt sie mit der vorgelegten Integralgleichung (E 1, 33) überein, falls wir die dort als Unbekannte auftretende Funktion $f(v_z)$ mit g durch die Vorschrift

$$f(v_z) = \int_{v_z}^\infty \frac{\varphi(w)\, dw}{\sqrt{w^2 - v_z^2}} = -\frac{2}{\pi} \int_{v_z}^\infty \frac{g'(w)\, dw}{\sqrt{w^2 - v_z^2}} \quad \text{(E 1, 42)}$$

verknüpfen; sie löst demnach jene Integralgleichung, falls nur das nach w auszuführende Integral existiert. In dem uns beschäftigenden Falle gilt nun nach (E 1, 33)

$$g'(w) = -\frac{m\, w}{2\, k\, T}\, e^{-\frac{m w^2}{2 k T}} \quad \text{(E 1, 43)}$$

so daß aus (E 1, 42) für die Verteilungsfunktion $f(v_z)$ die Integraldarstellung

$$f(v_z) = \frac{2}{\pi} \int_{v_z}^\infty \frac{m\, w}{2\, k\, T} \frac{e^{-\frac{m w^2}{2 k T}}}{\sqrt{w^2 - v_z^2}}\, dw \quad \text{(E 1, 44)}$$

resultiert; in ihr substituieren wir $w^2 - v_z^2 = \lambda^2$ und erhalten

$$f(v_z) = \frac{2}{\pi} e^{-\frac{m v_z^2}{2 k T}} \cdot \frac{m}{2\, k\, T} \int_0^\infty e^{-\frac{m \lambda^2}{2 k T}}\, d\lambda = \sqrt{\frac{m}{2 \pi\, k\, T}}\, e^{-\frac{m v_z^2}{2 k T}} \quad \text{(E 1, 45)}$$

entsprechend Abb. E 4. Da hiernach paarweise entgegengesetzt gleiche Geschwindigkeiten stets mit der nämlichen Wahrscheinlichkeit auftreten, verschwindet der Erwartungswert der zur z-Achse parallelen Geschwindigkeitskomponente. Achtet man jedoch nur auf die einseitig in Richtung der positiven z-Achse gewandten Geschwindigkeiten, so findet sich für deren Mittelwert $\vec{v}_z$ die Angabe

$$\vec{v}_z = \int_0^\infty v_z\, f(v_z)\, dv_z = \sqrt{\frac{m}{2 \pi\, k\, T}} \int_0^\infty v_z\, e^{-\frac{m v_z^2}{2 k T}}\, dv_z = \frac{1}{2\sqrt{\pi}} \sqrt{\frac{2\, k\, T}{m}} \quad \text{(E 1, 46)}$$

g) Die Formel (E 1, 45) bildet den Inhalt des *Maxwell*schen *Gesetzes der Geschwindigkeitsverteilung,* welches für die kinetische Theorie der idealen Gase von fundamentaler Bedeutung ist. Obwohl dieses Gesetz hier allerdings nur für die z-Komponente der Bewegung hergeleitet wurde, kann man es doch unschwer auf alle drei beziehentlich achsenparallelen Komponenten v_x, v_y, v_z der Geschwindigkeit verallgemeinern. Da nämlich einerseits die kinetische Energie des Einzelteilchens nicht beschränkt wurde, andererseits die Größe seiner potentiellen Energie nicht explizit in (E 1, 45) eingeht, dürfen die Bewegungen nach den drei *Kartesi*schen Koordinatenrichtungen durch drei ideelle ersetzt werden, welche untereinander nicht gekoppelt sind. Nach den Grundgesetzen der Statistik gleicht dann die Wahrscheinlichkeit, eines der n_0 Teilchen gerade im infinitesimal kleinen

Geschwindigkeitsintervalle $v_x, v_x + dv_x$; $v_y, v_y + dv_y$; $v_z, v_z, + dv_z$ anzutreffen, dem Produkte

$$f(v_x)\, f(v_y)\, f(v_z)\, dv_x\, dv_y\, dv_z = \left(\frac{m}{2\pi k T}\right)^{3/2} e^{-\frac{m(v_x^2+v_y^2+v_z^2)}{2kT}}\, dv_x\, dv_y\, dv_z. \tag{E 1, 47}$$

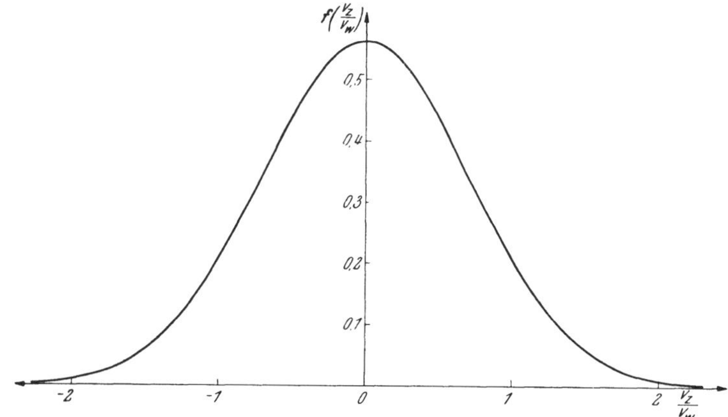

Abb. E 4. Lineare *Maxwell*sche Geschwindigkeitsverteilung.

In der Tat liefert die Integration über alle möglichen Geschwindigkeiten

$$\int\limits_{v_x=-\infty}^{\infty} \int\limits_{v_y=-\infty}^{\infty} \int\limits_{v_z=-\infty}^{\infty} \left(\frac{m}{2\pi k T}\right)^{3/2} e^{-\frac{m(v_x^2+v_y^2+v_z^2)}{2kT}}\, dv_x\, dv_y\, dv_z = 1, \tag{E 1, 48}$$

da ja jedes Teilchen während seiner Zugehörigkeit zu dem kontrollierten Kollektiv gewiß *irgend* einem Geschwindigkeitsintervalle innewohnen muß.

h) Für viele Zwecke benötigt man nicht so sehr die Kenntnis der Geschwindigkeitsverteilung in bezug auf die *Kartesi*schen Koordinatenachsen, sondern man fragt nach der *Wahrscheinlichkeit einer beliebig gerichteten* resultierenden Geschwindigkeit, deren absoluter Betrag v in das infinitesimal schmale Gebiet zwischen v und $(v + dv)$ fällt. Zur Lösung dieser Aufgabe bedienen wir uns des ,,Geschwindigkeitsraumes'', welcher von den drei paarweise aufeinander senkrechten Achsen v_x, v_y, v_z aufgespannt wird. In ihm konstruieren wir die in seinem Ursprung zentrierten Kugeln beziehentlich der Halbmesser v und $(v + dv)$, welche zwischen einander die Schale vom Volumen

$$\iiint dv_x\, dv_y\, dv_z = 4\pi v^2\, dv; \qquad v^2 = v_x^2 + v_y^2 + v_z^2 \tag{E 1, 49}$$

einschließen; zufolge (E 1, 47) ist somit die Wahrscheinlichkeitsdichte f(v) der ungerichteten Geschwindigkeitsverteilung durch die Formeln

$$f(v)\, dv = \left(\frac{m}{2\pi k T}\right)^{3/2} e^{-\frac{m v^2}{2kT}}\, 4\pi v^2\, dv; \qquad \int\limits_0^{\infty} f(v)\, dv = 1 \tag{E 1, 50}$$

zu definieren, welche durch Abb. E 5 veranschaulicht werden. Die größte Wahrscheinlichkeit kommt hiernach jener Geschwindigkeit v_w zu, welche sich aus der Extremalbedingung

$$\left(\frac{df}{dv}\right)_{v=v_w} = \left[\frac{2}{v_w} - \frac{m\,v_w}{k\,T}\right] f(v_w) = 0 \qquad \text{(E 1, 51)}$$

zu

$$v_w = \sqrt{\frac{2\,k\,T}{m}} \qquad \text{(E 1, 52)}$$

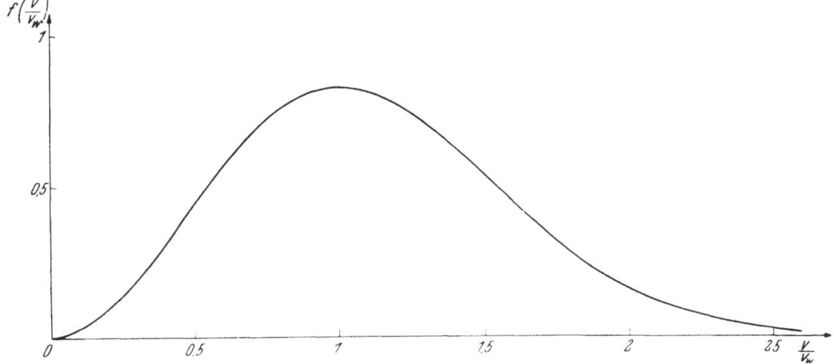

Abb. E 5. Kugelsymmetrische *Maxwell*sche Geschwindigkeitsverteilung.

bestimmt; dagegen ergibt sich die mittlere quadratische Geschwindigkeit, die „*Effektivgeschwindigkeit*" v_{eff} aus der Definitionsgleichung

$$v_{eff}^{\,2} = \overline{v}^{2} = \int_0^\infty v^2 f(v)\,dv = \left(\frac{m}{2\pi k T}\right)^{3/2} 4\pi \int_0^\infty v^4 e^{-\frac{m v^2}{2 k T}}\,dv = \frac{3\,k\,T}{m} \qquad \text{(E 1, 53)}$$

so daß zwischen der wahrscheinlichsten Geschwindigkeit v_w und der Effektivgeschwindigkeit v_{eff} die Relation

$$v_{eff} = \sqrt{\frac{3}{2}}\, v_w \qquad \text{(E 1, 54)}$$

besteht.

Der Effektivgeschwindigkeit stellen wir die *Durchschnittsgeschwindigkeit*

$$\overline{v} = \int_0^\infty v\,f(v)\,dv = \left(\frac{m}{2\pi k T}\right)^{3/2} 4\pi \int_0^\infty v^3 e^{-\frac{m v^2}{2 k T}}\,dv = \frac{2}{\sqrt{\pi}}\sqrt{\frac{2\,k\,T}{m}} \qquad \text{(E 1, 55)}$$

zur Seite, welche also im Verhältnis

$$\frac{\overline{v}}{v_{eff}} = 2\sqrt{\frac{2}{3\pi}} = 0{,}923 \qquad \text{(E 1, 56)}$$

kleiner als die Effektivgeschwindigkeit ausfällt, die einseitig gerichtete Geschwindigkeit (E 1, 46) jedoch um das vierfache übertrifft.

Gemäß (E 1, 53) führt jedes Teilchen im Mittel die kinetische Energie

$$\overline{\eta}_{\mathrm{kin}} = \frac{1}{2}\,\mathrm{m}\,\overline{\mathrm{v}^2} = \frac{3}{2}\,\mathrm{k\,T} \qquad \text{(E 1, 57)}$$

mit sich. Aus der Symmetrie des Verteilungsgesetzes (E 1, 47) bezüglich der drei *Kartesi*schen Geschwindigkeitskomponenten geht somit hervor, daß auf jeden dieser translatorischen Freiheitsgrade die mittlere Bewegungsenergie

$$\overline{\eta}_{\mathrm{tr}} = \frac{1}{3}\,\overline{\eta}_{\mathrm{kin}} = \frac{1}{2}\,\mathrm{k\,T} \qquad \text{(E 1, 58)}$$

entfällt.

E 2. Glühemission.

a) Gegeben sei ein von allen Gasen und Dämpfen sorgfältig evakuiertes Gefäß. Es wird zur *Hochvakuum-Diode*, indem wir durch die Gefäßwand zwei voneinander isolierte Elektroden wesentlich unterschiedlicher Arbeitseigenschaften einbringen:

I. Die *aktive Elektrode* wird so stark erhitzt, daß ihre Oberfläche bei der merklich gleichförmigen absoluten Temperatur T *glüht*. Je nach dem Sitz der erforderlichen Wärmequellen unterscheiden wir:

1. *Unmittelbar geheizte* Glühelektroden, meist in der Form von Drähten oder Rohren, welche durch die *Joule*sche Wärme eines sie durchfließenden Hilfsstromes erhitzt werden.

2. *Mittelbar geheizte* Glühelektroden, welche die Wärme durch Leitung und Strahlung von räumlich getrennten Heizelementen empfangen.

II. Die *passive Elektrode* bleibt stets auf einer absolut so niedrigen Temperatur T, daß sie sich in ihrem physikalischen Verhalten zu dem angrenzenden Vakuum nicht merklich von einem sonst gleichen Körper der absoluten Temperatur $T \to 0$ unterscheidet, wir dürfen deshalb die passive Elektrode kurz als „*kalte Elektrode*" bezeichnen, welche als solche im Gegensatz zur aktiven Glühelektrode steht.

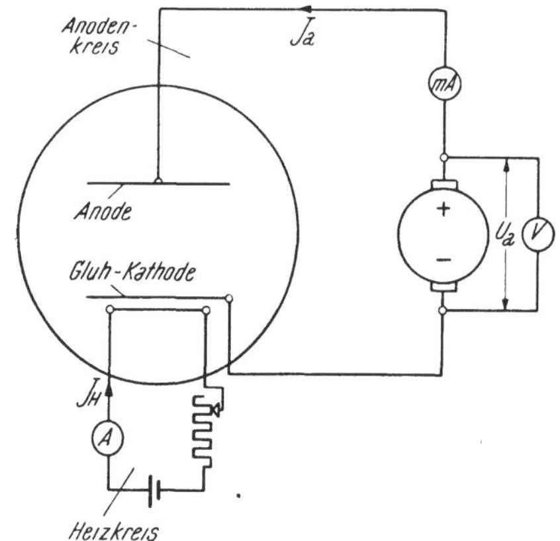

Abb. E 6. Mittelbar geheizte Hochvakuumdiode.

b) Abb. E 6 zeigt in schematischer Darstellung eine mittelbar geheizte Hochvakuum-Diode einschließlich der Stromquellen, welche für den Betrieb der Röhre erforderlich sind.

Im stationären Zustande des Systemes kann sein elektrisches Feld eindeutig als Gradient eines zeitfreien elektrischen Skalarpotentiales φ dargestellt werden; insbesondere koinzidiert die Oberfläche der Glühelektrode mit einer Äquipotentialfläche, welche in der Regel als Basis $\varphi = 0$ des interelektrodischen Potentialfeldes gewählt wird.

Die Glühelektrode werde nun mit dem negativen Pole und die kalte Elektrode mit dem positiven Pole einer Gleichspannungsquelle verbunden, so daß man die Elektroden von nun ab vorzeichengemäß als *Kathode* [Index k] und *Anode* [Index a] bezeichnen kann. Es ist üblich, die von der Anode zur Kathode positiv gezählte Spannung oder, mit anderen Worten, das Potential φ_a der Anode gegen die Kathode [$\varphi_k = 0$] kurz als *Anodenspannung*

$$U_a = \varphi_a - \varphi_k = \varphi_a \tag{E 2, 1}$$

in die Arbeitsgleichungen der Diode einzuführen. Schaltet man jetzt in den äußeren Schließungskreis zwischen Kathode und Anode einen Stromzeiger ein, so beobachtet man einen elektrischen Strom; er wird, im Einklang mit der Konvention, in Richtung auf die Anode zu positiv gezählt und als *Anodenstrom* J_a bezeichnet. Nach Voraussetzung ist nun die Anode von der Kathode durch eine Hochvakuumstrecke getrennt, die als solche gewiß keine *Ohm*sche Leitfähigkeit besitzt. Um daher einen Widerspruch mit dem Ersten *Kirchhoff*schen Gesetze der stationären Strömung zu vermeiden, müssen wir für den Elektrizitätstransport von der Anode zur Kathode einen anderen Mechanismus verantwortlich machen: Wir werden zu der Annahme eines interelektrodischen *Konvektionsstromes* gedrängt; da dieser erfahrungsgemäß keine materiellen Änderungen an den Elektroden nach sich zieht, kann er nur aus Elektronen bestehen, welche, gerade entgegen der konventionellen Zählrichtung des Stromes, durch das Vakuum von der Kathode zur Anode fliegen. Im Lichte dieses Sachverhaltes wird die vordem nur sprachliche Unterscheidung der beiden Elektroden mit physikalischem Inhalte erfüllt: Die „aktive" Glühkathode entsendet den Emissionsstrom

$$J_e = J_a \tag{E 2, 2}$$

thermisch aus ihr befreiter Elektronen in den Entladungsraum, während sich die Anode in der Tat mit der nur passiven Rolle eines Kollektors eben jener Elektronen oder einiger von ihnen zu begnügen hat.

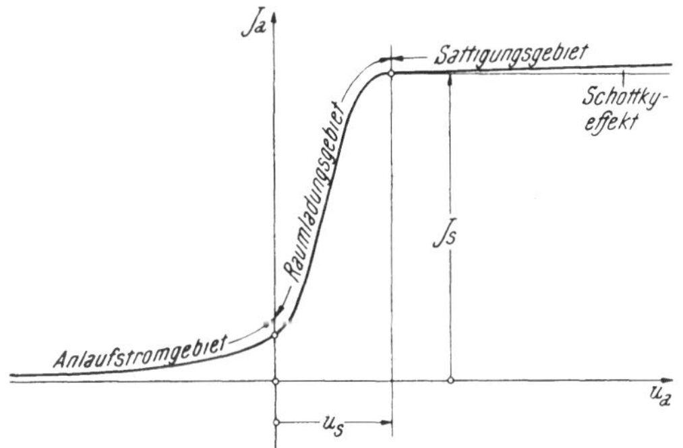

Abb. E 7. Emissionsstromkennlinie einer Hochvakuum-Diode bei fester Kathoden-Temperatur.

c) Phänomenologisch ist der Emissionsstrom J_e einer vorgegebenen Diode von zwei Parametern abhängig: Von der absoluten Temperatur T der Kathode und von der Anodenspannung U_a

$$J_e = J_e(T; U_a). \tag{E 2, 3}$$

Man denke sich nun zunächst, durch Regelung des Hilfsstromes im Heizstromkreis, die Temperatur T festgehalten, während die Anodenspannung willkürlich verändert werde, und messe den jeweils auftretenden Anodenstrom J_a. Trägt man die Ergebnisse solcher Beobachtungen in ein affines, rechtwinkeliges Koordinatensystem der Anodenspannung als Abszisse und des Anodenstromes als Ordinate ein, so erhält man eine Kennlinie des grundsätzlichen Verlaufes nach Abb. E 7, längs deren man die drei folgenden, wesentlich voneinander verschiedenen Arbeitsbereiche unterscheiden kann:

I. Das *Sättigungsgebiet.*

Für hinreichend hohe Anodenspannungen

$$U_a \geqq U_s \qquad \text{(E 2, 4)}$$

wird der Anodenstrom merklich unabhängig von dieser Spannung

$$J_a = J_s = \text{const.} \qquad \text{(E 2, 5)}$$

Man bezeichnet U_s als *Sättigungsspannung* und J_s als *Sättigungsstrom.* Dieser Terminologie liegt die Vorstellung einer nur *begrenzten Emissionsfähigkeit* der Glühelektrode zugrunde: Nach Wahl des Kathodenmateriales und ihrer Konstruktionsdaten hänge der Sättigungsstrom gemäß der *Thermoemissions-Kennlinie*

$$J_s = J_s(T) \qquad \text{(E 2, 6)}$$

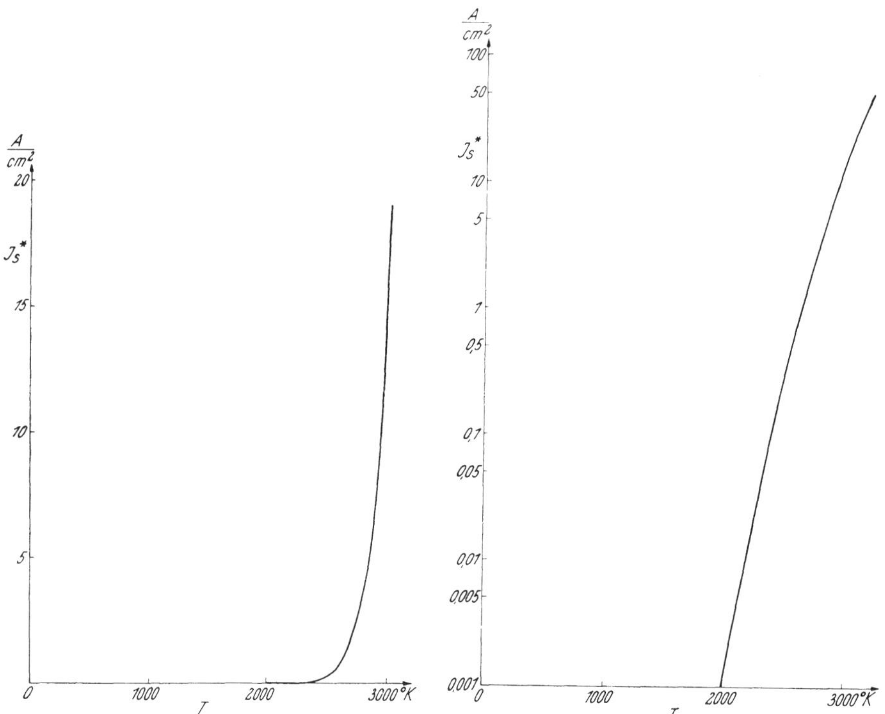

Abb. E 8. Die Emissions-Stromdichte des Wolframs als Funktion der absoluten Temperatur.

Abb. E 9. Die Emissions-Stromdichte des Wolframs als Funktion der absoluten Temperatur in logarithmischer Darstellung.

phänomenologisch nur von der absoluten Temperatur T der aktiven Elektrodenoberfläche ab. Indessen bedarf diese einfache Auffassung einer verschärfenden Korrektur: Die genaue Analyse der Strom-Spannungskennlinie $J_a = J_a(U_a)$ bei fester Kathodentemperatur zeigt, daß sogar für Anodenspannungen $U_a \gg U_s$ der Emissionsstrom J_e mit wachsender Spannung in zwar äußerst geringem, aber doch nicht zu übersehendem Grade dauernd zunimmt. Man bezeichnet diese überraschende Erscheinung als *Schottky*-Effekt; seine Theorie, welche in einem späteren Abschnitt mitgeteilt werden wird, führt zur Konzeption eines *ideellen Thermoemissionsstromes* $J_e^* < J_e$, welcher für Anodenspannungen $U_a^* > U_s^*$ streng gleich dem konstanten Werte $J_e^* = J_s^*$ bleibt. Unter den Begriffen der Sättigungsspannung und des Sättigungsstromes verstehen wir weiterhin beziehentlich die Größen U_s^* und J_s^*, so daß wir (E 2, 4) und (E 2, 5) durch die zusammenfassende, nunmehr genaue Definition

$$\lim_{U_a \to \infty} J_e^* = J_s^* = J_s^*(T) \qquad \text{(E 2, 7)}$$

zu ersetzen haben; sie überträgt sich auf die Dichte j_s^* des Emissionsstromes je Einheit der aktiven Elektrodenoberfläche F [Abb. E 8 und E 9]

$$j_s^* = \frac{1}{F} J_s^* = j_s^*(T). \qquad \text{(E 2, 8)}$$

Das *Geschwindigkeitsspektrum* der eben emittierten Elektronen stimmt sowohl bezüglich der normal zur emittierenden Oberfläche in den Entladungsraum hineinweisenden longitudinalen Bewegungskomponente wie der zu dieser senkrechten, transversalen Bewegungskomponenten merklich mit der *Maxwell*schen Geschwindigkeitsverteilung bei der absoluten Temperatur T überein. In dieser Aussage liegt das Schwergewicht bei ihrer Beschränkung auf die *bereits emittierten* Elektronen; dagegen ist über deren Kinetik im Innern der Glühelektrode noch nichts vorweggenommen, und es wird sich zeigen, daß dort die Elektronen in der Regel einem gänzlich anderen Gesetze der Geschwindigkeitsverteilung gehorchen.

II. Das *Raumladungsgebiet.*

Für positive Anodenspannungen der Größe

$$0 < U_a < U_s^* \qquad \text{(E 2, 9)}$$

bleibt der Anodenstrom zwar stets positiv, doch merklich schwächer als der Sättigungsstrom:

$$0 < J_a < J_s^*. \qquad \text{(E 2, 10)}$$

Man versteht diese Erscheinung an Hand der Vorstellung, daß die im Interelektrodenbereiche im Zustande der stationären Strömung begriffene elektronische Raumladung vermöge des von ihr erregten elektrischen Sekundärfeldes die energiearmen unter den bereits emittierten Elektronen wieder zur Kathode zurückstößt.

III. Das *Anlaufgebiet.*

Bei Richtungsumkehr der Anodenspannung

$$U_a < 0 \qquad \text{(E 2, 11)}$$

vertauschen die Elektroden ihre Polaritäten. Nichtsdestoweniger beobachtet man im äußeren Schließungskreis nach wie vor einen immer positiven Anodenstrom, dessen Betrag allerdings in der Regel sehr klein gegen jenen des Sättigungsstromes ausfällt:

$$0 < J_a \ll J_s \qquad \text{(E 2, 12)}$$

Die Diode ist zu einem *Generator* geworden, der seine Leistung an den äußeren Stromkreis abgibt. In dieser „Elektronen-Dampfmaschine" verwandelt sich ein Teil der Wärme, welche der Glühelektrode seitens ihrer Heizelemente zugeführt wird, über die kinetische Energie der strombildenden Elektronen in elektrische Arbeit; doch sind zur Durchführung dieses Prozesses nur jene wenigen, energiereichen Elektronen befähigt, welche nach ihrer Emission noch gegen das interelektrodische Bremsfeld anlaufen können.

d) Der Mechanismus der Glühemission beruht wesentlich auf der Kinetik der Elektronen innerhalb ihrer Mutterelektrode; seine Theorie gehört daher nicht der Elektronik freier Raumladungen an, sondern bildet ein Teilgebiet in der Physik der Metallelektronen. Aus ihr entnehmen wir zwei Formeln für die in (II 2, 8) angedeutete Abhängigkeit der ideellen Sättigungsstromdichte von der absoluten Temperatur T: *Richardson* fand den Zusammenhang

$$j_s^* = A_R \sqrt{T}\, e^{-\frac{B_R}{T}} \qquad \text{(E 2, 13)}$$

in welchem A_R und B_R je eine, für die Natur der jeweils emittierenden Kathodenoberfläche charakteristische Konstante bezeichnen; insbesondere mißt

$$B_R = \frac{W_R}{k} \qquad \text{(E 2, 14)}$$

[k = *Boltzmann*sche Konstante] das Temperaturäquivalent jener *Austrittsarbeit* W_R, welche zur Befreiung jedes einzelnen Elektrons aus dem Innern der Glühelektrode aufzuwenden ist. Dagegen stellte *Dushman* das Gesetz

$$j_s^* = A_D\, T^2\, e^{-\frac{B_D}{T}} \qquad \text{(E 2, 15)}$$

auf, in welchem A_D die universelle Konstante

$$A_D = 120{,}4 \frac{A}{cm^2\, {}^0K^2} \qquad \text{(E 2, 16)}$$

definiert, während B_D abermals das Temperaturäquivalent der Austrittsarbeit darstellt; doch ist die nach *Dushman* für die Elektronenemission maßgebliche Austrittsarbeit von jener nach *Richardson* numerisch verschieden.

Obwohl es auf Grund des unterschiedlichen analytischen Baues der Gleichungen (E 2, 13) und (E 2, 15) leicht sein sollte, an Hand des Experimentes zwischen ihnen zu entscheiden, stößt doch eine solche Prüfung tatsächlich auf große Schwierigkeiten: Das Intervall Δ T der für die notwendigen Messungen tauglichen absoluten Temperaturen T ist teils aus instrumentellen, teils aus technologischen Gründen so beschränkt, daß die beobachtbaren Änderungen der Emissionsstromdichte fast vollständig den Änderungen der Exponentialfunktion zuzuschreiben sind. Da indes vom theoretischen Standpunkte aus die *Dushman*sche Formel den Vorzug verdient, wird sie den meisten Rechnungen als „richtige" Darstellung der Glühemission zugrunde gelegt. In wieweit dieses Vertrauen gerechtfertigt ist, mag die Zahlentafel zeigen, welche die empirisch bestimmten Werte der *Dushman*schen Konstanten A_D und B_D für eine Reihe verschiedener Stoffe enthält. Bei der prüfenden Durchsicht dieser Ergebnisse bemerkt man sogleich, daß von einer auch nur annähernden Übereinstimmung der beobachteten Emissionskonstanten A_D mit dem universellen Werte (E 2, 16) im allgemeinen nicht die Rede sein kann. Diese Unstimmigkeit läßt sich beseitigen, indem man die *Dushman*sche Austrittsarbeit B_D unter Vermittlung einer weiteren, materialabhängigen Konstanten β als lineare Funktion der absoluten Temperatur T ansetzt: Aus

$$B_D = B_{D,0}\,[1 + \beta T] \qquad \text{(E 2, 17)}$$

Empirisch bestimmte Konstanten der *Dushman*schen Emissionsformel

Metall	A_D $\frac{\text{A m p}}{\text{cm}^2\,{}^0\text{K}^2}$	B_D ^{0}K
W	60 ÷ 100	52 600
Mo	55	48 100
Ta	60	47 600
Ni	1380	58 400
Pt	170	53 600
Ba	60	24 500
Ca		37 100
Sr		31 800
Cs	162	21 000

Nach A. H. W. *Beck*, Thermionic Valves, S. **16**. Cambridge, University Press, **1953**

folgt durch Substitution in (E 2, 15) die Gleichung

$$j_s^* = [A_D e^{-\beta B_{D,0}}]\, T^2 e^{-\frac{B_{D,0}}{T}}. \qquad \text{(E 2, 18)}$$

Sie stimmt in der Tat formal mit dem *Dushman*schen Gesetze überein, falls man in diesem die universelle Konstante A_D nach (E 2, 16) durch die Emissionszahl

$$\overline{A}_D = A_D\, e^{-\beta B_{D,0}} \qquad \text{(E 2, 19)}$$

ersetzt, die nunmehr durch geeignete Wahl von β dem jeweils gemessenen Werte angepaßt werden kann. Ungeachtet dieser theoretischen Möglichkeit, die *Dushman*sche Formel vor dem Schicksal ihrer Ungültigkeitserklärung zu schützen, kann man doch den Erkenntnisgehalt des mit der Einführung von β beschrittenen Weges nur gering einschätzen, da sich für den jeweils zu benutzenden Zahlenwert dieser neuen Konstanten keine physikalisch wohlbegründbaren Angaben machen lassen. Im Lichte dieser Kritik wird man sich nicht vor der Einsicht verschließen können, daß zwar die *Dushman*sche Theorie der Glühemission wohl einen wahren Kern enthält, zu einer vollständigen Beschreibung dieses physikalischen Vorganges jedoch durchaus noch nicht hinreicht.

e) Auf Grund der *Dushman*schen Emissionsformel reiner Metallkathoden hat man bei fester Glühtemperatur der aktiven Oberfläche eine erhöhte Sättigungsstromdichte j_s^* zu erwarten, sofern man die Austrittsarbeit der Elektronen herabzusetzen vermag. An Hand der klassischen Elektrodynamik gelingt dies durch Bedeckung der nackten Metalloberfläche mit einer *homogenen elektrischen Doppelschicht* vom Potentialsprunge $\Delta\varphi$, deren von der Senke zur Quelle weisender Momentenvektor gegen das Vakuum gerichtet ist. Denn das Temperaturäquivalent der *Dushman*schen Austrittsarbeit nimmt dann von seinem ursprünglichen Werte B_D auf

$$\overline{B}_D = B_D - \frac{q_0\,\Delta\varphi}{k} \qquad \text{(E 2, 20)}$$

ab, so daß sich die Stromdichte j_s^* nach (E 2, 15) auf

$$\overline{j_s^*} = A_D\, T^2 e^{-\frac{\overline{B}_D}{T}} = j_s^*\, e^{+\frac{q_0\,\Delta\varphi}{kT}} \qquad \text{(E 2, 21)}$$

erhöht.

Unter den Kathoden dieser Gattung hat sich nur die sogenannte *thorierte Wolframkathode* technologisch bewährt: Als Muttermetall dient Wolfram, dessen Oberfläche durch einen hier nicht näher zu beschreibenden Formierungsprozeß mit einem Thoriumfilm nur monomolekularer Schichtdicke überzogen wird. Abb. E 10 zeigt die Emissions-Kennlinie einer solchen Glühkathode unmittelbar nach Abschluß ihrer Formierung; allerdings nimmt die dann auftretende, überaus hohe Anfangs-Emissionsfähigkeit während des Dauerbetriebes der Kathode merklich ab. Eine übermäßige Betriebstemperatur der thorierten Wolframkathode führt zur raschen Verdampfung der wirksamen Thoriumschicht und verbietet sich daher mit Rücksicht auf eine hinreichend lange Lebensdauer dieser Kathode. Setzt man jedoch die Glühtemperatur in ausreichendem Maße herab, so arbeitet die thorierte Kathode mit weit besserer Ökonomie ihres Wärmehaushaltes als eine Reinwolfram-Kathode gleicher Emissionsfähigkeit und gleicher Lebensdauer. Diesem betrieblichen Vorteil gegenüber erweist sich indes die thorierte Kathode im Vergleiche zur Reinkathode als weit empfindlicher gegenüber etwaigen Fremdgasen, welche im sonst evakuierten Entladungsgefäß etwa verblieben sind: Beim Eintritt in den Thoriumfilm können die Fremdmoleküle diesen *„vergiften“*, indem sie seine Emissionsfähigkeit merklich herabsetzen.

Der schon oben erwähnte Mangel der *Dushman*schen Emissionsformel, welcher in der Abweichung der je für ein bestimmtes Kathodenmaterial maßgeblichen Konstanten A_D von dem universellen Werte (E 2, 16) zum Ausdruck kommt, offenbart sich auch bei der Vermessung der Emissionskennlinie thorierter Wolframkathoden: Während man auf Grund des angegebenen Baues dieser Kathoden ihre Emissionskonstante A_D jener des Wolframs $\left[60 \div 100 \frac{A}{cm^2\,{}^0K^2}\right]$ gleichsetzen sollte, findet man experimentell nur $A_D = 3 \frac{A}{cm^2\,{}^0K^2}$; hält man nichtsdestoweniger an der *Dushman*schen Emissionstheorie fest, so hat man im Sinne der Gleichung (E 2, 17) eine lineare Abhängigkeit des Potentialsprunges $\Delta\varphi$ von der absoluten Temperatur T anzunehmen.

f) Die meisten neuzeitlichen Radioröhren sind mit sogenannten *Oxydkathoden* ausgerüstet, deren emittierende Oberfläche in der Regel aus Oxyden von Barium und Strontium besteht; sie bedecken eine Metallunterlage, welche den Emissionsstrom mit merklich gleichförmiger Dichte in die Oxydschicht überführt.

Die Physik der Oxydkathode ist noch nicht eindeutig geklärt; doch neigt man jetzt mehr und mehr zu der Annahme, daß der Mechanismus ihrer Glühemission auf den *Halbleitereigenschaften der je benutzten Oxyde* beruhe, welche diesen wesentlich durch eingelagerte Fremdatome verliehen werden. Stimmt man dieser Arbeitshypothese zu, so steigt die Konzentration n der „Emissionskandidaten“ im Innern der Oxydschicht mit der absoluten Temperatur T nach dem Gesetze

$$n = a\,T^{\frac{3}{4}}\,e^{-\frac{b}{T}} \qquad \text{(E 2, 22)}$$

an, in welchem die Konstanten a und b den Halbleiter als solchen charakterisieren; aus dieser Angabe folgt dann mittels zweier weiterer Konstanten C und D für die ideelle Sättigungsstromdichte j_s^* der Oxydkathode die Darstellung

$$j_s^* = C\,T^{\frac{5}{4}}\,e^{-\frac{D}{T}} \tag{E 2, 23}$$

welche also formal eine Art von Mittelstellung zwischen der *Richardson*schen und der *Dushman*schen Emissionsgleichung einnimmt, in ihrer physikalischen Konzeption jedoch der *Richardson*schen Auffassung näher steht.

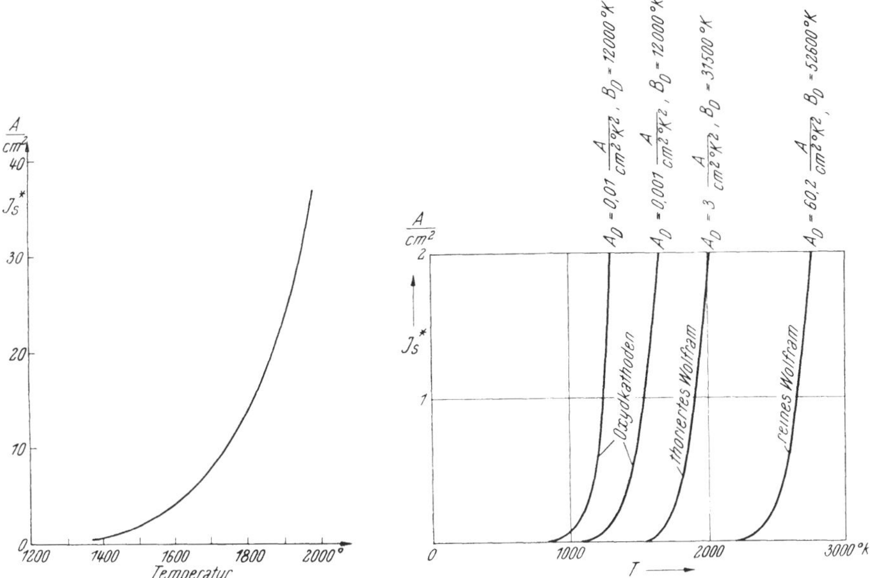

Abb. E 10. Emissionskennlinie einer thorierten Wolframkathode.

Abb. E 11. Vergleich der Emissionskennlinien unterschiedlicher Kathoden mittels des quasi *Dushman*schen Gesetzes.

Ist es nun schon im Falle reiner Metalle kaum möglich, durch den Versuch zwischen den konkurrierenden Emissionsformeln zu entscheiden, so treten die gleichen grundsätzlichen Schwierigkeiten in vermehrtem Maße bei der experimentellen Prüfung des von Gl. (E 2, 23) geforderten „5/4-Gesetzes" im Exponenten des Potenzfaktors der absoluten Temperatur auf. Im Lichte dieses Sachverhaltes darf man, ungeachtet des in (E 2, 23) zum Ausdruck kommenden Unterschiedes der Emission aus Oxydkathoden gegen jene aus reinen Metallen, zu dem nur phänomenologisch ausgerichteten Zwecke der quantitativen Darstellung der Oxydkathoden-Emission in ausreichender Genauigkeit auf die *Dushman*sche Formel zurückgreifen; es versteht sich jedoch von selbst, daß man bei diesem etwas gewaltsamen, logisch nicht rechtzufertigenden Verfahren von vornherein auf die Herstellung eines funktionellen Zusammenhanges der jeweils auftretenden Emissionsziffer A_D mit der universellen Konstanten (E 2, 16) durchaus verzichten muß. Abb. E 11 zeigt die in diesem Sinne zu verstehenden, quasi *Dushman*schen Emissionskennlinien im Vergleich zu den vorher beschriebenen Glühemissionssystemen und setzt hierdurch die Leistungsfähigkeit der Oxydkathoden in ein helles Licht.

E 3. Sekundär-Elektronen.

a) Wir rüsten ein Hochvakuum-Gefäß mit einem Elektronenwerfer aus, welcher nach Abb. E 12 einen Kathodenstrahl der „primären“ Stromstärke J_P gegen die Oberfläche eines im gleichen Gefäße ruhenden, festen, „Zielkörpers“ richtet; dieser mag ein Metall sein, oder es handelt sich um einen kristallinischen Halbleiter.

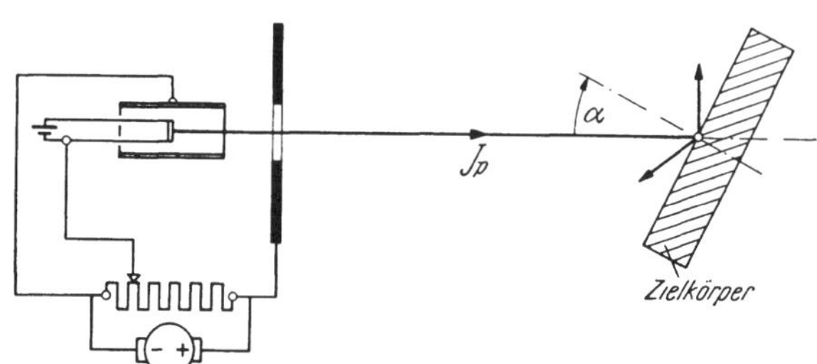

Abb. E 12. Schema einer Apparatur zur Untersuchung der sekundären Elektronenemission.

Die Schichtstärke des bombardierten Körpers in Richtung des einfallenden Strahles wird als so mächtig vorausgesetzt, daß die Primärelektronen ihn nicht zu durchdringen vermögen. Die beaufschlagte Oberfläche wird dann zur Quelle eines neuen Elektronenstromes, welchen wir als *Sekundärstrom* bezeichnen und durch seine integrale Stärke J_s messen; doch hat man unter seinen Trägern drei Gruppen wesentlich unterschiedlichen physikalischen Charakters zu unterscheiden:

1. Primärelektronen, welche von der Oberfläche des Zielkörpers merklich *elastisch reflektiert* werden.

2. Primärelektronen, welche zwar in den Zielkörper eindringen, nach mehrfachen Reflexionen in dessen Innern jedoch *rückdiffundieren*. Da dieser Prozeß in der Regel mit Energieverlusten einhergeht, bieten diese Elektronen das Bild unelastisch reflektierter Körper.

3. *Sekundärelektronen*, welche ursprünglich dem Zielkörper organisch angehörten und aus diesem erst durch den Eingriff der Primärelektronen befreit wurden.

Im Gegensatz zu dieser anschaulichen, in der Begriffswelt der klassischen Korpuskularmechanik so einleuchtenden Klassifizierung muß die Frage nach der „wahren“ Herkunft eines jeden am Integralstrom J_s teilnehmenden Einzelelektrons dahingestellt bleiben: Da sich die Elektronen nicht voneinander unterscheiden lassen, entzieht sich der „Lebenslauf“ eines individuell bestimmten Elektrons grundsätzlich der experimentellen Beobachtung und entbehrt daher der physikalischen Realität; diese gewiß zunächst überraschende, doch unabweisbare Folgerung versteht sich vom Standpunkte der Wellenmechanik von selbst. Wir werden daher mit dem pauschalen Vergleiche der integralen Sekundäremissionsstärke J_s mit der Primärstromstärke J_p durch das Verhältnis

$$\Gamma = \frac{J_s}{J_p} \qquad \text{(E 3, 1)}$$

beginnen, welches die integrale *Sekundäremissionszahl* definiert. Erst später werden wir die Gesamtheit aller so erfaßten Sekundärelektronen gemäß ihrer jeweiligen kinetischen Energie in Gruppen einteilen, welche wir dann, in allerdings wesentlich nur noch terminologisch zu wertendem Sinne, mit den oben unterschiedenen Gruppen der elastisch reflektierten Primärelektronen, der unelastisch reflektierten Primärelektronen und der „echten" Sekundärelektronen identifizieren werden.

b) Welche Faktoren sind für die Sekundäremissionszahl verantwortlich?

Die Theorie der Sekundäremission gehört ebensowenig wie jene der Glühemission der inneren Elektronik freier Raumladungen an, sondern bedarf zu ihrer Analyse eingehender Kenntnisse über die Mikrostruktur der jeweils mit den einfallenden Elektronen in Wechselwirkung tretenden Kristalle; wir verschieben daher ihre eingehende Darstellung auf einen späteren Abschnitt und begnügen uns hier mit einer lediglich modellmäßigen Beschreibung dieses Effektes, welche wir aus seiner Phänomenologie entwickeln wollen. Zu diesem Zwecke richten wir unsere Aufmerksamkeit auf ein Primärelektron, welches seine Mutterkathode vom Potentiale $\varphi = 0$ ohne merkliche Startgeschwindigkeit verlassen habe, und begleiten es bis zu seinem Eintritt in den als „Ziel" des Kathodenstrahles auserkorenen festen Körper; sei φ_z das Potential des Einschlagortes gegen die Kathode, so führt also das eben in den getroffenen Körper eindringende Kontrollelektron die kinetische Energie

$$W_z = q_0 \varphi_z \tag{E 3, 2}$$

mit sich. Der Prozeß der gerade von diesem einen Elektron ausgelösten Sekundäremission hängt vom Zufall ab: Wir können nur sagen, daß das einfallende Elektron eine notwendig ganze Zahl $n \geqq 0$ von Elektronen aus dem getroffenen Körper befreit. Bei N-facher Wiederholung des nämlichen Emissionsversuches wird jedes Ergebnis n mit einer gewissen relativen Häufigkeit $w^* = w^*(n)$ auftreten, von welcher wir annehmen, daß sie in dem allerdings unrealisierbaren Grenzfall $N \to \infty$ gegen die Wahrscheinlichkeit

$$w(n) = \lim_{N \to \infty} w^*(n) \tag{E 3, 3}$$

konvergiere; mit ihrer Hilfe berechnet sich der Erwartungswert γ_z der emittierten Sekundärelektronen je einfallendes Primärelektron zu

$$\gamma_z = \sum_{n=0}^{\infty} n\, w(n) \tag{E 3, 4}$$

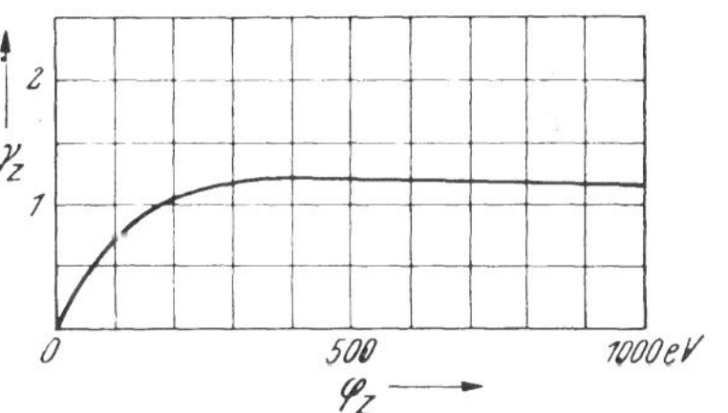

Abb. E 13. Sekundär-Elektronenemission aus Nickel bei normalem Einfall der Primärelektronen.

und diese Zahl γ_z ist es, welche das *Sekundäremissionsvermögen* des beaufschlagten Flächenelementes quantitativ erfaßt. Auf Grund dieser statistischen Definition kann also γ_z von einer ganzen Zahl durchaus verschieden sein: Wir haben es mit einer stetigen Funktion sowohl der kinetischen Energie W_z des Primärelektrons wie seines Einfallswinkels α gegen die Normale des getroffenen Flächenelementes zu tun, welche formal durch die Gleichung

$$\gamma_z = \gamma_z(\varphi_z, \alpha) \tag{E 3, 5}$$

dargestellt werde. Als typisches Beispiel für den Charakter dieser Funktion zeigt Abb. E 13 den Gang des Sekundäremissionsvermögens γ_z mit der in Elektronenvolt gemessenen Bewegungsenergie des auslösenden Primärelektrons bei normalem Einfall des Kathodenstrahles auf eine Nickeloberfläche: Mit wachsender Primärenergie φ_z steigt das Sekundäremissionsvermögen zuerst rasch an, erreicht jedoch bei der „optimalen" Energie $\varphi_{z,\,opt} \approx 500$ e V den Höchstwert $\gamma_{maz} \approx 1,2$ und nimmt dann langsam wieder ab. An Hand der korpuskularen Auffassung des Elektrons führt dieser Kurvenverlauf zwanglos zu folgender anschaulichen Beschreibung des Emissionsvorganges: Das in den Zielkörper eindringende Primärelektron überträgt dort einen mehr oder minder großen Bruchteil seiner Bewegungsenergie den sogenannten *freien Kristallelektronen,* welche hierdurch zunächst tiefer in das Innere des Körpers hineingestoßen werden: bei dieser ihrer Bewegung gelangen sie jedoch in das Kraftfeld des mikrokristallinen Raumgitters, welches einige von ihnen nach der Eintrittsseite der Primärelektronen hin reflektiert. Das beobachtete Maximum des Sekundäremissionsvermögens resultiert demnach als Kompromiß zweier gegensätzlicher Tendenzen bei der Befreiung der Sekundärelektronen: Zwar nimmt mit wachsender Bewegungsenergie des einfallenden Primärelektrons die Zahl der energetisch emissionsfähigen Kristallelektronen monoton zu;

Sekundäremissionsvermögen einiger Elemente
Nach H. Bruining, Physics and Applications of Secondary Electron Emission S. 39 New York McGraw Hill 1954.

Element	$\gamma_{z,\,max}$	$\varphi_{z,\,opt}$ (e Volt)	Element	$\gamma_{z,\,max}$	$\varphi_{z\,opt}$ (e Volt)
Ag	1,5	800	Li	0,5	85
Al	1,0	300	Mg	0,95	300
Au	1,46	750	Mo	1,25	375
B	1,2	150	Nb	1,2	375
Ba	0,83	400	Ni	1,3	550
Bi	1,15	550	Pb	1,1	500
Be	0,53	200	Pd	$>1,3$	>250
C	1,0	300	Pt	1,8	800
Cd	1,1	400	Rb	0,9	350
Co	1,2	700	Si	1,1	250
Cs	0,72	400	Sn	1,35	500
Cu	1,3	600	Ti	0,9	280
Fe	1,3	350	W	1,4	700
Ge	1,2	400	Zr	1,1	350
K	0,75	200			

gleichzeitig wandert jedoch der durchschnittliche Ort der Energieübertragung immer tiefer in das Innere des Zielkörpers hinein, so daß sich die kinematischen Austrittsaussichten eines solchen Elektrons wegen der dann zu erwartenden, wiederholten Änderungen seiner Flugrichtung dauernd verringern. Die nebenstehende Zahlentafel enthält das maximale Sekundäremissionsvermögen $\gamma_{z,\,max}$ und die zugehörige Optimalenergie $\varphi_{z,\,opt}$ der Primärelektronen beim Einfallswinkel $\alpha = 0$ für eine Reihe chemischer Elemente. Häufig weist jedoch die Oberfläche des Zielkörpers mehr oder minder große Rauhigkeiten auf, welche nach dem Beispiel der Abb. E 14 das differentielle Sekundäremissionsvermögen $\gamma_z(\varphi_z, 0)$ auf das integrale Sekundäremissionsverhältnis $\Gamma_z = \Gamma(\varphi_z) < \gamma_z(\varphi_z, 0)$ herabsetzen. Dagegen ist gemäß Abb. E 15 der umgekehrte Effekt zu erwarten, falls die Primärelektronen bei festem Betrage ihrer Bewegungsenergie die glatte Oberfläche des Zielkörpers unter verschiedenen Einfallswinkeln α beaufschlagen: Mit wachsendem $|\alpha| < \pi/2$ konzentriert sich die Zone der Energieabgabe an die Kristallelektronen mehr und mehr auf die nächste Umgebung der Ein-

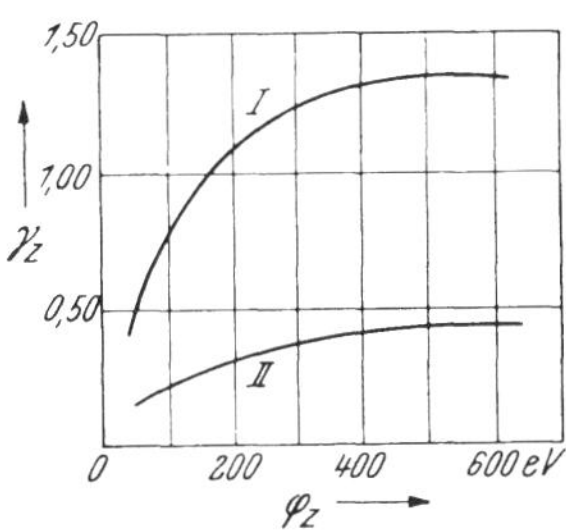

Abb. E 14. Abhängigkeit der sekundären Elektronenemission von der Oberflächenbeschaffenheit bei fester Primärenergie: I: Glatte Oberfläche. II: Rauhe Oberfläche.

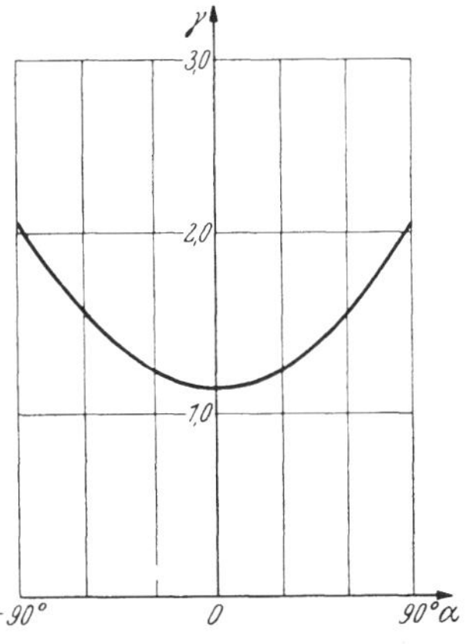

Abb. E 15. Abhängigkeit der sekundären Elektronenemission vom Einfallswinkel α der Primärelektronen bei fester Primärenergie für Nickel.

trittsoberfläche, so daß gleichzeitig bei nunmehr fester Zahl der energetisch emissionsfähigen Kristallelektronen deren Austrittsaussichten zunehmen. Haben wir es daher mit einer rauhen Oberfläche des Zielkörpers zu tun, in welche die Primärelektronen von verschiedenen Richtungen her eindringen, so werden die vorgenannten Effekte einander teilweise kompensieren; man gelangt somit an Hand der abschätzenden Relation

$$\Gamma_z = \Gamma_z(\varphi_z) \approx \gamma_z(0, \varphi_z) \qquad \text{(E 3, 6)}$$

zu einer häufig ausreichenden Kenntnis über die Größenordnung des nunmehr resultierenden, integralen Sekundäremissions-Verhältnisses.

Ähnliche Erscheinungen, wie sie vorher für einige chemische Elemente besprochen worden, trifft man auch bei der Sekundäremission gewisser Verbindungen an. Unter diesen seien folgende Gruppen hervorgehoben:

1. *Legierungsähnliche Oberflächenschichten*, wie sie etwa aus Silber, Sauerstoff und Zaesium nach dem Schema (Ag) — Cs_2O — Ag Cs zusammengesetzt sind, zeichnen sich nach Abb. E 16 durch ein besonders hohes Sekundär-Emissionsvermögen aus; sie werden deshalb für den Bau von Sekundärelektronen-Verstärkern ausgenutzt.

2. Die *Sekundäremission von Isolatoren* wie Glas oder Glimmer nach Abb. E 17 ist für gewisse Störeffekte verantwortlich zu machen, welche in Hochvakuumröhren durch streuende Primärelektronen bei deren Aufprall auf die Gefäßwand oder auf Befestigungselemente der Elektroden ausgelöst werden.

3. Die *Leuchtphosphore* auf dem Schirm moderner Kathodenstrahlröhren entsenden beim Auftreffen der „schreibenden“ Primärelektronen einen Strom sekundärer Elektronen, welcher im stationären Zustande des Systemes den einfallenden Strahl zu einem geschlossenen Strom zu er-

gänzen hat; Abb. E 18 zeigt das Sekundäremissionsvermögen eines typischen Stoffes dieser Art.

c) Wir ergänzen die Angaben über die zahlenmäßige Ausbeute der sekundären Elektronen-Emission durch das *Verteilungsgesetz ihrer Emissionsgeschwindigkeiten*. Abb. E 19 zeigt das gemessene Energiespektrum der

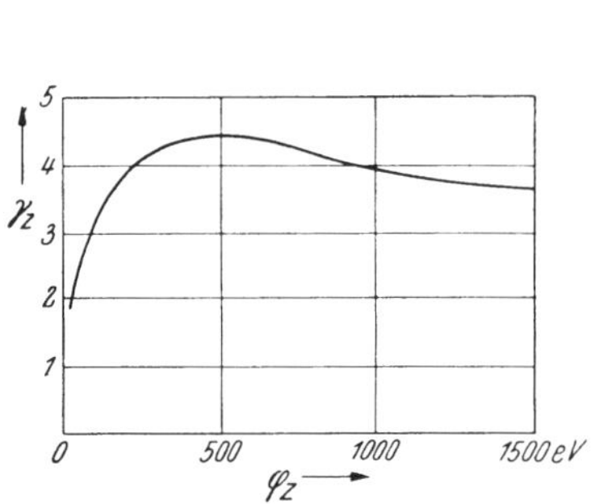

Abb. E 16. Sekundär-Emissionsvermögen von (Ag)-Cs_2O-AgCs.

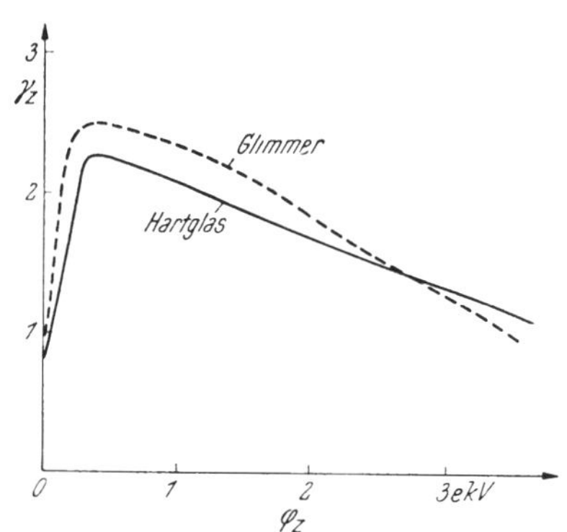

Abb. E 17. Sekundär-Emissionsvermögen von Isolatoren.

Sekundärelektronen, welche durch einen Kathodenstrahl der primären Energie $\varphi_z = 155$ eV aus Gold ausgelöst wurden: Der Großteil der „echten" Sekundärelektronen besitzt nur kleine Startenergien von etwa 5 eV. Das scharfe Nebenmaximum bei einer Energie von etwa 155 eV wird man jenen

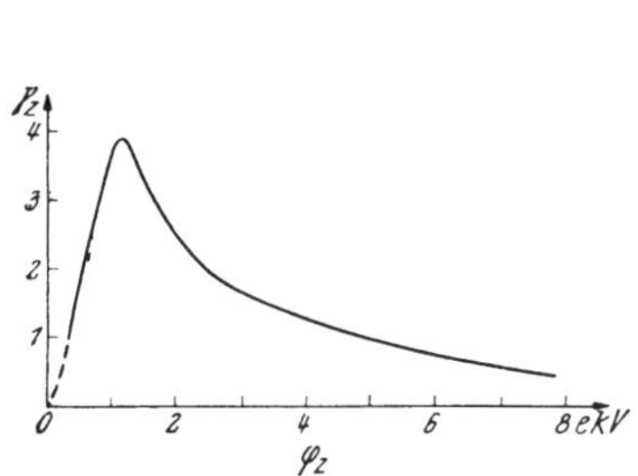

Abb. E 18. Sekundär-Emissionsvermögen eines Leuchtphosphors.

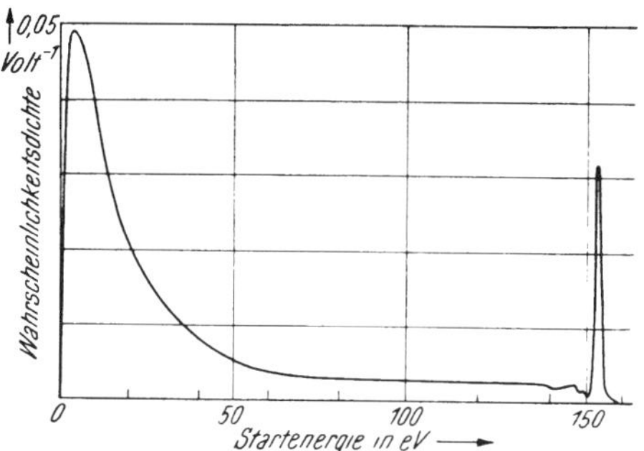

Abb. E 19. Energiespektrum der sekundären Elektronenemission aus Gold.

Primärelektronen zuschreiben, welche von der Oberfläche des Zielkörpers elastisch reflektiert wurden, zu ihnen gesellen sich jene „unelastisch" reflektierten Primärelektronen, welche nach mehrfachen Richtungsänderungen im Innern des Zielkörpers diesen mit etwa gleichförmig zwischen 60 eV und 150 eV verteilten Energiewerten wieder verlassen.

Der energetischen Differenz zwischen den echten Sekundärelektronen und den nur reflektierten Primärelektronen korrespondiert ein wesentlich unterschiedliches Verteilungsgesetz ihrer beziehentlichen *Flugwinkel* ϑ gegen die Normale zur Oberfläche des Zielkörpers: Es mögen unter je N kontrollierten Sekundärelektronen gerade Δ N auf den Raumwinkel

$$\Delta\,\Omega = 2\pi \sin\vartheta\,\Delta\,\vartheta \qquad \text{(E 3, 7)}$$

entfallen, welcher von den Nachbarkegeln $\vartheta = \text{const.}$ und $(\vartheta + \Delta\,\vartheta) = \text{const.}$ umschlossen wird; in der Gleichung

$$\frac{\Delta\,N}{N} = w(\vartheta)\,\frac{\Delta\,\Omega}{2\pi} = $$
$$= w(\vartheta)\sin\vartheta\,\Delta\,\vartheta;$$
$$0 \leqq \vartheta \leqq \frac{\pi}{2} \qquad \text{(E 3, 8)}$$

definiert dann die Funktion $w = w(\vartheta)$ die Wahrscheinlichkeitsdichte der Flugrichtung ϑ. Für echte Sekundärelektronen findet man nun, unabhängig von der jeweiligen Einfallsrichtung des primären Kathodenstrahles, entsprechend Abb. E 20 mit großer Annäherung das Gesetz

$$w(\vartheta) \approx 2\cos\vartheta \qquad 0 \leqq \vartheta \leqq \frac{\pi}{2} \qquad \text{(E 3, 9)}$$

welches auf die Auslösung der echten Sekundärelektronen aus einer nur äußerst dünnen Oberflächenschicht des Zielkörpers hinweist. Dagegen ist die Wahrscheinlichkeitsdichte des Reflexionswinkels der Primärelektronen nach Abb. E 21 deutlich mit deren jeweiliger Einfallsrichtung gekoppelt.

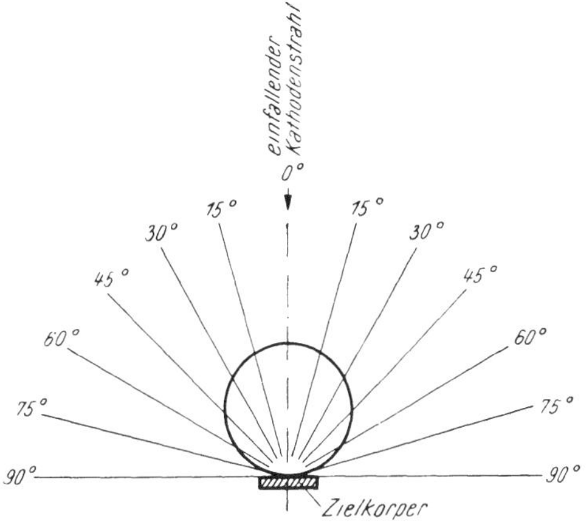

Abb. E 20. Richtungsverteilung „echter" Sekundärelektronen.

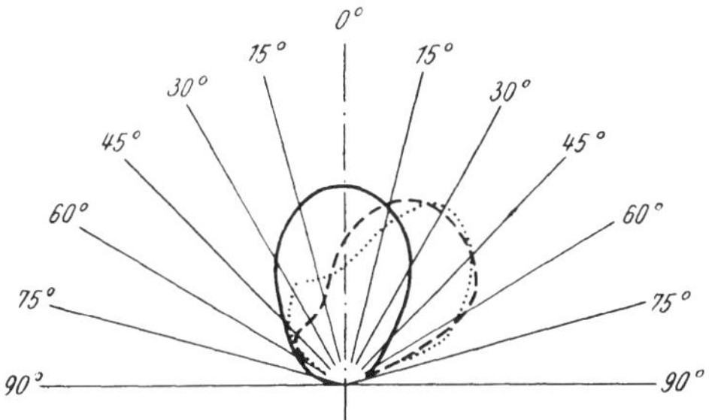

Abb. E 21. Richtungsverteilung reflektierter Primärelektronen.
——— Einfallswinkel 0° - - - - Einfallswinkel 30°.
. . . . Einfallswinkel 15°.

E 4. Phänomenologie der Hochvakuum-Diode.

a) Das stationäre Verhalten einer Hochvakuum-Diode wird durch die Kenntnis ihres Anodenstromes J_a in Abhängigkeit von der Anodenspannung U_a

$$J_a = J_a(U_a) \qquad \text{(E 4, 1)}$$

phänomenologisch beschrieben. Die innere Elektronik der Diode beschäftigt sich mit der Aufgabe, denjenigen Strömungsvorgängen im Interelektrodengebiete nachzugehen, welche die mathematische Gestalt des Zusammenhanges (E 4, 1) bestimmen. Bei der theoretischen Bearbeitung dieser Frage stellt es sich indessen heraus, daß man nur unter den einfachsten Annahmen über die Geometrie des Entladungsraumes zu einer strengen Lösung der Feldgleichungen gelangen kann, und selbst bei der angezeigten Beschränkung ist man auf den Gebrauch höherer Funktionen angewiesen, deren Verlauf analytisch nur mittels bestimmter Integrale oder geschlossen nicht summierbarer Reihen definiert ist. Dieser Sachverhalt erschwert die Anwendung der theoretisch strengen Kennlinienformeln auf alle Fragen, welche sich auf die Zusammenarbeit der Röhre mit äußeren Stromkreisen erstrecken. Um vielmehr die mathematische Behandlung solcher Aufgaben zu ermöglichen, muß man die Kennlinie der Röhre durch Funktionen hinreichend einfachen analytischen Charakters anzunähern suchen. Dieser sozusagen ja nur rechentechnische Prozeß läßt als solcher die physikalischen Vorgänge in der Röhre und deren theoretische Erfassung unberührt. Man kann sich jedoch von jeder Bindung an die Theorie der inneren Elektronik der Diode befreien, indem man die jeweils zu behandelnde Kennlinie lediglich als *empirische Zusammenfassung aller Messungen* registriert, welche an der „fertigen" Röhre ausgeführt wurden. Diese neue Auffassung gestattet es, den bisher entwickelten Begriff der Strom-Spannungskennlinie wesentlich zu verallgemeinern:

1. Statt, wie in der Darstellung der Glühemission, die *absolute Temperatur* T der aktiven Elektrode als festen Betriebsparameter zu betrachten, paßt man sich dem regulären Arbeiten der Hochvakuumröhren besser durch die Annahme eines konstanten *Hilfsstromes der je angewandten Heizelemente* an. Man könnte zunächst die begriffliche Unterscheidung dieser beiden Zustandsangaben für überflüssig halten: Zieht nicht die unveränderliche Elektrodenheizung sozusagen automatisch einen festen Wert der absoluten Elektrodentemperatur nach sich?

Im Gegensatz zu dieser naheliegenden Vermutung nimmt die absolute Temperatur mittelbar geheizter Glühelektroden, deren Oberfläche von einer hochemittierenden Oxydschicht bedeckt ist, mit wachsender Emissionsstromstärke dauernd zu: Infolge ihrer nur niedrigen *Ohm*schen Leitfähigkeit setzt jene Schicht dem durchgehenden Strome auf seinem Wege von der metallischen Elektrodenbasis in das Vakuum einen erheblichen „Querwiderstand" entgegen, und die in ihm entwickelte *Joule*sche Wärme addiert sich zur Vorheizung der Elektrode durch deren hierfür bestimmten Hilfsstrom. Da hiernach der Emissionsstrom mit wachsender Stärke seine Existenzbedingungen von sich aus ständig verbessert, wird er durch die Natur der Kathode im wesentlichen nur noch technologisch begrenzt: Bei übermäßig hoher Arbeitstemperatur der Glühelektrode verdampft die emissionsaktive Oxydschicht; die Röhre, obwohl dem äußeren Anschein nach noch intakt, ist „ertaubt". Bei dem hiernach gebotenen Ausschluß dieses Zerstörungsgebietes zeigt daher die Strom-Spannungskennlinie der mit festem Heizstrom betriebenen Oxydkathodenröhre *keine Sättigungserscheinungen*, so daß man es dann nur noch mit den Gebieten des raumladungsbegrenzten Anodenstromes und des Anlaufstromes zu tun hat.

2. Beim Eindringen der primär von der Kathode emittierten Glühelektronen in die Anode wird diese zur Quelle von *Sekundärelektronen*, deren Störfeld in der phänomenologischen Diodenkennlinie nach Abb. E 22 manifest wird.

3. Die unmittelbare Bezugnahme auf die phänomenologische Strom-Spannungskennlinie befreit uns nicht allein von der Bindung an eine bestimmte geometrische Form des Zweielektrodensystemes, sondern gestattet den Übergang auf Röhren, welche neben dem Paar ihrer aktiven und passiven Hauptelektroden mit *steuernden Hilfselektroden* ausgerüstet sind, sofern man nur über deren jeweilige Potentiale durch eine geeignete Betriebsvorschrift verfügt.

4. Während wir uns bisher durchaus auf den *stationären Zustand* der Diode bezogen haben, ermöglicht die experimentelle Aufnahme der Strom-Spannungskennlinie grundsätzlich deren Darstellung auch für *nichtstationäre Zustände*; doch werden wir die hierdurch angezeigte Erweiterung der

Röhrenphänomenologie unter Verzicht auf Systematik nur für Einzelfälle von besonderer Bedeutung entwickeln.

b) Unter allen quasistationären Kennlinien sind die bei weitem einfachsten und wichtigsten diejenigen, welche in jedem Zustandspunkte (U_a, J_a) des Systemes *eindeutig* und *stetig* ausfallen; nur mit solchen beschäftigen wir uns hier. Für die Wahl der dann zu benutzenden Komponentenfunktionen, aus welchen die vorgelegte Kennlinie (E 4, 1) synthetisch „erzeugt" werden soll, entscheiden dann lediglich die praktischen Gesichtspunkte einer möglichst bequemen rechnerischen Handhabung. Im Lichte dieser Forderung erweist sich die Bezugnahme auf *Exponentialfunktionen* als besonders vorteilhaft: Zur analytischen Approximation der Gleichung (E 4, 1) bedienen wir uns des Ansatzes

$$J_a = A_1 e^{\alpha_1 U_a} + A_2 e^{\alpha_2 U_a} + A_3 e^{\alpha_3 U_a} + \ldots \quad \text{(E 4, 2)}$$

In ihm bezeichnen die Konstanten A_1; A_2; A_3; ... ihrer physikalischen Dimension nach je eine Stromstärke, während die gleichfalls unveränderlichen Exponenten α_1; α_2; α_3; ... dimensionell je dem Kehrwert einer Spannung gleichen.

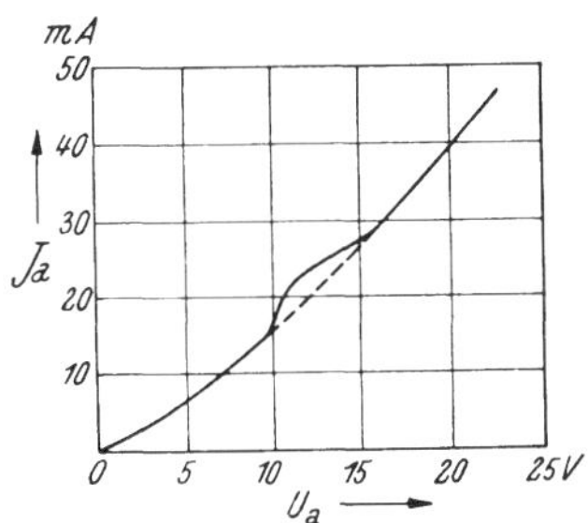

Abb. E 22. Phänomenologie einer Hochvakuum-Diode: Im Bereiche zwischen 10 V und 15 V macht sich der Einfluß der sekundären Elektronenemission aus der Anode auf den Strom bemerkbar.

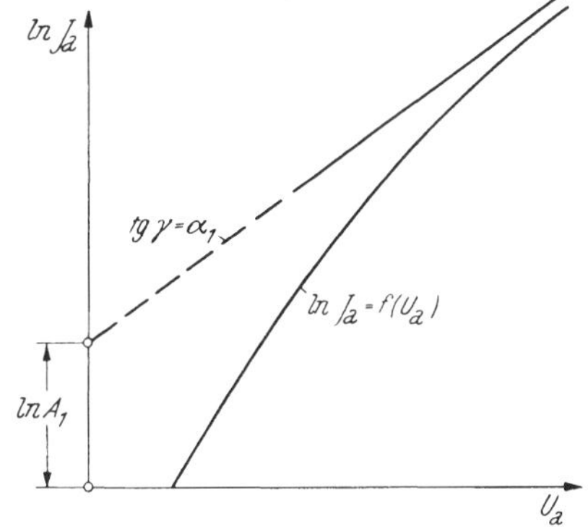

Abb. E 23. Graphische Ermittelung der Exponentialkennziffern einer Dioden-Charakteristik.

Um die Möglichkeit der Entwicklung (E 4, 2) zu prüfen, verschärfen wir die früher über den Charakter der Funktion $J_a = J_a(U_a)$ gemachten Annahmen zur Voraussetzung ihrer überall beliebig oft fortsetzbaren Differenzierbarkeit; denn dann läßt sich diese Funktion durch die Reihe

$$J_a(U_a) = J_a(0) + \frac{U_a}{1!} J_a'(0) + \frac{U_a^2}{2!} J_a''(0) + \ldots \quad \text{(E 4, 3)}$$

darstellen, deren Vergleich mit (E 4, 2) auf das System der unendlich vielen Gleichungen

$$\left.\begin{aligned} J_a(0) &= A_1 + A_2 + A_3 + \ldots \\ J_a'(0) &= \alpha_1 A_1 + \alpha_2 A_2 + \alpha_3 A_3 + \ldots \\ J_a''(0) &= \alpha_1^2 A_1 + \alpha_2^2 A_2 + \alpha_3^2 A_3 + \ldots \end{aligned}\right\} \quad \text{(E 4, 4)}$$

für die zweifach unendlich vielen Unbekannten A_1; A_2; A_3; ...; α_1; α_2; α_3; ... führt.

Ohne auf die Frage nach der expliziten Auflösung dieser Gleichungen einzugehen, die nur mittels eines schrittweise fortschreitenden Iterationsverfahrens möglich ist, nehmen wir fortan die Existenz ihrer wesentlich, nämlich bis auf die Bezifferung der Indizes eindeutigen Lösung als gesichert an. Dies vorausgesetzt, führt jedes andere Vergleichsverfahren von (E 4, 1) und (E 4, 2) notwendig zu identischen Ergebnissen. Von diesem Satze Gebrauch machend, können die Indizes der Reihenglieder (E 4, 2) stets so benannt werden, daß die Exponenten α_1; α_2; α_3; ... der ordnenden Ungleichung

$$\alpha_1 > \alpha_2 > \alpha_3 > \dots \tag{E 4, 5}$$

gehorchen. Schreiben wir dann (E 4, 2) in die Form

$$J_a(U_a)\, e^{-\alpha_1 U_a} = A_1 + A_2\, e^{(\alpha_2 - \alpha_1) U_a} + A_3\, e^{(\alpha_3 - \alpha_1) U_a} + \dots \tag{E 4, 6}$$

um, so gilt vermöge (E 4, 5)

$$\lim_{U_a \to \infty} [J_a(U_a)\, e^{-\alpha_1 U_a}] = A_1 \tag{E 4, 7}$$

Durch Logarithmieren dieser asymptotischen Gleichung ergibt sich die Relation

$$\lim_{U_a \to \infty} J_a(U_a) = \ln A_1 + \alpha_1 U_a \tag{E 4, 8}$$

welche folgende Vorschrift enthält:

Zeichne die phänomenologische Kennlinie (E 4, 1) entsprechend Abb. E 23 in logarithmischem Ordinatenmaßstabe; konstruiere ihre für $U_a \to$ resultierende Asymptote und extrapoliere diese bis zum Schnitt mit der Ordinatenachse: Der dort in natürlichem Maßstabe gemessene Abschnitt zwischen der Asymptote und dem Ursprung liefert die Größe $\ln A_1$, während der Neigungstangens der Asymptote gegen die Abszissenachse die Größe α_1 angibt.

Hat man auf dem angegebenen Wege A_1 und α_1 ermittelt, so definiere man als „erste Stromdifferenz" den Ausdruck

$$\Delta_1 J_a = J_a - A_1\, e^{\alpha_1 U_a} = A_2\, e^{\alpha_2 U_a} + A_3\, e^{\alpha_3 U_a} + \dots \tag{E 4, 9}$$

Unter erneuter Berufung auf (E 4, 5) erschließen wir aus (E 4, 9) die Grenzaussagen

$$\lim_{u_a \to \infty} \Delta_1 J_a\, e^{-\alpha_2 U_a} = A_2; \qquad \lim_{u_a \to \infty} \ln \Delta_1 J_a = \ln A_2 + \alpha_2 U_a. \tag{E 4, 10}$$

Man findet demnach A_2 und α_2, indem man die oben am Anodenstrom J_a selbst durchgeführte Asymptoten-Konstruktion sinngemäß an der logarithmischen Darstellung der ersten Stromdifferenz wiederholt. Die hieraus fließende Kenntnis von A_2 und α_2 ermöglicht die Berechnung der „zweiten Stromdifferenz"

$$\Delta_2 J_a = \Delta_1 J_a - A_2\, e^{\alpha_2 U_a} \tag{E 4, 11}$$

deren zeichnerische Darstellung in logarithmischem Ordinatenmaßstabe mittels Konstruktion der Asymptote für $U_a \to \infty$ auf A_3 und α_3 führt; die sukzessive Fortsetzung dieses Verfahrens erlaubt es, alle Glieder der Exponentialreihe (E 4, 2) zu bestimmen.

c) Der praktische Erfolg der entwickelten Methode ist dadurch verbürgt, daß man bei ihrer Durchführung an tatsächlich vermessenen Röhrenkennlinien in der Regel zu rasch konvergierenden Reihen gelangt; man darf sich dann in ausreichender Genauigkeit mit ihren Anfangsgliedern begnügen. Insbesondere kann man häufig einen weiten Bereich der Kennlinie schon durch eine einzige Exponentialfunktion gut approximieren; Elektronenröhren, deren Elektrodengeometrie von vornherein dieser phänomenologischen Eigenschaft angepaßt ist, werden daher treffend als „*Exponentialröhren*" gekennzeichnet.

Erstes Kapitel.

Freie Raumladungsfelder.

I 1. Elementare Theorie der parallelebenen Diode im Anlauf-Stromgebiete.

a) Gegeben sei eine mit parallelebenen Elektroden ausgestattete Diode der in Abb. I, 24 schematisch dargestellten Art. Durch die äußere Stromquelle werde in der Röhre ein stationäres elektrisches Feld erregt, welches von der aktiven Glühelektrode zur passiven, kalten Elektrode gerichtet ist. Um nichts destoweniger an der Bezeichnung der erstgenannten als Glüh*kathode,* der zweiten als *Anode* festhalten zu können, bringen wir die tatsächliche Wirkungsrichtung der äußeren Stromquelle formal durch einen *negativen Wert der Anodenspannung* zum Ausdruck, deren Zählpfeil definitionsgemäß von der Anode zur Kathode weist

$$U_a < 0. \qquad \text{(I 1, 1)}$$

In dem hierdurch bestimmten Systeme beobachtet man einen elektrischen Strom J_a, dessen Richtung mit jener des Sättigungsstromes J_s^* der „normal" betriebenen Diode [$U_a > 0$] übereinstimmt. Da somit die stromerzeugende Bewegung der Elektronen im Interelektrodengebiet entgegen der dort an ihnen angreifenden, ponderomotorischen Kraft verläuft, bezeichnet man J_a als *Anlaufstrom.* Dieser anschauliche Ausdruck knüpft an die Vorstellung schwerer Massekugeln an, welche vermöge der ihnen innewohnenden kinetischen Energie entgegen der Gravitationskraft einen Berg bis zu einer gewissen Höhe herauflaufen können. In der Tat werden — solange wir uns an die Aussagen der klassischen Mechanik halten — nur diejenigen Elektronen die Spannung U_a nach (I 1, 1) überwinden, welche die Glühkathode mit genügender kinetischer Energie verlassen haben.

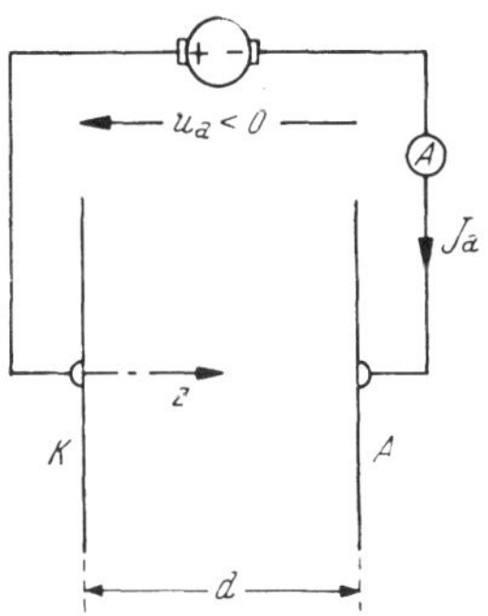

Abb. I 24. Schema der Anlaufschaltung einer Hochvakuum-Diode.

b) Bei hinreichend großem Absolutbetrage der [negativen] Anodenspannung kann nur ein kleiner Teil aller aus der Glühkathode gemäß deren absoluter Temperatur T emittierten Elektronen zur Anode gelangen: Zwischen den beiden Elektroden der Röhre bildet sich eine *quasistatische Elektronenwolke* aus, welche sich mit der Glühelektrode im thermodynamischen Gleichgewichte befindet: Sei φ das elektrische Skalarpotential eines der Wolke angehörigen Aufpunktes, so berechnet sich die dort herrschende Elektronenkonzentration n im Verhältnis zur Konzentration n_0 der Elektronen an der Kathodenoberfläche [$\varphi = 0$] entsprechend den in Ziffer E 1 durchgeführten Überlegungen nach der verallgemeinerten „Barometerformel"

$$n = n_0 e^{\frac{q_0 \varphi}{kT}}; \qquad \varphi < 0. \tag{I 1, 2}$$

Insbesondere tritt unmittelbar an der Anode — falls die quasistatische Raumladungswolke bis dorthin reicht — die Elektronenkonzentration

$$n = n_0 e^{\frac{q_0 U_a}{kT}}; \qquad U_a < 0 \tag{I 1, 3}$$

auf. Aus dieser Angabe findet man approximativ die an der Anode gemessene Anlauf-Stromdichte j_a, indem man n_a mit der einseitig gerichteten Geschwindigkeit $\vec{v}_z$ nach Gl. (E 1, 46) und dem absoluten Betrage q_0 der Elektronenladung multipliziert

$$j_a = q_0 \vec{v}_z n_0 e^{\frac{q_0 U_a}{kT}} = q_0 \frac{1}{2\sqrt{\pi}} \sqrt{\frac{2kT}{m_0}} n_0 e^{\frac{q_0 U_a}{kT}}. \tag{I 1, 4}$$

Andererseits berechnet sich nach dem gleichen Mechanismus auch die Sättigungsstromdichte j_s^* der Glühelektrode, falls wir nur bei festem Werte der Geschwindigkeit $\vec{v}_z$ [isotherme Raumladungswolke!] die Elektronenkonzentration n_a mit n_0 vertauschen:

$$j_s^* = q_0 \vec{v}_z n_0 = q_0 \frac{1}{2\sqrt{\pi}} \sqrt{\frac{2kT}{m_0}} n_0. \tag{I 1, 5}$$

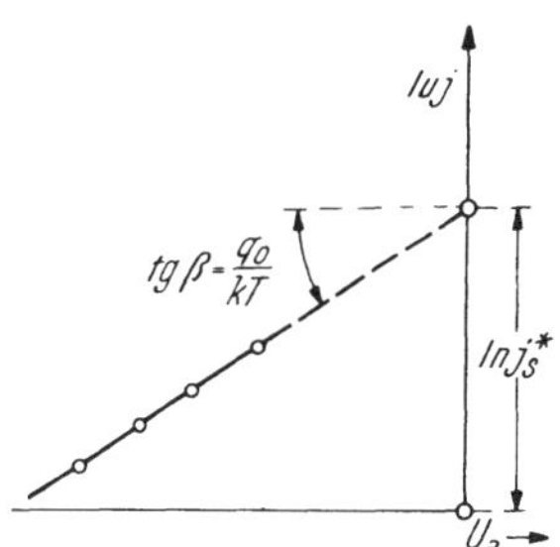

Abb. I 25. Bestimmung der Kathodentemperatur aus der logarithmischen Anlaufkurve [Gerade]. (Statt „lu j" lies „ln j")

Die Verbindung von (I 1, 4) und (I 1, 5) führt auf das *Gesetz der Anlaufstromdichte*

$$\frac{j_a}{j_s^*} = e^{\frac{q_0 U_a}{kT}}; \qquad U_a < 0 \tag{I 1, 6}$$

Trägt man

$$\ln j_a = \ln j_s^* + \frac{q_0 U_a}{kT}; \qquad U_a < 0 \tag{I 1, 7}$$

nach Abb. I 25 als Funktion der [negativen] Anodenspannung U_a auf, so resultiert also eine Gerade; sie schneidet auf der Ordinatenachse die Größe $\ln j_s^*$ ab, und ihre Neigung gegen die Abszissenachse liefert in dem Verhältnis $\frac{q_0}{kT}$ ein Maß der absoluten Temperatur T. Allerdings wird sich herausstellen, daß diese Aussagen auf den Bereich hinreichend stark negativer Werte der Anodenspannung zu beschränken sind; insbesondere gehört daher der Punkt $j_a \to j_s^*$ nicht mehr dem physikalischen Gültigkeitsgebiet der Gl. (I 1, 7) an, sondern nur deren mathematischer Domäne: Er resultiert durch Extrapolation der in Abb. I 25 gezeichneten Anlaufstrom-Geraden bis zu ihrem Schnitt mit der ($\ln j_a$)-Achse. Die entwickelten Relationen gestatten demnach prinzipiell die experimentelle Ermittlung sowohl der absoluten Kathodentemperatur T und der Sättigungsstromdichte j_s^*. In der Tat findet man bei der Ausführung solcher Messungen bei fester Kathodentemperatur wirklich die theoretisch geforderte Gerade

(I 1, 7); dieses Ergebnis darf als eine der stärksten Stützen für die Annahme der *Maxwell*schen Geschwindigkeitsverteilung innerhalb der quasistatischen Raumladungswolke der Elektronen gelten.

c) In welchem Spannungsbereiche ist das Gesetz (I 1, 6) gültig?

Wir orientieren uns im Entladungsraum an der normal zu den Elektroden gerichteten z-Achse; ihr Ursprung liege in der emittierenden Kathodenoberfläche, während die Anodenebene durch $z = d > 0$ definiert sei. Die *Poisson*sche Differentialgleichung für das elektrische Skalarpotential φ der quasistatischen Raumladungswolke lautet dann mit Rücksicht auf (I 1, 2)

$$\frac{d^2\varphi}{dz^2} = -\frac{\varrho}{\Delta} = +\frac{\varrho_0}{\Delta} e^{\frac{q_0\varphi}{kT}}; \qquad \varrho_0 = q_0 n_0. \tag{I 1, 8}$$

Wir messen fortan den Abstand des Aufpunktes von der Kathodenebene in der sozusagen natürlichen Längeneinheit

$$l = \sqrt{\frac{2kT\Delta}{q_0\varrho_0}} \tag{I 1, 9}$$

der Raumladungswolke mittels der numerischen Ortskoordinate

$$\zeta = \frac{z}{l} \tag{I 1, 10}$$

und das Potential durch die dimensionsfreie Größe

$$\eta = \frac{q_0\varphi}{kT} \tag{I 1, 11}$$

als vielfaches der „*Temperaturspannung*“

$$U_T = \frac{kT}{q_0}. \tag{I 1, 12}$$

Mit (I 1, 10) und (I 1, 11) nimmt die *Poisson*sche Gl. (I 1, 8) die dimensionsfreie Normalform

$$\frac{d^2\eta}{d\zeta^2} = 2e^\eta \tag{I 1, 13}$$

an; wir unterwerfen sie den Randbedingungen

$$\eta = 0 \qquad \text{für} \qquad \zeta = 0 \tag{I 1, 14}$$

an der Kathode und

$$\eta = \eta_a = \frac{U_a}{U_T} \equiv \frac{q_0 U_a}{kT} < 0 \quad \text{für} \quad \zeta = \delta = \frac{d}{l} \equiv d\sqrt{\frac{q_0\varrho_0}{2kT\Delta}} \tag{I 1, 15}$$

an der Anode, welche wir durch die Forderung

$$-\frac{d\eta}{d\zeta} \leqq 0; \qquad 0 \leqq \zeta \leqq \delta \tag{I 1, 16}$$

einer im gesamten Interelektrodenraum die Elektronen zur Kathode rücktreibenden [numerischen] Feldstärke ergänzen.

Ausgehend von der Identität

$$\frac{d^2\eta}{d\zeta^2} \equiv \frac{d}{d\eta}\left[\frac{1}{2}\left(\frac{d\eta}{d\zeta}\right)^2\right] \tag{I 1, 17}$$

finden wir aus (I 1, 12), nach Wahl einer Integrationskonstanten $2\gamma^2$,

$$\frac{1}{2}\left(\frac{d\eta}{d\zeta}\right)^2 = 2e^\eta + 2\gamma^2. \tag{I 1, 18}$$

Für die Gesamtheit aller im Entladungsgebiet reellen Lösungen erschließen wir hieraus mit Rücksicht auf (I 1, 16) folgende Alternative:

1. Im Falle

$$\gamma^2 \geqq 0 \tag{I 1, 19}$$

genügen wir allen Bedingungen der Aufgabe durch das mit zunehmendem numerischen Aufpunktsabstand ζ monoton fallende Potentialfeld

$$\frac{d\eta}{d\zeta} = -2\sqrt{e^\eta + \gamma^2}. \tag{I 1, 20}$$

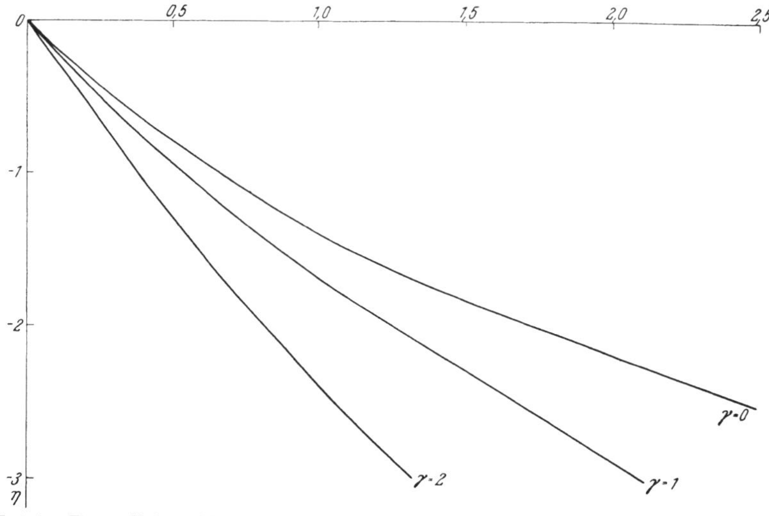

Abb. I 26. Räumlicher Verlauf des [numerischen] Potentiales im Anlaufstromgebiete der parallelebenen Diode.

Wir substituieren

$$e^\eta + \gamma^2 = \frac{\gamma^2}{p^2} \tag{I 1, 21}$$

und erhalten

$$\zeta = \frac{1}{\gamma}\left[\operatorname{artgh}\frac{\gamma}{\sqrt{e^\eta + \gamma^2}} - \operatorname{artgh}\frac{\gamma}{\sqrt{1+\gamma^2}}\right] \tag{I 1, 22}$$

entsprechend Abb. I 26; insbesondere folgt in der Grenze $\gamma \to 0$

$$\lim_{\gamma \to 0} \zeta = e^{-\frac{1}{2}\eta} - 1; \qquad \eta = 2 \ln \frac{1}{1+\zeta} \tag{I 1, 23}$$

so daß nunmehr die [numerische] Feldstärke mit $\zeta \to \infty$ gegen Null strebt: Die positive Ladung der Kathode wird von der negativen Ladung der quasistatischen Raumladungswolke kompensiert, das System als ganzes ist elektrisch neutral.

2. Im Falle

$$-1 < \gamma^2 < 0 \tag{I 1, 24}$$

existiert sicher ein reelles Extremum des [numerischen] Potentiales; es erweist sich wegen $\eta = 0$ an der Kathode und $\eta < 0$ im Gebiete der quasistatischen Raumladungswolke notwendig als Kleinstwert $\eta = \eta_{\min}$. Demnach entnehmen wir aus (I 1, 18) im Verein mit (I 1, 24) die Relation

$$\gamma^2 = -e^{\eta_{\min}} \tag{I 1, 25}$$

Sei $\zeta = \zeta_{\min}$ der numerische Abstand dieses Potentialminimums von der Kathode, so können wir also die Bedingung (I 1, 16) nur innerhalb des Bereiches

$$0 \leqq \zeta \leqq \zeta_{\min} \tag{I 1, 26}$$

befriedigen: Die quasistatische Raumladungswolke besteht genau dann im gesamten interelektrodischen Gebiete, falls

$$\zeta_{\min} \geqq \delta \tag{I 1, 27}$$

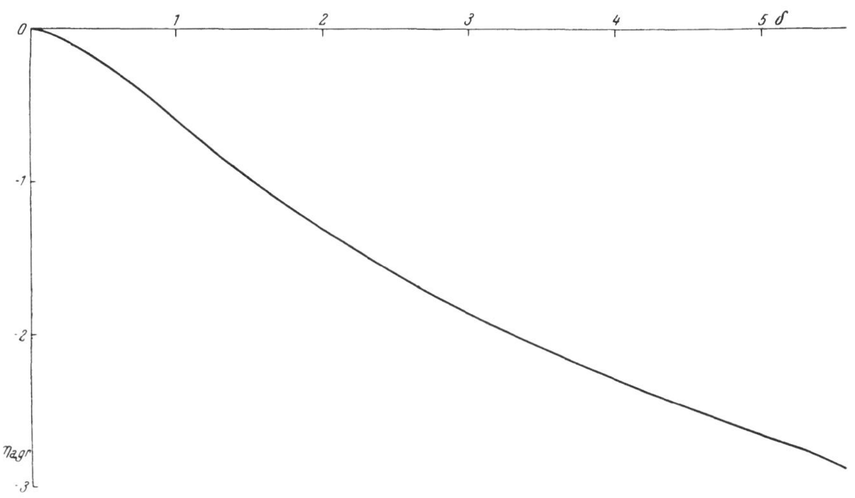

Abb. I 27. Abhängigkeit der numerischen Grenzspannung vom numerischen Elektrodenabstande der planparallelen Diode.

resultiert. Um diese Bedingung zu prüfen, vertauschen wir (I 1, 21) mit der Substitution

$$e^{\eta} - e^{\eta_{\min}} = e^{\eta_{\min}} \cdot p^2 \tag{I 1, 28}$$

und finden, unter der Voraussetzung (I 1, 26),

$$\zeta = e^{-\frac{1}{2}\eta_{\min}} \left[\operatorname{arc\,tg} \sqrt{e^{-\eta_{\min}} - 1} - \operatorname{arc\,tg} \sqrt{e^{\eta - \eta_{\min}} - 1}\right] \tag{I 1, 29}$$

und insbesondere für $\eta = \eta_{\min}$

$$\zeta_{\min} = e^{-\frac{1}{2}\eta_{\min}} \operatorname{arc\,tg} \sqrt{e^{-\eta_{\min}} - 1}. \tag{I 1, 30}$$

Identifizieren wir jetzt $\zeta_{\min}$ mit δ, so geht $\varphi_{\min}$ in jene *Grenz-Anodenspannung*

$$U_a = U_{a, gr} < 0 \tag{I 1, 31}$$

über, deren absoluter Betrag nicht verkleinert werden darf, ohne die Gültigkeit der Gleichung (I 1, 6) zu verletzen. Zwischen der numerischen Grenzspannung

$$\eta_{a, gr} = \frac{U_{a, gr}}{U_T} \equiv \frac{q_0 U_{a, gr}}{k T} \tag{I 1, 32}$$

und dem numerischen Elektrodenabstand $\delta = \frac{d}{l}$ besteht somit der Zusammenhang

$$\delta = e^{-\frac{1}{2}\eta_{a, gr}} \operatorname{arc\,tg} \sqrt{e^{-\eta_{a, gr}} - 1} \tag{I 1, 33}$$

welcher durch Abb. I 27 veranschaulicht wird.

Gemäß (I 1, 6) ist der numerischen Spannung $\eta_{a,\,gr}$ die als vielfaches der Sättigungsstromdichte j_s^* gemessene Grenzstromdichte $j_{a,\,gr}$ zugeordnet

$$\frac{j_{a,\,gr}}{j_s^*} = e^{\eta_{a,\,gr}}. \tag{I 1, 34}$$

Daher kann man (I 1, 33) in die einfachere Gestalt

$$\delta = \sqrt{\frac{j_s^*}{j_{a,\,gr}}} \operatorname{arc\,tg} \sqrt{\frac{j_s^*}{j_{a,\,gr}} - 1} \tag{I 1, 35}$$

bringen, welche durch Abb. I 28 dargestellt wird.

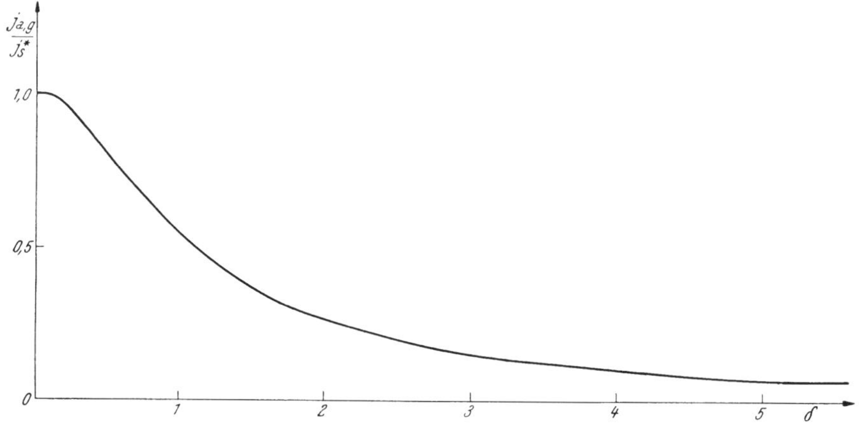

Abb. I 28. Zusammenhang zwischen der numerischen Grenzstromdichte und dem numerischen Elektrodenabstand in der planparallelen Diode.

Häufig fällt das Verhältnis $\frac{j_s^*}{j_{a,\,gr}} = e^{-\eta_{a,\,gr}}$ so groß gegen 1 aus, daß man nach Ersatz des Arcustangens durch seinen Grenzwert $\pi/2$ zu der Abschätzung

$$j_{a,\,gr} \approx j_s^* \frac{\pi^2}{4} \frac{1}{\delta^2}; \qquad \eta_{a,\,gr} \approx 2 \ln \frac{2\,\delta}{\pi} \tag{I 1, 36}$$

gelangt, welche in der Regel größenordnungsmäßig richtige Angaben liefert.

d) Als Zahlenbeispiel wählen wir eine Wolfram-Kathode, welche bei einer absoluten Glühtemperatur von $T = 2500^0$ K betrieben wird. Aus den Emissionsdaten dieses Materiales ergibt sich die entsprechende Sättigungsstromdichte zu [vgl. Abb. E 9]

$$j_s^* = 0{,}207 \frac{\text{A}}{\text{cm}^2}.$$

Nach Gl. (I 1, 5) entspricht ihr an der Kathodenoberfläche die Raumladungsdichte

$$\varrho_0 = q_0 n_0 = j_s^* \, 2 \sqrt{\pi} \sqrt{\frac{m_0}{2\,k\,T}} = 0{,}207 \cdot 2 \sqrt{\pi} \sqrt{\frac{9 \cdot 10^{-35}}{2 \cdot 1{,}371 \cdot 10^{-23} \cdot 2500}} =$$

$$= 0{,}265 \frac{\mu\,\text{Cb}}{\text{cm}^3}$$

Die natürliche Längeneinheit l der Raumladungswolke folgt mittels (I 1, 9) zu

$$l = \sqrt{\frac{2\,k\,T\,\Delta}{q_0\,\varrho_0}} = \sqrt{\frac{2 \cdot 1{,}371 \cdot 10^{-23} \cdot 2500}{4\pi \cdot 9 \cdot 10^{11} \cdot 1{,}60 \cdot 10^{-19} \cdot 0{,}265 \cdot 10^{-6}}} = 3{,}76 \cdot 10^{-3}\,\text{cm}.$$

Sei nun d = 0,2 cm der Abstand der Anode von der Kathode, so mißt nach (I 1, 15) das Verhältnis

$$\delta = \frac{0{,}2}{3{,}76 \cdot 10^{-3}} = 53{,}2$$

die numerische Elektrodendistanz, und die Annäherungsformeln (I 1, 36) liefern

$$j_{a,\,gr} \approx 0{,}207\,\frac{\pi^2}{4}\,\frac{1}{53{,}2^2} = 18 \cdot 10^{-3}\,\frac{\text{A}}{\text{cm}^2}$$

sowie

$$-\eta_{a,gr} \approx 2 \ln \frac{2 \cdot 53{,}2}{\pi} = 7{,}08$$

entsprechend einer Grenz-Anodenspannung vom Werte

$$-U_{a,\,gr} = -U_T\,\eta_{a,\,gr} = \frac{1{,}371 \cdot 10^{-23} \cdot 2500}{1{,}60 \cdot 10^{-19}} \cdot 7{,}08 = 1{,}52\,\text{V}.$$

e) Ehe wir diesen Gegenstand verlassen, müssen wir auf die Erscheinung der *Kontakt-Potentialdifferenz* ΔU hinweisen, welche den Vergleich der inneren Elektronik des Entladungsraumes mit der Phänomenologie der Messungen in den äußeren Stromkreisen erschwert: Unter der Kontakt-Potentialdifferenz ΔU eines Metalles gegen das Vakuum versteht man im wesentlichen das Spannungsäquivalent jener sogenannten *Dushman*schen Arbeit, die ein Elektron bei seinem Austritt aus dem Metalle in das Vakuum zu überwinden hat; wegen der negativen Ladung der Elektronen resultiert für ΔU in der Richtung vom Vakuum zum Metall ein positiver Wert. Seien also ΔU_k und ΔU_a beziehentlich die Kontakt-Potentialdifferenzen der Kathode und der Anode, so resultiert aus ihrem Zusammenwirken mit der „inneren" Anodenspannung U_a die „äußere" Anodenspannung

$$U_a^* = U_a + (\Delta U_k - \Delta U_a) \qquad \text{(I 1, 37)}$$

und eben diese geht in die Phänomenologie der Röhre ein. Im Lichte dieser Gleichung könnte man vermeinen, daß man bei vorgegebenem Elektrodenmaterial die Spannungskorrektur ($U_a^* - U_a$) ein für allemal in die Röhrenkennlinie einführen könnte. Tatsächlich ändert sich jedoch der Oberflächenzustand der Elektroden sowohl während der Herstellung der Röhre wie während ihres regulären Betriebes durch unvermeidliche Verdampfungsprozesse, so daß man sich mit einem theoretisch kaum erfaßbaren Gange jener Spannungskorrektur abfinden muß.

I 2. Die Zylinderdiode im Anlaufstrom-Gebiete.

a) Wir untersuchen die Struktur der quasistatischen Raumladungswolke in einer rotationssymmetrisch gebauten Diode nach Abb. I 29. Es sei r_1 der Halbmesser ihrer zylindrischen Glühkathode, r_2 der Halbmesser des konzentrisch zur Glühkathode angeordneten Anodenzylinders und $r_1 \leq r \leq r_2$ der beweglichen, zylindrischen Kontrollfläche zwischen diesen beiden Elektroden. Die achsiale Länge s des Entladungsgebietes wird als so groß vorausgesetzt, daß Randeffekte außer acht bleiben dürfen: Der gesamte, von der Kathode zur Anode übergehende Elektronenstrom J_a verteilt sich nach Maßgabe des Strombelages

$$A = \frac{1}{s} J_a \qquad (I\ 2,\ 1)$$

gleichförmig auf die achsialen Röhrenelemente.

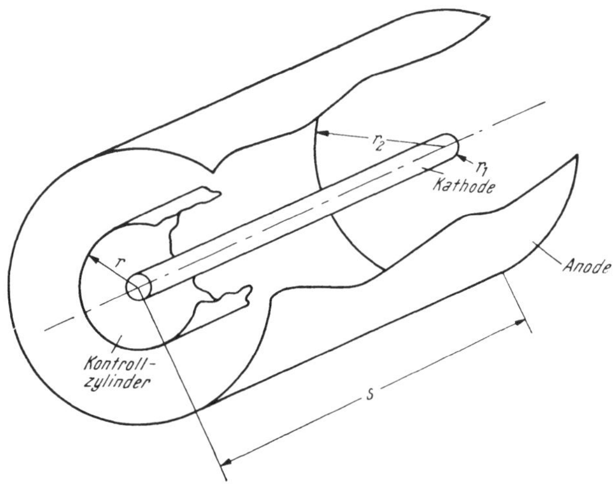

Abb. I 29. Orientierung in der rotationssymmetrischen Diode.

b) Mit v = v(r) bezeichnen wir die radiale, mit w = w(r) die azimutale [physikalische] Komponente der Elektronengeschwindigkeit auf dem Kontrollzylinder. In der dem Entladungsraum angehörigen, unmittelbaren Nachbarschaft der Kathode $[r = r_1 + 0]$ unterliegt die Verteilung der Elektronen auf die dort gemessenen Geschwindigkeitskomponenten merklich dem *Maxwell*schen Gesetz: Von insgesamt n_1 je Raumeinheit anwesenden Elektronen gehört der infinitesimal kleine Anteil

$$dn_1 = K\, e^{-\frac{m_0 (v_1^2 + w_1^2)}{2 k T}}\, dv_1\, dw_1 \qquad (I\ 2,\ 2)$$

dem infinitesimal schmalen Geschwindigkeitsbereiche $v_1, v_1 + dv_1$; $w_1, w_1 + dw_1$ an, wobei die Konstante K der Bilanz

$$n_1 = \int\limits_{v_1=-\infty}^{\infty} \int\limits_{w_1=-\infty}^{\infty} dn_1 = K \frac{2 k T}{m_0} \pi; \qquad K = \frac{n_1}{\pi} \frac{m_0}{2 k T} \qquad (I\ 2,\ 3)$$

zu entnehmen ist. Hiermit berechnet sich der Sättigungs-Strombelag $A_s{}^*$ als Gesamtheit der Elektronenladungen, welche je Zeiteinheit von der Längeneinheit der Kathode in das Vakuum entsandt werden, zu

$$A_s{}^* = 2 \pi r_1 q_0 K \int\limits_{v_1=0}^{\infty} \int\limits_{w_1=-\infty}^{\infty} e^{-\frac{m_0 (v_1^2 + w_1^2)}{2 k T}}\, v_1\, dv_1\, dw_1 = 2 \pi r_1 q_0 K \left(\frac{2 k T}{m_0}\right)^{3/2} \frac{\sqrt{\pi}}{2}$$

$$(I\ 2,\ 4)$$

c) Mit Rücksicht auf die Rotationssymmetrie der Elektronenverteilung im Interelektrodengebiet verschwindet dort überall die in Richtung wachsenden Azimuts α weisende [physikalische] Komponente E^{α} des Vektors E der elektrischen Feldstärke

$$E^{\alpha} = 0 \tag{I 2, 5}$$

so daß diese bereits durch Angabe ihrer radialen [physikalischen] Komponente E^{r} erschöpfend beschrieben wird. Über diese nur kinematische Eigenschaft der Elektronenverteilung hinausgehend definieren wir die *quasistatische* Raumladungswolke als solche, im Gegensatz zu deren Struktur im *stationären* Strömungsfelde der Zylinderdiode, durch die dynamische Voraussetzung

$$E^{r} \geqq 0 \tag{I 2, 6}$$

im gesamten Kontrollgebiete: Die ponderomotorische Kraft des elektrischen Feldes sucht die Elektronen überall zur Kathode zurückzutreiben. Wir fragen nach der aus diesen Bedingungen resultierenden Kinetik der Elektronen im Entladungsraum, falls interelektronische Zusammenstöße grundsätzlich außer acht gelassen werden:

1. Nach Gl. (I 2, 5) ist die am einzelnen Elektron angreifende Kraft eine *Zentralkraft*; der *Flächensatz* führt daher zu der Aussage

$$r \cdot w = \text{const} \tag{I 2, 7}$$

der gemäß die aus der Kathode mit der Azimutgeschwindigkeit w_1 emittierten Elektronen am Kontrollzylinder mit der Azimutgeschwindigkeit

$$w = \frac{r_1}{r}\, w_1 \tag{I 2, 8}$$

eintreffen.

2. Bezeichnet

$$\varphi = \varphi(r) \leqq 0 \tag{I 2, 9}$$

das elektrische Skalarpotential des Kontrollzylinders gegen die Kathode $[\varphi(r_1) = 0]$, so verlangt der Energiesatz die Bilanz

$$\frac{m_0}{2}(v^2 + w^2) - q_0\,\varphi = \frac{m_0}{2}(v_1^2 + w_1^2). \tag{I 2, 10}$$

Aus ihr resultiert mit Rücksicht auf (I 2, 8) für jede physikalisch realisierbare Radialgeschwindigkeit v der Elektronen die Ungleichung

$$0 \leqq v^2 = v_1^2 + w_1^2\left[1 - \frac{r_1^2}{r^2}\right] + 2\,\frac{q_0}{m_0}\,\varphi \tag{I 2, 11}$$

welche folgende Alternative enthält:

1. Sei

$$0 \leqq w_1^2 \leqq \frac{-2\,\dfrac{q_0}{m_0}\,\varphi}{1 - \dfrac{r_1^2}{r^2}} \tag{I 2, 12}$$

so ist v_1^2 entsprechend Abb. I 30 auf den Bereich

$$-2\,\frac{q_0}{m_0}\,\varphi - w_1^2\left[1 - \frac{r_1^2}{r^2}\right] \leqq v_1^2 < \infty \tag{I 2, 13}$$

zu beschränken.

2. Im Falle

$$w_1^2 \geqq \frac{-2\frac{q_0}{m_0}\varphi}{1-\frac{r_1^2}{r^2}} \tag{I 2, 14}$$

wird die Bedingung (I 2, 11) durch

$$0 \leqq v_1^2 < \infty \tag{I 2, 15}$$

nach Abb. I 30 befriedigt.

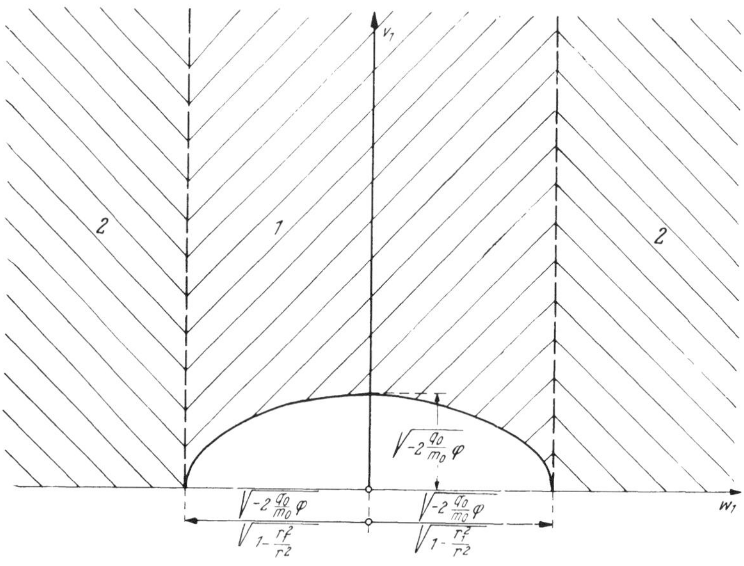

Abb. I 30. Zur Analyse der Elektronenkinematik in der rotationssymmetrischen Diode.

d) Wir suchen den Anteil A^r des in A_s^* enthaltenen Elektronenstromes, welcher unter den oben genannten Bedingungen den Kontrollzylinder in Richtung auf die Anode radial durchkreuzt: Ausgehend von der Konzentrationsverteilung (I 2, 2) der Elektronen an der Kathodenoberfläche finden wir mit Rücksicht auf (I 2, 12), (I 2, 13), (I 2, 14) und (I 2, 15)

$$A^r = 2\pi r_1 q_0 K \cdot 2\,[J_1 + J_2] \tag{I 2, 16}$$

wobei abkürzend die Integrale

$$J_1 = \int\limits_{v_1=a}^{\infty}\int\limits_{w_1=0}^{b} e^{-\frac{m_0(v_1^2+w_1^2)}{2kT}} v_1\,dv_1\,dw_1; \qquad J_2 = \int\limits_{v_1=0}^{\infty}\int\limits_{w_1=b}^{\infty} e^{-\frac{m_0(v_1^2+w_1^2)}{2kT}} v_1\,dv_1\,dw_1 \tag{I 2, 17}$$

mit den Grenzen

$$a = \sqrt{-2\frac{q_0}{m_0}\varphi - w_1^2\left[1-\frac{r_1^2}{r^2}\right]}; \qquad b = \sqrt{\frac{-2\frac{q_0}{m_0}\varphi}{1-\frac{r_1^2}{r^2}}} \tag{I 2, 18}$$

eingeführt wurden.

Wir beschäftigen uns zuerst mit J_1 und erhalten nach Integration bezüglich v_1 den Ausdruck

$$J_1 = \frac{2\,k\,T}{m_0}\, e^{\frac{q_0 \varphi}{k\,T}}\, \frac{1}{2} \int\limits_{w_1=0}^{b} e^{-\frac{m_0 w_1^2}{2\,k\,T}\frac{r_1^2}{r^2}}\, dw_1 \qquad \text{(I 2, 19)}$$

Mit Hilfe des Fehlerintegrales

$$\Phi(x) = \frac{2}{\sqrt{\pi}} \int\limits_0^x e^{-u^2}\, du \qquad \text{(I 2, 20)}$$

resultiert somit aus (I 2, 19)

$$J_1 = \left(\frac{2\,k\,T}{m_0}\right)^{3/2} e^{\frac{q_0 \varphi}{k\,T}}\, \frac{1}{2}\, \frac{r}{r_1}\, \frac{\sqrt{\pi}}{2}\, \Phi\left(\frac{r_1}{r} \sqrt{\frac{-\frac{q_0 \varphi}{k\,T}}{1-\frac{r_1^2}{r^2}}}\right). \qquad \text{(I 2, 21)}$$

Ähnlich liefert in J_2 die Integration nach v_1 zunächst

$$J_2 = \frac{2\,k\,T}{m_0}\, \frac{1}{2} \int\limits_{w_1=b}^{\infty} e^{-\frac{m_0 w_2^2}{2\,k\,T}}\, dw_1 \qquad \text{(I 2, 22)}$$

also, bei nochmaliger Benutzung von (I 2, 20)

$$J_2 = \left(\frac{2\,k\,T}{m_0}\right)^{3/2} \frac{1}{2}\, \frac{\sqrt{\pi}}{2} \left[1 - \Phi\left(\sqrt{\frac{-\frac{q_0 \varphi}{k\,T}}{1-\frac{r_1^2}{r^2}}}\right)\right]. \qquad \text{(I 2, 23)}$$

Wir tragen die Ergebnisse (I 2, 21) und (I 2, 23) in (I 2, 16) ein und finden mit Rücksicht auf (I 2, 4) die Relation

$$A^r = A_s^{*} \left[e^{\frac{q_0 \varphi}{k\,T}}\, \frac{r}{r_1}\, \Phi\left(\frac{r_1}{r} \sqrt{\frac{-\frac{q_0 \varphi}{k\,T}}{1-\frac{r_1^2}{r^2}}}\right) + 1 - \Phi\left(\sqrt{\frac{-\frac{q_0 \varphi}{k\,T}}{1-\frac{r_1^2}{r^2}}}\right)\right]. \qquad \text{(I 2, 24)}$$

Folgende Sonderfälle verdienen unsere Aufmerksamkeit:

1. Durch den Grenzübergang $r_2 \to \infty$, $r_1 \to \infty$ bei endlichem Abstande

$$d = \lim_{\substack{r_2 \to \infty \\ r_1 \to \infty}} (r_2 - r_1) \qquad \text{(I 2, 25)}$$

der Elektroden kehren wir zur *parallelebenen Diode* zurück. Da dann im Interelektrodengebiet gewiß

$$\lim_{\substack{r_1 \to \infty \\ r \to \infty}} \frac{r_1}{r} = 1 \qquad \text{(I 2, 26)}$$

zu fordern ist, folgt aus (I 2, 24) die Aussage

$$\lim_{\substack{r_2 \to \infty \\ r_1 \to \infty}} A^r = A_s^{*}\, e^{\frac{q_0 \varphi}{k\,T}} \qquad \text{(I 2, 27)}.$$

welche inhaltlich mit (I 1, 6) übereinstimmt.

2. Für eine Zylinderdiode, welche mit einer Fadenkathode $r_1 \to 0$ ausgerüstet ist, reduziert sich (I 2, 24) auf

$$\lim_{r_1 \to 0} A^r = A_s^* \left[\frac{2}{\sqrt{\pi}} \sqrt{-\frac{q_0 \varphi}{k T}}\, e^{\frac{q_0 \varphi}{k T}} + 1 - \Phi\left(\sqrt{-\frac{q_0 \varphi}{k T}}\right) \right] \quad \text{(I 2, 28)}$$

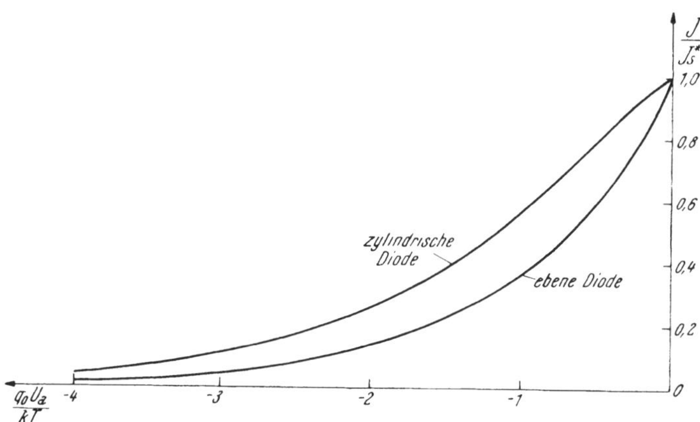

Abb. I 31. Anlaufkennlinien der zylindrischen und der ebenen Diode.

3. Im Falle $r \to r_2$ konvergiert φ gegen die Anodenspannung U_a, während A^r in den Anlauf-Strombelag A_a übergeht. Abb. I 31 zeigt die hiernach resultierende Abhängigkeit des Verhältnisses $\frac{A_a}{A_s^*}$ von der numerischen Anodenspannung $\eta_a = \frac{q_0 U_a}{kT}$ bei $r_1 \to 0$; zum Vergleiche wurde im nämlichen Diagramme das Anlaufstrom-Gesetz der parallelebenen Diode dargestellt, welches also von jenem der zylindrischen Diode mit Fadenkathode wesentlich verschieden ist.

4. Setzt man $r = r_1$ und $\varphi = 0$, so wird gleichzeitig mit b der Ausdruck (I 2, 24) unbestimmt. Aus (I 2, 16) und (I 2, 17) schließt man jedoch im Verein mit (I 2, 4) unmittelbar auf den Grenzwert

$$\lim_{\substack{r \to r_1 \\ \varphi \to 0}} A^r = 2 \pi r_1 \cdot K q_0 2 \int\limits_{v_1 = 0}^{\infty} \int\limits_{w_1 = 0}^{\infty} e^{-\frac{m_0 (v_1^2 + w_1^2)}{2 k T}} u_1 \, dv_1 \, dw_1 = A_s^* \quad \text{(I 2, 29)}$$

wie zu verlangen ist.

e) Nach Ausweis der Gl. (I 2, 24) ist der Strombelag A^r der Zylinderdiode nicht allein von dem Potential φ des Kontrollzylinders, sondern auch von dessen geometrischen Daten im Verhältnis zu jenen der Glühkathode explizit abhängig. Man hat hieraus zu schließen, daß die Verteilung der Elektronenkonzentration innerhalb der von den Zylinderelektroden begrenzten, quasistatischen Raumladungswolke in der Regel vom *Maxwell-Boltzmann*schen Gesetze abweicht; welche Verteilung tritt an deren Stelle?

Wir führen neben dem Halbmesser r des Kontrollzylinders das Azimut α eines diesem Zylinder angehörigen Aufpunktes gegen eine willkürlich gewählte, relativ zu den Elektroden feste Meridianebene ein. Nun begleiten wir eine Gruppe von Elektronen, welche die emittierende Kathodenoberfläche mit einer Radialgeschwindigkeit des infinitesimal schmalen Bereiches v_1; $v_1 + dv_1$ bei einer Azimutalgeschwindigkeit des infinitesimal schmalen Bereiches w_1; $w_1 + dw_1$ verlassen, auf ihrer radial nach außen tendierenden Anlaufbewegung. Sei r_g der Halbmesser jenes Grenz-Kontrollzylinders, den die genannte Gruppe gerade noch erreicht, so folgt aus der Unzerstörbarkeit der individuellen Elektronen im Verein mit dem Ausschluß interelektronischer Zusammenstöße für die Konzentration dn der Gruppe im stationären Zustande der quasistatischen Raumladungswolke die Bilanz

$$\frac{1}{r}\frac{\partial(r\,v\,dn)}{\partial r} + \frac{1}{r}\frac{\partial(w\,dn)}{\partial \alpha} = 0; \quad r_1 \leqq r < r_g \qquad \text{(I 2, 30)}$$

welche sich auf Grund der Rotationssymmetrie des Systemes zu

$$\frac{1}{r}\frac{d}{dr}(r\,v\,dn) = 0; \qquad r_1 \leqq r < r_g \qquad \text{(I 2, 31)}$$

vereinfacht. Aus ihr resultiert durch Integration zwischen den Zylinderflächen r_1 und $r_1 \leqq r < r_g$ die Aussage

$$r_1\,v_1\,dn_1 = r\,v\,dn \qquad \text{(I 2, 32)}$$

aus welcher wir mit Rücksicht auf (I 2, 8) und (I 2, 10) den Zusammenhang

$$dn = \frac{r_1}{r}\,\frac{v_1}{\sqrt{v_1^2 + w_1^2\left[1 - \frac{r_1^2}{r^2}\right] + 2\,\frac{q_0}{m_0}\,\varphi}}\,dn_1 \qquad \text{(I 2, 33)}$$

erschließen.

Für die gesamte Elektronenkonzentration n im Aufpunkte kommen nun sowohl die radial nach außen fliegenden wie die von ihrem jeweiligen Grenz-Kontrollzylinder $r = r_g$ reflektierten Elektronen auf. Indem wir daher das Verteilungsgesetz (I 2, 2) einführen und die aus (I 2, 11) fließende Alternative beachten, finden wir

$$n = K \cdot \frac{r_1}{r} \cdot 4\,[\bar{J}_1 + \bar{J}_2] \qquad \text{(I 2, 34)}$$

wobei abkürzend

$$\bar{J}_1 = \int\limits_{v_1=a}^{\infty}\int\limits_{w_1=0}^{b} e^{-\frac{m_0(v_1^2+w_1^2)}{2kT}}\,\frac{v_1}{\sqrt{v_1^2 + w_1^2\left[1 - \frac{r_1^2}{r^2}\right] + 2\,\frac{q_0}{m_0}\,\varphi}}\,dv_1\,dw_1 \qquad \text{(I 2, 35)}$$

und

$$\bar{J}_2 = \int\limits_{v_1=0}^{\infty}\int\limits_{w_1=b}^{\infty} e^{-\frac{m_0(v_1^2+w_1^2)}{2kT}}\,\frac{v_1}{\sqrt{v_1^2 + w_1^2\left[1 - \frac{r_1^2}{r^2}\right] + 2\,\frac{q_0}{m_0}\,\varphi}}\,dv_1\,dw_1 \qquad \text{(I 2, 36)}$$

gesetzt wurde.

f) Bei der Auswertung der Integrale (I 2, 33) und (I 2, 34) beschränken wir uns auf jene Grenzfälle, welche zu geschlossenen Ausdrücken für die Konzentration n führen:

1. Unter der Annahme $r \to r_1$ und $\varphi \to 0$ werden gleichzeitig mit b nach (I 2, 18) sowohl $\bar{J}_1$ wie $\bar{J}_2$ unbestimmt; doch liefert ihre Summe

$$\lim_{\substack{r \to r_1 \\ \varphi \to 0}} [\bar{J}_1 + \bar{J}_2] = \int\limits_{v_1=0}^{\infty} \int\limits_{w_1=0}^{\infty} e^{-\frac{m_0 (v_1^2 + w_1^2)}{2kT}} dv_1 \, dw_1 = \frac{2kT}{m_0} \cdot \frac{\pi}{4} \qquad \text{(I 2, 37)}$$

so daß im Verein mit (I 2, 3) aus (I 2, 34) die Gleichheit

$$\lim_{\substack{r \to r_1 \\ \varphi \to 0}} n = K \frac{2kT}{m_0} \pi = n_1 \qquad \text{(I 2, 38)}$$

resultiert.

2. Durch die Operationen (I 2, 25) und (I 2, 26) gelangen wir zur quasistatischen Raumladungswolke der parallelebenen Diode: Nach (I 2, 18) konvergiert a gegen $\sqrt{-2 \frac{q_0}{m_0} \varphi}$, während b schrankenlos anwächst; daher finden wir

$$\bar{J}_1 = \int\limits_{v_1 = \sqrt{-2 \frac{q_0}{m_0} \varphi}}^{\infty} \int\limits_{w_1=0}^{\infty} e^{-\frac{m_0 (v_1^2 + w_1^2)}{2kT}} \frac{v_1}{\sqrt{v_1^2 + 2 \frac{q_0}{m_0} \varphi}} dv_1 \, dw_1 =$$

$$= \sqrt{\frac{2kT}{m_0}} \frac{\sqrt{\pi}}{2} \int\limits_{v_1 = \sqrt{-2 \frac{q_0}{m_0 \varphi}}}^{\infty} e^{-\frac{m_0 v_1^2}{2kT}} \frac{v_1}{\sqrt{v_1^2 + 2 \frac{q_0}{m_0} \varphi}} dv_1 = \frac{2kT}{m_0} \frac{\pi}{4} e^{\frac{q_0 \varphi}{kT}} \qquad \text{(I 2, 39)}$$

und

$$\bar{J}_2 = 0 \qquad \text{(I 2, 40)}$$

also

$$\lim_{\substack{r_1 \to \infty \\ r \to \infty}} n = K \frac{2kT}{m_0} \pi e^{\frac{q_0 \varphi}{kT}} = n_1 e^{\frac{q_0 \varphi}{kT}} \qquad \text{(I 2, 41)}$$

identisch mit der *Maxwell-Boltzmann*schen Verteilung gemäß (I 1, 2).

3. Im Falle eines verschwindend kleinen Kathodenhalbmessers $r_1 \to 0$ [Fadenkathode] substituieren wir

$$v_1^2 + w_1^2 + 2 \frac{q_0}{m_0} \varphi = y^2 \qquad \text{(I 2, 42)}$$

und erhalten zuerst bei festem w_1 durch unbestimmte Integration nach v_1

$$\int e^{-\frac{m_0 v_1^2}{2kT}} \frac{v_1}{\sqrt{v_1^2 + w_1^2 + 2 \frac{q_0}{m_0} \varphi}} dv_1 = e^{\frac{m_0 v_1^2}{2kT}} e^{\frac{q_0 \varphi}{kT}} \int e^{-\frac{m_0 y^2}{2kT}} dy =$$

$$= \frac{\sqrt{\pi}}{2} \sqrt{\frac{2kT}{m_0}} e^{\frac{m_0 w_1^2}{2kT}} e^{\frac{q_0 \varphi}{kT}} \Phi\left(\sqrt{\frac{m_0}{2kT}} y\right) + \text{Const.} \qquad \text{(I 2, 43)}$$

Daher findet man sogleich

$$\overline{J}_1 = \frac{\sqrt{\pi}}{2}\sqrt{\frac{2\,k\,T}{m_0}}\;e^{\frac{q_0\varphi}{kT}}\int\limits_{w_1=0}^{b} dw_1 = \frac{\sqrt{\pi}}{2}\frac{2\,k\,T}{m_0}\;e^{\frac{q_0\varphi}{kT}}\sqrt{-\frac{q_0\varphi}{k\,T}} \qquad \text{(I 2, 44)}$$

während $\overline{J}_2$ die Gestalt

$$\overline{J}_2 = \frac{\sqrt{\pi}}{2}\sqrt{\frac{2\,k\,T}{m_0}}\;e^{\frac{q_0\varphi}{kT}}\int\limits_{w_1=\sqrt{-2\frac{q_0}{m_0}\varphi}}^{\infty}\left[1-\Phi\left(\sqrt{\frac{m_0\,w_1^{\,2}}{2\,k\,T}+\frac{q_0\varphi}{k\,T}}\right)\right]dw_1 \qquad \text{(I 2, 45)}$$

annimmt. Aus ihr entsteht durch Teilintegration die Summe

$$\int\limits_{w_1=\sqrt{-2\frac{q_0}{m_0}\varphi}}^{\infty}[1-\Phi(\sqrt{\ldots})]\,dw_1 = [1-\Phi(\sqrt{\ldots})]\,w_1\Bigg|_{w_1=\sqrt{-2\frac{q_0}{m_0}\varphi}}^{\infty} +$$

$$+\frac{2}{\sqrt{\pi}}\int\limits_{w_1=\sqrt{-2\frac{q_0}{m_0}\varphi}}^{\infty} w_1\,e^{-\left(\frac{m_0 w_1^2}{2kT}+\frac{q_0\varphi}{kT}\right)}\frac{m_0}{2\,k\,T}\frac{w_1}{\sqrt{\frac{m_0\,w_1^{\,2}}{2\,k\,T}+\frac{q_0\varphi}{k\,T}}}\,dw_1 \qquad \text{(I 2, 46)}$$

deren integralfreier Posten sich zu

$$[1-\Phi(\sqrt{\ldots})]\,w_1\Bigg|_{\sqrt{-2\frac{q_0}{m_0}\varphi}}^{\infty} = -\sqrt{-2\frac{q_0}{m_0}\varphi} \qquad \text{(I 2, 47)}$$

ergibt. Zur Berechnung des verbleibenden Integrales substituieren wir

$$\frac{m_0\,w_1^{\,2}}{2\,k\,T} = -\frac{q_0\varphi}{k\,T}\cosh^2\beta \qquad \text{(I 2, 48)}$$

und erhalten

$$\frac{2}{\sqrt{\pi}}\int\limits_{w_1=\sqrt{-2\frac{q_0}{m_0}\varphi}}^{\infty}\ldots\,dw_1 - \frac{2}{\sqrt{\pi}}\sqrt{-\frac{q_0\varphi}{k\,T}}\,e^{-\frac{q_0\varphi}{kT}}\sqrt{-2\frac{q_0}{m_0}\varphi}\int\limits_0^{\infty} e^{\frac{q_0\varphi}{kT}\cosh^2\beta}\cosh^2\beta\,d\beta. \qquad \text{(I 2, 49)}$$

Wir setzen vorübergehend

$$x = -\frac{q_0\varphi}{k\,T} \qquad \text{(I 2, 50)}$$

also

$$\int\limits_0^{\infty} e^{\frac{q_0\varphi}{kT}\cosh^2\beta}\cosh^2\beta\,d\beta = -\frac{d}{dx}\int\limits_0^{\infty} e^{-x\cosh^2\beta}\,d\beta. \qquad \text{(I 2, 51)}$$

Bezeichne nun das Symbol $H_p^{(1)}$ die *Hankel*sche Zylinderfunktion p-ter Ordnung und erster Art, so wird

$$\int\limits_0^{\infty} e^{-x\cosh^2\beta}\,d\beta = \frac{1}{2}e^{-\frac{x}{2}}\int\limits_0^{\infty} e^{-\frac{x}{2}\cosh 2\beta}\,d(2\,\beta) = \frac{\pi}{4}e^{-\frac{x}{2}}\,i\,H_0^{(1)}\left(i\frac{x}{2}\right) \qquad \text{(I 2, 52)}$$

und weiter, mit Hilfe der Vorschrift (I 2, 51)

$$\int_0^\infty e^{\frac{q_0\varphi}{kT}\cosh^2\beta}\cosh^2\beta\, d\beta = \frac{\pi}{8} e^{\frac{1}{2}\frac{q_0\varphi}{kT}}\left[i\,H_0^{(1)}\left(-\frac{i}{2}\frac{q_0\varphi}{kT}\right) - H_1^{(1)}\left(-\frac{i}{2}\frac{q_0\varphi}{kT}\right)\right]. \tag{I 2, 53}$$

Nach Einführung dieser Formel in (I 2, 49) ergibt sich aus (I 2, 44), (I 2, 47) und (I 2, 49) im Verein mit der aus (I 2, 4) zu entnehmenden Grenzangabe

$$\lim_{r_1\to 0}(r_1 K) = \frac{2}{\sqrt{\pi}}\frac{A_s^*}{2\pi q_0}\left(\frac{m_0}{2kT}\right)^{3/2} \tag{I 2, 54}$$

für die Elektronenkonzentration n der Ausdruck

$$\lim_{r_1\to 0} n = \frac{A_s^*}{q_0 2\pi r}\sqrt{\frac{m_0}{2kT}}\frac{2}{\sqrt{\pi}}\left(-\frac{q_0\varphi}{kT}\right)e^{\frac{1}{2}\frac{q_0\varphi}{kT}}\cdot$$
$$\cdot\left[\frac{\pi i}{2}H_0^{(1)}\left(-\frac{i}{2}\frac{q_0\varphi}{kT}\right) - \frac{\pi}{2}H_0^{(1)}\left(-\frac{i}{2}\frac{q_0\varphi}{kT}\right)\right]. \tag{I 2, 55}$$

Bild I 32 zeigt den Ladungsbelag

$$\lambda = \lim_{r_1\to 0} 2\pi r n q_0 \tag{I 2, 56}$$

als Funktion des numerischen Potentiales $\frac{q_0\varphi}{kT}$; insbesondere kann man im Gebiete

$$-\frac{q_0\varphi}{kT} \gg 1 \tag{I 2, 57}$$

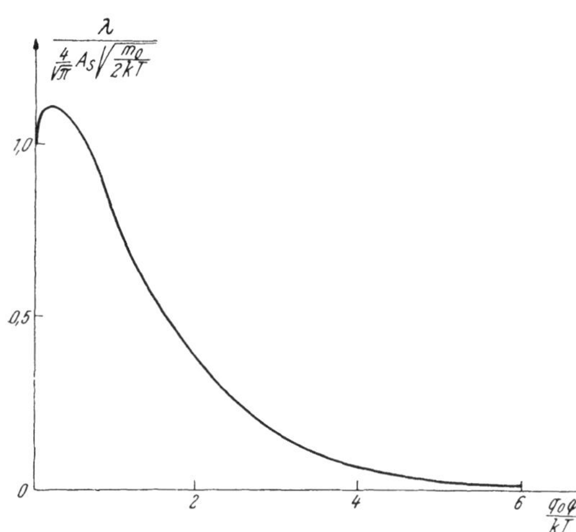

Abb. I 32. Ladungsbelag im Anlaufgebiete einer Diode mit Fadenkathode.

die *Hankel*schen Zylinderfunktionen durch die Anfangsglieder ihrer semikonvergenten Reihen approximieren und erhält in der hierdurch angezeigten Genauigkeit mit Rücksicht auf (I 2, 28) die Aussage

$$\lim_{\frac{q_0\varphi}{kT}\to -\infty} \lambda = 2\sqrt{\pi}\sqrt{\frac{m_0}{2kT}}A^r. \tag{I 2, 58}$$

In ihr mißt nach (I 2, 46) der Ausdruck

$$\vec{v}^r = \frac{1}{2\sqrt{\pi}}\sqrt{\frac{2kT}{m_0}} \tag{I 2, 59}$$

die durchschnittliche, nach außen weisende Radialgeschwindigkeit eines Elektronenkollektivs, dessen Mitglieder bei ihrer radialen Bewegung der *Maxwell*schen Geschwindigkeits-Verteilung gehorchen.

4. Wir ersetzen den wahren Mechanismus der Elektronen-Emission durch einen ideellen, bei welchem alle Elektronen die Glühelektrode normal zu deren Oberfläche verlassen. Um das Gesetz ihrer Geschwindigkeits-

verteilung aufzufinden, denken wir uns in (I 2, 2) zunächst die azimutale Komponente w_1 der Emissionsgeschwindigkeit auf das äußerst schmale Gebiet

$$|w_1| \leqq W_1 \ll \sqrt{\frac{2\,k\,T}{m_0}} \tag{I 2, 60}$$

beschränkt und erhalten an Stelle von (I 2, 3) die Bilanz

$$n_1 = \int\limits_{u_1=-\infty}^{\infty} \int\limits_{w_1=-W_1}^{W_1} dn_1 = K\,2\,W_1 \sqrt{\frac{2\,k\,T}{m_0}}\sqrt{\pi}; \qquad K\,2\,W_1 = \frac{n_1}{\sqrt{\pi}}\sqrt{\frac{m_0}{2\,k\,T}} \tag{I 2, 61}$$

so daß auf das infinitesimale Element dv_1 allein der radialen Emissionsgeschwindigkeit v_1 je Raumeinheit

$$dN_1 = K\,2\,W_1\,e^{-\frac{m_0 v_1^2}{2\,k\,T}}\,dv_1 = \frac{n_1}{\sqrt{\pi}}\sqrt{\frac{m_0}{2\,k\,T}}\,e^{-\frac{m_0 v_1^2}{2\,k\,T}}\,dv_1 \tag{I 2, 62}$$

Elektronen entfallen. Da sich für sie der Energiesatz (II 2, 10) auf

$$\frac{m_0}{2}\,v^2 - q_0\,\varphi = \frac{m_0}{2}\,v_1^2 \tag{I 2, 63}$$

reduziert, verringert sich ihre Konzentration während des Anlaufes gegen die Fläche $r_1 \leqq r \leqq r_2$ des Kontrollzylinders für alle Elektronen des Bereiches

$$v_1 > \sqrt{-2\,\frac{q_0}{m_0}\,\varphi} \tag{I 2, 64}$$

auf den Betrag

$$dN = \frac{r_1}{r}\frac{v_1}{v}\,dN_1 = \frac{r_1}{r}\,\frac{v_1}{\sqrt{v_1^2 + 2\,\frac{q_0}{m_0}\,\varphi}}\,dN_1. \tag{I 2, 65}$$

Da die reflektierten Elektronen die genannte Kontrollfläche ebenfalls mit der Geschwindigkeit v_1 durchkreuzen, trifft man dort insgesamt die Konzentration

$$n = 2 \int\limits_{v_1=\sqrt{-2\frac{q_0}{m_0}\varphi}}^{\infty} dN(v_1) =$$

$$= 2\,\frac{r_1}{r}\,\frac{n_1}{\sqrt{\pi}}\sqrt{\frac{m_0}{2\,k\,T}} \int\limits_{v_1=\sqrt{-2\frac{q_0}{m_0}\varphi}}^{\infty} e^{-\frac{m_0 v_1^2}{2\,k\,T}}\,\frac{v_1}{\sqrt{v_1^2 + 2\,\frac{q_0}{m_0}\,\varphi}}\,dv_1 = \frac{r_1}{r}\,n_1\,e^{\frac{q_0\varphi}{k\,T}} \tag{I 2, 66}$$

an.

g) Bei endlicher Größe des Anlauf-Strombelages tritt in der Raumladungswolke eine Zylinderfläche $r = r_{min}$ auf, in welcher das Potential φ seinen niedrigsten Wert $\varphi = \varphi_{min} \leqq 0$ annimmt, nur im Gebiete $r_1 \leqq r < r_{min}$ ist der quasistatische Zustand jener Wolke realisierbar. Welches ist der funktionelle Zusammenhang zwischen r_{min} und φ_{min}?

Innerhalb der Raumladungswolke unterliegt das Feld des Potentiales φ der *Poisson*schen Gleichung

$$\nabla^2 \varphi = \frac{q_0 n}{\Delta} \qquad \text{(I 2, 67)}$$

welche mit Rücksicht auf die Rotationssymmetrie des Systemes die Gestalt

$$\frac{d^2\varphi}{dr^2} + \frac{1}{r}\frac{d\varphi}{dr} = \frac{q_0 n}{\Delta} \qquad \text{(I 2, 68)}$$

annimmt.

Da die strenge Lösung dieser Gleichung für das Gesetz (I 2, 34) der Konzentrationsverteilung nicht bekannt ist, müssen wir uns notgedrungen mit einer Näherung begnügen: Wir stellen die Konzentration durch den Ausdruck (I 2, 66) dar, der sowohl in unmittelbarer Nähe der emittierenden Kathodenoberfläche wie in sehr weitem Abstand von dieser gegen die beziehentlich dort tatsächlich auftretenden Konzentrationen konvergiert; durch seine Substitution in (I 2, 68) gelangen wir zu der Differentialgleichung

$$\frac{d^2\varphi}{dr^2} + \frac{1}{r}\frac{d\varphi}{dr} = \frac{q_0 n_1}{\Delta} \cdot \frac{r_1}{r} e^{\frac{q_0 \varphi}{kT}} \qquad \text{(I 2, 69)}$$

welche wir unter den Randbedingungen

$$\varphi = 0 \qquad \text{für} \qquad r = r_1 \qquad \text{(I 2, 70)}$$

und

$$\varphi = \varphi_{\min} \leqq 0 \qquad \text{für} \qquad r = r_{\min} \geqq r_1 \qquad \text{(I 2, 71)}$$

zu integrieren haben.

Wir vertauschen die unabhängige Veränderliche r mit der dimensionsfreien Ortskoordinate

$$u = \ln \frac{r_1}{r} \geqq 0. \qquad \text{(I 2, 72)}$$

Der Kürze halber möge das Symbol φ auch für die funktionelle Abhängigkeit des elektrischen Skalarpotentiales von u beibehalten werden. Mittels der Relationen

$$\frac{d\varphi}{dr} = -\frac{1}{r}\frac{d\varphi}{du} = -\frac{e^{-u}}{r_1}\frac{d\varphi}{du} \qquad \text{(I 2, 73)}$$

und

$$\frac{d^2\varphi}{dr^2} = \frac{1}{r^2}\frac{d^2\varphi}{du^2} - \frac{1}{r^2}\frac{du}{d\varphi} = \frac{e^{-2u}}{r_1{}^2}\left[\frac{d^2\varphi}{du^2} - \frac{d\varphi}{du}\right] \qquad \text{(I 2, 74)}$$

entsteht dann aus (I 2, 69) für $\varphi(u)$ die Differentialgleichung

$$\frac{1}{r_1{}^2} e^{-2u} \frac{d^2\varphi}{du^2} = \frac{q_0 n_1}{\Delta} e^{-u} e^{\frac{q_0 \varphi}{kT}}. \qquad \text{(I 2, 75)}$$

Wir definieren nun den numerischen Kathodenhalbmesser a als vielfaches der sozusagen natürlichen Längeneinheit

$$r_0 = \frac{1}{q_0}\sqrt{\frac{\Delta k T}{2 n_1}} \qquad \text{(I 2, 76)}$$

durch

$$a = \frac{r_1}{r_0} \qquad \text{(I 2, 77)}$$

und vertauschen u mit der Veränderlichen

$$\mu = \frac{1}{2} \mathrm{a\,u} \tag{I 2, 78}$$

Die dimensionsfreie Funktion

$$\Phi(\mu) = \frac{\mathrm{q_0}}{\mathrm{k\,T}} \varphi \left(2 \frac{\mu}{\mathrm{a}}\right) + 2 \frac{\mu}{\mathrm{a}} \tag{I 2, 79}$$

genügt dann der Differentialgleichung

$$\frac{\mathrm{d}^2 \Phi}{\mathrm{d}\mu^2} = 2\,\mathrm{e}^{\Phi} \tag{I 2, 80}$$

unter den Randbedingungen

$$\Phi = 0 \qquad \text{für} \qquad \mu = 0 \tag{I 2, 81}$$

und

$$\frac{\mathrm{d}\Phi}{\mathrm{d}\mu} = \frac{2}{\mathrm{a}} \qquad \text{für} \qquad \mu = \mu_{\min} = \mathrm{a} \ln \frac{\mathrm{r_{min}}}{\mathrm{r_1}} \geqq 0 \tag{I 2, 82}$$

Setzen wir jetzt

$$\Phi' = \frac{\mathrm{d}\Phi}{\mathrm{d}\mu} \tag{I 2, 83}$$

und bringen Gl. (I 2, 80) in die Gestalt

$$\frac{\mathrm{d}}{\mathrm{d}\Phi} \left(\frac{1}{2} \Phi'^2\right) = 2\,\mathrm{e}^{\Phi} \tag{I 2, 84}$$

so erhalten wir durch einmalige Integration unter Einführung der noch unbestimmten Konstanten $2\gamma^2$

$$\frac{1}{2} \Phi'^2 = 2\,(\mathrm{e}^{\Phi} + \gamma^2) \tag{I 2, 85}$$

Nunmehr sind folgende Fälle zu unterscheiden:

1. Es sei

$$\mathrm{a} \leqq 1 \tag{I 2, 86}$$

und

$$0 \leqq \gamma^2 \leqq \frac{1}{\mathrm{a}^2} - 1 \tag{I 2, 87}$$

Wir bilden dann aus (I 2, 85) die Differentialgleichung

$$\Phi' = +\,2 \sqrt{\mathrm{e}^{\Phi} + \gamma^2} \tag{I 2, 88}$$

deren Veränderliche sich sogleich trennen lassen

$$\frac{\mathrm{d}\Phi}{2 \sqrt{\mathrm{e}^{\Phi} + \gamma^2}} = +\,\mathrm{d}\mu \tag{I 2, 89}$$

Mittels der Substitution

$$\mathrm{e}^{\Phi} + \gamma^2 = \frac{\gamma^2}{\mathrm{p}^2} \tag{I 2, 90}$$

findet man somit aus (I 2, 89) das Integral

$$\mu = \frac{1}{\gamma} \left[\operatorname{artgh} \frac{\gamma}{\sqrt{1 + \gamma^2}} - \operatorname{artgh} \frac{\gamma}{\sqrt{\mathrm{e}^{\Phi} + \gamma^2}}\right] \equiv \frac{1}{\gamma} \left[\operatorname{arsinh} \gamma - \operatorname{artgh} \frac{\gamma}{\sqrt{\mathrm{e}^{\Phi} + \gamma^2}}\right]. \tag{I 2, 91}$$

Nach (I 2, 82) und (I 2, 88) gilt nun

$$\sqrt{e^{\Phi} + \gamma^2} = \frac{1}{a} \qquad \text{für} \qquad \mu = \mu_{\min} \tag{I 2, 92}$$

so daß aus (I 2, 91) der funktionelle Zusammenhang

$$\mu_{\min} = \frac{1}{\gamma} [\operatorname{arsinh} \gamma - \operatorname{artgh} \gamma\, a] \tag{I 2, 93}$$

zwischen dem Werte $\mu_{\min}$ der numerischen Koordinate μ am Orte des Potentialminimums und dem Parameter γ resultiert.

2. Es sei entweder

$$a \leqq 1; \qquad -1 \leqq \gamma^2 \leqq 0 \tag{I 2, 94}$$

oder

$$a \geqq 1; \qquad -1 \leqq \gamma^2 \leqq \frac{1}{a^2} - 1. \tag{I 2, 95}$$

Wir setzen

$$\gamma^2 = -\gamma^{*2} \tag{I 2, 96}$$

und erhalten aus (I 2, 89) mit der Substitution

$$e^{\Phi} + \gamma^2 \equiv e^{\Phi} - \gamma^{*2} = \frac{\gamma^{*2}}{p^2} \tag{I 2, 97}$$

das Integral

$$\mu = \frac{1}{\gamma^*}\left[\operatorname{arctg}\frac{\gamma^*}{\sqrt{1-\gamma^{*2}}} - \operatorname{arctg}\frac{\gamma^*}{\sqrt{e^{\Phi}-\gamma^{*2}}}\right] \equiv \tag{I 2, 98}$$

$$\equiv \frac{1}{\gamma^*}\left[\arcsin\gamma^* - \operatorname{arctg}\frac{\gamma^*}{\sqrt{e^{\Phi}-\gamma^{*2}}}\right].$$

Aus ihm erschließen wir, abermals mit (I 2, 79) und (I 2, 88), den Zusammenhang

$$\mu_{\min} = \frac{1}{\gamma^*} [\arcsin \gamma^* - \operatorname{arctg} a\, \gamma^*]. \tag{I 2, 99}$$

3. Es sei, bei beliebigen Werten des numerischen Kathodenhalbmessers a,

$$-1 \leqq \gamma^2 \leqq 0. \tag{I 2, 100}$$

Zu (I 2, 85) zurückkehrend, bilden wir diesmal die Differentialgleichung

$$\Phi' = -2\sqrt{e^{\Phi} + \gamma^2}. \tag{I 2, 101}$$

In ihr ersetzen wir γ^2 gemäß (I 2, 96) durch γ^{*2}

$$\Phi' = -2\sqrt{e^{\Phi} - \gamma^{*2}}. \tag{I 2, 102}$$

Nach Ausweis dieser Gleichung kann die Funktion $\Phi = \Phi(\mu)$ den Wert

$$\Phi_{\min} = -\ln\frac{1}{\gamma^*} \leqq 0 \tag{I 2, 103}$$

nicht unterschreiten. Um die numerische Koordinate $\mu_{\min}{}^*$ dieses Extremums aufzufinden, welches deutlich von dem Minimum des Potentiales φ am Orte $\mu_{\min}$ zu unterscheiden ist, trennen wir in (I 2, 102) die Veränderlichen

$$\frac{d\Phi}{2\sqrt{e^{\Phi} - \gamma^{*2}}} = -d\mu \tag{I 2, 104}$$

und erhalten mittels (I 2, 97) durch Integration die Gleichung

$$\mu = \frac{1}{\gamma^*}\left[\operatorname{arctg}\frac{\gamma^*}{\sqrt{e^{\Phi}-\gamma^{*2}}} - \operatorname{arctg}\frac{\gamma^*}{\sqrt{1-\gamma^{*2}}}\right] = \frac{1}{\gamma^*}\left[\operatorname{arctg}\frac{\gamma^*}{\sqrt{e^{\Phi}-\gamma^{*2}}} - \arcsin\gamma^*\right]. \tag{I 2, 105}$$

Aus ihr folgt im Verein mit (I 2, 103) die Aussage

$$\mu_{min}^* = \frac{1}{\gamma^*}\left[\frac{\pi}{2} - \arcsin\gamma^*\right] = \frac{1}{\gamma^*}\arccos\gamma^*. \tag{I 2, 106}$$

Zwecks stetiger Fortsetzung der Funktion $\mu = \mu(\Phi)$ nach (I 2, 105) über $\mu = \mu_{min}^*$ hinaus wechseln wir in (I 2, 104) rechter Hand das Vorzeichen und finden

$$\mu - \mu_{min}^* \int\limits_{\Phi_{min}}^{\Phi} \frac{d\Phi^*}{2\sqrt{e^{\Phi^*}-\gamma^{*2}}} = \frac{1}{\gamma^*}\left[\operatorname{arctg}\frac{\gamma^*}{\sqrt{e^{\Phi_{min}}-\gamma^{*2}}} - \operatorname{arctg}\frac{\gamma^*}{\sqrt{e^{\Phi}-\gamma^{*2}}}\right] \tag{I 2, 107}$$

also, mit Rücksicht auf (I 2, 103) und (I 2, 106)

$$\mu = \frac{1}{\gamma^*}\left[\arccos\gamma^* + \operatorname{arccotg}\frac{\gamma^*}{\sqrt{e^{\Phi}-\gamma^{*2}}}\right]. \tag{I 2, 108}$$

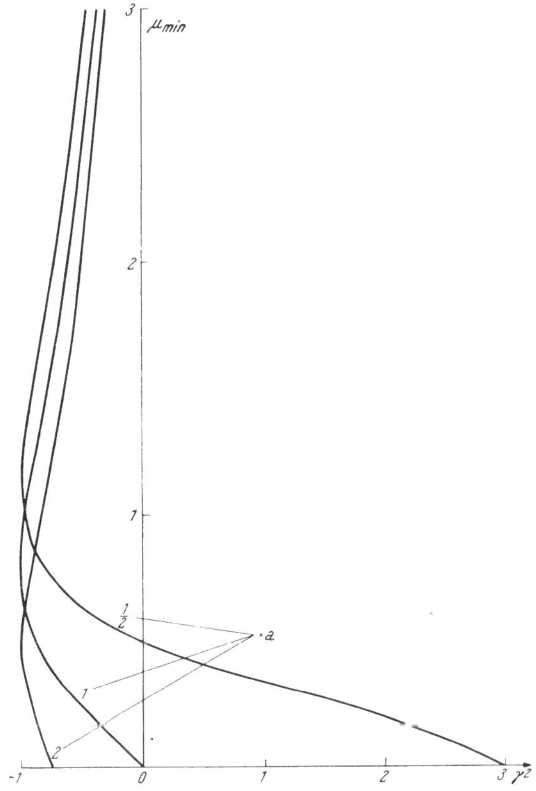

Abb. I 33. Die Funktion μ_{min} in Abhängigkeit von γ^2.

Wir entnehmen dieser Darstellung im Verein mit (I 2, 82) und (I 2, 88) die Angabe

$$\mu_{min} = \frac{1}{\gamma^*}\left[\arccos\gamma^* + \operatorname{arctg}\frac{1}{a\gamma^*}\right] \tag{I 2, 109}$$

für die Lage des Potentialminimums. Abb. I 33 zeigt den Gang von μ_{min} in Abhängigkeit von dem Parameter γ^2 für drei in charakteristischer Weise unterschiedliche Werte des numerischen Kathodenhalbmessers a.

Welches ist der Wert φ_{min} des Potentiales φ am Orte $\mu = \mu_{min}$?

Aus (I 2, 82) und (I 2, 88) erschließen wir zunächst die Relation

$$\Phi(\mu_{min}) = \ln\left[\frac{1}{a^2} - \gamma^2\right]. \tag{I 2, 110}$$

Mit ihrer Hilfe bilden wir gemäß (I 2, 79)

$$\mu_{\min} \equiv \frac{q_0 \varphi_{\min}}{k\,T} = \Phi(\mu_{\min}) - 2\frac{\mu_{\min}}{a} = \ln\left[\frac{1}{a^2} - \gamma^2\right] - 2\frac{\mu_{\min}}{a}. \quad \text{(I 2, 111)}$$

Die Gln. (I 2, 109) und (I 2, 111) liefern nach Elimination des Parameters γ den funktionellen Zusammenhang

$$\eta_{\min} = f(\mu_{\min}). \quad \text{(I 2, 112)}$$

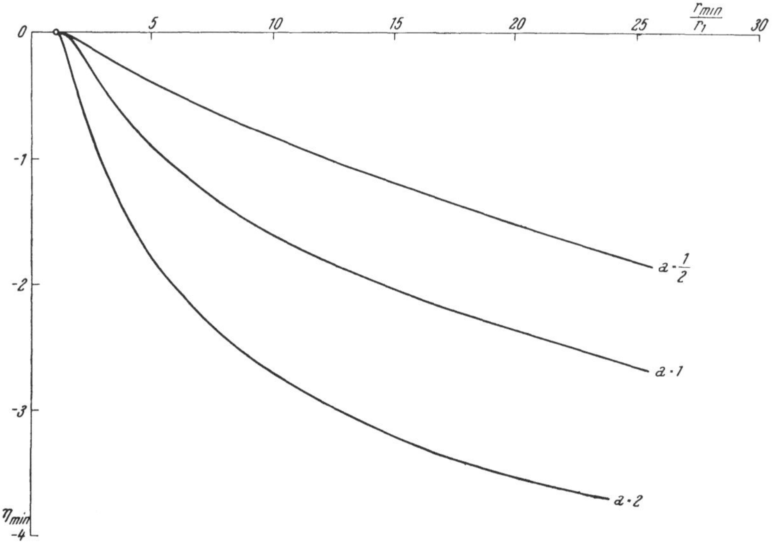

Abb. I 34. Lage des Zylinders $r = r_{\min}$ in Abhängigkeit vom niedrigsten Potentiale $\eta_{\min}$.

Ergänzen wir ihn durch die aus (I 2, 72) und (I 2, 78) folgende Angabe

$$\left(\frac{r}{r_1}\right)_{\min} = e^{2\frac{\mu_{\min}}{a}} \quad \text{(I 2, 113)}$$

so gelangen wir in Abb. I 34 zur Kenntnis der Lage des Zylinders $r = r_{\min}$ vom jeweils niedrigsten [numerischen] Potentiale $\eta_{\min}$.

h) Als Zahlenbeispiel wählen wir eine Diode der Daten

$$r_1 = 0{,}0095\,\text{mm}; \qquad r_2 = 0{,}2\,\text{mm}$$

deren Kathode mit der absoluten Temperatur

$$T = 2500^0\,\text{K}$$

betrieben wird. In Ziffer I 1, d haben wir ihre Sättigungsstromdichte

$$j_s^* = 0{,}207\,\frac{\text{A}}{\text{cm}^2}$$

und die an der emittierenden Elektrodenoberfläche herrschende Raumladungsdichte

$$\varrho_0 = 0{,}265\,\frac{\mu\,\text{Cb}}{\text{cm}^3} = q_0\,n_1$$

angegeben. Gemäß (I 2, 75) ist also die Raumladungswolke mit der natürlichen Längeneinheit

$$r_0 = 1{,}88 \cdot 10^{-2}\,\text{mm}$$

zu vermessen, so daß sich die numerischen Halbmesser der Elektroden zu

$$a = \frac{r_1}{r_0} \approx \frac{1}{2}; \qquad b = \frac{r_2}{r_0} \approx 10{,}6$$

mit dem Verhältnis

$$\frac{r_2}{r_1} = \frac{b}{a} \approx 21{,}2$$

berechnen. Gemäß Abb. I 34 ist also das Anlaufstrom-Gesetz (I 2, 24) in seiner angenäherten Gestalt (I 2, 28) bis zur numerischen Grenz-Anodenspannung

$$\eta_a = \eta_{\min\left(\frac{r_2}{r_1} = 21{,}2\right)} = -1{,}59$$

entsprechend der Anodenspannung

$$U_a = \frac{k\,T}{q_0}\,\eta_a = -0{,}214\ \mathrm{V}$$

anwendbar; gleichzeitig erreicht der Anlauf-Strombelag $A^r \equiv A_a$ im Verhältnis zum Sättigungs-Strombelag

$$A_s = 2\pi\, r_1\, j_0 \approx 1{,}25\,\frac{\mathrm{m\,A}}{\mathrm{cm}}$$

gemäß Abb. I 31 die Größe

$$\frac{A^r}{A_s^*} = 0{,}36; \qquad A_a = A^r \approx 0{,}45\,\frac{\mathrm{m\,A}}{\mathrm{cm}}.$$

I 3. Elementare Behandlung der Diode im Raumladungsgebiet.

a) In den Ziffern I 1 und I 2 wurde das Verhalten der Diode im Gebiete des *Anlaufstromes* untersucht, welcher bei hinreichend stark negativen Werten der Anodenspannung U_a auftritt. Demgegenüber setzen wir hier diese Spannung zunächst als positiv voraus. Welcher Anodenstrom J_a durchquert dann den Interelektrodenraum?

Bei der ersten Berührung mit dieser Frage könnte man geneigt sein, eine sehr einfache Antwort zu geben: Alle Elektronen, welche die Oberfläche der Glühkathode gemäß ihrer absoluten Temperatur T in das Vakuum entsendet, sollten zur Anode hinübergezogen werden; der gesuchte Anodenstrom J_a sollte mit dem *Sättigungsstrom* $J_s = J_s(T)$ der aktiven Elektrode identisch werden.

Indessen trifft diese Meinung nicht immer zu: Die Phänomenologie der Hochvakuum-Diode [Ziffer E 2] zeigt, daß — bei fester Glühtemperatur der elektronenemittierenden Oberfläche — die [ideelle] Sättigungsstromstärke J_s^* der Röhre erst erreicht wird, sobald die Anodenspannung U_a mindestens dem Werte der [ideellen] Sättigungsspannung U_s^* gleicht

$$U_a \geqq U_s^*. \tag{I3, 1}$$

Dagegen bleibt der Anodenstrom bei niedrigeren, wenn gleich positiven Anodenspannungen deutlich schwächer als der Sättigungsstrom

$$J_a < J_s^* \qquad \text{für} \qquad 0 \leqq U_a < U_s^*. \tag{I 3, 2}$$

Das Betriebsgebiet (II 3, 2) der Diode definiert in der Funktion

$$J_a = J_a(U_a) \tag{I 3, 3}$$

die *Raumladungs-Kennlinie* der Röhre; es ist unsere Aufgabe, ihre Theorie zu entwickeln.

b) Um das überraschende Phänomen der sozusagen selbsttätigen Stromschwächung (I 3, 2) zunächst qualitativ zu verstehen, hat man sich im Interelektrodenraum einen Mechanismus vorzustellen, welcher unter den dorthin gelangenden Elektronen eine Auswahl trifft: Einige Elektronen werden zur Anode hindurchgelassen und werden dort eben im Anodenstrom manifest, während die übrigen vorzeitig zur Umkehr gezwungen werden und zur Kathode zurückfallen.

Welches Kennzeichen der doch *a priori* gleichberechtigten Elektronen gestattet dem ja blind wirksamen Mechanismus deren so einschneidende Diskriminierung?

Bei der Suche nach einem solchen physikalischen Merkmal werden wir mangels anderer Möglichkeiten auf die Geschwindigkeit oder, mit anderen Worten, auf die *kinetische Energie* der individuell ununterscheidbaren Elektronen verwiesen, welche auf die einzelnen Mitglieder des Kollektivs unmittelbar nach deren Emission aus der Glühelektrode merklich gemäß dem *Maxwell*schen Gesetze verteilt ist. Wir schließen hieraus, daß die über ihr künftiges Schicksal entscheidende Klassifizierung der Elektronen durch ein elektrisches Feld bewirkt wird, welches in der Umgebung der Kathode der Austrittsbewegung der Elektronen entgegenarbeitet; es erzwingt dort den Aufbau einer quasistatischen Raumladungswolke, aus welcher nur die hinreichend energiebegabten Elektronen zur Anode hin entweichen können.

Der schwache Punkt dieser Überlegung liegt in dem etwas verwaschenen Begriff der quasistatischen Raumladungswolke, deren Existenz ja, strenggenommen, der Annahme eines stationären Strömungsfeldes widerspricht. Ungeachtet dieser grundsätzlichen Bedenken werden wir jedoch aus methodischen Gründen vorerst an dem anschaulichen und einfachen Bilde der kathodennahen, dort merklich ruhenden Raumladungswolke festhalten und hierdurch zu einer elementaren, allerdings nur näherungsweise gültigen Theorie der Raumladungskennlinie gelangen; doch verpflichtet uns dieser Sachverhalt einerseits zur kritischen Reserve in bezug auf die Aussagen der elementaren Analyse, andererseits zur erneuten Behandlung des gleichen Gegenstandes auf einem logisch einwandfreien Wege [Ziffer I 4].

c) Wir behandeln zunächst das System zweier kongruenter Elektroden je der ebenen Fläche S, welche einander im festen Abstand d gegenüberstehen. Im Interelektrodenraum bezeichnen wir durch z den Abstand des Aufpunktes von der Kathodenebene.

Die linearen Maße der Elektroden gelten als so groß im Vergleich zu d, daß wir von Randeffekten absehen können; das elektrische Skalarpotential des Entladungsgebietes reduziert sich dann auf eine nur von z abhängige Funktion

$$\varphi = \varphi(z) \qquad \text{(I 3, 4)}$$

welche wir unter den Randbedingungen

$$\varphi(0) = 0 \qquad \text{(I 3, 5)}$$

an der Kathode und

$$\varphi(d) = U_a > 0 \qquad \text{(I 3, 6)}$$

an der Anode aufzusuchen haben. Da nun innerhalb der quasistatischen Raumladungswolke das Potential von der Kathodenoberfläche aus nach dem Entladungsraum hin zunächst abfällt, weist die Funktion (I 3, 4) im Interelektrodenraum notwendig ein *Minimum* auf:

$$\varphi = \varphi_{min} \leqq 0 \qquad \text{für} \qquad 0 \leqq z_{min} \leqq d \qquad \text{(I 3, 7)}$$

Hiernach beschränkt sich die Raumladungswolke entsprechend Abb. I 35 auf das kathodennahe Gebiet $0 \leq z < z_{min}$, während das Gebiet $z_{min} < z \leq d$ von einsinnig zur Anode hin beschleunigten Elektronen durchflogen wird. Die vermittelnde Ebene $z = z_{min}$ des Potentialminimums spielt somit eine eigentümliche Doppelrolle:

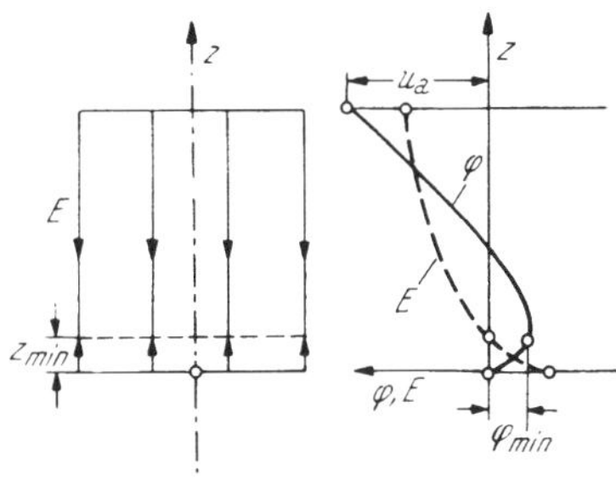

Abb. I 35. Verlauf des Potentiales φ und der Feldstärke E im Raumladungsgebiete der Diode [schematisch].

1. Kathodenseitig $[z = z_{min} - 0]$ bildet sie die virtuelle *Anode* einer „*Anlaufstrom-Diode*“. Sie wird mit der „Anodenspannung“

$$U_a' = \varphi_{min} < 0 \qquad \text{(I 3, 8)}$$

betrieben, so daß sie die virtuelle Anodenstromdichte

$$j_a' = \frac{1}{S} J_a = j_s e^{\frac{q_0 \varphi_{min}}{kT}} = \frac{1}{S} J_s^* e^{\frac{q_0 \varphi_{min}}{kT}} \qquad \text{(I 3, 9)}$$

führt; dabei erscheint die virtuelle Anode gemäß (I 3, 5), (I 3, 9) und (I 1, 35) im Abstande

$$\begin{aligned} d' = z_{min} = 1\,\delta &= \sqrt{\frac{2\,k\,T\,\Delta}{q_0\,\varrho_0}} \sqrt{\frac{j_s}{j_a'}} \operatorname{arc\,tg} \sqrt{\frac{j_s}{j_a'} - 1} = \\ &= (2\,k\,T)^{3/4} \sqrt{\frac{\Delta}{2\sqrt{\pi\,m_0\,q_0\,j_s}}} \sqrt{\frac{j_s}{j_a'}} \operatorname{arc\,tg} \sqrt{\frac{j_s}{j_a'} - 1} \end{aligned} \qquad \text{(I 3, 10)}$$

von der Kathode.

2. Anodenseitig $[z = z_{min} + 0]$ definiert die Fläche $z = z_{min}$ eine virtuelle *Kathode* der Ergiebigkeit (I 3, 9) für eine „*Beschleunigungs-Diode*“. Sie arbeitet mit überall positiver Differenz des Potentiales $\varphi(z)$ gegen jenes der virtuellen Kathode

$$\varphi(z) - \varphi(z_{min}) \equiv \varphi(z) - \varphi_{min} \geq 0 \quad \text{in} \quad z_{min} \leq z \leq d \qquad \text{(I 3, 11)}$$

also mit der „Anodenspannung“

$$U_a'' = U_a - \varphi_{min} > U_a \qquad \text{(I 3, 12)}$$

während der Abstand d'' der wahren Anode von der virtuellen Kathode durch

$$d'' = d - z_{min} \qquad \text{(I 3, 13)}$$

gemessen wird; ihre Stromdichte j_a'' stimmt auf Grund des Ersten *Kirchhoff*schen Gesetzes mit jener der „vorgeschalteten“ Anlaufstrom-Diode überein

$$j_a'' = j_a' = \frac{1}{S} J_a \equiv j_a. \qquad \text{(I 3, 14)}$$

d) Da die räumliche Verteilung der Elektronen im Gebiete der quasistatischen Raumladungswolke nach Ziffer I 1 bekannt ist, haben wir nunmehr die Feldstruktur der Beschleunigungs-Diode zu untersuchen.

Wir verlegen den Ursprung der z-Achse vorübergehend in die virtuelle Kathode, so daß das zu analysierende Strömungsgebiet durch

$$0 \leq z \leq d'' \qquad \text{(I 3, 15)}$$

definiert wird. Sei dann ϱ die dort herrschende Dichte der elektronischen Raumladung, so lautet die *Poisson*sche Differentialgleichung des Potentiales φ

$$\frac{d^2\varphi}{dz^2} = -\frac{\varrho}{\Delta}. \tag{I 3, 16}$$

Mit Rücksicht auf das negative Vorzeichen der Elektronenladung ist die Stromdichte $j = j_a$ entgegen der positiven z-Achse gerichtet. Bezeichne daher u den Mittelwert der Elektronengeschwindigkeit parallel der positiven z-Achse, so besteht im gesamten Gebiete (I 3, 15) die kinematische Relation

$$j = j_a = -\varrho \cdot u, \tag{I 3, 17}$$

welcher wir die mit $u = u(z)$ veränderliche Raumladungsdichte

$$\varrho = -\frac{j_a}{u} \tag{I 3, 18}$$

entnehmen.

Wie hängt die mittlere Elektronengeschwindigkeit u von der Lage z der Kontrollebene ab?

Um auf elementarem Wege zu einer Antwort zu gelangen, verschärfen wir die Konzeption der in $z = 0$ befindlichen virtuellen Kathode zu der Annahme, daß die Elektronen sie mit verschwindend kleiner Geschwindigkeit verlassen

$$u = 0 \qquad \text{für} \qquad z = 0. \tag{I 3, 19}$$

Der Energiesatz der *Newton*schen Mechanik liefert dann im Verein mit (I 3, 11) die Aussagen

$$\frac{1}{2} m_0 u^2 = q_0(\varphi - \varphi_{min}); \quad u = \sqrt{2\frac{q_0}{m_0}(\varphi - \varphi_{min})}, \tag{I 3, 20}$$

so daß aus (I 3, 18) die Angabe

$$\varrho = -\frac{j_a}{\sqrt{2\frac{q_0}{m_0}}} \frac{1}{\sqrt{\varphi - \varphi_{min}}}, \tag{I 3, 21}$$

folgt. Setzen wir nun abkürzend

$$\overline{\varphi} = \varphi - \varphi_{min} \tag{I 3, 22}$$

so gehorcht $\overline{\varphi}$ gemäß (I 3, 16) und (I 3, 21) der Differentialgleichung zweiter Ordnung

$$\frac{d^2\overline{\varphi}}{dz^2} = \frac{j_a}{\Delta\sqrt{2\frac{q_0}{m_0}}} \frac{1}{\sqrt{\overline{\varphi}}}. \tag{I 3, 23}$$

Die virtuelle Kathode wird als Ort des minimalen Potentiales durch die dort herrschenden Randbedingungen

$$\overline{\varphi} = \varphi - \varphi_{min} = 0; \qquad \frac{d\overline{\varphi}}{dz} = \frac{d\varphi}{dz} = 0 \qquad \text{für} \qquad z = 0 \tag{I 3, 24}$$

definiert, während an der [wahren] Anode das Potential

$$\overline{\varphi}_a = \varphi(d'') = U_a - \varphi_{min}; \qquad U_a = \overline{\varphi}(d'') + \varphi_{min} \tag{I 3, 25}$$

auftritt; diese Angabe enthält implizit die Kontakt-Potentialdifferenz ΔU_a an der Grenze des Vakuums gegen die Anode, welche jedoch in den weiteren Rechnungen der Kürze halber unterdrückt werden möge.

e) Die analytische Gestalt der Gl. (I 3, 23) legt für ihre Lösung den Ansatz nahe

$$\overline{\varphi} = K \cdot z^{\lambda}, \qquad \text{(I 3, 26)}$$

in welchem sowohl der Koeffizient K wie der Exponent λ je feste, vorerst allerdings noch unbekannte Größen bezeichnen. Durch Substitution von (I 3, 26) in (I 3, 23) entsteht die Gleichung

$$K\,\lambda(\lambda - 1)\,z^{\lambda - 2} = \frac{j_a}{\Delta\sqrt{2\,\frac{q_0}{m_0}}}\,\frac{1}{\sqrt{K}}\,z^{-\frac{\lambda}{2}}. \qquad \text{(I 3, 27)}$$

Damit sie identisch in z erfüllt werde, hat man sowohl

$$\lambda - 2 = -\frac{\lambda}{2}; \qquad \lambda = \frac{4}{3}, \qquad \text{(I 3, 28)}$$

wie auch

$$K\,\lambda(\lambda - 1) = \frac{j_a}{\Delta\sqrt{2\,\frac{q_0}{m_0}}} \cdot \frac{1}{\sqrt{K}};$$

$$\frac{4}{9}\,K^{3/2} = \frac{j_a}{\Delta\sqrt{2\,\frac{q_0}{m_0}}} \qquad \text{(I 3, 29)}$$

zu wählen. Nun gilt nach (I 3, 25), (I 3, 26) und (I 3, 28)

$$U_a - \varphi_{min} = K(d'')^{4/3} \qquad \text{(I 3, 30)}$$

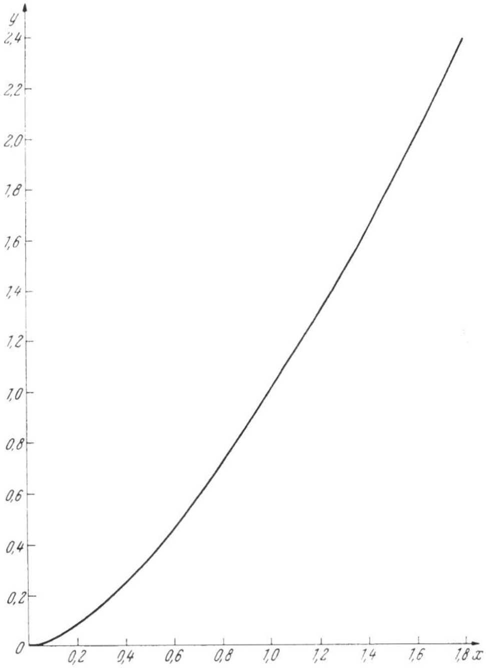

Abb. I 36. Die Funktion $y = x^{3/2}$.

so daß man für die Stromdichte j_a die Darstellung

$$j_a = \frac{4}{9}\,\Delta\sqrt{2\,\frac{q_0}{m_0}}\,K^{3/2} = \frac{4}{9}\,\Delta\sqrt{2\,\frac{q_0}{m_0}}\,\frac{(U_a - \varphi_{min})^{3/2}}{(d'')^2} \qquad \text{(I 3, 31)}$$

findet. Man pflegt diese Formel nach *Child* und *Langmuir* zu benennen. Sie ist einer besonders einfachen Darstellung für Stromdichten j_a zugänglich, welche der Sättigungsstromdichte j_s benachbart sind. Denn zufolge der Angaben

$$\lim_{j_a \to j_s} d'' = d; \qquad \lim_{j_a \to j_s} \varphi_{min} = 0, \qquad \text{(I 3, 32)}$$

erschließt man aus (I 3, 31) das temperaturunabhängige Grenzgesetz

$$\lim_{j_a \to j_s} j_a = \frac{4}{9}\,\Delta\sqrt{2\,\frac{q_0}{m_0}}\,\frac{U_a^{3/2}}{d^2} = 0{,}235 \cdot 10^{-5}\,\frac{U_a^{3/2}}{d^2}\left(\frac{A}{cm^2}\right), \qquad \text{(I 3, 33)}$$

falls man in die zuletzt genannte Zahlenwert-Gleichung die Anodenspannung U_a in Volt und den Elektrodenabstand d in cm einträgt. Emanzipiert man sich nun nachträglich von der beschränkenden Forderung $j_a \to j_s$, so liefert die graphische Darstellung des Zusammenhanges (I 3, 33) die in Abb. I 36 gezeichnete Kurve, welche man kurz als *Raumladungskennlinie* bezeichnet. Wie aus ihrer Herleitung hervorgeht, kann man sie als Charakteristik einer virtuellen Diode deuten, deren Glühelektrode die Elektronen ohne merkliche Startgeschwindigkeit bei gleichzeitig verschwindender Oberflächenfeldstärke in das Vakuum emittiert; doch ist dann die höchstens realisierbare Stromdichte mit der Sättigungsstromdichte identisch, deren [ideeller] Wert von der Natur der Kathode und ihrer absoluten Arbeitstemperatur T diktiert wird.

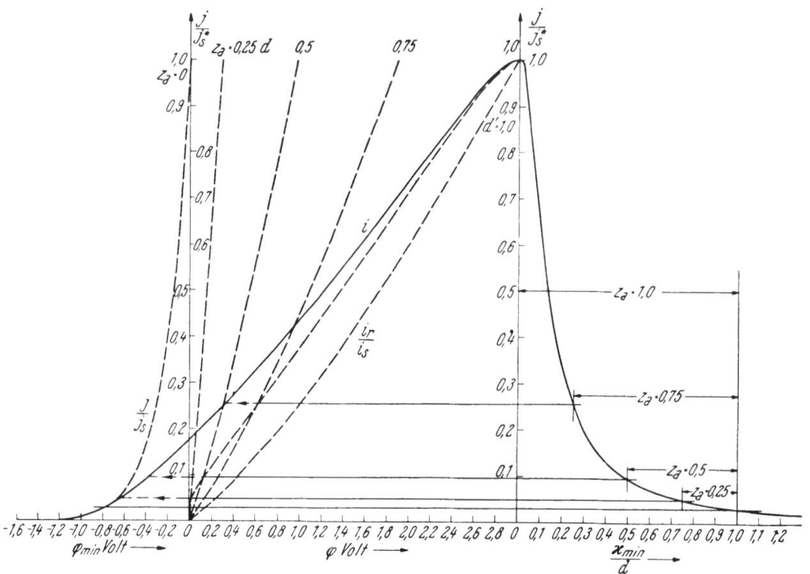

Abb. I 37. Graphische Herstellung der Raumladungskennlinie einer planparallelen Diode.

f) Für Stromdichten, welche erheblich unter dem Sättigungswerte liegen, muß man zu der ursprünglichen Formel (I 3, 31) zurückkehren, welche im Verein mit (I 3, 8), (I 3, 9), (I 3, 10) und (I 3, 13) bei vorgegebener Absoluttemperatur T der Glühkathode die Kennlinie der untersuchten, parallelebenen Diode als Funktion etwa des Parameters $\varphi_{\min}$ liefert. Um diese Vorschrift auszuführen, bedienen wir uns zweckmäßig eines graphischen Verfahrens:

1. Wir konstruieren nach Abb. I 37 das Kennlinienfeld $\frac{j_a}{j_s^*} = f(\overline{\varphi}_a)$ für verschiedene Werte d″ des Abstandes d″ der virtuellen Kathode von der wahren Anode.

2. In einem ersten Hilfsdiagramm — in unserer Darstellung links vom vorgenannten Kennlinienfelde gelegen — tragen wir den relativen Anlaufstrom $\frac{j_a}{j_s^*}$ als Funktion des Minimum-Potentiales $\varphi_{\min} \leqq 0$ auf.

3. Ein weiteres Hilfsdiagramm — rechts vom Kennlinienfelde — schildert die Abhängigkeit des Verhältnisses $\frac{j_a}{j_s^*}$ von dem relativen Abstande $\frac{d'}{d}$ des Potential-Minimums von der wahren Kathode.

Wir suchen nun zunächst im letztgenannten Schaubilde jene Werte des Stromverhältnisses $\frac{\dot{j}_a}{j_s^*}$ auf, welche wegen $\frac{d'}{d} = 1 - \frac{d''}{d}$ den im Kennlinienfelde gewählten Stufen des Parameters d'' zugeordnet sind und entnehmen dem Kennlinienfelde die jeweils entsprechenden Werte des Potentiales $\overline{\varphi}_a$; aus ihm ergibt sich die Anodenspannung U_a, indem man das [negative] Minimum-Potential in Abzug bringt, welches seinerseits der Anlaufstrom-Kennlinie für die oben bestimmten Stromverhältnisse $\frac{\dot{j}_a}{j_s^*}$ zu entnehmen ist. Die aus diesem „Scherungsprozeß" resultierende Kennlinie stimmt in ihrem qualitativen Verlaufe vorzüglich mit der gemessenen Form solcher Kurven überein; insbesondere findet in der Umgebung von $U_a = 0$ ein stetiger Übergang von der Anlaufstrom-Charakteristik in die Raumladungs-Kennlinie statt, welche in einem endlichen Werte der Stromdichte bei verschwindender Anodenspannung manifest wird.

g) Von der bisher untersuchten Anordnung parallelebener Elektroden gehen wir zu einer Diode mit *rotationssymmetrischem Elektrodensysteme* über. Die Kathode ist als Kreiszylinder vom Halbmesser r_1 ausgebildet; sie wird vom Anodenzylinder des Halbmessers $r_2 > r_1$ konzentrisch umhüllt. Die gemeinsame, achsiale Länge s beider Elektroden wird als so groß vorausgesetzt, daß Randeffekte außer Betracht bleiben dürfen.

Als gegeben betrachten wir den je achsiale Längeneinheit des Systemes von der Kathode zur Anode übergehenden Strombelag A_a im Verhältnis zu dessen [ideellem] Sättigungswerte A_s^*. Er ist durch Gl. (I 2, 24) genetisch mit dem numerischen Potentialminimum

$$\eta_{min} = \frac{q_0\,\varphi_{min}}{k\,T} \leqq 0 \qquad \text{(I 3, 34)}$$

verbunden, welches auf dem Zylinder $r_1 \leqq r \equiv r_{min} \leqq r_2$ herrscht

$$\frac{A_a}{A_s^*} = e^{\eta_{min}} \frac{r_{min}}{r_1} \Phi\left(\frac{r_1}{r_{min}} \sqrt{\frac{-\eta_{min}}{1 - \frac{r_1^2}{r_{min}^2}}}\right) + 1 - \Phi\left(\sqrt{\frac{-\eta_{min}}{1 - \frac{r_1^2}{r_{min}^2}}}\right). \qquad \text{(I 3, 35)}$$

Im Verein mit den allerdings nur angenähert gültigen Angaben (I 2, 111) und (I 2, 112) bestimmt diese Gleichung also die definierenden Eigenschaften η_{min} und r_{min} jener fiktiven Zylinderelektrode, welche gleichzeitig der wahren Kathode gegenüber als negativ gespannte Anode, der wahren Anode gegenüber jedoch als virtuelle Kathode arbeitet. Demgemäß haben wir uns nunmehr nur noch mit dem Potentiale φ des Beschleunigungsbereiches

$$r_{min} \leqq r \leqq r_2, \qquad \text{(I 3, 36)}$$

zu beschäftigen, welches dort aus Symmetriegründen nur vom Abstand r des Aufpunktes von der Röhrenachse abhängt. Da die Dichte ϱ der elektronischen Raumladung gleichfalls symmetrisch um diese Achse verteilt ist, reduziert sich die *Poisson*sche Differentialgleichung

$$\nabla^2 \varphi = -\frac{\varrho}{\Delta} \qquad \text{(I 3, 37)}$$

auf die Angabe

$$\frac{d^2\varphi}{dr^2} + \frac{1}{r}\frac{d\varphi}{dr} = -\frac{\varrho}{\Delta}. \qquad \text{(I 3, 38)}$$

Wie früher in der Kinetik der parallelebenen Diode lassen wir auch hier die Geschwindigkeit der Elektronen bei ihrem Eintritt in den Beschleunigungsbereich geflissentlich außer Betracht. Daher durchkreuzen sie den Zylinder $r_1 \leqq r \leqq r_2$ mit der radial nach außen gerichteten Geschwindigkeit

$$v = \sqrt{2\,\frac{\varphi_0}{m_0}\,(\varphi - \varphi_{\min})} \tag{I 3, 39}$$

und transportieren hierbei durch die Kontrollfläche die Konvektionsstromdichte

$$j = -\varrho\, v, \tag{I 3, 40}$$

deren negatives Vorzeichen der konventionell als positiv festgesetzten Stromrichtung von der Anode zur Kathode Rechnung trägt. Da nun die Diode im stationären Zustande den radial unveränderlichen Strombelag

$$A = A_a = 2\pi\, r\, j, \tag{I 3, 41}$$

[Erstes *Kirchhoff*sches Gesetz] führt, herrscht auf dem Kontrollzylinder die Raumladungsdichte

$$\varrho = -\frac{A_a}{2\pi r}\,\frac{1}{\sqrt{2\,\frac{q_0}{m_0}\,(\varphi - \varphi_{\min})}}. \tag{I 3, 42}$$

Setzen wir abkürzend

$$\overline{\varphi} = \varphi - \varphi_{\min}, \tag{I 3, 43}$$

so gehorcht diese Funktion nach (I 3, 38) und (I 3, 42) der Differentialgleichung

$$\frac{d^2\overline{\varphi}}{dr^2} + \frac{1}{r}\,\frac{d\overline{\varphi}}{dr} = \frac{A_a}{2\pi\Delta}\,\frac{1}{\sqrt{2\,\frac{q_0}{m_0}}}\,\frac{1}{r}\,\frac{1}{\sqrt{\overline{\varphi}}} \tag{I 3, 44}$$

welche wir den Randbedingungen

$$\overline{\varphi} = 0 \qquad \text{für} \qquad r = r_{\min} \tag{I 3, 45}$$

und

$$\frac{d\overline{\varphi}}{dr} = 0 \qquad \text{für} \qquad r = r_{\min}, \tag{I 3, 46}$$

zu unterwerfen haben. Sollte überdies noch das Potential der Anode

$$\overline{\varphi} = \overline{\varphi}_a = U_a - \varphi_{\min} \qquad \text{für} \qquad r = r_2. \tag{I 3, 47}$$

[U_a = Spannung zwischen der Anode und der wahren Kathode] vorgeschrieben sein, so hat man den Strombelag A_a als vorerst noch unbekannten Parameter zu betrachten.

h) Ungeachtet der formalen Verwandtschaft zwischen der Gleichung (I 3, 23) für das beschleunigende Raumladungsfeld der parallelebenen Diode und der für die Zylinderdiode zuständigen Differentialgleichung (I 3, 47) ist doch die Lösung der letztgenannten ungleich schwieriger.

Indem wir uns zunächst an die Ähnlichkeit der verglichenen Differentialgleichungen halten, wird uns der Ansatz

$$\overline{\varphi} = K\, r^{\lambda}, \tag{I 3, 48}$$

mit noch zu bestimmenden Werten der Konstanten K und λ als Integral von (I 3, 44) nahegelegt. Durch Ausführung der dort verlangten Operationen erhält man nun

$$K[\lambda(\lambda-1)r^{\lambda-2}+\lambda r^{\lambda-2}] = \frac{A_a}{2\pi\Delta}\frac{1}{\sqrt{2\frac{q_0}{m_0}}}\frac{1}{\sqrt{K}}r^{-\left(\frac{\lambda}{2}+1\right)} \quad \text{(I 3, 49)}$$

so daß in der Tat die vorgelegte, *Poisson*sche Gleichung erfüllt wird, falls man gleichzeitig

$$\lambda-2=-\left(\frac{\lambda}{2}+1\right); \qquad \lambda=\frac{2}{3} \quad \text{(I 3, 50)}$$

und

$$K[\lambda(\lambda-1)+\lambda] \equiv K\lambda^2 = K\cdot\frac{4}{9} = \frac{A_a}{2\pi\Delta}\frac{1}{\sqrt{2\frac{q_0}{m_0}}}\frac{1}{\sqrt{K}};$$

$$A_a = \frac{4}{9}2\pi\Delta\sqrt{2\frac{q_0}{m_0}}K^{3/2} \quad \text{(I 3, 51)}$$

wählt. Beachtet man nun die Anoden-Randbedingung (I 3, 47), so entsteht aus (I 3, 48) mit (I 3, 50) und (I 3, 51) die Aussage

$$U_a-\varphi_{min} = K\,r_2^{2/3}, \quad \text{(I 3, 52)}$$

welche im Verein mit (I 3, 51) die Kennlinien-Gleichung

$$A_a = \frac{4}{9}2\pi\Delta\sqrt{2\frac{q_0}{m_0}}\frac{(U_a-\varphi_{min})^{3/2}}{r_2} \quad \text{(I 3, 53)}$$

für den Anoden-Strombelag oder

$$j_a = \frac{A_a}{2\pi r_2} = \frac{4}{9}\Delta\sqrt{2\frac{q_0}{m_0}}\frac{(U_a-\varphi_{min})^{3/2}}{r_2^2}. \quad \text{(I 3, 54)}$$

für die Anoden-Stromdichte liefert. Im Grenzfalle der Sättigung $[A_a \to A_s]$ konvergiert das Minimumpotential gegen Null, so daß man aus (I 3, 54) auf

$$\lim_{A_a\to A_s} j_a = \frac{4}{9}\Delta\sqrt{2\frac{q_0}{m_0}}\frac{U_a^{3/2}}{r_2^2} \quad \text{(I 3, 55)}$$

schließt. Obwohl diese Angabe aus der Stromdichtengleichung (I 3, 33) der parallelebenen Diode durch bloße Vertauschung der dort auftretenden Elektrodendistanz d mit dem Anodenhalbmesser r_2 hervorgeht und hierdurch auf den ersten Blick Vertrauen zu verdienen scheint, erweist sie sich doch bei näherem Zusehen als inkorrekt. Man erkennt diesen Mangel zunächst äußerlich an der Tatsache, daß die Relation (I 3, 55) den Halbmesser r_1 der emittierenden Kathodenoberfläche nicht enthält, da deren Abmessungen ja weder in den Ansatz (I 3, 48) noch in die Aussagen (I 3, 50), (I 3, 51) eingehen. Bei der physikalischen Prüfung dieses überraschenden Sachverhaltes stellt sich heraus, daß das Integral (I 3, 48) den Randbedingungen (I 3, 45) und (I 3, 46) an der virtuellen Kathode des Halbmessers $r_{min} \geqq r_1 > 0$ in keiner Weise angepaßt werden kann.

Im Lichte dieser Kritik haben wir die Lösung (I 3, 48) durch eine allgemeinere zu ersetzen. Um sie aufzufinden, führen wir an Stelle des Halbmessers $r_{min} \leqq r < r_2$ die dimensionsfreie Veränderliche

$$u = \ln\frac{r}{r_{min}}; \qquad 0 \leqq u \leqq \ln\frac{r_2}{r_{min}} \quad \text{(I 3, 56)}$$

als Ortskoordinate ein. Bezeichnen wir die bisher von r abhängige Potentialfunktion $\overline{\varphi}$ in ihrer Abhängigkeit von u der Kürze halber mit dem gleichen Symbol, so gelten die Relationen

$$\frac{d\overline{\varphi}}{dr} = \frac{1}{r}\frac{d\overline{\varphi}}{du}; \qquad \frac{d^2\overline{\varphi}}{dr^2} = \frac{1}{r^2}\frac{d^2\overline{\varphi}}{du^2} - \frac{1}{r^2}\frac{d\overline{\varphi}}{du}. \tag{I 3, 57}$$

Mit ihrer Hilfe verwandelt sich (I 3, 44) in die Differentialgleichung

$$\frac{d^2\overline{\varphi}}{du^2} = \frac{A_a}{2\pi\Delta}\frac{r_{min}}{\sqrt{2\frac{q_0}{m_0}}}\frac{e^u}{\sqrt{\overline{\varphi}}}, \tag{I 3, 58}$$

welche wir unter den transformierten Randbedingungen der virtuellen Kathode

$$\overline{\varphi} = 0 \qquad \text{für} \qquad u = 0 \tag{I 3, 59}$$

und

$$\frac{d\overline{\varphi}}{du} = 0 \qquad \text{für} \qquad u = 0, \tag{I 3, 60}$$

zu integrieren haben; zu ihnen tritt, solange der Strombelag A_a noch als unbestimmter Parameter gilt, die Betriebsvorschrift der Anode

$$\overline{\varphi} = U_a - \varphi_{min} \qquad \text{für} \qquad u = u_2 = \ln\frac{r_2}{r_{min}}. \tag{I 3, 61}$$

Wie aus der Herleitung der Gl. (I 3, 58) hervorgeht, muß sie durch den Ansatz (I 3, 48) nach dessen Transformation auf die Koordinate u befriedigt werden. In der Tat folgt aus

$$\overline{\varphi} = K\, r_{min}^{2/3}\, e^{2/3\,u} \tag{I 3, 62}$$

durch Substitution in (I 3, 58) die Relation

$$K\, r_{min}^{2/3}\, \frac{4}{9}\, e^{2/3\,u} = \frac{A_a}{2\pi\Delta}\frac{r_{min}}{\sqrt{2\frac{q_0}{m_0}}}\frac{e^u}{K^{1/2}\, r_{min}^{1/3}\, e^{1/3\,u}} \tag{I 3, 63}$$

welche inhaltlich mit (I 3, 51) identisch ist. Dagegen gelangen wir wesentlich über die früheren Ergebnisse hinaus, indem wir (I 3, 62) durch die Faktorfunktion

$$\beta = \beta(u) \tag{I 3, 64}$$

zu

$$\overline{\varphi} = K\, r_{min}^{2/3}\, e^{2/3\,u}\, \beta^{4/3} \tag{I 3, 65}$$

erweitern. Denn wegen

$$\frac{d\overline{\varphi}}{du} = K\, r_{min}^{2/3}\, e^{2/3\,u}\, \beta^{1/3}\, \frac{2}{3}\left[\beta + 2\frac{d\beta}{du}\right] \tag{I 3, 66}$$

genügen wir den beiden, an der virtuellen Kathode verlangten Bedingungen (I 3, 59) und (I 3, 60) gleichzeitig, falls nur die Funktion $\beta = \beta(u)$ in $u = 0$ verschwindet

$$\beta(u) = 0 \qquad \text{für} \qquad u = 0 \tag{I 3, 67}$$

und dort überdies der absolute Betrag ihrer Ableitung unterhalb einer festen Schranke M bleibt

$$\left|\frac{d\beta}{du}\right| < M \qquad \text{für} \qquad u = 0. \tag{I 3, 68}$$

Bilden wir nun aus (I 3, 66)

$$\frac{d^2\overline{\varphi}}{du^2} = K\, r_{min}^{2/3}\, e^{2/3\,u}\, \beta^{1/3}\, \frac{4}{9}\left[\beta + 4\frac{d\beta}{du} + \frac{1}{\beta}\left(\frac{d\beta}{du}\right)^2 + 3\frac{d^2\beta}{du^2}\right] \qquad \text{(I 3, 69)}$$

so folgt aus (I 3, 58) mit Rücksicht auf (I 3, 63) für $\beta = \beta(u)$ die nichtlineare Differentialgleichung zweiter Ordnung

$$3\beta\frac{d^2\beta}{du^2} + \left(\frac{d\beta}{du}\right)^2 + 4\beta\frac{d\beta}{du} + \beta^2 - 1 = 0 \qquad \text{(I 3, 70)}$$

welche wir mittels der Abkürzungen

$$\beta = a; \qquad \frac{d\beta}{du} = b; \qquad \frac{d^2\beta}{du^2} = c; \ldots \qquad \text{(I 3, 71)}$$

in

$$3\,a\,c + b^2 + 4\,a\,b + a^2 - 1 = 0 \qquad \text{(I 3, 72)}$$

umschreiben. Wegen (I 3, 67) und (I 3, 68) setzen wir ihre Lösung in Gestalt der *Taylor*schen Reihe

$$\beta(u) = \beta(0) + \frac{u}{1!}\,\beta'(0) + \frac{u^2}{2!}\,\beta''(0) + \ldots \qquad \text{(I 3, 73)}$$

an und finden aus (I 3, 67) und (I 3, 71) sofort

$$a(0) = 0 \qquad \text{(I 3, 74)}$$

so daß wir aus (I 3, 72)

$$b^2(0) = 1; \qquad b(0) = \pm 1 \qquad \text{(I 3, 75)}$$

erschließen. Auf Grund des Ansatzes (I 3, 65) kommt nun nur der Funktion β^2 eine physikalische Bedeutung zu, so daß wir weiterhin, ohne die Allgemeinheit zu beschränken,

$$b(0) = +1 \qquad \text{(I 3, 76)}$$

wählen dürfen.

Durch Differentiation der Gleichung (I 3, 72) nach u ergibt sich die Relation

$$5\,b\,c + 3\,a\,d + 4\,b^2 + 4\,a\,c + 2\,a\,b = 0 \qquad \text{(I 3, 77)}$$

welche sich für $u = 0$ mit (I 3, 74) und (I 3, 76) auf

$$5\,c(0) + 4 = 0; \qquad c(0) = -\frac{4}{5} \qquad \text{(I 3, 78)}$$

reduziert. Differenziert man jetzt (I 3, 77) nach u, so findet man die Gleichung

$$2\,b^2 + 2\,a\,c + 12\,b\,c + 8\,a\,d + 8\,b\,d + 3\,a\,e + 5\,c^2 = 0, \qquad \text{(I 3, 79)}$$

welche für $u = 0$ die Angabe

$$2 - 12\,\frac{4}{5} + 8\,d(0) + 5\left(\frac{4}{5}\right)^2 = 0; \qquad d(0) = \frac{11}{20} \qquad \text{(I 3, 80)}$$

liefert. Auf diesem Wege fortschreitend hat *H. M. Mott-Smith* die ersten dreizehn Ableitungen der Funktion $\beta(u)$ in $u = 0$ numerisch ermittelt; damit darf diese Funktion selbst als bekannt gelten:

$$\beta(u) = u - \frac{4}{5}\,\frac{u^2}{2!} + \frac{11}{20}\,\frac{u^3}{3!} - + \ldots\,. \qquad \text{(I 3, 81)}$$

$\frac{r}{r_1}$	β^2	$\frac{r}{r_1}$	β^2	$\frac{r}{r_1}$	β^2
1,00	0,0000	2,4	0,3879	6,0	0,8362
1,01	0,00010	2,5	0,4121	6,5	0,8635
1,02	0,00039	2,6	0,4351	7,0	0,8870
1,04	0,00149	2,7	0,4571	7,5	0,9074
1,06	0,00324	2,8	0,4780	8,0	0,9253
1,08	0,00557	2,9	0,4980	8,5	0,9410
1,10	0,00842	3,0	0,5170	9,0	0,9548
				9,5	0,9672
1,15	0,01747	3,2	0,5526	10,0	0,9782
		3,4	0,5851		
1,20	0,02815	3,6	0,6148	12	1,0122
1,30	0,05589	3,8	0,6420	16	1,0513
1,40	0,08672	4,0	0,6671	20	1,0715
1,50	0,11934	4,2	0,6902	40	1,0946
1,60	0,1525	4,4	0,7115	80	1,0845
1,70	0,1854	4,6	0,7313	100	1,0782
1,80	0,2177	4,8	0,7496	200	1,0562
1,90	0,2491	5,0	0,7666	500	1,0307
2,0	0,2793	5,2	0,7825	∞	1,000
2,1	0,3083	5,4	0,7973		
2,2	0,3361	5,6	0,8111		
2,3	0,3626	5,8	0,8241		

$\frac{r_1}{r}$	β^2	$\frac{r_1}{r}$	β^2	$\frac{r_1}{r}$	β^2
1,00	0,0000	2,4	1,5697	6,0	14,343
1,01	0,00010	2,5	1,7792	6,5	16,777
1,02	0,00040	2,6	1,9995	7,0	19,337
1.04	0,00159	2,7	2,2301	7,5	22,015
1,06	0,00356	2,8	2,4708	8,0	24,805
1,08	0,00630	2,9	2,7214	8,5	27,701
1,10	0,00980	3,0	2,9814	9,0	30,698
				9,5	33,791
1,15	0,02186	3,2	3,5293	10,0	36,976
		3,4	4,1126		
1,20	0,03849	3,6	4,7298	12	50,559
1,30	0,08504	3,8	5,3795	16	81,203
1,40	0,14856	4,0	6,0601	20	115,64
1,50	0,2282	4,2	6,7705	40	327,01
1,60	0,3233	4,4	7,5096	80	867,11
1,70	0,4332	4,6	8,2763	100	1174,9
1,80	0,5572	4,8	9,0696	200	2946,1
1,90	0,6947	5,0	9,887	500	9502,2
2,0	0,8454	5,2	10,733	∞	∞
2,1	1,0086	5,4	11,601		
2,2	1,1840	5,6	12,493		
2,3	1,3712	5,8	13,407		

Für die hier behandelte Zylinderdiode mit zentraler Kathode ist u gemäß (I 3, 56) niemals negativ. Abb. I 38 zeigt den dann aus (I 3, 81) be-

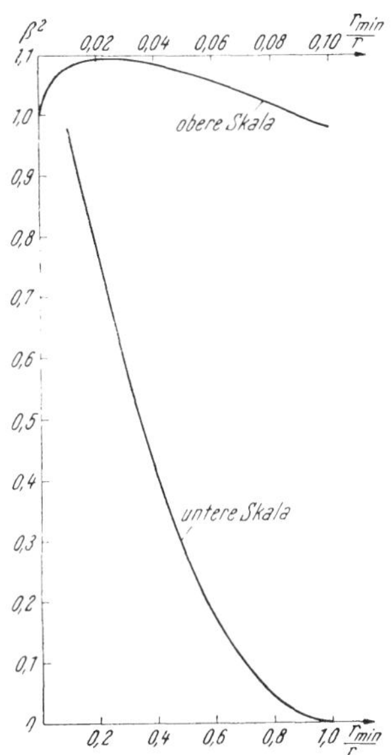

Abb. I 38. Die Funktion β^2 in Abhängigkeit vom Verhältnis des Schwellenhalbmessers $r = r_{min}$ [virtuelle Kathode] zum Halbmesser $r > r_{min}$ des Kontrollzylinders.

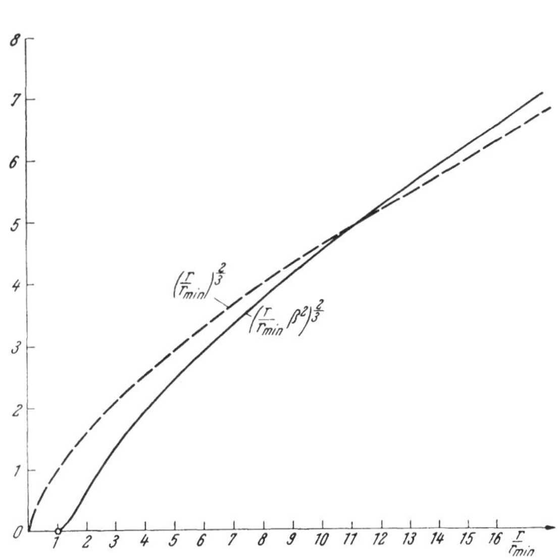

Abb. I 39. Radialer Verlauf des Potentiales in der Zylinderdiode [ausgezogene Kurve] bei Innenlage der virtuellen Kathode.

rechneten Zusammenhang zwischen β und $\frac{r}{r_{min}} = e^u$, mit dessen Hilfe der räumliche Gang des Potentiales $\bar{\varphi}$ nach (I 3, 65) konstruiert werden kann [Abb. I 39]. Setzen wir insbesondere auf der Anode

$$\beta_a = \beta(u_2) = \beta\left(\ln \frac{r_2}{r_{min}}\right) \qquad \text{(I 3, 82)}$$

so resultiert aus (I 3, 51), (I 3, 61) und (I 3, 65) die Relation

$$(U_a - \varphi_{min})^{3/2} = \frac{9}{4} \frac{A_a}{2\pi\Delta} \frac{r_{min}}{\sqrt{2\frac{q_0}{m_0}}} \left(\frac{r_2}{r_{min}}\right) \beta_a^2 \qquad \text{(I 3, 83)}$$

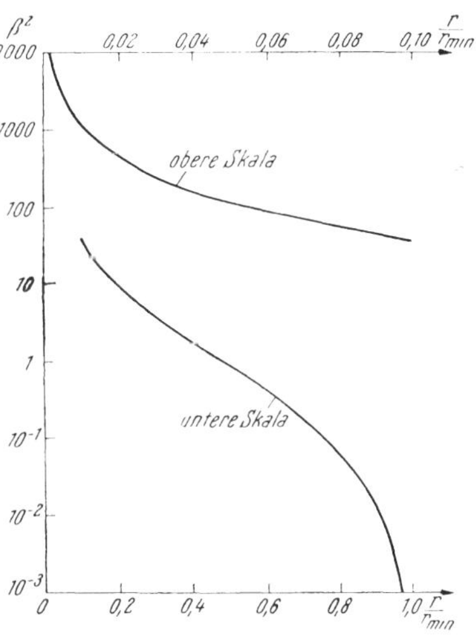

Abb. I 40. Die Funktion β^2 in Abhängigkeit vom Verhältnis des Kontrollhalbmessers r zum Halbmesser $r_{min} > r$ der virtuellen Kathode.

welche bei Messung der Potentialdifferenz $(U_a - \varphi_{min})$ in Volt für den Strombelag die Zahlenwert-Gleichung

$$A_a = 1{,}465 \cdot 10^{-5} \frac{(U_a - \varphi_{min})^{3/2}}{r_2\, \beta_a^2} \frac{\text{Amp}}{\text{cm}} \qquad \text{(I 3, 84)}$$

nach sich zieht.

Wir sind am Ziel. Denn um den Strombelag der Zylinderdiode als Funktion allein der Anodenspannung U_a oder, kurz gesagt, die Kennlinie der Röhre herzustellen, hat man nur noch das Raumladungsgesetz (I 3, 83) mit der in Ziffer I 2 entwickelten Näherungsdarstellung des Anlauf-Strombelages zu vereinigen; da indes die hierbei anzuwendende Methode im wesentlichen mit der entsprechenden Behandlung der parallelebenen Diode übereinstimmt, darf auf ihre explizite Durchführung verzichtet werden.

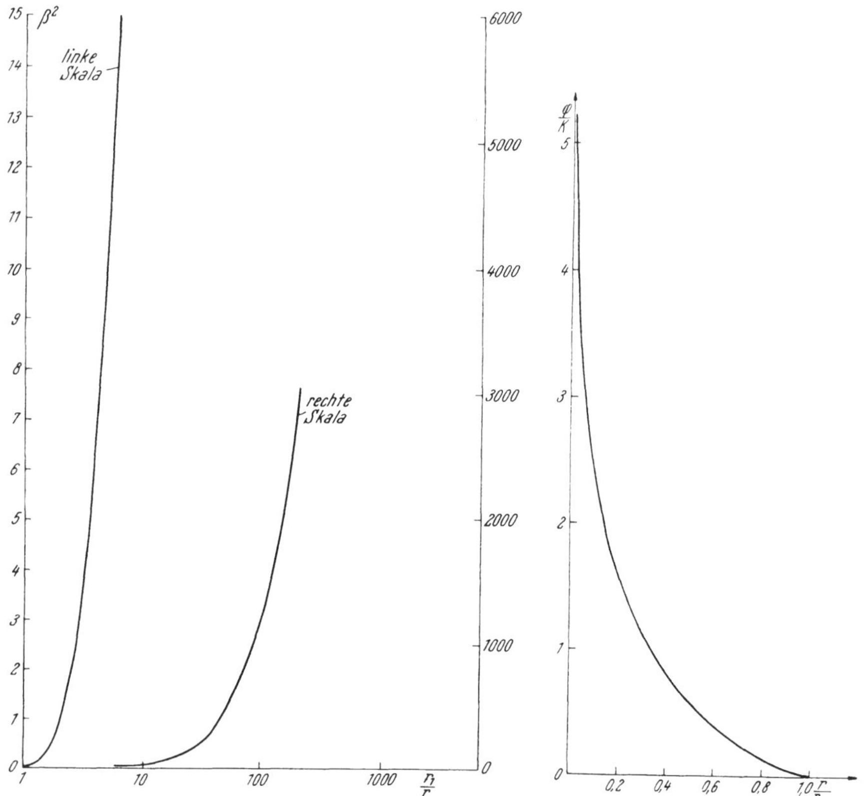

Abb. I 41. Die Funktion β^2 in Abhängigkeit vom Verhältnis des Halbmessers $r_1 = r_{min}$ der virtuellen Kathode zum Halbmesser $r < r_1$ des Kontrollzylinders.

Abb. I 42. Radialer Verlauf des Potentiales in einer Zylindertriode bei Außenlage der virtuellen Kathode.

Der Vollständigkeit halber ist in Abb. I 40 und I 41 der *Langmuir*sche Faktor β^2 und der aus ihm resultierende Verlauf des Potentiales für den Fall der außen liegenden Kathode [$r_{min} > r$] [Abb. I 42] wiedergegeben.

I 4. Die parallelebene Diode in strenger Behandlung.

a) Die grundlegende Bedeutung der Diode für die Theorie der Elektronenröhren rechtfertigt die Untersuchung ihrer Feldstruktur auf mathematisch völlig strenger Grundlage; allerdings muß man sich hierbei, um mit tabulierten Funktionen auszukommen, auf Entladungssysteme mit parallel-eben angeordneten Elektroden beschränken.

Die Röhre sei mit einer Äquipotentialkathode ausgerüstet, deren emittierende Oberfläche sich auf der gleichförmigen Glühtemperatur der absoluten Höhe T befinde. Die Anode dagegen soll weder auf thermischem Wege „primäre" Elektronen in den Entladungsraum entsenden, noch sollen durch die von dorther in die Anode einfallenden Elektronen aus ihr Sekundärelektronen befreit werden.

Wir beschränken uns im folgenden auf jenen Arbeitsbereich der Diode, in welchem ihre Stromdichte j_a kleiner als jene Sättigungsstromdichte $j_s = j_s(T)$ bleibt, welche die Glühkathode kennzeichnet. Aus den elementaren Überlegungen der Ziffer II 3 übernehmen wir dann als grundlegendes Ergebnis die Existenz einer reellen oder virtuellen Potentialschwelle des Minimum-Potentiales $\varphi_{min} < 0$ gegen die Kathode als Basis; dagegen müssen wir die Annahme einer *Maxwell*schen Geschwindigkeitsverteilung der Elektronen im Gebiete zwischen jener Potentialschwelle und der Kathode aufgeben, da dieses Gesetz in Strenge nur auf den Zustand des thermodynamischen Gleichgewichtes angewandt werden darf. Ebenso wurde schon früher betont, daß die Voraussetzung verschwindender Elektronengeschwindigkeit in der als „virtuelle Kathode" wirksamen Ebene des Potentialminimums nur näherungsweise zutrifft, so daß wir die dort herrschenden kinematischen Eigenschaften der Elektronengesamtheit genauer zu untersuchen haben.

b) Wir richten unser Augenmerk auf diejenigen Elektronen, welche sich in der Konzentration n_0 unmittelbar an der dem Entladungsraum zugewandten Seite der Kathodenoberfläche befinden. Falls dann die Potentialschwelle im Interelektrodengebiet liegt, haben wir unter jenen Elektronen zwei Klassen zu unterscheiden:

1. Die *Übergangselektronen* gelangen nach Überwindung der Potentialschwelle zur Anode. Auf Grund dieser Definition genügt die normal zur Kathodenoberfläche gerichtete Startgeschwindigkeit v_0 der Übergangselektronen im Rahmen der *Newton*schen Mechanik der Ungleichung

$$\frac{1}{2} m_0 v_0^2 > - q_0 \varphi_{min}; \qquad \varphi_{min} < 0 \tag{I 4, 1}$$

2. Die *Rückkehrelektronen* der Eigenschaft

$$\frac{1}{2} m_0 v_0^2 < - q_0 \varphi_{min}; \qquad \varphi_{min} < 0 \tag{I 4, 2}$$

werden vor Erreichen der Potentialschwelle zur Umkehr gezwungen und fallen wieder in die Kathode hinein.

Im Lichte dieser Alternative ist die Grenze zwischen beiden Elektronenklassen durch die Minimalgeschwindigkeit

$$v_{min} = \sqrt{- 2 \frac{q_0}{m_0} \varphi_{min}} \tag{I 4, 3}$$

gegeben, welche es den startenden Elektronen gestattet, eben gerade noch die Potentialschwelle zu erreichen.

c) Die aus dem Innern der Glühkathode in das Vakuum emittierten Elektronen zeigen im Bereiche positiver, in das Entladungsgebiet hineingerichteter Startgeschwindigkeiten $v_0 > 0$ merklich das vom *Maxwell*schen Verteilungsgesetz diktierte Verhalten. Aus dieser Aussage kann man unschwer das allgemeine Gesetz der Geschwindigkeitsverteilung unter den kathodennahen Elektronen erschließen: Im Entladungsgebiete können ja negative Komponenten $v_0 < 0$ der Geschwindigkeit senkrecht zur Kathodenoberfläche nur den Rückkehrelektronen zugehören; da nun das elektrische Kraftfeld des Interelektrodenraumes seiner Natur nach ein konservatives ist, bilden diese „Heimkehrgeschwindigkeiten" nach Größe und Verteilung

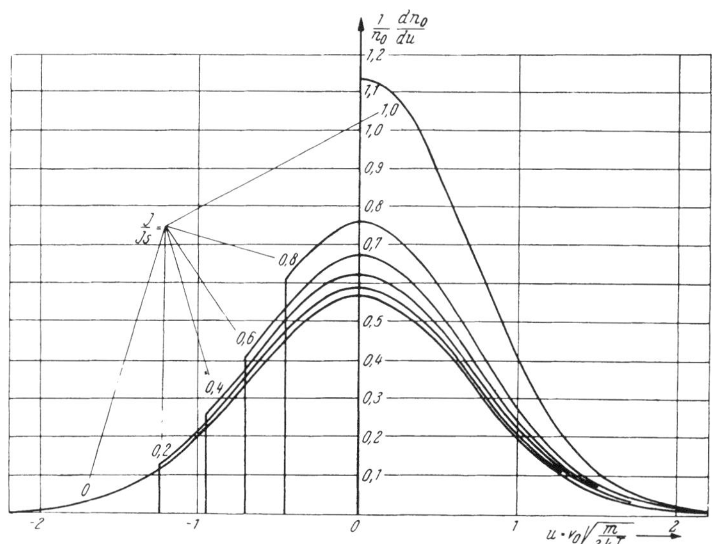

Abb. I 43. Abgebrochene *Maxwell*-Verteilung.

das genaue Spiegelbild der eben jene Elektronen kennzeichnenden Startgeschwindigkeiten, so daß man das gesamte Geschwindigkeitsspektrum hinsichtlich seiner Komponente v_0 senkrecht zur Kathodenoberfläche der einschränkenden Bedingung

$$-v_{min} \leqq v_0 < \infty, \tag{I 4, 4}$$

zu unterwerfen hat. An Hand dieser Vorschrift gelangen wir zum Begriffe der „*abgebrochenen Maxwellverteilung*": Je Raumeinheit des Entladungsgebietes mögen sich n_0 Elektronen in der Nachbarschaft der Kathode aufhalten. Dann ist die Anzahl dn_0 von Elektronen, deren Normalgeschwindigkeiten senkrecht zur Kathodenoberfläche in das infinitesimal schmale Intervall zwischen v_0 und $(v_0 + dv_0)$ fallen, gemäß Abb. I 43 durch die Gleichungen

$$\left.\begin{array}{ll} dn_0 = 0; & v_0 < -v_{min} \\ dn_0 = K\, e^{-\frac{m_0 v_0^2}{2kT}} dv_0; & -v_{min} \leqq v < \infty \end{array}\right\} \tag{I 4, 5}$$

gegeben, deren Konstante K aus der Vollständigkeitsbedingung

$$\int_{v_0=-\infty}^{\infty} dn_0 = K \int_{v_0=-v_{min}}^{\infty} e^{-\frac{m_0 v_0^2}{2kT}} dv_0 = n_0 \tag{I 4, 6}$$

zu bestimmen ist. Mittels des *Fehlerintegrales*

$$\Phi(u) = \frac{2}{\sqrt{\pi}} \int_0^u e^{-x^2} dx; \qquad \Phi(\infty) = 1 \tag{I 4, 7}$$

finden wir

$$\int\limits_{v_0=-v_{min}}^{\infty} e^{-\frac{m_0 v_0^2}{2kT}} dv_0 = \sqrt{\frac{2\pi kT}{m_0}} \frac{1}{2}\left[1+\Phi\left(\sqrt{\frac{m_0 v_{min}^2}{2kT}}\right)\right] \qquad \text{(I 4, 8)}$$

und somit, nach (I 4, 2), (I 4, 5) und (I 4, 6)

$$dn_0 = n_0 \sqrt{\frac{m_0}{2\pi kT}} \frac{2 e^{-\frac{m_0 v_0^2}{2kT}}}{1+\Phi\left(\sqrt{-\frac{q_0 \varphi_{min}}{kT}}\right)} dv_0; \quad -v_{min} \leqq v_0 < \infty. \qquad \text{(I 4, 9)}$$

d) Wir nehmen an, daß die noch innerhalb der Kathode befindlichen, noch vor ihrer Emission stehenden Elektronen von ihrem zukünftigen Schicksal bei der Strömung im Interelektrodenraum sozusagen nichts wissen, in ihrer innerkathodischen Geschwindigkeitsverteilung also durch jene Strömung nicht beeinflußt werden. Die von der Kathode nach außen gerichtete Stromdichte ist dann stets gleich der Dichte j_s^* des Sättigungsstromes:

$$j_s^* = q_0 \int\limits_0^{\infty} v_0\, dn_0 = q_0 K \int\limits_0^{\infty} v_0\, e^{-\frac{m_0 v_0^2}{2kT}} dv_0 = q_0 K \frac{1}{2} \frac{2kT}{m_0} =$$

$$= q_0 n_0 \frac{1}{2\sqrt{\pi}} \sqrt{\frac{2kT}{m_0}} \frac{2}{1+\Phi\left(\sqrt{-\frac{q_0 \varphi_{min}}{kT}}\right)}. \qquad \text{(I 4, 10)}$$

Dagegen berechnet sich die tatsächlich zur Anode übergehende Stromdichte j_a mittels der Gleichung

$$j_a = q_0 \int\limits_{v_{min}}^{\infty} v_0\, dn_0 = q_0 K \int\limits_{v_{min}}^{\infty} v_0\, e^{-\frac{m_0 v_0^2}{2kT}} dv_0 = j_s^*\, e^{-\frac{m_0 v_{min}^2}{2kT}} = j_s^*\, e^{\frac{q_0 \varphi_{min}}{kT}}. \qquad \text{(I 4, 11)}$$

Dieses *Boltzmann*sche Gesetz, welches früher als Näherung aus der Annahme einer quasistatischen Raumladungswolke mit ihrer *Maxwell*schen Geschwindigkeitsverteilung resultierte, erweist sich also im Lichte der wahren Elektronenkinematik, der „abgebrochenen *Maxwell*-Verteilung", als streng gültig. Bringen wir auf Grund dieses Satzes (I 4, 10) in die Gestalt

$$j_s^* = q_0 n_0 \frac{1}{2\sqrt{\pi}} \cdot \sqrt{\frac{2kT}{m_0}} \frac{2}{1+\Phi\left(\sqrt{\ln \frac{j_s^*}{j_a}}\right)} \qquad \text{(I 4, 12)}$$

so folgt die Elektronenkonzentration n_0 an der Kathodenoberfläche als Funktion der jeweiligen relativen Stromentnahme $\frac{j_a}{j_s^*}$ der Gleichung

$$n_0 = \frac{j_s^*}{q_0} \frac{2\sqrt{\pi}}{\sqrt{\frac{2kT}{m_0}}} \frac{1+\Phi\left(\sqrt{\ln \frac{j_s^*}{j_a}}\right)}{2} \qquad \text{(I 4, 13)}$$

welche sich im Grenzfalle $j_a \to 0$ des Gleichgewichtes auf

$$n_{0,g} = \lim_{j_a \to 0} n_0 = \frac{j_s^*}{q_0} \frac{2\sqrt{\pi}}{\sqrt{\frac{2kT}{m_0}}} \tag{I 4, 14}$$

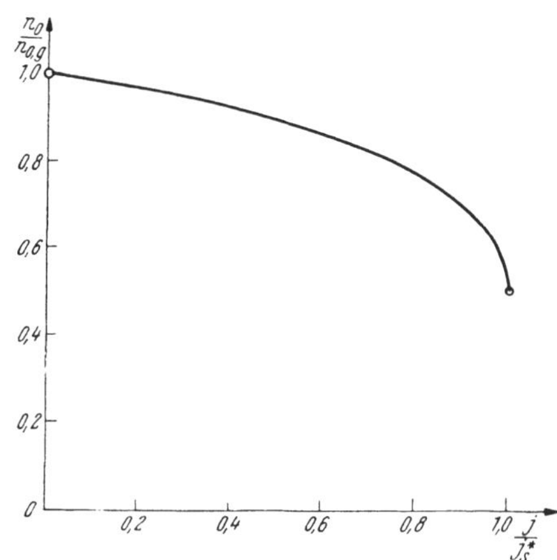

Abb. I 44. Die relative Elektronenkonzentration an der Kathode als Funktion der relativen Stromentnahme.

reduziert. Abb. I 44 zeigt den Gang des Konzentrationsverhältnisses

$$\frac{n_0}{n_{0,g}} = \frac{1 + \Phi\left(\sqrt{\ln \frac{j_s^*}{j_a}}\right)}{2} \leqq 1 \tag{I 4, 15}$$

in Abhängigkeit von der relativen Stromentnahme $\frac{j_a}{j_s^*}$; insbesondere geht bei voller Ausnutzung $j_a \to j_s^*$ der Glühkathode an deren Oberfläche die Elektronenkonzentration gerade auf die Hälfte ihres Gleichgewichtswertes herunter.

e) Durch Kombination von (I 4, 9) mit (I 4, 12) nimmt das Gesetz der abgebrochenen *Maxwell*-Verteilung die Form

$$dn_0 = \frac{j_s^*}{q_0} \frac{m_0}{kT} e^{-\frac{m_0 v_0^2}{2kT}} dv_0; \qquad -v_{min} \leqq v < \infty \tag{I 4, 16}$$

an; wir benutzen sie zur *Analyse der Raumladungsdichte* ϱ, welche die Elektronen bei ihrem Wege durch das Entladungsgefäß bilden.

Im Interelektrodengebiet orientieren wir uns an Hand einer ruhenden z-Achse, welche senkrecht zur Kathodenoberfläche gerichtet ist; die Kathode koinzidiere mit der Ebene $z = 0$, die Anode mit der Ebene $z = d > 0$. Die Anzahl von Elektronen der Art (I 4, 16), welche die Einheit der Kathodenoberfläche je Zeiteinheit verlassen, wird durch das Produkt $v_0\, dn_0$ der z-Komponente v_0 ihrer Emissionsgeschwindigkeit mit der Konzentration dn_0 gemessen. Sei nun $\varphi = \varphi(z)$ das elektrische Skalarpotential der Ebene $0 \leqq z \leqq d$ gegen die Kathode $[\varphi(0) = 0]$, so ergibt sich die dort herrschende z-Komponente $v = v(z)$ der Elektronengeschwindigkeit mittels des Energiesatzes zu

$$v = \sqrt{v_0^2 + 2 \frac{q_0}{m_0} \varphi}. \tag{I 4, 17}$$

Die Kontinuität des Teilchenstromes fordert als sozusagen mikroskopischen Ausdruck des Ersten *Kirchhoff*schen Gesetzes für die zu v gehörige Konzentration dn der betrachteten Elektronengruppe die Bilanz

$$v_0\, dn_0 = v\, dn; \qquad dn = \frac{v_0}{v} dn_0 = \frac{v_0}{\sqrt{v_0^2 + 2\frac{q_0}{m_0}\varphi}} dn_0. \tag{I 4, 18}$$

Hier gabelt sich der Rechnungsgang:

1. Für Übergangselektronen besteht (I 4, 17) im gesamten Entladungsgebiet; die Aufsummierung aller entsprechenden Elementarkonzentrationen (I 4, 18) führt zur Kenntnis der resultierenden Übergangselektronen-Konzentration n_1:

$$n_1 = \int\limits_{v_0 = v_{min}}^{\infty} dn = \frac{j_s^*}{q_0} \frac{m_0}{k\,T} \int\limits_{v_0 = v_{min}}^{\infty} \frac{v_0}{\sqrt{v_0^2 + 2 \frac{q_0}{m_0} \varphi}} e^{-\frac{m_0 v_0^2}{2 k T}} dv_0; \quad 0 \leqq z \leqq d. \tag{I 4, 19}$$

2. Von den Rückkehrelektronen können nur jene über die Existenzebene des Potentiales $\varphi_{min} < \varphi(z) \leqq 0$ hinaus vorstoßen, deren z-Komponente der Startgeschwindigkeit der Ungleichung

$$\frac{1}{2} m_0 v_0^2 > - q_0 \varphi(z) \tag{I 4, 20}$$

genügt. Bei der Berechnung der Rückkehrelektronen-Konzentration n_2 ist jedes dieser Elektronen innerhalb des ihm nach (I 4, 20) zugänglichen Gebietes zweimal zu zählen, da es jede dort befindliche Kontrollebene $z = \text{const.}$ sowohl beim Hinflug wie beim Rückflug kreuzt. Bezeichnet also $0 < z_{min} < d$ die Ebene des Potentialminimums, so resultiert für n_2 das Integral

$$n_2 = 2 \int\limits_{v_0 = \sqrt{-2 \frac{q_0}{m_0} \varphi}}^{v_{min}} dn = 2 \frac{j_s^*}{q_0} \frac{m_0}{k\,T} \int\limits_{v_0 = \sqrt{-2 \frac{q_0}{m_0} \varphi}}^{v_{min}} \frac{v_0}{\sqrt{v_0^2 + 2 \frac{q_0}{m_0} \varphi}} e^{-\frac{m_0 v_0^2}{2 k T}} dv_0; \quad 0 < z < z_{min}. \tag{I 4, 21}$$

Um die Ausdrücke (I 4, 19) und (I 4, 21) auszuwerten, substituieren wir

$$\frac{m_0}{2 k T}\left(v_0^2 + 2 \frac{q_0}{m_0} \varphi\right) \equiv \frac{m_0}{2 k T} v_0^2 + \frac{q_0 \varphi}{k T} = u^2 \tag{I 4, 22}$$

und erhalten bei vorerst unbestimmter Integration

$$\int \frac{v_0}{\sqrt{v_0^2 + 2 \frac{q_0}{m_0} \varphi}} e^{-\frac{m_0 v_0^2}{2 k T}} dv_0 = \sqrt{\frac{2 k T}{m_0}}\, e^{\frac{q_0 \varphi}{k T}} \int e^{-u^2} du. \tag{I 4, 23}$$

Wir definieren als *numerische Potentialdifferenz* η der Kontrollebene $0 \leqq z \leqq d$ gegen das Minimum-Potential den dimensionsfreien Ausdruck

$$\eta = \frac{q_0}{k T} (\varphi - \varphi_{min}) \tag{I 4, 24}$$

und finden, mit Rücksicht auf (I 4, 7) und (I 4, 11),

$$n_1 = \sqrt{\frac{\pi}{2}} \frac{j_a}{q_0} \sqrt{\frac{m_0}{k T}}\, e^{\eta} \left[1 - \Phi(\sqrt{\eta})\right]; \quad 0 \leqq z \leqq d \tag{I 4, 25}$$

sowie

$$n_2 = \sqrt{\frac{\pi}{2}} \frac{j_a}{q_0} \sqrt{\frac{m_0}{k T}}\, 2\, e^{\eta} \Phi(\sqrt{\eta}); \quad 0 \leqq z \leqq z_{min}. \tag{I 4, 26}$$

Man entnimmt hieraus als resultierende Elektronenkonzentration n gemäß Abb. I 45 und I 46

$$\left.\begin{aligned} n &= \sqrt{\frac{\pi}{2}\frac{j_a}{q_0}}\sqrt{\frac{m_0}{k\,T}}\,e^{\eta}\left[1 - \Phi\left(\sqrt{\eta}\right)\right]; \qquad z_{min} \leqq z \leqq d, \\ n &= \sqrt{\frac{\pi}{2}\frac{j_a}{q_0}}\sqrt{\frac{m_0}{k\,T}}\,e^{\eta}\left[1 + \Phi\left(\sqrt{\eta}\right)\right]; \qquad 0 \leqq z \leqq z_{min}. \end{aligned}\right\} \tag{I 4, 27}$$

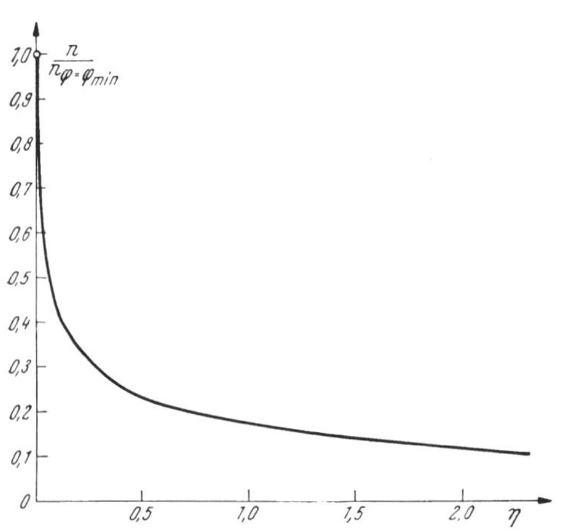

Abb. I 45. Abhängigkeit der Elektronenkonzentration vom numerischen Potentiale im Beschleunigungsgebiete $z_{min} \leqq z \leqq d$.

Abb. I 46. Abhängigkeit der Elektronenkonzentration vom numerischen Potentiale im Verzögerungsgebiete $0 \leqq z \leqq z_{min}$.

Insbesondere bleibt die Konzentration in der Ebene $\eta = 0$ des Potentialminimums endlich und stetig

$$n_{(\eta=0)} = \sqrt{\frac{\pi}{2}\frac{j_a}{q_0}}\sqrt{\frac{m_0}{k\,T}} \tag{I 4, 28}$$

und an der Kathodenoberfläche $[\varphi = 0]$ erreicht sie den Wert

$$n_0 = \sqrt{\frac{\pi}{2}\frac{j_a}{q_0}}\sqrt{\frac{m_0}{k\,T}}\,e^{-\frac{q_0\varphi_{min}}{k\,T}}\left[1 + \Phi\left(\sqrt{-\frac{q_0\varphi_{min}}{k\,T}}\right)\right] \tag{I 4, 29}$$

im Einklange mit den Angaben (I 4, 11) und (I 4, 13).

f) Aus der Konzentration n bilden wir durch Multiplikation mit der Elektronenladung $(-q_0)$ die Raumladungsdichte ϱ, welche in die *Poisson*sche Differentialgleichung

$$\nabla^2\varphi = \frac{d^2\varphi}{dz^2} = -\frac{\varrho}{\Delta} \tag{I 4, 30}$$

eingeht. Von der Identität

$$\frac{d^2\varphi}{dz^2} \equiv \frac{d}{d\varphi}\left(\frac{1}{2}\varphi'^2\right); \qquad \varphi' = \frac{d\varphi}{dz} \tag{I 4, 31}$$

Gebrauch machend, gelangen wir sonach mit (I 4, 19) und (I 4, 20) zu

$$\frac{d}{d\varphi}\left(\frac{1}{2}\varphi'^2\right) = \frac{j_s}{\Delta}\frac{m_0}{kT}\int\limits_{v_{min}}^{\infty}\frac{v_0}{\sqrt{v_0^2 + 2\frac{q_0}{m_0}\varphi}}\, e^{-\frac{m_0 v_0^2}{2kT}}\, dv_0; \qquad z_{min} \leqq z \leqq d \tag{I 4, 32}$$

und

$$\frac{d}{d\varphi}\left(\frac{1}{2}\varphi'^2\right) = \frac{j_s}{\Delta}\frac{m_0}{kT}\Bigg[\int\limits_{v_{min}}^{\infty}\frac{v_0}{\sqrt{v_0^2 + 2\frac{q_0}{m_0}\varphi}}\, e^{-\frac{m_0 v_0^2}{2kT}}\, dv_0 + \tag{I 4, 33}$$

$$+ 2\int\limits_{v_0=\sqrt{-2\frac{q_0}{m_0}\varphi}}^{v_{min}}\frac{v_0}{\sqrt{v_0^2 + 2\frac{q_0}{m_0}\varphi}}\, e^{-\frac{m_0 v_0^2}{2kT}}\, dv_0\Bigg]; \qquad 0 \leqq z \leqq z_{min}.$$

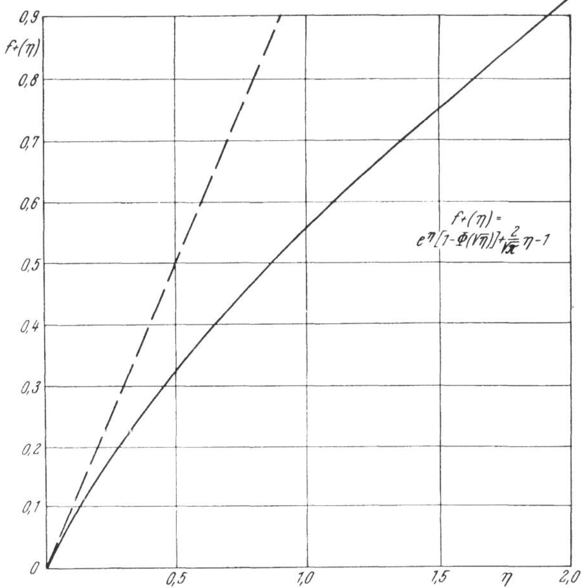

Abb. I 47. Die Funktion $f_+(\eta)$ für $0 \leqq \eta \leqq 2$.

Mittels der unbestimmten Integralformel

$$\int\frac{d\varphi}{\sqrt{v_0^2 + 2\frac{q_0}{m_0}\varphi}} = \frac{m_0}{q_0}\sqrt{v_0^2 + 2\frac{q_0}{m_0}\varphi} + \text{Konst.} \tag{I 4, 34}$$

entsteht also nach Wahl zweier unterschiedlicher Konstanten K_1 und K_2

$$\frac{1}{2}\varphi'^2 - K_1 = \frac{j_s}{\Delta\, q_0}\frac{m_0^2}{kT}\int\limits_{v_{min}}^{\infty}\sqrt{v_0^2 + 2\frac{q_0}{m_0}\varphi}\; e^{-\frac{m_0 v_0^2}{2kT}}\, v_0\, dv_0; \quad z_{min} \leqq z \leqq d \tag{I 4, 35}$$

und

$$\frac{1}{2}\varphi'^2 - K_2 = \frac{j_s}{\varDelta q_0}\frac{m_0^2}{k T}\left[\int\limits_{v_{min}}^{\infty}\sqrt{v_0^2 + 2\frac{q_0}{m_0}\varphi}\, e^{-\frac{m_0 v_0^2}{2kT}} v_0\, dv_0 + \right. \tag{I 4, 36}$$

$$\left. + 2\int\limits_{v_0=\sqrt{-2\frac{q_0}{m_0}\varphi}}^{v_{min}}\sqrt{v_0^2 + 2\frac{q_0}{m_0}\varphi}\, e^{-\frac{m_0 v_0^2}{2kT}} v_0\, dv_0\right]; \qquad 0 \leqq z \leqq z_{min}.$$

Wir bedienen uns der Substitution (I 4, 22) und berechnen das unbestimmte Integral

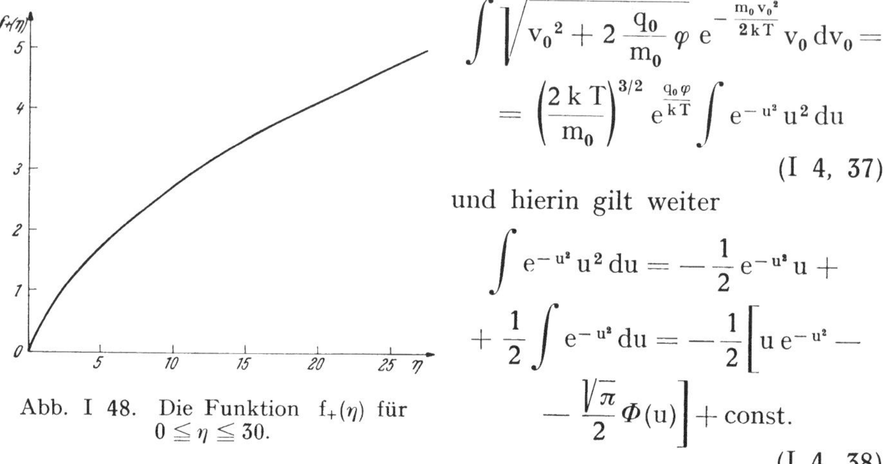

Abb. I 48. Die Funktion $f_+(\eta)$ für $0 \leqq \eta \leqq 30$.

$$\int\sqrt{v_0^2 + 2\frac{q_0}{m_0}\varphi}\, e^{-\frac{m_0 v_0^2}{2kT}} v_0\, dv_0 = \left(\frac{2 k T}{m_0}\right)^{3/2} e^{\frac{q_0\varphi}{kT}}\int e^{-u^2} u^2\, du \tag{I 4, 37}$$

und hierin gilt weiter

$$\int e^{-u^2} u^2\, du = -\frac{1}{2} e^{-u^2} u + \frac{1}{2}\int e^{-u^2} du = -\frac{1}{2}\left[u\, e^{-u^2} - \frac{\sqrt{\pi}}{2}\Phi(u)\right] + \text{const.} \tag{I 4, 38}$$

Auf Grund der Definition (I 4, 24) erhält man somit aus (I 4, 35) und (I 4, 36)

$$\frac{1}{2}\varphi'^2 - K_1 = \frac{j_a}{\varDelta q_0} m_0\sqrt{\frac{2 k T}{m_0}}\, e^{\eta}\left[\frac{\sqrt{\pi}}{2} - \frac{\sqrt{\pi}}{2}\Phi(\sqrt{\eta}) + \sqrt{\eta}\, e^{-\eta}\right]; \quad z_{min} \leqq z \leqq d \tag{I 4, 39}$$

und

$$\frac{1}{2}\varphi'^2 - K_2 = \frac{j_a}{\varDelta q_0} m_0\sqrt{\frac{2 k T}{m_0}}\, e^{\eta}\left[\frac{\sqrt{\pi}}{2} + \frac{\sqrt{\pi}}{2}\Phi(\sqrt{\eta}) - \sqrt{\eta}\, e^{-\eta}\right]; \; 0 \leqq z \leqq z_{min}. \tag{I 4, 40}$$

Um K_1 und K_2 zu ermitteln, begeben wir uns in die Ebene $\eta = 0$ des Potential-Minimums und finden, da dort $\varphi' \equiv \frac{d\varphi}{dz}$ verschwindet

$$K_1 = K_2 = -\frac{j_a}{\varDelta q_0} m_0\sqrt{\frac{2 k T}{m_0}}\frac{\sqrt{\pi}}{2}. \tag{I 4, 41}$$

Wir führen nunmehr die in Abb. I 47 bis I 50 dargestellten Funktionen ein

$$f_+(\eta) = e^{\eta} - e^{\eta}\Phi(\sqrt{\eta}) + \frac{2}{\sqrt{\pi}}\sqrt{\eta} - 1, \tag{I 4, 42}$$

$$f_-(\eta) = e^{\eta} + e^{\eta}\Phi(\sqrt{\eta}) - \frac{2}{\sqrt{\pi}}\sqrt{\eta} - 1, \tag{I 4, 43}$$

beachten den aus (I 4, 24) folgenden Zusammenhang

$$\frac{d\varphi}{dz} = \frac{k\,T}{q_0} \cdot \frac{d\eta}{dz} \qquad \text{(I 4, 44)}$$

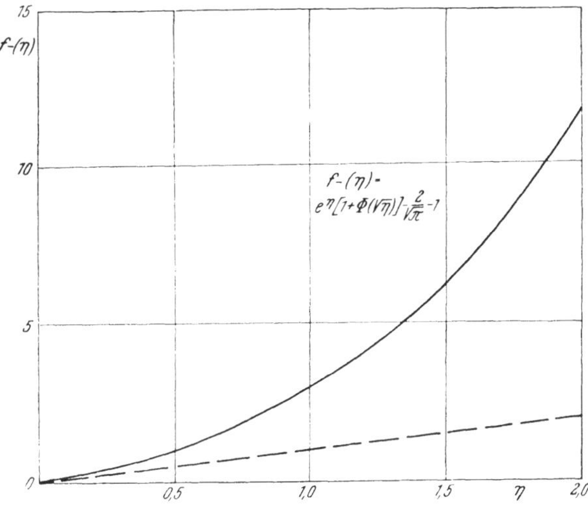

Abb. I 49. Die Funktion $f_{-}(\eta)$ für $0 \leqq \eta \leqq 2$.

und bringen (I 4, 39) und (I 4, 40) mit Hilfe der Strecke

$$l = \left(\frac{2\,k\,T}{\pi}\right)^{3/4} \sqrt{\frac{\pi}{4}\,\frac{\Delta}{q_0\,j_a}}\,\frac{1}{\sqrt[4]{m_0}} \qquad \text{(I 4, 45)}$$

in die einheitliche Gestalt

$$\left(\frac{d\eta}{dz}\right)^2 = \frac{1}{l^2}\, f_{\pm}(\eta)\,; \qquad z \gtrless z_{min}. \qquad \text{(I 4, 46)}$$

Da die Strecke l nur von der Temperatur der Glühkathode und der Anodenstromdichte j_a abhängt, dürfen wir sie als sozusagen *natürliche Längeneinheit des elektronischen Strömungsfeldes* benutzen. Demgemäß führen wir durch das dimensionsfreie Verhältnis

$$\zeta = \frac{z - z_{min}}{l}, \qquad \text{(I 4, 47)}$$

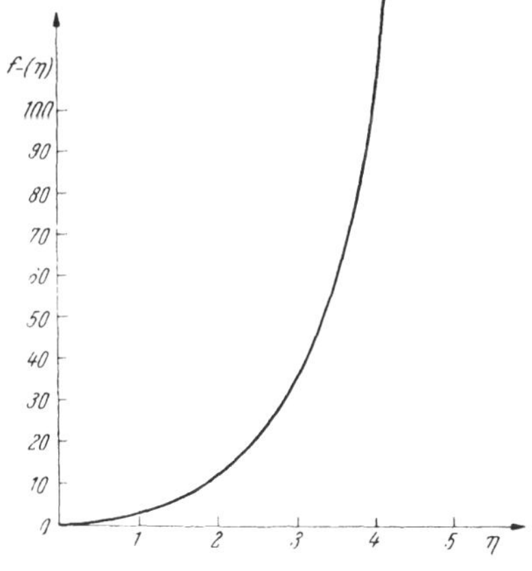

Abb. I 50. Die Funktion $f_{-}(\eta)$ für $0 \leqq \eta \leqq 4$.

die in der Ebene des Potentialminimums beginnende *numerische Koordinate* des Interelektrodenraumes ein. In dieser Normierung wird die Lage der Kathode durch

$$\zeta_K = -\frac{z_{min}}{l} \qquad \text{(I 4, 48)}$$

und jene der Anode durch

$$\zeta_a = \frac{d - z_{min}}{l} \qquad \text{(I 4, 49)}$$

angegeben, während die Gleichungen (I 4, 46) die dimensionsfreie Gestalt

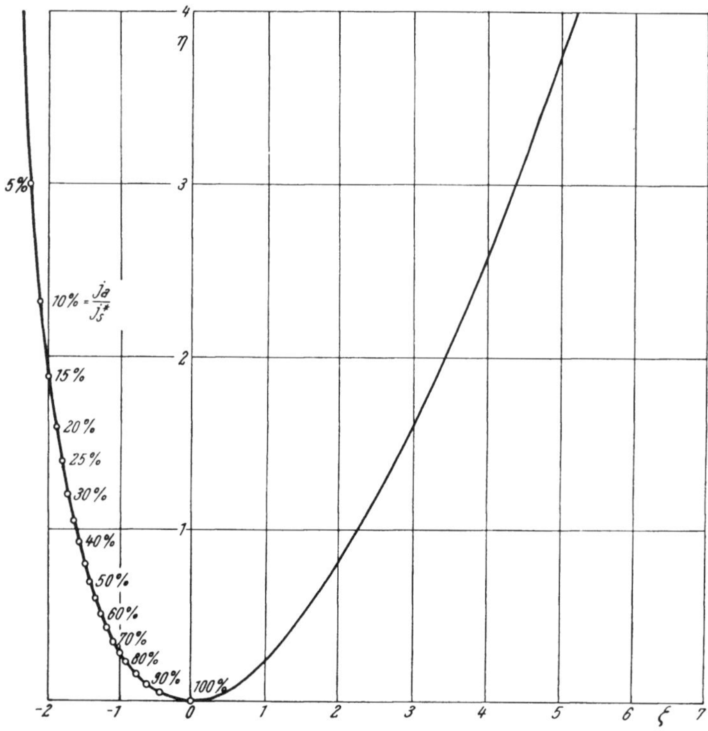

Abb. I 51. Die *Langmuir*schen Funktionen $\zeta_+(\eta)$ {rechter Ast} und $[-\zeta_-(\eta)]$ {linker Ast}.

$$\left(\frac{d\eta}{d\zeta}\right)^2 = f_\pm(\eta); \qquad \zeta \gtrless 0 \qquad \text{(I 4, 50)}$$

annehmen. Demnach erhalten wir in

$$\zeta = \pm \int_0^\infty \frac{d\eta'}{\sqrt{f_\pm(\eta')}}; \quad \zeta \gtrless 0. \qquad \text{(I 4, 51)}$$

die gleichfalls dimensionsfrei geschriebene Lösung der *Poisson*schen Gleichung (I 4, 30); da sich allerdings die hier auftretenden Integrale nicht mittels bekannter Funktionen geschlossen ausdrücken lassen, muß man sie numerisch auswerten: Abb. I 51 zeigt die von *Langmuir* berechneten Funktionen

$$\zeta_+(\eta) = \int_0^\eta \frac{d\eta'}{\sqrt{f_+(\eta')}} \qquad \text{(I 4, 52)}$$

und

$$\zeta_-(\eta) = \int_0^\eta \frac{d\eta'}{\sqrt{f_-(\eta)'}}. \tag{I 4, 53}$$

g) Wir fassen die vorstehenden Ergebnisse in eine *Konstruktionsvorschrift* für die Kennlinie der parallelebenen Diode zusammen:

1. Als gegeben gilt die absolute Temperatur T der Glühkathode und damit deren Sättigungsstromdichte j_s^*, des weiteren die Anodenstromdichte j_a und der Elektrodenabstand d.

2. Das Verhältnis $\frac{j_a}{j_s^*}$ der Stromdichten liefert das Minimum-Potential φ_{min} mittels der Relation

$$\varphi_{min} = \frac{k\,T}{q_0} \ln \frac{j_a}{j_s^*} < 0. \tag{I 4, 54}$$

3. Die numerische Potentialdifferenz η_k der Kathode gegen die Ebene des Potentialminimums beträgt

$$\eta_k = -\frac{q_0\,\varphi_{min}}{k\,T} = \ln \frac{j_s^*}{j_a} > 0. \tag{I 4, 55}$$

4. Wir setzen (I 4, 55) in (I 4, 53) ein und finden den numerischen Abstand der Kathode von der Ebene des Potential-Minimums zu

$$|\zeta_k| = -\zeta_-(\eta_k). \tag{I 4, 56}$$

5. Man berechne aus (I 4, 45) die Strecke l und ermittle den numerischen Abstand ζ_a der Anode von der Ebene des Potential-Minimums gemäß

$$\zeta_a = \frac{d}{l} - |\zeta_k| = \zeta_a(\eta_k). \tag{I 4, 57}$$

6. Nach (I 4, 52) kennt man mit ζ_a die numerische Potentialdifferenz η_a der Anode gegen die Ebene des Potential-Minimums, indem man die Gleichung

$$\zeta_a = \zeta_+(\eta_a) \tag{I 4, 58}$$

nach η_a auflöst.

7. Die numerische Spannung der Diode beträgt

$$\Delta\,\eta = \eta_a - \eta_k, \tag{I 4, 59}$$

also ihre Anodenspannung

$$U_a = \frac{k\,T}{q_0}(\eta_a - \eta_k). \tag{I 4, 60}$$

Bringt man die Definition (I 4, 45) der Strecke l in die Gestalt

$$l = \sqrt{\frac{j_s^*}{j_a}}\, l_s; \qquad l_s = \left(\frac{2\,k\,T}{\pi}\right)^{3/4} \sqrt{\frac{\pi}{4}\frac{\Delta}{q_0\,j_s^*}}\,\frac{1}{\sqrt[4]{m_0}}. \tag{I 4, 61}$$

in welcher l_s als *Sättigungsstrecke* bezeichnet werde, so erweist sich die „numerische Kennlinie“ der Röhre

$$\Delta\,\eta = \eta_a - \eta_k = f\left(\frac{j_a}{j_s^*}\right) \tag{I 4, 62}$$

als nur noch von dem Werte eines einzigen Parameters abhängig, des numerischen Sättigungs-Elektrodenabstandes

$$\delta_s = \frac{d}{l_s}. \qquad \text{(I 4, 63)}$$

Auf Grund dieses *Ähnlichkeitsgesetzes* kann man den Arbeitsbereich unterschiedlicher Dioden bequem miteinander vergleichen.

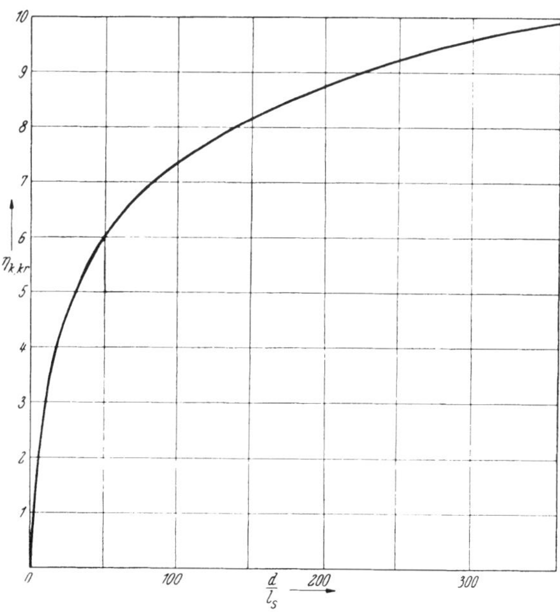

Abb. I 52. Ermittlung des numerischen Grenzpotentiales.

h) Bisher haben wir nicht allein $j_a < j_s^*$ vorausgesetzt, sondern überdies angenommen, daß die Ebene $z = z_{min}$ des Potentialminimums zwischen der emittierenden Ebene $z = 0$ der Glühkathode und der Anodenebene $z = d$ liegt. Mit abnehmendem Anodenpotential φ_a nähert sich jedoch die Stromdichte j_a einem kritischen Werte j_{kr}, bei welchem die Ebene des Potentialminimums gerade mit der Anode koinzidiert

$$\lim_{j_a \to j_{kr}} z_{min} = d \qquad \text{(I 4, 64)}$$

und für Stromdichten $j_a < j_{kr}$ verwandelt sich die Ebene des Potential-Minimums in eine nur virtuelle Ebene, welche in das Gebiet $z > d$ fällt; die bisher entwickelte Konstruktion der Kennlinie, welche an die Bedingung $0 \leqq z_{min} \leqq d$ gebunden ist, versagt daher nunmehr und ist durch eine andere zu ersetzen:

1. Welches ist der Wert der kritischen Stromdichte? Entsprechend (I 4, 64) ergibt sich aus (I 4, 48) und (I 4, 62) der kritische, numerische Kathodenabstand

$$(\zeta_k)_{kr} = -\frac{d}{l} = -\frac{d}{l_s}\sqrt{\frac{j_{kr}}{j_s^*}}. \qquad \text{(I 4, 65)}$$

Der kritischen Stromdichte ist ein kritisches Minimumpotential $\varphi_{\text{min, kr}} < 0$ mittels der *Boltzmann*schen Formel

$$\frac{\dot{j}_{kr}}{\dot{j}_s^*} = e^{\frac{q_0 \varphi_{\text{min, kr}}}{kT}} = e^{-\eta_{k,kr}} \qquad \text{(I 4, 66)}$$

zugeordnet; in ihr bezeichnet $\eta_{k,\,kr} > 0$ die numerische, kritische Potentialdifferenz der Kathode gegen die Ebene des Potentialminimums, welche ihrerseits definitionsgemäß mit der Anodenebene koinzidiert. Setzt man nun die Kennlinien-Gleichung (I 4, 56) in (I 4, 65) ein, so erhält man mit Rücksicht auf (I 4, 66) die Relation

$$-e^{\frac{1}{2}\eta_{k,\,kr}} \zeta_-(\eta_{k,\,kr}) = \frac{d}{l_s} \qquad \text{(I 4, 67)}$$

welche in Abb. I 52 graphisch dargestellt ist; nachdem hierdurch das numerische Grenzpotential $\eta_{k,\,kr}$ bestimmt wurde, kennt man zufolge (I 4, 66) auch die kritische Stromdichte.

2. Wie lautet die Kennlinie der Diode im Bereiche $\dot{j}_a < \dot{j}_{kr}$?

Da nunmehr das Potential von der Kathode aus monoton bis zum Anodenpotential $\varphi_a \leqq \varphi_{\text{min, kr}} < 0$ abfällt, so kehren diejenigen, und nur diejenigen Elektronen zur Glühkathode zurück, deren Emissionsgeschwindigkeit v_0 normal zur Kathodenoberfläche der Bedingung

$$\frac{1}{2} m_0 v_0^2 \leqq -q_0 \varphi_a \qquad \text{(I 4, 68)}$$

genügt. Sie unterscheidet sich von (I 4, 2) nur dadurch, daß das Anodenpotential φ_a an Stelle des Minimum-Potentiales getreten ist. Daher sind die Geschwindigkeiten der Elektronen in unmittelbarer Nachbarschaft der Kathode wieder nach dem Gesetze der abgebrochenen *Maxwell*-Verteilung gegeben, sofern man nur in (I 4, 9) die Substitution

$$\varphi_{\text{min}} \to \varphi_a \qquad \text{(I 4, 69)}$$

ausführt; hieraus folgt unmittelbar die *Anlaufstrom-Kennlinie*

$$\frac{\dot{j}_a}{\dot{j}_s^*} = e^{\frac{q_0 \varphi_a}{kT}}; \qquad \varphi_a \leqq \varphi_{\text{min, kr}}. \qquad \text{(I 4, 70)}$$

3. Welches ist der Potentialverlauf $\varphi = \varphi(z)$ im Arbeitsgebiete $\dot{j}_a < \dot{j}_{kr}$ der ebenen Diode?

Da im Falle $\varphi_a < \varphi_{\text{min, kr}}$ die Anode keine Minimumebene des Potentiales bildet, kann man von vornherein keine definitive Aussage über die dort herrschende elektrische Feldstärke machen. Analytisch bedeutet dies, daß man die in (I 4, 40) auftretende Integrationskonstante zunächst unbestimmt mitführen muß; sie ergibt sich erst nach der zweiten Integration der *Poisson*schen Gleichung. Da indes, nachdem die Kennlinie bereits in (I 4, 70) vorliegt, die Berechnung des zugehörigen räumlichen Potentialverlaufes nur noch von untergeordneter Bedeutung ist, dürfen wir uns mit der gegebenen methodischen Andeutung ihres Ganges begnügen.

i) Als Zahlenbeispiel behandeln wir eine Wolfram-Glühkathode der absoluten Temperatur $T = 2500^0$ K, welcher die Anode im Abstande $d = 0{,}1$ mm gegenüberstehe, dieser ungewöhnlich kleine Wert wurde aus vorwiegend zeichentechnischen Gründen gewählt, darf jedoch nicht als typisch angesehen werden.

Aus den Emissionsdaten des Wolframs ergibt sich die Sättigungsstromdichte

$$j_s^* = 0{,}207 \frac{\mathrm{A}}{\mathrm{cm}^2}.$$

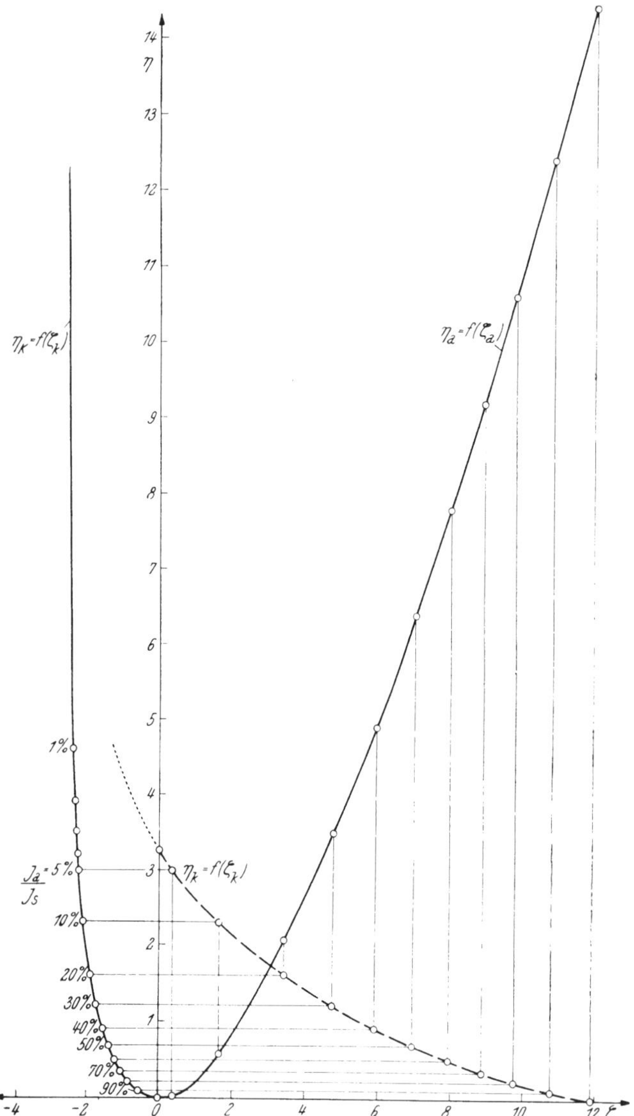

Abb. I 53. Konstruktion der Dioden-Kennlinie.

Die Sättigungsstrecke l_s nach (I 4, 61) beträgt

$$l_s = \left(\frac{2 \cdot 1{,}371 \cdot 10^{-23} \cdot 2500}{\pi}\right)^{3/4} \sqrt{\frac{\pi}{4} \frac{10^{19}}{4\pi \cdot 9 \cdot 10^{11} \cdot 1{,}60} \frac{1}{0{,}207}} \cdot \frac{1}{\sqrt[4]{0{,}90 \cdot 10^{-35}}} =$$

$$= 0{,}845 \cdot 10^{-3}\,\mathrm{cm}.$$

Die Temperaturspannung der Kathode berechnet sich zu

$$\frac{k\,T}{q_0} = \frac{1{,}371 \cdot 10^{-23} \cdot 2500}{1{,}60 \cdot 10^{-19}} = 0{,}215 \text{ V}.$$

Wir zeichnen uns nun den Gang des numerischen Potentiales η mit dem numerischen Abstande ζ der Kontrollebene von der Ebene des Potential-

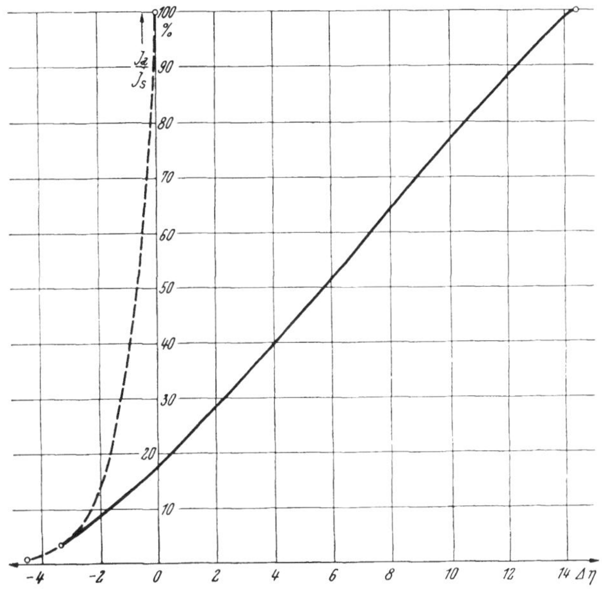

Abb. I 54. Numerische Kennlinie der planparallelen Diode.

minimums auf und erhalten, im Einklang mit Abb. I 53, folgende Zahlentafel:

$\frac{j_a}{j_s}$ %	η_k	ζ_k	$\sqrt{\frac{j_s}{j_a}}$	$\frac{d}{l}$	ζ_a	η_a	$\Delta\,\eta$
0	∞	−2,45	∞	0	(−2,45)	—	—
5	2,996	−2,22	4,48	2,63	0,41	0,02	−2,98
10	2,303	−2,10	3,16	3,73	1,63	0,55	−1,75
20	1,609	−1,85	2,24	5,29	3,44	2,04	+0,43
30	1,204	−1,70	1,80	6,48	4,78	3,46	2,26
40	0,916	−1,55	1,52	7,46	5,41	4,85	3,93
50	0,693	−1,40	1,414	8,36	6,96	6,40	5,71
60	0,511	−1,22	1,292	9,14	7,92	7,77	7,26
70	0,357	−1,05	1,197	9.40	8,85	9,18	8,82
80	0,236	−0,88	1,119	10,60	9,72	10,58	10,34
90	0,105	−0,43	1,054	11,20	10,77	12,39	12,38
100	0,000	0,00	1,000	11,85	11,85	14,36	14,36

Die hieraus folgende numerische Kennlinie der Diode zeigt Abb. I 54.

I 5. Raumladungswerfer.

a) Der Raumladungswerfer entsteht aus der Hochvakuum-Diode durch Bekleidung ihrer emittierenden Kathodenoberfläche mit einer *homogenen elektrischen Doppelschicht* vom festen Potentialsprunge $\varDelta\varphi > 0$, deren positive Seite dem Entladungsraume zugekehrt ist.

Wir beschäftigen uns weiterhin mit dem stationären Strömungsfelde eines parallelebenen Raumladungswerfers vom Abstande d seiner Elektroden nach Abb. I 55, welchen wir mit folgenden ideellen Eigenschaften ausstatten:

1. Die Kathode führe die gleichförmige Absoluttemperatur T, so daß sie je Einheit ihrer emittierenden Fläche die Sättigungsstromdichte

$$j_0 = j_s^*(T) > 0 \qquad \text{(I 5, 1)}$$

in die Doppelschicht injiziert.

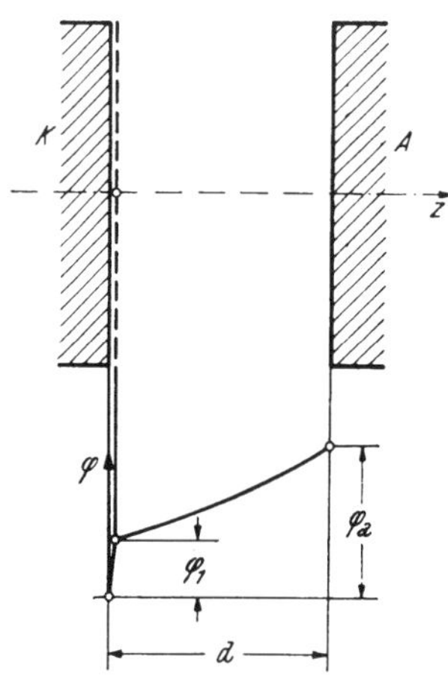

Abb. I 55. Parallelebener Raumladungswerfer.

2. Wählen wir die Kathode als Basis des elektrischen Skalarpotentiales φ, so komme der positiven Seite der Doppelschicht das feste Potential

$$\varphi_1 = \varDelta\varphi > 0 \qquad \text{(I 5, 2)}$$

zu.

3. Die von der Kathode her einfallenden Elektronen durchkreuzen die Doppelschicht verlustfrei: Die in das Vakuum übertretende Stromdichte j_1 gleicht der Sättigungsstromdichte

$$j_1 = j_0. \qquad \text{(I 5, 3)}$$

4. Die Startgeschwindigkeit der eben aus der Kathode emittierten Elektronen wird vernachlässigt. Unter Beschränkung auf den Gültigkeitsbereich der *Newton*schen Mechanik treten dann die Elektronen mit der einheitlichen Geschwindigkeit

$$v_1 = \sqrt{2\,\frac{q_0}{m_0}\,\varphi_1} \qquad \text{(I 5, 4)}$$

senkrecht zur Doppelschicht in den Interelektrodenraum ein.

5. Von der Einwirkung magnetischer Felder auf die Elektronenbewegung sehen wir ab.

b) Wir orientieren uns im Raumladungswerfer an Hand der rechtsläufigen, *Kartesi*schen Koordinaten x, y, z. Der Ursprung des Bezugssystemes liege in der positiven Grenzebene der Doppelschicht, seine z-Achse weise senkrecht zu dieser Ebene zur Anode hin.

Aus Symmetriegründen reduziert sich das Skalarpotential φ des Interelektrodenraumes auf eine nur von z abhängige Funktion

$$\varphi = \varphi(z); \qquad 0 \leqq z \leqq d. \qquad \text{(I 5, 5)}$$

Daher wird der Vektor der elektrischen Feldstärke

$$E = -\operatorname{grad}\varphi \qquad \text{(I 5, 6)}$$

bereits durch seine parallel der positiven z-Achse weisende Komponente

$$E_z = E_z(z) = -\frac{d\varphi}{dz}; \qquad 0 < z < d \qquad \text{(I 5, 7)}$$

erschöpfend beschrieben. Bilden wir aus ihr durch Multiplikation mit der sogenannten Dielektrizitätskonstanten $\varDelta$ des leeren Raumes die gleichfalls der positiven z-Achse parallele Komponente

$$D_z = D_z(z) = \varDelta \cdot E_z(z) = -\varDelta \frac{d\varphi}{dz}; \qquad 0 < z < d \qquad (I\ 5,\ 8)$$

des elektrischen Induktionsvektors *D*, so folgt die Raumladungsdichte ϱ im Interelektrodengebiete aus der Relation

$$\varrho = \frac{dD_z}{dz} = \varDelta \frac{dE_z}{dz} = -\varDelta \frac{d^2\varphi}{dz^2} \qquad (I\ 5,\ 9)$$

welche die *Poisson*sche Differentialgleichung

$$\nabla^2\varphi = \frac{d^2\varphi}{dz^2} = -\frac{\varrho}{\varDelta} \qquad (I\ 5,\ 10)$$

beinhaltet. Sie unterliegt der aus (I 5, 2) zu entnehmenden statischen Randbedingung

$$\varphi = \varphi_1 > 0 \qquad \text{für} \qquad z = 0, \qquad (I\ 5,\ 11)$$

zu welcher sich die aus (I 5, 3) folgende dynamische Bedingung der parallel der positiven z-Achse injizierten Stromdichte

$$\vec{j}_z = -j_1 = -j_0 \qquad \text{für} \qquad z = 0 \qquad (I\ 5,\ 12)$$

gesellt.

c) Wir ergänzen die in (I 5, 11) formulierte Voraussetzung (I 5, 2) durch die Annahme eines stets positiven Anodenpotentiales

$$\varphi = \varphi_a > 0 \qquad \text{für} \qquad z = d. \qquad (I\ 5,\ 13)$$

Berufen wir uns dann zunächst allein auf das Energieprinzip, so können alle gemäß (I 5, 3) in den Raumladungswerfer eingebrachten Elektronen die Anode erreichen. Welches sind die Existenzbedingungen dieser einsinnigen Konvektionsströmung, und welche Arbeitseigenschaften zeichnen sie aus?

Auf Grund des Kontinuitätsgesetzes der Elektrizität erweist sich die stationäre, einsinnige Stromdichte $\vec{j}_z = \vec{j}_a(z)$ als unabhängig von der Lage der Kontrollebene im Entladungsgebiete, so daß wir aus (I 5, 3) und (I 5, 12) die verallgemeinernde Angabe

$$\vec{j}_z(z) = -j_0; \qquad 0 \leqq z \leqq d, \qquad (I\ 5,\ 14)$$

erschließen. Die Elektronen dieser Strömung verlassen die Kathode nach Voraussetzung mit verschwindend kleiner Startgeschwindigkeit; auf Grund der angenommenen Eigenschaften der kathodischen Doppelschicht durchschreiten sie daher die Ebene $0 < z < d$ jeweils mit der einheitlichen, parallel der positiven z-Achse gerichteten Geschwindigkeit

$$\vec{v} = \sqrt{2 \frac{q_0}{m_0} \varphi} \qquad (I\ 5,\ 15)$$

deren Realität an die Bedingung

$$\varphi \geqq 0 \qquad \text{für} \qquad 0 < z < d \qquad (I\ 5,\ 16)$$

gebunden ist; sie gelte weiterhin als erfüllt.

Zwischen der einsinnigen Stromdichte $\vec{j}_z$ und der Dichte ϱ der von ihr transportierten Raumladung besteht nun der kinematische Zusammenhang

$$\vec{j}_z(v) = \varrho\, \vec{v}, \qquad (I\ 5,\ 17)$$

welchem wir im Verein mit (I 5, 12) und (I 5, 15) die Angabe

$$\varrho = -\frac{j_0}{\sqrt{2\frac{q_0}{m_0}\varphi}} \qquad \text{(I 5, 18)}$$

entnehmen; ihre Substitution in (I 5, 10) führt auf die Differentialgleichung

$$\frac{d^2\varphi}{dz^2} = \frac{j_0}{\Delta\sqrt{2\frac{q_0}{m_0}}}\frac{1}{\sqrt{\varphi}} \qquad \text{(I 5, 19)}$$

mit deren Integration unter den Bedingungen (I 5, 11) und (I 5, 13) wir uns fortan zu beschäftigen haben.

d) Um uns von den elektrischen Bestimmungsgrößen φ_1 und j_0 des Raumladungswerfers zu befreien, normieren wir die Differentialgleichung (I 5, 19) durch folgende Schritte:

1. Als *numerisches Potential* Φ bezeichnen wir das dimensionsfreie, im Raumladungswerfer nirgends negative Verhältnis

$$\Phi = \frac{\varphi}{\varphi_1}. \qquad \text{(I 5, 20)}$$

2. Als sozusagen natürliche Längeneinheit l des Entladungsgebietes führen wir die „*Langmuir-Strecke*"

$$l = \frac{2}{3}\varphi_1^{3/4}\sqrt{\frac{\Delta\sqrt{2\frac{q_0}{m_0}}}{j_0}} \qquad \text{(I 5, 21)}$$

ein; nach (I 3, 33) mißt also l in einer gedachten, parallelebenen Diode den Abstand der Anode von der nackten Kathode, welcher bei verschwindender Startgeschwindigkeit der eben emittierten Elektronen gerade die untersättigte Stromdichte j_0 entzogen wird. Das dimensionsfreie Verhältnis

$$\zeta = \frac{z}{l}; \qquad 0 \leqq \varphi \leqq \delta \equiv \frac{d}{l} \qquad \text{(I 5, 22)}$$

mißt dann die *numerische Koordinate* ζ der den Raumladungswerfer durchwandernden Elektronen.

3. Als sozusagen natürliche Einheit der Stromdichte definieren wir die *Langmuir*sche Dichte

$$j_L = \frac{4}{9}\Delta\sqrt{2\frac{q_0}{m_0}}\frac{\varphi_1^{3/2}}{d^2} \qquad \text{(I 5, 23)}$$

jenes Stromes, welcher gemäß (I 3, 33) einer an Stelle der Anode gedachten, untersättigten [nackten] Kathode vom Potentiale $\varphi = 0$ durch eine in $z = 0$ tätige Anode vom Potentiale $\varphi = \varphi_1$ entzogen werden würde; das dimensionsfreie Verhältnis

$$\gamma_0 = \frac{j_0}{j_L} = \left(\frac{d}{l}\right)^2 \equiv \delta^2 \qquad \text{(I 5, 24)}$$

mag als *numerische Stromdichte* des Raumladungswerfers bezeichnet werden.

Mit Hilfe der Definitionen (I 5, 20), (I 5, 21) und (I 5, 22) läßt sich (I 5, 19) in die *Normalform*

$$\frac{d^2\Phi}{d\zeta^2} = \frac{4}{9}\frac{1}{\sqrt{\Phi}} \qquad \text{(I 5, 25)}$$

umschreiben, deren Lösung nach (I 5, 11), (I 5, 13), (I 5, 23) und (I 5, 24) den Randbedingungen

$$\Phi = 1 \qquad \text{für} \qquad \zeta = 0 \qquad \text{(I 5, 26)}$$

und

$$\Phi = \Phi_a = \frac{\varphi_a}{\varphi_1} \qquad \text{für} \qquad \zeta = \delta = \sqrt{\frac{j_0}{j_L}} \qquad \text{(I 5, 27)}$$

zu unterwerfen ist.

e) Wir bedienen uns der Identität

$$\frac{d^2\Phi}{d\zeta^2} \equiv \frac{d}{d\zeta}\left(\frac{1}{2}\Phi'^2\right); \qquad \Phi' = \frac{d\Phi}{d\zeta} \qquad \text{(I 5, 28)}$$

und gewinnen aus (I 5, 25) das erste Integral

$$\left(\frac{d\Phi}{d\zeta}\right)^2 = \frac{16}{9}\left[\sqrt{\Phi} \mp \sqrt{\Phi_0}\right] \qquad \text{(I 5, 29)}$$

in welchem allerdings die Konstante ($\mp \sqrt{\Phi_0}$) einstweilen noch unbekannt ist; doch hat man sie aus Realitätsgründen jedenfalls stets so zu wählen, daß die rechte Seite der Gleichung (I 5, 29) positiv ausfällt. Dies vorausgesetzt, erschließen wir aus dieser Gleichung durch Trennung ihrer Veränderlichen die Differentialrelation

$$\frac{d\Phi}{\sqrt{\sqrt{\Phi} \mp \sqrt{\Phi_0}}} = \pm \frac{4}{3} d\zeta. \qquad \text{(I 5, 30)}$$

In ihr gilt rechter Hand beziehentlich das positive oder das negative Vorzeichen, je nachdem ob das numerische Potential Φ mit wachsendem, numerischem Abstande $0 \leq \zeta \leq \delta$ von der Eingangsebene $\zeta = 0$ steigt oder fällt; beide Möglichkeiten sind real und müssen daher alternativ in Betracht gezogen werden:

1. Wir entscheiden uns zunächst für die Integrationskonstante ($+ \sqrt{\Phi_0}$) und substituieren an Stelle der Variabeln Φ die Veränderliche w mittels

$$\sqrt{\frac{\Phi}{\Phi_0}} = \sinh^2 w; \qquad d\left(\frac{\Phi}{\Phi_0}\right) = 4 \sinh^3 w \cosh w \, dw. \qquad \text{(I 5, 31)}$$

Durch unbestimmte Integration entsteht dann

$$\int \frac{d\Phi}{\sqrt{\sqrt{\Phi} + \sqrt{\Phi_0}}} = \Phi_0^{3/4}\, 4 \int \sinh^3 w \, dw = \Phi_0^{3/4}\left[\frac{\cosh^3 w}{3} - \cosh w\right] =$$

$$= \frac{4}{3}\Phi_0^{3/4}\sqrt{1 + \sqrt{\frac{\Phi}{\Phi_0}}}\left[\sqrt{\frac{\Phi}{\Phi_0}} - 2\right] = \frac{4}{3}\sqrt{\sqrt{\Phi} + \sqrt{\Phi_0}}\left[\sqrt{\Phi} - 2\sqrt{\Phi_0}\right] \qquad \text{(I 5, 32)}$$

also, nach (I 5, 26) und (I 5, 30),

$$\zeta = \pm\left\{\sqrt{\sqrt{\Phi} + \sqrt{\Phi_0}}\left[\sqrt{\Phi} - 2\sqrt{\Phi_0}\right] - \sqrt{1 + \sqrt{\Phi_0}}\left[1 - 2\sqrt{\Phi_0}\right]\right\}. \qquad \text{(I 5, 33)}$$

2. Wählen wir in (I 5, 30) die Integrationskonstante gleich $(-\sqrt{\Phi_0})$, so haben wir die Substitution (I 5, 31) durch

$$\sqrt{\frac{\Phi}{\Phi_0}} = \cosh^2 w; \qquad d\left(\frac{\Phi}{\Phi_0}\right) = 4\cosh^3 w \sinh w \, dw \tag{I 5, 34}$$

zu ersetzen und finden bei unbestimmter Integration

$$\int \frac{d\Phi}{\sqrt{\sqrt{\Phi}-\sqrt{\Phi_0}}} = \Phi_0^{3/4}\, 4 \int \cosh^3 w \, dw = \Phi_0^{3/4}\, 4 \left[\sinh w + \frac{\sinh^3 w}{3}\right] =$$
$$= \frac{4}{3}\Phi_0^{3/4} \sqrt{\sqrt{\frac{\Phi}{\Phi_0}}-1}\left[\sqrt{\frac{\Phi}{\Phi_0}}+2\right] = \frac{4}{3}\sqrt{\sqrt{\Phi}-\sqrt{\Phi_0}}\,[\sqrt{\Phi}+2\sqrt{\Phi_0}]. \tag{I 5, 35}$$

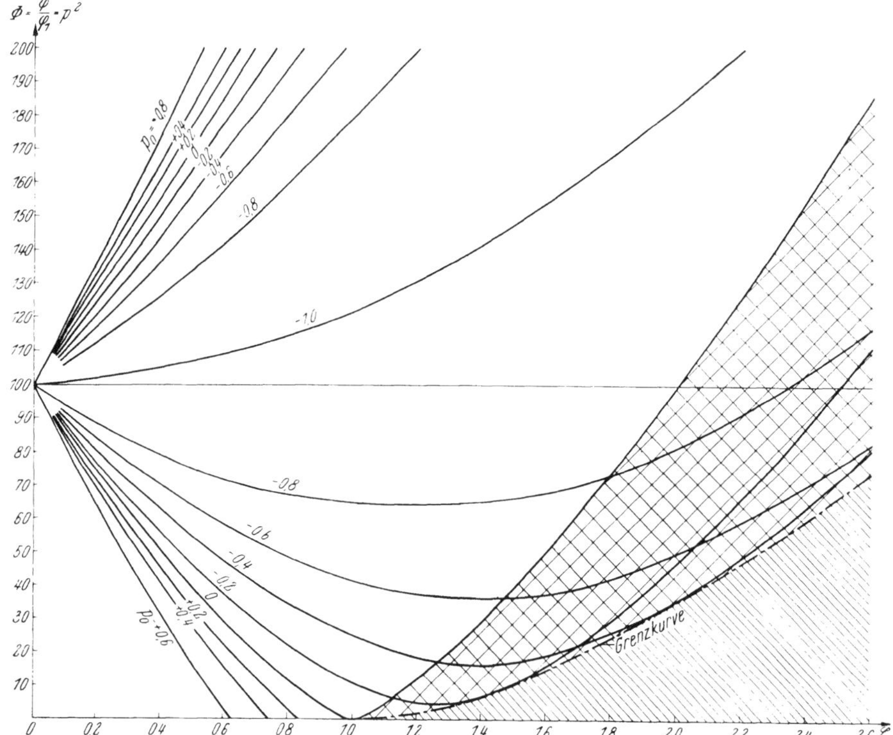

Abb. I 56. Das numerische Potential Φ als Funktion der numerischen Koordinate ζ.

Daher lautet das Integral der Gleichung (I 5, 25) nunmehr

$$\zeta = \pm\left\{\sqrt{\sqrt{\Phi}-\sqrt{\Phi_0}}\,[\sqrt{\Phi}+2\sqrt{\Phi_0}] - \sqrt{1-\sqrt{\Phi_0}}\,[1+2\sqrt{\Phi_0}]\right\}. \tag{I 5, 36}$$

Setzen wir zum Zwecke der formalen Vereinfachung

$$\Phi = p^2; \qquad \Phi_0 = p_0^2 \tag{I 5, 37}$$

mit

$$p_0 = \pm\sqrt{\Phi_0} \tag{I 5, 38}$$

so lassen sich die Aussagen (I 5, 33) und (I 5, 36) zu

$$\zeta = \pm\{\sqrt{p+p_0}\,[p-2p_0] - \sqrt{1+p_0}\,[1-2p_0]\} \tag{I 5, 39}$$

zusammenfassen, und wir erhalten sämtliche Lösungen der gestellten Aufgabe, indem wir dem Parameter p_0 alle reellen Werte des Bereiches

$$p_0 \geqq -1 \quad (\text{I } 5, 40)$$

erteilen. Abb. I 56 zeigt den hiernach berechneten Verlauf des numerischen Potentiales Φ als Funktion des numerischen Abstandes $\zeta \geqq 0$ der Kontrollebene von der positiven Seite der kathodischen Doppelschicht.

f) Die Anode des Raumladungswerfers wird geometrisch durch die Angabe

$$\zeta = \delta \quad (\text{I } 5, 41)$$

und elektrisch durch die Betriebsbedingung

$$p^2 = p_a^2 = \Phi_a = \frac{\varphi_a}{\varphi_1} \quad (\text{I } 5, 42)$$

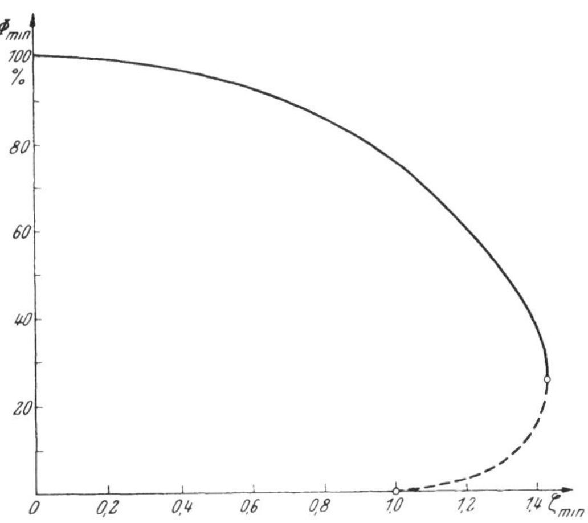

Abb. I 57. Zusammenhang zwischen Größe und Lage des Potentialminimums.

gekennzeichnet. Der diese Aussagen im Diagramme der Abb. I 56 zusammenfassende Arbeitspunkt (δ, Φ_a) bestimmt durch seine Lage im Kurvenfelde den ihm jeweils angepaßten Wert des Parameters p_0; hierbei offenbart die entwickelte, mathematische Lösung der vorgelegten *Poisson*schen Gleichung folgende Eigenschaften:

1. In gewissen Bereichen der durch Abb. I 56 dargestellten „Zustandsebene" des Raumladungswerfers verlaufen durch ein und denselben, von der Anode diktierten Arbeitspunkt (δ, Φ_a) zwei Kurven unterschiedlicher Parameterwerte p_0: Die Feldstruktur ist, in diesem Sinne, *zweideutig.*

2. Unterhalb einer gewissen „*Grenzkurve*" läßt sich die angenommene, einsinnige Elektronenbewegung im Raumladungswerfer nicht realisieren.

3. Die Kurven des numerischen Potentiales Φ in seiner Abhängigkeit von der Lage ζ der Kontrollebene durchlaufen für Parameterwerte p_0 der Eigenschaft

$$-1 < p_0 < 0 \quad (\text{I } 5, 43)$$

einen *Kleinstwert* Φ_{min}; allerdings befindet sich seine Ebene $\zeta = \zeta_{min}$ nur dann im Interelektrodengebiete $0 < \zeta < \delta$, falls die elektrische Feldstärke an der Eintrittsebene $\zeta = 0$ in das Innere des Entladungsraumes hineinweist und überdies $|\zeta_{min}| < \delta$ bleibt, während man es im entgegengesetzten Falle nur mit einem außerhalb dieses Gebietes gelegenen, virtuellen Potentialminimum zu tun hat. Aus (I 5, 29), (I 5, 37) und (I 5, 38) folgt nun zunächst

$$p_{min}^2 = \Phi_{min} = \Phi_0 = p_0^2. \qquad p_{min} = -p_0. \quad (\text{I } 5, 44)$$

Daher findet man aus (I 5, 39) für die Lage ζ_{min} des reellen Potentialminimums in Abhängigkeit von dessen numerischer Größe Φ_{min} die Angabe

$$\zeta_{min} = \sqrt{1 + p_0}\,[1 - 2\,p_0] = \sqrt{1 - \sqrt{\Phi_{min}}}\,[1 + 2\sqrt{\Phi_{min}}] \quad (\text{I } 5, 45)$$

entsprechend Abb. I 57 unter der Nebenbedingung

$$\zeta_{min} \leqq \delta. \quad (\text{I } 5, 46)$$

Da hiernach die numerische Koordinate δ gewiß dem wieder ansteigenden Aste der [numerischen] Potentialkurve angehört, ergibt sie sich aus (I 5, 39) und (I 5, 45) zu

$$\delta = \zeta_{\min} + (\zeta - \zeta_{\min})_{p = p_a} =$$

$$= \sqrt{1 - \sqrt{\Phi_{\min}}}\,[1 + 2\sqrt{\Phi_{\min}}] + \sqrt{\sqrt{\Phi_a} - \sqrt{\Phi_{\min}}}\,[\sqrt{\Phi_a} + 2\sqrt{\Phi_{\min}}]. \qquad \text{(I 5, 47)}$$

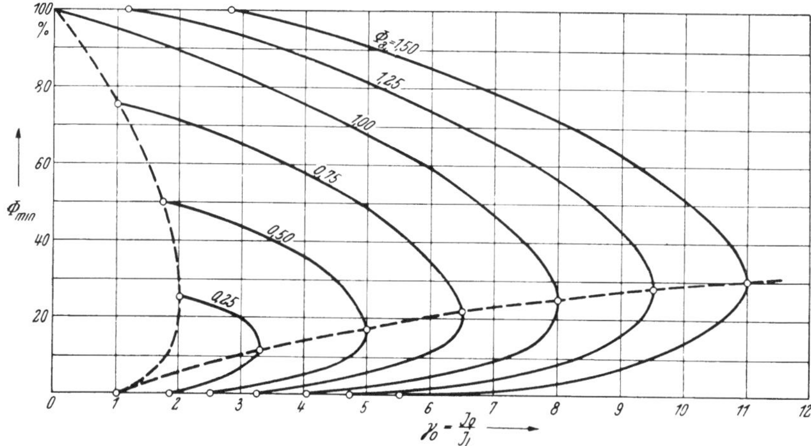

Abb. I 58. Zusammenhang zwischen der numerischen Stromdichte γ_0 und dem numerischen Potentialminimum.

Mit Rücksicht auf (I 5, 24) steht somit die numerische Stromdichte γ_0 mit dem numerischen Potentialminimum $\Phi_{\min}$ in dem funktionellen Zusammenhange

$$\gamma_0 = \left\{\sqrt{1 - \sqrt{\Phi_{\min}}}\,[1 + 2\sqrt{\Phi_{\min}}] + \sqrt{\sqrt{\Phi_a} - \sqrt{\Phi_{\min}}}\,[\sqrt{\Phi_a} + 2\sqrt{\Phi_{\min}}]\right\}^2, \qquad \text{(I 5, 48)}$$

welcher durch Abb. I 58 veranschaulicht wird. An der „konstruktiven" Existenzgrenze (I 5, 41) des Potentialminimums gilt nun definitionsgemäß

$$\lim_{\zeta_{\min} \to \delta} \Phi_{\min} = \Phi_a \qquad \text{(I 5, 49)}$$

so daß sich dort (I 5, 48) auf die Gleichung

$$\gamma_{\min} = \lim \gamma_0 = (1 - \sqrt{\Phi_a}) \equiv (1 + 2\sqrt{\Phi_a})^2 \equiv 1 + \sqrt{\Phi_a}\,(3 - 4\,\Phi_a) \qquad \text{(I 5, 50)}$$

der *geometrischen*" Grenzkurve reduziert. Ihr steht die „*dynamische*" Grenze gegenüber, welche, bei gegebenem numerischen Potential Φ_a der Anode, der numerischen Stromdichte γ_0 beim Grenz-Potentialminimum $\Phi_{\min,\,gr}$ eine raumladungsdiktierte Schranke $\gamma_{\max}$ setzt: Aus der Extremalbedingung

$$\frac{\partial \gamma_0}{\partial \Phi_{\min}} = 2\,p_{\min} \frac{\partial \gamma_0}{\partial p_{\min}} = 0 \quad \text{für} \quad \Phi_{\min} = \Phi_{\min,\,gr} = p^2_{\min,\,gr} \qquad \text{(I 5, 51)}$$

ergibt sich gemäß (I 5, 48) für $p_{\min,\,gr}$ die Gleichung

$$\frac{1 - 2\,p_{\min,\,gr}}{\sqrt{1 - p_{\min,\,gr}}} = \frac{p_a - 2\,p_{\min,\,gr}}{\sqrt{p_a - p_{\min,\,gr}}}. \qquad \text{(I 5, 52)}$$

Ihrer Lösung

$$p_{min, gr} = \frac{p_a}{1 + p_a} = \frac{\sqrt{\Phi_a}}{1 + \sqrt{\Phi_a}}, \qquad \text{(I 5, 53)}$$

entnehmen wir die Aussagen

$$\Phi_{min, gr} = \frac{\Phi_a}{(1 + \sqrt{\Phi_a})^2} \qquad \text{(I 5, 54)}$$

und

$$\gamma_{max} = \lim_{\Phi_{min} \to \Phi_{min, gr}} \gamma_0 = (1 + p_a)^3 = (1 + \sqrt{\Phi_a})^3. \qquad \text{(I 5, 55)}$$

Nach Voraussetzung gleicht nun im Raumladungswerfer das Potential φ_1 dem festen Potentialsprunge $\Delta\varphi$ der kathodischen Doppelschicht. Daher enthüllt die Angabe (I 5, 55) folgende Arbeitseigenschaften des Gerätes:

I. Mit zunehmender Absoluttemperatur T der Kathode wächst die Sättigungsstromdichte $j_s = j_s(T)$ stark an; sie kann jedoch nur unter der Bedingung

$$j_s(T) = j_0 \leqq j_L \cdot \gamma_{max} = \frac{4}{9} \Delta \sqrt{2 \frac{q_0}{m_0}} \frac{\varphi_1^{3/2}}{d^2} \left(1 + \sqrt{\frac{\varphi_a}{\varphi_1}}\right)^3 = \frac{4}{9} \Delta \sqrt{2 \frac{q_0}{m_0}} \frac{(\sqrt{\varphi_1} + \sqrt{\varphi_a})^3}{d^2} \qquad \text{(I 5, 56)}$$

zur Gänze in die Anode eingeführt werden.

II. Bei fester Kathodentemperatur nimmt nach (I 5, 23) die *Langmuir*-Stromdichte mit dem umgekehrten Quadrate des Elektrodenabstandes d ab. Daher kann die Sättigungsstromdichte zur Gänze höchstens längs der Strecke

$$d_{max} = \frac{2}{3} \sqrt{\frac{\Delta \sqrt{2 \frac{q_0}{m_0}}}{j_0} \gamma_{max}} = l \sqrt{(1 + \sqrt{\Phi_a})^3} = l \left[\frac{\sqrt{\varphi_1} + \sqrt{\varphi_a}}{\sqrt{\varphi_1}}\right]^{3/2} \qquad \text{(I 5, 57)}$$

transportiert werden.

4. Wir ergänzen die voranstehende Diskussion durch die Frage nach der Lage $z = z_{min}$ des Potentialminimums im Verhältnis zum Elektrodenabstand d: Aus (I 5, 45) und (I 5, 47) folgt die Relation

$$\frac{z_{min}}{d} = \frac{\zeta_{min}}{\delta} = \frac{\sqrt{1 - \sqrt{\Phi_{min}}}\,[1 + 2\sqrt{\Phi_{min}}]}{\sqrt{1 - \sqrt{\Phi_{min}}}\,[1 + 2\sqrt{\Phi_{min}}] + \sqrt{\sqrt{\Phi_a} - \sqrt{\Phi_{min}}}\,[\sqrt{\Phi_a} + 2\sqrt{\Phi_{min}}]} \qquad \text{(I 5, 58)}$$

welche im Verein mit (I 5, 48) die Funktion

$$\frac{z_{min}}{d} = \frac{\zeta_{min}}{\delta} = f(\gamma_0, \Phi_a) \qquad \text{(I 5, 59)}$$

mittels des Parameters Φ_{min} darstellt. Nach Abb. I 59 verbleibt im Falle $\Phi_a = 1$ das Potentialminimum stets im Zentrum des Entladungsgebietes, wie es aus Symmetriegründen sogleich zu erwarten ist; im allgemeinen zeigt indes das Diagramm im Existenzbereiche eines reellen Potentialminimums zwei unterschiedliche Lagen an, welche mit demselben Paar (γ_0, Φ_a) der numerischen Betriebsvariabeln verträglich sind und hierdurch aufs neue die schon früher gefundene *Zweideutigkeit der Raumladungsstruktur* offenbaren.

g) Was geschieht im Raumladungswerfer, falls die injizierte Stromdichte $j_s^* = j_0$ im Verhältnis zur *Langmuir*-Stromdichte j_L die Höchstgrenze γ_0 nach (I 5, 55) überschreitet?

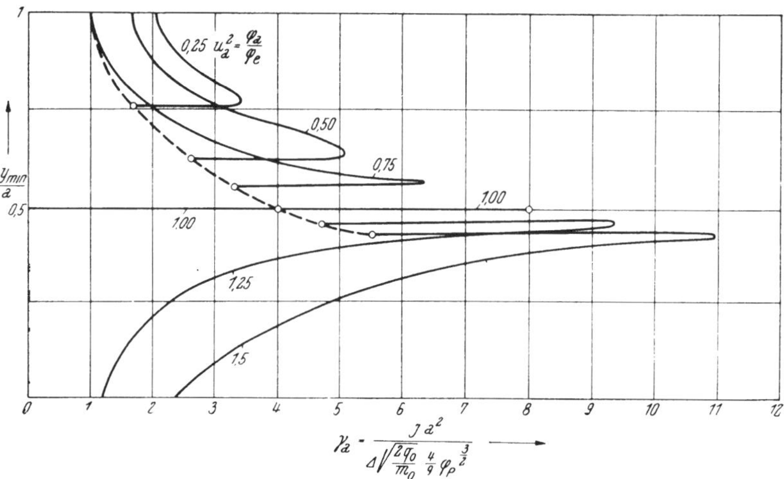

Abb. I 59. Lage des Potentialminimums im Interelektrodenraum.

Bei der Suche nach einer Antwort kehren wir vorübergehend zur Elektrodynamik der parallelebenen Hochvakuum-Diode zurück, welche je Einheit ihrer aktiven Glühkathoden-Oberfläche die [ideelle] Sättigungsstromdichte j_s^* in den Entladungsraum emittiere. Die Gesamtheit dieser Elektronen wird jedoch nur dann vollständig zur Anode überführt, falls deren Potential φ_a gegen die Kathode mindestens der [ideellen] Sättigungsspannung U_s^* gleicht; wird dagegen

$$\varphi_a < U_s^* \tag{I 5, 60}$$

gewählt, so bildet sich im Interelektrodenraum eine Potentialschwelle vom Minimumpotential

$$\varphi_{min} < 0 \tag{I 5, 61}$$

welche als „virtuelle Kathode" die Elektronen je nach deren dort verfügbaren Bewegungsenergie η nach Maßgabe der Alternative

$$\eta \gtrless - q_0 \varphi_{min} \tag{I 5, 62}$$

diskriminiert: Allein den energiereichen Elektronen $\eta > - q_0 \varphi_{min}$ wird der Übergang zur Anode mit der Stromdichte

$$j < j_s^* \tag{I 5, 63}$$

gestattet, während die energiearmen Elektronen $\eta < - q_0 \varphi_{min}$ in die Kathode zurückkehren müssen.

Gleich der nackten Kathode der Diode entsendet nun auch die von der Doppelschicht bedeckte Kathode des Raumladungswerfers die „eingeprägte" Sättigungsstromdichte j_s^* in den Entladungsraum; daher werden wir zu folgenden vergleichenden Schlüssen gedrängt:

1. In Gleichung (I 5, 55) liegt die dem Raumladungswerfer angepaßte Definition seines ideellen, numerischen Sättigungspotentiales vor.

2. Wird bei festem Betrage der injizierten Stromdichte j_s^* das Anodenpotential φ_a unter seinen Sättigungswert erniedrigt, so entsteht im Interelektrodengebiet des Raumladungswerfers eine virtuelle Kathode, welche die in sie einfallenden Elektronen diskriminiert: Sie gewährt nach Maßgabe der Transmissionszahl

$$\tau < 1 \tag{I 5, 64}$$

nur der Teilstromdichte

$$j = \tau j_s^* < j_s^* \tag{I 5, 65}$$

den Übergang zur Anode, während sie die restlichen Elektronen zur Kathode zurückweist.

Wie einleuchtend diese Analogie zwischen der Diode und dem Raumladungswerfer auch zunächst erscheinen mag, ist sie doch schweren gedanklichen Einwänden ausgesetzt: Die aus der nackten Glühkathode emittierten Elektronen können an der Potentialschwelle entsprechend ihrer individuellen Bewegungsenergie gemäß (I 5, 62) sortiert werden. Dagegen fallen die Elektronen des Raumladungswerfers nach Gl. (I 5, 4) mit der einheitlichen Geschwindigkeit v_1 in das Entladungsgebiet ein; da sie somit voneinander nicht unterschieden werden können, ist der oben supponierten Möglichkeit ihrer Diskriminierung der Boden entzogen. Im Lichte dieser Kritik erweist sich die frühere Annahme verschwindender Startgeschwindigkeit der eben aus der Kathode des Raumladungswerfers emittierten Elektronen als physikalisch unhaltbar: Wir müssen auch den Mitgliedern dieses Teilchenkollektivs endliche, individuell verschiedene Anfangsgeschwindigkeiten zuschreiben. Die genannte Annahme darf daher nur als eine vornehmlich aus mathematischen Gründen gebotene *Grenzaussage* aufgefaßt werden; im gleichen Sinne ist die Angabe des Potentialminimums φ_{min} an der virtuellen Kathode $\zeta = \zeta_{min}$ zu verstehen, in deren Ebene das seiner Natur nach wesentlich negative Schwellenpotential φ_{min} gegen Null konvergiert

$$\lim_{\zeta \to \zeta_{min}} \varphi_{min} = 0; \qquad 0 \leqq \varphi_{min} \leqq \delta. \tag{I 5, 66}$$

h) Zufolge der Eigenschaft (I 5, 66) der virtuellen Kathode zerfällt das Interelektrodengebiet des Raumladungswerfers mit Bezug auf das numerische Potential Φ in den *Anlaufbereich*

$$1 \geqq \Phi \geqq 0 \qquad \text{für} \qquad 0 \leqq \zeta \leqq \zeta_{min} \tag{I 5, 67}$$

und den *Beschleunigungsbereich*

$$0 \leqq \Phi \leqq \Phi_a \qquad \text{für} \qquad \zeta_{min} \leqq \zeta \leqq \delta. \tag{I 5, 68}$$

Im Anlaufbereiche treffen wir eine *zweisinnige Elektrizitätsbewegung* an: Parallel der positiven z-Achse fließt die injizierte Stromdichte

$$\vec{j}_z = -j_0, \tag{I 5, 69}$$

deren Elektronen die Kontrollebene $0 \leqq \zeta < \zeta_{min}$ mit der Geschwindigkeit

$$\vec{v}_z = \sqrt{2 \frac{q_0}{m_0} \varphi}, \tag{I 5, 70}$$

durchkreuzen. Antiparallel der positiven z-Achse passieren die reflektierten Elektronen in der Stromdichte

$$\overleftarrow{j}_z = (1 - \tau) j_0 \tag{I 5, 71}$$

die Kontrollebene ζ mit der Geschwindigkeit

$$\overleftarrow{v}_z = -\overrightarrow{v}_z = -\sqrt{2\,\frac{q_0}{m_0}\,\varphi}\,, \qquad \text{(I 5, 72)}$$

daher resultiert dort die Raumladungsdichte

$$\varrho = \frac{\overrightarrow{j}_z}{\overrightarrow{v}_z} + \frac{\overleftarrow{j}_z}{\overleftarrow{v}_z} = -(2-\tau)\,\frac{j_0}{\sqrt{2\,\frac{q_0}{m_0}\,\varphi}}\,. \qquad \text{(I 5, 73)}$$

Im Beschleunigungsbereiche bewegen sich sämtliche Elektronen mit der formal nach (I 5, 70) zu berechnenden Geschwindigkeit $\overrightarrow{v}_z$ parallel der positiven z-Achse. Sie entwickeln hierbei die Stromdichte

$$\overrightarrow{j}_z = -\tau\, j_0 = -j_a \qquad \text{(I 5, 74)}$$

deren absoluter Betrag j_a an der Anode manifest wird; demnach findet sich die Raumladungsdichte ϱ im Beschleunigungsgebiete aus

$$\varrho = \frac{\overrightarrow{j}_z}{\overrightarrow{v}_z} = -\tau\,\frac{j_0}{\sqrt{2\,\frac{q_0}{m_0}\,\varphi}}\,. \qquad \text{(I 5, 75)}$$

i) Durch Vergleich der Relationen (I 5, 73) und (I 5, 75) mit (I 5, 18) ergibt sich an Stelle von (I 5, 25) für das numerische Potential Φ des Anlaufbereiches die normierte, *Poisson*sche Differentialgleichung

$$\frac{d^2\Phi}{d\zeta^2} = \frac{4}{9}\,\frac{2-\tau}{\sqrt{\Phi}}\,; \qquad 0 \leqq \zeta \leqq \zeta_{min} \qquad \text{(I 5, 76)}$$

und ebenso für das numerische Potential des Beschleunigungsbereiches die Gleichung

$$\frac{d^2\Phi}{d\zeta^2} = \frac{4}{9}\,\frac{\tau}{\sqrt{\Phi}}\,; \qquad \zeta_{min} \leqq \zeta \leqq \delta, \qquad \text{(I 5, 77)}$$

unter den Randbedingungen

$$\Phi = 1 \qquad \text{für} \qquad \zeta = 0 \qquad \text{(I 5, 78)}$$

und

$$\Phi = \Phi_a \qquad \text{für} \qquad \zeta = \delta \qquad \text{(I 5, 79)}$$

im Verein mit der Forderung

$$\Phi = 0 \qquad \text{und} \qquad \frac{d\Phi}{d\zeta} = 0 \qquad \text{für} \qquad \zeta = \zeta_{min} \qquad \text{(I 5, 80)}$$

des stetigen Potential- und Feldstärkeverlaufes an der virtuellen Kathode, deren numerische Ortskoordinate ζ_{min} allerdings vorerst noch unbekannt ist.

Mit Rücksicht auf (I 5, 80) lautet nun die Lösung der Gleichung (I 5, 76)

$$\Phi = (2-\tau)^{2/3}\,(\zeta_{min} - \zeta)^{4/3}; \qquad 0 \leqq \zeta \leqq \zeta_{min} \qquad \text{(I 5, 81)}$$

während (I 5, 77) durch

$$\Phi = \tau^{2/3}\,(\zeta - \zeta_{min})^{4/3}; \qquad \zeta_{min} \leqq \zeta \leqq \delta \qquad \text{(I 5, 82)}$$

integriert wird. Daher folgt zunächst aus (I 5, 78) die Gleichung

$$(2-\tau)^{2/3}\,\zeta_{min}{}^{4/3} = 1 \qquad \text{(I 5, 83)}$$

welcher wir die Aussage

$$\zeta_{\min} = \frac{1}{\sqrt{2 - \tau}} \tag{I 5, 84}$$

entnehmen. Durch ihre Substitution in (I 5, 82) erhalten wir für den Gang des numerischen Potentiales im Beschleunigungsbereiche die Darstellung

$$\Phi = \tau^{2/3} \left(\zeta - \frac{1}{\sqrt{2 - \tau}}\right)^{4/3} \tag{I 5, 85}$$

welche in Gemeinschaft mit (I 5, 79) auf den Zusammenhang

$$\Phi_a = \tau^{2/3} \left(\delta - \frac{1}{\sqrt{2 - \tau}}\right)^{4/3} \tag{I 5, 86}$$

führt. Nach (I 5, 24) gilt nun für die injizierte numerische Stromdichte γ_0 die Relation

$$\delta = \sqrt{\gamma_0} \tag{I 5, 87}$$

während zufolge (I 5, 74) das Produkt

$$\gamma_a = \tau \cdot \gamma_0 \tag{I 5, 88}$$

die numerische Anodenstromdichte mißt. Daher informiert uns die aus (I 5, 84), (I 5, 87) und (I 5, 88) hervorgehende Aussage

$$\frac{z_{\min}}{d} = \frac{\zeta_{\min}}{\delta} = \frac{1}{\sqrt{\gamma_0}\sqrt{2 - \tau}} = \frac{1}{\sqrt{2\gamma_0 - \gamma_a}} \tag{I 5, 89}$$

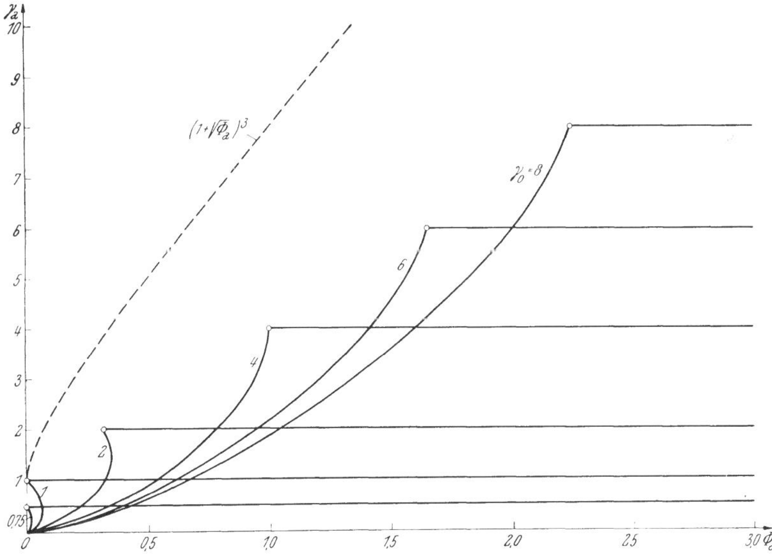

Abb. I 60. Kennlinienfeld des Raumladungswerfers.

über den jeweils durch γ_0 und γ_a diktierten Abstand $z_{\min}$ der virtuellen von der wahren Kathode in seinem Verhältnis zum Elektrodenabstand d; ebenso liefert (I 5, 86) in Verbindung mit (I 5, 87) und (I 5, 88) die Gleichung

$$\Phi_a = \left(\sqrt{\gamma_a} - \sqrt{\frac{\gamma_a}{2\gamma_0 - \gamma_a}}\right)^{4/3} \tag{I 5, 90}$$

welche das numerische Kennlinienfeld $\Phi_a = \Phi_a(\gamma_a)$ des Raumladungswerfers mit der injizierten numerischen Stromdichte γ_0 als Parameter

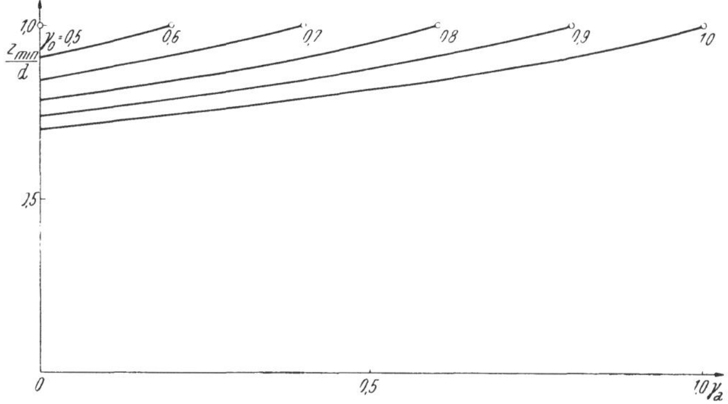

Abb. I 61. Raumladungswerfer. Die Lage der virtuellen Kathode als Funktion der numerischen Anodenstromdichte für $0{,}5 \leqq \gamma_0 \leqq 1$.

analytisch beschreibt. Nach (I 5, 89) ist nun die Bildung der virtuellen Kathode im Interelektrodenraum an die Ungleichung

$$\left(\frac{z_{min}}{d}\right)^2 = \frac{1}{\gamma_0(2-\tau)} \leqq 1 \qquad \text{(I 5, 91)}$$

gebunden, welche wegen $0 \leqq \tau \leqq 1$ nur für injizierte Stromdichten γ_0 der numerischen Größe

$$\gamma_0 \geqq \frac{1}{2} \qquad \text{(I 5, 92)}$$

erfüllt werden kann; im Grenzfalle $\gamma_0 = \frac{1}{2}$ und $\tau = 0$ koinzidiert die virtuelle Kathode mit der Anode, so daß dann dort der gesamte einfallende Elektronenstrom in seine Startebene zurückgeworfen wird, während gleichzeitig das numerische Anodenpotential Φ_a gegen Null konvergiert.

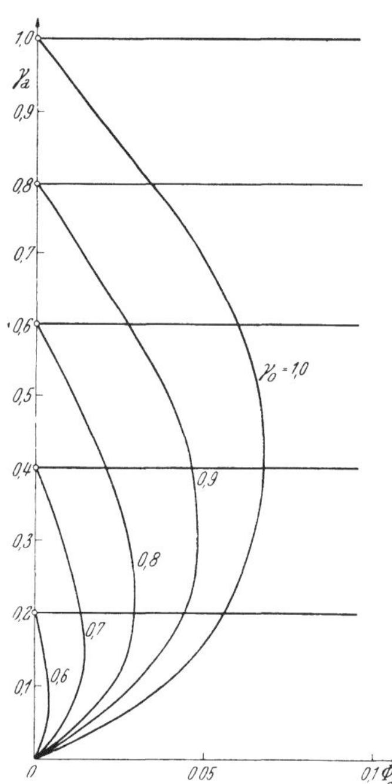

Abb. I 62. Raumladungswerfer. Bereich der fallenden Kennlinien.

Abb. I 60 zeigt das mit Rücksicht auf (I 5, 92) resultierende Kennlinienfeld des Raumladungswerfers; wir unterscheiden in ihm drei verschiedene Betriebsbereiche:

1. Für je feste injizierte Ströme der numerischen Dichte

$$\frac{1}{2} < \gamma_0 < 1, \qquad \text{(I 5, 93)}$$

nähert sich die virtuelle Kathode mit wachsendem Anodenstrom von der numerischen Dichte γ_a der Anode und erreicht diese gemäß Abb. I 61 genau für

$$\gamma_a = 2\gamma_0 - 1 \qquad \text{(I 5, 94)}$$

bei gleichzeitig verschwindendem numerischen Anodenpotential. Da dieses sich überdies auch bei Unterdrückung des Anodenstromes $[\gamma_a \to 0]$

annulliert, muß es für eine gewisse kritische Stromdichte vom numerischen Werte $\gamma_a = \gamma_{a,\,kr}$ ein Maximum $\Phi_{a,\,max} = \Phi_a(\gamma_{a,\,kr})$ durchlaufen: Aus der Extremalbedingung

$$\frac{\partial \Phi_a}{\partial \gamma_a} = \frac{2}{3} \frac{\Phi_a}{\sqrt{\gamma_a}} \frac{(2\,\gamma_0 - \gamma_a)^{3/2} - 2\,\gamma_0}{(2\,\gamma_0 - \gamma_a)^{3/2}} = 0 \quad \text{für} \quad \gamma_a = \gamma_{a,\,kr} \qquad (I\ 5,\ 95)$$

folgt die Angabe

$$\gamma_{a,\,kr} = (2\,\gamma_0)^{2/3}\,[(2\,\gamma_0)^{1/3} - 1] \qquad (I\ 5,\ 96)$$

deren Restitution in (I 5, 90) auf

$$\Phi_{a,\,max} = [(2\,\gamma_0)^{1/3} - 1]^2 \qquad (I\ 5,\ 97)$$

führt; im Bereiche

$$0 < \Phi_a < \Phi_{a,max}; \qquad \gamma_{a,kr} < \gamma_a < 2\,\gamma_0 - 1 \qquad (I\ 5,\ 98)$$

zeigen also die Kennlinien nach Abb. I 62 einen fallenden Verlauf.

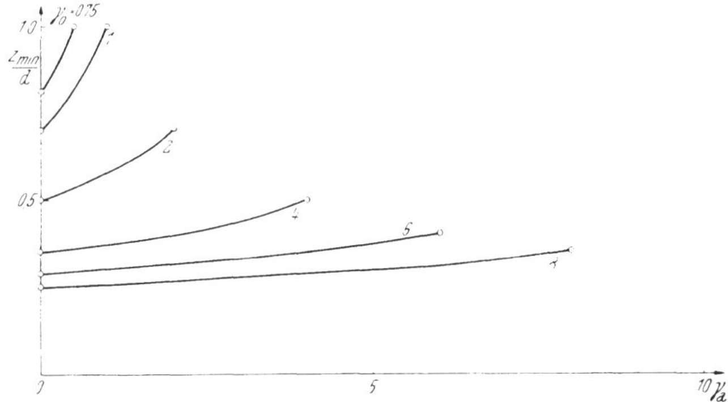

Abb. I 63. Raumladungswerfer. Die Lage der virtuellen Kathode als Funktion der numerischen Anodenstromdichte für $0{,}75 \leq \gamma_0 \leq 8$.

2. Die Aussagen (I 5, 96) und (I 5, 97) übertragen sich unverändert auf den Bereich

$$1 < \gamma_0 < 4 \qquad (I\ 5,\ 99)$$

der injizierten numerischen Stromdichte, so daß auch hier die Kennlinien des Raumladungswerfers fallende Teile aufweisen. Da jedoch die Transmissionszahl $\tau \leq 1$ bleiben muß, kann jetzt das numerische Anodenpotential nur noch bis zu seinem Sättigungswert

$$\Phi_{a,\,s} = \lim_{\tau \to 1} \Phi_a = \lim_{\gamma_a \to \gamma_0} \Phi_a = (\sqrt{\gamma_0} - 1)^{4/3} > 0 \qquad (I\ 5,\ 100)$$

absinken; gleichzeitig zieht sich die virtuelle Kathode von ihrer früheren Sättigungslage an der Anode gemäß Abb. I 63 ins Innere des Entladungsraumes zurück. Insbesondere gleicht das Maximum (I 5, 97) des numerischen Anodenpotentiales im Grenzfalle $\gamma_0 \to 4$ gerade dem Sättigungspotential (I 5, 100), so daß die entsprechende Kennlinie der numerischen Anodenstromdichte γ_a parallel der Stromachse in den Endwert γ_0 einmündet; die virtuelle Kathode befindet sich dann in der Mitte des Interelektrodenraumes.

3. Falls die numerische Dichte des injizierten Stromes dem Bereiche

$$\gamma_0 > 4 \qquad (I\ 5,\ 101)$$

angehört, steigt die Kennlinie der numerischen Anodenstromdichte γ_a mit wachsendem numerischen Anodenpotential $0 \leq \Phi_a < \Phi_{a,\,s}$ monoton gegen

$\gamma_a = \gamma_0$ an; die für die obere Grenze resultierende virtuelle Kathode wandert mit wachsender numerischer Dichte γ_0 des injizierten Stromes gegen die Startebene [Abb. I 62]:

$$\lim_{\gamma_a = \gamma_0 \to \infty} \frac{z_{min}}{d} = 0 \qquad \text{(I 5, 102)}$$

j) Es verbleibt uns die Aufgabe, den Übergang vom einsinnigen Strömungszustande in die doppelsinnige Konvektionsströmung bei sehr langsam „adiabatisch" veränderlichem Anodenpotential zu untersuchen. Vorbehaltlich der später zu erörternden Stabilitätsfragen haben wir dann im Anschluß an die Überlegungen des vorigen Abschnittes im Verein mit der Existenzgrenze (I 5, 55) der einsinnigen Elektronenströmung folgende Fälle zu unterscheiden:

1. Im Bereiche

$$0 \leqq \gamma_0 \leqq \frac{1}{2} \qquad \text{(I 5, 103)}$$

der injizierten numerischen Stromdichte gelangen sämtliche in den Entladungsraum einfallenden Elektronen ausnahmslos zur Anode; eine virtuelle Kathode kann nicht entstehen.

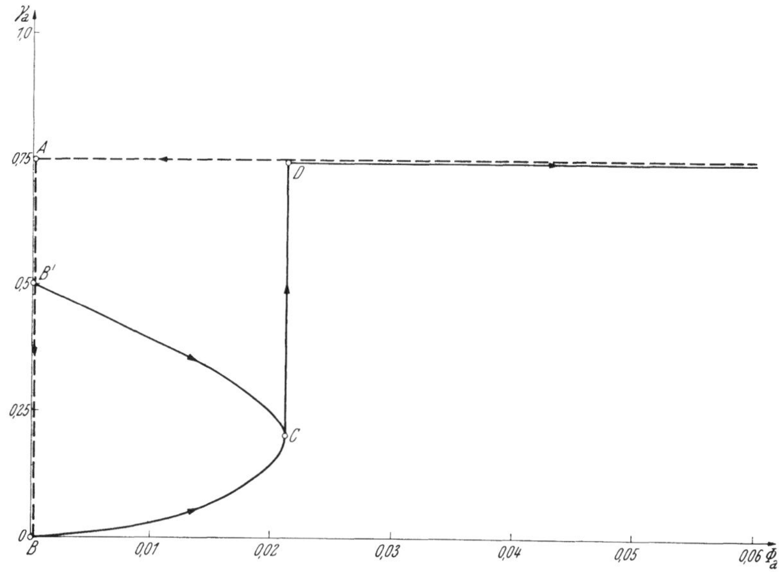

Abb. I 64. Raumladungswerfer. Kennlinienverlauf im Falle $\frac{1}{2} < \gamma_0 < 1$.

2. Bei injizierten Stromdichten der numerischen Größe

$$\frac{1}{2} < \gamma_0 < 1 \qquad \text{(I 5, 104)}$$

ist gemäß Abb. I 64 die „Sättigungsgerade" $\gamma_a = \gamma_0$ für alle numerischen Anodenpotentiale $\Phi_a > 0$ mit den Arbeitsgleichungen des Raumladungswerfers verträglich, so daß für $\infty > \Phi_a > 0$ die zur Potentialachse parallele Gerade $\gamma_a = \gamma_0$ bis zum Punkte A stetig durchlaufen wird. Indes kann von dort aus das System entweder in den Punkt B′ oder in den Punkt B umspringen, deren jeder einem physikalisch möglichen, nunmehr jedoch doppelsinnigen Strömungsfelde zugeordnet ist; falls dann Φ_a wieder vergrößert wird, nimmt die numerische Anodenstromdichte γ_a entweder von B′ aus längs des fallenden Teiles der Kennlinie ab oder von B aus längs des steigenden Teiles der Kennlinie zu, bis im Punkte C die Grenzstromdichte $\gamma_{a,\,kr}$ nach (I 5, 96) beim maximalen numerischen Anodenpotential $\Phi_{a,\,max}$ dieses Raumladungszustandes gemäß (I 5, 97) erreicht wird: Mit der geringsten weiteren Zunahme des numerischen Anodenpotentiales kippt das System in den einsinnigen Strömungszustand zurück, den es vom Punkte D ab bei fortgesetzter monotoner Steigerung von Φ_a bei fester numerischer Stromdichte $\gamma_a = \gamma_0$ beibehält.

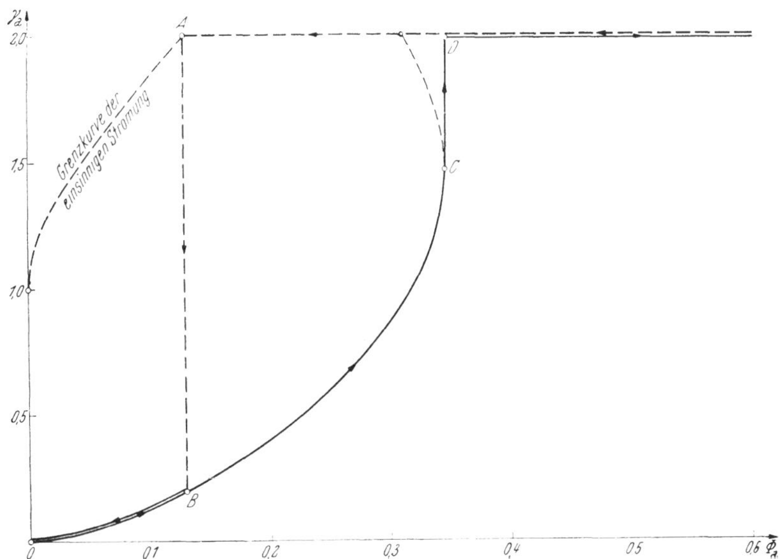

Abb. I 65. Raumladungswerfer. Kennlinienverlauf im Falle $1 < \gamma_0 < 4$.

3. Für eine injizierte Stromdichte γ_0 des numerischen Bereiches

$$1 < \gamma_0 < 4 \qquad \text{(I 5, 105)}$$

schildert Abb. I 65 die zu erwartenden Erscheinungen: Beginnend mit dem einsinnigen Strömungsfelde bei hinreichend hohen Werten des numerischen Anodenpotentiales Φ_a bleibt die numerische Anodenstromdichte $\gamma_a = \gamma_0$ nur bis eben zur Grenze A nach (I 5, 55) erhalten. Die geringste weitere Verkleinerung von Φ_a führt unter sprunghafter Abnahme der numerischen Anodenstromdichte zur Bildung einer virtuellen Kathode, und vom Punkte B ab nehmen Φ_a und γ_a gleichzeitig monoton bis auf Null ab. Läßt man jetzt das Anodenpotential wieder zunehmen, so bleibt mit wachsender Anodenstromdichte der doppelsinnige Strömungszustand bis zum Punkte C erhalten. Bei der geringsten weiteren Vergrößerung von Φ_a springt das System in den einsinnigen Strömungszustand zurück, den es vom Punkte D ab bei fortgesetzter Steigerung des Anodenpotentiales beibehält; der fallende Teil der Kennlinie wird somit bei dem geschilderten Zyklus umgangen.

4. Sei

$$\gamma_0 > 4 \tag{I 5, 106}$$

so wiederholen sich die vorher geschilderten Erscheinungen bei monoton abnehmenden Werten $\infty > \Phi_a > 0$ des numerischen Anodenpotentiales

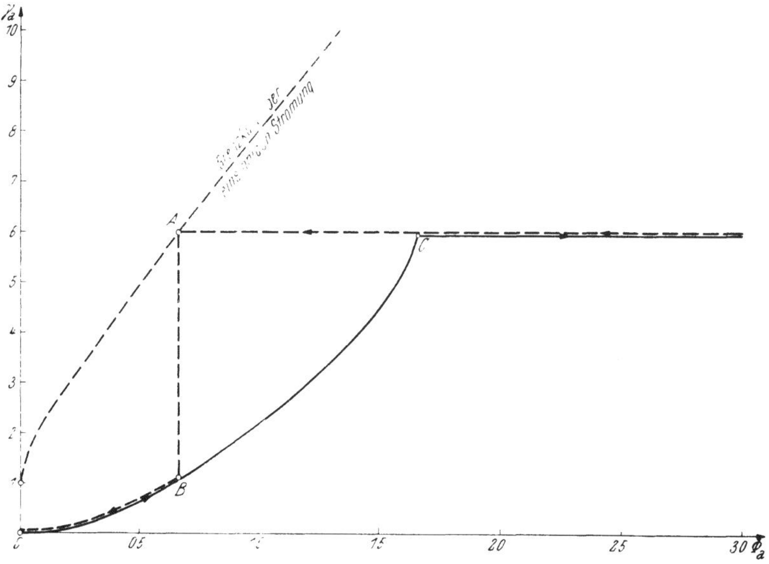

Abb. I 66. Raumladungswerfer. Kennlinienverlauf im Falle $\gamma_0 > 4$.

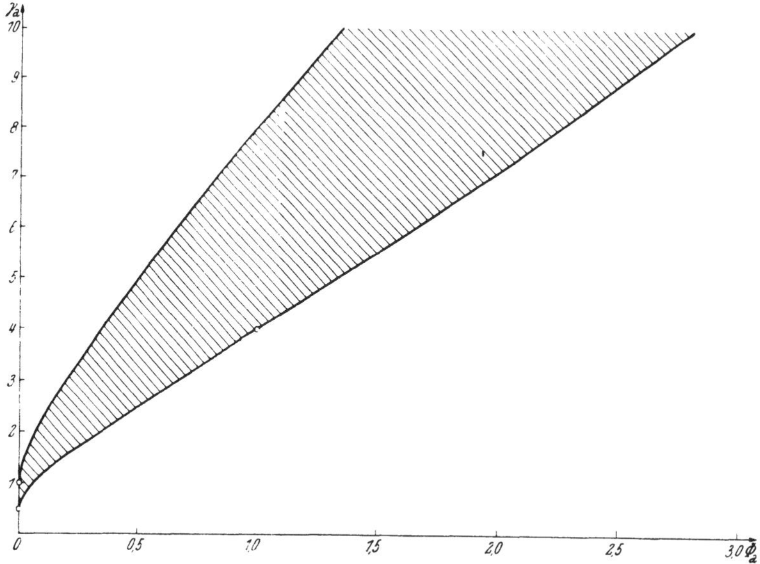

Abb. I 67. Mehrdeutiges Arbeitsgebiet des Raumladungswerfers.

längs des zwischen A und B sprunghaft verlaufenden Kurvenzuges nach Abb. I 66; läßt man dagegen Φ_a von Null aus anwachsen, so nimmt die numerische Anodenstromdichte γ_a des doppelsinnigen Strömungsfeldes monoton zu und geht im Punkte C stetig in ihren Sättigungswert $\gamma_a = \gamma_0$ über.

Zusammenfassend zeigt Abb. I 67 die Ausdehnung jenes Betriebsbereiches, in welchem der Arbeitszustand des Raumladungswerfers durch die bisherigen Überlegungen nicht eindeutig bestimmt ist: Die Existenzgrenze des einsinnigen Strömungsfeldes wird durch Gl. (I 5, 55) dargestellt, welche wir hier in die Form

$$\Phi_a = [\gamma_0^{1/3} - 1]^2 \qquad \text{(I 5, 107)}$$

kleiden; dagegen ergibt sich die Existenzgrenze des doppelsinnigen Strömungsfeldes aus (I 5, 97) und (I 5, 100) beziehentlich zu

$$\Phi_a = [(2\gamma_0)^{1/3} - 1]^2; \qquad \frac{1}{2} < \gamma_0 < 4 \qquad \text{(I 5, 108)}$$

und

$$\Phi_a = (\sqrt{\gamma_0} - 1)^{4/3}; \qquad \gamma_0 > 4 \qquad \text{(I 5, 109)}$$

mit dem gemeinsamen Limes

$$\lim_{\gamma_0 \to 4} \Phi_a = 1 \qquad \text{(I 5, 110)}$$

I 6. Sphärisch beschleunigte Raumladungen.

a) Gegeben seien die konzentrisch gelegenen Kugelflächen 1 und 2 beziehentlich der Halbmesser r_1 und $r_2 \neq r_1$. Wir wählen einen beliebigen, raumfesten Radialstrahl als Achse des Bezugssystemes sphärischer Koordinaten r [Zentraldistanz], ϑ [Polarwinkel] und ψ [Azimut] und konstruieren gemäß Abb. I 68 die Kreiskegel $\vartheta = \vartheta_1$ und $\vartheta = \vartheta_2 > \vartheta_1$, welche zwischen sich den körperlichen Winkel

$$\Omega = 2\pi\,[\cos\vartheta_1 - \cos\vartheta_2] \qquad \text{(I 6, 1)}$$

einschließen. Nun bekleiden wir die innerhalb dieser Kegel befindlichen Zonen der Kugelflächen $r = r_1$ und $r = r_2$ beziehentlich mit den Elektroden 1 und 2, welche in Gemeinschaft mit den zwischen jenen Kugelflächen gelegenen Teilen der Kegelmäntel eine *konische Diode* definieren. Nachdem wir uns ihren Innenraum evakuiert denken, erteilen wir der Elektrode 1 die gleichförmige, absolute Glühtemperatur T und machen sie hierdurch zur Kathode, welcher der ideelle Sättigungsstrom

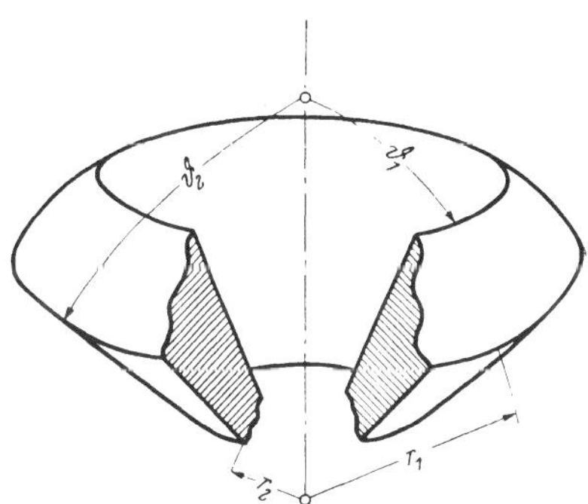

Abb. I 68. Orientierung in der sphärischen Raumladung.

$$J_s^* = J_s^*(T) \qquad \text{(I 6, 2)}$$

entzogen werden kann; dagegen weisen wir der Elektrode 2 das nur passive Amt der Anode zu. Gesucht wird das elektrische Skalarpotential φ des Raumladungsfeldes, welches im stationären Betriebe der konischen Diode den „untersättigten" Strom

$$J < J_s^* \qquad \text{(I 6, 3)}$$

durch das Entladungsgebiet transportiert.

b) Wir lassen die im Interelektrodenbereich tätigen Magnetfelder systematisch außer Betracht und vernachlässigen überdies die etwa an den Kegelmänteln mit Einfluß der Elektroden auftretenden Randeffekte. Die Elektronen durchkreuzen dann die innerhalb der begrenzenden Kegel gelegenen Flächenelemente der Kontrollkugeln $r_1 \lesseqgtr r \lesseqgtr r_2$ jeweils mit der radial gerichteten, gleichförmig verteilten Stromdichte

$$j = \frac{J}{\Omega r^2}. \tag{I 6, 4}$$

Aus Symmetriegründen reduziert sich daher das Potential φ des Entladungsraumes auf eine Funktion allein von r

$$\varphi = \varphi(r). \tag{I 6, 5}$$

Als seine Basis wählen wir die Kathode

$$\varphi_k = \varphi(r_1) = 0 \tag{I 6, 6}$$

während das Anodenpotential φ_a als positiv vorausgesetzt wird

$$\varphi_a = \varphi(r_2) > 0. \tag{I 6, 7}$$

c) Wir vernachlässigen die Startgeschwindigkeit der eben aus der Glühelektrode befreiten Elektronen, vertauschen also, mit anderen Worten, die virtuelle mit der wahren Kathode. Zufolge der Voraussetzung (I 6, 3) ist dann die Randbedingung (I 6, 6) durch die Angabe

$$\frac{d\varphi}{dr} = 0 \qquad \text{für} \qquad r = r_1 \tag{I 6, 8}$$

zu ergänzen, und die in den Entladungsraum eindringenden Elektronen passieren die ihnen zugänglichen Kontrollkugeln vom Halbmesser r jeweils mit der rein radial gerichteten Geschwindigkeit $v = v(r)$ vom Betrage

$$v(r) = \sqrt{2 \frac{q_0}{m_0} \varphi}. \tag{I 6, 9}$$

Aus (I 6, 4) und (I 6, 9) berechnet sich die Raumladungsdichte ϱ des elektronischen Konvektionsstromes zu

$$\varrho = -\frac{j}{v} = -\frac{J}{r^2 \Omega \sqrt{2 \frac{q_0}{m_0} \varphi}}. \tag{I 6, 10}$$

Das Potential φ genügt daher der *Poisson*schen Gleichung

$$\nabla^2 \varphi = \frac{d^2\varphi}{dr^2} + \frac{2}{r} \frac{d\varphi}{dr} = -\frac{\varrho}{\Delta} = \frac{J}{\Delta r^2 \Omega \sqrt{2 \frac{q_0}{m_0} \varphi}} \tag{I 6, 11}$$

mit deren Lösung wir uns fortan zu beschäftigen haben.

d) Wir ersetzen die unabhängige Veränderliche r durch die dimensionsfreie Variable

$$u = \ln \frac{r}{r_1} \tag{I 6, 12}$$

und schreiben abkürzend

$$\varphi(r) = \varphi(r_1 e^u) \equiv \overline{\varphi}(u). \tag{I 6, 13}$$

Zwischen den Potentialfunktionen φ und $\overline{\varphi}$ bestehen die Differentialrelationen

$$\frac{d\varphi}{dr} = \frac{1}{r}\frac{d\overline{\varphi}}{du} \qquad \text{(I 6, 14)}$$

und

$$\frac{d^2\varphi}{dr^2} = \frac{1}{r^2}\left[\frac{d^2\overline{\varphi}}{du^2} - \frac{d\overline{\varphi}}{du}\right] \qquad \text{(I 6, 15)}$$

durch deren Substitution in (I 6, 11) für $\overline{\varphi}$ die *Poisson*sche Gleichung

$$\frac{d^2\overline{\varphi}}{du^2} + \frac{d\overline{\varphi}}{du} = \frac{J}{\varDelta\,\Omega\sqrt{2\,\frac{q_0}{m_0}\,\overline{\varphi}}} \qquad \text{(I 6, 16)}$$

resultiert; sie unterliegt gemäß (I 6, 6), (I 6, 8), (I 6, 12) und (I 6, 14) den Randbedingungen

$$\overline{\varphi} = 0 \qquad \text{für} \qquad \overline{u} = 0 \qquad \text{(I 6, 17)}$$

und

$$\frac{d\overline{\varphi}}{du} = 0 \qquad \text{für} \qquad \overline{u} = 0. \qquad \text{(I 6, 18)}$$

Um diese Aufgabe analytisch zu vereinfachen, ersetzen wir die Funktion $\overline{\varphi} = \overline{\varphi}(u)$ an Hand der Definition

$$\frac{4}{9}\,\frac{\overline{\varphi}^{3/2}}{\alpha^2} = \frac{J}{\varDelta\,\Omega\sqrt{2\,\frac{q_0}{m_0}}} \qquad \text{(I 6, 19)}$$

durch die dimensionsfreie Veränderliche $\alpha = \alpha(u)$. Wir kleiden diese Gleichung in die Form

$$\overline{\varphi} = \left(\frac{9}{4}\,\frac{J}{\varDelta\,\Omega\sqrt{2\,\frac{q_0}{m_0}}}\right)^{2/3} \alpha^{4/3} \qquad \text{(I 6, 20)}$$

und bilden aus ihr

$$\frac{d\overline{\varphi}}{du} = \left(\frac{9}{4}\,\frac{J}{\varDelta\,\Omega\sqrt{2\,\frac{q_0}{m_0}}}\right)^{2/3} \frac{4}{3}\,\alpha^{1/3}\,\frac{d\alpha}{du} \qquad \text{(I 6, 21)}$$

sowie

$$\frac{d^2\overline{\varphi}}{du^2} = \left(\frac{9}{4}\,\frac{J}{\varDelta\,\Omega\sqrt{2\,\frac{q_0}{m_0}}}\right)^{2/3} \left[\frac{4}{9}\,\alpha^{-2/3}\left(\frac{d\alpha}{du}\right)^2 + \frac{4}{3}\,\alpha^{1/3}\,\frac{d^2\alpha}{du^2}\right]. \qquad \text{(I 6, 22)}$$

Mit Hilfe dieser Relationen verwandelt sich (I 6, 16) in die Differentialgleichung

$$3\,\alpha\left[\frac{d^2\alpha}{du^2} + \frac{d\alpha}{du}\right] + \left(\frac{d\alpha}{du}\right)^2 = 1. \qquad \text{(I 6, 23)}$$

Im Gebiete hinreichend kleiner $|u|$ sei ihre Lösung als eine nach ganzen, positiven Potenzen von u fortschreitende Reihe

$$\alpha(u) = a_0 + a_1 u + a_2 u^2 + \ldots = \sum_{k=0}^{\infty} a_k u^k \qquad \text{(I 6, 24)}$$

angesetzt, deren Koeffizienten a_k wir nunmehr zu bestimmen haben:

1. Aus (I 6, 17), (I 6, 20) und (I 6, 24) finden wir sofort

$$\alpha(0) = a_0 = 0. \qquad \text{(I 6, 25)}$$

2. Durch einmalige Differentiation von (I 6, 24) nach u folgt die Angabe

$$\lim_{u \to 0} \frac{d\alpha}{du} = a_1 \qquad \text{(I 6, 26)}$$

aus welcher wir im Verein mit (I 6, 23) auf

$$a_1^2 = 1 \qquad \text{(I 6, 27)}$$

schließen. Da nun zufolge (I 6, 19) nur dem Quadrate der Funktion α physikalische Bedeutung zukommt, dürfen wir ohne Beschränkung der Allgemeinheit

$$a_1 = +1 \qquad \text{(I 6, 28)}$$

festsetzen.

3. Durch zweimalige Ableitung der Reihe (I 6, 24) nach u ergibt sich

$$\lim_{u \to 0} \frac{d^2\alpha}{du^2} = 2\, a_2. \qquad \text{(I 6, 29)}$$

Nun liefert die Differentiation der Gl. (I 6, 23) nach u die Beziehung

$$3\frac{d\alpha}{du}\left[\frac{d^2\alpha}{du^2} + \frac{d\alpha}{du}\right] + 3\,\alpha\left[\frac{d^3\alpha}{du^3} + \frac{d^2\alpha}{du^2}\right] + 2\frac{d\alpha}{du}\frac{d^2\alpha}{du^2} = 0 \qquad \text{(I 6, 30)}$$

welche mit Rücksicht auf (I 6, 25), (I 6, 26), (I 6, 28) und (I 6, 29) die Gleichung

$$3\,[2\,a_2 + 1] + 2 \cdot 2\,a_2 = 0 \qquad \text{(I 6, 31)}$$

nach sich zieht; wir entnehmen ihr den Koeffizienten

$$a_2 = -\frac{3}{10}. \qquad \text{(I 6, 32)}$$

4. Aus der dreimaligen Ableitung der Reihe (I 6, 24) nach u folgt

$$\lim_{u \to 0} \frac{d^3\alpha}{du^3} = 6\,a_3 \qquad \text{(I 6, 33)}$$

und durch Differentiation der Gleichung (I 6, 30)

$$3\frac{d^2\alpha}{du^2}\left[\frac{d^2\alpha}{du^2} + \frac{d\alpha}{du}\right] + 6\frac{d\alpha}{du}\left[\frac{d^3\alpha}{du^3} + \frac{d^2\alpha}{du^2}\right] + 3\,\alpha\left[\frac{d^4\alpha}{du^4} + \frac{d^3\alpha}{du^3}\right] +$$
$$+ 2\left[\frac{d^2\alpha}{du^2}\right]^2 + 2\frac{d\alpha}{du}\cdot\frac{d^3\alpha}{du^3} = 0. \qquad \text{(I 6, 34)}$$

Im Verein mit (I 6, 25), (I 6, 26), (I 6, 29) und (I 6, 33) entsteht aus (I 6, 34) die Gleichung

$$3 \cdot 2\,a_2\,[2\,a_2 + a_1] + 6\,a_1\,[6\,a_3 + 2\,a_2] + 2\,[2\,a_2]^2 + 2\,a_1 \cdot 6\,a_3 = 0 \qquad \text{(I 6, 35)}$$

so daß wir mit Rücksicht auf (I 6, 28) und (I 6, 32)

$$a_3 = +\frac{3}{40} \tag{I 6, 36}$$

finden.

Auf diesem Wege fortfahrend haben *Langmuir* und *Blodgett* weitere Koeffizienten der Reihe (I 6, 24) berechnet; das Ergebnis lautet

$$\alpha = u - 0{,}3\,u^2 + 0{,}075\,u^3 - 0{,}01432\,u^4 - 0{,}00216\,u^5 - + \ldots \tag{I 6, 37}$$

Indessen taugt es in der angegebenen Form nur für hinreichend kleine $|u|$. Sei jedoch $|u| \gg 1$, so setzen wir abkürzend

$$\alpha^2 = y \tag{I 6, 38}$$

und bedienen uns der Identitäten

$$3\,\alpha\left[\frac{d^2\alpha}{du^2} + \frac{d\alpha}{du}\right] \equiv \frac{3}{2}\left[\frac{d^2y}{du^2} + \frac{dy}{du}\right] - 3\left(\frac{d\alpha}{du}\right)^2 \tag{I 6, 39}$$

sowie

$$\left(\frac{d\alpha}{du}\right)^2 = \frac{1}{4\,y}\left(\frac{dy}{du}\right)^2 \tag{I 6, 40}$$

mit deren Hilfe (I 6, 23) in

$$\frac{d^2y}{du^2} + \frac{dy}{du} - \frac{1}{3\,y}\left(\frac{dy}{du}\right)^2 = \frac{2}{3} \tag{I 6, 41}$$

übergeht. Bei ihrer [angenäherten] Lösung unterscheiden wir zwei Fälle:

1. Es sei $r \gg r_1$, also $u \gg 1$. In diesem Gebiete ändert sich y so langsam mit u, daß wir Gl. (I 6, 41) durch die lineare Differentialgleichung

$$\frac{d^2y}{du^2} + \frac{dy}{du} = \frac{2}{3} \tag{I 6, 42}$$

ersetzen dürfen; nach Wahl einer beliebigen Integrationskonstanten u_0 reduziert sich ihre Lösung für $u \gg 1$ auf

$$y = \frac{2}{3}(u + u_0). \tag{I 6, 43}$$

Wir bringen nun Gl. (I 6, 41) in die Gestalt

$$\frac{d^2y}{du^2} + \frac{dy}{du} = \frac{2}{3} + \frac{1}{3\,y}\left(\frac{dy}{du}\right)^2 \tag{I 6, 44}$$

bei deren Vergleich mit (I 6, 42) wir das letzte Glied der rechten Seite als nur schwache Korrektur auffassen; als solche wird sie mittels (I 6, 43) hinreichend genau durch

$$\frac{1}{3\,y}\left(\frac{dy}{du}\right)^2 \approx \frac{2}{9}\,\frac{1}{u + u_0} \tag{I 6, 45}$$

gemessen, so daß (I 6, 44) in die lineare Differentialgleichung

$$\frac{d^2y}{du^2} + \frac{dy}{du} = \frac{2}{3} + \frac{2}{9}\,\frac{1}{u + u_0} \tag{I 6, 46}$$

übergeht. Für ihre Lösung wählen wir den Ansatz

$$y = \frac{2}{3}(u + u_0) + \delta(u) \tag{I 6, 47}$$

so daß die Funktion $\delta = \delta(u)$ aus

$$\frac{d^2\delta}{du^2} + \frac{d\delta}{du} = \frac{2}{9}\frac{1}{u + u_0} \tag{I 6, 48}$$

zu bestimmen ist. Da sie sich hiernach für $u \gg 1$ nur langsam mit u ändert, darf man dort ihre zweite Ableitung gegen die erste vernachlässigen und erhält in der hierdurch angezeigten Genauigkeit aus (I 6, 48) durch Integration die Angabe

$$\delta(u) = \frac{2}{9}\ln(u + u_0) + \text{Const.} \tag{I 6, 49}$$

Der stetige Anschluß der aus (I 6, 38) und (I 6, 47) bestimmten Funktion $\alpha = \alpha(u)$ an die Reihe (I 6, 37) wird durch

$$u_0 = 0; \qquad \text{Const} = \frac{2}{3}\cdot 0{,}46 \tag{I 6, 50}$$

hergestellt, so daß

$$y = \alpha^2 = \frac{2}{3}\left[0{,}46 + u + \frac{1}{3}\ln u\right] \tag{I 6, 51}$$

resultiert.

2. Im Falle $r \ll r_1$, also $(-u) \gg 1$ vertauschen wir u mit der unabhängigen Veränderlichen

$$v = e^{-u} \gg 1. \tag{I 6, 52}$$

Mittels der Relationen

$$\frac{dy}{du} = -v\frac{dy}{dv}; \qquad \frac{d^2y}{du^2} = v^2\frac{d^2y}{dv^2} + v\frac{dy}{dv} \tag{I 6, 53}$$

verwandelt sich dann (I 6, 41) in die Differentialgleichung

$$\frac{d^2y}{dv^2} - \frac{1}{3y}\left(\frac{dy}{dv}\right)^2 - \frac{2}{3}\frac{1}{v^2} = 0 \tag{I 6, 54}$$

welche sich für $v \gg 1$ auf

$$\frac{d^2y}{dv^2} - \frac{1}{3y}\left(\frac{dy}{dv}\right)^2 = 0 \tag{I 6, 55}$$

reduziert. Zum Zwecke ihrer Lösung schreiben wir

$$\frac{dy}{dv} = p \tag{I 6, 56}$$

und erhalten mit Hilfe der Identität

$$\frac{d^2y}{dv^2} \equiv \frac{dp}{dv} \equiv \frac{d}{dy}\left(\frac{1}{2}p^2\right) \tag{I 6, 57}$$

für p^2 die lineare Differentialgleichung

$$\frac{1}{2}\frac{d(p)^2}{dy} = \frac{1}{3}\frac{p^2}{y}. \tag{I 6, 58}$$

Mittels einer vorerst willkürlichen Integrationskonstanten, die wir aus formalen Gründen in die Gestalt $\ln\left(\frac{3}{2}\overline{A}\right)^2$ kleiden, schließen wir aus (I 6, 58) auf

$$\ln p^2 = \ln y^{2/3} + \ln\left(\frac{3}{2}\overline{A}\right)^2 \tag{I 6, 59}$$

$\frac{r}{r_1}$	α^2	$\frac{r}{r_1}$	α^2	$\frac{r}{r_1}$	α^2	$\frac{r}{r_1}$	α^2
1,0	0,0000	2,5	0,509	6,0	1,311	80	3,482
1,05	0,0023	2,6	0,543			90	3,572
1,1	0,0086	2,7	0,576	6,5	1,385	100	3,652
1,15	0,0180	2,8	0,608	7,0	1,453	120	3,788
1,2	0,0299	2,9	0,639	7,5	1,516	140	3,908
1,25	0,0437	3,0	0,669	8,0	1,575	160	4,002
1,3	0,0591			8,5	1,630	180	4,089
1,35	0,0756	3,2	0,727	9,0	1,682	200	4,166
1,4	0,0931	3,4	0,783	9,5	1,731	250	4,329
1,45	0,1114	3,6	0,836	10,0	1,777	300	4,462
1,5	0,1302	3,8	0,880			350	4,573
		4,0	0,934	12	1,938	400	4,669
1,6	0,1688	4,2	0,979	14	2,073	600	4,960
1,7	0,208	4,4	1,022	16	2,189	800	5,165
1,8	0,248	4,6	1,063	18	2,289	1000	5,324
1,9	0,287	4,8	1,103	20	2,378	1500	5,610
2,0	0,326	5,0	1,141	30	2,713	2000	5,812
2,1	0,364	5,2	1,178	40	2,944	5000	6,453
2,2	0,402	5,4	1,213	50	3,120	10000	6,993
2,3	0,438	5,6	1,247	60	3,261	30000	7,693
2,4	0,474	5,8	1,280	70	3,380	100000	8,523

$\frac{r_1}{r}$	α^2	$\frac{r_1}{r}$	α^2	$\frac{r_1}{r}$	α^2	$\frac{r_1}{r}$	α^2
1,0	0,0000	2,5	1,531	6,0	11,46	80	813,7
1,05	0,0024	2,6	1,712			90	974,1
1,1	0,0096	2,7	1,901	6,5	13,35	100	1144
1,15	0,0213	2,8	2,098	7,0	15,35	120	1509
1,2	0,0372	2,9	2,302	7,5	17,44	140	1907
1,25	0,0571	3,0	2,512	8,0	19,62	160	2333
1,3	0,0809			8,5	21,89	180	2790
1,35	0,1084	3,2	2,954	9,0	24,25	200	3270
1,4	0,1396	3,4	3,412	9,5	26,68	250	4582
1,45	0,1740	3,6	3,913	10,0	29,19	300	6031
1,5	0,2118	3,8	4,429			350	7610
		4,0	4,968	12	39,98	400	9303
1,6	0,2968	4,2	5,528	14	51,86	500	13015
1,7	0,394	4,4	6,109	16	64,74		
1,8	0,502	4,6	6,712	18	78,56		
1,9	0,621	4,8	7,334	20	93,24		
2,0	0,750	5,0	7,976	30	178,2		
2,1	0,888	5,2	8,636	40	279,6		
2,2	1,036	5,4	9,315	50	395,3		
2,3	1,193	5,6	10,01	60	523,6		
2,4	1,358	5,8	10,73	70	663,3		

Mit Rücksicht auf (I 6, 56) folgt aus (I 6, 59) die Gleichung

$$p = \frac{dy}{dv} = \frac{3}{2} \overline{A}\, y^{1/3}. \qquad \text{(I 6, 60)}$$

Sie liefert nach Einführung der weiteren, zunächst beliebigen Konstanten $\frac{3}{2}\,\overline{B}$ die Aussage

$$\frac{3}{2}\,y^{2/3} = \frac{3}{2}\,\overline{A}\,v + \frac{3}{2}\,\overline{B} \qquad \text{(I 6, 61)}$$

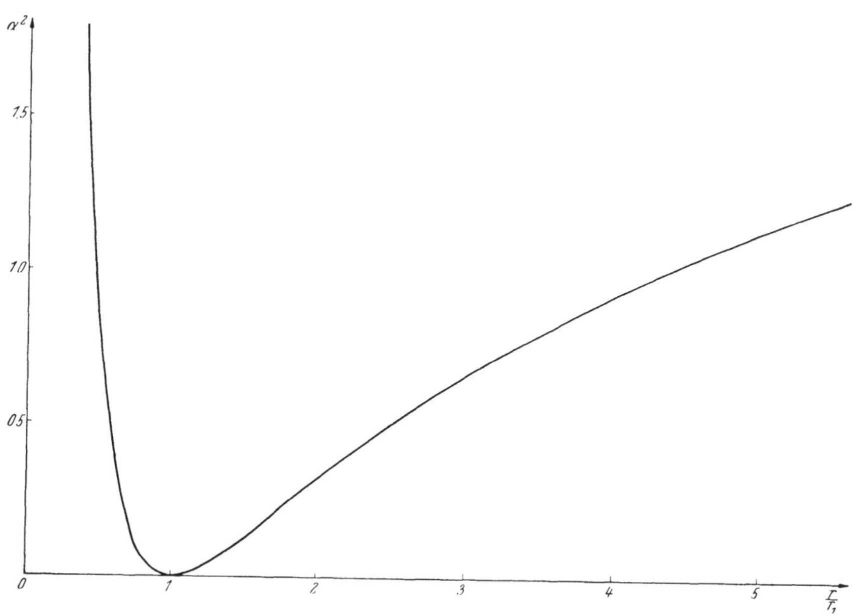

Abb. I 69. Die Funktion $\alpha^2 = f\left(\frac{r}{r_1}\right)$.

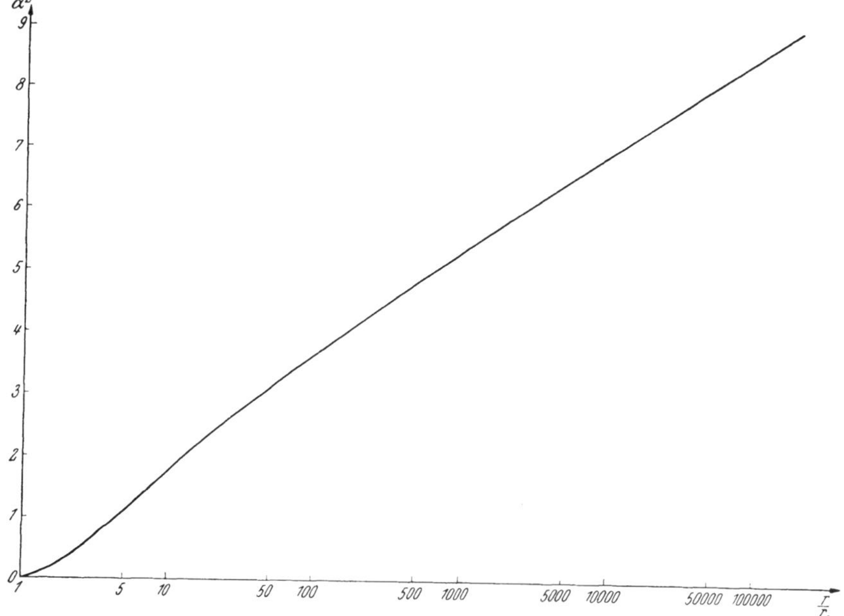

Abb. I 70. Die Funktion $\alpha^2 = f\left(\frac{r}{r_1}\right)$ bei Innenlage der virtuellen Kathode.

welche in der Gestalt

$$\alpha^2 = y = (\bar{A}\,v + \bar{B})^{3/2}, \qquad \text{(I 6, 62)}$$

die allgemeine Lösung der Gleichung (I 6, 55) darstellt; sie geht mit der Wahl

$$\bar{A} = 1.11; \qquad \bar{B} = -1{,}64 \qquad \text{(I 6, 63)}$$

stetig in die Reihe (I 6, 37) über.

Auf Grund der vorangehenden Überlegungen ist die Funktion $\alpha^2 = \alpha^2(u)$ für alle reellen Werte ihres Argumentes bekannt; ihre jeweilige numerische Größe kann aus den beigegebenen Zahlentafeln entnommen werden, während die Abb. I 69 bis I 71 ihren Verlauf veranschaulichen.

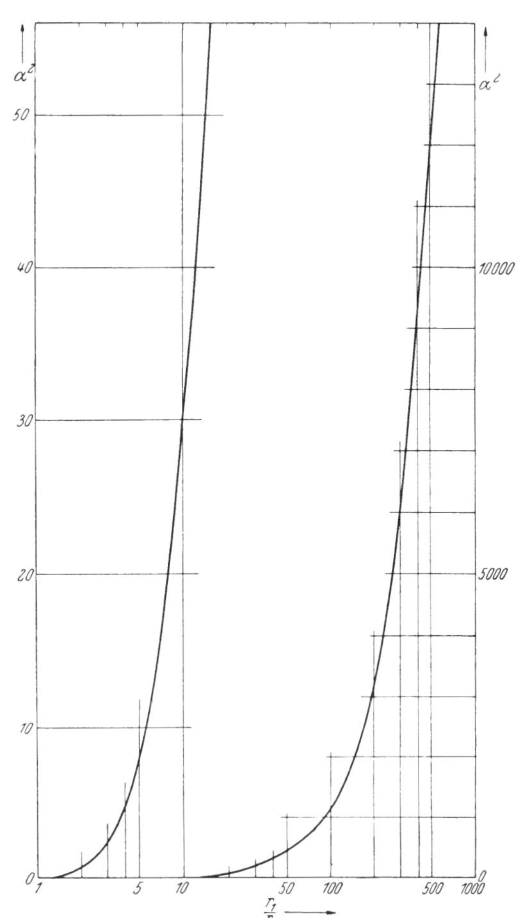

Abb. I 71. Die Funktion $\alpha^2 = f\left(\frac{r_1}{r}\right)$ bei Außenlage der virtuellen Kathode.

e) Bei vorgegebenem Anodenpotential φ_a der Eigenschaft (I 6, 7) schildert Gl. (I 6, 19) in der Gestalt

$$J = \frac{\Omega}{\alpha^2}\,\frac{4}{9}\,\Delta\sqrt{2\,\frac{q_0}{m_0}}\,\varphi_a^{3/2}, \qquad \text{(I 6, 64)}$$

die Kennlinie der konischen Diode im Untersättigungsgebiet; gleich dem Integralstrom der parallelebenen Diode und der Zylinderdiode folgt sie also dem „$\frac{3}{2}$-Gesetz" im Potenzexponenten des Anodenpotentiales.

Ist umgekehrt der Strom J bekannt, so definiert der Ausdruck

$$\varphi_0 = \left[\frac{9}{4}\,\frac{J}{\Delta\,\Omega\sqrt{2\,\frac{q_0}{m_0}}}\right]^{2/3} \qquad \text{(I 6, 65)}$$

die sozusagen natürliche Potentialeinheit der konischen Diode. Mit ihrer Hilfe erhält man aus (I 6, 20) für die räumliche Verteilung des Potentiales die dimensionsfreie Normalform

$$\frac{\bar{\varphi}(u)}{\varphi_0} = [\alpha(u)]^{4/3}. \qquad \text{(I 6, 66)}$$

welche mit Rücksicht auf (I 6, 12) in

$$\frac{\varphi\left(\frac{r}{r_1}\right)}{\varphi_0} = \left[\alpha\left(\ln\frac{r}{r_1}\right)\right]^{4/3} \qquad \text{(I 6, 67)}$$

übergeht. Abb. I 72 zeigt den Verlauf des Potentiales für den Fall $r > r_1$ der innen liegenden Kathode, während Abb. I 73 das Potentialfeld der außen liegenden Kathode $[r < r_1]$ darstellt.

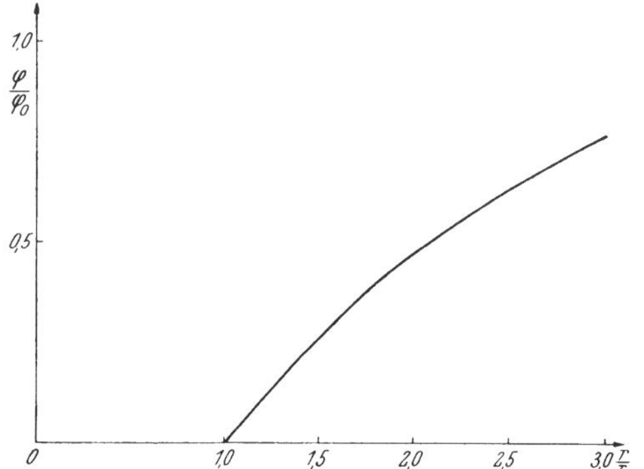

Abb. I 72. Radialstruktur des sphärischen Raumladungspotentiales bei Innenlage der virtuellen Kathode.

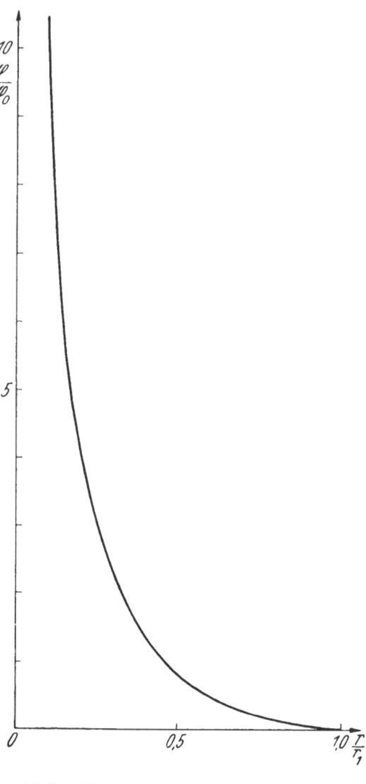

Abb. I 73. Radialstruktur des sphärischen Raumladungspotentiales bei Außenlage der virtuellen Kathode.

I 7. Pierce-Elektroden.

a) Die in den vorangehenden Abschnitten entwickelte Diodentheorie beruht auf der Voraussetzung eines querhomogenen Strömungsfeldes der von der Kathode zur Anode übergehenden Elektronen. Um ein solches zu realisieren, müssen die linearen Maße der Elektroden die Länge des Entladungsweges so stark übertreffen, daß die an den freien Grenzen des Konvektionsgebietes unausweichlich auftretenden Randeffekte auf die Raumladungsbewegung als ganzes keinen merklichen Einfluß ausüben. Diese konstruktive Bedingung ist in der Mehrzahl der Radioröhren für niedrige und mittlere Betriebsfrequenzen in ausreichendem Grade erfüllt, dagegen versagt sie bei der Beschreibung von Kathodenstrahlen scharf profilierten Querschnittes, dessen lineare Abmessungen in der Regel nur einen kleinen Teil der Strahllänge ausmachen. In diese Situation greift die *Pierce*sche Idee der analytischen Feldfortsetzung ein: Die querhomogene Strömung innerhalb des Kathodenstrahles wird erzwungen, indem man sein stationäres Potential φ am Strahlmantel stetig in ein äußeres, elektrostatisches Führungspotential φ übergehen läßt. Gesucht wird die Gestalt der *Pierce*schen Elektroden, welche zum Aufbau jenes Führungsfeldes befähigt sind oder, mit anderen Worten, die Äquipotentialflächen dieses Feldes.

b) Gegeben sei zunächst ein stationärer Kathodenstrahl der integralen Stromstärke J, welcher den Quader der Breite b und der Höhe $h \ll b$ gleichförmig mit der Stromdichte

$$j = \frac{J}{b \cdot h} \tag{I 7, 1}$$

erfülle. Im Entladungsraum bedienen wir uns der rechtsläufigen, *Kartesischen* Koordinaten x, y, z; ihr Ursprung liege im Strahlzentrum der emittierenden Kathodenfläche, die x-Achse sei in den Entladungsraum hinein gerichtet, die y-Achse weise gemäß Abb. I 74 parallel der Schmalseite, die z-Achse parallel der Breitseite des Rechteckquerschnittes.

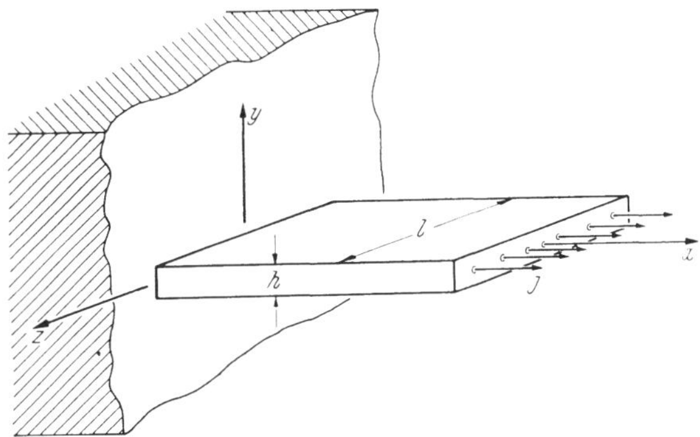

Abb. I 74. Orientierung im Kathodenstrahl mit Rechteckquerschnitt. Statt l lies b.

Wir erteilen der Kathode das Basispotential $\varphi = 0$ und vernachlässigen die Startgeschwindigkeit der eben emittierten Elektronen. Vermittels passender Wahl des Anodenpotentiales möge nun die Stromdichte j stets unterhalb jener ideellen Sättigungsstromdichte $j_s{}^*$ gehalten werden, welche die Kathode entsprechend ihrer absoluten Glühtemperatur auszeichnet. Gemäß Gl. (I 3, 26) herrscht dann an der Ebene $x > 0$ des Interelektrodenraumes innerhalb des Strahles das Potential

$$\varphi = \left[\frac{9}{4}\,\frac{J}{\varDelta\sqrt{2\,\frac{q_0}{m_0}}}\right]^{2/3} \cdot \left[\frac{x}{\sqrt{b\,h}}\right]^{4/3}; \quad \begin{array}{c} -\frac{1}{2}\,h < y < \frac{1}{2}\,h \\ -\frac{1}{2}\,b < z < \frac{1}{2}\,b \end{array}. \tag{I 7, 2}$$

Wir wählen

$$\varphi_0 = \left[\frac{9}{4}\,\frac{J}{\varDelta\sqrt{2\,\frac{q_0}{m_0}}}\right]^{2/3} \tag{I 7, 3}$$

als natürliche Potentialeinheit des Kathodenstrahles, so daß das dimensionsfreie Verhältnis

$$\varPhi = \frac{\varphi}{\varphi_0} \tag{I 7, 4}$$

das numerische Strahlpotential mißt; ihm stellen wir durch

$$\xi = \frac{x}{\sqrt{b\,h}}; \qquad \eta = \frac{y}{\sqrt{b\,h}}; \qquad \zeta = \frac{z}{\sqrt{b\,h}} \tag{I 7, 5}$$

die numerischen Koordinaten des Aufpunktes zur Seite. Mit (I 7, 4) und (I 7, 5) verwandelt sich (I 7, 2) in die Normalform

$$\Phi = \xi^{4/3}. \qquad \text{(I 7, 6)}$$

Wir verschärfen nun die frühere Angabe $b \gg h$ zu der Voraussetzung, daß innerhalb des Streifens

$$-\frac{1}{2}\sqrt{\frac{b}{h}} < \zeta < \frac{1}{2}\sqrt{\frac{b}{h}} \qquad \text{(I 7, 7)}$$

das numerische Potential Φ des gesuchten elektro-statischen Feldes im Strahlaußenraum nicht merklich von ζ abhänge; aus Symmetriegründen dürfen wir uns dann etwa auf das Potential der Halbebene

$$\eta \geqq \frac{1}{2}\sqrt{\frac{h}{b}} \qquad \text{(I 7, 8)}$$

beschränken, welches dort der *Laplace*schen Gleichung

$$\frac{\partial^2\Phi}{\partial\xi^2} + \frac{\partial^2\Phi}{\partial\eta^2} = 0 \qquad \text{(I 7, 9)}$$

genügt. Ihre Lösung ist den Randbedingungen

$$\Phi = \xi^{4/3} \quad \text{für} \quad \xi \geqq 0; \quad \eta = \frac{1}{2}\sqrt{\frac{h}{b}} \qquad \text{(I 7, 10)}$$

im Verein mit

$$\frac{\partial\Phi}{\partial\eta} = 0 \quad \text{für} \quad \xi \geqq 0; \quad \eta = \frac{1}{2}\sqrt{\frac{h}{b}} \qquad \text{(I 7, 11)}$$

zu unterwerfen.

Wir setzen abkürzend

$$\eta' = \eta - \frac{1}{2}\sqrt{\frac{h}{b}} \qquad \text{(I 7, 12)}$$

und fassen ξ und η' zur Gauss'schen Koordinate

$$w = \xi + i\eta'; \qquad i = \sqrt{-1} \qquad \text{(I 7, 13)}$$

zusammen. Sei dann das komplexe Potential

$$X(w) = \Phi(\xi, \eta') + i\,\Psi(\xi, \eta') \qquad \text{(I 7, 14)}$$

eine beliebige, analytische Funktion von w, so genügt sowohl das reelle Potential Φ wie die Stromfunktion Ψ je der *Laplace*schen Gleichung (I 7, 9). Mit

$$\varrho^2 = \xi^2 + \eta'^2; \qquad \operatorname{tg}\gamma = \frac{\eta'}{\xi} \qquad \text{(I 7, 15)}$$

befriedigen wir daher sämtliche Bedingungen der Aufgabe durch das komplexe Potential

$$X = w^{4/3} = \varrho^{4/3}\, e^{i\,4/3\,\gamma} = \varrho^{4/3}\left[\cos\left(\frac{4}{3}\gamma\right) + i\sin\left(\frac{4}{3}\gamma\right)\right], \qquad \text{(I 7, 16)}$$

falls wir vorerst den Winkel γ auf den Bereich

$$-\pi < \gamma < +\pi \qquad \text{(I 7, 17)}$$

beschränken. Da dann in der oberen Halbebene $\eta' > 0$ das reelle Potential längs der Geraden

$$\gamma = \gamma_0 = \frac{3}{4}\,\frac{\pi}{2} = 67^0{,}5 \qquad \text{(I 7, 18)}$$

verschwindet, dürfen wir die von ihr bestimmte, normal zur w-Ebene orientierte Ebene mit jenem inaktiven Teil der Kathode identifizieren, welcher deren emittierendes Gebiet $|\lambda| < \frac{1}{2}\sqrt{\frac{h}{b}}$ äquipotentiell in den raumladungsfreien Bereich der Röhre hinein fortsetzt. Auf Grund dieser Erkenntnis verschärfen wir (I 7, 17) zu der eingrenzenden Vorschrift

$$0 \leqq \gamma \leqq \frac{4}{3}\frac{\pi}{2} = \gamma_0. \tag{I 7, 19}$$

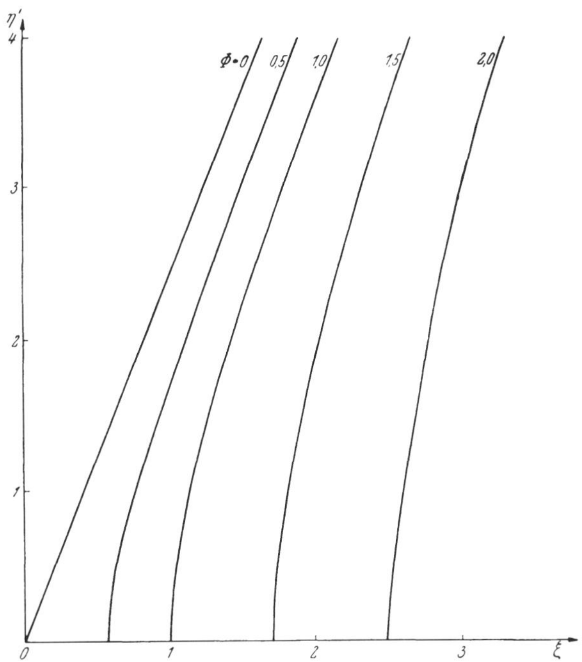

Abb. I 75. Profilreihe der *Pierce*-Elektroden für Kathodenstrahlen rechteckigen Querschnittes.

Sie liefert vermittels des in Abb. I 75 gezeichneten Systemes der Äquipotentialflächen

$$\Phi = \varrho^{4/3}\cos\left(\frac{4}{3}\gamma\right) = \text{const} \tag{I 7, 20}$$

die Profilreihe der gesuchten *Pierce*-Elektroden.

c) Unter Wahrung aller sonstigen elektronischen Bedingungen gehen wir zu einem kreiszylindrischen Kathodenstrahle vom Halbmesser a seines Querschnittes über, welcher den Integralstrom J mit der gleichförmigen Dichte

$$\mathrm{j} = \frac{1}{\pi\,\mathrm{a}^2}\,\mathrm{J} \tag{I 7, 21}$$

parallel der Strahlachse führt. Um uns der Geometrie dieses Strahles anzupassen, beziehen wir uns auf das System der Zylinderkoordinaten z [Achse], r [Radialdistanz] und ψ [Azimut]; seine z-Achse koinzidiere mit der Strahlachse und weise, an der emittierenden Kathodenoberfläche beginnend, in den Entladungsraum hinein. Definieren wir jetzt die numerische Achsenkoordinate ζ und den numerischen Radialabstand ϱ beziehentlich durch

$$\zeta = \frac{z}{a}; \qquad \varrho = \frac{r}{a} \tag{I 7, 22}$$

und messen das Potential φ mittels seiner natürlichen Einheit

$$\varphi_0 = \left[\frac{9}{4} \frac{J}{\pi \Delta \sqrt{2 \frac{q_0}{m_0}}}\right]^{2/3} \tag{I 7, 23}$$

durch das dimensionsfreie Verhältnis

$$\Phi = \frac{\varphi}{\varphi_0}, \tag{I 7, 24}$$

so wird der Verlauf dieses numerischen Potentiales längs des Strahlmantels durch die wesentlich mit (I 7, 6) identische Gleichung

$$\Phi = \zeta^{4/3} \tag{I 7, 25}$$

geschildert. Die stetige Fortsetzung dieses Potentiales in den Strahlaußenraum genügt daher dort der *Laplace*schen Gleichung

$$\frac{\partial^2 \Phi}{\partial \zeta^2} + \frac{\partial^2 \Phi}{\partial \varrho^2} + \frac{1}{\varrho} \frac{\partial \Phi}{\partial \varrho} = 0 \tag{I 7, 26}$$

unter den Randbedingungen

$$\Phi = \zeta^{4/3}; \qquad \zeta \geqq 0, \qquad \varrho \geqq 1 \tag{I 7, 27}$$

und

$$-\frac{d\Phi}{d\varrho} = 0, \qquad \zeta \geqq 0, \quad \varrho \geqq 1. \tag{I 7, 28}$$

Durch den Grenzübergang

$$a \to 0 \tag{I 7, 29}$$

vertauschen wir vorübergehend den zu untersuchenden Zylinderstrahl mit einem Fadenstrahl von allerdings nur infinitesimal kleiner Intensität seiner Integralstromstärke, für welchen sich die vorgelegte Potentialaufgabe streng lösen läßt: Wir ergänzen das System der Zylinderkoordinaten ζ, ϱ und ψ mittels der Relationen

$$R^2 = \zeta^2 + \varrho^2; \qquad \vartheta = \arccos \frac{\zeta}{R}; \qquad \psi^* = \psi \tag{I 7, 30}$$

durch die sphärischen Koordinaten R [Zentraldistanz], ϑ [Polarwinkel] und ψ^* [Azimut], in welchen die *Laplace*sche Gleichung (I 7, 26) die Gestalt

$$\frac{1}{R} \frac{\partial^2 (R\Phi)}{\partial R^2} + \frac{1}{R^2 \sin \vartheta} \frac{\partial}{\partial \vartheta}\left(\sin \vartheta \frac{\partial \Phi}{\partial \vartheta}\right) = 0 \tag{I 7, 31}$$

annimmt. Sei nun k eine reelle Zahl, so liefert der Produktansatz

$$\Phi = R^k \Theta_k(\vartheta) \tag{I 7, 32}$$

für den nur von ϑ abhängigen funktionellen Faktor $\Theta_k(\vartheta)$ die Differentialgleichung zweiter Ordnung

$$\frac{1}{\sin \vartheta} \frac{d}{d\vartheta}\left(\sin \vartheta \frac{d\Theta_k}{d\vartheta}\right) + k(k+1)\, \Theta_k = 0 \tag{I 7, 33}$$

deren Lösungen die *zonalen Kugelfunktionen* k-ter Ordnung definieren.

Ausgehend von der Integraldarstellung der Kugelfunktion k-ter Ordnung und erster Art [Symbol $P_k(\vartheta)$]

$$P_k(\vartheta) = \frac{1}{2\pi}\int\limits_{-\pi}^{+\pi} [\cos\vartheta + \sqrt{-1}\sin\vartheta\cos\beta]^k\, d\beta \equiv$$
$$\equiv \frac{\cos^k\vartheta}{2\pi}\int\limits_{-\pi}^{+\pi} [1 + \sqrt{-1}\operatorname{tg}\vartheta\cos\beta]^k\, d\beta \qquad \text{(I 7, 34)}$$

finden wir durch binomische Entwicklung des Integranden

$$P_k(\vartheta) = \frac{\cos^k\vartheta}{2\pi}\int\limits_{-\pi}^{+\pi}\sum_{n=0}^{\infty}(\sqrt{-1})^n\binom{k}{n}\operatorname{tg}^n\vartheta\cos^k\beta\, d\beta =$$
$$= \cos^k\vartheta\sum_{n=0}^{\infty}(-1)^n\frac{k(k-1)\ldots(k-2n+1)}{2^{2n}(n!)^2}\operatorname{tg}^{2n}\vartheta. \qquad \text{(I 7, 35)}$$

Bei ganzzahligem k bricht die Reihe nach einer endlichen Zahl von Gliedern ab, so daß sich dann $P_k(\vartheta)$ auf ein Polynom von $\cos\vartheta$ reduziert. Die Konstruktion der *Pierce*schen Elektroden für den Fadenstrahl verlangt jedoch, wie sich sogleich herausstellen wird, die Wahl

$$k = \frac{4}{3}. \qquad \text{(I 7, 36)}$$

Denn nach Ausweis der Abb. I 76 zeichnet sich die entsprechende Kugelfunktion erster Art $P_{4/3}(\vartheta)$ durch die Eigenschaften

$$P_{4/3}(0) = 1; \qquad \left(\frac{dP_{4/3}}{d\vartheta}\right)_{\vartheta=0} = 0 \qquad \text{(I 7, 37)}$$

aus, so daß das numerische Potential

$$\Phi = R^{4/3}\, P_{4/3}(\vartheta), \qquad \text{(I 7, 38)}$$

tatsächlich alle Bedingungen der Aufgabe erfüllt. Da überdies die Funktion $P_{4/3}(\vartheta)$ für

$$\vartheta_0 = 71^0 \qquad \text{(I 7, 39)}$$

verschwindet, bildet der Kegel

$$\vartheta = \vartheta_0 \qquad \text{(I 7, 40)}$$

den inaktiven Teil der Kathode, und das elektrostatische Führungsfeld des Fadenstrahles ist auf den Bereich

$$0 \leqq \vartheta \leqq \vartheta_0 \qquad \text{(I 7, 41)}$$

zu beschränken; Abb. I 77 zeigt die dann aus der Vorschrift

$$R^{4/3}\, P_{4/3}(\vartheta) = \text{const} \qquad \text{(I 7, 42)}$$

resultierende Reihe der gesuchten Elektrodenprofile.

Bei dem Versuche, diese Ergebnisse auf den ursprünglichen Zylinderstrahl anzuwenden, müssen wir uns mit einer Näherung begnügen.

Wir konstruieren vom Ursprung des Bezugssystemes den Radiusvektor $R = R_M$ zu einem Punkte M des Strahlmantels in dessen Schnitt mit der Ebene $\zeta = \zeta_M > 0$, so daß der zugehörige Polarwinkel $\vartheta = \vartheta_M$ durch

$$\operatorname{tg} \vartheta_M = \frac{1}{\zeta_M} \qquad \text{(I 7, 43)}$$

bestimmt wird. Auf Grund der Eigenschaften (I 7, 37) der Kugelfunktion $P_{4/3}(\vartheta)$ unterscheidet sie sich nun für hinreichend kleine Winkel ϑ nur äußerst wenig von der Einheit. Daher genügt dort das Potential Φ nach (I 7, 38) merklich den Randbedingungen längs des Zylindermantels; dagegen versagt diese Lösung in der Umgebung der Strahlquelle. Um auch hier zu einer Einsicht in die erforderliche Gestalt der *Pierce*-Elektroden zu gelangen, konstruieren wir einen Hilfszylinder vom numerischen Halbmesser

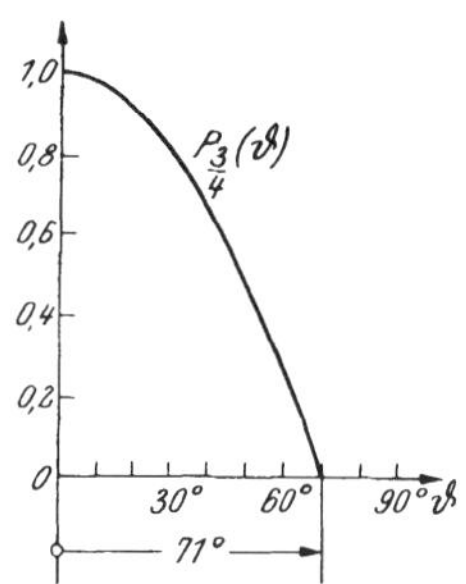

Abb. I 76. Die Kugelfunktion $P_{4/3}(\vartheta)$. Statt $P_{3/4}$ lies $P_{4/3}$.

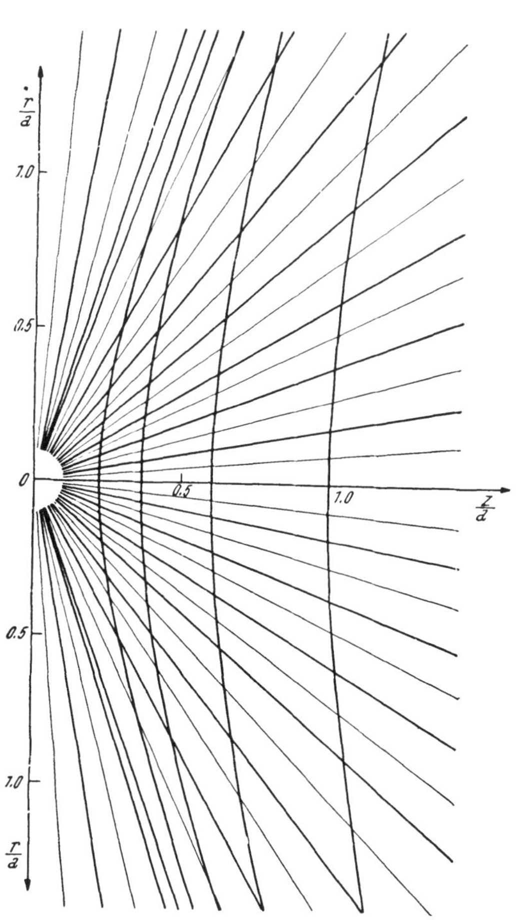

Abb. I 77. Elektrodenprofile, welche mittels der Vorschrift $R^{4/3} P_{4/3}(\vartheta) = \text{const.}$ „erzeugt" werden.

$$\varrho_\varepsilon = 1 + \varepsilon. \qquad \text{(I 7, 44)}$$

Für hinreichend kleine $\varepsilon > 0$ darf nun die Krümmung des Zylindermantels außer Betracht bleiben, so daß dort die Struktur des numerischen Potentialfeldes $\Phi = \Phi(\zeta, \varrho)$ innerhalb jeder Meridianebene $\psi = \text{const.}$ merklich mit jener übereinstimmt, welche an der Längsseite eines Strahles von schmalem Rechteckquerschnitt herrscht. In der hierdurch angezeigten Genauigkeit erhalten wir daher für das Profil der Kathode aus (I 7, 19) und (I 7, 20) die Angabe

$$\varrho = 1 + \zeta \cdot \operatorname{tg} \gamma_0 \qquad \text{(I 7, 45)}$$

entsprechend Abb. I 78, während das nämliche Profil für $\varrho \gg 1$ gewiß der Vorschrift

$$\varrho = \zeta \cdot \operatorname{tg} \vartheta_0 \qquad \text{(I 7, 46)}$$

anzupassen ist. Aus der Kombination dieser Aussagen gelangen wir zu einer Abschätzung der Zonenweite ε, indem wir an der Zonengrenze den kontinuierlichen Übergang der einen in die andere Kathodenform fordern, also die Gleichheit

$$1 + \varepsilon \sin \gamma_0 = (1 + \varepsilon) \sin \vartheta_0 \qquad \text{(I 7, 47)}$$

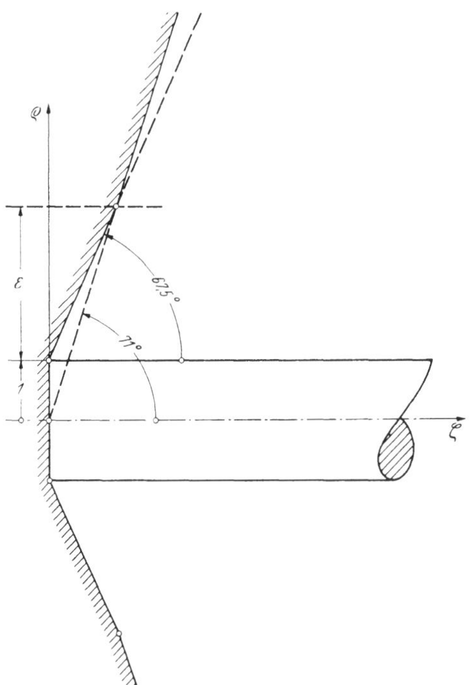

Abb. I 78. Angenäherte Konstruktion der *Pierce*-Kathode für den Kathodenstrahl kreisförmigen Querschnittes.

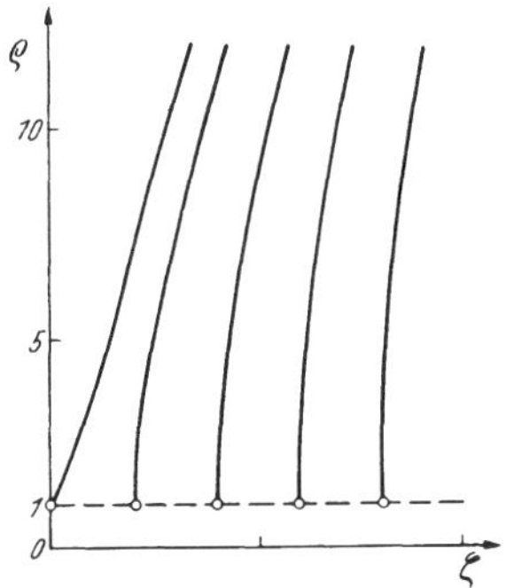

Abb. I 79. *Pierce*sche Elektrodenprofile eines Kathodenstrahles mit kreisförmigem Querschnitt, welche mittels des elektrolytischen Troges experimentell bestimmt wurden.

befriedigen; wir entnehmen ihr

$$\varepsilon = \frac{1 - \sin \vartheta_0}{\sin \vartheta_0 - \sin \gamma_0} = \frac{1 - \sin 71^0}{\sin 71^0 - \sin 67^0{,}5} = 2{,}52. \qquad \text{(I 7, 48)}$$

In Abb. I 79 sind die Ergebnisse einer experimentellen Vermessung der *Pierce*schen Elektrodenprofile wiedergegeben, welche durch Vergleich des gesuchten elektrostatischen Feldes mit einem ihm geometrisch ähnlichen stationären Strömungsfelde im elektrolytischen Trog gefunden wurden; sie stimmen mit den vorstehend auf theoretischem Wege ermittelten Elektrodenformen recht gut überein.

d) Nach seiner Beschleunigung im Elektronenwerfer trete ein Kathodenstrahl kreisförmigen, in der Regel jedoch längs der Strahlachse veränderlichen Querschnittes durch eine Anodenblende vom Halbmesser a entsprechend Abb. I 80 in einen merklich feldfreien Triftraum ein; das dann in der Umgebung der Blende resultierende „primäre" Potentialfeld allein der Elektrodenladungen wird durch die Gesamtheit seiner Äquipotentialflächen nach Abb. I 81 veranschaulicht.

Die Passage des Kathodenstrahles durch dieses System führt stets zu einer Dispersion der Strahlelektronen. Um diesen Effekt quantitativ zu erfassen, lassen wir im Augenblick das „sekundäre" elektrische Feld der vom Strahlstrom J transportierten Raumladungen außer Betracht; in den numerischen Koordinaten (ζ, ϱ) nach (I 7, 22) wird dann das gemäß (I 7, 24) normierte, numerische Primärpotential

$$\Phi_P = \Phi_P(\zeta, \varrho) \qquad \text{(I 7, 49)}$$

bereits durch seinen Verlauf längs der Systemachse

$$F_P = \Phi_P(\zeta, 0), \qquad \text{(I 7, 50)}$$

in seinem gesamten Existenzbereich bestimmt, und die achsennahen Elektronenbahnen genügen der linearen Differentialgleichung

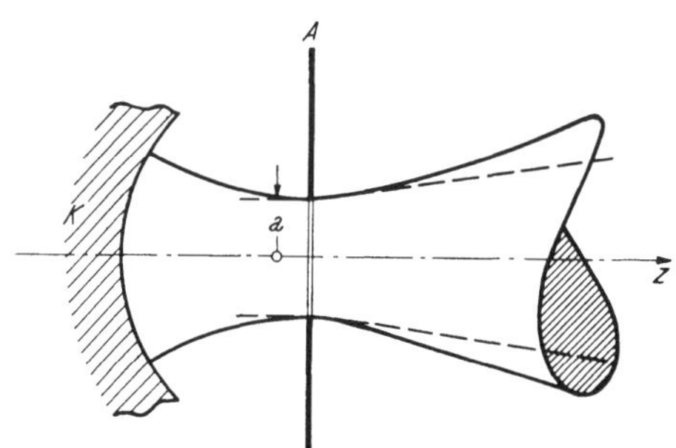

Abb. I 80. Passage des Kathodenstrahles durch die kreisförmige Anodenblende.

Abb. I 81. Struktur des Potentialfeldes in der Umgebung der Kreislochblende.

$$\sqrt{F_P}\,\frac{d}{d\zeta}\left[\sqrt{F_P}\,\frac{d\varrho}{d\zeta}\right] + \frac{1}{4}\,F_P'' \cdot \varrho = 0; \quad F_P'' = \frac{d^2 F_P}{d\zeta^2} \qquad \text{(I 7, 51)}$$

der *Gaußschen* Dioptrik.

Im Einklang mit dem in Abb. I 82 skizzierten Gang des primären Achsenpotentiales F_P definiert die Anodenblende ein elektronenoptisches *Einzelobjektiv*, dessen achsialer Wirkungsbereich

$$\zeta_1 \leqq \zeta \leqq \zeta_2 \qquad \text{(I 7, 52)}$$

durch die Zone einer merklich von Null verschiedenen achsialen Feldänderung $F_P''(\zeta)$ bestimmt wird. Nun sei $(\zeta_2 - \zeta_1)$ so klein, daß wir innerhalb des Objektivs die Radialabweichung ϱ des Elektrons merklich ihrem Werte ϱ_0 in der Blendenebene gleichsetzen können, während sich das Achsenpotential F_P nur wenig von seinem Werte $F_{P,0}$ in der nämlichen Ebene unterscheide. In der hiermit angezeigten Genauigkeit dürfen wir also (I 7, 51) durch die Gleichung

$$\frac{d}{d\zeta}\left[\frac{d\varrho}{d\zeta}\right] = -\frac{1}{4}\,\frac{\varrho_0}{F_{P,0}}\,F_P''(\zeta) \qquad \text{(I 7, 53)}$$

ersetzen, deren Integration längs des Objektivs die Aussage

$$\left[\frac{d\varrho}{d\zeta}\right]_{\zeta_2} - \left[\frac{d\varrho}{d\zeta}\right]_{\zeta_1} = -\frac{1}{4}\,\frac{\varrho_0}{F_{P,0}}\,[F_P'(\zeta_2) - F_P'(\zeta_1)] \qquad \text{(I 7, 54)}$$

liefert. Da nun im Triftraum die elektrische Feldstärke verschwindet, ist

$$F_P'(\zeta_2) = 0 \qquad \text{(I 7, 55)}$$

zu setzen, während $F_P'(\zeta_1)$ mit dem Gradienten des Achsenpotentiales in der Blendenebene vertauscht werden kann:

$$F_P'(\zeta_1) \to F_P'(\zeta_0) \equiv F_{P,0}'. \qquad (I\ 7,\ 56)$$

Mit (I 7, 55) und (I 7, 56) reduziert sich (I 7, 54) auf die Relation

$$\left[\frac{d\varrho}{d\zeta}\right]_{\zeta_2} - \left[\frac{d\varrho}{d\zeta}\right]_{\zeta_1} = \frac{1}{4}\,\frac{\varrho_0\, F'\, F_{P,0}}{F_{P,0}} \qquad (I\ 7,\ 57)$$

welche inhaltlich mit der elementaren Abbildungsgleichung dünner optischer Linsen identisch ist: Sei A^* die [numerische] Gegenstandsweite eines in der Ebene ζ_1 befindlichen Objektes und B^* die numerische Weite des in der Ebene ζ_2 durch die Linse der numerischen Brennweite f entworfenen Bildes, so entnimmt man aus Abb. I 83 die geometrischen Relationen

$$\left[\frac{d\varrho}{d\zeta}\right]_{\zeta_1} = \frac{\varrho_0}{A^*}; \quad \left[\frac{d\varrho}{d\zeta}\right]_{\zeta_2} = -\frac{\varrho_0}{B^*}. \qquad (I\ 7,\ 58)$$

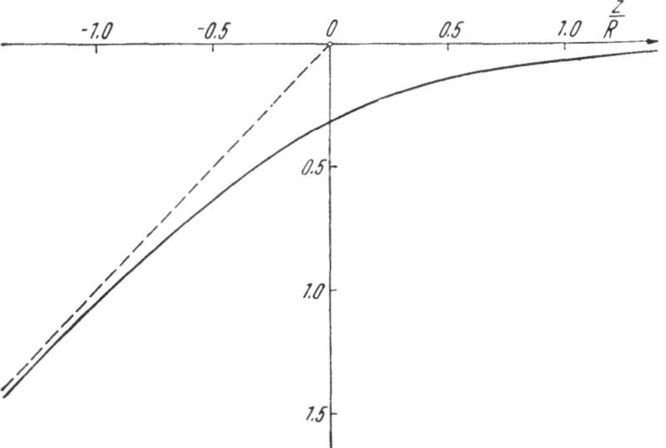

Abb. I 82. Verlauf des Achsenpotentiales in der Umgebung der Kreislochblende.

Im Verein mit der Linsenformel

$$\frac{1}{A^*} + \frac{1}{B^*} = \frac{1}{f} \qquad (I\ 7,\ 59)$$

folgt somit durch Vergleich von (I 7, 58) und (I 7, 59) mit (I 7, 57) für die numerische Brennweite f des elektronenoptischen Einzelobjektivs der Ausdruck

$$f = -\frac{4\, F_{P,0}}{F_{P,0}'} \qquad (I\ 7,\ 60)$$

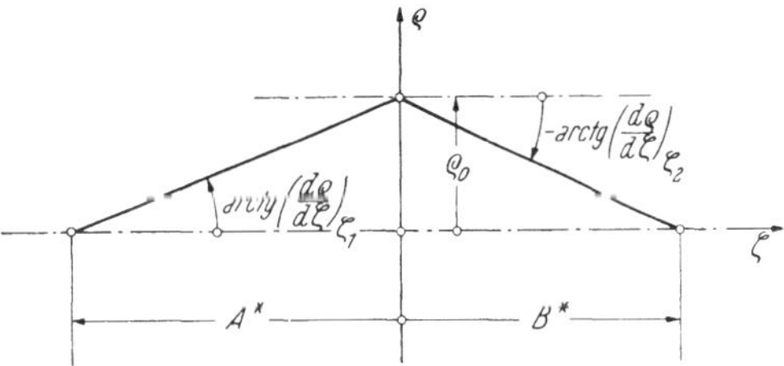

Abb. I 83. Zur Elektronenoptik der Kreislochblende.

dessen negatives Vorzeichen auf die zerstreuende Kraft der Anodenblende hinweist.

e) Um die Elektronenoptik der Anodenblende auf die Kinematik der Kathodenstrahlen anwenden zu können, welche im Vorfeld der Anode elektrostatisch geführt werden, vertauschen wir dort das Primärpotential allein des raumladungsfreien Elektronenwerfers mit dem jeweils wirksamen Führungspotential der *Pierce*schen Elektroden längs des Strahlmantels.

Zunächst kehren wir zu dem kreiszylindrischen Strahl vom Halbmesser a zurück, welcher zwischen seinem Ursprung am aktiven Teil der Kathodenoberfläche bis zur Ebene der Anodenblende die Strecke d durchmesse; in der Längeneinheit a gibt also

$$\delta = \frac{d}{a} \qquad (I\ 7,\ 61)$$

den numerischen Betrag dieser Distanz an. Unter der weiterhin einzuhaltenden Voraussetzung

$$\delta \gg 1, \qquad \text{(I 7, 62)}$$

dürfen wir nun das Führungspotential längs des Strahlmantels in der Umgebung der Anodenblende hinreichend genau durch jenes eines Fadenstrahles gleicher Stromdichte ersetzen, so daß wir sein numerisches Achsenpotential aus (I 7, 30) und (I 7, 38) zu

$$F(\zeta) = \lim_{\vartheta \to 0} [R^{4/3} P_{4/3}(\vartheta)] = \zeta^{4/3} \qquad \text{(I 7, 63)}$$

entnehmen. Gemäß (I 7, 60) finden wir somit als numerische Brennweite f der Anodenblende den Ausdruck

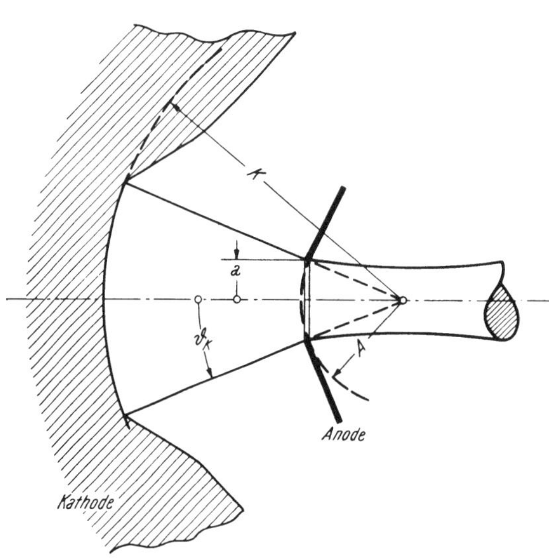

Abb. I 84. Elektronenoptische Umbildung des Strahlenkegels in einen Kreiszylinder.

$$f = \lim_{\zeta \to \delta} \left[-4 \frac{F(\zeta)}{F'(\zeta)} \right] = -3\,\delta. \qquad \text{(I 7, 64)}$$

Da sich überdies jede dem Strahlmantel angehörige, drehimpulsfreie Elektronenbahn im Voranodenraum $0 < \zeta < \delta$ durch die Eigenschaften

$$\varrho = 1; \qquad \frac{d\varrho}{d\zeta} = 0 \qquad \text{(I 7, 65)}$$

auszeichnet, erschließen wir aus (I 7, 54) und (I 7, 64) für die Neigung dieser Bahnen gegen die Strahlachse beim Eintritt in den Triftraum die Angabe

$$\left[\frac{d\varrho}{d\zeta}\right]_{\zeta_2} = \frac{1}{3\,\delta}. \qquad \text{(I 7, 66)}$$

Diese konische Divergenz kann daher zwar durch Wahl einer hinreichend großen numerischen Elektrodendistanz δ nach Belieben herabgesetzt werden, ist jedoch beim Arbeiten mit kreiszylindrischen Strahlen im Voranodenraum grundsätzlich unvermeidbar. Um diese Unvollkommenheit des Elektronenwerfers zu beseitigen, erteilen wir dem aktiven Teile der Kathode die Gestalt einer zum Entladungsraum hin geöffneten Kugelschale vom Halbmesser K, von deren Elementen die emittierten Glühelektronen radial derart gegen das Zentrum O jener Schale konvergieren sollen, daß ihr Strahl gemäß Abb. I 84 die Anodenblende des Halbmessers a genau ausfüllt.

Nach Wahl von K als Längeneinheit identifizieren wir O mit dem Ursprung eines Systemes sphärischer Koordinaten R [numerischen Zentraldistanz], ϑ [Polarwinkel] und ψ [Azimut], in welchem die Gesamtheit der von O zur Peripherie der emittierenden Kugelschale hinüberziehenden Geraden den Mantel eines Kreiskegels vom Polarwinkel ϑ_K, also vom körperlichen Winkel

$$\Omega = 2\pi\,[1 - \cos\vartheta_K] \equiv 4\pi \sin^2 \frac{\vartheta_K}{2} \qquad \text{(I 7, 67)}$$

erfüllt; relativ zum Kathodenstrahl bildet dann die Anodenblende eine der emittierenden Fläche geometrisch ähnliche Kugelschale vom Halbmesser

$$A = \frac{a}{\sin \vartheta_k}. \qquad (I\ 7,\ 68)$$

Die voranodische Führungsmöglichkeit dieses konischen Strahles durch passend geformte *Pierce*-Elektroden vorausnehmend, ist uns sein Potential φ nach Ziffer I 6 bekannt: In der natürlichen Potentialeinheit

$$\varphi_0 = \left[\frac{9}{4} \frac{J}{\Delta \Omega \sqrt{2 \frac{q_0}{m_0}}}\right]^{2/3} \qquad (I\ 7,\ 69)$$

wird das numerische Potential

$$\Phi = \Phi(R) = \frac{\varphi(R)}{\varphi_0} \qquad (I\ 7,\ 70)$$

gemäß (I 7, 66) und (I 7, 67) durch die Gleichung

$$\Phi = [\alpha(u)]^{4/3}; \qquad u = \ln R \qquad (I\ 7,\ 71)$$

beschrieben, in welcher die Funktion α allgemein durch (I 6, 37) im Verein mit (I 6, 51), (I 6, 52), (I 6, 62) und (I 6, 63) definiert ist. Auf Grund der Wahl des kathodischen Schalenhalbmessers K als Längeneinheit ist nun innerhalb des hier untersuchten Elektronenwerfers

$$0 < R \leqq 1; \qquad u < 0 \qquad (I\ 7,\ 72)$$

zu setzen. Sei daher in der Umgebung der emittierenden Kathodenoberfläche

$$R = 1 - \Delta R; \qquad \Delta R \ll 1 \qquad (I\ 7,\ 73)$$

so gilt dort

$$\Phi = [\Delta R]^{4/3}. \qquad (I\ 7,\ 74)$$

Dagegen resultiert im Bereiche $R \ll 1$ die einfache Darstellung

$$\Phi = \left[\frac{1,11}{R} - 1,61\right] + \dots \qquad (I\ 7,\ 75)$$

Zwischen den sphärischen Koordinaten (R, ϑ, ψ) eines im Elektronenwerfer gelegenen Aufpunktes und seiner auf K als Längeneinheit bezogenen, in der Kathodenoberfläche beginnenden numerischen Achsenkoordinate ζ besteht nun der geometrische Zusammenhang

$$\zeta = 1 - R \cos \vartheta. \qquad (I\ 7,\ 76)$$

Ersetzen wir jetzt das numerische primäre Achsenpotential $F_p = F_p(\zeta)$ durch das ebendort $[\vartheta \to 0]$ gemessene numerische Strahlpotential Φ, so berechnet sich also die numerische Brennweite f des anodischen Einzelobjektivs nach (I 7, 60) und (I 7, 71) zu

$$f = -\left[\frac{4\Phi}{\frac{d\Phi}{d\zeta}}\right]_{\zeta = 1 - \frac{A}{K}} = +\left[\frac{4\Phi}{\frac{d\Phi}{dR}}\right]_{R = \frac{A}{K}} = \left[\frac{3\alpha}{\frac{d\alpha}{dR}}\right]_{R = \frac{A}{K}} =$$

$$= \left[\frac{6\alpha^2}{\frac{d(\alpha^2)}{dR}}\right]_{R = \frac{A}{K}} = 6\frac{A}{K}\left[\frac{\alpha^2}{\frac{d(\alpha^2)}{du}}\right]_{u = \ln \frac{A}{K}}. \qquad (I\ 7,\ 77)$$

Insbesondere findet man für sehr kurze Elektronenwerfer der Eigenschaft

$$\frac{A}{K} = 1 - \frac{\Delta A}{K} ; \frac{\Delta A}{K} \ll 1 \qquad \text{(I 7, 78)}$$

mittels der dann gültigen Näherungen

$$\alpha \approx \ln \frac{A}{K} \approx - \frac{\Delta A}{K}; \quad \left[\frac{d\alpha}{dR}\right]_{R=\frac{A}{K}} = \left[\frac{d\alpha}{du} \cdot \frac{1}{R}\right]_{R=\frac{A}{K}} \approx 1 \qquad \text{(I 7, 79)}$$

die nur sehr kleine numerische Brennweite

$$f = -3 \frac{\Delta A}{K}. \qquad \text{(I 7, 80)}$$

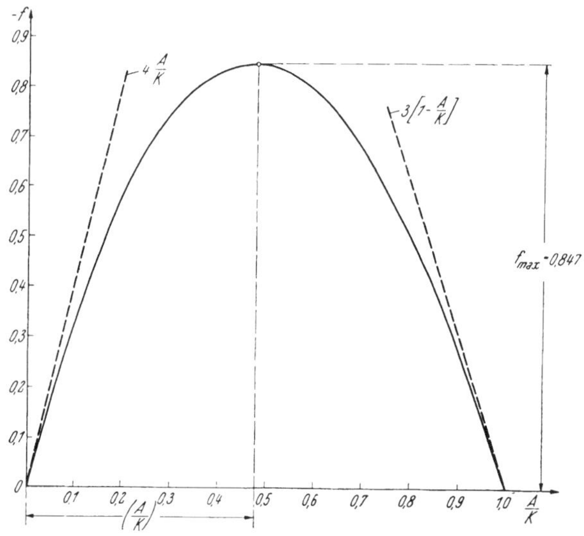

Abb. I 85. Ermittlung des günstigsten anodischen Einzelobjektives.

Andererseits folgt für Elektronenwerfer der Bauart

$$\frac{A}{K} \ll 1 \qquad \text{(I 7, 81)},$$

mittels der Approximationen

$$\alpha^2 \approx e^{-3/2\,u}; \quad \frac{d(\alpha^2)}{du} = -\frac{3}{2}\alpha^2; \quad \left[\frac{d(\alpha^2)}{dR}\right]_{R=\frac{A}{K}} = -\frac{3}{2}\alpha^2 \cdot \frac{K}{A} \qquad \text{(I 7, 82)}$$

aus (I 7, 77) die gleichfalls nur kurze numerische Brennweite

$$f = -4 \frac{A}{K}. \qquad \text{(I 7, 83)}$$

Zwischen diesen Grenzfällen existiert daher ein optimaler Elektronenwerfer von absolut höchstem Betrage f_{max} seiner [negativen] numerischen Brennweite f_{opt}: Nach Ausweis der Abb. I 85 ist ihr Wert

$$f_{opt} = -f_{max} = -0{,}847 \qquad \text{(I 7, 84)}$$

dem „günstigsten" Elektronenwerfer der numerischen Abmessungen

$$\left(\frac{A}{K}\right)_{opt} = 0{,}48; \qquad \left(\frac{A}{K}\right)_{opt} = 0{,}48 \sin \vartheta_K \qquad \text{(I 7, 85)}$$

zugeordnet. Richtet man sich nach diesen Angaben, so entnimmt man aus (I 7, 57) für die Brechung einer im Strahlmantel gelegenen, drehimpulsfreien Elektronenbahn bei der Passage der Anodenblende die Aussage

$$\left[\frac{d\varrho}{d\zeta}\right]_2 + \operatorname{tg} \vartheta_K = -\left(\frac{a}{K}\right)_{opt} \cdot \frac{1}{f_{opt}} = \left(\frac{a}{K}\right)_{opt} \cdot \frac{1}{f_{max}}, \qquad \text{(I 7, 86)}$$

so daß diese Bahn unter der Neigung

$$\left[\frac{d\varrho}{d\zeta}\right]_2 = -\operatorname{tg} \vartheta_K + 0{,}48 \cdot 0{,}847 \sin \vartheta_K = -\operatorname{tg} \vartheta_K + 0{,}407 \sin \vartheta_K \qquad \text{(I 7, 87)}$$

in den Triftraum eintritt.

f) Es verbleibt uns die Aufgabe, diejenige Gestalt der *Pierce*schen Elektroden zu ermitteln, welche das Führungsfeld des konisch konvergierenden Kathodenstrahles im Voranodenraum erzeugen: Gesucht wird eine

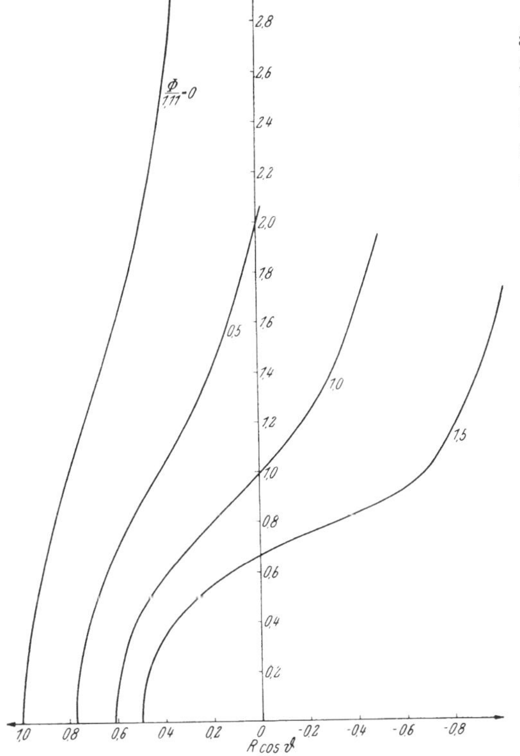

Abb. I 86. Angenäherte Gestalt der *Pierce*-Elektroden für den konischen Kathodenstrahl.

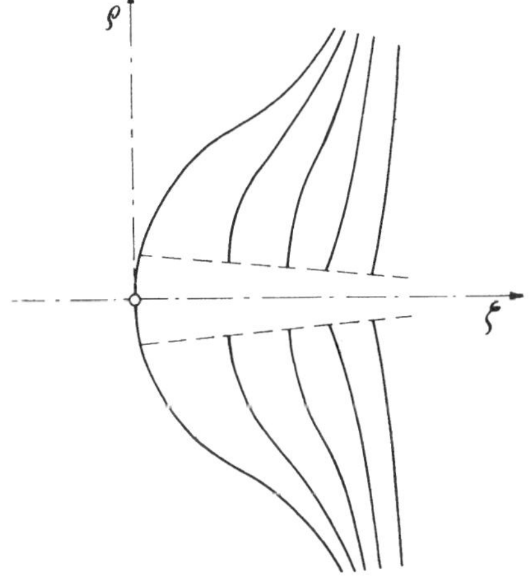

Abb. I 87. *Pierce*sche Elektroden für einen konischen Kathodenstrahl.

Potentialfunktion der sphärischen Koordinaten R, ϑ, ψ, welche innerhalb der Zone

$$\vartheta_K \leqq \vartheta < \pi \qquad \text{(I 7, 88)}$$

der *Laplace*schen Gleichung (I 7, 31) unter den Randbedingungen

$$\Phi = [a(\ln R)]^{4/3}; \qquad \frac{\partial \Phi}{\partial \vartheta} = 0 \quad \text{für} \quad \frac{A}{K} < R \leqq R\,1; \quad \vartheta = \vartheta_K \qquad \text{(I 7, 89)}$$

genügt.

Da eine strenge analytische Lösung dieser Aufgabe nicht bekannt ist, müssen wir uns in theoretischer Hinsicht mit einer allerdings nur qualitativ orientierenden Übersicht begnügen, zu der wir in drei Schritten gelangen:

1. Nach Ausweis der Gl. (I 7, 75) konvergiert das numerische Strahlpotential Φ für $R \to 0$ gegen das Potential einer im Ursprung gelegenen, positiven Ladungsquelle

$$\lim_{R\to 0} R\,\Phi = 1{,}11. \qquad \text{(I 7, 90)}$$

2. Für $R \to \infty$ möge das Führungsfeld in ein antiparallel der Strahlachse weisendes Homogenfeld vom numerischen Gradienten G übergehen

$$\lim_{R\to\infty} \Phi = -G\,[1-\zeta] = -G\,R\cos\vartheta. \qquad \text{(I 7, 91)}$$

3. Wir wählen

$$G = 1{,}11 \qquad \text{(I 7, 92)}$$

und erhalten in der Funktion

$$\Phi = 1{,}11\left[\frac{1}{R} - R\cos\vartheta\right] \qquad \text{(I 7, 93)}$$

ein Partikularintegral der *Laplace*schen Gleichung; welches gleichzeitig die Eigenschaften (I 7, 90), (I 7, 91) besitzt und überdies im Zentrum der emittierenden Kathodenoberfläche $[R = 1;\ \vartheta = 0]$ verschwindet. Abb. I 86 veranschaulicht seine Struktur durch das System seiner Äquipotentialfläche im Kathoden-Anodenraum des günstigsten Elektronenwerfers. Zum Vergleich zeigt Abb. I 87 die von *Spangenberg* und seinen Mitarbeitern mittels des elektrolytischen Troges experimentell vermessenen Profile der *Pierce*schen Elektroden; ungeachtet starker quantitativer Unterschiede weisen doch die in Parallele gesetzten Flächenscharen unverkennbare Ähnlichkeit miteinander auf.

I 8. Selbstdispersion von Kathodenstrahlen.

a) In einem hochevakuierten Gefäße sei eine gleichförmig temperierte Glühkathode gegeben, deren aktiver, ebener Oberfläche vom konstanten elektrischen Skalarpotentiale $\varphi = 0$ eine planparallele Plattenanode im Abstande d gemäß Abb. I 88 gegenüberstehe. Die thermische Geschwindigkeit der eben emittierten Elektronen wird vernachlässigt. Erteilen wir dann der Anode das feste Potential $\varphi_a > 0$ relativ zur Kathode, so erreichen die Elektronen die Anode mit einheitlicher Geschwindigkeit vom absoluten Betrage v_a. Um sie zu berechnen, bezeichnen wir durch c die Ausbreitungsgeschwindigkeit des Lichtes im leeren Raume und verknüpfen die Energie η des bewegten Elektrons

$$\eta = m_0\,c^2\frac{1}{\sqrt{1-\beta_a^2}}; \qquad \beta_a = \frac{v_a}{c} \qquad \text{(I 8, 1)}$$

mit dessen Ruheenergie

$$\eta_0 = m_0\,c^2 \qquad \text{(I 8, 2)}$$

durch die Energiebilanz

$$\eta - \eta_0 = m_0\,c^2\left[\frac{1}{\sqrt{1-\beta_a^2}} - 1\right] = q_0\,\varphi_a. \qquad \text{(I 8, 3)}$$

Wir entnehmen ihr die Aussage

$$\beta_a = \frac{v_a}{c} = \frac{\sqrt{\left(1 + \frac{q_0 \varphi_a}{m_0 c^2}\right)^2 - 1}}{1 + \frac{q_0 \varphi_a}{m_0 c^2}} \qquad \text{(I 8, 4)}$$

welche durch Abb. I 89 graphisch dargestellt wird.

Wird jetzt in der Anode, nach deren Ergänzung durch elektronenoptische Konzentrationssysteme, eine kreisförmige Blende vom Halbmesser a angebracht, so definiert die Gesamtheit aller diese Öffnung passierenden Elektronen einen Kathodenstrahl, dessen Stromstärke J wir als gegeben voraussetzen; gefragt wird nach der stationären Strahlform im Zuge der fortschreitenden Elektronen.

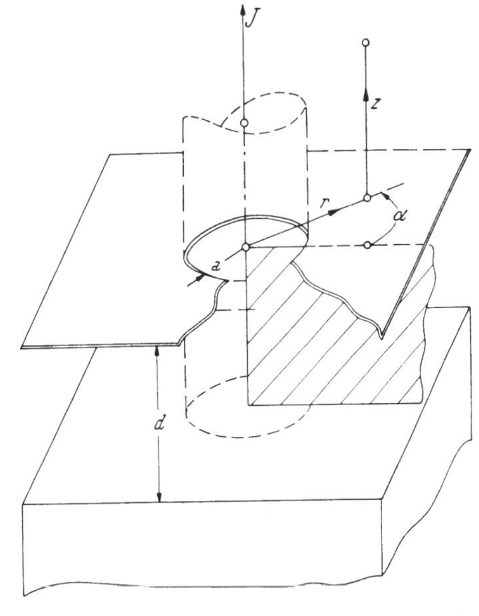

Abb. I 88. Orientierung im dispergierenden Kathodenstrahle.

b) Im Existenzgebiete des Kathodenstrahles orientieren wir uns an einem relativ zu den Elektroden ruhenden Bezugssystem der Zylinderkoordinaten z [Achse], r [Radialdistanz] und α [Azimut]; sein Ursprung koinzidiere entsprechend Abb. 88 mit dem Zentrum der Blende, und die z-Achse weise senkrecht zur Anodenebene in den Strahlraum hinein.

Das Kontinuitätsgesetz der Elektrizität verlangt die ständige Rückleitung des Strahlstromes J zu seiner Quelle. Um dieser *Kirchhoff*schen Stationaritätsbedingung nachzukommen, bedienen wir uns eines konzentrisch zum Strahle justierten Kreisrohres vom lichten Halbmesser

$$r = R \gg a, \qquad \text{(I 8, 5)}$$

welchen wir mit der Anode zu einem elektrisch einheitlichen Körper von ideell unbegrenzt hoher elektrischer Leitfähigkeit $\varkappa$, also der Eigenschaft

$$\varkappa \to \infty, \qquad \text{(I 8, 6)}$$

verbinden.

c) Bei hinreichend enger Blendenöffnung wird das „primäre" elektrische Feld, welches von der Anode der kalten, strahlfreien Röhre zu deren Kathode hinübergreift, schon in Abständen $z > 0$ der Größenordnung a von der Anode überaus schwach; wir lassen es, diese Angabe verschärfend, für alle $z > 0$ geflissentlich außer Betracht. In der hiermit gegebenen Näherung reduzieren sich die an den Elektronen angreifenden mechanischen Kräfte elektrischen Ursprunges auf jene des „Sekundärfeldes", welches den vom Strahle transportierten Raumladungen genetisch verbunden ist; auf Grund des negativ-unipolaren Charakters der Ladungsträger — wir haben es ja nach Voraussetzung mit einer Hochvakuum-Entladung zu tun — äußern sich die zwischen ihnen bestehenden *Coulomb*-Kräfte stets in einer *Abstoßung*.

Zu den elektrischen Feldkräften auf die Strahlelektronen gesellen sich die *Lorentz*-Kräfte magnetischer Natur, welche teils äußerer Herkunft sind, teils durch den Konvektionsstrom des Strahles selbst erregt werden; nur dieses Eigenfeld wird uns hier beschäftigen, während wir die Untersuchung

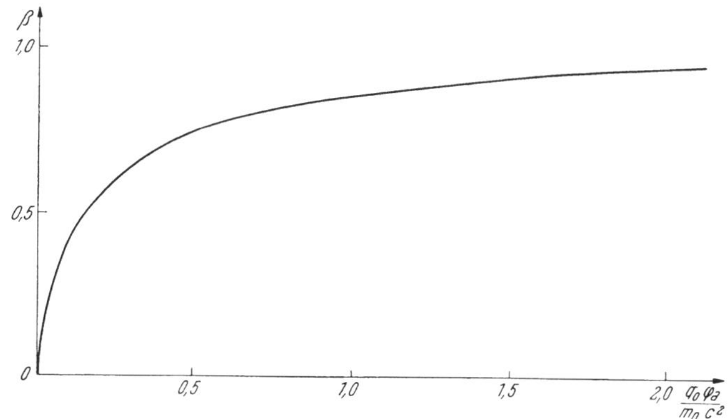

Abb. I 89. Die numerische Elektronengeschwindigkeit β als Funktion der numerischen Beschleunigungsspannung.

des Einflusses magnetischer Fremdfelder auf den Kathodenstrahl erst später durchführen werden. Als Kräfte zwischen wesentlich parallel gerichteten Stromfäden werden die *Lorentz*-Kräfte des magnetischen Eigenfeldes in einer *Anziehung* der bewegten Ladungsträger manifest; die gesuchte Verformung des Strahles resultiert daher als Reaktion der Elektronen auf die Differenz der *Coulomb*schen Abstoßung und der *Lorentz*schen Anziehungskraft.

d) Das mit der Anode zusammenarbeitende elektronenoptische System sei derart justiert, daß in der Blendenöffnung eine Achsialstromdichte j_z von merklich gleichförmigem Betrage j auftritt

$$\mathrm{j}_z = -\mathrm{j} = -\frac{1}{\pi\,\mathrm{a}^2}\,\mathrm{J}. \qquad \text{(I 8, 7)}$$

Wir setzen nun voraus, daß die in $\mathrm{z} = 0$ erstmalig kontrollierten Elektronenbahnen je in einer festen Meridianebene $\alpha = \text{const.}$ verlaufen und sich in $\mathrm{z} > 0$ nirgends kreuzen. In ihrer Gesamtheit erfüllen sie dann eine Stromröhre von stets endlichem Querschnitt; aus Symmetriegründen bleibt dieser längs des Strahles stets kreisförmig, und die Achse der Stromröhre koinzidiert mit jener des Bezugssystemes. Nach Wahl einer beliebigen Meridianebene $\alpha = \alpha_0 = \text{const.}$ wird daher die Form des Strahles durch seine *Profilkurve*

$$\mathrm{r} = \mathrm{r}(\mathrm{z}) \qquad \text{für} \qquad \mathrm{z} \geqq 0 \qquad \text{(I 8, 8)}$$

eindeutig beschrieben. Aus der vorgegebenen Größe der Blendenöffnung kennen wir den Anfangswert

$$\mathrm{r} = \mathrm{a} \qquad \text{für} \qquad \mathrm{z} = 0. \qquad \text{(I 8, 9)}$$

Wir ergänzen diese Angabe durch jene der am gleichen Ort gemessenen Neigung

$$\frac{dr}{dz} = \gamma \qquad \text{für} \qquad 0 < z \to 0, \qquad (I\ 8,\ 10)$$

welche als bekannte Konstante vom Betrage

$$|\gamma| \ll 1 \qquad (I\ 8,\ 11)$$

vorausgesetzt wird.

e) Wir richten unsere Aufmerksamkeit auf eines der profilerzeugenden Elektronen und wählen den Augenblick seiner Passage durch die Anodenblende als Ursprung der im ruhenden Bezugssystem gemessenen laufenden Zeit t. Seien dann v^z und v^r beziehentlich die achsiale und die radiale physikalische Komponente des Geschwindigkeitsvektors $\mathfrak{v}$, also

$$(\mathfrak{v})^2 \equiv v^2 = v^{z2} + v^{r2} \qquad (I\ 8,\ 12)$$

das Quadrat seines absoluten Betrages, so berechnet sich die Masse m des fliegenden Elektrons aus seiner Ruhmasse m_0 mittels der Formel

$$m = \frac{m_0}{\sqrt{1-\beta^2}}; \qquad \beta^2 = \frac{v^2}{c^2}. \qquad (I\ 8,\ 13)$$

Nun fassen wir in jenem Aufpunkt (z, r, α) Posten, den das kontrollierte Elektron gerade im Zeitpunkt t passiert; dort messen wir die elektrische Feldstärke E durch ihre achsiale physikalische Komponente E^z in Gemeinschaft mit ihrer radialen physikalischen Komponente E^r, während die magnetische Induktion B bereits durch Angabe allein ihrer physikalischen Azimutalkomponente B^α vollständig beschrieben wird. Demnach resultiert für die physikalische Achsialkomponente der am Elektron angreifenden *Newton*-Kraft K der Ausdruck

$$K^z = -q_0[E^z + v^r B^\alpha] \qquad (I\ 8,\ 14)$$

und für deren physikalische Radialkomponente

$$K^r = -q_0\,[E^r - v^z B^\alpha]. \qquad (I\ 8,\ 15)$$

Um die hier auftretenden Komponenten des elektromagnetischen Feldes auf die Bestimmungsstücke des Strahles zurückführen zu können, beschränken wir uns, die Ungleichung (I 8, 11) verschärfend und verallgemeinernd, auf flache Profilkurven der Eigenschaft

$$\left|\frac{dz}{dr}\right| \ll 1. \qquad (I\ 8,\ 16)$$

Dann gilt bis auf Glieder mindestens zweiter Potenz von dr/dz die binomische Entwicklung

$$v = \sqrt{\left(\frac{dz}{dt}\right)^2 + \left(\frac{dr}{dt}\right)^2} = \frac{dz}{dt} + \ldots = \left(\frac{dz}{dt}\right)_{z=0} + \ldots = v_a + \ldots. \qquad (I\ 8,\ 17)$$

Nun denke man sich vorübergehend den Kathodenstrahl, unter Wahrung seiner Stromstärke J, über sein tatsächliches Existenzgebiet hinaus in den Bereich $(-\infty) < z < \infty$ extrapoliert, während gleichzeitig der in $z < 0$ befindliche Elektronenwerfer beseitigt sei. Durch diesen Prozeß verwandelt sich die Stromröhre in einen merklich zylindrischen, achsial beiderseits unbegrenzten Körper, welcher je Einheit seiner Länge den konstanten Ladungsbelag

$$\lambda = -\frac{1}{v_a} J \qquad \text{(I 8, 18)}$$

trägt; die genetisch erforderliche, positive Gegenladung von gleichem Betrage ihres Belages ist in merklich gleichförmiger Dichte auf der Innenfläche des rückleitenden Kreisrohres (I 8, 5) verteilt, welches also funktionell dem Mantel eines konzentrischen Einleiterkabels ähnelt. Daher ist die elektrische Feldstärke zwischen dem Strahl und der Hülle im wesentlichen radial von außen nach innen gerichtet; ihre physikalische Radialkomponente E^r entwickelt auf der Oberfläche der Stromröhre oder, mit anderen Worten, längs des Strahlprofiles ihre absolut größte Stärke

$$E^r = \frac{\lambda}{2\pi\Delta r} = -\frac{1}{2\pi\Delta r v_a} J. \qquad \text{(I 8, 19)}$$

Aus ihr berechnet sich die ebendort auftretende physikalische Achsialkomponente der elektrischen Feldstärke zu

$$E^z = -\frac{dr}{dz} E^r. \qquad \text{(I 8, 20)}$$

Zur Berechnung der magnetischen Induktion übergehend, konstruieren wir in der Ebene $z > 0 = \text{const.}$ den Grenzkreis $r = r(z)$ des Kathodenstrahles. Wir wenden das Durchflutungsgesetz auf diesen Kreis an und finden, da die Strahlstromstärke J nach Übereinkunft antiparallel der positiven z-Achse als positiv gezählt wird, für die physikalische Azimutalkomponente H^α der magnetischen Feldstärke H die Gleichung

$$2\pi r H^\alpha = J, \qquad \text{(I 8, 21)}$$

welcher wir die Relationen

$$H^\alpha = \frac{1}{2\pi r} J; \qquad B^\alpha = \frac{\Pi}{2\pi r} J \qquad \text{(I 8, 22)}$$

entnehmen. Mit Rücksicht auf die Gleichheit

$$\Delta \Pi = \frac{1}{c^2} \qquad \text{(I 8, 23)}$$

folgen daher durch Substitution von (I 8, 19), (I 8, 20) und (I 8, 22) in (I 8, 14) und (I 8, 15) die Komponenten der *Newton*-Kraft zu

$$K^z = \frac{q_0}{2\pi\Delta v_a} \frac{1}{r} J \frac{dr}{dz} \left[1 - \frac{v^z v_a}{c^2}\right] \approx \frac{q_0}{2\pi\Delta v_a} \frac{1}{r} J \frac{dr}{dz} [1 - \beta_a^2] \qquad \text{(I 8, 24)}$$

und

$$K^r = \frac{q_0}{2\pi\Delta v_a} \frac{1}{r} J \left[1 - \frac{v^z v_a}{c^2}\right] \approx \frac{q_0}{2\pi\Delta v_a} \frac{1}{r} J [1 - \beta_a^2], \qquad \text{(I 8, 25)}$$

wobei (I 8, 17) benutzt wurde. Mit zunehmender Achsialgeschwindigkeit des Kathodenstrahles verringert sich also die Resultante aus der *Coulomb*schen Abstoßung und der *Lorentz*schen Anziehung, und in der allerdings den Elektronen unerreichbaren Grenze $\beta_a \to 1$ [Strahlgeschwindigkeit gleich Lichtgeschwindigkeit] würden beide Kräfte einander vollständig kompensieren.

f) Im Lichte der geometrischen Profileigenschaft (I 8, 16) des Kathodenstrahles fällt für alle realisierbaren Strömungen $[\beta_a^2 < 1]$ stets

$$|K^z| \ll |K^r| \qquad \text{(I 8, 26)}$$

aus, so daß wir weiterhin die achsiale Komponente der *Newton*-Kraft außer Betracht lassen dürfen. In der hierdurch angezeigten Genauigkeit lauten somit die Bewegungsgleichungen des kontrollierten Elektrons

$$\frac{d}{dt}(m\, v^z) = K^z = 0 \tag{I 8, 27}$$

und

$$\frac{d}{dt}(m\, v^r) = K^r = \frac{q_0}{2\pi\Delta\, v_a} J\, [1 - \beta_a^2]\, \frac{1}{r}. \tag{I 8, 28}$$

Aus (I 8, 27) erschließen wir, unter abermaliger Berufung auf (I 8, 16) und (I 8, 17), das Integral

$$m\, v^z = m\, v_a = \text{const} \tag{I 8, 29}$$

so daß gemäß (I 8, 13) die Masse m des Elektrons während seiner Bewegung im Strahl merklich invariant bleibt

$$m \approx \frac{m_0}{\sqrt{1 - \beta_a^2}} = \text{const.} \tag{I 8, 30}$$

Daher geht (I 8, 28) in die Quasi-*Newton*sche dynamische Aussage

$$m_0 \frac{dv^r}{dt} = m_0 \frac{d^2 r}{dt^2} = \frac{q_0}{2\pi\Delta\, v_a} J\, [1 - \beta_a^2]^{3/2} \frac{1}{r} \tag{I 8, 31}$$

über, welche wir mit Hilfe von (I 8, 29) und (I 8, 30) in die kinematische Differentialgleichung

$$\frac{d^2 r}{dz^2} = \frac{d^2 r}{dt^2}\left(\frac{dt}{dz}\right)^2 = \frac{d^2 r}{dt^2}\frac{1}{v_a^2} = \frac{q_0}{m_0}\frac{J}{2\pi\Delta}\left(\frac{\sqrt{1-\beta_a^2}}{v_a}\right)^3 \frac{1}{r} \tag{I 8, 32}$$

des Strahlprofiles umschreiben können.

g) Es wird sich herausstellen, daß die Lösung der Gleichung (I 8, 32) in einer gewissen Ebene $z = z_{min}$ einen Kleinstwert $r = r_{min}$ des Stromröhren-Halbmessers aufweist. Indem wir die Kenntnis des Koordinatenpaares (z_{min}, r_{min}) für den Augenblick vorausnehmen, führen wir an Stelle von r die dimensionsfreie, numerische Radialdistanz ϱ eines Profilpunktes durch die Gleichung

$$\varrho = \frac{r}{r_{min}} \tag{I 8, 33}$$

ein; nach Kürzen mit r_{min} nimmt daher (I 8, 32) die Gestalt

$$\frac{d^2\varrho}{dz^2} = \frac{q_0}{m_0}\frac{J}{2\pi\Delta}\left(\frac{\sqrt{1-\beta_a^2}}{v_a}\right)^3 \frac{1}{r_{min}^2}\cdot\frac{1}{\varrho} \tag{I 8, 34}$$

an. Der Vergleich ihrer beiderseits auftretenden Dimensionen offenbart in dem Koeffizienten von $\left(\frac{1}{r_{min}^2}\frac{1}{\varrho}\right)$ die Existenz eines unbenannten Parameters: Wir definieren das *Dispersionsmaß* h des Kathodenstrahles mittels

$$h^2 = \frac{q_0}{m_0}\frac{J}{\pi\Delta}\left(\frac{\sqrt{1-\beta_a^2}}{v_a}\right)^3 = \frac{J}{2\pi\Delta}\,\frac{1}{\left(1 + \frac{q_0\varphi_a}{m_0 c^2}\right)^3 \sqrt{2\frac{q_0}{m_0}\varphi_a^3}}. \tag{I 8, 35}$$

Vertauschen wir nun die in der Blendenebene beginnende Achsenkoordinate z mit der ihr parallelen, numerischen Koordinate

$$\zeta = \frac{z - z_{min}}{r_{min}} h \tag{I 8, 36}$$

mit dem Ursprung im Zentrum des minimalen Strahlquerschnittes, so geht (I 8, 34) in die *Normalform*

$$\frac{d^2\varrho}{d\zeta^2} = \frac{1}{2\varrho} \tag{I 8, 37}$$

über, welche als solche von den sozusagen individuellen Bestimmungsstücken J und φ_a des jeweils gegebenen Kathodenstrahles unabhängig ist; ihre Lösung unterliegt definitionsgemäß den Randbedingungen

$$\varrho = 1; \quad \frac{d\varrho}{d\zeta} = 0 \quad \text{für} \quad \zeta = 0. \tag{I 8, 38}$$

Mit Hilfe der Identität

$$\frac{d^2\varrho}{d\zeta^2} \equiv \frac{d}{d\varrho}\left(\frac{1}{2}\varrho'^2\right); \quad \varrho' = \frac{d\varrho}{d\zeta} \tag{I 8, 39}$$

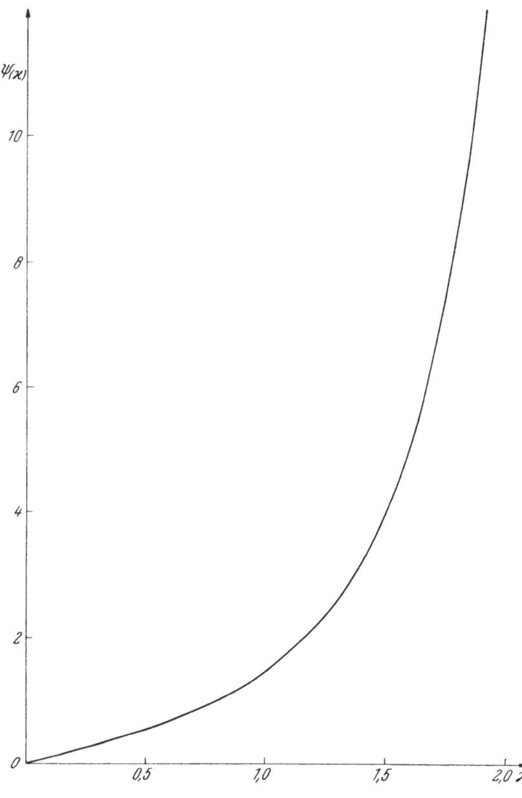

Abb. I 90. Die Funktion $\Psi(x) = \int_0^x e^{u^2}\, du$.

entsteht aus (I 8, 37), nach Trennung der Veränderlichen,

$$d(\varrho'^2) = \frac{d\varrho}{\varrho}. \tag{I 8, 40}$$

Mit Rücksicht auf (I 8, 38) folgt somit durch Integration

$$\varrho'^2 = \ln \varrho \tag{I 8, 41}$$

und also, auf Grund von (I 8, 39)

$$\varrho' = \frac{d\varrho}{d\zeta} = \pm \sqrt{\ln \varrho}; \qquad \frac{d\varrho}{\sqrt{\ln \varrho}} = \pm d\zeta. \tag{I 8, 42}$$

Die Substitution

$$u = \sqrt{\ln \varrho}; \qquad \varrho = e^{u^2} \tag{I 8, 43}$$

liefert mittels des tabellarisch berechneten Integrales [Abb. I 90]

$$\Psi(x) = \int_0^x e^{u^2}\, du \tag{I 8, 44}$$

die Lösung

$$\zeta = \pm 2 \int_0^{\sqrt{\ln \varrho}} e^{u^2} du = \pm 2 \, \Psi (\sqrt{\ln \varrho}) \tag{I 8, 45}$$

welche auf Grund von (I 8, 43) in die parametrische Form

$$\zeta = 2 \int_0^{\varrho^1} e^{u^2} du = 2 \, \Psi(\varrho'), \tag{I 8, 46}$$

gebracht werden kann; Abb. I 91 zeigt den hiernach ermittelten Verlauf der in ihren numerischen Koordinaten ausgedrückten Profilkurve.

Um nun diese „standardisierten" Ergebnisse auf jenen Kathodenstrahl anwenden zu können, welcher durch seinen Halbmesser a in der Blendenebene und die dort gemessene Anfangsneigung γ seiner unreduzierten Profilkurve gegeben ist, müssen wir die vordem als schon bekannt angenommenen Koordinaten r_{min} und z_{min} aus den genannten Daten erst berechnen: Ausgehend von

$$\frac{dr}{dz} = \frac{d\left(\frac{r}{r_{min}}\right)}{d\left(\frac{z}{r_{min}}\right)} = h \, \varrho' \tag{I 8, 47}$$

finden wir mit Hilfe von (I 8, 41) zunächst

$$\left(\frac{\gamma}{h}\right)^2 = \ln \frac{a}{r_{min}};$$

$$r_{min} = a \, e^{-\left(\frac{\gamma}{h}\right)^2}. \tag{I 8, 48}$$

Nun fällt gemäß (I 8, 36) die Blendenebene $z = 0$ mit der Ebene

$$\zeta = \zeta_0 = -\frac{z_{min}}{r_{min}} h \tag{I 8, 49}$$

zusammen; daher liefert (I 8, 45) die Relation

$$-\frac{z_{min}}{r_{min}} h = 2 \, \Psi\left(\frac{\gamma}{h}\right), \tag{I 8, 50}$$

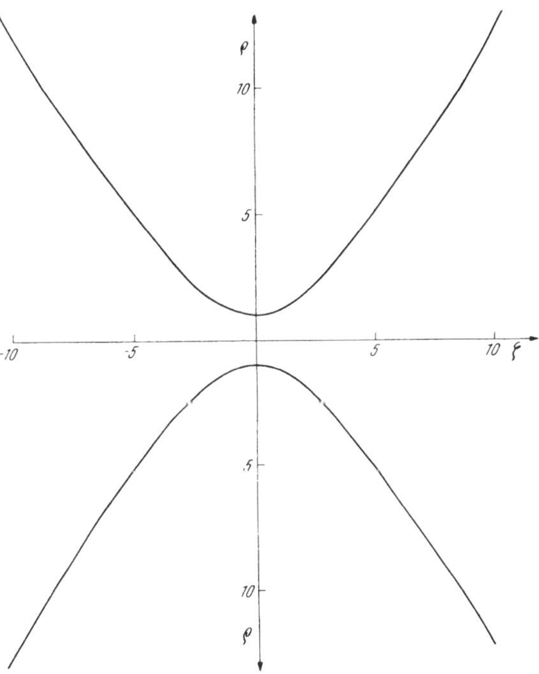

Abb. I 91. Normierte Profilkurve des dispergierenden Kathodenstrahles.

welcher wir im Verein mit (I 8, 48) die Angabe

$$z_{min} = -\frac{r_{min}}{h} 2 \, \Psi\left(\frac{\gamma}{h}\right) = -2 \frac{a}{h} e^{-\left(\frac{\gamma}{h}\right)^2} \Psi\left(\frac{\gamma}{h}\right) \tag{I 8, 51}$$

entnehmen. Falls der Strahl an der Blendenebene konvergiert [$\gamma < 0$], resultiert aus (I 8, 51) die Aussage $z_{min} > 0$, die Ebene des minimalen Strahlquerschnittes ist reell; verläßt jedoch der Strahl die Blendenebene divergent $[\gamma > 0]$, so zeigt (I 8, 51) mit $z_{min} < 0$ die nur virtuelle Existenz jenes minimalen Strahlquerschnittes an.

h) Für die Arbeitsweise der *Klystron*-Röhren [Kap. IV] und verwandter Geräte ist folgende Frage von Bedeutung:

Gegeben ist ein geradlinig fortschreitender Kathodenstrahl der Stromstärke J und der „Voltgeschwindigkeit" φ_a; welche größte Länge s_{max} kann man einem primär feldfreien Hohl-Kreiszylinder [Triftraum] vom festen Halbmesser a geben, um den Strom J verlustfrei durch diesen „Tunnel" zu transportieren?

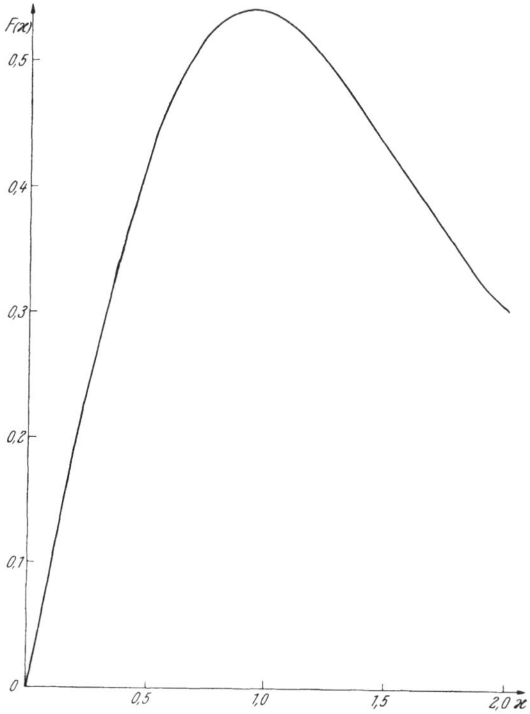

Abb. I 92. Graphische Ermittlung der größtmöglichen Triftlänge eines Kathodenstrahles von kreisförmigem Querschnitt vorgeschriebenen Maßes.

Die Passage aller Strahlelektronen wird garantiert, falls der Halbmesser r der Profilkurve innerhalb des Hohlzylinders der Bedingung

$$r \leqq a \quad \text{(I 8, 52)}$$

genügt. Auf Grund der achsialen Symmetrie-Eigenschaften (I 8, 45) der Profilkurve realisiert man daher die optimalen Transportbedingungen, falls man die senkrecht zur Zylinderachse in der Mitte des Triftraumes konstruierte Ebene mit jener des kleinsten Strahlquerschnittes identifiziert. Da nun nach (I 8, 35) das Dispersionsmaß h durch J und φ_a vollständig bestimmt ist, liefert (I 8, 51) mit der Abkürzung

$$x = \left|\frac{\gamma}{h}\right| \quad \text{(I 8, 53)}$$

als Antwort auf die vorgelegte Aufgabe die Forderung

$$s = 2\,|z_{min}| = 4\,\frac{a}{h}\,e^{-x^2}\,\Psi(x) \to \text{Maximum.} \quad \text{(I 8, 54)}$$

Nach Abb. I 92 besitzt die Funktion

$$F(x) = e^{-x^2}\,\Psi(x) \quad \text{(I 8, 55)}$$

etwa bei $x = 0{,}9$ das Maximum

$$F_{max} = F\,(0{,}9) = 0{,}54 \quad \text{(I 8, 56)}$$

so daß durch Substitution dieses Wertes in (I 8, 54) in Gemeinschaft mit (I 8, 35) die Angabe

$$\frac{a}{s_{max}} = 4 \cdot 0{,}54 \frac{1}{h} = 2{,}16 \sqrt{\frac{2\pi\Delta \left(1 + \frac{q_0 \varphi_a}{m_0 c^2}\right)^3 \sqrt{2 \frac{m_0}{q_0} \varphi_a{}^3}}{J}} \quad \text{(I 8, 57)}$$

resultiert.

i) Beim Entwurf von Oszillographen- und Bildfeldröhren wünscht man denjenigen Minimalhalbmesser r_{min} vorauszubestimmen, welcher sich mit einem Kathodenstrahl der Daten J und φ_a in einem vorgeschriebenen Abstande $z_{min} > 0$ von der Anodenblende erzielen läßt.

Man hat zunächst dafür zu sorgen, daß der aus der Blende austretende Strahl konvergiert $[\gamma < 0]$. Ist diese unerläßliche Vorbedingung erfüllt, so entnehmen wir aus Gl. (I 8, 45) durch deren Anwendung auf die Blendenebene $[\zeta = -\zeta_{min},\ \varrho = a/r_{min}]$ die Relation

$$\zeta_{min} = h \frac{z_{min}}{r_{min}} = 2\,\Psi\left(\sqrt{\ln \frac{a}{r_{min}}}\right). \quad \text{(I 8, 58)}$$

Mit der Abkürzung

$$x = \sqrt{\ln \frac{a}{r_{min}}}; \qquad \frac{r_{min}}{a} = e^{-x^2} \quad \text{(I 8, 59)}$$

entsteht aus (I 8, 58), bei Benutzung von (I 8, 35) und (I 8, 55),

$$\frac{h}{2} \frac{z_{min}}{a} = \frac{1}{2} \sqrt{\frac{J}{2\pi\Delta} \frac{1}{\left(1 + \frac{q_0 \varphi_a}{m_0 c^2}\right)^3 \sqrt{2 \frac{q_0}{m_0} \varphi_a{}^3}}} \cdot \frac{z_{min}}{a} = F(x). \quad \text{(I 8, 60)}$$

Diese Gleichung führt nur im Falle

$$\frac{1}{2} \sqrt{\frac{J}{2\pi\Delta} \frac{1}{\left(1 + \frac{q_0 \varphi_a}{m_0 c^2}\right)^3 \sqrt{2 \frac{q_0}{m_0} \varphi_a{}^3}}} \frac{z_{min}}{a} < 0{,}54, \quad \text{(I 8, 61)}$$

zu je zwei reellen Lösungen x, deren größere mittels (I 8, 59) den unter den vorgegebenen Bedingungen kleinstmöglichen Strahlhalbmesser liefert. Gilt jedoch, im Gegensatz zu (I 8, 61)

$$\frac{h}{2} \frac{z_{min}}{a} > 0{,}54, \quad \text{(I 8, 62)}$$

so divergiert der untersuchte Kathodenstrahl bei seiner Passage durch die vorgeschriebene Kontrollebene; wir lassen diesen Fall außer Betracht.

I 9. Die thermische Eigenbegrenzung der Kathodenstrahl-Stromdichte.

a) Wir handeln von einem Elektronenwerfer, dessen Elektronen einer Glühkathode der gleichförmigen, absoluten Betriebstemperatur T entnommen werden. Die plane Oberfläche dieser Elektrode identifizieren wir mit der Ebene $z = 0$ eines ruhenden, *Kartesi*schen Bezugssystemes x, y, z derart, daß die positive z-Achse in den Entladungsraum hineinweist.

Wir entnehmen der zentrisch zum Ursprung O des Bezugssystemes gelegenen Kreisfläche S_0 der Kathode den Emissionsstrom J der zur z-Achse parallelen, gleichförmigen Dichte

$$j_0 = \frac{1}{S_0} J. \quad \text{(I 9, 1)}$$

Mit Hilfe eines zur z-Achse rotationssymmetrisch konstruierten, elektronenoptischen Systemes werde nun in der Ebene $z = z_B > 0$ ein fehlerfreies Abbild der Kathode erzeugt; es erscheint somit als Kreisfläche S, deren Zentrum P auf der z-Achse liegt. Das Verhältnis

$$M^2 = \frac{S}{S_0} \qquad \text{(I 9, 2)}$$

mißt das Quadrat der linearen Bildvergrößerung M. Im Einklang mit dem Kontinuitätsgesetz der Elektrizität entspricht der Original-Stromdichte j_0 die ideelle Bild-Stromdichte

$$j_{opt} = \frac{1}{S} J = j_0 \frac{S_0}{S} = \frac{j_0}{M^2} \qquad \text{(I 9, 3)}$$

als größte denkbare Stromdichte dann und nur dann, falls es gelingt, die in S_0 emittierten Elektrizitätsträger ausnahmslos durch S hindurchzulenken. Mit Rücksicht auf die thermisch eingeprägte Anfangsgeschwindigkeit der Elektronen im Augenblicke ihrer Emission steht indessen die Möglichkeit einer solchen optimalen Kinematik nicht von vornherein fest, sondern sie bedarf der analytischen Prüfung.

b) An die aktive Kathoden-Oberfläche [Index 0] grenze eine mit ihr in thermodynamischem Gleichgewicht befindliche Raumladungswolke der dort gemessenen Konzentration n_0. Die beziehentlich achsenparallelen Geschwindigkeitskomponenten $v_{x,0}$; $v_{y,0}$; $v_{z,0}$ dieses Elektronenkollektivs gehorchen merklich dem *Maxwell*schen Verteilungsgesetze: Dem infinitesimal kleinen Gebiete $dv_{x,0}\, dv_{y,0}\, dv_{z,0}$ des Geschwindigkeitsraumes gehören je Einheit des Konfigurationsraumes

$$dn_0 = n_0 \left(\frac{m_0}{2\pi k T}\right)^{3/2} e^{-\frac{m_0 (v_{x,0}^2 + v_{y,0}^2 + v_{z,0}^2)}{2kT}} dv_{x,0}\, dv_{y,0}\, dv_{z,0} \qquad \text{(I 9, 4)}$$

Elektronen an.

Die Stromstärke J des Kathodenstrahles wird nun als so klein vorausgesetzt, daß der ihn begleitende, einseitige Elektrizitätstransport das Bestehen der Verteilung (I 9, 4) nicht merklich zu stören vermag: Die Raumladungswolke verharrt im merklich quasistatischen Zustande. Daher entfällt auf den infinitesimal schmalen Bereich $dv_{z,0}$ der normal zur emittierenden Kathodenoberfläche gerichteten Geschwindigkeits-Komponente das Stromdichte-Element

$$\begin{aligned} dj_0 &= q_0 n_0 \left(\frac{m_0}{2\pi k T}\right)^{3/2} \int\limits_{v_{x,0}=-\infty}^{\infty} \int\limits_{v_{y,0}=-\infty}^{\infty} e^{-\frac{m_0 (v_{x,0}^2 + v_{y,0}^2 + v_{z,0}^2)}{2kT}} dv_{x,0}\, dv_{y,0} \cdot v_{z,0}\, dv_{z,0} = \\ &= q_0 n_0 \left(\frac{m_0}{2\pi k T}\right)^{1/2} \cdot e^{-\frac{m_0 v_z^2}{2kT}} v_{z,0}\, dv_{z,0}. \end{aligned} \qquad \text{(I 9, 5)}$$

Man berechnet hieraus

$$j_0 = \int\limits_{v_{z,0}=0}^{\infty} dj_0 = q_0 n_0 \left(\frac{2\pi k T}{m_0}\right)^{1/2} \cdot \frac{1}{2\pi}, \qquad \text{(I 9, 6)}$$

also

$$\frac{dj_0}{j_0} = 2 \frac{m_0}{2kT} e^{-\frac{m_0 v_{z,0}^2}{2kT}} v_{z,0}\, dv_{z,0}. \qquad \text{(I 9, 7)}$$

c) Wir rufen den *Liouville*schen Satz der statistischen Mechanik zu Hilfe, den wir später in voller Allgemeinheit beweisen werden. In seiner unseren hiesigen Zwecken angepaßten Form lehrt er: Die je Einheit sowohl des Konfigurationsraumes wie des Geschwindigkeitsraumes gemessene Wahrscheinlichkeitsdichte der Anwesenheit uniformer, materieller Massenpunkte bleibt bei deren Bewegung durch ein konservatives Kraftfeld invariant. Begleiten wir daher die Elektronengruppe (I 9, 4) auf ihrer Wanderung vom Emissionsorte bis zum Aufpunkte (x, y, z), so berechnet sich dort ihre auf das infinitesimal schmale Geschwindigkeitsintervall dv_x, dv_y, dv_z entfallende Konzentration dn aus der Gleichheit

$$\frac{dn_0}{dv_{x,0} \cdot dv_{y,0} \cdot dv_{z,0}} = \frac{dn}{dv_x\, dv_y\, dv_z}. \qquad \text{(I 9, 8)}$$

Bezeichnet

$$\varphi = \varphi(x, y, z) \qquad \text{(I 9, 9)}$$

das elektrische Skalarpotential des Aufpunktes gegen die Kathode, so lautet der Energiesatz für die Angehörigen der kontrollierten Elektronengruppe

$$\frac{m_0}{2}(v_{x,0}^2 + v_{y,0}^2 + v_{z,0}^2) = \frac{m_0}{2}(v_x^2 + v_y^2 + v_z^2) - q_0\varphi. \qquad \text{(I 9, 10)}$$

Die Vereinigung von (I 9, 4), (I 9, 8) und (I 9, 10) liefert als Verteilungsgesetz der Geschwindigkeiten in einem beliebig gelegenen Aufpunkte

$$dn = n_0 \left(\frac{m_0}{2\pi k T}\right)^{3/2} e^{\frac{q_0\varphi}{kT}} e^{-\frac{m_0(v_x^2 + v_y^2 + v_z^2)}{2kT}} dv_x\, dv_y\, dv_z\,. \qquad \text{(I 9, 11)}$$

Es mag betont werden, daß die Integration dieser Gleichung auf der Grundlage der Elektronenkinetik im Hochvakuum in der Regel nicht auf die *Maxwell-Boltzmann*sche Beschreibung des statistischen Gleichgewichtes führt. Denn das *Maxwell-Boltzmann*sche Gesetz beruht auf der Annahme eines fortgesetzten Energieaustausches zwischen den Individuen des Kollektives — in striktem Gegensatz zur Definition der Elektronenbewegung im Hochvakuum, welche derartige Prozesse grundsätzlich ausschließt [vgl. Ziffer I 2].

d) Ausgehend von Gl. (I 9, 11) finden wir die parallel der z-Achse fließende Komponente dj der von der kontrollierten Trägergruppe transportierten Stromdichte zu

$$dj = q_0 v_z\, dn = j_0\, 2\pi \left(\frac{m_0}{2\pi k T}\right)^2 e^{\frac{q_0\varphi}{kT}} e^{-\frac{m_0(v_x^2 + v_y^2 + v_z^2)}{2kT}} dv_x\, dv_y\, v_z\, dv_z. \qquad \text{(I 9, 12)}$$

Bezeichne

$$v^2 = v_x^2 + v_y^2 + v_z^2 \qquad \text{(I 9, 13)}$$

das Quadrat der im Zentrum P des Kathodenbildes resultierenden Elektronengeschwindigkeit, so richten wir zunächst unsere Aufmerksamkeit nur auf jene unter den bilderzeugenden Korpuskularstrahlen, deren Träger dem infinitesimal schmalen Geschwindigkeitsbereich v; v + dv angehören. Wir konstruieren mittels der paarweise aufeinander senkrechten Achsen v_x, v_y, v_z den dreidimensionalen Geschwindigkeitsraum; in ihm wird die genannte „v-Gruppe" durch die Gesamtheit aller Vektoren beschrieben, deren Spitzen in der von den konzentrischen Kugeln v und (v + d) begrenzten Schale liegen. Sei ϑ der Polarwinkel eines dieser Vektoren gegen die positive v_z-Richtung, so schneiden wir mittels der infinitesimal benachbarten Kegel ϑ und $(\vartheta + d\vartheta)$ aus jener Kugelschale den Ring vom Rauminhalte

$$2\pi\, v \sin\vartheta\, v\, d\vartheta\, dv \qquad \text{(I 9, 14)}$$

aus. Durch Integration über seine Elemente folgt dann aus (I 9, 12) mit

$$v = v\cos\vartheta \qquad \text{(I 9, 15)}$$

die Teilstromdichte dj_ϑ jener v-Elektronen, welche dem Winkelbereich $d\vartheta$ angehören, zu

$$dj_\vartheta = j_0\, 4\left(\frac{m_0}{2\,k\,T}\right)^2 e^{\frac{q_0\varphi}{kT}}\, e^{-\frac{m_0 v^2}{2kT}}\, v^3\, dv \cos\vartheta \sin\vartheta\, d\vartheta. \qquad \text{(I 9, 16)}$$

Wir wenden diese Gleichung auf zwei Fälle an:

1. Gefragt wird nach der Stromdichte dj_P aller v-Elektronen, welche von der Gesamtheit aller bilderzeugenden Kathodenstrahlen innerhalb dessen gegen P konvergierenden Kreiskegels $\pi - \Theta \leqq \vartheta \leqq \pi$ durch S transportiert wird. Durch Integration von (I 9, 16) resultiert

$$dj_P = -\int\limits_{\pi-\Theta}^{\pi} dj_\vartheta = j_0\, 2\sin^2\Theta \cdot \left(\frac{m_0}{2\,k\,T}\right)^2 e^{\frac{q_0\varphi}{kT}}\, e^{-\frac{m_0 v^2}{2kT}}\, v^3 dv. \qquad \text{(I 9, 17)}$$

2. Wir folgen den Bahnen der kontrollierten v-Gruppe rückwärts bis zum Zentrum O der Kathode, aus welchem sie innerhalb des Kreiskegels vom Öffnungswinkel $\Theta_0 \leqq \pi/2$ gegen die positive z-Achse in den Entladungsraum hinein divergieren. Indem wir daher den zu (I 9, 17) führenden Integrationsprozeß sinngemäß auf die emittierende Kathodenoberfläche $[\varphi = 0;\ v = v_0]$ übertragen, finden wir für die dort gemessene Stromdichte dj_O der Gruppe

$$dj_O = j_0\, 2\sin^2\Theta_0 \left(\frac{m_0}{2\,k\,T}\right)^2 \cdot e^{-\frac{m_0 v_0^2}{2kT}}\, v_0^3\, dv_0. \qquad \text{(I 9, 18)}$$

e) Die geometrisch-optischen Begriffe von O als Divergenzpunkt und von P als Konvergenzpunkt der abbildenden Strahlen sind in der Analyse der stationären elektrischen Trägerströmung durch die endlichen Maßzahlen der Startfläche S_0 und der Zielfläche S zu ersetzen. Daher sind die Teilstromdichten dj_O und dj_P kinematisch nicht unabhängig voneinander, sondern das Kontinuitätsgesetz der Elektrizität verlangt die Gleichheit

$$S_0\, dj_O = S\, dj_P. \qquad \text{(I 9, 19)}$$

Mit Rücksicht auf (I 9, 2) entsteht sonach aus (I 9, 17) und (I 9, 18) die Relation

$$e^{-\frac{m_0 w_0^2}{2kT}}\, v_0^3\, dv_0 \sin^2\Theta_0 = M^2\, e^{\frac{p_0\varphi}{kT}}\, e^{-\frac{m_0 v^2}{2kT}}\, v^3 dv \sin^2\Theta \qquad \text{(I 9, 20)}$$

welche sich unter Berufung auf den Energiesatz (I 9, 10) in

$$\left(v^2 - 2\frac{q_0}{m_0}\varphi\right)\sin^2\Theta_0 = M^2\, v^2 \sin^2\Theta \qquad \text{(I 9, 21)}$$

vereinfacht. Definieren wir nun in P bei dort bekanntem Potential φ die in Abb. I 93 dargestellte Funktion

$$f(v) = \frac{v^2}{v^2 - 2\frac{q_0}{m_0}\varphi} \qquad \text{(I 9, 22)}$$

der Geschwindigkeit v, so nimmt (I 9, 21) die Gestalt

$$\sin^2 \Theta_0 = f(v) \cdot M^2 \cdot \sin^2 \Theta \qquad \text{(I 9, 23)}$$

an.

f) Wir spezialisieren jetzt das bisher nur in seinen allgemeinen Abbildungseigenschaften beschriebene elektronenoptische System durch die

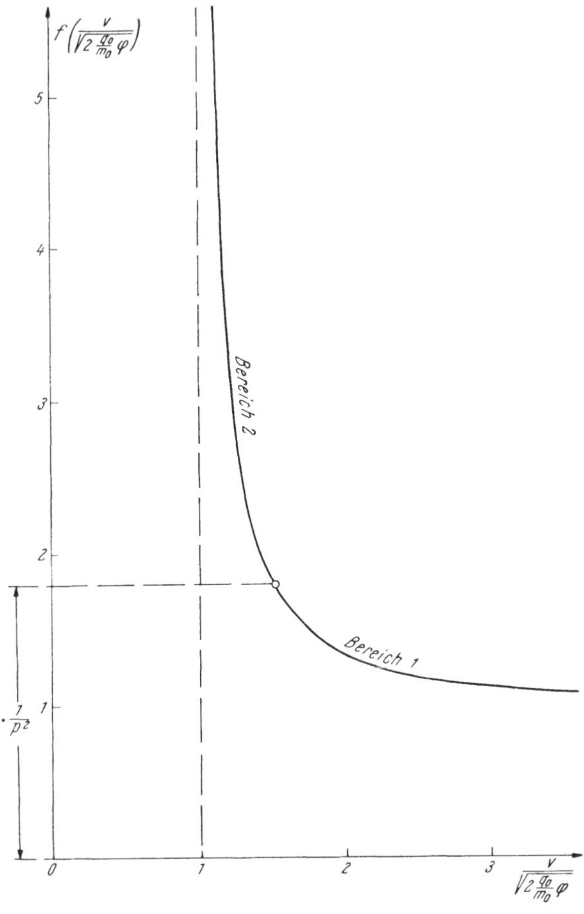

Abb. I 93. Die Funktion $f(v) = \dfrac{v^2}{v^2 - 2\,\dfrac{q_0}{m_0}\,\varphi}$.

Vorschrift: Die erzeugenden Elektronen des Kathodenbildes S können dessen Zentrum P nur innerhalb jenes Kreiskegels erreichen, welcher den konstruktiv bestimmten Öffnungswinkel Θ_P gegen die negative z-Achse aufweist. Wir fassen ihn mit der linearen Vergrößerung M zu der elektronenoptischen Kennziffer

$$p^2 = M^2 \sin^2 \Theta_P \qquad \text{(I 9, 24)}$$

zusammen, welche wir der Einschränkung

$$p^2 < 1 \qquad \text{(I 9, 25)}$$

unterwerfen. Definieren wir durch

$$v_{kr} = \sqrt{\frac{2 \frac{q_0}{m_0} \varphi}{1 - p^2}} \tag{I 9, 26}$$

die *kritische Elektronengeschwindigkeit* in P, so folgt nun aus (I 9, 23) folgende fundamentale Alternative:

1. Sei

$$1 \leqq f(v) < \frac{1}{p^2} \tag{I 9, 27}$$

so erfüllen alle Elektronenstrahlen des Geschwindigkeitsbereiches

$$v_{kr} \leqq v < \infty \tag{I 9, 28}$$

den Konvergenzkegel vom Öffnungswinkel Θ_P zur Gänze.

2. Liegt die Elektronengeschwindigkeit im Bereiche

$$\sqrt{2 \frac{q_0}{m_0} \varphi} \leqq v < v_{kr} \tag{I 9, 29}$$

so werden die gegen P gerichteten Elektronenstrahlen in das Innere des Grenzkegels vom Öffnungswinkel $\Theta_{gr} < \Theta_P$ gedrängt

$$\sin^2 \Theta_{gr} = \sin^2 \Theta_P \frac{1}{p^2 f(v)}. \tag{I 9, 30}$$

Der Vollständigkeit halber sei bemerkt, daß Geschwindigkeiten vom Betrage $v < \sqrt{2 \frac{q_0}{m_0} \varphi}$ auf Grund des Energiesatzes (I 9, 10) im Punkte P unter keinen Umständen auftreten können.

g) Wir kehren zu Gl. (I 9, 17) zurück, aus welcher wir zufolge (I 9, 27), (I 9, 29) und (I 9, 30) für die Gesamtstromdichte in der Bildfläche die Darstellung

$$j = j_0 2 \left(\frac{m_0}{2kT}\right)^2 e^{\frac{q_0 \varphi}{kT}} \left[\sin^2 \Theta_P \int_{v_{kr}}^{\infty} e^{-\frac{m_0 v^2}{2kT}} v^3 \, dv + \int_{\sqrt{2 \frac{q_0}{m_0} \varphi}}^{v_{kr}} \sin^2 \Theta_{gr} e^{-\frac{m_0 v^2}{2kT}} v^3 \, dv\right] \tag{I 9, 31}$$

entnehmen.

Die Substitution

$$u = \frac{m_0 v^2}{2kT} \tag{I 9, 32}$$

liefert zunächst mit Rücksicht auf (I 9, 26)

$$2 \left(\frac{m_0}{2kT}\right)^2 \int_{v_{kr}}^{\infty} e^{-\frac{m_0 v^2}{2kT}} v^3 \, dv = \int_{\frac{q_0 \sigma}{kT} \frac{1}{1 - p^2}}^{\infty} e^{-u} u \, du = \left(1 + \frac{q_0 \varphi}{kT} \frac{1}{1 - p^2}\right) e^{-\frac{q_0 \varphi}{kT} \frac{1}{1 - p^2}} \tag{I 9, 33}$$

Weiter berechnet man auf Grund von (I 9, 27) und (I 9, 30)

$$2\left(\frac{m_0}{2\,k\,T}\right)^2 \int\limits_{\sqrt{2\frac{q_0}{m_0}\varphi}}^{v_{kr}} \sin^2\Theta_{gr}\, e^{-\frac{m_0 v^2}{2\,k\,T}}\, v^3\, dv = \frac{\sin^2\Theta_p}{p^2} \int\limits_{\frac{q_0\varphi}{k\,T}}^{\frac{q_0\varphi}{k\,T}\frac{1}{1-p^2}} \frac{u-\frac{q_0\varphi}{k\,T}}{u}\, e^{-u}\, u\, du =$$

$$= \frac{\sin^2\Theta_p}{p^2}\left[e^{-\frac{q_0\varphi}{k\,T}} - e^{-\frac{q_0\varphi}{k\,T}\frac{1}{1-p^2}} - \frac{q_0\varphi}{k\,T}\frac{p^2}{1-p^2}\, e^{-\frac{q_0\varphi}{k\,T}\frac{1}{1-p^2}}\right]. \qquad \text{(I 9, 34)}$$

Wir tragen (I 9, 33) und (I 9, 34) in (I 9, 31) ein und erhalten mit Benutzung der Definition (I 9, 24)

$$j = j_0 \frac{1}{M^2}\left[1-(1-p^2)\, e^{-\frac{q_0\varphi}{k\,T}\frac{p^2}{1-p^2}}\right]. \qquad \text{(I 9, 35)}$$

Durch Vergleich dieses Ausdruckes mit (I 9, 3) ergibt sich als *Stromdichten-Gütegrad* das Verhältnis

$$\frac{j}{j_{opt}} = 1-(1-p^2)\, e^{-\frac{q_0\varphi}{k\,T}\frac{p^2}{1-p^2}}. \qquad \text{(I 9, 36)}$$

Wir besprechen folgende Sonderfälle:

1. Für sehr hohes Bildpotential

$$\frac{q_0\varphi}{k\,T} \gg 1 \qquad \text{(I 9, 37)}$$

wird

$$\lim_{\frac{q_0\varphi}{k\,T}\to\infty} \frac{j}{j_{opt}} = 1. \qquad \text{(I 9, 38)}$$

2. Bei kleinen Kennziffern

$$p^2 \ll 1 \qquad \text{(I 9, 39)}$$

findet man

$$\frac{j}{j_{opt}} = 1-(1-p^2)\left[1-\frac{q_0\varphi}{k\,T}\frac{p^2}{1-p^2}+\ldots\right] = p^2\left(1+\frac{q_0\varphi}{k\,T}\right)+\ldots \qquad \text{(I 9, 40)}$$

also, unter Bezugnahme auf (I 9, 3) und (I 9, 24)

$$j = j_0 \sin^2\Theta_p\left(1+\frac{q_0\varphi}{k\,T}\right)+\ldots. \qquad \text{(I 9, 41)}$$

Zweites Kapitel.

Einfach elektrisch gesteuerte Raumladungsfelder

II 1. Elementare Theorie der Triode.

a) Die Triode geht aus der Diode hervor, falls man zu deren aus Glühkathode und Anode bestehenden Zweielektrodensystem eine dritte Elektrode hinzufügt, die *Steuerelektrode*; sie ist, gleich der Anode, während des Betriebes der Röhre auf so niedriger absoluter Temperatur zu erhalten, daß sie im Verhältnis zur Kathode merklich keine Glühelektronen emittiert.

In den meisten Trioden ordnet man die Steuerelektrode zwischen der Glühkathode und der Anode an. Um nichtsdestoweniger mindestens einem Teil der auf die Steuerelektrode zufliegenden Elektronen den freien Durchtritt zur Anode zu ermöglichen, stattet man die Steuerelektrode mit geeigneten Öffnungen aus. Da durch diese Maßnahme aus der Steuerelektrode eine Art von *Gitter* entsteht, überträgt man diese anschauliche Benennung auf die Steuerelektrode selbst. Es muß jedoch betont werden, daß weder die Gitterstruktur der Steuerelektrode noch ihre Lage gerade zwischen Kathode und Anode für ihre elektrische Wirkung auf die Bewegung der Elektronen im Kathoden-Anodengebiet wesentlich ist; daher gelten die weiterhin zu entwickelnden Sätze für Trioden beliebiger Bauform, sofern man nur die Berechnung ihrer Röhrenkonstanten dem jeweils vorgegebenen Elektrodensysteme anpaßt.

b) Wir beschäftigen uns hier lediglich mit dem stationären Verhalten der Triode. Das in ihr tätige elektrische Feld der vektoriellen Stärke E kann dann als Gradient eines zeitfreien Skalarpotentiales φ dargestellt werden; als seine Basis $[\varphi = 0]$ wählen wir eine in einem Fixpunkte des Entladungsgefäßes zentrierte, elektrisch vollkommen leitende Kugelfläche, deren Halbmesser R als sehr groß im Vergleich zu den linearen Abmessungen der Elektroden vorausgesetzt wird.

Wir gehen von einer Triode aus, deren elektronenemittierende Kathodenoberfläche, nach dem Muster fremdgeheizter Kathoden, eine Äquipotentialfläche bildet. Erteilen wir ihr, durch Kurzschluß zur Hüllkugel, das Potential

$$\varphi_k = 0 \qquad \text{(II 1, 1)}$$

so definiert das Potential φ_g des Gitters gleichzeitig dessen gegen die Kathode positiv gezählte *Gitterspannung* U_g

$$\varphi_g = U_g \qquad \text{(II 1, 2)}$$

während ebenso das Potential φ_a der Anode die abermals gegen die Kathode als positiv gezählte *Anodenspannung* U_a angibt

$$\varphi_a = U_a. \qquad \text{(II 1, 3)}$$

Während des stationären Betriebes der Röhre zieht die im Entladungsgefäß stattfindende Elektronenbewegung an den Elektroden drei Leitungsströme nach sich:

1. Den Gitterstrom J_g.
2. Den Anodenstrom J_a.
3. Den Kathodenstrom J_k.

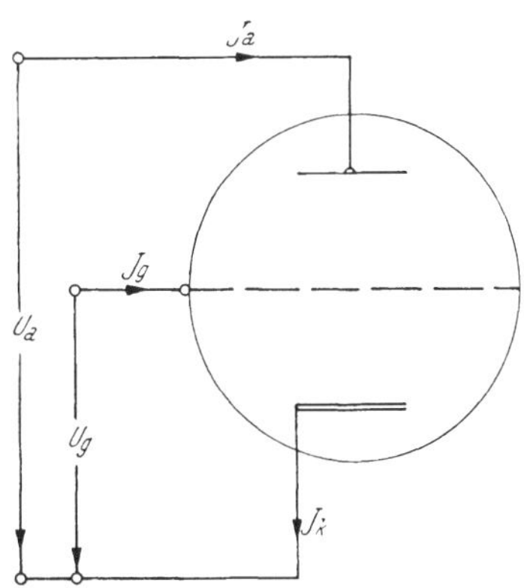

Abb. II 94. Konventionelle Zählrichtungen der Spannungen [U] und Ströme [J] in der Triode.

Im Anschluß an Abb. II 94 zählen wir den Gitterstrom wie den Anodenstrom stets bei ihrem Eintritt in die beziehentlich ihnen zugeordnete Elektrode als positiv; dagegen gilt der Kathodenstrom beim Austritt aus der Kathode als positiv. Zufolge dieser Vereinbarung stiftet das *Kirchhoff*sche Gesetz der Stromverzweigungen den Zusammenhang

$$J_g + J_a = J_k \qquad \text{(II 1, 4)}$$

so daß bereits die Kenntnis nur zweier der drei Elektrodenströme je als Funktion der Spannungen U_g und U_a das stationäre Verhalten der Triode als „Schaltelement" innerhalb der von ihr kontrollierten Stromkreise erschöpfend beschreibt. Entscheiden wir uns etwa für eine solche Darstellung mittels des Gitter- und des Anodenstromes, so haben wir also die explizite Gestalt der Funktionen

$$J_g = g(U_g, U_a), \qquad \text{(II 1, 5)}$$

$$J_a = a(U_g, U_a) \qquad \text{(II 1, 6)}$$

zu ermitteln.

c) Die gestellte Aufgabe läßt sich für eine jede vorgelegte Triode leicht auf experimentellem Wege lösen; dagegen stellen sich ihrer hier beabsichtigten, allgemeinen theoretischen Behandlung so große Schwierigkeiten entgegen, daß wir uns mit Teilergebnissen begnügen müssen. Im Sinne eines ersten Schrittes in dieser Richtung untersuchen wir vorerst nur die besonders wichtige Klasse der *homogenen Trioden*, welche durch einen gleichförmigen Betrag jener elektrischen Feldstärke definiert werden, die bei ausgeschalteter Heizung auf den aktiven Elementen ihrer Kathodenoberfläche auftritt. Darüber hinaus beschäftigen wir uns einstweilen nur mit der Berechnung des Kathodenstromes

$$J_k = k(U_g, U_a) \qquad \text{(II 1, 7)}$$

dessen funktionelle Abhängigkeit von U_g und U_a sich, wie wir sehen werden, mit häufig ausreichender Genauigkeit durch elementare Überlegungen auffinden läßt.

Im Lichte der Gleichung (II 1, 4) kann J_k als *Gesamt-Emissionsstrom* J_e der Kathode gedeutet werden.

$$J_k \equiv J_e, \qquad \text{(II 1, 8)}$$

dessen konventionell als positiv festgesetzte Flußrichtung allerdings, zufolge der negativen Ladung der Elektronen, deren wahrer Emissionsrichtung gerade entgegengesetzt ist. Nach Kenntnis des Emissionsstromes reduziert sich die Berechnung der Einzelströme J_g und J_a auf die Entwicklung des *Verteilungsgesetzes*

$$\frac{J_g}{J_a} = v(U_g, U_a) \qquad \text{(II 1, 9)}$$

die wir jedoch auf spätere Abschnitte verschieben.

d) Die verabredete Beschränkung auf den Emissionsstrom der homogenen Triode ermöglicht deren Vergleich mit einer Diode, welche wir mit folgenden Eigenschaften ausstatten:

1. Gleich der Triode wird die Diode von einer elektrisch leitenden Kugel des sehr großen Halbmessers R zentrisch umschlossen, und diese Hüllkugel dient als Basis der Potentialmessung.

2. Die Kathoden der verglichenen Röhren sollen in geometrischer, technologischer und elektrischer Hinsicht untereinander völlig übereinstimmen und auf der gleichen absoluten Temperatur T gehalten werden; sie führen somit den gleichen [ideellen] Sättigungsstrom J_s^*.

3. Ebenso wie die Triode wird die Diode als homogen vorausgesetzt: Auf den aktiven Flächenelementen ihrer Kathode herrscht eine elektrische Feldstärke von gleichförmigem Betrage.

4. Die Potentiale von Gitter und Anode der Triode einerseits, der Dioden-Anode andererseits werden derart eingeregelt, daß in beiden Röhren der gleiche Emissionsstrom [Kathodenstrom] $J_e \equiv J_k < J_s^*$ resultiert.

Im Lichte der *Poisson*schen Differentialgleichung läßt sich nun das Feld des elektrischen Skalarpotentiales φ der je vorliegenden Elektronenröhre gedanklich in zwei Teile aufspalten:

1. Das *Primärpotential* φ_P allein der Elektrodenladungen, welches bei festen Werten der Elektrodenpotentiale nach Ausschalten der Kathodenheizung in der Röhre verbleibt; es darf hiernach kurz als „kaltes" Potential bezeichnet werden.

2. Das *Sekundärpotential* φ_s der Elektronen-Raumladung bei gleichzeitig verschwindendem Potential aller Elektroden, deren Influenzladung im Verein mit jener der Hüllfläche die Ladung der im Interelektrodengebiet verteilten Elektronen neutralisiert.

Um diese allgemein gültige Überlegung auf die hier vorliegende Aufgabe anzuwenden, spezialisieren wir zunächst auf den nahe der ideellen Sättigung liegenden Arbeitszustand

$$J_e \rightarrow J_s^*. \qquad \text{(II 1, 10)}$$

In der Diode tritt dann dicht bei der aktiven Kathodenoberfläche eine Potentialschwelle [virtuelle Kathode]

$$\varphi = \varphi_{min} < 0 \qquad \text{(II 1, 11)}$$

auf, so daß sich die Raumladung wesentlich auf die nächste Umgebung der Kathode konzentriert. Zufolge der Voraussetzung gleicher Emissionsströme der verglichenen Röhren werden wir daher zu dem Schlusse gedrängt, daß auch in der Triode die nämliche Raumladungsverteilung herrscht, welche insbesondere hier wie dort zum gleichen Werte φ_{min} der Potentialschwelle führt. Da sonach die Sekundärfelder der verglichenen Röhren in der Umgebung je ihrer Kathode wesentlich miteinander übereinstimmen, haben wir ihren Primärfeldern die gleiche Kongruenzeigenschaft aufzuerlegen: Wir verlangen auf allen homologen Flächenelementen der verglichenen Kathoden, im Einklang mit der Voraussetzung homogener Emissionsbedingungen, die Gleichheit

$$-(\operatorname{grad}\varphi_{P,k})_{Diode} = -(\operatorname{grad}\varphi_{P,k})_{Triode} = \text{const.} \qquad \text{(II 1, 12)}$$

e) Als lediglich elektrostatische Relation ist das in (II 1, 12) ausgesprochene Äquivalenzprinzip von der Größe des Emissionsstromes unabhängig, so daß wir es, über (II 1, 10) hinausgehend, für den gesamten Arbeitsbereich der verglichenen Röhren in Anspruch nehmen werden. Allerdings dürfen wir als Ergebnis einer derart gewagten Extrapolation nur eine erste Annäherung an die wahren Betriebseigenschaften der homogenen Triode erwarten, deren Gültigkeitsgrenzen an Hand der Erfahrung festzustellen sind.

Seien nun die Elektrodenpotentiale φ_g und φ_a der Triode vorgegeben, so erfüllt man (II 1, 12), indem man der Anode der Vergleichsdiode ein gewisses Potential φ_{st} erteilt, welches wir als *Steuerpotential* oder *Steuerspannung* U_{st} definieren

$$\varphi_{st} = U_{st}. \qquad \text{(II 1, 13)}$$

Zufolge der Linearität der für das Primärpotential zuständigen *Laplace*schen Gleichung ist nun die [primäre] Feldstärke auf den aktiven Flächenelementen der Dioden-Kathode proportional zu φ_{st}, während sie auf jenen der Trioden-Kathode als homogene, lineare Funktion der Potentiale φ_g und φ_a resultiert. Daher führt (II 1, 12) mit Hilfe zweier, lediglich von der Geometrie des Elektrodensystemes abhängiger Konstanten γ und α auf die grundlegende Gleichung

$$\varphi_{st} = \gamma\,\varphi_g + \alpha\,\varphi_a. \qquad \text{(II 1, 14)}$$

Das feste Verhältnis

$$D = \frac{\alpha}{\gamma}. \qquad \text{(II 1, 15)}$$

mißt den *Durchgriff* der Anode durch das Gitter. Mit Hilfe dieses von *Lenard* herrührenden, anschaulichen Begriffes läßt sich (II 1, 14) in die Form bringen

$$\varphi_{st} = \gamma\,[\varphi_g + D\,\varphi_a]. \qquad \text{(II 1, 16)}$$

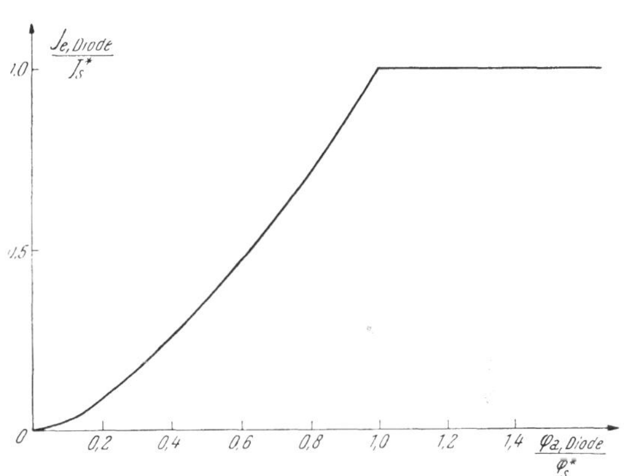

Abb. II 95. Grundsätzlicher Verlauf der Diodenkennlinie.

f) Kennt man die Konstanten γ und α oder γ und D der untersuchten Triode, so liefert die phänomenologische Darstellung

$$J_{e,\,Diode} = f(\varphi_{a,\,Diode}) \qquad \text{(II 1, 17)}$$

der Diodenkennlinie nach Abb. II 95 mittels der aus dem Äquivalenzprinzip fließenden Substitutionen

$$J_{e,\,Diode} \to J_{e,\,Triode}\,; \qquad \varphi_{a,\,Diode} \to \varphi_{st} \qquad \text{(II 1, 18)}$$

für die allgemeine Funktion $k(U_g, U_a)$ der Gleichung (II 1, 7) die spezielle Gestalt

$$J_{e,\,Triode} = f(\varphi_{st}) = f(\gamma\,\varphi_g + \alpha\,\varphi_a) = F(\varphi_g + D\,\varphi_a) \qquad \text{(II 1, 19)}$$

in welcher F aus f durch eine Ähnlichkeitstransformation hervorgeht.

Da in der zuletzt angegebenen Form der Gleichung (II 1, 19) der Emissionsstrom J_e von den zwei Veränderlichen φ_g und φ_a abhängt, erfordert seine lückenlose geometrische Veranschaulichung eine Kennfläche im (φ_g, φ_a, J_e)-Raum nach Abb. II 96. Man begnügt sich jedoch meist mit einem Kennlinienfelde, für dessen Zeichnung zwei inhaltlich gleichwertige Verfahren benutzt werden:

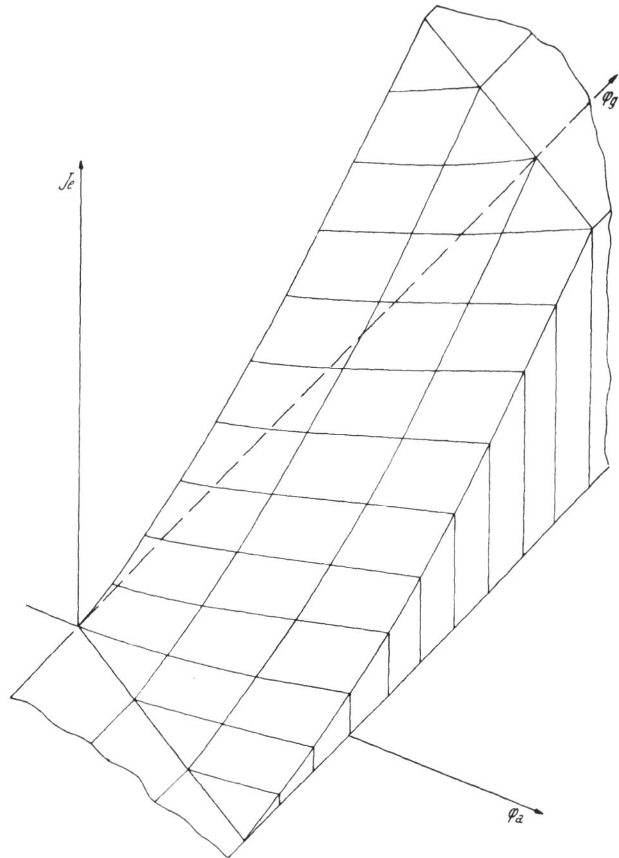

Abb. II 96. Kennfläche des Emissionsstromes einer Triode.

1. Gemäß Abb. II 97 wählt man φ_g als Abszisse und J_e als Ordinate, wobei jede Kennlinie durch einen bestimmten Wert des sprunghaft um $\Delta\,\varphi_a$ veränderten Parameters φ_a ausgezeichnet ist. Nach (II 1, 19) bilden somit die Kennlinien eine Schar kongruenter Kurven, deren jede aus der benachbarten durch Parallelverschiebung um

$$\Delta\,\varphi_g = -D\,\Delta\,\varphi_a \tag{II 1, 20}$$

in Richtung der Abszissenachse — der φ_g-Achse — entsteht.

2. Läßt man φ_g und φ_a ihre Rollen tauschen, so geht Abb. II 97 in die duale Darstellung der Abb. II 98 über. Abermals bilden die Kennlinien eine Schar kongruenter Kurven; indes geht nunmehr jede von ihnen aus der benachbarten durch Parallelverschiebung um

$$\Delta\,\varphi_a = -\frac{1}{D}\,\Delta\,\varphi_g \tag{II 1, 21}$$

in Richtung der Abszissenachse — jetzt der φ_a-Achse — hervor.

Wird eines der genannten Kennlinienfelder experimentell aufgenommen, so kann man aus jedem Paar der zum gleichen Emissionsstrom gehörigen, konjugierten Potentialänderungen $\Delta\,\varphi_g$ und $\Delta\,\varphi_a$ nach (II 1, 20) oder (II 1, 21) den Durchgriff D berechnen. Umgekehrt liefert diese Meßmethode

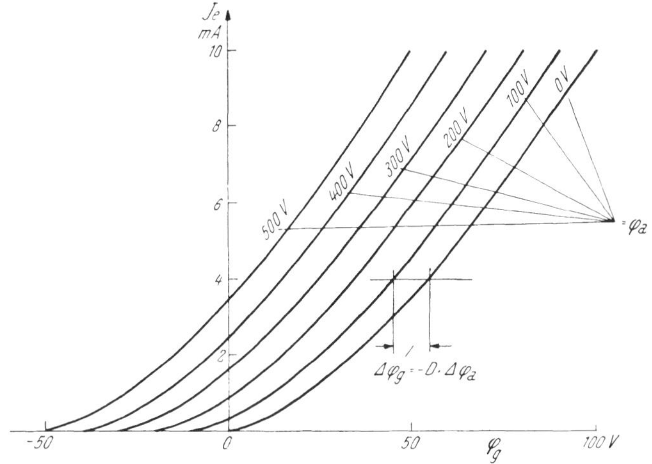

Abb. II 97. Kennlinienfeld der Triode mit dem Anodenpotential als Parameter.

bei ihrer wiederholten Anwendung auf verschiedene Gebiete des Kennlinienfeldes ein sicheres Kriterium für die Tragweite unserer elementaren Theorie, die ja für D einen festen Wert verlangt: Die Theorie versagt dort, wo der beobachtete Wert des Durchgriffes einen merklichen Gang mit φ_g oder φ_a zeigt.

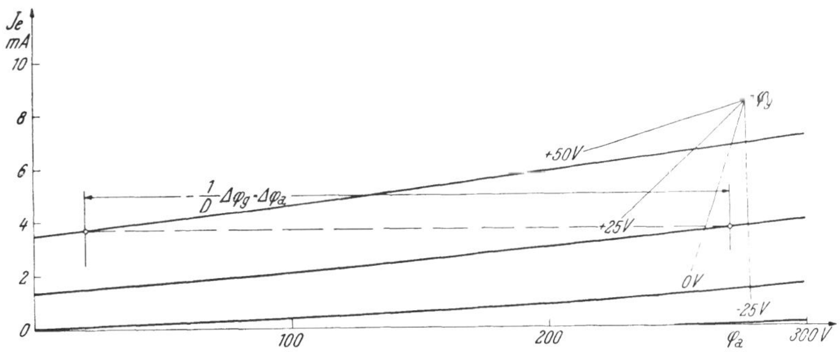

Abb. II 98. Kennlinienfeld der Triode mit dem Gitterpotential als Parameter.

g) Im Gegensatz zu den bisher untersuchten homogenen Trioden mit Äquipotentialkathoden tritt in sonst gleich gebauten Röhren mit direkter Heizung ihrer Kathode längs deren aktiver Oberfläche ein *Spannungsabfall* auf; wie beeinflußt er die Arbeitseigenschaften der Röhre?

Im Anschluß an Abb. II 99 beziehen wir uns auf eine Zylinderkathode der achsialen Länge h. Sie werde von der Gleichspannung U_k gespeist, deren negativen Pol wir durch Kurzschluß mit der Hüllkugel das Potential $\varphi = 0$ beilegen. Messen wir von dort aus den Abstand x eines auf der aktiven

Kathodenoberfläche gelegenen Aufpunktes $[0 \leqq x \leqq h]$, so führt dieser also das Potential

$$\varphi_k(x) = \frac{x}{h} U_k. \qquad \text{(II 1, 22)}$$

Wir schneiden nunmehr mittels der infinitesimal benachbarten Kontrollebenen x und $(x + \Delta x)$ aus der emittierenden Fläche ein Ringelement der Länge Δx aus. Es bildet die Kathode einer unendlich kurzen, von den genannten Ebenen eingeschlossenen Elementartriode, welche mit der Gitterspannung

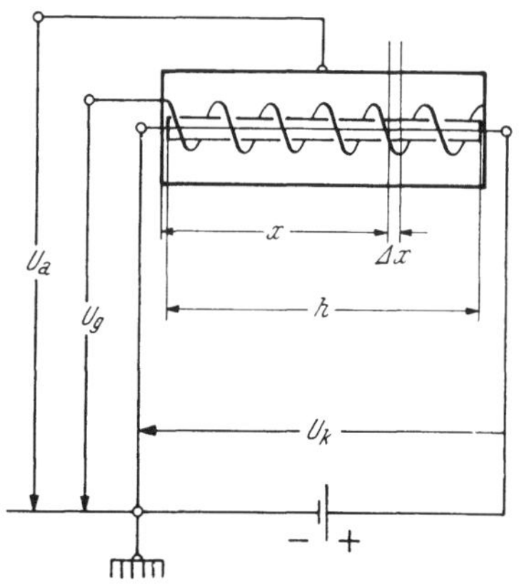

Abb. II 99. Orientierung in der direkt geheizten Triode.

$$U_g(x) = \varphi_g - \frac{x}{h} U_k \qquad \text{(II 1, 23)}$$

und der Anodenspannung

$$U_a(x) = \varphi_a - \frac{x}{h} U_k \qquad \text{(II 1, 24)}$$

arbeitet.

Kehren wir vorübergehend zum Betrieb der Triode mit einer Äquipotential-Kathode zurück [Index 0], so führt die Röhre unter sonst gleichen Bedingungen nach (II 1, 19) den Emissionsstrom

$$J_{e,0} = F(\varphi_g + D\varphi_a) \qquad \text{(II 1, 25)}$$

wobei auf das kontrollierte Element der infinitesimale Teilstrom

$$\Delta J_{e,0} = \frac{\Delta x}{h} J_{e,0} = \frac{\Delta x}{h} F(\varphi_g + D\varphi_a) \qquad \text{(II 1, 26)}$$

entfällt. Um von hier auf die Röhre mit direkt geheizter Kathode zu schließen, vernachlässigen wir die gegenseitige Beeinflussung benachbarter Elementartrioden. In der hierdurch definierten Approximation finden wir den Teilstrom ΔJ_e des Kontrollelementes aus (II 1, 26), indem wir die Potentiale φ_g und φ_a beziehentlich durch die Spannungen $U_g(x)$ und $U_a(x)$ ersetzen

$$\Delta J_e = \frac{\Delta x}{h} F\left(\varphi_g + D\varphi_a - \frac{x}{h}\{1 + D\} U_k\right). \qquad \text{(II 1, 27)}$$

Durch Integration längs der gesamten Kathode resultiert somit für den gesuchten Emissionsstrom J_e die Gleichung

$$J_e = \frac{1}{h}\int_0^h F\left(\varphi_g + D\varphi_a - \frac{x}{h}\{1 + D\} U_k\right) dx \equiv$$
$$\equiv \int_0^1 F(\varphi_g + D\varphi_a - \xi\{1 + D\} U_k)\, d\xi \qquad \text{(II 1, 28)}$$

Im Arbeitsbereich

$$|U_k| \ll |\varphi_g + D\varphi_a|. \qquad \text{(II 1, 29)}$$

darf man sich bei der *Taylor*schen Entwicklung

$$F(\varphi_g + D\varphi_a - \xi\{1 + D\}U_k) = F(\varphi_g + D\varphi_a) - \xi\{1 + D\}U_k F'(\varphi_g + D\varphi_a) + \dots \qquad \text{(II 1, 30)}$$

auf die zwei ersten Glieder beschränken und erhält in der hierdurch angezeigten Genauigkeit mit Rücksicht auf (II 1, 25) aus (II 1, 28)

$$J_e = J_{e,0} - \frac{1+D}{2} U_k F'(\varphi_g + D\varphi_a). \qquad \text{(II 1, 31)}$$

Zufolge der stets zutreffenden Ungleichung

$$F'(\varphi_g + D\varphi_a) > 0 \qquad \text{(II 1, 32)}$$

bewirkt somit die direkte Heizung der Triode im Verhältnis zur indirekten Heizung unter sonst gleichen Arbeitsbedingungen eine Abnahme des resultierenden Emissionsstromes.

II 2. Durchgriff und Verstärkungszahl.

a) Abb. II 100 zeigt das grundsätzliche Schaltbild einer Hochvakuum-Triode in ihrer Funktion als Verstärker schwacher Wechselspannungen. In der Zeichnung sind alle für das Verständnis des Verstärkungsvorganges entbehrlichen Schalter, Meßgeräte und sonstigen Hilfsapparate geflissentlich beiseite gelassen worden; dagegen haben wir der Übersichtlichkeit halber die je Arbeitskreis erforderlichen Spannungsquellen einzeln dargestellt, obwohl man sie in praktisch ausgeführten Verstärkern in der Regel schalttechnisch vereint:

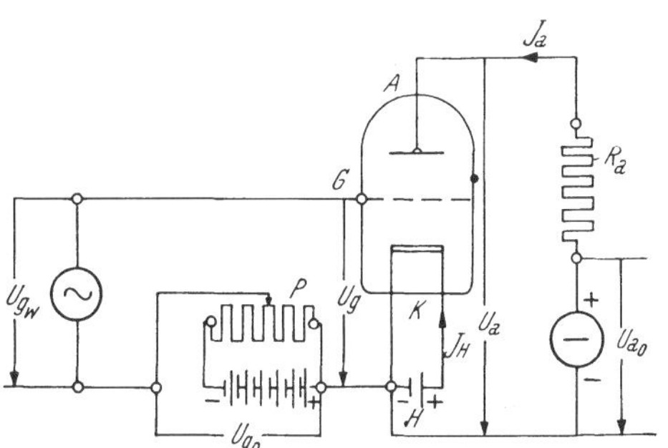

Abb. II 100. Prinzipschaltbild eines einstufigen Trioden-Verstärkers.

1. Die Kathode K wird von der Batterie H mit dem „*Heizstrom*" J_H versorgt; er erteilt, in Gemeinschaft mit dem Elektronen-Emissionsstrom J_e der Kathode, deren Oberfläche die absolute Temperatur T, welche weiterhin als bekannt gilt.

2. Zwischen dem Gitter und der negativen Kathodenklemme liegt die *Gitterspannung* U_g; sie resultiert aus der Reihenschaltung zweier Komponenten:

I. Der stationären, negativen „*Vorspannung*"

$$\overline{U}_g < 0 \qquad \text{(II 2, 1)}$$

deren absoluter Betrag mittels des Potentiometers P geregelt werden kann, und

II. der zu verstärkenden *Wechselspannung* $\tilde{U}_g$, deren Verlauf als Funktion der laufenden Zeit t seitens eines äußeren Generators „diktiert" wird

$$\tilde{U}_g = \tilde{U}_g(t). \qquad \text{(II 2, 2)}$$

Aus (II 2, 1) und (II 2, 2) folgt die Gitterspannung

$$U_g = U_g(t) = \overline{U}_g + \tilde{U}_g \qquad \text{(II 2, 3)}$$

als „eingeprägte", zeitabhängige elektromotorische Kraft.

3. Zwischen der Anode und der negativen Kathodenklemme greift die *Anodenspannung* U_a an; sie gleicht der Differenz der im Anodenkreis wirksamen elektromotorischen Kraft $U_{a,0}$ und des dort auftretenden Spannungsabfalles ΔU_a

$$U_a = U_{a,0} - \Delta U_a \qquad \text{(II 2, 4)}$$

der seinerseits mit dem Anodenstrom J_a genetisch verknüpft ist

$$\Delta U_a = \Delta U_a(J_a). \qquad \text{(II 2, 5)}$$

b) Wir beschränken die hier beabsichtigte, elementare Theorie der Spannungsverstärkung durch die Voraussetzung *quasistationärer Vorgänge*, die wir durch folgende Eigenschaften definieren:

1. Innerhalb der Triode werden die Induktionswirkungen aller dort tätigen Magnetfelder vernachlässigt. Das elektrische Feld der Röhre kann somit zu jedem Zeitpunkt t zur Gänze aus einem elektrischen Skalarpotential φ hergeleitet werden; wir wählen als dessen Basis die negative Kathodenklemme, so daß die Gitterspannung U_g mit dem Gitterpotential φ_g und die Anodenspannung U_a mit dem Anodenpotential φ_a identisch wird:

$$U_g = \varphi_g, \qquad \text{(II 2, 6)}$$

$$U_a = \varphi_a. \qquad \text{(II 2, 7)}$$

2. Die dielektrischen Verschiebungsströme zwischen den Elektroden oder, mit anderen Worten, die Ladeströme der interelektrodischen Kapazitäten einschließlich der Influenzwirkungen der veränderlichen Raumladungen bleiben außer Betracht.

3. Die Laufzeiten der Elektronen von Elektrode zu Elektrode gelten als unmeßbar kurz im Vergleich zu allen der Kontrolle unterworfenen Zeitspannen.

4. Gleich den stationären *Lorentz*-Kräften werden auch deren zeitlich veränderliche Komponenten in ihrer Wirkung auf die bewegten Elektronen nicht berücksichtigt.

5. Die absolute Kathodentemperatur T gilt als invariabel.

Kurz zusammenfassend, können wir also sagen: Das quasistationäre Verhalten der Triode wird bereits durch deren stationäre Kennlinien vollständig bestimmt.

c) Durch passende Wahl der negativen Gittervorspannung halten wir das resultierende Gitterpotential φ_g stets negativ

$$\varphi_g = \overline{U}_g + \tilde{U}_g < 0. \qquad \text{(II 2, 8)}$$

Der dann in das Gitter eintretende Strom J_g gehört somit, wenn wir im Augenblick das Elektrodenpaar Gitter-Kathode mit einer Diode identifizieren, deren *Anlaufgebiet* an. Gleichzeitig soll jedoch im Anodenkreise eine so hohe elektromotorische Kraft $U_{a,0}$ benutzt werden, daß der Emissionsstrom

$$J_e \gg J_g \qquad \text{(II 2, 9)}$$

ausfällt. Wir verschärfen diese Betriebsbedingungen zu dem Grenzübergang

$$J_g \to 0 \qquad \text{(II 2, 10)}$$

so daß dann der Emissionsstrom dem Anodenstrom gleichgesetzt werden kann

$$J_e \to J_a. \qquad \text{(II 2, 11)}$$

d) Unabhängig von jeder Theorie der inneren Elektronik der Triode dürfen wir den nunmehr allein verbleibenden Anodenstrom stets phänomenologisch als Funktion f der beiden unabhängig voneinander veränderlichen Spannungen U_g und U_a auffassen

$$J_a = f(U_g, U_a). \qquad \text{(II 2, 12)}$$

Im *Ruhezustande* des Verstärkers $[\tilde{U}_g = 0]$ herrscht am Gitter der Triode das Potential

$$\varphi_g = \overline{U}_g. \qquad \text{(II 2, 13)}$$

Wir bezeichnen durch $\overline{J}_a$ den gleichzeitig auftretenden „*Ruhestrom*" der Anode und durch

$$\Delta \overline{U}_a = \Delta \overline{U}_a(\overline{J}_a) \qquad \text{(II 2, 14)}$$

den ihm nach (II 2, 5) zugeordneten Spannungsabfall. Aus (II 2, 4) folgt dann der Ruhewert

$$\overline{U}_a = U_{a,0} - \Delta \overline{U}_a, \qquad \text{(II 2, 15)}$$

der Anodenspannung. Durch Substitution von (II 2, 13) und (II 2, 15) in (II 2, 12) ergibt sich also die Gleichung

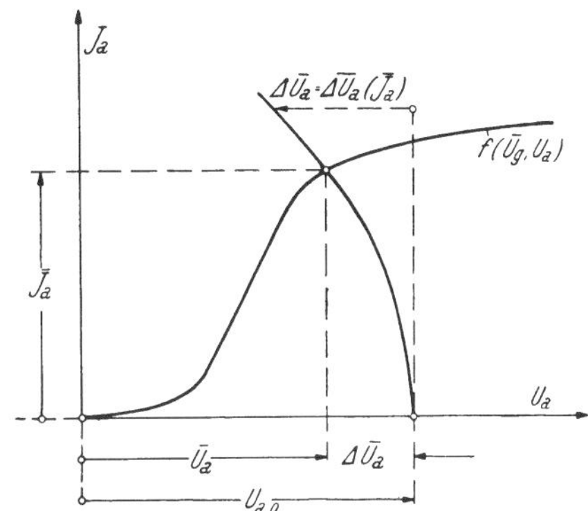

Abb. II 101. Graphische Ermittlung des Ruhestromes.

$$\overline{J}_a = f(\overline{U}_g, U_{a,0} - \Delta \overline{U}_a) \qquad \text{(II 2, 16)}$$

welche im Verein mit (II 2, 14) den Ruhestrom $\overline{J}_a$ und seinen Spannungsabfall $\Delta \overline{U}_a$ bestimmt. Zu ihrer Auflösung bedienen wir uns des in Abb. II 101 angedeuteten graphischen Verfahrens: Nach Festsetzung der Gitter-Vorspannung $\overline{U}_g$ stellen wir im rechtwinkligen, affinen Bezugssystem der Abszisse U_a und der Ordinate J_a die „innere" Kennlinie der Röhre

$$J_a = f(\overline{U}_g, U_a) \qquad \text{(II 2, 17)}$$

dar. Tragen wir dann in das nämliche Diagramm die „äußere" Kennlinie des Netzes

$$U_a = U_a(J_a) = U_{a,0} - \Delta U_a(J_a) \qquad \text{(II 2, 18)}$$

ein, deren Lage von der Wahl der elektromotorischen Kraft $U_{a,0}$ diktiert wird, so liefert der Schnittpunkt beider Kurven den gesuchten Ruhezustand $(\overline{U}_a, \overline{J}_a)$ des Systemes.

e) Wir gehen zum Arbeitsbetrieb des Verstärkers über und ergänzen die phänomenologische Darstellung (II 2, 12) des Trioden-Kennlinienfeldes zunächst durch die Voraussetzung, daß sich die Funktion $f(U_g, U_a)$ in der Umgebung des Ruhepunktes $(\overline{U}_g, \overline{U}_a)$ eindeutig und stetig verhalte; doch muß gesagt werden, daß diese Annahme den wahren Eigenschaften der Triode nur innerhalb begrenzter Betriebsbereiche gerecht wird.

Während der zeitliche Verlauf der Gitter-Wechselspannung $\tilde{U}_g = \tilde{U}_g(t)$ als gegeben gilt, ist uns die von ihr durch Vermittelung der Elektronenröhre erzwungene Anodenspannungs-Änderung

$$\Delta U_a = U_a - \overline{U}_a \qquad \text{(II 2, 19)}$$

vorerst noch unbekannt. Unter Berufung auf die im Ruhepunkte vorausgesetzten Eigenschaften des Kennlinienfeldes existiert jedoch gewiß für hinreichend kleine Werte von $|\tilde{U}_g|$ und $|\Delta U_a|$ die Entwicklung

$$J_a = f(\overline{U}_g + \tilde{U}_g, \overline{U}_a + \Delta U_a) = \overline{J}_a + \left(\frac{\partial f}{\partial U_g}\right)_{\overline{U}_g} \tilde{U}_g + \left(\frac{\partial f}{\partial U_a}\right)_{\overline{U}_a} \Delta U_a + \ldots . \quad \text{(II 2, 20)}$$

Bei Beschränkung auf ihre hier explizit angeschriebenen Glieder setzen wir

$$\Delta J_a = J_a - \overline{J}_a, \quad \text{(II 2, 21)}$$

so daß sich (II 2, 20) auf die Relation

$$\Delta U_a = \frac{\left(\frac{\partial f}{\partial U_g}\right)_{\overline{U}_g}}{\left(\frac{\partial f}{\partial U_a}\right)_{\overline{U}_a}} \tilde{U}_g - \frac{1}{\left(\frac{\partial f}{\partial U_a}\right)_{\overline{U}_a}} \Delta J_a \quad \text{(II 2, 22)}$$

reduziert. Nun spezialisieren wir die Dynamik (II 2, 5) des Anodenkreises durch die Annahme eines dort wirksamen *Ohm*schen Widerstandes R_a

$$\Delta U_a = R \cdot \Delta J_a. \quad \text{(II 2, 23)}$$

Zwischen seinen Klemmen erregt dann die Gitter-Wechselspannung $\tilde{U}_g$ unter Vermittlung des ihr formgetreuen und phasengleichen Anoden-Wechselstromes

$$\tilde{J}_a = \Delta J_a, \quad \text{(II 2, 24)}$$

die mit den nämlichen Gestalteigenschaften ausgezeichnete Anoden-Wechselspannung

$$\tilde{U}_a = \Delta U_a. \quad \text{(II 2, 25)}$$

Wir stellen der allgemeinen Diskussion der aus (II 2, 22) im Verein mit (II 2, 24) und (II 2, 25) entstehenden Gleichung

$$\tilde{U}_a = \frac{\left(\frac{\partial f}{\partial U_g}\right)_{\overline{U}_g}}{\left(\frac{\delta f}{\partial U_a}\right)_{\overline{U}_a}} \tilde{U}_g - \frac{1}{\left(\frac{\partial f}{\partial U_a}\right)_{\overline{U}_a}} \tilde{J}_a \quad \text{(II 2, 26)}$$

folgende Sonderfälle voraus:

1. Bei *Kurzschluß* im Anodenkreis [Adskript k]

$$\tilde{U}_a = \tilde{U}_a^{(k)} \to 0 \quad \text{(II 2. 27)}$$

fließt dort der Wechselstrom

$$\tilde{J}_a^{(k)} = \left(\frac{\partial f}{\partial U_g}\right)_{\overline{U}_g} \cdot \tilde{U}_g \quad \text{(II 2, 28)}$$

Das Verhältnis

$$S = \frac{\tilde{J}_a^{(k)}}{\tilde{U}_g} = \left(\frac{\partial f}{\partial U_g}\right)_{\overline{U}_g} \quad \text{(II 2, 29)}$$

definiert die *Steilheit* der Anodenstrom-Gitterspannungskennlinie $[U_a = \overline{U}_a = \text{const.!}]$ im Ruhepunkte $(\overline{U}_g, \overline{U}_a)$; sie besitzt die Dimension eines *elektrischen Leitwertes.*

2. Im *Leerlauf* [Adskript 0] des Anodenkreises

$$\tilde{J}_a = \tilde{J}_a^{(0)} \to 0 \qquad \text{(II 2, 30)}$$

tritt zwischen den Klemmen des Widerstandes $R_a \to \infty$ die Wechselspannung

$$\tilde{U}_a^{(0)} = \frac{\left(\frac{\partial f}{\partial U_g}\right)_{\overline{U_g}}}{\left(\frac{\partial f}{\partial U_a}\right)_{\overline{U_a}}} \cdot \tilde{U}_g \qquad \text{(II 2, 31)}$$

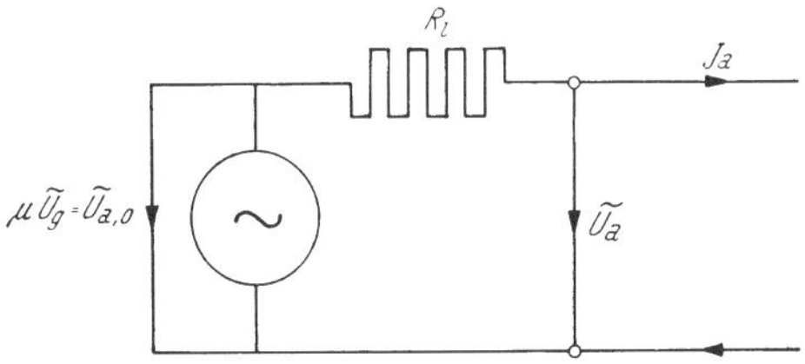

auf. Das dimensionsfreie Verhältnis

$$\mu = \frac{\left(\frac{\partial f}{\partial U_g}\right)_{\overline{U_g}}}{\left(\frac{\partial f}{\partial U_a}\right)_{\overline{U_a}}}. \qquad \text{(II 2, 32)}$$

Abb. II 102. Ersatzschema einer Verstärker-Triode.

mißt die in der gegebenen Schaltung größtmögliche Verstärkung der Wechselspannungen im Ruhepunkt ($\overline{U}_g$, $\overline{U}_a$) der Triode; im Gegensatz zu dieser tatsächlich beschränkten Bedeutung wird μ kurz als *Verstärkungszahl* schlechthin bezeichnet. Man könnte versucht sein, ihr den Wert einer realen Kennziffer abzusprechen: Müßte man doch, solange man sich an das bisher besprochene Schaltbild hält, die elektromotorische Kraft $U_{a,0}$ im Anodenkreise maßlos steigern, um ungeachtet des Grenzüberganges $R_a \to \infty$ den in der Regel endlichen Wert $\overline{U}_a > 0$ der Anoden-Ruhespannung aufrecht zu erhalten! Indessen läßt sich die angezeigte Schwierigkeit überwinden: Wir vertauschen den *Ohm*schen Widerstand R_a des Anodenkreises mit dem „Elektronenwiderstand" einer Hochvakuum-Diode regulierbarer Kathodentemperatur; diese wird so eingestellt, daß der [ideelle] Sättigungsstrom J_s^* der Diode dem Ruhewerte $\overline{J}_a$ des im Triodenverstärker benötigten Anodenstromes gleicht. Sieht man vom *Schottky*-Effekt ab, so ist also bei dieser Betriebsart nur die Spannung der Diode veränderlich; ihre Entladungsstrecke spielt daher für den zeitfreien Anteil des Anodenstromes J_a die Rolle eines wohlbestimmten, seiner Größe nach begrenzten Widerstandes, für den Wechselanteil dieses Stromes jedoch gleichzeitig die Rolle eines unendlich großen Widerstandes, und eben diese Doppelnatur des diodischen Elektronenwiderstandes erlaubt die Realisierung des in (II 2, 30) verlangten Leerlaufzustandes bei endlichem Werte der Anoden-Ruhespannung.

Zu (II 2, 26) zurückkehrend, bilden wir aus der Steilheit S nach (II 2, 29) und der Verstärkungszahl μ nach (II 2, 32) mittels der Definition

$$R_i = \frac{\mu}{S} = \frac{1}{\left(\frac{\partial f}{\partial U_a}\right)_{\overline{U_a}}} \qquad \text{(II 2, 33)}$$

den „inneren Widerstand" der Triode und erhalten als deren Arbeitsgleichung

$$\tilde{U}_a = \mu\, \tilde{U}_g - R_i\, \tilde{J}_a. \qquad \text{(II 2, 34)}$$

Sie ist an Hand des in Abb. II 102 dargestellten *Ersatzschemas* einer einfachen Interpretation fähig: In ihrer Funktion als Verstärker ist die Triode einem Generator der elektromotorischen Wechselkraft

$$\tilde{U}_{a,0} = \mu \tilde{U}_g \qquad \text{(II 2, 35)}$$

äquivalent, welcher bei Belastung mit dem Strome $\tilde{J}_a$ den Spannungsabfall

$$\Delta \tilde{U}_a = R_i \tilde{J}_a \qquad \text{(II 2, 36)}$$

erleidet.

e) Die Ergebnisse der vorstehenden Analyse dürfen wegen des phänomenologischen Charakters des ihnen zugrunde gelegten Kennlinienfeldes (II 2, 12) solange allgemeine Gültigkeit beanspruchen, als wir die Voraussetzungen (II 2, 10) und (II 2, 11) erfüllen. Wie verhalten sich diese Aussagen zu der elementaren Theorie der Triode?

Der Einfachheit halber gehen wir von der bisher untersuchten Röhre mit unmittelbar geheizter Kathode zu einem Systeme über, welches mit einer Äquipotential-Kathode ausgerüstet ist. Ihr Anodenstrom J_a wird, abermals unter den Betriebsbedingungen (II 2, 20) und (II 2, 11), gemäß (II 2, 19) durch die Gleichung

$$J_a = F(U_g + D\, U_a) \qquad \text{(II 2, 37)}$$

dargestellt, in welcher sich die Spannung

$$U_{st}{}^* = U_g + D\, U_a, \qquad \text{(II 2, 38)}$$

nur durch den konstanten Faktor γ von dem Steuerpotential φ_{st} nach (II 2, 16) unterscheidet; vorbehaltlich einer späteren, tiefer greifenden Deutung mag $U_{st}{}^*$ als „modifizierte“ Steuerspannung bezeichnet werden. Mit ihrer Hilfe findet sich gemäß (II 2, 29) für die Steilheit S der Anodenstrom-Gitterspannungscharakteristik im Ruhepunkte

$$\overline{U}_{st}{}^* = \overline{U}_g + D\, \overline{U}_a \qquad \text{(II 2, 39)}$$

des Kennlinienfeldes (II 2, 37) der Ausdruck

$$S = \left(\frac{\partial F}{\partial U_g}\right)_{\overline{U}_g} = \left(\frac{dF}{dU_{st}^*}\right)_{\overline{U}_{st}} \qquad \text{(II 2, 40)}$$

Weiter berechnet man entsprechend (II 2, 33) den inneren Widerstand R_i der Triode im Punkte (II 2, 39) zu

$$R_i = \frac{1}{\left(\frac{\partial U_a}{\partial F}\right)_{\overline{U}_a}} = \frac{1}{\left(\frac{dF}{dU_{st}^*}\right)_{\overline{U}_{st}^*}} \cdot \left(\frac{\partial U_{st}^*}{\partial U_a}\right)_{\overline{U}_a} = \frac{1}{\left(\frac{dF}{dU_{st}^*}\right)_{\overline{U}_{st}^*}} \cdot D, \qquad \text{(II 2, 41)}$$

so daß für die Verstärkungszahl μ der Wert

$$\mu = S\, R_i = \frac{1}{D} \qquad \text{(II 2, 42)}$$

resultiert. In der leicht merkbaren Gestalt

$$S \cdot D \cdot R_i = 1 \qquad \text{(II 2, 43)}$$

wurde diese Formel zuerst von *Barkhausen* aufgefunden, so daß man sie als *Barkhausensches Gesetz* bezeichnet.

e) Man könnte vermeinen, daß die *Barkhausen*sche Relation (II 2, 43) sich nur formal von der bloßen Definitionsgleichung (II 2, 33) unterscheide und insofern der Bezeichnung als besonderes „Gesetz“ nicht würdig sei. Diese Auffassung ist jedoch durchaus irrig. Denn der Durchgriff D ist seiner Definition nach durch das elektrostatische Feld der „kalten“ Triode als eine physikalische Konstante der Elektrodenkonstruktion bestimmt, also gänzlich unabhängig von der stationären Elektronenströmung in der arbeitenden Röhre; dagegen geht umgekehrt die Verstärkungszahl μ allein aus den stationären Kennlinien der „warmen" Triode auf rein mathematischem Wege hervor. Mit anderen Worten: Der wesentliche Inhalt des *Barkhausen*schen Gesetzes liegt nicht in der mnemotechnisch eleganten Formel (II 2, 43), sondern in Gl. (II 2, 42), welche die Gleichheit der phänomenologisch bestimmbaren Verstärkungszahl μ mit dem Kehrwert des elektrostatisch berechenbaren, konstanten Durchgriffes D behauptet. In dieser Formulierung ist das *Barkhausen*sche Gesetz durch Vermessung des Kennlinienfeldes ausgeführter Trioden an der Erfahrung prüfbar. Dieser Aufgabe haben sich *Harnisch* und *Raudorf* unterzogen. Ihr Ergebnis ist zunächst ein negatives: In der Regel ist die Verstärkungszahl μ, entgegen der Voraussage der *Barkhausen*schen Theorie, innerhalb des Kennlinienfeldes nicht genau konstant. Darüber hinaus fanden diese Forscher für die funktionelle Abhängigkeit der Verstärkungszahl von den Ruhespannungen $\overline{U}_g$ und $\overline{U}_a$ innerhalb eines weiten Bereiches dieser Variabeln den empirischen Zusammenhang

$$\frac{1}{\mu} = m + n\frac{\overline{U}_g}{\overline{U}_a}, \qquad \text{(II 2, 44)}$$

in welchem m und n je eine reelle dimensionslose Röhrenkonstante bezeichnen. Sobald also $n \neq 0$ ausfällt, kann das Kennlinienfeld durch Gl. (II 2, 37) nicht mehr ausreichend beschrieben werden; welche allgemeinere Darstellung des Anodenstromes $\overline{J}_a$ als Funktion F der Ruhespannungen $\overline{U}_g$ und $\overline{U}_a$ wird dem Sachverhalt (II 2, 44) gerecht?

f) Wir ersetzen in (II 2, 32) das Zeichen f durch das Symbol F und erhalten zufolge (II 2, 44) für den gesuchten Zusammenhang

$$J_a = F(U_g, U_a) \qquad \text{(II 2, 45)}$$

die partielle Differentialgleichung erster Ordnung

$$\frac{\partial F}{\partial U_a} - \left(m + n\frac{U_g}{U_a}\right)\frac{\partial F}{\partial U_g} = 0. \qquad \text{(II 2, 46)}$$

Für die mathematische Behandlung dieser Gleichung empfiehlt es sich, die Benennungen U_g, U_a und J_a der Röhrenvariabeln vorübergehend mit

$$U_g = x; \qquad U_a = y; \qquad J_a = z, \qquad \text{(II 2, 47)}$$

zu vertauschen. Dann erscheint (II 2, 46) als Sonderfall des Gleichungstypus

$$A(x, y, z)\frac{\partial z}{\partial x} + B(x, y, z)\frac{\partial z}{\partial y} - C(x, y, z) = 0 \qquad \text{(II 2, 48)}$$

mit

$$A = m + n\frac{x}{y}; \qquad B = -1; \qquad C = 0. \qquad \text{(II 2, 49)}$$

Deuten wir nun x, y und z als Koordinaten eines *Kartes*ischen Bezugssystemes, so definiert das Integral

$$z = F(x, y) \qquad \text{(II 2, 50)}$$

der Gleichung (II 2, 48) eine gewisse, doppelt gekrümmte Fläche. Auf ihr markieren wir einen Kontrollpunkt P mittels seiner Koordinaten X, Y, Z, welche also der Gleichung

$$Z = F(X, Y) \qquad \text{(II 2, 51)}$$

genügen. Wir gehen von P zu dem infinitesimal benachbarten Punkte Q der Koordinaten X + dx, Y + dy, Z + dz über und finden dort ebenso

$$Z + dz = F(X, Y) + \left(\frac{\partial F}{\partial x}\right)_{X,Y} dx + \left(\frac{\partial F}{\partial y}\right)_{X,Y} dy. \qquad (II\ 2,\ 52)$$

Aus (II 2, 51) und (II 2, 52) erschließen wir den Zusammenhang

$$\left(\frac{\partial F}{\partial x}\right)_{X,Y} dx + \left(\frac{\partial F}{\partial y}\right)_{X,Y} dy - 1\, dz = 0. \qquad (II\ 2,\ 53)$$

Der Vektor N der beziehentlich achsenparallelen Komponenten

$$N_x = \left(\frac{\partial F}{\partial x}\right)_{X,Y}; \quad N_y = \left(\frac{\partial F}{\partial y}\right)_{X,Y}; \quad N_z = -1 \qquad (II\ 2,\ 54)$$

weist somit die Richtung der im Kontrollpunkt P auf der Integralfläche (II 2, 50) errichteten Normalen. Durch Restitution von (II 2, 54) in (II 2, 48) gelangen wir nun zu der gegen Drehungen der Koordinatenachsen invarianten Relation

$$A(X, Y, Z)\, N_x + B(X, Y, Z)\, N_y + C(X, Y, Z)\, N_z = 0, \qquad (II\ 2,\ 55)$$

welche eben zufolge dieses ihres skalaren Charakters die Existenz eines weiteren Vektors K der beziehentlich achsenparallelen Komponenten

$$K_x = A(X, Y, Z); \quad K_y = B(X, Y, Z); \quad K_z = C(X, Y, Z) \qquad (II\ 2,\ 56)$$

in P lehrt. Gemäß (II 2, 55) steht der Vektor K gewiß auf jenem *besonderen* Vektor N senkrecht, welcher normal zu der bisher betrachteten, individuellen Integralfläche $z = F(x, y)$ gerichtet ist. Da indes K nach (II 2, 56) nur von der Lage (X, Y, Z) des Kontrollpunktes P abhängt, zeichnet dieselbe Orthogonalität zu K die *Gesamtheit* der Normalenvektoren N aus, welche in P auf allen, diesen Punkt enthaltenden Integralflächen der Gestalt (II 2, 50) errichtet werden können: Nach Wahl eines beliebig veränderlichen, reellen Parameters s definiert das Gleichungstripel

$$x - X = K_x \cdot s; \quad y - Y = K_y \cdot s; \quad z - Z = K_z \cdot s, \qquad (II\ 2,\ 57)$$

die gemeinsame Schnittgerade aller in P zu den unterschiedlichen Integralflächen konstruierten Tangentialebenen.

Wir lassen jetzt den Kontrollpunkt P durch den Existenzbereich der vorgelegten Differentialgleichung (II 2, 48) wandern und bezeichnen von nun ab seine jeweiligen Koordinaten durch die Symbole x, y, z. Unter der *Charakteristik* der gesuchten Integralflächen verstehen wir jene stetige Kurve, deren Tangente überall mit der örtlichen Geraden (II 2, 57) koinzidiert. Hiernach lauten die Differentialgleichungen der Charakteristik

$$\frac{dx}{K_x} = \frac{dy}{K_y} = \frac{dz}{K_z} = ds. \qquad (II\ 2,\ 58)$$

Sie verwandeln sich, nachdem man in (II 2, 56) verabredungsgemäß die Koordinaten X, Y, Z beziehentlich mit x, y, z vertauscht hat, in

$$\frac{dx}{A} = \frac{dy}{B} = \frac{dz}{C} = ds. \qquad (II\ 2,\ 59)$$

Wir setzen ihre Integrale als bekannt voraus und denken sie, nach Elimination des Parameters s, in die Gestalt

$$u(x, y, z) = a; \quad v(x, y, z) = b \qquad (II\ 2,\ 60)$$

gebracht, in welcher a und b je eine vorerst willkürliche Konstante bezeichnen. Längs der Flächen (II 2, 60) bestehen somit gleichzeitig die Relationen

$$\frac{\partial u}{\partial x} dx + \frac{\partial u}{\partial y} dy + \frac{\partial u}{\partial z} dz = 0 \qquad \text{(II 2, 61)}$$

und

$$\frac{\partial v}{\partial x} dx + \frac{\partial v}{\partial y} dy + \frac{\partial v}{\partial z} dz = 0. \qquad \text{(II 2, 62)}$$

Vermöge (II 2, 59) genügen also u und v ein und derselben partiellen Differentialgleichung der Funktion $g = g(x, y, z)$

$$A \frac{\partial g}{\partial x} + B \frac{\partial g}{\partial y} + C \frac{\partial g}{\partial z} = 0 \qquad \text{(II 2, 63)}$$

welche die Konstanten a und b nicht mehr enthält.

Nun bezeichne Φ eine differenzierbare, sonst jedoch willkürliche Funktion der Veränderlichen u und v, welche ihrerseits auf Grund des bekannten Zusammenhanges von u und v mit x, y, z in eine Funktion Ψ eben der letztgenannten Veränderlichen übergeht

$$\Phi(u, v) = \Phi(u\{x, y, z\}, v\{x, y, z\}) = \Psi(x, y, z). \qquad \text{(II 2, 64)}$$

Aus der Identität

$$\frac{\partial \Phi}{\partial u} du + \frac{\partial \Phi}{\partial v} dv \equiv \frac{\partial \Psi}{\partial x} dx + \frac{\partial \Psi}{\partial y} dy + \frac{\partial \Psi}{\partial z} dz \qquad \text{(II 2, 65)}$$

entnimmt man die Relationen

$$\frac{\partial \Psi}{\partial x} = \frac{\partial \Phi}{\partial u} \frac{\partial u}{\partial x} + \frac{\partial \Phi}{\partial v} \frac{\partial v}{\partial x}, \qquad \text{(II 2, 66)}$$

$$\frac{\partial \Psi}{\partial y} = \frac{\partial \Phi}{\partial u} \frac{\partial u}{\partial y} + \frac{\partial \Phi}{\partial v} \frac{\partial v}{\partial y}, \qquad \text{(II 2, 67)}$$

$$\frac{\partial \Psi}{\partial z} = \frac{\partial \Phi}{\partial u} \frac{\partial u}{\partial z} + \frac{\partial \Phi}{\partial v} \frac{\partial v}{\partial z}. \qquad \text{(II 2, 68)}$$

Erweitert man sie der Reihe nach beziehentlich mit A, B und C und addiert die hieraus entstehenden Ausdrücke, so resultiert mit Rücksicht auf die für u und v gleichzeitig gültige Differentialgleichung (II 2, 63) die nämliche Gleichung auch für Ψ

$$A \frac{\partial \Psi}{\partial x} + B \frac{\partial \Psi}{\partial y} + C \frac{\partial \Psi}{\partial z} = 0. \qquad \text{(II 2, 69)}$$

Wir unterwerfen nun Ψ der Vorschrift

$$\Psi(x, y, z) = 0 \qquad \text{(II 2, 70)}$$

in welcher, der ursprünglich vorgelegten Differentialgleichung (II 2, 48) gemäß, z als Funktion der unabhängigen Veränderlichen x und y aufgefaßt werde; dann gilt also gleichzeitig

$$\frac{\partial \Psi}{\partial x} + \frac{\partial \Psi}{\partial z} \frac{\partial z}{\partial x} = 0 \qquad \text{(II 2, 71)}$$

und

$$\frac{\partial \Psi}{\partial y} + \frac{\partial \Psi}{\partial z} \frac{\partial z}{\partial y} = 0. \qquad \text{(II 2, 72)}$$

Wir erweitern (II 2, 71) mit A, (II 2, 72) mit B und gelangen durch Addition der entstehenden Ausdrücke zu dem Zusammenhang

$$A\frac{\partial\Psi}{\partial x} + B\frac{\partial\Psi}{\partial y} + \left(A\frac{\partial z}{\partial x} + B\frac{\partial z}{\partial y}\right)\frac{\partial\Psi}{\partial z} = 0 \qquad \text{(II 2, 73)}$$

aus welchem wir im Verein mit (II 2, 69) die Gleichung

$$A\frac{\partial z}{\partial x} + B\frac{\partial z}{\partial y} - C = 0 \qquad \text{(II 2, 74)}$$

erschließen. Damit sind wir ans Ziel gelangt: Die Auflösung der Gleichung (II 2, 70) nach z liefert das allgemeine Integral der vorgelegten Differentialgleichung.

Wir spezialisieren jetzt auf die Angaben (II 2, 49) und erhalten gemäß (II 2, 59) als *Differentialgleichungen der Charakteristik*

$$\frac{dx}{m + n\frac{x}{y}} = \frac{dy}{-1} = \frac{dz}{0}. \qquad \text{(II 2, 75)}$$

Aus ihnen erschließen wir sogleich das Integral

$$v(x, y, z) = z = z_0 = \text{const} \qquad \text{(II 2, 76)}$$

während der Zusammenhang zwischen x und y durch die Gleichung

$$\frac{dx}{dy} + m + n\frac{x}{y} = 0 \qquad \text{(II 2, 77)}$$

geregelt wird. Zum Zwecke ihrer Lösung setzen wir

$$\frac{x}{y} = w(y); \qquad x = y \cdot w; \qquad \frac{dx}{dy} = w + y\frac{dw}{dy} \qquad \text{(II 2, 78)}$$

so daß (II 2, 77) in

$$y\frac{dw}{dy} + m + (n+1)\,w = 0; \qquad \frac{dw}{m + (n+1)\,w} = -\frac{dy}{y} \qquad \text{(II 2, 79)}$$

übergeht. Mit Hilfe der Integrationskonstanten $\ln u_0$ folgt aus (II 2, 79)

$$\frac{1}{n+1}\ln\left[m + (n+1)\,w\right] = -\ln y + \ln u_0 \qquad \text{(II 2, 80)}$$

oder, im Verein mit (II 2, 78)

$$u(x, y, z) = y\left[m + (n+1)\frac{x}{y}\right]^{\frac{1}{n+1}} = u_0. \qquad \text{(II 2, 81)}$$

Mittels (II 2, 47) zu der physikalischen Bedeutung der Zeichen x, y, z zurückkehrend, schließen wir aus (II 2, 76) und (II 2, 81) auf

$$u = U_a\left[m + (n+1)\frac{U_g}{U_a}\right]^{\frac{1}{n+1}}; \qquad v = J_a. \qquad \text{(II 2, 82)}$$

Mittels der Vorschrift (II 2, 70) resultiert daher für das Kennlinienfeld der durch (II 2, 44) ausgezeichneten Klasse von Trioden die allgemeine Gleichung

$$J_a = F\left\{U_a\left[m + (n+1)\frac{U_g}{U_a}\right]^{\frac{1}{n+1}}\right\}. \qquad \text{(II 2, 83)}$$

In ihr bezeichnet F eine differenzierbare, sonst aber willkürliche Funktion der *wirksamen Spannung*

$$U_w = U_a \left[m + (n+1) \frac{U_g}{U_a} \right]^{\frac{1}{n+1}}, \qquad \text{(II 2, 84)}$$

welche den *Barkhausen*schen Begriff der modifizierten Steuerspannung U_{st}^* nach (II 2, 38) sinngemäß verallgemeinert: Der Grenzübergang $n \to 0$ führt auf die konstante Verstärkungszahl

$$\mu_0 = \lim_{n \to 0} \mu = \frac{1}{m}, \qquad \text{(II 2, 85)}$$

so daß die dann aus (II 2, 84) hervorgehende wirksame Spannung

$$\lim_{n \to 0} U_w = U_a \left[\frac{1}{\mu_0} + 1 \frac{U_g}{U_a} \right]^1 \equiv U_g + \frac{1}{\mu_0} U_a \qquad \text{(II 2, 86)}$$

auf Grund der nunmehr gültigen Relation (I 2, 42) mit der modifizierten Steuerspannung identisch wird.

g) Wird das *Barkhausen*sche Gesetz durch die Feststellungen von *Harnisch* und *Raudorf* entwertet?

Wir glauben, diese Frage mit aller Entschiedenheit verneinen zu müssen: Im Lichte der Gleichung

$$\lim_{\frac{U_g}{U_a} \to 0} \frac{1}{\mu} = m, \qquad \text{(II 2, 87)}$$

konvergiert ja die wirksame Spannung U_w bei hinreichend kleinen, absoluten Beträgen des Spannungsverhältnisses $\frac{U_g}{U_a}$ gegen die modifizierte Steuerspannung U_{st}^*. Gerade dieser Grenzübergang kennzeichnet nun den regulären Betrieb der Triode als *Verstärker*, so daß in diesem, praktisch so überaus wichtigen Anwendungsgebiet der Dreielektrodenröhre das *Barkhausen*sche Gesetz seinen Platz behauptet. Umgekehrt folgt hieraus, daß es für die Tauglichkeit einer Triode als Spannungsverstärker vor allem auf ihren Durchgriff ankommt, welcher sich demnach als eine fundamentale Konstante solcher Elektronenröhren erweist; dieser Schluß überträgt sich auf Verstärkerröhren, welche, wie *Tetroden* und *Pentoden*, mit mehreren Gittern ausgerüstet sind.

h) Welche Wechselleistung $\tilde{N}_a$ kann dem Anodenwiderstand R_a der Triode in ihrem Betriebe als Verstärker zugeführt werden?

Wir kleiden Gl. (II 2, 34) in die Form

$$\tilde{U}_a = R_a \tilde{J}_a = \mu \tilde{U}_g - R_i \tilde{J}_a \qquad \text{(II 2, 88)}$$

aus welcher wir den Wechselanteil des Anodenstromes zu

$$\tilde{J}_a = \frac{\mu \tilde{U}_g}{R_i + R_a} \qquad \text{(II 2, 89)}$$

berechnen. Daher ergibt sich der zeitliche Mittelwert $\langle \tilde{N}_a \rangle$ der gesuchten Wechselleistung zu

$$\langle \tilde{N}_a \rangle = R_a \tilde{J}^2_{a,\,\mathrm{eff}} = \mu^2 \tilde{U}^2_{g,\,\mathrm{eff}} \frac{R_a}{(R_i + R_a)^2}. \qquad \text{(II 2, 90)}$$

Sie nimmt bei vorgeschriebenem Werte der effektiven Gitterspannung durch die Anpassung

$$R_a = R_i \tag{II 2, 91}$$

des „äußeren" Anodenwiderstandes an den „inneren" Röhrenwiderstand ihren Höchstwert

$$\langle \tilde{N}_a \rangle_{max} = \frac{\mu^2}{4\,R_i}\,\tilde{U}^2_{g,\,eff} = \frac{\mu\,S}{4}\,\tilde{U}^2_{g,\,eff} \tag{II 2, 92}$$

an. Im Lichte dieses Ergebnisses definiert die Röhrenkonstante

$$Q = \frac{\mu^2}{R_i} = \mu\,S \tag{II 2, 93}$$

als „*Qualitätsmaß*" eine Kennziffer für die Leistungsfähigkeit der verstärkenden Triode; auch die Bezeichnung von Q als „*Güte*" der Röhre ist vielfach üblich. Im Gültigkeitsbereiche der *Barkhausen*schen Röhrentheorie erhält man somit gemäß (II 2, 42) für Q den einfachen Ausdruck

$$Q = \frac{S}{D}. \tag{II 2, 94}$$

Die Triode arbeitet hiernach unter sonst gleichen Bedingungen umso besser, je größer ihre Steilheit und je kleiner ihr Durchgriff ausfällt.

II 3. Die Greensche Funktion der Triode.

a) Wir handeln im folgenden von den *Durchgriffseigenschaften homogener Trioden*, deren Anode das Gitter und die Kathode vollständig gegen ihre gemeinsame Hülle [Basis der Potentialzählung] abschirmt; bei der Konzeption dieser Geräte muß man allerdings die zu den Innenelektroden führenden Leitungen, die schon für die physikalisch sinnvolle Definition der Elektrodenpotentiale und erst recht für den ordnungsmäßigen Betrieb der Röhre unentbehrlich sind, ideell durch solche ersetzen, deren isolierte Durchführung durch die Anode nur Öffnungen von je infinitesimal kleinem Querschnitt verlangt. Elektrodensysteme der genannten Art heißen *geschlossen*. Zufolge dieser Definition ist das elektrische Skalarpotential φ im Innern des Elektrodensystemes von dem Felde zwischen der Anode und der Hülle gänzlich unabhängig; wir haben uns daher weiterhin nur mit dem innerelektrodischen Felde zu beschäftigen.

b) Wir untersuchen zunächst die elektrostatischen Eigenschaften einer geschlossenen Triode, deren Kathode als Kugel vom Halbmesser r_k ausgebildet ist. Um auf der Oberfläche dieser Elektrode die Homogenität des absoluten Betrages der elektrischen Feldstärke E bei beliebiger Konstruktion des Gitters und der Anode sicherzustellen, werden wir durch den Grenzprozeß

$$r_k \to 0, \tag{II 3, 1}$$

zu einer ideellen „Punktkathode" übergehen. Das gesuchte Skalarpotential φ genügt — als elektrostatisches Feld — im Innern des von den Elektroden begrenzten Gebietes der *Laplace*schen Gleichung

$$\nabla^2 \varphi = 0 \tag{II 3, 2}$$

unter den Randbedingungen

$$\varphi = \varphi_g \quad \text{auf dem Gitter} \tag{II 3, 3}$$

$$\varphi = \varphi_a \quad \text{auf der Anode} \tag{II 3, 4}$$

$$\varphi = 0 \quad \text{auf der Kathode.} \tag{II 3, 5}$$

c) Auf Grund der Linearität der *Laplace*schen Gleichung dürfen wir φ in zwei Komponenten φ_1 und φ_2 zerlegen

$$\varphi = \varphi_1 + \varphi_2 \qquad \text{(II 3, 6)}$$

welche je einzeln ebenfalls die *Laplace*sche Gleichung befriedigen

$$\nabla^2 \varphi_1 = 0, \qquad \text{(II 3, 7)}$$

$$\nabla^2 \varphi_2 = 0. \qquad \text{(II 3, 8)}$$

Hiervon Gebrauch machend, unterwerfen wir φ_1 den Randbedingungen

$$\varphi_1 = \varphi_g \text{ auf dem Gitter} \qquad \text{(II 3, 9)}$$

$$\varphi_1 = \varphi_a \text{ auf der Anode} \qquad \text{(II 3, 10)}$$

bei verschwindender Kathodenladung

$$Q_{k,1} = 0. \qquad \text{(II 3, 11)}$$

Dagegen werde φ_2 von der Kathodenladung $Q_{k,2} \neq 0$ erregt, während sowohl das Gitter wie die Anode je auf dem Potentiale Null gehalten werden

$$\varphi_2 = 0 \text{ auf dem Gitter,} \qquad \text{(II 3, 12)}$$

$$\varphi_2 = 0 \text{ auf der Anode.} \qquad \text{(II 3, 13)}$$

Gelingt es uns also, $Q_{k,2}$ so zu bestimmen, daß

$$\varphi_1 + \varphi_2 = 0 \text{ auf der Kathode} \qquad \text{(II 3, 14)}$$

ausfällt, so haben wir sämtliche Bedingungen der Aufgabe erfüllt.

d) Zufolge des nach (II 3, 1) beabsichtigten Grenzüberganges $r_k \to 0$ darf das auf der Kathodenoberfläche wirksame Potential mit jenem Werte $\varphi_{1,k}$ vertauscht werden, der im Zentrum K der fortgedachten Kathodenkugel auftreten würde.

Um $\varphi_{1,k}$ zu ermitteln, wählen wir neben dem Fixpunkt K gemäß Abb. II 103 den im Interelektrodengebiet mit Einschluß seiner Grenzen frei beweglichen Laufpunkt L und bezeichnen durch r den veränderlichen Abstand beider Punkte. Nun rufen wir die *Green*sche Funktion ψ zu Hilfe. Sie soll, aufgefaßt als Funktion der Koordinaten des Laufpunktes im Interelektrodengebiet, mit Ausnahme von K die *Laplace*sche Gleichung

$$\nabla^2 \psi = 0 \qquad \text{(II 3, 15)}$$

unter den Randbedingungen

$$\psi = 0 \text{ auf dem Gitter,} \qquad \text{(II 3, 16)}$$

$$\psi = 0 \text{ auf der Anode} \qquad \text{(II 3, 17)}$$

befriedigen, bei der unbegrenzten Annäherung von L an K jedoch derart anwachsen, daß

$$\lim_{r \to 0} 4\pi r \cdot \psi = 1 \qquad \text{(II 3, 18)}$$

gilt.

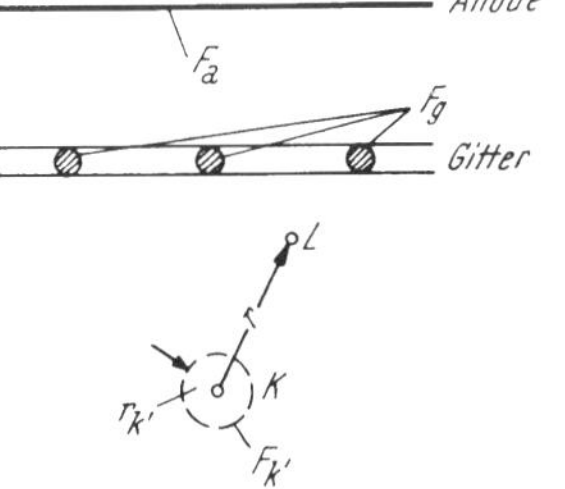

Abb. II 103. Zur *Green*schen Funktion der Triode.

Wir setzen weiterhin ψ als bekannt voraus und umgeben K mit einer Kontrollkugel des Halbmessers $r_{k'}$, welche von der Kathode zunächst begrifflich durchaus zu unterscheiden ist. Der nach Ausschluß der Kontrollkugel aus dem Interelektrodengebiet für L verbleibende Spielraum wird durch V bezeichnet; es seien dV seine Volumenelemente und dF die skalaren Elemente beziehentlich seiner Grenzflächen F_g [Gitter], F_a [Anode] und $F_{k'}$ [Kontrollkugel], deren jeweilige Normalenrichtungen n hier — im Gegensatz zu den üblichen Verabredungen — nach dem *Innern* von V hin als positiv gerechnet werden sollen.

Da ψ in V ausnahmslos der *Laplace*schen Gleichung genügt, liefert der *Gauß*sche Integralsatz, erstreckt über V, die Aussage

$$\iint\limits_{(F_{k'})} (\operatorname{grad}\psi)_n\, dF + \iint\limits_{(F_g)} (\operatorname{grad}\psi)_n\, dF + \iint\limits_{(F_a)} (\operatorname{grad}\psi)_n\, dF = \\ = -\iiint\limits_{(V)} \operatorname{div}\operatorname{grad}\psi\, dV = 0. \qquad \text{(II 3, 19)}$$

Ebenso findet sich durch Integration über den Teilraum V', welcher von den Kugeln $F_{k'}$ [Halbmesser $r = r_{k'} \neq 0$] und F_k [Halbmesser $r = r_k \to 0$] begrenzt wird [Achtung auf die als positiv vereinbarte Richtung der Normalen!]

$$-\iint\limits_{(F_{k'})} (\operatorname{grad}\psi)_n\, dF + \iint\limits_{(F_k)} (\operatorname{grad}\psi)_n\, dF = -\iiint\limits_{(V')} \operatorname{div}\operatorname{grad}\psi\, dV = 0. \qquad \text{(II 3, 20)}$$

Nun folgt aus (II 3, 18) die nach steigenden Potenzen von r fortschreitende Entwicklung

$$(\operatorname{grad}\psi)_n = -\frac{1}{4\pi r^2} + \ldots . \qquad \text{(II 3, 21)}$$

Auf Grund von (II 3, 20) berechnen wir somit in voller Strenge

$$\iint\limits_{(F_{k'})} (\operatorname{grad}\psi)_n\, dF = -1 \qquad \text{(II 3, 22)}$$

so daß wir aus (II 3, 19) auf die allgemein gültige Relation

$$\iint\limits_{(F_g)} (\operatorname{grad}\psi)_n\, dF + \iint\limits_{(F_a)} (\operatorname{grad}\psi)_n\, dF = 1 \qquad \text{(II 3, 23)}$$

schließen.

Nach diesen Vorbereitungen kehren wir zu unserer eigentlichen Aufgabe zurück, der Berechnung von $\psi_{1,K}$: Wir erweitern Gl. (II 3, 7) mit ψ und ebenso Gl (II 3, 15) mit φ_1 und erhalten durch Subtraktion der entstehenden Ausdrücke

$$\psi \nabla^2 \varphi_1 - \varphi_1 \nabla^2 \psi \equiv \operatorname{div}(\psi \operatorname{grad}\varphi_1 - \varphi_1 \operatorname{grad}\psi) = 0. \qquad \text{(II 3, 24)}$$

Durch abermalige Anwendung des *Gauß*schen Integralsatzes, erstreckt über V, folgt also mit Rücksicht auf (II 3, 9) und (II 3, 10)

$$\iint\limits_{(F_{k'})} (\psi \operatorname{grad}\varphi_1 - \varphi_1 \operatorname{grad}\psi)_n\, dF - \varphi_g \iint\limits_{(F_g)} (\operatorname{grad}\psi)_n\, dF - \\ -\varphi_a \iint\limits_{(F_a)} (\operatorname{grad}\psi)_n\, dF = 0. \qquad \text{(II 3, 25)}$$

Im Gegensatz zur *Green*schen Funktion ψ verhält sich das Potential φ_1 auch in K selbst stetig. Daher findet man mit Rücksicht auf (II 3, 18)

$$\lim_{r_k \to 0} \iint_{(F_k)} (\psi \operatorname{grad} \varphi_1)_n = \lim_{r_k \to 0} \left(\frac{\operatorname{grad} \varphi_1}{4 \pi r_k}\right)_n \cdot 4 \pi r_k^2 = 0, \qquad \text{(II 3, 26)}$$

während wegen (II 3, 21)

$$\lim_{r_k \to 0} \iint_{(F_k)} (\varphi_1 \operatorname{grad} \psi)_n \, dF = -\lim_{r_k \to 0} \varphi_{1,k} \cdot \frac{4 \pi r_k^2}{4 \pi r_k^2} = -\varphi_{1,k} \qquad \text{(II 3, 27)}$$

resultiert. Durch Substitution von (II 3, 26) und (II 3, 27) in (II 3, 25) entsteht somit die Gleichung

$$\varphi_{1,K} = \varphi_g \iint_{(F_g)} (\operatorname{grad} \psi)_n \, dF + \varphi_a \iint_{(F_a)} (\operatorname{grad} \psi)_n \, dF. \qquad \text{(II 3, 28)}$$

Die in ihr auftretenden bestimmten Integrale definieren zwei dimensionsfreie Größen, welche je nur von der Geometrie der Triode abhängen und einander gemäß (II 3, 23) stets zu 1 ergänzen. Wir führen daher mittels

$$\iint_{(F_g)} (\operatorname{grad} \psi)_n \, dF = G \qquad \text{(II 3, 29)}$$

und

$$\iint_{(F_a)} (\operatorname{grad} \psi)_n \, dF = 1 - G. \qquad \text{(II 3, 30)}$$

die Röhrenkonstante G ein, welche wir die *numerische Vergitterung* der Triode nennen. Um diese Bezeichnung zu rechtfertigen, besprechen wir zwei an Hand der physikalischen Anschauung leicht übersehbare Grenzfälle:

1. Das Gitter möge den Punkt K vollständig umschließen; dann verschwindet das Integral (II 3, 30), so daß $G = 1$ wird.

2. Das Gitter möge aus überaus feinen Drähten hergestellt sein; bei deren Kontraktion je gegen ihre Achse konvergiert das Integral (II 3, 29) gegen Null, so daß $G \to 0$ strebt.

e) Im Lichte der Gleichung (II 3, 18) erkennt man, daß die Flächen konstanten Wertes der *Green*schen Funktion ψ mit $r \to 0$ gegen eine Schar konzentrischer Kugeln um K als Mittelpunkt konvergieren. Da zudem ψ nach (II 3, 16) und (II 3, 17) sowohl auf dem Gitter wie auf der Anode verschwindet, genügen wir allen Bedingungen, welche dem Teilpotential φ_2 gemäß (II 3, 12), (II 3, 13) und (II 3, 14) auferlegt sind, durch den Ansatz

$$\varphi_2 = \Psi_k \cdot \psi, \qquad \text{(II 3, 31)}$$

falls die Konstante Ψ_k die Gleichung

$$\varphi_{1,K} + \Psi_k \lim_{r_k \to 0} \psi = 0 \qquad \text{(II 3, 32)}$$

erfüllt. Mit Rücksicht auf (II 3, 18), (II 3, 28), (II 3, 29) und (II 3, 30) folgt hieraus

$$\Psi_k = -\frac{\varphi_{1,K}}{\psi(r_k)} = -4 \pi r_k \left[G \varphi_g + (1 - G) \varphi_a\right]. \qquad \text{(II 3, 33)}$$

Bezeichnet Δ die sogenannte Dielektrizitätskonstante des leeren Raumes, so mißt

$$Q_k = Q_{k,2} = \Delta \iint\limits_{(F_k)} (-\mathrm{grad}\, \varphi_2)_n \, dF, \qquad \text{(II 3, 34)}$$

die Ladung der Kathodenoberfläche. Daher ergibt sich mit Hilfe von (II 3, 21) für $r_k \to 0$

$$Q_k = \Delta \cdot \Psi_k = -4\pi\Delta \cdot r_k \left[G \cdot \varphi_g + (1 - G)\varphi_a\right] \qquad \text{(II 3, 35)}$$

und Ψ_k erweist sich als der *elektrische Kraftfluß* der Kathode. Demzufolge findet sich in gleicher Genauigkeit die Größe E_k der elektrischen Feldstärke, welche von den Oberflächenelementen der Kathode überall radial nach außen weist, zu

$$E_k = \frac{\Psi_k}{4\pi r_k^2} = -\frac{1}{r_k}\left[G\varphi_g + (1 - G)\varphi_a\right]. \qquad \text{(II 3, 36)}$$

f) Von der Triode gelangen wir formal durch den Prozeß $G \to 0$ zu einer Diode, welche wir die *Vergleichsdiode* nennen; erteilen wir ihrer Anode ein solches Potential $\varphi_{a,\,\mathrm{Diode}}$, daß auf der Kathodenoberfläche gerade die Feldstärke E_k vom Betrage (II 3, 36) resultiert

$$E_k = -\frac{1}{r_k} \cdot 1 \cdot \varphi_{a,\,\mathrm{Diode}}, \qquad \text{(II 3, 37)}$$

so definieren wir $\varphi_{a,\,\mathrm{Diode}}$ als das *Steuerpotential* φ_{st} der Triode; der Vergleich von (II 3, 36) mit (II 3, 37) führt somit auf die Relation

$$\varphi_{st} \equiv \varphi_{a,\,\mathrm{Diode}} = G\,\varphi_g + (1 - G)\,\varphi_a, \qquad \text{(II 3, 38)}$$

Das Verhältnis

$$D = \frac{1 - G}{G} \qquad \text{(II 3, 39)}$$

mißt den *Durchgriff* der Anode durch das Gitter; kennt man diesen, etwa als Ergebnis hierzu bestimmter Meßreihen, so berechnet man aus (II 3, 39) umgekehrt

$$G = \frac{1}{1 + D}; \qquad 1 - G = \frac{D}{1 + D}, \qquad \text{(II 3, 40)}$$

so daß man (II 3, 38) in die phänomenologische Gestalt

$$\varphi_{st} = \frac{\varphi_g + D\,\varphi_a}{1 + D} \qquad \text{(II 3, 41)}$$

bringen kann.

g) Von der bisher behandelten Kugelkathode gehen wir zu einer Kreiszylinder-Kathode der achsialen Länge l und des Halbmessers r_k über, die wir durch den Grenzprozeß $r_k \to 0$ in eine *Fadenkathode* verwandeln; wir machen sie zur z-Achse eines in der Mitte des Fadens beginnenden Zylinder-Koordinatensystemes, in welchem r den Abstand des Aufpunktes von der Kathodenachse und ϑ sein Azimut gegen eine raumfeste Meridianebene mißt. Die Oberflächen des Gitters und der Anode lassen wir dann beziehentlich durch Verschiebung der Profilkurven C_g und C_a längs der Strecke

$$-\frac{l}{2} < z < \frac{l}{2} \qquad \text{(II 3, 42)}$$

parallel der z-Achse entstehen, wobei die Kathode von dem resultierenden Gitter nur teilweise, von der Anode jedoch lückenlos umschlossen werden soll

Nachdem wir durch den Grenzübergang zu $r_k \to 0$ die periphere Homogenität der Kathode sichergestellt haben, homogenisieren wir diese Elektrode auch in achsialer Richtung erst durch den weiteren Grenzübergang zu $l \to \infty$. Die Kinematik dieses Prozesses verlangt den Ersatz der früheren *Hüllkugel* durch einen *Hüllzylinder*, dessen Halbmesser R jedenfalls so groß gewählt werden muß, daß er die drei aktiven Elektroden der Röhre vollständig enthält; allein während wir den Halbmesser der Hüllkugel gedanklich beliebig anwachsen lassen durften, ist eine derartige Vorstellung für den Hüllzylinder grundsätzlich unstatthaft, sondern wir haben hier unter R einen stets *endlichen* Wert zu verstehen.

Wir behalten die Bezeichnungen, die vordem für die Triode mit Kugelkathode eingeführt wurden, unverändert auch für die vorliegende Aufgabe bei. Dagegen müssen wir die in (II 3, 18) gegebene Beschreibung der *Green*schen Funktion in der Nachbarschaft der Kathode verlassen. Statt dessen verlangen wir dort nunmehr die Gültigkeit der Entwicklung

$$\psi = \frac{1}{2\pi l}\left[\ln\frac{A}{r} + a_1\left(\frac{r}{A}\right)\sin(\vartheta - \vartheta_1) + a_2\left(\frac{r}{A}\right)^2 \sin 2(\vartheta - \vartheta_2) + \ldots\right] \tag{II 3, 43}$$

Jedes ihrer Glieder genügt bei beliebigen Werten der Konstanten a_1, ϑ_1; a_2, ϑ_2; ... einzeln der *Laplace*schen Gleichung, und die „*natürliche Längeneinheit*" A des Elektrodensystemes kann und soll stets so gewählt werden, daß innerhalb der eckigen Klammer, wie angegeben, keine additive Konstante auftritt.

Aus Symmetriegründen ist das Skalarpotential φ einschließlich seiner wie früher definierten Komponenten φ_1 und φ_2 wie auch die *Green*sche Funktion ψ von der Achsenkoordinate z unabhängig. Daher genügt es, den Aufpunkt in jenem Gebiete V anzunehmen, welches durch die Anode, das Gitter, den Kontrollzylinder $r = r_{k'}$ und die Ebenen $z = \pm 1/2\, l$ begrenzt wird.

Wir wenden zunächst den *Gauß*schen Satz auf den Vektor grad ψ an und erhalten durch Integration von div grad $\psi = 0$ über V die Aussage

$$\iint\limits_{(F_{k'})} (\text{grad}\,\psi)_n\, dF + \iint\limits_{(F_g)} (\text{grad}\,\psi)_n\, dF + \iint\limits_{(F_a)} (\text{grad}\,\psi)_n\, dF = 0. \tag{II 3, 44}$$

Ebenso findet sich durch Integration über den Teilraum V', welcher von den Zylindern $r = r_{k'} \neq 0$ und $r = \lim\limits_{r_k \to 0} r_k$ im Verein mit den Ebenen $z = \pm 1/2\, l$ begrenzt wird,

$$\iint\limits_{(F_{k'})} (\text{grad}\,\psi)_n\, dF = \lim_{r_k \to 0} \iint\limits_{(F_k)} (\text{grad}\,\psi)_n\, dF. \tag{II 3, 45}$$

Zufolge der vereinbarten Zählrichtung von n entnimmt man aus (II 3, 43) die Entwicklung

$$(\text{grad}\,\psi)_n = -\frac{1}{2\pi l}\left[\frac{1}{r} + \ldots\right] \quad \text{für} \quad r = r_k, \tag{II 3, 46}$$

so daß wir aus (II 3, 45) die Gleichung

$$\iint\limits_{(F_{k'})} (\operatorname{grad} \psi)_n \, dF = -\frac{1}{2\pi l} \lim_{r_k \to 0} \frac{2\pi l r_k}{r_k} = -1 \qquad \text{(II 3, 47)}$$

erschließen; ihre Substitution in (II 3, 44) führt auf die früher für die Kugelkathode erwiesene Relation (II 3, 23) zurück.

Wir formen ferner mittels des *Gaußschen* Integralsatzes das über V erstreckte Raumintegral der Quelldichte

$$\operatorname{div}(\psi \operatorname{grad} \varphi_1 - \varphi_1 \operatorname{grad} \psi) = 0 \qquad \text{(II 3, 48)}$$

in ein Oberflächenintegral über F_k, F_g und F_a um; die Ebenen $z = \pm \frac{1}{2} l$ liefern keinen Beitrag. Gehen wir zur Grenze $r_k \to 0$ über und bezeichnen durch $\varphi_{1,K}$ den Wert des Potentialanteiles φ_1 auf der Achse des Bezugssystemes, so wird nach (II 3, 43)

$$\lim_{r_k \to 0} \iint\limits_{(F_k)} (\psi \operatorname{grad} \varphi_1)_n \, dF = \lim_{r_k \to 0} \left(\frac{\operatorname{grad} \varphi_1}{2\pi l} \ln \frac{A}{r_k} \right) 2\pi r_k l = 0 \quad \text{(II 3, 49)}$$

und

$$\lim_{r_k \to 0} \iint\limits_{(F_k)} (\varphi_1 \operatorname{grad} \psi)_n \, dF = -\lim_{r_k \to 0} \varphi_{1,k} \cdot \frac{2\pi r_k l}{2\pi r_k l} = -\varphi_{1,K} \quad \text{(II 3, 50)}$$

so daß die genannte Operation eine Gleichung der Form (II 3, 28) ergibt. Demnach liefert der Ansatz

$$\varphi_2 = \Psi_k \cdot \psi \qquad \text{(II 3, 51)}$$

den Potentialanteil φ_2, falls der Kraftfluß Ψ_k aus der Kompensationsbedingung

$$\Psi_k \lim_{r_k \to 0} \psi + \varphi_{1,K} = 0 \qquad \text{(II 3, 52)}$$

des resultierenden Potentiales der Fadenkathode bestimmt wird. Mittels (II 3, 28), (II 3, 29), (II 3, 30) und (II 3, 43) folgt also

$$\Psi_k = -\frac{\varphi_{1,K}}{\psi(r_k)} = -\frac{2\pi l}{\ln \frac{A}{r_k}} [G \varphi_g + (1 - G) \varphi_a], \qquad \text{(II 3, 53)}$$

so daß wir den Betrag E_k der radial nach außen weisenden Kathodenfeldstärke zu

$$E_k = \frac{\Psi_k}{2\pi l r_k} = -\frac{1}{r_k \ln \frac{A}{r_k}} [G \varphi_g + (1 - G) \varphi_a] \qquad \text{(II 3, 54)}$$

finden. Um von hier aus zu einer äquivalenten Vergleichsdiode zu gelangen, haben wir stets die Substitutionen

$$G \to 0; \qquad \varphi_a \to \varphi_{a,\,\text{Diode}} \to \varphi_{st}, \qquad \text{(II 3, 55)}$$

[φ_{st} = Steuerpotential] vorzunehmen; nun aber gabelt sich der Weg:

1. Unter der *natürlichen Vergleichsdiode* verstehen wir diejenige Zweielektroden-Röhre, deren *Green*sche Funktion ψ_{Diode} für $r \to 0$ gegen jene der jeweils vorgelegten Triode konvergiert. Diese Bedingung wird genau dann erfüllt, falls das logarithmische Glied der nach dem Muster von (II 3, 43) gebildeten Funktion ψ_{Diode} mit dem entsprechenden Gliede der für die

Triode zuständigen Funktion ψ übereinstimmt. Die verlangte Eigenschaft der Diode läßt sich auf die einfachste, wenn auch nicht die einzige Art durch eine kreiszylindrische Anode des Halbmessers

$$r_a = A \tag{II 3, 56}$$

realisieren, welche die Kathode konzentrisch umschließt; denn dann reduziert sich die *Green*sche Funktion der Diode auf

$$\psi_{\text{Diode}} = \frac{1}{2\pi l} \ln \frac{A}{r}. \tag{II 3, 57}$$

Auf Grund dieses Sachverhaltes finden wir den Betrag E_k der in der Vergleichsdiode nach außen weisenden Kathodenfeldstärke zu

$$E_k = -\frac{\varphi_{st}}{r_k \ln \frac{A}{r_k}} \tag{II 3, 58}$$

so daß durch deren Vergleich mit (II 3, 54) für die Steuerspannung φ_{st} wiederum die früher an der Punktkathode gefundenen Relationen (II 3, 38) und (II 3, 41) resultieren.

2. Für manche Zwecke zieht man es vor, sich bei der Anodenkonstruktion der Vergleichsdiode von dem Zwange der natürlichen Längeneinheit A zu befreien, welche von der gesamten Triodenkonstruktion abhängt. Dies gelingt, indem man die *Green*sche Funktion ψ_{Diode} für $r \to 0$ zwar einer Entwicklung vom Typus (II 3, 43) unterwirft, in ihr jedoch A durch eine willkürlich wählbare Strecke A' ersetzt. Man findet demnach nunmehr an Stelle von (II 3, 58) für die Kathodenfeldstärke E_k die Gleichung

$$E_k = -\frac{\varphi_{st}}{r_k \ln \frac{A'}{r_k}} \tag{II 3, 59}$$

aus welcher man durch Vergleich mit (II 3, 54) für die entsprechende, „gestrichene" Steuerspannung φ_{st}' als Verallgemeinerung von (II 3, 38) und (II 3, 41) die Formel

$$\varphi_{st}' = \frac{\ln \frac{A'}{r_k}}{\ln \frac{A}{r_k}} [G \psi_g + (1 - G) \varphi_a] - \frac{\ln \frac{A'}{r_k}}{\ln \frac{A}{r_k}} \cdot \frac{\varphi_g + D \varphi_a}{1 + D} \tag{II 3, 60}$$

entnimmt. Insbesondere pflegt man bei feinmaschigen Drahtgittern häufig die Anode der Vergleichsdiode in die Trägerfläche der Drahtachsen zu legen, so daß dann (II 3, 60), im Gegensatz zur „natürlichen" Steuerspannung φ_{st}, als *„gittergebundene" Steuerspannung* [Symbol $\overline{\varphi}_g$] oder als *Effektivpotential* des Gitters [Symbol φ_{eff}] bezeichnet wird; beispielsweise hat man im Falle einer konzentrisch zur Kathode gelegenen kreiszylindrischen Trägerfläche des Halbmessers r_g eben diesen mit A' zu identifizieren, so daß (II 3, 60) in

$$\overline{\varphi}_g \equiv \varphi_{eff} = \varphi'_{st(A' = r_g)} = \frac{\ln \frac{r_g}{r_k}}{\ln \frac{A}{r_k}} [G \varphi_g + (1 - G) \varphi_a] = \frac{\ln \frac{r_g}{r_k}}{\ln \frac{A}{r_k}} \cdot \frac{\varphi_g + D\varphi_a}{1 + D} \tag{II 3, 61}$$

übergeht.

Ungeachtet des grundsätzlichen Unterschiedes zwischen der natürlichen und der gittergebundenen Steuerspannung ist ihr numerisches Verhältnis lediglich bei sehr kleinen Werten der numerischen Vergitterung G merklich von 1 verschieden. Da nun achsial-homogene Trioden solcher Eigenschaften nur selten verwendet werden, darf man die genannten Steuerspannungen häufig einander gleichsetzen; dagegen ist für achsial-inhomogene Trioden „veränderlichen Durchgriffes" [Ziffer II 9] der angezeigte Unterschied auch quantitativ wesentlich.

h) Solange man sich mit der Kenntnis der numerischen Vergitterung G der Triode oder ihres Durchgriffes D begnügt, läßt sich die in (II 3, 29) oder (II 3, 30) geforderte Integration über den Normalgradienten der *Green*schen Funktion umgehen. Denn führt man in (II 3, 28) den Grenzübergang zu verschwindendem Anodenpotential aus, so erhält man in der Gleichung

$$\mathrm{G} = \lim_{\varphi_a \to 0} \frac{\varphi_{1,\,k}}{\varphi_g} \qquad \text{(II 3, 62)}$$

den Satz: Die numerische Vergitterung gleicht dem Verhältnis des „*Zentralpotentiales*" $\varphi_{1,k}$ in der Achse der fortgedachten Kathode zum *Eigenpotential* φ_g des Gitters gegen die Anode als Basis.

Im Gegensatz zu diesem einfachen Ergebnis, von welchem wir später vielfachen Gebrauch machen werden, verlangt die Berechnung der natürlichen Längeneinheit A in jedem Falle die Konstruktion der *Green*schen Funktion einer im Zentrum der Röhre wirksamen Einheitsquelle der elektrischen Ladung.

i) Läßt sich die bisher auf Fadenkathoden beschränkte Potentialtheorie zylindrischer Trioden auf Elektrodensysteme erweitern, deren Kathoden endliche Abmessungen aufweisen?

Wir gehen von einer Röhre mit Fadenelektrode aus, welche von ihrer ursprünglichen Koinzidenz mit der z-Achse des Bezugssystemes durch Parallelverschiebung mit sich selbst in die Strecke

$$-\frac{1}{2}\,l < z < \frac{1}{2}\,l; \qquad r = \overline{r}; \qquad \vartheta = \overline{\vartheta} \qquad \text{(II 3, 63)}$$

übergeführt wurde. Diese dieser neuen Lage angepaßte *Green*sche Funktion bezeichnen wir durch $\overline{\psi}$; sie gelte weiterhin, gleich ψ, als bekannt. Daher kann man den Wert $\overline{\varphi}_1$ der im Skalarpotential φ enthaltenen Komponente φ_1 längs der Geraden (II 3, 63) in der Gestalt

$$\overline{\varphi}_1 = \overline{\mathrm{G}}\,\varphi_g + (1 - \overline{\mathrm{G}})\,\varphi_a \qquad \text{(II 3, 64)}$$

darstellen, in welcher $\overline{\mathrm{G}}$ aus G nach (II 3, 29) mittels Ersatz von ψ durch $\overline{\psi}$ hervorgeht.

Da φ_1 definitionsgemäß der *Laplace*schen Gleichung gehorcht, wird diese auch von der Funktion

$$\overline{\mathrm{G}} = \overline{\mathrm{G}}(z, r, \vartheta) \qquad \text{(II 3, 65)}$$

erfüllt. Nach Vereinbarung beschränken wir uns auf den Grenzfall $l \to \infty$, so daß sich dann die für $\overline{\mathrm{G}}$ maßgebliche *Laplace*sche Gleichung wegen $\frac{\partial \overline{\mathrm{G}}}{\partial z} = 0$ auf

$$\frac{\partial^2 \overline{\mathrm{G}}}{\partial r^2} + \frac{1}{r}\frac{\partial \overline{\mathrm{G}}}{\partial r} + \frac{1}{r^2}\frac{\partial^2 \overline{\mathrm{G}}}{\partial \vartheta^2} = 0 \qquad \text{(II 3, 66)}$$

reduziert. Nun verhält sich φ_1 in dem von Gitter und Anode umschlossenen Gebiete überall regulär. Sei daher

$$r < r_0; \qquad -\infty < z < \infty \tag{II 3, 67}$$

ein Zylindergebiet, welches weder einen Teil des Gitters noch die Anode enthält, so muß die Lösung von (II 3, 66) in Gestalt der Reihe

$$\overline{G} = \overline{g}_0 + \overline{g}_1\left(\frac{r}{A}\right)\sin(\vartheta - \vartheta_1) + \overline{g}_2\left(\frac{r}{A}\right)^2\sin 2(\vartheta - \vartheta_2) + \ldots \tag{II 3, 68}$$

darstellbar sein, deren Konstanten $\overline{g}_0$; $\overline{g}_1, \vartheta_1$; $\overline{g}_2, \vartheta_2$; ... von der Geometrie des Gitters und der Anode vollständig bestimmt werden. Insbesondere wird auf Grund unserer früheren Definitionen im Falle der Koinzidenz der Fadenkathode mit der z-Achse

$$G = \lim_{r \to 0} \overline{G} = \overline{g}_0 \tag{II 3, 69}$$

so daß man längs jedes Kontrollkreises der Eigenschaft $r = \text{const.} < r_0$

$$\frac{1}{2\pi}\int_0^{2\pi} \overline{G}\, d\vartheta = G \tag{II 3, 70}$$

findet.

Zur Komponente φ_2 des Skalarpotentiales φ übergehend, machen wir für sie den Ansatz

$$\varphi_2 = \Psi_k \cdot \psi. \tag{II 3, 71}$$

Falls daher der oben genannte Kontrollkreis dem Konvergenzraum der aus (II 3, 43) hervorgehenden Entwicklung

$$\varphi_2 = \frac{\Psi_k}{2\pi l}\left[\ln\frac{A}{r} + a_1\left(\frac{r}{A}\right)\sin(\vartheta - \vartheta_1) + a_2\left(\frac{r}{A}\right)^2\sin 2(\vartheta - \vartheta_2) + \ldots\right] \tag{II 3, 72}$$

angehört, gilt längs seines Umfanges

$$\frac{1}{2\pi}\int_0^{2\pi} \varphi_2\, d\vartheta = \frac{\Psi_k}{2\pi l}\ln\frac{A}{r}. \tag{II 3, 73}$$

Für die hier behandelten homogenen Trioden bildet die Annahme eines gleichförmigen Betrages der Primärfeldstärke an der Kathodenoberfläche die notwendige Voraussetzung zur Konstruktion der jeweils äquivalenten Vergleichsdiode. In der Regel ist jedoch diese Forderung mit dem gleichzeitig zu verlangenden Festwert $\varphi_{P,k} = 0$ des primären Potentiales längs einer Kathodenoberfläche nicht verschwindender Abmessungen unvereinbar. Für Trioden solcher Bauart — und nur sie lassen sich ja technisch realisieren — müssen wir uns deshalb mit einer angenäherten Lösung der Aufgabe zufrieden geben.

Wir beschränken uns auf Kreiszylinder-Kathoden vom Halbmesser $r = r_k \neq 0$. Im Lichte der Entwicklungen (II 3, 68) und (II 3, 72) erreichen wir dann das Ziel, falls wir an der Kathodenoberfläche mit Einschluß ihrer infinitesimalen Umgebung nur je die Anfangsglieder jener Entwicklungen in Rechnung stellen; denn sie erfüllen aus Symmetriegründen längs aller Zylinder $r = \text{const.}$ gleichzeitig die Bedingungen konstanten Potentiales und gleichförmigen Betrages der Feldstärke.

Indessen haben wir zu prüfen, inwieweit dieses mathematische Verfahren der physikalischen Natur der Kathode als elektrisch hochleitfähiger Körper gerecht wird. In der Sprache der Gleichungen (II 3, 69) und (II 3, 73) besagt ja die ausschließliche Berücksichtigung der Anfangsglieder an Stelle der vollständigen Entwicklungen, daß wir, die Feinstruktur der Potentiale φ_1 und φ_2 an der Kathodenoberfläche außer acht lassend, uns dort mit der Kompensation ihrer räumlichen *Mittelwerte* begnügen. Im Gegensatz zu dieser Darstellung werden jedoch die an der Kathodenoberfläche formal verbleibenden, von uns nur rechnerisch vernachlässigten Schwankungen des Potentiales $(\varphi_1 + \varphi_2)$ tatsächlich durch „Kurzschluß" über den Kathodenkörper vernichtet. Dieser wird daher zum Ursprung einer weiteren Potentialkomponente φ_3, deren Addition zu den bisher allein beachteten Anteilen φ_1 und φ_2 erst das resultierende Primärpotential liefert:

$$\varphi_P = \varphi_1 + \varphi_2 + \varphi_3. \qquad \text{(II 3, 74)}$$

Auf Grund dieser Definitionen genügt φ_3 der *Laplace*schen Gleichung

$$\nabla^2 \varphi_3 = 0 \qquad \text{(II 3, 75)}$$

unter den Randbedingungen

$$\varphi_3 = 0 \quad \text{auf dem Gitter,} \qquad \text{(II 3, 76)}$$

$$\varphi_3 = 0 \quad \text{auf der Anode,} \qquad \text{(II 3, 77)}$$

$$\varphi_1 + \varphi_2 + \varphi_3 = 0 \quad \text{auf der Kathode} \quad r = r_k. \qquad \text{(II 3, 78)}$$

Zufolge der früher den Potentialanteilen φ_1 und φ_2 an der Kathode auferlegten Grenzbedingung verschwindet nun der Mittelwert ihrer Summe $(\varphi_1 + \varphi_2)$ für $r = r_k$, so daß wir aus (II 3, 78) die Eigenschaft

$$\frac{1}{2\pi}\int_0^{2\pi} \varphi_3 \, d\vartheta = 0 \qquad \text{für} \qquad r = r_k, \qquad \text{(II 3, 79)}$$

der Komponente φ_3 erschließen. Im Hinblick auf (II 3, 75) läßt sich daher φ_3 in der Umgebung $r > r_k$ der Kathodenoberfläche als Summe von Partikularintegralen der *Laplace*schen Gleichung durch die Reihe

$$\varphi_3 = \ldots a_{-2}^* \left(\frac{r}{r_k}\right)^{-2} \sin 2(\vartheta - \vartheta_{-2}^*) + a_{-1}^* \left(\frac{r}{r_k}\right)^{-1} \sin(\vartheta - \vartheta_{-1}^*) +$$

$$+ a_0^* \ln\frac{r_k}{r} + a_1^* \left(\frac{r}{r_k}\right)^{1} \sin(\vartheta - \vartheta_1^*) + a_2^* \left(\frac{r}{r_k}\right)^{2} \sin 2(\vartheta - \vartheta_2^*) + \ldots \qquad \text{(II 3, 80)}$$

darstellen, deren Konstanten a_0^*; $a_{\pm 1}^*$, $\vartheta_{\pm 1}^*$; $a_{\pm 2}^*$, $\vartheta_{\pm 2}^*$; ... nur von der Konfiguration der Elektroden abhängen; wir betonen insbesondere, daß in der Regel

$$a_0^* \neq 0 \qquad \text{(II 3, 81)}$$

ausfällt.

Nach diesen Vorbereitungen gehen wir von der Beschreibung des Potentiales in der Nähe der leitenden Kathodenoberfläche zu jener der Feldstärke über.

Zunächst versichert uns die „Kurzschlußgleichung" (II 3, 78), daß längs des Kathodenprofiles keine tangentielle Komponente der Feldstärke auftritt. Nach (II 3, 64) und (II 3, 68) verschwindet überdies der räumliche

Mittelwert der von φ_1 herrührenden Radialkomponente der Kathodenfeldstärke

$$\frac{1}{2\pi}\int\limits_0^{2\pi}\left(-\frac{\partial\varphi_1}{\partial r}\right)_{r=r_k} d\vartheta = 0. \qquad \text{(II 3, 82)}$$

Dagegen entnehmen wir aus (II 3, 72) den Mittelwert der von φ_2 erregten Radialkomponente der Kathodenfeldstärke zu

$$\frac{1}{2\pi}\int\limits_0^{2\pi}\left(-\frac{\partial\varphi_2}{\partial r}\right)_{r=r_k} d\vartheta = \frac{\Psi_k}{2\pi l r_k} \qquad \text{(II 3, 83)}$$

während φ_3 am gleichen Orte gemäß (II 3, 80) die mittlere Radialkomponente

$$\frac{1}{2\pi}\int\limits_0^{2\pi}\left(-\frac{\partial\varphi_3}{\partial r}\right)_{r=r_k} d\vartheta = \frac{a_0^*}{r_k}, \qquad \text{(II 3, 84)}$$

der Feldstärke erzeugt. Man darf somit den Einfluß des Zusatzpotentiales φ_3 auf die resultierende Kathodenfeldstärke dann und nur dann vernachlässigen, falls

$$|a_0^*| \ll \frac{\Psi_k}{2\pi l} \qquad \text{(II 3, 85)}$$

ausfällt. Da nun die Entstehung von φ_3 dem von Null verschiedenen Restpotential $(\varphi_1 + \varphi_2)_{r=r_k}$ zuzuschreiben ist, wird (II 3, 85) durch die Ungleichungen

$$\frac{\overline{g}_1}{\overline{g}_0}\frac{r_k}{A} = \frac{\overline{g}_1}{G}\frac{r_k}{A} \ll 1; \qquad \frac{a_1}{\ln\frac{A}{r_k}}\cdot\frac{r_k}{A} \ll 1 \qquad \text{(II 3, 86)}$$

sichergestellt.

Im Lichte dieser Ergebnisse werden wir dazu gedrängt, das oben geschilderte Rechenverfahren durchaus auf Elektrodensysteme der Struktureigenschaften (II 3, 86) zu beschränken, welche wir von nun ab als *quasihomogene Trioden* den im mathematischen Sinne streng homogenen Trioden zur Seite stellen. Aus dieser Definition folgt für die Kathode der quasihomogenen Trioden die Kompensationsgleichung

$$G\varphi_g + (1 - G)\varphi_a + \frac{\Psi_k}{2\pi l}\ln\frac{A}{r_k} = 0. \qquad \text{(II 3, 87)}$$

Obwohl sie formal mit Gleichung (II 3, 53) identisch ist, unterscheidet sie sich doch von dieser wesentlich durch ihre nunmehr erwiesene, approximative Gültigkeit auch für $r_k \neq 0$; in demselben Grade der Genauigkeit darf somit die Darstellung (II 3, 54) der primären Kathodenfeldstärke für quasihomogene Trioden in Anspruch genommen werden. Entscheiden wir uns jetzt für die natürliche Vergleichsdiode vom Halbmesser A ihrer kreiszylindrischen, konzentrisch zur Kathode gelegenen Anode, so wird also die Steuerspannung der quasihomogenen Triode, wiederum in der angezeigten Näherung, durch die inhaltlich erweiterte Gleichung (II 3, 59)

$$\varphi_{st} = G\varphi_g + (1 - G)\varphi_a \qquad \text{(II 3, 88)}$$

gegeben. Der für die Anwendung auf die Theorie der Trioden entscheidende Wert dieser einfachen Formel liegt in ihrer *Unabhängigkeit vom Kathodenhalbmesser* r_k; diese ihre Eigenschaft beruht wesentlich auf der Einführung der natürlichen Vergleichsdiode und überzeugt uns von deren formalen Vorzügen im Vergleiche zur gittergebundenen Vergleichsdiode, die sich allerdings ihrerseits der rechnerischen Behandlung inhomogener Elektrodensysteme besser anpaßt.

Obwohl die vorstehenden Sätze nur für Trioden entwickelt wurden, deren Kathodenfeldstärke eine schwache azimutale Ungleichförmigkeit ihres Betrages aufweist, gelten sie doch unverändert auch für den Fall schwacher achsialer oder gleichzeitig zirkularer und achsialer Inhomogenität im Betrage der Kathodenfeldstärke. Da indes der systematische Nachweis dieser Behauptung nur unwesentlich von den vorangegangenen Überlegungen abweicht, darf der Kürze halber auf seine Wiedergabe verzichtet werden.

i) Als *Kreiszylinder-Triode* bezeichnen wir eine Röhre, deren Gitterdraht-Achsen sämtlich in der konzentrisch zur Kathode gelegenen Trägerfläche

$$-\frac{1}{2} < z < \frac{1}{2}; \qquad r = r_g > r_k \tag{II 3, 89}$$

angeordnet sind, während die Anode die gleichfalls in der Kathodenachse zentrierte Fläche

$$-\frac{1}{2} < z < \frac{1}{2}; \qquad r = r_a > r_g \tag{II 3, 90}$$

lückenlos erfüllt.

Wir beziehen uns nun, wie früher, auf das aus dem Prozeß $l \to \infty$ hervorgehende Modell der Triode. Vergrößern wir in ihm überdies r_k, r_g und r_a gleichzeitig derart über alles Maß, daß die Differenzen

$$a = \lim_{\substack{r_a \to \infty \\ r_g \to \infty}} (r_a - r_g) > 0, \tag{II 3, 91}$$

$$g = \lim_{\substack{r_g \to \infty \\ r_k \to \infty}} (r_g - r_k) > 0 \tag{II 3, 92}$$

endlich bleiben, so gelangen wir zum Elektrodensystem der sogenannten *parallelebenen Triode*; in ihm mißt a den Abstand von der Anode zur Trägerebene des Gitters und g den Abstand zwischen dieser Ebene und der aktiven Kathodenoberfläche. Die dieser Röhre äquivalente Vergleichsdiode erscheint dann in der Gestalt eines Plattenkondensators, dessen parallelebene Elektroden einander in der Distanz

$$d = g + \lim_{\substack{r_a \to \infty \\ r_g \to \infty}} (A - r_g) \tag{II 3, 93}$$

gegenüberstehen. Solange man in der parallelebenen Triode von den Schwankungen ihrer primären Feldstärke an der Kathodenoberfläche absieht, die Röhre also als quasihomogen behandelt, erweist sich somit ihre *numerische Vergitterung* G *als unabhängig von der Lage der Kathode*, und der gleiche Satz gilt für den Durchgriff D solcher Elektrodensysteme und für ihre natürliche Steuerspannung.

II 4. Elektrostatik der ebenen Triode in elementarer Behandlung.

a) Gegeben sei eine Triode, deren Kathode und Anode als Ebenen von konstantem Abstande ausgebildet sind. In den von ihnen begrenzten Entladungsraum wird ein Gitter äquidistanter, gerader Drähte von einheitlichem Kreisquerschnitt derart eingebracht, daß die Gesamtheit der Drahtachsen eine zu den Plattenelektroden parallele Ebene, die „Gitterebene" definiert.

Wir orientieren uns innerhalb der Triode an einem rechtsläufigen *Kartesi*schen Bezugssysteme der Koordinaten x, y, z; seine z-Achse koinzidiere mit der Achse eines Gitterdrahtes, die x-Achse liege gemäß Abb. II 104 in der Gitterebene, die positive y-Achse weise die Richtung von der Kathode zur Anode. Mit g bezeichnen wir den Abstand der Gitterebene von der Kathode, mit a den Abstand der Gitterebene von der Anode; ϱ_0 sei der Halbmesser des einzelnen Gitterdrahtes, τ der Abstand benachbarter Drahtachsen. Gesucht wird das elektrostatische Potentialfeld φ der „kalten" Triode, falls man der Kathode das Potential $\varphi = 0$, dem Gitter das Potential $\varphi = \varphi_g$ und der Anode das Potential $\varphi = \varphi_a$ erteilt.

b) Auf Grund der gewählten Orientierung des Bezugssystemes reduziert sich die *Laplace*sche Gleichung der Funktion φ auf die zweidimensionale Form

$$\frac{\partial^2\varphi}{\partial x^2} + \frac{\partial^2\varphi}{\partial y^2} = 0, \qquad \text{(II 4, 1)}$$

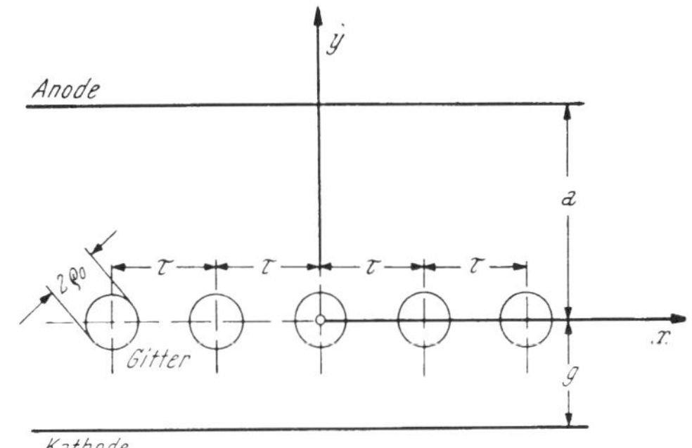

Abb. II 104. Elektrodenanordnung in der planparallelen, homogenen Triode.

Um ihre Lösung in geschlossener Gestalt mittels elementarer Funktionen darstellen zu können, sei folgenden vereinfachenden Voraussetzungen zugestimmt:

1. Der Halbmesser ϱ_0 des einzelnen Gitterdrahtes sei klein gegen den Abstand benachbarter Drahtachsen

$$\varrho_0 \ll \tau. \qquad \text{(II 4, 2)}$$

2. Die Abstände der Gitterebene sowohl von der Kathode wie von der Anode seien groß gegen den Abstand benachbarter Drahtachsen

$$g \gg \tau; \qquad a \gg \tau. \qquad \text{(II 4, 3)}$$

c) Die Linearität der *Laplace*schen Gleichung gestattet den Aufbau ihrer Lösung als Summe zweier Teilpotentiale:

1. Als *Primärfeld* [Adskript p] bezeichnen wir jenen Feldanteil, welcher bei ladungsfreiem Gitter von den Plattenelektroden erregt wird. Mit Rücksicht auf (II 4, 2) und (II 4, 3) darf der Einfluß der Gitterdrähte auf das Primärfeld außer acht gelassen werden; dieses reduziert sich daher auf einen parallel der y-Achse gerichteten homogenen Feldvektor vom Skalarpotentiale

$$\varphi^{(p)} = \varphi_a \cdot \frac{g + y}{g + a}. \qquad \text{(II 4, 4)}$$

2. Als *Sekundärfeld* [Adskript s] definieren wir das Teilfeld der Gitterladungen bei gleichzeitig verschwindendem Potential beider Plattenelektroden.

Wir erteilen jedem Gitterdraht die Ladung λ je Einheit seiner Länge. Verlegen wir diese Ladung vorübergehend auf ein beiderseits der zugehörigen Drahtachse symmetrisch gelegenes Band der Breite $2\,\delta$ in der Gitterebene, so definiert die Gesamtheit aller Bandladungen eine in der Gitterebene mit der Dichte σ flächenhaft mit der primitiven Wellenlänge τ verteilte Ladung. Daher kann die Funktion $\sigma = \sigma(x)$ in die *Fourier*sche Reihe

$$\sigma(x) = \sum_{n=0}^{\infty} \sigma_n \cos\left(n\,2\pi\frac{x}{\tau}\right) = \frac{\lambda}{\tau}\left[1 + 2\sum_{n=1}^{\infty}\frac{\sin\left(n\,2\pi\frac{\delta}{\tau}\right)}{n\,2\pi\frac{\delta}{\tau}}\cos\left(n\,2\pi\frac{x}{\tau}\right)\right] \tag{II 4, 5}$$

entwickelt werden. Unter nochmaliger Berufung auf die Linearität der *Laplace*schen Gleichung kann nunmehr das Sekundärpotential aus jenen Anteilen $\varphi_n^{(s)}$ zusammengesetzt werden, welche je den Flächenladungen der Amplitude σ_n entsprechen. Bezeichnet also Δ die sogenannte Dielektrizitätskonstante des leeren Raumes, so genügt nach Wahl einer reellen Zahl $\varepsilon > 0$ das Potential $\varphi_n^{(s)}$ an der Gitterebene den Bedingungen

$$\lim_{\varepsilon\to 0}\{\varphi_n^{(s)}\}_{y=+\varepsilon} = \lim_{\varepsilon\to 0}\{\varphi_n^{(s)}\}_{y=-\varepsilon} \tag{II 4, 6}$$

und

$$\Delta \lim_{\varepsilon\to 0}\left[-\left\{\frac{\partial\varphi_n^{(s)}}{\partial y}\right\}_{y=+\varepsilon} + \left\{\frac{\partial\varphi_n^{(s)}}{\partial y}\right\}_{y=+\varepsilon}\right] = \sigma_n \cos\left(n\,2\pi\frac{x}{\tau}\right). \tag{II 4, 7}$$

Da sich zudem das Sekundärpotential definitionsgemäß an den Plattenelektroden annulliert, haben wir

$$\varphi_n^{(s)} = 0 \quad \text{für} \quad y = a \quad \text{und} \quad y = -g \tag{II 4, 8}$$

zu fordern.

Mittels zweier noch unbekannter Konstanten K_0^+, K_0^- wählen wir zunächst für das sekundäre „Grundpotential“ [$n = 0$] die Ansätze eines in $y \gtrless 0$ unterschiedlichen Homogenfeldes

$$\varphi_0^{(s)} = K_0^+\frac{a - y}{\tau}; \qquad y > 0, \tag{II 4, 9}$$

$$\varphi_0^{(s)} = K_0^-\frac{g + y}{\tau}; \qquad y < 0 \tag{II 4, 10}$$

welche (II 4, 8) identisch erfüllen. Aus (II 4, 6) und (II 4, 7) entspringen dann die Gleichungen

$$K_0^+\frac{a}{\tau} = K_0^-\frac{g}{\tau} \tag{II 4, 11}$$

und

$$\Delta\frac{K_0^+ + K_0^-}{\tau} = \sigma_0 = \frac{\lambda}{\tau} \tag{II 4, 12}$$

welchen wir

$$K_0^+ = \frac{\lambda}{\Delta}\frac{g}{g + a}; \qquad K_0^- = \frac{\lambda}{\Delta}\frac{a}{g + a} \tag{II 4, 13}$$

entnehmen; insbesondere resultiert in der Gitterebene [y = 0] selbst

$$\varphi^{(s)}_{0,g} = \frac{\lambda}{\Delta\tau} \cdot \frac{g\,a}{g + a}. \tag{II 4, 14}$$

Zu den Ordnungszahlen $n \geqq 1$ übergehend, bilden wir mit Hilfe der noch zu bestimmenden Konstanten K_n^+, K_n^- die folgenden Partikularintegrale der *Laplace*schen Gleichung

$$\varphi^{(s)}_n = K_n^+ \frac{\sinh\left(n\,2\pi\frac{a-y}{\tau}\right)}{\sinh\left(n\,2\pi\frac{a}{\tau}\right)} \cos\left(n\,2\pi\frac{x}{\tau}\right); \quad y > 0, \tag{II 4, 15}$$

$$\varphi^{(s)}_n = K_n^- \frac{\sinh\left(n\,2\pi\frac{g+y}{\tau}\right)}{\sinh\left(n\,2\pi\frac{g}{\tau}\right)} \cos\left(n\,2\pi\frac{x}{\tau}\right); \quad y < 0. \tag{II 4, 16}$$

Da (II 4, 8) von ihnen identisch befriedigt wird, liefern die Randbedingungen (II 4, 6) und (II 4, 7) die Relationen

$$K_n^+ = K_n^- \tag{II 2, 17}$$

und

$$\Delta \cdot n \cdot \frac{2\pi}{\tau}\left[K_n^+ \operatorname{cotgh}\left(n\,2\pi\frac{a}{\tau}\right) + K_n^- \operatorname{cotgh}\left(n\,2\pi\frac{g}{\tau}\right)\right] = \sigma_n = 2\frac{\lambda}{\tau}\frac{\sin\left(n\,2\pi\frac{\delta}{\tau}\right)}{n\,2\pi\frac{\delta}{\tau}}. \tag{II 4, 18}$$

Wir führen hierin durch die Operation

$$\delta \to 0 \tag{II 4, 19}$$

den Grenzübergang zu Linienquellen aus, welche je in der Achse eines Gitterdrahtes liegen, und erhalten

$$K_n^+ = K_n^- = \frac{\lambda}{\pi\Delta}\,\frac{\sinh\left(n\,2\pi\frac{g}{\tau}\right)\cdot\sinh\left(n\,2\pi\frac{a}{\tau}\right)}{n\sinh\left(n\,2\pi\frac{g+a}{\tau}\right)} \tag{II 4, 20}$$

In der Gitterebene selbst wird hiernach

$$\varphi^{(s)}_{n,g} = \frac{\lambda}{\pi\Delta}\,\frac{\sinh\left(n\,2\pi\frac{g}{\tau}\right)\sinh\left(n\,2\pi\frac{a}{\tau}\right)}{n\sinh\left(n\,2\pi\frac{g+a}{\tau}\right)}\cos\left(n\,2\pi\frac{x}{\tau}\right). \tag{II 4, 21}$$

d) Mit Rücksicht auf die konstruktiven Voraussetzungen (II 4, 3) dürfen wir in den Hyperbelfunktionen der Gestalt $\sinh(n \cdot 2\pi w)$ im Falle $n \geqq 1$ für hinreichend große $w > 0$ die Näherung

$$\sinh(n\,2\pi w) \approx \frac{1}{2} e^{n\cdot 2\pi w}, \tag{II 4, 22}$$

benutzen, so daß sich (II 4, 20) in

$$K_n^+ = K_n^- = \frac{\lambda}{2\pi\Delta}\cdot\frac{1}{n} \qquad \text{(II 4, 23)}$$

vereinfacht; mit gleicher Genauigkeit reduzieren sich die Gleichungen (II 4, 15), (II 4, 16) auf

$$\varphi_n^{(s)} = \frac{\lambda}{2\pi\Delta}\cdot\frac{1}{n}\,e^{\mp\left(n\,2\pi\frac{y}{\tau}\right)}\cdot\cos\left(n\,2\pi\frac{x}{\tau}\right); \qquad y \gtrless 0. \qquad \text{(II 4, 24)}$$

Die Struktur der Sekundär-Teilfelder der Ordnungen $n \geqq 1$ wird sonach unter den genannten Voraussetzungen von der Lage der Plattenelektroden relativ zur Gitterebene merklich unabhängig und weist nur in der Umgebung des Gitters wesentliche Intensitäten auf. Dort resultiert somit das Sekundärpotential

$$\varphi^{(s)} = \varphi_0^{(s)} + \frac{\lambda}{2\pi\Delta}\sum_{n=1}^{\infty}\frac{e^{\mp\left(n\,2\pi\frac{y}{\tau}\right)}}{n}\cos\left(n\,2\pi\frac{x}{\tau}\right); \qquad y \gtrless 0. \qquad \text{(II 4, 25)}$$

Die in dieser Gleichung auftretende Reihe läßt sich geschlossen summieren:

$$\sum_{n=1}^{\infty}\frac{e^{\mp\left(n\,2\pi\frac{y}{\tau}\right)}}{n}\cos\left(n\,2\pi\frac{x}{\tau}\right) = \sum_{n=1}^{\infty}\frac{e^{i\,n\,2\pi\frac{x\pm iy}{\tau}} + e^{-i\,n\,2\pi\frac{x\mp iy}{\tau}}}{2n} =$$

$$= \frac{1}{2}\ln\frac{1}{\left(1-e^{i\,2\pi\frac{x\pm iy}{\tau}}\right)\left(1-e^{-i\,2\pi\frac{x\mp iy}{\tau}}\right)} = \frac{1}{2}\ln\frac{e^{\pm 2\pi\frac{y}{\tau}}}{2\left[\cosh\left(2\pi\frac{y}{\tau}\right)-\cos\left(2\pi\frac{x}{\tau}\right)\right]};$$

$$y \gtrless 0. \qquad \text{(II 4, 26)}$$

Mit Rücksicht auf (II 4, 9), (II 4, 10) und (II 4, 13) folgt somit aus (II 4, 25) die für den gesamten Entladungsraum einheitliche Darstellung

$$\varphi^{(s)} = \frac{\lambda}{2\pi\Delta}\left\{\frac{\pi}{\tau}\frac{2ga}{g+a} - \frac{\pi}{\tau}\frac{g-a}{g+a}\,y + \frac{1}{2}\ln\frac{1}{2\left[\cosh\left(2\pi\frac{y}{\tau}\right)-\cos\left(2\pi\frac{x}{\tau}\right)\right]}\right\}.$$

$$\text{(II 4, 27)}$$

In der Nachbarschaft der Gitterachsen

$$x = m\tau; \qquad y = 0 \qquad [m = \ldots, -2, -1, 0, 1, 2, \ldots] \qquad \text{(II 4, 28)}$$

koinzidieren die Flächen konstanten Sekundärpotentiales merklich je mit einer Schar zur Gitterachse konzentrischer Zylinder. Indem wir auf Grund von (II 4, 2) die Oberfläche jedes Gitterdrahtes mit dem ihr entsprechenden Äquipotential-Zylinder identifizieren, finden wir sonach als sekundäres Gitterpotential

$$\varphi_g^{(s)} = \frac{\lambda}{2\pi\Delta}\left\{\frac{\pi}{\tau}\frac{2ga}{g+a} + \frac{1}{2}\ln\frac{1}{2\left[\frac{1}{2!}\left(2\pi\frac{\varrho_0}{\tau}\right)^2\right]}\right\} = \frac{\lambda}{2\pi\Delta}\left\{\frac{\pi}{\tau}\frac{2ga}{g+a} + \ln\frac{\tau}{2\pi\varrho_0}\right\}.$$

$$\text{(II 4, 29)}$$

e) Aus der Verbindung von (II 4, 4) mit (II 4, 29) folgt für das resultierende Gitterpotential die Gleichung

$$\varphi_g = \varphi_a \frac{g}{g+a} + \frac{\lambda}{2\pi\Delta}\left\{\frac{\pi}{\tau}\frac{2ga}{g+a} + \ln\frac{\tau}{2\pi\varrho_0}\right\}. \qquad \text{(II 4, 30)}$$

Wir entnehmen ihr den Ladungsbelag je Gitterdraht als homogene, lineare Funktion der vorgegebenen Elektrodenpotentiale

$$\frac{\lambda}{2\pi\Delta} = \frac{\tau}{2\pi a} \cdot \frac{(g+a)\varphi_g - g\varphi_a}{g + (g+a)\frac{\tau}{2\pi a}\ln\frac{\tau}{2\pi\varrho_0}}. \qquad \text{(II 4, 31)}$$

Auf Grund dieser Relation ergibt sich, abermals mit Rücksicht auf (II 4, 3), als mittlere Ladungsdichte der Kathode

$$\frac{\sigma_k}{\Delta} = -\left[\frac{\partial\varphi^{(p)}}{\partial y} + \frac{\partial\varphi^{(s)}}{\partial y}\right]_{y=-g} = -\left[\frac{\varphi_a}{g+a} + \frac{\lambda}{2\pi\Delta}\left\{-\frac{\pi}{\tau}\frac{g-a}{g+a} + \frac{\pi}{\tau}\right\}\right] =$$

$$= -\frac{\varphi_g + \varphi_a \frac{\tau}{2\pi a}\ln\frac{\tau}{2\pi\varrho_0}}{g + (g+a)\frac{\tau}{2\pi a}\ln\frac{\tau}{2\pi\varrho_0}} \qquad \text{(II 4, 32)}$$

und als mittlere Ladungsdichte der Anode

$$\frac{\sigma_a}{\Delta} = \left[\frac{\partial\varphi^{(p)}}{\partial y} + \frac{\partial\varphi^{(s)}}{\partial y}\right]_{y=a} = \frac{\varphi_a}{g+a} + \frac{\lambda}{2\pi\Delta}\left\{-\frac{\pi}{\tau}\frac{g-a}{g+a} - \frac{\pi}{\tau}\right\} =$$

$$= \frac{-\varphi_g \cdot \frac{g}{a} + \varphi_a\left\{\frac{g}{a} + \frac{\tau}{2\pi a}\ln\frac{\tau}{2\pi\varrho_0}\right\}}{g + (g+a)\frac{\tau}{2\pi a}\ln\frac{\tau}{2\pi\varrho_0}} \qquad \text{(II 4, 33)}$$

Die auf den Einheitsquerschnitt des Entladungsraumes bezogenen Elektrodenladungen ergänzen einander zu einem abgeschlossenen System

$$\frac{\lambda}{\tau} + \sigma_k + \sigma_a = 0. \qquad \text{(II 4, 34)}$$

Stellt man λ/τ, σ_k und σ_a in der Form der *Maxwell*schen *Kapazitätsgleichungen* dar

$$\frac{\lambda}{\tau} = c_{gk}(\varphi_g - 0) + c_{ga}(\varphi_g - \varphi_a), \qquad \text{(II 4, 35)}$$

$$\sigma_k = c_{kg}(0 - \varphi_g) + c_{ka}(0 - \varphi_a), \qquad \text{(II 4, 36)}$$

$$\sigma_a = c_{ag}(\varphi_a - \varphi_g) + c_{ak}(\varphi_a - 0), \qquad \text{(II 4, 37)}$$

so ergeben sich durch ihren Vergleich mit (II 4, 31), (II 4, 32) und (II 4, 33) die Teilkapazitäten je Einheitsquerschnitt des Entladungsraumes zu

$$c_{gk} = c_{kg} = \Delta \frac{1}{g + (g + a)\frac{\tau}{2\pi a} \ln \frac{\tau}{2\pi \varrho_0}}, \qquad \text{(II 4, 38)}$$

$$c_{ga} = c_{ag} = \Delta \frac{\frac{g}{a}}{g + (g + a)\frac{\tau}{2\pi a} \ln \frac{\tau}{2\pi \varrho_0}}, \qquad \text{(II 4, 39)}$$

$$c_{ak} = c_{ka} = \Delta \frac{\frac{\tau}{2\pi a} \ln \frac{\tau}{2\pi \varrho_0}}{g + (g + a)\frac{\tau}{2\pi a} \ln \frac{\tau}{2\pi \varrho_0}}. \qquad \text{(II 4, 40)}$$

Das Verhältnis

$$D = \frac{c_{ak}}{c_{gk}} = \frac{\tau}{2\pi a} \ln \frac{\tau}{2\pi \varrho_0} \qquad \text{(II 4, 41)}$$

definiert den *Durchgriff* der Anode durch das Gitter; er erweist sich als unabhängig von dem Abstande g der Kathode von der Gitterebene, im Einklang mit den Sätzen der Ziffer II 3. Mit Hilfe dieses Begriffes vereinfacht sich (II 4, 31) zu der Angabe

$$\frac{\lambda}{2\pi\Delta} = \frac{\tau}{2\pi a} \cdot \frac{(g + a)\varphi_g - g \cdot \varphi_a}{g + (g + a) D}. \qquad \text{(II 4, 42)}$$

Als *Effektivpotential* [gittergebundenes Steuerpotential] definieren wir das mittlere Potential der Gitterebene; nach (II 4, 4) und (II 4, 14) wird

$$\bar{\varphi}_g = \varphi_a \frac{g}{g + a} + \frac{\lambda}{\Delta\tau} \frac{g a}{g + a} = \frac{g}{g + (g + a) D} (\varphi_g + D \varphi_a) = -g \frac{\sigma_k}{\Delta}, \qquad \text{(II 4, 43)}$$

so daß es sich von der natürlichen Steuerspannung (II 3, 41) durch den konstanten Faktor

$$\frac{\bar{\varphi}_g}{\varphi_{st}} = \frac{1 + D}{1 + \frac{g + a}{g} D} < 1 \qquad \text{(II 4, 44)}$$

unterscheidet. Mit Rücksicht auf (II 4, 30) gilt nun

$$\varphi_a \frac{g}{g + a} = \varphi_g - \frac{\lambda}{2\pi\Delta}\left[\frac{\pi}{\tau} \frac{2 g a}{g + a} + \ln \frac{\tau}{2\pi \varrho_0}\right]. \qquad \text{(II 4, 45)}$$

Daher läßt sich nach Elimination von φ_a aus (II 4, 43) und (II 4, 45) das Effektivpotential durch

$$\bar{\varphi}_g = \varphi_g - \frac{\lambda}{2\pi\Delta} \ln \frac{\tau}{2\pi \varrho_0} \qquad \text{(II 4, 46)}$$

ausdrücken.

f) Wir bilden aus (II 4, 4) im Verein mit (II 4, 9), (II 4, 10), (II 4, 13) und (II 4, 25)

$$\varphi = \varphi_a \frac{g+y}{g+a} + \frac{\lambda}{2\pi\Delta}\left\{\frac{2\pi}{\tau}\frac{g(a-y)}{g+a} + \sum_{n=1}^{\infty}\frac{e^{-n2\pi\frac{y}{\tau}}}{n}\cos\left(n\,2\pi\frac{x}{\tau}\right)\right\}; \qquad y>0, \tag{II 4, 47}$$

$$\varphi = \varphi_a \frac{g+y}{g+a} + \frac{\lambda}{2\pi\Delta}\left\{\frac{2\pi}{\tau}\frac{a(g+y)}{g+a} + \sum_{n=1}^{\infty}\frac{e^{n2\pi\frac{y}{\tau}}}{n}\cos\left(n\,2\pi\frac{x}{\tau}\right)\right\}; \qquad y<0. \tag{II 4, 48}$$

Aus (II 4, 47), (II 4, 48) berechnen wir die achsenparallelen Komponenten der elektrischen Feldstärke

$$E_x = -\frac{\partial\varphi}{\partial x} = \frac{\lambda}{\Delta\tau}\sum_{n=1}^{\infty} e^{\mp n2\pi\frac{y}{\tau}}\sin\left(n\,2\pi\frac{x}{\tau}\right); \qquad y \gtrless 0 \tag{II 4, 49}$$

$$E_y = -\frac{\partial\varphi}{\partial y} = -\frac{\varphi_a}{g+a} \pm \frac{\lambda}{\Delta\tau}\left[\begin{matrix}\frac{g}{g+a}\\ \frac{a}{g+a}\end{matrix} + \sum_{n=1}^{\infty} e^{\mp n2\pi\frac{y}{\tau}}\cos\left(n\,2\pi\frac{x}{\tau}\right)\right]; \; y \gtrless 0. \tag{II 4, 50}$$

Mit wachsendem Abstande von der Gitterebene verschwinden also die parallel der Gitterebene orientierten Feldkomponenten, so daß das resultierende Feld je gegen ein normal zur Gitterebene weisendes Homogenfeld konvergiert:

$$E^{+} = \lim_{y\to+\infty} E_y = -\left[\frac{\varphi_a}{g+a} - \frac{\lambda}{\Delta\tau}\frac{g}{g+a}\right], \tag{II 4, 51}$$

$$E^{-} = \lim_{y\to-\infty} E_y = -\left[\frac{\varphi_a}{g+a} + \frac{\lambda}{\Delta\tau}\frac{a}{g+a}\right]. \tag{II 4, 52}$$

Man entnimmt diesen Gleichungen die Relation

$$\frac{\lambda}{\Delta\tau} = E^{+} - E^{-}, \tag{II 4, 53}$$

welche, im Einklang mit der unmittelbaren Anschauung, die asymptotische Differenz der Feldstärken mit der mittleren Ladungsdichte der Gitterebene genetisch verknüpft.

g) Wir führen das Effektivpotential $\overline{\varphi}_g$ der Gitterebene nach (II 4, 45) ein und erhalten mit Benutzung von (II 4, 53) aus (II 4, 47), (II 4, 48) die Potentialdarstellungen

$$\varphi = \overline{\varphi}_g - E^{+}\cdot y + (E^{+} - E^{-})\frac{\tau}{2\pi}\sum_{n=1}^{\infty}\frac{e^{-n2\pi\frac{y}{\tau}}}{n}\cos\left(n\,2\pi\frac{x}{\tau}\right) \equiv$$

$$\equiv \overline{\varphi}_g - \frac{E^{+}+E^{-}}{2}\,y + \frac{E^{+}-E^{-}}{2}\left[-y + \frac{\tau}{\pi}\sum_{n=1}^{\infty}\frac{e^{-n2\pi\frac{y}{\tau}}}{n}\cos\left(n\,2\pi\frac{x}{\tau}\right)\right];$$

$$y>0, \tag{II 4, 54}$$

$$\varphi = \overline{\varphi}_g - E^- \cdot y + (E^+ - E^-) \frac{\tau}{2\pi} \sum_{n=1}^{\infty} \frac{e^{n 2\pi \frac{y}{\tau}}}{n} \cos\left(n 2\pi \frac{x}{\tau}\right) \equiv$$

$$\equiv \overline{\varphi}_g - \frac{E^+ + E^-}{2} y + \frac{E^+ - E^-}{2} \left[y + \frac{\tau}{\pi} \sum_{n=1}^{\infty} \frac{e^{n 2\pi \frac{y}{\tau}}}{n} \cos\left(n 2\pi \frac{x}{\tau}\right)\right]; \quad y < 0. \tag{II 4, 55}$$

Da in ihnen die Lage der Plattenelektroden relativ zur Gitterebene nicht mehr explizit vorkommt, können wir uns nunmehr von der ursprünglich vorgelegten Dreielektrodenröhre emanzipieren und die Gleichungen (II 4, 54), (II 4, 55) für die Umgebung des Gitters einer planparallelen Elektrodenanordnung in Anspruch nehmen, welche mit einer *beliebigen Zahl von Gittern* ausgestattet ist.

h) Das gittergebundene Steuerpotential wird vermöge seiner linearen Abhängigkeit vom Gitterpotential φ_g der Triode und deren Anodenpotential φ_a nur der Struktur des elektrostatischen Feldes innerhalb der „kalten“ Röhre gerecht. Läßt sich der funktionelle Zusammenhang des Effektivpotentiales mit den vorgegebenen Elektrodenpotentialen so verallgemeinern, daß er auch die *Raumladungen der stationären Elektronenströmung* erfaßt?

Jede Flächeneinheit der Trägerebene $y = 0$ führt die einheitliche Ladungsdichte $\overline{\sigma}$, welche ihrerseits der Differenz der anodenseitig [Symbol $y = +0$] und kathodenseitig [Symbol $y = -0$] herrschenden, parallel der positiven y-Achse gerichteten Komponenten der durchschnittlichen elektrischen Induktion gleicht. Um diesen genetischen Zusammenhang analytisch zu beschreiben, bilden wir, die Definition $\varphi_{eff} = \overline{\varphi}_g$ des Effektivpotentiales als Durchschnittspotential der Gitter-Trägerebene $y = 0$ auf eine beliebige Ebene $y = \text{const.}$ erweiternd, die Funktion

$$\overline{\varphi}(y) = \frac{1}{\tau} \int_0^{\tau} \varphi(x, y)\, dx \tag{II 4, 56}$$

und finden

$$\overline{\sigma} = -\Delta \left[\lim_{y \to +0} \frac{d\overline{\varphi}}{dy} - \lim_{y \to -0} \frac{d\overline{\varphi}}{dy} \right]. \tag{II 4, 57}$$

Die Rückkehr von der gleichmäßig in der Flächendichte $\overline{\sigma}$ auf der Gitter-Trägerebene verteilten Ladung zu dem realen Ladungssystem der diskreten Gitterstäbe erfordert lediglich eine „geographische“ Umordnung: Jedem Einzelstab ist der Ladungsbelag

$$\lambda = \overline{\sigma} \cdot \tau \tag{II 4, 58}$$

zuzuweisen; die Topologie der Gesamtheit aller Stabladungen wird durch die *Fourier*sche Reihe (II 4, 5) beschrieben, welche zufolge (II 4, 58) aus $\overline{\sigma}$ durch Überlagerung des in sich neutralen Ladungssystemes

$$\delta\sigma(x) = \sigma(x) - \overline{\sigma} = \frac{\lambda}{\tau}\, 2 \sum_{n=1}^{\infty} \frac{\sin\left(n 2\pi \frac{\delta}{\tau}\right)}{n 2\pi \frac{\delta}{\tau}} \cos\left(n 2\pi \frac{x}{\tau}\right) \tag{II 4, 59}$$

hervorgeht. Dieser Prozeß zieht die Entstehung des „*Störpotentiales*“ $\delta\varphi$ nach sich, welches das sonst wesentlich querhomogene Feld analytisch bis zu den getrennten Ufern der Gitterstäbe fortzusetzen hat. Verlangen wir von ihm, daß es weder die stromgebundene Raumladungsverteilung im Interelektrodengebiet noch die Potentialwerte der Kathode und der Anode merklich beeinflusse, so haben wir es der *Laplace*schen Gleichung

$$\frac{\partial^2 \delta\varphi}{\partial x^2} + \frac{\partial^2 \delta\varphi}{\partial y^2} = 0 \qquad \text{(II 4, 60)}$$

unter den Randbedingungen

$$\delta\varphi = 0 \qquad \text{für} \qquad y = -g \qquad \text{und} \qquad y = a \qquad \text{(II 4, 61)}$$

zu unterwerfen. Nach dem Grenzübergang zu Linienladungen $\delta \to 0$ folgt die Lösung dieser Aufgabe für hinreichend engmaschige Gitter der Eigenschaften $\tau \ll g$ und $\tau \ll a$ aus den Gleichungen (II 4,25) und (II 4, 26) in der Form

$$\delta\varphi(x, y) = \varphi^{(s)} - \varphi_0{}^{(s)} = \frac{\lambda}{2\pi\Delta} \frac{1}{2} \ln \frac{e^{\mp 2\pi \frac{y}{\tau}}}{2\left[\cosh\left(2\pi\frac{y}{\tau}\right) - \cos\left(2\pi\frac{x}{\tau}\right)\right]}; \quad y \gtrless 0. \qquad \text{(II 4, 62)}$$

Das Störpotential hebt somit das Effektivpotential der Gitter-Trägerebene um den Betrag

$$\delta\varphi_g = \delta\varphi(x, 0) = \frac{\lambda}{2\pi\Delta} \ln \frac{1}{2\left[\sin\pi\frac{x}{\tau}\right]}, \qquad \text{(II 4, 63)}$$

so daß auf der Oberfläche der Gitterstäbe $[|x| = \varrho_0 \ll \tau]$ das Potential

$$\varphi_g = \varphi_{\mathrm{eff}} + \frac{\lambda}{2\pi\Delta} \ln \frac{\tau}{2\pi\varrho_0} \qquad \text{(II 4, 64)}$$

resultiert. Mit Rücksicht auf die Definition (II 4, 41) des Durchgriffes D entnehmen wir also aus (II 4, 57), (II 4, 58) und (II 4, 64) die Relation

$$\varphi_{\mathrm{eff}} = \varphi_g + D \cdot a\left[\left(\frac{d\overline{\varphi}}{dy}\right)_{y\to+0} - \left(\frac{d\overline{\varphi}}{dy}\right)_{y\to-0}\right], \qquad \text{(II 4, 65)}$$

welche die Ergebnisse (II 4, 46) und (II 4, 53) bestätigt und verallgemeinert; wir behandeln folgende Beispiele:

1. Im „elektrostatischen Grenzfall" verschwindend kleiner Elektronenstromdichten im Entladungsraum gilt

$$\left(\frac{d\overline{\varphi}}{dy}\right)_{y\to+0} = \frac{\varphi_a - \varphi_{\mathrm{eff}}}{a} \qquad \text{(II 4, 66)}$$

und

$$\left(\frac{d\overline{\varphi}}{dy}\right)_{y\to-0} = \frac{\varphi_{\mathrm{eff}}}{g} \qquad \text{(II 4, 67)}$$

so daß (II 4, 65) auf das gittergebundene Steuerpotential

$$\varphi_{\mathrm{eff}} = \frac{\varphi_g + D\,\varphi_a}{1 + D\left(1 + \frac{a}{g}\right)} \qquad \text{(II 4, 68)}$$

der Triode zurückführt.

2. Im *Child-Langmuir*schen Gebiete der Raumlade-Kennlinie herrsche zwischen der Kathode und der Gitter-Trägerebene das Durchschnittspotential

$$\overline{\varphi}(y) = \varphi_{eff}\left(\frac{g+y}{g}\right)^{4/3}. \qquad \text{(II 4, 69)}$$

welches an der kathodenseitigen Fläche der Gitter-Trägerebene die durchschnittliche Feldstärke

$$\left(\frac{d\overline{\varphi}}{dy}\right)_{y \to -0} = \frac{4}{3}\,\frac{\varphi_{eff}}{g} \qquad \text{(II 4, 70)}$$

erregt: Da die von der Gitter-Trägerebene zur Kathode strebenden Kraftlinien nunmehr teilweise schon in der Elektronenwolke des Gitter-Kathodenraumes enden, verkürzt sich der konstruktive Abstand g zwischen den genannten Elektroden auf den *wirksamen Abstand*

$$g_w = \frac{3}{4}\,g. \qquad \text{(II 4, 71)}$$

Falls nichtsdestoweniger das Feld im Gitter-Anodenraum merklich jenem der kalten Röhre gleicht, folgt durch Substitution von (II 4, 66) und (II 4, 70) in (II 4, 65) für das Effektivpotential die Formel

$$\varphi_{eff} = \frac{\varphi_g + D\,\varphi_a}{1 + D\left(1 + \frac{4}{3}\,\frac{a}{g}\right)}, \qquad \text{(II 4, 72)}$$

welche aus (II 4, 68) nach Ersatz von g durch g_w nach (II 4, 71) hervorgeht.

II 5. Das komplexe Potential der Triode.

a) Wir wiederholen die Analyse des elektrostatischen Feldes der ebenen Triode nach Ziffer II 4 mit komplexen Hilfsmitteln in doppelter Absicht:

1. Die Grundlagen der Theorie sind zu verschärfen.

2. Die Ergebnisse der Theorie sind mittels des Verfahrens der konformen Abbildung anderen Röhrenformen anzupassen.

Die geometrischen und elektrischen Daten der ebenen Triodenanordnung werden unverändert beibehalten. Innerhalb einer beliebig gewählten, festen Ebene senkrecht zur Achse der Gitterdrähte orientieren wir uns an Hand der rechtwinkeligen Koordinaten x und y. Dagegen soll das Symbol z weiterhin nicht etwa die dritte *Kartesi*sche Koordinate des dreidimensionalen Konfigurationsraumes kennzeichnen, sondern es definiere die *Gauß*sche komplexe Koordinate der oben genannten Bezugsebene

$$z = x + i\,y. \qquad \text{(II 5, 1)}$$

b) Das bei ladungsfreiem Gitter allein verbleibende elektrostatische *Primärpotential* $\varphi^{(p)}$ lautet, falls, wie früher, der störende Einfluß der Gitterdrähte außer Betracht bleibt, nach Gl. (II 4, 4)

$$\varphi^{(p)} = \varphi_a\,\frac{g+y}{g+a}. \qquad \text{(II 5, 2)}$$

Wir ergänzen es durch die *primäre Stromfunktion*

$$\psi^{(p)} = \varphi_a\,\frac{g - i\,x}{g+a} \qquad \text{(II 5, 3)}$$

zum *komplexen Primärpotential*

$$\chi^{(p)} = \varphi^{(p)} + i\,\psi^{(p)} = \varphi_a \frac{g - i\,z}{g + a}. \qquad \text{(II 5, 4)}$$

c) Die Ermittelung des *Sekundärpotentiales* $\varphi^{(s)}$ verlangt definitionsgemäß die Konstruktion eines elektrostatischen Feldes, welches auf der Oberfläche jedes Gitterdrahtes

$$|z - l\,\tau| = \varrho_0; \qquad l = \ldots, -2, -1, 0, 1, 2, \ldots \qquad \text{(II 5, 5)}$$

je Einheit seiner Länge die elektrische Ladung λ bindet und überdies längs der Ebenen $y = -g$ [Kathode] und $y = a$ [Anode] gleichzeitig verschwindet:

$$\varphi^{(s)} = 0 \quad \text{für} \quad y = -g \quad \text{und} \quad y = a. \qquad \text{(II 5, 6)}$$

Wir genügen diesen Randbedingungen mit Hilfe des *Thomson*schen Bilderverfahrens: Durch Spiegelung des vorgegebenen, „wahren" Gitters an der Kathodenebene entsteht in $y = -2\,g$ ein virtuelles Gitter vom Ladungsbelag $(-\lambda)$ je Draht; ebenso erzeugt die Spiegelung des realen Gitters an der Anodenebene ein virtuelles Gitter in $y = 2\,a$, welches gleichfalls je Draht den Ladungsbelag $(-\lambda)$ trägt.

Die genannten virtuellen Gitter erster Ordnung sind nun abermals an den Plattenelektroden zu spiegeln: Führen wir durch

$$h = g + a \qquad \text{(II 5, 7)}$$

den Abstand der Anode von der Kathode ein, so entstehen in $y = 2\,h$ und $y = -2\,h$ die virtuellen Gitter zweiter Ordnung je vom Ladungsbelage $(+\lambda)$ ihrer Einzeldrähte.

Durch unbegrenzte Fortsetzung dieses Spiegelungsprozesses gelangt man zu einem zweifach-periodischen Gittersystem von abwechselnd entgegengesetzten Ladungsträger-Reihen nach Abb. II 105. Wir fassen es als Resultante zweier je doppelt-periodischer Gitter auf, deren eines aus lauter positiven und deren anderes aus lauter negativen Ladungen absolut gleicher Liniendichte aufgebaut ist. Ihre *„reelle Periode"* parallel der x-Achse gleicht dem Abstande τ benachbarter Achsen des vorgegebenen Gitters, der *„Gitterteilung"*. während ihre *„imaginäre Periode"* parallel der y-Achse durch $2\,h$, den *doppelten Abstand der Plattenelektroden*, bestimmt wird.

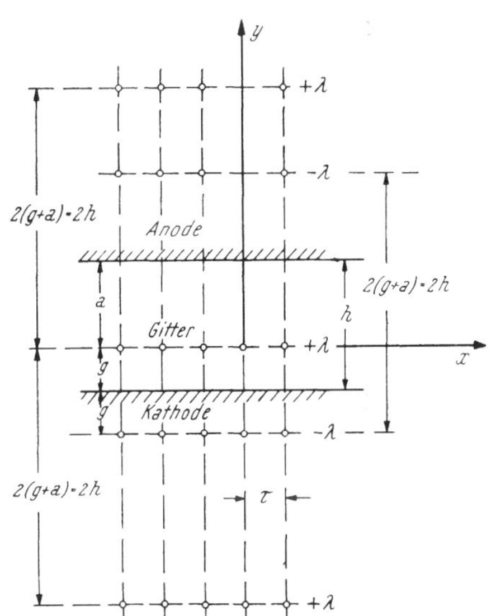

Abb. II 105. Durch Spiegelung des Gitters an den Plattenelektroden entsteht ein doppelt-periodisches System von Linienladungen.

d) Wir suchen zunächst eine komplexe, analytische Funktion, welche in den Achsen der positiven Linienladungen einfache Nullstellen, in den Achsen der negativen Linienladungen dagegen einfache Pole aufweist. Die Lösung dieser Aufgabe verlangt die Einführung *doppeltperiodischer Funktionen*:

Wir gehen von den ϑ-Funktionen erster Ordnung der komplexen Veränderlichen

$$w = u + i v \tag{II 5, 8}$$

aus. Sei eine unter ihnen durch das Symbol F bezeichnet, so genügen sie gleichzeitig den beiden Funktionalgleichungen

$$F(w + 1) = (-1)^k \cdot F(w) \tag{II 5, 9}$$

$$F(w + T) = (-1)^l e^{i\pi(2w+T)} F(w). \tag{II 5, 10}$$

In ihnen bedeutet T eine komplexe Konstante, während k und l je eine der Zahlen 0 oder 1 sein können; das Paar (k, l) definiert die *Charakteristik* der ϑ-Funktion.

Wir benutzen zunächst die ϑ-Funktion der Charakteristik (k, l) = (1, 1), welche durch das Symbol $\vartheta_1(w, T)$ gekennzeichnet wird. Setzt man

$$q = e^{\pi i T} \tag{II 5, 11}$$

und beschränkt sich auf jene Werte von T, für welche $|q| < 1$ ausfällt, so lautet die Definition der in Rede stehenden Funktion

$$\vartheta_1(w, T) = 2\,[q^{1/4} \sin \pi w - q^{9/4} \sin 3\pi w + q^{25/4} \sin 5\pi w - + \ldots] \tag{II 5, 12}$$

Gemäß (II 5, 9) und (II 5, 10) findet man die Lage ihrer Nullstellen aus der Angabe

$$w = m + n T \tag{II 5, 13}$$

in welcher m und n beliebige ganze Zahlen mit Einschluß der Null sein dürfen. Nun sind die Orte der positiven Linienladungen in

$$z_+ = m\tau + i n 2h \tag{II 5, 14}$$

vorgeschrieben. Wählen wir also

$$w = \frac{z}{\tau}; \qquad T = i\frac{2h}{\tau}; \qquad q = e^{-\frac{2h}{\tau}}, \tag{II 5, 15}$$

so erfüllt das komplexe Potential

$$\chi_+ = \frac{\lambda}{2\pi\Delta} \ln \frac{1}{\vartheta_1\left(\frac{z}{\tau} T\right)} \tag{II 5, 16}$$

alle Bedingungen, welche dem positiven Ladungssystem auferlegt wurden. Ähnlich korrespondiert den Orten der negativen Linienladungen

$$z_- = -2ig + m\tau + i n 2h \tag{II 5, 17}$$

das komplexe Potential

$$\chi_- = \frac{\lambda}{2\pi\Delta} \ln \vartheta_1\left(\frac{z + 2ig}{\tau}, T\right). \tag{II 5, 18}$$

Wir behaupten, daß das aus (II 5, 16) und (II 5, 18) resultierende komplexe Potential

$$\chi = \chi_+ + \chi_- = \frac{\lambda}{2\pi\Delta} \ln \frac{\vartheta_1\left(\frac{z + 2ig}{\tau}, T\right)}{\vartheta_1\left(\frac{z}{\tau}, T\right)}. \tag{II 5, 19}$$

sowohl längs der Kathode wie längs der Anode einen je konstanten Realteil besitzt. Denn zunächst fallen für $z = x - ig$ [Kathode] die Argumente der ins Verhältnis gesetzten ϑ-Funktionen, also auch diese selbst konjugiert-komplex aus, womit der erste Teil der Behauptung erwiesen ist. Um weiter das Verhalten des Ausdruckes (II 5, 19) für $z = x + i a$ [Anode] zu untersuchen, stützen wir uns auf die Formel

$$\vartheta_1\left(w + \frac{1}{2} T, T\right) = i\, \vartheta_0(w, T)\, e^{-\frac{1}{4}\pi i (2w + \frac{1}{2} T)} \qquad \text{(II 5, 20)}$$

In ihr ist die Funktion $\vartheta_0(w, T)$ durch

$$\vartheta_0(w, T) = 1 - 2\left[q \cos 2\pi w - q^4 \cos 4\pi w + q^9 \cos 6\pi w - + \ldots\right] \qquad \text{(II 5, 21)}$$

definiert. Insbesondere folgen aus (II 5, 20) auf Grund von (II 5, 15) die Relationen

$$\vartheta_1\left(\frac{x + i a + 2 i g}{\tau}, T\right) = i\, \vartheta_0\left(\frac{x + i g}{\tau}, T\right) e^{-\frac{1}{4}\pi i \left\{2 \frac{x + i g}{\tau} + \frac{1}{2} T\right\}} \qquad \text{(II 5, 22)}$$

und

$$\vartheta_1\left(\frac{x + i a}{\tau}, T\right) = i\, \vartheta_0\left(\frac{x - i g}{\tau}, T\right) e^{-\frac{1}{4}\pi i \left\{2 \frac{x - i g}{\tau} + \frac{1}{2} T\right\}} \qquad \text{(II 5, 23)}$$

welche die Identität

$$\frac{\vartheta_1\left(\frac{x + i a + 2 i g}{\tau}, T\right)}{\vartheta_1\left(\frac{x + i a}{\tau}, T\right)} \equiv \frac{\vartheta_0\left(\frac{x + i g}{\tau}, T\right)}{\vartheta_0\left(\frac{x - i g}{\tau}, T\right)}\, e^{2\pi \frac{g}{\tau}} \qquad \text{(II 5, 24)}$$

nach sich ziehen. Wir tragen sie in (II 5, 19) ein, spalten den Realteil der entstehenden Gleichung ab und erhalten in

$$\varphi_{[y = a]} = \operatorname{Re} \chi_{[y = a]} = \frac{\lambda}{2\pi\Delta}\, 2\pi \frac{g}{\tau} \qquad \text{(II 5, 25)}$$

den Beweis für den zweiten Teil der oben aufgestellten Behauptung. Mit Rücksicht auf die Randbedingungen (II 5, 6) lautet somit das komplexe Sekundärpotential

$$\chi^{(s)} = \frac{\lambda}{2\pi\Delta}\left[\ln \frac{\vartheta_1\left(\frac{z + 2 i g}{\tau}, T\right)}{\vartheta_1\left(\frac{z}{\tau}, T\right)} + 2\pi \frac{g}{\tau} \frac{i z - g}{h}\right]. \qquad \text{(II 5, 26)}$$

e) Unter den Voraussetzungen

$$\varrho_0 \ll \tau; \qquad \varrho_0 \ll h, \qquad \text{(II 5, 27)}$$

finden wir aus (II 5, 26) das reelle Sekundärpotential $\varphi_g^{(s)}$ des Gitters, indem wir $z = 0 + i \varrho_0$ [mod τ] wählen und den reellen Teil des entstehenden Ausdruckes bilden:

$$\varphi_g^{(s)} = \frac{\lambda}{2\pi\Delta}\left[\ln \frac{\vartheta_1\left(\frac{2 i g}{\tau}, T\right)}{\vartheta_1\left(\frac{i \varrho_0}{\tau}, T\right)} - 2\pi \frac{g}{\tau} \frac{g}{h}\right]. \qquad \text{(II 5, 28)}$$

In dieser Gestalt ist jedoch das Resultat nicht unmittelbar zu verwerten, weil die ϑ-Funktionen nur für reelle Werte ihres Argumentes tabuliert sind. Um diese sozusagen rechentechnische Schwierigkeit zu überwinden, bedienen wir uns der Transformationsformel

$$\vartheta_1(\mathrm{w}, \mathrm{T}) = \frac{\mathrm{i}}{\mathrm{C}}\, e^{-\pi i \frac{\mathrm{w}^2}{\mathrm{T}}}\, \vartheta_1\left(\frac{\mathrm{w}}{\mathrm{T}}, -\frac{1}{\mathrm{T}}\right) \tag{II 5, 29}$$

in welcher C eine Konstante bezeichnet, deren explizite Kenntnis weiterhin nicht vonnöten ist. Mit

$$\frac{2\mathrm{i}\mathrm{g}}{\tau}\cdot\frac{1}{\mathrm{T}} = \frac{2\mathrm{i}\mathrm{g}}{\tau}\cdot\frac{\tau}{\mathrm{i}\,2\mathrm{h}} = \frac{\mathrm{g}}{\mathrm{h}}\,;\quad \frac{\mathrm{i}\varrho_0}{\tau}\frac{1}{\mathrm{T}} = \frac{\mathrm{i}\varrho_0}{\tau}\frac{\tau}{\mathrm{i}\,2\mathrm{h}} = \frac{\varrho_0}{2\mathrm{h}}\,;\quad -\frac{1}{\mathrm{T}} = \mathrm{i}\frac{\tau}{2\mathrm{h}} \tag{II 5, 30}$$

findet man somit

$$\frac{\vartheta_1\left(\frac{2\mathrm{i}\mathrm{g}}{\tau}, \mathrm{T}\right)}{\vartheta_1\left(\frac{\mathrm{i}\varrho_0}{\tau}, \mathrm{T}\right)} = \frac{e^{\pi\frac{\tau}{2\mathrm{h}}\frac{4\mathrm{g}^2}{\tau^2}}}{e^{\pi\frac{\tau}{2\mathrm{h}}\frac{\varrho_0^2}{\tau^2}}}\; \frac{\vartheta_1\left(\frac{\mathrm{g}}{\mathrm{h}}, \mathrm{i}\frac{\tau}{2\mathrm{h}}\right)}{\vartheta_1\left(\frac{\varrho_0}{2\mathrm{h}}, \mathrm{i}\frac{\tau}{2\mathrm{h}}\right)} \tag{II 5, 31}$$

und hieraus, mit Rücksicht auf (II 5, 27) und (II 5, 28)

$$\varphi_{\mathrm{g}}^{(\mathrm{s})} = \frac{\lambda}{2\pi\Delta}\left[\ln\left\{e^{2\pi\frac{\mathrm{g}^2}{\mathrm{h}\tau}}\frac{\vartheta_1\left(\frac{\mathrm{g}}{\mathrm{h}}, \mathrm{i}\frac{\tau}{2\mathrm{h}}\right)}{\vartheta_1\left(\frac{\varrho_0}{2\mathrm{h}}, \mathrm{i}\frac{\tau}{2\mathrm{h}}\right)}\right\} - 2\pi\frac{\mathrm{g}}{\tau}\cdot\frac{\mathrm{g}}{\mathrm{h}}\right] = \frac{\lambda}{2\pi\Delta}\ln\frac{\vartheta_1\left(\frac{\mathrm{g}}{\mathrm{h}}, \mathrm{i}\frac{\tau}{2\mathrm{h}}\right)}{\vartheta_1\left(\frac{\varrho_0}{2\mathrm{h}}, \mathrm{i}\frac{\tau}{2\mathrm{h}}\right)}. \tag{II 5, 32}$$

Zur Berechnung der sekundären Stromfunktion $\psi^{(\mathrm{s})}$ benutzen wir in (II 5, 26) denjenigen Zweig des ln, dessen Imaginärteil zwischen den Grenzen $(-\pi)$ und $(+\pi)$ eingeschlossen ist. Die Verzweigungsschnitte sind dann in der z-Ebene längs jener Linien zu führen, auf welchen der Quotient der beiden ϑ-Funktionen negativ-reell ausfällt. Nun gilt für $\mathrm{x} = 0$ [mod τ] nach (II 5, 9) und (II 5, 29)

$$\frac{\vartheta_1\left(\frac{\mathrm{i}\mathrm{y}+2\mathrm{i}\mathrm{g}}{\tau}, \mathrm{T}\right)}{\vartheta_1\left(\frac{\mathrm{i}\mathrm{y}}{\tau}, \mathrm{T}\right)} = \frac{e^{\pi\frac{(\mathrm{y}+\mathrm{g}+\mathrm{g})^2}{2\mathrm{h}\tau}}}{e^{\pi\frac{(\mathrm{y}+\mathrm{g}-\mathrm{g})^2}{2\mathrm{h}\tau}}}\cdot\frac{\vartheta_1\left(\frac{\mathrm{y}+\mathrm{g}+\mathrm{g}}{2\mathrm{h}}, \mathrm{i}\frac{\tau}{2\mathrm{h}}\right)}{\vartheta_1\left(\frac{\mathrm{y}+\mathrm{g}-\mathrm{g}}{2\mathrm{h}}, \mathrm{i}\frac{\tau}{2\mathrm{h}}\right)}. \tag{II 5, 33}$$

Die gesuchten Verzweigungsschnitte koinzidieren sonach mit jenen Strecken, welche je von den negativen Linienquellen zu den gerade im Sinne der positiven y-Achse über ihnen liegenden positiven Linienquellen verlaufen. Untersucht man insbesondere die Umgebung des Ursprunges, so ergibt sich dann weiter aus (II 5, 12), daß gemäß Abb. II 106 der Imaginärteil des ln stets am $\genfrac{}{}{0pt}{}{\text{rechten}}{\text{linken}}$ Ufer der Verzweigungsschnitte gleich $(\pm\pi)$ zu setzen ist. Daher ändert sich die sekundäre Stromfunktion je Gitterteilung τ der Kathodenoberfläche um

$$\begin{aligned}\Delta\psi_{\mathrm{k}}^{(\mathrm{s})} &= \lim_{\tau > \mathrm{x} \to \tau}\psi^{(\mathrm{s})}(\mathrm{x}, -\mathrm{g}) - \lim_{0 < \mathrm{x} \to 0}\psi^{(\mathrm{s})}(\mathrm{x}, -\mathrm{g}) = \\ &= \frac{\lambda}{2\pi\Delta}\left[\left\{-\pi + 2\pi\frac{\mathrm{g}}{\tau}\cdot\frac{\tau}{\mathrm{h}}\right\} - \left\{+\pi + 2\pi\frac{\mathrm{g}}{\tau}\cdot\frac{\mathrm{o}}{\mathrm{h}}\right\}\right] = \\ &= -\frac{\lambda}{\Delta}\left[1 - \frac{\mathrm{g}}{\mathrm{h}}\right] = -\frac{\lambda}{\Delta}\cdot\frac{\mathrm{a}}{\mathrm{h}}.\end{aligned} \tag{II 5, 34}$$

Die Kathodenoberfläche trägt somit die durchschnittliche Sekundärladungsdichte

$$\sigma_k^{(s)} = \Delta \cdot \left[\frac{\Delta \psi_k^{(s)}}{\tau}\right] = -\frac{\lambda}{\tau}\frac{a}{h}, \tag{II 5, 35}$$

so daß gleichzeitig jede Flächeneinheit der Anode die mittlere Sekundärladung

$$\sigma_a^{(s)} = -\frac{\lambda}{\tau} - \sigma_k^{(s)} = -\frac{\lambda}{\tau}\frac{g}{h} \tag{II 5, 36}$$

bindet.

f) Auf Grund der Konstruktionsangaben (II 5, 27) finden wir aus (II 5, 2) mit hinreichender Genauigkeit das primäre Gitterpotential

$$\varphi^{(p)} = \varphi_a \frac{g}{g+a} = \varphi_a \frac{g}{h}. \tag{II 5, 37}$$

Aus ihm resultiert durch Zusammenfassung mit (II 5, 32) das Gitterpotential

$$\varphi_g = \varphi_g^{(p)} + \varphi_g^{(s)} = \varphi_a \frac{g}{h} + \frac{\lambda}{2\pi\Delta} \ln \frac{\vartheta_1\left(\frac{g}{h}, i\frac{\tau}{2h}\right)}{\vartheta_1\left(\frac{\varrho_0}{2h}, i\frac{\tau}{2h}\right)}. \tag{II 5, 38}$$

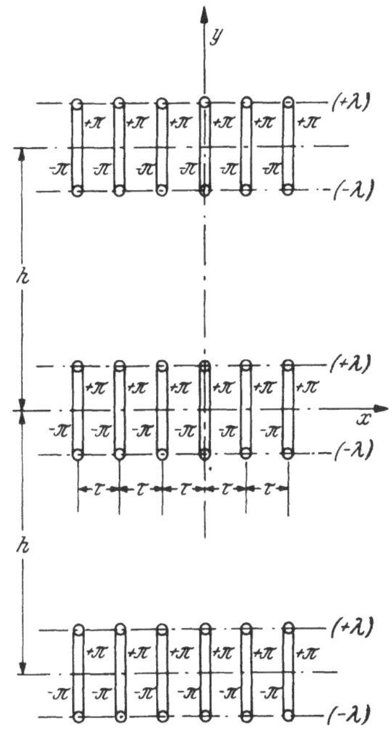

Abb. II 106. Verzweigungscharakter der komplexen Gitter-Potentialfunktion der planparallelen Triode.

Bei vorgeschriebenen Werten φ_g und φ_a folgt hieraus umgekehrt

$$\frac{\lambda}{2\pi\Delta} = \frac{\varphi_g - \varphi_a \cdot \frac{g}{h}}{\ln \frac{\vartheta_1\left(\frac{g}{h}, i\frac{\tau}{2h}\right)}{\vartheta_1\left(\frac{\varrho_0}{2h}, i\frac{\tau}{2h}\right)}}. \tag{II 5, 39}$$

Wir ergänzen die mittlere sekundäre Kathoden-Ladungsdichte durch die am gleichen Orte auftretende primäre Ladungsdichte

$$\sigma_k^{(p)} = -\Delta \frac{\varphi_a}{h} \tag{II 5, 40}$$

zur durchschnittlichen Gesamtladungsdichte σ_k der Kathode und erhalten mit Rücksicht auf (II 5, 35) und (II 5, 39)

$$\frac{\sigma_k}{\Delta} = -\frac{2\pi}{\tau \ln \frac{\vartheta_1\left(\frac{g}{h}, i\frac{\tau}{2h}\right)}{\vartheta_1\left(\frac{\varrho_0}{2h}, i\frac{\tau}{2h}\right)}} \left[\frac{a}{h}\varphi_g + \left\{\frac{\tau}{2\pi h} \ln \frac{\vartheta_1\left(\frac{g}{h}, i\frac{\tau}{2h}\right)}{\vartheta_1\left(\frac{\varrho_0}{2h}, i\frac{\tau}{2h}\right)} - \frac{g\,a}{h^2}\right\} \varphi_a\right]. \tag{II 5, 41}$$

Setzt man formal [*Maxwell*sche *Kapazitätsgleichungen*]

$$\frac{\lambda}{\tau} = c_{gk}(\varphi_g - 0) + c_{ga}(\varphi_g - \varphi_a), \qquad \text{(II 5, 42)}$$

$$\sigma_k = c_{kg}(0 - \varphi_g) + c_{ka}(0 - \varphi_a), \qquad \text{(II 5, 43)}$$

so entnimmt man den Gleichungen (II 5, 39) und (II 5, 41) für die mittleren Teilkapazitäten je Flächeneinheit des Entladungssystemes die Ausdrücke

$$c_{gk} = c_{kg} = \frac{2\pi\Delta}{\tau} \frac{\frac{a}{h}}{\ln \frac{\vartheta_1\left(\frac{g}{h}, i\frac{\tau}{2h}\right)}{\vartheta_1\left(\frac{\varrho_0}{2h}, i\frac{\tau}{2h}\right)}} = \Delta \frac{1}{g + D\,h}, \qquad \text{(II 5, 44)}$$

$$c_{ga} = c_{ag} = \frac{2\pi\Delta}{\tau} \frac{\frac{g}{h}}{\ln \frac{\vartheta_1\left(\frac{g}{h}, i\frac{\tau}{2h}\right)}{\vartheta_1\left(\frac{\varrho_0}{2h}, i\frac{\tau}{2h}\right)}} = \Delta \frac{\frac{g}{a}}{g + D\,h}, \qquad \text{(II 5, 45)}$$

$$c_{ak} = c_{ka} = \frac{2\pi\Delta}{\tau} \frac{\frac{\tau}{2\pi h} \cdot \ln \frac{\vartheta_1\left(\frac{g}{h}, i\frac{\tau}{2h}\right)}{\vartheta_1\left(\frac{\varrho_0}{2h}, i\frac{\tau}{2h}\right)} - \frac{g\,a}{h^2}}{\ln \frac{\vartheta_1\left(\frac{g}{h}, i\frac{\tau}{2h}\right)}{\vartheta_1\left(\frac{\varrho_0}{2h}, i\frac{\tau}{2h}\right)}} = \Delta \frac{D}{g + D\,h}, \qquad \text{(II 5, 46)}$$

in welchen

$$D = \frac{c_{ak}}{c_{gk}} = \frac{\tau}{2\pi a} \ln \frac{\vartheta_1\left(\frac{g}{h}, i\frac{\tau}{2h}\right)}{\vartheta_1\left(\frac{\varrho_0}{2h}, i\frac{\tau}{2h}\right)} - \frac{g}{h} \qquad \text{(II 5, 47)}$$

den *Durchgriff* der Anode durch das Gitter definiert. Im Gegensatz zu der nur approximativ im Falle $g \gg \tau$ und $a \gg \tau$ gültigen Näherungsformel (II 5, 41) wird also der Durchgriff in der hier durchgeführten, verschärften Analyse von der Lage der Kathode relativ zum Gitter explizit abhängig; doch bleiben die Relationen (II 5, 42) und (II 5, 43) gegen diese Änderung invariant.

g) Um den Anwendungsbereich der bisher entwickelten Theorie zu erweitern, gehen wir in die Ebene der komplexen Variabeln

$$\zeta = \xi + i\,\eta \qquad \text{(II 5, 48)}$$

über, welche wir nach Wahl der positiven, reellen Maßstabseinheit M sowie der ganzen, positiven Zahl p mit der *Gaußschen* Koordinate z der Originalebene (II 5, 1) durch die Transformation

$$\frac{\zeta}{M} = e^{-i 2\pi \frac{z}{p\tau}} \tag{II 5, 49}$$

funktionell verknüpfen. Führt man in der ζ-Ebene Polarkoordinaten ϱ [Radialdistanz] und α [Azimut] ein

$$\zeta = \varrho\, e^{i\alpha}, \tag{II 5, 50}$$

so folgt aus (II 5, 49)

$$\frac{\varrho}{M} = e^{2\pi \frac{y}{p\tau}}; \qquad \alpha = -2\pi \frac{x}{p\tau} \;[\text{mod } 2\pi]. \tag{II 5, 51}$$

Daher wird jede zur x-Achse parallele Strecke der z-Ebene

$$0 < x < p\tau \;[\text{mod } p\tau] \tag{II 5, 52}$$

in einen Kreis der ζ-Ebene abgebildet, dessen Halbmesser durch die ,,Höhenlage" y der in Rede stehenden Strecke in der Originalebene bestimmt ist. Insbesondere korrespondiert dem Abschnitte (II 5, 52) der Gitterebene $y = 0$ nach seiner Transformation in die ζ-Ebene der genau einmal durchlaufene, volle Kreis

$$|\zeta| = \varrho_g = M. \tag{II 5, 53}$$

Ebenso wird der Abschnitt (II 5, 52) der Kathodenebene $y = -g$ in den Kreis

$$|\zeta| = \varrho_k = M\, e^{-2\pi \frac{g}{p\tau}} \tag{II 5, 54}$$

und der gleiche Abschnitt der Anodenebene $y = a$ in den Kreis

$$|\zeta| = \varrho_a = M\, e^{2\pi \frac{a}{p\tau}} \tag{II 5, 55}$$

schlicht abgebildet: Die vordem parallelebene Elektrodenanordnung ist in eine *rotationssymmetrisch aufgebaute Triode* übergegangen, deren Gitterzylinder mit p gleichmäßig verteilten, der Systemachse parallelen Drähten ausgerüstet ist; der Halbmesser δ jedes Einzeldrahtes folgt auf Grund der Voraussetzungen (II 5, 27) mittels des aus (II 5, 49) für den Ort einer Gitterdraht-Achse berechneten *Abbildungsmaßstabes*

$$\left|\frac{d\zeta}{dz}\right| = 2\pi \frac{M}{p\tau} \tag{II 5, 56}$$

zu

$$\delta = \varrho_0 \cdot \frac{2\pi M}{p\tau}. \tag{II 5, 57}$$

Sind also umgekehrt die Daten des rotationssymmetrischen Systemes vorgelegt, so findet man für die Geometrie des parallelebenen Systemes der z-Ebene die Konstruktionsvorschriften

$$\frac{g}{\tau} = \frac{p}{2\pi} \ln \frac{M}{\varrho_k} = \frac{p}{2\pi} \ln \frac{\varrho_g}{\varrho_k}, \tag{II 5, 58}$$

$$\frac{a}{\tau} = \frac{p}{2\pi} \ln \frac{\varrho_a}{M} = \frac{p}{2\pi} \ln \frac{\varrho_a}{\varrho_g}, \tag{II 5, 59}$$

$$\frac{\varrho_0}{\tau} = \frac{p}{2\pi} \cdot \frac{\delta}{M} = \frac{p}{2\pi} \frac{\delta}{\varrho_g}. \tag{II 5, 60}$$

Im Einklang mit den allgemeinen Ähnlichkeitsgesetzen der von einer der drei *Kartesis*chen Koordinaten unabhängigen Potentialfelder legen diese Formeln nur die *Verhältnisse* der gesuchten Abmessungen, nicht jedoch deren absolute Größe fest.

h) Wir bilden mittels der Angaben (II 5, 58), (II 5, 59), (II 5, 60) gemäß (II 5, 7) und (II 5, 15) das für die Anordnung der potentialerzeugenden Quellinien in der z-Ebene maßgebliche *komplexe Periodenverhältnis*

$$T = i\,\frac{2\,(g+a)}{\tau} = i\,\frac{p}{\pi}\ln\frac{\varrho_a}{\varrho_k} \qquad \text{(II 5, 61)}$$

und erhalten aus (II 5, 47) den *Durchgriff der Zylinderanode durch das achsenparallele Stabgitter*

$$D = \frac{1}{p\ln\frac{\varrho_a}{\varrho_g}}\ln\frac{\vartheta_1\left(\dfrac{\ln\frac{\varrho_g}{\varrho_k}}{\ln\frac{\varrho_a}{\varrho_k}},\; i\,\dfrac{\pi}{p\ln\frac{\varrho_a}{\varrho_k}}\right)}{\vartheta_1\left(\dfrac{\frac{s}{\varrho_g}}{2\ln\frac{\varrho_a}{\varrho_k}},\; i\,\dfrac{\pi}{p\ln\frac{\varrho_a}{\varrho_k}}\right)} - \frac{\ln\frac{\varrho_g}{\varrho_k}}{\ln\frac{\varrho_a}{\varrho_k}}. \qquad \text{(II 5, 62)}$$

In die hier auftretenden ϑ-Funktionen geht das komplexe Periodenverhältnis

$$T' = -\frac{1}{T} = i\,\frac{\pi}{p\ln\frac{\varrho_a}{\varrho_k}} \qquad \text{(II 5, 63)}$$

ein, welches nach (II 5, 11) die Zahl

$$q' = e^{\pi i T'} = e^{-\frac{\pi^2}{p\ln \varrho_a/\varrho_k}} \qquad \text{(II 5, 64)}$$

festlegt. Für mäßige Gitterdrahtzahlen p wird q' so klein, daß die entsprechend (II 5, 12) gebildete trigonometrische Reihe

$$\vartheta_1(u', T') = 2\,[q'^{1/4}\sin\pi u' - q'^{9/4}\sin 3\pi u' + q'^{25/4}\sin 5\pi u' - + \ldots] \qquad \text{(II 5, 65)}$$

rasch konvergiert. Falls jedoch bei feinmaschigen Gittern p sehr groß wird, nähert sich q' der Zahl 1, und die Konvergenz von (II 5, 65) genügt nicht mehr. Wir machen deshalb von der Transformation (II 5, 29) in der Form

$$\vartheta_1(u', T') = \frac{i}{C}\,e^{-\pi i\frac{u'^2}{T'}}\,\vartheta_1\left(\frac{u'}{T'}, -\frac{1}{T'}\right) =$$

$$= \frac{i}{C}\,e^{-u'^2 p\ln\frac{\varrho_a}{\varrho_k}}\,\vartheta_1\left(-i\,\frac{u'}{\pi}\,p\ln\frac{\varrho_a}{\varrho_k},\; i\,\frac{\pi}{p}\ln\frac{\varrho_a}{\varrho_k}\right) \qquad \text{(II 5, 66)}$$

Gebrauch und finden

$$\vartheta_1\left(\frac{\ln\frac{\varrho_g}{\varrho_k}}{\ln\frac{\varrho_a}{\varrho_k}},\; i\,\frac{\pi}{p\ln\frac{\varrho_a}{\varrho_k}}\right) = \frac{i}{C}\,e^{-p\frac{\ln^2\frac{\varrho_g}{\varrho_k}}{\ln\frac{\varrho_a}{\varrho_k}}}\cdot\vartheta_1\left(-i\,\frac{p}{\pi}\ln\frac{\varrho_g}{\varrho_k},\; i\,\frac{p}{\pi}\ln\frac{\varrho_a}{\varrho_k}\right) \qquad \text{(II 5, 67)}$$

und

$$\vartheta_1\left(\frac{\frac{\delta}{\varrho_g}}{2\ln\frac{\varrho_a}{\varrho_k}}, i\frac{\pi}{p\ln\frac{\varrho_a}{\varrho_k}}\right) = \frac{i}{C}\, e^{-p\frac{\delta^2}{4\varrho_g^2\ln\frac{\varrho_a}{\varrho_k}}} \cdot \vartheta_1\left(-i\frac{p}{\pi}\frac{\delta}{2\varrho_g}, i\frac{p}{\pi}\ln\frac{\varrho_a}{\varrho_k}\right). \tag{II 5, 68}$$

Da nun mit wachsender Gitterdrahtzahl p die Größe

$$q = e^{i\pi T} = e^{-p\ln\frac{\varrho_a}{\varrho_k}} = \left(\frac{\varrho_a}{\varrho_k}\right)^{-p} \tag{II 5, 69}$$

sehr klein wird, konvergieren die aus (II 5, 12) hervorgehenden Entwicklungen

$$\vartheta_1\left(-i\frac{p}{\pi}\ln\frac{\varrho_g}{\varrho_k}, i\frac{p}{\pi}\ln\frac{\varrho_a}{\varrho_k}\right) = 2\left[\left(\frac{\varrho_a}{\varrho_k}\right)^{-\frac{p}{4}}\frac{\sinh\left(p\ln\frac{\varrho_g}{\varrho_k}\right)}{i} - + \dots\right] \tag{II 5, 70}$$

und

$$\vartheta_1\left(-i\frac{p}{\pi}\frac{\delta}{2\varrho_g}, i\frac{p}{\pi}\ln\frac{\varrho_a}{\varrho_k}\right) = 2\left[\left(\frac{\varrho_a}{\varrho_k}\right)^{-\frac{p}{4}}\frac{\sinh\left(p\frac{\delta}{2\varrho_g}\right)}{i} - + \dots\right] \tag{II 5, 71}$$

so rasch, daß man sich mit den explizit angegebenen Anfangsgliedern begnügen darf. Mit Rücksicht auf (II 5, 67) und (II 5, 68) berechnet sich also das in (II 5, 62) auftretende Verhältnis der ϑ-Funktionen zu

$$v = \frac{e^{-p\frac{\ln^2\frac{\varrho_g}{\varrho_k}}{\ln\frac{\varrho_a}{\varrho_k}}}}{e^{-p\frac{\delta^2}{4\varrho_g^2\ln\frac{\varrho_a}{\varrho_k}}}} \cdot \frac{\sinh\left(p\ln\frac{\varrho_g}{\varrho_k}\right)}{\sinh\left(p\frac{\delta}{2\varrho_g}\right)}. \tag{II 5, 72}$$

Hierin ist nun $p\ln\frac{\varrho_g}{\varrho_k} \gg 1$, während $p\frac{\delta}{2\varrho_g} \ll 1$ vorausgesetzt werde; man darf somit von den Näherungen

$$\sinh\left(p\ln\frac{\varrho_g}{\varrho_k}\right) \approx \frac{1}{2}e^{p\ln\frac{\varrho_g}{\varrho_k}};\ \sinh\left(p\frac{\delta}{2\varrho_g}\right) \approx p\frac{\delta}{2\varrho_g};\ e^{-p\frac{\delta^2}{4\varrho_g^2\ln\frac{\varrho_a}{\varrho_k}}} \approx 1. \tag{II 5, 73}$$

Gebrauch machen, so daß sich (II 5, 72) auf

$$v = \frac{e^{p\ln\frac{\varrho_g}{\varrho_k}}\, e^{-p\frac{\ln^2\frac{\varrho_g}{\varrho_k}}{\ln\frac{\varrho_a}{\varrho_k}}}}{p\frac{\delta}{\varrho_g}} \equiv \frac{e^{p\frac{\ln\frac{\varrho_g}{\varrho_k}\ln\frac{\varrho_a}{\varrho_g}}{\ln\frac{\varrho_a}{\varrho_k}}}}{p\frac{\delta}{\varrho_g}} \tag{II 5, 74}$$

reduziert. Durch Substitution dieses Ausdruckes in (II 5, 62) folgt dann

$$D = \frac{1}{p \ln \frac{\varrho_a}{\varrho_g}} \ln v - \frac{\ln \frac{\varrho_g}{\varrho_k}}{\ln \frac{\varrho_a}{\varrho_k}} = \frac{1}{p \ln \frac{\varrho_a}{\varrho_g}} \ln \frac{\varrho_g}{\varrho_\delta} \tag{II 5, 75}$$

so daß, in der Genauigkeit der hier entwickelten Approximation, der Durchgriff unabhängig von den Abmessungen der Kathode wird. Dieses Ergebnis deutet auf einen Zusammenhang mit (II 4, 41) hin; in der Tat wird diese Gleichung mittels der Formeln (II 5, 59) und (II 5, 60) in (II 5, 75) transformiert.

Welche Teilkapazitäten zeichnen die rotationssymmetrische Triode je Einheit ihrer achsialen Länge aus?

Nach (II 5, 52) korrespondiert einem einmaligen, vollen Umlauf der Triodenachse der Abschnitt $p\,\tau$ der parallelebenen Elektrodenanordnung. Daher folgen die Teilkapazitätsbeläge des rotationssymmetrischen Systemes aus (II 5, 44), (II 5, 45) und (II 5, 46) durch Vermittlung von (II 5, 58), (II 5, 59) und (II 5, 60) zu

$$C_{gk} = C_{kg} = p\,\tau \cdot c_{gk} = \frac{2\pi\Delta}{\ln \frac{\varrho_g}{\varrho_k} + D \ln \frac{\varrho_a}{\varrho_k}}, \tag{II 5, 76}$$

$$C_{ga} = C_{ag} = p\,\tau\, c_{ga} = \frac{2\pi\Delta \ln \frac{\varrho_g}{\varrho_k} \Big/ \ln \frac{\varrho_a}{\varrho_k}}{\ln \frac{\varrho_g}{\varrho_k} + D \ln \frac{\varrho_a}{\varrho_k}}, \tag{II 5, 77}$$

$$C_{ak} = C_{ka} = p\,\tau\, c_{ak} = \frac{2\pi\Delta \cdot D}{\ln \frac{\varrho_g}{\varrho_k} + D \ln \frac{\varrho_a}{\varrho_k}}. \tag{II 5, 78}$$

II 6. Berechnung des Durchgriffes durch enge Steggitter.

a) In den vorangegangenen Abschnitten haben wir uns mit der Berechnung des Durchgriffes von Trioden beschäftigt, deren Gitter aus gleichmäßig über seine Trägerfläche verteilten Runddrähten aufgebaut sind. Bei der Analyse des elektrostatischen Feldes wurde angenommen, daß der Halbmesser ϱ_0 des einzelnen Gitterdrahtes klein gegen den Abstand τ benachbarter Drahtachsen sei. In neuzeitlichen Röhrenkonstruktionen ist jedoch diese Voraussetzung häufig nicht erfüllt; es gilt, die Durchgriffsberechnung auf den Fall beliebig enger Steggitter zu erweitern.

b) Wir behandeln zunächst eine parallelebene Triode mit homogenem Flachsteg-Gitter nach Abb. II 107. Der Ursprung des Orthogonalsystemes x, y falle in das Zentrum eines Gittersteges, die x-Achse verlaufe durch die Gitterstege, die positive y-Achse weise zur Anode hin. Mit τ bezeichnen wir den Abstand benachbarter Stegachsen, mit $b < \tau$ die Breite je Steg; die Kathode soll sich in $y = -g$, der Anode in $y = a$ befinden, und es werde

$$\tau \ll g; \qquad \tau \ll a \tag{II 6, 1}$$

vorausgesetzt.

Das Primärpotential $\varphi^{(p)}$, welches bei ladungsfreiem Gitter auf der Kathode verschwindet und auf der Anode den Wert φ_a annimmt, lautet

$$\varphi^{(p)} = \varphi_a \frac{g + y}{g + a}. \qquad \text{(II 6, 2)}$$

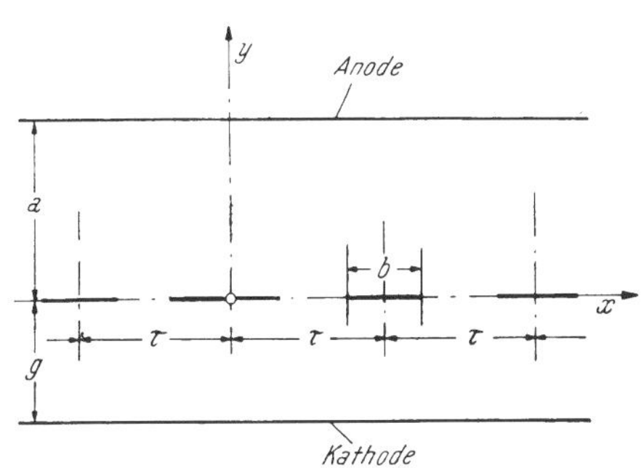

Abb. II 107. Homogenes Flachsteggitter.

Wir fragen jetzt nach dem Sekundärpotential $\varphi^{(s)}$ des Gitterladungsbelages λ je Steg, welches sich gleichzeitig auf der Kathode und auf der Anode annulliert; es wird in zwei Anteile zerlegt:

1. Die *symmetrische Komponente* $\varphi_1^{(s)}$ des Sekundärpotentiales erregt ein Feld, dessen Induktionsfluß nach Maßgabe der Stegladungen beiderseits vom Gitter symmetrisch zu den Plattenelektroden übertritt, auf diesen jedoch in der Regel unterschiedliche Randwerte des Potentiales offenbart.

2. Die *antimetrische Komponente* $\varphi_2^{(s)}$ des Sekundärpotentiales kompensiert die Plattenpotentiale auf Null, ohne jedoch auf dem Gitter Ladungen zu binden.

c) Um zunächst die symmetrische Komponente des Sekundärpotentiales zu berechnen, richten wir in der komplexen

$$z = x + i y \qquad \text{(II 6, 3)}$$

Ebene unser Augenmerk auf das Polygon

$$A = \left(-\frac{\tau}{2}, \infty\right); \quad B = \left(-\frac{\tau}{2}, 0\right); \quad C = \left(\frac{\tau}{2}, 0\right); \quad D = \left(\frac{\tau}{2}, \infty\right) \qquad \text{(II 6, 4)}$$

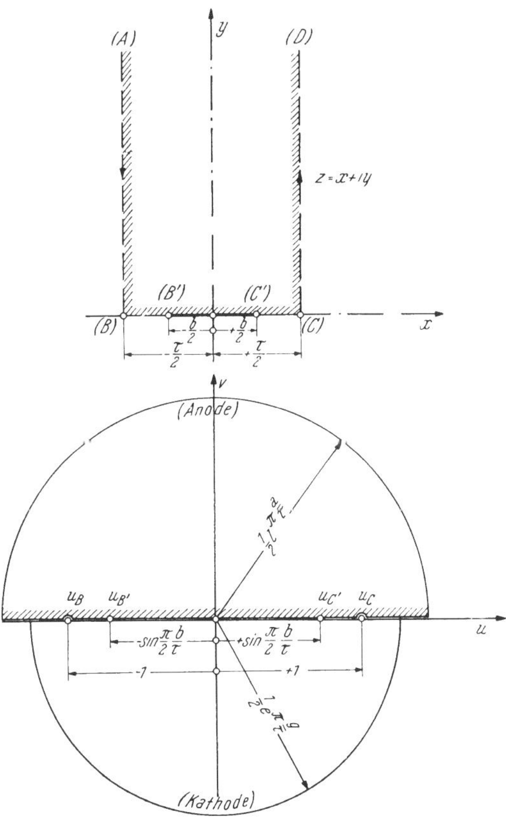

Abb. II 108. Konforme Abbildung des Flachsteg-Gitters.

nach Abb. II 108, welches wir auf die Realachse der

$$w = u + i v \qquad \text{(II 6, 5)}$$

Ebene derart abbilden wollen, daß A in $u_A \to (-\infty)$, B in $u_B = -1$, C in $u_C = +1$, D in $u_D \to (+\infty)$ transformiert wird. Mit Hilfe der vorerst noch unbekannten Konstanten K lautet die zuständige *Schwarz-Christoffel*sche Differentialgleichung

$$\frac{dz}{dw} = \frac{K}{\sqrt{1 - w^2}} \tag{II 6, 6}$$

mit dem Integral

$$z = K \arcsin w. \tag{II 6, 7}$$

Die in der z Ebene vorgeschriebenen Systemdaten verlangen

$$\frac{\tau}{2} = K \cdot \frac{\pi}{2}; \quad K = \frac{\tau}{\pi} \tag{II 6, 8}$$

so daß explizit

$$z = \frac{\tau}{\pi} \arcsin w; \qquad w = \sin \pi \frac{z}{\tau} \tag{II 6, 9}$$

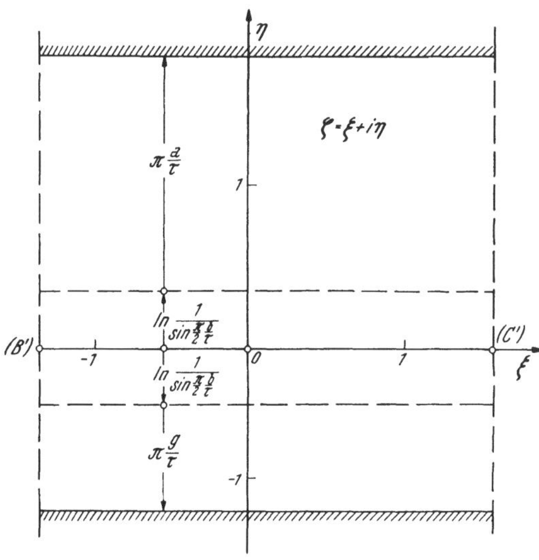

Abb. II 109. Feld des Steggitters in der komplexen $(\xi + i\,\eta)$-Ebene.

resultiert. Insbesondere wird hiernach die Stegkante $B' = \left(-\frac{b}{2}, 0\right)$ in den Punkt $u_B' = -\sin\frac{\pi}{2}\frac{b}{\tau}$ und die Stegkante $C' = \left(\frac{b}{2}, 0\right)$ in den Punkt $u_C' = \sin\frac{\pi}{2}\frac{b}{\tau}$ der u-Achse transformiert [Abb. II 108], während auf Grund der Voraussetzungen (II 6, 1) der Anodenabschnitt $|x| < \frac{\tau}{2}$, $y = a$ nahezu in den Halbkreis

$$|w| = \frac{1}{2} e^{\pi \frac{a}{\tau}}; \quad v > 0 \tag{II 6, 10}$$

und der Kathodenabschnitt $|x| < \tau/2$, $y = -g$ nahezu in den Halbkreis

$$|w| = \frac{1}{2} e^{\pi \frac{g}{\tau}}; \quad v < 0 \tag{II 6, 11}$$

übergeht.

Mittels des Hauptwertes der Funktion

$$\zeta = \xi + i\,\eta = \arcsin\left(\frac{w}{\sin\frac{\pi}{2}\frac{b}{\tau}}\right) \tag{II 6, 12}$$

bilden wir jetzt das Elektrodensystem in den Streifen $|\xi| < \pi/2$ der komplexen ζ-Ebene ab. Bei dieser Operation verwandelt sich die in der w-Ebene gelegene Spur des Gittersteges in den Abschnitt $|\xi| < \pi/2$ der ζ-Achse;

gleichzeitig wird, abermals unter den Voraussetzungen (II 6, 1), der Halbkreis (II 6, 10) [Anode] nahezu in die gerade Strecke [Abb. II 109]

$$|\xi| < \frac{\pi}{2}; \qquad \eta \equiv \alpha = \pi \frac{a}{\tau} + \ln \frac{1}{\sin \frac{\pi}{2} \frac{b}{\tau}} \tag{II 6, 13}$$

und der Halbkreis (II 6, 11) [Kathode] nahezu in die gerade Strecke

$$|\xi| < \frac{\pi}{2}; \qquad \eta \equiv -\gamma = -\pi \frac{g}{\tau} - \ln \frac{1}{\sin \frac{\pi}{2} \frac{b}{\tau}} \tag{II 6, 14}$$

transformiert. Auf Grund seiner Definition ist nun das Sekundärpotential $\varphi_1^{(s)}$ in der ζ-Ebene in der Form

$$\varphi_1^{(s)} = \mp \frac{\lambda}{2\pi\Delta} \eta; \qquad \eta \gtrless 0 \tag{II 6, 15}$$

anzusetzen; ihm darf eine willkürliche Konstante hinzugefügt werden, welche jedoch in die antimetrische Komponente des Sekundärpotentiales hineingezogen werden möge. Auf Grund dieser Übereinkunft treffen wir auf der Kathode den Randwert

$$\varphi_{1,k}^{(s)} = -\frac{\lambda}{2\pi\Delta} \cdot \gamma \tag{II 6, 16}$$

und auf der Anode den Randwert

$$\varphi_{1,a}^{(s)} = -\frac{\lambda}{2\pi\Delta} \cdot \alpha \tag{II 6, 17}$$

des symmetrischen Sekundärpotentiales an, während es auf dem Gittersteg verschwindet

$$\varphi_{1,g}^{(s)} = 0. \tag{II 6, 18}$$

d) Wir kehren in die z-Ebene zurück, in welcher die dem antimetrischen Sekundärpotential $\varphi_2^{(s)}$ auferlegten Bedingungen durch ein parallel der y-Achse orientiertes elektrisches Homogenfeld befriedigt werden können. Denn mittels der Konstanten μ und ν lautet der allgemeine Ansatz eines solchen

$$\varphi_2^{(s)} = \mu - \nu \frac{y}{\tau}. \tag{II 6, 19}$$

Da dieses Potential samt seinem Gradienten in $y = 0$ stetig bleibt, bindet es, wie definitionsmäßig verlangt wird, am Gitter keine elektrische Ladung. Um überdies den symmetrischen Anteil des sekundären Kathodenpotentiales zu kompensieren, ist dort [$y = -g$] nach (II 6, 16)

$$\mu - \nu \frac{g}{\tau} - \frac{\lambda}{2\pi\Delta} \gamma = 0 \tag{II 6, 20}$$

zu fordern; ebenso führt die Bedingung verschwindenden Sekundärpotentiales auf der Anode [$y = a$] mit Rücksicht auf (II 6, 17) zu

$$\mu + \nu \frac{a}{\tau} - \frac{\lambda}{2\pi\Delta} \alpha = 0. \tag{II 6, 21}$$

Unter Beachtung von (II 6, 13) und (II 6, 14) entnimmt man den Gleichungen (II 6, 20) und (II 6, 21) für μ und ν die Ausdrücke

$$\mu = \frac{\lambda}{2\pi\Delta} \cdot \frac{\alpha g + \gamma a}{g + a} = \frac{\lambda}{2\pi\Delta} \frac{\pi}{\tau} \left[\frac{2ga}{g+a} + \frac{\tau}{\pi} \ln \frac{1}{\sin\frac{\pi}{2}\frac{b}{\tau}} \right], \qquad \text{(II 6, 22)}$$

$$\nu = \frac{\lambda}{2\pi\Delta} \cdot \frac{(\alpha - \gamma)\tau}{g + a} = -\frac{\lambda}{2\pi\Delta} \frac{\pi}{\tau} \frac{g - a}{g + a} \tau \qquad \text{(II 6, 23)}$$

Insbesondere resultiert aus (II 6, 18) und (II 6, 19) als sekundäres Gitterpotential

$$\varphi_g^{(s)} = \mu = \frac{\lambda}{2\pi\Delta} \frac{\pi}{\tau} \left[\frac{2ga}{g+a} + \frac{\tau}{\pi} \ln \frac{1}{\sin\frac{\pi}{2}\frac{b}{\tau}} \right]. \qquad \text{(II 6, 24)}$$

e) Aus (II 6, 2) und (II 6, 24) finden wir als Gesamt-Gitterpotential

$$\varphi_g = \varphi_a \frac{g}{g+a} + \frac{\lambda}{2\pi\Delta} \frac{\pi}{\tau} \left[\frac{2ga}{g+a} + \frac{\tau}{\pi} \ln \frac{1}{\sin\frac{\pi}{2}\frac{b}{\tau}} \right] \qquad \text{(II 6, 25)}$$

so daß sich umgekehrt das Gitter den vorgeschriebenen Elektrodenpotentialen durch den Stegladungsbelag λ gemäß

$$\frac{\lambda}{2\pi\Delta} = \frac{\tau}{2\pi a} \frac{(g+a)\varphi_g - g\varphi_a}{g + (g+a)\frac{\tau}{2\pi a} \ln \frac{1}{\sin\frac{\pi}{2}\frac{b}{\tau}}} \qquad \text{(II 6, 26)}$$

anpaßt.

Welche mittlere Ladungsdichte σ_k führt die Einheit der Kathodenoberfläche?

1. Vom Primärfeld rührt die Ladungsdichte

$$\sigma_k^{(p)} = -\Delta \frac{\varphi_a}{g+a} \qquad \text{(II 6, 27)}$$

her.

2. Der symmetrische Anteil des sekundären Potentiales bindet im Durchschnitt die Ladungsdichte

$$\sigma_{1,k}^{(s)} = -\frac{\lambda}{2\tau}. \qquad \text{(II 6, 28)}$$

3. Dem antimetrischen Anteil des Sekundärpotentiales entspricht nach (II 6, 19) und (II 6, 23) die Ladungsdichte

$$\sigma_{2,k}^{(s)} = -\Delta \frac{\nu}{\tau} = \frac{\lambda}{2\tau} \frac{g-a}{g+a}. \qquad \text{(II 6, 29)}$$

Aus (II 6, 27), (II 6, 28), und (II 6, 29) resultiert unter Beachtung von (II 6, 26)

$$\sigma_k = -\Delta \frac{\varphi_a}{g+a} - \frac{\lambda}{2\tau} \frac{2a}{g+a} = -\Delta \frac{\varphi_g + \varphi_a \frac{\tau}{2\pi a} \ln \frac{1}{\sin\frac{\pi}{2}\frac{b}{\tau}}}{g + (g+a)\frac{\tau}{2\pi a} \ln \frac{1}{\sin\frac{\pi}{2}\frac{b}{\tau}}}. \qquad \text{(II 6, 30)}$$

Der *Durchgriff* D *der Anode durch das Flachsteggitter* ergibt sich somit zu

$$D = \frac{\tau}{2\pi a} \ln \frac{1}{\sin \frac{\pi}{2} \frac{b}{\tau}} \tag{II 6, 31}$$

unabhängig von der Lage des Gitters relativ zur Kathode. Indem wir daher das Ergebnis (II 6, 31) mit (II 4, 41) vergleichen, gelangen wir zu dem Satz: *Schmale Flachstege*

$$b \ll \tau \tag{II 6, 32}$$

sind *kreisrunden Stäben* vom Halbmesser

$$\varrho_0 = \frac{b}{4} \tag{II 6, 33}$$

elektrostatisch äquivalent.

f) Wir wenden uns zur Berechnung des Durchgriffes einer parallelebenen Triode, welche entsprechend Abb. II 104 mit einem homogenen Gitter aus Runddrähten ausgestattet ist; der Ursprung des orthogonalen Bezugssystemes x, y liegt im Zentrum eines Gitterdrahtes, die x-Achse führt durch die Spur der Gitterdrahtachsen, die y-Achse weist zur Anode hin. Der Durchmesser $2\varrho_0$ des einzelnen Gitterdrahtes muß zwar aus geometrischen Gründen kleiner als der Abstand τ benachbarter Drahtachsen vorausgesetzt werden, wird jedoch sonst keiner Beschränkung unterworfen; dagegen sollen die einschränkenden Voraussetzungen (II 6, 1) beibehalten werden.

Wir suchen zunächst jenes Primärpotential $\varphi^{(p)} = \varphi^{(p)}(x, y)$, welches bei ladungsfreiem Gitter

$$\lambda = 0 \tag{II 6, 34}$$

auf der Oberfläche der einzelnen Gitterdrähte den einheitlichen Wert

$$\varphi_g^{(p)} = \text{const} \tag{II 6, 35}$$

annimmt, während gleichzeitig seine Randwerte auf der Kathode $[y = -g]$ und auf der Anode $[y = a]$ vorgeschrieben sind:

$$\varphi^{(p)} = 0 \quad \text{für} \quad y = -g, \tag{II 6, 36}$$

$$\varphi^{(p)} = \varphi_a \quad \text{für} \quad y = a. \tag{II 6, 37}$$

Der mit einer willkürlichen, additiven Konstanten C ausgestattete Ansatz eines antiparallel der y-Achse gerichteten Homogenfeldes der Stärke E

$$\varphi_1^{(p)} = C + E y \tag{II 6, 38}$$

läßt sich zwar durch geeignete Wahl von C und E den Bedingungen (II 6, 34), (II 6, 36) und (II 6, 37) anpassen, widerspricht jedoch für alle endlichen Halbmesser der Gitterdrähte $[\varrho_0 \neq 0]$ der Forderung (II 6, 35); daher werden diese Drähte zum Ursprung eines Störfeldes $\varphi_2^{(p)} = \varphi_2^{(p)}(x, y)$, welches wir zu berechnen haben.

Im Lichte der Gleichung (II 6, 34) ist das Potential $\varphi_2^{(p)}$ genetisch einem System von Doppelquellen und Vielfachquellen höherer Ordnung verknüpft, welche je in gleichmäßiger Dichte linienhaft längs der Gitterdrahtachsen verteilt sind. Um das von einem solchen Ladungssysteme erregte Feld kennenzulernen, kehren wir vorübergehend zu Gl. (II 4, 27) zurück; sie schildert, abgesehen von einem mit (II 6, 38) vereinbaren, der y-Achse parallel weisenden Homogenfelde, das Potentialfeld $\varphi^{(0)}$ von Linienquellen nullter Ordnung des Ladungsbelages $\lambda^{(0)} \equiv \lambda$. Wir führen die *Gauß*sche Koordinate

$$w = u + i\,v = \pi \frac{x + i\,y}{\tau} \qquad \text{(II 6, 39)}$$

ein. Nach Unterdrückung des genannten Homogenfeldes einschließlich gewisser konstanter Potentialanteile erscheint dann $\varphi^{(0)}$ als reelle Komponente der komplexen Funktion

$$\chi^{(0)} = \frac{\lambda^{(0)}}{2\pi\Delta} \ln \frac{1}{2 \sin w}. \qquad \text{(II 6, 40)}$$

Aus ihr entstehen durch sukzessive Ausführung der Differentialoperationen

$$-\frac{\partial}{\partial v} = -i\frac{d}{dw}; \qquad \frac{\partial^2}{\partial v^2} = (-i)^2 \frac{d^2}{dw^2}; \ldots \qquad \text{(II 6, 41)}$$

und jeweils anschließendem Ersatz des Ladungsbelages $\lambda^{(0)}$ durch die Momentenbeläge $\lambda^{(m)}$ der Ordnungen $m = 1, 2, 3, \ldots$ für die komplexen Potentiale $\chi^{(m)}$ die Darstellungen

$$\chi^{(1)} = -\frac{\lambda^{(1)}}{2\pi\Delta}(-i)\operatorname{cotg} w, \qquad \text{(II 6, 42)}$$

$$\chi^{(2)} = -\frac{\lambda^{(2)}}{2\pi\Delta}(-i)^2 \frac{1}{-\sin^2 w}, \qquad \text{(II 6, 43)}$$

$$\chi^{(3)} = -\frac{\lambda^{(3)}}{2\pi\Delta}(-i)^3 \frac{2\cos w}{\sin^3 w}, \qquad \text{(II 6, 44)}$$

$$\chi^{(m)} = \frac{\lambda^{(m)}}{2\pi\Delta}(-i)^m \frac{d^m}{dw^m} \ln \frac{1}{2\sin w}. \qquad \text{(II 6, 45)}$$

Für Entfernungen $|v| \gg 1$ des Aufpunktes von der Gitterebene konvergiert das reelle Störpotential gegen den Grenzwert

$$\lim_{|v| \to \infty} \sum_{m=1}^{\infty} \varphi^{(m)} = \lim_{|v| \to \infty} \varphi^{(1)} = \lim_{|v| \to \infty} \operatorname{Re}\{\chi^{(1)}\} = \pm \frac{\lambda^{(1)}}{2\pi\Delta}; \quad v \gtrless 0. \qquad \text{(II 6, 46)}$$

Die resultierende Fernwirkung aller von den Gitterdrähten getragenen Vielfachquellen reduziert sich hiernach auf das Feld einer homogenen elektrischen Doppelschicht der Momentendichte $\lambda^{(1)}$; gemäß (II 6, 39) entfällt hierbei auf jeden Gitterdraht ein im Verhältnis τ/π größerer Dipolbelag.

Mit Hilfe der *Bernoulli*schen Zahlen

$$\left.\begin{aligned} B_0 &= 1; & B_1 &= \frac{1}{2}; & B_2 &= \frac{1}{6}; & B_3 &= 0, \\ B_4 &= -\frac{1}{30}; & B_5 &= 0; & B_6 &= \frac{1}{42}; & &\ldots \end{aligned}\right\} \qquad \text{(II 6, 47)}$$

kann das komplexe Potential (II 6, 40) in die Reihe

$$\chi^{(0)} = -\frac{\lambda^{(0)}}{2\pi\Delta}\left[\ln 2\,w + \sum_{n=1}^{\infty}(-1)^n \frac{2^{2n} B_{2n}}{(2n)!} \frac{w^{2n}}{2n}\right] \qquad \text{(II 6, 48)}$$

entwickelt werden. Nach der Anweisung (II 6, 41) folgen hieraus die Darstellungen

$$\chi^{(1)} = -\frac{\lambda^{(1)}}{2\pi\Delta}(-\mathrm{i})\left[\frac{1}{\mathrm{w}} + \sum_{\mathrm{n}=1}^{\infty}(-1)^{\mathrm{n}}\frac{2^{2\mathrm{n}}\,\mathrm{B}_{2\mathrm{n}}}{(2\,\mathrm{n})!}\,\mathrm{w}^{2\mathrm{n}-1}\right], \qquad \text{(II 6, 49)}$$

$$\chi^{(2)} = -\frac{\lambda^{(2)}}{2\pi\Delta}(-1)\left[-\frac{1}{\mathrm{w}^2} + \sum_{\mathrm{n}=1}^{\infty}(-1)^{\mathrm{n}}\frac{2^{2\mathrm{n}}\,\mathrm{B}_{2\mathrm{n}}}{(2\,\mathrm{n})!}(2\,\mathrm{n}-1)\,\mathrm{w}^{2\mathrm{n}-2}\right], \qquad \text{(II 6, 50)}$$

$$\chi^{(3)} = -\frac{\lambda^{(3)}}{2\pi\Delta}(\mathrm{i})\left[\frac{2}{\mathrm{w}^3} + \sum_{\mathrm{n}=1}^{\infty}(-1)^{\mathrm{n}}\frac{2^{2\mathrm{n}}\,\mathrm{B}_{2\mathrm{n}}}{(2\,\mathrm{n})!}(2\,\mathrm{n}-1)(2\,\mathrm{n}-2)\,\mathrm{w}^{2\mathrm{n}-3}\right] \qquad \text{(II 6, 51)}$$

und so fort für die Ordnungen $\mathrm{m} > 3$.

Wir drücken den Gitterdraht-Halbmesser ϱ_0 durch das dimensionsfreie Maß

$$\mathrm{r}_0 = \pi\frac{\varrho_0}{\tau} \qquad \text{(II 6, 52)}$$

des numerischen Gitterdrahtradius aus. Auf der Oberfläche des l-ten Gitterdrahtes $[\mathrm{l} = \ldots, -2, -1, 0, 1, 2, \ldots]$ nimmt w den Wert

$$\mathrm{w} = \mathrm{l}\pi + \mathrm{r}_0\,\mathrm{e}^{\mathrm{i}\vartheta}; \qquad 0 \leqq \vartheta < 2\pi \qquad \text{(II 6, 53)}$$

an. Dort erscheint das Potential $\varphi_1^{(\mathrm{p})}$ nach (II 6, 38) in der Größe

$$\varphi_{1,\mathrm{g}}^{(\mathrm{p})} = \mathrm{C} + \mathrm{E}\frac{\tau}{\pi}\,\mathrm{r}_0\sin\vartheta. \qquad \text{(II 6, 54)}$$

Zu der in (II 6, 35) geforderten Kompensation seines veränderlichen Anteiles vermögen nur die Störpotentiale ungerader Ordnungszahl m beizutragen:

1. Zunächst begnügen wir uns mit der Kompensation der mit $\sin\vartheta$ verhältnisgleichen Komponente des primären Gitterpotentiales. Dieser Ausgleich wird bereits durch das Störpotential der Ordnung $\mathrm{m} = 1$ allein realisiert, falls wir

$$\mathrm{E}\frac{\tau}{\pi}\,\mathrm{r}_0 - \frac{\lambda^{(1)}}{2\pi\Delta}\left[-\frac{1}{\mathrm{r}_0} - \frac{2^2\,\mathrm{B}_2}{2!}\,\mathrm{r}_0\right] = 0 \qquad \text{(II 6, 55)}$$

verlangen, also

$$\frac{\lambda^{(1)}}{2\pi\Delta} = -\mathrm{E}\frac{\tau}{\pi}\,\frac{\mathrm{r}_0^{\,2}}{1 + \dfrac{2^2\,\mathrm{B}_2}{2!}\,\mathrm{r}_0^{\,2}} \qquad \text{(II 6, 56)}$$

wählen.

2. Um die Genauigkeit der Rechnung zu steigern, dehnen wir die Kompensationsforderung auf die mit $\sin 3\vartheta$ veränderlichen Anteile des primären Gitterpotentiales aus und erhalten mit Rücksicht auf (II 6, 49) und (II 6, 51) die Doppelbedingung

$$\mathrm{E}\frac{\tau}{\pi}\,\mathrm{r}_0 - \frac{\lambda^{(1)}}{2\pi\Delta}\left[-\frac{1}{\mathrm{r}_0} - \frac{2^2\,\mathrm{B}_2}{2!}\,\mathrm{r}_0\right] - \frac{\lambda^{(3)}}{2\pi\Delta}\left[-\frac{2^4\,\mathrm{B}_4}{4!}\,3\cdot 2\,\mathrm{r}_0\right] = 0 \qquad \text{(II 6, 57)}$$

im Verein mit

$$-\frac{\lambda^{(1)}}{2\pi\Delta}\,\frac{2^4\,\mathrm{B}_4}{4!}\,\mathrm{r}_0^{\,3} - \frac{\lambda^{(3)}}{2\pi\Delta}\left[\frac{2}{\mathrm{r}_0^{\,3}} + \frac{2^6\,\mathrm{B}_6}{6!}\cdot 5\cdot 4\,\mathrm{r}_0^{\,3}\right] = 0. \qquad \text{(II 6, 58)}$$

Ihr entnimmt man die Relationen

$$\frac{\lambda^{(3)}}{2\pi\Delta} = -\frac{\lambda^{(1)}}{2\pi\Delta}\,\frac{\dfrac{2^4\,B_4}{4!}\,r_0^{\,6}}{2+\dfrac{2^6\,B_6}{6!}\cdot 5\cdot 4\cdot r_0^{\,6}} \tag{II 6, 59}$$

und

$$\frac{\lambda^{(1)}}{2\pi\Delta} = -E\,\frac{\tau}{\pi}\,\frac{r_0^{\,2}}{1+\dfrac{2^2\,B_2}{2!}\,r_0^{\,2}-\left(\dfrac{2^4\,B_4}{4!}\right)^2 3\cdot 2\cdot\dfrac{r_0^{\,8}}{2+\dfrac{2^6\,B_6}{6!}\cdot 5\cdot 4\cdot r_0^{\,6}}} \tag{II 6, 60}$$

deren letzte mit Rücksicht auf (II 6, 47) explizit

$$\frac{\lambda^{(1)}}{2\pi\Delta} = -E\,\frac{\tau}{\pi}\cdot\delta;\qquad \delta = \frac{r_0^{\,2}}{1+\dfrac{1}{3}\,r_0^{\,2}-\dfrac{1}{675}\,\dfrac{r_0^{\,8}}{1+\dfrac{4}{189}\,r_0^{\,6}}} \tag{II 6, 61}$$

lautet; in Abb. II 110 ist δ als Funktion des relativen Gitterdraht-Halbmessers $\frac{2\,\varrho_0}{\tau}=\frac{2}{\pi}\,r_0$ dargestellt.

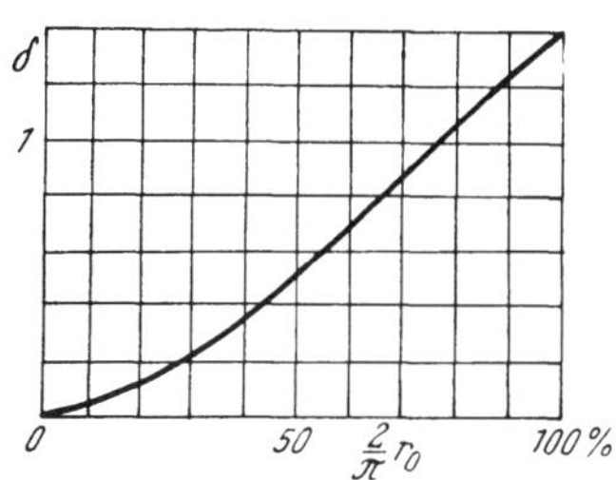

Abb. II 110. Die Zahl δ als Funktion des numerischen Gitterhalbmessers r_0.

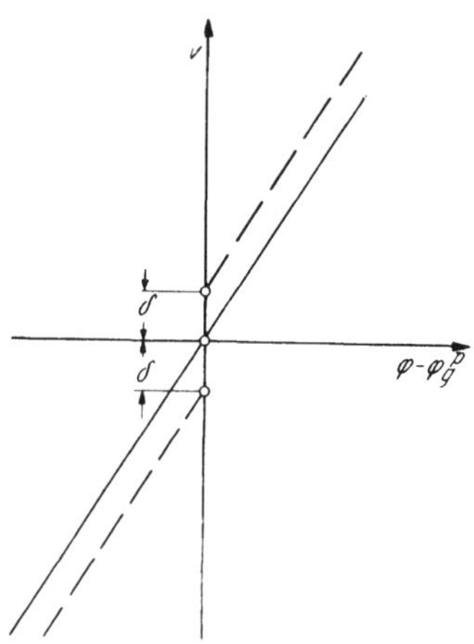

Abb. II 111. Asymptotischer Verlauf des Potentiales in großem Abstand von der Gitter-Trägerebene.

Unter Verzicht auf die Berechnung weiterer Approximationen des Störpotentiales resultiert aus (II 6, 38) im Verein mit (II 6, 46) in hinreichend großen Entfernungen von der Gitterebene das Primärpotential

$$\varphi = C + E\,\frac{\tau}{\pi}\,[v\mp\delta];\qquad v\gtrless 0, \tag{II 6, 62}$$

dessen räumlicher Verlauf nach Abb. II 111 den Potentialsprung (II 6, 46) veranschaulicht, welcher von den influenzierten Dipolen der Gitterdrähte herrührt. Setzen wir abkürzend

$$\gamma = \pi\,\frac{g}{\tau};\qquad \alpha = \pi\,\frac{a}{\tau}, \tag{II 6, 63}$$

so liefern nunmehr die Randbedingungen (II 6, 36) und (II 6, 37) mit Rücksicht auf (II 6, 39) das Gleichungssystem

$$C + E \frac{\tau}{\pi} (\alpha - \delta) = \varphi_a, \qquad \text{(II 6, 64)}$$

$$C - E \frac{\tau}{\pi} (\gamma - \delta) = 0. \qquad \text{(II 6, 65)}$$

Man entnimmt ihnen die Stärke $E^{(p)}$ des von φ_a erregten, primären Homogenfeldes

$$E^{(p)} \equiv E = \frac{\pi}{\tau} \frac{\varphi_a}{(\gamma - \delta) + (\alpha - \delta)} \qquad \text{(II 6, 66)}$$

sowie das primäre Gitterpotential

$$\varphi_g^{(p)} = C = \varphi_a \frac{\gamma - \delta}{(\gamma - \delta) + (\alpha - \delta)}. \qquad \text{(II 6, 67)}$$

Im Lichte dieser Relationen mißt δ die vom Feldkurzschluß durch Gitterdrähte herrührende [numerische] Verkürzung der Feldlinien im Kathoden-Gitterraum einerseits, im Gitter-Anodenraum andererseits. Beispielsweise folgt im Grenzfalle der Berührung benachbarter Gitterdrähte $\left[r_0 = \frac{\pi}{2}\right]$ mit $\delta \approx 1{,}39$ für diesen Kurzschlußeffekt $\frac{\tau}{\pi} \delta = 2 \cdot \frac{\varrho_0}{\pi} 1{,}39 = 0{,}894\, \varrho_0$: Die „wirksamen" Distanzen der Plattenelektroden von der Gitterebene sind je um rund 90% des Gitterdrahthalbmessers kleiner als die entsprechenden konstruktiven Maße.

g) Das Sekundärpotential $\varphi^{(s)}$ der Triode mit kreisrunden Gitterdrähten wird vom Ladungsbelag

$$\lambda \equiv \lambda^{(0)} \neq 0 \qquad \text{(II 6, 68)}$$

je Gitterdraht bei konstantem Potentiale seiner Oberfläche

$$\varphi^{(s)} = \varphi_g^{(s)} = \text{const} \quad \text{für} \quad w = l\pi + r_0 e^{i\vartheta}; \quad 0 \leqq \vartheta < 2\pi, \qquad \text{(II 6, 69)}$$

erregt, während gleichzeitig die Potentiale der Plattenelektroden verschwinden

$$\varphi^{(s)} = 0 \quad \text{für} \quad v = -\gamma, \qquad \text{(II 6, 70)}$$

$$\varphi^{(s)} = 0 \quad \text{für} \quad v = \alpha. \qquad \text{(II 6, 71)}$$

Um zunächst (II 6, 68) und (II 6, 69) zu befriedigen, ergänzen wir das komplexe Potential (II 6, 48) der Linienquellen nullter Ordnung durch die Gesamtheit der Störpotentiale geradzahliger Ordnungen $m \geqq 2$ zum komplexen Potentiale

$$\chi_1^{(s)} = -\frac{\lambda^{(0)}}{2\pi\Delta}\left[\ln 2w + \sum_{n=1}^{\infty} (-1)^n \frac{2^{2n} B_{2n}}{(2n)!} \frac{w^{2n}}{2n}\right] + \\ + \frac{\lambda^{(2)}}{2\pi\Delta}\left[-\frac{1}{w^2} + \sum_{n=1}^{\infty} (-1)^n \frac{2^{2n} B_{2n}}{(2n)!} (2n-1) w^{2n-2}\right] + \cdots \qquad \text{(II 6, 72)}$$

Wir begnügen uns neben dem Felde der Linienquellen nullter Ordnung mit jenem der Quadrupelmomente [m = 2] und erhalten für die Kompensation der mit $\cos 2\vartheta$ verhältnisgleichen Glieder die Bedingung

$$\frac{\lambda^{(0)}}{2\pi\Delta}\frac{2^2 B_2}{2!}\frac{r_0^2}{2}+\frac{\lambda^{(2)}}{2\pi\Delta}\left[-\frac{1}{r_0^2}+\frac{2^4 B_4}{4!}3 r_0^2\right]=0 \qquad \text{(II 6, 73)}$$

also

$$\frac{\lambda^{(2)}}{2\pi\Delta}=\frac{\lambda^{(0)}}{2\pi\Delta}\frac{\frac{2 B_2}{2!}\frac{r_0^4}{2}}{1-\frac{2^4 B_4}{4!}3 r_0^4}. \qquad \text{(II 6, 74)}$$

Daher verbleibt auf der Oberfläche der Gitterdrähte das Potential

$$\varphi_{1,g}^{(s)}=-\frac{\lambda^{(0)}}{2\pi\Delta}\ln 2 r_0+\frac{\lambda^{(2)}}{2\pi\Delta}(-1)\frac{2^2 B_2}{2!}= \qquad \text{(II 6, 75)}$$

$$=\frac{\lambda^{(0)}}{2\pi\Delta}\left[\ln\frac{1}{2 r_0}-\frac{\left(\frac{2^2 B_2}{2!}\right)^2\frac{r_0^4}{2}}{1-\frac{2^4 B_4}{4!}3 r_0^4}\right]=\frac{\lambda^{(0)}}{2\pi\Delta}\left[\ln\frac{1}{2 r_0}-\frac{\frac{1}{18}r_0^4}{1+\frac{1}{15}r_0^4}\right]$$

wobei in der letzten Umformung die numerischen Werte (II 6, 47) der *Bernoulli*schen Zahlen benutzt wurden.

Auf Grund der Voraussetzungen (II 6, 1) berechnet sich aus (II 6, 40) der Randwert des Potentiales $\varphi_1^{(s)}$ auf der Kathode [v = $-\gamma$] zu

$$\varphi_{1,k}^{(s)}=-\frac{\lambda^{(0)}}{2\pi\Delta}\gamma \qquad \text{(II 6, 76)}$$

und auf der Anode [v = α] zu

$$\varphi_{1,a}^{(s)}=-\frac{\lambda^{(0)}}{2\pi\Delta}\alpha. \qquad \text{(II 6, 77)}$$

Da die Angaben (II 6, 76), (II 6, 77) den Bedingungen (II 6, 70), (II 6, 71) widersprechen, enthält das sekundäre Potentialfeld neben $\varphi_1^{(s)}$ noch einen Anteil $\varphi_2^{(s)}$ der Form (II 6, 62); bezeichnen wir dessen Konstanten, um Verwechselungen mit den entsprechenden Größen des Primärpotentiales auszuschließen, durch die Symbole C′ und E′, so liefern die Forderungen (II 6, 70), (II 6, 71) im Verein mit den Gleichungen (II 6, 76), (II 6, 77) die Relationen

$$-\frac{\lambda^{(0)}}{2\pi\Delta}\gamma+C'+E'\frac{\tau}{\pi}[-\gamma+\delta]=0 \qquad \text{(II 6, 78)}$$

und

$$-\frac{\lambda^{(0)}}{2\pi\Delta}\alpha+C'+E'\frac{\tau}{\pi}[\alpha-\delta]=0. \qquad \text{(II 6, 79)}$$

Man entnimmt ihnen

$$E'=-\frac{\lambda^{(0)}}{2\pi\Delta}\frac{\pi}{\tau}\frac{(\gamma-\delta)-(\alpha-\delta)}{(\gamma-\delta)+(\alpha-\delta)} \qquad \text{(II 6, 80)}$$

und

$$C'=\frac{\lambda^{(0)}}{2\pi\Delta}\left[\delta+2\frac{(\gamma-\delta)(\alpha-\delta)}{(\gamma-\delta)+(\alpha-\delta)}\right]. \qquad \text{(II 6, 81)}$$

Durch Addition von (II 6, 75) und (II 6, 81) ergibt sich das sekundäre Gitterpotential

$$\varphi_g^{(s)} = \frac{\lambda^{(0)}}{2\pi\Delta}\left[\ln\frac{1}{2\,r_0} - \frac{\frac{1}{18}r_0^4}{1+\frac{1}{15}r_0^4} + \delta + 2\frac{(\gamma-\delta)(\alpha-\delta)}{(\gamma-\delta)+(\alpha-\delta)}\right] =$$

$$= \frac{\lambda^{(0)}}{2\pi\Delta}\left[\sigma(r_0) + 2\frac{(\gamma-\delta)(\alpha-\delta)}{(\gamma-\delta)+(\alpha-\delta)}\right] \qquad \text{(II 6, 82)}$$

wobei mit Rücksicht auf (II 6, 61) die Funktion $\sigma = \sigma(r_0)$ durch

$$\sigma(r_0) = \ln\frac{1}{2\,r_0} - \frac{\frac{1}{18}r_0^4}{1+\frac{1}{15}r_0^4} + \frac{r_0^2}{1+\frac{1}{3}r_0^2 - \frac{1}{675}\frac{r_0^8}{1+\frac{4}{189}r_0^6}} \qquad \text{(II 6, 83)}$$

definiert ist; Abb. II 112 zeigt ihren Verlauf.

h) Wir bilden aus (II 6, 67) und (II 6, 82) das resultierende Gitterpotential

$$\varphi_g = \varphi_a\frac{\gamma-\delta}{(\gamma-\delta)+(\alpha-\delta)} + \frac{\lambda^{(0)}}{2\pi\Delta}\left[\sigma(r_0) + 2\frac{(\gamma-\delta)(\alpha-\delta)}{(\gamma-\delta)+(\alpha-\delta)}\right]. \qquad \text{(II 6, 84)}$$

Bei vorgeschriebenen Elektrodenpotentialen sammelt sich also je Gitterstab der Ladungsbelag

$$\frac{\lambda^{(0)}}{2\pi\Delta} = \frac{\varphi_g - \varphi_a\frac{\gamma-\delta}{(\gamma-\delta)+(\alpha-\delta)}}{\sigma(r_0) + 2\frac{(\gamma-\delta)(\alpha-\delta)}{(\gamma-\delta)+(\alpha-\delta)}} \qquad \text{(II 6, 85)}$$

an. Welche durchschnittliche Ladungsdichte σ_k tritt gleichzeitig je Einheit der Kathodenoberfläche auf?

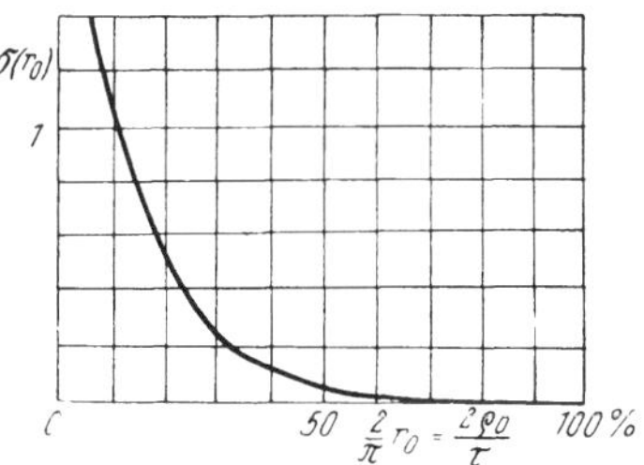

Abb. II 112. Die Funktion $\sigma = \sigma(r_0)$.

1. Dem Potentialfelde $\varphi_1^{(p)}$ entspricht zufolge (II 6, 66) der Anteil

$$\sigma_{1,k}^{(p)} = -\Delta\,E^{(p)} = -\Delta\cdot\frac{\pi}{\tau}\frac{\varphi_a}{(\gamma-\delta)+(\alpha-\delta)}. \qquad \text{(II 6, 86)}$$

2. Das primäre Störfeld liefert keinen Beitrag zur Kathodenladung.

3. Das Feld $\varphi_1^{(s)}$ breitet sich symmetrisch beiderseits der Gitterebene aus; daher bindet es je Flächeneinheit der Kathode im Mittel die Ladung

$$\sigma_{1,k}^{(s)} = -\frac{\lambda^{(0)}}{2\tau}. \qquad \text{(II 6, 87)}$$

4. Dem Felde $\varphi_2^{(s)}$ korrespondiert nach (II 6, 80) der Ladungsanteil

$$\sigma_{2,k}^{(s)} = -\Delta\,E' = \frac{\lambda^{(0)}}{2\tau}\frac{(\gamma-\delta)-(\alpha-\delta)}{(\gamma-\delta)+(\alpha-\delta)}. \qquad \text{(II 6, 88)}$$

Nach (II 6, 87) und (II 6, 88) influenziert also das Sekundärfeld der Gitterladungen die mittlere Kathoden-Ladungsdichte

$$\sigma_k^{(s)} = \sigma_{1,k}^{(s)} + \sigma_{2,k}^{(s)} = -\frac{\lambda^{(0)}}{2\tau}\frac{2(\alpha-\delta)}{(\gamma-\delta)+(\alpha-\delta)}. \qquad \text{(II 6, 89)}$$

Aus (II 6, 86) und (II 6, 89) resultiert mit Rücksicht auf (II 6, 85) für σ_k der Ausdruck

$$\sigma_k = -\Delta \frac{\pi}{\tau} \frac{\varphi_g + \frac{\sigma(r_0)}{2(\alpha-\delta)}\varphi_a}{[(\gamma-\delta)+(\alpha-\delta)]\frac{\sigma(r_0)}{2(\alpha-\delta)}+(\gamma-\delta)} \tag{II 6, 90}$$

so daß der Durchgriff D aus den Konstruktionsabmessungen der Triode nach der Vorschrift

$$D = \frac{\sigma(r_0)}{2(\alpha-\delta)} \tag{II 6, 91}$$

in einfacher Weise berechnet werden kann; er erweist sich wiederum, als Folge der Annahmen (II 6, 1), als unabhängig von der Lage der Kathode relativ zum Gitter.

II 7. Elektrostatik der Zylinder-Triode.

a) Die Abmessungen der zu behandelnden Zylinder-Triode sind aus Abb. II 113 zu entnehmen, welches einen Längsschnitt durch die Achse des Dreielektroden-Systemes zeigt:

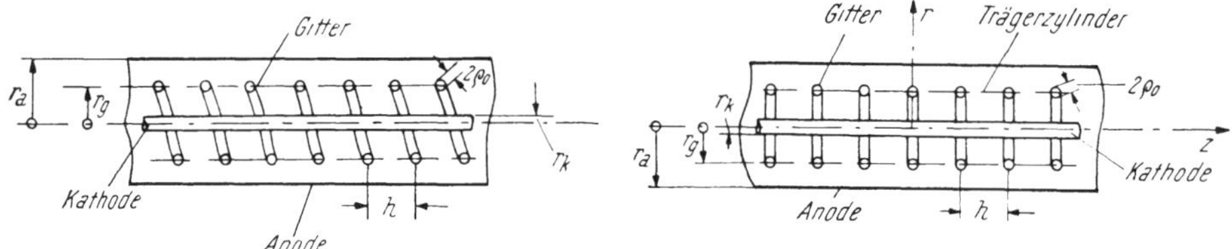

Abb. II 113. Längsschnitt durch die homogene Zylindertriode mit Wendeglitter.

Abb. II 114. Ersatz des Gitterwendels durch ein System äquidistanter Ringe.

1. Im Zentrum befindet sich die kreiszylindrische Glühkathode vom Halbmesser r_k ihres elektronenemittierenden Mantels.

2. Das Gitter besteht aus Runddraht vom Halbmesser ϱ_0, welcher auf dem „Trägerzylinder" vom Halbmesser r_g zu einer die Kathode konzentrisch umgebenden Spirale der Ganghöhe h aufgewunden ist.

3. Die Anode besitzt die Gestalt eines Hohlzylinders vom lichten Halbmesser r_a, welcher Gitter und Kathode konzentrisch umhüllt.

4. Die aktive, achsiale Länge des Systemes wird mit s bezeichnet; wir setzen weiterhin

$$h \ll s; \qquad \varrho_0 \ll h \tag{II 7, 1}$$

voraus und beschränken uns überdies auf enge Gitter der Eigenschaften

$$2\pi(r_g - r_k) \gg h; \qquad 2\pi(r_a - r_g) \gg h. \tag{II 7, 2}$$

b) Wir orientieren uns innerhalb der Röhre an Hand eines Zylinder-Koordinatensystemes: Die geometrische Achse der Anordnung definiert, nach Wahl eines passenden Ursprunges, die z-Koordinate des Aufpunktes; r mißt seinen radialen Abstand von der Achse, α sein Azimut gegen eine beliebige, relativ zu den Elektroden ruhende Meridianebene. Die *Laplace*sche Gleichung des elektrostatischen Skalarpotentiales $\varphi = \varphi(z, r, \alpha)$ lautet somit

$$\frac{\partial^2\varphi}{\partial r^2} + \frac{1}{r}\frac{\partial\varphi}{\partial r} + \frac{\partial^2\varphi}{\partial z^2} + \frac{1}{r^2}\frac{\partial^2\varphi}{\partial\alpha^2} = 0. \tag{II 7, 3}$$

Wir haben sie unter den Randbedingungen

$$\varphi = 0 \quad \text{auf der Kathode,} \tag{II 7, 4}$$

$$\varphi = \varphi_g \quad \text{auf dem Gitter,} \tag{II 7, 5}$$

$$\varphi = \varphi_a \quad \text{auf der Anode} \tag{II 7, 6}$$

zu lösen.

c) Wir führen folgende vereinfachenden Annahmen ein:

1. Die an den beiden Stirnflächen der Röhre auftretenden Randwirkungen des Feldes einschließlich der Störungen, welche von den Elektrodenzuleitungen herrühren, werden außer acht gelassen: Die reale Triode wird als endlicher Abschnitt eines achsial unbegrenzten Systemes aufgefaßt.

2. Das Gitterwendel wird durch eine Reihe kongruenter, parallelebener Kreisringe ersetzt, welche nach Abb. II 114 längs des Trägerzylinders $r = r_g$ mit der Abstandsperiode h ihrer Äquatorebenen bei peripher unveränderlichem Drahthalbmesser ϱ_0 gleichmäßig verteilt sind; wir identifizieren eine dieser Äquatorebenen mit der Ebene $z = 0$ des Bezugssystemes.

In der durch diese Angaben definierten „Ersatztriode" herrscht Rotationssymmetrie: Die Potentialgleichung (II 7, 3) reduziert sich auf

$$\frac{\partial^2 \varphi}{\partial r^2} + \frac{1}{r}\frac{\partial \varphi}{\partial r} + \frac{\partial^2 \varphi}{\partial z^2} = 0. \tag{II 7, 7}$$

d) Auf Grund der Linearität der *Laplace*schen Gleichung (II 7, 7) setzen wir ihre Lösung aus dem Primärpotential $\varphi^{(p)}$ und dem Sekundärpotential $\varphi^{(s)}$ additiv zusammen, deren jedes für sich die *Laplace*sche Gleichung erfüllt:

$$\varphi = \varphi^{(p)} + \varphi^{(s)}. \tag{II 7, 8}$$

1. Der Primäranteil $\varphi^{(p)}$ ist als Feld allein der Anoden- und Kathodenladungen bei ladungsfreiem Gitter definiert. Zufolge der in (II 7, 1) und (II 7, 2) vorausgesetzten Konstruktion der Triode wird die Struktur des Primärpotentiales durch die Anwesenheit der ungeladenen Gitterringe nur unmerklich gestört. Daher dürfen wir ihre Wirkung auf das Primärpotential außer Betracht lassen und finden in

$$\varphi^{(p)} = \varphi_a \frac{\ln \frac{r}{r_k}}{\ln \frac{r_a}{r_k}}, \tag{II 7, 9}$$

diejenige Lösung der *Laplace*schen Gleichung, welche den beziehentlich vorgeschriebenen Randbedingungen (II 7, 4) und (II 7, 6) auf der Kathode und der Anode genügt; doch weicht das primäre Gitterpotential

$$\varphi_g^{(p)} = \varphi_a \frac{\ln \frac{r_g}{r_k}}{\ln \frac{r_a}{r_k}} \tag{II 7, 10}$$

in der Regel von dem gemäß (II 7, 5) vorgeschriebenen Werte φ_g des resultierenden Gitterpotentiales ab.

Das Primärpotential erregt auf der Kathodenoberfläche die elektrische Primärfeldstärke

$$E_k^{(p)} = -\left[\frac{\partial \varphi^{(p)}}{\partial r}\right]_{r = r_k} = -\frac{\varphi_a}{r_k} \frac{1}{\ln \frac{r_a}{r_k}} \tag{II 7, 11}$$

bindet also je Längeneinheit des Kathodenzylinders den primären Ladungsbelag

$$\lambda_k^{(p)} = 2\,\pi\, r_k\, \varDelta\, E_k^{(p)} = -\varphi_a \frac{2\,\pi\,\varDelta}{\ln \dfrac{r_a}{r_k}}. \tag{II 7, 12}$$

2. Der Sekundäranteil $\varphi^{(s)}$ des Potentiales wird von dem System der Gitterladungen Q je Ring bei gleichzeitig verschwindendem Potential sowohl der Kathode wie der Anode erzeugt; er genügt also den Randbedingungen

$$\varphi^{(s)} = 0 \qquad \text{für} \qquad r = r_k, \tag{II 7, 13}$$

$$\varphi^{(s)} = 0 \qquad \text{für} \qquad r = r_a. \tag{II 7, 14}$$

Nun vertauschen wir vorübergehend die Gitterringe von kreisförmigem Querschnitt mit radial infinitesimal dünnen Reifen des Halbmessers r_g und der achsialen Breite $2\,\delta < h$, auf deren schlichter Fläche die Ladung Q in der Dichte

$$\bar{\sigma} = \frac{Q}{2\pi\, r_g \cdot 2\,\delta}; \qquad |z| \leqq \delta \bmod h \tag{II 7, 15}$$

gleichförmig verteilt sei. Die Gesamtheit aller Reifen liefert somit eine auf dem Trägerzylinder in z-Richtung periodisch ausgebreitete Flächenladung der Dichte $\sigma_g = \sigma_g(z)$, welche durch die *Fourier*sche Reihe

$$\sigma_g(z) = \frac{1}{2\,\pi\, r_g}\,\frac{Q}{h}\left[1 + 2\sum_{n=1}^{\infty} \frac{\sin\left(n\,2\,\pi\,\dfrac{\delta}{h}\right)}{n\,2\,\pi\,\dfrac{\delta}{h}} \cos\left(n\,2\,\pi\,\frac{z}{h}\right)\right] \tag{II 7, 16}$$

dargestellt wird. Unter erneuter Berufung auf die Linearität der *Laplace*schen Gleichung kann daher das Sekundärpotential aus jenen Teilfeldern $\varphi_n^{(s)}$ zusammengesetzt werden, welche je der Flächenladungswelle der Ordnungszahl n genetisch verknüpft sind; wir unterwerfen jedes von ihnen einzeln den Grenzbedingungen (II 7, 13), (II 7, 14) und erhalten folgende Lösungen:

1. Im Falle $n = 0$ gilt, mit Hilfe der Konstanten $K_{i,0}$ und $K_{a,0}$, das allgemeine Integral

$$\varphi_0^{(s)} = K_{i,0} \ln \frac{r}{r_k}; \qquad r_k \leqq r < r_g, \tag{II 7, 17}$$

$$\varphi_0^{(s)} = K_{a,0} \ln \frac{r}{r_a}; \qquad r_g < r \leqq r_a. \tag{II 7, 18}$$

Die Grenzbedingungen am Gitter-Trägerzylinder verlangen die Stetigkeit dieses Potentiales

$$K_{i,0} \ln \frac{r_g}{r_k} = K_{a,0} \ln \frac{r_g}{r_a} \tag{II 7, 19}$$

sowie einen Sprung seiner radialen [physikalischen] elektrischen Induktionskomponente nach Maßgabe der Ladungsdichte

$$-\varDelta\, K_{a,0} \frac{1}{r_g} + \varDelta\, K_{i,0} \frac{1}{r_g} = \frac{1}{2\,\pi\, r_g}\,\frac{Q}{h}. \tag{II 7, 20}$$

Aus (II 7, 19) und (II 7, 20) entnehmen wir

$$K_{a,0} = -\frac{Q}{h} \cdot \frac{1}{2\pi\Delta} \frac{\ln \frac{r_g}{r_k}}{\ln \frac{r_a}{r_k}}; \qquad K_{i,0} = \frac{Q}{h} \frac{1}{2\pi\Delta} \frac{\ln \frac{r_a}{r_g}}{\ln \frac{r_a}{r_k}}. \quad \text{(II 7, 21)}$$

Die Kathoden-Feldstärke des Teilpotentiales $\varphi_0^{(s)}$ beträgt

$$E_{0,k}^{(s)} = -\left[\frac{\partial \varphi_0^{(s)}}{\partial r}\right]_{r=r_k} = -\frac{K_i}{r_k} = -\frac{Q}{h} \cdot \frac{1}{2\pi\Delta} \frac{1}{r_k} \frac{\ln \frac{r_a}{r_g}}{\ln \frac{r_a}{r_k}}, \quad \text{(II 7, 22)}$$

also der Ladungsbelag der Kathode

$$\lambda_{0,k}^{(s)} = 2\pi r_k \Delta E_{0,k}^{(s)} = -\frac{Q}{h} \frac{\ln \frac{r_a}{r_g}}{\ln \frac{r_a}{r_k}}. \quad \text{(II 7, 23)}$$

Auf der Trägerfläche $r = r_g$ des Gitters nimmt $\varphi_0^{(s)}$ den Wert

$$\varphi_{0,g}^{(s)} = \frac{Q}{h} \frac{1}{2\pi\Delta} \frac{\ln \frac{r_g}{r_k} \cdot \ln \frac{r_a}{r_g}}{\ln \frac{r_a}{r_k}} \quad \text{(II 7, 24)}$$

an.

2. Im Falle $n > 0$ lösen wir die *Laplace*sche Gleichung durch den Produktansatz

$$\varphi_n^{(s)} = f_n(r) \cos\left(n\, 2\pi \frac{z}{h}\right) \quad \text{(II 7, 25)}$$

und erhalten durch seine Substitution in (II 7, 7) für die lediglich von r abhängige Funktion $f_n(r)$ der radialen Feldstruktur die lineare, homogene Differentialgleichung

$$\frac{d^2 f_n}{dr^2} + \frac{1}{r} \frac{df_n}{dr} + \left(i \frac{n\, 2\pi}{h}\right)^2 f_n = 0; \qquad i = \sqrt{-1}. \quad \text{(II 7, 26)}$$

Ihre Lösungen definieren die Zylinderfunktionen der Ordnung Null vom rein imaginären Argumente

$$w = i\, n\, 2\pi \frac{r}{h}. \quad \text{(II 7, 27)}$$

Unter ihnen wählen wir für unsere Zwecke die *Bessel*sche Funktion $I_0(w)$ und die *Hankel*sche Funktion erster Art $H_0^{(1)}(w)$ aus und konstruieren mit Hilfe der Integrationskonstanten $K_{i,n}$ und $K_{a,n}$ das Potentialfeld

$$\varphi_n^{(s)} = K_{i,n}\, I_0\left(i\, n\, 2\pi \frac{r}{h}\right) \cos\left(n\, 2\pi \frac{z}{h}\right); \qquad 0 \leqq r < r_g, \quad \text{(II 7, 28)}$$

$$\varphi_n^{(s)} = K_{a,n}\, H_0^{(1)}\left(i\, n\, 2\pi \frac{r}{h}\right) \cos\left(n\, 2\pi \frac{z}{h}\right); \qquad r > r_g. \quad \text{(II 7, 29)}$$

Vermöge der durch Abb. II 115 veranschaulichten Eigenschaften der benutzten Zylinderfunktionen vermindert sich der Absolutwert des Potentiales (II 7, 28), (II 7, 29) rasch mit wachsendem radialen Abstand des Aufpunktes vom Gitter-Trägerzylinder; abgesehen von kleinen Schwankungen alternierenden Vorzeichens befriedigt daher mit Rücksicht auf (II 7, 2) die Funktion (II 7, 27) die Randbedingungen (II 7, 13) und die Funktion (II 7, 28) die Randbedingungen (II 7, 14) in häufig ausreichender Genauigkeit, mit welcher wir uns hier begnügen wollen.

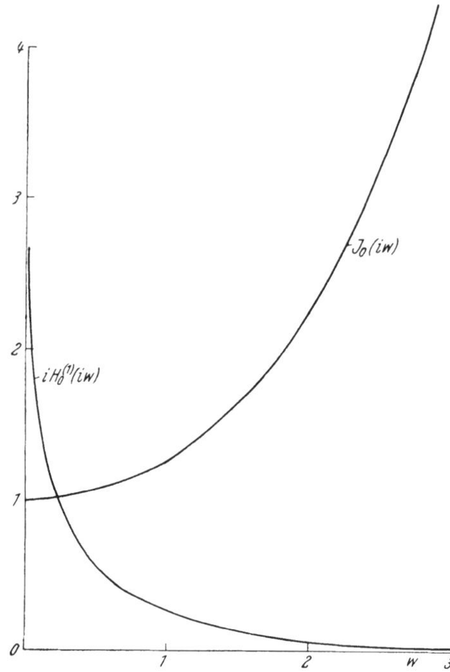

Abb. II 115. Die *Bessel*sche Funktion und die *Hankel*sche Funktion erster Art je der Ordnung Null bei rein imaginärem Argument.

Zur Berechnung von $K_{i,n}$ und $K_{a,n}$ ziehen wir die Stetigkeit des Potentiales in $r = r_g$ heran

$$K_{i,n} I_0(w_{g,n}) = K_{a,n} H_0^{(1)}(w_{g,n}); \quad w_{g,n} = i\, n\, 2\pi \frac{r_g}{h}. \tag{II 7, 30}$$

Überdies gleicht der dort auftretende Sprung der radialen [physikalischen] elektrischen Induktionskomponenten der Dichte der Flächenladung. Mit Hilfe der Formeln

$$\frac{dI_0(w)}{dw} = -I_1(w); \quad \frac{dH_0^{(1)}(w)}{dw} = -H_0^{(1)}(w), \tag{II 7, 31}$$

welche die Zylinderfunktionen der Ordnung Null vom Argumente w mit jenen der Ordnung 1 vom gleichen Argumente verknüpfen, folgt also aus (II 7, 16) im Verein mit (II 7, 27), (II 7, 28) die Relation

$$\varDelta\, i \frac{n\, 2\pi}{h} [K_{a,n} H_1^{(1)}(w_{g,n}) - K_{i,n} I_1(w_{g,n})] = \frac{1}{2\pi r_g} \frac{Q}{h} \cdot 2 \frac{\sin\left(n\, 2\pi \frac{\delta}{h}\right)}{n\, 2\pi \frac{\delta}{h}}. \tag{II 7, 32}$$

Bei der Auflösung der Gleichungen (II 7, 30) und (II 7, 32) nach $K_{i,n}$ und $K_{a,n}$ bedienen wir uns der Identität

$$H_1^{(1)}(w)\, I_0(w) - I_1(w)\, H_0^{(1)}(w) \equiv \frac{2}{\pi\, i\, w}. \tag{II 7, 33}$$

Gehen wir jetzt durch den Prozeß

$$\delta \to 0 \tag{II 7, 34}$$

zu geladenen Gitterreifen von verschwindender Bandbreite über, so erhalten wir

$$K_{i,n} = 2\frac{Q}{h}\frac{1}{2\pi\varDelta}\frac{\pi i}{2} H_0^{(1)}(w_{g,n}), \qquad \text{(II 7, 35)}$$

$$K_{a,n} = 2\frac{Q}{h}\frac{1}{2\pi\varDelta}\frac{\pi i}{2} I_0(w_{g,n}). \qquad \text{(II 7, 36)}$$

Gemäß (II 7, 28) berechnet man hiermit die elektrische Feldstärke des Teilpotentiales $\varphi_n^{(s)}$ an der Kathodenoberfläche zu

$$E_{n,k}^{(s)} = -2\frac{Q}{h}\frac{\cos\left(n\,2\pi\frac{z}{h}\right)}{2\pi\varDelta}\cdot\frac{\pi}{2} n \frac{2\pi}{h} I_1(w_{g,n})\, H_0^{(1)}(w_{g,n}) \qquad \text{(II 7, 37)}$$

und den elektrischen Ladungsbelag der Kathode

$$\lambda_{n,k}^{(s)} = -2\,\frac{Q}{h}\cos\left(n\,2\pi\frac{z}{h}\right)\frac{\pi}{2} n \frac{2\pi r_k}{h} I_1(w_{g,n})\, H_0^{(1)}(w_{g,n}). \qquad \text{(II 7, 38)}$$

Die sekundären Teilpotentiale der Ordnungszahlen $n > 0$ bewirken somit nur eine wellenförmige Modulation des Feldes an der Kathodenoberfläche, so daß dessen räumlicher Mittelwert durch (II 7, 22) beschrieben wird; ebenso schildert (II 7, 23) in Strenge den durchschnittlichen Ladungsbelag der Kathode. Dagegen hat man bei der Berechnung des sekundären Gitterpotentiales sämtliche Ordnungszahlen $0 \leqq n < \infty$ zu berücksichtigen. Auf dem Trägerzylinder $r = r_g$ resultiert das Sekundärpotential

$$\varphi_{[r=r_g]}^{(s)} = \frac{Q}{h}\frac{1}{2\pi\varDelta}\left[\frac{\ln\frac{r_a}{r_g}\ln\frac{r_g}{r_k}}{\ln\frac{r_a}{r_k}} + 2\frac{\pi i}{2}\sum_{n=1}^{\infty} H_0^{(1)}(w_{g,n})\, I_0(w_{g,n})\cos\left(n\,2\pi\frac{z}{h}\right)\right]. \qquad \text{(II 7, 39)}$$

Vermöge (II 7, 2) ist nun für alle $n \geqq 1$

$$|w_{g,n}| = n\,2\pi\frac{r_g}{h} \gg 1, \qquad \text{(II 7, 40)}$$

so daß die Zylinderfunktionen des Argumentes $w_{g,n}$ durch die Anfangsglieder ihrer semikonvergenten Reihen

$$i\,H_0^{(1)}(w_{g,n}) = \frac{e^{-|w_{g,n}|}}{\sqrt{\frac{1}{2}\pi\,|w_{g,n}|}} + \ldots, \qquad \text{(II 7, 41)}$$

$$I_0(w_{g,n}) = \frac{e^{|w_{g,n}|}}{\sqrt{2\pi\,|w_{g,n}|}} + \ldots \qquad \text{(II 7, 42)}$$

approximiert werden können. In der hierdurch angezeigten Genauigkeit entsteht aus (II 7, 39) die Darstellung

$$\varphi_{[r=r_g]}^{(s)} = \frac{Q}{h}\frac{1}{2\pi\varDelta}\left[\frac{\ln\frac{r_a}{r_g}\ln\frac{r_g}{r_k}}{\ln\frac{r_a}{r_g}} + \sum_{n=1}^{\infty}\frac{\cos\left(n\,2\pi\frac{z}{h}\right)}{n\,2\pi\frac{r_g}{h}}\right]. \qquad \text{(II 7, 43)}$$

Die in ihr auftretende Reihe läßt sich geschlossen summieren: Wir schreiben

$$\sum_{n=1}^{\infty} \frac{\cos\left(n\,2\pi\frac{z}{h}\right)}{n\,2\pi\frac{r_g}{h}} = \frac{1}{2\pi\frac{r_g}{h}} \cdot \frac{1}{2}\sum_{n=1}^{\infty}\left[\frac{e^{in2\pi\frac{z}{h}}}{n} + \frac{e^{-in2\pi\frac{z}{h}}}{n}\right] =$$

$$= \frac{h}{2\pi r_g}\frac{1}{2}\left[\ln\frac{1}{1-e^{+i2\pi\frac{z}{h}}} + \ln\frac{1}{1-e^{-i2\pi\frac{z}{h}}}\right] = \frac{h}{2\pi r_g}\ln\frac{1}{2\left|\sin\left(\pi\frac{z}{h}\right)\right|}. \tag{II 7, 44}$$

Indem wir daher nunmehr in (II 7, 43) durch die Wahl $|z| = \varrho_0$ auf die Oberfläche des Gitterringes spezialisieren, erhalten wir dort das sekundäre Gitterpotential

$$\varphi^{(s)}_{[r=r_g]} = \frac{Q}{h}\frac{1}{2\pi\Delta}\left[\frac{\ln\frac{r_a}{r_g}\ln\frac{r_g}{r_k}}{\ln\frac{r_a}{r_k}} + \frac{h}{2\pi r_g}\ln\frac{1}{2\sin\left(\pi\frac{\varrho_0}{h}\right)}\right]. \tag{II 7, 45}$$

Aus seiner Zusammenfassung mit dem Primäranteil (II 7, 10) resultiert das Gitterpotential

$$\varphi_g = \varphi_a\frac{\ln\frac{r_g}{r_k}}{\ln\frac{r_a}{r_k}} + \frac{Q}{h}\frac{1}{2\pi\Delta}\left[\frac{\ln\frac{r_a}{r_g}\ln\frac{r_g}{r_k}}{\ln\frac{r_a}{r_k}} + \frac{h}{2\pi r_g}\ln\frac{1}{2\sin\left(\pi\frac{\varrho_0}{h}\right)}\right]. \tag{II 7, 46}$$

e) Bei vorgeschriebenen Werten der Elektrodenpotentiale φ_a und φ_g folgt aus (II 7, 46) für die Gitter-Ringladung Q die Bestimmungsgleichung

$$\frac{Q}{h}\cdot\frac{1}{2\pi\Delta} = \frac{\varphi_g - \varphi_a\frac{\ln\frac{r_g}{r_k}}{\ln\frac{r_a}{r_k}}}{\frac{\ln\frac{r_a}{r_g}\ln\frac{r_g}{r_k}}{\ln\frac{r_a}{r_k}} + \frac{h}{2\pi r_g}\ln\frac{1}{2\sin\left(\pi\frac{\varrho_0}{h}\right)}} \tag{II 7, 47}$$

und weiter aus (II 7, 12) und (II 7, 23) für den Ladungsbelag der Kathode die Darstellung

$$-\frac{\lambda_k}{2\pi\Delta} = \frac{1}{\ln\frac{r_a}{r_k}} \cdot \frac{\varphi_g\ln\frac{r_a}{r_g} + \varphi_a\frac{h}{2\pi r_g}\ln\frac{1}{2\sin\left(\pi\frac{\varrho_0}{h}\right)}}{\frac{\ln\frac{r_a}{r_g}\ln\frac{r_g}{r_k}}{\ln\frac{r_a}{r_k}} + \frac{h}{2\pi r_g}\ln\frac{1}{2\sin\left(\pi\frac{\varrho_0}{h}\right)}}. \tag{II 7, 48}$$

Man entnimmt ihr den *Durchgriff* D *der Triode*

$$D = \frac{\dfrac{h}{2\pi r_g} \ln \dfrac{1}{2 \sin\left(\pi \dfrac{\varrho_0}{h}\right)}}{\ln \dfrac{r_a}{r_g}}. \qquad \text{(II 7, 49)}$$

und ihre *numerische Vergitterung*

$$G = \frac{1}{1+D} = \frac{\ln \dfrac{r_a}{r_g}}{\ln \dfrac{r_a}{r_g} + \dfrac{h}{2\pi r_g} \ln \dfrac{1}{2 \sin\left(\pi \dfrac{\varrho_0}{h}\right)}}. \qquad \text{(II 7, 50)}$$

Im Einklang mit der allgemeinen Theorie der homogenen Trioden erweisen sich D und G als unabhängig von den Abmessungen der Kathode. Lassen wir insbesondere die Halbmesser r_k, r_g und r_a derart anwachsen, daß die Grenzwerte

$$\lim_{\substack{r_k \to \infty \\ r_g \to \infty}} (r_g - r_k) = g; \qquad \lim_{\substack{r_g \to \infty \\ r_a \to \infty}} (r_a - r_g) = a \qquad \text{(II 7, 51)}$$

existieren, so gehen die Angaben (II 7, 49), (II 7, 50) beziehentlich in die Formeln

$$D = \frac{h}{2\pi a} \ln \frac{1}{2 \sin\left(\pi \dfrac{\varrho_0}{h}\right)}, \qquad \text{(II 7, 52)}$$

$$G = \frac{1}{1 + \dfrac{h}{2\pi a} \ln \dfrac{1}{2 \sin\left(\pi \dfrac{\varrho_0}{h}\right)}} \qquad \text{(II 7, 53)}$$

über, welche für die *parallelebene Triode* maßgeblich sind.

Wir bringen die Relationen (II 7, 47) und (II 7, 48) in die Gestalt der *Maxwell*schen *Kapazitätsgleichungen*

$$\frac{Q}{h} = c_{gk}(\varphi_g - 0) + c_{ga}(\varphi_g - \varphi_a). \qquad \text{(II 7, 54)}$$

$$\lambda_k = c_{kg}(0 - \varphi_g) + c_{ga}(0 - \varphi_a). \qquad \text{(II 7, 55)}$$

In ihnen sind die Teil-Kapazitätsbeläge $c_{gk} = c_{kg}$; $c_{ga} = c_{ag}$; $c_{ka} = c_{ak}$, im Gegensatz zu den Kennziffern D und G, von der Geometrie der Kathode explizit abhängig.

f) Der Grenzübergang (II 7, 51) ermöglicht die Verallgemeinerung der bisher auf *Ringgitter* beschränkten Ergebnisse auf die Elektrostatik der Zylindertriode, welche mit einem *Wendelgitter* ausgerüstet ist.

Es bezeichne r_g den Halbmesser des Trägerzylinders des Wendels und h seine Ganghöhe, und es seien $m \geq 1$ auf der Trägerfläche gleichmäßig voneinander distanziert, kongruente Wendel dieser Art zum Gitter der Triode vereinigt. Wir schneiden den Trägerzylinder längs einer achsenparallelen Mantellinie auf und wickeln ihn gemäß Abb. II 116 in eine Ebene ab. Setzen wir dann

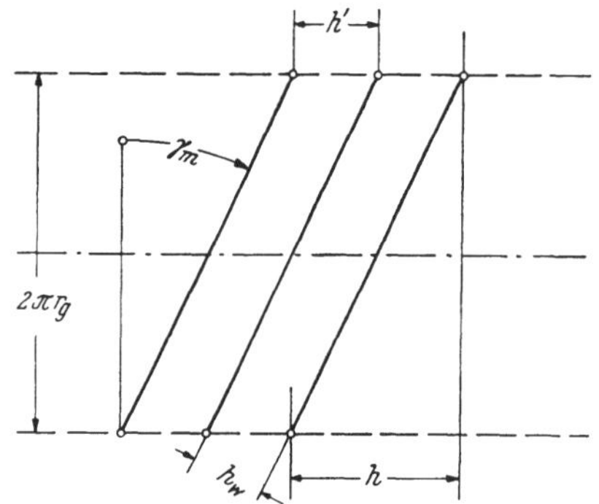

Abb. II 116. Zur Geometrie des Wendelgitters.

$$h' = \frac{h}{m} \qquad \text{(II 7, 56)}$$

und

$$\cos\gamma_m = \frac{2\pi r_g}{\sqrt{(m\,h')^2 + (2\pi r_g)^2}}, \qquad \text{(II 7, 57)}$$

so mißt

$$h_w = h'\cos\gamma_m \qquad \text{(II 7, 58)}$$

den Abstand je zweier benachbarter Drahtachsen. Nach (II 7, 52) berechnet sich somit der *Durchgriff* D_m der *Anode durch das abgewickelte, m-gängige Wendelgitter* zu

$$D_m = \frac{h}{2\pi a}\ln\frac{1}{2\sin\left(\pi\frac{\varrho_0}{h_w}\right)}. \qquad \text{(II 7, 59)}$$

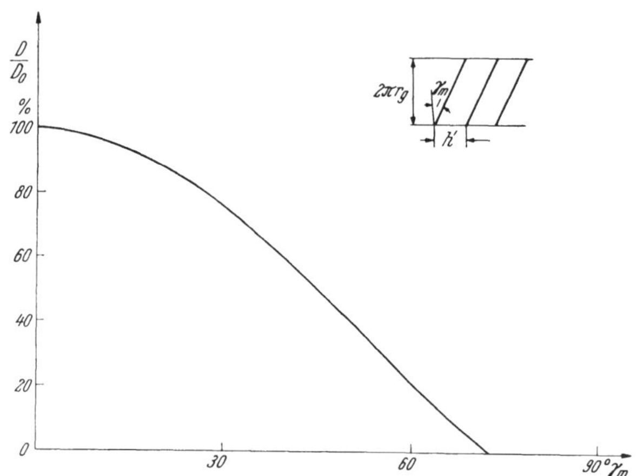

Abb. II 117. Einfluß der Wendelkonstruktion auf den Durchgriff der Anode durch das Gitter.

Sein Verhältnis zum Durchgriff D der Ringgitter-Triode gleicher Daten [h', ϱ_0] beträgt somit

$$\frac{D_m}{D} = \cos\gamma_m \frac{\ln\frac{1}{2\sin\left(\pi\frac{\varrho_0}{h}\frac{1}{\cos\gamma_m}\right)}}{\ln\frac{1}{2\sin\left(\pi\frac{\varrho_0}{h}\right)}}. \qquad \text{(II 7, 60)}$$

Abb. II 117 zeigt seinen Gang mit veränderlichem Neigungswinkel γ_m des Gitterwendels gegen die normal zur Röhrenachse orientierten Ebenen für das Beispiel $\varrho_0/h = 0{,}05$; bei $\gamma_m \approx 73^0$ kommen die Gitterdrähte unmittelbar nebeneinander zu liegen, so daß dort der Durchgriff verschwindet.

II 8. Inselbildung.

a) Die elementare Theorie der Triode wurzelt in der Vorstellung einer längs der Kathodenoberfläche räumlich homogenen elektrischen Primärfeldstärke. Der Vergleich der Triode mit der ihr äquivalenten Diode führt dann zur Kenntnis des Emissionsstromes J_e in seiner funktionellen Abhängigkeit von dem jeweils gleichzeitigen Werte φ_{st} des natürlichen Steuerpotentiales

$$J_e = F(\varphi_{st}). \qquad \text{(II 8, 1)}$$

Dieses Potential resultiert aus dem Potential φ_g des Gitters und dem Potential φ_a der Anode gegen die als Basis gewählte Äquipotentialkathode nach Maßgabe der numerischen Vergitterung G der Triode oder ihres Durchgriffes D mittels der homogenen, linearen Relation

$$\varphi_{st} = G\,\varphi_g + (1 - G)\,\varphi_a \equiv \frac{\varphi_g + D\,\varphi_a}{1 + D}; \quad D = \frac{G}{1 - G}. \qquad \text{(II 8, 2)}$$

Im Gebiete hinreichend kleiner Absolutbeträge des Gitterpotentiales bei gleichzeitig positivem Steuerpotentiale kommt man mit dieser Darstellung aus, solange der Abstand des Gitters von der Kathode hinreichend groß bleibt.

In modernen Trioden bringt man jedoch häufig das Gitter so dicht an die Kathode heran, daß die elektrische Primärfeldstärke an der Kathodenoberfläche merkliche Intensitätsschwankungen von räumlich periodischer Struktur offenbart: Das Gitter wirft sozusagen einen elektrostatischen Schatten auf die Kathode. Falls man insbesondere bei positivem Steuerpotential dem Gitter eine hinreichend starke, negative Ladung erteilt, sind Gebiete negativer, die Elektronen zur Kathode rücktreibender *Coulomb*-Kräfte inselartig in das „Meer“ der emissionsfördernden, positiven *Coulomb*-Kräfte eingebettet. Gefragt wird nach der Verformung des Kennlinienfeldes (II 8, 1), (II 8, 2) durch diese *Inselbildung*, wobei wir deren ursprüngliche Konzeption auf die räumliche Modulation des primären elektrischen Kathodenfeldes innerhalb des gesamten Arbeitsbereiches der Triode verallgemeinern.

b) Wir beschränken uns weiterhin auf die Untersuchung einer parallelebenen Triode, welche mit einem feindrähtigen Gitter ausgerüstet ist; ihr „kaltes“, elektrostatisches Primärfeld ist uns aus Ziffer II 4 bekannt, welcher wir sowohl die Bezeichnungen der Elektrodenkonstruktion wie auch die Lage des in der Röhre fixierten Bezugssystemes der rechtwinkeligen Koordinaten x und y unverändert entnehmen:

1. Bei ladungsfreiem Gitter tritt an der Oberfläche der Kathode [$y = -g$] nur das aus (II 4, 4) zu berechnende Primärfeld

$$E_y^{(p)} = -\frac{\varphi_a}{g + a} \qquad \text{(II 8, 3)}$$

auf.

2. Der Ladungsbelag λ je Gitterdraht erregt nach (II 4, 10) und (II 4, 13) an der Kathodenoberfläche den homogenen Anteil

$$E_{0,y}^{(s)} = -K_0^- \frac{1}{\tau} = -\frac{\lambda}{\Delta\tau} \cdot \frac{a}{g + a} \qquad \text{(II 8, 4)}$$

des Sekundärfeldes.

3. Die oszillierenden Sekundärfelder n-ter Ordnung $[1 \leqq n < \infty]$ ergeben sich aus (II 4, 16) und (II 4, 20) zu

$$E_{n,y}^{(s)} = -\left[\frac{\partial \varphi_n^{(s)}}{\partial y}\right]_{y=-g} = -K_n^- n \frac{2\pi}{\tau} \frac{1}{\sinh\left(n 2\pi \frac{g}{\tau}\right)} \cos\left(n 2\pi \frac{x}{\tau}\right) =$$

$$= -\frac{\lambda}{\pi \Delta} \cdot \frac{2\pi}{\tau} \frac{\sinh\left(n 2\pi \frac{a}{\tau}\right)}{\sinh\left(n 2\pi \frac{g+a}{\tau}\right)} \cos\left(n 2\pi \frac{x}{\tau}\right). \tag{II 8, 5}$$

4. Der Ladungsbelag λ ist mit den Elektrodenpotentialen φ_g und φ_a durch die lineare, homogene Gleichung

$$\frac{\lambda}{2\pi\Delta} = \frac{\tau}{2\pi a} \frac{(g+a)\varphi_g - g\varphi_a}{g + (g+a) D} \tag{II 8, 6}$$

verbunden, in welcher der Durchgriff aus den Daten der Triode mittels

$$D = \frac{\tau}{2\pi a} \ln \frac{\vartheta_1\left(\frac{g}{g+a}, i\frac{\tau}{2(g+a)}\right)}{\vartheta_1\left(\frac{\varrho_0}{g+a}, i\frac{\tau}{2(g+a)}\right)} - \frac{g}{g+a} \tag{II 8, 7}$$

nach (II 5, 47) zu bestimmen ist.

Um diese Angaben zusammenzufassen, vertauschen wir das natürliche Steuerpotential mit seinem gittergebundenen Wert [Effektivpotential]

$$\varphi_{\mathrm{eff}} = \frac{\varphi_g + D\varphi_a}{1 + \frac{g+a}{g} D} = \frac{1+D}{1 + \frac{g+a}{g} D} \varphi_{\mathrm{st}} \tag{II 8, 8}$$

und setzen abkürzend

$$\varepsilon_n = 2\frac{g+a}{a} \frac{1}{1 + \frac{g+a}{g} D} \frac{\sinh\left(n 2\pi \frac{a}{\tau}\right)}{\sinh\left(n 2\pi \frac{g+a}{\tau}\right)}. \tag{II 8, 9}$$

Für die Feldstärke E_k an der Kathodenoberfläche resultiert dann die Angabe

$$E_k = -\frac{1}{g}\left[\varphi_{\mathrm{eff}} + \left(\varphi_g - \frac{g}{g+a}\varphi_a\right) \sum_{n=1}^{\infty} \varepsilon_n \cos\left(n 2\pi \frac{x}{\tau}\right)\right] \tag{II 8, 10}$$

gemäß welcher sich dem gleichförmigen Grundfelde

$$E_{k,0} = -\frac{\varphi_{\mathrm{eff}}}{g} = -\frac{\varphi_g + D\varphi_a}{g + (g+a) D}, \tag{II 8, 11}$$

die periodische Schwankung

$$\delta E = -\frac{\varphi_g - \frac{g}{g+a}\varphi_a}{g} \sum_{n=1}^{\infty} \varepsilon_n \cos\left(n 2\pi \frac{x}{\tau}\right) \tag{II 8, 12}$$

überlagert.

c) Das Entladungssystem besitze in Richtung der x-Achse die Länge s, welche wir als ganzes Vielfache von τ voraussetzen; wir teilen es durch Ebenen x = const. in Elementar-Trioden je der infinitesimal kurzen Länge Δ x. Nun werde angenommen, daß sich der infinitesimal schwache Teil-Emissionsstrom ΔJ_e des zwischen x und $(x + \Delta x)$ gelegenen Röhrenelementes merklich unabhängig von dem elektrischen Geschehen in den übrigen Elementen entwickeln kann; vielmehr möge er nur von der Lokalfeldstärke $E_k = E_k(x)$ abhängen, welche primär an seiner kathodischen Emissionsfläche angreift. Diese Hypothese, welche die Theorie der homogenen Triode in ausreichender Genauigkeit verallgemeinert, führt auf den differentiellen Ansatz

$$\Delta J_e = f(E_k)\,\Delta x \qquad \text{(II 8, 13)}$$

in welcher die Funktion $f(E_k)$ den *Strombelag* A der Triode mißt

$$A = \lim_{\Delta x \to 0} \frac{\Delta J_e}{\Delta x} = f(E_k). \qquad \text{(II 8, 14)}$$

Da nun die Feldstärke E_k durch (II 8, 9), (II 8, 10) und (II 8, 11) in ihrer Abhängigkeit von den Elektrodenpotentialen φ_g und φ_a bekannt ist, können wir

$$f(E_k) = g(\varphi_g, \varphi_a) \qquad \text{(II 8, 15)}$$

schreiben, so daß

$$A = g(\varphi_g, \varphi_a) \qquad \text{(II 8, 16)}$$

die *Lokalcharakteristik* der zufolge der Inselbildung inhomogenen Triode definiert. Sie zeichnet sich durch die *Verstärkungszahl*

$$\mu = \frac{\dfrac{\partial g}{\partial \varphi_g}}{\dfrac{\partial g}{\partial \varphi_a}} = \frac{\dfrac{\partial E_k}{\partial \varphi_g}}{\dfrac{\partial E_k}{\partial \varphi_a}} \qquad \text{(II 8, 17)}$$

aus, welche sich aus (II 8, 9), (II 8, 10) und (II 8, 11) zu

$$\mu = \frac{1 + 2\dfrac{g+a}{a}\displaystyle\sum_{n=1}^{\infty} \frac{\sinh\left(n\,2\pi\dfrac{a}{\tau}\right)}{\sinh\left(n\,2\pi\dfrac{g+a}{\tau}\right)} \cos\left(n\,2\pi\dfrac{x}{\tau}\right)}{D - 2\displaystyle\sum_{n=1}^{\infty} \frac{\sinh\left(n\,2\pi\dfrac{a}{\tau}\right)}{\sinh\left(n\,2\pi\dfrac{g+a}{\tau}\right)} \cos\left(n\,2\pi\dfrac{x}{\tau}\right)} \qquad \text{(II 8, 18)}$$

berechnet. In den hier auftretenden Reihen darf man sich meist der Näherung

$$\frac{\sinh\left(n\,2\pi\dfrac{a}{\tau}\right)}{\sinh\left(n\,2\pi\dfrac{g+a}{\tau}\right)} \approx e^{-n\,2\pi\frac{g}{\tau}} \qquad \text{(II 8, 19)}$$

bedienen und erhält in der hierdurch angezeigten Genauigkeit

$$\sum_{n=1}^{\infty} \frac{\sinh\left(n\, 2\pi \frac{a}{\tau}\right)}{\sinh\left(n\, 2\pi \frac{g+a}{\tau}\right)} \cos\left(n\, 2\pi \frac{x}{\tau}\right) \approx \sum_{n=1}^{\infty} e^{-n 2\pi \frac{g}{\tau}} \cos\left(n\, 2\pi \frac{x}{\tau}\right) =$$

$$= \frac{1}{2} \frac{\cos\left(2\pi \frac{x}{\tau}\right) - e^{-2\pi \frac{g}{\tau}}}{\cosh\left(2\pi \frac{g}{\tau}\right) - \cos\left(2\pi \frac{x}{\tau}\right)}. \qquad \text{(II 8, 20)}$$

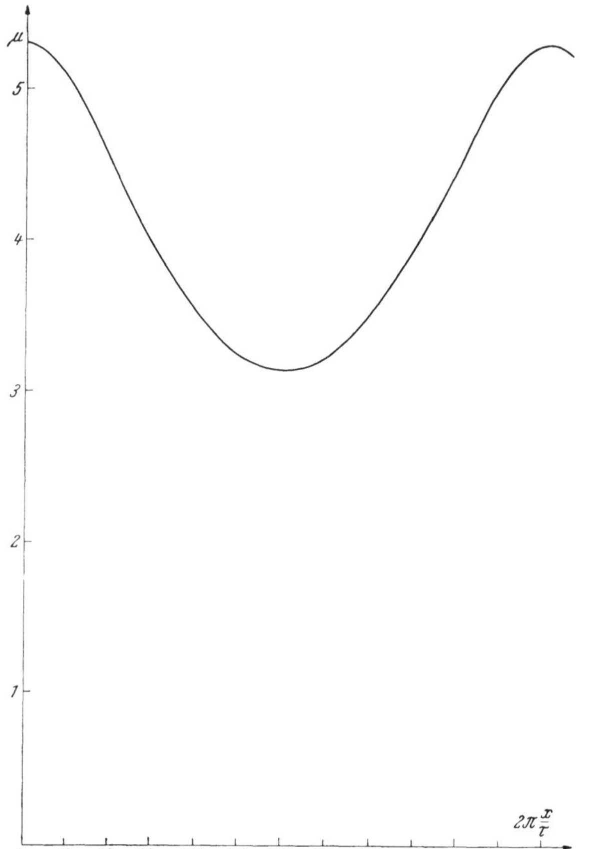

Abb. II 118. Inselbildung. Gang der lokalen Verstärkungszahl längs der Röhrenachse.

Abb. II 118 zeigt den Gang der Verstärkungszahl μ für eine Triode der Daten

$$g = a; \qquad \frac{\tau}{\pi a} = \frac{\tau}{\pi g} = 0{,}5; \qquad \frac{2\,\varrho_0}{\tau} = 0{,}117; \qquad D = 25\%. \qquad \text{(II 8, 21)}$$

Während man für die homogen gedachte Triode dieser Abmessungen die Verstärkungszahl $\mu = 1/D = 4$ erwarten würde, schwankt zufolge der Inselbildung die lokale Verstärkungszahl zwischen den Grenzen

$$5{,}14 > \mu > 3{,}14.$$

d) Welchen Einfluß übt die Inhomogenität der primären Kathodenfeldstärke auf das integrale Kennlinienfeld der Triode aus?

Zu (II 8, 13) zurückkehrend, finden wir für den gesamten Emissionsstrom J_e die Darstellung

$$J_e = \int_0^s f(E_k)\, dx. \tag{II 8, 22}$$

Bei der Berechnung dieses Integrales beschränken wir uns auf Kathodenfelder der Struktureigenschaft

$$|\delta E_k| \ll |E_{k,0}| \tag{II 8, 23}$$

so daß wir uns in der *Taylor*schen Entwicklung

$$f(E_k) = f(E_{k,0}) + \frac{\delta E_k}{1!} f'(E_{k,0}) + \frac{\delta E_k^2}{2!} f''(E_{k,0}) + \ldots \tag{II 8, 24}$$

auf die explizit angegebenen Glieder beschränken dürfen. Da nun das Verhältnis der Systemlänge s zur Gitterteilung τ als ganzzahlig vorausgesetzt wurde, folgt durch Substitution von (II 8, 24) in (II 8, 22) mit Rücksicht auf (II 8, 12)

$$J_e = s\left[f(E_{k,0}) + \frac{\left(\varphi_g - \frac{g}{g+a}\varphi_a\right)^2}{g^2}\frac{f''(E_{k,0})}{4}\sum_{n=1}^{\infty}\varepsilon_n^2\right] \tag{II 8, 25}$$

In der Terminologie der homogenen Triode $[\varepsilon_n \to 0]$ besteht also zufolge (II 8, 1), (II 8, 2) und (II 8, 8) die Identität

$$F(\varphi_{st}) \equiv F\left[\frac{1 + \frac{g+a}{g} D}{1 + D}\varphi_{eff}\right] \equiv F^*(\varphi_{eff}) \equiv s\, f(E_{k,0}) \tag{II 8, 26}$$

welcher wir im Verein mit (II 8, 11) die Relation

$$s\frac{d^2 f}{dE_{k,0}^2} = \frac{d^2F^*}{d\varphi_{eff}^2}\cdot\left(\frac{d\varphi_{eff}}{dE_{k,0}}\right)^2 = g^2\frac{d^2F^*}{d\varphi_{eff}^2} = g^2\left[\frac{1+\frac{g+a}{g}D}{1+D}\right]^2\frac{d^2F}{d\varphi_{st}^2} \tag{II 8, 27}$$

entnehmen. Mit Rücksicht auf (II 8, 9) geht somit (II 8, 25) in die Aussage

$$J_e = F(\varphi_{st}) + \left[\varphi_a - \frac{g}{g+a}\varphi_a\right]^2\cdot\left[\frac{g+a}{a(1+D)}\right]^2 F''(\varphi_{st})\sum_{n=1}^{\infty}\frac{\sinh^2\left(n\,2\pi\frac{a}{\tau}\right)}{\sinh^2\left(n\,2\pi\frac{g+a}{\tau}\right)} \tag{II 8, 28}$$

über; in ihr gilt in der Genauigkeit der Näherung (II 8, 19)

$$\sum_{n=1}^{\infty}\frac{\sinh^2\left(n\,2\pi\frac{a}{\tau}\right)}{\sinh^2\left(n\,2\pi\frac{g+a}{\tau}\right)} \approx \sum_{n=1}^{\infty}\left[e^{-n2\pi\frac{g}{\tau}}\right]^2 = \frac{1}{e^{4\pi\frac{g}{\tau}}-1}. \tag{II 8, 29}$$

Sobald also das Gitterpotential von seinem natürlichen Werte

$$\varphi_{g,0} = \frac{g}{g+a}\varphi_a \tag{II 8, 30}$$

abweicht, macht sich die Inselbildung in einer *Emissionsstrom-Änderung der Triode* bemerkbar: Er wird im Gebiete $F''(\varphi_{st}) > 0$ positiver Kennlinienkrümmung vergrößert, im Gebiete $F''(\varphi_{st}) < 0$ negativer Kennlinienkrümmung hingegen verringert.

II 9. Trioden veränderlichen Durchgriffes.

a) Im Gültigkeitsbereich des *Barkhausen*schen Gesetzes quasihomogener, mit Äquipotentialkathode ausgerüsteter Trioden ist der Emissionsstrom J_e eine Funktion des natürlichen Steuerpotentiales φ_{st} oder dessen gittergebundenen Wertes [Effektivpotential] $\overline{\varphi}_g$, welche durch die absolute Temperatur T der Glühelektrode und die Kinetik der aus ihr emittierten Elektronen völlig bestimmt ist. Bei der praktischen Anwendung der Röhre namentlich als Verstärker schwacher Wechselspannungen ist es jedoch häufig erwünscht, sich von dem Zwange dieser physikalischen Arbeitsbedingungen zu befreien und zu einer Emissionsstrom-Kennlinie aufzusteigen, welche als Funktion des Gitterpotentiales φ_g bei festgehaltenem Werte

$$\varphi_a = \varphi_{a,0} \tag{II 9, 1}$$

des Anodenpotentiales einem willkürlich vorgeschriebenen Verlaufe

$$J_e = J_e(\varphi_g; \varphi_a) \qquad \text{für} \qquad \varphi_a = \varphi_{a,0} \tag{II 9, 2}$$

folgt.

Um dieses Verlangen zu erfüllen, baut man Zylindertrioden von *achsial inhomogener Elektrodenkonstruktion:* Man fixiere in der Röhre ein Bezugssystem der rechtsläufigen, *Kartesi*schen Koordinaten x, y, z mit dem Ursprung in der Kathodenachse, welche ihrerseits mit der z-Achse identifiziert wird. Im Gegensatz zur Norm homogener Trioden ändert sich nun innerhalb des Strömungsbereiches

$$0 \leqq z \leqq s, \tag{II 9, 3}$$

der Elektronen die gegenseitige Konfiguration der drei Elektroden von einer Kontrollebene z = const. zur andern. Doch soll dieser „organische" Wechsel der Transversalstruktur nur sehr allmählich erfolgen: Wir ordnen jeder solchen Kontrollebene jene achsial homogene *Ersatztriode* zu, deren Elektrodenkonfiguration gerade mit der lokalen Anordnung der Elektroden in der achsial inhomogenen Triode übereinstimmt; das elektrostatische Primärfeld der „kalten" Röhre gleiche dann überall merklich dem entsprechenden Felde der Ersatztriode, während das elektrische Longitudinalfeld der inhomogenen Triode als vernachlässigbar schwach angesehen werde.

Auf Grund dieser Annahmen kann die vereinigte Steuerwirkung des Gitters und der Anode in jeder Kontrollebene $0 \leqq z \leqq s$ durch die numerische Vergitterung

$$G = G(z) \tag{II 9, 4}$$

der Ersatztriode oder ihren Durchgriff

$$D(z) = \frac{G(z)}{1 - G(z)} \tag{II 9, 5}$$

beschrieben werden; die Abhängigkeit dieser Zahlen von den Daten der Ersatztriode gilt weiterhin als bekannt. Um also die Triode der gewünschten Eigenschaften (II 9, 2) entwerfen zu können, hat man den Zusammenhang der vorgeschriebenen Funktion $J_e = J_e(\varphi_g; \varphi_{a,0})$ mit der vorerst noch unbekannten Funktion $D = D(z)$ herzustellen.

b) Da der Durchgriff der Ersatztriode sowohl von den Maßen der Anode wie von jenen des Gitters abhängt, kann man das Ziel durch passende Gestaltung entweder der Anode oder des Gitters allein sowie durch eine Kombination beider Mittel erreichen. Aus naheliegenden technologischen Gründen werden jedoch lediglich Trioden mit inhomogenem Gitter gebaut, so daß wir uns auf solche beschränken dürfen.

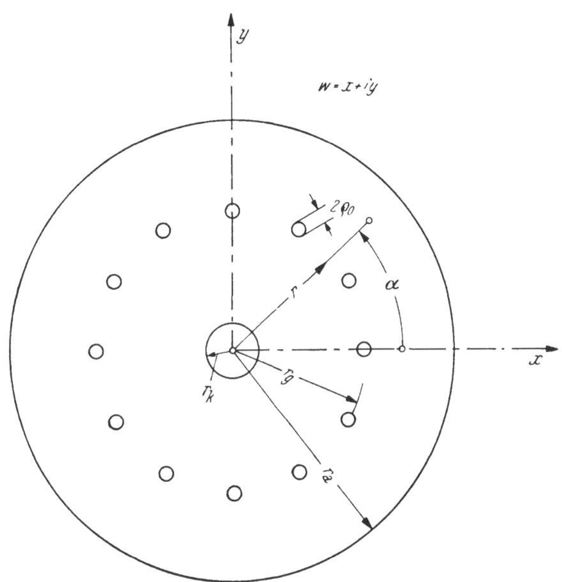

Abb. II 119. Zylindertriode mit Stabgitter.

Wir kehren vorübergehend zu einer Zylindertriode zurück, welche nach Abb. II 119 mit einem n-zähligen Stabgitter ausgerüstet ist: Die emittierende, äquipotentiale Kathodenfläche koinzidiere mit dem Kreiszylinder $r = \sqrt{x^2 + y^2} = r_k$; auf dem konzentrisch zu ihm gelegenen Trägerzylinder $r = r_g \gg r_k$ sind die n Gitterdrähte je gleichen Kreisquerschnittes vom Halbmesser $\varrho_0 \ll r_g$ in gleichmäßigem Abstande voneinander angeordnet, und die Anode fällt mit dem gleichfalls konzentrisch zur Kathodenachse gelegenen Kreiszylinder $r = a > (r_g + \varrho_0)$ zusammen.

Auf Grund der Voraussetzung $r_k \ll r_g$ lassen sich die in Ziffer II 5 ohne diese Beschränkung durchgeführten Berechnungen wesentlich vereinfachen:

Wir fassen in jeder Ebene z = const. die Koordinaten x und y zu der *Gaußschen* Koordinate

$$w = x + i\,y = r\,e^{i\vartheta} \quad ; \quad 0 \leq \vartheta < 2\pi \tag{II 9, 6}$$

zusammen. Erteilen wir dann jedem Gitterstab den Ladungsbelag λ, so besitzt das komplexe Potential

$$\chi = \frac{\lambda}{2\pi\Delta} \ln \frac{w^n - \left(\frac{r_a{}^2}{r_g}\right)^n}{w^n - r_g{}^n} \tag{II 9, 7}$$

des Systemes der wahren Gitterladungen im Verein mit den entgegengesetzt gleichen Ladungen des durch Spiegelung [Inversion] an der Anode erzeugten virtuellen Gitters auf der Anode [$w = r_a e^{i\vartheta}$] den reellen Anteil

$$\varphi = \frac{\lambda}{2\pi\Delta} \ln \left| \frac{r_a^n e^{in\vartheta} - \left(\frac{r_a^2}{r_g}\right)^n}{r_a^n e^{in\vartheta} - r_g^n} \right| = \frac{\lambda}{2\pi\Delta} \ln \left(\frac{r_a}{r_g}\right)^n \tag{II 9, 8}$$

Die Potentialfunktion

$$\varphi' = \frac{\lambda}{2\pi\Delta} \ln \left\{ \left(\frac{r_g}{r_a}\right)^n \left| \frac{w^n - \left(\frac{r_a^2}{r_g}\right)^n}{w^n - r_g^n} \right| \right\} \tag{II 9, 9}$$

verschwindet daher auf der Anode, während sie auf dem Gitter

$$\varrho_0 = \left| w - r_g e^{i 2\pi \frac{m}{n}} \right|; \qquad 0 \leqq m \leqq n - 1$$

den Wert

$$\varphi_g' = \frac{\lambda}{2\pi\Delta} \ln \frac{\left(\frac{r_a}{r_g}\right)^n - \left(\frac{r_g}{r_a}\right)^n}{n \frac{\varrho_0}{r_g}} \tag{II 9, 10}$$

und im Zentrum der fortgedachten Kathode den Wert

$$\varphi_0' = \frac{\lambda}{2\pi\Delta} \ln \left(\frac{r_a}{r_g}\right)^n \tag{II 9, 11}$$

offenbart. Gemäß (II 3, 62) finden wir somit für die numerische Vergitterung G der Triode den Ausdruck

$$G = \frac{\varphi_0'}{\varphi_g'} = \frac{\ln \left(\frac{r_a}{r_g}\right)^n}{\ln \frac{\left(\frac{r_a}{r_g}\right)^n - \left(\frac{r_g}{r_a}\right)^n}{n \frac{\varrho_0}{r_g}}} = \frac{n \ln \frac{r_a}{r_g}}{\ln \left[\left(\frac{r_a}{r_g}\right)^n - \left(\frac{r_g}{r_a}\right)^n \right] + \ln \frac{r_g}{n \varrho_0}} \tag{II 9, 12}$$

aus welchem sich ihr Durchgriff D zu

$$D = \frac{1 - G}{G} = \frac{\ln \left[1 - \left(\frac{r_g}{r_a}\right)^{2n} \right] + \ln \frac{r_g}{n \varrho_0}}{n \ln \frac{r_a}{r_g}} \tag{II 9, 13}$$

berechnet.

Für die *Green*sche Funktion einer in der Röhrenachse gedachten Einheits-Linienquelle wählen wir $\left[\text{mit } \frac{1}{2\pi l} = 1\right]$ den Ansatz

$$\psi = \ln \frac{r_a}{r} + \varphi'. \tag{II 9, 14}$$

Denn diese Potentialfunktion genügt der *Laplace*schen Gleichung mit Ausnahme der Geraden $r = 0$, in welcher ψ die dort verlangte logarithmische Singularität aufweist, und verschwindet auf der Anode $r = r_a$; damit sie sich überdies auf der Oberfläche der Gitterdrähte annulliere, bestimmen wir den vordem beliebigen Ladungsbelag λ je Gitterstab nunmehr aus der Bedingung

$$\psi_g = \ln \frac{r_a}{r_g} + \varphi_g' = \ln \frac{r_a}{r_g} + \frac{\lambda}{2\pi\Delta} \ln \frac{\left(\frac{r_a}{r_g}\right)^n - \left(\frac{r_g}{r_a}\right)^n}{n \frac{\varrho_0}{r_g}} = \left[1 + \frac{\lambda}{2\pi\Delta} \frac{n}{G}\right] \ln \frac{r_a}{r_g} = 0 \qquad \text{(II 9, 15)}$$

zu

$$\frac{\lambda}{2\pi\Delta} = -\frac{G}{n} \qquad \text{(II 9 ,16)}$$

Daher resultiert aus (II 9, 14) für die *Green*sche Funktion in der Umgebung der Achse die Entwicklung

$$\psi = \ln \frac{r_a}{r} - G \ln \frac{r_a}{r_g} + \ldots \equiv \ln \frac{r_g^{\,G} \cdot r_a^{\,1-G}}{r} + \ldots \qquad \text{(II 9, 17)}$$

welcher wir gemäß der Anweisung (II 3, 43) die Strecke

$$A = r_g^{\,G} \cdot r_a^{\,1-G} \qquad \text{(II 9, 18)}$$

als natürliche Längeneinheit der untersuchten Triode entnehmen; für unterschiedliche Gitterkonstruktionen des Bereiches

$$0 < G < 1 \qquad \text{(II 9, 19)}$$

kontrahiert sich somit der jeweils zugeordnete Radius A der natürlichen Vergleichsanode gemäß

$$r_a > A > r_g \qquad \text{(II 9, 20)}$$

stetig vom Halbmesser r_a der Trioden-Anode auf den Halbmesser r_g des Gitter-Trägerzylinders; diese „deformierbare" Vergleichsanode also ist es, welche relativ zur Kathode das natürliche Steuerpotential φ_{st} nach (II 3, 38) oder (II 3, 41) führt. Bindet man dagegen die Vergleichsanode ein für allemal an den starren Gitter-Trägerzylinder, so hat man ihr gemäß (II 3, 61) das Effektivpotential

$$\overline{\varphi_g} = \varphi_{eff} = \ln \frac{r_g}{r_k} \frac{G\varphi_g + (1-G)\varphi_a}{G \ln \frac{r_g}{r_k} + (1-G) \ln \frac{r_a}{r_k}} \equiv \frac{\varphi_g + D\varphi_a}{1 + D \frac{\ln \frac{r_a}{r_k}}{\ln \frac{r_g}{r_k}}} \qquad \text{(II 9, 21)}$$

relativ zur Kathode zu erteilen.

Von der n-zähligen Zylinder-Triode gelangen wir durch den dreifachen Grenzübergang

$$\lim_{\substack{r_g \to \infty \\ r_k \to \infty}} (r_g - r_k) = g; \qquad \lim_{\substack{r_a \to \infty \\ r_g \to \infty}} (r_a - r_g) = a; \qquad \lim_{\substack{r_g \to \infty \\ n \to \infty}} \frac{2\pi r_g}{n} = \tau \qquad \text{(II 9, 22)}$$

zu einer parallelebenen Triode vom Abstande g zwischen der Gitter-Trägerebene und der Kathode, vom Abstande a zwischen der Anode und der Gitter-Trägerebene und vom Abstande τ zwischen je benachbarten Gitterdraht-Achsen. Für diese Röhre entsteht aus (II 9, 13) die Durchgriffsformel

$$D = \lim_{n \to \infty} \frac{\ln\left[1 - \left(1 + \frac{2\pi a}{n\tau}\right)^{-2n}\right] + \ln \frac{\tau}{2\pi \varrho_0}}{n \ln\left[1 + \frac{2\pi a}{n\tau}\right]} = \frac{\ln\left[1 - e^{-\frac{4\pi a}{\tau}}\right] + \ln \frac{\tau}{2\pi \varrho_0}}{\frac{2\pi a}{\tau}} \tag{II 9, 23}$$

während die Bildungsvorschrift (II 9, 21) des Effektivpotentiales in

$$\lim_{\substack{r_g \to \infty \\ r_a \to \infty}} \varphi_{\text{eff}} = \frac{\varphi_g + D\,\varphi_a}{1 + \frac{g + a}{g} D} \tag{II 9, 24}$$

übergeht.

c) Im Lichte der Gleichung (II 9, 13) erweist sich der Durchgriff D der Zylindertriode bei festen Maßen der Radien r_g und r_a als Funktion des Drahthalbmessers ϱ_0; die in (II 9, 5) angedeutete Abhängigkeit des Durchgriffes von der Achsenkoordinate z läßt sich somit grundsätzlich mittels eines n-zähligen Systemes paralleler Gitterstäbe realisieren, deren Querschnittsabmessungen in Richtung der Röhrenachse gesetzmäßig veränderlich sind. Allerdings geht die Praxis wohl stets einen anderen Weg: Man bedient sich eines Wendelgitters von stetig veränderlicher Steigung, oder man schneidet aus einem ursprünglich homogenen Gitter passende Stücke aus; doch bleiben die Ergebnisse unserer theoretischen Überlegungen von den genannten technologischen Einzelheiten unberührt, so daß wir die Gleichungen (II 9, 21) und (II 9, 24) abkürzend und verallgemeinernd durch

$$\varphi_{\text{eff}} = \varphi_{\text{eff}}(z) = \frac{\varphi_g + D(z)\,\varphi_a}{1 + \alpha \cdot D(z)}; \qquad \alpha = \frac{\ln \frac{r_a}{r_k}}{\ln \frac{r_g}{r_k}} \tag{II 9, 25}$$

zusammenfassen dürfen.

d) In sinngemäßer Erweiterung der *Barkhausen*schen Grundgedanken übertragen wir die *elektrostatische* Konzeption des stetig veränderlichen Durchgriffes auf den Mechanismus der *stationären Elektronenströmung* der Triode: Die infinitesimal benachbarten Ebenen z und $(z + \Delta z)$ schließen zwischen einander eine Elementartriode ein, deren infinitesimal schwacher Emissionsstrom ΔJ_e, unabhängig von dem Geschehen in allen übrigen Teilen der Röhre, entsprechend der Gleichung

$$\Delta J_e = f(\varphi_{\text{eff}})\,\Delta z, \tag{II 9, 26}$$

lediglich von dem dort herrschenden Effektivpotential $\varphi_{\text{eff}} = \varphi_{\text{eff}}(z)$ diktiert wird; in ihr definiert — und dies ist der entscheidende Punkt der Theorie — der Strombelag f eine für die gesamte Triode einheitliche Funktion des Effektivpotentiales, die als solche bereits durch die Entladungsphysik der *homogenen* Triode gegeben ist und erst durch Vermittlung des wesentlich konstruktiven Zusammenhanges (II 9, 25) implizit von der Achsenkoordinate $0 < z < s$ abhängt. Daher ergibt sich nunmehr für den gesamten Emissionsstrom J_e der inhomogenen Triode die Darstellung

$$J_e = J_e(\varphi_g; \varphi_a) = \int_0^s f(\varphi_{\text{eff}})\,dz = \int_0^s f\left(\frac{\varphi_g + D(z)\,\varphi_a}{1 + \alpha D(z)}\right) dz. \tag{II 9, 27}$$

e) Unter den Arbeitsbedingungen (II 9, 1), (II 9, 2) liegt in (II 9, 27) eine *Integralgleichung* für die Funktion $D = D(z)$ vor. Bei ihrer Lösung vertauschen wir die reale Kathode mit einer virtuellen Glühelektrode, welcher die Elektronen zwar in beliebiger Menge, doch ohne merkliche Startgeschwindigkeit entzogen werden können. Dann annulliert sich die Emissions-Stromdichte j_e im Gebiete negativer Effektivpotentiale

$$j_e \equiv 0 \qquad \text{für} \qquad \varphi_{eff} \leqq 0 \tag{II 9, 28}$$

während sie für $\varphi_{eff} > 0$ nur durch die Raumladung begrenzt wird; die *Child-Langmuir*sche Formel liefert dann sowohl bei parallelebener Elektrodenanordnung [Ziffer I 3, Gln. (I 3, 31; I 3, 32)] wie für die Röhre mit Fadenkathode [Ziffer I 3, Gl. (I 3, 55)] die einheitliche Angabe

$$j_e = \frac{4}{9} \Delta \sqrt{2 \frac{q_0}{m_0} \frac{\varphi_{eff}^{3/2}}{g^2}}\,; \qquad \varphi_{eff} \geqq 0. \tag{II 9, 29}$$

Sei daher b die Breite der emittierenden Kathodenfläche senkrecht zur z-Achse, so ergibt sich mit

$$C = \frac{4}{9} \Delta \sqrt{2 \frac{q_0}{m_0} \frac{b}{g^2}} \tag{II 9, 30}$$

für den Emissions-Strombelag die „differentielle" Kennlinie

$$j_e = \begin{matrix} 0 & \text{für} & \varphi_{eff} \leqq 0 \\ C\varphi_{eff}^{3/2} & \text{für} & \varphi_{eff} \geqq 0 \end{matrix} \tag{II 9, 31}$$

welche wir, nach passender Verallgemeinerung von C, für Zylindertrioden beliebiger Bauart heranziehen können. Messen wir nun die „numerische Gitterspannung" v als vielfaches der festen Anodenspannung $\varphi_a = \varphi_{a,0}$

$$v = \frac{\varphi_g}{\varphi_{a,0}} \tag{II 9, 32}$$

so entsteht durch Substitution von (II 9, 31) und (II 9, 32) die Integralgleichung

$$J_e \to J_e^{+}(v) = C\,\varphi_{a,0}^{3/2} \int\limits_{\cdot}^{\cdot} \left[\frac{v + D(z)}{1 + a\,D(z)}\right]^{3/2} dz. \tag{II 9, 33}$$

In ihr ersetzen wir die Achsenkoordinate z durch deren auf s als Einheit bezogenes Zahlenmaß

$$\zeta = \frac{z}{s} \tag{II 9, 34}$$

und schreiben für die hiernach aus $D = D(z)$ hervorgehende Durchgriffsfunktion das Symbol $D^*(\zeta)$. Führt man dann das dimensionsfreie Emissions-Strom-Verhältnis

$$I_e(v) = \frac{J_e(v)}{s\,C\,\varphi_{a,0}^{3/2}} \tag{II 9, 35}$$

als *Entladungsfunktion* der inhomogenen Triode ein, so verwandelt sich (II 9, 33) in die Aussage

$$I_e(v) = \int\limits_{\cdot}^{\cdot} \left[\frac{v + D^*(\zeta)}{1 + a\,D^*(\zeta)}\right]^{3/2} d\zeta, \tag{II 9, 36}$$

in welcher die zunächst nur je durch einen Punkt angedeuteten Grenzen des bestimmten Integrales jedenfalls gemäß (II 9, 31) so zu wählen sind, daß das numerische Effektivpotential $v_{eff} = \frac{\varphi_{eff}}{\varphi_{a,0}}$ nicht negativ ausfällt

$$v_{eff} = \frac{\varphi_{eff}}{\varphi_{a,0}} = v + D^*(\zeta) \geqq 0. \qquad \text{(II 9, 37)}$$

Im Lichte dieser Ungleichung empfiehlt sich ein Wechsel der Veränderlichen: Statt, wie bisher, den Durchgriff D als Funktion D* der numerischen Achsenkoordinate ζ anzusetzen, werden wir umgekehrt deren Abhängigkeit vom Durchgriff aufsuchen:

$$\zeta = \zeta(D). \qquad \text{(II 9, 38)}$$

Sei dann abkürzend

$$p(D) = \frac{1}{[1 + \alpha D]^{3/2}} \cdot \frac{d\zeta}{dD} \qquad \text{(II 9, 39)}$$

gesetzt, so geht (II 9, 36) in die Integralgleichung

$$I_e(v) = \int\limits_{\cdot}^{\cdot} [v + D]^{3/2}\, p(D)\, dD \qquad \text{(II 9, 40)}$$

für die unbekannte Funktion p(D) über; die abermals nur durch Punkte angedeuteten Integrationsgrenzen sind nunmehr in den entsprechenden Werten des Durchgriffes auszudrücken. Betrachten wir den Durchgriffsbereich

$$0 \leqq D \leqq D_{max} \qquad \text{(II 9, 41)}$$

als konstruktiv realisierbar, so haben wir zwei Betriebsarten der inhomogenen Triode zu unterscheiden:

1. Die Röhre arbeitet als [quasistationärer] Verstärker schwacher Wechselspannungen, so daß ihr elektronischer Gitterstrom unterdrückt werden muß. Mit der hieraus folgenden Bedingung eines stets negativen oder, im Grenzfall, verschwindenden [numerischen] Gitterpotentiales

$$v \leqq 0 \qquad \text{(II 9, 42)}$$

ist jedoch die Forderung (II 9, 37) eines nicht negativen Effektivpotentiales nur im Durchgriffsgebiete

$$-v = D_{min} \leqq D \leqq D_{max} \qquad \text{(II 9, 43)}$$

vereinbar; daher nimmt die Integralgleichung (II 9, 40) die Gestalt

$$I_e(v) = \int\limits_{-v}^{D_{max}} [v + D]^{3/2}\, p(D)\, dD \qquad \text{(II 9, 44)}$$

an.

2. Während der Arbeit der Triode nimmt ihr numerisches Gitterpotential positive Werte [mit Einschluß der Null] an

$$v \geqq 0. \qquad \text{(II 9, 45)}$$

Da dann die Ungleichung (II 9, 37) für den gesamten Wertevorrat (II 9, 41) des Durchgriffes automatisch befriedigt wird, findet man nunmehr aus (II 9, 40) für die Entladungsfunktion die Darstellung

$$I_e(v) = \int\limits_{0}^{D_{max}} [v + D]^{3/2}\, p(D)\, dD. \qquad \text{(II 9, 46)}$$

In ihrer operativen Bedeutung als Integralgleichung für die unbekannte Funktion p(D) unterscheidet sich (II 9, 46) durch die *feste* untere Grenze der Integration von der Forderung (II 9, 44) mit *beweglicher* unterer Integrationsgrenze. Daher führt in der Regel die Vorschrift der Entladungsfunktion sowohl für negative wie für positive numerische Gitterpotentiale zu einem *Widerspruch*: Der vorgeschriebene Verlauf der Funktion $I_e(v)$ allein in *einem* der beiden Gebiete $v \lessgtr 0$ zieht bereits deren analytische Fortsetzung in das jeweils *komplementäre* Gebiet $v \gtrless 0$ hinein durch Vermittelung der „erzeugenden" Funktion p(D) zwangläufig nach sich.

Im Lichte dieses Sachverhaltes entscheiden wir uns weiterhin für die Vorschrift der Entladungsfunktion allein im *Verstärkerbereich* $v < 0$ inhomogener Trioden, in welchem derartige Röhren als *Regelorgane* eine überragende technische Bedeutung gewonnen haben.

f) Um die Integralgleichung (II 9, 44), mit welcher wir es nunmehr allein zu tun haben, in eine auflösbare Gestalt zu bringen, differenzieren wir sie zunächst nach v und erhalten, da der Integrand nach (II 9, 37) und (II 9, 43) an der unteren Grenze des Integrales verschwindet

$$\frac{dI_e}{dv} \equiv I_e'(v) = \frac{3}{2}\int_{-v}^{D_{max}} [v + D]^{1/2}\, p(D)\, dD \qquad \text{(II 9, 47)}$$

und durch nochmalige Differentiation, abermals mit Rücksicht auf (II 9,37) und (II 9, 43),

$$\frac{d^2I_e}{dv^2} \equiv I_e''(v) = \frac{3}{4}\int_{-v}^{D_{max}} \frac{p(D)}{\sqrt{v + D}}\, dD. \qquad \text{(II 9, 48)}$$

Wir vertauschen v mit der Veränderlichen

$$u = v + D_{max} \qquad \text{(II 9, 49)}$$

und D mit der Veränderlichen

$$\delta = D_{max} - D. \qquad \text{(II 9, 50)}$$

Setzen wir dann abkürzend

$$\frac{4}{3}\, I_e''(v) = \frac{4}{3}\, I_e''(u - D_{max}) = F(u); \qquad p(D) = p(D_{max} - \delta) = q(\delta) \qquad \text{(II 9, 51)}$$

so resultiert aus (II 9, 48) für die unbekannte Funktion $q(\delta)$ die *Abel*sche Integralgleichung

$$F(u) = \int_0^u \frac{q(\delta)}{\sqrt{u - \delta}}\, d\delta. \qquad \text{(II 9, 52)}$$

Obwohl sie uns schon in nur unwesentlich anderer Form in Ziffer E 1 begegnete, sei doch das Verfahren ihrer Lösung in aller Kürze wiederholt:

Nach Wahl zweier reellen Zahlen a und b der Eigenschaft

$$0 \leqq a < b \qquad \text{(II 9, 53)}$$

sei das bestimmte Integral

$$S(a; b) = \int_a^b \frac{d\delta}{\sqrt{(b - \delta)(\delta - a)}} \equiv \int_a^b \frac{d\delta}{\sqrt{\left(\frac{b - a}{2}\right)^2 - \left(\delta - \frac{b + a}{2}\right)}} \qquad \text{(II 9, 54)*}$$

* Die Gleichungsnummern (II 9, 55) bis (II 9, 58) entfallen.

vorgelegt; wir finden seinen Wert mittels der Substitution

$$\delta - \frac{b+a}{2} = \frac{b-a}{2} \sin \alpha; \qquad -\frac{\pi}{2} \leqq \alpha \leqq \frac{\pi}{2} \tag{II 9, 59}$$

für beliebige a und b zu

$$S(a; b) = \int_{-\frac{\pi}{2}}^{\frac{\pi}{2}} d\alpha = \pi. \tag{II 9, 60}$$

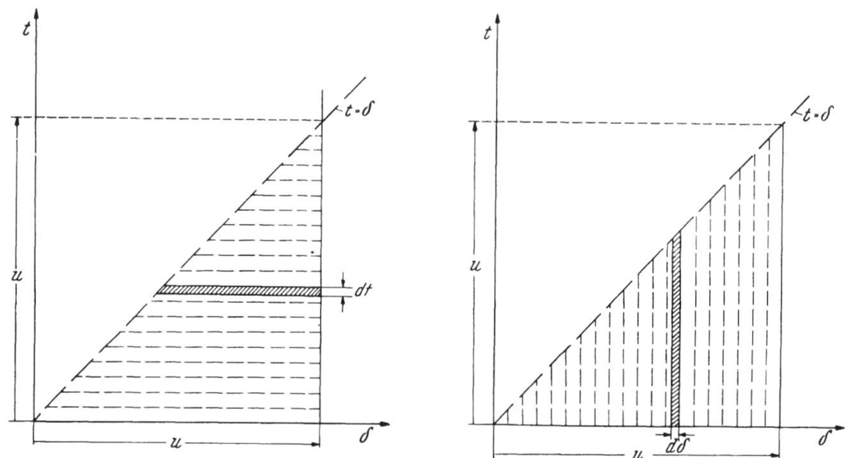

Abb. II 120. Zur Lösung der *Abel*schen Integralgleichung.

Insbesondere vertauschen wir a und b beziehentlich mit den Veränderlichen t und u und erhalten die Identitäten

$$S(t; u) = \int_t^u \frac{d\delta}{\sqrt{(u-\delta)(\delta - t)}} = \pi \tag{II 9, 61}$$

und

$$S(0; u) = \lim_{t \to 0} S(t, u) = \int_0^u \frac{d\delta}{\sqrt{(u-\delta)\,\delta}} = \pi. \tag{II 9, 62}$$

Nun sei

$$\varphi = \varphi(t) \tag{II 9, 63}$$

eine reelle, im Gebiete $0 \leqq t \leqq u$ integrierbare Funktion; bezeichnen wir durch F(u) ihr unbestimmtes Integral, so gelten also die Relationen

$$\int_0^u \varphi(t)\, dt = F(u) - F(0); \qquad \varphi(u) = \frac{dF}{du}. \tag{II 9, 64}$$

Durch Erweitern der erstgenannten mit (II 9, 61) gelangen wir demnach zu der Aussage

$$F(u) - F(0) = \frac{1}{\pi} \int_0^u \varphi(t)\, dt \int_t^u \frac{d\delta}{\sqrt{(u-\delta)(\delta - t)}}. \tag{II 9, 65}$$

Über die Gestalt des von ihr erfaßten Integrationsbereiches informiert uns Abb. II 120: In der Zeichenebene beziehen wir uns auf das System der rechtwinkeligen Koordinaten δ [Abszisse] und t [Ordinate], dessen ersten Quadranten [$\delta \geqq 0$, $t \geqq 0$] wir durch die Winkelhalbierende $t = \delta$ teilen. Konstruieren wir nun in $\delta = u$ die Grenzgerade parallel der Ordinatenachse, so erstreckt sich zuerst bei festem t die Integration nach δ jedesmal längs der abszissenparallelen Strecke $t \leqq \delta \leqq u$ zwischen der Winkelhalbierenden und der Grenzgeraden; bei der nun anschließenden Integration nach t überstreicht man daher wegen $0 \leqq t \leqq u$ die gesamte Dreiecksfläche, welche von der Winkelhalbierenden, der Grenzgeraden und der Abszissenachse eingeschlossen wird. Kehrt man jetzt innerhalb dieses Dreieckes die Reihenfolge der Integrationen um, so hat man entsprechend Abb. II 120 zuerst bei festem δ jedesmal die ordinatenparallele Strecke $0 \leqq t \leqq \delta$ zu durchlaufen, während dann δ zwischen 0 und u zu variieren ist. Da das Ergebnis gegen diesen bloßen Wechsel des Rechenverfahrens invariant bleibt, gelangen wir von (II 9, 65) bei Beachtung von (II 9,64) zu der Umformung

$$F(u) - F(0) = \frac{1}{\pi} \int_0^u \varphi(t)\,dt \int_t^u \frac{d\delta}{\sqrt{(u-\delta)(\delta-t)}} \equiv \frac{1}{\pi} \int_0^u \frac{d\delta}{\sqrt{u-\delta}} \int_0^\delta \frac{\varphi(t)\,dt}{\sqrt{\delta-t}} = \tag{II 9, 66}$$

$$= \frac{1}{\pi} \int_0^u \frac{d\delta}{\sqrt{u-\delta}} \int_0^\delta \frac{F'(t)\,dt}{\sqrt{\delta-t}}.$$

Im Verein mit der aus (II 9, 62) folgenden Identität

$$F(0) \equiv \frac{F(0)}{\pi} \int_0^u \frac{d\delta}{\sqrt{(u-\delta)\,\delta}}. \tag{II 9, 67}$$

entsteht somit aus (II 9, 66) die Relation

$$F(u) = \int_0^u \frac{d\delta}{\sqrt{u-\delta}} \frac{1}{\pi} \left[\frac{F(0)}{\sqrt{\delta}} + \int_0^\delta \frac{F'(t)\,dt}{\sqrt{\delta-t}} \right]. \tag{II 9, 68}$$

Wir sind am Ziel: Durch Vergleich von (II 9, 68) mit der *Abelschen* Integralgleichung (II 9, 52) resultiert für deren unbekannte Funktion $q(\delta)$ die Auflösungsformel

$$q(\delta) = \frac{1}{\pi} \left[\frac{F(0)}{\sqrt{\delta}} + \int_0^\delta \frac{F'(t)\,dt}{\sqrt{\delta-t}} \right]. \tag{II 9, 69}$$

g) Wir erläutern die Anwendung der entwickelten Methode zunächst am Beispiel einer Triode, deren Kennlinie nach Wahl einer vorerst noch unbekannten Konstanten K dem Gesetze

$$J_e^* = s\,C\,\varphi_{a,0}^{3/2}\,K\,[v + D_{max}]^{5/2} \tag{II 9, 70}$$

gehorcht; nach (II 9, 35) lautet die zugehörige Entladungsfunktion

$$I_e = K\,[v + D_{max}]^{5/2} \tag{II 9, 71}$$

aus welcher wir gemäß (II 9, 49) und (II 9, 51) die Funktion

$$F(u) = \frac{4}{3} \cdot \frac{5}{2} \cdot \frac{3}{2} \cdot K \cdot u^{1/2} \tag{II 9, 72}$$

bilden. Demnach liefert (II 9, 69) im Verein mit (II 9, 62) die Angabe

$$q(\delta) = \frac{1}{\pi} \cdot \frac{5}{2} \cdot K \int_0^\delta \frac{dt}{\sqrt{t}\sqrt{\delta - t}} = \frac{5}{2} K. \qquad \text{(II 9, 73)}$$

Legen wir den Ursprung der z-Achse in die Ebene verschwindenden Durchgriffes, so finden wir mit Rücksicht auf (II 9, 51) durch Substitution von (II 9, 74) in (II 9, 39) die numerische Achsenkoordinate

$$\zeta = \zeta(D) = \int_0^D p(D') \, [1 + \alpha D']^{3/2} \, dD' = \frac{K}{\alpha} \, [(1 + \alpha D)^{5/2} - 1]. \qquad \text{(II 9, 74)}$$

Mittels der Bedingung

$$\zeta(D_{max}) = \frac{K}{\alpha} \, [(1 + \alpha D_{max})^{5/2} - 1] = 1 \qquad \text{(II 9, 75)}$$

bestimmt sich somit die Konstante K zu

$$K = \frac{\alpha}{(1 + \alpha D_{max})^{5/2} - 1}. \qquad \text{(II 9, 76)}$$

Daher erhalten wir die Lösung der Aufgabe in der Vorschrift

$$\zeta = \frac{(1 + \alpha D)^{5/2} - 1}{(1 + \alpha D_{max})^{5/2} - 1} \qquad \text{(II 9, 77)}$$

nach Abb. II 121, während die Kennlinie, im Einklang mit der Forderung (II 9, 70), durch die Gleichung

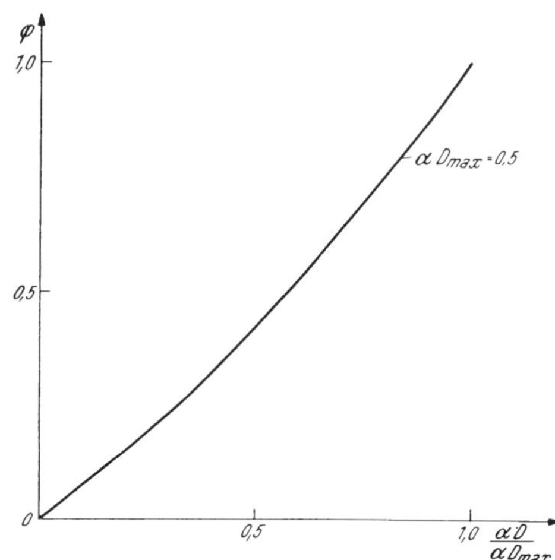

Abb. II 121. Gang des Durchgriffes längs der Achse einer Röhre, deren Kennlinie einem „5/2-Gesetz" folgt. Statt φ [Ordinate] lies ζ.

$$J_e^*(v) = s\,C \left(\frac{\varphi_{a,0}}{\alpha}\right)^{3/2} \frac{(\alpha\, v + \alpha\, D_{max})^{5/2}}{(1 + \alpha D_{max})^{5/2} - 1} \qquad \text{(II 9, 78)}$$

entsprechend Abb. II 122 dargestellt wird. Vertauschen wir in ihr das Zeichen $\varphi_{a,0}$ einer bestimmten, festen Anodenspannung mit dem Symbol φ_a einer frei wählbaren Anodenspannung, so geht aus (II 9, 78) das Kennlinienfeld

$$J_e(\varphi_g; \varphi_a) = \frac{s\,C\,\alpha}{\varphi_a} \frac{(\varphi_g + D_{max}\,\varphi_a)^{5/2}}{(1 + \alpha D_{max})^{5/2} - 1} \qquad \text{(II 9, 79)}$$

nach Abb. II 123 hervor; insbesondere gehorcht die bei verschwindendem Gitterpotential $[\varphi_g = 0]$ resultierende Emissionsstrom-Anodenspannungskennlinie

$$J_e(0; \varphi_a) = s\,C\,\alpha\,D_{max} \frac{(D_{max}\,\varphi_a)^{3/2}}{(1 + \alpha D_{max})^{5/2} - 1} \qquad \text{(II 9, 80)}$$

ungeachtet des räumlich so stark veränderlichen Durchgriffes genau dem *Child-Langmuir*schen Raumladungsgesetze.

Wir haben uns nun zu erinnern, daß diese Ergebnisse durchaus auf den Bereich *negativer Gitterpotentiale* der Eigenschaft

$$-D_{max} \leqq v \leqq 0; \qquad -D_{max} \cdot \varphi_a \leqq \varphi_g \leqq 0 \qquad \text{(II 9, 81)}$$

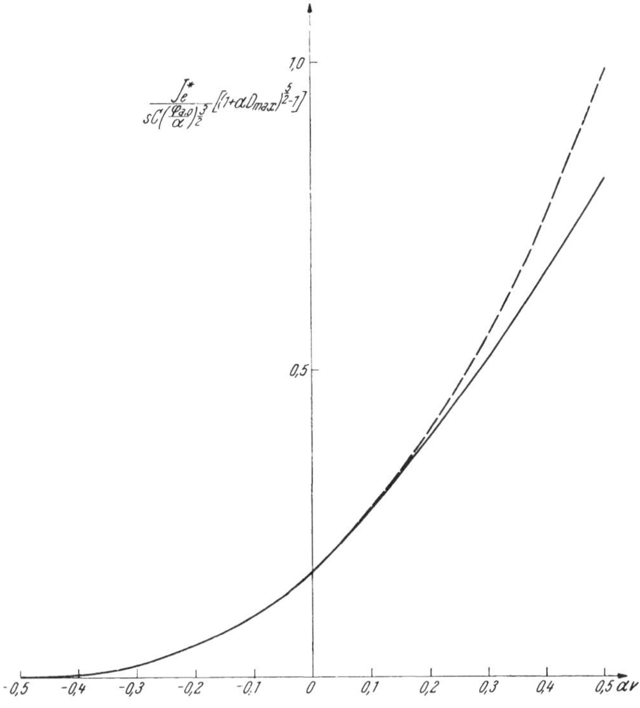

Abb. II 122. Kennlinie einer Triode mit veränderlichem Durchgriff gemäß Abb. II 121 [gestrichelt: Analytische Fortsetzung in den Bereich positiver Gitterpotentiale].

beschränkt sind. Dagegen finden wir im Falle eines positiven Gitterpotentiales an Stelle von (II 9, 78) die Kennlinie

$$J_e^*(v) = s\,C\,\varphi_{a,0}^{3/2} \int\limits_{\zeta=0}^{1} \left[\frac{v + D(\zeta)}{1 + \alpha\,D(\zeta)}\right]^{3/2} d\zeta = s\,C\,\varphi_{a,0}^{3/2} \int\limits_{D=0}^{D_{max}} \left[\frac{v + D}{1 + \alpha\,D}\right]^{3/2} \frac{d\zeta(D)}{dD}\,dD =$$

$$= s\,C\,\varphi_{a,0}^{3/2} \frac{\frac{5}{2}\,\alpha}{(1 + \alpha\,D_{max})^{5/2} - 1} \int\limits_{D=0}^{D_{max}} [v + D]^{3/2}\,dD = \qquad \text{(II 9, 82)}$$

$$= s\,C \left(\frac{\varphi_{a,0}}{\alpha}\right)^{3/2} \frac{(\alpha\,v + \alpha\,D_{max})^{5/2} - (\alpha\,v)^{5/2}}{(1 + \alpha\,D_{max})^{5/2} - 1}$$

nach Abb. II 122 oder an Stelle von (II 9, 79) das Kennlinienfeld

$$J_e(\varphi_g;\,\varphi_a) = \frac{s\,C\,\alpha}{\varphi_a} \frac{(\varphi_g + D_{max}\,\varphi_a)^{5/2} - \varphi_g^{5/2}}{(1 + \alpha\,D_{max})^{5/2} - 1} \qquad \text{(II 9, 83)}$$

gemäß Abb. II 123.

Zu (II 9, 79) zurückkehrend, bilden wir im Betriebsbereiche (II 9, 81) die partiellen Differentialquotienten

$$\frac{\partial J_e}{\partial \varphi_g} = \frac{5}{2} \frac{1}{\varphi_g + D_{max} \varphi_a} J_e \qquad \text{(II 9, 84)}$$

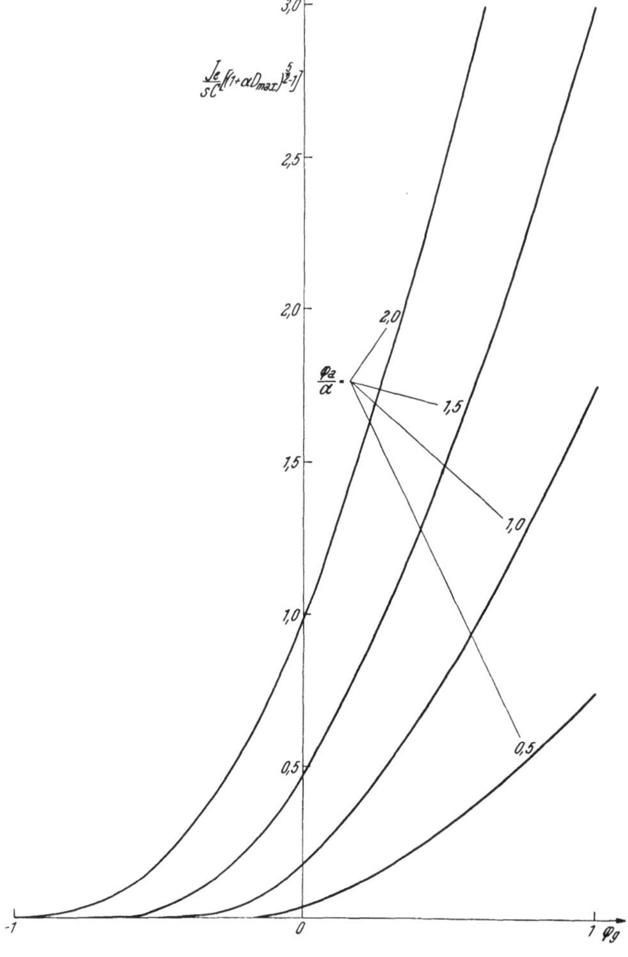

Abb. II 123. Kennlinienfeld einer Triode mit veränderlichem Durchgriff gemäß Abb. II 121.

und

$$\frac{\partial J_e}{\partial \varphi_a} = \left[\frac{5}{2} \frac{D_{max}}{\varphi_g + D_{max} \varphi_a} - \frac{1}{\varphi_a} \right] J_e. \qquad \text{(II 9, 85)}$$

Die Verstärkungszahl μ der untersuchten Triode zeichnet sich also in dem angegebenen Arbeitsbereiche durch die Eigenschaft

$$\frac{1}{\mu} = \frac{\dfrac{\partial J_e}{\partial \varphi_a}}{\dfrac{\partial J_e}{\partial \varphi_g}} = \frac{3}{5} D_{max} - \frac{2}{5} \frac{\varphi_g}{\varphi_a} \qquad \text{(II 9, 86)}$$

aus, welche mit der *Harnisch-Raudorf*schen empirischen Regel (II 2, 44) übereinstimmt.

h) Die Theorie der Trioden räumlich veränderlichen Durchgriffes findet ihre vornehmste Anwendung zur Konstruktion sogenannter *Exponentialröhren*, deren Emissionsstrom-Kennlinie für alle negativen Gitterspannungen dem Gesetze

$$J_e^* = s\,C\,\varphi_{a,0}^{3/2}\,K\,e^{\gamma v}; \qquad v = \frac{\varphi_g}{\varphi_{a,0}} \leqq 0 \tag{II 9, 87}$$

folgt; in ihm bezeichnet γ eine frei wählbare, positiv-reelle Zahl, während der Koeffizient K vorerst noch unbekannt ist.

Zur Lösung der gestellten Aufgabe bilden wir zunächst gemäß (II 9, 35) die Entladungsfunktion

$$I_e = K\,e^{\gamma v} \tag{II 9, 88}$$

und aus ihr, gemäß (II 9, 49) und (II 9, 51), die Funktion

$$F(u) = \frac{4}{3}\,K\,\gamma^2\,e^{-\gamma D_{max}}\,e^{\gamma u}. \tag{II 9, 89}$$

Zufolge (II 9, 69) finden wir sonach

$$q(\delta) = \frac{1}{\pi}\,\frac{4}{3}\,K\,\gamma^2\,e^{-\gamma D_{max}}\left[\frac{1}{\sqrt{\delta}} + \gamma\int\limits_0^\delta \frac{e^{\gamma t}\,dt}{\sqrt{\delta - t}}\right]. \tag{II 9, 90}$$

Um das hier auftretende Integral auszuwerten, substituieren wir

$$\gamma(\delta - t) = w^2 \tag{II 9, 91}$$

und erhalten bei Benutzung der *Kramp*schen Transzendenten [Fehlerintegral]

$$\Phi(x) = \frac{2}{\sqrt{\pi}}\int\limits_0^x e^{-w^2}\,dw \tag{II 9, 92}$$

aus (II 9, 90) den Ausdruck

$$q(\delta) = \frac{1}{\pi}\,\frac{4}{3}\,K\,\gamma^2\,e^{-\gamma D_{max}}\left[\frac{1}{\sqrt{\delta}} + \gamma\sqrt{\frac{\pi}{\gamma}}\,e^{\gamma\delta}\,(\Phi\sqrt{\gamma\delta})\right], \tag{II 9, 93}$$

welchen wir mit Rücksicht auf (II 9, 50) und (II 9, 51) in die Gestalt

$$p(D) = \frac{1}{\pi}\,\frac{4}{3}\,K\,\gamma^2\,e^{-\gamma D_{max}}\left[\frac{1}{\sqrt{D_{max} - D}} + \gamma\sqrt{\frac{\pi}{\gamma}}\,e^{\gamma(D_{max} - D)}\,\Phi\big(\sqrt{\gamma(D_{max} - D)}\big)\right] \tag{II 9, 94}$$

bringen können.

Um nun die Forderung (II 9, 87) für negative Gitterspannungen beliebig hohen absoluten Betrages zu befriedigen, muß man den maximalen Durchgriff der zu konstruierenden Triode über alles Maß vergrößern

$$D_{max} \to \infty. \tag{II 9, 95}$$

Bei diesem Prozeß reduziert sich (II 9, 94) auf die Grenzfunktion

$$p_\infty(D) = \lim_{D_{max}\to\infty} p(D) = \frac{4}{3\sqrt{\pi}}\,K\,\gamma^{5/2}\,e^{-\gamma D}. \tag{II 9, 96}$$

Falls also der Ursprung der Achsenkoordinate in die Ebene verschwindenden Durchgriffes gelegt wird, ergibt sich durch Substitution von

(II 9, 96) in (II 9, 39) für die numerische Achsenkoordinate ζ die Darstellung

$$\zeta = \mathrm{K}\,\gamma^{5/2}\frac{4}{3\sqrt{\pi}}\int_0^{\mathrm{D}}[1+\alpha\,\mathrm{D}']^{3/2}\,e^{-\gamma \mathrm{D}'}\,d\mathrm{D}', \qquad \text{(II 9, 97)}$$

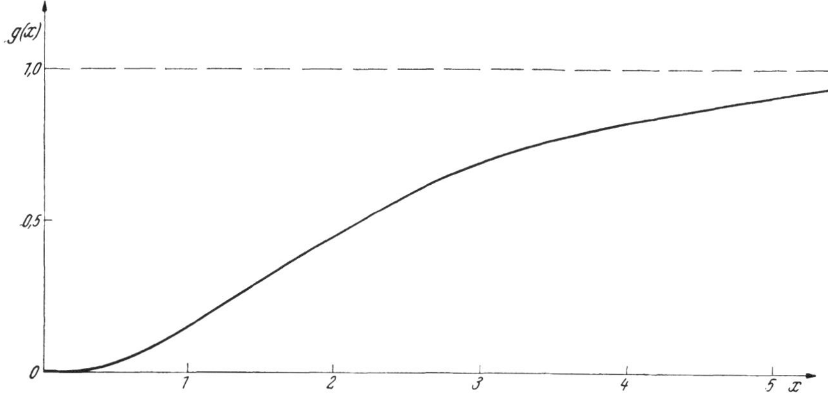

Abb. II 124. Die Funktion $g(x) = \frac{4}{3\sqrt{\pi}}\int_0^{x}\lambda^{3/2}\,e^{-\lambda}\,d\lambda$

welche sich mit

$$\lambda = \frac{\gamma}{\alpha}[1+\alpha\,\mathrm{D}'] \qquad \text{(II 9, 98)}$$

in

$$\zeta = \mathrm{K}\,\alpha^{3/2}\,e^{\frac{\gamma}{\alpha}}\frac{4}{3\sqrt{\pi}}\int_{\frac{\gamma}{\alpha}}^{\frac{\gamma}{\alpha}[1+\alpha \mathrm{D}]}\lambda^{3/2}\,e^{-\lambda}\,d\lambda \qquad \text{(II 9, 99)}$$

verwandelt. Die Funktion

$$g(x) = \frac{4}{3\sqrt{\pi}}\int_0^{x}\lambda^{3/2}\,e^{-\lambda}\,d\lambda \qquad \text{(II 9, 100)}$$

läßt sich nach zweimaliger Teilintegration mit Hilfe des Fehlerintegrales geschlossen ausdrücken

$$g(x) = \Phi(\sqrt{x}) - \frac{4}{3\sqrt{\pi}}\left(x^{3/2}+\frac{3}{2}\sqrt{x}\right)e^{-x} \qquad \text{(II 9, 101)}$$

und Abb. II 124 veranschaulicht ihren Verlauf; da sie hiernach als bekannt gelten darf, finden wir aus (II 9, 99) für den Gang der numerischen Achsenkoordinate mit dem Durchgriff die Aussage

$$\zeta = \mathrm{K}\,\alpha^{3/2}\,e^{\frac{\gamma}{\alpha}}\left\{g\left(\frac{\gamma}{\alpha}[1+\alpha\,\mathrm{D}]\right) - g\left(\frac{\gamma}{\alpha}\right)\right\}. \qquad \text{(II 9, 102)}$$

Sie reduziert sich zufolge der Bedingung

$$\lim_{\mathrm{D}\to\infty}\zeta = \mathrm{K}\,\alpha^{3/2}\,e^{\frac{\gamma}{\alpha}}\left[1-g\left(\frac{\gamma}{\alpha}\right)\right] = 1; \qquad \mathrm{K} = \frac{\alpha^{-3/2}\,e^{-\frac{\gamma}{\alpha}}}{1-g\left(\frac{\gamma}{\alpha}\right)} \qquad \text{(II 9, 103)}$$

auf

$$\zeta = \frac{g\left(\frac{\gamma}{\alpha}[1+\alpha D]\right) - g\left(\frac{\gamma}{\alpha}\right)}{1 - g\left(\frac{\gamma}{\alpha}\right)} \qquad \text{(II 9, 104)}$$

entsprechend Abb. II 125, während die Emissionsstrom-Kennlinie durch die Gleichung

$$J_e^* = s\,C\,e^{-\frac{\gamma}{\alpha}}\left(\frac{\varphi_{a,0}}{\alpha}\right)^{3/2} \frac{e^{\gamma v}}{1 - g\left(\frac{\gamma}{\alpha}\right)}; \qquad v \leqq 0 \qquad \text{(II 9, 105)}$$

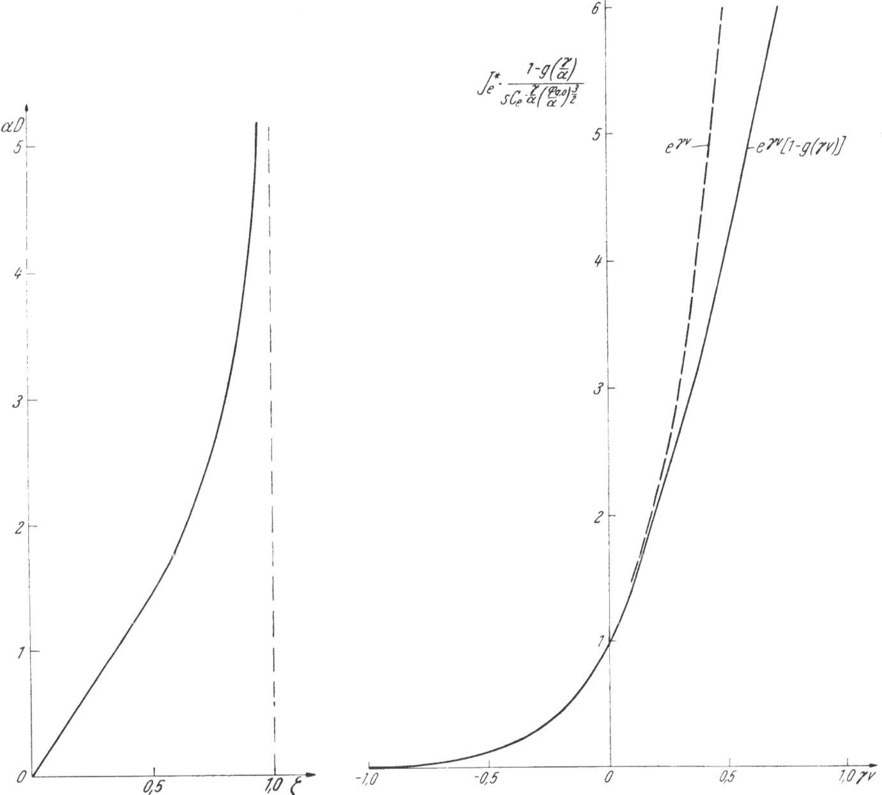

Abb. II 125. Achsialer Gang des Durchgriffes in einer Exponentialröhre.

Abb. II 126. Emissionskennlinie einer Exponentialröhre.

nach Abb. II 126 und das Kennlinienfeld durch

$$J_e(\varphi_g; \varphi_a) = s\,C\,e^{-\frac{\gamma}{\alpha}}\left(\frac{\varphi_a}{\alpha}\right)^{3/2} \frac{e^{\gamma \frac{\varphi_g}{\varphi_a}}}{1 - g\left(\frac{\gamma}{\alpha}\right)}; \qquad \varphi_g \leqq 0 \qquad \text{(II 9, 106)}$$

nach Abb. II 127 beschrieben wird. Wir bilden aus ihm die partiellen Differentialquotienten

$$\frac{\partial J_e}{\partial \varphi_g} = \frac{\gamma}{\varphi_a} J_e \qquad \text{(II 9, 107)}$$

und

$$\frac{\partial J_e}{\partial \varphi_a} = \left[\frac{3}{2}\frac{1}{\varphi_a} - \frac{\gamma \varphi_g}{\varphi_a^2}\right] J_e. \qquad \text{(II 9, 108)}$$

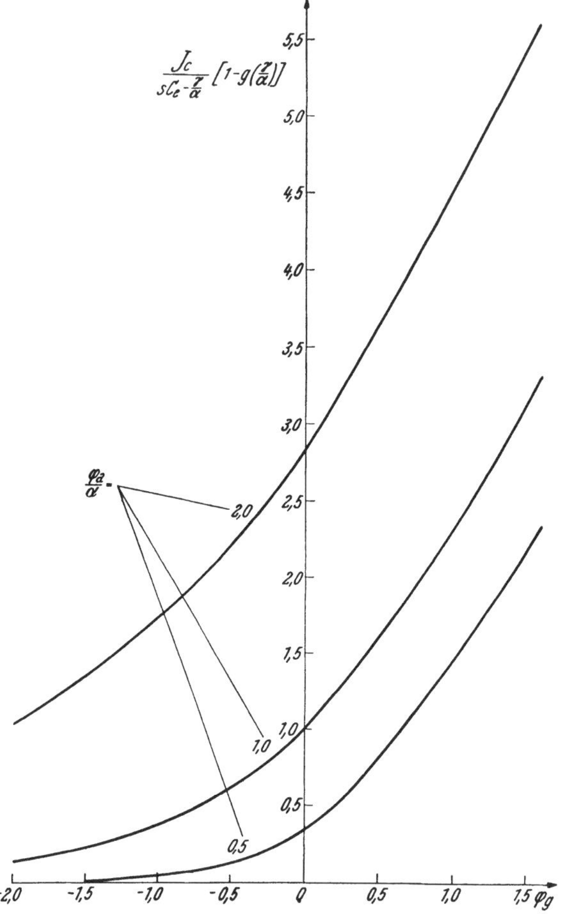

Abb. II 127. Kennlinienfeld einer Exponentialröhre.

Der Kehrwert der Verstärkungszahl μ gehorcht somit der Relation

$$\frac{1}{\mu} = \frac{\dfrac{\partial J_e}{\partial \varphi_a}}{\dfrac{\partial J_e}{\partial \varphi_g}} = \frac{3}{2}\frac{1}{\gamma} - \frac{\varphi_g}{\varphi_a}, \qquad \text{(II 9, 109)}$$

welche sich abermals der *Harnisch-Raudorf*schen Regel (II 2, 44) einordnet; um allerdings die Funktion (II 9, 106) in die Gestalt (II 2, 83) zu bringen, hat man, von der nur formalen Vertauschung des Zeichens J_e mit J_a abgesehen, die dort erscheinenden Parameter m und n den Vorschriften

$$m = \frac{3}{2}\frac{1}{\gamma}; \qquad n = -\lim_{N\to\infty}\left[1 - \frac{1}{N}\right] \tag{II 9, 110}$$

zu unterwerfen, deren letztgenannte zufolge ihres operativen Charakters wesentlich über den ursprünglichen Rahmen jener Regel hinausgreift.

Im Bereiche positiver Gitterspannungen findet sich die Emissionsstrom-Kennlinie der behandelten Triode aus

$$J_e^* = s\,C\,\varphi_{a,0}^{3/2}\int\limits_{\zeta=0}^{1}\left[\frac{v + D(\zeta)}{1 + \alpha\,D(\zeta)}\right]^{3/2} d\zeta = s\,C\,\varphi_{a,0}^{3/2}\int\limits_{D=0}^{\infty}\left[\frac{v + D}{1 + \alpha\,D}\right]^{3/2}\frac{d\zeta(D)}{dD}\,dD =$$

$$= s\,C\,\varphi_{a,0}^{3/2}\,K\,\gamma^{5/2}\,\frac{4}{3\sqrt{\pi}}\int\limits_{D=0}^{\infty}[v + D]^{3/2}\,e^{-\gamma D}\,dD \tag{II 9, 111}$$

mit Rücksicht auf (II 9, 100) und (II 9, 103) zu

$$J_e^* = s\,C\,e^{-\frac{\gamma}{\alpha}}\left(\frac{\varphi_{a,0}}{\alpha}\right)^{3/2}\frac{e^{\gamma v}\,[1 - g(\gamma v)]}{1 - g\left(\frac{\gamma}{\alpha}\right)}. \tag{II 9, 112}$$

Sie setzt zwar die im Bereiche negativer Gitterspannungen exponentiell verlaufende Kennlinie stetig in den Bereich positiver Gitterspannungen hinein fort [Abb. II 126], ändert dort jedoch mit zunehmendem Betrage dieser Spannung völlig ihren funktionellen Charakter: Nach (II 9, 101) konvergiert ja g(x) mit wachsendem Argumente gegen die Funktion $\left[1 - \frac{4}{3\sqrt{\pi}}\,x^{3/2}\,e^{-x}\right]$, so daß wir aus (II 9, 112) das Grenzverhalten

$$\lim_{\gamma v\to\infty} J_e^* = \frac{4}{3\sqrt{\pi}}\,s\,C\,e^{-\frac{\gamma}{\alpha}}\left(\frac{\varphi_{a,0}}{\alpha}\right)^{3/2}\frac{(\gamma\,v)^{3/2}}{1 - g\left(\frac{\gamma}{\alpha}\right)} \tag{II 9, 113}$$

erschließen, es ist mit dem *Child-Langmuir*schen Raumladungsgesetz identisch. Entsprechende Eigenschaften zeichnen das Kennlinienfeld

$$J_e(\varphi_g;\varphi_a) = s\,C\,e^{-\frac{\gamma}{\alpha}}\left(\frac{\varphi_a}{\alpha}\right)^{3/2}\frac{e^{\gamma\frac{\varphi_g}{\varphi_a}}\left[1 - g\left(\gamma\,\frac{\varphi_g}{\varphi_a}\right)\right]}{1 - g\left(\frac{\gamma}{\alpha}\right)} \tag{II 9, 114}$$

im Bereiche positiver Gitterspannungen nach Abb. II 127 aus.

II 10. Elektrodynamik des Steuergitters.

a) Im Bezugssystem der *Kartesi*schen Koordinaten x, y, z werde die Ebene $y = 0$ zum Träger eines homogenen Drahtgitters gemacht, dessen Achsen parallel der z-Achse orientiert sind; τ bezeichne den Abstand benachbarter Drahtachsen, $\varrho_0 \ll \tau$ den Halbmesser des kreisförmigen Drahtquerschnittes. Gesucht wird die Dynamik einer stationären Elektronenströmung, deren Teilchen von der in $y = -g$ zu denkenden Kathode her in den Wirkungsbereich des Gitters einfallen.

b) Wir lassen die Raumladung der Elektronen in der Umgebung des Gitters außer acht. Dort reduziert sich dann das elektrische Feld auf ein merklich elektrostatisches Potential φ, welches zufolge der Wahl des Bezugssystemes lediglich von x und y abhängt; es genügt somit der zweidimensionalen *Laplace*schen Gleichung

$$\frac{\partial^2 \varphi}{\partial x^2} + \frac{\partial^2 \varphi}{\partial y^2} = 0. \qquad \text{(II 10, 1)}$$

Als Basis $\varphi = 0$ des Potentiales wird die Kathode $y = -g$ gewählt, während längs $y = a$ das Potential $\varphi = \varphi_a$ vorgegeben sei; es definiert im Falle der Triode deren Anodenpotential. Bei ladungsfreiem Gitter besteht dann in dessen Umgebung allein das Primärpotential $\varphi^{(p)}$; da es wegen $\varrho_0 \ll \tau$ durch die Anwesenheit der Gitterdrähte nur äußerst wenig gestört wird, kann es hinreichend genau durch die Funktion

$$\varphi^{(p)} = \frac{g + y}{g + a}\, \varphi_a \qquad \text{(II 10, 2)}$$

dargestellt werden. Erteilen wir nunmehr jedem Gitterdraht den Ladungsbelag λ, so erregt die Gesamtheit der Gitterladungen das Sekundärpotential $\varphi^{(s)}$, welches den Randbedingungen $\varphi^{(s)} = 0$ für $y = -g$ und $y = a$ genügt. Unter den Voraussetzungen $g \gg \tau$ und $a \gg \tau$ lautet daher das Sekundärpotential gemäß (II 4, 9), (II 4, 10), (II 4, 13) und (II 4, 24)

$$\varphi^{(s)} = \frac{\lambda}{2\pi\Delta}\left\{\frac{2\pi}{\tau}\,\frac{g(a-y)}{g+a} + \sum_{n=1}^{\infty} \frac{e^{-n 2\pi \frac{y}{\tau}}}{n} \cos\left(n\, 2\pi \frac{x}{\tau}\right)\right\}; \quad y > 0, \qquad \text{(II 10, 3)}$$

$$\varphi^{(s)} = \frac{\lambda}{2\pi\Delta}\left\{\frac{2\pi}{\tau}\,\frac{a(g+y)}{g+a} + \sum_{n=1}^{\infty} \frac{e^{n 2\pi \frac{y}{\tau}}}{n} \cos\left(n\, 2\pi \frac{x}{\tau}\right)\right\}; \quad y < 0. \qquad \text{(II 10, 4)}$$

Insbesondere führt die Gitterebene $y = 0$ das Potential

$$\varphi(0) = \varphi_a \frac{g}{g+a} + \frac{\lambda}{2\pi\Delta}\left\{\frac{2\pi}{\tau}\,\frac{g \cdot a}{g+a} + \sum_{n=1}^{\infty} \frac{\cos\left(n\, 2\pi \frac{x}{\tau}\right)}{n}\right\} \qquad \text{(II 10, 5)}$$

mit dem Mittelwerte [„Effektivpotential“]

$$\overline{\varphi} = \varphi_a \frac{g}{g+a} + \frac{\lambda}{2\pi\Delta}\,\frac{2\pi}{\tau}\,\frac{g \cdot a}{g+a}. \qquad \text{(II 10, 6)}$$

c) Bei Beschränkung auf hinreichend niedrige Geschwindigkeiten der Elektronen sind diese der *Newton*schen Mechanik unterworfen. Daher lauten ihre Bewegungsgleichungen

$$m_0 \frac{d^2 x}{dt^2} = q_0 \frac{\partial \varphi}{\partial x} = q_0 \left[-\frac{\lambda}{\Delta \cdot \tau} \sum_{n=1}^{\infty} e^{\mp n 2\pi \frac{y}{\tau}} \sin\left(n\, 2\pi \frac{x}{\tau}\right)\right]; \quad y \gtrless 0 \qquad \text{(II 10, 7)}$$

und

$$m_0 \frac{d^2y}{dt^2} = q_0 \frac{\partial \varphi}{\partial y} = q_0 \left[\frac{\varphi_a}{g+a} - \frac{\lambda}{\Delta \cdot \tau} \left\{\frac{g}{g+a} + \sum_{n=1}^{\infty} e^{-n\,2\pi \frac{y}{\tau}} \cos\left(n\,2\pi \frac{x}{\tau}\right)\right\}\right],$$

$$y > 0, \qquad \text{(II 10, 8)}$$

$$m_0 \frac{d^2y}{dt^2} = q_0 \frac{\partial \varphi}{\partial y} = q_0 \left[\frac{\varphi_a}{g+a} + \frac{\lambda}{\Delta \cdot \tau} \left\{\frac{a}{g+a} + \sum_{n=1}^{\infty} e^{n\,2\pi \frac{y}{\tau}} \cos\left(n\,2\pi \frac{x}{\tau}\right)\right\}\right];$$

$$y < 0.$$

Wir lassen die Anfangsgeschwindigkeit der Elektronen nach deren Emission aus der Kathode außer acht. Das Energie-Integral der Gleichungen (II 10, 7), (II 10, 8) lautet dann

$$\frac{1}{2} m_0 \left[\left(\frac{dx}{dt}\right)^2 + \left(\frac{dy}{dt}\right)^2\right] = q_0 \varphi. \qquad \text{(II 10, 9)}$$

Hier wie in allen weiteren Entwicklungen behalten wir neben den von x unabhängigen Potentialanteilen nur das Teilfeld der Ordnung $n = 1$ bei. Indem wir die Aussage (II 10, 9) auf die Gitterebene spezialisieren, resultiert dann mit Rücksicht auf (II 10, 5) und (II 10, 6) die Bilanz

$$\frac{1}{2} m_0 \left[\left(\frac{dx}{dt}\right)^2 + \left(\frac{dy}{dt}\right)^2\right]_{y=0} = q_0 \varphi(0) = q_0 \left[\overline{\varphi}_g + \frac{\lambda}{2\pi\Delta} \cos 2\pi \frac{x}{\tau}\right].$$

$$\text{(II 10, 10)}$$

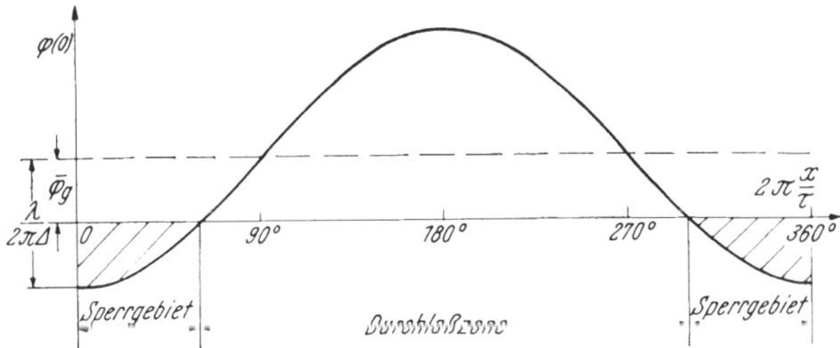

Abb. II 128. Potentialverlauf in der Trägerebene eines Abstoßungsgitters.

Im Lichte dieser Relation sind folgende Fälle zu unterscheiden:

1. Gemäß (II 10, 43) wechselt — unter den hier vereinbarten Voraussetzungen $g \gg \tau$ und $a \gg \tau$ — die elektrische Feldstärke an der Kathode

$$E_k = \frac{\sigma_k}{\Delta} = -\frac{\overline{\varphi}_g}{g} \qquad \text{(II 10, 11)}$$

gleichzeitig mit dem mittleren Gitterpotential $\overline{\varphi}_g$ ihr Vorzeichen. Daher wird im Falle

$$\overline{\varphi}_g < 0 \qquad \text{(II 10, 12)}$$

die Elektronenemission völlig unterbunden.

2. Wir definieren *Abstoßungsgitter* durch die Ungleichungen

$$\overline{\varphi}_g > 0; \qquad \lambda < 0. \qquad \text{(II 10, 13)}$$

Gilt überdies

$$\overline{\varphi}_g + \frac{\lambda}{2\pi\Delta} < 0 \qquad \text{(II 10, 14)}$$

so können die Elektronen nach Ausweis der Abb. II 128 die Gitterebene nur innerhalb der Zonen

$$\arccos \frac{2\pi\Delta\bar{\omega}_g}{-\lambda} < 2\pi\frac{x}{\tau} < 2\pi - \arccos\frac{2\pi\Delta\bar{\varphi}_g}{-\lambda} \ [\mathrm{mod}\ 2\pi] \qquad \text{(II 10, 15)}$$

erreichen, während alle anderen Elektronen vordem zur Kathode zurückgetrieben werden.

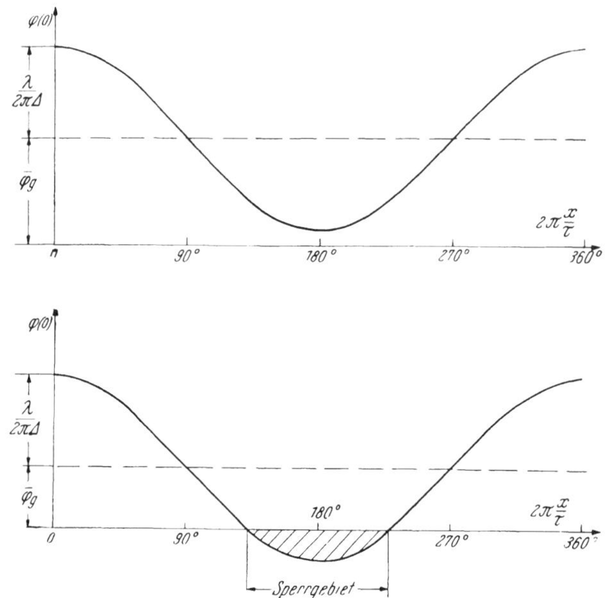

Abb. II 129. Potentialverlauf in der Trägerebene eines Anziehungsgitters.

3. Anziehungsgitter werden durch die nebeneinander bestehenden Ungleichungen

$$\bar{\varphi}_g + \frac{\lambda}{2\pi\Delta} > 0, \qquad \lambda > 0 \qquad \text{(II 10, 16)}$$

definiert, welche gewiß die Aussage

$$\bar{\varphi}_g + \frac{\lambda}{2\pi\Delta} > 0 \qquad \text{(II 10, 17)}$$

nach sich ziehen. Sei nun [Abb. II 129 a]

$$0 < \frac{\lambda}{2\pi\Delta} < \bar{\varphi}_g \qquad \text{(II 10, 18)}$$

so gelangen alle Elektronen zur Gitterebene; im Falle

$$\frac{\lambda}{2\pi\Delta} > \bar{\varphi}_g, \qquad \text{(II 10, 19)}$$

können dagegen die Elektronen die Gitterebene nur in den Zonen

$$\left|2\pi\frac{x}{\tau}\right| < \arccos\frac{2\pi\Delta\bar{\varphi}_g}{-\lambda} \ [\mathrm{mod}\ 2\pi] \qquad \text{(II 10, 20)}$$

erreichen, während die anderen Elektronen gemäß Abb. II 129 b vorzeitig umkehren müssen.

d) Wir betrachten die parallel zur Gitterebene oszillatorisch veränderlichen Anteile des Potentiales als schwache Störung des lediglich normal zur Gitterebene variablen Hauptfeldes. Auf Grund ihrer geometrischen Struktur beschränkt sich die Wirkung dieser Störung auf eine enge Umgebung beiderseits der Gitterebene. Konzentrieren wir daher unsere Aufmerksamkeit auf diejenigen Elektronen, welche diese Ebene erreichen, so dürfen wir für die Dauer ihrer Verweilzeit im Störgebiete das Quadrat ihrer Gesamtgeschwindigkeit mit jenem der Geschwindigkeitskomponente parallel der Einfallsrichtung vertauschen

$$\frac{1}{2} m_0 \left(\frac{dy}{dt}\right)^2 2 \approx q_0 \varphi \approx q_0 \varphi(0). \qquad \text{(II 10, 21)}$$

In der hierdurch angezeigten Genauigkeit gilt innerhalb des Störungsgebietes

$$\frac{d^2x}{dt^2} = \frac{d^2x}{dy^2} \cdot \left(\frac{dy}{dt}\right)^2 = \frac{2\, q_0 \varphi(0)}{m_0} \frac{d^2x}{dy^2}. \qquad \text{(II 10, 22)}$$

Daher geht die dynamische Aussage (II 10, 7), nachdem wir dort verabredungsgemäß alle Feldanteile der Ordnungszahlen $n > 1$ vernachlässigen, in die kinematische Gleichung

$$\frac{d^2x}{dy^2} = -\frac{\lambda}{2\,\Delta\,\tau\,\varphi(0)}\, e^{\mp 2\pi \frac{y}{\tau}} \sin\left(2\pi \frac{x}{\tau}\right); \qquad y \gtrless 0 \qquad \text{(II 10, 23)}$$

über. In ihr ersetzen wir die Koordinaten x und y beziehentlich durch die dimensionsfreien, numerischen Koordinaten

$$\xi = \pi \frac{x}{\tau}; \qquad \eta = \pi \frac{y}{\tau}. \qquad \text{(II 10, 24)}$$

Bezeichne also

$$\xi_g = \left[\pi \frac{x}{\tau}\right]_{y=0} \qquad \text{(II 10, 25)}$$

diejenige numerische Abszisse, in welcher das von $\eta < 0$ her einfallende Kontrollelektron die Gitterebene erreicht, so trifft es dort gemäß (II 10, 10) das Potential

$$\varphi(0) = \varphi_g \left[1 + \frac{\lambda}{2\pi\,\Delta\,\varphi_g} \cos 2\,\xi_g\right] \qquad \text{(II 10, 26)}$$

an. Daher entsteht aus (II 10, 23) als Grundgleichung unserer Aufgabe

$$\frac{d^2\xi}{d\eta^2} + \frac{\lambda}{2\,\pi\,\Delta\,\varphi(0)}\, e^{\mp 2\eta} \sin 2\,\xi = 0; \qquad \eta \gtrless 0. \qquad \text{(II 10, 27)}$$

Gesucht wird diejenige Lösung, welche den Anfangsbedingungen

$$\xi = \xi_0; \qquad \frac{d\xi}{d\eta} = 0 \qquad \text{für} \qquad \eta \to -\infty \qquad \text{(II 10, 28)}$$

angepaßt ist.

e) Da der Fall (II 10, 19) nur unter extremen, selten realisierbaren Betriebsbedingungen auftritt [etwa bei der Bremsfeld-Schaltung einer Triode zur Erzeugung höchstfrequenter Elektronenschwingungen nach *Barkhausen* und *Kurz*; vergleiche Ziffer IV 4], stellen wir die Untersuchung der Fälle (II 10, 14) und (II 10, 18) voraus. Ausgehend von der dann symmetrisch zwischen je benachbarten Gitterdrähten hindurchführenden

Grundbewegung ersetzen wir die bisher benutzten numerischen Koordinaten ζ und η durch die „gestrichenen" Koordinaten

$$\xi' = \xi - \frac{\pi}{2}\,[\mathrm{mod}\,\pi]; \qquad \eta' = \eta. \tag{II 10, 29}$$

Beschränken wir uns nun auf nicht zu große Abweichungen von der Grundbewegung, so dürfen wir

$$\sin 2\,\xi = -\sin 2\,\xi' = -2\,\xi' \tag{II 10, 30}$$

setzen. Definieren wir schließlich den Parameter γ^2 durch

$$\gamma^2 = \left|\frac{\lambda}{\pi\,\Delta\,\varphi(0)}\right| \tag{II 10, 31}$$

so liefert (II 10, 27) mit Rücksicht auf (II 10, 29) und (II 10, 30) im Falle eines *Abstoßungsgitters* die Bewegungsgleichung

$$\frac{d^2\xi'}{d\eta'^2} + \gamma^2\,e^{\mp 2\eta'}\,\xi' = 0; \qquad \eta' \gtrless 0 \tag{II 10, 32}$$

während die Kinematik der Elektronen im Felde des *Anziehungsgitters* durch

$$\frac{d^2\xi'}{d\eta'^2} - \gamma^2\,e^{\mp 2\eta'}\,\xi' = 0; \qquad \eta' \gtrless 0 \tag{II 10, 33}$$

beschrieben wird; jedesmal gelten die aus (II 10, 28) im Verein mit (II 10, 29) hervorgehenden *Anfangsbedingungen*

$$\xi' = \xi_0' = \xi_0 - \pi\,2\;[\mathrm{mod}\,\pi]; \quad \frac{d\xi'}{d\eta'} = 0 \quad \text{für} \quad \eta' \to -\infty. \tag{II 10, 34}$$

Falls das kontrollierte Elektron die Gitterebene kreuzt, verlangt dort überdies die Stetigkeit seiner Bahn die Befriedigung der Forderungen

$$\lim_{0>\eta'\to 0} \xi' = \lim_{0<\eta'\to 0} \xi'; \qquad \lim_{0>\eta'\to 0} \frac{d\xi'}{d\eta'} = \lim_{0<\eta'\to 0} \frac{d\xi'}{d\eta'}. \tag{II 10, 35}$$

f) Wir beschäftigen uns zuerst mit der Lösung der Differentialgleichung (II 10, 32) [Abstoßungsgitter]. Zu diesem Zwecke führen wir vorübergehend durch

$$v = e^{\mp\eta'}; \qquad \eta' \gtrless 0 \tag{II 10, 36}$$

die unabhängige Variable v ein. Mittels der Relationen

$$\frac{d\xi'}{d\eta'} = \mp\,v\,\frac{d\xi'}{dv}; \qquad \frac{d^2\xi'}{dv^2} = v^2\,\frac{d^2\xi'}{dv^2} + v\,\frac{d\xi'}{dv}; \qquad \eta' \gtrless 0 \tag{II 10, 37}$$

verwandelt sich dann (II 10, 32) in die *Bessel*sche Differentialgleichung nullter Ordnung

$$\frac{d^2\xi'}{dv^2} + \frac{1}{v}\,\frac{d\xi'}{dv} + \gamma^2\,v = 0; \quad \eta' \gtrless 0. \tag{II 10, 38}$$

Bezeichnet I_0 die *Bessel*sche und N_0 die *Neumann*sche Zylinderfunktion je der Ordnung Null und des Argumentes γ v, so lautet also mit Hilfe der noch zu bestimmenden Konstanten A und B das allgemeine Integral dieser Gleichung

$$\xi' = A\,I_0(\gamma\,v) + B\,N_0(\gamma\,v). \tag{II 10, 39}$$

Nun ist für $\eta' < 0$ gemäß (II 10, 36) $v = e^{\eta'}$ zu setzen. Mit Rücksicht auf die Eigenschaften

$$\lim_{\gamma v \to 0} I_0(\gamma v) = 1; \quad \lim_{\gamma v \to 0} N_0(\gamma v) = -\frac{2}{\pi} \ln \frac{2}{1{,}7811 \cdot v} \qquad \text{(II 10, 40)}$$

der in (II 10, 39) eingehenden Zylinderfunktionen folgt daher aus (II 10, 37)

$$A = \xi_0'; \qquad B = 0 \qquad \text{(II 10, 41)}$$

so daß in $\eta' < 0$ die Elektronenbahn durch

$$\xi' = \xi_0' I_0(\gamma e^{\eta'}); \quad \eta' < 0 \qquad \text{(II 10, 42)}$$

dargestellt wird. Nun besteht zwischen einer beliebigen Zylinderfunktion Z der Ordnung Null und des Argumentes u und der nämlichen, für dasselbe Argument bestimmten Zylinderfunktion erster Ordnung die Relation

$$\frac{dZ_0(u)}{du} = -Z_1(u), \qquad \text{(II 10, 43)}$$

so daß wir aus (II 10, 42) die Aussage

$$\frac{d\xi'}{d\eta'} = -\xi'_0 \gamma e^{\eta'} I_1(\gamma e^{\eta'}); \quad \eta' < 0 \qquad \text{(II 10, 44)}$$

entnehmen.

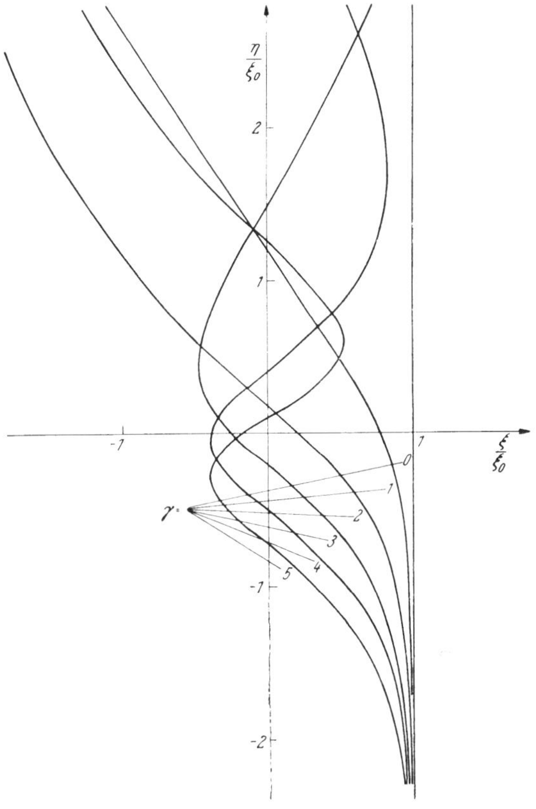

Abb. II 130. Typen der Bahnkurven bei der Elektronenpassage eines Abstoßungsgitters.

Um die Elektronenbahn in das Gebiet $\eta' > 0$ hinein fortzusetzen, kehren wir zu Gl. (II 10, 39) zurück; in ihr sollen jedoch nunmehr A und B zwei beziehentlich von (II 10, 41) in der Regel verschiedene Konstanten bezeichnen, während $v = e^{-\eta'}$ zu setzen ist:

$$\xi' = A\, I_0(\gamma e^{-\eta'}) + B\, N_0(\gamma e^{-\eta'}); \qquad \eta' > 0. \qquad \text{(II 10, 45)}$$

Mit Hilfe der Formel (II 10, 43) bilden wir hieraus

$$\frac{d\xi'}{d\eta} = A \gamma e^{-\eta'} I_1(\gamma e^{-\eta'}) + B \gamma e^{-\eta'} N_1(\gamma e^{-\eta'}); \qquad \eta' > 0. \qquad \text{(II 10, 46)}$$

Gehen wir jetzt sowohl in (II 10, 42) und (II 10, 44) wie in (II 10, 45) und (II 10, 46) gleichzeitig zur Grenze $\eta' \to 0$ über, so liefert (II 10, 35) für A und B das lineare Gleichungspaar

$$A\, I_0(\gamma) + B\, N_0(\gamma) = \xi_0'\, I_0(\gamma), \qquad \text{(II 10, 47)}$$

$$A\, I_1(\gamma) + B\, N_1(\gamma) = -\xi_0'\, I_1(\gamma). \qquad \text{(II 10, 48)}$$

Mittels der Identität

$$I_0(\gamma)\,N_1(\gamma) - N_0(\gamma)\,I_1(\gamma) \equiv -\frac{2}{\pi\gamma} \qquad \text{(II 10, 49)}$$

berechnen wir sonach aus (II 10, 47) und (II 10, 48)

$$A = -\xi_0'\,\frac{\pi}{2}\,\gamma\,[I_0(\gamma)\,N_1(\gamma) + I_1(\gamma)\,N_0(\gamma)], \qquad \text{(II 10, 50)}$$

$$B = \xi_0'\,\frac{\pi}{2}\,\gamma \cdot 2\,I_0(\gamma)\,I_1(\gamma). \qquad \text{(II 10, 51)}$$

Die hiermit aus (II 10, 42) und (II 10, 45) resultierenden Typen der Bahnkurven sind in Abb. II 130 für unterschiedliche Werte des Parameters γ dargestellt worden. Um aus ihnen auf die Form der Trajektorien zu schließen, welche bei vorgegebenem Betriebszustande des Entladungssystemes gleichzeitig auftreten, führen wir mittels (II 10, 26) das maximale Potential der Gitterebene ein

$$\varphi_{\max} = \bar{\varphi}_g - \frac{\lambda}{2\pi\Delta}; \quad \frac{\lambda}{2\pi\Delta} < 0 \qquad \text{(II 10, 52)}$$

so daß nach Ersatz von ξ_g durch ξ_g' gemäß (II 10, 34) der Gang des Potentiales in der Gitterebene durch

$$\varphi(0) = \varphi_{\max} + \frac{\lambda}{2\pi\Delta}\cdot[1-\cos 2\,\xi_g'] \equiv \varphi_{\max} + \frac{\lambda}{\pi\Delta}\sin^2\xi_g' \qquad \text{(II 10, 53)}$$

beschrieben wird.

Wir stellen dem maximalen Potential der Gitterebene den ihm durch (II 10, 31) zugeordneten Kleinstwert des Parameters γ zur Seite

$$\gamma_{\min}^2 = -\frac{\lambda}{\pi\Delta\,\varphi_{\max}} \qquad \text{(II 10, 54)}$$

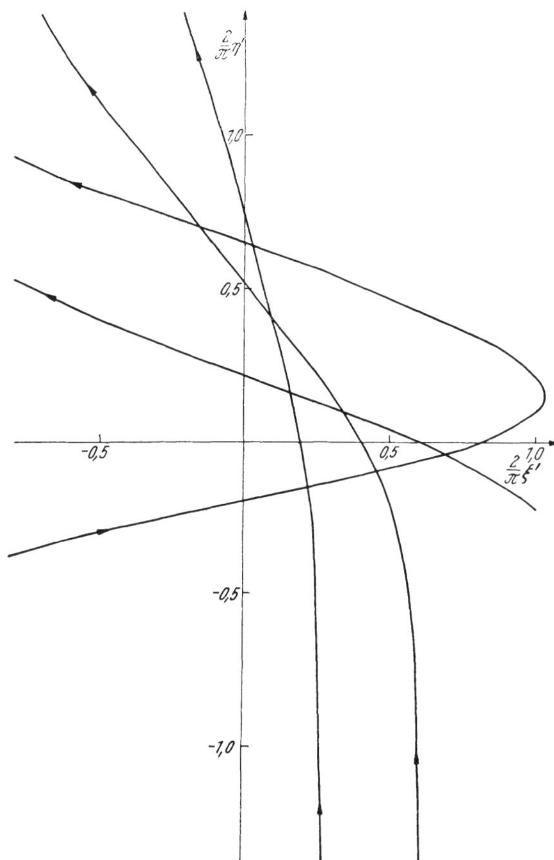

Abb. II 131. Theoretisch ermittelte Trajektorien der Elektronen, welche ein Abstoßungsgitter kreuzen.

welcher, wie $\varphi_{\max}$, von den Betriebsdaten des Systemes diktiert wird. Daher korrespondiert jenem Kontrollelektron, welches die Gitterebene in $\xi' = \xi'_g$ [mod π] kreuzt, der Parameter

$$\gamma^2 = \gamma_{\min}^2 \cdot \frac{\varphi_{\max}}{\varphi(0)} = \frac{\gamma_{\min}^2}{1-\gamma_{\min}^2\sin^2\xi_g'}. \qquad \text{(II 10, 55)}$$

Insbesondere findet man hieraus unter Vermittlung von (II 10, 42) den Zusammenhang zwischen der numerischen Startabszisse des kontrollierten Elektrons und seinem sozusagen individuellen Bahnparameter γ

$$\xi_0' = \frac{\xi_g'}{J_0(\gamma)} = \frac{1}{J_0(\gamma)} \arcsin \sqrt{\frac{1}{\gamma_{\min}^2} - \frac{1}{\gamma^2}}. \qquad \text{(II 10, 56)}$$

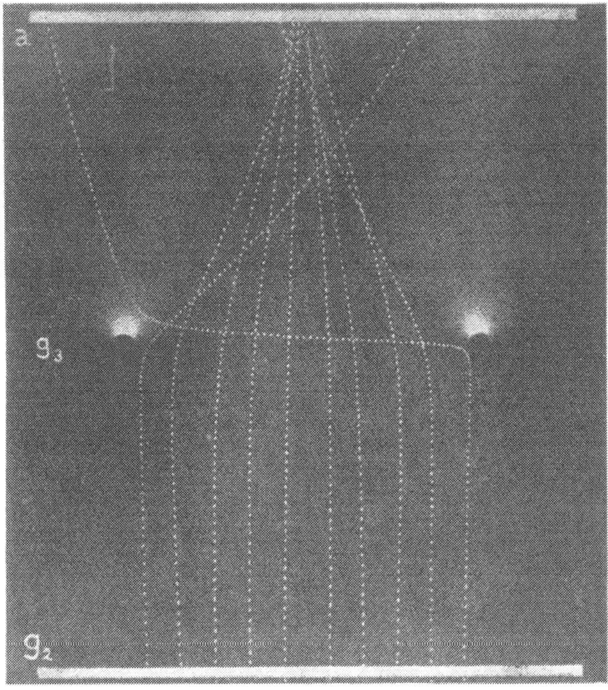

Abb. II 132. Passage der Elektronen durch ein Abstoßungsgitter nach Versuchen am Membranmodell.

Allerdings führt diese Relation bei großen Werten des Parameters $\gamma_{\min}$ auf mehrere, unterschiedliche Werte von γ für ein und dieselbe Startkoordinate ξ_0'. Da jedoch, bei vorgegebener Einfallsgeschwindigkeit der Elektronen vom Halbraum $\eta' < 0$ her, das mechanische Problem der Korpuskelbewegung eine eindeutige Lösung besitzt, deckt sich beim Auftreten jener Mehrdeutigkeit das mathematische Existenzgebiet der angegebenen Lösung nur noch teilweise mit dem physikalisch realisierten. Um diese Unstimmigkeit zu beseitigen, hätte man die kinematische Gleichung (II 10, 21) an Hand der Energiebilanz (II 10, 9) genauer zu formulieren; doch sei hier auf diese Verfeinerung verzichtet.

Abb. II 131 zeigt die nach den vorstehenden Anweisungen berechneten Elektronenbahnen für das Beispiel $\gamma_{\min} = 1$. In Anbetracht der vielen Approximationen, welche im Verlaufe der analytischen Untersuchung unumgänglich waren, darf die Übereinstimmung der theoretisch gefundenen Trajektorien mit den am Membranmodell experimentell bestimmten Bahnkurven nach Abb. II 132 als zufriedenstellend bezeichnet werden.

g) Wir gehen zum Falle des Anziehungsgitters über, für dessen dynamische Einwirkung auf die vom Halbraum $\eta' < 0$ her einfallenden Elektronen die Differentialgleichung (II 10, 33) im Verein mit den Anfangsbedingungen (II 10, 34) und den Stetigkeitsforderungen (II 10, 35) zuständig ist. In ihr vertauschen wir vorübergehend η' mit der in (II 10, 36) definierten Variabeln v und erhalten zufolge (II 10, 37) für die Auslenkung ξ' der Elektronen aus der Symmetrieebene zwischen benachbarten Gitterdrähten die Differentialgleichung der Zylinderfunktionen nullter Ordnung vom rein imaginären Argumente ($i\,\gamma\,v$):

$$\frac{d^2\xi'}{dv^2} + \frac{1}{v}\frac{d\xi'}{dv} - \gamma^2\,\xi' = 0; \qquad v = e^{\mp\eta'}; \qquad \eta' \gtrless 0. \quad \text{(II 10, 57)}$$

Als ihre Fundamental-Integrale wählen wir neben der *Bessel*schen Funktion $I_0(i\,\gamma\,v)$ die mit der imaginären Einheit i multiplizierte *Hankel*sche Zylinderfunktion erster Art $H_0^{(1)}(i\,\gamma\,v)$, so daß mit Hilfe zweier vorerst willkürlicher Integrationskonstanten A und B als allgemeine Lösung der Gl. (II 10, 57) die Summe

$$\xi' = A\,I_0(i\,\gamma\,v) + B\,i\,H_0^{(1)}(i\,\gamma\,v) \qquad \text{(II 10, 58)}$$

resultiert. Mit Rücksicht auf die Eigenschaften der in sie eingehenden Zylinderfunktionen

$$\lim_{\gamma v \to 0} I_0(i\,\gamma\,v) = 1; \qquad \lim_{\gamma v \to 0} i\,H_0^{(1)}(i\,\gamma\,v) = \frac{2}{\pi}\ln\frac{2}{1{,}7811\,\gamma\,v} \qquad \text{(II 10, 59)}$$

genügen wir den Bedingungen (II 10, 34) durch die Wahl

$$A = \xi_0'; \qquad B = 0 \qquad \text{(II 10, 60)}$$

so daß in $\eta' < 0$ die Bahn des kontrollierten Elektrons durch

$$\xi' = \xi_0'\,I_0(i\,\gamma\,e^{\eta'}); \qquad \eta' < 0 \qquad \text{(II 10, 61)}$$

dargestellt wird; mit Hilfe der Relation (II 10, 43) berechnen wir hieraus

$$\frac{d\xi'}{d\eta'} = -\,\xi_0'\,\gamma\,e^{\eta'}\,i\,I_1(i\,\gamma\,e^{\eta'}); \qquad \eta' < 0. \qquad \text{(II 10, 62)}$$

Um die Bahnkurve in den Halbraum $\eta' > 0$ hinein fortzusetzen, kehren wir zu dem allgemeinen Integral (II 10, 58) zurück; doch bezeichnen jetzt A und B zwei Konstanten, welche in der Regel von (II 10, 60) verschieden ausfallen, und überdies ist $v = e^{-\eta'}$ zu setzen. Daher erhalten wir dort

$$\frac{d\xi'}{d\eta'} = A\,\gamma\,e^{-\eta'}\,i\,I_1(i\,\gamma\,e^{-\eta'}) - B\,\gamma\,e^{-\eta'}\,H_1^{(1)}(i\,\gamma\,e^{-\eta'}). \qquad \text{(II 10, 63)}$$

Die Stetigkeitsbedingungen (II 10, 35) führen nunmehr auf das Gleichungssystem

$$A\,I_0(i\,\gamma) + B\,i\,H_0^{(1)}(i\,\gamma) = \xi_0'\,I_0(i\,\gamma) \qquad \text{(II 10, 64)}$$

$$A\,\gamma\,i\,I_1(i\,\gamma) - B\,\gamma\,H_1^{(1)}(i\,\gamma) = -\,\xi_0'\,\gamma\,i\,I_1(i\,\gamma). \qquad \text{(II 10, 65)}$$

Mittels der Identität

$$I_0(i\,\gamma)\,H_1^{(1)}(i\,\gamma) - I_1(i\,\gamma)\,H_0^{(1)}(i\,\gamma \equiv -\frac{2}{\pi\,\gamma} \qquad \text{(II 10, 66)}$$

folgt aus (II 10, 64) und (II 10, 65)

$$A = -\,\xi_0'\,\frac{\pi}{2}\gamma\,[I_0(i\,\gamma)\,H_1^{(1)}(i\,\gamma) + I_1(i\,\gamma)\,H_0^{(1)}(i\,\gamma)], \qquad \text{(II 10, 67)}$$

$$B = \xi_0'\,\frac{\pi}{2}\gamma \cdot 2\,I_0(i\,\gamma)\,(-\,i)\,I_1(i\,\gamma). \qquad \text{(II 10, 68)}$$

Die hiernach gemäß (II 10, 58) und (II 10, 61) zu erwartenden Trajektorien sind in Abb. II 133 für unterschiedliche Werte des Parameters γ gezeichnet worden. Um aus ihnen die Schar der Bahnkurven zu finden, welche bei vorgegebenem Betriebszustande des Systemes gleichzeitig nebeneinander auftreten, führen wir analog zu (II 10, 52) das minimale Potential der Gitterebene ein

$$\varphi_{\min} = \overline{\varphi}_g - \frac{\lambda}{2\pi\Delta}; \qquad \frac{\lambda}{2\pi\Delta} > 0 \qquad \text{(II 10, 69)}$$

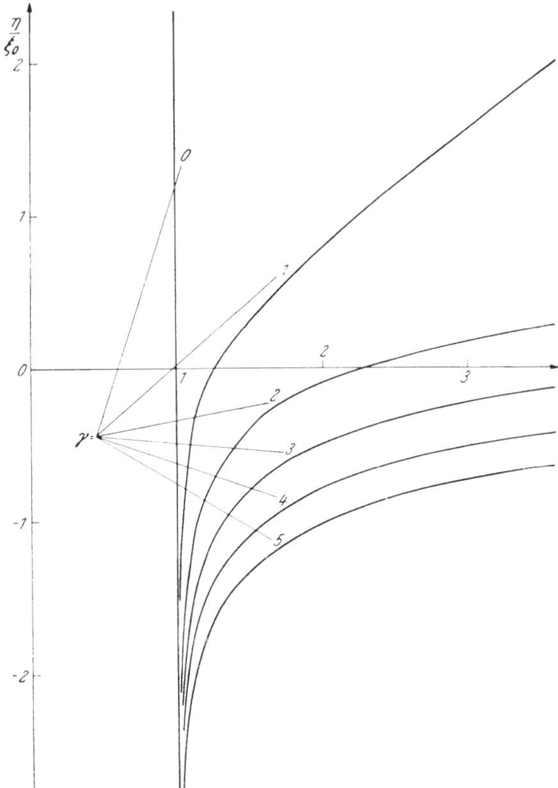

Abb. II 133. Typen der Bahnkurven bei der Elektronenpassage eines Anziehungsgitters.

so daß (II 10, 26), nach Ersatz von ξ_g durch ξ_g' gemäß (II 10, 34), für den Gang des Potentiales in der Gitterebene die Angabe

$$\varphi(0) = \varphi_{\min} + \frac{\lambda}{2\pi\Delta}\left[1 - \cos 2\,\xi_g'\right] \equiv \varphi_{\min} + \frac{\lambda}{\pi\Delta}\sin^2 \xi_g' \qquad \text{(II 10, 70)}$$

liefert. Dem Minimumpotential korrespondiert der Höchstwert

$$\gamma^2_{\max} = \frac{\lambda}{\pi\Delta\,\varphi_{\min}} \qquad \text{(II 10, 71)}$$

des Parameters γ^2; dieser ändert sich somit in der Gitterebene gemäß der Gleichung

$$\gamma^2 = \gamma_{\max}^2 \frac{\varphi_{\min}}{\varphi(0)} = \gamma_{\max}^2 \frac{1}{1 + \gamma_{\max}^2 \sin^2 \xi'_g} \tag{II 10, 72}$$

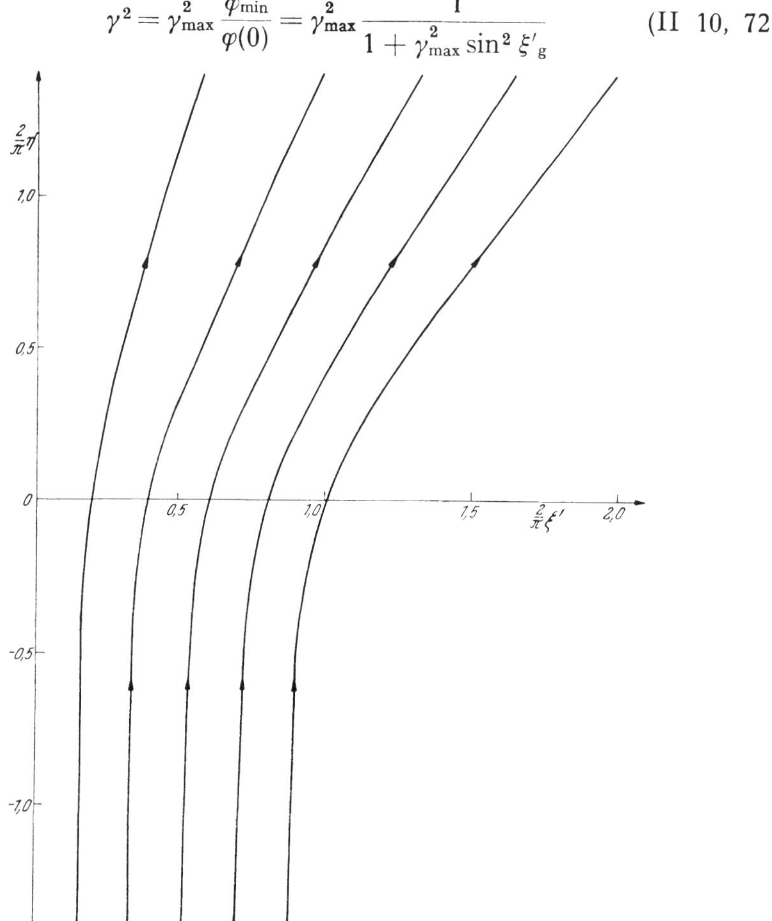

Abb. II 134. Deflektion der Elektronenbahnen bei der Passage eines Anziehungsgitters der Eigenschaft $\gamma = 1$.

aus welcher wir mit Rücksicht auf (II 10, 61) den Zusammenhang

$$\xi_0' = \frac{\xi_g'}{I_0(i\,\gamma)} = \frac{1}{I_0(i\,\gamma)} \arcsin \sqrt{\frac{1}{\gamma^2} - \frac{1}{\gamma_{\max}^2}} \tag{II 10, 73}$$

zwischen der Startabszisse ξ_0' und dem individuellen Parameter γ der dort beginnenden Elektronenbahn erschließen.

Beim Durchkreuzen der Gitterebene erfährt jede Elektronenbahn eine gewisse Winkeländerung α. Um deren Größe zu ermitteln, bilden wir aus (II 10, 58), mit Benutzung von (II 10, 57), (II 10, 59) und (II 10, 68),

$$\begin{aligned} \lim_{\eta' \to \infty} \xi' &= \mathrm{B} \frac{2}{\pi} \ln \frac{2}{1{,}7811 \cdot \gamma \cdot \mathrm{v}} = \mathrm{B} \frac{2}{\pi} \left[\eta' + \ln \frac{2}{1{,}7811 \cdot \gamma}\right] = \\ &= \xi_0' \,\gamma\, 2\, I_0(i\,\gamma)\, (-i)\, I_1(i\,\gamma) \left[\eta' + \ln \frac{2}{1{,}7811\, \gamma}\right] \end{aligned} \tag{II 10, 74}$$

und erhalten

$$\operatorname{tg}\alpha = \lim_{\eta' \to \infty} \frac{d\xi'}{d\eta'} = \xi_0' \gamma\, 2\, I_0(i\gamma)\,(-i)\, I_1(i\gamma). \qquad \text{(II 10, 75)}$$

Diese Relation liefert im Verein mit (II 10, 72) die Deflektion der Elektronenstrahlen als Funktion der Einfallsabszisse; Abb. II 134 veranschaulicht diesen Zusammenhang für das Beispiel $\gamma = 1$.

Wir vergleichen das Ergebnis (II 10, 75) mit einer elementaren Abschätzung des Ablenkeffektes an Hand des Impulssatzes:

Nachdem wir die normal zur Gitterebene weisende Geschwindigkeitskomponente v_y des kontrollierten Elektrons mit ihrem aus (II 10, 21) zu entnehmenden Passagewert in der Gitterebene vertauscht haben, bilden wir mit Hilfe der Gleichung (II 10, 7) den Ausdruck

$$\frac{d}{dy}\left(\frac{dx}{dt}\right) = \frac{1}{v_y}\frac{d^2x}{dt^2} = -\frac{q_0}{m_0}\frac{\lambda}{\Delta\tau}\frac{1}{\sqrt{2\frac{q_0}{m_0}\varphi(0)}}\sum_{n=1}^{\infty} e^{\mp n 2\pi \frac{y}{\tau}} \sin\left(n\, 2\pi \frac{x}{\tau}\right); \quad y \gtrless 0. \qquad \text{(II 10, 76)}$$

Da nun die parallel zur Gitterebene weisende Komponente $v_x = \frac{dx}{dt}$ der Elektronengeschwindigkeit auf Grund der vorausgesetzten Startbedingungen mit $y \to -\infty$ verschwindet, erhält man in $y \to \infty$ den Grenzwert $v_{x,\infty}$ jener Komponente mittels des Integrales

$$v_{x,\infty} = \lim_{y \to \infty} \frac{dx}{dt} - \int_{-\infty}^{\infty} \left[\frac{d}{dy}\left(\frac{dx}{dt}\right)\right] dy. \qquad \text{(II 10, 77)}$$

Um es zu berechnen, ersetzen wir in (II 10, 76) rechter Hand die tatsächlich längs der Elektronenbahn im allgemeinen veränderliche Abszisse x durch ihren Wert x_g in der Gitterebene. Mit der hierdurch angezeigten Genauigkeit finden wir sonach

$$v_{x,\infty} = -\frac{q_0}{m_0}\frac{\lambda}{\Delta\tau}\frac{1}{\sqrt{2\frac{q_0}{m_0}\varphi(0)}}\sum_{n=1}^{\infty}\sin\left(n\, 2\pi\frac{x_g}{\tau}\right)\left\{\int_{-\infty}^{0} e^{n 2\pi \frac{y}{\tau}} dy + \int_{0}^{\infty} e^{-n 2\pi \frac{y}{\tau}} dy\right\} =$$

$$= -\frac{q_0}{m_0}\frac{\lambda}{2\pi\Delta}\frac{1}{\sqrt{2\frac{q_0}{m_0}\varphi(0)}}\sum_{n=1}^{\infty} 2\,\frac{\sin\left(n\, 2\pi\frac{x_g}{\tau}\right)}{n} = \qquad \text{(II 10, 78)}$$

$$= -\frac{q_0}{m_0}\frac{\lambda}{\Delta}\frac{1}{\sqrt{2\frac{q_0}{m_0}\varphi(0)}}\left[1 - 2\frac{x_g}{\tau}\right]; \qquad 0 \leqq x_g \leqq \tau.$$

Nennen wir den korrespondierenden Ablenkwinkel α_0, so ist in gleicher Näherung

$$\operatorname{tg} \alpha_0 = \frac{v_{x,\infty}}{v_{y\,(y=0)}} = \frac{v_{x,\infty}}{\sqrt{2 \frac{q_0}{m_0} \varphi(0)}} \qquad \text{(II 10, 79)}$$

also, mit Benutzung von (II 10, 24), (II 10, 29) und (II 10, 31),

$$\operatorname{tg} \alpha_0 = \xi_g' \cdot \gamma^2. \qquad \text{(II 10, 80)}$$

Schreiben wir nun (II 10, 75) unter Berufung auf (II 10, 61) in der Gestalt

$$\operatorname{tg} \alpha = \xi_g' \, 2\gamma \cdot \frac{I_1(i\gamma)}{i}, \qquad \text{(II 10, 81)}$$

so führt der Vergleich der Bahnkinematik mit der Aussage des Impulssatzes auf die Relation

$$\frac{\operatorname{tg} \alpha}{\operatorname{tg} \alpha_0} = \frac{2 I_1(i\gamma)}{i\gamma}. \qquad \text{(II 10, 82)}$$

Insbesondere liefern im Grenzfalle $\gamma \to 0$ die verglichenen Rechenverfahren bezüglich des Ablenkungswinkels die nämlichen Resultate, während mit zunehmendem γ die hier entwickelte analytische Methode unter sonst gleichen Bedingungen auf größere Ablenkwinkel führt [Abb. II 135].

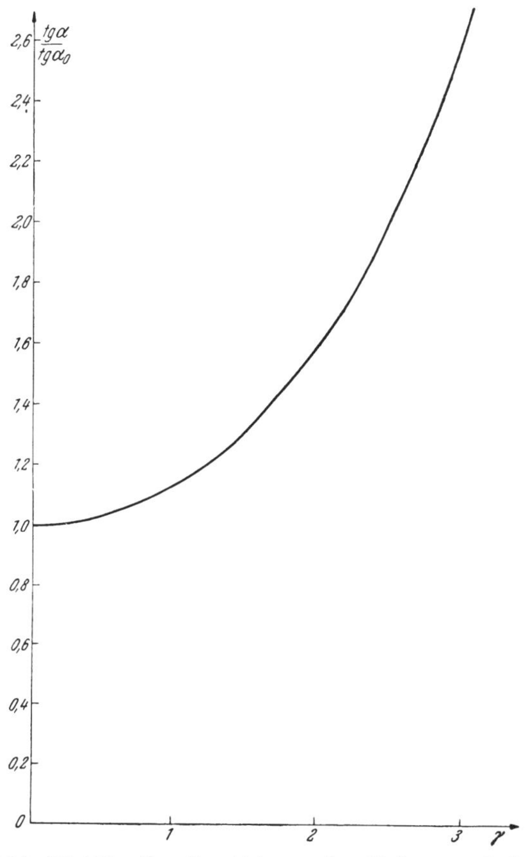

Abb. II 135. Zur Ermittlung der Elektronendeflektion durch ein Anziehungsgitter.

II 11. Das Stromverteilungs-Problem der Triode.

a) Bei der Untersuchung des quasistationären Verhaltens der Triode als *Verstärker* [Ziffer II 2] wurde das Gitterpotential φ_g als stets negativ, das gleichzeitig wirksame Anodenpotential φ_a jedoch als stets positiv und von so hohem Werte vorausgesetzt, daß die Glühkathode einen Elektronen-Emissionsstrom J_e von der Größenordnung ihres jeweiligen Sättigungsstromes J_s in den Entladungsraum entsendet. Unter solchen Betriebsbedingungen durften wir den Gitterstrom J_g vernachlässigen und, in der hierdurch gegebenen Genauigkeit, den Anodenstrom J_a mit dem Emissionsstrom J_e identifizieren.

Nicht immer aber arbeitet die Triode mit so einfachen, unverzweigten Strömungsfeldern; insbesondere bei der Anwendung der Röhre als *Schwingungserzeuger* kann das Gitterpotential φ_g zeitweise positive Werte annehmen, welche sogar das gleichzeitige Anodenpotential φ_a erheblich überschreiten mögen; unter Ausschluß der *Barkhausen-Kurz*schen Bremsfeld-Schaltung zur Erzeugung ultrakurzer Wellen sei hier jedoch angenommen, daß stets $\varphi_a > 0$ bleibe. Ein Teil der aus der Kathode in deren Emissionsstrom J_e befreiten Elektronen tritt dann als *Gitterstrom* J_g in die Gitterdrähte ein, und nur der Rest gelangt als *Anodenstrom* J_a zur Anode. Diese Elektronenbilanz findet ihren Ausdruck in dem Ersten *Kirchhoff*schen Gesetze

$$J_g + J_a = J_e \tag{II 11, 1}$$

welches wir, über seinen auf stationäre Zustände beschränkten Gültigkeitsbereich hinaus, auch den *Augenblickswerten der quasistationären* Ströme auferlegen. Das Problem der Stromverteilung befaßt sich mit dem *Verhältnis des Anodenstromes zum Gitterstrom* als Funktion der jeweils gleichzeitigen Elektrodenpotentiale, während der Wert des Emissionsstromes als bekannt angesehen wird.

Ehe wir uns der theoretischen Untersuchung dieser Frage zuwenden, muß frei gesagt werden, daß wir einstweilen von ihrer Lösung im Sinne einer vollständigen Einsicht in alle Einzelheiten der resultierenden Elektronenströmung mit dem Ziele der quantitativen Formulierung des Verteilungsgesetzes noch weit entfernt sind, so daß wir mit Recht von einem „*Problem*" zu sprechen haben; und dieser gewiß unbefriedigende Sachverhalt drückt nicht allein auf die theoretische Bearbeitung der Aufgabe, sondern auch ihre experimentelle Durchforschung liefert nur lückenhafte Angaben über die Feinstruktur der Stromverteilung. Im Lichte dieser Tatsachen darf man den weiterhin zu entwickelnden Verteilungsregeln nur den Rang einer *ersten Orientierung* zuerkennen, welche nur bei kritischer Zurückhaltung angewandt werden darf. Diese Theorie stützt sich auf die Kinematik der Elektronen im Interelektrodenraum, wobei — vorbehaltlich aller später sich als notwendig erweisenden Revisionen — folgenden Annahmen zugestimmt sei:

1. Innerhalb des Entladungsgefäßes herrsche *absolutes Vakuum*. Unter dieser, in Strenge allerdings nicht realisierbaren Bedingung erleiden die Elektronen während ihres Fluges keine Zusammenstöße mit Gasmolekülen, so daß deren sonst zu erwartende Stoßionisation außer Betracht bleiben kann.

2. Nur die Kathode gilt als Elektronenquelle; insbesondere abstrahieren wir von der *Emission von Sekundärelektronen* sowohl aus dem Gitter und der Anode wie auch aus sonst inaktiven Konstruktionselementen der Röhre, welche von primären „Streuelektronen" getroffen werden.

3. Die Triode ist mit einer *Äquipotential-Kathode* ausgerüstet, auf deren Oberfläche die gleichförmige, absolute Temperatur T herrscht.

4. Wir vernachlässigen die „*Inselbildung*" auf der Kathoden-Oberfläche, rechnen dort also mit einer *homogenen Dichte des Emissionsstromes*.

5. Wir emanzipieren uns von dem elektrischen „Sekundärfeld" der interelektrodischen Raumladungen; die Struktur des an den Elektronen angreifenden Kraftfeldes wird dann wesentlich durch das *elektrostatische Feld* der „kalten" Triode bestimmt.

b) Bei der Diskussion des Stromverteilungs-Problemes beschränken wir uns der Kürze halber auf die Vorgänge in einer homogenen, planparallelen

Elektrodenanordnung nach Ziffer II 4; von dorther übernehmen wir unverändert die Bezeichnungen der konstruktiven Abmessungen der Triode einschließlich der Lage des in ihr fixierten Bezugssystemes. Es wird sich herausstellen, daß wir *zwei Betriebsbereiche* zu unterscheiden haben:

1. Das Verhältnis des Anodenpotentiales φ_a zum Gitterpotentiale φ_g sei größer als jenes Grenzverhältnis $\left(\frac{\varphi_a}{\varphi_g}\right)_{gr}$, bei welchem gerade noch alle Elektronen, welche auf ihrem Fluge von der Kathode zwischen den Gitterdrähten hindurchschlüpfen, die Anode erreichen können.

$$\frac{\varphi_a}{\varphi_g} > \left(\frac{\varphi_a}{\varphi_g}\right)_{gr}. \tag{II 11, 2}$$

Die dann resultierende Stromverteilung wurde erstmalig von *Tank* experimentell untersucht; er faßte seine Versuchsergebnisse in der empirischen Formel

$$\frac{J_a}{J_g} = C\sqrt{\frac{\varphi_a}{\varphi_g}} \tag{II 11, 3}$$

zusammen, deren „*Verteilungskonstante*“ C also das Verhältnis des Anodenstromes zum Gitterstrom bei Gleichheit des Anodenpotentiales mit dem Gitterpotentiale angibt und an Hand eben dieser Deutung leicht gemessen werden kann.

2. Das Verhältnis des Anodenpotentiales zum Gitterpotentiale sei kleiner als das oben genannte Grenzverhältnis

$$\frac{\varphi_a}{\varphi_g} < \left(\frac{\varphi_a}{\varphi_g}\right)_{gr}. \tag{II 11, 4}$$

Das im Gitter-Anodenraum bestehende Bremsfeld treibt dann einen Teil der schon in dieses Gebiet eingedrungenen Elektronen zum Gitter zurück; der hieraus resultierende Mechanismus der Stromverteilung wurde durch *Below* aufgeklärt.

c) Wir beschäftigen uns zuerst mit der Kinematik des *Tank*schen Betriebsbereiches. Um sie anschaulich zu erfassen, bedienen wir uns eines in gewissem Sinne elektronenoptischen Vergleiches: Die sozusagen als „Lichtquelle“ aufgefaßte Anode entwirft auf der Kathodenoberfläche als beleuchtetem „Schirm“ einen elektrischen „Schatten“ des Gitters; die innerhalb des Schattens startenden Elektronen bilden den Gitterstrom J_g, die im Licht startenden Elektronen den Anodenstrom J_a.

Bei der Übersetzung dieses Bildes in quantitative Beziehungen stützen wir uns auf die Ergebnisse der Ziffer II 10: Als „Schattengrenze“ haben wir jene Elektronenbahn aufzusuchen, welche, auf der Kathodenoberfläche mit der numerischen Abszisse ξ_0' beginnend, den in ihrer Flugrichtung liegenden Gitterdraht im Punkte

$$\xi' = \pi\left(\frac{\tau}{2} - \varrho_0\right); \qquad \eta' = 0 \tag{II 11, 5}$$

eben noch streift. Diese Lage des „Zieles“ zieht in der Gitterebene die Potentialangabe

$$\varphi(0) = \varphi_g \tag{II 11, 6}$$

nach sich, so daß für den Bahnparameter γ aus (II 10, 31) die Relation

$$\gamma^2 \to \gamma_g{}^2 = \left| \frac{\lambda}{\pi \Delta \varphi_g} \right| \qquad \text{(II 11, 7)}$$

hervorgeht. Nach (II 10, 42) ist nun der Ladungsbelag λ je Gitterdraht in seiner Abhängigkeit von der Geometrie der Röhre und ihren Elektrodenpotentialen durch die Gleichung

$$\frac{\lambda}{2\pi\Delta} = \frac{\tau}{2\pi a} \frac{(g+a)\varphi_g - g\varphi_a}{g + (g+a) D} \qquad \text{(II 11, 8)}$$

bestimmt. Daher verwandelt sich (II 11, 7) in die Aussage

$$\gamma_g{}^2 = \left| \frac{\tau}{\pi a} \frac{1 - \dfrac{g}{g+a}\dfrac{\varphi_a}{\varphi_g}}{\dfrac{g}{g+a} + D} \right|. \qquad \text{(II 11, 9)}$$

Bezeichnen wir also durch

$$\varphi_{g,0} = \frac{g}{g+a} \varphi_a \qquad \text{(II 11, 10)}$$

jenes *„natürliche" Gitterpotential,* bei welchem das Gitter ladungsfrei zwischen Anode und Kathode hängt, so unterliegt die Kinematik der Grenzbahn folgender Alternative:

I. Auf den Zwang eines Gitterpotentiales

$$\varphi < \varphi_{g,0} \qquad \text{(II 11, 11)}$$

reagiert das Gitter durch Aufnahme einer *negativen* Ladung, so daß es die ihm sich nähernden Elektronen *abstößt.* Im Verein mit der Annahme gleichförmiger Emissions-Stromdichte auf der Kathodenoberfläche finden wir somit aus (II 10, 42) die Verteilungsfunktion

$$\frac{J_a}{J_g} = \frac{\xi_0'}{\dfrac{\pi}{2}\tau - \xi_0'} = \frac{1 - \dfrac{2\varrho_0}{\tau}}{I_0(\gamma_g) - \left(1 - \dfrac{2\varrho_0}{\tau}\right)}. \qquad \text{(II 11, 12)}$$

II. Falls man das Gitterpotential über seinen natürlichen Wert hinaus erhöht

$$\varphi_g > \varphi_{g,0} \qquad \text{(II 11, 13)}$$

werden die Gitterdrähte *positiv* geladen, so daß sie nunmehr die einfallenden Elektronen *anziehen.* Daher ist jetzt Gl. (II 10, 61) für die Grenzbahn zuständig, aus welcher wir die Verteilungsfunktion entnehmen:

$$\frac{J_a}{J_g} = \frac{\xi_0'}{\dfrac{\pi}{2}\tau - \xi_0'} = \frac{1 - \dfrac{2\varrho_0}{\tau}}{I_0(i\gamma_g) - \left(1 - \dfrac{2\varrho_0}{\tau}\right)}. \qquad \text{(II 11, 14)}$$

Nach (II 11, 12) und (II 11, 14) hängt also das *Stromverhältnis nur von dem Verhältnis der jeweiligen Elektrodenpotentiale* φ_a und φ_g ab. Für Gitterpotentiale φ_g, welche in der Umgebung des natürlichen Wertes $\varphi_{g,0}$ liegen, fällt $|\gamma_g{}^2| \ll 1$ aus. Durch Entwicklung der *Bessel*schen Zylinderfunktionen nach Potenzen ihres Argumentes findet man nun

$$I_0(\gamma) = 1 - \left(\frac{\gamma}{2}\right)^2 + \ldots; \qquad I_0(i\gamma) = 1 + \left(\frac{\gamma}{2}\right)^2 + \ldots. \qquad \text{(II 11, 15)}$$

Bei Beschränkung auf die hier explizit angegebenen Glieder verschmelzen somit (II 11, 12) und (II 11, 14) mit Rücksicht auf (II 11, 9) in die einheitliche Näherungsformel

$$\frac{J_a}{J_g} \approx \frac{\left(1 - \frac{2\varrho_0}{\tau}\right)\left(\frac{g}{g+a} + D\right)}{\frac{2\varrho_0}{\tau}\left(\frac{g}{g+a} + D\right) + \frac{1}{4}\frac{\tau}{\pi a}\left(1 - \frac{g}{g+a}\frac{\varphi_a}{\varphi_g}\right)}. \qquad \text{(II 11, 16)}$$

Abb. II 136 zeigt den Gang des Stromverhältnisses J_a/J_g mit dem Potentialverhältnis φ_a/φ_g für eine Triode der Daten

$$g = a; \qquad \frac{\tau}{\pi a} = 0{,}1; \qquad \frac{2\varrho_0}{\tau} = 0{,}117; \qquad D = \frac{\tau}{2\pi a}\ln\frac{\tau}{2\pi\varrho_0} = 0{,}05. \qquad \text{(II 11, 17)}$$

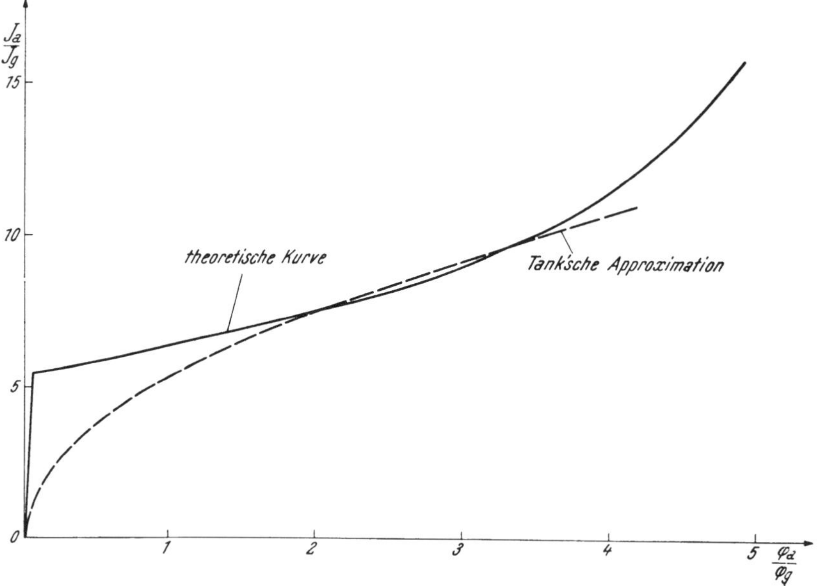

Abb. II 136. Verteilung des Emissions-Stromes einer Triode auf Anode und Gitter.

Wie verhält sich dieses theoretische Ergebnis zu den *Tank*schen Beobachtungen?

Bei dem beabsichtigten Vergleiche gehen wir von dem Falle γ^2 des ladungsfreien Gitters aus, bei welchem die Theorie — innerhalb ihrer Voraussetzungen — volles Vertrauen verdient: Wird doch nunmehr der „elektrische" Schatten des Gitters auf der Kathode mit dessen geometrischem Schatten identisch. In der Tat liefern die Gleichungen (II 11, 12), (II 11, 14) und (II 11, 16) den gemeinsamen Grenzwert

$$\lim_{\gamma^2 \to 0} \frac{J_a}{J_g} = \frac{1 - \frac{2\varrho_0}{\tau}}{\frac{2\varrho_0}{\tau}} = \frac{\tau}{2\varrho_0} - 1. \qquad \text{(II 11, 18)}$$

Er wird in gleicher Größe auch von der *Tank*schen Formel dargestellt, falls wir deren Verteilungskonstante C der Bedingung

$$C\sqrt{\frac{\varphi_a}{\varphi_{g,0}}} = C\sqrt{\frac{g+a}{g}} = \frac{\tau}{2\varrho_0} - 1; \quad C = \sqrt{\frac{g}{g+a}}\left[\frac{\tau}{2\varrho_0} - 1\right] \quad \text{(II 11, 19)}$$

unterwerfen. Der nach dieser Anweisung mittels (II 11, 3) „empirisch" gefundene Gang der Stromverteilung ist neben deren theoretisch zu erwartendem Verlauf in Abb. II 136 eingetragen, und Abb. II 137 zeigt den gleichen Sachverhalt in logarithmischer Darstellung. Die Ähnlichkeit zwischen den verglichenen Kurven läßt viel zu wünschen übrig: Zwar hält sich, wenn man so sagen will, die *quantitative Differenz* zwischen Theorie und Erfahrung innerhalb eines weiten Bereiches des Potentialverhältnisses φ_a/φ_g in erträglichen Grenzen; doch weicht der *Charakter* der theoretischen Kurve qualitativ wesentlich von jenem der *Tank*schen Kurve ab.

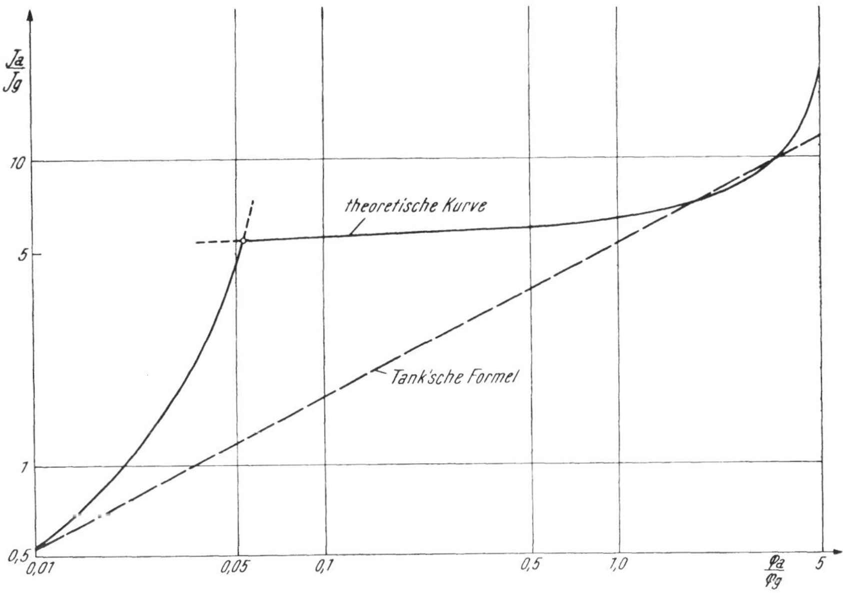

Abb. II 137. Verteilung des Emissionsstromes einer Triode auf Anode und Gitter [Logarithmische Darstellung].

Insbesondere annulliert sich gemäß der hier entwickelten Theorie der Gitterstrom bei einem bestimmten, in der Regel sehr hohen Werte des Verhältnisses φ_a/φ_g oder, umgekehrt, einem sehr kleinen Verhältnis φ_g/φ_a, setzt jedoch bei weiterer Verringerung dieses Quotienten von neuem ein, und dieser Wechsel wiederholt sich beim Grenzübergang $\varphi_g/\varphi_a \to 0$ in immer dichterer Folge. Diese merkwürdige Erscheinung, welche mathematisch an die Oszillationen der *Bessel*schen Funktion $I_0(\gamma)$ gebunden ist, spiegelt die heftigen Querschwingungen der Elektronen bei deren Annäherung an die stark negativ geladenen Gitterdrähte wider, welche einen Teil der einfallenden Elektronen um mehr als einen Gitterschritt τ, ja um das vielfache dieser Strecke seitlich abzulenken vermögen [Abb. II 131]. Nun sind wir gewiß grundsätzlich verpflichtet, der Erfahrung den Vorzug vor der Theorie einzuräumen, und es mag sein, daß sich jene Schwankungen im Verlauf der

Stromverteilungs-Kurve zufolge hier vernachlässigter Nebenerscheinungen der Beobachtung in der Regel entziehen; nichtsdestoweniger muß der gänzliche Mangel auch nur eines Hinweises auf den diskutierten Effekt in der *Tank*schen Formel Bedenken erwecken, welche eine erneute Experimentalforschung im Gebiete sehr kleiner Potentialverhältnisse φ_g/φ_a als wünschenswert erscheinen lassen.

d) Um die Kinematik des *Below*schen Gebietes der Stromverteilung kennenzulernen, kontrollieren wir die Bahn eines Elektrons, welches die Gitterebene im Punkte (x_g, 0) der „gestrichenen", numerischen Koordinaten

$$-\frac{\pi}{2}\left[1-\frac{2\,\varrho_0}{\tau}\right] < \xi_g' < \frac{\pi}{2}\left[1-\frac{2\,\varrho_0}{\tau}\right]; \qquad \eta_g' = 0 \qquad \text{(II 11, 20)}$$

kreuzt. Es findet im Passagepunkt das Potential $\varphi(0)$ nach Gl. (II 11, 5) vor, mit dessen Hilfe sich für den Bahnparameter γ nach (II 11, 31) die Darstellung

$$\gamma^2 = \frac{\tau}{\pi\,a\,\varphi(0)}\,\frac{(g+a)\,\varphi_g - g\,\varphi_a}{g+(g+a)\,D} \qquad \text{(II 11, 21)}$$

ergibt. Auf Grund der Definition (II 11, 4) des *Below*schen Gebietes ist nun das Gitter gewiß *positiv* geladen: Die kontrollierte Bahn wird durch Gleichung (II 10, 58) im Verein mit den Angaben (II 10, 60) für $\eta' < 0$ und (II 10, 67), (II 10, 68) für $\eta' > 0$ beschrieben. Demzufolge ist die Startabszisse ξ_0' mit der Passageabszisse ξ_g' durch die Relation

$$\xi_g' = \xi_0'\,I_0(i\,\gamma) \qquad \text{(II 11, 22)}$$

verknüpft, und das hierdurch gekennzeichnete Elektron tritt unter dem Winkel

$$\alpha = \operatorname{arctg}\left[\xi_g'\,\frac{2\,\gamma\,I_1(i\,\gamma)}{i}\right] = \operatorname{arctg}\left[\xi_0'\,\frac{2\,\gamma\,I_0(i\,\gamma)\,I_1(i\,\gamma)}{i}\right]. \qquad \text{(II 11, 23)}$$

gegen die Normale zur Gitterebene in den Gitter-Anodenraum ein. Es begegnet dort einem *Verzögerungsfelde* von verwickelter Struktur, welches wir jedoch in hier hinreichender Genauigkeit durch ein ideelles, parallel der y-Achse weisendes Homogenfeld der beziehentlich achsenparallelen Komponenten

$$E_x = 0; \qquad E_y = \frac{\varphi(0) - \varphi_a}{a} \qquad \text{(II 11, 24)}$$

approximieren können. Wählen wir also den Passage-Augenblick als Ursprung der laufenden Zeit t, so unterliegt das kontrollierte Elektron während seines Aufenthaltes im Gitter-Anodengebiet den *Newton*schen Bewegungsgleichungen

$$m_0\,\frac{d^2x}{dt^2} = 0 \qquad \text{(II 11, 25)}$$

und

$$m_0\,\frac{d^2y}{dt^2} = -q_0\,\frac{\varphi(0) - \varphi_a}{a} \qquad \text{(II 11, 26)}$$

unter den Anfangsbedingungen

$$x = x_g; \qquad y = 0 \qquad \text{für} \qquad t = 0 \qquad \text{(II 11, 27)}$$

und

$$\frac{dx}{dt} = v_0 \sin\alpha; \qquad \frac{dy}{dt} = v_0\cos\alpha \qquad \text{für} \qquad t = 0 \qquad \text{(II 11, 28)}$$

in welchen

$$v_0 = \sqrt{2\,\frac{m_0}{q_0}\,\varphi(0)}, \tag{II 11, 29}$$

die Passagegeschwindigkeit mißt. Die Lösungen dieser Gleichungen schildern die Parabel

$$x = x_g + v_0\, t \sin\alpha; \quad y = v_0\, t \cos\alpha - \frac{q_0}{m_0}\,\frac{\varphi(0)-\varphi_a}{a}\,\frac{1}{2}\,t^2. \tag{II 11, 30}$$

Falls das kontrollierte Elektron sie zur Gänze durchlaufen kann, kulminiert es zum Zeitpunkt

$$t_0 = \frac{v_0 \cos\alpha}{\dfrac{q_0}{m_0}\,\dfrac{\varphi(0)-\varphi_a}{a}} \tag{II 11, 31}$$

im Abstande

$$y_{max} = y(t_0) = \frac{1}{2}\,\frac{v_0^2 \cos^2\alpha}{\dfrac{q_0}{m_0}\,\dfrac{\varphi(0)-\varphi_a}{a}} = a\,\frac{\varphi(0)}{\varphi(0)-\varphi_a}\cos^2\alpha \tag{II 11, 32}$$

von der Gitterebene. Daher erreichen nur jene Elektronen die Anode, welche der Ungleichung

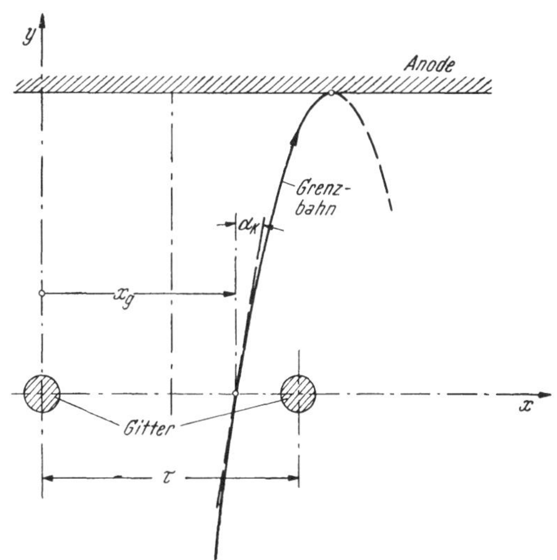

Abb. II 138. Die Grenzelektronenbahn im *Belowschen* Arbeitsgebiet.

$$\frac{\varphi(0)}{\varphi(0)-\varphi_a}\cos^2\alpha > 1; \qquad \cos^2\alpha > \frac{\varphi(0)-\varphi_a}{\varphi(0)} = 1 - \frac{\varphi_a}{\varphi(0)} \tag{II 11, 33}$$

genügen, während alle übrigen, in den Gitter-Anodenraum eingedrungenen Elektronen zur Gitterebene hin reflektiert werden; die Gleichung

$$\cos^2\alpha_{kr} = 1 - \frac{\varphi_a}{\varphi(0)} \tag{II 11, 34}$$

definiert in ihrem kritischen Winkel α_{kr} jene Grenz-Elektronenbahn, welche gemäß Abb. II 138 die Anode eben noch in streifender Inzidenz erreicht. Allerdings bleibt das Schicksal der „abgewiesenen" Elektronen

$$\cos^2\alpha < \cos^2\alpha_{kr} \tag{II 11, 35}$$

im Rahmen der bisher durchgeführten Analyse unbestimmt: Ein Teil von ihnen mag sogleich von den Gitterdrähten absorbiert werden, während die übrigen zunächst in den Gitter-Kathodenraum zurückkehren, um von dort aus das Spiel unter veränderten Anfangsbedingungen von neuem zu beginnen. Es ist hier nicht unsere Absicht, diesen verwickelten Erscheinungen auf deterministischem oder statistischem Wege nachzugehen; vielmehr begnügen wir uns mit der summierenden Annahme, daß alle in die Gitterebene erstmalig einfallenden Elektronen der kinematischen Eigenschaft (II 11, 35) früher oder später vom Gitter eingefangen werden. Sei daher $\xi'_{0,\,\mathrm{kr}}$ die numerische, gestrichene Start-Abszisse der Grenzbahn, so wird auf Grund der Voraussetzung homogener Elektronen-Emission an der Kathodenoberfläche die Stromverteilung durch die geometrische Relation

$$\frac{J_a}{J_g} = \frac{2\,\xi'_{0,\,\mathrm{kr}}}{\pi - 2\,\xi'_{0,\,\mathrm{kr}}} \tag{II 11, 36}$$

beschrieben. Um sie auszuwerten, bringen wir (II 11, 34) in die Form

$$\mathrm{tg}^2\,\alpha_{\mathrm{kr}} \equiv \frac{1}{\cos^2\alpha_{\mathrm{kr}}} - 1 = \frac{\varphi(0)}{\varphi(0) - \varphi_a} = \frac{\varphi_a}{\varphi(0) - \varphi_a} \tag{II 11, 37}$$

und erhalten mit (II 11, 23) für $\xi'_{0,\,\mathrm{kr}}$ die Gleichung

$$\left[\xi'_{0,\,\mathrm{kr}}\,\frac{2\,\gamma\,I_0(i\,\gamma)\,I_1(i\,\gamma)}{i}\right]^2 = \frac{\varphi_a}{\varphi(0) - \varphi_a}. \tag{II 11, 38}$$

In ihr ist gemäß (II 11, 5) und (II 11, 22) das Potential $\varphi(0)$ als Funktion von $\xi'_{0,\,\mathrm{kr}}$ anzusehen, welche ihrerseits vermöge (II 11, 21) in den Bahnparameter γ eingeht, so daß diese Gleichung nicht in geschlossener Form aufgelöst werden kann. Wir finden jedoch eine ausreichende Näherung, indem wir das in der Gitterebene von Ort zu Ort veränderliche Potential $\varphi(0)$ überall durch seinen vorgegebenen Wert φ_g auf den Gitterdrähten ersetzen. Denn dann geht (II 11, 22) in die nur von den Elektrodenpotentialen abhängige Relation (II 11, 9) über, so daß wir zu der Aussage

$$\xi'_{0,\,\mathrm{kr}} = \frac{i}{2\,\gamma_g\,I_0(i\,\gamma_g)\,I_1(i\,\gamma_g)}\sqrt{\frac{1}{\frac{\varphi_g}{\varphi_a} - 1}} \tag{II 11, 39}$$

gelangen; durch ihre Substitution in (II 11, 36) findet sich für die Stromverteilung die Formel

$$\frac{J_a}{J_g} = \frac{1}{\frac{\pi}{2}\,\frac{2\,\gamma_g\,I_0(i\,\gamma_g)\,I_1(i\,\gamma_g)}{i}\sqrt{\frac{\varphi_g}{\varphi_a} - 1} - 1}, \tag{II 11, 40}$$

welche sich für $\gamma_g^2 \ll 1$ und $\frac{\varphi_a}{\varphi_g} \ll 1$ zu

$$\frac{J_a}{J_g} \approx \frac{\frac{g}{g+a} + D}{\frac{\tau}{2\,a}\left[1 - \frac{g}{g+a}\,\frac{\varphi_a}{\varphi_g}\right]\sqrt{\frac{\varphi_g}{\varphi_a} - 1} - \left[\frac{g}{g+a} + D\right]} \approx \frac{2\,a}{\tau}\left[\frac{g}{g+a} + D\right]\sqrt{\frac{\varphi_a}{\varphi_g}} \tag{II 11, 41}$$

vereinfacht. Demnach ergibt sich der Wert des Grenz-Potentialverhältnisses $\left(\frac{\varphi_a}{\varphi_g}\right)_{\mathrm{gr}}$ aus der Gleichheitsforderung des *Tank*schen Stromverhältnisses (II 11, 14) mit dem *Below*schen Quotienten (II 11, 40), welche zu der Gleichung

$$\frac{1}{1 - \frac{2\,\varrho_0}{\tau}} = \left[\frac{\pi}{2}\,\frac{2\,\gamma_g\,I_1(i\,\gamma_g)}{i}\sqrt{\frac{\varphi_g}{\varphi_a} - 1}\right]_{\left(\frac{\varphi_a}{\varphi_g}\right) \to \left(\frac{\varphi_a}{\varphi_g}\right)_{\mathrm{gr}}} \tag{II 11, 42}$$

führt. Sie geht wegen $\gamma_g^2 \ll 1$ und $\frac{\varphi_a}{\varphi_g} \ll 1$ angenähert in die Angabe

$$\frac{1}{1-\frac{2\,\varrho_0}{\tau}} \approx \left[\frac{\pi}{2}\gamma_g^2 \sqrt{\frac{\varphi_g}{\varphi_a}-1}\right]_{\left(\frac{\varphi_a}{\varphi_g}\right)_{gr}} = \tag{II 11, 43}$$

$$= \frac{\pi}{2}\frac{\tau}{\pi a}\frac{1-\frac{g}{g+a}\left(\frac{\varphi_a}{\varphi_g}\right)_{gr}}{\frac{g}{g+a}+D}\sqrt{\left(\frac{\varphi_g}{\varphi_a}\right)_{gr}-1} \approx \frac{\frac{\tau}{2a}}{\frac{g}{g+a}+D}\sqrt{\left(\frac{\varphi_g}{\varphi_a}\right)_{gr}}$$

über, welcher man für das Grenz-Potentialverhältnis die Abschätzung

$$\left(\frac{\varphi_a}{\varphi_g}\right)_{gr} \approx \left[\frac{\frac{\tau}{2a}\left(1-\frac{2\,\varrho_0}{\tau}\right)}{\frac{g}{g+a}+D}\right]^2 \tag{II 11, 44}$$

entnimmt.

Das Ergebnis der numerischen Rechnung ist für das *Below*sche Gebiet der Stromverteilung am Beispiel der Triode der Daten (II 11, 17) in den Abb. II 136 und II 137 dargestellt; in Übereinstimmung mit der Erfahrung greift hiernach die Reflexion der Elektronen seitens der Anode nur bei sehr kleinen Potentialverhältnissen $\frac{\varphi_a}{\varphi_g}$ in den Mechanismus der Stromverteilung ein.

II 12. Paßgitter.

a) Gegeben sei eine planparallele Elektrodenanordnung, welche zwischen den abschließenden Plattenelektroden der Kathode und der Anode eine gewisse, endliche Anzahl von Gittern enthält. Wir richten unser Augenmerk auf eines von ihnen und konstruieren senkrecht zu seiner Ebene die „*Führungsgerade*", welche den Abstand benachbarter Gitterdrähte halbiert; das längs dieser Linie gemessene elektrische Skalarpotential φ definiert das „*Führungspotential*" in der Umgebung der kontrollierten Gitteröffnung.

Die in Ziffer II 10 untersuchte Kinetik der Elektronen ist an die Existenz eines wesentlich nur *transversal* zur Führungsgeraden gerichteten *Coulomb*schen Kraftfeldes gebunden: In der Umgebung des steuernden Gitters durfte die in Richtung der Führungsgeraden wirksame Längsbeschleunigung der Elektronen gegenüber ihrer Querbeschleunigung vernachlässigt werden. Demgegenüber weisen die hier zu behandelnden *Paßgitter* in der Umgebung ihrer jeweiligen Trägerebene einen solchen Extremwert ihres Führungspotentiales auf, daß dort *Längs*- und *Querbeschleunigung* der Elektronen von gleicher Größenordnung werden; wir unterscheiden zwei komplementäre Systeme von Paßgittern:

1. *Hochpaßgitter* zeichnen sich durch ein *Maximum* des Führungspotentiales in der Umgebung der Gitterebene aus. Ein solches Feld tritt in der Triode auf, falls man deren Steuergitter ein positives Potential relativ zur Kathode erteilt, welches das gleichzeitig wirksame Anodenpotential

beträchtlich übersteigt; insbesondere gehört hierher die *Bremsfeld-Schaltung* von *Barkhausen* und *Kurz* zur Erzeugung ultrakurzer Wellen.

2. *Tiefpaßgitter* prägen dem Führungspotential ein *Minimum* auf. Wählen wir das Kathodenpotential als Basis und lassen die Startgeschwindigkeit der eben emittierten Elektronen außer acht, so kann das kathodennahe Gitter in einer Vakuum-Elektronenströmung niemals die Rolle eines Tiefpaßgitters übernehmen; vielmehr ist ein solches nur in Mehrgitter-Röhren vermittels eines Zwischengitters realisierbar, welches durch wenigstens ein weiteres Gitter von der Kathode getrennt ist

b) Wir beschränken uns auf die Untersuchung eines homogenen Runddraht-Gitters; der Abstand τ benachbarter Drahtachsen wird als groß gegen den Drahthalbmesser ϱ_0, gleichzeitig jedoch als klein gegen die Distanz der in Rede stehenden Gitterebene von den Nachbarelektroden vorausgesetzt.

Der Einfluß der Raumladung auf das Potentialfeld bleibe in der Umgebung des kontrollierten Gitters außer Betracht. In der senkrecht zu den Gitterdrahtachsen orientierten Bezugsebene der rechtwinkeligen Koordinaten x, y nach Ziffer II 9 wird dann die Potentialfunktion $\varphi = \varphi(x, y)$ durch die Gleichungen (II 4, 54), (II 4, 55) dargestellt; aus ihnen resultiert mit $x = \frac{\tau}{2}$ das Führungspotential

$$\varphi_f = \varphi\left(\frac{\tau}{2}, y\right) =$$

$$= \overline{\varphi}_g - \frac{E^+ + E^-}{2} y + \frac{E^+ - E^-}{2}\left[\mp y + \frac{\tau}{\pi}\sum_{n=1}^{\infty}(-1)^n \frac{e^{\mp n 2\pi \frac{y}{\tau}}}{n}\right]; \quad y \lessgtr 0. \qquad \text{(II 12, 1)}$$

Wir berechnen aus dieser Gleichung

$$\frac{d\varphi_f}{dy} = -\frac{E^+ + E^-}{2} + \frac{E^+ - E^-}{2}\left[\mp 1 \mp 2\sum_{n=1}^{\infty}(-1)^n e^{\mp n 2\pi \frac{y}{\tau}}\right] =$$

$$= -\frac{E^+ + E^-}{2} + \frac{E^+ - E^-}{2}\left[\mp 1 \pm \frac{2}{e^{2\pi \frac{y}{\tau}} + 1}\right] = \qquad \text{(II 12, 2)}$$

$$= -\frac{E^+ + E^-}{2} - \frac{E^+ - E^-}{2}\operatorname{tgh}\pi\frac{y}{\tau}; \qquad y \gtrless 0$$

und

$$\frac{d^2\varphi_f}{dy^2} = -\frac{E^+ - E^-}{2}\cdot\frac{\pi}{\tau}\left[1 - \operatorname{tgh}^2\pi\frac{y}{\tau}\right]. \qquad \text{(II 12, 3)}$$

Da nun die Ordinate $y = y_P$ des Passes durch

$$\left[\frac{\partial\varphi}{\partial y}\right]_{x=\frac{\tau}{2}} = \frac{d\varphi_f}{dy} = 0 \qquad \text{(II 12, 4)}$$

definiert ist, folgt für sie aus (II 12, 2) die Gleichung

$$\operatorname{tgh}\pi\frac{y_P}{\tau} \equiv \frac{e^{\pi\frac{y_P}{\tau}} - e^{-\pi\frac{y_P}{\tau}}}{e^{\pi\frac{y_P}{\tau}} + e^{-\pi\frac{y_P}{\tau}}} = -\frac{E^+ + E^-}{E^+ - E^-}, \qquad \text{(II 12, 5)}$$

welcher man die Angabe

$$y_P = \frac{\tau}{2\pi} \ln\left(-\frac{E^-}{E^+}\right) \qquad \text{(II 12, 6)}$$

entnimmt. Durch ihre Substitution in (II 12, 1) ergibt sich das Paßpotential

$$\varphi_P = \varphi\left(\frac{2}{\tau}, y_P\right) = \overline{\varphi}_g - \frac{E^+ + E^-}{4\pi} \tau \ln\left(-\frac{E^-}{E^+}\right) - \frac{E^+ - E^-}{4\pi} \tau \ln \frac{(E^- - E^+)^2}{-E^- E^+}. \qquad \text{(II 12, 7)}$$

Weiter findet man aus (II 12, 3) am Passe [Index P]

$$\left[\frac{\partial^2 \varphi}{\partial y^2}\right]_P = \left[\frac{d^2 \varphi_f}{dy^2}\right]_{y = y_P} = \frac{2\pi}{\tau} \frac{E^+ \cdot E^-}{E^+ - E^-}, \qquad \text{(II 12, 8)}$$

so daß die *Laplace*sche Gleichung ebendort die Aussage

$$\left[\frac{\partial^2 \varphi}{\partial x^2}\right]_P = -\left[\frac{\partial^2 \varphi}{\partial y^2}\right]_P = -\frac{2\pi}{\tau} \frac{E^+ E^-}{E^+ - E^-} \qquad \text{(II 12, 9)}$$

nach sich zieht.

Neben dem bisher benutzten, in der Achse eines Gitterdrahtes zentrierten Bezugssystem (x, y) führen wir mittels der Translation

$$x' = x - \frac{\tau}{2}; \qquad y' = y - y_P \qquad \text{(II 12, 10)}$$

das „gestrichene" Koordinatensystem (x', y') ein, dessen Ursprung mit dem Paß koinzidiert. Im gestrichenen System resultiert aus (II 12, 7), (II 12, 8) und (II 12, 9) für die Potentialfunktion die Potenzreihe

$$\varphi = \varphi_P - \frac{\pi}{\tau} \frac{E^+ E^-}{E^+ - E^-} (x'^2 - y'^2) + \ldots. \qquad \text{(II 12, 11)}$$

Aus formalen Gründen bezeichnen wir die laufende Zeit durch das Symbol t'. Beschränkt man sich auf die explizit angeschriebenen Glieder der Entwicklung (II 12, 11), so lauten also die *Newton*schen Gleichungen der Elektronenbewegung in der Umgebung des Passes

$$m_0 \frac{d^2 x'}{dt'^2} = q_0 \frac{\partial \varphi}{\partial x'} = -q_0 \frac{E^+ E^-}{E^+ - E^-} 2\pi \frac{x'}{\tau}, \qquad \text{(II 12, 12)}$$

$$m_0 \frac{d^2 y'}{dt'^2} = q_0 \frac{\partial \varphi}{\partial y'} = q_0 \frac{E^+ E^-}{E^+ - E^-} 2\pi \frac{y'}{\tau}. \qquad \text{(II 12, 13)}$$

c) Wir behandeln zunächst das *Hochpaßgitter*, welches durch die Ungleichungen

$$E^- < 0; \qquad E^+ > 0 \qquad \text{(II 12, 14)}$$

gekennzeichnet wird. Im Lichte dieser Ungleichungen setzen wir

$$\omega^2 = -\frac{q_0}{m_0} \frac{E^+ E^-}{E^+ - E^-} \frac{2\pi}{\tau} > 0 \qquad \text{(II 12, 15)}$$

so daß die Gleichungen (II 12, 12), (II 12, 13) in

$$\frac{d^2 x'}{dt'^2} - \omega^2 x' = 0, \qquad \text{(II 12, 16)}$$

$$\frac{d^2 y'}{dt'^2} + \omega^2 y' = 0 \qquad \text{(II 12, 17)}$$

übergehen.

Wir spezialisieren auf eine Triode. Sei $g > |y_P|$ der Abstand ihrer Kathode, $a > |y_P|$ der Abstand ihrer Anode von der Gitterebene, so lauten die kinematischen Anfangsbedingungen eines zum Zeitpunkt $t' = 0$ im Punkte x_0' der Kathodenoberfläche emittierten Elektrons

$$x' = x_0'; \qquad y' = -(g + y_P) \qquad \text{für} \qquad t' = 0, \qquad \text{(II 12, 18)}$$

$$\frac{dx'}{dt'} = 0; \qquad \frac{dy'}{dt'} = 0 \qquad \text{für} \qquad t' = 0. \qquad \text{(II 12, 19)}$$

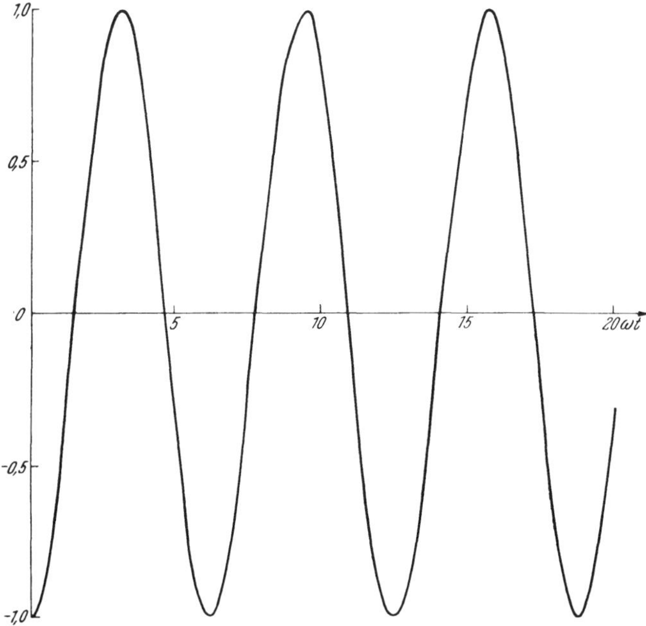

Abb. II 139. Längsschwingungen des Elektrons beim Durchkreuzen der Paßebene.

Wir genügen ihnen, indem wir als Lösungen von (II 12, 16), (II 12, 17) die Integrale

$$x' = x_0' \cosh \omega t', \qquad \text{(II 12, 20)}$$

$$y' = -(g + y_P) \cos \omega t' \qquad \text{(II 12, 21)}$$

wählen. Sei nun

$$a > g + y_P \qquad \text{(II 12, 22)}$$

vorausgesetzt, so pendelt das kontrollierte Elektron gemäß (II 12, 21) in harmonischen Schwingungen der Kreisfrequenz ω um die Ebene $y' = 0$; [Abb. II, 139] sieht man von dem singulären Falle $x_0' = 0$ der Bewegung längs der Führungsgeraden ab, so entfernt sich das Elektron nach (II 12, 20) während seiner Längsoszillationen entsprechend Abb. II 140 mehr und mehr von seiner Startabszisse. Der beschriebene Vorgang liefert eine elementare Erklärung der von *Barkhausen* und *Kurz* entdeckten Elektronenschwingungen im Bremsfelde. Setzt man insbesondere das Anodenpotential $\varphi_a = 0$, so resultiert aus (II 12, 15) im Verein mit (II 4, 42), (II 4, 51) und (II 4, 52) die *Frequenz-Gleichung*

$$\omega^2 = \frac{q_0}{m_0} \frac{\lambda}{\Delta \tau} \frac{g \cdot a}{(g + a)^2} \cdot \frac{2\pi}{\tau} = 2 \frac{q_0}{m_0} \varphi_g \frac{\pi}{\tau} \frac{g}{(g + a)(g + \{g + a\}D)} \cdot \qquad \text{(II 12, 23)}$$

In der Tat bildet die in dieser Relation zum Ausdruck gebrachte funktionelle Abhängigkeit der Pendelfrequenz von der Gitterspannung den Kern der von ihren Entdeckern ursprünglich entwickelten Theorie der Bremsfeldschwingungen. Doch darf man nicht übersehen, daß eine solche elementare Behandlung des Problemes, ungeachtet ihres gewiß hohen heuristischen Wertes, uns doch über das Prinzip im unklaren läßt, welches zur

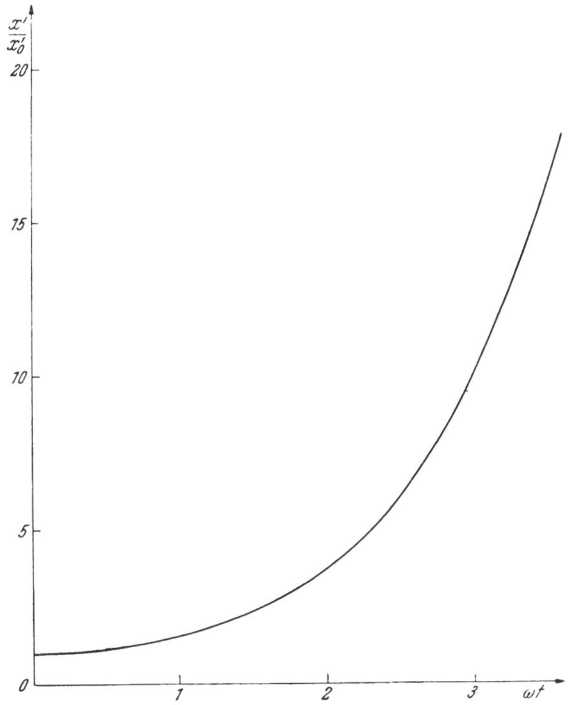

Abb. II 140. Querablenkung des pendelnden Elektrons gegen seine Startebene.

Ordnung der ja gleichmäßig emittierten Elektronen in schwingende Ladungsgruppen führt. Da überdies durch (II 12, 23) nur ein Teil der beobachteten Eigenfrequenzen einer Bremsfeld-Triode geschildert wird, ist eine Vertiefung der Theorie notwendig, welche die *Anfachungsbedingungen* der Bremsfeld-Schwingungen allgemein zu klären hat; sie wird in Ziffer IV 4 gegeben werden.

Während Gl. (II 12, 21) für alle Zeiten $t' > 0$ als angenäherte Darstellung der Bewegung im Hochpaßgitter gelten darf, besteht diese Behauptung für (II 12, 20) nur solange zu Recht, als

$$|x'| < \frac{\tau}{2} \qquad \text{(II 12, 24)}$$

bleibt. Sei etwa $x_0' > 0$ vorausgesetzt, so erreicht das kontrollierte Elektron die Grenze $x' = \frac{\tau}{2}$ zu jenem Zeitpunkt t_1', welcher durch die Gleichung

$$\frac{\tau}{2} = x_0' \cosh \omega t_1'; \qquad \omega t_1' = \operatorname{arccosh} \frac{\tau}{2 x_0'} = \ln \left[\frac{\tau}{2 x_0'} + \sqrt{\left(\frac{\tau}{2 x_0'}\right)^2 - 1}\right] \qquad \text{(II 12, 25)}$$

bestimmt ist. Um dem weiteren Ablauf der Bewegung zu folgen, ersetzen wir für $t' > t_1'$ die bisherige Zeitzählung durch

$$t'' = t' - t_1' \qquad \text{(II 12, 26)}$$

und ebenso die gestrichenen Koordinaten durch

$$x'' = x' - \tau; \qquad y'' = y'. \qquad \text{(II 12, 27)}$$

Die der x-Achse parallele Komponente der Bewegung gehorcht dann für $t'' > 0$ der Differentialgleichung

$$\frac{d^2 x''}{dt''^2} = \omega^2 x'' \qquad \text{(II 12, 28)}$$

unter den aus (II 12, 20) und (II 12, 25) zu entnehmenden Anfangsbedingungen

$$x'' = -\frac{\tau}{2} \quad \text{für} \quad t'' = 0, \qquad \text{(II 12, 29)}$$

$$\frac{dx''}{dt''} = x_0' \, \omega \sinh \omega \, t_1' = x_0' \, \omega \sqrt{\left(\frac{\tau}{2 x_0'}\right)^2 - 1} \quad \text{für} \quad t'' = 0. \qquad \text{(II 12, 30)}$$

Daher wird (II 12, 28) durch

$$x'' = -\frac{\tau}{2} \cosh \omega \, t'' + x_0' \sqrt{\left(\frac{\tau}{2 x_0'}\right)^2 - 1} \sinh \omega \, t'' \qquad \text{(II 12, 31)}$$

integriert, so daß in $|x''| < \frac{\tau}{2}$ das kontrollierte Elektron die Geschwindigkeit

$$\frac{dx''}{dt''} = -\frac{\tau}{2} \omega \sinh \omega \, t'' + \omega \, x_0' \sqrt{\left(\frac{\tau}{2 x_0'}\right)^2 - 1} \cosh \omega \, t'' \qquad \text{(II 12, 32)}$$

entwickelt. Sie verschwindet zu jenem Zeitpunkte t_0'', welcher durch

$$\operatorname{tgh} \omega \, t_0'' = \sqrt{1 - \left(\frac{2 x_0'}{\tau}\right)^2} \qquad \text{(II 12, 33)}$$

bestimmt wird; das kontrollierte Elektron ist dann bis zur Abszisse

$$x''_{max} = -\frac{\tau}{2} \cosh \omega \, t_0'' + x_0 \sqrt{\left(\frac{\tau}{2 x_0'}\right)^2 - 1} \sinh \omega \, t_0'' = -x_0' \qquad \text{(II 12, 34)}$$

in den Bereich $|x''| < \frac{\tau}{2}$ eingedrungen, wird jedoch dort zur Umkehr gezwungen und erreicht die Grenze $x'' = -\frac{\tau}{2}$ zum zweitenmal im Zeitpunkt t_1'': Die Gleichung

$$-\frac{\tau}{2} = -\frac{\tau}{2} \cosh \omega \, t_1'' + x_0 \sqrt{\left(\frac{\tau}{2 x_0'}\right)^2 - 1} \sinh \omega \, t_1'' \qquad \text{(II 12, 35)}$$

liefert

$$\operatorname{tgh} \frac{\omega \, t_1''}{2} = \sqrt{1 - \left(\frac{2 x_0'}{\tau}\right)^2}, \qquad \text{(II 12, 36)}$$

so daß das kontrollierte Elektron mit der Geschwindigkeit

$$\left(\frac{dx''}{dt''}\right)_{t''=t_1''} = -\frac{\tau}{2}\,\omega \sinh \omega\, t_1'' + \omega\, x_0' \sqrt{\left(\frac{\tau}{2\,x_0'}\right)^2 - 1}\,\cosh \omega\, t_1'' = \\ = -\,\omega\, x_0' \sqrt{\left(\frac{\tau}{2\,x_0'}\right)^2 - 1} \qquad \text{(II 12, 37)}$$

in den Bereich $|x'| < \frac{\tau}{2}$ zurückkehrt. Da diese nach Ausweis der Gl. (II 12, 30) der Austrittsgeschwindigkeit des Elektrons aus seinem Startbereich entgegengesetzt gleich ist, geht der für $t'' > t_1''$ in $|x'| < \frac{\tau}{2}$ anschließende Bewegungsablauf aus dem soeben für $|x''| < \frac{\tau}{2}$ beschriebenen

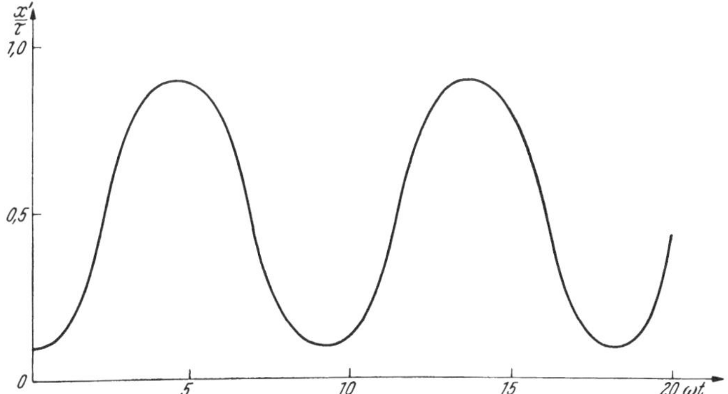

Abb. II 141. Unharmonische Querschwingung des pendelnden Elektrons.

durch Spiegelung an der Übergangsebene $x' = \frac{\tau}{2} = -x''$ hervor: Der harmonischen Pendelbewegung parallel der y-Achse mit der Periode

$$T_y = \frac{2\pi}{\omega} \qquad \text{(II 12, 38)}$$

tritt eine unharmonische Schwingung in x-Richtung [Abb. II 141] zur Seite, deren Periodendauer T_y sich zu

$$T_x = 2\,t_1'' = \frac{2}{\omega} \ln \frac{1 + \sqrt{1 - \left(\frac{2\,x_0'}{\tau}\right)^2}}{1 - \sqrt{1 - \left(\frac{2\,x_0'}{\tau}\right)^2}} \equiv \frac{4}{\omega} \ln \left[\frac{\tau}{2\,x_0'} + \sqrt{\left(\frac{\tau}{2\,x_0'}\right)^2 - 1}\right] \qquad \text{(II 12, 39)}$$

berechnet, also von der Startabszisse des kontrollierten Elektrons explizit abhängt. Da hiernach in der Regel kein rationales Verhältnis zwischen T_x und T_y besteht, resultiert aus den beiden aufeinander senkrechten Oszillationen entsprechend Abb. II 142 eine *zweifach-periodische Bewegung* des Elektrons um das zylindrische „Zentralgestirn" desjenigen Gitterstabes, welcher der Startabszisse jenes Elektrons am nächsten kommt; man hat deshalb zu erwarten, daß das Elektron früher oder später auf die Oberfläche des Gitterstabes gelangt und damit aus dem Existenzgebiet der Trägerbewegung ausscheidet. Ihrer Natur nach ist die gegebene Darstellung umso weniger genau, je mehr sich das kontrollierte Elektron vom Paß entfernt. In der Tat zeigt eine genauere analytische Untersuchung der Bewegungsgleichungen im vorgegebenen Potentialfelde der Triode, daß das

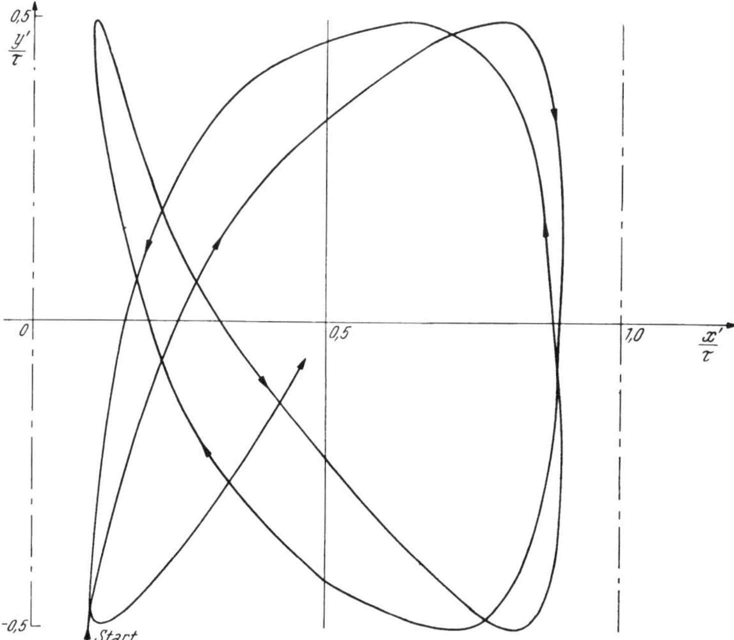

Abb. II 142. Zweifach-periodische Bewegung des Elektrons um einen Gitterstab.

Elektron bei geeigneten Startbedingungen von dem Einflußgebiete eines Gitterstabes in jenes des Nachbarstabes hinüberwechseln kann; dieser Schluß wird durch Beobachtung der Bahnkurven am Membranmodell bestätigt.

d) Wir gehen zum *Tiefpaßgitter* über, welches den Ungleichungen

$$E^- > 0; \qquad E^+ < 0 \tag{II 12, 40}$$

genügt. Damit dann zumindest ein Teil der von $y < 0$ her einfallenden Elektronen gegen das dort sie bremsende elektrische Feld anlaufen können, muß das Paßpotential positiv bleiben

$$\varphi_P > 0. \tag{II 12, 41}$$

Mit Rücksicht auf (II 4, 46), (II 4, 53) und (II 12, 7) folgt hieraus für das Gitterpotential φ_g die Ungleichung

$$\varphi_g > \varphi_{kr} = \frac{E^+ - E^-}{4\pi}\,\tau \ln\left[\left(\frac{\tau}{2\pi\,\varrho_0^2}\right)^2 \frac{(E^- - E^+)^2}{-E^- E^+}\right] + \frac{E^+ + E^-}{4\pi}\,\tau \ln\left(-\frac{E^-}{E^+}\right). \tag{II 12, 42}$$

Falls daher das Gitterpotential den kritischen Wert φ_{kr} unterschreitet, ist allen von $y' < 0$ her einfallenden Elektronen die Passage der Ebene

$y = y_P$ versagt. Indem wir diesen Betriebsbereich von der weiteren Untersuchung ausschließen, verschärfen und vereinfachen wir die Forderung (II 12, 41) zu

$$\varphi_P = \varphi_g - \varphi_{kr} > 0. \qquad \text{(II 12, 43)}$$

Auf Grund der Voraussetzungen (II 12, 40) führen wir hier, im Gegensatz zu (II 12, 15),

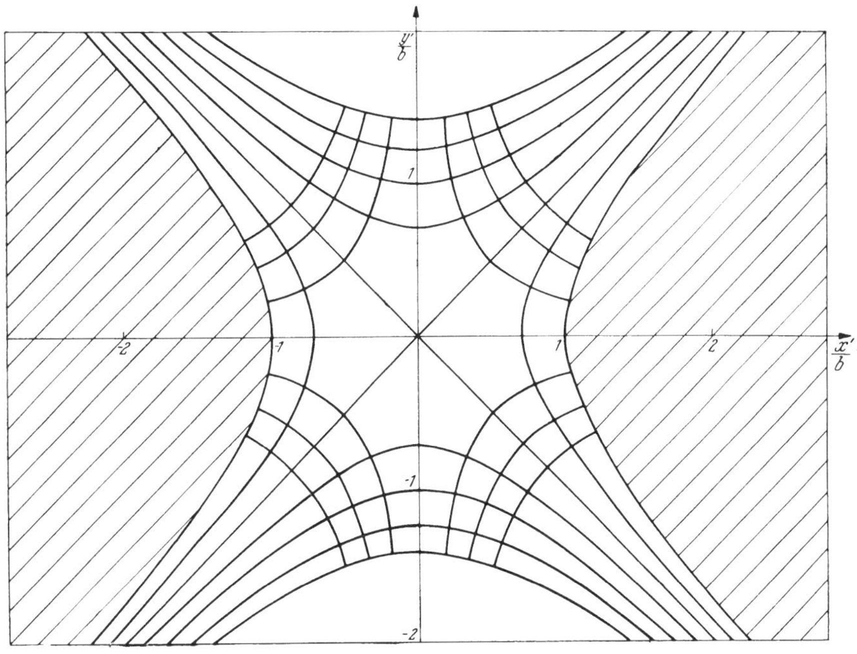

Abb. II 143. Struktur des Feldes am Passe.

$$\omega^2 = \frac{q_0}{m_0} \frac{E^+ E^-}{E^+ - E^-} \frac{2\pi}{\tau} > 0 \qquad \text{(II 12, 44)}$$

ein. Aus (II 12, 11) ergibt sich dann für die Potentialfunktion $\varphi = \varphi(x', y')$ bis auf Glieder höherer Ordnung der Ausdruck

$$\varphi = \varphi_P - \frac{m_0}{q_0} \frac{\omega^2}{2} (x'^2 - y'^2) \qquad \text{(II 12, 45)}$$

Die Hyperbel verschwindenden Potentiales

$$x'^2 - y'^2 = \frac{1}{\omega^2} 2 \frac{q_0}{m_0} \varphi_P \qquad \text{(II 12, 46)}$$

trennt gemäß Abb. II 143 das Existenzgebiet $\varphi > 0$ der Elektronenbewegung von dem ihr unzugänglichen Gebiete $\varphi < 0$; insbesondere ist die Paßebene

$$y' = y_P' = 0 \qquad \text{(II 12, 47)}$$

nur innerhalb jenes, den Gitterdrahtachsen parallel orientierten Streifens elektronendurchlässig, dessen Halbbreite b durch

$$b = \frac{1}{\omega} \sqrt{2 \frac{q_0}{m_0} \varphi_P} \qquad \text{(II 12, 48)}$$

gemessen wird.

Mit Benutzung von (II 12, 44) nehmen die Differentialgleichungen (II 12, 12), (II 12, 13) die Form

$$\frac{d^2 x'}{dt'^2} + \omega^2 x' = 0 \qquad \text{(II 12, 49)}$$

$$\frac{d^2 y}{dt'^2} - \omega^2 y' = 0 \qquad \text{(II 12, 50)}$$

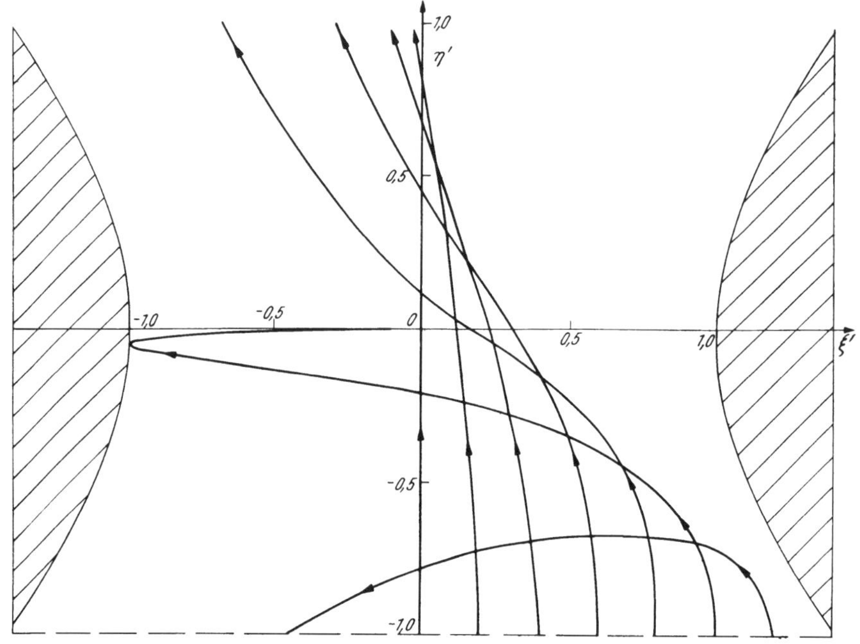

Abb. II 144. Trajektorien der Elektronen, welche parallel zur Führungsgeraden in das Paßgebiet einfallen.

an. Wir ergänzen sie durch die Anfangsbedingungen, welchen das kontrollierte Elektron zu Beginn der Zeitzählung unterworfen ist:

1. Das Elektron möge am Orte (x_0', y_0') in den Wirkungsbereich des Tiefpaßgitters eintreten

$$x' = x_0'; \qquad y' = y_0' \qquad \text{für} \qquad t' = 0 \qquad \text{(II 12, 51)}$$

2. Da wir nach Vereinbarung die Startgeschwindigkeit des eben aus der Kathode $[\varphi = 0]$ emittierten Elektrons außer Betracht lassen, finden wir seine kinetische Energie am Orte (x_0', y_0') aus (II 12, 45) zu

$$\frac{1}{2} m_0 \left[\left(\frac{dx'}{dt'}\right)^2 + \left(\frac{dy'}{dt'}\right)^2\right] = q_0 \left[\varphi_P - \frac{m_0}{q_0}\frac{\omega^2}{2}(x_0'^2 - y_0'^2)\right]. \qquad \text{(II 12, 52)}$$

Mit Rücksicht auf (II 12, 48) entnehmen wir aus (II 12, 52) die Angabe

$$\left(\frac{dx'}{dt'}\right)^2 + \left(\frac{dy'}{dt'}\right)^2 = \omega^2 [b^2 - (x_0'^2 - y_0'^2)] \quad \text{für} \quad t' = 0. \qquad \text{(II 12, 53)}$$

3. Die Bahn des kontrollierten Elektrons sei im Punkte (x_0', y_0') um den Winkel α gegen die Führungsgerade $x' = 0$ geneigt:

$$\operatorname{tg} \alpha = \frac{\left(\frac{dx'}{dt'}\right)}{\left(\frac{dy'}{dt'}\right)} = \frac{dx'}{dy'} \quad \text{für} \quad t' = 0. \tag{II 12, 54}$$

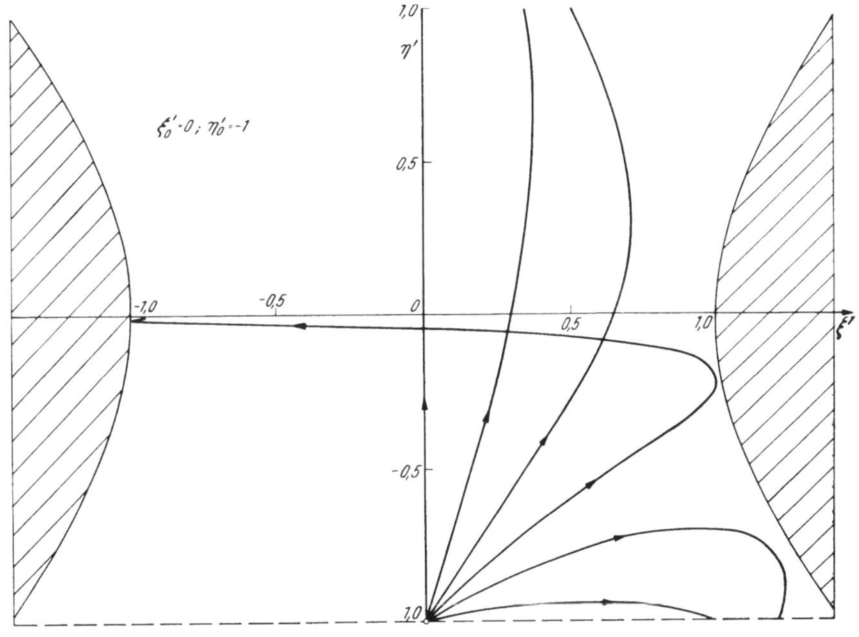

Abb. II 145. Trajektorien der Elektronen, welche unter verschiedenen Winkeln in die Symmetrieebene des Paßgitters einfallen.

Mit Hilfe der vier vorerst noch unbekannten Konstanten A, B, C, D lautet das allgemeine Integral der Gleichungen (II 12, 49), (II 12, 50)

$$x' = A \cos \omega t' + B \sin \omega t', \tag{II 12, 55}$$

$$y' = C \cosh \omega t' + D \sinh \omega t' \tag{II 12, 56}$$

aus welchem wir

$$\frac{dx'}{dt'} = -A\,\omega \sin \omega t' + B\,\omega \cos \omega t', \tag{II 12, 57}$$

$$\frac{dy'}{dt'} = C\,\omega \sinh \omega t' + D\,\omega \cosh \omega t', \tag{II 12, 58}$$

berechnen. Daher genügen wir (II 12, 51) durch die Wahl

$$A = x_0'; \qquad C = y_0' \tag{II 12, 59}$$

und (II 12, 53) im Verein mit (II 12, 54) durch

$$B = \sin \alpha \sqrt{b^2 + y_0'^2 - x_0'^2}; \qquad D = \cos \alpha \sqrt{b^2 + y_0'^2 - x_0'^2}. \tag{II 12, 60}$$

Mit Hilfe der dimensionsfreien, numerischen Koordinaten

$$\xi' = \frac{x'}{b}; \qquad \eta' = \frac{y'}{b} \qquad \text{(II 12, 61)}$$

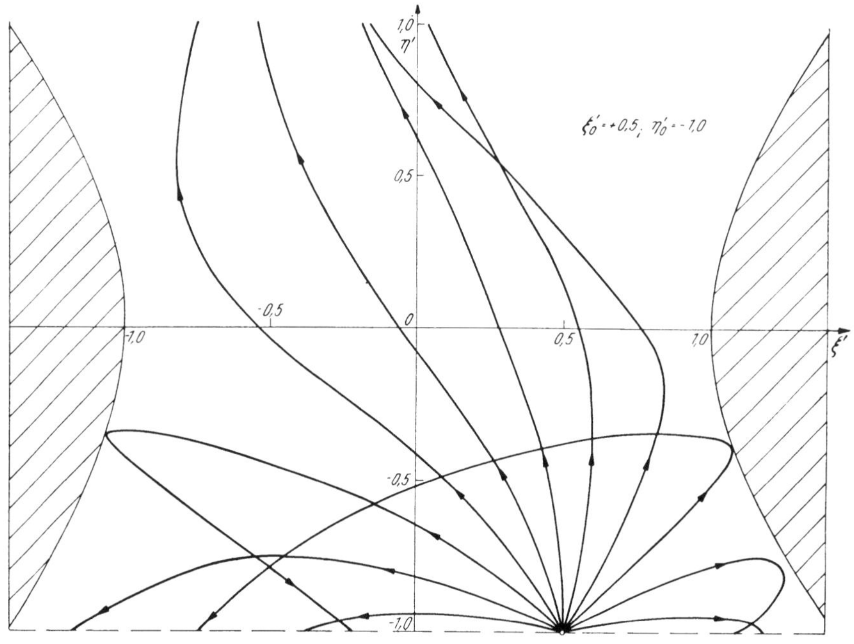

Abb. II 146. Trajektorien der Elektronen, welche unter verschiedenen Winkeln seitlich in das Paßgebiet einfallen.

wird also die Bewegung des kontrollierten Elektrons durch die Gleichungen

$$\xi' = \xi_0' \cos \omega t' + \sqrt{1 + \eta_0'^2 - \xi_0'^2} \sin \alpha \sin \omega t', \qquad \text{(II 12, 62)}$$

$$\eta' = \eta_0' \cosh \omega t' + \sqrt{1 + \eta_0'^2 - \xi_0'^2} \cos \alpha \sinh \omega t' \qquad \text{(II 12, 63)}$$

beschrieben: Das Elektron führt parallel zur Gitterebene harmonische Schwingungen der Kreisfrequenz ω aus; ein Wechsel vom Einflußgebiet $|x| < \frac{\tau}{2}$ [mod τ] eines Gitterstabes zum Einflußgebiet der Nachbarstäbe, wie wir ihn bei der Elektronenbewegung durch das Hochpaßgitter auffanden, ist beim Tiefpaßgitter ausgeschlossen. Insbesonders gilt daher für die Bewegung normal zur Gitterebene stets das Grenzgesetz

$$\lim_{\omega t' \to \infty} \eta' = [\eta_0' + \sqrt{1 + \eta_0'^2 - \xi_0'^2} \cos \alpha] \, e^{\omega t'} \qquad \text{(II 12, 64)}$$

so daß die Alternative

$$\cos \alpha \gtrless \frac{-\eta_0'}{\sqrt{1 + \eta_0'^2 - \xi_0'^2}} \qquad \text{(II 12, 65)}$$

darüber entscheidet, ob das kontrollierte Elektron von der Paßebene $\eta' = 0$ durchgelassen [oberes Vorzeichen] oder zurückgewiesen [unteres Vorzeichen] wird. Der Grenzfall

$$\cos\alpha \to \cos\alpha_{kr} = \frac{-\eta_0'}{\sqrt{1 + \eta_0'^2 - \xi_0'^2}} \qquad \text{(II 12, 66)}$$

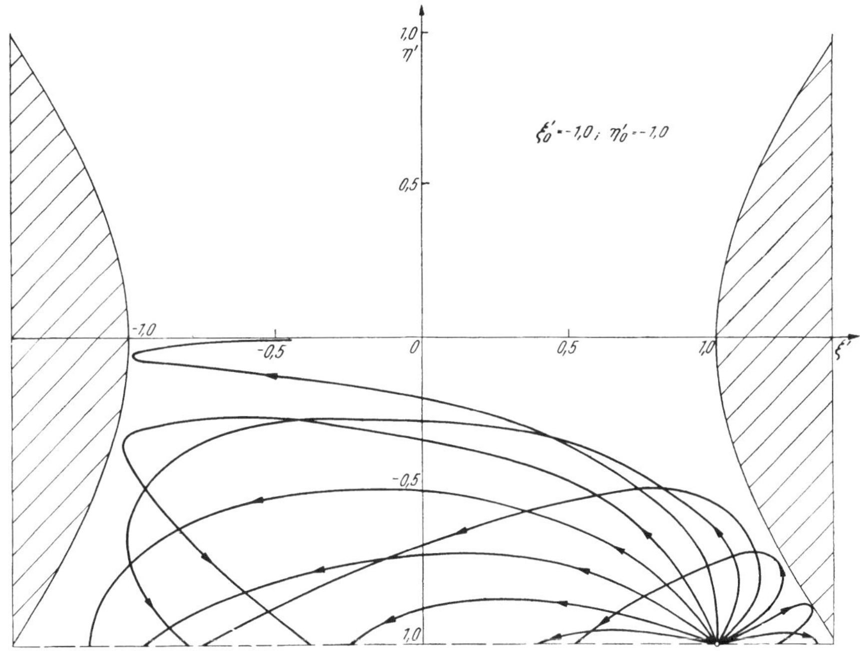

Abb. II 147. Trajektorien der Elektronen, welche unter verschiedenen Winkeln in das Randgebiet des Passes einfallen.

definiert die Gesamtheit jener kritischen Elektronenbahnen, welche sich unter ständigen Oszillationen asymptotisch der Paßebene nähern. Abb. II 144 veranschaulicht die Bahnen jener Elektronen, welche in der Ebene $\eta_0' = -1$ parallel der Führungsgeraden in den Paßbereich einfallen, während die Abb. II 145 bis II 147 die Abhängigkeit der an unterschiedlichen Orten der Ebene $\eta_0' = -1$ beginnenden Elektronenbahnen des Paßbereiches von der Einfallsrichtung zeigen. Die numerische Amplitude der x-Komponente der Elektronenbewegung folgt aus (II 12, 62) zu

$$\xi'_{max} = \sqrt{\xi_0'^2 \cos^2\alpha + (1 + \eta_0'^2)\sin^2\alpha}. \qquad \text{(II 12, 67)}$$

Gemäß (II 12, 66) schwingen also die Grenzbahnen stets bis zu der einheitlichen Weite

$$x'_{max} = b\sqrt{\xi_0'^2 \cos^2\alpha_{gr} + (1 + \eta_0'^2)\sin^2\alpha_{gr}} = b \qquad \text{(II 12, 68)}$$

aus; in der Tat gewährt ja die Paßebene $y' = 0$ den einfallenden Elektronen *nur innerhalb* des Bereiches $|x'| < b$ den Durchlaß.

e) Wir wenden die Kinematik der Elektronenbewegung durch ein Tiefpaßgitter auf die Gesamtheit der Elektronen an, welche die Ebene $y = -y_0'$ mit der senkrecht zu dieser gerichteten, gleichförmigen Stromdichte vom absoluten Betrage j durchkreuzen. Obwohl ihnen im Aufpunkt $(x_0'; y_0')$ die einheitliche kinetische Energie

$$\frac{1}{2} m_0 \left[\left(\frac{dx'}{dt}\right)^2 + \left(\frac{dy'}{dt}\right)^2\right]_{x_0'; y_0'} = q_0 \varphi_0 = q_0 \left[\varphi_P - \frac{m_0}{q_0} \frac{\omega^2}{2} (x_0'^2 - y_0'^2)\right] =$$
$$= \frac{1}{2} m_0 \omega^2 [b^2 - (x_0'^2 - y_0'^2)] \qquad \text{(II 12, 69)}$$

zukommt, weisen sie doch in der Regel unterschiedliche Flugwinkel

$$-\frac{\pi}{2} < \alpha < \frac{\pi}{2} \qquad \text{(II 12, 70)}$$

gegen die Führungsgerade auf. Wir bringen diesen Sachverhalt durch die Verteilungsfunktion $w(\alpha)$ zum Ausdruck, welche die Wahrscheinlichkeitsdichte der Flugrichtung α je Einheit der Azimutdifferenz mißt; sie hängt von der Vorgeschichte der kontrollierten Elektronen ab. Auf Grund dieser Definition gilt also

$$\int_{-\frac{\pi}{2}}^{\frac{\pi}{2}} w(\alpha)\, d\alpha = 1 \qquad \text{(II 12, 71)}$$

so daß die Teilstromdichte

$$dj = j\, w(\alpha)\, d\alpha \qquad \text{(II 12, 72)}$$

auf den infinitesimal schmalen Winkelbereich $(\alpha; \alpha + d\alpha)$ entfällt. Die kinetische Energie $q_0 \varphi_0$ der diese Teilstromdichte tragenden Elektronen kann in den Längsanteil

$$q_0 \varphi_l = q_0 \varphi_0 \cos^2 \alpha \qquad \text{(II 12, 73)}$$

und den Queranteil

$$q_0 \varphi_q = q_0 \varphi_0 \sin^2 \alpha \qquad \text{(II 12, 74)}$$

zerlegt werden. Von den Elektronen eines bestimmten „Querpotentiales" φ_q gelangen dann nach (II 12, 66) nur jene durch das Tiefpaßgitter, welche der Ungleichung

$$\sin^2 \alpha = \frac{\varphi_q}{\varphi_0} < \sin^2 \alpha_{gr} = \frac{1 - \xi_0'^2}{1 + \eta_0'^2 - \xi_0'^2} \equiv \frac{b^2 - x_0'^2}{b^2 + y_0'^2 - x_0'^2} \qquad \text{(II 12, 75)}$$

genügen; aus ihr erschließen wir mit Rücksicht auf (II 12, 48) und (II 12, 69) die *Passagebedingung*

$$|x_0'| \leqq b \sqrt{1 - \frac{\varphi_q}{\varphi_P}} = x'_{0,\,max}. \qquad \text{(II 12, 76)}$$

Damit die Maximalabszisse $x'_{0,\,max}$ stets reell ausfalle, haben wir das Querpotential φ_q der Einschränkung

$$\varphi_q = \varphi_0 \sin^2 \alpha \leqq \varphi_P \qquad \text{(II 12, 77)}$$

zu unterwerfen. Ist also

$$\varphi_0 \leqq \varphi_P \qquad \text{(II 12, 78)}$$

so sind alle Einfallswinkel

$$|\alpha| \leqq \alpha_{max} = \frac{\pi}{2} \qquad \text{(II 12, 79)}$$

in Rechnung zu stellen; im Falle

$$\varphi_0 \geqq \varphi_P \qquad \text{(II 12, 80)}$$

dagegen erfüllen die zulässigen Einfallswinkel nur den Bereich

$$|\alpha| \leqq \alpha_{max} = \arcsin \sqrt{\frac{\varphi_P}{\varphi_0}}. \qquad \text{(II 12, 81)}$$

Je Längeneinheit der Gitterstäbe vermag sonach lediglich der Strombelag

$$A = j\, 2\, x'_{0,max} = j\, 2\, b \int_{-\alpha_{max}}^{\alpha_{max}} \sqrt{1 - \frac{\varphi_0}{\varphi_P} \sin^2 \alpha}\; w(\alpha)\, d\alpha \qquad \text{(II 12, 82)}$$

das Tiefpaßgitter zu durchkreuzen. Wir vergleichen ihn mit dem einfallenden Strombelag je Gitterteilung

$$A_0 = j\, \tau \qquad \text{(II 12, 83)}$$

mittels des *Transmissionsmaßes*

$$T = \frac{A}{A_0} = \frac{2\,b}{\tau} \int_{-\alpha_{max}}^{\alpha_{max}} \sqrt{1 - \frac{\varphi_0}{\varphi_P} \sin^2 \alpha}\; w(\alpha)\, d\alpha. \qquad \text{(II 12, 84)}$$

In ihm beschreibt

$$T_F = \frac{2\,b}{\tau} \qquad \text{(II 12, 85)}$$

den vom Potential des Systemes diktierten „*Feldfaktor*", während der „*Richtungsfaktor*"

$$T_R = \int_{-\alpha_{max}}^{\alpha_{max}} \sqrt{1 - \frac{\varphi_0}{\varphi_P} \sin^2 \alpha}\; w(\alpha)\, d\alpha \qquad \text{(II 12, 86)}$$

durch die Vergangenheit der Elektronen bestimmt wird; wir berechnen beide Faktoren getrennt.

f) Die Strecke b mißt definitionsgemäß den Abstand desjenigen Punktes von der Führungsgeraden, in welchem das Potential φ verschwindet. Bei seiner Ermittelung beschränken wir uns der Kürze halber auf jenen symmetrischen Fall, in welchem die y-Komponente der elektrischen Feldstärke beiderseits vom Tiefpaßgitter entgegengesetzt gleichen Grenzwerten zustrebt

$$-E_+ = +E_- \equiv E. \qquad \text{(II 12, 87)}$$

Die Paßebene $y' = 0$ koinzidiert dann mit der Gitter-Trägerebene; in ihr wird das Potential φ nach (II 4, 26), (II 4, 54), (II 4, 55) und (II 12, 10) durch

$$\varphi = \overline{\varphi}_g - E\, \frac{\tau}{\pi} \sum_{n=1}^{\infty} \frac{\cos n\, 2\pi \frac{x}{\tau}}{n} = \overline{\varphi}_g - E\, \frac{\tau}{\pi} \ln \frac{1}{2 \cos \pi \frac{x'}{\tau}} \qquad \text{(II 12, 88)}$$

dargestellt. Insbesondere findet sich hieraus das Potential φ_g des Gitters $x' = \left[\frac{\tau}{2} - \varrho_0\right]$ zu

$$\varphi_g = \overline{\varphi}_g - E\,\frac{\tau}{\pi}\ln\frac{1}{2\sin\pi\frac{\varrho_0}{\tau}}. \qquad \text{(II 12, 89)}$$

Durch Elimination des Effektivpotentiales $\overline{\varphi}_g$ entsteht aus (II 12, 88) und (II 12, 89) die Relation

$$\varphi = \varphi_g - E\,\frac{\tau}{\pi}\ln\left[\frac{\sin\pi\frac{\varrho_0}{\tau}}{\cos\pi\frac{x'}{\tau}}\right], \qquad \text{(II 12, 90)}$$

so daß am Passe $[x' = 0]$ das Potential

$$\varphi_P = \varphi_g - E\,\frac{\tau}{\pi}\ln\sin\pi\frac{\varrho_0}{\tau} \qquad \text{(II 12, 91)}$$

resultiert. Wir entnehmen dieser Gleichung den Wert φ_{kr} des kritischen Gitterpotentiales

$$\varphi_{kr} = \lim_{\varphi_P \to 0}\varphi_g = -E\,\frac{\tau}{\pi}\ln\frac{1}{\sin\pi\frac{\varrho_0}{\tau}} \qquad \text{(II 12, 92)}$$

mit dessen Hilfe wir Gl. (II 12, 90) in die Gestalt

$$\varphi = \varphi_g - \varphi_{kr}\left[1 - \frac{\ln\cos\pi\frac{x'}{\tau}}{\ln\frac{1}{\sin\pi\frac{\varrho_0}{\tau}}}\right] \qquad \text{(II 12, 93)}$$

bringen können. Aus der Bedingung

$$0 = \varphi_g - \varphi_{kr}\left[1 - \frac{\ln\cos\pi\frac{b}{\tau}}{\ln\frac{1}{\sin\pi\frac{\varrho_0}{\tau}}}\right] \qquad \text{(II 12, 94)}$$

folgt somit gemäß (II 12, 85) für den Feldfaktor T_F des Transmissionsmaßes die Darstellung

$$T_F = \frac{2}{\pi}\arccos\left[\left(\sin\pi\frac{\varrho_0}{\tau}\right)^{\left(1-\frac{\varphi_g}{\varphi_{kr}}\right)}\right]. \qquad \text{(II 12, 95)}$$

Insbesondere resultiert beim Potentiale $\varphi_g = 0$ des Tiefpaßgitters der maximale Feldfaktor

$$T_{F,\max} = \frac{2}{\pi}\arccos\left(\sin\pi\frac{\varrho_0}{\tau}\right) \equiv 1 - 2\,\frac{\varrho_0}{\tau} \qquad \text{(II 12, 96)}$$

gleich dem geometrischen Verhältnis der Gitteröffnung $(\tau - 2\,\varrho_0)$ zur Gitterteilung τ. Dagegen verschwindet der Feldfaktor bei Gleichheit des Gitterpotentiales mit dem kritischen Potential

$$T_F = 0 \qquad \text{für} \qquad \varphi_g = \varphi_{kr} < 0 \qquad \text{(II 12, 97)}$$

so daß dieses Potential die *Sperrspannung* des Tiefpaßgitters gegen die Basiselektrode definiert. Abb. II 148 zeigt den Gang des Feldfaktors mit dem Gitterpotential für ein Gitter der Daten $\sin \pi \frac{\varrho_0}{\tau} = 0{,}1$.

g) Bei der Berechnung des Richtungsfaktors T_R nach (II 12, 86) beschränken wir uns der Kürze halber auf die Annahme einer Wahrscheinlichkeitsdichte $w(\alpha)$, welche durch die *Gauß*sche Verteilungsfunktion

$$w(\alpha) = K\, e^{-\frac{\pi}{4}\left(\frac{\alpha}{\alpha_0}\right)^2}; \qquad -\frac{\pi}{2} \leqq \alpha \leqq +\frac{\pi}{2} \qquad \text{(II 12, 98)}$$

beschrieben wird; in ihr bedeutet α_0 einen festen Winkel der Eigenschaft

$$\alpha_0 \ll \frac{\pi}{2} \qquad \text{(II 12, 99)}$$

während der Exponentialfaktor $\frac{\pi}{4}$ aus lediglich formalen Gründen eingeführt wurde. Die Konstante K ist gemäß (II 12, 71) aus der Normierungsbedingung

$$K \int_{-\frac{\pi}{2}}^{\frac{\pi}{2}} e^{-\frac{\pi}{4}\left(\frac{\alpha}{\alpha_0}\right)^2} d\alpha = 1 \qquad \text{(II 12, 100)}$$

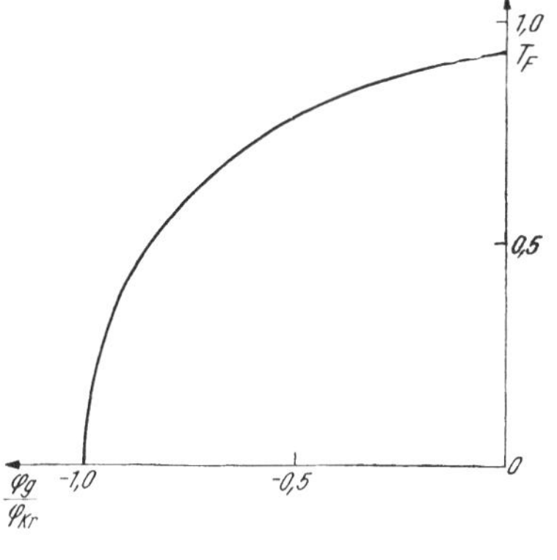

Abb. II 148. Der Feldfaktor als Funktion des Gitterpotentiales.

zu bestimmen, welche wir wegen $\alpha_0 \ll \frac{\pi}{2}$ ohne merklichen Fehler durch die analytisch einfachere Forderung

$$K \int_{-\infty}^{\infty} e^{-\frac{\pi}{4}\left(\frac{\alpha}{\alpha_0}\right)^2} d\alpha = K\, 2\,\alpha_0 = 1 \qquad \text{(II 12, 101)}$$

ersetzen dürfen; in der hierdurch angezeigten Genauigkeit wird die Wahrscheinlichkeitsdichte durch

$$w(\alpha) = \frac{1}{2\,\alpha_0}\, e^{-\frac{\pi}{4}\left(\frac{\alpha}{\alpha_0}\right)^2}; \qquad (-\infty) < \alpha < \infty \qquad \text{(II 12, 102)}$$

dargestellt, so daß im Bereiche $|\alpha| \ll \alpha_0$ alle unterschiedlich gerichteten Teilstromdichten mit der merklich gleichförmigen, quasihomogenen Dichte $\left(\frac{1}{2\,\alpha_0}\right)$ vertreten sind. Mit (II 12, 81) findet sich somit der Richtungsfaktor (II 12, 86) zu

$$T_R = \frac{1}{2\,\alpha_0} \int_{-\alpha_{max}}^{\alpha_{max}} e^{-\frac{\pi}{4}\left(\frac{\alpha}{\alpha_0}\right)^2} \sqrt{1 - \frac{\varphi_0}{\varphi_P} \sin^2 \alpha}\, d\alpha. \qquad \text{(II 12, 103)}$$

Unter abermaliger Berufung auf (II 12, 99) dürfen wir im Radikanden des Integranden das Quadrat $\sin^2\alpha$ durch α^2 ersetzen, so daß sich die Angabe (II 12, 81) in

$$|\alpha| \leqq \alpha_{\max} = \sqrt{\frac{\varphi_P}{\varphi_0}} \qquad \text{(II 12, 104)}$$

verwandelt. Führen wir jetzt das zum Winkel α_0 gehörige Querpotential

$$\varphi_{q,0} = \varphi_0 \cdot \alpha_0^2 \qquad \text{(II 12, 105)}$$

ein und substituieren

$$\frac{\varphi_0}{\varphi_P}\,\alpha^2 \equiv \frac{\varphi_{q,0}}{\varphi_P}\cdot\frac{\alpha^2}{\alpha_0^2} = \sin^2\frac{\beta}{2}; \quad -\pi \leqq \beta \leqq \pi \qquad \text{(II 12, 106)}$$

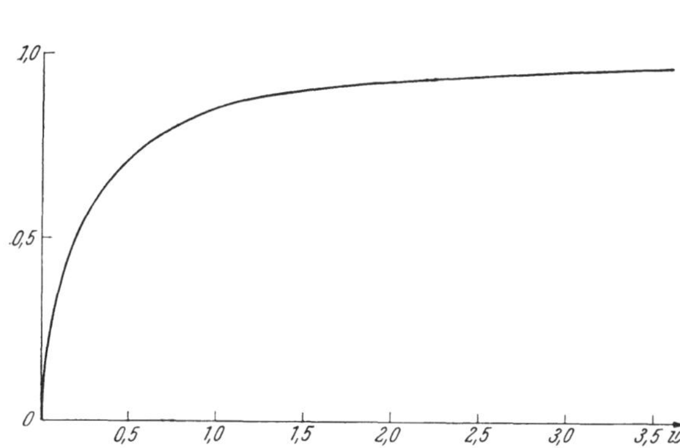

Abb. II 149. Der Richtungsfaktor T_R als Funktion des numerischen Paßpotentiales $u = u_P$.

so entsteht aus (II 12, 103)

$$T_R = \frac{1}{4}\sqrt{\frac{\varphi_P}{\varphi_{q,0}}}\int_{-\pi}^{\pi} e^{-\frac{\pi}{4}\frac{\varphi_P}{\varphi_{q,0}}\sin^2\frac{\beta}{2}}\cos^2\frac{\beta}{2}\,d\beta \equiv \qquad \text{(II 12, 107)}$$

$$\equiv \frac{1}{8}\sqrt{\frac{\varphi_P}{\varphi_{q,0}}}\,e^{-\frac{\pi}{8}\frac{\varphi_P}{\varphi_{q,0}}}\int_{-\pi}^{\pi} e^{-\frac{\pi}{8}\frac{\varphi_P}{\varphi_{q,0}}\cos\beta}(1+\cos\beta)\,d\beta.$$

Mit Hilfe der *Sommerfeld*schen Integraldarstellung der *Bessel*schen Zylinderfunktionen $I_n(i\,u)$ beziehentlich der Ordnungen $n = 0$ und $n = 1$ und des rein imaginären Argumentes $i\,u$

$$I_0(i\,u) = \frac{1}{2\pi}\int_{-\pi}^{\pi} e^{u\cos\beta}\,d\beta; \qquad I_1(i\,u) = \frac{i}{2\pi}\int_{-\pi}^{\pi} e^{u\cos\beta}\cos\beta\,d\beta \qquad \text{(II 12, 108)}$$

und der Definition

$$u_P = \frac{\pi}{8}\frac{\varphi_P}{\varphi_{q,0}} \qquad \text{(II 12, 109)}$$

des in der Einheit $\left(\frac{8}{\pi}\varphi_{q,0}\right)$ gemessenen „numerischen" Paßpotentiales geht somit (II 12, 107) in

$$T_R = T_R(u_P) = \sqrt{\frac{\pi}{2}u_P}\,e^{-u_P}\left[I_0(i\,u_P) + \frac{1}{i}I_1(i\,u_P)\right] \qquad \text{(II 12, 110)}$$

über; gemäß Abb. II 149 annulliert sich also der Richtungsfaktor T_R des Transmissionsmaßes bei verschwindendem Paßpotentiale, während er mit wachsendem Paßpotentiale gegen den sättigungsartigen Grenzwert

$$\lim_{u_P\to\infty} T_R = 1 \qquad \text{(II 12, 111)}$$

konvergiert.

Drittes Kapitel.

Mehrfach elektrisch gesteuerte Raumladungsfelder.

III 1. Klassifikation der Mehrgitter-Röhren.

a) Im Gültigkeitsbereiche der *Barkhausen*schen Röhrentheorie wird die *Güte* $\underset{\sim}{Q}$ einer verstärkenden Triode gemäß (II 2, 94) von dem Verhältnis der *Steilheit* S ihrer Anodenstrom-Kennlinie zu ihrem *Durchgriff* D bestimmt

$$\underset{\sim}{Q} = \frac{S}{D}. \qquad \text{(III 1, 1)}$$

Die Konstruktion der Mehrgitter-Röhren entspringt dem technischen Bestreben, das Qualitätsmaß $\underset{\sim}{Q}$ über jene Grenzen hinaus zu steigern, welche der Triode gegebenen Emissionsstromes durch ihre physikalischen Eigenschaften gesetzt sind.

b) Die Erfindung der sogenannten *Raumladungsgitter-Tetrode* zielt auf eine *Anodenstrom-Kennlinie* von *erhöhter Steilheit* hin.

In der ursprünglichen Konzeption dieser Röhre knüpfte ihre Konstruktion und ihre Betriebsschaltung an die *Child-Langmuir*sche Formel für den Emissionsstrom J_e einer Zylinderdiode in deren Raumladungsgebiet an: Es sei l die achsiale Länge der Röhre, r_k der Halbmesser ihrer Kathode und $r_a > r_k$ ihr Anodenhalbmesser. Bezeichnet dann $\varphi_{min} < 0$ die strombegrenzende Potentialschwelle an der virtuellen Kathode vom Halbmesser r_k^*, welche im Interelektrodenraum gelegen ist, und $\varphi_a > 0$ das Potential der Anode gegen die Kathode des einheitlichen Basispotentiales $\varphi_k = 0$, so wird der Emissionsstrom hinreichend genau durch die Formel

$$J_e = \frac{4}{q} \frac{2\pi\, l \sqrt{2\frac{q_0}{m_0}}}{\beta_a^2} \frac{1}{r_a} (\varphi_a - \varphi_{min})^{3/2} \qquad \text{(III 1, 2)}$$

dargestellt, in welcher die durch Gl. (I 3, 81) definierte Funktion

$$\beta_a^2 = \beta_a^2 \left(\frac{r_k^*}{r_a}\right) \qquad \text{(III 1, 3)}$$

gemäß Abb. III 150 mit $\frac{r_k^*}{r_a} \to 1$ nach Null konvergiert. Im Lichte dieses Sachverhaltes hat man eine Verbesserung der Arbeitseigenschaften der Röhre im Sinne einer erhöhten Steilheit der Emissionsstrom-Kennlinie zu erwarten, falls es gelingt, durch *Vergrößerung des virtuellen Kathodenhalbmessers* r_k^* die vordem hoch konzentrierte Raumladung zu zerstreuen. Der Erfinder der Raumladungsgitter-Tetrode glaubte dieses Ziel zu erreichen, indem er das kathodennahe Gitter 1 mit einer zwar nicht zu hohen, doch definit positiven, festen Spannung

$$\varphi_1 > 0 = \text{const.} \qquad \text{(III 1, 4)}$$

relativ zur Kathode erregte; dagegen wurde dem anodennahen Gitter 2 entsprechend Abb. III 151 die Rolle des Steuergitters zugewiesen, dessen Potential φ_2 als Funktion der laufenden Zeit t beliebig vorgeschrieben werden darf

$$\varphi_2 = \varphi_2(t). \tag{III 1, 5}$$

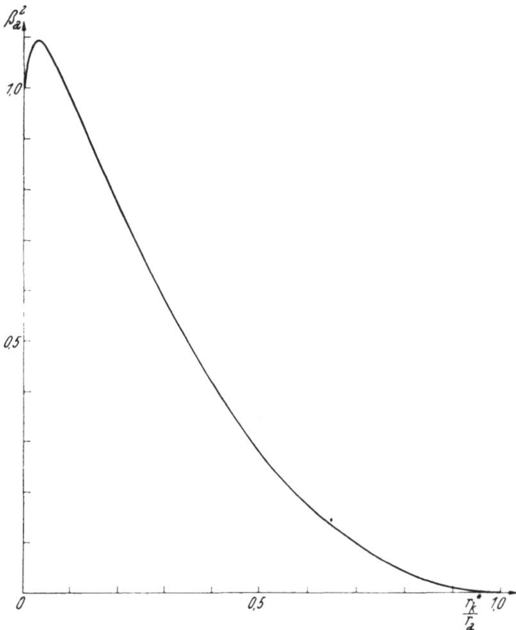

Abb. III 150. Zylinderdiode. Die Funktion β_a^2 in Abhängigkeit vom Verhältnis des virtuellen Kathodenhalbmessers r_k zum Anodenhalbmesser $r_a > r_k$.

Im Sinne dieser Konzeption sollte also der Trägerzylinder $r = r_1$ des „Raumladungsgitters" 1 als virtuelle Kathode arbeiten, welche die Elektronen durch das Steuergitter 2 zur Anode hin entsendet.

Ungeachtet des zunächst so einleuchtenden Grundgedankens der genannten Vorstellung hält sie doch der Kritik nicht stand: Wir beschränken uns der Kürze halber durch die Voraussetzung

$$\varphi_2 \leqq 0 \tag{III 1, 6}$$

auf den Betrieb der Tetrode als *Verstärker* und vergleichen den dann im Raumladungsgebiete des Emissionsstromes J_e resultierenden Steuermechanismus mit jenem einer verstärkenden Triode vom Gitterpotentiale

$$\varphi_g \leqq 0. \tag{III 1, 7}$$

Abb. III 151. Prinzipschaltung der Raumladungsgitter-Tetrode.

Während nun die Elektronen nach ihrem Start aus der virtuellen Kathode $r = r_k^*$ der Triode durch das notwendig positive Effektivpotential $\overline{\varphi}_g$ des Gitters beschleunigt werden — denn andernfalls würde ja die Röhre nicht im *Child-Langmuir*schen Raumladungsgebiete arbeiten, wie doch oben vorausgesetzt wurde —, bildet das Steuergitter der Tetrode in der Regel einen *Tiefpaß* zwischen den Zylinderflächen $r = r_1$ des Effektivpotentiales

$\overline{\varphi}_1 > 0$ und $r = r_a$ des Anodenpotentiales $\varphi_a > 0$. Auf Grund dieser Erkenntnis läßt sich die frühere Annahme der funktionellen Äquivalenz zwischen der Triode und der Raumladungsgitter-Tetrode nicht aufrecht erhalten: Die Tetrode wird wesentlich durch die unterschiedliche Aufteilung ihres jeweils der virtuellen Kathode entnommenen Gesamtstromes J_e auf den Anodenstrom J_a und den Strom J_1 des Raumladungsgitters geregelt, während in der Triode der unverzweigte Gesamtstrom $J_a = J_e$ durch Einflußnahme auf die Tiefe $\varphi_{min} < 0$ der Potentialschwelle in der virtuellen Kathode gesteuert wird.

Erfahrungsgemäß fällt die Güte der Raumladungsgitter-Tetrode ungeachtet des größeren konstruktiven Aufwandes nicht merklich höher aus als die Güte einer Triode gleichen Emissionsstromes, so daß die Hoffnungen, welche in dieser Hinsicht an die Erfindung der Raumladungsgitter-Tetrode geknüpft wurden, nicht in Erfüllung gegangen sind. Dagegen kommt die Raumladungsgitter-Tetrode in der Regel mit erheblich *kleineren Betriebs-Gleichspannungen* aus als die ihr gütemäßig ebenbürtige Triode, so daß diese Tetrode als ausgesprochene *Niederspannungsröhre* der Triode überlegen ist.

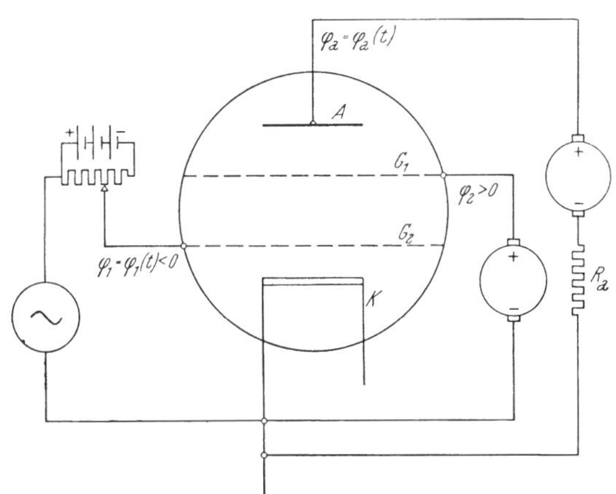

Abb. III 152. Schaltung der Schirmgitter-Tetrode.

c) Nachdem sich gezeigt hat, daß die Steilheit einer Triodenkennlinie durch den Einbau des zusätzlichen Raumladungsgitters nicht wesentlich erhöht werden kann, wird man versuchen, das Qualitätsmaß Q einer solchen Röhre gemäß (III 1, 1) durch *Verkleinern des Durchgriffes* D ihrer Anode durch das Steuergitter zu steigern. Um diesen Gedanken zu realisieren, trennen wir jene Elektroden durch einen *Faraday*schen Käfig voneinander, welcher zwar den Großteil der einfallenden Elektronen widerstandsfrei passieren läßt, gleichzeitig jedoch die genetisch der Anodenladung verbundenen Ladungen nahezu vollständig abfängt: Wir sind zur *Schirmgitter-Tetrode* nach Abb. III 152 gelangt. Das kathodennahe Gitter 1 führt als Steuergitter das zeitabhängige Potential

$$\varphi_1 = \varphi_1(t), \qquad \text{(III 1, 8)}$$

während das anodennahe Gitter 2 als Schirmgitter durch das feste, positive Potential

$$\varphi_2 > 0 = \text{const.} \qquad \text{(III 1, 9)}$$

erregt wird. Zufolge der Belastung des Anodenkreises durch einen Verbraucher zieht die Potentialänderung (III 1, 8) des Steuergitters in der Regel eine Schwankung des Anodenpotentiales φ_a nach sich; doch sei weiterhin stets

$$\varphi_a > 0 \qquad \text{(III 1, 10)}$$

vorausgesetzt. Man sollte dann erwarten, daß sich der aus der virtuellen Kathode der Röhre jeweils entnommene Emissionsstrom J_e nach Maßgabe des Potentialverhältnisses $\frac{\varphi_a}{\varphi_2}$ in den Anodenstrom J_a und den Strom J_2 des Schirmgitters aufspaltet. Der Versuch bestätigt diese Erwartung jedoch nur im Arbeitsbereich so niedriger Potentiale φ_a der Anode und φ_2 des Schirmgitters, daß die Energie der in diese Elektroden eindringenden Primärelektronen zur Befreiung einer merklichen Zahl von Sekundärelektronen nicht ausreicht. Erst bei fortgesetzter Steigerung dieser Potentiale beginnen die je betroffenen Metalle *Sekundärelektronen* zu emittieren, deren interelektrodische *Ausgleichsströme* sich der Konvektion der Primärelektronen überlagern. Die an den Elektroden resultierenden Ströme können daher gemäß Abb. III 153 von den beziehentlichen Anteilen allein des Primärstromes so stark abweichen, daß nicht allein im Felde der Strom-Potentialkennlinien *fallende Kurventeile* auftreten, sondern sich sogar die *Stromrichtung* umkehrt. Tetroden dieser Art werden als *Dynatronröhren* bezeichnet. In den Gebieten fallender Strom-Potentialkennlinien erscheinen die Dynatronröhren wegen des dort auftretenden negativen Differentialwiderstandes zur *Anfachung äußerer Schwingungskreise* geradezu prädestiniert; da sich jedoch die physikalisch entscheidenden Faktoren der Sekundäremission an den Elektrodenoberflächen technologisch nur schwer kontrollieren lassen, streuen selbst einheitlich konstruierte und hergestellte Dynatronröhren in ihren phänomenologischen Arbeitseigenschaften erheblich, so daß man jene Methode der Schwingungserzeugung wohl kaum mehr anwendet.

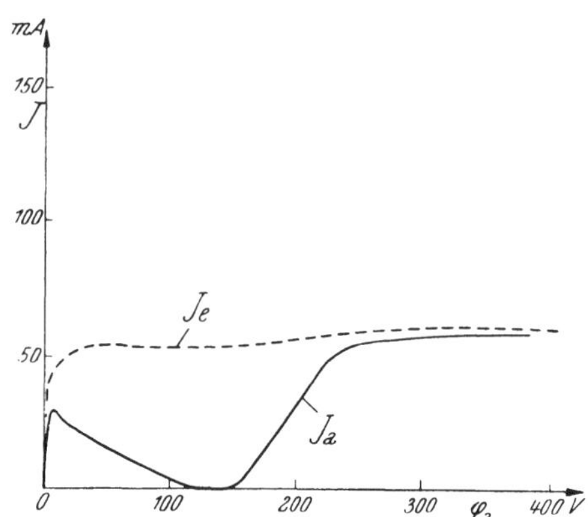

Abb. III 153. Emissionsstrom und Anodenstrom einer Schirmgitter-Tetrode als Funktion des Anodenpotentiales.

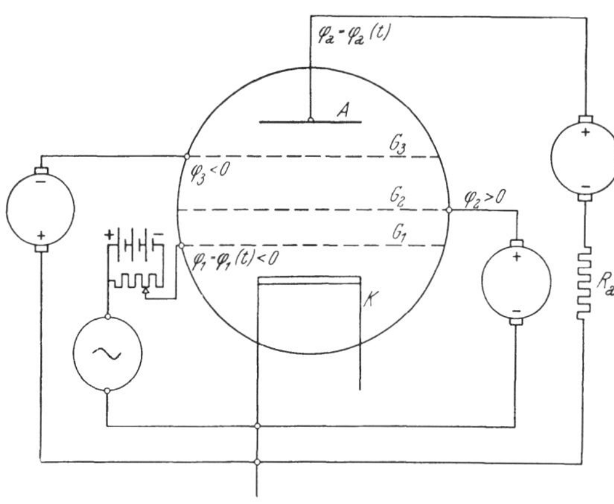

Abb. III 154. Prinzipschaltbild der Pentode.

d) Will man den Dynatron-Effekt in der Schirmgitter-Tetrode vermeiden, so muß man den Austausch der Sekundärelektronen von Elektrode zu Elektrode zu unterdrücken suchen. Diesem Wunsche entsprang die Erfindung der *Pentode*: Zwischen das Schirmgitter der Tetrode und ihre Anode wird entsprechend Abb. III 154 ein drittes Gitter eingeführt; sein Potential φ_3 wird so gewählt, daß das Effektivpotential $\overline{\varphi}_3$ der Trägerfläche dieses Zusatzgitters gleichzeitig unterhalb des Effektivpotentiales $\overline{\varphi}_2$ der Schirmgitter-Trägerfläche

$$\overline{\varphi}_3 < \overline{\varphi}_2 \quad \text{(III 1, 11)}$$

und unterhalb des Anodenpotentiales bleibt

$$\overline{\varphi}_3 < \varphi_a. \quad \text{(III 1, 12)}$$

Zufolge ihrer geringen Emissionsgeschwindigkeit können dann die Sekundärelektronen weder des Schirmgitters noch der Anode gegen das Zwischengitter anlaufen, so daß dieses in der Tat den interelektrodischen Austausch integraler Sekundärelektronen-Ströme unterdrückt. Erregt man daher das kathodennahe Gitter 1 als Steuergitter mit dem zeitabhängigen Potential

$$\varphi_1 = \varphi_1(t) \quad \text{(III 1, 13)}$$

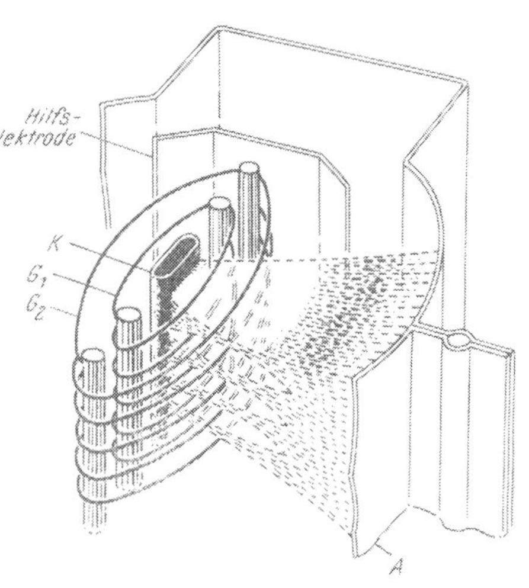

Abb. III 155. Strahltetrode.

so sollte man vermeinen, daß die Pentode in ihren Verstärkereigenschaften einer Triode gleicher Steilheit der Anodenstrom-Kennlinie und extrem kleinen Durchgriffes äquivalent sei. Doch trifft diese Ansicht nur für das elektrostatische Feld der verglichenen Röhren zu, nicht jedoch für deren innere Elektronik. Denn da die Primärelektronen in der Pentode auf ihrem Wege zur Anode die Zone des Gitters 3 zu durchqueren haben, welches zwischen dem Schirmgitter und der Anode einen Tiefpaß bildet, gelangt in der Regel nur ein Teil von ihnen zur Anode, während der Rest zum Schirmgitter hin reflektiert wird; es zeigt sich, daß dieser Verteilungsvorgang den inneren Widerstand der Röhre und damit ihre Güte wesentlich herabsetzt.

e) Beim prüfenden Rückblick auf die Entwicklung der Pentode aus der Schirmgitter-Tetrode offenbart sich die Einfügung der Potentialschicht, welche die Sekundärelektronen je zu ihren Mutterelektroden zurücktreibt, als schöpferischer Kern des Erfindungsgedankens. Statt nun diese Wirkung durch das aufgeprägte Potential φ_3 der Zwischengitterstäbe sozusagen grobmechanisch zu erzwingen, gelangt man zu dem nämlichen Ziele auf rein elektrischem Wege, indem man die Raumladung der bewegten Primärelektronen zum Aufbau jener Potentialschicht heranzieht. In der Tat zeigten wir in Ziffer I 5, daß in der Elektronenströmung zwischen einem „Gitter" von positivem Effektivpotential seiner ebenen Trägerfläche und der ihr parallelebenen Anode gleichfalls positiven Potentiales gegen die Kathode durch passende Wahl der elektrischen und geometrischen Daten dieses Systemes ein stationäres elektrisches Feld der gewünschten Eigenschaften erzeugt werden kann. Im Lichte dieser Erkenntnis gelangt man von der zylindrischen Schirmgitter-Tetrode durch bloße Verformung der Elektroden-Konfiguration zu einem völlig neuen Röhrentyp: Der *Strahltetrode* nach Abb. III 155, in welcher die Primärelektronen nach Passage des Schirmgitters zu einem wesentlich geradlinig fortschreitenden, querhomogenen Konvektionsstrom gebündelt werden. Um allerdings der Selbstdispersion dieses Kathodenstrahles entgegenzutreten, muß man an seinen Flanken je eine konzentrierende Hilfselektrode anbringen; man kann daher zweifelhaft sein, ob die Bezeichnung dieser Röhre als Tetrode berechtigt ist, oder ob man sie terminologisch besser den Pentoden zurechnet.

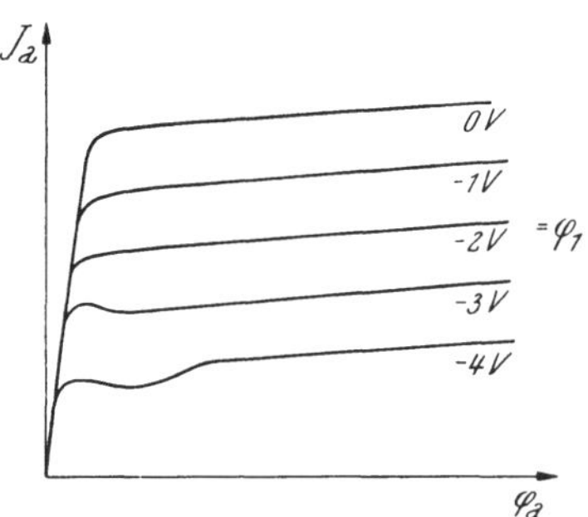

Abb. III 156. Kennlinienfeld der Strahltetrode.

Im Gegensatz zu dem Potential φ_3, welches man nach freier Wahl den Gitterstäben der Pentode aufzwingen kann, ist die Höhe des sozusagen als sein funktioneller Ersatz dienenden Minimumpotentiales zwischen dem Schirmgitter der Strahltetrode und ihrer Anode mit der jeweiligen Stärke J_a des Anodenstromes genetisch verbunden; insbesondere muß man daher im Gebiete schwacher Anodenströme merkliche Sekundärelektronenströme in Kauf nehmen, welche dort durch ihren Verkehr von einer Elektrode zur anderen dem Kennlinienfelde nach Abb. III 156 gewisse dynatronartige Züge einprägen.

f) Durch die bisher genannten Typen der Tetroden und Pentoden sind die grundsätzlich an die *Barkhausen*sche Theorie der Triode anschließenden Möglichkeiten zur Verbesserung der Röhrenqualität erschöpft. Nichtsdestoweniger steht dem Konstrukteur der Elektronenröhren der Weg zur Einführung beliebig vieler zusätzlicher Elektroden von gitterartiger oder plattenförmiger Struktur offen. Unter den häufig benutzten Röhren der modernen Elektronik seien *Hexoden* mit vier Gittern, *Heptoden* mit fünf Gittern und *Oktoden* mit sechs Gittern hervorgehoben; zu ihnen gesellt sich eine große Zahl *zusammengesetzter Röhren*, in welchen eine Glühkathode als einheitliche Elektronenquelle mehrere sonst unabhängige Konvektionsströmungen speist. Der Einsatz dieser Vielgitter- und Kombinationsröhren entspringt jedoch nicht so sehr dem Streben nach einer weiteren Qualitätssteigerung des Elektronenpfades, sondern vorwiegend dem Bedürfnis nach einer erhöhten Steuermöglichkeit der jeweils von diesen Röhren kontrollierten Stromkreise. Da die Theorie dieser Geräte mehr der äußeren als der inneren Elektronik angehört, werden wir sie weiterhin nicht behandeln, sondern dürfen uns auf die Untersuchung der Tetroden und Pentoden beschränken. Im Gegensatz zu der historischen Entwicklung dieser Röhren, der wir im wesentlichen in der voranstehenden, klassifizierenden Übersicht gefolgt sind, erweist sich vom Standpunkte der Theorie die Pentode als das einfachste Entladungssystem, so daß wir mit der Analyse ihrer Eigenschaften beginnen werden.

III 2. Elektrostatik der Stab-Mehrgitterröhren.

a) Wir beschäftigen uns in diesem Abschnitt mit dem elektrostatischen Felde einer homogenen Zylinder-Pentode der achsialen Länge l. Nach Abb. III 157 koinzidiere die aktive Oberfläche ihrer Glühkathode mit dem Kreiszylinder des Halbmessers r_k; sie werde von dem konzentrisch zu ihrer Achse justierten Anodenzylinder vom Halbmesser $r_a > r_k$ umschlossen. Die drei zwischen Kathode und Anode angeordneten Gitter werden, ohne Bezugnahme auf ihre jeweilige Aufgabe in der arbeitenden Röhre, von der Kathode zur Anode fortschreitend mit den Indizes $j = 1, 2, 3$ durchnumeriert. Diese Gitter sind je aus n_j Runddrähten des Halbmessers ϱ_j aufgebaut, deren parallel der Röhrenachse ausgerichtete Achsen auf dem Trägerzylinder des Halbmessers r_j gleichmäßig verteilt sind. Die beschriebene Geometrie des Elektrodensystemes zieht die Konstruktionsvorschrift

$$r_k < r_1 < r_2 < r_3 < r_a \tag{III 2, 1}$$

nach sich, welche wir durch die Angaben

$$\varrho_1 \ll r_1; \quad \varrho_2 \ll r_2; \quad \varrho_3 \ll r_3 \tag{III 2, 2}$$

und

$$n_1 \gg 1; \quad n_2 \gg 1; \quad n_3 \gg 1 \tag{III 2, 3}$$

ergänzen.

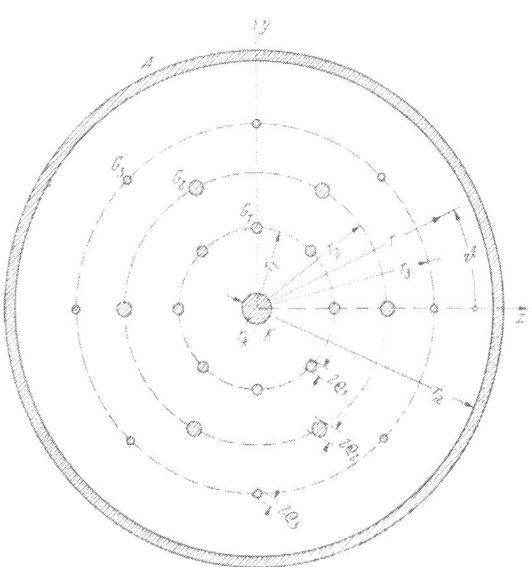

Abb. III 157. Zylindrische Stab-Pentode.

b) Wir wählen die Kathode als Basis des in der Pentode herrschenden elektrischen Skalarpotentiales φ

$$\varphi = \varphi_k = 0 \quad \text{auf der Kathode.} \tag{III 2, 4}$$

Als gegeben gelten die Potentiale beziehentlich der drei Gitter

$$\varphi = \varphi_j \qquad \text{auf dem Gitter } j = 1, 2, 3 \tag{III 2, 5}$$

und das Anodenpotential

$$\varphi = \varphi_a \qquad \text{auf der Anode.} \tag{III 2, 6}$$

Gesucht wird die dann resultierende Ladung Q_k der Kathode.

Aus der Linearität der *Laplace*schen Gleichung folgt sogleich, daß die Ladung Q_k gewiß durch eine lineare, homogene Funktion der genannten Potentiale dargestellt wird, welche wir mit Hilfe der vier zunächst noch unbekannten Kapazitätskoeffizienten $\varkappa_1$, $\varkappa_2$, $\varkappa_3$ und $\varkappa_a$ in der Form

$$Q_k = \varkappa_1 \varphi_1 + \varkappa_2 \varphi_2 + \varkappa_3 \varphi_3 + \varkappa_a \varphi_a \tag{III 2, 7}$$

ansetzen. Um ihre Konstanten zu ermitteln, verwandeln wir die Pentode vorübergehend durch Parallelschaltung je zweier Gitter zur Anode in eine Triode der in Ziffer II 3 allgemein untersuchten Art; wir haben drei verschiedene solcher Kombinationen zu untersuchen:

I. Durch die Wahl

$$\varphi_1 \to \varphi_{1,\mathrm{I}}; \qquad \varphi_2 = \varphi_3 \to \varphi_{a,\mathrm{I}} \tag{III 2, 8}$$

wird das Gitter 1 zum Steuergitter der Triode. Sei A_1 ihre natürliche Längeneinheit und G_1 ihre numerische Vergitterung, so finden wir also mit

Hilfe der sogenannten Dielektrizitätskonstanten Δ des leeren Raumes aus (II 3, 53) und (III 2, 7) die Kathodenladung

$$Q_{k,\mathrm{I}} = -\frac{2\pi l \Delta}{\ln \frac{A_1}{r_k}} [G_1 \varphi_{1,\mathrm{I}} + (1 - G_1) \varphi_{a,\mathrm{I}}]. \qquad \text{(III 2, 9)}$$

II. Bei

$$\varphi_2 \to \varphi_{2,\mathrm{II}}; \qquad \varphi_1 = \varphi_3 \to \varphi_{a,\mathrm{II}} \qquad \text{(III 2, 10)}$$

wird das Gitter 2 zum Steuergitter einer Triode von der natürlichen Längeneinheit A_2 und der numerischen Vergitterung G_2, so daß sich auf der Kathodenoberfläche die Ladung

$$Q_{k,\mathrm{II}} = -\frac{2\pi l \Delta}{\ln \frac{A_2}{r_k}} [G_2 \varphi_{2,\mathrm{II}} + (1 - G_2) \varphi_{a,\mathrm{II}}] \qquad \text{(III 2, 11)}$$

ansammelt.

III. Im Falle

$$\varphi_3 \to \varphi_{3,\mathrm{III}}; \qquad \varphi_1 = \varphi_2 \to \varphi_{a,\mathrm{III}} \qquad \text{(III 2, 12)}$$

übernimmt das Gitter 3 die Rolle des Steuergitters einer Triode von der natürlichen Längeneinheit A_3 und der numerischen Vergitterung G_3; auf der Kathodenoberfläche wird die Ladung

$$Q_{k,\mathrm{III}} = -\frac{2\pi l \Delta}{\ln \frac{A_3}{r_k}} [G_3 \varphi_{3,\mathrm{III}} + (1 - G_3) \varphi_{a,\mathrm{III}}] \qquad \text{(III 2, 13)}$$

gebunden.

Die natürliche Längeneinheit A_j jeder Triode geht nun gemäß (II 3, 43) aus der jeweils zuständigen *Green*schen Funktion ψ hervor, die ihrerseits lediglich von der geometrischen Konfiguration der Elektroden, nicht jedoch von deren Potentialen abhängt. Daher verschmelzen die bisher formal unterschiedenen Maßstäbe A_j in die einheitliche Länge A

$$A_1 = A_2 = A_3 \equiv A. \qquad \text{(III 2, 14)}$$

Unter erneuter Berufung auf die Linearität der *Laplace*schen Gleichung resultieren aus der Überlagerung von (III 2, 8), (III 2, 10) und (III 2, 12) die Gitterpotentiale

$$\varphi_1 = \varphi_{1,\mathrm{I}} + \varphi_{a,\mathrm{II}} + \varphi_{a,\mathrm{III}}, \qquad \text{(III 2, 15)}$$

$$\varphi_2 = \varphi_{a,\mathrm{I}} + \varphi_{2,\mathrm{II}} + \varphi_{a,\mathrm{III}}, \qquad \text{(III 2, 16)}$$

$$\varphi_3 = \varphi_{a,\mathrm{I}} + \varphi_{a,\mathrm{II}} + \varphi_{3,\mathrm{III}} \qquad \text{(III 2, 17)}$$

und das Anodenpotential

$$\varphi_a = \varphi_{a,\mathrm{I}} + \varphi_{a,\mathrm{II}} + \varphi_{a,\mathrm{III}}. \qquad \text{(III 2, 18)}$$

Durch Addition von (III 2, 9), (III 2, 11) und (III 2, 13) gelangen wir daher mit Rücksicht auf (III 2, 14) für die Kathodenladung Q_k der beliebig gespannten Pentode zu der Darstellung

$$Q_k = Q_{k,\mathrm{I}} + Q_{k,\mathrm{II}} + Q_{k,\mathrm{III}} =$$

$$= -\frac{2\pi l \Delta}{\ln \frac{A}{r_k}} [G_1 \varphi_1 + G_2 \varphi_2 + G_3 \varphi_3 + \{1 - (G_1 + G_2 + G_3)\} \varphi_a], \qquad \text{(III 2, 19)}$$

welche die Kapazitätskoeffizienten der Gleichung (III 2, 7) auf die Daten der Röhre zurückführt.

c) Wir vergleichen die vorgelegte Pentode mit einer Zylinder-Diode, welche bei identischen Abmessungen ihrer Kathode mit einer konzentrisch zu dieser angeordneten Anode vom Halbmesser A ausgerüstet ist. Beide Röhren führen die nämliche Kathodenladung, falls man der Anode der Vergleichsdiode relativ zu ihrer Kathode das natürliche Steuerpotential

$$\varphi_{st} = G_1 \varphi_1 + G_2 \varphi_2 + G_3 \varphi_3 + \{1 - (G_1 + G_2 + G_3)\} \varphi_a \qquad \text{(III 2, 20)}$$

erteilt. Im Rahmen der *Barkhausen*schen Theorie der Elektronenröhren gleicht dann der Emissionsstrom der Pentode jenem der Diode, falls bei identischen Arbeitsbedingungen beider Kathoden das Anodenpotential der Diode mit dem natürlichen Steuerpotential der Pentode übereinstimmt.

Wir wenden diesen Satz auf die wichtigste Betriebsweise der Pentode an: Das Gitter 1 dient als Steuergitter, dessen Potential φ_1 um $\Delta \varphi_1$ schwanke, während die Potentiale φ_2 und φ_3 beziehentlich der Gitter 2 und 3 festgehalten werden mögen. Sei dann $\Delta \varphi_a$ die gleichzeitige Änderung des Anodenpotentiales und $\Delta \varphi_{st}$ jene des natürlichen Steuerpotentiales, so folgt aus (III 2, 20) die Relation

$$\Delta \varphi_{st} = G_1 \Delta \varphi_1 + \{1 - (G_1 + G_2 + G_3)\} \Delta \varphi_a \equiv$$

$$\equiv G_1 \left[\Delta \varphi_1 + \frac{1 - (G_1 + G_2 + G_3)}{G_1} \Delta \varphi_a.\right] \qquad \text{(III 2, 21)}$$

Definieren wir also

$$D_1 = \frac{1 - (G_1 + G_2 + G_3)}{G_1} \qquad \text{(III 2, 22)}$$

als *Durchgriff* der Anode durch das Gitter 1, so entnimmt man aus (III 2, 21) die einfache Aussage

$$\Delta \varphi_{st} = G_1 [\Delta \varphi_1 + D_1 \Delta \varphi_a]. \qquad \text{(III 2, 23)}$$

Zufolge ihrer formalen Analogie mit der entsprechenden Arbeitsgleichung der Triode könnte man versucht sein, den Grenzwert

$$\lim_{\Delta \varphi_{st} \to 0} \left(-\frac{\Delta \varphi_a}{\Delta \varphi_1}\right) = \frac{1}{D_1} \qquad \text{(III 2, 24)}$$

als Maß der Spannungsverstärkung zu interpretieren, welche durch die Pentode bei negativer Vorspannung ihres Steuergitters $[\varphi_1 < 0]$ im Falle verschwindender Schwankung ΔJ_a ihres Anodenstromes J_a bewirkt werden kann. Doch ist dieser Schluß irrig. Denn unter sonst gleichen Umständen stimmt zwar der Anodenstrom J_a der Triode merklich mit deren Emissionsstrom J_e überein, so daß man die Bedingung $\Delta J_a = 0$ in der Tat durch die Betriebsvorschrift $\Delta \varphi_{st} \to 0$ erfüllt. Anders bei der Pentode: Ihr Emissionsstrom J_e verteilt sich nach Maßgabe der gleichzeitigen Einzelwerte der Elektrodenpotentiale auf die jeweils positiven Gitter und die Anode, so daß selbst bei festgehaltenem Steuerpotentiale φ_{st} doch die Änderung seiner Komponenten φ_1 und φ_a in der Regel eine Schwankung ΔJ_a des Anodenstromes J_a nach sich zieht. Ungeachtet dieser Dialektik, welche die unmittelbare Verwendung der Gleichung (III 2, 24) zur Berechnung der Verstärkungsziffer der Pentode ausschließt, wird sich doch später der Durchgriff D_1 als fundamentale Röhrenkonstante erweisen, welche als solche in die Kennziffern der Pentode eingeht.

d) Wir orientieren uns innerhalb der Pentode an Hand eines rechtshändigen Bezugssystemes der *Kartesi*schen Koordinaten x, y, z; sein Ursprung koinzidiere mit dem Zentrum der Kathode, seine z-Achse wird mit der Röhrenachse identifiziert.

Unter Vernachlässigung von Randeffekten reduziert sich das Potential φ im Innern der Pentode auf eine nur von x und y abhängige Funktion

$$\varphi = \varphi(x, y); \qquad -\frac{1}{2} l < z < \frac{2}{1} l. \qquad \text{(III 2, 25)}$$

Wir ergänzen sie innerhalb des gleichen Bereiches durch die Stromfunktion

$$\sigma = \sigma(x, y) \qquad \text{(III 2, 26)}$$

zum komplexen Potential

$$\chi = \varphi + i\,\sigma, \qquad \text{(III 2, 27)}$$

welches als solches eine mit Ausnahme singulärer Punkte analytische Funktion der *Gauß*schen Koordinate

$$w = x + i\,y \qquad \text{(III 2, 28)}$$

definiert.

Obwohl sich jedes der drei Gitter $j = 1, 2, 3$ für sich durch seine beziehentlich n_j-zählige geometrische Symmetrie um die Röhrenachse auszeichnet, kann man eine ähnliche Eigenschaft der Pentode als ganzes nur dann zuschreiben, falls die Gitterdrahtzahlen n_j einen von der Einheit verschiedenen gemeinsamen Teiler aufweisen; und nur dann zieht die bauliche Symmetrie der Gitter eine elektrische Symmetrie der Ladungsverteilung auf die individuellen Stäbe je eines Gitters nach sich. Um uns jedoch von dem beschränkenden Zwange solcher verkoppelter Gitterdrahtzahlen zu befreien und zu allgemein gültigen Ergebnissen aufzusteigen, fassen wir die Angaben (III 2, 1), (III 2, 2) und (III 2, 3) zu den verschärfenden Vorschriften

$$\frac{n_1\,\varrho_1}{2\pi\,r_1} \ll \frac{2\pi\,r_1}{n_1(r_2 - r_k)} \ll 1, \qquad \text{(III 2, 29)}$$

$$\frac{n_2\,\varrho_2}{2\pi\,r_2} \ll \frac{2\pi\,r_2}{n_2(r_3 - r_1)} \ll 1, \qquad \text{(III 2, 30)}$$

$$\frac{n_3\,\varrho_3}{2\pi\,r_3} \ll \frac{2\pi\,r_3}{n_3(r_a - r_2)} \ll 1 \qquad \text{(III 2, 31)}$$

zusammen; sie führen innerhalb jedes Einzelgitters auf eine merklich gleichförmige Verteilung der elektrischen Ladung auf dessen n_j Stäbe, so daß auf jeden von ihnen je Längeneinheit der Ladungsbelag λ_j entfällt. Vorbehaltlich des späteren Beweises dieser Behauptung resultiert dann die Potentialfunktion φ der Pentode als Summe folgender vier Partikular-Integrale der *Laplace*schen Gleichung:

1. Die drei Gitterfunktionen $\varphi^{(j)}$, welche genetisch je dem System der n_j Stabladungsbeläge λ_j verknüpft sind; wir unterwerfen sie der Randbedingung

$$\varphi^{(j)} = 0 \qquad \text{für} \qquad r = r_a. \qquad \text{(III 2, 32)}$$

2. Die Anodenfunktion $\varphi^{(a)}$ befriedige die Randbedingungen

$$\varphi^{(a)} = \varphi_a \qquad \text{für} \qquad r = r_a \qquad \text{(III 2, 33)}$$

und

$$\varphi^{(a)} = -\lim_{r_k \to 0} \sum_{j=1}^{3} \varphi^{(j)} \qquad \text{für} \qquad r = r_k. \qquad \text{(III 2, 34)}$$

Die analytische Gestalt der Gitterfunktionen ist uns bereits aus Ziffer II 9 bekannt: Wie dort möge die x-Achse so gelegt werden, daß sie durch das Zentrum eines dem Gitter j angehörigen Drahtes verlaufe, so daß in der Relation

$$w = r\, e^{i\vartheta} \qquad \text{(III 2, 35)}$$

r die Radialdistanz des Aufpunktes w und ϑ sein Azimut messe. Durch komplexe Verallgemeinerung der Gl. (III 2, 9) findet sich dann, falls wir die hier benutzten Bezeichnungen vorübergehend mit den früheren vertauschen $[\lambda_j \to \lambda;\ n_j \to n;\ r_j \to r_g;\ \varrho_j \to \varrho_0]$, das komplexe Gitterpotential $\chi^{(j)} \to \chi$ zu

$$\chi = \frac{\lambda}{2\pi\Delta} \ln \left(\frac{r_g}{r_a}\right)^n \frac{w^n - \dfrac{r_a^2}{r_g}}{w^n - r_g^n}. \qquad \text{(III 2, 36)}$$

Um aus ihm zunächst das reelle Potential φ_g der Gitterdrähte selbst zu entnehmen, haben wir den Aufpunkt w mit

$$\left.\begin{array}{l} w = r_g\, e^{i\vartheta_g} + \varrho_0\, e^{i\alpha} \\ \vartheta_g = 0;\quad \dfrac{2\pi}{n};\quad \dfrac{4\pi}{n};\quad \ldots;\quad \dfrac{2\pi(n-1)}{n} \qquad 0 \leqq \alpha < 2\pi \end{array}\right\} \qquad \text{(III 2, 37)}$$

zu identifizieren und erhalten mit Rücksicht auf (II 2, 2) in ausreichender Genauigkeit

$$\varphi_g = \frac{\lambda}{2\pi\Delta} \ln \frac{\left(\dfrac{r_a}{r_g}\right)^n - \left(\dfrac{r_g}{r_a}\right)^n}{n\,\dfrac{\varrho_0}{r_g}}. \qquad \text{(III 2, 38)}$$

Dagegen finden wir aus (III 2, 36) durch Abspalten des Realteiles die *Fourier*schen Reihen

$$\varphi = \frac{\lambda}{2\pi\Delta}\left[\ln\left(\frac{r_a}{r_g}\right)^n + \left(\frac{r}{r_a}\right)^n \left\{\left(\frac{r_a}{r_g}\right)^n - \left(\frac{r_g}{r_a}\right)^n\right\} \cos n\vartheta + \right.$$
$$\left. + \frac{1}{2}\left(\frac{r}{r_a}\right)^{2n} \left\{\left(\frac{r_a}{r_g}\right)^{2n} - \left(\frac{r_g}{r_a}\right)^{2n}\right\} \cos 2n\vartheta + \ldots\right]; \qquad 0 \leqq r < r_g \qquad \text{(III 2, 39)}$$

und

$$\varphi = \frac{\lambda}{2\pi\Delta}\left[\ln\left(\frac{r_a}{r}\right)^n + \left(\frac{r_g}{r_a}\right)^n \left\{\left(\frac{r_a}{r}\right)^n - \left(\frac{r}{r_a}\right)^n\right\} \cos n\vartheta + \right.$$
$$\left. + \frac{1}{2}\left(\frac{r_g}{r_a}\right)^{2n} \left\{\left(\frac{r_a}{r}\right)^{2n} - \left(\frac{r}{r_a}\right)^{2n}\right\} \cos 2n\vartheta + \ldots\right]; \qquad r_g < r \leqq r_a. \qquad \text{(III 2, 40)}$$

Sie enthalten den Beweis der früher behaupteten Quasi-Symmetrie des Elektrodensystemes; denn wegen $n \gg 1$ konvergieren diese Reihen überaus rasch mit wachsendem radialen Abstand des Aufpunktes vom Trägerzylinder $r = r_g$ des Gitters: Im Bereiche $r < r_g$ unterscheidet sich die Potentialfunktion nur wenig von ihrem Zentralwerte

$$\varphi_0 = \lim_{r \to 0} \varphi = \frac{\lambda}{2\pi\Delta} \ln \left(\frac{r_a}{r_g}\right)^n, \qquad \text{(III 2, 41)}$$

während sie im Gebiete $r_g < r \leqq r_a$ nahezu mit dem rotationssymmetrischen Zylinderfeld

$$\varphi = \frac{\lambda}{2\pi\Delta} \ln \left(\frac{r_a}{r}\right)^n \qquad \text{(III 2, 42)}$$

übereinstimmt. Zu der hier eingeführten Bezeichnung der Gitterdaten zurückkehrend, resultiert aus den beziehentlich für die drei Gitter der Pentode gebildeten Zentralpotential

$$\varphi_0^{(j)} = \frac{\lambda_j}{2\pi\Delta} \ln \left(\frac{r_a}{r_j}\right)^{n_j} \qquad \text{(III 2, 43)}$$

die Summe

$$\varphi_{0,R} = \sum_{j=1}^{3} \frac{\lambda_j}{2\pi\Delta} \ln \left(\frac{r_a}{r_j}\right)^{n_j}. \qquad \text{(III 2, 44)}$$

Daher genügt die Funktion

$$\varphi^{(a)} = \frac{1}{\ln \frac{r_a}{r_k}} \left[\varphi_a \ln \frac{r}{r_k} - \varphi_{0,R} \ln \frac{r_a}{r}\right] \qquad \text{(III 2, 45)}$$

der *Laplace*schen Gleichung unter den Randbedingungen (III 2, 33) und (III 2, 34), welche $\varphi^{(a)}$ als *Anodenfunktion* definieren.

e) Welche Werte kommen den numerischen Vergitterungen G_j zu?

Im Lichte des Satzes (II 3, 62) genügt bereits die Kenntnis allein der drei Gitterfunktionen $\varphi^{(j)}$ zur Berechnung der gefragten Größen: Wir denken uns die Kathode aus der Pentode entfernt und setzen das Anodenpotential $\varphi_a = 0$. Mit Rücksicht auf die Voraussetzungen (III 2, 29), (III 2, 30) und (III 2, 31) folgen dann mittels (III 2, 38), (III 2, 41) und (III 2, 42) für die drei Gitterpotentiale die Näherungsgleichungen

$$\varphi_1 = \frac{\lambda_1}{2\pi\Delta} \ln \frac{\left(\frac{r_a}{r_1}\right)^{n_1} - \left(\frac{r_1}{r_a}\right)^{n_1}}{n_1 \frac{\varrho_1}{r_1}} + \frac{\lambda_2}{2\pi\Delta} \ln \left(\frac{r_a}{r_2}\right)^{n_2} + \frac{\lambda_3}{2\pi\Delta} \ln \left(\frac{r_a}{r_3}\right)^{n_3}, \qquad \text{(III 2, 46)}$$

$$\varphi_2 = \frac{\lambda_1}{2\pi\Delta} \ln \left(\frac{r_a}{r_2}\right)^{n_2} + \frac{\lambda_2}{2\pi\Delta} \ln \frac{\left(\frac{r_a}{r_2}\right)^{n_2} - \left(\frac{r_2}{r_a}\right)^{n_2}}{n_2 \frac{\varrho_2}{r_2}} + \frac{\lambda_3}{2\pi\Delta} \ln \left(\frac{r_a}{r_3}\right)^{n_3}, \qquad \text{(III 2, 47)}$$

$$\varphi_3 = \frac{\lambda_1}{2\pi\Delta} \ln \left(\frac{r_a}{r_3}\right)^{n_1} + \frac{\lambda_2}{2\pi\Delta} \ln \left(\frac{r_a}{r_3}\right)^{n_2} + \frac{\lambda_3}{2\pi\Delta} \ln \frac{\left(\frac{r_a}{r_3}\right)^{n_3} - \left(\frac{r_3}{r_a}\right)^{n_3}}{n_3 \frac{\varrho_3}{r_3}}. \qquad \text{(III 2, 48)}$$

Gemäß Gl. (II 3, 12) definiert nun das Verhältnis

$$G_j^0 = \frac{\ln \left(\frac{r_a}{r_j}\right)^{n_j}}{\ln \frac{\left(\frac{r_a}{r_j}\right)^{n_j} - \left(\frac{r_j}{r_a}\right)^{n_j}}{n_j \frac{\varrho_j}{r_j}}} \qquad \text{(III 2, 49)}$$

für $j = 1, 2, 3$ je die numerische Vergitterung einer Zylindertriode des Anodenhalbmessers a, welche mit dem Gitter j, und nur mit diesem, ausgerüstet ist. Durch Substitution der $G_j{}^0$ in die Gleichungen (III 2, 46), (III 2, 47) und (III 2, 48) vereinfachen sich diese zu

$$\varphi_1 = \frac{\lambda_1 n_1}{2\pi\Delta}\frac{1}{G_1{}^0}\ln\frac{r_a}{r_1} + \frac{\lambda_2 n_2}{2\pi\Delta}\ln\frac{r_a}{r_2} + \frac{\lambda_3 n_3}{2\pi\Delta}\ln\frac{r_a}{r_3}, \qquad \text{(III 2, 50)}$$

$$\varphi_2 = \frac{\lambda_1 n_1}{2\pi\Delta}\ln\frac{r_a}{r_2} + \frac{\lambda_2 n_2}{2\pi\Delta}\frac{1}{G_2{}^0}\ln\frac{r_a}{r_2} + \frac{\lambda_3 n_3}{2\pi\Delta}\ln\frac{r_a}{r_3}, \qquad \text{(III 2, 51)}$$

$$\varphi_3 = \frac{\lambda_1 n_1}{2\pi\Delta}\ln\frac{r_a}{r_3} + \frac{\lambda_2 n_2}{2\pi\Delta}\ln\frac{r_a}{r_3} + \frac{\lambda_3 n_3}{2\pi\Delta}\frac{1}{G_3{}^0}\ln\frac{r_a}{r_3}. \qquad \text{(III 2, 52)}$$

Wir ergänzen sie durch das Zentralpotential (III 2, 44), welches wir in die Gestalt

$$\varphi_{0,R} = \frac{\lambda_1 n_1}{2\pi\Delta}\ln\frac{r_a}{r_1} + \frac{\lambda_2 n_2}{2\pi\Delta}\ln\frac{r_a}{r_2} + \frac{\lambda_3 n_3}{2\pi\Delta}\ln\frac{r_a}{r_3} \qquad \text{(III 2, 53)}$$

umschreiben; aus ihr ergeben sich die numerischen Vergitterungen G_j mittels der Operationsvorschriften

$$G_1 = \frac{\varphi_{0,R}}{\varphi_1} \quad \text{für} \quad \varphi_2 = \varphi_3 = 0, \qquad \text{(III 2, 54)}$$

$$G_2 = \frac{\varphi_{0,R}}{\varphi_2} \quad \text{für} \quad \varphi_1 = \varphi_3 = 0, \qquad \text{(III 2, 55)}$$

$$G_3 = \frac{\varphi_{0,R}}{\varphi_3} \quad \text{für} \quad \varphi_2 = \varphi_3 = 0. \qquad \text{(III 2, 56)}$$

Wir führen die Determinante

$$T = \begin{vmatrix} \frac{1}{G_1{}^0}\ln\frac{r_a}{r_1} & \ln\frac{r_a}{r_2} & \ln\frac{r_a}{r_3} \\ \ln\frac{r_a}{r_2} & \frac{1}{G_2{}^0}\ln\frac{r_a}{r_2} & \ln\frac{r_a}{r_3} \\ \ln\frac{r_a}{r_3} & \ln\frac{r_a}{r_3} & \frac{1}{G_3{}^0}\ln\frac{r_a}{r_3} \end{vmatrix} \qquad \text{(III 2, 57)}$$

ein und setzen abkürzend

$$T_{11} = \frac{1}{G_2{}^0}\ln\frac{r_a}{r_2}\frac{1}{G_3{}^0}\ln\frac{r_a}{r_3} - \ln\frac{r_a}{r_3}\ln\frac{r_a}{r_3}, \qquad \text{(III 2, 58)}$$

$$T_{12} = -\ln\frac{r_a}{r_2}\frac{1}{G_3{}^0}\ln\frac{r_a}{r_3} + \ln\frac{r_a}{r_3}\ln\frac{r_a}{r_3} = T_{21}, \qquad \text{(III 2, 59)}$$

$$T_{13} = -\ln\frac{r_a}{r_3}\frac{1}{G_2{}^0}\ln\frac{r_a}{r_2} + \ln\frac{r_a}{r_2}\ln\frac{r_a}{r_3} = T_{31}, \qquad \text{(III 2, 60)}$$

$$T_{22} = \frac{1}{G_1{}^0}\ln\frac{r_a}{r_1}\frac{1}{G_3{}^0}\ln\frac{r_a}{r_3} - \ln\frac{r_a}{r_3}\ln\frac{r_a}{r_3}, \qquad \text{(III 2, 61)}$$

$$T_{23} = -\frac{1}{G_1{}^0}\ln\frac{r_a}{r_1}\ln\frac{r_a}{r_3} + \ln\frac{r_a}{r_2}\ln\frac{r_a}{r_3} = T_{32}, \qquad \text{(III 2, 62)}$$

$$T_{33} = \frac{1}{G_1{}^0}\ln\frac{r_a}{r_1}\frac{1}{G_2{}^0}\ln\frac{r_a}{r_2} - \ln\frac{r_a}{r_2}\ln\frac{r_a}{r_2}. \qquad \text{(III 2, 63)}$$

Im Falle $\varphi_1 \neq 0$; $\varphi_2 = \varphi_3 = 0$ findet man dann

$$\frac{\lambda_1 n_1}{2\pi\Delta} = \varphi_1 \frac{T_{11}}{T}; \quad \frac{\lambda_2 n_2}{2\pi\Delta} = \varphi_1 \frac{T_{12}}{T}; \quad \frac{\lambda_3 n_3}{2\pi\Delta} = \varphi_1 \frac{T_{13}}{T}, \tag{III 2, 64}$$

so daß aus (III 2, 53) die Angabe

$$G_1 = \frac{T_{11}}{T} \ln \frac{r_a}{r_1} + \frac{T_{12}}{T} \ln \frac{r_a}{r_2} + \frac{T_{13}}{T} \ln \frac{r_a}{r_3} \tag{III 2, 65}$$

resultiert. Ebenso erhält man im Falle $\varphi_2 \neq 0$; $\varphi_1 = \varphi_3 = 0$

$$\frac{\lambda_1 n_1}{2\pi\Delta} = \varphi_2 \frac{T_{21}}{T}; \quad \frac{\lambda_2 n_2}{2\pi\Delta} = \varphi_2 \frac{T_{22}}{T}; \quad \frac{\lambda_3 n_3}{2\pi\Delta} = \varphi_2 \frac{T_{23}}{T}. \tag{III 2, 66}$$

also

$$G_2 = \frac{T_{21}}{T} \ln \frac{r_a}{r_1} + \frac{T_{22}}{T} \ln \frac{r_a}{r_2} + \frac{T_{23}}{T} \ln \frac{r_a}{r_3} \tag{III 2, 67}$$

sowie schließlich im Falle $\varphi_3 \neq 0$; $\varphi_1 = \varphi_2 = 0$

$$\frac{\lambda_1 n_1}{2\pi\Delta} = \varphi_3 \frac{T_{31}}{T}; \quad \frac{\lambda_2 n_2}{2\pi\Delta} = \varphi_3 \frac{T_{32}}{T}; \quad \frac{\lambda_3 n_3}{2\pi\Delta} = \varphi_3 \frac{T_{33}}{T} \tag{III 2, 68}$$

und demnach

$$G_3 = \frac{T_{31}}{T} \ln \frac{r_a}{r_1} + \frac{T_{32}}{T} \ln \frac{r_a}{r_2} + \frac{T_{33}}{T} \ln \frac{r_a}{r_3}. \tag{III 2, 69}$$

f) Mit den Werten G_j der numerischen Vergitterungen kennt man gemäß (III 2, 22) den Durchgriff D_1 der Anode durch das Steuergitter. Nach (III 2, 65), (III 2, 67) und (III 2, 69) ist nun

$$T\,[G_1 + G_2 + G_3] = (T_{11} + T_{21} + T_{31}) \ln \frac{r_a}{r_1} + (T_{12} + T_{22} + T_{32}) \ln \frac{r_a}{r_2} + \\ + (T_{13} + T_{23} + T_{33}) \ln \frac{r_a}{r_3}. \tag{III 2, 70}$$

Entwickelt man die Determinante (III 2, 57) nach den Elementen ihrer ersten Zeile

$$T = T_{11} \frac{1}{G_1^0} \ln \frac{r_a}{r_1} + T_{12} \ln \frac{r_a}{r_2} + T_{13} \ln \frac{r_a}{r_3}. \tag{III 2, 71}$$

so erhält man

$$T\,[1 - (G_1 + G_2 + G_3)] = \left[\frac{1 - G_1^0}{G_1^0} T_{11} - T_{21} - T_{31}\right] \ln \frac{r_a}{r_1} - \\ - [T_{22} + T_{32}] \ln \frac{r_a}{r_2} - [T_{23} + T_{33}] \ln \frac{r_a}{r_3} \tag{III 2, 72}$$

und hieraus, nach Substitution der Ausdrücke (III 2, 58), (III 2, 59), (III 2, 60), (III 2, 61), (III 2, 62) und (III 2, 63)

$$T\,[1 - (G_1 + G_2 + G_3)] = \\ = \frac{(1 - G_1^0)(1 - G_2^0)(1 - G_3^0)}{G_1^0 G_2^0 G_3^0} \ln \frac{r_a}{r_1} \ln \frac{r_a}{r_2} \ln \frac{r_a}{r_3}. \tag{III 2, 73}$$

Im Verein mit (III 2, 65) folgt somit für den gesuchten Durchgriff die Formel

$$D_1 = \frac{(1-G_1^0)(1-G_2^0)(1-G_3^0)}{G_1^0 G_2^0 G_3^0} \frac{\ln\frac{r_a}{r_1}\cdot\ln\frac{r_a}{r_2}\cdot\ln\frac{r_a}{r_3}}{T_{11}\ln\frac{r_a}{r_1}+T_{12}\ln\frac{r_a}{r_2}+T_{13}\ln\frac{r_a}{r_3}}. \qquad \text{(III 2, 74)}$$

In ihr definieren die Verhältnisse

$$D_j^0 = \frac{1-G_j^0}{G_j^0}; \qquad j = 1, 2, 3 \qquad \text{(III 2, 75)}$$

je den Durchgriff einer Zylinderanode vom Halbmesser a durch das einzige Gitter j einer Triode, so daß man aus (III 2, 74) mit (III 2, 58), (III 2, 59) und (III 2, 60) die explizite Darstellung

$$D_1 = D_1^0 D_2^0 D_3^0 \frac{G_2^0 G_3^0}{1 + G_2^0 G_3^0\left(2\frac{\ln\frac{r_a}{r_3}}{\ln\frac{r_a}{r_1}} - \frac{\ln\frac{r_a}{r_3}}{\ln\frac{r_a}{r_2}}\right) - G_2^0\frac{\ln\frac{r_a}{r_2}}{\ln\frac{r_a}{r_1}} - G_3^0\frac{\ln\frac{r_a}{r_3}}{\ln\frac{r_a}{r_1}}} \qquad \text{(III 2, 76)}$$

findet. Wir stellen ihr eine Regel zur Seite, welche gelegentlich in der Literatur über den gleichen Gegenstand angegeben wird: An Hand der Konzeption des Durchgriffes als desjenigen Bruchteiles des Anoden-Kraftflusses, welcher auf seinem Wege zur Kathode zwischen den Gitterstäben hindurchzuschlüpfen vermag, soll der resultierende Durchgriff durch das kathodennahe Gitter der Mehrgitterröhre dem Produkt der Teildurchgriffe durch sämtliche Einzelgitter gleichen. Unsere Entwicklung zeigt indessen, daß diese anschauliche Vorstellung zwar einen richtigen Kern enthält, im allgemeinen aber einer wesentlichen multiplikativen Korrektur bedarf. Dieser Sachverhalt offenbart sich insbesondere an folgenden Grenzfällen:

1. Durch den ideellen Prozeß

$$\varrho_3 \to 0 \qquad \text{(III 2, 77)}$$

geht die Röhre in eine Tetrode über. Da für sie aus (III 2, 49) und (III 2, 75)

$$\lim_{\varrho_3\to 0} G_3^0 = 0; \qquad \lim_{\varrho_3\to 0} D_3^0 G_3^0 = 1 \qquad \text{(III 2, 78)}$$

folgt, liefert (III 2, 76) für den *Durchgriff der Tetrode* die Angabe

$$D_1 = D_1^0 D_2^0 \frac{G_2^0}{1 - G_2^0\frac{\ln\frac{r_a}{r_2}}{\ln\frac{r_a}{r_1}}}. \qquad \text{(III 2, 79)}$$

Dagegen würde die kritiklose Anwendung jener Produktregel wegen $D_3^0 \to \infty$ zu dem sinnlosen Schlusse $D_1 \to \infty$ führen!

2. Mittels des weiteren ideellen Prozesses

$$\varrho_2 \to 0 \qquad \text{(III 2, 80)}$$

verwandelt sich die Tetrode in eine Triode; mit

$$\lim_{\varrho_2 \to 0} G_2^0 = 0; \qquad \lim_{\varrho_2 \to 0} D_2^0 G_2^0 = 1 \tag{III 2, 81}$$

resultiert aus (III 2, 79) die Aussage

$$D_1 = D_1^0 \tag{III 2, 82}$$

wie zu verlangen ist; die Produktregel versagt abermals.

g) Wir stellen dem Durchgriff D_1 der Anode durch das Gitter 1 ihren Durchgriff D_2 durch das Gitter 2

$$D_2 = \frac{1 - (G_1 + G_2 + G_3)}{G_2} \tag{III 2, 83}$$

und ihren Durchgriff D_3 durch das Gitter 3

$$D_3 = \frac{1 - (G_1 + G_2 + G_3)}{G_3} \tag{III 2, 84}$$

zur Seite. Aus (III 2, 67) und (III 2, 73) findet man somit zunächst den Ausdruck

$$D_2 = \frac{(1 - G_1^0)(1 - G_2^0)(1 - G_3^0)}{G_1^0 G_2^0 G_3^0} \frac{\ln \frac{r_a}{r_1} \ln \frac{r_a}{r_2} \ln \frac{r_a}{r_3}}{T_{21} \ln \frac{r_a}{r_1} + T_{22} \ln \frac{r_a}{r_2} + T_{23} \ln \frac{r_a}{r_3}}, \tag{III 2, 85}$$

welcher sich mit Rücksicht auf (III 2, 59), (III 2, 61), (III 2, 62) und (III 2, 75) auf die Aussage

$$D_2 = D_2^0 D_3^0 \frac{G_3^0}{1 - G_3^0 \dfrac{\ln \frac{r_a}{r_3}}{\ln \frac{r_a}{r_2}}} \tag{III 2, 86}$$

reduziert; aus ihr entsteht durch den Grenzübergang (III 2, 77) zur Tetrode wegen (III 2, 78) die Relation

$$\lim_{\varrho_3 \to 0} D_2 = D_2^0. \tag{III 2, 87}$$

Ebenso folgt aus (III 2, 69) und (III 2, 73) für D_3 die Darstellung

$$D_3 = \frac{(1 - G_1^0)(1 - G_2^0)(1 - G_3^0)}{G_1^0 G_2^0 G_3^0} \frac{\ln \frac{r_a}{r_1} \ln \frac{r_a}{r_2} \ln \frac{r_a}{r_3}}{T_{31} \ln \frac{r_a}{r_1} + T_{32} \ln \frac{r_a}{r_2} + T_{33} \ln \frac{r_a}{r_3}}, \tag{III 2, 88}$$

welche sich mit (III 2, 60), (III 2, 62) und (III 2, 63) in

$$D_3 = D_3^0 \tag{III 2, 89}$$

vereinfacht.

h) Es verbleibt uns die Aufgabe, die *natürliche Längeneinheit* A *der Pentode* oder, mit anderen Worten, den Anodenhalbmesser der äquivalenten Zylinderdiode zu berechnen. Zu diesem Zwecke bilden wir die *Green*sche

Funktion ψ der kathodenlos gedachten Pentode für einen Punkt der Röhrenachse gemäß der Vorschrift

$$2\pi l \psi = \ln \frac{r_a}{r} + \sum_{j=1}^{3} \varphi^{(j)}. \qquad \text{(III 2, 90)}$$

falls die erzeugenden Ladungsbeläge λ_j der Gitterfunktionen $\varphi^{(j)}$ den Gleichungen

$$\frac{\lambda_1 n_1}{2\pi\Delta} \frac{1}{G_1^0} \ln \frac{r_a}{r_1} + \frac{\lambda_2 n_2}{2\pi\Delta} \ln \frac{r_a}{r_2} + \frac{\lambda_3 n_3}{2\pi\Delta} \ln \frac{r_a}{r_3} = -\ln \frac{r_a}{r_1}. \qquad \text{(III 2, 91)}$$

$$\frac{\lambda_1 n_1}{2\pi\Delta} \ln \frac{r_a}{r_2} + \frac{\lambda_2 n_2}{2\pi\Delta} \frac{1}{G_2^0} \ln \frac{r_a}{r_2} + \frac{\lambda_3 n_3}{2\pi\Delta} \ln \frac{r_a}{r_3} = -\ln \frac{r_a}{r_2}. \qquad \text{(III 2, 92)}$$

$$\frac{\lambda_1 n_1}{2\pi\Delta} \ln \frac{r_a}{r_3} + \frac{\lambda_2 n_2}{2\pi\Delta} \ln \frac{r_a}{r_3} + \frac{\lambda_3 n_3}{2\pi\Delta} \frac{1}{G_3^0} \ln \frac{r_a}{r_3} = -\ln \frac{r_a}{r_3} \qquad \text{(III 2, 93)}$$

genügen. Wie durch ihren Vergleich mit (III 2, 65), (III 2, 67) und (III 2, 69) hervorgeht, lauten ihre Lösungen

$$\frac{\lambda_1 n_1}{2\pi\Delta} = -G_1; \qquad \frac{\lambda_2 n_2}{2\pi\Delta} = -G_2; \qquad \frac{\lambda_3 n_3}{2\pi\Delta} = -G_3. \qquad \text{(III 2, 94)}$$

Wir tragen (III 2, 94) in (III 2, 90) ein und erhalten für die *Green*sche Funktion

$$2\pi l \psi = \ln \frac{r_a}{r} - G_1 \ln \frac{r_a}{r_1} - G_2 \ln \frac{r_a}{r_2} - G_3 \ln \frac{r_a}{r_3} \equiv$$

$$\equiv \ln \frac{1}{r} + [1 - (G_1 + G_2 + G_3)] \ln r_a + G_1 \ln r_1 + G_2 \ln r_2 + G_3 \ln r_3. \qquad \text{(III 2, 95)}$$

Im Einklang mit (III 2, 43) folgt somit für den Maßstab A die Gleichung

$$\ln A = [1 - (G_1 + G_2 + G_3)] \ln r_a + G_1 \ln r_1 + G_2 \ln r_2 + G_3 \ln r_3, \qquad \text{(III 2, 96)}$$

welcher wir die Relation

$$\frac{A}{r_a} = \left(\frac{r_1}{r_a}\right)^{G_1} \cdot \left(\frac{r_2}{r_a}\right)^{G_2} \cdot \left(\frac{r_3}{r_a}\right)^{G_3} \qquad \text{(III 2, 97)}$$

entnehmen.

III 3. Innere Elektronik der Pentode.

a) Es sei eine Hochvakuum-Pentode zylindrischer Bauart nach Abb. III 158 vorgelegt. Durch r_k bezeichnen wir den Halbmesser der Kathode, welche von der Anode des Halbmessers $r_a > r_k$ konzentrisch umschlossen werde; von der erstgenannten zur letztgenannten Elektrode übergehend, passieren wir nacheinander die konzentrisch gelegenen Trägerzylinder je vom Halbmesser r_j [$j = 1, 2, 3$] der drei Gitter, deren jedes beziehentlich mit n_j achsenparallelen, gleichförmig verteilten Rundstäben des Halbmessers ϱ_j ausgerüstet sei.

Die Kathode der Röhre möge durch einen Hilfsstromkreis geheizt werden, dessen Wärmeleistung als stationär vorausgesetzt wird; die gleiche Annahme gelte bezüglich der Zusatzwärme, welche von dem jeweiligen Emissionsstrom J_e der Pentode beim Durchfließen des Querwiderstandes der elektronenemittierenden Kathodenschicht erzeugt wird.

b) Wir beschäftigen uns im folgenden mit der inneren Elektronik der Pentode während ihres Betriebes als *Verstärker*. Unter Beschränkung auf quasistationäre Vorgänge kann das elektrische Feld innerhalb der Röhre in jedem Zeitpunkt t aus einem elektrischen Skalarpotential $\varphi = \varphi(t)$ hergeleitet werden; als seine Basis $[\varphi = 0]$ werde die aktive Kathodenoberfläche gewählt. Der Anode werde das Potential φ_a zuerteilt, welches wir als stets positiv voraussetzen

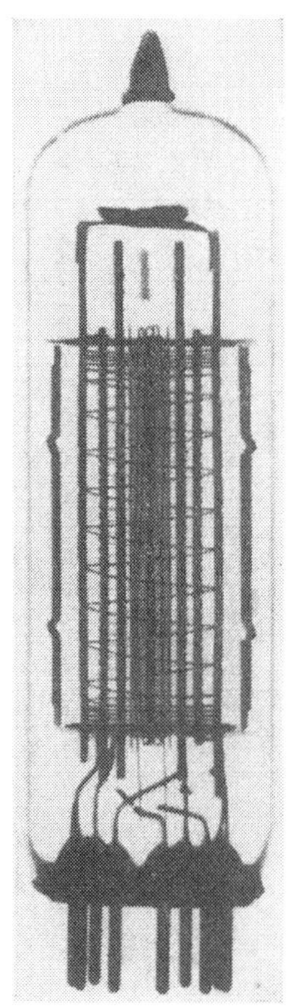

Abb. III 158. Röntgenbild einer Pentode älterer Bauart.

$$\varphi_a > 0, \qquad \text{(III 3, 1)}$$

während die Potentiale φ_j der drei Gitter folgenden Vorschriften unterworfen werden:

1. Dem zunächst der Kathode gelegenen Gitter $j = 1$ wird die Rolle des *Steuergitters* zugewiesen: Sein Potential $\varphi_1 = \varphi_1(t)$ setzt sich aus dem zeitfreien Anteil $\overline{\varphi}_1$ und dem Wechselanteil $\tilde{\varphi}_1 = \tilde{\varphi}_1(t)$ zusammen

$$\varphi_1(t) = \overline{\varphi}_1 + \tilde{\varphi}_1(t), \qquad \text{(III 3, 2)}$$

wobei der absolute Betrag der negativen „Vorspannung" $\overline{\varphi}_1$ im Verhältnis zur maximalen Stärke des „Signales" $\tilde{\varphi}_1$ so gewählt wird, daß das resultierende Gitterpotential niemals positiv wird

$$\varphi_1 \leqq 0. \qquad \text{(III 3, 3)}$$

Abgesehen von Anlaufstrom-Effekten bleibt daher der Elektronenstrom J_1 des Steuergitters vernachlässigbar schwach

$$J_1 = 0. \qquad \text{(III 3, 4)}$$

2. Das Gitter $j = 2$ arbeitet als *Schirmgitter* mit zeitunabhängigem, positivem Potential

$$\varphi_2 > 0. \qquad \text{(III 3, 5)}$$

Daher zieht es in der Regel einen Teil der anodenstrebigen Elektronen an sich, so daß ihm von außen ein endlicher Strom

$$J_2 > 0 \qquad \text{(III 3, 6)}$$

zugeführt werden muß.

3. Das Gitter $j = 3$ soll die Sekundärelektronen, welche durch den Aufprall von Primärelektronen kathodischen Ursprunges aus dem Schirmgitter und der Anode befreit werden, je zu ihren Mutterelektroden zurücktreiben. Der Erfolg dieser zweifrontigen Abwehraktion wird durch ein Gitterpotential φ_3 sichergestellt, welches niemals positiv wird

$$\varphi_3 \leqq 0, \qquad \text{(III 3, 6a)}$$

so daß es, in diesem Sinne dem Steuergitter ähnelnd, keinen merklichen Elektronenstrom aufnimmt

$$J_3 = 0. \qquad \text{(III 3, 7)}$$

Man erfüllt die Bedingung (III 3, 6) häufig auf technisch sehr einfachem Wege, indem man das Gitter $j = 3$ ein für allemal widerstandsfrei mit der Kathode verbindet; von etwaigen Kontakt-Potentialdifferenzen abgesehen, wird dann

$$\varphi_3 = 0. \qquad \text{(III 3, 8)}$$

Diese Eigenschaft kommt in der zwar kurzen, doch leicht irreführenden Bezeichnung jenes Gitters als „*Kathodengitter*" zum Ausdruck; auch der Name „*Fanggitter*" ist gebräuchlich. Um jedoch zu der allgemeineren Angabe (III 3, 6) zurückkehren zu können, werden wir uns nicht der erwähnten Terminologie bedienen, sondern das Gitter $j = 3$ als *Refusionsgitter* in die Beschreibung der Pentode einführen.

Da die Elektrodenströme im quasistationären Betriebszustande der Röhre dem Ersten *Kirchhoff*schen Gesetze gehorchen, resultiert der Anodenstrom J_a in jedem Augenblicke t als Differenz der gleichzeitigen Werte des Emissionsstromes J_e und des Schirmgitterstromes J_g

$$J_a(t) = J_e(t) - J_g(t). \qquad \text{(III 3, 9)}$$

Wir zerlegen ihn in seinen zeitfreien Anteil $\overline{J}_a$ und seinen Wechselanteil $\tilde{J}_a = \tilde{J}_a(t)$

$$J_a(t) = \overline{J}_a + \tilde{J}_a(t). \qquad \text{(III 3, 10)}$$

Sei also im Anodenkreis ein Generator der eingeprägten, zeitfreien Spannung $U_{a,0}$ mit dem *Ohm*schen Widerstande R_a in Reihe geschaltet, so haben wir die Angabe (III 3, 1) in

$$\varphi_a = \overline{\varphi}_a + \tilde{\varphi}_a > 0 \qquad \text{(III 3, 11)}$$

zu verschärfen; in ihr berechnet sich der zeitfreie Anteil des Anodenpotentiales zu

$$\overline{\varphi}_a = U_{a,0} - \overline{J}_a R_a, \qquad \text{(III 3, 12)}$$

während der Wechselanteil des Anodenpotentiales durch

$$\tilde{\varphi}_a = -\tilde{J}_a \cdot R_a \qquad \text{(III 3, 13)}$$

beschrieben wird.

c) Wie hängt der Emissionsstrom J_e der Pentode von deren Elektrodenpotentialen ab?

Wir vergleichen die Pentode mit einer Zylinderdiode identischer Kathodeneigenschaften, deren Anodenhalbmesser $r_{a,\,\text{Diode}}$ mit dem natürlichen Einheitsmaßstab A der Pentode nach (III 2, 97) übereinstimmt

$$r_{a,\,\text{Diode}} = A = r_a \left(\frac{r_1}{r_a}\right)^{G_1} \left(\frac{r_2}{r_a}\right)^{G_2} \left(\frac{r_3}{r_a}\right)^{G_3}. \qquad \text{(III 3, 14)}$$

Nun verallgemeinern wir die *Barkhausen*sche Triodentheorie zu der Annahme: Die Diode führt den Elektronenstrom der Stärke

$$J_{a,\,\text{Diode}} = J_e, \qquad \text{(III 3, 15)}$$

falls man das Anodenpotential $\varphi_{a,\,\text{Diode}}$ der Diode mit dem natürlichen Steuerpotential φ_{st} der Pentode nach Gl. (III 2, 20) identifiziert

$$\varphi_{a,\,\text{Diode}} = \varphi_{st} = G_1 \varphi_1 + G_2 \varphi_2 + G_3 \varphi_3 + \{1 - (G_1 + G_2 + G_3)\} \varphi_a. \qquad \text{(III 3, 16)}$$

Die Kennlinie der Zylinderdiode

$$J_{a,\,\text{Diode}} = f(\varphi_{a,\,\text{Diode}}) \qquad \text{(III 3, 17)}$$

darf als bekannt gelten; insbesondere liefert die *Child-Langmuir*sche Formel (III 0, 83) der sogenannten Raumladungscharakteristik, nachdem wir in ihr durch den Grenzübergang $r_{min} \to r_k$, $\varphi_{min} \to 0$ die Fläche der virtuellen Kathode mit der wahren Kathodenoberfläche vertauscht haben, in oft ausreichender Genauigkeit die Darstellung

$$J_{a,\,\text{Diode}} = \frac{4}{9} \frac{2\pi \Delta \sqrt{2 \frac{q_0}{m_0}}}{\beta_a^2} \frac{1}{r_{a,\,\text{Diode}}} \cdot \varphi_{a,\,\text{Diode}}^{3/2}. \qquad \text{(III 3, 18)}$$

Aus (III 3, 15), (III 3, 16) und (III 3, 17) folgt für die Emissions-Kennlinie der Pentode die Gleichung

$$J_e = f\,[G_1\varphi_1 + G_2\varphi_2 + G_3\varphi_3 - \{1 - (G_1 + G_2 + G_3)\}\,\varphi_a]. \qquad \text{(III 3, 19)}$$

Wir bilden aus ihr die „*Emissions-Steilheit*"

$$S_e = \frac{\partial J_e}{\partial \varphi_1} = G_1 \frac{df}{d\varphi_{st}} \qquad \text{(III 3, 20)}$$

und merken uns für spätere Zwecke die Relation

$$\frac{\partial J_e}{\partial \varphi_a} = S_e \frac{1 - (G_1 + G_2 + G_3)}{G_1} = S_e D_1 \qquad \text{(III 3, 21)}$$

an, in welcher D_1 den Durchgriff der Anode durch das Steuergitter der Pentode nach Gl. (III 2, 22) bezeichnet; im Raumladungsgebiet erhält man mittels (III 3, 18) und (III 3, 20)

$$S_e = G_1 \frac{3}{2} \frac{J_e}{\varphi_{st}}. \qquad \text{(III 3, 22)}$$

d) Welche funktionelle Beziehung verknüpft den Anodenstrom J_a der Pentode mit ihrem Emissionsstrome J_e?

Nach der Passage des Steuergitters gelangen die Elektronen in den Bereich des Schirmgitters vom Potential $\varphi_2 > 0$, das seinerseits durch das Refusionsgitter vom Potentiale $\varphi_3 \leqq 0$ von der das Potential $\varphi_a > 0$ führenden Anode getrennt ist: Für die Aufteilung des einfallenden Emissionsstromes J_e auf den Anteil J_2 des Schirmgitters und J_a der Anode sind die Gesetze der *Stromsteuerung durch Tiefpaßgitter* zuständig. Um uns allerdings mit der in Ziffer II 12 entwickelten, elementaren Theorie dieses Vorganges begnügen zu können, müssen wir folgenden, stark vereinfachenden und schematisierenden Annahmen zustimmen:

1. Durch den Trägerzylinder $r = r_2$ des Schirmgitters wird die Pentode in das „Steuergebiet" $r_k \leqq r < r_2$ und das „Verteilungsgebiet" $r_2 < r \leqq r_a$ zerlegt. Wir vernichten gedanklich die schon an sich nur schwache elektrische Feldkoppelung dieser beiden Bereiche, indem wir das Schirmgitter durch eine ideelle Zylinderelektrode vom Halbmesser r_2 ersetzen; sie soll, ähnlich einer semipermeablen Membran, zwar den von $r < r_2$ her einfallenden Primärelektronen keinen Durchgangswiderstand entgegensetzen, die von $r > r_2$ her reflektierten Elektronen jedoch vollständig absorbieren: Das Entladungssystem des Verteilungsgebietes verwandelt sich in eine Triode nach Abb. II 118, in welcher die konzentrisch gelegenen Zylinderelektroden der Halbmesser r_2 und $r_a > r_2$ zwischen sich die gleichfalls zentrierte Trägerfläche $r = r_3$ des n_3-zähligen homogenen Stabgitters je vom Halbmesser ϱ_3 seiner Runddrähte einschließen; die Außenelektrode führe das Anodenpotential φ_a, ihr Gitter das Refusionspotential φ_3, während wir ihrer Innenelektrode dasjenige Effektivpotential $\overline{\varphi}_2$ erteilen, welches beim Grenzübergange

$$r_k \to 0; \qquad \varrho_1 \to 0 \qquad \text{(III 3, 23)}$$

aus dem Felde der „kalten" Pentode auf der Zylinderfläche $r = r_2$ resultiert.

2. Der Ort des Passes wird je mit dem Zentrum einer Gitteröffnung auf der Fläche $r = r_3$ identifiziert.

3. Innerhalb der „verteilenden" Triode wird der Einfluß der Raumladungen sowohl der Primärelektronen wie der Sekundärelektronen auf das Potentialfeld vernachlässigt.

Auf Grund der in Ziffer III 2 entwickelten Elektrostatik der Pentode folgt nun im Grenzfalle (III 3, 23) für das Potential des Refusionsgitters die Gleichung

$$\varphi_3 = \varphi_a + \frac{\lambda_2 n_2}{2\pi\Delta} \ln\frac{r_a}{r_3} + \frac{\lambda_3 n_3}{2\pi\Delta}\frac{1}{G_3^0}\ln\frac{r_a}{r_3} \tag{III 3, 24}$$

und für das Schirmgitter-Potential

$$\varphi_2 = \varphi_a + \frac{\lambda_2 n_2}{2\pi\Delta}\frac{1}{G_2^0}\ln\frac{r_a}{r_2} + \frac{\lambda_3 n_3}{2\pi\Delta}\ln\frac{r_a}{r_3}. \tag{III 3, 25}$$

Aus (III 3, 24) und (III 3, 25) entnehmen wir die Angaben

$$\frac{\lambda_2 n_2}{2\pi\Delta} = G_2^0 \frac{(\varphi_2 - \varphi_a) - G_3^0(\varphi_3 - \varphi_a)}{\ln\frac{r_a}{r_2} - G_2^0 G_3^0 \ln\frac{r_a}{r_3}} \tag{III 3, 26}$$

und

$$\frac{\lambda_3 n_3}{2\pi\Delta} = G_3^0 \frac{(\varphi_3 - \varphi_a)\dfrac{\ln\frac{r_a}{r_2}}{\ln\frac{r_a}{r_3}} - G_2^0(\varphi_2 - \varphi_a)}{\ln\frac{r_a}{r_2} - G_2^0 G_3^0 \ln\frac{r_a}{r_3}}. \tag{III 3, 27}$$

Das Effektivpotential des Schirmgitters berechnet sich nun aus der Gleichung

$$\overline{\varphi}_2 = \varphi_a + \frac{\lambda_2 n_2}{2\pi\Delta}\ln\frac{r_a}{r_2} + \frac{\lambda_3 n_3}{2\pi\Delta}\ln\frac{r_a}{r_3} = \varphi_2 - \frac{\lambda_2 n_2}{2\pi\Delta}\left[\frac{1}{G_2^0} - 1\right]\ln\frac{r_a}{r_2}, \tag{III 3, 28}$$

so daß man nach Substitution von (III 3, 26) die Darstellung

$$\overline{\varphi}_2 = \frac{1}{\ln\frac{r_a}{r_2} - G_2^0 G_3^0 \ln\frac{r_a}{r_3}}\left[\varphi_2 G_2^0\left\{\ln\frac{r_a}{r_2} - G_3^0 \ln\frac{r_a}{r_3}\right\} + \right.$$
$$\left. + \varphi_a (1 - G_2^0)(1 - G_3^0)\ln\frac{r_a}{r_2} + \varphi_3 (1 - G_2^0) G_3^0 \ln\frac{r_a}{r_2}\right] \tag{III 3, 29}$$

findet.

Gemäß Übereinkunft wird die Lage des Passes durch die *Gauß*sche Koordinate

$$w_P = r_3 e^{i\frac{\pi}{n_3}} \tag{III 3, 30}$$

beschrieben. Definieren wir daher mittels der Relation

$$\frac{n_3 \ln\frac{r_a}{r_3}}{G_3^P} = \ln\frac{\left(\frac{r_a}{r_3}\right)^{n_3} + \left(\frac{r_3}{r_a}\right)^{n_3}}{2} \tag{III 3, 31}$$

die *numerische Paßvergitterung* des Refusionsgitters, so resultiert für das Paßpotential φ_P der Ausdruck

$$\varphi_P = \varphi_a + \frac{\lambda_2 n_2}{2\pi\Delta}\ln\frac{r_a}{r_3} + \frac{\lambda_3 n_3}{2\pi\Delta}\frac{1}{G_3^P}\ln\frac{r_a}{r_3}. \tag{III 3, 32}$$

welcher mit (III 3, 26) und (III 3, 27) in

$$\varphi_P = \frac{1}{\ln\frac{r_a}{r_2} - G_2^0 G_3^0 \ln\frac{r_a}{r_3}} \left[\varphi_2 \left(1 - \frac{G_3^0}{G_3^P}\right) G_2^0 \ln\frac{r_a}{r_3} + \right.$$

$$\left. + \varphi_a \left(1 - \frac{G_3^0}{G_3^P}\right) \left\{\ln\frac{r_a}{r_2} - G_2^0 \ln\frac{r_a}{r_3}\right\} + \varphi_3 \left\{\frac{G_3^0}{G_3^P} \ln\frac{r_a}{r_2} - G_2^0 G_3^0 \ln\frac{r_a}{r_3}\right\}\right] \qquad \text{(III 3, 33)}$$

übergeht; für große Drahtzahlen $n_3 \gg 1$ gilt hierin mit ausreichender Genauigkeit

$$1 - \frac{G_3^0}{G_3^P} = G_3^0 \frac{\ln\frac{r_3}{2\, n_3\, \varrho_3}}{n_3 \ln\frac{r_a}{r_3}}. \qquad \text{(III 3, 34)}$$

Nun sei nach (II 12, 84), (II 12, 85) und (II 12, 86)

$$T = T_F \cdot T_R \qquad \text{(III 3, 35)}$$

das Transmissionsmaß des Refusionsgitters. Im Falle $n_3 \gg 1$ geht sein Feldfaktor T_F aus Gleichung (II 12,95) hervor, nachdem wir in ihr die Substitutionen

$$\varrho_0 \to \varrho_3; \qquad \tau \to \frac{2\pi r_3}{n_3}; \qquad \varphi_g \to \varphi_3; \qquad \varphi_{kr} \to \varphi_{3,\,kr} \qquad \text{(III 3, 36)}$$

vornehmen:

$$T_F = \frac{2}{\pi} \arccos\left[\left(\sin\frac{\varrho_3\, n_3}{2\, r_3}\right)^{1 - \frac{\varphi_3}{\varphi_{3,\,kr}}}\right]. \qquad \text{(III 3, 37)}$$

Um seinen Richtungsfaktor T_R gemäß (II 12, 110) zu bestimmen, identifizieren wir das in (II 12, 109) eingehende Paßpotential φ_P mit dem Ausdruck (III 3, 33), während wir das Querpotential $\varphi_{q,\,0}$ im Trägerzylinder des Schirmgitters erst zu ermitteln haben. Da die dort kontrollierten Elektronen bei ihrem Anflug bereits das Steuergitter passiert haben, lassen sich über die Verteilung ihrer Einfallswinkel bei der Ankunft an den Öffnungen des Schirmgitters auf rein theoretischem Wege wohl kaum definitive Angaben machen. Um nichtsdestoweniger Regeln aufzufinden, welche auf Pentoden beliebiger Daten angewandt werden können, ersetzen wir das Steuergitter durch einen frei elektronendurchlässigen Zylinder vom Halbmesser r_1 und dem Effektivpotential $\overline{\varphi}_1$ sowie das Schirmgitter durch seinen halbpermeablen Trägerzylinder vom Halbmesser r_2 und dem Effektivpotential $\overline{\varphi}_2$. Durch diesen ideellen Prozeß verwandelt sich das Gebiet $r_k \leq r < r_2$ des Entladungsraumes in ein Feld überall radial gerichteter Kräfte, in welchem die Elektronenbewegung dem *Flächensatze* gehorcht: Unabhängig von der jeweiligen Radialstruktur des dort herrschenden Potentialfeldes bleibt längs jeder Elektronenbahn das Produkt der Radialdistanz r mit der physikalischen Komponente u der Geschwindigkeit in Richtung wachsenden Azimuts invariant

$$r \cdot u = \text{const.} \qquad \text{(III 3, 38)}$$

Bei der absoluten Temperatur T der Kathode mißt nach (E1 55)

$$\overline{v} = \frac{2}{\sqrt{\pi}} \sqrt{\frac{2\, k\, T}{m_0}} \qquad \text{(III 3, 39)}$$

die Durchschnittsgeschwindigkeit der eben emittierten Elektronen und nach (E1 53)

$$\overline{v^2} = \frac{3\,k\,T}{m_0} \qquad \text{(III 3, 40)}$$

den Erwartungswert ihres Geschwindigkeitsquadrates. Nun begeben wir uns auf jenen Zylinder $r = r_k^*$, auf welchem, im Raumladungsgebiete der Emissionsstrom-Kennlinie, das Potential φ seinen strombegrenzenden Kleinstwert $\varphi_{min} < 0$ annimmt. Sei $n = n_k^*$ die dort herrschende Elektronenkonzentration, so fließt also ein Teilchenstrom der Dichte

$$ds = n_k^*\,\overline{v}\,\frac{d\alpha}{\pi} \qquad \text{(III 3, 41)}$$

unter dem Neigungswinkel α gegen die Radialrichtung in den infinitesimal schmalen Winkelbereich $d\alpha$ ein. Da er jedoch nur die Radialkomponente

$$ds^r = ds \cdot \cos\alpha = \frac{n_k^*\,\overline{v}}{\pi} \cos\alpha\, d\alpha \qquad \text{(III 3, 42)}$$

entwickelt, resultiert die Radialstromdichte

$$s^r = \frac{n_k^*\,\overline{v}}{\pi} \int\limits_{-\frac{\pi}{2}}^{\frac{\pi}{2}} \cos\alpha\, d\alpha = \frac{2}{\pi}\, n_k^*\,\overline{v}. \qquad \text{(III 3, 43)}$$

Aus (III 3, 42) und (III 3, 43) entnimmt man für die Wahrscheinlichkeit der emittierten Radialstromdichte je Einheit der Winkeldifferenz den Ausdruck

$$w(\alpha) = \frac{1}{s^r}\frac{ds^r}{d\alpha} = \frac{1}{2}\cos\alpha. \qquad \text{(III 3, 44)}$$

Mit seiner Hilfe berechnet sich der quadratische Mittelwert des „Emissionswinkels" α zu

$$\overline{\alpha^2} = \int\limits_{-\frac{\pi}{2}}^{\frac{\pi}{2}} \alpha^2\, w(\alpha)\, d\alpha = \frac{\pi^2}{4} - 2, \qquad \text{(III 3, 45)}$$

welchem der quadratische Mittelwert

$$\overline{(u_k^*)^2} = \overline{\alpha^2} \cdot \overline{v^2} = \left(\frac{\pi^2}{4} - 2\right) \frac{3\,k\,T}{m_0} \qquad \text{(III 3, 46)}$$

der zirkularen Startgeschwindigkeit in $r = r_k^*$ zugeordnet ist; definieren wir durch

$$\varphi_{th} = \frac{3}{2}\,\frac{k\,T}{q_0} \qquad \text{(III 3, 47)}$$

das Spannungsäquivalent der Kathodentemperatur, so nimmt (III 3, 46) die Gestalt

$$\overline{(u_k^*)^2} = \left(\frac{\pi^2}{4} - 2\right) 2\,\frac{q_0}{m_0}\,\varphi_{th} \qquad \text{(III 3, 48)}$$

an. Begleiten wir jetzt die Elektronen bei ihrem Fluge von der virtuellen Kathode $r = r_k^*$ bis zum Schirmgitter $r = r_2$, so verringert sich gemäß (III 3, 38) der quadratische Mittelwert der Zirkulargeschwindigkeit u auf

$$\overline{(u_2)^2} = \overline{(u_k^*)^2} \left(\frac{r_k^*}{r_2}\right)^2 = \left(\frac{\pi^2}{4} - 2\right)\left(\frac{r_k^*}{r}\right)^2 2\frac{q_0}{m_0}\varphi_{th}. \qquad \text{(III 3, 49)}$$

Da sich nun die mittlere kinetische Energie der Elektronen bei ihrer Ankunft am Schirmgitter aus der Bilanz

$$\frac{m_0}{2}\overline{v_2^2} = q_0 \overline{\varphi_2} \qquad \text{(III 3, 50)}$$

bestimmt, erhalten wir als quadratischen Mittelwert der dort auftretenden Winkelabweichung

$$\overline{\alpha_2^2} = \frac{\overline{u_2^2}}{\overline{v_2^2}}\left(\frac{\pi^2}{4} - 2\right)\left(\frac{r_k^*}{r_2}\right)^2 \frac{\varphi_{th}}{\overline{\varphi_2}}. \qquad \text{(III 3, 51)}$$

Erst jetzt führen wir die Störung der Elektronenbewegung durch die Gitterstäbe sozusagen pauschal in die Kinematik des Emissionsstromes ein, indem wir die in (III 3, 51) integral beschriebene Winkelabweichung mit dem *Gauß*schen Verteilungsgesetz

$$w(\alpha) = \frac{1}{2\,\alpha_0} e^{-\frac{\pi}{4}\left(\frac{\alpha}{\alpha_0}\right)^2}; \qquad (-\infty) < \alpha < \infty \qquad \text{(III 3, 52)}$$

nach (II 12, 102) vertauschen; da sich aus ihm der quadratische Mittelwert der Winkelabweichung zu

$$\overline{\alpha_2^2} = \int_{-\infty}^{\infty} \alpha^2 w(\alpha)\, d\alpha = \frac{2}{\pi}\alpha_0^2 \qquad \text{(III 3, 53)}$$

berechnet, führt der Vergleich von (III 3, 51) mit (III 3, 53) auf

$$\alpha_0^2 = \frac{\pi}{2}\left(\frac{\pi^2}{4} - 2\right)\left(\frac{r_k^*}{r_2}\right)^2 \frac{\varphi_{th}}{\overline{\varphi_2}}. \qquad \text{(III 3, 54)}$$

Wir beschränken uns weiterhin auf den Gültigkeitsbereich der *Child-Langmuir*schen Formel der Emissionsstrom-Kennlinie, in welchem der Halbmesser r_k^* der virtuellen Kathode durch den Halbmesser r_k der wahren Kathode ersetzt werden darf. In der hierdurch angezeigten Genauigkeit erhalten wir aus (III 3, 54) das Querpotential

$$\varphi_{q,0} = \alpha_0^2 \overline{\varphi_2} = \frac{\pi}{2}\left(\frac{\pi^2}{4} - 2\right)\left(\frac{r_k}{r_2}\right)^2 \varphi_{th}, \qquad \text{(III 3, 55)}$$

so daß für das numerische Paßpotential u_P der Ausdruck

$$u_P = \frac{1}{\pi^2 - 8}\cdot\left(\frac{r_2}{r_k}\right)^2 \frac{\varphi_P}{\varphi_{th}} \qquad \text{(III 3, 56)}$$

resultiert.

Der Kürze halber begnügen wir uns weiterhin mit der Untersuchung einer Pentode, deren Refusionsgitter als „Kathodengitter" das Potential

$$\varphi_3 = 0 \qquad \text{(III 3, 57)}$$

führt. Für sie reduziert sich (III 3, 37) auf

$$T_{F,0} = \lim_{\varphi_3 \to 0} T_F = 1 - \frac{\varrho_3\, n_3}{\pi\, r_3}, \qquad \text{(III 3, 58)}$$

während (III 3, 56) bei Benutzung von (III 3, 33) und (III 3, 34) mit den Abkürzungen

$$K = \frac{1}{\pi^2 - 8} \frac{G_2^0 G_3^0}{\ln \frac{r_a}{r_2} - G_2^0 G_3^0 \ln \frac{r_a}{r_3}} \left(\frac{r_2}{r_k}\right)^2 \frac{\ln \frac{r_3}{2 n_3 \varrho_3}}{n_3} \qquad \text{(III 3, 59)}$$

und

$$D_2^3 = \frac{1}{G_2^0} \frac{\ln \frac{r_a}{r_2}}{\ln \frac{r_a}{r_3}} - 1 \qquad \text{(III 3, 60)}$$

in

$$u_{P,0} = \lim_{\varphi_a \to 0} u_P = K \frac{\varphi_2 + D_2^3 \varphi_a}{\varphi_{th}} \qquad \text{(III 3, 61)}$$

übergeht. Im Rahmen unserer Annahmen erweist sich somit das Transmissionsmaß

$$T_0 = \lim_{\varphi_a \to 0} T = \left(1 - \frac{\varrho_3 n_3}{\pi r_3}\right) T_R(u_{P,0}) \qquad \text{(III 3, 62)}$$

des Refusionsgitters als unabhängig von dem jeweils wirksamen Potentiale φ_1 des Steuergitters. Vor einer kritiklosen Anwendung dieser Formel sei indes nachdrücklich gewarnt: Selbst bei Wahrung aller sonst genannten Betriebsbedingungen würde man im Falle eines negativen Anodenpotentiales des Bereiches

$$-\frac{\varphi_2}{D_2^3} \varphi_2 < \varphi_a < 0 \qquad \text{(III 3, 63)}$$

auf einen positiven Wert des Transmissionsmaßes schließen, während dann doch tatsächlich alle Primärelektronen, welche das Refusionsgitter durchkreuzen, vor Erreichen der Anode zur Umkehr gezwungen werden! Der Fehlschluß rührt von der unzulässigen Extrapolation der Elektronenkinematik im Tiefpaßgitter auf ein Kraftfeld völlig anderer Struktur her; vielmehr sind die Potentiale φ_2 und φ_a stets gleichzeitig positiv und von solcher Größe zu wählen, daß der Paß in der Umgebung der je ihn topographisch kennzeichnenden Öffnung des Refusionsgitters verbleibt.

Zufolge der Definition des Transmissionsmaßes als Verhältnis des Anodenstromes J_a zum Emissionsstrom J_e der Pentode ergibt sich für den erstgenannten die Darstellung

$$J_a = J_a(\varphi_1, \varphi_2, \varphi_a) = T_0(\varphi_2, \varphi_a)\, J_e(\varphi_{st}), \qquad \text{(III 3, 64)}$$

in welcher das natürliche Steuerpotential φ_{st} nach (III 3, 16) wegen (III 3, 57) gemäß

$$\varphi_{st} = G_1 \varphi_1 + G_2 \varphi_2 + \{1 - (G_1 + G_2 + G_3)\} \varphi_a \equiv G_1 \left[\varphi_1 + \frac{G_1}{G_2} \varphi_2 + D_1 \varphi_a\right] \qquad \text{(III 3, 65)}$$

aus den Elektrodenpotentialen resultiert.

f) Unter den gleichzeitig innezuhaltenden Betriebsbedingungen

$$\varphi_2 = \text{const.}; \qquad \varphi_a = \text{const.} \qquad \text{(III 3, 66)}$$

definiert das Bild der Funktion (III 3, 64) in einem rechtwinkeligen [affinen] Bezugssystem der Abszisse φ_1 und der Ordinate J_a die Steuerkennlinie des Anodenstromes. Ihre Steilheit

$$S_a = \frac{\partial J_a}{\partial \varphi_1} \qquad \text{(III 3, 67)}$$

ergibt sich zufolge (III 3, 64) aus der Emissionssteilheit S_e nach (III 3, 20) mittels der einfachen Umrechnungsformel

$$S_a = T_0\, S_e = T_0\, G_1 \frac{df}{d\varphi_{st}}\,. \qquad \text{(III 3, 68)}$$

Der Steilheit S_a der Pentoden-Kennlinie (III 3, 64), (III 3, 66) stellen wir den inneren Anodenwiderstand $R_{a,\,i}$ der Röhre mittels der Definition

$$\frac{1}{R_{a,\,i}} = \frac{\partial J_a}{\partial \varphi_a} = T_0 \frac{\partial J_e}{\partial \varphi_e} + \frac{\partial T_0}{\partial \varphi_a} J_e \qquad \text{(III 3, 69)}$$

zur Seite; er resultiert also formal aus der Parallelschaltung zweier Widerstände physikalisch unterschiedlicher Herkunft:

1. Der „innere Steuerwiderstand" $R_{i,\,st}$ wird durch die Gleichung

$$\frac{1}{R_{i,\,st}} = T_0 \frac{\partial J_e}{\partial \varphi_a} \qquad \text{(III 3, 70)}$$

definiert; mit Rücksicht auf (III 3, 21) gehorcht er der Relation

$$\frac{1}{R_{i,\,st}} = T_0\, S_e\, D_1, \qquad \text{(III 3, 71)}$$

welche wir im Verein mit (III 3, 68) in die *Barkhausen*sche Form

$$S_a\, D_1\, R_{i,\,st} = 1 \qquad \text{(III 3, 72)}$$

kleiden können.

2. Der „innere Verteilungswiderstand" $R_{i,\,v}$ berechnet sich aus der Definitionsgleichung

$$\frac{1}{R_{i,\,v}} = \frac{\partial T_0}{\partial \varphi_a} J_e = \frac{dT_0}{du_{p,\,0}} \frac{\partial u_{P,\,0}}{\partial \varphi_a} J_e = \left(1 - \frac{\varrho_3\, n_3}{\pi\, r_3}\right) \frac{dT_R}{\partial u_{P,\,0}} \cdot \frac{\partial u_{P,\,0}}{\partial \varphi_a} J_e, \qquad \text{(III 3, 73)}$$

wobei gemäß (III 3, 110) der Richtungsfaktor T_R durch

$$T_R(u) = \sqrt{\frac{\pi}{2}}\, u\, e^{-u} \left[I_0(i\,u) + \frac{1}{i} I_1(i\,u)\right] \qquad \text{(III 3, 74)}$$

dargestellt wird. Für die in ihn eingehenden *Bessel*schen Zylinderfunktionen $I_0(i\,u)$ und $\frac{1}{i}\, I_1(i\,u)$ gelten die Differentiationsregeln

$$\frac{d_0 I(i\,u)}{du} = \frac{1}{i} I_1(i\,u) \qquad \text{(III 3, 75)}$$

und

$$\frac{1}{i} \frac{d\,I_1(i\,u)}{du} = I_0(i\,u) - \frac{1}{i\,u} I_1(i\,u), \qquad \text{(III 3, 76)}$$

mit deren Hilfe wir zu der Relation

$$\frac{dT_R}{du} = \frac{T_R}{2\,u} - \sqrt{\frac{\pi}{2}}\, u\, e^{-u} \frac{I_1(i\,u)}{i\,u} \qquad \text{(III 3, 77)}$$

gelangen. Bildet man nun aus (III 3, 61)

$$\frac{\partial u_{P,0}}{\partial \varphi_a} = K \frac{D_2^3}{\varphi_{th}} = u_{P,0} \frac{D_2^3}{\varphi_2 + D_2^3 \varphi_a}, \qquad \text{(III 3, 78)}$$

so folgt aus (III 3, 73) mit Rücksicht auf (III 3, 64) und (III 3, 74) nach Einführung des Anoden-Gleichstromwiderstandes

$$R_{a,0} = \frac{\varphi_a}{J_a} \qquad \text{(III 3, 79)}$$

und der in Abb. III 159 dargestellten Funktion

$$V(u) = \frac{I_0(iu) + \frac{1}{i} I_1(iu)}{I_0(iu) - \frac{1}{i} I_1(iu)} \qquad \text{(III 3, 80)}$$

für den inneren Verteilungswiderstand $R_{i,v}$ die Formel

$$R_{i,v} = R_{a,0}\left(1 + \frac{\varphi_2}{D_2^3 \varphi_a}\right) \cdot V(u_{P,0}), \qquad \text{(III 3, 81)}$$

Innerhalb des Arbeitsbereiches hoher Anodenpotentiale der Eigenschaft

$$\frac{\varphi_2}{D_2^3 \varphi_a} \ll 1 \qquad \text{(III 3, 82)}$$

reduziert sich (III 3, 81) auf die Näherungsangabe

$$R_{i,v} \approx R_{a,0} V(u_{P,0}) \qquad \text{(III 3, 83)}$$

mit

$$u_{P,0} \approx K D_2^3 \frac{\varphi_a}{\varphi_{th}}. \qquad \text{(III 3, 84)}$$

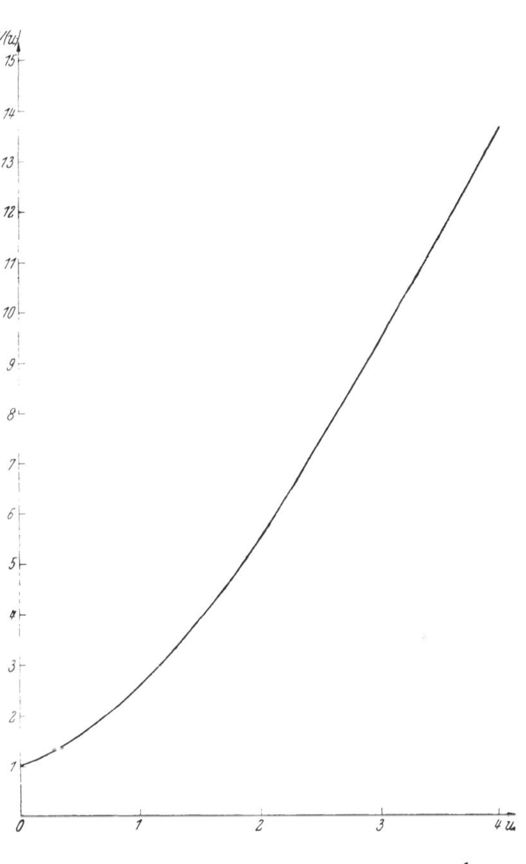

Abb. III 159. Die Funktion $V(u) = \dfrac{I_0(iu) + \frac{1}{i} I_1(iu)}{I_0(iu) - \frac{1}{i} I_1(iu)}$

Da hiernach der funktionelle Faktor $V(u_{P,0})$ unter der Bedingung (III 3, 82) nicht merklich vom Potential φ_2 des Schirmgitters abhängt, charakterisiert er, in eben dieser Hinsicht, die „*Innenwiderstands-Konstante*" der Pentode. Falls man dagegen die Abhängigkeit des inneren Verteilungswiderstandes $R_{i,v}$ vom Anodenpotential φ_a kennenlernen will, muß man zu der unverkürzten Formel (III 3, 81) zurückkehren: Mit wachsendem Anodenpotential nimmt zwar $V(u_{P,0})$ monoton zu, so daß für $\varphi_a \to \infty$ der innere Verteilungswiderstand alle Schranken übersteigt; da jedoch aus (III 3, 81) auch für $\varphi_a \to 0$ die Aussage $R_{i,v} \to \infty$ resultiert, hat man für ein gewisses Anodenpotential einen Kleinstwert jenes Widerstandes zu erwarten, in dessen Umgebung $R_{i,v}$ also nur schwach von φ_a abhängt.

g) Die Spannungsverstärkung μ der Pentode errechnet sich definitionsgemäß als Produkt der Anodenstrom-Steilheit S_a und des inneren Anodenwiderstandes $R_{a,i}$

$$\mu = S_a R_{a,i} = S_a R_{i,st} \frac{R_{i,v}}{R_{i,st} + R_{i,v}}. \qquad \text{(III 3, 85)}$$

Mit (III 3, 72) und (III 3, 81) verwandelt sich dieser Ausdruck in

$$\mu = \frac{1}{D_1} \frac{\left(1 + \frac{\varphi_a}{D_2{}^3 \varphi_a}\right) S_a D_1 R_{a,0} V(u_{P,0})}{1 + \left(1 + \frac{\varphi_a}{D_2{}^3 \varphi_a}\right) S_a D_1 R_{a,0} V(u_{P,0})}, \qquad \text{(III 3, 86)}$$

so daß die Verstärkungszahl μ stets kleiner als ihr „elektrostatischer" Grenzwert

$$\mu_0 = \lim_{\varphi_a \to \infty} \mu = \frac{1}{D_1} \qquad \text{(III 3, 87)}$$

ausfällt.

III 4. Raumladungsgitter-Tetroden.

a) Wir beschäftigen uns im folgenden mit der inneren Elektronik einer Tetrode, welche aus einer zylindrisch gebauten Stabgitter-Pentode nach Ziffer III 3 durch Entfernung des Gitters $j = 3$ hervorgeht. Um sie als Raumladungsgitter-Tetrode zu betreiben, erteilen wir dem kathodennahen Gitter $[j = 1]$ das feste, positive Potential

$$\varphi_1 > 0 = \text{const.} \qquad \text{(III 4, 1)}$$

gegen die Kathode. Unter Beschränkung auf die Arbeit der Röhre als Verstärker sei das Potential ihres anodennahen Gitters $[j = 2]$ in seiner Rolle als Steuergitter durch die niemals positive Funktion der laufenden Zeit t

$$\varphi_2 = \varphi_2(t) < 0 \qquad \text{(III 4, 2)}$$

vorgegeben; dagegen sei das Anodenpotential als stets positiv vorausgesetzt

$$\varphi_a > 0. \qquad \text{(III 4, 3)}$$

Unter diesen Bedingungen spaltet sich der gesamte Emissionsstrom J_e der Tetrode in den Strom J_1 des Raumladungsgitters und den Anodenstrom J_a auf

$$J_e = J_1 + J_a. \qquad \text{(III 4, 4)}$$

Es ist unsere Aufgabe, die Größe dieser drei, durch die *Kirchhoff*sche Kontinuitätsgleichung miteinander verknüpften Ströme als Funktion der Elektrodenpotentiale φ_1, φ_2 und φ_a zu ermitteln.

b) Die Elektrostatik der zylindrischen Stabgitter-Tetrode entsteht aus jener der entsprechend gebauten Pentode durch den Grenzübergang zu verschwindendem Drahthalbmesser ϱ_3 des Gitters $j = 3$

$$\varrho_3 \to 0. \qquad \text{(III 4, 5)}$$

Nach (III 2, 78) und (III 2, 79) finden wir somit den Durchgriff D_1 der Anode durch die Gitter $j = 2$ und $j = 1$ zu

$$D_1 = D_1^0 D_2^0 \frac{G_2^0}{1 - G_2^0 \frac{\ln \frac{r_a}{r_2}}{\ln \frac{r_a}{r_1}}} \qquad \text{(III 4, 6)}$$

und nach (III 2, 87) ihren Durchgriff D_2 allein durch das Gitter $j = 2$

$$D_2 = D_2^0. \qquad \text{(III 4, 7)}$$

Da nun gemäß (III 2, 69) mit $\varrho_3 \to 0$ auch die numerische Vergitterung G_3 verschwindet, liefert (III 4, 97) für den Halbmesser A der natürlichen Ersatzdiode die Angabe

$$A = r_a \left(\frac{r_1}{r_a}\right)^{G_1} \left(\frac{r_2}{r_a}\right)^{G_2}. \qquad \text{(III 4, 8)}$$

Mittels des natürlichen Steuerpotentiales

$$\varphi_{st} = G_1 \varphi_1 + G_2 \varphi_2 + [1 - (G_1 + G_2)] \varphi_a \qquad \text{(III 4, 9)}$$

folgt nun aus der Kenntnis des Anodenstromes $J_{a,\,\mathrm{Diode}}$ der Ersatzdiode in Abhängigkeit von ihrem Anodenpotential $\varphi_{a,\,\mathrm{Diode}}$, also der Funktion

$$J_{a,\,\mathrm{Diode}} = f(\varphi_{a,\,\mathrm{Diode}}) \qquad \text{(III 4, 10)}$$

für das Emissionsstrom-Kennlinienfeld der Tetrode die Darstellung

$$J_e = f(\varphi_{st}). \qquad \text{(III 4, 11)}$$

Sie nimmt im Gültigkeitsgebiet der *Child-Langmuir*schen Näherung (III 3, 18) die explizite Gestalt

$$J_e = \frac{4}{9} \frac{2\pi\Delta \cdot \sqrt{2 \frac{q_0}{m_0}}}{\beta_a^2} \cdot \frac{1}{A} \cdot \varphi_{st}^{3/2} \qquad \text{(III 4, 12)}$$

an, in welche die Funktion β_a^2 nach (III 4, 13) bei der hier beabsichtigten Genauigkeit mit dem Verhältnis der Radien r_k [Kathode] zu A [Ersatzanode] als Argument eingeht. Um allerdings die Tragweite dieser Angaben nicht zu überschätzen, haben wir uns der wesentlich elektrostatischen Wurzel des von (III 4, 10) zu (III 4, 11) führenden, vergleichenden Überganges zu erinnern. Wir dürfen den Aussagen (II 4, 11) und (III 4, 12) wohl beim Verstärkerbetrieb der Raumladungsgitter-Tetrode Vertrauen schenken; dagegen ist ihre Anwendung auf die Strahltetrode in der Regel unstatthaft.

Um die Definition (III 4, 9) des natürlichen Steuerpotentiales den Arbeitsbedingungen der Raumladungsgitter-Tetrode anzupassen, schreiben wir sie mit Rücksicht auf (III 2, 22) und (III 2, 83) in der Gestalt

$$\varphi_{st} = G_2 \left[\frac{G_1}{G_2} \varphi_1 + \varphi_2 + \frac{1 - (G_1 + G_2)}{G_2} \varphi_a\right] = G_2 \left[\frac{D_2}{D_1} \varphi_1 + \varphi_2 + D_2 \varphi_a\right] \qquad \text{(III 4, 13)}$$

um. Demnach wird die Steilheit S_e der Emissionsstrom-Steuerpotential-Kennlinie durch den Differentialquotienten

$$S_e = \frac{\partial J_e}{\partial \varphi_2} = G_2 \frac{df}{d\varphi_{st}} \qquad \text{(III 4, 14)}$$

beschrieben; er ist mit dem Differentialquotienten

$$\frac{\partial J_e}{\partial \varphi_a} = G_2 D_2 \frac{df}{d\varphi_{st}} \qquad \text{(III 4, 15)}$$

durch die Relation

$$\frac{\partial J_e}{\partial \varphi_a} = D_2 \frac{\partial J_e}{\partial \varphi_2} = D_2 S_e \qquad \text{(III 4, 16)}$$

verknüpft, welche in der Form

$$D_2 = \frac{\dfrac{\partial J_e}{\partial \varphi_a}}{\dfrac{\partial J_e}{\partial \varphi_2}} = -\left[\frac{d\varphi_2}{d\varphi_a}\right]_{\varphi_1 = \text{const},\ J_e = \text{const.}} \qquad \text{(III 4, 17)}$$

implizit ein Meßverfahren für den Durchgriff D_2 enthält.

c) Wie verteilt sich der Emissionsstrom J_e der Tetrode auf Anode und Raumladungsgitter?

Zufolge der Voraussetzungen (III 4, 1), (III 4, 2) und (III 4, 3) definiert die Umgebung des Steuergitters einen Tiefpaß. Um auf ihn die Gesetze der Verteilungssteuerung nach Ziffer II 12 anwenden zu können, denken wir uns vorübergehend die Kathode aus der Röhre entfernt. Der verbleibende Torso der Tetrode gleicht in seinem Aufbau der verteilenden Triode, welche wir in Ziffer III 3 der Theorie des Refusionsgitters in der Pentode zugrunde gelegt haben. Daher erhalten wir das Paßpotential φ_P, welches in der Mitte einer Öffnung des Steuergitters der Tetrode auftritt, aus Gl. (III 3, 33) durch beziehentliche Vertauschung der Indizes 3 mit 2 und 2 mit 1 zu

$$\varphi_P = \frac{1}{\ln \frac{r_a}{r_1} - G_1{}^0 G_2{}^0 \ln \frac{r_a}{r_2}} \left[\varphi_1 \left(1 - \frac{G_2{}^0}{G_2{}^P}\right) G_1{}^0 \ln \frac{r_a}{r_2} + \right.$$
$$\left. + \varphi_a \left(1 - \frac{G_2{}^0}{G_2{}^P}\right) \left\{\ln \frac{r_a}{r_1} - G_1{}^0 \ln \frac{r_a}{r_2}\right\} + \varphi_2 \left\{\frac{G_2{}^0}{G_2{}^P} \ln \frac{r_a}{r_1} - G_1{}^0 G_2{}^0 \ln \frac{r_a}{r_2}\right\}\right], \qquad \text{(III 4, 18)}$$

während (III 3, 34) durch

$$1 - \frac{G_2{}^0}{G_2{}^P} \approx G_2{}^0 \frac{\ln \dfrac{r_2}{2 n_2 \varrho_2}}{n_2 \ln \dfrac{r_a}{r_2}} \qquad \text{(III 4, 19)}$$

zu ersetzen ist. Aus der Bedingung $\varphi_P = 0$ ergibt sich für das kritische Potential $\varphi_{2,\,kr}$ des Steuergitters, oder, mit anderen Werten, für das Sperrpotential der Röhre die Gleichung

$$0 = \frac{1}{\ln \frac{r_a}{r_1} - G_1{}^0 G_2{}^0 \ln \frac{r_a}{r_2}} \left[\varphi_1 \left(1 - \frac{G_2{}^0}{G_2{}^P}\right) G_1{}^0 \ln \frac{r_a}{r_2} + \right.$$
$$\left. + \varphi_a \left(1 - \frac{G_2{}^0}{G_2{}^P}\right) \left\{\ln \frac{r_a}{r_1} - G_1{}^0 \ln \frac{r_a}{r_2}\right\} + \varphi_{2,\,kr} \left\{\frac{G_2{}^0}{G_2{}^P} \ln \frac{r_a}{r_1} - G_1{}^0 G_2{}^0 \ln \frac{r_a}{r_2}\right\}\right] \qquad \text{(III 4, 20)}$$

welcher wir mit der Abkürzung

$$D_1^2 = \frac{1}{G_1^0} \frac{\ln \frac{r_a}{r_1}}{\ln \frac{r_a}{r_2}} - 1 \qquad \text{(III 4, 21)}$$

die Angabe

$$\varphi_{2,\,kr} = -\left(1 - \frac{G_2^0}{G_2^P}\right) \frac{G_1^0 \ln \frac{r_a}{r_2}}{\frac{G_2^0}{G_2^P} \ln \frac{r_a}{r_1} - G_1^0\, G_2^0 \ln \frac{r_a}{r_2}} (\varphi_1 + D_1^2 \varphi_a) \qquad \text{(III 4, 22)}$$

entnehmen: Der ordnungsmäßige Betrieb der Raumladungsgitter-Tetrode als Verstärkerröhre ist an die Bedingung

$$\varphi_{2,\,kr} \leqq \varphi_2(t) \leqq 0 \qquad \text{(III 4, 23)}$$

geknüpft, welche die frühere Voraussetzung (III 4, 2) verschärft.

Aus (III 4, 18) und (III 4, 22) folgt nun in der durch (III 4, 19) bestimmten Genauigkeit

$$1 - \frac{\varphi_2}{\varphi_{2,\,kr}} = 1 + \frac{n_2}{G_1^0\, G_2^0 \ln \frac{r_2}{2\, n_2\, \varrho_2}} \left[\frac{G_2^0}{G_2^P} \ln \frac{r_a}{r_1} - G_1^0\, G_2^0 \ln \frac{r_a}{r_2}\right] \frac{\varphi_2}{\varphi_1 + D_1^2\, \varphi_a}. \qquad \text{(III 4, 24)}$$

so daß aus (III 3, 37), nach Vertauschung des Index 3 mit dem Index 2, für den Feldfaktor T_F des Transmissionsmaßes T der Ausdruck

$$T_F = \frac{2}{\pi} \arccos\left[\left(\sin \frac{\varrho_2\, n_2}{2\, r_2}\right)^{1 - \frac{\varphi_2}{\varphi_{2,\,kr}}}\right] \qquad \text{(III 4, 25)}$$

resultiert, wir bilden aus ihm

$$\frac{\partial T_F}{\partial \varphi_2} = \frac{2}{\pi} \frac{\left(\sin \frac{\varrho_2\, n_2}{2\, r_2}\right)^{\left(1 - \frac{\varphi_2}{\varphi_{2,\,kr}}\right)}}{1 - \left(\sin \frac{\varrho_2\, n_2}{2\, r_2}\right)^{2\left(1 - \frac{\varphi_2}{\varphi_{2,\,kr}}\right)}} \frac{\ln \sin \frac{\varrho_2\, n_2}{2\, r_2}}{\varphi_{2,\,kr}} \qquad \text{(III 4, 26)}$$

und

$$\frac{\partial T_F}{\partial \varphi_a} = -\frac{\partial T_F}{\partial \varphi_2} \frac{D_1^2 \varphi_2}{\varphi_1 + D_1^2 \varphi_a}. \qquad \text{(III 4, 27)}$$

Welche Größe weist der Richtungsfaktor T_R des Transmissionsmaßes T auf?

In das numerische Paßpotential u_P nach (II 12, 109) geht die Wahrscheinlichkeitsdichte $w(\alpha)$ jener Winkel α ein, welche die jeweilige Flugrichtung der Elektronen gegen die radiale Führungsgerade durch das Zentrum einer Öffnung des *Steuergitters* bei ihrem Einfall in den Trägerzylinder des *Raumladungsgitters* kennzeichnet. Nun werde angenommen, daß die Stabzahlen n_1 des Raumladungsgitters und n_2 des Steuergitters einander teilerfremd seien. Da dann der genannten Führungsgeraden keine einheitliche Lage relativ zu den unterschiedlichen Öffnungen des Raumladungsgitters zukommt, dürfen wir der über alle diese Öffnungen gemittelten Wahrscheinlichkeitsdichte $w(\alpha)$ die *Gauß*sche Verteilung (III 3, 52) zugrunde legen, deren Parameter α_0^2 aus (III 3, 54) nach Ersatz des Index 2 durch den Index 1 hervorgeht, mit der nämlichen Substitution folgt aus (III 3, 56) das numerische Paßpotential u_P zu

$$u_P = \frac{1}{\pi^2 - 8} \cdot \left(\frac{r_1}{r_k}\right)^2 \frac{\varphi_P}{\varphi_{th}}. \qquad \text{(III 4, 28)}$$

Gemäß (II 12, 110) mißt daher

$$T_R = T_R(u_P) = \sqrt{\frac{\pi}{2} u_P}\; e^{-u_P} \cdot \left[J_0(i\,u_P) + \frac{1}{i} J_1(i\,u_P) \right] \qquad \text{(III 4, 29)}$$

den gesuchten Richtungsfaktor des Transmissionsmaßes. Wir bilden aus ihm nach (III 3, 74), (III 3, 77) und (III 3, 80) den Differentialquotienten

$$T_R'(u) = \frac{dT_R}{du} = \frac{1}{2u} \frac{T_R(u)}{V(u)}, \qquad \text{(III 4, 30)}$$

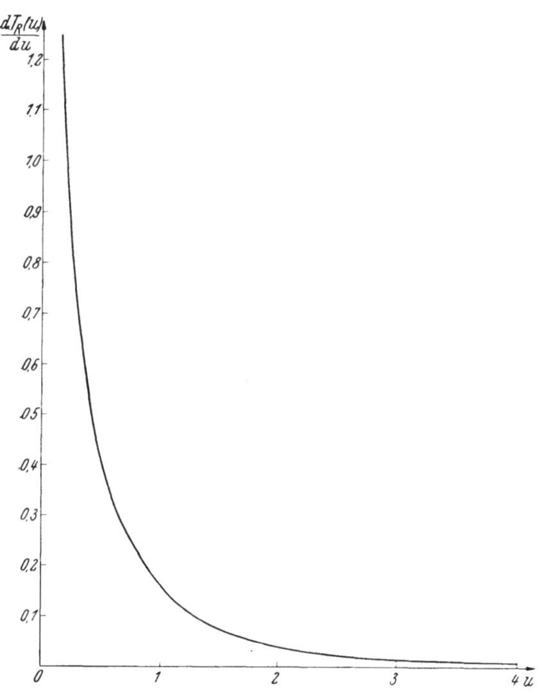

Abb. III 160. Die Ableitung des Transmissionsmaßes als Funktion des numerischen Paßpotentiales $u_P = u$.

dessen Abhängigkeit von u in Abb. III 160 dargestellt ist, und erhalten mit Hilfe von (III 4, 18) und (III 4, 28)

$$\frac{\partial T_R}{\partial \varphi_2} = T_R'(u_P) \frac{\frac{G_2^0}{G_2^P} \ln \frac{r_a}{r_1} - G_1^0\, G_2^0 \ln \frac{r_a}{r_2}}{\ln \frac{r_a}{r_1} - G_1^0\, G_2^0 \ln \frac{r_a}{r_2}} \frac{1}{\pi^2 - 8} \left(\frac{r_1}{r_k}\right)^2 \frac{1}{\varphi_{th}} \qquad \text{(III 4, 31)}$$

sowie

$$\frac{\partial T_R}{\partial \varphi_a} = T_R'(u_P) \frac{\left(1 - \frac{G_2^0}{G_2^P}\right) \left(\ln \frac{r_a}{r_1} - G_1^0 \ln \frac{r_a}{r_2}\right)}{\ln \frac{r_a}{r_1} - G_1^0\, G_2^0 \ln \frac{r_a}{r_2}} \frac{1}{\pi^2 - 8} \left(\frac{r_1}{r_k}\right)^2 \frac{1}{\varphi_{th}} \qquad \text{(III 4, 32)}$$

oder

$$\frac{\partial T_R}{\partial \varphi_a} = \frac{\left(1 - \frac{G_2^0}{G_2^P}\right) \left(\ln \frac{r_a}{r_1} - G_1^0 \ln \frac{r_a}{r_2}\right)}{\frac{G_2^0}{G_2^P} \ln \frac{r_a}{r_1} - G_1^0\, G_2^0 \ln \frac{r_a}{r_2}} \frac{\partial T_R}{\partial \varphi_2}. \qquad \text{(III 4, 33)}$$

Definitionsgemäß gleicht nun der Anodenstrom J_a dem Produkte des Emissionsstromes J_e mit dem Transmissionsmaß T

$$J_a = J_e T = J_e T_F \cdot T_R, \qquad \text{(III 4, 34)}$$

so daß durch Verbindung von (III 4, 11) mit (III 4, 25) und (III 4, 29) das Kennlinienfeld $J_a = J_a(\varphi_1, \varphi_2, \varphi_a)$ des Anodenstromes analytisch dargestellt wird. Aus ihm berechnet sich die Steilheit S_a der Anodenstrom-Steuerpotential-Kennlinie zu

$$S_a = \frac{\partial J_a}{\partial \varphi_2} = S_e T + J_e \frac{\partial T}{\partial \varphi_2} = S_e T + J_a \left[\frac{1}{T_F}\frac{\partial T_F}{\partial \varphi_2} + \frac{1}{T_R}\frac{\partial T_R}{\partial \varphi_2}\right], \qquad \text{(III 4, 35)}$$

während der innere Anodenwiderstand $R_{i,a}$ durch die Gleichung

$$\frac{1}{R_{i,a}} = \frac{\partial J_a}{\partial \varphi_a} = \frac{\partial J_e}{\partial \varphi_a} T + J_e \frac{\partial T}{\partial \varphi_a} = S_e D_2 T + J_a \left[\frac{1}{T_F}\frac{\partial T_F}{\partial \varphi_a} + \frac{1}{T_R}\frac{\partial T_R}{\partial \varphi_a}\right] \qquad \text{(III 4, 36)}$$

definiert wird.

Mit S_a und $R_{i,a}$ ist sowohl die Verstärkungszahl

$$\mu = S_a R_{i,a} \qquad \text{(III 4, 37)}$$

der Raumladungsgitter-Tetrode wie ihre Güte

$$Q = \frac{\mu}{R_{i,a}} \qquad \text{(III 4, 38)}$$

bekannt; auf die explizite Angabe dieser Ausdrücke darf mit Rücksicht auf die relativ geringe Bedeutung dieses Röhrentyps in der modernen Elektronik verzichtet werden.

III 5. Die Schirmgitter-Tetrode.

a) Im Lichte der äußeren Elektronik unterscheidet sich die Schirmgitter-Tetrode von der Raumladungsgitter-Tetrode nur durch ihre Schaltung: Das kathodennahe Gitter 1 dient jetzt als Steuergitter, dessen Potential φ_1 als Funktion der laufenden Zeit t vorgeschrieben sei

$$\varphi_1 = \varphi_1(t) < 0, \qquad \text{(III 5, 1)}$$

während das anodennahe Gitter 2 als Schirmgitter ein festes, positives Potential

$$\varphi_2 > 0 = \text{const.} \qquad \text{(III 5, 2)}$$

führt; das jeweils gleichzeitig auftretende Anodenpotential φ_a sei als stets potitiv vorausgesetzt

$$\varphi_a > 0. \qquad \text{(III 5, 3)}$$

Wir beschränken uns weiterhin auf den Betrieb der Röhre als Verstärker, dessen Steuerpotential niemals positive Werte relativ zur Kathode annimmt

$$\varphi_1 \leqq 0. \qquad \text{(III 5, 4)}$$

Verschärfen wir dann die Annahmen (III 5, 2) und (III 5, 3) zur Bedingung eines definit positiven natürlichen Steuerpotentiales

$$\varphi_{st} = G_1 \varphi_1 + G_2 \varphi_2 + [1 - (G_1 + G_2)]\, \varphi_a > 0, \qquad \text{(III 5, 5)}$$

so bleibt der Strom J_1 des Steuergitters als Anlaufstrom gewiß stets so klein gegen den gemäß (III 4, 10) und (III 4, 11) im Verein mit (III 4, 8) bestimmten Emissionsstrom

$$J_e = f(\varphi_{st}) \qquad \text{(III 5, 6)}$$

der Tetrode, daß wir J_1 weiterhin vernachlässigen, also

$$J_1 = 0 \qquad \text{(III 5, 7)}$$

setzen dürfen. Dagegen gleicht die Stärke der integralen Ströme J_2 des Schirmgitters und J_a der Anode größenordnungsmäßig in der Regel der Stärke des Emissionsstromes J_e; nachdem dieser uns durch Gl. (III 5, 6) grundsätzlich aus der Theorie der Diode bekannt ist, stehen wir vor der Aufgabe, die Ströme J_2 des Schirmgitters und J_a der Anode einzeln zu ermitteln.

b) Im stationären Arbeitszustande der Tetrode stiftet das Kontinuitätsgesetz der Elektrizität zwischen den Strömen J_e, J_2 und J_a den Zusammenhang

$$J_e = J_2 + J_a. \qquad \text{(III 5, 8)}$$

Allein während wir die entsprechende Relation zwischen den integralen Strömen sowohl der Pentode wie der Raumladungsgitter-Tetrode sogleich innerelektronisch als kinematische Aufspaltung des Emissionsstromes in die beiden Zweigströme der jeweils relativ zur Kathode positiv gespannten Elektroden deuten konnten, reicht diese einfache Auffassung für die Analyse des Strömungsfeldes in der Schirmgitter-Tetrode nicht aus: Die primären Elektronen des Emissionsstromes befreien bei ihrem Eindringen in die Metalle des Schirmgitters und der Anode aus diesen Elektroden Sekundärelektronen, deren Bewegung im Interelektrodenraum sich dort der Konvektion der Primärelektronen überlagert. Wir haben demnach die Integralströme J_2 des Schirmgitters und J_a der Anode je in ihren *primären Anteil* [Adskript (p)] und ihren *sekundären Anteil* [Adskript (s)] zu zerlegen:

$$J_2 = J_2^{(p)} + J_2^{(s)}, \qquad \text{(III 5, 9)}$$

$$J_a = J_a^{(p)} + J_a^{(s)}. \qquad \text{(III 5, 10)}$$

Die *Kirchhoff*sche Gleichung (III 5, 8) zerfällt dann formal in die beiden Aussagen

$$J_2^{(p)} + J_a^{(p)} = J_e \qquad \text{(III 5, 11)}$$

und

$$J_2^{(s)} + J_a^{(s)} = 0, \qquad \text{(III 5, 12)}$$

mit deren physikalischem Inhalte wir uns weiterhin zu beschäftigen haben. Um diese Untersuchung mit elementaren Mitteln durchführen zu können, müssen wir uns allerdings von der elektronischen Kopplung zwischen den Systemen der primären und der sekundären Ströme emanzipieren, welche tatsächlich durch deren Raumladungsfelder hergestellt wird.

c) Im Rahmen der hier beabsichtigten Näherung sind für die Aufspaltung (III 5, 11) des Emissionsstromes J_e in die Primärströme $J_2^{(p)}$ und $J_a^{(p)}$ wesentlich die Gesetze der Stromverteilung in einer Triode bei gleichzeitig positiven Potentialen φ_g ihres Gitters und φ_a ihrer Anode gegen die Kathode zuständig. Um den angedeuteten Vergleich durchzuführen, denken wir uns vorübergehend das kathodennahe Gitter 1 der Tetrode aus dieser entfernt; in dem verbleibenden Torso der Röhre hängt dann das Verhältnis des primären Anodenstromes $J_a^{(p)}$ zum primären Strome $J_2^{(p)}$ des Schirmgitters nur von dem Verhältnis des Anodenpotentiales φ_a zum Schirmgitterpotential φ_2 ab

$$\frac{J_a^{(p)}}{J_2^{(p)}} = F\left(\frac{\varphi_a}{\varphi_2}\right). \qquad \text{(III 5, 13)}$$

Die in Ziffer II 11 gegebene, explizite Darstellung der Funktion F bezieht sich nun auf eine Triode mit parallelebenem Elektrodensystem. Um uns hier dieser Bauform anzupassen, nehmen wir an einer Zylindertetrode nach Ziffer III den dreifachen Grenzübergang

$$\lim_{\substack{r_2 \to \infty \\ r_k \to \infty}} (r_2 - r_k) = g; \qquad \lim_{\substack{r_2 \to \infty \\ n_2 \to \infty}} \frac{2\pi r_2}{n_2} = \tau; \qquad \lim_{\substack{r_a \to \infty \\ r_2 \to \infty}} (r_a - r_2) = a \qquad \text{(III 5, 14)}$$

vor und ersetzen den Gitterstab-Halbmesser ϱ_0 der Vergleichstriode durch den Stabhalbmesser ϱ_2 des Schirmgitters, so daß nach (III 4, 7) und (II 3, 41)

$$D_2 = D_2^0 = \frac{\tau}{2\pi a} \ln \frac{\tau}{2\pi \varrho_2} \qquad \text{(III 5, 15)}$$

den Durchgriff der Tetroden-Anode durch das Schirmgitter mißt.

Wir erinnern uns nun, daß wir zwei kinematisch wesentlich voneinander verschiedene Fälle der verteilenden Elektronenströmung zu unterscheiden haben:

1. Im *Belowschen* Arbeitsgebiete der Anodenpotentiale φ_a, welche im Verhältnis zum Schirmgitterpotentiale φ_2 kleiner als das durch (II 11, 42) und (II 11, 44) bestimmte Grenzverhältnis $\left(\frac{\varphi_a}{\varphi_2}\right)_{gr}$ bleiben

$$\frac{\varphi_a}{\varphi_2} < \left(\frac{\varphi_a}{\varphi_2}\right)_{gr} \approx \left[\frac{\frac{\tau}{2a}\left(1 - \frac{2\varrho_2}{\tau}\right)}{\frac{g}{g+a} + D_2}\right]^2, \qquad \text{(III 5, 16)}$$

wird das Primärstrom-Verhältnis ausreichend genau durch (II 11, 41) beschrieben

$$\frac{J_a^{(p)}}{J_2^{(p)}} \approx \frac{2a}{\tau}\left[\frac{g}{g+a} + D_2\right]\sqrt{\frac{\varphi_a}{\varphi_2}}. \qquad \text{(III 5, 17)}$$

2. Im *Tankschen* Arbeitsgebiet

$$\frac{\varphi_a}{\varphi_2} > \left(\frac{\varphi_a}{\varphi_2}\right)_{gr} \qquad \text{(III 5, 18)}$$

erhalten wir in der durch (III 5, 16) gegebenen Näherung

$$\frac{J_a^{(p)}}{J_2^{(p)}} = \frac{\left(1 - \frac{2\varrho_2}{\tau}\right)\left(\frac{g}{g+a} + D_2\right)}{\frac{2\varrho_2}{\tau}\left(\frac{g}{g+a} + D_2\right) + \frac{1}{4}\frac{\tau}{\pi a}\left(1 - \frac{g}{g+a}\frac{\varphi_a}{\varphi_2}\right)}. \qquad \text{(III 5, 19)}$$

Nun entstammen die Angaben (III 5, 17) und (III 5, 19) der Kinematik einer Konvektionsströmung, deren Teilchen senkrecht in die Trägerebene des Gitters einfallen. Diese Voraussetzung trifft jedoch für die Passage der Elektronen durch das Schirmgitter der Tetrode in der Regel nicht zu, da diese Elektronen ja beim Durchkreuzen des Steuergitters schon vorabgelenkt wurden. Im Lichte dieser Kritik dürfen wir den Gleichungen (III 5, 17) und (III 5, 19) nur den Rang einer Abschätzung zuerkennen; es mag daher gerechtfertigt sein, die theoretischen Formeln der primären Stromverteilung zusammenfassend durch das halbempirische *Tank*sche Gesetz (II 11, 3) zu ersetzen

$$\frac{J_a^{(p)}}{J_2^{(p)}} = C_2 \sqrt{\frac{\varphi_a}{\varphi_2}}, \qquad \text{(III 5, 20)}$$

dessen Verteilungskonstante C_2 gemäß (II 11, 19) aus den Daten der Tetrode zu

$$C_2 = \sqrt{\frac{g}{g+a}\left[\frac{\tau}{2\varrho_2} - 1\right]} \qquad \text{(III 5, 21)}$$

resultiert.

d) Die Befreiung der Sekundärelektronen beziehentlich aus dem Schirmgitter und der Anode wird durch die Gesetzmäßigkeiten beschrieben, deren Phänomenologie wir in Ziffer E 3 skizziert haben. Von dort übernehmen wir die Abschätzung (E 3, 6) als hinreichend genauen Ausdruck des integralen Sekundäremissions-Verhältnisses

$$\Gamma_z = \Gamma_z(\varphi_z) \qquad \text{(III 5, 22)}$$

beim Aufprall der Primärelektronen je der Bewegungsenergie

$$W_z = q_0 \varphi_z \qquad \text{(III 5, 23)}$$

auf der Oberfläche des Zielkörpers z. Wir dürfen daher fortan sowohl die Sekundär-Emissionsfunktion des Schirmgitters

$$\Gamma_2 = \Gamma_2(\varphi_2), \qquad \text{(III 5, 24)}$$

wie auch die entsprechende Funktion der Anode

$$\Gamma_a = \Gamma_a(\varphi_a) \qquad \text{(III 5, 25)}$$

als bekannt voraussetzen; in der Regel sind das Schirmgitter einerseits, die Anode andererseits aus verschiedenem Materiale gebaut, so daß dann, wie durch ihre unterschiedlichen Indizes bereits formal angedeutet wurde, die Funktionen Γ_2 und Γ_a strukturell voneinander abweichen. Gemäß (III 5, 24) setzt also der Primärstrom $J_2^{(p)}$ des Schirmgitters dort je Zeiteinheit

$$J_a^{(s)} = \Gamma_2(\varphi_2) \cdot J_2^{(p)} \qquad \text{(III 5, 26)}$$

Sekundärelektronen in Freiheit, während der Primärstrom $J_a^{(p)}$ der Anode aus dieser gemäß (III 5, 25) den Sekundärstrom

$$J_a^{(s)} = \Gamma_a(\varphi_a)\, J_a^{(p)} \qquad \text{(III 5, 27)}$$

auslöst.

e) Um der Kinematik der Ströme (III 5, 26) und (III 5, 27) nachzugehen, ersetzen wir das Schirmgitter durch seine Trägerebene, welche — nach der gedachten Entfernung des Steuergitters aus dem Entladungsraum — nach (III 5, 43) das Effektivpotential

$$\overline{\varphi}_2 = \frac{g(\varphi_2 + D_2\varphi_a)}{g + (g+a)D_2} \qquad \text{(III 5, 28)}$$

gegen die Kathode führt; die Voraussetzungen (III 5, 2) und (III 5, 3) ziehen die Ungleichung

$$\overline{\varphi}_2 > 0 \qquad \text{(III 5, 29)}$$

nach sich. Rechnen wir nun die elektrische Feldstärke parallel zur Flugrichtung der Primärelektronen als positiv, so folgt also für ihre Größe $E_{k,2}$ im Kathoden-Schirmgitterraum stets die Aussage

$$E_{k,2} = -\frac{\overline{\varphi}_2}{g} < 0. \qquad \text{(III 5, 30)}$$

Dagegen unterliegt ihr Wert $E_{2,a}$ im Schirmgitter-Anodenraum

$$E_{2,a} = \frac{\overline{\varphi}_2 - \varphi_a}{a} = \frac{1}{a} \frac{g \varphi_2 - (g + D_2 a) \varphi_a}{g + (g + a) D_2} \qquad \text{(III 5, 31)}$$

der Alternative

$$E_{2,a} \gtrless 0 \quad \text{für} \quad \varphi_2 \gtrless \left(1 + D_2 \frac{a}{g}\right) \varphi_a. \qquad \text{(III 5, 32)}$$

Wir lassen nun die Startgeschwindigkeit der eben je aus ihrer Mutterelektrode befreiten Sekundärelektronen geflissentlich außer Betracht, so daß auf Grund der Voraussetzungen (III 5, 2) und (III 5, 3) keines von ihnen zur Kathode gelangen kann: Die sekundäre Konvektionsströmung beschränkt sich wesentlich auf den Schirmgitter-Anodenraum. Für die der Anode entstammenden Sekundärelektronen bedarf diese Angabe keines Zusatzes. Dagegen liegt zwischen den Stäben des Schirmgitters und dessen Trägerfläche die Potentialdifferenz

$$\varphi_2 - \overline{\varphi}_2 = \frac{(g + a) D_2}{g + (g + a) D_2} \left[\varphi_2 - \frac{g}{g + a} \varphi_a, \right], \qquad \text{(III 5, 33)}$$

welche nur unter der Bedingung

$$\varphi_2 < \frac{g}{g + a} \varphi; \qquad \frac{\varphi_a}{\varphi_2} > 1 + \frac{a}{g} \qquad \text{(III 5, 34)}$$

den Sekundärelektronen des Schirmgitters den Durchtritt in den Schirmgitter-Anodenraum gestattet.

f) Das Potential φ_2 des Schirmgitters möge das Anodenpotential φ_a so stark übertreffen, daß die elektrische Feldstärke $E_{2,a}$ nach (III 5, 32) positiv ausfällt. Im Hinblick auf (III 5, 30) und (III 5, 34) zeigt sich somit, daß die dem Schirmgitter entstammenden Elektronen der Gruppe (III 5, 26) von der ihnen geschenkten Freiheit keinen Gebrauch machen können: Sie werden schon unmittelbar nach Verlassen der Gitterstäbe in das Muttermetall reflektiert. Wir brauchen uns daher nur mit der aus der Anode entspringenden Bewegung der Sekundärelektronen zu beschäftigen. Da nun deren Intensität zufolge ihrer genetischen Kopplung (III 5, 27) mit der jeweiligen Primärstromstärke $J_a^{(p)}$ begrenzt wird, gleicht die Anoden-Schirmgitterstrecke funktionell der Strecke Kathode—Anode einer parallelebenen Hochvakuumdiode von allerdings veränderbarer Absoluttemperatur ihrer emittierenden, negativen Glühelektrode; wie bei dieser Diode haben wir daher auch hier zwei Arbeitsbereiche zu unterscheiden:

1. Das Raumladungsgebiet.

Bei hinreichend kleinen Potentialdifferenzen

$$\overline{\varphi} - \varphi_a = \frac{g \varphi_2 - (g + D_2 a) \varphi_a}{g + (g + a) D_2} \qquad \text{(III 5, 35)}$$

gehorcht die von der Anode zum Schirmgitter übertretende Sekundärelektronen-Stromdichte $j_{a,2}^{(s)}$ dem *Child-Langmuir*schen Gesetze (III 3, 18), welches, nach der erforderlichen Abänderung der früheren Bezeichnungen, die Relation

$$j_{a,2}^{(s)} = \frac{4}{9} \Delta \sqrt{2 \frac{q_0}{m_0}} \frac{(\overline{\varphi}_2 - \varphi_a)^{3/2}}{a^2} = \frac{4}{9} \Delta \sqrt{2 \frac{q_0}{m_0}} \frac{1}{a^2} \left[\frac{g \varphi_2 - (g + D_2 a) \varphi_a}{g + (g + a) D_2} \right]^{3/2} \qquad \text{(III 5, 36)}$$

liefert. Sie gilt jedoch bei dem vorgegebenen Werte (III 5, 2) des Schirmgitter-Potentiales φ_2 nur innerhalb jenes Bereiches

$$\varphi_{a,\,gr} < \varphi_a \leqq \varphi_2 \frac{g}{g + D_2 a} \qquad \text{(III 5, 37)}$$

des Anodenpotentiales, in welchem die nach Maßgabe der sekundäremittierenden Anodenfläche F aus (III 5, 36) resultierende Übergangsstromstärke

$$J^{(s)}_{a,\,g} = F\, j^{(s)}_{a,\,g} \qquad \text{(III 5, 38)}$$

unterhalb der Schranke (III 5, 27) bleibt. Für das in (III 5, 37) eingehende Grenzpotential $\varphi_{a,\,gr}$ ergibt sich daher aus (III 5, 27), (III 5, 36) und (III 5, 38) die Gleichung

$$\frac{4}{9} \varDelta \sqrt{2 \frac{q_0}{m_0}} \frac{F}{a^2} \left[\frac{g\varphi_2 - (g + D_2 a)\,\varphi_{a,\,gr}}{g + (g + a)\,D_2}\right]^{3/2} = J^{(p)}_a\, \Gamma_a(\varphi_{a,gr}), \qquad \text{(III 5, 39)}$$

welche allerdings, solange man nicht über die analytische Darstellung der Funktion $\Gamma_a = \Gamma_a(\varphi_a)$ verfügt, nur auf graphischem oder numerischem Wege gelöst werden kann.

2. Das Sättigungsgebiet.

Bei Anodenpotentialen des Bereiches

$$0 \leqq \varphi_a < \varphi_{a,\,gr} \qquad \text{(III 5, 40)}$$

saugt die Potentialdifferenz $(\overline{\varphi} - \varphi_a) > 0$ alle der Annode entstammenden Sekundärelektronen zum Schirmgitter ab; der Übergangsstrom $J_{a,\,2}$ findet sich zu

$$J^{(s)}_{a,\,2} = J^{(s)}_a = J^{(p)}_a\, \Gamma_a(\varphi_a). \qquad \text{(III 5, 41)}$$

g) Welche Sekundärelektronen-Strömung entwickelt sich im Schirmgitter-Anodenraum, falls bei fest vorgegebenem Potentiale φ_2 des Schirmgitters das Anodenpotential φ_a dem Bereiche

$$\varphi_a > \frac{g}{g + D_2 a}\varphi_2 \qquad \text{(III 5, 42)}$$

angehört?

Gemäß (III 5, 32) finden nunmehr die eben aus der Anode befreiten Sekundärelektronen ein negatives elektrisches Feld $E_{2,\,a}$ vor, welches sie sogleich in die Mutterelektrode zurücktreibt; daher haben wir es weiterhin nur noch mit der Strömung derjenigen Sekundärelektronen zu tun, welche von den Stäben des Schirmgitters emittiert werden. Der Eintritt dieser Sekundärelektronen in den Schirmgitter-Anodenraum ist nun nach (III 5, 34) an die Bedingung

$$\varphi_a > \left(1 + \frac{a}{g}\right)\varphi_2 \qquad \text{(III 5, 43)}$$

gebunden; daher schließen wir aus dem Vergleich von (III 5, 42) mit (III 5, 43), daß bei Wahl eines Anodenpotentiales der Größe

$$\frac{g}{g + D_2 a}\varphi_2 < \varphi_a < \left(1 + \frac{a}{g}\right)\varphi_2 \qquad \text{(III 5, 44)}$$

die sekundäre Elektronenemission sowohl der Anode wie des Schirmgitters unterdrückt wird, vorausgesetzt allerdings, daß man an der idealisierenden Annahme verschwindender Startgeschwindigkeit der eben emittierten Sekundärelektronen festhält. In der hierdurch gebotenen Genauigkeit dürfen wir uns somit weiterhin auf den Bereich (III 5, 43) beschränken. Aus

(III 5, 33) ergibt sich dann die Geschwindigkeit v der zur Anode strebenden Sekundärelektronen des Schirmgitters in der Umgebung seiner Trägerfläche zu

$$v = \sqrt{2\frac{q_0}{m_0}(\varphi_2 - \overline{\varphi}_2)} = \sqrt{\frac{(g+a)D_2}{g+(g+a)D_2}}\sqrt{2\frac{q_0}{m_0}\left(\varphi_2 - \frac{g}{g+a}\varphi_a\right)}. \tag{III 5, 45}$$

Die Richtung dieser Geschwindigkeit mag gegen die Normale zur Gitter-Trägerebene um einen mehr oder minder großen Winkel abweichen; doch lassen wir diesen kinematischen Effekt weiterhin außer acht. Der Schirmgitter-Anodenraum wird dann merklich einem parallelebenen Raumladungswerfer nach Ziffer I 5 gleichwertig, in welchen die Elektronen vom Potential

$$\varphi_0 = \varphi_2 \tag{III 5, 46}$$

ihrer Basis mit der einheitlichen Geschwindigkeit v nach (III 5, 45) einfallen. Die *Langmuir*-Stromdichte j_L dieses Systemes berechnet sich nach Anpassung der Definition (I 5, 23) an die hier benutzten Bezeichnungen zu

$$j_L = \frac{4}{9}\Delta\sqrt{2\frac{q_0}{m_0}}\frac{(\varphi_2 - \overline{\varphi}_2)^{3/2}}{a^2} =$$

$$= \frac{4}{9}\Delta\sqrt{2\frac{q_0}{m_0}}\cdot\frac{1}{a^2}\left[\frac{(g+a)D_2}{g+(g+a)D_2}\right]^{3/2}\left[\frac{g}{g+a}\varphi_a - \varphi_2,\right]^{3/2} \tag{III 5, 47}$$

sie nimmt also im Existenzbereiche der Sekundärströmung mit wachsendem Anodenpotential φ_a monoton zu; mit Rücksicht auf (I 5, 24) und (I 5, 26) zeigt daher die numerische Dichte γ_0 des injizierten Sekundärstromes

$$\gamma_0 = \frac{J_2^{(s)}}{F\cdot j_L} = \Gamma_2(\varphi_2)\frac{a^2}{F}\frac{J_2^{(p)}}{\frac{4}{9}\Delta\sqrt{2\frac{q_0}{m_0}}\left[\frac{(g+a)D_2}{g+(g+a)D_2}\right]^{3/2}\left[\frac{g}{g+a}\varphi_a - \varphi_2\right]^{3/2}} \tag{III 5, 48}$$

das gerade entgegengesetzte funktionelle Verhalten. Das auf die Basis (III 5, 46) bezogene, numerische Anodenpotential Φ_a ergibt sich mit Hilfe von (III 5, 33) zu

$$\Phi_a = \frac{\varphi_a - \varphi_2}{\overline{\varphi}_2 - \varphi_2} = \frac{[g+(g+a)D_2][\varphi_a - \varphi_2]}{D_2[g\varphi_a - (g+a)\varphi_2]} \geqq 0. \tag{III 5, 49}$$

Läßt man demnach das [natürliche] Anodenpotential φ_a von seinem Mindestwerte (III 5, 44) an wachsen, so fällt das numerische Anodenpotential Φ_a gemäß Abb. III 161 monoton gegen den Grenzwert

$$\Phi_{a,\infty} = \lim_{\varphi_a\to\infty}\Phi_a = 1 + \frac{a}{g} + \frac{1}{D_2} > 1 \tag{III 5, 50}$$

ab. Definiert man nun an Hand der Relation (III 5, 48) das Grenz-Anodenpotential $\varphi^*_{a,\,gr}$ durch die Gleichung

$$\gamma_0 = \frac{1}{2} \tag{III 5, 51}$$

zu

$$\varphi^*_{a,\,gr} = \left(1+\frac{a}{g}\right)\varphi_2 + \frac{g+(g+a)D_2}{g\,D_2}\left[\frac{2\,\Gamma_2(\varphi_2)\frac{a^2}{F}J_2^{(p)}}{\frac{4}{9}\Delta\sqrt{2\frac{q_0}{m_0}}}\right]^{2/3}, \tag{III 5, 52}$$

so hat man auf Grund der Theorie des Raumladungswerfers zwei Fälle zu unterscheiden:

1. Für hohe Anodenpotentiale des Bereiches

$$\varphi_a > \varphi^*_{a,\,gr} \tag{III 5, 53}$$

erschließt man aus (III 5, 48) numerische Injektionsstromdichten nur des Betrages

$$\gamma_0 < \frac{1}{2}. \tag{III 5, 54}$$

Da sich dann im Schirmgitter-Anodenraum keine „virtuelle Kathode“ vom Potential $\varphi_0 = \varphi_2$ bilden kann, fließt der „Sättigungsstrom“

$$J^{(s)}_{2,\,a} = J^{(s)}_2 = \Gamma_2(\varphi_2)\, J^{(p)}_2. \tag{III 5, 55}$$

2. Für Anodenpotentiale des Bereiches

$$\frac{g + a}{g} < \varphi_a < \varphi^*_{gr} \tag{III 5, 56}$$

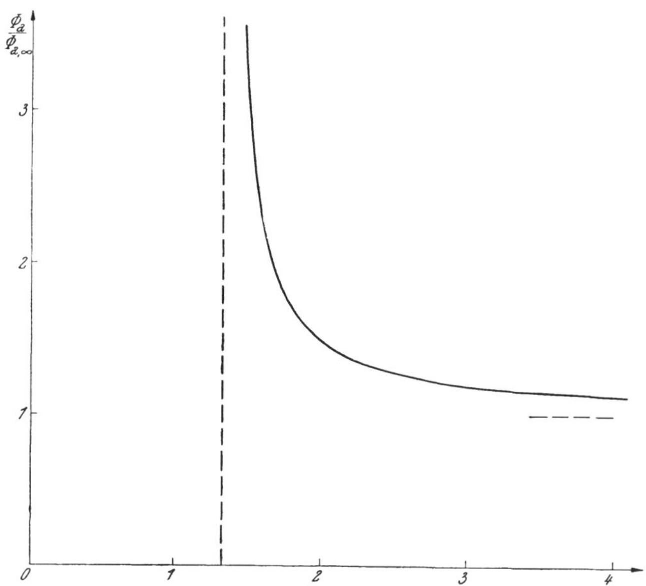

Abb. III 161. Veränderung des numerischen Anodenpotentiales mit dem natürlichen Anodenpotential.

fällt gemäß (III 5, 48)

$$\gamma_0 > \frac{1}{2} \tag{III 5, 57}$$

aus, so daß nunmehr die Existenzbedingungen für die Entstehung einer virtuellen Kathode grundsätzlich erfüllt sind. Doch reicht die Angabe (III 5, 57) erst hin, falls das beim Auftreten der virtuellen Kathode jeweils der numerischen Stromdichte γ_0 zugeordnete, größtmögliche numerische Potential $\Phi_{a,\,max}$ den Grenzwert $\Phi_{a,\,\infty}$ nach (III 5, 50) übersteigt. Gemäß (I 5, 97) gilt nun

$$\Phi_{a,\,max} = [(2\,\gamma_0)^{1/3} - 1]^2 \leqq 1 \qquad \text{für} \qquad \frac{1}{2} \leqq \gamma_0 \leqq 4 \tag{III 5, 58}$$

und gemäß (I 5, 99)

$$\Phi_{a,\,max} \to \Phi_{a,\,s} = [\sqrt{\gamma_0} - 1]^{4/3} \geqq 1 \qquad \text{für} \qquad \gamma_0 \geqq 4, \qquad (III\ 5,\ 59)$$

so daß zufolge (III 5, 50) die Ungleichung (III 5, 57) in

$$\gamma_0 > [1 + \Phi_{a,\,\infty}^{3/4}]^2 \qquad (III\ 5,\ 60)$$

zu verschärfen ist. Mit Rücksicht auf (III 5, 44) und (III 5, 48) gelangen wir somit in

$$\left(1 + \frac{a}{g}\right)\varphi_2 < \varphi_a < \left(1 + \frac{a}{g}\right)\varphi_2 + \frac{\Phi_{a,\,\infty}}{[1 + \Phi_{a,\,\infty}^{3/4}]^{4/3}} \left[\frac{\Gamma_2(\varphi_2)\,\frac{a^2}{F}\,J_2^{(p)}}{\frac{4}{9}\Delta\sqrt{2\,\frac{q_0}{m_0}}}\right]^{2/3} \qquad (III\ 5,\ 61)$$

zu der gesuchten Existenzbedingung der virtuellen Kathode. Falls dann diese Fläche gebildet ist, gewährt sei nur jenem Teilstrom

$$J_{2\,a}^{(s)} = \gamma_{2,\,a}^{(s)}\,F\,j_L < J_2^{(s)} \qquad (III\ 5,\ 62)$$

der Übertritt zur Anode, dessen numerische Stromdichte $\gamma_{2,\,a}^{(s)}$ mit dem numerischen Anodenpotential Φ_a entsprechend (I 5, 90) durch die Gleichung

$$\Phi_a = \left[\sqrt{\gamma_{a,\,2}^{(s)}} - \sqrt{\frac{\gamma_{a,\,2}^{(s)}}{2\,\gamma_0 - \gamma_{a,\,2}^{(s)}}}\right]^{4/3} \qquad (III\ 5,\ 63)$$

verknüpft ist, während der Reststrom zum Schirmgitter zurückverwiesen wird. Im Gegensatz zum Raumladungswerfer bezeichnet hier jedoch die numerische Stromdichte γ_0 keine „eingeprägte" Konstante, sondern hängt ihrerseits vom numerischen Anodenpotential Φ_a ab: Aus (III 5, 49) und (III 5, 50) entnimmt man die Relation

$$\frac{\Phi_a}{\Phi_{a,\,\infty}} = \frac{\varphi_a - \varphi_2}{\varphi_a - \left(1 + \frac{a}{g}\right)\varphi_2}. \qquad (III\ 5,\ 64)$$

Aus ihr folgt die Angabe

$$\varphi_a = \varphi_2\,\frac{\left(1 + \frac{a}{g}\right)\Phi_a - \Phi_{a,\,\infty}}{\Phi_a - \Phi_{a,\,\infty}} \qquad (III\ 5,\ 65)$$

durch deren Substitution in (III 5, 52) die Gleichung

$$\gamma_0 = \frac{\Gamma_2(\varphi_2)\,\frac{a^2}{F}\,J_2^{(p)}}{\frac{4}{9}\sqrt{2\,\frac{q_0}{m_0}}\left[\frac{a}{g}\,\varphi_2\right]^{3/2}}\,[\Phi_a - \Phi_{a,\,\infty}]^{3/2} \qquad (III\ 5,\ 66)$$

resultiert; sie stellt in Gemeinschaft mit (III 5, 63) die [numerische] Kennlinie

$$\gamma_{a,\,2}^{(s)} = \gamma_{a,\,2}^{(s)}(\Phi_a) \qquad (III\ 5,\ 67)$$

des sekundären Schirmgitterstromes vermittels des Parameters γ_0 dar.

Im gemeinsamen Existenzgebiete der durchwegs einsinnigen „Sättigungsströmung" (III 5, 55) und der teilweise doppelsinnigen Strömung (III 5, 67) läßt die Theorie des Raumladungswerfers hysteresеartige Erscheinungen voraussehen: Gewisse Abschnitte der dort zweideutigen Kennlinie sollten beziehentlich nur bei monoton abnehmendem oder monoton zunehmendem Anodenpotential durchlaufen werden, und der Übergang vom Sättigungszustand zum Auftreten der virtuellen Kathode sollte sprunghaft erfolgen. Da indessen über solche Effekte keine Beobachtungen bekannt geworden sind, können sie nicht als gesichert gelten. Vielmehr liegen Anzeichen dafür vor, daß im Falle zweier gleichzeitig existenzfähiger Raumladungsfelder unterschiedlicher Struktur dasjenige bevorzugt wird, welches eine virtuelle Kathode der vorher genannten Art beherbergt; wir schließen uns dieser Annahme unter dem Vorbehalt ihrer später etwa notwendigen Revision an.

h) In die Bilanz des resultierenden Anodenstromes J_a tritt der sekundäre Anodenstrom $J_{a,2}^{(s)}$ mit negativem, der sekundäre Schirmgitterstrom $J_{2,a}^{(s)}$ mit positivem Vorzeichen ein

$$J_a = J_a^{(p)} - J_{a,2}^{(s)} + J_{2,a}^{(s)}. \qquad \text{(III 5, 68)}$$

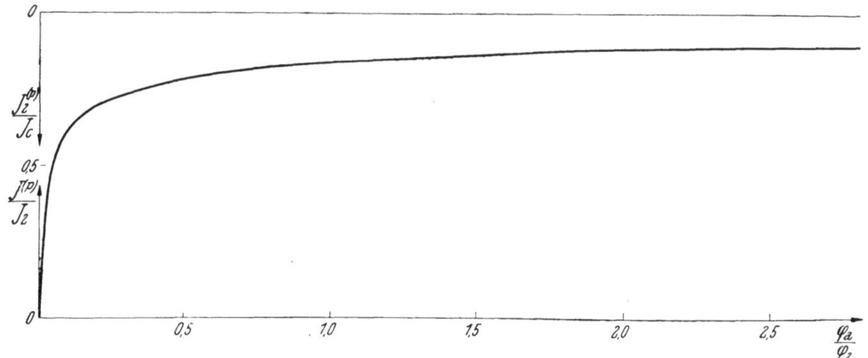

Abb. III 162. Primär- und Sekundärstrom der Schirmgitter-Tetrode nach dem *Tank*schen Verteilungsgesetz.

Dagegen ist in der Bilanz des resultierenden Schirmgitterstromes J_2 gerade umgekehrt der sekundäre Anodenstrom $J_{a,2}^{(s)}$ mit positivem, der sekundäre Schirmgitterstrom $J_{2,a}^{(s)}$ mit negativem Vorzeichen zu buchen

$$J_2 = J_2^{(p)} + J_{a,2}^{(s)} - J_{2,a}^{(s)}. \qquad \text{(III 5, 69)}$$

Um den hieraus resultierenden Verlauf der Ströme J_a und J_2 mit veränderlichem Anodenpotential φ_a bei festem Potential φ_2 des Schirmgitters kennenzulernen, denken wir uns das Potential φ_1 des Steuergitters so geregelt, daß der Emissionsstrom J_e konstant bleibt. Abb. III 162 zeigt die aus ihm gemäß (III 5, 20) berechneten Primärströme $J_a^{(p)}$ und $J_2^{(p)}$ als Funktion des Potentialverhältnisses $\left(\frac{\varphi_a}{\varphi_2}\right)$ bei einem Werte $C_2 = 5$ der *Tank*schen Verteilungskonstanten. Indem wir nun die Überlegungen der voranstehenden Abschnitte heranziehen, gelangen wir zu folgenden unterschiedlichen Arbeitsbereichen der Schirmgitter-Tetrode:

1. Im Gebiete positiver Anodenpotentiale φ_a, welche die aus (III 5, 39) zu entnehmende Grenze $\varphi_{a,gr}$ nicht überschreiten wird der Anode der sekundäre Sättigungsstrom (III 5, 41) entnommen, während das Schirmgitter keinen Sekundärstrom entsendet.

2. Für Anodenpotentiale des Intervalles

$$\varphi_{\mathrm{a,gr}} < \varphi_{\mathrm{a}} < \varphi_2 \frac{\mathrm{g}}{\mathrm{g} + \mathrm{D}_2 \mathrm{a}} \qquad \text{(III 5, 70)}$$

reduziert sich der sekundäre, der Anode entstammende Strom auf den *Child-Langmuir*schen Betrag nach (III 5, 36) und (III 5, 38), während der dem Schirmgitter entquellende Sekundärstrom weiterhin unterdrückt bleibt.

3. Für Anodenpotentiale der Größe

$$\frac{\mathrm{g}}{\mathrm{g} + \mathrm{D}_2 \mathrm{a}} \varphi_2 < \varphi_{\mathrm{a}} < \left(1 + \frac{\mathrm{a}}{\mathrm{g}}\right) \varphi_2 \qquad \text{(III 5, 71)}$$

stockt der Transitverkehr der Sekundärelektronen in beiden Richtungen.

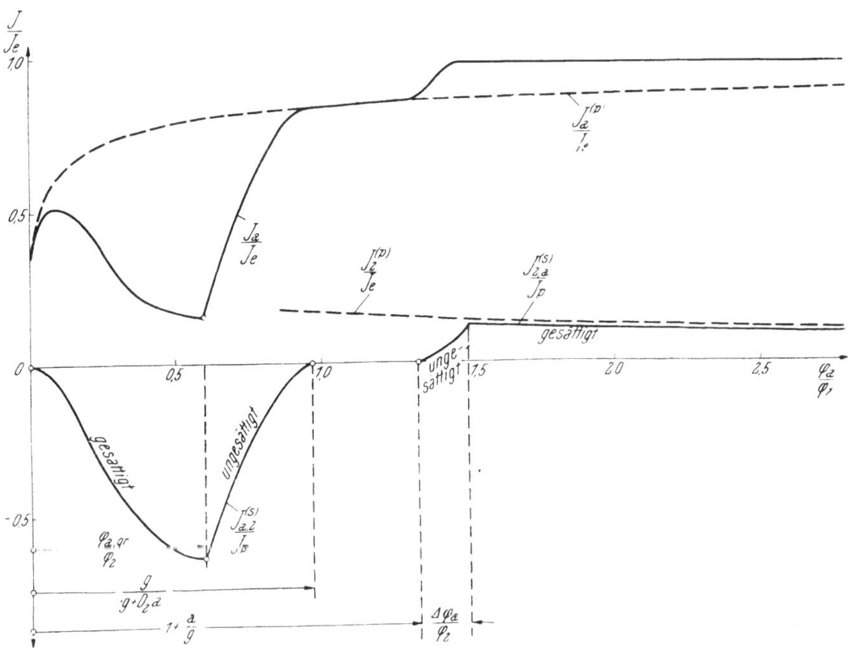

Abb. III 163. Schirmtetrode. Theoretische Ermittlung der Kennlinien.

4. Definiert man die Anoden-Potentialdifferenz $\varDelta\,\varphi_{\mathrm{a}}$ durch

$$\varDelta\,\varphi_{\mathrm{a}} = \frac{\Phi_{\mathrm{a},\,\infty}}{[1 + \Phi_{\mathrm{a},\,\infty}^{3/4}]^{4/3}} \left[\frac{\Gamma_2(\varphi_2) \frac{\mathrm{a}^2}{\mathrm{F}} \mathrm{J}_2^{(\mathrm{p})}}{\frac{4}{9} \varDelta \sqrt{2 \frac{\mathrm{q}_0}{\mathrm{m}_0}}} \right]^{2/3}, \qquad \text{(III 5, 72)}$$

so tritt gemäß (III 5, 61) im Potentialgebiete

$$\left(1 + \frac{\mathrm{a}}{\mathrm{g}}\right) \varphi_2 < \varphi_{\mathrm{a}} < \left(1 + \frac{\mathrm{a}}{\mathrm{g}}\right) \varphi_2 + \varDelta\,\varphi_{\mathrm{a}} \qquad \text{(III 5, 73)}$$

der aus (III 5, 47), (III 5, 62), (III 5, 65) und (III 5, 67) zu berechnende, ungesättigte Sekundärstrom vom Schirmgitter zur Anode über, während die Anode keinen Sekundärstrom entsendet.

5. Im Bereiche hoher Anodenpotentiale

$$\varphi_a > \left(1 + \frac{a}{g}\right)\varphi_2 + \Delta\varphi_a \qquad \text{(III 5, 74)}$$

nimmt die Anode den sekundären Sättigungsstrom (III 5, 55) des Schirmgitters auf, ohne sich selbst an der Bildung dieses Konvektionsstromes aktiv zu beteiligen.

Abb. III 163 zeigt den hiernach theoretisch zu erwartenden Verlauf der Anodenstrom-Anodenpotential-Kennlinie. Bei kleinen Anodenpotentialen deckt sie sich infolge der dort nur schwachen Sekundäremission der Anode merklich mit der Kennlinie allein des Primärstromes. Setzt jedoch mit wachsendem Anodenpotential die Sekundäremission der Anode ein, so nimmt der Anodenstrom erheblich ab, durchläuft bei $\varphi_a = \varphi_{a,\,gr}$ ein Minimum und kehrt erst bei $\varphi_a = \frac{g}{g + D_2 a}$ zu seiner Primärkennlinie zurück, welcher er bis zum Anodenpotential $\varphi_a = \left(1 + \frac{a}{g}\right)\varphi_2$ folgt. Dort beginnt die sekundäre Elektronenströmung aus dem Schirmgitter, so daß der Anodenstrom zunächst über seine Primärstärke hinaus ansteigt; da jedoch mit weiter wachsendem Anodenpotentiale der primäre Schirmgitterstrom fällt, konvergiert der Anodenstrom abermals gegen seine Primärkennlinie.

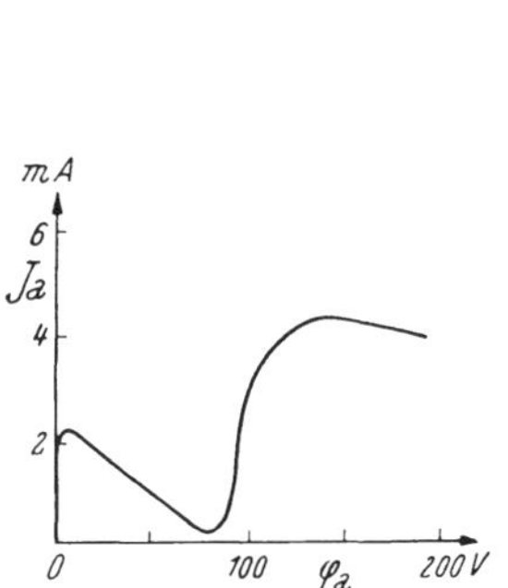

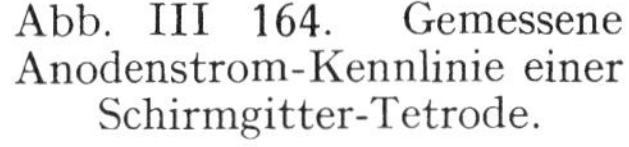

Abb. III 164. Gemessene Anodenstrom-Kennlinie einer Schirmgitter-Tetrode.

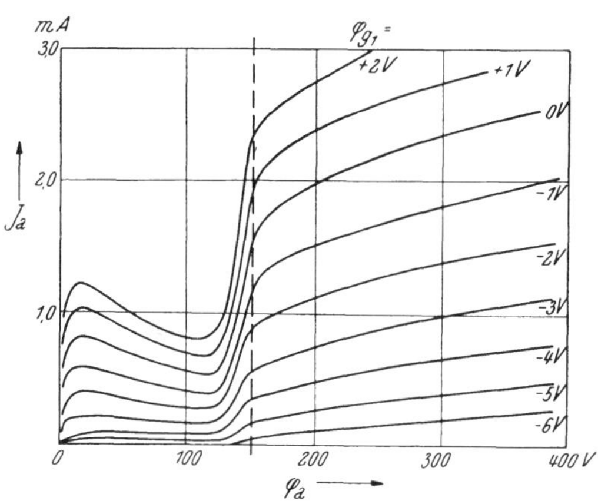

Abb. III 165. Experimentell bestimmtes Anodenstrom-Kennlinienfeld einer Schirmgitter-Tetrode.

Die konstruierte, zufolge der zahlreichen Näherungsannahmen der Rechnung stark stilisierte Kennlinie der Schirmgitter-Tetrode zeigt unverkennbare Ähnlichkeit mit den Ergebnissen der Messung nach Abb. III 164. Nichtsdestoweniger können wesentliche Unterschiede im Verlauf der verglichenen Kurven nicht übersehen werden: Während die Theorie in der Umgebung des Potentialverhältnisses $\frac{\varphi_a}{\varphi_2} = 1$ die Bildung eines sekundärelektronischen „Niemandslandes“ voraussagt, welches nur die Primärelektronen durcheilen können, liefert das Experiment einen raschen, stetigen

Übergang zwischen dem Gebiet des sekundären Stromes von der Anode zum Schirmgitter zum Gebiet der umgekehrt fließenden Sekundärströmung; dieser Sachverhalt wird durch das Kennlinienfeld der Abb. III 165 noch unterstrichen. Bei der Suche nach dem Grunde der angezeigten Unstimmigkeit wird man in erster Reihe an die Startgeschwindigkeit der eben emittierten Sekundärelektronen zu denken haben, welche von uns systematisch vernachlässigt wurde; insbesondere enthält ja das integrale Emissionsverhältnis Γ definitionsgemäß auch die jeweils an den Zielelektroden reflektierten Primärelektronen, welche, obwohl gering an Zahl, wegen ihrer relativ hohen Geschwindigkeit einen merklichen Beitrag zur resultierenden Sekundärströmung liefern. Die hier entwickelten theoretischen Hilfsmittel würden es gestatten, den angedeuteten Nebenerscheinungen quantitativ nachzugehen; da jedoch der erforderliche Mehraufwand an Rechenarbeit in keinem Verhältnis zu deren Erkenntniswert steht, werden wir uns mit den hier mitgeteilten Gründzügen der Schirmgittertetroden-Theorie begnügen.

III 6. Elektronik des Leuchtschirmes.

a) Wir beschäftigen uns mit der Elektrizitätsbewegung in einer Hochvakuum-Kathodenstrahlröhre, deren Elektronenwerfer nach dem Schema der Abb. III 166 den Strom J der Glühkathode K durch die Blende der Anode A gegen den fluoreszierenden Schirm S richtet.

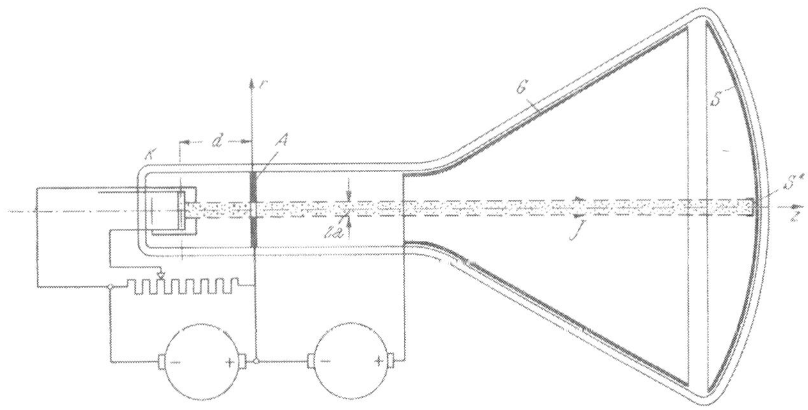

Abb. III 166. Prinzipschaltbild einer Hochvakuum-Kathodenstrahlröhre.

Der quasistationäre Betrieb des Gerätes verlangt die Rückführung des Strahlstromes zur Anode. Um diesen Transport zu erleichtern, wird das Elektrodensystem des Elektronenwerfers durch eine Kollektorelektrode G ergänzt, welche in der Regel bis an den Schirmrand reicht; sie wird entweder unmittelbar oder über eine Stromquelle regelbarer Gleichspannung mit der Anode verbunden. Wie gelangt der Strom J von der Zielfläche S* des Strahles auf dem Leuchtschirm zum Kollektor?

Bei der Suche nach einem geeigneten Transportmechanismus haben wir folgenden Möglichkeiten nachzugehen:

1. Die Leuchtphosphore des Schirmes zeichnen sich schon im Zustande ihrer Ruhe durch eine gewisse *Ohm*sche Leitfähigkeit aus, welche unter dem

Bombardement der einfallenden Elektronen auf hinreichend dünne Kristallschichten merklich anwächst. Ungeachtet dieses Verformungseffektes bleibt jedoch die ihm genetisch verbundene Querstromführung meist so geringfügig, daß sie hier außer Betracht gelassen werden darf.

2. Auch im besten, technisch herstellbaren „Hochvakuum" befinden sich immer noch zahlreiche Gasmoleküle im Innern des Entladungsgefäßes, welche bei ihrem allfälligen Zusammenstoß mit dem gerade vom Strahle beaufschlagten Schirmelement Z je ein oder mehrere Elektronen adsorbieren können. Sind sie durch einen solchen Prozeß zu negativen Ionen geworden, so können sie durch ein elektrisches Feld von passender Polarität zum Kollektor getrieben werden und vermittels dieser ihrer Bewegung den Stromkreis schließen; doch bleibt auch dieser Effekt zahlenmäßig unbedeutend.

3. Beim Aufprall der Strahlelektronen auf die fluoreszierende Schicht werden deren Kristalle zur Quelle einer sekundären Elektronenemission; ihr integrales Verhältnismaß, das Sekundäremissionsvermögen Γ, enthält definitionsgemäß sowohl die „echten" Sekundärelektronen, welche ursprünglich den Leuchtphosphoren organisch angehörten, wie auch jene Primärelektronen, welche entweder an der beaufschlagten Oberfläche des Schirmes elastisch reflektiert wurden oder, nach ihrem Eindringen in das Innere der Kristalle, unter Energieverlust rückdiffundieren.

Auf Grund der geschilderten quantitativen Verhältnisse gelangen wir sonach schon dann zu einer hinreichend genauen Einsicht in die Elektronik des Leuchtschirmes, wenn wir lediglich seine integrale Sekundäremission in Rechnung stellen.

b) Während der regulären Arbeit des Gerätes bildet der Kathodenstrahl einen wandernden Griffel, der seine Leuchtspur nach einem mehr oder minder willkürlichen „Diktat" auf dem fluoreszierenden Schirme niederschreibt. Um uns indessen von den Zufälligkeiten dieses Vorganges zu befreien, denken wir uns die Ablenkorgane des Kathodenstrahles aus der Röhre entfernt, so daß die vordem zeitabhängige Elektronenbewegung in einen stationären Konvektionsstrom übergeht. Zu seinem Studium bedienen wir uns eines rotationssymmetrischen Röhrenmodelles, innerhalb dessen wir uns entsprechend Abb. III 167 an Hand der Zylinderkoordinaten z [Achse], r [Radialdistanz] und ψ [Azimut] orientieren:

1. Die Ebene $z = -d$ werde mit der gleichförmig temperierten Glühkathode K identifiziert, welcher wir das feste Basispotential

$$\varphi = \varphi_K = 0 \qquad \text{für} \qquad z = -d \tag{III 6, 1}$$

erteilen.

2. Die Anode erfülle außerhalb der zentrisch gelegenen Kreislochblende vom Halbmesser a die Ebene $z = 0$; sie werde mit dem zeitfreien, positiven Potential φ_a aufgeladen

$$\varphi = \varphi_a > 0 \qquad \text{für} \qquad z = 0; \qquad r > a. \tag{III 6, 2}$$

3. Das konzentrierende Führungsfeld des Kathodenstrahles innerhalb des Elektronenwerfers [*Wehnelt*-Zylinder, *Pierce*-Elektroden] bleibe ebenso außer Betracht wie die Selbstdispersion des Strahles nach Passage der Anodenblende: Der Strahl wird modellmäßig durch den Kreiszylinder vom Halbmesser a dargestellt, welcher in Richtung der positiven z-Achse die gleichförmige Stromdichte

$$j_z = -\frac{J}{\pi a^2}; \qquad 0 \leqq r < a \tag{III 6, 3}$$

transportiert.

4. Dem Kathodenstrahl in Richtung der positiven z-Achse folgend treffen wir im Abstande $s > 0$ von der Anode den zu dieser planparallel justierten, kreisförmigen Schirm vom Halbmesser

$$r = A \gg a \qquad \text{(III 6, 4)}$$

an; sein vom Strahl beaufschlagtes, zentral gelegenes Flächenelement Z [„Ziel"] führe das allerdings vorerst noch unbekannte Zielpotential φ_z:

$$\varphi = \varphi_z \quad \text{für} \quad z = s; \quad r < a. \qquad \text{(III 6, 5)}$$

Ungeachtet der nach Voraussetzung nur infinitesimal kleinen *Ohm*schen Leitfähigkeit der fluoreszierenden Kristallschicht empfiehlt es sich, das Flächenelement (III 6, 5) als „Zielelektrode" in die Terminologie der Röhre einzugliedern.

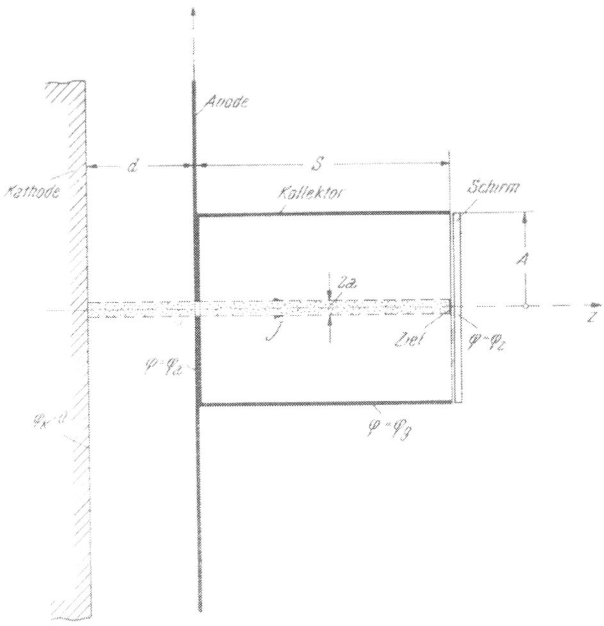

Abb. III 167. Ersatzbild einer Hochvakuum-Kathodenstrahlröhre.

5. Der Kollektor G vom vorgegebenen Potentiale φ_g erfülle den Mantel des Zylinders $r = A$ zwischen der Anode und dem Schirm:

$$\varphi = \varphi_g \quad \text{für} \quad 0 < z < s; \quad r = A. \qquad \text{(III 6, 6)}$$

c) Bei ihrem Ersatz durch das vorstehend beschriebene Modell geht die Kathodenstrahlröhre in eine Tetrode über, welche bei allerdings geometrisch stark abweichender Gestalt ihrer Elektroden doch funktionell eine Mittelstellung zwischen der Raumladungsgitter-Tetrode und der Schirmgitter-Tetrode einnimmt: Die gelochte Anode der Kathodenstrahlröhre spielt die Rolle des Raumladungsgitters, während die Zielelektrode mit dem Schirmgitter und der Kollektor mit der Anode jener „gemischten" Vergleichstetrode in Parallele gesetzt werden mag.

Folgen wir dieser Konzeption, so haben wir zunächst das natürliche Steuerpotential φ_{st} der strahlfrei gedachten, „kalten" Röhre aufzusuchen:

Auf Grund der Linearität der *Laplace*schen Gleichung resultiert φ_{st} als homogene, lineare Funktion der drei zunächst als unabhängig voneinander zu betrachtenden Potentiale φ_a, φ_z und φ_g

$$\varphi_{st} = G_a \varphi_a + G_z \varphi_z + [1 - (G_a + G_z)] \varphi_g, \qquad \text{(III 6, 7)}$$

in welcher G_a die numerische Vergitterung der gelochten Anode und G_z die numerische Vergitterung der Zielelektrode bezeichnet; als regelnde Kraft des Emissionsstromes J_e der Glühkathode greift das natürliche Steuerpotential φ_{st} an einer Ebene an, welche der aktiven Kathodenoberfläche im wirksamen Abstande

$$d_W > d \qquad \text{(III 6, 8)}$$

gegenübersteht.

Selbst für die relativ einfache Elektrodenkonfiguration des Modelles läßt sich die den vorgeschriebenen Randbedingungen angepaßte Lösung der *Laplace*schen Gleichung nicht in analytisch geschlossener Form herstellen, so daß wir uns mit einer Approximation zufrieden geben müssen; wir gelangen zu ihr in folgenden Schritten:

1. Die Glühkathode wird durch eine in

$$z = -d; \qquad r = 0 \qquad \text{(III 6, 9)}$$

zentrierte Kugel vom Halbmesser

$$R = R_k \ll d \qquad \text{(III 6, 10)}$$

dargestellt, welche die Ladung

$$Q = Q_k \qquad \text{(III 6, 11)}$$

trägt.

2. Wir ersetzen nacheinander sowohl die Zielelektrode wie auch den Kollektor durch je eine leitende Ebene, welche den Platz

$$z = s^* > 0 \qquad \text{(III 6, 12)}$$

einnehme.

3. Als Primärpotential $\varphi^{(p)}$ definieren wir jene bei fortgedachter Kathode verbleibende Lösung der *Laplace*schen Gleichung, welche den Randbedingungen

$$\varphi^{(p)} = 0 \qquad \text{für} \qquad z = 0; \qquad r > a \qquad \text{(III 6, 13)}$$

und

$$\varphi^{(p)} = \varphi_{s*} \qquad \text{für} \qquad z = s^* \qquad \text{(III 6, 14)}$$

genügt. Um es zu konstruieren, greifen wir auf jene uns schon bekannte Potentialfunktion $\varphi = \varphi(z, r)$ zurück, welche die *Laplace*sche Gleichung bei der Randbedingung (III 6, 13) im Verein mit der asymptotischen Eigenschaft

$$\lim_{z \to \infty} \frac{\partial \varphi}{\partial z} = E \qquad \text{(III 6, 15)}$$

befriedigt; sie wird längs der z-Achse durch

$$\varphi(z, 0) = \frac{E\,a}{2}\left[\frac{z}{a} + \frac{|z|}{a} + \frac{2}{\pi}\left(1 - \frac{|z|}{a} \operatorname{arctg} \frac{a}{|z|}\right)\right] \qquad \text{(III 6, 16)}$$

dargestellt. Unter der Voraussetzung

$$s^* \gg a \qquad \text{(III 6, 17)}$$

genügen wir daher der Vorschrift (III 6, 14) durch die Anpassungsgleichung

$$\varphi_{s*} = \frac{E\,a}{2}\left[\frac{2\,s^*}{a} + \frac{2}{\pi}\left(1 - \frac{s^*}{a} \operatorname{arctg} \frac{a}{s^*}\right)\right]. \qquad \text{(III 6, 18)}$$

Mit ihrer Hilfe resultiert aus (III 6, 16) für den achsialen Verlauf des Primärpotentiales die Angabe[1]

$$\frac{\varphi^{(p)}}{\varphi_{s*}} = \frac{\frac{z+|z|}{a} + \frac{2}{\pi}\left(1 - \frac{|z|}{a}\operatorname{arctg}\frac{a}{|z|}\right)}{\frac{2\,s}{a} + \frac{2}{\pi}\left(1 - \frac{s^*}{a}\operatorname{arctg}\frac{a}{s^*}\right)}\,; \quad z < s^*. \quad \text{(III 6, 19)}$$

4. Als Sekundärpotential $\varphi^{(s)}$ bezeichnen wir das Potential allein der Kathodenladung Q_k bei verschwindendem Potentiale sowohl auf der gelochten Ebene $z = 0$ wie auch auf der vollen Ebene $z = s^*$. Die Definition der Kathode als Potentialbasis führt dann auf die Kompensationsgleichung

$$\varphi^{(p)} + \varphi^{(s)} = 0$$

für $\quad (z + d)^2 + r^2 = R_k^2.$

$$\text{(III 6, 20)}$$

In der Umgebung des Zentrums der kugelförmigen Ersatzkathode konvergiert nun das Sekundärpotential gegen das Quellpunktsfeld

$$\varphi_q = \frac{Q_k}{4\pi\Delta}\,\frac{1}{\sqrt{(z+d)^2 + r^2}}. \quad \text{(III 6, 21)}$$

Daher genügen wir der Vorschrift (III 6, 20) hinreichend genau mittels der Kathodenladung Q_k, welche der Angabe

$$\frac{Q_k}{4\pi\Delta R_k} = -\varphi^{(p)}(-d, 0) = -\varphi_s^* \cdot \frac{1 - \frac{d}{a}\operatorname{arctg}\frac{a}{d}}{\pi\frac{s^*}{a} + \left(1 - \frac{s^*}{a}\operatorname{arctg}\frac{a}{s^*}\right)} \quad \text{(III 6, 22)}$$

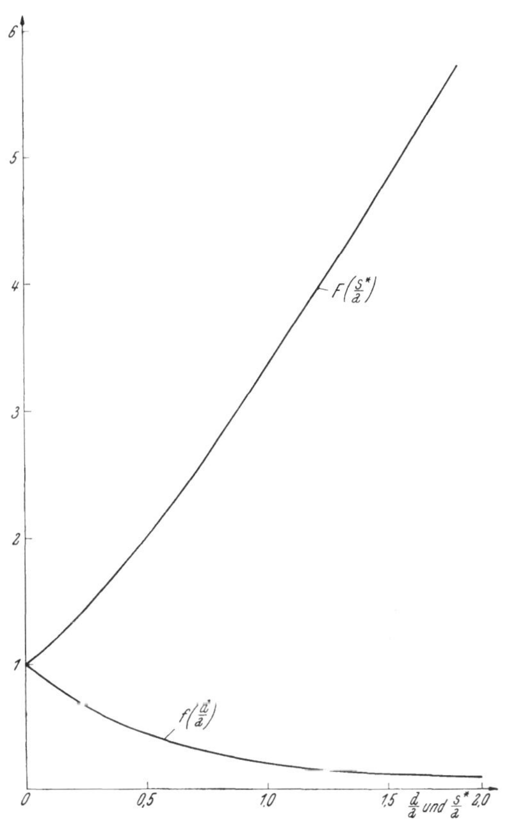

Abb. III 168. Die Funktionen

$$f\left(\frac{d}{a}\right) = 1 - \frac{d}{a}\operatorname{arctg}\frac{a}{d} \quad \text{und}$$

$$F\left(\frac{s^*}{a}\right) = \pi\frac{s^*}{a} + \left(1 - \frac{s^*}{a}\operatorname{arctg}\frac{a}{s^*}\right)$$

zu entnehmen ist; ihre numerische Berechnung wird durch die Funktionen

$$f\left(\frac{d}{a}\right) = 1 - \frac{d}{a}\operatorname{arctg}\frac{a}{d}\,; \quad F\left(\frac{s^*}{a}\right) = \pi\frac{s^*}{a} + \left(1 - \frac{s^*}{a}\operatorname{arctg}\frac{a}{s^*}\right) \quad \text{(III 6, 23)}$$

nach Abb. III 168 erleichtert.

[1] *F. Ollendorff*, Elektronik des Einzelelektrons, S. 342 ff. Wien, Springer 1955.

5. Wir lassen die Zielelektrode im Augenblick außer acht und denken uns den Kollektorzylinder $r = A$ in Richtung der positiven z-Achse grenzenlos wachsend; gleichzeitig möge die Anodenblende vorübergehend geschlossen werden. Im Zentrum der überall auf dem Basispotential $\varphi = 0$ gehaltenen Ebene $z = 0$ entwickelt dann das Kollektorpotential $\varphi_g > 0$ die antiparallel der positiven z-Achse weisende elektrische Feldkomponente[1]

$$E_z = -\frac{\varphi_g}{A}\gamma; \qquad \gamma = 1{,}32, \tag{III 6, 24}$$

Im Lichte dieser Formel ist also der Kollektor in Bezug auf die genannte Feldstärke genau dann seiner früher in $z = s^*$ angeordneten Ersatzebene äquivalent, falls

$$s^* = s_g{}^* = \frac{A}{\gamma} \tag{III 6, 25}$$

gewählt wird. Wird jetzt die Anodenblende wieder geöffnet, so dürfen wir somit nach (III 6, 22) an der Kathode das Primärpotential

$$\varphi_g^{(p)}(-d, 0) = \varphi_g \frac{1 - \frac{d}{a}\operatorname{arctg}\frac{a}{d}}{\frac{\pi}{\gamma}\frac{A}{a} + \left(1 - \frac{A}{\gamma a}\operatorname{arctg}\frac{\gamma a}{A}\right)} \tag{III 6, 26}$$

erwarten. Wir identifizieren es mit demjenigen Werte des natürlichen Steuerpotentiales, welcher aus (III 6, 7) durch den Prozeß $\varphi_a \to 0$ und $\varphi_z \to 0$ hervorgeht

$$\lim_{\varphi_a \to 0;\ \varphi_z \to 0} \varphi_{st} = [1 - (G_a + G_z)]\,\varphi_g \to \varphi_g^{(p)}(-d, 0) \tag{III 6, 27}$$

und gelangen durch diese Definition zu der Aussage

$$G_a + G_z = 1 - \frac{1 - \frac{d}{a}\operatorname{arctg}\frac{a}{d}}{\frac{\pi}{\gamma}\frac{A}{a} + \left(1 - \frac{A}{\gamma_a}\operatorname{arctg}\frac{\gamma a}{A}\right)}. \tag{III 6, 28}$$

6. Um die Elektrostatik der „Zielelektrode" kennenzulernen, idealisieren wir die Ladungsverteilung in der Schirmebene durch folgende Annahmen:

I. Die Ladung Q_z dieses Schirmelementes sei in der Flächendichte

$$\sigma = \sigma_z = \frac{Q_z}{\pi a^2} \qquad \text{für} \qquad z = s; \qquad 0 \leq r < a \tag{III 6, 29}$$

gleichförmig über die vom Strahle beaufschlagte Fläche verteilt.

II. Das Ringgebiet zwischen der Zielelektrode und dem Kollektor sei ladungsfrei

$$\sigma = 0 \qquad \text{für} \qquad z = s; \qquad r \leq a \leq A. \tag{III 6, 30}$$

Wiederum denken wir uns die Anodenblende vorüberhegend geschlossen. Werden dann gleichzeitig die Potentiale φ_a der Anode und φ_g des Kollektors annulliert, so genügt die gesuchte Lösung $\varphi = \varphi(z, r)$ der *Laplace*schen Gleichung

$$\frac{\partial^2\varphi}{\partial z^2} + \frac{\partial^2\varphi}{\partial r^2} + \frac{1}{r}\frac{\partial\varphi}{\partial r} = 0 \tag{III 6, 31}$$

[1] *F. Ollendorff*, l. c. S. 329.

den Randbedingungen

$$+\Delta\frac{\partial\varphi}{\partial z}=\sigma(r)=\begin{matrix}\sigma_z\\0\end{matrix}\qquad \text{für}\qquad z=s;\qquad \begin{matrix}0\leqq r<a\\a\leqq r<A\end{matrix}, \tag{III 6, 32}$$

im Verein mit

$$\varphi=0\qquad \text{für}\qquad z=0;\qquad 0\leqq r\leqq A \tag{III 6, 33}$$

und

$$\varphi=0\qquad \text{für}\qquad 0\leqq z<s;\qquad r=A. \tag{III 6, 34}$$

Wir rufen nun die *Bessel*schen Funktionen p-ter Ordnung des reellen Argumentes u [Symbol $I_p(u)$] zu Hilfe und bezeichnen durch die Folge

$$u_1=2{,}405;\qquad u_2=5{,}520;\ \ldots;u_k;\ \ldots, \tag{III 6, 35}$$

die nach wachsender Größe geordneten positiven Wurzeln der transzendenten Gleichung

$$I_0(u)=0. \tag{III 6, 36}$$

Dann läßt sich jede innerhalb des Bereiches $0\leqq r<A$ integrierbare Funktion f(r) in die Reihe

$$f(r)=\sum_{k=1}^{\infty}C_k\,I_0\left(u_k\frac{r}{A}\right) \tag{III 6, 37}$$

entwickeln, deren Koeffizienten C_j aus der Relation

$$\int_0^A f(r)\,I_0\left(u_j\frac{r}{A}\right)r\,dr=C_j\frac{A^2}{2}\,[I_1(u_j)]^2 \tag{III 6, 38}$$

zu bestimmen sind. In ihr identifizieren wir die Funktion f(r) mit der Ladungsdichte $\sigma(r)$ nach (III 6, 32) und erhalten mit

$$\int_0^A\sigma(r)\,I_0\left(u_j\frac{r}{A}\right)r\,dr=\sigma_z\int_0^a I_0\left(u_j\frac{r}{A}\right)r\,dr=\frac{Q_z}{\pi a^2}\frac{a\,A}{u_j}\,I_1\left(u_j\frac{a}{A}\right) \tag{III 6, 39}$$

aus (III 6, 38)

$$C_j=\frac{Q_z}{\pi A^2}\cdot 2\frac{A}{u_j a}\frac{I_1\left(u_j\frac{a}{A}\right)}{[I_1(u_j)]^2} \tag{III 6, 40}$$

und also, gemäß (III 6, 37)

$$\sigma(r)=\frac{Q}{\pi A^2}\sum_{k=1}^{\infty}2\frac{A}{u_k a}\frac{I_1\left(u_k\frac{a}{A}\right)}{[I_1(u_k)]^2}\,I_0\left(u_k\frac{r}{A}\right). \tag{III 6, 41}$$

Seien nun $\Phi_1;\Phi_2;\ldots;\Phi_k;\ldots$ eine Folge vorerst beliebiger Integrationskonstanten, so befriedigen wir die *Laplace*sche Gleichung (III 6, 31) unter den Randbedingungen (III 6, 33) und (III 6, 34) durch die Reihe

$$\varphi(z,r)=\sum_{k=1}^{\infty}\Phi_k\sinh\left(u_k\frac{z}{A}\right)I_0\left(u_k\frac{r}{A}\right), \tag{III 6, 42}$$

deren Konvergenz weiterhin vorausgesetzt wird. Bilden wir aus ihr den achsialen Gradienten

$$\frac{\partial \varphi}{\partial z} = \sum_{k=1}^{\infty} \Phi_k \frac{u_k}{A} \cosh\left(u_k \frac{z}{A}\right) I_0\left(u_k \frac{r}{A}\right), \qquad \text{(III 6, 43)}$$

so genügen wir mit Rücksicht auf (III 6, 41) auch der Forderung (III 6, 32) mittels der Gleichungen

$$\Delta\, \Phi_k \frac{u_k}{A} \cosh\left(u_k \frac{s}{A}\right) = \frac{Q_z}{\pi A^2} \cdot 2 \frac{A}{u_k\, a} \frac{I_1\left(u_k \frac{a}{A}\right)}{[I_1(u_k)]^2}. \qquad \text{(III 6, 44)}$$

welchen wir die Angaben

$$\Phi_k = \frac{Q_z}{\Delta \pi A^2} \frac{1}{\frac{u_k}{A} \cosh\left(u_k \frac{s}{A}\right)}\, 2 \frac{A}{u_k\, a} \frac{I_1\left(u_k \frac{a}{A}\right)}{[I_1(u_k)]^2} \qquad \text{(III 6, 45)}$$

entnehmen. Unter Ausschluß des Punktes $(z, r) = (s, 0)$ dürfen wir nun wegen $a \ll A$ zur Grenze $\frac{a}{A} \to 0$ eines im Zentrum des Zieles gelegenen Quellpunktes Q_z übergehen, so daß sich (III 6, 45) auf

$$\Phi_k = \frac{Q_z}{\Delta \pi A^2} \cdot \frac{1}{\frac{u_k}{A} \cosh\left(u_k \frac{s}{A}\right)} \cdot \frac{1}{[I_1(u_k)]^2} \qquad \text{(III 6, 46)}$$

reduziert; insbesondere treffen wir somit längs der Achse das Potential

$$\varphi(z, 0) = \frac{Q_z}{\Delta \pi A^2} \sum_{k=1}^{\infty} \frac{\sinh\left(u_k \frac{z}{A}\right)}{\frac{u_k}{A} \cosh\left(u_k \frac{s}{A}\right)} \frac{1}{[I_1(u_k)]^2} \qquad \text{(III 6, 47)}$$

an. Um die hier auftretende Reihe abzuschätzen, vertauschen wir die Wurzeln u_k je mit den entsprechenden Werten ihrer asymptotischen Folge

$$u_k \approx \left[\frac{3}{4} + (k-1)\right] \pi \qquad \text{(III 6, 48)}$$

und erhalten in gleicher Genauigkeit

$$\frac{1}{[I_1(u_k)]^2} \approx \frac{\pi}{2} u_k, \qquad \text{(III 6, 49)}$$

so daß (III 6, 47) in

$$\varphi(z, 0) \approx \frac{Q_z}{\Delta \cdot 2\, A} \cdot \sum_{k=1}^{\infty} \frac{\sinh\left(u_k \frac{z}{A}\right)}{\cosh\left(u_k \frac{s}{A}\right)} \qquad \text{(III 6, 50)}$$

übergeht. Unter der praktisch stets zutreffenden Voraussetzung

$$u_k \frac{s}{A} \gg 1 \qquad \text{(III 6, 51)}$$

wird nun

$$\cosh\left(u_k \frac{s}{A}\right) \approx \frac{1}{2} e^{u_k \frac{s}{A}}. \qquad \text{(III 6, 52)}$$

Mit Rücksicht auf (III 6, 48) findet man daher für alle $0 \leqq z < s$

$$\sum_{k=1}^{\infty} \frac{\sinh\left(u_k \frac{z}{A}\right)}{\cosh\left(u_k \frac{s}{A}\right)} \approx \sum_{k=1}^{\infty} \left[e^{u_k \frac{z-s}{A}} - e^{-u_k \frac{z+s}{A}} \right] =$$

$$= \frac{e^{-\frac{\pi}{4} \frac{s-z}{A}}}{2 \sinh \frac{\pi}{2} \frac{s-z}{A}} - \frac{e^{-\frac{\pi}{4} \frac{s+z}{A}}}{2 \sinh \frac{\pi}{2} \frac{s+z}{A}}. \qquad \text{(III 6, 53)}$$

Wir wenden diese Formel auf zwei Fälle an:

I. Die „Zielelektrode" werde mit einer Halbkugel vom Radius a_w vertauscht, welchen wir aus der Gleichheit ihrer Kapazität

$$C_{\triangledown} = 2\pi \varDelta a_w \qquad \text{(III 6, 54)}$$

mit der Kapazität einer einseitig geladenen Kreisscheibe des Halbmessers a

$$C_z = 4 \varDelta a \qquad \text{(III 6, 55)}$$

zu

$$a_w = \frac{2}{\pi} a \qquad \text{(III 6, 56)}$$

bestimmen. Aus (III 6, 50) resultiert somit wegen $a \ll A$ für das von Q_z erregte Zielpotential φ_z die Abschätzung

$$\varphi_z \approx \varphi(s - a_w, 0) \approx \frac{Q_z}{\varDelta 2 A} \left[\frac{e^{-\frac{1}{2} \frac{a}{A}}}{2 \sinh \frac{a}{A}} - \frac{e^{-\frac{\pi}{2} \frac{s}{A}}}{2 \sinh \pi \frac{a}{A}} \right] \approx \frac{Q_z}{\varDelta 4 a}. \qquad \text{(III 6, 57)}$$

II. Die Achsialfeldstärke E_0 im Zentrum der [geschlossenen] Ebene $z = 0$ folgt aus

$$E_0 = -\left[\frac{\partial \varphi}{\partial z}\right]_{z=0,\, r=0} \approx -\frac{Q_z}{\varDelta \cdot 2 A} \cdot \frac{\pi}{4} \cdot \frac{1}{A} \cdot \frac{e^{-\frac{\pi}{4} \frac{s}{A}}}{\sinh \frac{\pi}{2} \frac{s}{A}} \left[1 + 2 \operatorname{cotgh} \frac{\pi}{2} \frac{s}{A} \right]. \qquad \text{(III 6, 58)}$$

Denken wir uns jetzt an Stelle der Zielelektrode und des Kollektors die Ebene $z = s_s{}^*$ mit dem Potential φ_z gegen die volle Ebene $z = 0$ geladen, so würde an dem vorgenannten Orte die Feldstärke

$$E_0{}^* = -\frac{\varphi_z}{s_z{}^*} \qquad \text{(III 6, 59)}$$

auftreten; die Gleichheit $E_0{}^* \to E_0$ liefert daher für den äquivalenten Abstand $s_z{}^*$ der Zielelektrode von der Anodenebene den Ausdruck

$$s_z{}^* = -\frac{\varphi_z}{E_0} = \frac{2}{\pi} \frac{A^2}{a} \frac{e^{\frac{\pi}{4} \frac{s}{A}} \sinh \frac{\pi}{2} \frac{s}{A}}{1 + 2 \operatorname{cotgh} \frac{\pi}{2} \frac{s}{A}}. \qquad \text{(III 6, 60)}$$

Wird schließlich die Anodenblende wieder geöffnet, so haben wir nach (III 6, 22) im Zentrum der Ersatzkathode das Primärpotential

$$\varphi_z^{(p)}(-d, 0) = \varphi_z \frac{1 - \frac{d}{a} \operatorname{arctg} \frac{a}{d}}{\pi \frac{s_z^*}{a} + \left(1 - \frac{s_z^*}{a} \operatorname{arctg} \frac{a}{s_z^*}\right)} = \varphi_z \frac{a}{\pi s_z^*} \left[1 - \frac{d}{a} \operatorname{arctg} \frac{a}{d}\right] =$$

$$= \varphi_z \frac{1}{2} \frac{a^2}{A^2} \frac{1 + 2 \operatorname{cotgh} \frac{\pi}{2} \frac{s}{A}}{e^{\frac{\pi}{4} \frac{s}{A}} \sinh \frac{\pi}{2} \frac{s}{A}} \left[1 - \frac{d}{a} \operatorname{arctg} \frac{a}{d}\right] \tag{III 6, 61}$$

zu erwarten; wir identifizieren es mit dem aus (III 6, 7) im Falle $\varphi_a = \varphi_g = 0$ hervorgehenden natürlichen Steuerpotential und erhalten aus dieser Definition für die numerische Vergitterung G_z der Zielelektrode den Wert

$$G_z = \frac{\varphi_z^{(p)}(-d, 0)}{\varphi_z} = \frac{1}{2} \frac{a^2}{A^2} \frac{1 + 2 \operatorname{cotgh} \frac{\pi}{2} \frac{s}{A}}{e^{\frac{\pi}{4} \frac{s}{A}} \sinh \frac{\pi}{2} \frac{s}{A}} \left[1 - \frac{d}{a} \operatorname{arctg} \frac{a}{d}\right], \tag{III 6, 62}$$

welcher im Verein mit (III 6, 28) sogleich auch zur Kenntnis der numerischen Anodenvergitterung G_a führt.

Mit Hilfe der numerischen Vergitterungen G_z der Zielelektrode und

$$G_g = 1 - (G_a + G_z) = \frac{1 - \frac{d}{a} \operatorname{arctg} \frac{a}{d}}{\frac{\pi}{\gamma} \frac{A}{a} + \left(1 - \frac{A}{\gamma a} \operatorname{arctg} \frac{\gamma a}{A}\right)} \tag{III 6, 63}$$

des Kollektors finden wir endlich den Abstand d_w der natürlichen Steuerelektroden-Ebene von der aktiven Kathodenoberfläche nach der Vorschrift

$$\frac{d_w}{d} = \left(1 + \frac{s_g^*}{d}\right)^{G_g} \left(1 + \frac{s_z^*}{d}\right)^{G_z}, \tag{III 6, 64}$$

welche in Gemeinschaft mit der Definitionsgleichung (III 6, 7) des natürlichen Steuerpotentiales φ_{st} das Kennlinienfeld des Emissionsstromes

$$J_e = J_e(\varphi_{st}) = J_e(\varphi_a, \varphi_z, \varphi_g) \tag{III 6, 65}$$

zu berechnen gestattet; es gilt weiterhin als bekannt.

d) Im Einklang mit der Konvention zählen wir den Emissionsstrom J_e als positiv, falls er das Entladungsgefäß durch die Kathode nach außen verläßt; dagegen werden die Ströme J_a der Anode, J_z der Zielelektrode und J_g des Kollektors dann als positiv gezählt, wenn sie von außen je in ihre Elektrode eintreten. Für den stationären Betrieb des Gerätes zieht dann das Kontinuitätsgesetz der Elektrizität die *Kirchhoff*sche Gleichung

$$J_e = J_a + J_z + J_g \tag{III 6, 66}$$

nach sich.

Wir begeben uns nun zunächst auf die Zielelektrode, deren Strom J_z aus zwei gegenläufigen Komponenten resultiert:

1. Der Primärstrom $J_z^{(p)}$ des einfallenden Kathodenstrahles gleicht zufolge der Anpassung des Strahlquerschnittes an die Fläche der Anodenblende dem Emissionsstrom

$$J_z^{(p)} = J_e. \tag{III 6, 67}$$

2. Entsprechend ihrem integralen Sekundär-Emissionsvermögen

$$\Gamma = \Gamma(\varphi_z) \tag{III 6, 68}$$

emittieren die beaufschlagten Kristalle den Strom

$$J_z^{(s)} = -\Gamma(\varphi_z)\, J_z^{(p)} = -\Gamma(\varphi_z)\, J_e. \tag{III 6, 69}$$

[Achtung auf das Vorzeichen!]. Wir verfolgen das Schicksal seiner Elektronen:

I. Der Kollektor entzieht der Zielelektrode nach Maßgabe seiner jeweiligen Potentialdifferenz $(\varphi_g - \varphi_z)$ den Strom

$$J_{z,g}^{(s)} = -J_g(\varphi_g - \varphi_z). \tag{III 6, 70}$$

II. Die Anode entnimmt der Zielelektrode entsprechend der jeweiligen Potentialdifferenz $(\varphi_a - \varphi_z)$ den Strom

$$J_{z,a}^{(s)} = -J_a(\varphi_a - \varphi_z). \tag{III 6, 71}$$

III. Der Überschuß des von der Zielelektrode emittierten Sekundärstromes gegen dessen vom Kollektor und von der Anode aufgenommene Anteile

$$\Delta J_z^{(s)} = J_z^{(s)} - (J_{z,g}^{(s)} + J_{z,a}^{(s)}) = -[\Gamma J_e + J_g + J_a] \tag{III 6, 72}$$

kehrt zur Zielelektrode zurück.

Nach Übereinkunft lassen wir nun die *Ohm*sche Leitfähigkeit der Leuchtphosphore geflissentlich außer acht. Die hieraus entstehende ,,Leerlaufbedingung"

$$J_z = J_z^{(p)} + J_{z,g}^{(s)} + J_{z,a}^{(s)} = J_e - J_g - J_a = 0, \tag{III 6, 73}$$

welche durch (III 6, 66) identisch befriedigt wird, stiftet den funktionellen Zusammenhang

$$\frac{1}{J_e}\left[J_g(\varphi_g - \varphi_z) + J_a(\varphi_a - \varphi_z)\right] = 1, \tag{III 6, 74}$$

welcher die stationäre Elektronik des Leuchtschirmes beherrscht.

e) Nach ihrer Emission aus der Zielelektrode strömen die Sekundärelektronen in wesentlich konisch sich erweiterndem Zuge nach den beziehentlich sie aufnehmenden Elektroden hin. Um uns dieser Kinematik anzupassen, identifizieren wir das Zentrum der Zielelektrode mit dem Ursprung eines ,,gestrichenen" Zylinder-Koordinatensystemes z', r', ψ', dessen z'-Achse normal zur Schirmebene in das Innere des Entladungsgefäßes weise, und ergänzen das Koordinatenpaar (z', r') einer bestimmten Meridianebene ψ durch die in eben derselben gemessenen sphärischen Koordinaten $R' = \sqrt{z'^2 + r'^2}$ und $\vartheta' = \arccos \frac{z'}{R'}$. Nunmehr ersetzen wir sowohl den Kollektor wie auch die gelochte, durch den Zylinder $r' = A$ begrenzte Anode durch je eine im Ursprung des gestrichenen Bezugssystemes zentrierte Kugelzone, zu deren geometrischen Maßen wir in folgenden Schritten gelangen:

1. Wir konstruieren die beiden, einander infinitesimal benachbarten Kegel $\vartheta' = \text{const.}$ und $(\vartheta' + d\vartheta') = \text{const.}$, welche zwischen sich den körperlichen Winkel

$$d\Omega' = 2\pi \sin\vartheta'\, d\vartheta' \tag{III 6, 75}$$

einschließen.

2. Dem inneren Rande $r' = a$ der Anode entspricht der Polarwinkel

$$\vartheta_1' = \arcsin \frac{a}{\sqrt{a^2 + s^2}} \equiv \arccos \frac{s}{\sqrt{a^2 + s^2}} \qquad \text{(III 6, 76)}$$

und ihrem äußeren Rande $r' = A$ der Polarwinkel

$$\vartheta_2' = \arcsin \frac{A}{\sqrt{A^2 + s^2}} \equiv \arccos \frac{s}{\sqrt{A^2 + s^2}}. \qquad \text{(III 6, 77)}$$

Vom Ursprunge des gestrichenen Bezugssystemes aus erscheint daher die Anode unter dem Raumwinkel

$$\Omega_a' = \int_{\vartheta_1'}^{\vartheta_2'} d\Omega' = 2\pi\,[\cos\vartheta_1' - \cos\vartheta_2'] = 2\pi\left[\frac{s}{\sqrt{a^2 + s^2}} - \frac{s}{\sqrt{A^2 + s^2}}\right] \qquad \text{(III 6, 78)}$$

und der Kollektor unter dem Raumwinkel

$$\Omega_g' = \int_{\vartheta_2'}^{\pi/2} d\Omega' = 2\pi\cos\vartheta_2' = 2\pi\frac{s}{\sqrt{A^2 + s^2}}. \qquad \text{(III 6, 79)}$$

3. Die Wahrscheinlichkeit dw der Sekundärelektronen-Emission in den körperlichen Winkel $d\Omega'$ wird merklich durch das Verteilungsgesetz

$$dw = 2\cos\vartheta'\,\frac{d\Omega'}{2\pi} = d(\sin^2\vartheta'); \qquad 0 \leqq \vartheta' \leqq \frac{\pi}{2} \qquad \text{(III 6, 80)}$$

beschrieben. Allerdings betrifft es, streng genommen, nur die „echten" Sekundärelektronen; doch werden wir es, im Rahmen der hier beabsichtigten Näherung, auf alle Sekundärelektronen anwenden.

4. Die in der Richtung $\vartheta_1' < \vartheta' < \vartheta_2'$ startenden Sekundärelektronen treffen die Anode im Zentralabstande

$$R_a' = \frac{s}{\cos\vartheta'}; \qquad \vartheta_1' < \vartheta' < \vartheta_2'. \qquad \text{(III 6, 81)}$$

Daher berechnet sich dessen Erwartungswert $\overline{R_a'}$ oder, mit anderen Worten, der Radius der Anoden-Ersatzkugelzone, zu

$$\overline{R_a'} = \frac{\int_{\vartheta_1'}^{\vartheta_2'} R_a'\,dw}{\int_{\vartheta_1'}^{\vartheta_2'} dw} = 2s\,\frac{\int_{\vartheta_1'}^{\vartheta_2'} \sin\vartheta'\,d\vartheta'}{\int_{\vartheta_1'}^{\vartheta_2'} d(\sin^2\vartheta')} =$$

$$= \frac{2s}{\cos\vartheta_1' + \cos\vartheta_2'} = \frac{2}{\frac{1}{\sqrt{a^2 + s^2}} + \frac{1}{\sqrt{A^2 + s^2}}}. \qquad \text{(III 6, 82)}$$

5. Die in der Richtung $\vartheta_2' < \vartheta < \frac{\pi}{2}$ startenden Sekundärelektronen treffen den Kollektor im Zentralabstande

$$R_g' = \frac{A}{\sin\vartheta'}; \qquad \vartheta_2' < \vartheta' < \frac{\pi}{2}, \qquad \text{(III 6, 83)}$$

so daß dessen Erwartungswert $\overline{R_g'}$, der Radius der Kollektor-Ersatzkugelzone, zu

$$\overline{R_g'} = \frac{\int\limits_{\vartheta_2'}^{\pi/2} R_g' \, dw}{\int\limits_{\vartheta_2'}^{\pi/2} dw} = 2\,A \frac{\int\limits_{\vartheta_2'}^{\pi/2} \cos\vartheta' \, d\vartheta'}{\int\limits_{\vartheta_2'}^{\pi/2} d\,(\sin^2\vartheta')} = \frac{2\,A}{1 + \sin\vartheta_2'} = \frac{2}{\frac{1}{A} + \frac{1}{\sqrt{A^2+s^2}}} \qquad \text{(III 6, 84)}$$

resultiert.

f) Wir kehren zur Zielelektrode selbst zurück, welche wir gemäß (III 6, 56) mit der Halbkugel

$$R' = a_w = \frac{2}{\pi}\,a; \qquad 0 \leqq \vartheta' \leqq \frac{\pi}{2} \qquad \text{(III 6, 85)}$$

vertauschen. Wir lassen die Anfangsgeschwindigkeit der eben emittierten Sekundärelektronen außer Betracht; in deren dann sich entwickelnder Strömung haben wir zwei Fälle zu unterscheiden:

1. Das Sättigungsgebiet.

Bei hinreichend hohen Potentialdifferenzen $(\varphi_g - \varphi_z) > 0$ und $(\varphi_a - \varphi_z) > 0$ teilt sich der Strom $J_s^{(z)}$ in drei Zweige:

I. Der Kollektor nimmt den Strom

$$J_{g,\max} = -J_z^{(s)} \int\limits_{\vartheta_2'}^{\pi/2} dw = \Gamma(\varphi_z)\, J_e \cos^2\vartheta_2' = \Gamma(\varphi_z)\, J_e \frac{s^2}{A^2+s^2} \qquad \text{(III 6, 86)}$$

auf.

II. Die Anode empfängt den Strom

$$J_{a,\max} = -J_z^{(0)} \int\limits_{\vartheta_1'}^{\vartheta_2'} dw = \Gamma(\varphi_z)\, J_e\,[\cos^2\vartheta_1' - \cos^2\vartheta_2'] = \Gamma(\varphi_z)\, J_e \left[\frac{s^2}{a^2+s^2} - \frac{s^2}{A^2+s^2}\right]. \qquad \text{(III 6, 87)}$$

III. Der Reststrom

$$\Gamma(\varphi_z)\, J_e - [J_{g,\max} + J_{a,\max}] = \Gamma(\varphi_z)\, J_e \frac{a^2}{a^2+s^2} \qquad \text{(III 6, 88)}$$

kehrt in die Zielelektrode zurück.

2. Das Untersättigungsgebiet.

Mittels der in (I 6, 23) definierten Funktion

$$\alpha = \alpha(u); \qquad u = \ln \frac{R'}{a_w} \qquad \text{(III 6, 89)}$$

der konischen Diode bilden wir für die Entladungsstrecke zwischen der Zielelektrode und dem Kollektor

$$\alpha_g = \alpha(u_g); \qquad u_g = \ln \frac{\overline{R_g'}}{a_w} \qquad \text{(III 6, 90)}$$

und für die Entladungsstrecke zwischen der Zielelektrode und der Anode

$$\alpha_a = \alpha(u_a); \qquad u_a = \ln \frac{\overline{R_a'}}{a_w}. \qquad \text{(III 6, 91)}$$

Durch sinngemäße Anwendung der *Langmuir*schen Raumladungsgleichung (I 6, 64) auf die genannten Entladungsstrecken finden wir dann bei hinreichend kleinen Potentialdifferenzen $(\varphi_g - \varphi_z) > 0$ den Kollektorstrom

$$J_g = \frac{\Omega_g'}{\alpha_g^2} \frac{4}{9} \Delta \sqrt{2 \frac{q_0}{m_0}} (\varphi_g - \varphi_z)^{3/2} \leqq J_{g,\,max} \qquad \text{(III 6, 92)}$$

und ebenso bei hinreichend kleinen Potentialdifferenzen $(\varphi_a - \varphi_z) > 0$ den Anodenstrom

$$J_a = \frac{\Omega_a'}{\alpha_a^2} \frac{4}{9} \Delta \sqrt{2 \frac{q_0}{m_0}} (\varphi_a - \varphi_z)^{3/2} \leqq J_{a,\,max}. \qquad \text{(III 6, 93)}$$

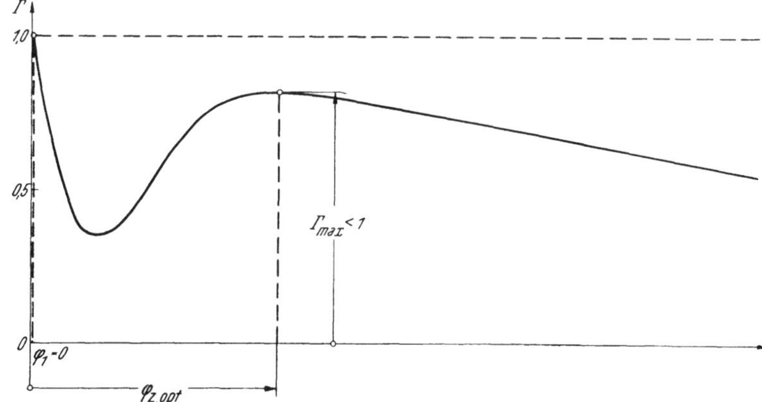

Abb. III 169. Abwehrzustand des Leuchtschirmes.

In der Regel wird nun das Entladungssystem so gebaut, daß

$$s \gg A > a \qquad \text{(III 6, 94)}$$

ausfällt. Verschärfen wir diese Angabe zu dem allerdings nur ideellen Grenzübergange $s \to \infty$, so folgen aus (III 6, 78), (III 6, 79), (III 6, 82) und (III 6, 84) die Aussagen

$$\lim_{s\to\infty} \Omega_a' = 0; \qquad \lim_{s\to\infty} \Omega_g' = 2\pi; \qquad \lim_{s\to\infty} \frac{\overline{R_a'}}{s} = 1; \qquad \lim_{s\to\infty} \frac{\overline{R_a'}}{A} = 2. \qquad \text{(III 6, 95)}$$

Mit Rücksicht auf (III 6, 86), (III 6, 87), (III 6, 92) und (III 6, 93) reduziert sich somit die Leerlaufbedingung (III 6, 74) auf die Alternative

$$\frac{J_g}{J_e} = \frac{2\pi}{\alpha_g^2} \frac{\frac{4}{9} \Delta \sqrt{2 \frac{q_0}{m_0}} (\varphi_g - \varphi_z)^{3/2}}{J_e} = 1 \qquad \text{für} \qquad 0 \leqq J_g \leqq J_{g,\,max} \qquad \text{(III 6, 96)}$$

oder

$$\Gamma(\varphi_z) = 1 \qquad \text{für} \qquad J_g = J_{g,\,max}. \qquad \text{(III 6, 97)}$$

Bei schwachem Sekundär-Emissionsvermögen der Schirmkristalle nach Abb. III 169 besitzen diese Gleichungen nur die eine Lösung

$$\varphi_z = \varphi_1 = 0. \qquad \text{(III 6, 98)}$$

Sie schildert den „Abwehrzustand" der Zielelektrode, welche die einfallenden Primärelektronen schon an der Oberfläche der Kristalle elastisch reflektiert. Leuchtphosphore der in Abb. III 169 erfaßten Sekundäremissions-Eigenschaften sind daher für den beabsichtigten Dienst des Kathodenstrahles als schreibender Elektronengriffel untauglich, so daß wir sie von der weiteren Behandlung ausschließen.

Vielmehr muß der Leuchtschirm aus Phosphoren von so hohem Emissionsvermögen zusammengesetzt werden, daß das Verhältnis $\Gamma = \Gamma(\varphi_z)$ beim günstigsten Zielpotential $\varphi_z = \varphi_{z,\,opt}$ den Höchstwert

$$\Gamma_{max} = \Gamma(\varphi_{z,opt}) > 1 \qquad \text{(III 6, 99)}$$

erreicht; nach Abb. III 170 gleicht dann das Emissionsverhältnis $\Gamma(\varphi_z)$ bei den drei Zielpotentialen

$$\varphi_z = \varphi_1 = 0; \qquad 0 < \varphi_z = \varphi_2 < \varphi_{z,\,opt}; \qquad \varphi_{z,\,opt} < \varphi_z < \varphi_3 \qquad \text{(III 6, 100)}$$

je der Einheit

$$\Gamma(0 = \Gamma(\varphi_2) = \Gamma(\varphi_3) = 1. \qquad \text{(III 6, 101)}$$

Ausgehend von der *Child-Langmuir*schen Raumladungskennlinie des Kollektors

$$\frac{J_g}{J_e} = \frac{2\pi}{a_g^2} \frac{\frac{4}{9}\Delta \sqrt{2\,\frac{q_0}{m_0}}\,(\varphi_g - \varphi_z)^{3/2}}{J_e} \leqq \Gamma(\varphi_z) \qquad \text{(III 6, 102)}$$

haben wir nunmehr drei Betriebsbereiche des Gerätes zu unterscheiden:

1. Das Kollektorpotential

$$\varphi_g > \varphi_3 \qquad \text{(III 6, 103)}$$

werde so hoch gewählt, daß die Raumladungskennlinie (III 6, 102) die sie nach (III 6, 102) begrenzende Emissionskurve $\Gamma = \Gamma(\varphi_z)$ im Gebiete

$$\varphi_z > \varphi_3; \qquad \Gamma(\varphi_z) < 1 \qquad \text{(III 6, 104)}$$

[Abb. III 170] erreicht. Da dort der Strom der Primärelektronen den höchstemittierbaren Sekundärstrom übertrifft, lädt sich die Zielelektrode negativ auf: Ihr Potential φ_z sinkt längs der Emissionskurve oder, mit anderen Worten, längs der in der Einheit J_e gemessenen Kennlinie des sekundären Sättigungsstromes bis zum Werte

$$\varphi_z = \varphi_3 \qquad \text{(III 6, 105)}$$

ab; dieses „Riegelpotential" begrenzt also die Energie der in den Schirm einfallenden Elektronen und kann selbst durch beliebige Steigerung des Kollektorpotentiales nicht erhöht werden — ein gewiß merkwürdiges Ergebnis, welches die Ökonomie der Licht-Erzeugung auf dem Schirm entscheidend beeinflußt.

2. Aus der Vereinigung von (III 6, 96) und (III 6, 97) entnehmen wir mit Rücksicht auf (III 6, 102) für das niedrigste Kollektorpotential $\varphi_{g,\,min}$, das gerade noch zum Aufbau des Riegelpotentiales auf der Zielelektrode ausreicht, die Angabe

$$\varphi_{g,\,min} = \varphi_3 + \delta\varphi; \qquad \delta\varphi = \left[\frac{J_e\, a_g^2}{2\pi \frac{4}{9}\Delta \sqrt{2\,\frac{q_0}{m_0}}}\right]^{2/3}. \qquad \text{(III 6, 106)}$$

Gemäß Abb. III 170 übertrifft nun innerhalb des Bereiches $\varphi_3 > \varphi_z > \varphi_2$ der Zielpotentiale das Emissionsverhältnis $\Gamma = \Gamma(\varphi_z)$ stets die Einheit

$$\Gamma(\varphi_z) > 1; \qquad \varphi_3 > \varphi_z > \varphi_2. \qquad \text{(III 6, 107)}$$

Arbeitet man daher mit Kollektorpotentialen der Größe

$$\varphi_3 + \delta\varphi > \varphi_g > \varphi_2 + \delta\varphi, \qquad \text{(III 6, 108)}$$

so wird die Leerlaufbedingung der Zielelektrode nach (III 6, 96) bereits durch einen ungesättigten Sekundär-Emissionsstrom genau von der Stärke des primären Strahlstromes befriedigt, und das Zielpotential φ_z bleibt nach Abb. III 170 stets um den festen Betrag $\delta\varphi$ unterhalb des Kollektorpotentiales φ_g

$$\varphi_z = \varphi_g - \delta\varphi. \qquad \text{(III 6, 109)}$$

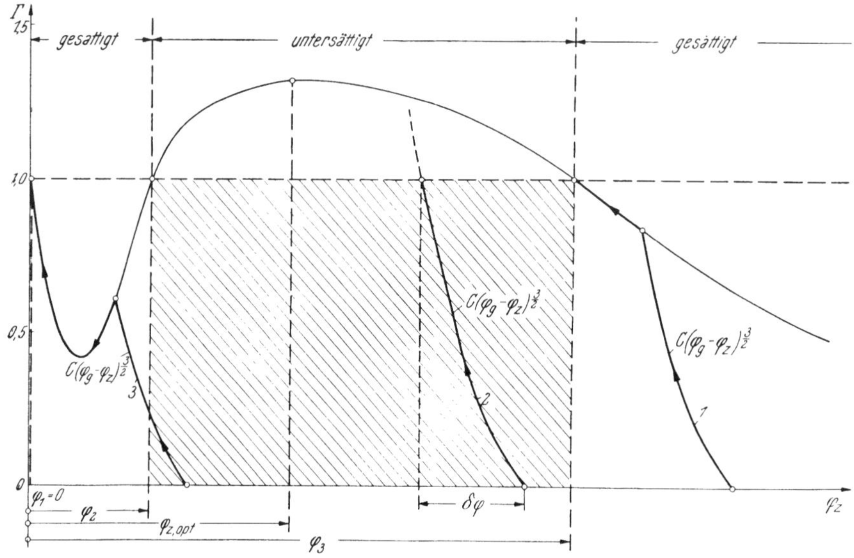

Abb. III 170. Ladungsgleichgewicht des Leuchtschirmes.

3. Bei niedrigen Zielpotentialen des Bereiches $\varphi_2 > \varphi_z > 0$ erreicht das Emissionsverhältnis $\Gamma = \Gamma(\varphi_z)$ gemäß Abb. III 170 die Einheit nicht mehr

$$\Gamma(\varphi_z) < 1 \quad \text{für} \quad \varphi_2 > \varphi_z > 0. \qquad \text{(III 6, 110)}$$

Im strombegrenzenden Treffpunkt der Raumladungskennlinie (III 6, 102) mit der Emissionskurve $\Gamma = \Gamma(\varphi_z)$ ist daher die Leerlaufbedingung der Zielelektrode noch nicht erfüllbar, so daß sich diese Elektrode negativ auflädt. Dieser Vorgang findet erst beim Potential

$$\varphi_z = 0 \qquad \text{(III 6, 111)}$$

sein Ende, so daß innerhalb des Bereiches (III 6, 110) das Kollektorpotential auf dem festen Werte

$$\varphi_g = \delta\varphi \qquad \text{(III 6, 112)}$$

zu halten ist; da jedoch dann die Zielelektrode sämtliche Primärelektronen elastisch reflektiert, ist dieser Betriebszustand unbrauchbar.

4. Erteilt man dem Kollektor ein negatives Potential, so wird — unter den vereinfachenden Annahmen der hier durchgeführten Näherung — der gesamte Emissionsstrom J_e zur Anode zurückgetrieben. Man hätte dann Gl. (III 6, 74) in der Form

$$\frac{1}{J_e} J_a(\varphi_a - \varphi_z) = 1 \qquad \text{(III 6, 113)}$$

zu behandeln; doch darf auf diese Untersuchung verzichtet werden.

Zusammenfassend zeigt Abb. III 171 den Gang des Zielpotentiales φ_z mit dem Kollektorpotential φ_g; da allerdings in der Beschreibung des Strömungsfeldes die Anfangsgeschwindigkeit sowohl der primären wie der

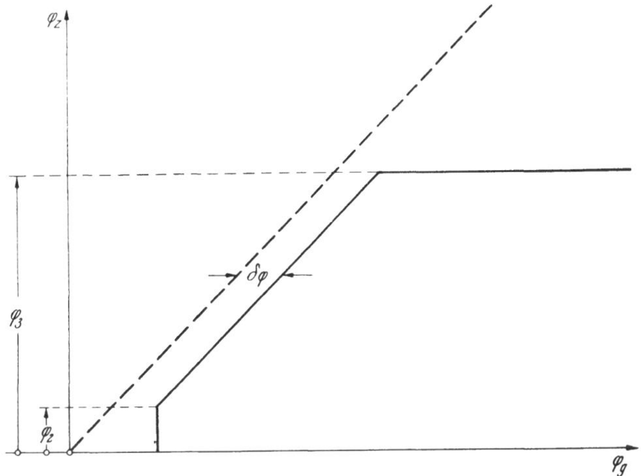

Abb. III 171. Potentialkennlinie des Leuchtschirmes.

sekundären Elektronen außer acht gelassen wurden, so weicht das Verhalten der wirklichen Kathodenstrahl-Röhre von jenem unseres Modelles ein wenig ab.

III 7. Die Strahltetrode.

a) Wir legen der theoretischen Behandlung der Strahltetrode eine ideelle, planparallele Elektrodenanordnung nach Abb. III 172 zugrunde, deren Strömungsfeld mit jenem der praktisch ausgeführten Röhren nach Abb. III 155 wesentlich übereinstimmt. Begleiten wir in diesem Modell eines der eben emittierten Elektronen auf seinem Wege zur Anode, so treffen wir im Abstande k von der aktiven Kathodenoberfläche die Trägerebene des Gitters 1 an; auf sie folgt im Abstande d die Trägerebene des Gitters 2, von welcher wir nach Durchlaufen der Strecke a zur Anode gelangen.

Die Betriebsschaltung der Strahltetrode stimmt mit jener der Schirmgitter-Tetrode überein: Nach Wahl der Kathode als Basis $\varphi = 0$ des elektrischen Skalarpotentiales φ übertragen wir dem Gitter 1 die Rolle des Steuergitters, welches als solches das stets negative, in der Regel als Funktion der laufenden Zeit t vorgeschriebene Potential

$$\varphi_1 = \varphi_1(t) < 0 \qquad \text{(III 7, 1)}$$

führe; dagegen erteilen wir dem Gitter 2 als Schirmgitter das feste, positive Potential

$$\varphi_2 = \text{const.} > 0. \qquad \text{(III 7, 2)}$$

Die in (III 7, 1) formulierte Schwankung des Steuergitter-Potentiales mag eine zeitliche Veränderung des Anodenpotentiales φ_a nach sich ziehen; doch soll weiterhin stets

$$\varphi_a = \varphi_a(t) > 0 \qquad \text{(III 7, 3)}$$

vorausgesetzt werden.

Zufolge (III 7, 1) bleibt der Strom J_1 des Steuergitters gewiß so klein, daß er im Verhältnis zum Anodenstrom J_a vernachlässigt werden darf

$$J_1 = 0. \qquad \text{(III 7, 4)}$$

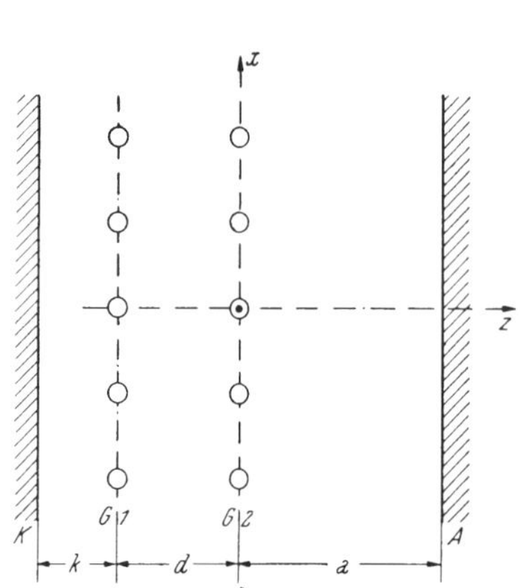

Abb. III 172. Orientierung in der Strahltetrode.

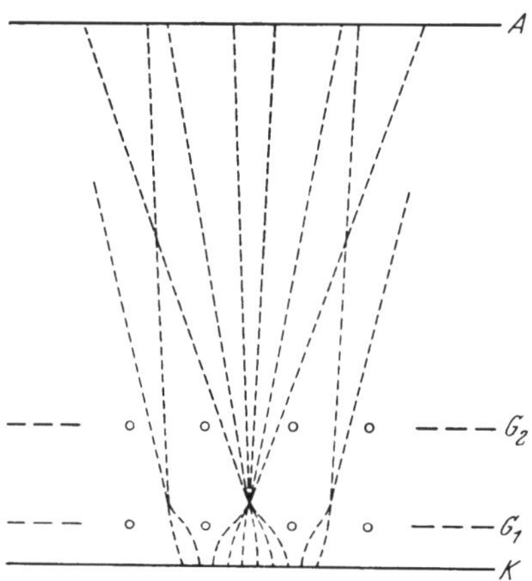

Abb. III 173. Verlauf der Elektronenbahnen in der Strahltetrode [schematisch].

Dagegen haben wir nach (III 7, 2) und (III 7, 3) zu erwarten, daß ein merklicher Anteil J_2 des vom Steuergitter her einfallenden Elektronenstromes von den Stäben des Schirmgitters abgefangen wird. Um diesen in der Regel unerwünschten Effekt nach Möglichkeit zu unterdrücken, baut man die beiden Gitter j = 1 und j = 2 mit gleichem Schritte τ_j zwischen den benachbarten Stabachsen je eines Gitters

$$\tau_1 = \tau_2 \equiv \tau \qquad \text{(III 7, 5)}$$

und justiert die Gitter derart, daß sie, in der normal zu den Elektroden orientierten Blickrichtung Kathode-Anode gesehen, genau hintereinander zu liegen kommen. Jede Öffnung des Steuergitters wirkt dann vermöge seiner negativen Stabladungen als elektronenoptische Sammellinse, welche den jeweils sie passierenden Anteil des einfallenden Kathodenstrahles nach dem Muster der Abb. III 173 merklich verlustfrei durch die entsprechende Öffnung des Schirmgitters bringen soll. Wir übergehen die explizite Behandlung der in dieser Vorschrift enthaltenen Aufgabe der Elektronenoptik; indem wir vielmehr diese als gelöst annehmen, kleiden wir ihr integrales Resultat in die Form

$$J_2 = 0. \qquad \text{(III 7, 6)}$$

Im Lichte der Aussagen (III 7, 4) und (III 7, 6) verbleibt uns nunmehr nur die Aufgabe, den Anodenstrom J_a in seiner Abhängigkeit von den gleichzeitig wirksamen Elektrodenpotentialen φ_1, φ_2 und φ_a zu berechnen

$$J_a = J_a(\varphi_1; \varphi_2; \varphi_a). \qquad \text{(III 7, 7)}$$

Insbesondere zielt die Konzeption der Strahltetrode auf die Frage ab, ob diese Röhre Arbeitsbereiche besitzt, in denen der Anodenstrom nur von den Potentialen φ_1 und φ_2 beziehentlich der beiden Gitter abhängt, so daß sich dort die Funktion (III 7, 7) auf

$$J_a = J_a(\varphi_1; \varphi_2) \qquad \text{(III 7, 8)}$$

reduzieren würde.

b) Wir orientieren uns innerhalb der Strahltetrode an Hand eines Bezugssystemes der rechtsläufigen *Kartesi*schen Koordinaten x, y, z; sein Ursprung werde in die Achse eines Schirmgitter-Stabes gelegt, die ihrerseits mit der y-Achse koinzidiere; die z-Achse möge senkrecht zur Trägerebene des Schirmgitters gegen die Anode weisen.

Im Einklang mit den Angaben (III 7, 4) und (III 7, 6) ersetzen wir jedes der beiden Gitter durch eine fiktive, beziehentlich mit seiner Trägerebene identische Elektrode, welche den jeweils in sie einfallenden Elektronen den freien Durchgang gewährt; wir ergänzen diese gedankliche Beseitigung der Gitterstruktur als solcher durch die Annahme eines so großen Strahlquerschnittes F, daß Randeffekte vernachlässigt werden dürfen. Aus Symmetriegründen verteilt sich dann die Anodenstromstärke J_a gleichförmig über die Fläche F, so daß mit Rücksicht auf die konventionelle Zählrichtung des von außen zugeführten Anodenstromes innerhalb der Röhre parallel zur positiven z-Achse die homogene Stromdichten-Komponente

$$j_z = -\frac{1}{F} J_a = -j_a \qquad \text{(III 7, 9)}$$

vom absoluten Betrage j_a der Anodenstromdichte resultiert, während die Stromdichte-Komponenten in x- und y-Richtung identisch verschwinden

$$j_x = 0; \qquad j_y = 0. \qquad \text{(III 7, 10)}$$

Das Feld des elektrischen Skalarpotentiales φ reduziert sich dann im Existenzgebiet des Kathodenstrahles auf eine Funktion allein der Longitudialkoordinate z

$$\varphi = \varphi(z). \qquad \text{(III 7, 11)}$$

Insbesondere kommt die Wahl der Kathode als Potentialbasis in der Angabe

$$\varphi = 0 \qquad \text{für} \qquad z = -(k + d) \qquad \text{(III 7, 12)}$$

zum Ausdruck; dem fiktiven Steuergitter ist das Effektivpotential $\overline{\varphi}_1$ zu erteilen

$$\varphi = \overline{\varphi}_1 \qquad \text{für} \qquad z = -d, \qquad \text{(III 7, 13)}$$

während gleichzeitig das fiktive Schirmgitter das Effektivpotential $\overline{\varphi}_2$

$$\varphi = \overline{\varphi}_2 \qquad \text{für} \qquad z = 0 \qquad \text{(III 7, 14)}$$

und die Anode das Potential φ_a führe

$$\varphi = \varphi_a \qquad \text{für} \qquad z = a. \qquad \text{(III 7, 15)}$$

Allerdings kommt den Randbedingungen (III 7, 11) und (III 7, 12) eine vorerst nur formale Bedeutung zu: Der funktionelle Zusammenhang der effektiven Gitterpotentiale $\overline{\varphi}_1$ und $\overline{\varphi}_2$ mit den vorgegebenen Elektrodenpotentialen φ_1, φ_2 und φ_a enthält implizit das noch unbekannte Strömungsfeld, welches durch Vermittlung seiner mit der Dichte ϱ verteilten Raumladungen in die Wirkungsweise der Strahltetrode entscheidend eingreift; daher müssen wir die Entwicklung jenes Zusammenhanges auf später verschieben.

c) Wir lassen die Startgeschwindigkeit der eben aus der Kathode emittierten Elektronen geflissentlich außer Betracht und ergänzen diese ideelle Voraussetzung durch die Annahme unbegrenzter Elektronenergiebigkeit der aktiven Kathodenoberfläche; dort annulliert sich somit gleichzeitig mit dem Potential φ nach (III 7, 12) auch sein Gradient

$$\operatorname{grad} \varphi = \frac{d\varphi}{dz} = 0 \qquad \text{für} \qquad z = -(k + d). \qquad \text{(III 7, 16)}$$

Im Einklang mit (III 7, 10) schließen wir hieraus, daß die Komponenten v_x und v_y der Elektronengeschwindigkeit v identisch verschwinden. Indem wir uns weiterhin auf den Gültigkeitsbereich der *Newton*schen Mechanik beschränken, liefert der Energiesatz für die allein verbleibende z-Komponente v_z der Geschwindigkeit die Bilanz

$$\frac{m_0}{2} v_z^2 = q_0 \varphi, \qquad \text{(III 7, 17)}$$

welcher wir an allen Kontrollebenen z von positivem oder verschwindendem Potential

$$\varphi(z) \geqq 0; \qquad -(k + d) \leqq z \leqq a \qquad \text{(III 7, 18)}$$

die Aussage

$$v_z = \pm \sqrt{2 \frac{q_0}{m_0} \varphi} \qquad \text{(III 7, 19)}$$

entnehmen. Das auf ihrer rechten Seite auftretende doppelte Vorzeichen belehrt uns über die Möglichkeit zweier gegenläufiger Elektronenbewegungen parallel und antiparallel der positiven z-Achse. Welche physikalische Bedeutung kommt dieser Alternative zu?

Um die gestellte Frage zu beantworten, vergleichen wir die Strahltetrode mit dem Raumladungswerfer nach Ziffer I 5: Wir ergänzen und verschärfen die Potential-Angaben (III 7, 1) und (III 7, 2) beziehentlich der Gitter 1 und 2 zu den deren Effektivpotentiale beherrschenden Ungleichungen

$$\overline{\varphi}_1 > 0; \qquad \overline{\varphi}_2 > 0. \qquad \text{(III 7, 20)}$$

Das Gebiet Kathode-Schirmgitter der Strahltetrode erfüllt dann für die Kinematik der in den Schirmgitter-Anodenraum einfallenden Elektronen wesentlich dieselbe Funktion, welche im Raumladungswerfer der beschleunigenden Doppelschicht vom Potentialsprung $\Delta\varphi$ gegen ihre kathodische Basis zugewiesen wurde. Wie dort das Potentialfeld $\varphi = \varphi(z)$ zwischen der Doppelschicht und der Anode, so ist daher dieses Feld auch zwischen dem Schirmgitter und der Anode der Strahltetrode einer fundamentalen Alternative unterworfen:

1. Das Potential bleibt positiv-definit

$$\varphi > 0; \qquad 0 \leqq z \leqq a. \qquad \text{(III 7, 21)}$$

Dann gelangen alle in das fiktive Schirmgitter einfallenden Elektronen ausnahmslos zur Anode; im gesamten Existenzgebiet der Elektronenbewegung haben wir es mit einer einsinnigen Konvektionsströmung der Dichte

$$\vec{j_z} = -\frac{1}{F} J_a = -j_a \qquad \text{(III 7, 22)}$$

zu tun, deren Träger die Kontrollebene z mit der parallel der positiven z-Achse weisenden Geschwindigkeit

$$\vec{v_z} = +\sqrt{2 \frac{q_0}{m_0} \varphi(z)} \qquad \text{(III 7, 23)}$$

durchschreiten. Die Angaben (III 7, 22) und (III 7, 23) führen zur Kenntnis der Raumladungsdichte

$$\varrho = \frac{\vec{j_z}}{\vec{v_z}} = -\frac{j_a}{\sqrt{2 \frac{q_0}{m_0} \varphi}}, \qquad \text{(III 7, 24)}$$

so daß das Potential φ innerhalb der unterschiedlichen Interelektrodengebiete der einheitlichen *Poisson*schen Gleichung

$$\nabla^2 \varphi = \frac{d^2\varphi}{dz^2} = -\frac{\varrho}{\Delta} = \frac{j_a}{\Delta \sqrt{2 \frac{q_0}{m_0} \varphi}} \qquad \text{(III 7, 25)}$$

unterliegt.

2. Das Potential sinkt in der Kontrollebene

$$0 < z_{min} < a \qquad \text{(III 7, 26)}$$

genau auf Null herab

$$\varphi(z_{min}) \doteq 0. \qquad \text{(III 7, 27)}$$

Diese Gleichung definiert in $z = z_{min}$ eine virtuelle Kathode, welche die in sie einfallenden Elektronen diskriminiert: Nur dem Teil $0 < \alpha < 1$ aller Elektronen, welche in der Stromdichte $\vec{j}_z$ mit der Geschwindigkeit (III 7, 23) parallel der positiven z-Achse anstürmen, wird der Übertritt zur Anode gewährt, welche sie mit der Stromdichte

$$\alpha \vec{j}_z = -\frac{1}{F} J_a = -j_a \qquad \text{(III 7, 28)}$$

erreichen; die restlichen Elektronen dagegen werden zur Kathode zurückgetrieben, so daß sie die Kontrollebene $-(k + d) < z < z_{min}$ in der Stromdichte

$$\overleftarrow{j}_z = -(1 - \alpha) \vec{j} \qquad \text{(III 7, 29)}$$

mit der Geschwindigkeit

$$\overleftarrow{v}_z = -\vec{v}_z = -\sqrt{2 \frac{q_0}{m_0} \varphi(z)} \qquad \text{(III 7, 30)}$$

durchkreuzen. Nach (III 7, 23), (III 7, 28), (III 7, 29) und (III 7, 30) treffen wir im Gebiete zwischen der wahren und der virtuellen Kathode die Raumladungsdichte

$$\varrho = \frac{\vec{j}_z}{\vec{v}_z} + \frac{\overleftarrow{j}_z}{\overleftarrow{v}_z} = -j_a \frac{2 - \alpha}{\alpha} \frac{1}{\sqrt{2 \frac{q_0}{m_0} \varphi}} \qquad \text{(III 7, 31)}$$

an, so daß dort das Potential φ der *Poisson*schen Gleichung

$$\nabla^2 \varphi = \frac{d^2\varphi}{dz^2} = -\frac{\varrho}{\Delta} = \frac{2 - \alpha}{\alpha} \frac{j_a}{\Delta \sqrt{2 \frac{q_0}{m_0} \varphi}}; \qquad -(k + d) < z < z_{min} \qquad \text{(III 7, 32)}$$

genügt. Dagegen verkehrt zwischen der virtuellen Kathode und der Anode nur die einsinnige Stromdichte (III 7, 28) vom Betrage j_a, so daß hier das Potential φ abermals der Differentialgleichung (III 7, 25) gehorcht

$$\frac{d^2\varphi}{dz^2} = \frac{j_a}{\Delta \sqrt{2 \frac{q_0}{m_0} \varphi}}; \qquad z_{min} < z < a. \qquad \text{(III 7, 33)}$$

Wir dürfen nicht verschweigen, daß die von der virtuellen Kathode zum Schirmgitter hin reflektierten Elektronen nicht die nämlichen elektronenoptischen Brechungsmedien vorfinden, welche die vom Steuergitter her einfallenden Elektronen vor der Passage des Steuergitters bündeln. Daher kommt nunmehr der Angabe (III 7, 6) nur noch der Rang einer zwar erwünschten, in Strenge jedoch unerreichbaren Grenzeigenschaft der Strahltetrode zu; in der Tat beobachtet man gleichzeitig mit der Bildung der virtuellen Kathode in der Regel das Auftreten eines merklichen Schirmgitterstromes J_2. Ungeachtet dieses Tatbestandes werden wir indes bei der theoretischen Untersuchung des Gerätes an der einfachen Gleichung (III 7, 6) festhalten, die somit fortan die „ideale" Strahltetrode als Röhre verschwindenden Schirmgitterstromes definiert.

d) Während die injizierte Stromdichte j_0 den Raumladungswerfer betrieblich als „eingeprägte", von seinen Elektrodenpotentialen unabhängige Kenngröße charakterisiert, beruht die durch (III 7, 1) im Verein mit (III 7, 4) angedeutete Arbeitsweise der Strahltetrode als Verstärker gerade auf der Möglichkeit, die in das fiktive Schirmgitter einfallende Stromdichte vermittels des Steuergitters ohne merklichen Leistungseinsatz regeln zu können. Auf Grund dieses wesentlichen Unterschiedes zwischen den verglichenen Geräten ändert sich die *Langmuir*-Strecke l nach (I 5, 21) mit dem jeweiligen Betriebszustande der Strahltetrode, so daß sie nicht mehr zur Konstruktion eines starren Maßstabes taugt. Um die hierdurch angezeigte Schwierigkeit zu überwinden, werden wir den Abstand a der Anode vom Schirmgitter der Strahltetrode als deren „natürliche" Längeneinheit wählen. Demgemäß ersetzen wir die Longitudinal-Koordinate z durch die numerische Koordinate

$$\zeta = \frac{z}{a}. \qquad \text{(III 7, 34)}$$

Im gleichen Sinne bestimmt

$$\varkappa = \frac{k}{a} \qquad \text{(III 7, 35)}$$

den numerischen Abstand des Steuergitters von der Kathode,

$$\delta = \frac{d}{a} \qquad \text{(III 7, 36)}$$

die numerische Distanz zwischen beiden Gittern und

$$1 = \frac{a}{a} \qquad \text{(III 7, 37)}$$

die numerische Entfernung der Anode vom Schirmgitter.

Wir vertauschen nun die frühere Bedingung (II 7, 2) des festen Schirmgitterpotentiales φ_2 mit der im praktischen Betriebe der Strahltetrode quantitativ nur wenig verschiedenen, vom theoretischen Standpunkt aus jedoch weit einfacheren Voraussetzung eines konstanten, gemäß (III 7, 20) positiv definiten Effektivpotentiales $\overline{\varphi}_2$ des fiktiven Schirmgitters

$$\overline{\varphi}_2 = \text{const.} > 0. \qquad \text{(III 7, 38)}$$

Nach Wahl von $\overline{\varphi}_2$ als Potentialeinheit definieren wir das numerische Potential $\Phi = \Phi(\zeta)$ durch das dimensionsfreie Verhältnis

$$\Phi(\zeta) = \frac{\varphi}{\overline{\varphi}_2} \qquad \text{(III 7, 39)}$$

und bilden aus $\overline{\varphi}_2$ und a als sozusagen natürliche Einheit der Stromdichte den Betrag

$$j_L = \frac{4}{9}\Delta\sqrt{2\frac{q_0}{m_0}\frac{\overline{\varphi}_2^{3/2}}{a^2}} \qquad \text{(III 7, 40)}$$

jener *Langmuir*-Stromdichte, welche das fiktive Schirmgitter einer an Stelle der Anode gedachten, untersättigten Glühkathode bei verschwinden der Startgeschwindigkeit der eben von ihr emittierten Elektronen entziehen würde; das dimensionsfreie Verhältnis der aus (I 7, 9) zu entnehmenden Anodenstromdichte $\mathfrak{j}_a$ zur *Langmuir*-Stromdichte $\mathfrak{j}_L$ schildert die numerische Stromdichte

$$\gamma_a = \frac{\mathfrak{j}_a}{\mathfrak{j}_L} \qquad \text{(III 7, 41)}$$

der Strahltetrode.

e) Wir führen (III 7, 34), (III 7, 39) und (III 7, 41) in die *Poisson*sche Gleichung (III 7, 25) des durchwegs einsinnigen Strömungsfeldes in den Interelektrodengebieten ein und erhalten dort für das numerische Potential Φ die normierte Differentialgleichung

$$\frac{d^2\Phi}{d\zeta^2} = \frac{4}{9} \frac{\gamma_a}{\sqrt{\Phi}}, \qquad \text{(III 7, 42)}$$

welche unter den Randbedingungen

$$\Phi = 0; \quad \frac{d\Phi}{d\zeta} = 0 \quad \text{in} \quad \zeta = -(\varkappa + \delta), \qquad \text{(III 7, 43)}$$

$$\Phi = \overline{\Phi}_1 = \frac{\overline{\varphi}_1}{\varphi_2} > 0 \quad \text{in} \quad \zeta = -\delta, \qquad \text{(III 7, 44)}$$

$$\Phi = \overline{\Phi}_2 = 1 \quad \text{in} \quad \zeta = 0, \qquad \text{(III 7, 45)}$$

$$\Phi = \Phi_a = \frac{\varphi_a}{\varphi_2} > 0 \quad \text{in} \quad \zeta = 1 \qquad \text{(III 7, 46)}$$

zu lösen ist.

Aus (III 7, 42) und (III 7, 43) folgt sogleich

$$\Phi = \gamma_a^{2/3} [\zeta + (\varkappa + \delta)]^{4/3}, \qquad \text{(III 7, 47)}$$

so daß wir (III 7, 44) durch die Relation

$$\overline{\Phi}_1 = \gamma_a^{2/3} \cdot \varkappa^{4/3} \qquad \text{(III 7, 48)}$$

befriedigen; sie liefert in der Form

$$\gamma_a = \frac{\overline{\Phi}_1^{3/2}}{\varkappa^2} \qquad \text{(III 7, 49)}$$

die analytische Darstellung des Kennlinienfeldes der einsinnig durchströmten Röhre unter Ausschluß der allenfalls von Sekundärelektronen getragenen interelektrodischen Ausgleichsströme, sobald man nur die Funktion

$$\overline{\Phi}_1 = \overline{\Phi}_1(\varphi_1; \varphi_1; \varphi_a) \qquad \text{(III 7, 50)}$$

gefunden hat. Um diese allerdings wirklich herzustellen, müßte man die in (III 7, 47) begonnene Integration der Gl. (III 7, 42) abschnittsweise zunächst vom fiktiven Steuergitter zum fiktiven Schirmgitter und dann weiter vom fiktiven Schirmgitter bis zur Anode fortsetzen. Die hierbei auftretenden Lösungen gehen grundsätzlich aus der jeweils entsprechenden Potentialverteilung im einsinnig durchströmten Raumladungswerfer nach Ziffer I 5 hervor: Mittels der Transformation

$$\zeta^* = \sqrt{\gamma_a} \cdot \zeta \qquad \text{(III 7, 51)}$$

verwandelt sich (III 7, 42) in die Differentialgleichung

$$\frac{d^2\Phi}{d\zeta^{*2}} = \frac{4}{9} \frac{1}{\sqrt{\Phi}}, \qquad \text{(III 7, 52)}$$

welche formal mit (III 7, 42) identisch ist. Für die Theorie der Strahltetrode besitzt jedoch der angedeutete Rechengang eine sozusagen vorwiegend negative Bedeutung: Wir haben zu untersuchen, ob und mit welchen Mitteln die durchwegs einsinnige Elektronenströmung in der Röhre unterbunden werden kann. Denn beim Fehlen der virtuellen Kathode im Schirmgitter-Anodenraum unterscheidet sich ja die Strahltetrode funktionell nicht von der Schirmgitter-Tetrode, in deren *Barkhausen*schem Arbeitsgebiete das effektive Potential des Steuergitters durch bloße Multiplikation mit einem konstanten Faktor aus dem natürlichen Steuerpotential φ_{st} nach Gl. (III 5, 5) hervorgeht, gleich diesem also explizit vom Anodenpotential φ_a abhängt; diese Eigenschaft aber widerspricht dem in (III 7, 8) verlangten Verhalten der Strahltetrode. Auf Grund dieses Sachverhaltes haben wir zunächst zu prüfen, ob uns die Bildung der virtuellen Kathode im Schirmgitter-Anodenraum zu einem Steuermechanismus der Anodenstromdichte verhilft, dessen effektives Steuergitter-Potential vom gleichzeitig wirksamen Anodenpotential φ_a unabhängig wird; erst später werden wir uns der wichtigen Frage zuwenden, welche der beiden in Parallele gesetzten Feldformen im Falle ihrer gleichzeitigen Existenzmöglichkeit von der Konvektionsströmung bevorzugt und daher im arbeitenden Geräte realisiert wird.

f) Im Bereiche der doppelsinnigen Elektronenströmung unterliegt das numerische Potential Φ der aus (III 7, 32) nach Substitution von (III 7, 34), (III 7, 39) und (III 7, 41) hervorgehenden, dimensionsfreien Differentialgleichung

$$\frac{d^2\Phi}{d\zeta^2} = \frac{4}{9}\,\frac{2-\alpha}{\alpha}\,\frac{\gamma_a}{\sqrt{\Phi}}, \qquad \text{(III 7, 53)}$$

deren Lösung wir für drei, voneinander durch je eine fiktive Gitterebene geschiedenen Bereiche getrennt aufzusuchen haben:

1. Im Kathoden-Steuergitterraum $(-(\varkappa+\delta)) < \zeta < \delta$ wird das Potential von der Randbedingung (III 7, 43) beherrscht. Das ihr angepaßte Integral der Gl. (III 7, 53) lautet

$$\Phi = \left(\frac{2-\alpha}{\alpha}\right)^{2/3} \gamma_a^{2/3}\,[\zeta + (\varkappa+\delta)]^{4/3}, \qquad \text{(III 7, 54)}$$

so daß (III 7, 44) auf die Relation

$$\overline{\Phi}_1 = \left(\frac{2-\alpha}{\alpha}\right)^{2/3} \gamma_a^{2/3}\,\varkappa^{4/3} \qquad \text{(III 7, 55)}$$

führt.

2. Im Steuergitter-Schirmgitterraum $(-\delta) < \zeta < 0$ verzichten wir auf die Angabe der strengen Lösung; vielmehr nehmen wir die dort am Stromtransport beteiligte Raumladungsdichte ϱ als so geringfügig an, daß sich die vektorielle elektrische Feldstärke E nicht merklich von dem parallel der z-Achse weisenden Homogenfeld der *Kartesi*schen Komponenten

$$E_x = 0; \quad E_y = 0; \quad E_z = \frac{\overline{\varphi}_1 - \overline{\varphi}_2}{d} = \frac{\overline{\varphi}_2}{a}\,\frac{\overline{\Phi}_1 - \overline{\Phi}_2}{\delta}; \quad -\delta < \zeta < 0 \qquad \text{(III 7, 56)}$$

unterscheidet; zufolge der Voraussetzungen (III 7, 20) tritt dann in diesem Gebiete gewiß keine virtuelle Kathode auf.

3. Im Gebiete $0 < \zeta < \zeta_{\min}$ zwischen dem fiktiven Schirmgitter und der virtuellen Kathode ist das Integral der Gl. (III 7, 53) am Schirmgitter der Randbedingung

$$\bar{\Phi} = \bar{\Phi}_2 = 1 \qquad \text{für} \qquad \zeta = 0 \qquad \text{(III 7, 57)}$$

anzupassen, welcher die Definitionsgleichungen der virtuellen Kathode

$$\Phi = 0; \quad \frac{d\Phi}{d\zeta} = 0 \qquad \text{für} \qquad \zeta = \zeta_{\min} \qquad \text{(III 7, 58)}$$

ergänzend zur Seite treten. Wir befriedigen zunächst (III 7, 58) durch das Integral

$$\Phi = \left(\frac{2-\alpha}{\alpha}\right)^{2/3} \gamma_a^{2/3} (\zeta_{\min} - \zeta)^{4/3}, \qquad \text{(III 7, 59)}$$

mit dessen Hilfe (III 7, 57) den Zusammenhang

$$1 = \left(\frac{2-\alpha}{\alpha}\right)^{2/3} \gamma_a^{2/3} \zeta_{\min}^{4/3} \qquad \text{(III 7, 60)}$$

stiftet.

Aus (III 7, 55) und (III 7, 60) folgt für die Lage der virtuellen Kathode im Schirmgitter-Anodenraum die Angabe

$$\zeta_{\min} = \frac{\varkappa}{\bar{\Phi}_1^{3/4}}; \qquad 0 < \zeta_{\min} < 1, \qquad \text{(III 7, 61)}$$

so daß diese diskriminierende Ebene nur für numerische Steuergitter-Effektivpotentiale $\bar{\Phi}_1$ des Betriebsbereiches

$$\bar{\Phi}_1 > \varkappa^{4/3} \qquad \text{(III 7, 62)}$$

realisiert werden kann. Ist diese Bedingung erfüllt, so findet man aus (III 7, 55) durch den Grenzübergang zur Transmissionszahl $\alpha \to 1$ die größtmögliche numerische Anodenstromdichte $\gamma_{a,\,gr}$ zu

$$\gamma_{a,\,gr} = \lim_{\alpha \to 1} \gamma_a = \frac{\bar{\Phi}_1^{3/2}}{\varkappa^2}. \qquad \text{(III 7, 63)}$$

Im Gegensatz zu dem doppelsinnigen Strömungsfelde zwischen der wahren und der virtuellen Kathode verkehrt zwischen der letztgenannten und der Anode ein nur einsinniger Konvektionsstrom der numerischen Dichte γ_a, dessen numerisches Potential Φ somit abermals der Differentialgleichung (III 7, 42) unterliegt. Wir passen ihre Lösung zunächst den Definitionen (III 7, 58) der virtuellen Kathode durch das Integral

$$\Phi = \gamma_a^{2/3} (\zeta - \zeta_{\min})^{4/3} \qquad \text{(III 7, 64)}$$

an; aus der Anoden-Randbedingung (III 7, 46) erschließen wir dann für alle Stromdichten der einschränkenden Eigenschaft $\gamma_a < \gamma_{a,\,gr}$ die Relation

$$\Phi_a = \gamma_a^{2/3} (1 - \zeta_{\min})^{4/3} \qquad \text{(III 7, 65)}$$

Bei festem numerischen Effektivpotential $\bar{\Phi}_1 > \varkappa^{4/3}$ des fiktiven Steuergitters unterliegt also der Zustand im Schirmgitter-Anodengebiet folgender Alternative:

1. Solange die Transmissionszahl $\alpha < 1$ bleibt folgt durch Substitution von (III 7, 61) in (III 7, 64) und Auflösung der entstehenden Gleichung nach γ_a mit Rücksicht auf (III 7, 63)

$$\gamma_a = \frac{\Phi_a^{3/2}}{\left(1 - \frac{\varkappa}{\bar{\Phi}_1^{3/4}}\right)^2}; \qquad \Phi_a < \left(\frac{\bar{\Phi}_1^{3/4}}{\varkappa} - 1\right)^2. \qquad \text{(III 7, 66)}$$

2. Die Transmissionszahl $\alpha = 1$ definiert nach (III 7, 63) sozusagen die numerische „Sättigungsstromdichte"

$$\gamma_a = \gamma_{a,\,gr} = \frac{\overline{\Phi}_1^{\,3/2}}{\varkappa^2} \tag{III 7, 67}$$

welche durch die numerischen Anodenpotentiale Φ_a des Arbeitsbereiches

$$\Phi_a \geqq \left(\frac{\overline{\Phi}_1^{\,3/4}}{\varkappa} - 1\right)^{4/3} \tag{III 7, 68}$$

der virtuellen Kathode entzogen wird.

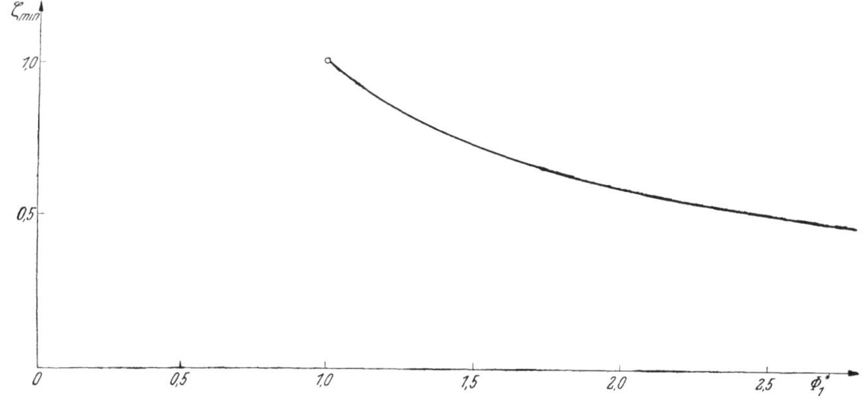

Abb. III 174. Strahltetrode. Wanderung der virtuellen Kathode durch den Schirmgitter-Anodenraum.

Die Gleichungen (III 7, 66), (III 7, 67) und (III 7, 68) stellen zusammen dasjenige Kennlinienfeld der idealen Strahltetrode dar, welches durch die diskriminierende Tätigkeit der virtuellen Kathode „erzeugt" wird. Seine analytische Form läßt sich durch einen Wechsel der Veränderlichen vereinfachen: Wir ersetzen die numerische Anodenstromdichte γ_a durch ihren „modifizierten" Wert

$$\gamma_a^* = \frac{\gamma_a}{\varkappa^2} \tag{III 7, 69}$$

und das numerische Potential Φ durch das modifizierte numerische Potential

$$\Phi^* = \frac{\Phi}{\varkappa^{4/3}}\,. \tag{III 7, 70}$$

Unabhängig von dem jeweiligen numerischen Abstande $\varkappa$ der wahren Kathode von der Trägerebene des Steuergitters wird dann die Wanderung (III 7, 61) der virtuellen Kathode durch den Schirmgitter-Anodenraum bei dem gemäß (III 7, 62) veränderlichen numerischen Effektivpotential des Steuergitters durch die Gleichung

$$\zeta_{min} = \frac{1}{\overline{\Phi}_1^{\,*3/4}}\,; \qquad \overline{\Phi}_1^{\,*} > 1 \tag{III 7, 71}$$

nach Abb. III 174 beschrieben. Gleichzeitig mit der Normierung dieser Ortsangabe verwandelt sich (III 7, 66) durch Substitution von (III 7, 69) und (III 7, 70) in die parameterfreie Gleichung

$$\gamma_a{}^* = \frac{\Phi_a{}^{*3/2}}{\left(1 - \frac{1}{\overline{\Phi}_1{}^{*3/4}}\right)^2}, \quad \text{(III 7, 72)}$$

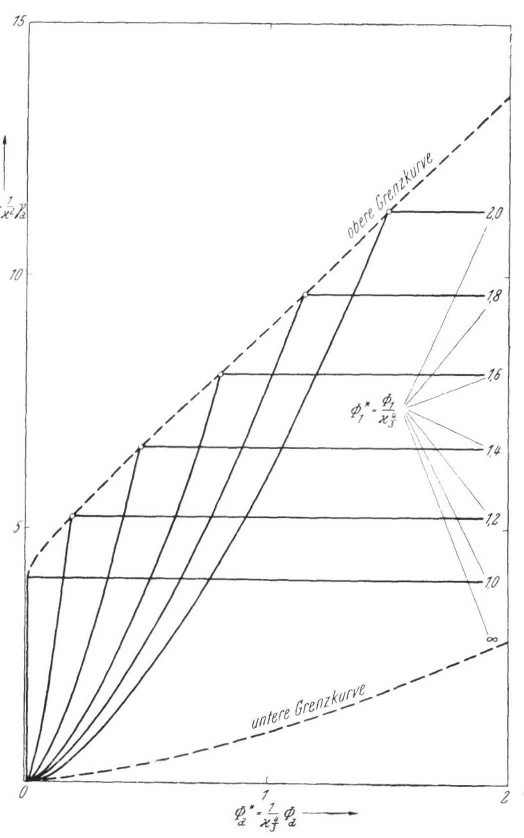

Abb. III 175. Strahltetrode. Abhängigkeit der Anodenstromdichte vom Anodenpotential.

deren „modifizierte" Gültigkeitsgrenzen

$$\Phi_a{}^* < \Phi^*_{a,\,gr} = \frac{1}{\varkappa^{4/3}} (\overline{\Phi}_1^{3/4} - 1)^{4/3};$$

$$\gamma_a{}^* < \gamma^*_{a,\,gr} = \frac{1}{\varkappa^2} \overline{\Phi}_1{}^{*3/2} \quad \text{(III 7, 73)}$$

allerdings von dem jeweils vorgesehenen Abstand der Kathode vom Steuergitter im Verhältnis zum Abstand des Schirmgitters zur Anode diktiert werden: Der „Sättigungszustand" wird durch

$$\gamma_a{}^* = \frac{1}{\varkappa^2} \overline{\Phi}_1{}^{*3/2};$$

$$\Phi_a{}^* > \frac{1}{\varkappa^{4/3}} (\overline{\Phi}_1{}^{3/4} - 1)^{4/3} \quad \text{(III 7, 74)}$$

beschrieben.

Gesetzt den Fall, daß die Ungleichung $\overline{\Phi}_1{}^* > 1$ durch passende Wahl der Elektrodenpotentiale erfüllt worden ist. Schildert dann das Gebiet (III 7, 72), (III 7, 73) den erwünschten Arbeitsbereich der Strahltetrode oder haben wir das Gebiet (III 7, 74) zu bevorzugen?

Zur Beantwortung dieser Frage beziehen wir uns zunächst auf Abb. III 175, in welchem die Anodenstromdichte $\gamma_a{}^*$ als Funktion des Anodenpotentiales $\Phi_a{}^*$ bei diskreten Parameterwerten des effektiven Steuergitter-Potentiales $\overline{\Phi}_1{}^*$ dargestellt ist. Längs der oberen Grenze des Kennlinienfeldes besteht gemäß (III 7, 74) zwischen dem Potential Φ_a und dem Potential $\overline{\Phi}_1{}^*$ der Zusammenhang

$$\Phi_a{}^* = \frac{1}{\varkappa^{4/3}} (\overline{\Phi}_1{}^{*3/4} - 1)^{4/3}; \qquad \overline{\Phi}_1{}^* = (1 + \varkappa\, \Phi_a{}^{*3/4})^{4/3}. \quad \text{(III 7, 75)}$$

so daß die Gleichung dieser Grenze

$$\gamma^{*\,(+)}_{a,\,gr} = \left(\frac{1}{\varkappa} + \Phi_a{}^{*3/4}\right)^2 \quad \text{(III 7, 76)}$$

lautet. Dagegen geht die untere Grenze $\gamma_{a,\,gr}^{*\,(-)}$ der Anodenstromdichte aus (III 7, 72) durch den Prozeß $\bar{\Phi}_1^* \to \infty$ hervor:

$$\gamma_{a,\,gr}^{*\,(-)} = \lim_{\bar{\Phi}_1^* \to \infty} \gamma_a^* = \Phi_a^{*3/2}. \qquad \text{(III 7, 77)}$$

Innerhalb des von diesen Grenzen eingeschlossenen Arbeitsbereiches sind zwei Teilgebiete zu unterscheiden:

1. Bei schwachen Anodenströmen der Eigenschaft

$$0 < \gamma_a^* < \frac{1}{\varkappa^2} \qquad \text{(III 7, 78)}$$

nimmt γ_a^* eindeutig für alle festen $\bar{\Phi}_1^*$ mit steigendem Φ_a^* monoton zu.

2. Bei starken Anodenströmen der Eigenschaft

$$\frac{1}{\varkappa^2} < \gamma_a^* < \left(\frac{1}{\varkappa} + \Phi_a^{*3/4}\right)^2 \qquad \text{(III 7, 79)}$$

verlaufen durch jeden Punkt (Φ_a^*, γ_a^*) zwei Kennlinien, deren eine die von Φ_a^* unabhängige „Sättigungsstromdichte" nach (III 7, 74) schildert; sie erfüllt die an die Strahltetrode geknüpften Hoffnungen allerdings erst dann, falls sich auch die Effektivpotentiale $\bar{\Phi}_1^*$ und $\bar{\Phi}_2^*$ als unabhängig von Φ_a^* erweisen [Abschnitt g].

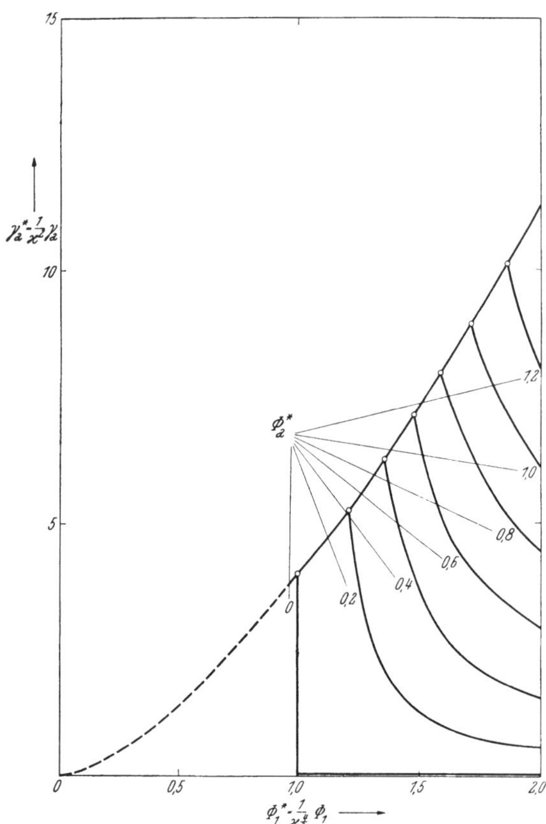

Abb. III 176. Strahltetrode. Die Anodenstromdichte als Funktion des steuernden Effektivpotentiales.

Zu den gleichen Folgerungen gelangt man an Hand der Abb. III 176, welches die Anodenstromdichte γ_a^* in ihrer Abhängigkeit vom Effektivpotential $\bar{\Phi}_1^*$ des Steuergitters bei diskreten Parameterwerten des Anodenpotentiales Φ_a^* veranschaulicht: Die „Sättigungsstromdichte" $\gamma_{a,\,gr}^*$ nimmt nach (III 7, 74) von ihrem Anfangswerte

$$\gamma_{a,\,1}^* = \lim_{\bar{\Phi}_1^* \to 1} \gamma_{a,\,gr}^* = \frac{1}{\varkappa^2} \qquad \text{(III 7, 80)}$$

mit wachsendem $\bar{\Phi}_1^*$ zunächst monoton bis zu ihrem nach (III 7, 76) zu erwartendem Maximum

$$\gamma_{a,\,max}^* = \gamma_{a,\,gr}^{*\,(+)} = \left(\frac{1}{\varkappa} + \Phi_a^{*3/4}\right)^2; \qquad \bar{\Phi}_1^* = (1 + \varkappa\Phi_a^{*3/4})^{4/3} \qquad \text{(III 7, 81)}$$

zu; bei weiterer Steigerung des effektiven Steuergitter-Potentiales jedoch weist die virtuelle Kathode einen Teil der in sie einfallenden Elektronen zum Schirmgitter zurück, so daß die Kennlinie asymptotisch gegen den Grenzwert

$$\lim_{\bar{\Phi}_1^* \to \infty} \gamma_a^* = \gamma_{a,\,gr}^{*(-)} = \Phi_a^{*3/2} \tag{III 7, 82}$$

abfällt. Nach Abb. III 177 taugt also nur der Bereich

$$1 \leqq \bar{\Phi}_1^* \leqq 1 + \Delta\bar{\Phi}_1^*; \qquad \Delta\bar{\Phi}_1^* = (1 + \varkappa\,\Phi_a^{*3/4})^{4/3} - 1 \tag{III 7, 83}$$

des effektiven Steuergitter-Potentiales zu der gewünschten, leistungsfreien Regelung des Anodenstromes.

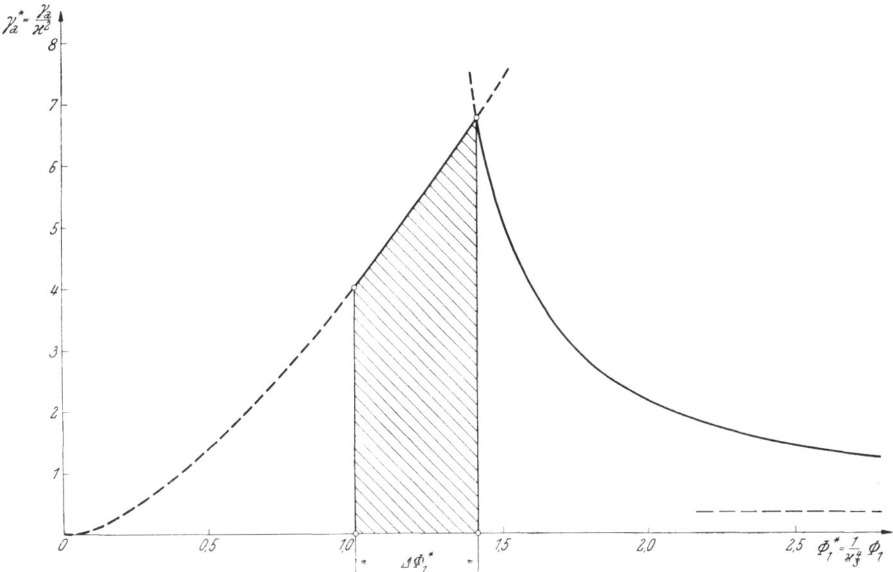

Abb. III 177. Strahltetrode. Arbeitsbereich des steuernden Effektivpotentiales.

g) Der Hauptsatz in der Theorie der Strahltetrode lautet:

Im Arbeitsbereiche der Sättigungsstromdichte $\gamma_{a,\,gr}^*$ wird durch die Bildung der virtuellen Kathode im Schirmgitter-Anodenraum die Potentialkopplung zwischen dem fiktiven Steuergitter und der Anode aufgehoben.

Der Beweis geht von der Definition der Sättigungsstromdichte als Grenzfall der doppelsinnigen Elektronenbewegung bei der Transmissionszahl $\alpha \to 1$ aus. Denn dann ist ja, im Einklang mit (III 7, 55), die Stromdichte γ_a^* nur vom Potential $\bar{\Phi}_1^*$ abhängig, so daß dieses im Verein mit (III 7, 61) die Feldstruktur des gesamten Gebietes $(-(\varkappa + \delta)) < \zeta < \zeta_{min}$ eindeutig bestimmt. Da sich andererseits gemäß Ziffer II 4 die Effektivpotentiale $\bar{\varphi}_1$ des Steuerpotentiales und $\bar{\varphi}_2$ des Schirmgitters beziehentlich von den Eigenpotentialen φ_1 und φ_2 dieser Elektroden je durch einen Posten unterscheiden, welcher dem Sprunge der elektrischen Feldstärke an der Gitterträgerebene verhältnisgleich ist, erweisen sich somit $\bar{\varphi}_1$ und $\bar{\varphi}_2$, und daher auch $\bar{\Phi}_1^*$ und $\bar{\Phi}_2^*$, als unabhängig vom Anodenpotential φ_a.

Bei der wirklichen Herstellung dieses Zusammenhanges dürfen wir uns die Ebene $z = z_{min}$ der Röhre ohne irgendwelche Störung ihres Potentialfeldes mit einer vollkommen elektronendurchlässigen Blattelektrode vom Potentiale $\varphi = 0$, der „*Spiegelkathode*" ausgerüstet denken. Der von der wahren Kathode einerseits, der Spiegelkathode andererseits begrenzte Torso des ursprünglichen Systemes definiert gewissermaßen eine neue, mit der Transmissionszahl $a \to 1$ betriebene „*Vortetrode*". Bei der Berechnung der in ihr resultierenden effektiven Gitterpotentiale stützen wir uns, in der Genauigkeit der *Barkhausen*schen Röhrentheorie, auf die Elektrostatik der „kalten", raumladungsfreien Elektrodenkonfiguration: Wir kehren vorübergehend zum Potentialfelde der Zylinderpentode [Ziffer III 2] zurück, welche wir durch den Grenzübergang zu verschwindendem Drahthalbmesser ϱ_3 des Gitters 3 in eine Tetrode verwandeln. In der „Vortetrode" sind nun die wahre Kathode und die Spiegelkathode einander elektrisch völlig gleichwertig und daher miteinander vertauschbar. Von dieser Eigenschaft des Entladungssystemes Gebrauch machend, bezeichnen wir für den Augenblick das Schirmgitter durch den Index 1' und das Steuergitter durch den Index 2', während der Spiegelkathode die Rolle der tetrodischen Kathode und der wahren Kathode die Rolle der Anode [Index a'] vom Potentiale

$$\varphi_{a'} = 0 \tag{III 7, 84}$$

zufalle. Aus (III 2, 50) und (III 2, 51) finden sich somit die Potentiale $\varphi_2 \equiv \varphi_{1'}$ des Schirmgitters und $\varphi_1 = \varphi_{2'}$ des Steuergitters beziehentlich zu

$$\varphi_2 \equiv \varphi_{1'} = \frac{\lambda_{1'}\,n_{1'}}{2\pi\Delta}\,\frac{1}{G^0_{1'}}\ln\frac{r_{a'}}{r_{1'}} + \frac{\lambda_{2'}\,n_{2'}}{2\pi\Delta}\ln\frac{r_{a'}}{r_{2'}} \tag{III 7, 85}$$

sowie

$$\varphi_1 \equiv \varphi_{2'} = \frac{\lambda_{1'}\,n_{1'}}{2\pi\Delta}\ln\frac{r_{a'}}{r_{2'}} + \frac{\lambda_{2'}\,n_{2'}}{2\pi\Delta}\,\frac{1}{G^0_{2'}}\ln\frac{r_{a'}}{r_{2'}}, \tag{III 7, 86}$$

während die entsprechenden Effektivpotentiale gemäß (III 2, 39) und (III 2, 40) durch die Ausdrücke

$$\bar{\varphi}_2 \equiv \bar{\varphi}_{1'} = \frac{\lambda_{1'}\,n_{1'}}{2\pi\Delta}\ln\frac{r_{a'}}{r_{1'}} + \frac{\lambda_{2'}\,n_{2'}}{2\pi\Delta}\ln\frac{r_{a'}}{r_{2'}} \tag{III 7, 87}$$

sowie

$$\bar{\varphi}_1 \equiv \bar{\varphi}_{2'} = \frac{\lambda_{1'}\,n_{1'}}{2\pi\Delta}\ln\frac{r_{a'}}{r_{2'}} + \frac{\lambda_{2'}\,n_{2'}}{2\pi\Delta}\ln\frac{r_{a'}}{r_{2'}} \tag{III 7, 88}$$

dargestellt werden.

Den Gleichungen (III 7, 85) und (III 7, 86) entnimmt man die Angaben

$$\frac{\lambda_{1'}\,n_{1'}}{2\pi\Delta} = \frac{\varphi_{1'}\dfrac{1}{G^0_{2'}}\ln\dfrac{r_{a'}}{r_{2'}} - \varphi_{2'}\ln\dfrac{r_{a'}}{r_{2'}}}{\dfrac{1}{G^0_{1'}}\cdot\dfrac{1}{G^0_{2'}}\ln\dfrac{r_{a'}}{r_{1'}}\ln\dfrac{r_{a'}}{r_{2'}} - \left(\ln\dfrac{r_{a'}}{r_{2'}}\right)^2} \tag{III 7, 89}$$

sowie

$$\frac{\lambda_{2'}\,n_{2'}}{2\pi\Delta} = \frac{-\varphi_{1'}\ln\dfrac{r_{a'}}{r_{2'}} + \varphi_{2'}\cdot\dfrac{1}{G^0_{1'}}\ln\dfrac{r_{a'}}{r_{1'}}}{\dfrac{1}{G^0_{1'}}\,\dfrac{1}{G^0_{2'}}\ln\dfrac{r_{a'}}{r_{1'}}\ln\dfrac{r_{a'}}{r_{2'}} - \left(\ln\dfrac{r_{a'}}{r_{2'}}\right)^2}, \tag{III 7, 90}$$

durch deren Substitution in (III 7, 87) und (III 7, 88) die Relationen

$$\overline{\varphi}_{1'} = \frac{\varphi_{1'} G^0_{1'} \left[\ln \frac{r_{a'}}{r_{1'}} - G^0_{2'} \ln \frac{r_{a'}}{r_{2'}} \right] + \varphi_{2'} G^0_{2'} [1 - G^0_{1'}] \ln \frac{r_{a'}}{r_{1'}}}{\ln \frac{r_{a'}}{r_{1'}} - G^0_{1'} G^0_{2'} \ln \frac{r_{a'}}{r_{2'}}} \qquad \text{(III 7, 91)}$$

sowie

$$\overline{\varphi}_{2'} = \frac{\varphi_{1'} G^0_{1'} [1 - G^0_{2'}] \ln \frac{r_{a'}}{r_{2'}} + \varphi_{2'} G^0_{2'} \left[\ln \frac{r_{a'}}{r_{1'}} - G^0_{1'} \ln \frac{r_{a'}}{r_{2'}} \right]}{\ln \frac{r_{a'}}{r_{1'}} - G^0_{1'} G^0_{2'} \ln \frac{r_{a'}}{r_{2'}}} \qquad \text{(III 7, 92)}$$

resultieren. Nach Übereinkunft wird nun $\varphi_2 \equiv \overline{\varphi}_{1'}$ festgehalten. Aus (III 7, 91) entspringt dann die Angabe

$$\varphi_{1'} = \frac{\overline{\varphi}_{1'} \left[\ln \frac{r_{a'}}{r_{1'}} - G^0_{1'} G^0_{2'} \ln \frac{r_{a'}}{r_{2'}} \right] - \varphi_{2'} G^0_{2'} [1 - G^0_{1'}] \ln \frac{r_{a'}}{r_{1'}}}{G^0_{1'} \left[\ln \frac{r_{a'}}{r_{1'}} - G^0_{2'} \ln \frac{r_{a'}}{r_{2'}} \right]}, \qquad \text{(III 7, 93)}$$

mit deren Hilfe für das Effektivpotential des Steuergitters die Gleichung

$$\overline{\varphi}_1 \equiv \overline{\varphi}_{2'} = \frac{\overline{\varphi}_{1'} \; [1 - G^0_{2'}] \ln \frac{r_{a'}}{r_{2'}} + \varphi_2 G^0_{2'} \ln \frac{r_{2'}}{r_{1'}}}{\ln \frac{r_{a'}}{r_{1'}} - G^0_{2'} \ln \frac{r_{a'}}{r_{2'}}} \qquad \text{(III 7, 94)}$$

und also für seinen numerischen Wert $\overline{\Phi}_1$ die Gleichung

$$\overline{\Phi}_1 = \frac{\overline{\varphi}_1}{\varphi_2} \equiv \frac{\overline{\varphi}_{2'}}{\overline{\varphi}_{1'}} = \frac{[1 - G^0_{2'}] \ln \frac{r_{a'}}{r_{2'}} + \Phi_1 G^0_{2'} \ln \frac{r_{2'}}{r_{1'}}}{\ln \frac{r_{a'}}{r_{1'}} - G^0_{2'} \ln \frac{r_a}{r_{2'}}} \qquad \text{(III 7, 95)}$$

entsteht.

Von der Zylindertetrode gelangen wir mittels der geometrischen Aussagen

$$r_{a'} - r_{1'} = k + d \equiv a(\varkappa + \delta); \qquad r_{a'} - r_{2'} = k \equiv a\,\varkappa \qquad \text{(III 7, 96)}$$

und

$$2\pi\, r_{1'} = n_{1'} \cdot \tau; \qquad 2\pi\, r_{2'} = n_{2'} \cdot \tau \qquad \text{(III 7, 97)}$$

bei gleichzeitig unbegrenzt anwachsenden Werten von $r_{a'}$, $r_{1'}$, $r_{2'}$ $n_{1'}$ und $n_{2'}$ zur parallelebenen Vortetrode der numerischen Vergitterungen

$$G^0_2 \equiv G^0_{1'} = \frac{1}{1 + \frac{\tau}{2\pi a} \frac{1}{\varkappa + \delta} \ln \frac{\tau}{2\pi \varrho_2}}; \qquad G^0_1 \equiv G^0_{2'} = \frac{1}{1 + \frac{\tau}{2\pi a} \frac{1}{\varkappa} \ln \frac{\tau}{2\pi \varrho_1}}, \qquad \text{(III 7, 98)}$$

während Gl. (III 7, 95) in die einfache Relation

$$\overline{\Phi}_1 = \frac{(1 - G_1^0)\,\varkappa}{(1 - G_1^0)\,\varkappa + \delta} + \Phi_1 \frac{G_1^0\,\delta}{(1 - G_1^0)\,\varkappa + \delta} \qquad \text{(III 7, 99)}$$

übergeht. Es muß indes betont werden, daß dieses Ergebnis wesentlich durch den hier benutzten Kunstgriff erzielt wurde: Die Wahl der Spiegelkathode als Basis und der wahren Kathode als Anode der Vortetrode; daher enthält Gl. (III 7, 99) implizit die Annahme $\zeta_{\min} \gg \varkappa$. Nun gilt nach (III 7, 70) und (III 7, 71)

$$\frac{\zeta_{\min}}{\varkappa} = \frac{1}{\varkappa\,\overline{\Phi}_1^{*\,3/4}} = \frac{1}{\overline{\Phi}_1^{\,3/4}}, \qquad \text{(III 7, 100)}$$

so daß im Betriebe der Strahltetrode als Verstärker zufolge der Maßnahme $\Phi_1 < 0$ gewiß

$$\overline{\Phi}_1 < 1 \qquad \text{(III 7, 101)}$$

ausfällt, die oben genannte Annahme also hinreichend genau zutrifft. Nun muß, unter nochmaliger Berufung auf (III 7, 70) und (III 7, 71), die Röhre so konstruiert werden, daß

$$\varkappa \equiv \frac{k}{a} < \overline{\Phi}_1^{\,3/4} \qquad \text{(III 7, 102)}$$

bleibt. Diese Folgerung wird durch den Wunsch nach einer möglichst hohen Steilheit S der Anodenstrom-Steuergitterpotential-Kennlinie unterstrichen: Aus (III 7, 63) und (III 7, 99) findet sich für eine Strahltetrode der Elektrodenfläche F

$$S = F\,\frac{\partial j_{a,\,gr}}{\partial \varphi_1} = \frac{F\,j_L}{\overline{\varphi}_2} \cdot \frac{3}{2}\,\frac{\sqrt{\overline{\Phi}_1}}{\varkappa^2}\,\frac{G_1^0\,\delta}{(1 - G_2^0)\,\varkappa + \delta}, \qquad \text{(III 7, 103)}$$

so daß sie durch Wahl eines hinreichend kleinen numerischen Abstandes $\varkappa$ der Kathode vom fiktiven Steuergitter oder, mit anderen Worten, durch Wahl eines weiten Abstandes der Anode vom fiktiven Schirmgitter beliebig groß gemacht werden kann.

h) Es verbleibt uns die Aufgabe, diejenigen *Auswahlregeln* aufzusuchen, welche zwischen den physikalisch gleichzeitig möglichen, unterschiedlichen Raumladungszuständen zu entscheiden gestatten. Im Anschluß an *Bull* bedienen wir uns hierzu des *Prinzipes der kleinsten Wirkung*. In der von *Maupertuis* herrührenden Fassung dieses Satzes bezieht er sich auf einen materiellen Punkt der trägen Masse m, welcher sich nach den Gesetzen der *Newton*schen Mechanik in einem konservativen Kraftfelde unveränderlicher Struktur bewegt: Unter allen Bahnen, welche zwischen zwei Fixpunkten 1 und 2 miteinander konkurrieren, wird diejenige durchlaufen, für welche das Wirkungsintegral zwischen jenen zwei Punkten am kleinsten ausfällt. Indem wir jedoch mit *Bull* das gleiche Kriterium auf den Vergleich von Bewegungen in unterschiedlichen Kraftfeldern anwenden, gehen wir über den Inhalt des *Maupertuis*schen Prinzipes wesentlich hinaus. Diese gewagte Extrapolation kann daher, wie jede Hypothese der theoretischen Physik, nur durch den Nachweis gerechtfertigt werden, daß ihre Konsequenzen mit der Erfahrung übereinstimmen. Es muß indessen dahingestellt bleiben, ob der doch lediglich an der Strahltetrode beobachtete positive Ausfall solcher Versuche schon als Basis so weitgehender grundsätzlicher Schlüsse dienen darf; daher scheint den folgenden Überlegungen gegenüber eine gewisse Zurückhaltung geboten.

1. Wir beschäftigen uns zunächst mit der definit einsinnigen Elektronenströmung im Schirmgitter-Anodenraum $0 \leqq \zeta \leqq 1$, bei welcher dort also gewiß keine virtuelle Kathode auftritt. Bilden wir dann aus der Geschwindigkeit

$$v = v(\zeta) = \sqrt{2 \frac{q_0}{m_0} \varphi(\zeta)} \tag{III 7, 104}$$

durch Bezugnahme auf deren „natürliche" Einheit

$$\overline{v}_2 = \sqrt{2 \frac{q_0}{m_0} \overline{\varphi}_2} \tag{III 7, 105}$$

die numerische Geschwindigkeit

$$w = w(\zeta) = \frac{v(\zeta)}{\overline{v}_2} = \sqrt{\Phi(\zeta)} \tag{III 7, 106}$$

der Elektrizitätsträger in der Ebene $0 \leqq \zeta \leqq 1$, so wird die am Einzelelektron während seines Fluges vom Schirmgitter zur Anode ausgeübte Wirkung

$$H = \int_0^1 m_0\, v(\zeta)\, a\, d\zeta, \tag{III 7, 107}$$

bei Bezugnahme auf ihre „natürliche" Einheit

$$\overline{H}_2 = a \sqrt{2 q_0 m_0 \overline{\varphi}_2} \tag{III 7, 108}$$

durch das bestimmte Integral

$$h = \int_0^1 \sqrt{\Phi(\zeta)}\, d\zeta \tag{III 7, 109}$$

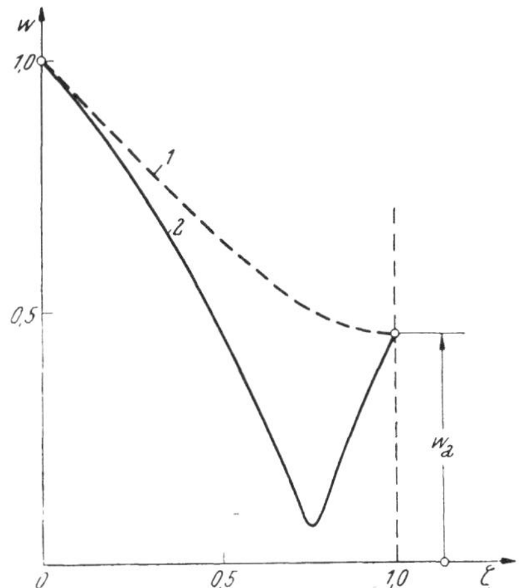

Abb. III 178. Verlauf der numerischen Geschwindigkeit im Gebiete zweideutigen Raumladungszustandes der Strahltetrode.

gemessen. Wir setzen nun eine solche Wahl des numerischen Anodenpotentiales Φ_a voraus, daß der Raumladungszustand zweideutig ausfällt. Zeichnen wir dann gemäß Abb. III 178 den beziehentlich resultierenden Verlauf der numerischen Geschwindigkeit als Funktion von ζ auf, so gleicht der Wert der numerischen Wirkung h der Fläche, welche von den Ordinaten der jeweiligen Geschwindigkeitslinie zwischen den Grenzen $\zeta = 0$ und $\zeta = 1$ bestimmt wird. Aus dem „erweiterten" Prinzip der kleinsten Wirkung schließen wir somit, daß von der arbeitenden Strahltetrode diejenige Raumladungsverteilung bevorzugt und daher realisiert wird, welche dem tieferen Kleinstwert der jeweils auftretenden numerischen Potentialkurve zugeordnet ist.

2. Wir wenden uns nunmehr zum Vergleich der „bevorzugten", durch das Auftreten eines Potentialminimums gekennzeichneten definit-einsinnigen Elektronenströmung mit der zweisinnigen Elektronenströmung, welche als solche an die Existenz der virtuellen Kathode in der Ebene $0 < \zeta_{min} < 1$ gebunden ist. Halten wir sowohl den Wert Φ_1 des effektiven numerischen Potentiales am Steuergitter wie auch das numerische Anoden-

potential Φ_a fest, so ist der numerischen Anodenstromdichte γ_a der zweisinnigen Elektronenbewegung vermittels ihrer Transmissionszahl $0 \leqq \alpha \leqq 1$ die einsinnige numerische Stromdichte

$$\gamma = \gamma_a \frac{2-\alpha}{\alpha} \geqq \gamma_a \tag{III 7, 110}$$

zugeordnet. Bei dem beabsichtigten Vergleich der miteinander konkurrierenden Raumladungszustände darf man sich daher nicht auf die Wirkung am Einzelelektron beschränken, sondern hat das Resultat aller in gleichen Zeiträumen ausgeübten Wirkungen gegeneinander abzuwägen. Als gemeinsame Dauer dieser Kontrollepoche wählen wir die Zeitspanne

$$T = \frac{q_0}{j_L a^2}, \tag{III 7, 111}$$

während derer wir der Gesamtheit aller Elektronen folgen, welche den Schirmgitter-Anodenraum vom Querschnitte F seiner Entladungsbahn beströmen. Von nun an gabelt sich der Weg:

I. Bei einsinniger Elektrizitätsbewegung führt die Strömung der Dichte $\vec{j} = \gamma\, j_L$ unter dem Einfluß des numerischen Potentiales $\Phi = \vec{\Phi}(\zeta)$ während der Dauer T durch F die Elektronenzahl

$$\vec{n} = F \frac{\gamma\, j_L}{q_0} T = \frac{F}{a^2} \gamma = \frac{F}{a^2} \gamma_a \frac{2-\alpha}{\alpha} \tag{III 7, 112}$$

auf deren Gesamtheit also die numerische Wirkung

$$\vec{h} = \vec{n} \int_0^1 \sqrt{\vec{\Phi}(\zeta)}\, d\zeta = \frac{F}{a^2} \gamma_a \frac{2-\alpha}{\alpha} \int_0^1 \sqrt{\vec{\Phi}(\zeta)}\, d\zeta \tag{III 7, 113}$$

ausgeübt wird.

II. Bei doppelsinniger Strömung der Dichte $j_a = \gamma_a\, j_L$ wird der Schirmgitter-Anodenraum durch die virtuelle Kathode der Ebene $0 < \zeta_{min} < 1$ in zwei Teilgebiete aufgespalten, welche sich nach Maßgabe der Transmissionszahl $0 \leqq \alpha \leqq 1$ in der Regel verschieden verhalten:

A. Zwischen dem Schirmgitter und der virtuellen Kathode strömen während der Zeitspanne T durch F

$$n' = F \frac{\gamma_a\, j_L}{\alpha\, q_0} T = \frac{F}{a^2} \gamma_a \frac{1}{\alpha} \tag{III 7, 114}$$

Elektronen vorwärts, an welchen das numerische Potential $\Phi = \overleftrightarrow{\Phi}(\zeta)$ die Wirkung

$$h' = n' \int_0^{\zeta_{min}} \sqrt{\overleftrightarrow{\Phi}(\zeta)}\, d\zeta \tag{III 7, 115}$$

ausübt; gleichzeitig werden

$$n'' = F \frac{\gamma_a\, j_L}{\alpha\, q_0} (1-\alpha)\, T = \frac{F}{a^2} \gamma_a \frac{1-\alpha}{\alpha} \tag{III 7, 116}$$

Elektronen unter der numerischen Wirkung

$$h'' = n'' \int_0^{\zeta_{min}} \sqrt{\overleftrightarrow{\Phi}(\zeta)}\, d\zeta \tag{III 7, 117}$$

zum Schirmgitter reflektiert. Aus (III 7, 115) und (III 7, 117) resultiert die numerische Wirkung

$$\mathrm{h} = \frac{\mathrm{F}}{\mathrm{a}^2}\gamma_{\mathrm{a}}\frac{2-\alpha}{\alpha}\int\limits_0^{\zeta_{\min}}\sqrt{\overleftrightarrow{\Phi}(\zeta)}\,\mathrm{d}\zeta. \qquad \text{(III 7, 118)}$$

B. Von der virtuellen Kathode gelangen während der Dauer T durch F nur

$$\mathrm{n}'' = \mathrm{F}\frac{\gamma_{\mathrm{a}}\,\mathrm{j}_{\mathrm{L}}}{\mathrm{q}_0}\mathrm{T} = \frac{\mathrm{F}}{\mathrm{a}^2}\gamma_{\mathrm{a}} \qquad \text{(III 7, 119)}$$

Elektronen unter der numerischen Wirkung

$$\mathrm{h}''' = \frac{\mathrm{F}}{\mathrm{a}^2}\gamma_{\mathrm{a}}\int\limits_{\zeta_{\min}}^{1}\sqrt{\overleftrightarrow{\Phi}(\zeta)}\,\mathrm{d}\zeta \qquad \text{(III 7, 120)}$$

zur Anode.

Durch Addition von (III 7, 118) und (III 7, 120) finden wir für die numerische Wirkung $\overleftrightarrow{\mathrm{h}}$, welche während der Zeitspanne T von allen Elektronen der zweisinnigen Strömung im Schirmgitter-Anodenraum vollbracht wird, den Ausdruck

$$\overleftrightarrow{\mathrm{h}} = \frac{\mathrm{F}}{\mathrm{a}^2}\left[\gamma_{\mathrm{a}}\frac{2-\alpha}{\alpha}\int\limits_0^{\zeta_{\min}}\sqrt{\overleftrightarrow{\Phi}(\zeta)}\,\mathrm{d}\zeta + \gamma_{\mathrm{a}}\int\limits_{\zeta_{\min}}^{1}\sqrt{\overleftrightarrow{\Phi}(\zeta)}\,\mathrm{d}\zeta\right]. \qquad \text{(III 7, 121)}$$

Sein Vergleich mit (III 7, 113) liefert als Differenz der miteinander konkurrierenden numerischen Wirkungen

$$\overrightarrow{\mathrm{h}} - \overleftrightarrow{\mathrm{h}} = \frac{\mathrm{F}}{\mathrm{a}^2}\left[\gamma_{\mathrm{a}}\frac{2-\alpha}{\alpha}\int\limits_0^{\zeta_{\min}}\left\{\sqrt{\overrightarrow{\Phi}(\zeta)} - \sqrt{\overleftrightarrow{\Phi}(\zeta)}\right\}\mathrm{d}\zeta + \right.$$

$$\left. + \int\limits_{\zeta_{\min}}^{1}\left\{\gamma_{\mathrm{a}}\frac{2-\alpha}{\alpha}\sqrt{\overrightarrow{\Phi}(\zeta)} - \gamma_{\mathrm{a}}\sqrt{\overleftrightarrow{\Phi}(\zeta)}\right\}\mathrm{d}\zeta.\right] \qquad \text{(III 7, 122)}$$

Aus dem Verlauf der numerischen Geschwindigkeitskurven $\mathrm{w} = \sqrt{\overrightarrow{\Phi}(\zeta)}$ und $\mathrm{w} = \sqrt{\overleftrightarrow{\Phi}(\zeta)}$ nach Abb. III 177 folgt sofort die Ungleichung

$$\gamma_{\mathrm{a}}\frac{2-\alpha}{\alpha}\int\limits_0^{\zeta_{\min}}\left\{\sqrt{\overrightarrow{\Phi}(\zeta)} - \sqrt{\overleftrightarrow{\Phi}(\zeta)}\right\}\mathrm{d}\zeta > 0. \qquad \text{(III 7, 123)}$$

Um den zweiten Posten der in (III 7, 122) eingehenden Summe zu beurteilen, kehren wir zu der Differentialgleichung (III 7, 42) zurück, welche für den Verlauf des numerischen Potentiales $\Phi = \overleftrightarrow{\Phi}(\zeta)$ in $\zeta_{\min} < \zeta < 1$ zuständig ist. Ihrem Integral

$$\overleftrightarrow{\Phi}(\zeta) = \gamma_{\mathrm{a}}^{2/3}(\zeta - \zeta_{\min})^{4/3} \qquad \text{(III 7, 124)}$$

entnehmen wir das numerische Anodenpotential

$$\Phi_{\mathrm{a}} = \overleftrightarrow{\Phi}(1) = \gamma_{\mathrm{a}}^{2/3}(1 - \zeta_{\min})^{4/3}. \qquad \text{(III 7, 125)}$$

Daher finden wir die in (III 7, 120) definierte numerische Wirkung h''' zu

$$h''' = \frac{F}{a^2}\gamma_a \int_{\zeta_{min}}^{1} \gamma_a^{1/3}(\zeta - \zeta_{min})^{2/3}\, d\zeta = \frac{F}{a^2}\gamma_a^{4/3}\,\frac{3}{5}\,(1 - \zeta_{min})^{5/3} =$$

$$= \frac{F}{a^2}\cdot\frac{3}{5}\,\frac{\Phi_a^{\,2}}{1 - \zeta_{min}}. \qquad \text{(III 7, 126)}$$

Nunmehr verschieben wir die virtuelle Kathode von ihrer Existenzebene $\zeta = \zeta_{min}$ in die Ebene

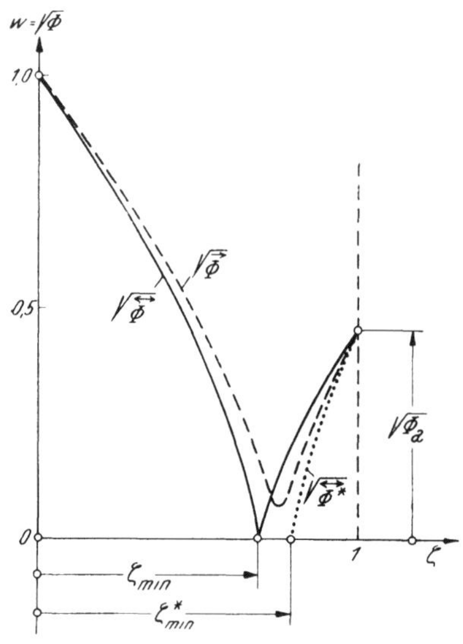

Abb. III 179. Stabilitätsuntersuchung des Raumladungszustandes in der Strahltetrode.

$$\zeta = \zeta^*_{min}, \qquad \text{(III 7, 127)}$$

welche die numerische Stromdichte

$$\gamma_a^* = \gamma = \gamma_a\,\frac{2-\alpha}{\alpha} \geqq \gamma_a \qquad \text{(III 7, 128)}$$

zur Anode entsende. Das ihr genetisch zugeordnete numerische Potential $\overleftrightarrow{\Phi}^*(\zeta)$ gehorcht somit der Differentialgleichung (III 7, 53), deren Integral

$$\overleftrightarrow{\Phi}^*(\zeta) = \gamma_a^{2/3}\left(\frac{2-\alpha}{\alpha}\right)^{2/3}(\zeta - \zeta^*_{min})^{4/3} \qquad \text{(III 7, 129)}$$

im Verein mit der Randbedingung

$$\Phi_a = \overleftrightarrow{\Phi}^*(1) = \\ = \gamma_a^{2/3}\left(\frac{2-\alpha}{\alpha}\right)^{2/3}(1 - \zeta^*_{min})^{4/3} \qquad \text{(III 7, 130)}$$

auf die Ungleichung

$$1 - \zeta^*_{min} = \sqrt{\frac{\Phi_a^{3/2}}{\gamma_a\,\dfrac{2-\alpha}{\alpha}}} = (1 - \zeta_{min})\sqrt{\frac{\alpha}{2-\alpha}} \leqq 1 - \zeta_{min} \qquad \text{(III 7, 131)}$$

führt.

Die von $\zeta = \zeta^*_{min}$ nach $\zeta = 1$ hin ansteigende Kurve der numerischen Geschwindigkeit $w = \sqrt{\overleftrightarrow{\Phi}^*(\zeta)}$ verläuft entsprechend Abb. III 179 spiegelsymmetrisch zu dem gegen $\zeta = \zeta_{min}$ hin abfallenden Aste der Kurve $w = \sqrt{\overleftrightarrow{\Phi}(\zeta)}$, und ebenso ist die Kurve der numerischen Geschwindigkeit $w = \sqrt{\overleftrightarrow{\Phi}(\zeta)}$ relativ zur Ortskoordinate ihres Minimums symmetrisch gebaut. Aus dieser geometrischen Relation erschließen wir die Ungleichung

$$\int_{\zeta^*_{min}}^{1}\sqrt{\overleftrightarrow{\Phi}^*(\zeta)}\,d\zeta < \int_{\zeta^*_{min}}^{1}\sqrt{\overrightarrow{\Phi}(\zeta)}\,d\zeta, \qquad \text{(III 7, 132)}$$

welche mit Rücksicht auf (III 7, 131) zu der Aussage

$$\frac{F}{a^2}\gamma_a\frac{2-\alpha}{\alpha}\left[\int\limits_{\zeta_{min}}^{1}\sqrt{\overrightarrow{\Phi}(\zeta)}\,d\zeta-\int\limits_{\zeta^*_{min}}^{1}\sqrt{\overleftrightarrow{\Phi}^*(\zeta)}\,d\zeta\right]>0 \qquad \text{(III 7, 133)}$$

verschärft werden kann. Auf Grund von (III 7, 126), (III 7, 129), (III 7, 130) und (III 7, 131) gilt nun

$$\frac{F}{a^2}\gamma_a\frac{2-\alpha}{\alpha}\int\limits_{\zeta^*_{min}}^{1}\sqrt{\Phi^*(\zeta)}\,d\zeta=\frac{F}{a^2}\gamma_a^{4/3}\left(\frac{2-\alpha}{\alpha}\right)^{4/3}\int\limits_{\zeta^*_{min}}^{1}(\zeta-\zeta^*_{min})\,d\zeta=$$

$$=\frac{F}{a^2}\cdot\frac{3}{5}\,\frac{\Phi_a{}^2}{1-\zeta^*_{min}}>\frac{F}{a^2}\,\frac{3}{5}\,\frac{\Phi_a{}^2}{1-\zeta_{min}}=h''' \qquad \text{(III 7, 134)}$$

und daher, im Rückblick auf (III 7, 120)

$$\frac{F}{a^2}\int\limits_{\zeta_{min}}^{1}\left\{\gamma_a\frac{2-\alpha}{\alpha}\sqrt{\overrightarrow{\Phi}(\zeta)}-\gamma_a\sqrt{\overleftrightarrow{\Phi}(\zeta)}\right\}d\zeta>$$

$$>\frac{F}{a^2}\gamma_a\frac{2-\alpha}{\alpha}\left[\int\limits_{\zeta_{min}}^{1}\sqrt{\overrightarrow{\Phi}(\zeta)}\,d\zeta-\int\limits_{\zeta^*_{min}}^{1}\sqrt{\overleftrightarrow{\Phi}(\zeta)}\,d\zeta\right]>0. \qquad \text{(III 7, 135)}$$

Im Verein mit (III 7, 123) gelangen wir somit zu dem Schlusse

$$\overrightarrow{h}-\overleftrightarrow{h}>0. \qquad \text{(III 7, 136)}$$

Im Lichte des „erweiterten“ Prinzipes der kleinsten Wirkung bevorzugt hiernach die Strahltetrode den Raumladungszustand der zweisinnigen Strömung vor jenem der einsinnigen Strömung.

Bei der prüfenden Durchsicht des vorstehenden Gedankenganges wird man leicht einen überaus engen Zusammenhang der hier berechneten numerischen Wirkungen mit der jeweils dem Schirmgitter Anodenraum innewohnenden Gesamtenergie der bewegten Raumladungen aufdecken; doch mag es mit diesem Hinweis sein Bewenden haben.

Viertes Kapitel.

Raumladungsschwingungen.

IV 1. Dynamik eindimensionaler Elektronenströme.

a) Wir handeln im folgenden von einer Hochvakuum-Elektronenströmung zwischen der ebenen Oberfläche einer vorerst als Glühkathode angenommenen Elektrode I und der ihr geometrisch kongruenten, als Anode bezeichneten Elektrode II je der Flächengröße S, welche einander nach Abb. IV 180 im festen Abstande d gegenüberstehen.

Innerhalb des Existenzgebietes der Entladung werden alle magnetischen Felder systematisch vernachlässigt. Daher kann dort die elektrische Feldstärke E als negativer Gradient eines Skalarpotentiales φ dargestellt werden. Wir setzen das Kathodenpotential $\varphi_{I} = 0$, während das Anodenpotential $\varphi_{II} \equiv \varphi_a$ gleich der Spannung U eines mit den Elektroden verbundenen Generators als Funktion der Zeit t vorgeschrieben sei:

$$\varphi_{II} - \varphi_{I} = \varphi_a = U(t). \qquad \text{(IV 1, 1)}$$

b) Wir beziehen uns auf ein elektrodenfestes, *Kartesi*sches Koordinatensystem x, y, z mit dem Ursprung in der emittierenden Kathodenoberfläche; senkrecht zu ihr weise die positive z-Achse in den Entladungsraum hinein. Die linearen Maße der Elektrodenflächen mögen so groß im Verhältnis zum Elektrodenabstande d sein, daß sich das Potentialfeld des Entladungsraumes, von Randeffekten abgesehen, auf eine Funktion lediglich von z und t reduziert

$$\varphi = \varphi(z, t). \qquad \text{(IV 1, 2)}$$

Demgemäß fällt nur die normal zu den Elektroden gerichtete Feldkomponente E_z von Null verschieden aus; wir zählen sie antiparallel der z-Achse als positiv, indem wir $E = -E_z$ setzen und demnach

$$E = -E_z = \frac{\partial \varphi}{\partial z} \qquad \text{(IV 1, 3)}$$

zu schreiben haben.

c) Hand in Hand mit der in (IV 1, 3) formulierten „Querhomogenität" des elektrischen Feldes reduziert sich auch die Elektronen-Stromdichte j auf einen antiparallel der z-Achse gerichteten Vektor vom Betrage

$$j = j(z, t). \qquad \text{(IV 1, 4)}$$

Wir ergänzen sie durch die Dichte $\Delta \frac{\partial E}{\partial t}$ des *Maxwell*schen Verschiebungsstromes zu der *wahren Stromdichte*

$$j_w = j(z, t) + \Delta \frac{\partial E(z, t)}{\partial t}, \qquad \text{(IV 1, 5)}$$

deren Quellenfreiheit

$$\frac{\partial j_w}{\partial z} = 0 \tag{IV 1, 6}$$

die Kontinuitätsgleichung

$$j_w = j_w(t) \tag{IV 1, 7}$$

nach sich zieht. Insbesondere mißt daher die wahre Stromdichte die eindeutige Größe jener konventionellen Leitungsstromdichte, welche der Anode zugeführt wird und die Kathode gleichzeitig verläßt.

d) Während Gl. (IV 1, 5) über die lokale Zusammensetzung der wahren Stromdichte erschöpfende Auskunft erteilt, läßt sie uns doch in Unkenntnis über den Mechanismus jenes Beitrages zu den äußeren, beobachtbaren Leitungsströmen, welcher von der zwischenelektrodischen Bewegung der Ladungsträger auf den Elektroden influenziert wird. Um diese Frage zu klären, zerlegen wir das Feld des Entladungsgebietes in zwei Komponenten:

1. Das *Primärfeld* E_p wird von dem eingeprägten Potentiale $\varphi_a(t)$ nach Gl. (IV 1, 1) dann erregt, falls wir uns die Elektronen aus dem Entladungsraume entfernt denken; es wird hiernach in der „kalten" Diode realisiert, deren Kathode man durch Abschalten ihrer Heizung der Emissionsfähigkeit beraubt hat. Auf Grund dieser Definition erweist sich E_p als homogenes Feld der Stärke

$$E_p = \frac{\varphi_a}{d} = \frac{U(t)}{d}, \tag{IV 1, 8}$$

welches je Flächeneinheit der $\begin{array}{c}\text{Anode}\\\text{Kathode}\end{array}$ die Ladung

$$\sigma = \pm \varDelta \cdot E_p = \pm \frac{\varDelta}{d} U(t) \tag{IV 1, 9}$$

bindet. Ihrer Änderung je Zeiteinheit entspricht in den antipolaren Elektroden je die Primär-Stromdichte

$$j_p = \pm \frac{d\sigma}{dt} = \frac{\varDelta}{d} \dot{U}; \quad \dot{U} = \frac{dU(t)}{dt} \tag{IV 1, 10}$$

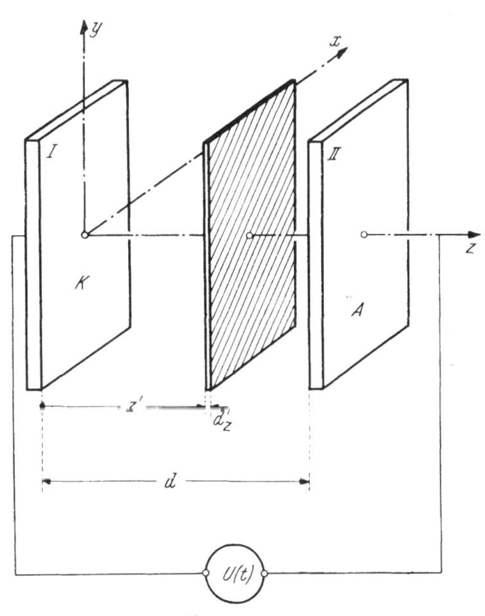

Abb. IV 180. Dynamik der Stromanalyse im eindimensionalen Feld.

deren Integral, erstreckt über die Größe S der für Anode und Kathode einheitlichen Elektrodenfläche, den *Primärstrom*

$$J_p = \varDelta \cdot \frac{S}{d} \dot{U} \tag{IV 1, 11}$$

liefert; er erweist sich somit als identisch mit dem *Ladestrom* des durch die kalte Diode repräsentierten Kondensators der Kapazität

$$C = \varDelta \cdot \frac{S}{d} \cdot \tag{IV 1, 12}$$

2. Das *Sekundärfeld* E_s entsteht, indem wir uns die Elektroden der Diode kurzgeschlossen denken

$$\varphi_a \to 0, \qquad \text{(IV 1, 13)}$$

gleichzeitig jedoch mittels virtueller Zusatzkräfte nicht elektromagnetischen Ursprunges den wirklichen Strömungszustand der Elektronen im Entladungsgebiete mit Einschluß der Emissionstätigkeit der Glühkathode aufrechterhalten. Man überzeugt sich an Hand dieser Definition im Verein mit jener des Primärfeldes E_p, daß die Summe

$$E = E_p + E_s \qquad \text{(IV 1, 14)}$$

in jedem Kontrollpunkt des Entladungsgebietes das dort resultierende Feld im Einklang mit den tatsächlich vorgeschriebenen Bedingungen darstellt.

Zwecks Analyse des Sekundärfeldes richten wir unsere Aufmerksamkeit auf jene Elektronenschicht, welche entsprechend Abb. IV 179 von den infinitesimal benachbarten Ebenen z und $(z' + dz')$ des Strömungsraumes begrenzt wird. Sei

$$v = v(z', t) \qquad \text{(IV 1, 15)}$$

der Betrag der dort herrschenden, der z-Achse parallelen Elektronengeschwindigkeit zum Zeitpunkt t, so ergibt sich die zugehörige Raumladungsdichte $\varrho < 0$ aus

$$\varrho = -\frac{j}{v}, \qquad \text{(IV 1, 16)}$$

so daß jede Flächeneinheit der Schicht die infinitesimale Ladung

$$dq = \varrho\, dz' = -\frac{j}{v}\, dz' \qquad \text{(IV 1, 17)}$$

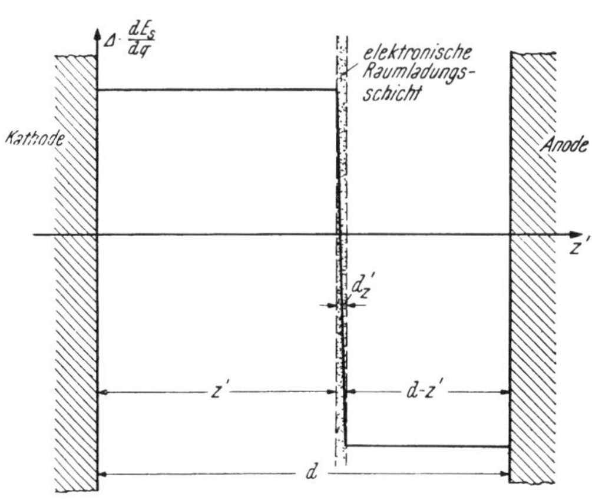

Abb. IV 181. Verlauf der elektrischen Sekundärfeldstärke, welche von einer elektronischen Raumladungsschicht erregt wird.

enthält. Sei nun dE_s das mit dieser Quelle genetisch verbundene Element des Sekundärfeldes, so setzen wir mit Hilfe der zunächst noch unbekannten Konstanten α und β

$$\left.\begin{aligned} \Delta \cdot dE_s &= \alpha\, dq \quad \text{für} \quad 0 \leqq z \leqq z' \\ \Delta \cdot dE_s &= \beta\, dq \quad \text{für} \quad z' + dz' \leqq z \leqq d \end{aligned}\right\}. \qquad \text{(IV 1, 18)}$$

Zur Berechnung von α und β dienen zwei Bedingungen:

1. An der kontrollierten Schicht springt die zur z-Achse parallele Komponente der dE_s zugeordneten dielektrischen Induktion um den Betrag der Ladung dq:

$$\alpha\, dq - \beta\, dq = dq. \qquad \text{(IV 1, 19)}$$

2. Gemäß (IV 1, 13) verschwindet das von der Kathode zur Anode erstreckte Linienintegral des elektrischen Sekundärfeldes

$$\int_0^d dE_s \cdot dz = [z' \cdot \alpha + (d - z')\, \beta]\, dq = 0. \qquad \text{(IV 1, 20)}$$

Aus (IV 1, 19) und (IV 1, 20) entnimmt man

$$\alpha = 1 - \frac{z'}{d}; \qquad \beta = -\frac{z'}{d}, \tag{IV 1, 21}$$

so daß für den räumlichen Verlauf von dE_s der in Abb. IV 181 dargestellte, gebrochene Linienzug resultiert: Je Flächeneinheit der Kathode ($z = 0$) erscheint die elementare Influenzladung

$$d\sigma_{Kath} = -\Delta \cdot dE_s = -\alpha\, dq = -\left(1 - \frac{z'}{d}\right) dq \tag{IV 1, 22}$$

und je Flächeneinheit der Anode ($z = d$) die elementare Influenzladung

$$d\sigma_{An} = +\Delta \cdot dE_s = \beta\, dq = -\frac{z'}{d}\, dq. \tag{IV 1, 23}$$

Sie genügen der *Neutralitäts-Bedingung* des in sich abgeschlossenen elektrischen Feldes

$$d\sigma_{Kath} + d\sigma_{An} + dq = 0. \tag{IV 1, 24}$$

Während des Strömungsvorganges nähert sich nun die Ladung dq mit der Geschwindigkeit (IV 1, 15)

$$\frac{dz'}{dt} = v(z', t) \tag{IV 1, 25}$$

der Anode. Nach (IV 1, 23) und (IV 1, 24) zieht dieser kinematische Prozeß in den Elektroden die infinitesimal schwache sekundäre Leitungsstromdichte

$$dj_s = \frac{d}{dt}(d\sigma_{An}) = -\frac{d}{dt}(d\sigma_{Kath}) = -\frac{dq}{d} \cdot \frac{dz'}{dt} = -\frac{v}{d}\, dq \tag{IV 1, 26}$$

nach sich; sie darf auf Grund ihrer Genetik als *Influenzstromdichte* bezeichnet werden. Indem man jetzt (IV 1, 17) heranzieht und dann über alle interelektrodischen Schichten integriert, folgt also für die gesamte Sekundärstromdichte [Influenzstromdichte] zum Zeitpunkt t der Ausdruck

$$j_s(t) = -\int_0^d \frac{v}{d}\, dq = \frac{1}{d} \int_0^d j(z', t)\, dz' \tag{IV 1, 27}$$

gleich dem räumlichen Mittelwert der temporären Elektronenstromdichte. Nach Addition der Primärstromdichte [Ladestromdichte] (IV 1, 10) resultiert als *Gesamtstromdichte*

$$j_w = j_p + j_s = \frac{\Delta}{d}\, \dot{U} + \frac{1}{d} \int_0^d j(z', t)\, dz'. \tag{IV 1, 28}$$

Zu dem nämlichen Ergebnis gelangt man auf wesentlich kürzerem, wenngleich nur formalem Wege durch Integration der Gl. (IV 1, 5) über das Volumen einer von der Kathode zur Anode hinüberführenden Stromröhre vom Einheitsquerschnitt zu einem festen Zeitpunkte t. Denn mit Rücksicht auf (IV 1, 7) liefert diese Operation zunächst

$$\int_0^d j_w(t)\, dz' = j_w(t) \int_0^d dz' = j_w(t) \cdot d = \int_0^d j(z', t)\, dz' + \Delta \int_0^d \frac{\partial E(z', t)}{\partial t}\, dz'. \tag{IV 1, 29}$$

Nun sind unter den vorgenannten Bedingungen die Prozesse der räumlichen Integration und der zeitlichen Differentiation miteinander vertauschbar; daher gilt die Umformung

$$\int_0^d \frac{\partial E(z', t)}{\partial t} dz' = \frac{d}{dt} \int_0^d E(z', t)\, dz' = \frac{dU}{dt} \equiv \dot{U} \qquad \text{(IV 1, 30)}$$

nach deren Substitution in (IV 1, 29) diese Gleichung, wie behauptet, inhaltlich mit (IV 1, 28) identisch wird.

Durch Multiplikation der Stromdichte j_w mit der Elektrodenfläche S berechnet man den *wahren Strom* [Gesamtstrom] $J_w = J_w(t)$ als Summe des Primärstromes [Ladestromes] $J_p(t) = S\, j_p$ nach (IV 1, 11) und des aus (IV 1, 27) hervorgehenden *Sekundärstromes* [Influenzstromes]

$$J_s(t) = S\, j_s(t) = \frac{S}{d} \int_0^d j(z', t)\, dz'. \qquad \text{(IV 1, 31)}$$

Mit Rücksicht auf (IV 1, 12) gilt daher

$$J_w(t) = J_p(t) + J_s(t) = C \frac{dU}{dt} + \frac{S}{d} \int_0^d j(z', t)\, dz'. \qquad \text{(IV 1, 32)}$$

e) Durch Multiplikation des Gesamtstromes $J_w(t)$ mit der Spannung $U(t)$ ergibt sich für den Augenblickswert $N(t)$ der Leistung, welche der Diode im Zeitpunkt t vom Generator zugeführt wird, der Ausdruck

$$N(t) = U(t)\, J_w(t) = U\, C \frac{dU}{dt} + U \frac{S}{d} \int_0^d j(z', t)\, dz'. \qquad \text{(IV 1, 33)}$$

In dem ersten Posten der rechter Hand auftretenden Summe erkennt man die Änderungsgeschwindigkeit der primären [Freien] Feldenergie

$$U\, C \frac{dU}{dt} = \frac{d}{dt} \left(\frac{1}{2} C\, U^2 \right), \qquad \text{(IV 1, 34)}$$

so daß die Differenz

$$N_{El}(t) = N(t) - \frac{d}{dt} \left(\frac{1}{2} C\, U^2 \right) \qquad \text{(IV 1, 35)}$$

über den Energieaustausch zwischen dem Generator und der Elektronenströmung Auskunft erteilt: Im Falle

$$N_{El}(t) > 0 \qquad \text{(IV 1, 36)}$$

gewinnen die Elektronen kinetische Energie auf Kosten der elektrischen Arbeit des Generators; sei jedoch

$$N_{El}(t) < 0, \qquad \text{(IV 1, 37)}$$

so hat sich der „Generator" tatsächlich in einen Verbraucher verwandelt, dessen Leistung der kinetischen Energie der Elektronen entzogen wird.

Sei nun die Spannung insbesondere eine periodische Funktion der Zeit von der primitiven Schwingungsdauer T

$$U(t) = U(t + T) \qquad \text{(IV 1, 38)}$$

so annulliert sich die kapazitive Leistung (IV 1, 34) im Mittel über eine volle Periode. Unter Beschränkung auf den „eingeschwungenen", periodischen Zustand der Elektronenströmung mißt daher das Doppelintegral

$$N = \frac{S}{d}\frac{1}{T}\int_0^T U(t)\left\{\int_0^d j(z', t)\, dz'\right\} dt \qquad \text{(IV 1, 39)}$$

die durchschnittliche Leistungsabgabe des Generators an die Diode; die Alternative (IV 1, 36; IV 1, 37) überträgt sich auf (IV 1, 39), sofern man nur statt des Momentanwertes der Leistung deren zeitliches Mittel in Rechnung stellt.

Auf Grund ihrer Periodizität kann die Spannung eindeutig in ihren Gleichanteil

$$\overline{U} = \frac{1}{T}\int_0^T U(t)\, dt \qquad \text{(IV 1, 40)}$$

und ihren Wechselanteil

$$\tilde{U} = U(t) - \overline{U} \qquad \text{(IV 1, 41)}$$

zerlegt werden. Der entsprechende Satz gilt für den eingeschwungenen Sekundärstrom $J_s(t)$: Sein Gleichanteil ist durch das Doppelintegral

$$\overline{J_s} = \frac{1}{T}\int_0^T J_s(t)\, dt = \frac{S}{d}\frac{1}{T}\int_0^T\int_0^d j(z', t)\, dz'\, dt \qquad \text{(IV 1, 42)}$$

definiert, so daß

$$\tilde{J}_s = J_s(t) - \overline{J_s} \qquad \text{(IV 1, 43)}$$

seinen Wechselanteil mißt. Demnach zerfällt auch die mittlere Leistung N in den Gleichanteil $\overline{N}$ und den Wechselanteil $\tilde{N}$

$$N = \overline{N} + \tilde{N} \qquad \text{(IV 1, 44)}$$

mit

$$\overline{N} = \overline{U}\,\overline{J_s}; \qquad \tilde{N} = \frac{1}{T}\int_0^T \tilde{U}(t)\,\tilde{J}_s(t)\, dt. \qquad \text{(IV 1, 45)}$$

Die vordem nur summarische Leistungsbilanz zwischen Generator und Elektronenströmung spaltet nunmehr in eine Anzahl von energetischen Teil-Austauschvorgängen auf. Unter ihnen sind die wichtigsten diejenigen, bei denen die Anteile $\overline{N}$ und $\tilde{N}$ der mittleren Gesamtleistung entgegengesetzte Vorzeichen aufweisen, so daß also Leistung der einen Art teilweise in solche der anderen Art umgeformt wird. Unter den Elektronen-Konvertern dieser Arbeitsweise bilden die Geräte mit negativer Gleichleistung die Klasse der *Beschleuniger*, während ein positiver Wert der Gleichleistung bei negativer Wechselleistung den Betrieb der Diode als *Verstärker* oder *Schwingungserzeuger* kennzeichnet.

f) Um die Tragweite der vorstehend gefundenen Sätze zu beurteilen, ist darauf hinzuweisen, daß die Emissionseigenschaften der als Elektrode I angenommenen Glühkathode an keiner Stelle explizit in den Gang der Rechnung eintraten. Daher können wir uns nachträglich von den physikalischen Eigenschaften der Glühkathode als solcher gänzlich emanzipieren:

Wir ersetzen die emittierende Oberfläche der Kathode durch eine geometrisch gleiche und gleich gelegene Plattenelektrode, welche die Elektronen in Richtung zur Elektrode II unter sonst beliebigen, nur durch die Querhomogenität der Strömung und ihre Parallelität zur z-Achse beschränkten kinematischen Bedingungen verlassen. Im Einklang mit dieser Verallgemeinerung bezeichnen wir fortan die Elektrode I als *Eingangselektrode* des Entladungsraumes, welcher die Elektrode II als dessen *Ausgangselektrode* gegenübersteht. Verabreden wir nun, das Potential $\varphi = 0$ der Gesamtheit derjenigen Orte des Systemes zuzuschreiben, in denen sich die Elektronengeschwindigkeit annulliert, so wird jetzt das Potential φ_{I} der Eingangselektrode in der Regel einen endlichen Wert aufweisen; wahrt man indessen durch entsprechende, gleichzeitige Änderung des Potentiales φ_{II} der Ausgangselektrode die Größe der Interelektrodenspannung U, so bleiben die methodischen Vorschriften zur Berechnung sowohl der Ströme wie der Leistungen erhalten.

g) Als ein Beispiel von hervorragender Bedeutung behandeln wir die Passage eines Kathodenstrahles von periodisch schwankender Stromintensität durch das System zweier elektronendurchlässiger Elektroden, welche im Abstande d voneinander senkrecht zur Strahlachse angeordnet sind.

Wir gehen vom Kurzschlußfalle aus

$$\mathrm{U} = 0 \qquad \text{(IV 1, 46)}$$

und lassen überdies die Abstoßungskräfte zwischen den Strahlelektronen systematisch außer Betracht. Dann dürfen wir allen diesen Elektronen die nämliche, gleichförmige Geschwindigkeit v zuschreiben, mit der sie das Elektrodensystem parallel der z-Achse durchfliegen. Sei nun v so klein gegen den Betrag der Lichtgeschwindigkeit im Vakuum, daß wir uns innerhalb des Gültigkeitsbereiches der *Newton*schen Mechanik befinden, so gehen wir von dem bisher benutzten *Kartesi*schen Bezugssysteme x, y, z mittels der *Galilei*-Transformation

$$\mathrm{x} = \mathrm{x}^*; \qquad \mathrm{y} = \mathrm{y}^*; \qquad \mathrm{z} = \mathrm{z}^* + \mathrm{v\,t} \qquad \text{(IV 1, 47)}$$

zu dem strahlverbundenen System der Koordinaten x*, y*, z* über; in ihm sei innerhalb des Strahlquerschnittes S die querhomogene Raumladungsdichte ϱ als Summe eines konstanten Anteiles ϱ_0 und einer stehenden Longitudinalwelle der Länge λ und der Amplitude $\varrho_0 \mu$ $[0 < \mu < 1]$ in der Gestalt

$$\varrho = \varrho_0 \left[1 + \mu \cos 2\pi \frac{\mathrm{z}^*}{\lambda}\right] \qquad \text{(IV 1, 48)}$$

darstellbar. Im elektrodenfesten Bezugssysteme überlagert sich somit der konstanten Stromdichte

$$\mathrm{j}_0 = \varrho_0 \mathrm{v} \qquad \text{(IV 1, 49)}$$

eine längs der z-Achse mit der Phasengeschwindigkeit v fortschreitende Welle der Amplitude $\mathrm{j}_0 \mu$, so daß

$$\mathrm{j} = \mathrm{j}_0 \left[1 + \mu \cos 2\pi \frac{\mathrm{z} - \mathrm{v\,t}}{\lambda}\right] \qquad \text{(IV 1, 50)}$$

resultiert. Daher besteht der Strahlstrom

$$\mathrm{J} = \mathrm{S} \cdot \mathrm{j} \qquad \text{(IV 1, 51)}$$

in jeder Kontrollebene z = const. aus dem Gleichanteil

$$\overline{\mathrm{J}} = \mathrm{S\,j}_0 \qquad \text{(IV 1, 52)}$$

und dem Wechselanteil

$$\tilde{J} = \bar{J}\,\mu \cos 2\pi \frac{z - v\,t}{\lambda}, \qquad \text{(IV 1, 53)}$$

welcher dort mit der Kreisfrequenz

$$\omega = 2\pi \frac{v}{\lambda} \qquad \text{(IV 1, 54)}$$

harmonisch pulsiert.

Wir gehen zu dem Stromsystem der Elektroden über: Ihr Primärstrom [Ladestrom] verschwindet auf Grund der Voraussetzung (IV 1, 46). Zur Berechnung des Sekundärstromes [Influenzstromes] ziehen wir (IV 1, 31) heran und erhalten mit Hilfe von (IV 1, 50) und (IV 1, 52)

$$J_s(t) = \frac{S}{d}\, j_0 \int\limits_0^d \left[1 + \mu \cos 2\pi \frac{z' - v\,t}{\lambda}\right] dz' =$$

$$= \bar{J}\left[1 + \mu \frac{\sin \pi \frac{d}{\lambda}}{\pi \frac{d}{\lambda}} \cos 2\pi \frac{\frac{d}{2} - v\,t}{\lambda}\right]. \qquad \text{(IV 1, 55)}$$

Dieser Formel sind folgende Aussagen zu entnehmen:

1. Der zeitfreie Anteil des Sekundärstromes gleicht jenem des Strahlstromes

$$\bar{J}_s = \bar{J}. \qquad \text{(IV 1, 56)}$$

2. Der Wechselanteil des Sekundärstromes

$$\tilde{J}_s = \bar{J}\,\mu \frac{\sin \pi \frac{d}{\lambda}}{\pi \frac{d}{\lambda}} \cos 2\pi \frac{\frac{d}{2} - v\,t}{\lambda} \qquad \text{(IV 1, 57)}$$

schwingt synchron und phasengleich mit jenem Wechselanteil des Strahlstromes, welcher in der halbierenden Kontrollebene

$$z = \frac{d}{2} \qquad \text{(IV 1, 58)}$$

des Interelektrodenraumes auftritt.

3. Die Amplitude $\tilde{J}_{s,\,max}$ des influenzierten Wechselstromes ist mit der Amplitude $\tilde{J}_{max} = \bar{J}\,\mu$ des Strahl-Wechselstromes durch den *Elektronen-Kopplungsfaktor*

$$k_{El} = \frac{\sin \pi \frac{d}{\lambda}}{\pi \frac{d}{\lambda}} \qquad \text{(IV 1, 59)}$$

verknüpft; führt man die *Verweilzeit* T_v der Elektronen im Interelektrodengebiet ein

$$T_v = \frac{d}{v}, \qquad \text{(IV 1, 60)}$$

so erhält man aus (IV 1, 59) mit Rücksicht auf (IV 1, 54)

$$k_{El} = \frac{\sin \frac{1}{2} \omega T_v}{\frac{1}{2} \omega T_v} \qquad \text{(IV 1, 61)}$$

Aus den gegebenen Darstellungen des Elektronen-Kopplungsfaktors folgt gleicherweise

$$|k_{El}| < 1. \qquad \text{(IV 1, 62)}$$

Nur falls man das Elektrodensystem durch den Grenzübergang $d \to 0$ in eine *Doppelschicht* verwandelt, wird

$$\lim_{w T_v \to 0} k_{El} = 1. \qquad \text{(IV 1, 63)}$$

Wir geben jetzt die Voraussetzung (IV 1, 46) des Kurzschlusses der Elektroden auf und ersetzen sie durch die Annahme einer zwischen den Elektroden wirkenden Spannung

$$U(t) = U_{max} \cdot \cos(\omega t - \psi), \qquad \text{(IV 1, 64)}$$

welche von der Ausgangselektrode zur Eingangselektrode hin als positiv gezählt werde. Die Amplitude dieser Spannung unterwerfen wir der Einschränkung

$$q_0 U_{max} \ll \frac{m_0}{2} v^2, \qquad \text{(IV 1, 65)}$$

während der Phasenwinkel ψ innerhalb des Bereiches

$$-\pi \leqq \psi \leqq +\pi \qquad \text{(IV 1, 66)}$$

frei veränderbar sei.

Zufolge der in (IV 1, 65) ausgedrückten Schwäche der Elektrodenspannung vermag diese die Geschwindigkeit der Elektronen im Interelektrodengebiete nur in sehr geringem Maße zu beeinflussen. Wir sind deshalb berechtigt, diesen Effekt zu vernachlässigen, so daß der Influenzstrom merklich in der vordem gefundenen Größe erhalten bleibt. Doch gesellt sich zu ihm nunmehr der Ladestrom, dessen Stärke sich — für die Querschnittsfläche S des Strahles — zu

$$J_P = -\varDelta \frac{S}{d} U_{max} \cdot \omega \sin(\omega t - \psi) \qquad \text{(IV 1, 67)}$$

berechnet. Als mittlere Leistung des Elektrodensystemes resultiert somit gemäß (IV 1, 44) und (IV 1, 45) aus (IV 1, 57) und (IV 1, 64), mit Rücksicht auf (IV 1, 54) und (IV 1, 60)

$$N = \tilde{N} = \frac{1}{T} \int_0^T U_{max} \cdot \cos(\omega t - \psi) \cdot \bar{J} \mu k_{El} \cos\left(\omega t - \frac{\omega T_v}{2}\right) dt =$$

$$= \frac{U_{max} \cdot \bar{J}}{2} \mu k_{El} \cos\left(\psi - \frac{\omega T_v}{2}\right). \qquad \text{(IV 1, 68)}$$

Daher gilt im Falle $k_{El} > 0$

$$N \gtrless 0 \quad \left. \begin{matrix} 0 \leqq \left|\psi - \frac{\omega T_v}{2}\right| < \frac{\pi}{2} \\ \frac{\pi}{2} < \left|\psi - \frac{\omega T_v}{2}\right| \leqq \pi \end{matrix} \right\}. \qquad \text{(IV 1, 69)}$$

während für $k_{El} < 0$ die umgekehrte Alternative statthat.

IV 2. Das Monotron unter quasistatischen Betriebsbedingungen.

a) Unter einem ebenen *Monotron* verstehen wir eine Hochvakuum-Diode mit planparallelen Elektroden, deren von der Anode zur Kathode positiv gezählte Spannung U als Funktion der Zeit t periodisch schwankt. Wir bezeichnen mit $\overline{U} > 0$ den Gleichanteil, mit $\tilde{U}$ den Wechselanteil dieser Spannung; für den letztgenannten wählen wir den Ansatz einer einfach harmonischen Schwingung der Amplitude U_{max} und der Kreisfrequenz ω

$$\tilde{U} = U_{max} \sin \omega t. \qquad \text{(IV 2, 1)}$$

Wir setzen $0 \leq U_{max} < \overline{U}$ voraus und definieren als *Modulationsgrad* μ das Verhältnis

$$\mu = \frac{U_{max}}{\overline{U}}; \qquad 0 \leq \mu < 1, \qquad \text{(IV 2, 2)}$$

so daß

$$U(t) = \overline{U} + \tilde{U} = \overline{U}\,[1 + \mu \sin \omega t] > 0 \qquad \text{(IV 2, 3)}$$

resultiert.

Die linearen Maße der Elektrodenfläche S gelten also so groß im Verhältnis zum Elektrodenabstand d, daß der Zustand im Entladungsraum, von Randeffekten abgesehen, nur von der Entfernung z des Aufpunktes von der Kathode abhängt. Gesucht wird unter dieser Voraussetzung der Querhomogenität die *wahre Dichte* $j_w = j_w(t)$ *der eindimensionalen Elektronenströmung,* welche — im konventionellen Sinne — von der Anode zur Kathode übergeht.

b) Als *quasistatische* Betriebsbedingungen des Monotrons bezeichnen wir solche, welche sich von der bloßen Aufrechterhaltung eines elektrostatischen Feldes im Innern der Röhre nur sehr [unendlich] wenig unterscheiden. Um ihnen zu genügen, führen wir folgende, allerdings in Strenge nicht realisierbare Grundannahmen ein:

1. Im Einklang mit der Methodik eindimensionaler Elektronenströmungen werden Magnetfelder aller Art innerhalb des Entladungsgebietes außer acht gelassen.

2. Unter sonst gleichen Umständen werde die absolute Kathodentemperatur T auf einen infinitesimalen Wert T_0 erniedrigt. Da nun die Spannung U(t) gemäß (IV 2, 3) stets positiv bleibt, gleicht dann die emittierte Elektronenstromdichte j sicher der gleichfalls infinitesimal niedrigen, T_0 entsprechenden Sättigungs-Stromdichte $j^{(s)}$

$$j = j^{(s)}(T_0) \equiv j_0 = \text{const.} \qquad \text{für} \qquad z = 0 \qquad \text{(IV 2, 4)}$$

3. Die Wechselspannung $\tilde{U}$ werde derart geschwächt, daß sich die Ungleichung (IV 2, 2) zu

$$0 \leq \mu \equiv \frac{U_{max}}{\overline{U}} \ll 1 \qquad \text{(IV 2, 5)}$$

verschärft: Auch der Modulationsgrad μ sei auf ein infinitesimal kleines Maß beschränkt.

Zufolge (IV 2, 4) bleibt aus Gründen der Stetigkeit die Elektronenstromdichte j im gesamten Entladungsgebiete $0 \leq z \leq d$ unendlich schwach. Daher darf man in der Tat, wie behauptet, bei der Analyse des elektrischen Feldes im Innern der Röhre die Dichte ϱ der elektronischen Raumladung außer acht lassen, so daß man für die von der Anoden-Oberfläche senkrecht zur Kathode hinüberziehende, in dieser Richtung als positiv gezählte elektrische Feldstärke E den nur zeitabhängigen Ausdruck

$$E(t) = \frac{U(t)}{d} = \frac{\overline{U}}{d}\,[1 + \mu \sin \omega\, t] \qquad \text{(IV 2, 6)}$$

[Homogenfeld] findet.

c) Wir begleiten ein Elektron, welches die Kathode im Zeitpunkt $t = t_0$ verläßt, auf seinem Wege durch den Entladungsraum. Bei Beschränkung auf hinreichend niedrige Spannungen $\overline{U}$ unterliegt es dort der *Newton*schen Bewegungsgleichung

$$m_0 \frac{d^2 z}{dt^2} = q_0 \frac{\overline{U}}{d}\,[1 + \mu \sin \omega\, t]. \qquad \text{(IV 2, 7)}$$

Indem wir die thermischen Anfangsgeschwindigkeiten der eben emittierten Elektronen vernachlässigen, lauten die *Startbedingungen* des kontrollierten Elektrons

$$\left.\begin{aligned} z &= 0 \\ \frac{dz}{dt} &= 0 \end{aligned}\right\} \text{für} \quad t = t_0. \qquad \text{(IV 2, 8)}$$

Nach Einführung der *numerischen Zeit*

$$\tau = \omega\, t \qquad \text{(IV 2, 9)}$$

und der *numerischen Koordinate*

$$\zeta = \frac{z}{d}; \qquad 0 \leqq \zeta \leqq 1 \qquad \text{(IV 2, 10)}$$

nimmt (IV 2, 7) die dimensionsfreie Gestalt

$$\frac{d^2\zeta}{d\tau^2} = \frac{q_0}{m_0} \frac{\overline{U}}{(\omega\, d)^2}\,[1 + \mu \sin \tau] \qquad \text{(IV 2, 11)}$$

an. Bei fester Kreisfrequenz ω nennen wir

$$\overline{u} = \frac{1}{2} \frac{q_0}{m_0} \frac{\overline{U}}{(\omega\, d)^2} \qquad \text{(IV 2, 12)}$$

die *numerische Gleichspannung* des Monotrons, so daß wir statt (IV 2, 11)

$$\frac{d^2\zeta}{d\tau^2} = 2\,\overline{u}\,[1 + \mu \sin \tau] \qquad \text{(IV 2, 13)}$$

zu schreiben haben; gleichzeitig wandeln sich die Bedingungen (IV 2, 8) in

$$\zeta = 0; \quad \frac{d\zeta}{d\tau} = 0 \qquad \text{für} \qquad \tau = \tau_0 = \omega\, t_0 \qquad \text{(IV 2, 14)}$$

ab.

d) Mit Rücksicht auf (IV 2, 14) entsteht aus (IV 2, 13) durch einmalige Integration

$$\frac{d\overline{\zeta}}{d\tau} = 2\,\overline{u}\,[(\tau - \tau_0) + \mu\,(\cos \tau_0 - \cos \tau)] \qquad \text{(IV 2, 15)}$$

und hieraus durch abermalige Integration

$$\zeta = u\,[(\tau - \tau_0)^2 + 2\,\mu\,\{(\tau - \tau_0) \cos \tau_0 + \sin \tau_0 - \sin \tau\}]. \qquad \text{(IV 2, 16)}$$

Zu welchem [numerischen] Zeitpunkte τ_1 passiert das kontrollierte Elektron die Ebene $0 \leqq \zeta' \leqq 1$?

Mit Rücksicht auf die infinitesimale Kleinheit von μ erhält man aus (IV 2, 16) die erste Näherungslösung $\tau_1^{(1)}$, indem man vorübergehend $\mu = 0$ setzt:

$$\tau_1^{(1)} = \tau_0 + \sqrt{\frac{\zeta'}{\bar{u}}}. \qquad \text{(IV 2, 17)}$$

Die gesuchte Lösung für den Fall $\mu \neq 0$ kann sich von (IV 2, 17) nur um eine infinitesimal kleine Korrektur δ unterscheiden:

$$\tau_1 = \tau_1^{(1)} + \delta = \tau_0 + \sqrt{\frac{\zeta'}{\bar{u}}}\,u + \delta. \qquad \text{(IV 2, 18)}$$

Indem man (IV 2, 18) in (IV 2, 16) einträgt und, unter Berufung auf die infinitesimale Kleinheit von μ und δ, in der Potenzentwicklung der entstehenden Gleichung nach diesen Größen nur bis zu den Gliedern des ersten Grades einschließlich fortschreitet, erhält man

$$\zeta' = \bar{u}\left[\frac{\zeta'}{\bar{u}} + 2\,\delta\sqrt{\frac{\zeta'}{\bar{u}}} + 2\,\mu\left\{\sqrt{\frac{\zeta'}{\bar{u}}}\cos\tau_0 + \sin\tau_0 - \sin\left(\tau_0 + \sqrt{\frac{\zeta'}{\bar{u}}}\right)\right\}\right], \qquad \text{(IV 2, 19)}$$

also

$$\delta = -\mu\left[\cos\tau_0 + \frac{\sin\tau_0 - \sin\left(\tau_0 + \sqrt{\frac{\zeta'}{\bar{u}}}\right)}{\sqrt{\frac{\zeta'}{\bar{u}}}}\right]. \qquad \text{(IV 2, 20)}$$

e) Von der Kinetik des *Einzelelektrons* gehen wir zu der *Gruppe* aller Elektronen über, welche die Flächeneinheit der Kathode während der infinitesimal kurzen Zeitspanne zwischen τ_0 und $(\tau_0 + d\tau_0) > \tau_0$ verlassen. Die von ihnen transportierte, invariante Ladung

$$dq = -j_0\,|d\tau_0| \qquad \text{(IV 2, 21)}$$

passiert während der gleichfalls infinitesimal kurzen Zeitspanne $d\tau_1$ die Kontrollebene ζ'. Daher ist die dort gemessene Stromdichte $j(\zeta')$ durch die Gleichung

$$dq = -j(\zeta')\,|d\tau_1| \qquad \text{(IV 2, 22)}$$

definiert. Wir schreiben der Deutlichkeit halber den aus (IV 2, 18) und (IV 2, 20) hervorgehenden Zusammenhang in der Form $\tau_1 = \tau_1(\tau_0, \zeta')$ und erhalten aus dem Vergleich von (IV 2, 21) und (IV 2, 22) die Relation

$$j = j_0\,\frac{1}{\left|\frac{\partial\tau_1}{\partial\tau_0}\right|} \qquad \text{(IV 2, 23)}$$

mit

$$\left|\frac{\partial\tau_1}{\partial\tau_0}\right| = \frac{\partial\tau_1}{\partial\tau_0} = 1 + \mu\left[\sin\tau_0 - \frac{\cos\tau_0 - \cos\left(\tau_0 + \sqrt{\frac{\zeta'}{\bar{u}}}\right)}{\sqrt{\frac{\zeta'}{\bar{u}}}}\right]. \qquad \text{(IV 2, 24)}$$

Unter abermaliger Berufung auf die infinitesimale Kleinheit von μ und δ folgt daher für die Stromdichte $\mathrm{j}(\zeta')$ in der Kontrollebene ζ' der Ausdruck

$$\frac{\mathrm{j}(\zeta')}{\mathrm{j}_0} = 1 - \mu \left[\sin \tau_0 - \frac{\cos \tau_0 - \cos\left(\tau_0 + \sqrt{\frac{\zeta'}{\overline{\mathrm{u}}}}\right)}{\sqrt{\frac{\zeta'}{\overline{\mathrm{u}}}}} \right] =$$

$$= 1 - \mu \left[\sin\left(\tau_1 - \sqrt{\frac{\zeta'}{\overline{\mathrm{u}}}}\right) - \frac{\cos\left(\tau_1 - \sqrt{\frac{\zeta'}{\overline{\mathrm{u}}}}\right) - \cos \tau_1}{\sqrt{\frac{\zeta'}{\overline{\mathrm{u}}}}} \right].$$

(IV 2, 25)

f) Wir befreien uns von der speziellen [numerischen] Ankunftszeit τ_1 gerade des „*Elektronen-Jahrganges*“ τ_0 in der Ebene ζ', indem wir mittels der Substitution

$$\tau_1 \to \tau \qquad \text{(IV 2, 26)}$$

zu der für die gesamte Diode einheitlichen [numerischen] „*Normaluhr-Zeit*“ τ zurückkehren. Der Deutlichkeit halber vertauschen wir nunmehr das Symbol $\mathrm{j}(\zeta')$ der Elektronenstromdichte in der Kontrollebene ζ' mit dem Zeichen $\mathrm{j}(\zeta', \tau)$. Dann erhalten wir die nur noch von τ abhängige Sekundärstromdichte [Influenzstromdichte] j_s des Monotrons gemäß der Vorschrift (IV 2, 27), nachdem diese auf die numerischen Koordinaten ζ' und τ umgeschrieben wurde:

$$\frac{\mathrm{j}_s(\tau)}{\mathrm{j}_0} = \int_0^1 \frac{\mathrm{j}(\zeta', \tau)}{\mathrm{j}_0}\, d\zeta' = 1 - \mu \int_0^1 \left[\sin\left(\tau - \sqrt{\frac{\zeta'}{\overline{\mathrm{u}}}}\right) - \frac{\cos\left(\tau - \sqrt{\frac{\zeta'}{\overline{\mathrm{u}}}}\right) - \cos \tau}{\sqrt{\frac{\zeta'}{\overline{\mathrm{u}}}}} \right] d\zeta'. \qquad \text{(IV 2, 27)}$$

Zur Lösung des Integrales substituiere man statt ζ' durch

$$\sqrt{\frac{\zeta'}{\overline{\mathrm{u}}}} = \frac{\mathrm{v}}{2}\,; \qquad d\zeta' = \overline{\mathrm{u}}\, \frac{\mathrm{v}\, d\mathrm{v}}{2} \qquad \text{(IV 2, 28)}$$

die Variable v, deren Name auf den gemäß (IV 2, 15) und (IV 2, 16) bestehenden, kinematischen Zusammenhang

$$\frac{d\zeta}{d\tau} = 2\, \overline{\mathrm{u}}(\tau - \tau_0) = \sqrt{\frac{\zeta}{\overline{\mathrm{u}}}} \qquad \text{für} \qquad \mu = 0 \qquad \text{(IV 2, 29)}$$

hinweisen möge. Damit findet man

$$\int_0^1 \sin\left(\tau - \sqrt{\frac{\zeta'}{\overline{u}}}\right) d\zeta' = \frac{\overline{u}}{2} \int_0^{\frac{2}{\sqrt{\overline{u}}}} \sin\left(\tau - \frac{v}{2}\right) v\,dv = \overline{u} \left| v \cos\left(\tau - \frac{v}{2}\right) + \right.$$

$$\left. + 2 \sin\left(\tau - \frac{v}{2}\right) \right|_0^{\frac{2}{\sqrt{\overline{u}}}} = \overline{u} \left[\frac{2}{\sqrt{\overline{u}}} \cos\left(\tau - \frac{1}{\sqrt{\overline{u}}}\right) + 2 \sin\left(\tau - \frac{1}{\sqrt{\overline{u}}}\right) - 2 \sin \tau\right] \quad \text{(IV 2, 30)}$$

sowie

$$-\int_0^1 \frac{\cos\left(\tau - \sqrt{\frac{\zeta'}{\overline{u}}}\right)}{\sqrt{\frac{\zeta'}{\overline{u}}}} d\zeta' = -\overline{u} \int_0^{\frac{2}{\sqrt{\overline{u}}}} \cos\left(\tau - \frac{v}{2}\right) dv = \overline{u} \left| 2 \sin\left(\tau - \frac{v}{2}\right) \right|_0^{\frac{2}{\sqrt{\overline{u}}}} =$$

$$= \overline{u} \left[2 \sin\left(\tau - \frac{1}{\sqrt{\overline{u}}}\right) - 2 \sin \tau\right] \quad \text{(IV 2, 31)}$$

und

$$\int_0^1 \frac{\cos \tau}{\sqrt{\frac{\zeta'}{\overline{u}}}} d\zeta' = \overline{u} \cos \tau \int_0^{\frac{2}{\sqrt{\overline{u}}}} dv = \overline{u} \frac{2}{\sqrt{\overline{u}}} \cos \tau \quad \text{(IV 2, 32)}$$

also, durch Eintragen dieser Ergebnisse in (IV 2, 27)

$$\frac{j_s}{j_0} = 1 - \mu \cdot 2\,\overline{u} \left[\frac{1}{\sqrt{\overline{u}}} \left\{\cos\left(\tau - \frac{1}{\sqrt{\overline{u}}}\right) + \cos \tau\right\} + 2 \left\{\sin\left(\tau - \frac{1}{\sqrt{\overline{u}}}\right) - \sin \tau\right\}\right] =$$

$$= 1 + \mu \cdot 2\,\overline{u} \left[\sin \tau \left\{2\left(1 - \cos \frac{1}{\sqrt{\overline{u}}}\right) - \frac{\sin \frac{1}{\sqrt{\overline{u}}}}{\sqrt{\overline{u}}}\right\} + \right.$$

$$\left. + \cos \tau \left\{2 \sin \frac{1}{\sqrt{\overline{u}}} - \frac{1 + \cos \frac{1}{\sqrt{\overline{u}}}}{\sqrt{\overline{u}}}\right\}\right]. \quad \text{(IV 2, 33)}$$

Der zeitfreie Anteil $\overline{j}_s$ der Influenzstromdichte gleicht hiernach der Sättigungsstromdichte

$$\overline{j}_s = j_0. \quad \text{(IV 2, 34)}$$

Um die Eigenschaften des Wechselanteiles $\tilde{j}_s = j_s - \overline{j}_s$ abkürzend zu beschreiben, bedienen wir uns der komplexen Schreibweise: Ausgehend von den Identitäten

$$e^{-i\tau} \equiv \cos \tau - i \sin \tau; \quad \left.\begin{aligned} \cos \tau &= \mathrm{Re}\,(e^{-i\tau}) \\ \sin \tau &= \mathrm{Re}\,(i\,e^{-i\tau}) \end{aligned}\right\} \quad i = \sqrt{-1} \quad \text{(IV 2, 35)}$$

gilt mit Rücksicht auf (IV 2, 9) für die Wechselspannung die Darstellung

$$\tilde{U} = \mathrm{Re}\,(\tilde{U}\, e^{-i\tau})\,; \qquad \vec{\tilde{U}} = i\mu\,\bar{U} = i\mu\,\bar{u}\cdot 2\,\frac{q_0}{m_0}\,(\omega\,d)^2 \qquad \text{(IV 2, 36)}$$

und für den Wechselanteil der Sekundärstromdichte

$$\tilde{j}_s = \mathrm{Re}\,(\vec{\tilde{j}}_s\, e^{-i\tau})\,; \qquad \vec{\tilde{j}}_s = j_0\,\mu\,2\,\bar{u}\left[i\left\{2\left(1-\cos\frac{1}{\sqrt{\bar{u}}}\right)-\frac{\sin\frac{1}{\sqrt{\bar{u}}}}{\sqrt{\bar{u}}}\right\}+\right.$$

$$\left.+\left\{2\sin\frac{1}{\sqrt{\bar{u}}}-\frac{1+\cos\frac{1}{\sqrt{\bar{u}}}}{\sqrt{\bar{u}}}\right\}\right]. \qquad \text{(IV 2, 37)}$$

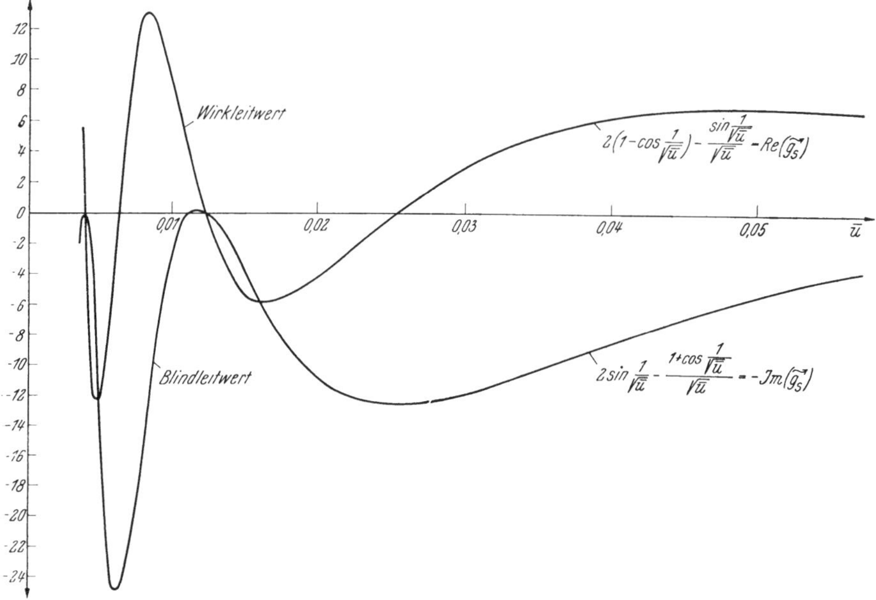

Abb. IV 182. Wirk- und Blindwiderstand des parallelebenen Monotrons.

Das Verhältnis der komplexen Amplitude $\vec{\tilde{j}}_s$ zur komplexen Amplitude $\vec{\tilde{U}}$ definiert den *komplexen Influenzleitwert* $\vec{\tilde{g}}_s$ je Flächeneinheit des Entladungsraumes:

$$\vec{\tilde{g}}_s = \frac{\vec{\tilde{j}}_s}{\vec{\tilde{U}}} = \frac{q_0}{m_0}\,\frac{j_0}{(\omega\,d)^2}\left[\left\{2\left(1-\cos\frac{1}{\sqrt{\bar{u}}}\right)-\frac{\sin\frac{1}{\sqrt{\bar{u}}}}{\sqrt{\bar{u}}}\right\}-\right.$$

$$\left.-\,i\left\{2\sin\frac{1}{\sqrt{\bar{u}}}-\frac{1+\cos\frac{1}{\sqrt{\bar{u}}}}{\sqrt{\bar{u}}}\right\}\right]. \qquad \text{(IV 2, 38)}$$

Abb. IV 182 zeigt seine reelle Komponente $\mathrm{Re}(\tilde{g}_s)$ [*Wirkleitwert*] und seine imaginäre Komponente $\mathrm{Im}(\tilde{g}_s)$ [*Blindleitwert*] als Funktionen der numerischen Gleichspannung $\bar{u}$ bei fester Kreisfrequenz ω im Verhältnis zu dem Einheitsleitwert

$$\tilde{g}_0 = \frac{q_0}{m_0} \frac{j_0}{(\omega d)^2}. \tag{IV 2, 39}$$

Der Wirkleitwert wird negativ für gewisse Bereiche der numerischen Gleichspannung $\bar{u}$, welche für $\bar{u} \to 0$ immer dichter aufeinander folgen. Hand in Hand mit dem negativen Wirkleitwert wird auch die mittlere Wechselleistung des Monotrons negativ, so daß dann die Röhre einen mit ihren Elektroden verbundenen, äußeren Arbeitskreis zu *entdämpfen* vermag.

Um über die Abhängigkeit des komplexen Influenzleitwertes von der Frequenz bei fester Gleichspannung U Auskunft zu erhalten, definieren wir an Hand der Gl. (IV 2, 12) als *numerische Frequenz* Ω den zu ω proportionalen Ausdruck

$$\Omega = \frac{1}{\sqrt{\bar{u}}} = \omega \frac{2d}{\sqrt{2 \frac{q_0}{m_0} \bar{U}}}. \tag{IV 2, 40}$$

Wie aus (IV 2, 17) hervorgeht, ist er mit der *numerischen Laufzeit* $(\tau_1^{(1)} - \tau_0)$ des kontrollierten Elektrons bei seinem Flug von der Kathode zur Anode $[\zeta' \to 1]$ im Falle $\mu = 0$ identisch.

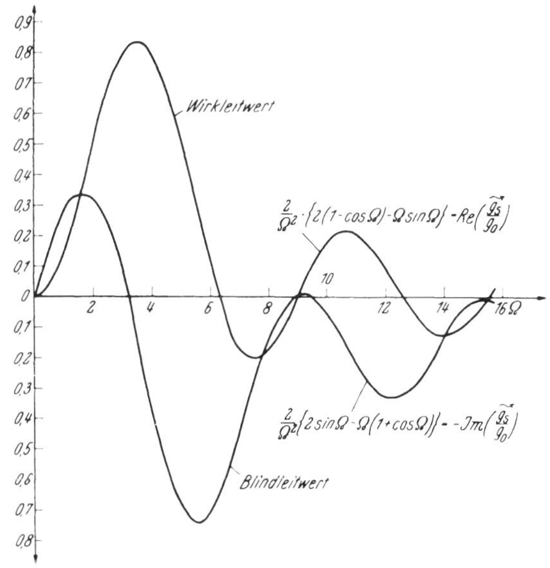

Abb. IV 183. Frequenzgang der Leitwertkomponenten des parallelebenen Monotrons.

Durch Substitution von (IV 2, 40) in (IV 2, 38) entsteht für den komplexen Influenzleitwert je Flächeneinheit des Entladungsraumes die Formel

$$\tilde{g}_s = \frac{j_0}{\bar{U}} \cdot \frac{2}{\Omega^2} \left[\{2(1 - \cos\Omega) - \Omega \sin\Omega\} - i\{2 \sin\Omega - \Omega(1 + \cos\Omega)\}\right]. \tag{IV 2, 41}$$

Abb. IV 183 zeigt die hieraus entnommene Frequenzabhängigkeit sowohl des Wirk- wie des Blindleitwertes je im Verhältnis zum „Gleichleitwert"

$$g_0 = \frac{j_0}{\bar{U}}. \tag{IV 2, 42}$$

Wie vordem durch Änderung der [numerischen] Gleichspannung $\bar{u}$ bei fester Frequenz ω, so kann nunmehr durch Wahl passender Bereiche der [numerischen] Frequenz Ω bei konstanter Gleichspannung $\bar{U}$ der Wirkleitwert negativ gemacht werden.

Der Vollständigkeit halber erwähnen wir, daß zu dem komplexen Influenzleitwert $\tilde{g}_s$ stets der komplexe *Ladeleitwert* $\tilde{g}_p$ der Primärstromdichte in der Größe

$$\tilde{g}_p = -i\,\omega\frac{\Delta}{d} \qquad \text{(IV 2, 43)}$$

je Flächeneinheit der Elektroden zu addieren ist, um den Gesamtleitwert je Flächeneinheit der Röhre zu erhalten; doch beschränkt sich nach (IV 2, 43) der Einfluß des Primärfeldes, im Einklang mit den allgemeinen energetischen Überlegungen der Ziffer IV 1, auf die resultierende Größe des Blindleitwertes.

IV 3. Faststationärer Betrieb des ebenen Monotrons.

a) Wir behandeln ein ebenes Monotron der in Ziffer IV 2 geschilderten Bauart [Elektrodenflächen S, Elektrodenabstand d] samt seiner in der Kathodenoberfläche beginnenden und senkrecht zu ihr in den Entladungsraum hineinweisenden Bezugskoordinate $0 \leqq z \leqq d$. Für die Elektrodenspannung U als Funktion der Zeit t behalten wir den Ansatz (IV 2, 3) mit der Einschränkung (IV 2, 5) des infinitesimalen Modulationsgrades μ bei. Allein während im Existenzgebiet des *quasistatischen* Betriebes überdies die absolute Temperatur T der Kathode als so niedrig angenommen wurde $[T = T_0 \to 0]$, daß an der emittierenden Kathodenoberfläche $[z = 0]$ die Elektronenstromdichte stets der infinitesimal schwachen Sättigungsstromdichte $j^{(s)}(T_0) = j_0$ glich, definieren wir den *faststationären* Betrieb des Monotrons durch die entgegengesetzte Voraussetzung: Die absolute Kathodentemperatur sei so hoch, daß bei der Spannung $U = U(t)$ die Elektronenstromdichte im Gebiete $0 < z \leqq d$ stets kleiner als die Sättigungsstromdichte bleibe:

$$j < j^{(s)}(T) \qquad \text{für} \qquad 0 < z \leqq d. \qquad \text{(IV 3, 1)}$$

Wir lassen auch hier die thermische Anfangsgeschwindigkeit der eben emittierten Elektronen außer acht. Diejenigen unter ihnen, die zur Anode gelangen — und nur von ihnen soll weiterhin die Rede sein — entstammen dann jener *virtuellen Kathode,* die in der Ebene $0 < z \to 0$ zu denken ist. Symbolisieren wir diese ihre Grenzlage durch die Angabe $z = +0$, so unterliegt also die elektrische Feldstärke $E = E(t, z)$ des Entladungsraumes für alle Zeiten t der Randbedingung

$$E(t, +0) = 0. \qquad \text{(IV 3, 2)}$$

b) Während sich die elektrische Feldstärke E im Entladungsgebiet des quasistatisch betriebenen Monotrons nur um einen unendlich schwachen Bestandteil von dem homogenen, elektrostatischen Felde der Gleichspannung $\overline{U}$ unterscheidet, wird im faststationären Betriebe der Röhre das elektrische Feld der Elektronenströmung durch die von ihr transportierte *Raumladung* nunmehr endlicher Dichte ϱ verzerrt. Statt daher bei der theoretischen Behandlung des faststationären, ebenen Monotrons mit der Analyse der elektrischen Feldstärke zu beginnen, ziehen wir als Basis der beabsichtigten Untersuchung die *wahre Stromdichte* j_w vor, welche sich auf Grund ihrer Quellenfreiheit im Gebiete $+0 \leqq z \leqq d$ auf eine Funktion allein der Zeit t reduziert. Wir setzen j_w als Summe der zeitfreien Gleichstromdichte $\overline{j}$ und der harmonisch mit der Kreisfrequenz ω schwingenden Wechselstromdichte $\tilde{j}_w$ von der Amplitude $j_{w,\,max} \geqq 0$

$$\tilde{j}_w = j_{w,\,max} \sin \omega t \qquad \text{(IV 3, 3)}$$

an und erhalten für j_w die Darstellung

$$j_w = j_w(t) = \overline{j}_w [1 + \nu \sin \omega t]; \qquad \nu = \frac{j_{w,\,max}}{\overline{j}_w} \geqq 0. \qquad \text{(IV 3, 4)}$$

In ihr definiert ν den *Modulationsgrad der Stromdichte*; er ist, im Einklang mit der früher genannten Voraussetzung eines infinitesimal kleinen Modulationsgrades μ der Spannung $U = U(t)$, ebenfalls als unendlich klein zu betrachten.

c) Wir kehren zur Genetik der wahren Stromdichte zurück

$$j_w = \Delta \frac{\partial E(t, z)}{\partial t} + j(z, t). \qquad \text{(IV 3, 5)}$$

In dieser Summe bestimmt sich der Posten der Elektronenstromdichte $j(z, t)$ aus der Dichte $\varrho < 0$ der Raumladung und dem Betrage v der Elektronengeschwindigkeit nach der Vorschrift

$$j = -\varrho \cdot v, \qquad \text{(IV 3, 6)}$$

während die Raumladungsdichte ϱ ihrerseits mit dem elektrischen Felde E durch die Relation

$$\varrho = -\Delta \frac{\partial E}{\partial z} \qquad \text{(IV 3, 7)}$$

verknüpft ist; in diesen Gleichungen wurden beziehentlich die verabredeten positiven Zählrichtungen von Stromdichte und Feldstärke beachtet, welche antiparallel der positiven z-Achse weisen.

Die Substitution von (IV 3, 6) und (IV 3, 7) in (IV 3, 5) führt auf den fundamentalen Zusammenhang

$$j_w = \Delta \left[\frac{\partial E}{\partial t} + v \frac{\partial E}{\partial z}\right]. \qquad \text{(IV 3, 8)}$$

Um seine physikalische Bedeutung aufzudecken, begleiten wir ein Elektron, welches die virtuelle Kathode im Zeitpunkt $t = t_0$ verläßt, auf seinem Wege durch den Entladungsraum. Ein diesem Elektron verbundener Beobachter mißt, da wir Magnetfelder laut Übereinkunft systematisch ignorieren und überdies zufolge der Wahl der Spannungshöhe $\overline{U}$, die Gültigkeit der *Newton*schen Mechanik verlangen, gemäß den Regeln der *Galilei*-Transformation die nämliche elektrische Feldstärke E und die gleiche Zeit t, welche ein relativ zu den Elektroden ruhender Beobachter am jeweiligen Orte des kontrollierten Elektrons wahrnimmt. Da nun der bewegte Beobachter während der sehr kurzen Zeitspanne Δ t mit dem Elektron um die infinitesimale Strecke $\Delta z = v \Delta t$ gegen die Anode hin fortschreitet, konstatiert er je Zeiteinheit die *totale Feldänderung*

$$\frac{dE}{dt} = \lim_{\Delta t \to 0} \frac{E(t + \Delta t, z + v \Delta t) - E(t, z)}{\Delta t} = \frac{\partial E}{\partial t} + v \frac{\partial E}{\partial z}. \qquad \text{(IV 3, 9)}$$

Der Vergleich von (IV 3, 8) mit (IV 3, 9) liefert für die wahre Stromdichte die Darstellung

$$j_w = \Delta \frac{dE}{dt}. \qquad \text{(IV 3, 10)}$$

d) Wir ersetzen in (IV 3, 4) und (IV 3, 10) die Zeit t durch ihr numerisches Maß $\tau = \omega\, t$ und erhalten für die Feldstärke E die Differentialgleichung

$$\bar{j}_w\,[1 + \nu \sin\tau] = \omega\, \varDelta\, \frac{dE}{d\tau}. \tag{IV 3, 11}$$

Die *räumliche Randbedingung* (IV 3, 2) transformiert sich für den Beobachter, welcher das kontrollierte Elektron begleitet, in die *zeitliche Anfangsbedingung*

$$E = 0 \qquad \text{für} \qquad \tau = \tau_0 = \omega\, t_0. \tag{IV 3, 12}$$

Daher führt die Integration der Gl. (IV 3, 11) zur Kenntnis des zeitlichen Verlaufes der am kontrollierten Elektron angreifenden Feldstärke

$$E = \frac{\bar{j}_w}{\omega\, \varDelta}\,[(\tau - \tau_0) + \nu\,(\cos\tau_0 - \cos\tau)]. \tag{IV 3, 13}$$

Für die Bewegung des Elektrons, gemessen in der numerischen Koordinate $\zeta = z/d$, resultiert aus (IV 3, 13) die *Newton*sche Bewegungsgleichung

$$\frac{d^2\zeta}{d\tau^2} = \frac{1}{\omega^2\, d}\,\frac{d^2 z}{dt^2} = \frac{q_0}{m_0}\,\frac{E(\tau)}{\omega^2\, d} = \frac{q_0\, \bar{j}_w}{m_0 \varDelta\, \omega^3\, d}\,[(\tau - \tau_0) + \nu\,(\cos\tau_0 - \cos\tau)], \tag{IV 3, 14}$$

zu welcher ergänzend die Anfangsbedingungen

$$\zeta = +0; \qquad \frac{d\zeta}{d\tau} = 0 \qquad \text{für} \qquad \tau = \tau_0 \tag{IV 3, 15}$$

treten.

e) Im eingeschwungenen Zustande des Systemes ist der zeitfreie Anteil $\bar{j}_w$ der wahren Stromdichte mit dem Gleichanteil $\bar{j}$ der Elektronenstromdichte j identisch

$$\bar{j}_w = \bar{j}. \tag{IV 3, 16}$$

Definieren wir daher bei fester Kreisfrequenz ω die *numerische Gleichstromdichte* $\bar{\gamma}$ mittels der Gleichung

$$6\,\bar{\gamma} = \frac{q_0}{m_0}\,\frac{\bar{j}}{\varDelta\, \omega^3\, d}, \tag{IV 3, 17}$$

so nimmt (IV 3, 14) die dimensionsfreie Gestalt

$$\frac{d^2\zeta}{d\tau^2} = 6\,\bar{\gamma}\,[(\tau - \tau_0) + \nu\,(\cos\tau_0 - \cos\tau)] \tag{IV 3, 18}$$

an. Mit Beachtung von (IV 3, 15) folgt aus (IV 3, 18) durch einmalige Integration

$$\frac{d\zeta}{d\tau} = 6\,\bar{\gamma}\left[\frac{(\tau - \tau_0)^2}{2} + \nu\,\{(\tau - \tau_0)\cos\tau_0 - \sin\tau + \sin\tau_0\}\right] \tag{IV 3, 19}$$

und durch nochmalige Integration

$$\zeta = 6\,\bar{\gamma}\left[\frac{(\tau - \tau_0)^3}{6} + \nu\left\{\frac{(\tau - \tau_0)^2}{2}\cos\tau_0 + \cos\tau - \cos\tau_0 + (\tau - \tau_0)\sin\tau_0\right\}\right]. \tag{IV 3, 20}$$

f) Wir fragen nach der numerischen Ankunftszeit $\tau_1 = \tau_1\,(\tau_0, \zeta')$ des kontrollierten Elektrons in der Ebene $+0 \leqq \zeta' \leqq 1$. Indem man vorübergehend $\nu = 0$ setzt, resultieren für die erste Näherung $\tau_1^{(1)}$ aus (IV 3, 20) die Angaben

$$\zeta' = 6\bar{\gamma}\,\frac{(\tau_1{}^{(1)} - \tau_0)^3}{6 \quad 6}\,; \qquad \tau_1{}^{(1)} = \tau_0 + \sqrt[3]{\frac{\zeta'}{\bar{\gamma}}}\,. \tag{IV 3, 21}$$

Im Falle eines infinitesimal schwachen Modulationsgrades $\nu \neq 0$ unterscheidet sich die gesuchte numerische Ankunftszeit τ_1 um die nur infinitesimal kleine Korrektur δ von $\tau_1{}^{(1)}$:

$$\tau_1 = \tau_0 + \sqrt[3]{\frac{\zeta'}{\bar{\gamma}}} + \delta. \tag{IV 3, 22}$$

Wir substituieren (IV 3, 22) in (IV 3, 20) und erhalten, da auf Grund der Kleinheit von ν und δ in der Potenzentwicklung nach diesen Variabeln nur die Glieder des ersten Grades beizubehalten sind,

$$\zeta' = 6\bar{\gamma}\left[\frac{1}{6}\left\{\frac{\zeta'}{\bar{\gamma}} + 3\,\delta\left(\frac{\zeta'}{\bar{\gamma}}\right)^{2/3}\right\} + \right.$$
$$\left. + \nu\left\{\frac{1}{2}\left(\frac{\zeta'}{\bar{\gamma}}\right)^{2/3}\cos\tau_0 + \cos\left(\tau_0 + \sqrt[3]{\frac{\zeta'}{\bar{\gamma}}}\right) - \cos\tau_0 + \sqrt[3]{\frac{\zeta'}{\bar{\gamma}}}\,\sin\tau_0\right\}\right]. \tag{IV 3, 23}$$

also

$$\delta = -\,\nu\left\{\cos\tau_0 + 2\,\frac{\cos\left(\tau_0 + \sqrt[3]{\frac{\zeta'}{\bar{\gamma}}}\right) - \cos\tau_0}{\left(\frac{\zeta'}{\bar{\gamma}}\right)^{2/3}} + 2\,\frac{\sin\tau_0}{\left(\frac{\zeta'}{\bar{\gamma}}\right)^{1/3}}\right\}. \tag{IV 3, 24}$$

Gemäß (IV 3, 13) findet nun der Beobachter, welcher das kontrollierte Elektron begleitet, in der Ebene ζ' das Feld

$$\mathrm{E} = \frac{\bar{\mathrm{j}}_{\mathrm{w}}}{\omega\,\Delta}\left[(\tau_1 - \tau_0) + \nu\,(\cos\tau_0 - \cos\tau_1)\right] \tag{IV 3, 25}$$

vor. Diese Aussage ist jedoch nur dann physikalisch sinnvoll, falls dieses Feld, aufgefaßt als Funktion der numerischen Koordinate ζ' und der für das gesamte Entladungssystem einheitlichen, numerischen „Normaluhr-Zeit" τ, von dem sozusagen zufälligen Startzeitpunkt des Kontrollelektrons unabhängig ist; wird diese fundamentale Bedingung von der Kinetik des Strömungsfeldes erfüllt?

Um diese Frage zu prüfen, substituieren wir $\tau_1 \to \tau$ und bringen (IV 3, 24), unter nochmaliger Berufung auf die infinitesimale Kleinheit von ν und δ, in die Gestalt

$$\delta = -\,\nu\left\{\cos\left(\tau - \sqrt[3]{\frac{\zeta'}{\bar{\gamma}}}\right) + 2\,\frac{\cos\tau - \cos\left(\tau - \sqrt[3]{\frac{\zeta'}{\bar{\gamma}}}\right)}{\left(\frac{\zeta'}{\bar{\gamma}}\right)^{2/3}} + 2\,\frac{\sin\left(\tau - \sqrt[3]{\frac{\zeta'}{\bar{\gamma}}}\right)}{\left(\frac{\zeta'}{\bar{\gamma}}\right)^{1/3}}\right\}. \tag{IV 3, 26}$$

Hiermit entsteht, in gleicher Genauigkeit, mit Rücksicht auf (IV 3, 16) und (IV 3, 17) aus (IV 3, 25) die Darstellung

$$E = 6\,\overline{\gamma}\,\frac{m_0}{q_0}\,\omega^2 d\left[\sqrt[3]{\frac{\zeta'}{\overline{\gamma}}} + \delta + \nu\left\{\cos\left(\left(\tau - \sqrt[3]{\frac{\zeta'}{\overline{\gamma}}}\right) - \cos\tau\right\}\right] =$$

$$= 6\,\overline{\gamma}\,\frac{m_0}{q_0}\,\omega^2 d\left[\sqrt[3]{\frac{\zeta'}{\overline{\gamma}}} - \nu\left\{\cos\tau + 2\,\frac{\cos\tau - \cos\left(\tau - \sqrt[3]{\frac{\zeta'}{\overline{\gamma}}}\right)}{\left(\frac{\zeta'}{\overline{\gamma}}\right)^{2/3}} + \right.\right.$$

$$\left.\left. + 2\,\frac{\sin\left(\tau - \sqrt[3]{\frac{\zeta'}{\overline{\gamma}}}\right)}{\left(\frac{\zeta'}{\overline{\gamma}}\right)^{1/3}}\right\}\right], \qquad \text{(IV 3, 27)}$$

aus welcher in der Tat der Startzeitpunkt des Kontrollelektrons verschwunden ist.

g) Da die wahre Stromdichte j_w des Monotrons in Gl. (IV 3, 4) vorgegeben ist, haben wir zur Kenntnis seiner Betriebseigenschaften die Elektrodenspannung

$$U = U(\tau) = \int_0^d E(t, z')\,dz' = d\int_0^1 E(\tau, \zeta')\,d\zeta' \qquad \text{(IV 3, 28)}$$

aufzusuchen und erhalten mittels (IV 3, 27)

$$U = 6\,\overline{\gamma}\,\frac{m_0}{q_0}\,\omega^2 d\left[\frac{\frac{3}{4}}{\sqrt[3]{\overline{\gamma}}} - \nu\cos\tau - \right.$$

$$\left. - 2\,\nu\int_0^1\left\{\frac{\cos\tau - \cos\left(\tau - \sqrt[3]{\frac{\zeta'}{\overline{\gamma}}}\right)}{\left(\frac{\zeta'}{\overline{\gamma}}\right)^{2/3}} + \frac{\sin\left(\tau - \sqrt[3]{\frac{\zeta'}{\overline{\gamma}}}\right)}{\left(\frac{\zeta'}{\overline{\gamma}}\right)^{1/3}}\right\} d\zeta'.\right]$$

(IV 3, 29)

Zur Auswertung des bestimmten Integrales ersetzen wir ζ' durch die Veränderliche

$$b = 6\,\overline{\gamma}\sqrt[3]{\frac{\zeta'}{\overline{\gamma}}}; \qquad d\zeta' = \frac{1}{72}\,\frac{b^2\,db}{\overline{\gamma}^2}, \qquad \text{(IV 3, 30)}$$

deren Symbol [b = Beschleunigung] an die aus (IV 3, 18) im Verein mit (IV 3, 21) resultierende, kinematische Relation

$$\lim_{\nu\to 0}\frac{d^2\zeta}{d\tau^2} = 6\,\overline{\gamma}(\tau - \tau_0) = 6\,\overline{\gamma}\sqrt[3]{\frac{\zeta}{\overline{\gamma}}} \qquad \text{(IV 3, 31)}$$

erinnern möge. Damit ergibt sich

$$\int_0^1 \frac{\cos\tau}{\left(\frac{\zeta'}{\overline{\gamma}}\right)^{2/3}}\,d\zeta' = \frac{1}{2}\cos\tau \int_0^{6\overline{\gamma}^{2/3}} db = 3\,\overline{\gamma}^{2/3}\cdot\cos\tau \qquad \text{(IV 3, 32)}$$

sowie

$$-\int_0^1 \frac{\cos\left(\tau - \sqrt[3]{\frac{\zeta'}{\overline{\gamma}}}\right)}{\left(\frac{\zeta'}{\overline{\gamma}}\right)^{2/3}}\,d\zeta' = -\frac{1}{2}\int_0^{6\overline{\gamma}^{2/3}} \cos\left(\tau - \frac{b}{6\overline{\gamma}}\right) db = 3\,\overline{\gamma}\sin\left(\tau - \frac{b}{6\,\overline{\gamma}}\right)\Bigg|_0^{6\overline{\gamma}^{2/3}} =$$

$$= 3\,\overline{\gamma}\left\{\sin\left(\tau - \frac{1}{\sqrt[3]{\overline{\gamma}}}\right) - \sin\tau\right\} \qquad \text{(IV 3, 33)}$$

und schließlich

$$\int_0^1 \frac{\sin\left(\tau - \sqrt[3]{\frac{\zeta'}{\overline{\gamma}}}\right)}{\left(\frac{\zeta'}{\overline{\gamma}}\right)^{1/3}}\,d\zeta' = \frac{1}{12\,\overline{\gamma}}\int_0^{6\overline{\gamma}^{2/3}} \sin\left(\tau - \frac{b}{6\overline{\gamma}}\right) b\,db =$$

$$= \frac{1}{12\,\overline{\gamma}}\left[6\,\overline{\gamma}\,b\cos\left(\tau - \frac{b}{6\,\overline{\gamma}}\right) + 36\,\overline{\gamma}^2\sin\left(\tau - \frac{b}{6\,\overline{\gamma}}\right)\right]\Bigg|_0^{6\overline{\gamma}^{2/3}} =$$

$$= 3\,\overline{\gamma}^{2/3}\cos\left(\tau - \frac{1}{\sqrt[3]{\overline{\gamma}}}\right) + 3\,\overline{\gamma}\left\{\sin\left(\tau - \frac{1}{\sqrt[3]{\overline{\gamma}}}\right) - \sin\tau\right\}. \qquad \text{(IV 3, 34)}$$

Nach Substitution von (IV 3, 32), (IV 3, 33) und (IV 3, 34) in (IV 3, 29) erscheint die Spannung U als Summe der Gleichspannung $\overline{U}$ und der mit der Stromdichte $\tilde{j}_w$ synchron schwingenden Wechselspannung $\tilde{U}$, wobei

$$\overline{U} = 6\,\overline{\gamma}\,\frac{m_0}{q_0}\,\omega^2\,d^2\,\frac{\frac{3}{4}}{\sqrt[3]{\overline{\gamma}}} = \frac{9}{2}\,\overline{\gamma}^{2/3}\,\frac{m_0}{q_0}\,\omega^2\,d^2 \qquad \text{(IV 3, 35)}$$

und

$$\tilde{U} = 6\,\overline{\gamma}\,\frac{m_0}{q_0}\,\omega^2\,d^2\,\cdot$$

$$\cdot\left[-\cos\tau + 6\,\overline{\gamma}\left\{2\left[\sin\tau - \sin\left(\tau - \frac{1}{\sqrt[3]{\overline{\gamma}}}\right)\right] - \frac{\cos\tau + \cos\left(\tau - \frac{1}{\sqrt[3]{\overline{\gamma}}}\right)}{\sqrt[3]{\overline{\gamma}}}\right\}\right] =$$

$$= 36\,\overline{\gamma}\,\frac{m_0}{q_0}\,\omega_0\,d^2\,\nu\,\overline{\gamma}\left[\sin\tau\left\{2\left(1 - \cos\frac{1}{\sqrt[3]{\overline{\gamma}}}\right) - \frac{\sin\frac{1}{\sqrt[3]{\overline{\gamma}}}}{\sqrt[3]{\overline{\gamma}}}\right\} -\right.$$

$$\left. - \cos\tau\left\{\frac{1}{6\,\overline{\gamma}} + \frac{1 + \cos\frac{1}{\sqrt[3]{\overline{\gamma}}}}{\sqrt[3]{\overline{\gamma}}} - 2\sin\frac{1}{\sqrt[3]{\overline{\gamma}}}\right\}\right] \qquad \text{(IV 3, 36)}$$

resultiert.

h) Mit Rücksicht auf (IV 3, 17) kann man (IV 3, 35) in die Gestalt bringen

$$\bar{j} = \frac{4}{9}\,\Delta\sqrt{2\,\frac{m_0}{q_0}}\,\frac{\bar{U}^{3/2}}{d^2}\,. \qquad \text{(IV 3, 37)}$$

in welcher man das *Langmuir*sche Gesetz der stationären Raumlade-Kennlinie wieder erkennt [Ziffer I 3]. Führen wir, bei fester Kreisfrequenz ω, als *numerische Gleichspannung* $\bar{u}$ den zu $\bar{U}$ proportionellen Ausdruck

$$\bar{u} = \frac{2}{9}\,\frac{q_0}{m_0}\,\frac{\bar{U}}{\omega^2\,d^2} \qquad \text{(IV 3, 38)}$$

ein, so nimmt (IV 3, 37) die dimensionsfreie *Normalform*

$$\bar{\gamma} = \bar{u}^{3/2} \qquad \text{(IV 3, 39)}$$

an.

Ehe wir zur allgemeinen Diskussion der Wechselspannung (IV 3, 36) übergehen, richten wir unsere Aufmerksamkeit auf den ihr enthaltenen Anteil

$$\tilde{U}_C = 36\,\bar{\gamma}\,\frac{m_0}{q_0}\,\omega^2\,d^2\,\nu\,\bar{\gamma}\left(-\frac{1}{6\,\bar{\gamma}}\right)\cos\tau = -\frac{\tilde{j}_{max}}{\frac{\Delta}{d}\,\omega}\cos\tau. \qquad \text{(IV 3, 40)}$$

Er mißt also, wie durch den Index C schon im voraus angedeutet wurde, diejenige kapazitive Spannung, welche der Durchgang der Wechselstromdichte $\tilde{j}_w$ durch die „kalte" [elektronenfreie] Diode zwischen den Elektroden erregen würde. Im Lichte dieser Erkenntnis hat man das faststationär betriebene Monotron relativ zu dem Wechselanteil der wahren Stromdichte als *Reihenschaltung* des Elektroden-*Kondensators* mit einem *elektronengesteuerten Zweipol* anzusehen — im Gegensatz zu den Eigenschaften des Monotrons im quasistatischen Betriebe, bei welchem die entsprechenden Schaltelemente *parallel* zueinander liegen.

Statt indessen diesen Weg weiter zu verfolgen, ziehen wir der Kürze halber die zusammenfassende Behandlung beider Spannungsanteile vor. Mittels der Identität (IV 3, 35) gehen wir zu der komplexen Schreibweise über

$$\tilde{j} = \mathrm{Re}\,(\hat{\tilde{j}}\,e^{-i\tau}); \qquad \hat{\tilde{j}} = (\nu\,\bar{j})\,i = \left(6\,\frac{m_0}{q_0}\,\Delta\,\omega^3\,d\,\nu\,\bar{\gamma}\right)i \qquad \text{(IV 3, 41)}$$

und

$$\tilde{U} = \mathrm{Re}\,(\hat{\tilde{U}}\,e^{-i\tau}); \qquad \hat{\tilde{U}} = 36\,\bar{\gamma}\,\frac{m_0}{q_0}\,\omega^2\,d^2\,\nu\,\bar{\gamma}\,\cdot$$

$$\cdot\left[i\left\{2\left(1-\cos\frac{1}{\sqrt[3]{\bar{\gamma}}}\right)-\frac{\sin\frac{1}{\sqrt[3]{\bar{\gamma}}}}{\sqrt[3]{\bar{\gamma}}}\right\}-\left\{\frac{1}{6\,\bar{\gamma}}+\frac{1+\cos\frac{1}{\sqrt[3]{\bar{\gamma}}}}{\sqrt[3]{\bar{\gamma}}}-2\sin\frac{1}{\sqrt[3]{\bar{\gamma}}}\right\}\right] \qquad \text{(IV 3, 42)}$$

Das Verhältnis $\frac{\tilde{\mathrm{U}}}{\tilde{\mathrm{j}}}$ der komplexen Amplituden definiert den *komplexen Widerstand* $\tilde{r}$ je Flächeneinheit des faststationär betriebenen Monotrons:

$$\tilde{\mathrm{r}} = \frac{\tilde{\mathrm{U}}}{\tilde{\mathrm{j}}} = \frac{6\,\overline{\gamma}}{\frac{\Delta\,\omega}{\mathrm{d}}} \left[\left\{ 2\left(1 - \cos\frac{1}{\sqrt[3]{\overline{\gamma}}}\right) - \frac{\sin\frac{1}{\sqrt[3]{\overline{\gamma}}}}{\sqrt[3]{\overline{\gamma}}} \right\} + \right.$$

$$\left. + \mathrm{i} \left\{ \frac{1}{6\,\overline{\gamma}} + \frac{1 + \cos\frac{1}{\sqrt[3]{\overline{\gamma}}}}{\sqrt[3]{\overline{\gamma}}} - 2\sin\frac{1}{\sqrt[3]{\overline{\gamma}}} \right\} \right]. \qquad \text{(IV 3, 43)}$$

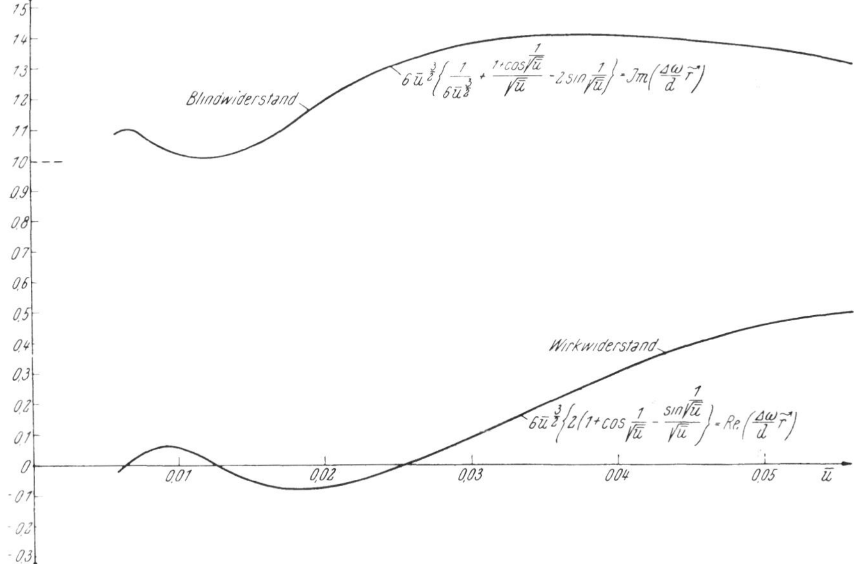

Abb. IV 184. Das faststationäre Monotron. Frequenzgang der Widerstandskomponenten.

Diese Formel liefert, bei fester Kreisfrequenz ω, die Abhängigkeit des komplexen Widerstandes von der Gleichstromdichte. Im Gegensatz zu der theoretisch wohlbegründeten Vorzugsstellung der Stromdichte vor der Spannung geht man indessen praktisch meist von der bequem meßbaren Größe der Gleichspannung $\overline{\mathrm{U}}$ aus. Um uns dieser Gepflogenheit anzupassen, ersetzen wir $\overline{\gamma}$ in Gl. (IV 3, 43) durch $\overline{\mathrm{u}}$ nach Gl. (IV 3, 39) und erhalten für den komplexen Widerstand $\tilde{r}$ die Darstellung

$$\tilde{\mathrm{r}} = \frac{6\,\overline{\mathrm{u}}^{3/2}}{\frac{\Delta\,\omega}{\mathrm{d}}} \left[\left\{ 2\left(1 - \cos\frac{1}{\sqrt{\overline{\mathrm{u}}}}\right) - \frac{\sin\frac{1}{\sqrt{\overline{\mathrm{u}}}}}{\sqrt{\overline{\mathrm{u}}}} \right\} + \mathrm{i} \left\{ \frac{1}{6\,\overline{\mathrm{u}}^{3/2}} + \frac{1 + \cos\frac{1}{\sqrt{\overline{\mathrm{u}}}}}{\sqrt{\overline{\mathrm{u}}}} - 2\sin\frac{1}{\sqrt{\overline{\mathrm{u}}}} \right\} \right]. \qquad \text{(IV 3, 44)}$$

Abb. IV 184 zeigt die funktionelle Abhängigkeit sowohl seines Realteiles [Wirkwiderstand] wie seines Imaginärteiles [Blindwiderstand] von der numerischen Gleichspannung $\overline{u}$. Ähnlich dem Verhalten des quasistatisch betriebenen Monotrons existieren auch bei seinem faststationären Betriebe Spannungsbereiche, in welchen der Mittelwert der zugeführten Wechselleistung *negativ* wird; die Röhre vermag alsdann äußere, an ihre Elektroden angeschlossene Arbeitskreise zu *entdämpfen*.

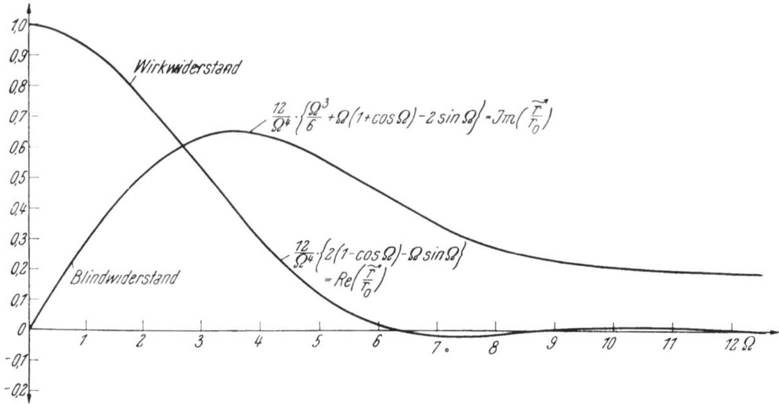

Abb. IV 185. Das faststationäre Monotron. Frequenzgang der Widerstandskomponenten.

Um den Frequenzgang des komplexen Widerstandes bei fester numerischer Gleichspannung kennenzulernen, definieren wir an Hand der Gleichungen (IV 3, 17), (IV 3, 37) und (IV 3, 38) als *numerische Frequenz* Ω den zu ω proportionalen Ausdruck

$$\Omega = \frac{1}{\sqrt[3]{\overline{\gamma}}} = \frac{1}{\sqrt{\overline{u}}} = \omega \sqrt[3]{\frac{m_0}{q_0} \frac{6 \Delta d}{\overline{\gamma}}} = \omega \frac{3 d}{\sqrt{2 \frac{q_0}{m_0} \overline{U}}}. \qquad \text{(IV 3, 45)}$$

welchen man auf Grund von (IV 3, 21) mit der numerischen *Flugzeit* des kontrollierten Elektrons von der Kathode zur Anode $[\zeta' \to 1]$ für $\nu = 0$ identifiziert. Aus (IV 3, 44) entsteht somit

$$\tilde{r} = \frac{18 d^2}{\Delta \sqrt{2 \frac{q_0}{m_0} \overline{U}}} \cdot \frac{1}{\Omega^4} \left[\{2(1 - \cos \Omega) - \Omega \sin \Omega\} + \right.$$
$$\left. + i \left\{ \frac{\Omega^3}{6} + \Omega (1 + \cos \Omega) - 2 \sin \Omega \right\} \right]. \qquad \text{(IV 3, 46)}$$

Im Falle $\Omega \to 0$ konvergiert $\tilde{r}$ gegen den reellen Grenzwert

$$r_0 = \lim_{\Omega \to 0} \tilde{r} = \frac{18 d^2}{\Delta \sqrt{2 \frac{q_0}{m_0} \overline{U}}} \cdot \frac{1}{12}, \qquad \text{(IV 3, 47)}$$

so daß wir (IV 3, 46) in die Gestalt

$$\frac{\tilde{r}}{r_0} = \frac{12}{\Omega^4}\left[\{2(1 - \cos\Omega) - \Omega\sin\Omega\} + 1\left\{\frac{\Omega^3}{6} + \Omega(1 + \cos\Omega) - 2\sin\Omega\right\}\right] \tag{IV 3, 48}$$

bringen können. Die graphische Darstellung dieser Gleichung nach Abb. IV 185 zeigt in den Bereichen negativen Wirkwiderstandes abermals die dort mögliche *Entdämpfung äußerer Arbeitskreise* an, welche mit den Elektroden des Monotrons verbunden sind.

IV 4. Die Bremsfeldröhre im quasistatischen Betrieb.

a) Gegeben sei eine ebene Triode nach Abb. IV 186. Die Kathodenebene befindet sich im festen Abstand g von der Trägerebene des homogenen Gitters, welche ihrerseits durch den festen Abstand a von der Anodenebene getrennt ist.

Die Kathode sei nach Maßgabe ihrer gleichförmigen, absoluten Temperatur T_0 zur Emission von Elektronen befähigt, welche im Innern der Röhre eine ebene Strömung bilden. Das elektrische Skalarpotential der Kathode [Index k] wird als Basis der Potentialfunktion φ gewählt

$$\varphi_k = 0. \tag{IV 4, 1}$$

Dem Gitter [Index g] erteilen wir das feste, positive Potential

$$\bar{\varphi}_g > 0, \tag{IV 4, 2}$$

während das Potential der Anode [Index a], ohne daß zunächst sein zeitlicher Verlauf festgelegt wird, als stets negativ vorausgesetzt werde

$$\varphi_a < 0. \tag{IV 4, 3}$$

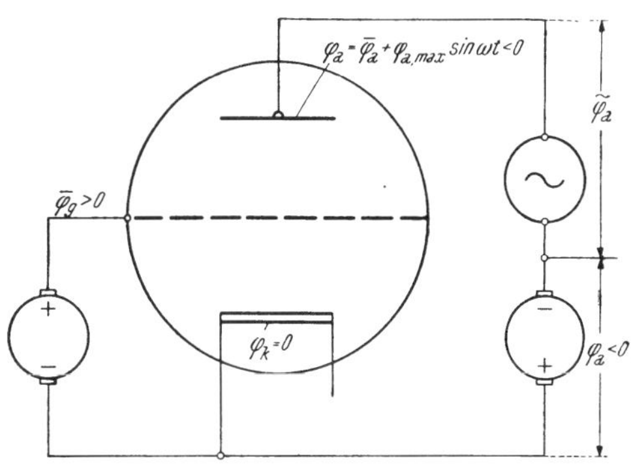

Abb. IV 186. Schaltung der Triode als Bremsfeldröhre.

b) Wir richten unser Augenmerk auf jene „Trans-Elektronen", welche nach ihrem Anflug von der Kathode her die Gitter-Trägerebene durchkreuzen. Sie gelangen dann zufolge (IV 4, 2) und (IV 4, 3) in ein elektrisches Bremsfeld, welches zumindest einen Teil der Transelektronen vor Erreichen der Anode zur Umkehr zwingt und hierdurch eine pendelnde Bewegung dieser Elektronen einleitet. Da indessen der Emissionszeitpunkt der an diesem Vorgang beteiligten Elektronen sozusagen vom Zufall abhängt, weist die resultierende Strömung solange einen statistisch-turbulenten Charakter auf, als das Anodenpotential konstant erhalten wird. Diese Sachlage ändert sich, falls man dem Anodenpotential eine Schwingung aufprägt: Seinem zeitfreien Anteil $\bar{\varphi}_a$ wird der Wechselanteil $\tilde{\varphi}_a$ überlagert, welcher mit der Kreisfrequenz ω und der Amplitude $\varphi_{a,\max} > 0$ einfach harmonisch pulsieren möge. Bezeichnet also t die laufende Zeit, so wählen wir für φ_a den Ansatz

$$\varphi_a = \bar{\varphi}_a + \varphi_{a,\max} \cdot \sin\omega t, \tag{IV 4, 4}$$

wobei gemäß (IV 4, 3)

$$\overline{\varphi}_a < 0; \qquad \varphi_{a,\max} < |\overline{\varphi}_a| \qquad \text{(IV 4, 5)}$$

vorauszusetzen ist. Kann die nunmehr entstehende Elektronenströmung selbsterregte Schwingungen anfachen?

c) Wir orientieren uns im Existenzgebiet der Elektronenbewegung an Hand des relativ zum Entladungsgefäße ruhenden Bezugssystemes der rechtsläufigen *Kartesi*schen Koordinaten x, y, z; sein Ursprung liege in der Gitter-Trägerebene, die positive z-Achse weise gegen die Anode hin.

Der Einfachheit halber ersetzen wir das wahre Gitter durch eine virtuelle Flächenelektrode, die wir mit folgenden Eigenschaften ausstatten:

1. Sie erfüllt die Gitter-Trägerebene lückenlos.
2. Sie läßt die Elektronen in Richtung der positiven z-Achse ungehindert passieren.
3. Sie absorbiert alle Elektronen, welche in Richtung der negativen z-Achse einfallen.

Wir weisen dem hierdurch definierten virtuellen Gitter das Potential des wahren Gitters zu

$$\varphi = \overline{\varphi}_g \qquad \text{für} \qquad z = 0 \qquad \text{(IV 4, 6)}$$

und ergänzen diese Angabe durch die Randbedingungen der Potentialfunktion an der Kathode

$$\varphi = 0 \qquad \text{für} \qquad z = -g \qquad \text{(IV 4, 7)}$$

und an der Anode

$$\varphi = \varphi_a \qquad \text{für} \qquad z = a. \qquad \text{(IV 4, 8)}$$

d) Wir vernachlässigen die Anfangsgeschwindigkeit der eben aus der Kathode emittierten Elektronen. Überdies denken wir uns die absolute Temperatur T_0 der Kathode soweit erniedrigt, daß diese nur eine infinitesimal schwache Sättigungsstromdichte

$$j = j^{(s)}(T_0) \equiv j_0 \qquad \text{(IV 4, 9)}$$

zu emittieren vermag. Auf Grund dieser Annahmen dürfen wir gewiß die Raumladungsdichte der Elektronen an allen Orten endlichen Potentiales außer Betracht lassen; wir verschärfen diesen Satz zu der Voraussetzung, daß auch die in der Umgebung der Fläche $\varphi = 0$ entstehenden Ladungswolken ohne merklichen Einfluß auf die Struktur des elektrischen Feldes im Entladungsgefäß bleiben. Insbesondere herrscht sonach im Kathoden-Gitterraum die homogene, zeitfreie elektrische Feldstärke der beziehentlich achsenparallelen Komponenten

$$E_x = 0; \qquad E_y = 0; \qquad E_z = -\frac{\overline{\varphi}_g}{g} \qquad \text{(IV 4, 10)}$$

und im Gitter-Anodengebiet die zwar gleichfalls homogene, doch zeitabhängige elektrische Feldstärke der beziehentlich achsenparallelen Komponenten

$$E_x = 0; \qquad E_y = 0; \qquad E_z = -\frac{\varphi_a - \overline{\varphi}_g}{a} \qquad \text{(IV 4, 11)}$$

Definieren wir den positiven, echten Bruch

$$0 < \mu = \frac{\varphi_{a,\max}}{\overline{\varphi}_g - \overline{\varphi}_a} < 1 \qquad \text{(IV 4, 12)}$$

als *Modulationsgrad* des Bremsfeldes, so folgt aus (IV 4, 4) und (IV 4, 11)

$$E_z = \frac{\overline{\varphi}_g - \overline{\varphi}_a}{a} [1 - \mu \sin \omega t]; \qquad 0 \leqq z \leqq a. \qquad \text{(IV 4, 13)}$$

e) Wir legen der Bewegung der Elektronen in der Bremsfeldröhre die *Newton*sche Mechanik zu Grunde. Im Kathoden-Gitterraum gehorchen sie dann der Differentialgleichung

$$m_0 \frac{d^2 z}{dt^2} = q_0 \frac{\overline{\varphi}_g}{g}. \qquad \text{(IV 4, 14)}$$

Das zum Zeitpunkt $t = t_K$ aus der Kathode emittierte Elektron unterliegt den Startbedingungen

$$z = -g; \qquad \frac{dz}{dt} = 0 \qquad \text{für} \qquad t = t_k. \qquad \text{(IV 4, 15)}$$

Daher folgt aus (IV 4, 14) durch einmalige Integration

$$v_z = \frac{dz}{dt} = \frac{q_0}{m_0} \frac{\overline{\varphi}_g}{g} (t - t_k) \qquad \text{(IV 4, 16)}$$

und durch nochmalige Integration

$$z = -g + \frac{1}{2} \frac{q_0}{m_0} \frac{\overline{\varphi}_g}{g} (t - t_k)^2. \qquad \text{(IV 4, 17)}$$

Demnach erreicht das Kontrollelektron die Ebene $z = 0$ des virtuellen Gitters im Zeitpunkt

$$t_0 = t_k + g \sqrt{2 \frac{m_0}{q_0} \frac{1}{\overline{\varphi}_g}} \qquad \text{(IV 4, 18)}$$

mit der Geschwindigkeit

$$v_0 = \frac{q_0}{m_0} \frac{\overline{\varphi}_g}{g} (t_0 - t_k) = \sqrt{2 \frac{q_0}{m_0} \overline{\varphi}_g}. \qquad \text{(IV 4, 19)}$$

Sie ist, wie es sein muß, von t_k unabhängig.

f) Im Gitter-Anodenraum unterliegt die Bewegung des kontrollierten Elektrons der Differentialgleichung

$$m_0 \frac{d^2 z}{dt^2} = -q_0 \frac{\overline{\varphi}_g - \overline{\varphi}_a}{a} [1 - \mu \sin \omega t] \qquad \text{(IV 4, 20)}$$

mit den Anfangsbedingungen

$$z = 0; \qquad \frac{dz}{dt} = v_0 \qquad \text{für} \qquad t = t_0. \qquad \text{(IV 4, 21)}$$

Wir ersetzen z durch die *numerische Koordinate*

$$\zeta = \frac{z}{a} \qquad \text{(IV 4, 22)}$$

und t durch die *numerische Zeit*

$$\tau = \omega t. \qquad \text{(IV 4, 23)}$$

Definieren wir nun durch

$$\overline{u} = \frac{1}{2} \frac{q_0}{m_0} \frac{\overline{\varphi}_g - \overline{\varphi}_a}{(\omega a)^2} \qquad \text{(IV 4, 24)}$$

die *numerische Bremsfeld-Spannung*, so nimmt (IV 4, 20) die dimensionsfreie Gestalt

$$\frac{d^2\zeta}{d\tau^2} = -2\,\overline{u}\,[1 - \mu \sin \tau] \qquad \text{(IV 4, 25)}$$

an, während sich die Angaben (IV 4, 21) in

$$\zeta = 0; \quad \frac{d\zeta}{d\tau} = \frac{1}{\omega\,a} \cdot \frac{dz}{dt} = \frac{v_0}{\omega\,a} \equiv \dot{\zeta}_0 \quad \text{für} \quad \tau = \tau_0 = \omega\,t_0 \qquad \text{(IV 4, 26)}$$

verwandeln. Daher folgt aus (IV 4, 25) durch einmalige Integration

$$\frac{d\zeta}{d\tau} = \dot{\zeta}_0 - 2\,\overline{u}\,[(\tau - \tau_0) - \mu\,(\cos \tau_0 - \cos \tau)] \qquad \text{(IV 4, 27)}$$

und durch nochmalige Integration

$$\zeta = \dot{\zeta}_0(\tau - \tau_0) - \overline{u}\,[(\tau - \tau_0)^2 - 2\,\mu\,\{(\tau - \tau_0)\cos \tau_0 + \sin \tau_0 - \sin \tau\}]. \qquad \text{(IV 4, 28)}$$

Wir behandeln an Hand dieser Gleichungen zunächst die Bewegung des kontrollierten Elektrons im unmodulierten Bremsfelde: Für $\mu \to 0$ reduziert sich (IV 4, 27) auf

$$\frac{d\zeta}{d\tau} = \dot{\zeta}_0 - 2\,\overline{u}(\tau - \tau_0) \qquad \text{(IV 4, 29)}$$

und (IV 4, 28) auf

$$\zeta = \dot{\zeta}_0(\tau - \tau_0) - \overline{u}(\tau - \tau_0)^2. \qquad \text{(IV 4, 30)}$$

Demnach erreicht das Elektron im numerischen Zeitpunkte

$$\overline{\tau}_{max} = \tau_0 + \frac{\dot{\zeta}_0}{2\,\overline{u}} \qquad \text{(IV 4, 31)}$$

seinen größten numerischen Abstand $\overline{\zeta}_{max}$ vom virtuellen Gitter

$$0 < \overline{\zeta}_{max} = \dot{\zeta}_0(\overline{\tau}_{max} - \tau_0) - \overline{u}(\overline{\tau}_{max} - \tau_0)^2 = \frac{(\dot{\zeta}_0)^2}{4\,\overline{u}} = \frac{\overline{\varphi}_g}{\overline{\varphi}_g - \overline{\varphi}_a} < 1. \qquad \text{(IV 4, 32)}$$

Im Falle $\mu = 0$ spielt also die Ebene $\zeta = \overline{\zeta}_{max}$ die Rolle einer *virtuellen Kathode,* welche den vom Gitter her einfallenden Elektronen den Durchgang zur Anode verwehrt und sie zum Gitter zurücktreibt. Wesentlich der gleiche Mechanismus bestimmt das Schicksal der Elektronen auch in der oszillierenden Bremsfeldröhre; doch liegt nunmehr die reflektierende Sperrfläche $\zeta = \zeta_{max}$ nicht mehr fest, sondern pendelt nach Maßgabe des Modulationsgrades μ um die Lage $\zeta = \overline{\zeta}_{max}$. Wir verschieben die explizite Durchrechnung dieses dynamischen Vorganges auf Ziffer IV 8 und begnügen uns hier mit der weiterhin stets innezuhaltenden Betriebsbedingung

$$0 < \zeta_{max} < 1. \qquad \text{(IV 4, 33)}$$

Ihr zufolge werden die Elektronen zwar in den Gitter-Anodenraum eingelassen, können jedoch die Anode niemals erreichen.

g) Obwohl gemäß (IV 4, 33) die Anode keinen konvektiven Elektronenstrom aufnimmt, erregen doch die im Gitter-Anodenraum pendelnden Elektronen im Falle $\mu \neq 0$ eine Influenzstromdichte j_s auf der Anode, welche wir zu berechnen haben.

Ausgehend von der formalen Darstellung der im Gitter-Anodenraum verkehrenden Konvektions-Stromdichte

$$j = j(\tau, \zeta); \qquad 0 \leqq \zeta \leqq 1 \qquad \text{(IV 4, 34)}$$

gilt nach Ziffer IV 1 allgemein

$$j_s(\tau) = \int\limits_0^1 j(\tau, \zeta')\, d\zeta'. \qquad \text{(IV 4, 35)}$$

Gemäß (IV 4, 33) besteht nun die Konvektions-Stromdichte (IV 4, 34) zwischen dem virtuellen Gitter $\zeta = 0$ und der jeweils reflektierenden Sperrfläche $\zeta = \zeta_{max}$ aus *zwei gegenläufigen Komponenten*, welche wir entsprechend der Bewegungsrichtung der sie erzeugenden Elektronen parallel und antiparallel der positiven z-Achse beziehentlich durch $\vec{j}$ und $\overleftarrow{j}$ bezeichnen; dagegen verschwindet $j(\tau, \zeta)$ zwischen der Sperrfläche und der Anode. Demnach haben wir (IV 4, 35) explizit in der Gestalt

$$j_s(\tau) = \int\limits_{\zeta'=0}^{\zeta_{max}} [\vec{j}(\tau, \zeta') + \overleftarrow{j}(\tau, \zeta')]\, d\zeta' \qquad \text{(IV 4, 36)}$$

zu schreiben. In ihr unterscheiden sich die gegenläufigen Stromdichte-Komponenten $\vec{j}$ und $\overleftarrow{j}$ ein und desselben Paares (τ, ζ') ihrer unabhängigen Veränderlichen voneinander durch das „Geburtsjahr" τ_0, in welchem ihre Elektronen in den Gitter-Anodenraum eintreten. Daher definiert die zum numerischen Zeitpunkt τ in der Kontrollebene ζ' gemessene Stromdichte des „Elektronen-Jahrganges" τ_0

$$j = j(\tau, \tau_0) \qquad \text{(IV 4, 37)}$$

bei infinitesimal kleinem Betrage des Modulationsgrades μ eine eindeutige Funktion ihres Argumentpaares (τ, τ_0).

Aus welchen Elektronen-Jahrgängen rekrutiert sich nun die nach (IV 4, 36) gebildete Stromdichte $j_s(\tau)$?

Um die gestellte Frage zu beantworten, denken wir uns die in (IV 4, 28) explizit angegebene Bewegungsgleichung des Kontrollelektrons

$$\zeta = \zeta(\tau, \tau_0) \qquad \text{(IV 4, 38)}$$

nach τ_0 aufgelöst:

$$\tau_0 = \tau_0(\tau, \zeta). \qquad \text{(IV 4, 39)}$$

Insbesondere resultiert im Falle $\mu = 0$ mit Rücksicht auf (IV 4, 32) der Zusammenhang

$$\tau_0 = \tau - \frac{\dot{\zeta}_0}{2\,\overline{u}}\left[1 \mp \sqrt{1 - \frac{\zeta}{\overline{\zeta}_{max}}}\right], \qquad \text{(IV 4, 40)}$$

welchem wir folgende Angaben entnehmen:

1. Das „Geburtsjahr" $\overline{\tau}_{0,max}$ jener Elektronen, welche zum numerischen Zeitpunkte τ gerade die reflektierende Sperrfläche erreichen, folgt mit $\zeta = \overline{\zeta}_{max}$ zu

$$\overline{\tau}_{0,max} = \tau - \frac{\dot{\zeta}_0}{2\,\overline{u}}. \qquad \text{(IV 4, 41)}$$

2. Die Substitution $\zeta = 0$ führt nach Wahl des *negativen* Vorzeichens der in (IV 4, 40) eingehenden Quadratwurzel auf das Geburtsjahr $\vec{\overline{\tau}}_0$ der-

jenigen Elektronen, welche zum numerischen Zeitpunkte τ die Ebene des virtuellen Gitters bei ihrem Anflug gegen die Sperrfläche kreuzen:

$$\overrightarrow{\tau}_0 = \tau. \qquad \text{(IV 4, 42)}$$

3. Für $\zeta = 0$ liefert (IV 4, 40) bei Wahl des *positiven* Vorzeichens der Quadratwurzel das Geburtsjahr $\overleftarrow{\tau}_0$ derjenigen Elektronen, welche bei ihrem Rückflug von der Sperrfläche im numerischen Zeitpunkte τ wieder an der Ebene des virtuellen Gitters eintreffen:

$$\overleftarrow{\tau}_0 = \tau - \frac{\dot{\zeta}_0}{\overline{\mathrm{u}}}. \qquad \text{(IV 4, 43)}$$

Wir übertragen diese Schlüsse auf die Elektronenbewegung in der oszillierenden Bremsfeldröhre, indem wir die numerischen Zeitpunkte $\overline{\tau}_{0,\,\max}$, $\overrightarrow{\tau}_0$ und $\overleftarrow{\tau}_0$ beziehentlich mit denjenigen aus (IV 4, 39) für $\mu \neq 0$ resultierenden Werten $\tau_{0,\,\max}$, $\overrightarrow{\tau}_0$ und $\overleftarrow{\tau}_0$ vertauschen, welche in der Grenze $\mu \to 0$ in die vorgenannten übergehen. Mit Rücksicht auf (IV 4, 38) erhalten wir sonach

$$\int\limits_{\zeta'=0}^{\zeta_{\max}} \overrightarrow{\mathrm{j}}(\tau, \zeta')\, \mathrm{d}\zeta' = \int\limits_{\tau_0 = \overrightarrow{\tau}_0}^{\tau_{0,\max}} \mathrm{j}(\tau, \tau_0) \frac{\partial \zeta'}{\partial \tau_0} \mathrm{d}\tau_0 \qquad \text{(IV 4, 44)}$$

und

$$\int\limits_{\zeta'=0}^{\zeta_{\max}} \overleftarrow{\mathrm{j}}(\tau, \zeta')\, \mathrm{d}\zeta' = \int\limits_{\tau_0 = \overleftarrow{\tau}_0}^{\tau_{0,\max}} \mathrm{j}(\tau, \tau_0) \frac{\partial \zeta'}{\partial \tau_0} \mathrm{d}\tau_0. \qquad \text{(IV 4, 45)}$$

Nun gleicht auf Grund der dem virtuellen Gitter zugeschriebenen Eigenschaften die Dichte j_0 des in den Gitter-Anodenraum einfallenden Konvektionsstromes der Sättigungs-Stromdichte j_0, welche während der infinitesimal kurzen Zeitspanne $\mathrm{d}\tau_0$ die Ladung

$$\mathrm{d}Q = |\mathrm{j}_0\, \mathrm{d}\tau_0| \qquad \text{(IV 4, 46)}$$

durch die Ebene $\zeta = 0$ transportiert. Da die an diesem Prozeß beteiligten Elektronen unzerstörbar sind, wird die nämliche Ladung von der Stromdichte $\mathrm{j}(\tau, \tau_0)$ während der gleichfalls infinitesimal kurzen Zeitspanne $\mathrm{d}\tau$ durch die Ebene $\zeta = \zeta(\tau, \tau_0)$ getragen

$$|\mathrm{j}_0\, \mathrm{d}\tau_0| = |\mathrm{j}\, \mathrm{d}\tau|. \qquad \text{(IV 4, 47)}$$

Um die kinematische Relation zwischen $\mathrm{d}\tau_0$ und $\mathrm{d}\tau$ aufzufinden, bilden wir aus (IV 4, 38) das totale Differential

$$\mathrm{d}\dot{\zeta}(\tau, \tau_0) = \frac{\partial \zeta}{\partial \tau} \mathrm{d}\tau + \frac{\partial \zeta}{\partial \tau_0} \mathrm{d}\tau_0, \qquad \text{(IV 4, 48)}$$

so daß in der festen Ebene $\zeta = \zeta'$ der Differentialquotient

$$\frac{\mathrm{d}\tau_0}{\mathrm{d}\tau} = -\frac{\dfrac{\partial \zeta}{\partial \tau}}{\dfrac{\partial \zeta}{\partial \tau_0}}; \qquad \zeta = \zeta' \qquad \text{(IV 4, 49)}$$

resultiert.

Nunmehr verschärfen wir die Ungleichung (IV 4, 12) zur Voraussetzung eines zwar von Null verschiedenen, doch infinitesimal kleinen Modulationsgrades; sie mag durch

$$\mu \ll 1 \tag{IV 4, 50}$$

symbolisch ausgedrückt werden. Der Differentialquotient (IV 4, 49) behält dann während der gesamten Verweilzeit des kontrollierten Elektrons im Gitter-Anodenraum sein Zeichen bei. Da nun in (IV 4, 36) beide Komponenten der Konvektionsstromdichte parallel der negativen z-Achse als positiv eingesetzt wurden [negative Ladung der Elektronen!], während doch tatsächlich die von den rückläufigen Elektronen gebildete Komponente im entgegengesetzten Sinne als positiv zu buchen ist, haben wir in (IV 4, 44)

$$\mathrm{j}(\tau, \tau_0) = \mathrm{j}_0 \frac{d\tau_0}{d\tau}, \tag{IV 4, 51}$$

in (IV 4, 45) dagegen

$$\mathrm{j}(\tau, \tau_0) = -\mathrm{j}_0 \frac{d\tau_0}{d\tau} \tag{IV 4, 52}$$

zu setzen. Durch Substitution dieser Ausdrücke in (IV 4, 36) folgt dann mit Rücksicht auf (IV 4, 49)

$$\mathrm{j}_s = -\mathrm{j}_0 \int\limits_{\tau_0 = \overrightarrow{\tau_0}}^{\overleftarrow{\tau_0}} \frac{\partial \zeta'}{\partial \tau} d\tau_0 = \mathrm{j}_0 \int\limits_{\tau_0 = \overleftarrow{\tau_0}}^{\overrightarrow{\tau_0}} \frac{\partial \zeta'}{\partial \tau} d\tau_0. \tag{IV 4, 53}$$

Mit Hilfe von (IV 4, 27) findet man, nach Hinzufügung passender Integrationskonstanten,

$$\int\limits_{\overleftarrow{\tau_0}}^{\overrightarrow{\tau_0}} \frac{\partial \zeta'}{\partial \tau} d\tau_0 = \Big| \dot{\zeta}_0(\tau_0 - \tau) + \overline{\mathrm{u}} \{(\tau - \tau_0)^2 + 2\mu [\sin \tau_0 - (\tau_0 - \tau) \cos \tau]\} \Big|_{\overleftarrow{\tau_0}}^{\overrightarrow{\tau_0}}, \tag{IV 4, 54}$$

wobei die Grenzen $\overleftarrow{\tau}_0$ und $\overrightarrow{\tau}_0$ als Wurzeln der für $\zeta = 0$ aus (IV 4, 28) entstehenden, in τ_0 transzendenten Gleichung

$$\dot{\zeta}_0(\tau - \tau_0) - \overline{\mathrm{u}} [(\tau - \tau_0)^2 - 2\mu \{(\tau - \tau_0) \cos \tau_0 + \sin \tau_0 - \sin \tau\}] = 0 \tag{IV 4, 55}$$

zu bestimmen sind. Mit ihrer Hilfe nimmt (IV 4, 54) die Gestalt an

$$\int\limits_{\overleftarrow{\tau_0}}^{\overrightarrow{\tau_0}} \frac{\partial \zeta'}{\partial \tau} d\tau_0 = \overline{\mathrm{u}}\, 2\mu \Big| (\tau - \tau_0)(\cos \tau - \cos \tau_0) + 2 \sin \tau_0 - \sin \tau \Big|_{\overleftarrow{\tau_0}}^{\overrightarrow{\tau_0}}. \tag{IV 4, 56}$$

Unter Berufung auf (IV 4, 50) behalten wir in j_s weiterhin nur höchstens Potenzen erster Ordnung des Modulationsgrades μ bei. In der hierdurch angezeigten Genauigkeit dürfen wir die für (IV 4, 56) maßgeblichen Integralgrenzen beziehentlich mit den Werten (IV 4, 42), (IV 4, 43) vertauschen und erhalten gemäß (IV 4, 53)

$$j_s = j_0 \bar{u}\, 2\mu \left[2 \sin\tau - \frac{\dot{\zeta}_0}{\bar{u}} \left\{\cos\tau + \cos\left(\tau - \frac{\dot{\zeta}_0}{\bar{u}}\right)\right\} - 2 \sin\left(\tau - \frac{\dot{\zeta}_0}{\bar{u}}\right)\right] =$$

$$= j_0 \bar{u}\, 2\mu \left[\left\{2\left(1 - \cos\frac{\dot{\zeta}_0}{\bar{u}}\right) - \frac{\dot{\zeta}_0}{\bar{u}} \sin\frac{\dot{\zeta}_0}{\bar{u}}\right\} \sin\tau + \right.$$

$$\left. + \left\{2 \sin\frac{\dot{\zeta}_0}{\bar{u}} - \frac{\dot{\zeta}_0}{\bar{u}}\left(1 + \cos\frac{\dot{\zeta}_0}{\bar{u}}\right)\right\} \cos\tau\right]. \qquad \text{(IV 4, 57)}$$

h) Wir vergleichen die Influenzstromdichte der quasistatisch betriebenen *Bremsfeldröhre* mit der Influenzstromdichte (IV 2, 33) des ebenso betriebenen *Monotrons*:

1. Mangels eines Kontaktes der in der Bremsfeldröhre arbeitenden Elektronen mit der Anode des Entladungsgefäßes fehlt im Anodenstrom der Bremsfeldröhre das im Anodenstrom des Monotrons auftretende Gleichstromglied.

2. Wir stellen der in (IV 2, 40) definierten numerischen Frequenz

$$\Omega_M = \omega \frac{2\,d}{\sqrt{2 \frac{q_0}{m_0} \bar{U}}} \qquad \text{(IV 4, 58)}$$

des Monotrons vom Elektrodenabstand d und der Anoden-Gleichspannung $\bar{U}$ durch

$$\Omega_B = \omega \frac{2\,a}{\sqrt{2 \frac{q_0}{m_0} (\bar{\varphi}_g - \bar{\varphi}_a)}} \cdot 2 \sqrt{\frac{\bar{\varphi}_g}{\bar{\varphi}_g - \bar{\varphi}_a}} \qquad \text{(IV 4, 59)}$$

die *numerische Frequenz der Bremsfeldröhre* zur Seite. Die verglichenen Geräte zeigen unter sonst gleichen Betriebsbedingungen $[j^{(s)} \equiv j_0, \mu]$ den gleichen Wechselanteil der Anodenstromdichte, falls

$$\Omega_M = \Omega_B \qquad \text{(IV 4, 60)}$$

gewählt wird. Auf Grund dieses Satzes schildert Abb. IV 183 den Gang der Komponenten des komplexen Leitwertes auch der Bremsfeldröhre als Funktion der numerischen Frequenz. Insbesondere liefert die Angabe

$$2\pi < \Omega_B < 9 \qquad \text{(IV 4, 61)}$$

den untersten Frequenzbereich, in welchem die Schwingungen der Bremsfeldröhre von ihrer Elektronenströmung angefacht werden können. Die niedrigste Frequenz $f_{min} = \frac{1}{2\pi} \omega_{min}$, welche eine solche selbsterregte Oszillation auszeichnet, berechnet sich hiernach mittels (IV 4, 59) und (IV 4, 61) zu

$$f_{min} = \frac{\sqrt{2 \frac{q_0}{m_0} (\bar{\varphi}_g - \bar{\varphi}_a)}}{2\,a} \cdot \frac{1}{2} \sqrt{\frac{\bar{\varphi}_g - \bar{\varphi}_a}{\bar{\varphi}_g}}. \qquad \text{(IV 4, 62)}$$

Im Sonderfalle $\bar{\varphi}_a \to 0$ läßt sich diese Relation in die Form

$$\frac{f_{min}}{\sqrt{\bar{\varphi}_g}} = \frac{\sqrt{2 \frac{q_0}{m_0}}}{4\,a} \qquad \text{(IV 4, 63)}$$

bringen, deren rechte Seite eine *Konstante der Bremsfeldröhre* definiert; diese Aussage begründet und verschärft eine ursprünglich von *Barkhausen* und *Kurz* für die von ihnen entdeckten kurzwelligen Triodenschwingungen aus der Dynamik des Einzelelektrons im statischen Bremsfelde entwickelte Regel.

IV 5. Elementare Kinematik der Geschwindigkeits-Modulation.

a) Gegeben sei ein Kopfbahnhof, aus welchem in gleichmäßigen Intervallen T hintereinander Güterzüge [Symbol G], Personenzüge [Symbol P] und Schnellzüge [Symbol S] längs ein und derselben, mit den erforderlichen Überholungsstellen versehenen Strecke abgelassen werden. Wir stellen die Entfernung z jedes Zuges vom Ausgangsbahnhof als Funktion der Zeit t durch seine „Fahrplangerade" nach Abb. IV 187 dar,

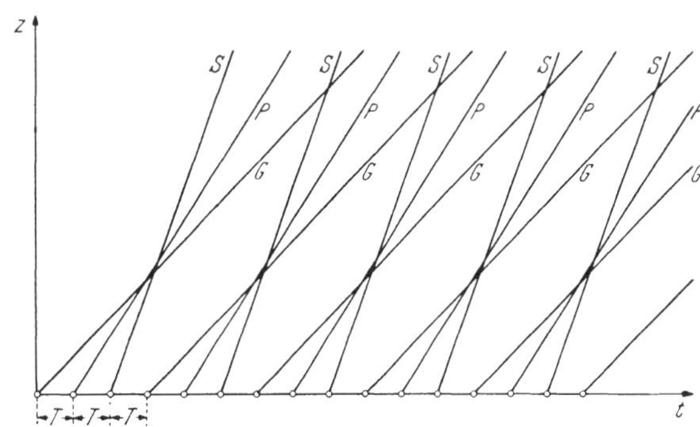

Abb. IV 187. *Appelgate*-Diagramm eines geschwindigkeitsmodulierten Zugstromes.

deren Neigung gegen die Zeitachse je die Geschwindigkeit v des kontrollierten Zuges mißt. Die Gesamtheit aller dieser Geraden liefert somit ein Linienfeld periodisch veränderlicher Neigung [*Appelgate*-Diagramm]. Daher verwandelt sich die am Ausgangsbahnhof nach Voraussetzung *gleichmäßige* Zugfolge in eine für jedes feste $z > 0$ zwar zeitlich periodische, von isolierten Punkten abgesehen jedoch *ungleichmäßige* Zugfolge: Sie definiert einen *geschwindigkeitsmodulierten Zugstrom.*

b) Zum Zwecke der *Geschwindigkeits-Modulation* eines *Kathodenstrahles* bedienen wir uns der in Abb. IV 188 schematisch gezeichneten Hochvakuum-Röhre; ihre wesentlichen Elemente sind:

1. Das *Beschleunigungs-System*; wir schreiben ihm folgende ideellen Eigenschaften zu:

α) Kathode und Anode bilden ein planparalleles Elektrodensystem.

β) Die Elektronen verlassen die Kathode in gleichförmiger Dichte mit infinitesimal kleiner Anfangsgeschwindigkeit.

γ) Die Anode führt das zeitlich konstante Potential

$$\varphi_0 = U_0 > 0 \qquad \text{(IV 5, 1)}$$

gegen die Kathode.

δ) Der Betrag von φ_0 wird als so niedrig vorausgesetzt, daß innerhalb des Beschleunigungs-Systemes die Bewegung der Elektrizitätsträger der

*Newton*schen Mechanik gehorcht: Die Elektronen fallen mit der einheitlichen Geschwindigkeit

$$v_0 = \sqrt{2 \frac{q_0}{m_0} U_0} \qquad \text{(IV 5, 2)}$$

senkrecht in die Anodenebene ein.

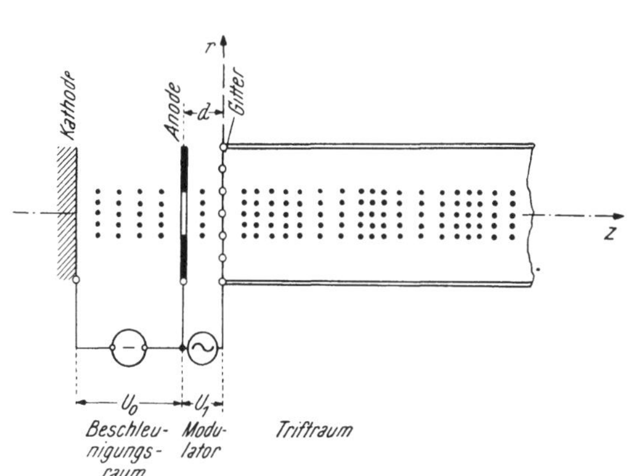

Abb. IV 188. Schema der Geschwindigkeits-Modulation eines Kathodenstrahles.

ε) Der Elektronenstrom J_0 verläßt die Anode durch eine kreisförmige Öffnung vom Halbmesser a in der gleichmäßigen Dichte

$$j_0 = \frac{1}{\pi a^2} J_0. \qquad \text{(IV 5, 3)}$$

2. An das Beschleunigungs-System schließt sich der *Modulator* an. Er besteht aus zwei planparallelen, elektronendurchlässigen Gitterelektroden vom Abstande d, deren erste wir mit der Anode [Austrittsseite] identifizieren; der zweiten erteilen wir das mit der Kreisfrequenz ω harmonisch pulsierende elektrische Skalarpotential

$$\varphi_1 = U_0 + U_1 \sin \omega t \qquad \text{(IV 5, 4)}$$

gegen die Kathode.

Wir beschreiben die Arbeitsweise des Modulators an Hand folgender vereinfachender Annahmen:

α) Das elektrische Primärfeld der Modulator-Ladungen ist auf den Raum zwischen den Gitterelektroden beschränkt; es wird dort antiparallel zur Richtung der in den Modulator einfallenden Elektronen als positiv gezählt und entwickelt im Zeitpunkt t die merklich homogene Stärke

$$E = \frac{U_1}{d} \sin \omega t. \qquad \text{(IV 5, 5)}$$

β) Die Amplitude U_1 der modulierenden Wechselspannung wird der Ungleichung

$$0 < U_1 \ll U_0 \qquad \text{(IV 5, 6)}$$

unterworfen.

γ) Das magnetische Feld des im Modulator verkehrenden Verschiebungsstromes wird außer acht gelassen.

δ) Die elektromagnetischen Eigenkräfte des Elektronenstromes J_0 werden vernachlässigt.

ε) Durch den Grenzübergang

$$d \to 0 \qquad \text{(IV 5, 7)}$$

verwandelt sich das System der Gitterelektroden in eine oszillierende, homogene elektrische Doppelschicht, welche von den in sie einfallenden Elektronen ohne Richtungsänderung in unmeßbar kurzer Passagezeit durchquert wird. Zufolge (IV 5, 6) unterliegen die Elektronen auch während dieser Zeitspanne der *Newton*schen Mechanik; daher ergibt sich die Austrittsgeschwindigkeit v_1 der Elektronen aus dem Modulator zu

$$v_1 = \sqrt{2 \frac{q_0}{m_0} \varphi_1} = \sqrt{2 \frac{q_0}{m_0} (U_0 + U_1 \sin \omega t)} \cdot \qquad \text{(IV 5, 8)}$$

Indem wir uns nochmals auf (IV 5, 6) berufen, resultiert aus (IV 5, 8) die rasch konvergierende binomische Entwicklung

$$v_1 = v_0 \left[1 + \frac{1}{2} \frac{U_1}{U_0} \sin \omega t + \ldots \right], \qquad \text{(IV 5, 9)}$$

von welcher wir fortan nur die explizit angeschriebenen Glieder beibehalten.

3. Der *Triftraum.*

Nach Verlassen des Modulators treten die Elektronen senkrecht zu dessen Ausgangselektrode in einen konzentrisch zur Achse des einfallenden Elektronenstrahles gelegenen, elektrisch vollkommen leitenden Hohlzylinder ein; er ist mit der Ausgangselektrode des Modulators galvanisch verbunden und führt deren elektrisches Skalarpotential φ_1. Auf Grund der vorausgesetzten Eigenschaften des Modulators ist somit das Innere des Hohlzylinders frei von primären elektromagnetischen Feldern. Wir verschieben die fundamentale Frage nach dem Rücktransport-Mechanismus der in den Hohlzylinder einfallenden Elektrizitätsträger auf einen späteren Abschnitt [Ziffer IV 7]; dann darf auch innerhalb des Hohlzylinders das Eigenfeld der Elektronen außer Betracht bleiben. In der hierdurch angezeigten Genauigkeit unterliegen demnach die in den Hohlzylinder eintretenden Elektronen auf Grund des Trägheitsgesetzes je einer gleichförmigen Triftbewegung; doch wird jedem Einzelelektron seine individuelle Geschwindigkeit v_1 durch diejenige Spannung des Modulators aufgezwungen, welche dieser gerade im Passagezeitpunkt t_1 des kontrollierten Elektrons entwickelt. Daher sind der Elektronengesamtheit im Triftraum im wesentlichen die gleichen kinematischen Bedingungen auferlegt, welche die in Abschnitt a analysierte Zugbewegung regeln: Aus dem in den Modulator eintretenden, dort zeitlich konstantem Elektronenstrom J_0 entsteht im Triftraum ein *geschwindigkeitsmodulierter Konvektionsstrom* J; welches sind seine Eigenschaften?

c) Wir orientieren uns an einem dem Entladungsgefäß verhafteten Bezugssystem der Zylinderkoordinaten z [Achse], r [Radialdistanz] und α [Azimut]. Sein Ursprung liegt in der Ausgangselektrode des Modulators; seine z-Achse koinzidiert mit jener des Kathodenstrahles und weist parallel zur Flugrichtung der Elektronen.

Wir richten unsere Aufmerksamkeit auf jene Gruppe von Elektronen, welche den Modulator zwischen den infinitesimal benachbarten Zeitpunkten t_1 und $(t_1 + dt_1)$ verlassen; diesem „Jahrgang t_1" gehören somit

$$dN = \frac{1}{q_0} J_0 \, |dt_1| \qquad \text{(IV 5, 10)}$$

Elektronen an, welche für alle $t > t_1$ mit der gleichförmigen Geschwindigkeit

$$v_1 = v_0 \left[1 + \frac{1}{2} \frac{U_0}{U_1} \sin \omega t_1 \right] \qquad \text{(IV 5, 11)}$$

parallel der positiven z-Achse voranschreiten. Daher passieren sie eine dem Triftraum angehörige, feste Kontrollebene $z > 0$ während jener infinitesimal kurzen Zeitspanne, welche von den Zeitpunkten t_2 und $(t_2 + dt_2)$ begrenzt wird; zwischen t_2 und t_1 stiftet (IV 5, 11) den Zusammenhang

$$t_2 = t_2(t_1, z) = t_1 + \frac{z}{v_1}. \qquad \text{(IV 5, 12)}$$

Indem wir nun mit Rücksicht auf (VI 5, 6) Potenzen höherer als erster Ordnung des Verhältnisses $\frac{U_1}{U_0}$ vernachlässigen, vereinfacht sich (IV 5, 12) zu der Gleichung

$$t_2(t_1, z) = t_1 + \frac{z}{v_0} - \frac{z}{v_0}\frac{1}{2}\frac{U_0}{U_1}\sin\omega t_1. \qquad \text{(IV 5, 13)}$$

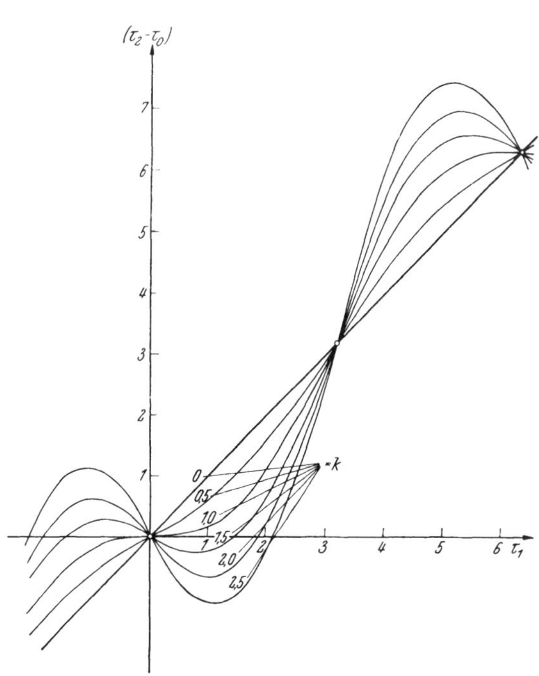

Abb. IV 189. Geschwindigkeitsmodulierte Triftbewegung. Zusammenhang zwischen Ankunfts- und Abgangszeit.

In ihr definieren wir die *numerische Zeit* τ durch

$$\tau = \omega t \qquad \text{(IV 5, 14)}$$

und die *numerische Koordinate* ζ der Kontrollebene durch

$$\zeta = \frac{\omega z}{v_0} \qquad \text{(IV 5, 15)}$$

Ferner führen wir durch

$$k = k(\zeta) = \frac{\omega z}{v_0}\frac{1}{2}\frac{U_1}{U_0} = \frac{1}{2}\frac{U_1}{U_0}\zeta \qquad \text{(IV 5, 16)}$$

den *Triftmodul* ein; er kann ungeachtet der einschränkenden Annahme (VI 5, 6) große, positive Werte annehmen, sofern man nur hinreichend lange numerische Triftwege ζ zuläßt.

Mit (IV 5, 14), (IV 5, 15) und (IV 5, 16) nimmt (IV 5, 13) die dimensionsfreie Gestalt

$$\tau_2(\tau_1, \zeta) = \tau_1 + \zeta - k\sin\tau_1 \qquad \text{(IV 5, 17)}$$

an. Mit ihrer Hilfe kann man der räumlichen Deutung von ζ als numerischen Triftweges seine zeitliche Interpretation als derjenigen numerischen Zeitspanne τ_0 zur Seite stellen, welche die Elektronen im Grenzfalle des unmodulierten Kathodenstrahles zum Durchlaufen der Strecke Modulator-Kontrollebene benötigen:

$$\tau_0 \equiv \zeta = \lim_{k \to 0} (\tau_2 - \tau_1). \qquad \text{(IV 5, 18)}$$

Abb. IV 189 zeigt die Abhängigkeit der um τ_0 verminderten numerischen Ankunftszeit τ_2 vom Abgangsaugenblicke τ_1 für verschiedene Werte des Triftmoduls k. Nur im Falle $k < 1$ besteht ein eindeutiger Zusammenhang zwischen τ_2 und τ_1; im Falle $k > 1$ dagegen kann es vorkommen, daß zu einem festen numerischen Zeitpunkt τ_2 mehrere Elektronen in der Kontrollebene ζ eintreffen, deren jedes den Modulator zu einer anderen numerischen Abgangszeit τ_1 verlassen hat.

Zur Gl. (IV 5, 17) zurückkehrend, bilden wir

$$d\tau_2 = d\tau_2(\zeta, \tau_1) = [1 - k \cos \tau_1]\, d\tau_1. \qquad \text{(IV 5, 19)}$$

Falls für $d\tau_1 > 0$ auch $d\tau_2 > 0$ resultiert, treffen die Elektronen des Jahrganges $\tau_1 \equiv \omega\, t_1$ in derselben Reihenfolge an der Kontrollebene ein, in welcher sie den Modulator verließen; korrespondiert jedoch dem Intervalle $d\tau_1 > 0$ ein Intervall $d\tau_2 < 0$, so gelangen die am Modulator als letzte ihres Jahrganges in Marsch gesetzten Elektronen als erste zur Kontrollebene. Ungeachtet dieser kinematischen Alternative ist nun die Intensität J des Konvektionsstromes, welcher von der Passage der dN Elektronen (IV 5, 10) durch die Kontrollebene herrührt, stets durch den *absoluten Betrag* der transportierten elektrischen Ladung im Verhältnis zur Dauer $|dt_2|$ der Passagezeit definiert. Im Verein mit der Invarianz der Elektronenladung zieht dieser Satz die Gleichung

$$J = q_0 \left|\frac{dN}{dt_2}\right| = J_0 \frac{1}{\left|\frac{\partial t_2}{\partial t_1}\right|} = J_0 \frac{1}{\left|\frac{\partial \tau_2}{\partial \tau_1}\right|} = J_0 \frac{1}{|1 - k \cos \tau_1|} \qquad \text{(IV 5, 20)}$$

nach sich. Indessen schildert sie nur im Falle $k < 1$ den gesamten Konvektionsstrom; im Falle $k > 1$ dagegen folgt dieser im allgemeinen erst durch Summation aller jener Teilströme, deren unterschiedliche, erzeugende Elektronen-Jahrgänge τ_1 sich zum numerischen Zeitpunkte τ_2 in der Kontrollebene ζ treffen, so daß wir (IV 5, 20) durch

$$J = J_0 \sum_{\tau_1} \frac{1}{\left|\frac{\partial \tau_2}{\partial \tau_1}\right|} = J_0 \sum_{\tau_1} \frac{1}{|1 - k \cos \tau_1|} \qquad \text{(IV 5, 21)}$$

zu ersetzen haben. Abb. IV 190 zeigt den Verlauf der Komponentenströme (IV 5, 20) beim Triftmodul $k = 2{,}5$ als Funktion der für alle ζ einheitlichen, numerischen „Normaluhr-Zeit" τ, welche mittels der Substitution

$$\tau_2 \to \tau \qquad \text{(IV 5, 22)}$$

aus τ_2 hervorgeht, während in Abb. IV 191 der resultierende Konvektionsstrom J nach (IV 5, 21) für verschiedene Werte des Triftmoduls als Funktion von τ dargestellt ist [Prinzip des *Klystrons*].

d) Die in (IV 5, 21) gegebene Vorschrift zur Berechnung des Konvektionsstromes J liefert diesen zunächst als Funktion aller *Abgangszeitpunkte* τ_1; aus ihr geht die Abhängigkeit $J = J(\tau)$ erst hervor, nachdem man für jeden dieser unterschiedlichen Werte τ_1 die transzendente Gleichung (IV 5, 17) nach $\tau_2 \equiv \tau$ auflöst. Im Lichte dieses Sachverhaltes erweist sich (IV 5, 21) für die analytische Behandlung geschwindigkeitsmodulierter Kathodenstrahlen als ungeeignet. Um diese Schwierigkeit zu überwinden, entwickeln wir die Funktion $J(\tau)$, unter Berufung auf ihren bezüglich τ periodischen Charakter, in eine *Fourier*sche Reihe, welche wir mit Hilfe der noch zu bestimmenden Konstanten c_n in der komplexen Form

$$J(\tau) = J_0 \sum_{n=-\infty}^{\infty} c_n e^{-in\tau}; \qquad i = \sqrt{-1} \tag{IV 5, 23}$$

ansetzen. Bezeichnen wir nun, um Verwechselungen mit der unabhängigen Veränderlichen τ auszuschließen, die jeweils in die Berechnung von c_n eingehende Integrationsvariable wiederum mit τ_2, so folgt aus (IV 5, 23)

$$c_n = \frac{1}{2\pi} \int_0^{2\pi} e^{in\tau_2} \frac{J(\tau_2)}{J_0} d\tau_2. \tag{IV 5, 24}$$

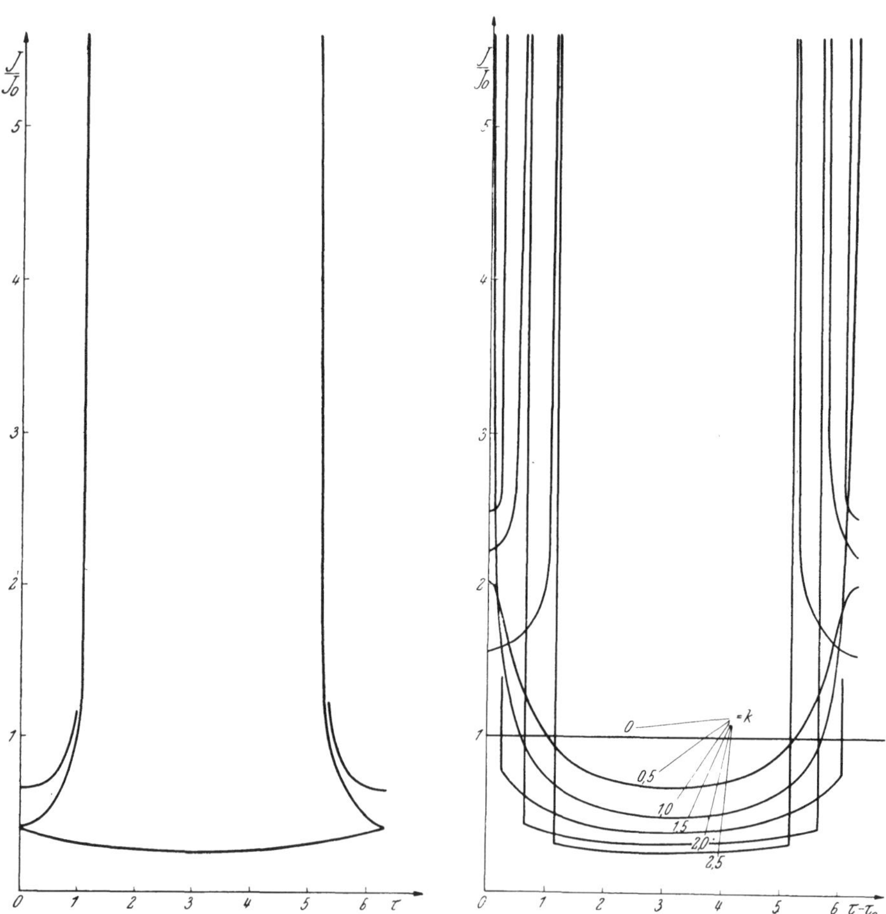

Abb. IV 190. Geschwindigkeitsmodulation. Komponentenströme beim Triftmodul k = 2,5.

Abb. IV 191. Geschwindigkeitsmodulation. Zeitlicher Verlauf des resultierenden Konvektionsstromes bei unterschiedlichen Werten des Triftmoduls k.

Wir ergänzen die stets eindeutige funktionelle Zuordnung $\tau_2 = \tau_2(\tau_1, \zeta)$ nach (IV 5, 17) durch deren Umkehrung

$$\tau_1 = \tau_1(\tau_2, \zeta) \tag{IV 5, 25}$$

und behaupten die Gültigkeit der Relation

$$\frac{1}{2\pi}\int_0^{2\pi} e^{in\tau_2}\frac{J(\tau_2)}{J_0}\,d\tau_2 = \frac{1}{2\pi}\int_0^{2\pi} e^{in\tau_2}\sum_{\tau_1=\tau_1(\tau_2,\zeta)}\frac{1}{\left|\frac{\partial\tau_2}{\partial\tau_1}\right|}\,d\tau_2 = \frac{1}{2\pi}\int_0^{2\pi} e^{in\tau_2(\tau_1,\zeta)}\,d\tau_1, \qquad \text{(IV 5, 26)}$$

deren Beweis wir in folgenden Schritten führen:

1. Im Falle $k < 1$ definiert neben Gl. (IV 5, 17) auch (IV 5, 25) einen *eindeutigen* funktionellen Zusammenhang, dessen Charakter wir die Relation

$$\left|\frac{\partial\tau_2}{\partial\tau_1}\right| = \frac{\partial\tau_2}{\partial\tau_1} \qquad \text{(IV 5, 27)}$$

entnehmen. Da sich weiter unter den genannten Umständen die Summe (IV 5, 21) auf ein einziges Glied reduziert, wird

$$J(\tau_2) = J_0\frac{1}{\left|\frac{\partial\tau_2}{\partial\tau_1}\right|} = J_0\frac{1}{\frac{\partial\tau_2}{\partial\tau_1}} \qquad \text{(IV 5, 28)}$$

und die Substitution dieser Gleichung in (IV 5, 26) enthält den verlangten Beweis.

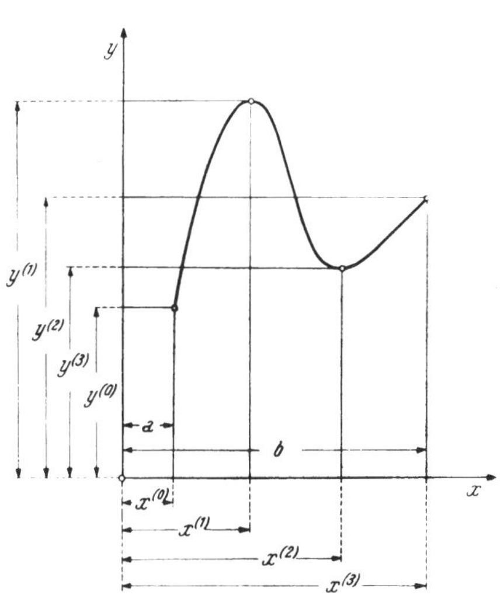

Abb. IV 192. Zur Berechnung bestimmter Integrale.

2. Es sei $k > 1$, so daß nunmehr die durch (IV 5, 25) erklärte Funktion abschnittsweise *mehrdeutig* ausfällt. Um die dann bei der Substitution (VI 5, 17) auftretenden mathematischen Komplikationen zu übersehen, verlassen wir vorübergehend das uns hier beschäftigende physikalische Problem und betrachten statt dessen das Verhalten des bestimmten Integrales

$$K = \int_a^b f(x)\,dx \qquad \text{(IV 5, 29)}$$

bei Einführung der Variabeln y durch die *eindeutige* Funktion

$$y = g(x). \qquad \text{(IV 5, 30)}$$

Wir setzen nun voraus, daß die Umkehrung

$$x = h(y) \qquad \text{(IV 5, 31)}$$

nach dem Beispiel der Abb. IV 192 innerhalb des Integrationsbereiches *mehrdeutig* ist. Wählen wir jetzt die Punkte $a \leqq x^{(k)} \leqq b$ mit $0 \leqq k \leqq z$; $x^{(0)} \equiv a$, $x^{(z)} \equiv b$ derart, daß in den Intervallen

$$x^{(k-1)} \leqq x \leqq x^{(k)}; \qquad 1 \leqq k \leqq z \qquad \text{(IV 5, 32)}$$

sich g(x) jeweils *monoton* ändert, so besteht in jedem von ihnen die Alternative

$$\Delta y^{(k)} \equiv y^{(k)} - y^{(k-1)} \gtrless 0 \qquad \text{für} \qquad \frac{dy}{dx} \gtrless 0. \qquad \text{(IV 5, 33)}$$

Vermittels (IV 5, 30), (IV 5, 31) und (IV 5, 32) verwandelt sich (IV 5, 29) zunächst in

$$K = \sum_{k=1}^{z} \int_{y^{(k-1)}}^{y^{(k)}} f\{h(y)\} \cdot \frac{dx}{dy} \cdot dy. \qquad \text{(IV 5, 34)}$$

Verabredet man nun, die hier verlangten Integrationen stets im Sinne wachsender y auszuführen — dies möge durch das Adskript $\overrightarrow{\Delta y^{(k)}}$ am Integralzeichen symbolisiert werden — so geht (IV 5, 34) mit Rücksicht auf (IV 5, 33) in

$$K = \sum_{k=1}^{z} \int_{\overrightarrow{\Delta y^{(k)}}} f\{h(y)\} \left|\frac{dx}{dy}\right| dy \qquad \text{(IV 5, 35)}$$

über.

Zu (IV 5, 26) zurückkehrend, gilt vermöge (IV 5, 35) nach Wahl passender Zwischenpunkte $\tau_2^{(k)}$ des Bereiches $0 \leqq \tau_2 \leqq 2\pi$

$$\int_0^{2\pi} e^{in\tau_2(\tau_1, \zeta)} d\tau_1 = \sum_{k=1}^{z} \int_{\overrightarrow{\Delta\tau_2^{(k)}}} e^{in\tau_2} \left|\frac{\partial\tau_1}{\partial\tau_2}\right| d\tau_2. \qquad \text{(IV 5, 36)}$$

Wir wenden diese Regel auf das Beispiel eines solchen Triftmoduls $k > 1$ an, daß in $0 \leqq \tau_1 \leqq 2\pi$ stets $(-2\pi) < \tau_2 < 4\pi$ bleibt, indem wir die Punkte $P^{(k)} = (\tau^{(k)}, \tau_2^{(k)})$ nach folgender Vorschrift festlegen:

P	τ_1	τ_2	Bemerkungen
$P^{(0)}$	0	0	
$P^{(1)}$	$0 < \tau_1^{(1)} < \pi$	$-2\pi < \tau_2^{(1)} < 0$	$\left(\frac{\partial\tau_2}{\partial\tau_1}\right)^{(1)} = 0$
$P^{(2)}$	$\tau_1^{(1)} \leqq \tau_1^{(2)} < \pi$	0	
$P^{(3)}$	$\pi < \tau_1^{(3)} < 2\pi$	2π	
$P^{(4)}$	$\tau_1^{(3)} \leqq \tau_1^{(4)} < 2\pi$	$2\pi < \tau_2^{(4)} < 4\pi$	$\left(\frac{\partial\tau_2}{\partial\tau_1}\right)^{(1)} = 0$
$P^{(5)}$	2π	2π	

Damit wird

$$\int_0^{2\pi} e^{in\tau_2(\tau_1, \zeta)} d\tau_1 = K^{(1)} + K^{(2)} + K^{(3)} + K^{(4)} + K^{(5)} \qquad \text{(IV 5, 37)}$$

mit

$$K^{(1)} = \int_{\tau_2^{(1)}}^{0} e^{in\tau_2} \left|\frac{\partial \tau_1}{\partial \tau_2}\right| d\tau_2; \qquad 0 \leqq \tau_1 \leqq \tau_1^{(1)}, \tag{IV 5, 38}$$

$$K^{(2)} = \int_{\tau_2^{(1)}}^{0} e^{in\tau_2} \left|\frac{\partial \tau_1}{\partial \tau_2}\right| d\tau_2; \qquad \tau_1^{(1)} \leqq \tau_1 \leqq \tau_1^{(2)}, \tag{IV 5, 39}$$

$$K^{(3)} = \int_{0}^{2\pi} e^{in\tau_2} \left|\frac{\partial \tau_1}{\partial \tau_2}\right| d\tau_2; \qquad \tau_1^{(2)} \leqq \tau_1 \leqq \tau_1^{(3)}, \tag{IV 5, 40}$$

$$K^{(4)} = \int_{2\pi}^{\tau_2^{(4)}} e^{in\tau_2} \left|\frac{\partial \tau_1}{\partial \tau_2}\right| d\tau_2; \qquad \tau_1^{(3)} \leqq \tau_1 \leqq \tau_1^{(4)}, \tag{IV 5, 41}$$

$$K^{(5)} = \int_{2\pi}^{\tau_2^{(4)}} e^{in\tau_2} \left|\frac{\partial \tau_1}{\partial \tau_2}\right| d\tau_2; \qquad \tau_1^{(4)} \leqq \tau_1 \leqq \tau_1^{(5)}. \tag{IV 5, 42}$$

Mit Rücksicht auf den bezüglich τ_1 periodischen Charakter sowohl von $\frac{\partial \tau_1}{\partial \tau_2}$ [vergleiche Abb. IV 193] wie von $e^{in\tau_2(\tau_1, \zeta)}$ gelten nun die Vertauschungsrelationen

$$K^{(1)} = \int_{2\pi + \tau_2^{(1)}}^{2\pi} e^{in\tau_2} \left|\frac{\partial \tau_1}{\partial \tau_2}\right| d\tau_2; \qquad 2\pi \leqq \tau_1 \leqq 2\pi + \tau_1^{(1)}, \tag{IV 5, 43}$$

$$K^{(2)} = \int_{2\pi + \tau_2^{(1)}}^{2\pi} e^{in\tau_2} \left|\frac{\partial \tau_1}{\partial \tau_2}\right| d\tau_2; \qquad 2\pi + \tau_1^{(1)} \leqq \tau_1 \leqq 2\pi + \tau_1^{(2)}, \tag{IV 5, 44}$$

$$K^{(4)} = \int_{0}^{-\tau_2^{(1)}} e^{in\tau_2} \left|\frac{\partial \tau_1}{\partial \tau_2}\right| d\tau_2; \qquad -\tau_1^{(2)} \leqq \tau_1 \leqq -\tau_1^{(1)}, \tag{IV 5, 45}$$

$$K^{(5)} = \int_{0}^{-\tau_2^{(1)}} e^{in\tau_2} \left|\frac{\partial \tau_1}{\partial \tau_2}\right| d\tau_2; \qquad -\tau_1^{(1)} \leqq \tau_1 \leqq 0. \tag{IV 5, 46}$$

Da nach diesen Transformationen die Integrale $K^{(1)} \cdots K^{(5)}$ sämtlich dem Bereiche $0 \leqq \tau_2 \leqq 2\pi$ angehören, folgt aus (IV 5, 37)

$$\int_{0}^{2\pi} e^{in\tau_2(\tau_1, \zeta)} d\tau_1 = \int_{0}^{2\pi} e^{in\tau_2} \sum \left|\frac{\partial \tau_1}{\partial \tau_2}\right| d\tau_2 \tag{IV 5, 47}$$

und diese Relation ist auf Grund von (IV 5, 21) mit (IV 5, 26) inhaltlich identisch.

3. Für $k \gg 1$ gelingt der Beweis der Gl. (IV 5, 26) stets auf dem vorstehend angegebenen Wege, sofern man nur die Anzahl z der auf das Integrationsintervall entfallenden Zwischenpunkte $\tau_2^{(k)}$ jedesmal passend wählt.

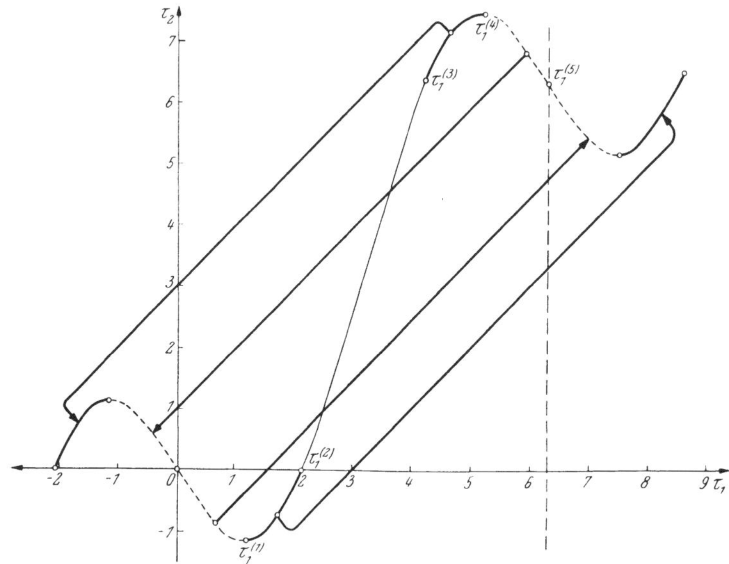

Abb. IV 193. Periodizitätseigenschaften von $\partial\tau_1/\partial\tau_2$.

Nachdem sonach der Bestand der Gleichung (IV 5, 26) für beliebige Werte des Triftmoduls k sichergestellt ist, erhalten wir durch Eintragen von (IV 5, 17) in (IV 5, 24)

$$c_n = e^{in\zeta} \frac{1}{2\pi} \int_0^{2\pi} e^{in(\tau_1 - k\sin\tau_1)}\, d\tau_1. \tag{IV 5, 48}$$

Mittels der Substitution

$$\tau_1 = \beta - \frac{\pi}{2} \tag{IV 5, 49}$$

verwandelt sich (IV 5, 48) in

$$c_n = e^{in\zeta} \frac{1}{2\pi} \int_{\frac{\pi}{2}}^{5\frac{\pi}{2}} e^{in\left(\beta - \frac{\pi}{2}\right)} e^{ink\cos\beta}\, d\beta. \tag{IV 5, 50}$$

Durch Verminderung von β um 2π gewinnt man die Vertauschungsrelation

$$\int_{\pi}^{5\frac{\pi}{2}} e^{in\left(\beta - \frac{\pi}{2}\right)} e^{ink\cos\beta}\, d\beta = \int_{-\pi}^{\frac{\pi}{2}} e^{in\left(\beta - \frac{\pi}{2}\right)} e^{ink\cos\beta}\, d\beta. \tag{IV 5, 51}$$

Daher wird

$$c_n = e^{in\zeta}\frac{1}{2\pi}\left[\int\limits_{\frac{\pi}{2}}^{\pi}\ldots d\beta + \int\limits_{\pi}^{5\frac{\pi}{2}}\ldots d\beta\right] = e^{in\zeta}\frac{1}{2\pi}\left[\int\limits_{-\pi}^{\frac{\pi}{2}}\ldots d\beta + \int\limits_{\frac{\pi}{2}}^{\pi}\ldots d\beta\right] =$$

$$= e^{in\zeta}\frac{1}{2\pi}\int\limits_{-\pi}^{\pi} e^{in\left(\beta-\frac{\pi}{2}\right)} e^{ink\cos\beta}\,d\beta. \qquad \text{(IV 5, 52)}$$

In dem zuletzt auftretenden, mit $\frac{1}{2\pi}$ multiplizierten bestimmten Integral erkennt man die *Sommerfeld*sche Darstellung der *Bessel*schen Zylinderfunktion n-ter Ordnung I_n vom reellen Argumente (n k):

$$I_n(n\,k) = \frac{1}{2\pi}\int\limits_{-\pi}^{+\pi} e^{in\left(\beta-\frac{\pi}{2}\right)} e^{ink\cos\beta}\,d\beta, \qquad \text{(IV 5, 53)}$$

so daß aus (IV 5, 52) die Formel

$$c_n = e^{in\zeta}\, I_n(n\,k) \qquad \text{(IV 5, 54)}$$

resultiert.

Durch die Substitution

$$\beta = \pi - \beta' \qquad \text{(IV 5, 55)}$$

findet man

$$\frac{1}{2\pi}\int\limits_{-\pi}^{\pi} e^{in\left(\beta-\frac{\pi}{2}\right)} e^{ink\cos\beta}\,d\beta = -\frac{1}{2\pi}\int\limits_{2\pi}^{0} e^{-in\left(\beta'-\frac{\pi}{2}\right)} e^{-ink\cos\beta'}\,d\beta' =$$

$$= \frac{1}{2\pi}\left[\int\limits_{0}^{\pi}\ldots d\beta' + \int\limits_{\pi}^{2\pi}\ldots d\beta'\right] \qquad \text{(IV 5, 56)}$$

und also, nachdem in dem zweiten Postenintegral der eckigen Klammer β' um 2π vermindert hat, unter Berufung auf (IV 5, 53)

$$I_n(n\,k) = I_{-n}(-n\,k). \qquad \text{(IV 5, 57)}$$

Daher können wir (IV 5, 54) durch

$$c_{-n} = e^{-in\zeta}\, I_n(n\,k) \qquad \text{(IV 5, 58)}$$

ergänzen und erhalten durch Eintragen von (IV 5, 54) und (IV 5, 58) in (IV 5, 23) mit Rücksicht auf $I_0(0) = 1$ für den Konvektionsstrom $J = J(\tau)$ die *Fourier*sche Reihe

$$\frac{J(\tau)}{J_0} = 1 + 2\sum_{n=1}^{\infty} I_n(n\,k)\cos n(\tau-\zeta). \qquad \text{(IV 5, 59)}$$

Insbesondere erscheint hiernach die *Grundwelle* [n = 1] des Konvektionsstromes

$$\frac{J_1(\tau)}{J_0} = 2\, I_1(k)\cos(\tau-\zeta) \qquad \text{(IV 5, 60)}$$

relativ zur modulierenden Spannung

$$U(\tau) = U_1 \sin \tau \equiv U_1 \cos\left(\tau - \frac{\pi}{2}\right) \qquad \text{(IV 5, 61)}$$

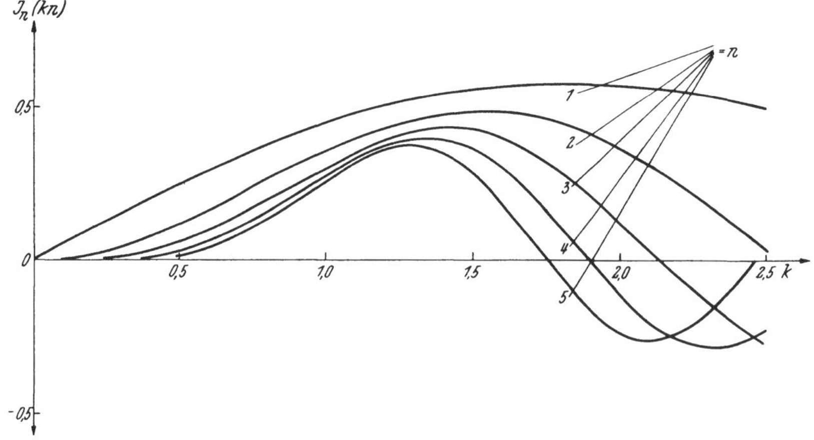

Abb. IV 194. Amplitudenspektrum des geschwindigkeitsmodulierten Konvektionsstromes.

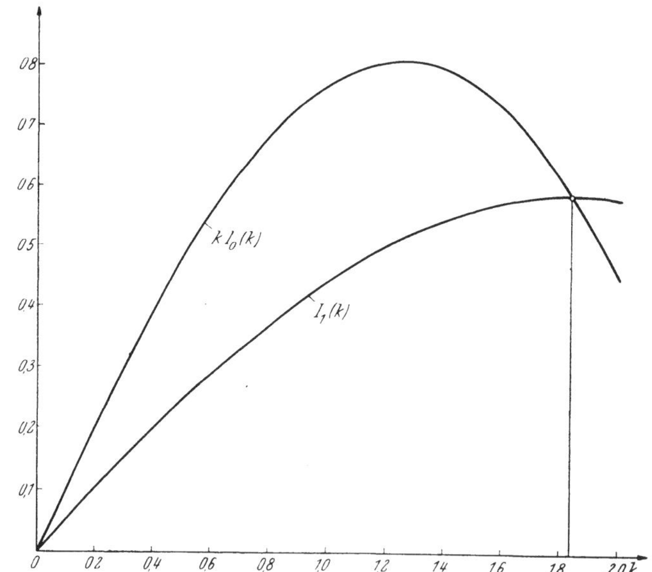

Abb. IV 195. Graphische Ermittlung des günstigsten Triftmoduls.

mit der Phasenverzögerung

$$\gamma = \zeta \mp \frac{\pi}{2}; \qquad I_1(k) \gtrless 0. \qquad \text{(IV 5, 62)}$$

Abb. IV 194 zeigt das Amplitudenspektrum des in seine harmonischen Teilwellen zerlegten Konvektionsstromes in Abhängigkeit vom Triftmodul k. Wünscht man einen möglichst starken Grundwellen-Anteil, so hat man im Lichte der Formel

$$\frac{dI_1(k)}{dk} = I_0(k) - \frac{I_1(k)}{k} \qquad \text{(IV 5, 63)}$$

den „günstigsten“ Triftmodul k_{opt} mit der mindesten, von Null verschiedenen Wurzel der transzendenten Gleichung

$$k\, I_0(k) = I_1(k) \qquad \text{(IV 5, 64)}$$

zu identifizieren; aus Abb. IV 195 entnimmt man

$$k_{opt} = 1.83 \qquad \text{(IV 5, 65)}$$

und also die maximale Grundwellen-Amplitude im Verhältnis zur Stärke des Kathodenstrahles

$$\left(\frac{J_{1,\,max}}{J_0}\right)_{opt} = 2\, I_1(k_{opt}) = 1{,}164. \qquad \text{(IV 5, 66)}$$

IV 6. Dynamik der Geschwindigkeitsmodulation.

a) Von der elektrischen Doppelfläche als Modell des Geschwindigkeits-Modulators nach Ziffer IV 5 kehren wir zu seiner wirklichen Ausführung als planparalleler Kondensator vom Abstande d seiner Elektroden zurück, welche den Elektronen den freien Durchtritt gestatten. Es wird vorausgesetzt, daß die einfallenden Elektronen die einheitliche Geschwindigkeit v_0 besitzen, welche senkrecht zur Eintrittselektrode gerichtet ist; mit J_0 bezeichnen wir die Stromstärke des Kathodenstrahles, mit S seinen Querschnitt. Zwischen der Ausgangselektrode des Kondensators und seiner Eingangselektrode besteht in dieser Zählrichtung längs der Strahlachse die mit der Kreisfrequenz ω harmonisch schwingende Wechselspannung $\tilde{U}$ der Amplitude U_1; sie werde als Funktion der laufenden Zeit t oder deren numerischen Maßes $\tau = \omega\, t$ durch die Gleichung

$$\tilde{U} = U_1 \sin \omega\, t = U_1 \sin \tau \qquad \text{(IV 6, 1)}$$

dargestellt. Gefragt wird nach der *Dynamik der Strahlelektronen* während ihrer Passage durch den Kondensator.

b) Bei der Behandlung der Aufgabe stützen wir uns auf die Grundannahmen der ebenen Elektronenströmung nach Ziffer IV 1; innerhalb ihres Existenzgebietes hängt sie nur von der Koordinate z einer normal zu den Elektroden verlaufenden Bezugsachse und der Zeit t ab.

Nach Ersatz von z durch die numerische Koordinate

$$\zeta = \frac{\omega\, z}{v_0} \qquad \text{(IV 6, 2)}$$

wird der Ursprung der ζ-Achse in die Eingangselektrode gelegt; ihre positive Richtung weise zur Ausgangselektrode hin. Es werde vorausgesetzt, daß der Modulator unter quasistatischen Betriebsbedingungen arbeite: Vermöge hinreichend großer linearer Maße des Strahlquerschnittes S im Vergleich zum Elektrodenabstand d und einer passend beschränkten Stromstärke J_0 wird der absolute Betrag der Strahlstromdichte j so niedrig gehalten, daß das ihr genetisch verknüpfte elektrische Sekundärfeld der Raumladungen vernachlässigt werden darf; das resultierende elektrische Feld, dessen Stärke E antiparallel der ζ-Achse als positiv gezählt wird, reduziert sich auf das Primärfeld der modulierenden Spannung

$$E = E(\tau) = \frac{U_1}{d} \sin \tau. \qquad \text{(IV 6, 3)}$$

Falls daher v_0 so klein im Verhältnis zur Lichtgeschwindigkeit im leeren Raum bleibt, daß wir uns auf die *Newton*sche Mechanik stützen dürfen, gehorchen die Strahlelektronen während ihres Aufenthaltes im Modulator der Differentialgleichung

$$\frac{d^2\zeta}{d\tau^2} = \frac{q_0}{m_0} \frac{\omega d}{v_0} \frac{U_1}{(\omega d)^2} \sin \tau. \qquad \text{(IV 6, 4)}$$

Wir messen die Voltgeschwindigkeit $U_0 = \frac{m_0 v_0^2}{2 q_0}$ der einfallenden Elektronen durch die dimensionsfreie Größe

$$u_0 = \frac{q_0}{m_0} \cdot \frac{\omega d}{v_0} \cdot \frac{U_0}{(\omega d)^2} = \frac{1}{2} \frac{v_0}{\omega d} \qquad \text{(IV 6, 5)}$$

und definieren als *Modulationsgrad* μ das Verhältnis

$$\mu = \frac{U_1}{U_0} > 0. \qquad \text{(IV 6, 6)}$$

Mit (IV 6, 5) und (IV 6, 6) geht (IV 6, 4) in

$$\frac{d^2\zeta}{d\tau^2} = u_0 \mu \sin \tau \qquad \text{(IV 6, 7)}$$

über. Dasjenige Kontrollelektron, welches zum [numerischen] Zeitpunkt τ_0 die Eingangselektrode passiert, unterliegt den Anfangsbedingungen

$$\zeta = 0 \quad \text{für} \quad \tau = \tau_0 \qquad \text{(IV 6, 8)}$$

sowie

$$\frac{d\zeta}{d\tau} = \frac{1}{v_0} \frac{dz}{dt} = 1 \quad \text{für} \quad \tau = \tau_0. \qquad \text{(IV 6, 9)}$$

c) Mit Rücksicht auf (IV 6, 9) ergibt einmalige Integration der Gl. (IV 6, 7)

$$\frac{d\zeta}{d\tau} = 1 + u_0 \mu \left[\cos \tau_0 - \cos \tau\right] \qquad \text{(IV 6, 10)}$$

und nochmalige Integration, bei Benutzung von (IV 6, 8)

$$\zeta = \tau - \tau_0 + u_0 \mu \left[(\tau - \tau_0) \cos \tau_0 - \sin \tau + \sin \tau_0\right]. \qquad \text{(IV 6, 11)}$$

Für die numerische Ankunftszeit τ_1 des kontrollierten Elektrons in der Ebene $0 \leqq \zeta' \leqq \frac{\omega d}{v_0}$ entspringt aus (IV 6, 11) die transzendente Gleichung

$$\zeta' = \tau_1 - \tau_0 + u_0 \mu \left[(\tau_1 - \tau_0) \cos \tau_0 - \sin \tau_1 + \sin \tau_0\right]. \qquad \text{(IV 6, 12)}$$

Um ihre analytische Lösung zu ermöglichen, verschärfen wir (IV 6, 6) durch die Vorschrift

$$0 < \mu \ll 1 \qquad \text{(IV 6, 13)}$$

zur Voraussetzung eines nur infinitesimal schwachen Modulationsgrades. Für $\mu = 0$ liefert dann (IV 6, 12) als erste Näherung

$$\tau_1^{(1)} = \tau_0 + \zeta'. \qquad \text{(IV 6, 14)}$$

Von ihr unterscheidet sich die gesuchte Lösung τ_1 wegen der infinitesimalen Kleinheit von μ nur um das gleichfalls unendlich kleine Maß δ

$$\tau_1 = \tau_1^{(1)} + \delta. \qquad \text{(IV 6, 15)}$$

Wir substituieren diesen Ansatz in (IV 6, 12) und erhalten durch Potenzentwicklung nach μ und δ, in welcher die Glieder von höchstens erstem Grade dieser Veränderlichen beibehalten werden, mit der hierdurch gegebenen Genauigkeit

$$\delta = -\mathrm{u}_0 \mu\, [\zeta' \cos \tau_0 - \sin(\tau_0 + \zeta') + \sin \tau_0]. \qquad \text{(IV 6, 16)}$$

Von der individuellen Ankunftszeit τ_1 des kontrollierten Elektrons in der Ebene ζ' gehen wir durch die Substitution $\tau_1 \to \tau$ zur einheitlichen, numerischen Normaluhr-Zeit des gesamten Modulators über, so daß rückwärts

$$\tau_0 = \tau - \zeta' + \mathrm{u}_0 \mu\, [\zeta' \cos(\tau - \zeta') - \sin \tau + \sin(\tau - \zeta')] \qquad \text{(IV 6, 17)}$$

denjenigen [numerischen] Zeitpunkt mißt, in welchem das zur numerischen Zeit τ in ζ' beobachtete Elektron die Eintrittselektrode des Modulators kreuzte.

d) Wir bilden in der Ebene ζ'

$$\frac{\partial \tau_0(\tau, \zeta')}{\partial \tau} = 1 - \mathrm{u}_0 \mu\, [\zeta' \sin(\tau - \zeta') + \cos \tau - \cos(\tau - \zeta')]. \qquad \text{(IV 6, 18)}$$

Unter Berufung auf die Invarianz der elektrischen Trägerladung während ihres Transportes durch den Modulator finden wir vermittels (IV 6, 18) die Konvektionsstromstärke J, welche die Ebene ζ' zum numerischen Zeitpunkte τ durchfließt, aus der Gleichung

$$\mathrm{J}(\tau, \zeta') = \mathrm{J}_0 \frac{\partial \tau_0(\tau, \zeta')}{\partial \tau} =$$

$$= \mathrm{J}_0\, [1 - \mathrm{u}_0 \mu \{\zeta' \sin(\tau - \zeta') + \cos \tau - \cos(\tau - \zeta')\}]. \qquad \text{(IV 6, 19)}$$

Wir ziehen sie zur Beantwortung folgender Fragen heran:

1. Welcher Konvektionsstrom $\mathrm{J}_1 = \mathrm{J}_1(\tau)$ verläßt die Ausgangselektrode des Modulators zum numerischen Zeitpunkte τ?

Mittels der Operation

$$\zeta' \to \frac{\omega\, \mathrm{d}}{\mathrm{v}_0} \qquad \text{(IV 6, 20)}$$

erhalten wir aus (IV 6, 19)

$$\mathrm{J}_1(\tau) = \mathrm{J}_0 \left[1 - \mathrm{u}_0 \mu \left\{\frac{\omega\, \mathrm{d}}{\mathrm{v}_0} \sin\left(\tau - \frac{\omega\, \mathrm{d}}{\mathrm{v}_0}\right) + \cos \tau - \cos\left(\tau - \frac{\omega\, \mathrm{d}}{\mathrm{v}_0}\right)\right\}\right] =$$

$$= \mathrm{J}_0 \left[1 + \mathrm{u}_0 \mu \left\{\sin \tau \left(\sin \frac{\omega\, \mathrm{d}}{\mathrm{v}_0} - \frac{\omega\, \mathrm{d}}{\mathrm{v}_0} \cos \frac{\omega\, \mathrm{d}}{\mathrm{v}_0}\right) + \right.\right.$$

$$\left.\left. + \cos \tau \left(\cos \frac{\omega\, \mathrm{d}}{\mathrm{v}_0} + \frac{\omega\, \mathrm{d}}{\mathrm{v}_0} \sin \frac{\omega\, \mathrm{d}}{\mathrm{v}_0} - 1\right)\right\}\right]. \qquad \text{(IV 6, 21)}$$

Durch den Grenzübergang $\frac{\omega\, \mathrm{d}}{\mathrm{v}_0}$ kehren wir zum Doppelflächen-Modulator zurück:

$$\lim_{\frac{\omega\, \mathrm{d}}{\mathrm{v}_0} \to 0} \mathrm{J}_1(\tau) = \mathrm{J}_0. \qquad \text{(IV 6, 22)}$$

Im wirklichen Modulator mißt

$$T_V = \frac{d}{v_0} \qquad \text{(IV 6, 23)}$$

die *mittlere Verweilzeit* der hindurchfliegenden Elektronen, so daß der numerische Elektrodenabstand $\zeta_d = \frac{\omega\, d}{v_0}$ gleichzeitig auch als numerische Verweilzeit τ_V zu interpretieren ist

$$\zeta_d = \frac{\omega\, d}{v_0} = \omega\, T_V = \tau_V. \qquad \text{(IV 6, 24)}$$

In der Regel genügt die numerische Verweilzeit der Betriebsbedingung

$$\tau_V \ll 1. \qquad \text{(IV 6, 25)}$$

Indem man dann in (IV 6, 21) die Koeffizienten von $\sin \tau_V$ und $\cos \tau_V$ je nach Potenzen von τ_V bis zu den Gliedern des dritten Grades einschließlich entwickelt und die Definition (IV 6, 5) der numerischen Gleichspannung u_0 beachtet, findet man

$$J_1 = J_0 \left[1 + \frac{1}{2}\mu\, u_0 \left\{\frac{1}{3}\tau_V^3 \sin\tau + \frac{1}{2}\tau_V^2 \cos\tau\right\}\right] =$$

$$= J_0 \left[1 + \frac{1}{2}\mu \frac{1}{2}\zeta_d \cos\left(\tau - \frac{2}{3}\zeta_d\right)\right]. \qquad \text{(IV 6, 26)}$$

2. Welcher Influenzstrom $J_s = J_s(\tau)$ tritt in den Elektroden des Kondensators auf?

Wir rufen Gl. (IV 1, 31) zu Hilfe und erhalten mit Rücksicht auf (IV 5, 5) und (IV 5, 24)

$$J_s = J_0 \left[1 + \frac{1}{2}\frac{\mu}{\zeta_d^2} \int_0^{\zeta_d} \{\cos(\tau - \zeta') - \cos\tau - \zeta' \sin(\tau - \zeta')\}\, d\zeta'\right]. \qquad \text{(IV 6, 27)}$$

Mit

$$\int_0^{\zeta_d} \cos(\tau - \zeta')\, d\zeta' = -\sin(\tau - \zeta')\Big|_0^{\zeta_d} = \sin\tau - \sin(\tau - \zeta_d), \qquad \text{(IV 6, 28)}$$

$$\int_0^{\zeta_d} \cos\tau\, d\zeta' = \zeta_d \cos\tau \qquad \text{(IV 6, 29)}$$

und

$$\int_0^{\zeta_d} \zeta' \sin(\tau - \zeta')\, d\zeta' = \{\zeta' \cos(\tau - \zeta') + \sin(\tau - \zeta')\}\Big|_0^{\zeta_d} =$$

$$= \zeta_d \cos(\tau - \zeta_d) + \sin(\tau - \zeta_d) - \sin\tau \qquad \text{(IV 6, 30)}$$

resultiert also aus (IV 6, 27)

$$J_s = J_0\left[1 + \frac{1}{2}\frac{\mu}{\zeta_d^2}\{2\sin\tau - 2\sin(\tau - \zeta_d) - \zeta_d\cos\tau - \zeta_d\cos(\tau - \zeta_d)\}\right] =$$

$$= J_0\left[1 + \frac{1}{2}\frac{\mu}{\zeta_d^2}\{\cos\tau\,[2\sin\zeta_d - \zeta_d(1 + \cos\zeta_d)] + \right.$$

$$\left. + \sin\tau\,[2(1 - \cos\zeta_d) - \zeta_d\sin\zeta_d]\}\right]. \qquad \text{(IV 6, 31)}$$

Wir schreiben nun die modulierende Wechselspannung (IV 6, 1) in der komplexen Form

$$\tilde{U} = \mathrm{Re}\,(\tilde{\mathfrak{U}}\,e^{-i\tau}); \qquad \tilde{\mathfrak{U}} = i\,\mu\,U_0 \qquad \text{(IV 6, 32)}$$

und ähnlich den Wechselanteil $\tilde{J} = J_s - J_0$ des Influenzstromes

$$\tilde{J} = \mathrm{Re}\,(\tilde{\mathfrak{J}}\,e^{-i\tau}); \qquad \tilde{\mathfrak{J}} = J_0\frac{1}{2}\frac{\mu}{\zeta_d^2}\,[\{2\sin\zeta_d - \zeta_d(1 + \cos\zeta_d)\} +$$

$$+ i\,\{2(1 - \cos\zeta_d) - \zeta_d\sin\zeta_d\}], \qquad \text{(IV 6, 33)}$$

so daß das Verhältnis

$$\tilde{g}_s = \frac{\tilde{\mathfrak{J}}}{\tilde{\mathfrak{U}}} = \frac{J_0}{U_0}\frac{1}{2\,\zeta_d^2}\,[\{2(1 - \cos\zeta_d) - \zeta_d\sin\zeta_d\} - i\,\{2\sin\zeta_d - \zeta_d(1 + \cos\zeta_d)\}]$$

$$\text{(IV 6, 34)}$$

den *komplexen Influenzleitwert* des Modulators definiert. Gemäß (IV 6, 24) dürfen wir bei fester Spannung U_0 den numerischen Elektrodenabstand ζ_d als dimensionsfreies Frequenzmaß auffassen und mit dem Zeichen Ω der *numerischen Frequenz* vertauschen

$$\zeta_d = \Omega. \qquad \text{(IV 6, 35)}$$

Demnach erteilt Gl. (IV 6, 34) über die Frequenzabhängigkeit des komplexen Influenzleitwertes Auskunft, welche aufs engste mit der entsprechenden Funktion (IV 2, 41) des quasistatisch betriebenen Monotrons verwandt ist: Abgesehen von der hier bequemeren Bezugnahme auf den Gesamtstrom an Stelle der früher benutzten Stromdichte und der aus formalen Gründen veränderten Benennung des zeitfreien Spannungsanteiles erweist sich der komplexe Influenzleitwert des Modulators unter sonst gleichen Umständen stets um den Faktor $\frac{1}{4}$ kleiner als jener des Monotrons. Dieser charakteristische Unterschied beruht auf der Differenz der mittleren Elektronen-Transportgeschwindigkeit im aktiven Feldraum: Sie erreicht bei vorgegebenem Werte der beschleunigenden Gleichspannung im Monotron gerade nur die Hälfte der im Modulator wirksamen Größe. Auf Grund dieser einfachen Relation schildert Abb. IV 183 auch den Frequenzgang des komplexen Modulatorleitwertes, sofern man als Leitwerteinheit das Verhältnis $g_0 = \frac{1}{4}\frac{J_0}{U_0}$ einführt. Insbesondere wird demnach der Wirkleitwert $\mathrm{Re}(\tilde{g})$ innerhalb bestimmter Bereiche der numerischen Frequenz Ω negativ, so daß der Modulator in Gemeinschaft mit passenden Abstimm-Mitteln selbsterregter Schwingungen fähig ist. Da indes ein solcher Betriebszustand der normalen Arbeitsweise des Modulators als solchen widerspricht, darf die Annahme angefachter Eigenschwingungen fortan außer Betracht bleiben. In der Tat, entwickeln wir (IV 6, 34) nach Potenzen von $\zeta_d = \Omega$ bis zu Gliedern zweiten Grades einschließlich, so wird gemäß

$$\tilde{g}_s = \frac{J_0}{U_0} \cdot \frac{1}{12}\left[\frac{\Omega^2}{2} - i\,\Omega\right] \qquad \text{(IV 6, 36)}$$

der Wirkleitwert positiv; die Modulation erfordert dann im zeitlichen Mittel den Leistungsaufwand

$$N = \frac{(\mu\, U_0)^2}{2} \operatorname{Re}(\tilde{g}_s) = U_0\, J_0 \frac{(\mu\, \Omega)^2}{48}. \qquad \text{(IV 6, 37)}$$

e) Wir ergänzen die in (IV 6, 21) gegebene Beschreibung des Konvektionsstromes an der Austrittselektrode des Modulators durch die Untersuchung der dort herrschenden Elektronengeschwindigkeit v_1. Ausgehend von Gl. (IV 6, 10) substituieren wir für τ_0 Gl. (IV 6, 17) und erhalten mit Rücksicht auf den infinitesimal kleinen Betrag von μ

$$v_1 = v(\tau, \zeta_d) = v_0 \left(\frac{d\zeta}{d\tau}\right)_{\zeta' \to \zeta_d} = v_0 \left[1 + u_0 \mu \{\cos(\tau - \zeta_d) - \cos\tau\}\right] \qquad \text{(IV 6, 38)}$$

oder, wegen $\zeta_d \equiv \tau_V$ und mit Benutzung von (IV 6, 5),

$$v_1 = v_0 \left[1 + \frac{1}{2}\mu \frac{1}{\tau_V} \{(\cos\tau_V - 1)\cos\tau + \sin\tau_V \sin\tau\}\right] =$$

$$= v_0 \left[1 + \frac{1}{2}\mu \frac{\sin\frac{\tau_V}{2}}{\frac{\tau_V}{2}} \sin\left(\tau - \frac{\tau_V}{2}\right)\right]. \qquad \text{(IV 6, 39)}$$

Im Grenzfalle $\tau_V \to 0$ des Doppelflächen-Modulators entsteht hieraus

$$\lim_{\tau_V \to 0} v_1 = v_0 \left[1 + \frac{1}{2}\mu \sin\tau\right] \qquad \text{(IV 6, 40)}$$

in Übereinstimmung mit Gl. (IV 5, 9). In Bezug auf die Austrittsgeschwindigkeit der Elektronen kann man daher die Arbeitsweise des realen Modulators $[\zeta_d \neq 0]$ formal auf jene des Doppelflächen-Modelles $[\zeta_d = 0]$ zurückführen, sofern man die vorgegebene Elektrodenspannung $\tilde{U}$ nach Gl. (IV 6, 1) durch die *wirksame Modulationsspannung*

$$\tilde{U}_w = U_1 \frac{\sin\frac{\tau_V}{2}}{\frac{\tau_V}{2}} \sin\left(\tau - \frac{\tau_V}{2}\right) \qquad \text{(IV 6, 41)}$$

ersetzt. Die Amplitude $U_{W,1}$ der wirksamen Spannung ergibt sich hiernach aus jener der Elektrodenspannung durch Multiplikation mit dem *Elektronen-Kopplungsfaktor*

$$k_{El} = \frac{\sin\frac{\tau_V}{2}}{\frac{\tau_V}{2}} = 1 - \frac{\tau_V^2}{24} + \cdots, \qquad \text{(IV 6, 42)}$$

so daß stets

$$\left|\frac{U_{w,1}}{U_1}\right| = |k_{El}| < 1 \qquad \text{(IV 6, 43)}$$

ausfällt; überdies verspätet sich die wirksame Spannung gegenüber der Elektrodenspannung um den Phasenwinkel

$$\chi = \frac{\tau_V}{2}. \qquad \text{(IV 6, 44)}$$

f) Wie wird die Kinematik der Elektronen in dem als kraftfrei angenommenen Triftraum durch die dynamischen Vorgänge im Modulator beeinflußt?

Wir begleiten ein Elektron, das die Eingangselektrode des Modulators im numerischen Zeitpunkt τ_0 kreuzt, auf seinem ferneren Wege durch das Entladungssystem. Aus (IV 6, 5), (IV 6, 15) und (IV 6, 16) entnehmen wir mittels der Operation $\zeta' \to \zeta_d$ die numerische Ankunftszeit τ_1 des Kontrollelektrons an der Ausgangselektrode des Modulators zu

$$\tau_1 = \tau_0 + \zeta_d - \frac{\mu}{2}\left[\cos\tau_0 - \frac{\sin(\tau_0+\zeta_d) - \sin\tau_0}{\zeta_d}\right] =$$

$$= \tau_0 + \zeta_d - \frac{\mu}{2}\left[\left(1 - \frac{\sin\zeta_d}{\zeta_d}\right)\cos\tau_0 + \frac{1-\cos\zeta_d}{\zeta_e}\sin\tau_0\right]. \qquad \text{(IV 6, 45)}$$

Für die nun anschließende Trägheitsbewegung durch den Triftraum ist die Geschwindigkeit $v_1 = v_1(\tau_1)$ verantwortlich; wir beziehen von jetzt ab diese Geschwindigkeit auf den numerischen Zeitpunkt τ_0 und erhalten mit Rücksicht auf das unendlich kleine Maß von μ aus (IV 6, 45) und (IV 6, 39), nachdem in der letztgenannten Gleichung τ_V durch ζ_d ersetzt wurde,

$$v_1 = v_0\left[1 + \frac{\mu}{2}\,\frac{\sin\frac{\zeta_d}{2}}{\frac{\zeta_d}{2}}\sin\left(\tau_0 + \frac{\zeta_d}{2}\right)\right] =$$

$$= v_0\left[1 + \frac{\mu}{2}\left\{\frac{1-\cos\zeta_d}{\zeta}\cos\tau_0 + \frac{\sin\zeta_d}{\zeta_d}\sin\tau_0\right\}\right]. \qquad \text{(IV 6, 46)}$$

Während der numerischen Zeitspanne $(\tau_2 - \tau_1) > 0$ legt daher das Kontrollelektron die numerische Strecke

$$\zeta' - \zeta_d = \frac{v_1}{v_0}(\tau_2 - \tau_1) \qquad \text{(IV 6, 47)}$$

zurück. Indem wir uns nochmals auf den infinitesimalen Charakter von μ berufen, resultiert aus (IV 6, 45), (IV 6, 46) und (IV 6, 47) für die numerische Ankunftszeit τ_2 des Kontrollelektrons in der Ebene $\zeta' > \zeta_d$ die Gleichung

$$\tau_2 = \tau_0 + \zeta_d - \frac{\mu}{2}\left[\left(1 - \frac{\sin\zeta_d}{\zeta_d}\right)\cos\tau_0 + \frac{1-\cos\zeta_d}{\zeta}\sin\tau_0\right] +$$

$$+ (\zeta' - \zeta_d)\left\{1 - \frac{\mu}{2}\left[\frac{1-\cos\zeta_d}{\zeta_d}\cos\tau_0 + \frac{\sin\zeta_d}{\zeta_d}\sin\tau_0\right]\right\}, \qquad \text{(IV 6, 48)}$$

welche wir mit Hilfe der Definition (IV 6, 42) in die Form

$$\tau_2 = \tau_0 + \zeta' - \frac{\mu}{2} k_{El} \left[\left\{ \frac{\zeta_d - \sin \zeta_d}{1 - \cos \zeta_d} + (\zeta' - \zeta_d) \right\} \sin \frac{\zeta_d}{2} \cos \tau_0 + \right.$$
$$\left. + \left\{ \frac{1 - \cos \zeta_d}{\sin \zeta_d} + (\zeta' - \zeta_d) \right\} \cos \frac{\zeta_d}{2} \sin \tau_0 \right] \qquad \text{(IV 6, 49)}$$

bringen.

Beschränken wir uns nun, im Einklang mit der Betriebsbedingung (IV 6, 25), auf $\zeta_d \ll 1$, so gelten die Entwicklungen

$$\frac{\zeta_d - \sin \zeta_d}{1 - \cos \zeta_d} + (\zeta' - \zeta_d) = \zeta' - \frac{2}{3} \zeta_d + \ldots \qquad \text{(IV 6, 50)}$$

und

$$\frac{1 - \cos \zeta_d}{\sin \zeta_d} + (\zeta' - \zeta_d) = \zeta' - \frac{1}{2} \zeta_d + \ldots . \qquad \text{(IV 6, 51)}$$

Wir begnügen uns mit den explizit angeschriebenen Gliedern, definieren den Winkel ψ durch

$$\operatorname{tg} \psi = \frac{\zeta' - \frac{2}{3} \zeta_d}{\zeta' - \frac{1}{2} \zeta_d} \cdot \operatorname{tg} \frac{\zeta_d}{2} \qquad \text{(IV 6, 52)}$$

und erhalten aus (IV 6, 49)

$$\tau_2 = \tau_0 + \zeta' -$$
$$- \frac{\mu}{2} k_{El} \sqrt{\left(\zeta' - \frac{2}{3} \zeta_d\right)^2 \sin^2 \frac{\zeta_d}{2} + \left(\zeta' - \frac{1}{2} \zeta_d\right)^2 \cos^2 \frac{\zeta_d}{2}} \sin (\tau_0 + \psi). \qquad \text{(IV 6, 53)}$$

Im Radikanden darf der erste Posten der Summe wegen $\zeta_d \ll 1$ gegen den zweiten vernachlässigt und im letztgenannten $\cos^2 \frac{\zeta_d}{2}$ mit 1 vertauscht werden

$$\sqrt{\left(\zeta' - \frac{2}{3} \zeta_d\right)^2 \sin^2 \frac{\zeta_d}{2} + \left(\zeta' - \frac{1}{2} \zeta_d\right)^2 \cos^2 \frac{\zeta_d}{2}} \approx \zeta' - \frac{1}{2} \zeta_d. \qquad \text{(IV 6, 54)}$$

Schließt man durch die Forderung

$$\zeta' \gg \zeta_d \qquad \text{(IV 6, 55)}$$

den unmittelbar an den Modulator grenzenden Teil des Triftraumes von der Behandlung aus, so entnimmt man (IV 6, 52) die Näherung

$$\psi \approx \frac{\zeta_d}{2}. \qquad \text{(IV 6, 56)}$$

Mit (IV 6, 54) und (IV 6, 56) vereinfacht sich (IV 6, 53) zu

$$\tau_2 \approx \tau_0 + \zeta' - \frac{\mu}{2} k_{El} \left(\zeta' - \frac{1}{2} \zeta_d\right) \sin \left(\tau_0 + \frac{\zeta_d}{2}\right). \qquad \text{(IV 6, 57)}$$

Wir behaupten, daß diese Gleichung als *Geschwindigkeits-Modulation durch einen Doppelflächen-Modulator* interpretiert werden kann, welcher in der Symmetrie-Ebene $\zeta = \frac{1}{2} \zeta_d$ des realen Modulators gelegen ist und von der wirksamen Spannung $\tilde{U}_W$ nach Gl. (IV 6, 41) gespeist wird. Denn zunächst darf man in dieser Gleichung wegen der infinitesimalen Kleinheit von μ die numerische Ankunftszeit τ_1 des Kontrollelektrons an der Ausgangselektrode des Modulators gemäß (IV 6, 45) durch $(\tau_0 + \zeta_d)$ ersetzen. Definiert man nun als wirksamen [numerischen] Eintrittsaugenblick des Kontrollelektrons in den an der Doppelfläche beginnenden, wirksamen Triftraum die Zahl

$$\tau_{w,1} = \tau_0 + \frac{\zeta_d}{2}, \qquad \text{(IV 6, 58)}$$

so kann man mit Benutzung von (IV 6, 42) die gleichzeitige wirksame Spannung durch

$$\tilde{U}_w = U_1 \, k_{E1} \sin\left(\tau_0 + \frac{\zeta_d}{2}\right) = U_1 \, k_{E1} \sin \tau_{w,1} \qquad \text{(IV 6, 59)}$$

darstellen. Aus ihrer Amplitude berechnet man den wirksamen Modulationsgrad μ_W zu

$$\mu_w = \frac{U_{w_1}}{U_0} = \frac{U_1 \, k_{E1}}{U_0} = \mu \, k_{E1}. \qquad \text{(IV 6, 60)}$$

Da weiter

$$\zeta_w = \zeta' - \frac{\zeta_d}{2} \qquad \text{(IV 6, 61)}$$

den numerischen Abstand zwischen der behaupteten Lage der äquivalenten Doppelschicht und der Ebene ζ' des Triftraumes oder, kurz, die wirksame numerische Triftstrecke mißt, definiert gemäß (IV 6, 21) das Produkt

$$k_w = \frac{1}{2} \mu_w \, \zeta_w = \frac{\mu}{2} k_{E1} \left(\zeta' - \frac{\zeta_d}{2}\right) \qquad \text{(IV 6, 62)}$$

den wirksamen Triftmodul. Mit Hilfe von (IV 6, 58), (IV 6, 61) und (IV 6, 62) nimmt (IV 6, 57) die Gestalt an

$$\tau_2 = \tau_{w,1} + \zeta_w - k_w \sin \tau_{w,1}, \qquad \text{(IV 6, 63)}$$

deren Vergleich mit (IV 6, 22) den verlangten Beweis enthält.

Arbeitet man mit einem endlichen Werte des wirksamen Triftmoduls k_W, so muß auf Grund von (IV 6, 62) der unendlich kleine, wirksame Modulationsgrad μ_W durch einen unendlich großen, numerischen Triftweg ζ_W wettgemacht werden; durch diesen, allerdings nur mathematisch durchführbaren Grenzprozeß verwandeln sich die vordem nur angenähert richtigen Beziehungen (IV 6, 54), (IV 6, 56) und (IV 6, 57) in streng gültige Gleichungen.

Fassen wir die vorstehenden Sätze zusammen, so sind wir also berechtigt, uns bezüglich der Kinematik der Geschwindigkeitsmodulation stets auf die modellmäßige Darstellung des Modulators durch eine Doppelfläche zu stützen, ohne auf diesen Sachverhalt jedesmal hinweisen zu müssen; daher dürfen wir dann auch den Index w, welcher auf den Einsatz der wirksamen Betriebsgrößen an Stelle der realen hinweist, in der Regel unterdrücken.

IV 7. Die Wirkung der Raumladungen auf geschwindigkeitsmodulierte Kathodenstrahlen.

a) Die elementare Kinematik geschwindigkeitsmodulierter Kathodenstrahlen nach Ziffer IV 5 beruht wesentlich auf der Annahme, daß man die im Triftraum des Entladungsgefäßes an den Elektronen angreifenden Kräfte vernachlässigen darf. Die aus dieser Voraussetzung hervorgehende mathematische Analyse des Modulationsprozesses führt bei hinreichend großen Werten des Triftmoduls k zu Konvektionsströmen von zeitweise unendlicher Stärke. Da solche Ströme gewiß nicht physikalisch realisierbar sind, weist die von der Rechnung angezeigte „*Resonanzkatastrophe*“ auf einen prinzipiellen Fehler im Ansatz der Theorie hin, welcher sich im Lichte folgender Dialektik offenbart: Die Wandergeschwindigkeit v der Elektronen im Triftraum bleibt zufolge der dort postulierten Trägheitsbewegung der jeweiligen Austrittsgeschwindigkeit der Elektronen aus dem Modulator gleich, die ihrerseits als stets endlich vorausgesetzt wurde. Daher müßte Hand in Hand mit dem maßlos anwachsendem Konvektionsstrom eine unendlich dichte Raumladung im Kathodenstrahle auftreten, welche dort unbegrenzt große Feldkräfte nach sich ziehen würde — in striktem Widerspruch zu der eingangs gemachten Annahme vernachlässigbar kleiner Triftraum-Kräfte.

Auf Grund dieser Überlegung müssen wir die Voraussetzung der Trägheitsbewegung im Triftraum aufgeben: An Stelle der lediglich *kinematischen* Beschreibung des elektrischen Ladungstransportes haben wir dessen *Dynamik* zu untersuchen.

b) Wir behandeln einen Kathodenstrahl der stationären Einfallsintensität J_0 mit kreisförmigem Einfallsquerschnitt vom Halbmesser a; es sei U_0 das konstante Beschleunigungspotential der Anode, während die Summe $(U_0 + U_1 \sin \omega t)$ das Potential der Modulator-Ausgangselektrode gegen die Kathode in seiner Abhängigkeit von der laufenden Zeit t messe.

Wir orientieren und an dem in Ziffer IV 5 eingeführten, relativ zum Entladungsgefäß ruhenden Bezugssystem der Zylinderkoordinaten z [strahlenparallele Achsenkoordinate mit dem Ursprung im Zentrum des Strahlaustrittes aus dem Modulator], r [Radialdistanz] und α [Azimut]. Nun werde, die Aufgabe verinfachend und schematisierend, folgenden Annahmen zugestimmt:

1. Der Triftraum sei nach außen durch den elektrisch vollkommen leitenden Mantel $r = A$ abgeschlossen.

2. Der Halbmesser a des Kathodenstrahles werde gemäß Ziffer V 2 mit Hilfe eines hinreichend starken, achsenparallel justierten magnetischen Richtfeldes merklich konstant erhalten.

3. Der Konvektionsstrom

$$J = J(z, t) \qquad \text{(IV 7, 1)}$$

offenbart in jeder Kontrollebene $z = \text{const.}$ die antiparallel der Achse [negative Elektronenladung!] weisende, querhomogene Stromdichte j_z vom absoluten Betrage

$$j(z, t) = \frac{1}{\pi a^2} J(z, t). \qquad \text{(IV 7, 2)}$$

4. Nur der zeitfreie Anteil J_0 des Konvektionsstromes (IV 7, 1) werde unter Vermittelung des Triftraum-Mantels zur Stromquelle rückgeleitet.

5. Der Wechselanteil

$$J_W = J(z, t) - J_0 \qquad \text{(IV 7, 3)}$$

des Konvektionsstromes wird durch den Verschiebungsstrom J_V zu einem wahren *Maxwell*schen Wechselstrom ergänzt, dessen Intensität auf Grund des Kontinuitätsgesetzes der Elektrizität im Verein mit der unter 4 genannten Annahme identisch verschwinden muß

$$J_W + J_V = 0. \qquad \text{(IV 7, 4)}$$

6. Der elektrische Feldvektor E des Triftraumes reduziert sich aus Symmetriegründen auf die radiale [physikalische] Komponente E^r und die achsiale [physikalische] Komponente E^z; beide sollen antiparallel zur Wachtstumsrichtung der jeweils gleichnamigen Koordinate positiv gezählt werden.

7. Das Radialfeld E^r sei zeitlich konstant und unabhängig von z

$$E^r = E^r(r), \qquad \text{(IV 7, 5)}$$

so daß es genetisch nur mit dem stationären Anteil der im Kathodenstrahl transportierten Ladungen verknüpft ist.

8. Das Achsialfeld E^z beschränke sich auf das Innere des Kathodenstrahles und sei dort in jeder festen Ebene z gleichförmig über den stromführenden Querschnitt verteilt

$$\left.\begin{array}{lll} E^z = E^z(z, t) & \text{für} & 0 \leqq r \leqq a \\ E^z = 0 & \text{für} & r > a \end{array}\right\} \qquad \text{(IV 7, 6)}$$

Sein zeitlicher Mittelwert verschwinde: Es ist nur vom Wechselanteil des Konvektionsstromes abhängig.

9. Zufolge (IV 7, 2) und (IV 7, 6) überträgt sich (IV 7, 4) auf die wahre Wechselstromdichte

$$j_W + j_V = \frac{1}{\pi a^2}[J(z, t) - J_0] + \Delta \frac{\partial E^z}{\partial t} = 0. \qquad \text{(IV 7, 7)}$$

c) Die Elektronenbewegung im Triftraum unterliegt, bei Beschränkung des Geschwindigkeitsbereiches auf jenen der *Newton*schen Mechanik, der Differentialgleichung

$$m_0 \frac{d^2 z}{dt^2} = q_0 E^z, \qquad \text{(IV 7, 8)}$$

welche nach Einführung der numerischen Koordinate $\zeta = \frac{\omega z}{v_0}$ [v_0 = Einfallsgeschwindigkeit] und der numerischen Zeit $\tau = \omega t$ die dimensionsfreie Gestalt

$$\frac{d^2\zeta}{d\tau^2} = \frac{m_0}{q_0} \frac{1}{\omega v_0} E^z \qquad \text{(IV 7, 9)}$$

annimmt. Der „Fahrplan" des im numerischen Zeitpunkte τ_1 vom Modulator startenden Elektrons wird daher nicht mehr durch die Trägheitskinematik konstanter Geschwindigkeit geregelt. Um diesen Zusammenhang analytisch zu erfassen, setzen wir, die frühere Definition (IV 5, 16) des Triftmoduls k verallgemeinernd, diesen als eine vorerst unbekannte Funktion

$$k = k(\zeta) \qquad \text{(IV 7, 10)}$$

der numerischen Achsenkoordinate ζ an; bezeichnen wir dann durch τ_2 den numerischen Ankunftszeitpunkt des kontrollierten Elektrons in der

Ebene $\zeta \geqq 0$, so tritt zufolge (IV 7, 10) statt des Trägheitsgesetzes (IV 5, 17) der „raumladungsgesteuerte" Fahrplan

$$\tau_2 = \tau_1 + \zeta - k(\zeta) \sin \tau_1 \qquad \text{(IV 7, 11)}$$

in Kraft.

Wir beschränken uns weiterhin auf schwach modulierte Kathodenstrahlen der Eigenschaft

$$|k(\zeta)| \ll 1. \qquad \text{(IV 7, 12)}$$

Auf Grund dieser Voraussetzung gestattet (IV 7, 11), bis auf Potenzen höheren als ersten Grades von $k(\zeta)$, die eindeutige Auflösung

$$\tau_1 = \tau_2 - \zeta + k(\zeta) \sin (\tau_2 - \zeta). \qquad \text{(IV 7, 13)}$$

Wir fassen nun an einer festen Kontrollebene $\zeta \geqq 0$ Posten und berechnen dort aus (IV 7, 13) für den „Elektronen-Jahrgang" τ_1 den Differentialquotienten

$$\frac{\partial \tau_1 (\tau_2, \zeta)}{\partial \tau_2} = 1 + k(\zeta) \cos (\tau_2 - \zeta). \qquad \text{(IV 7, 14)}$$

Indem wir uns jetzt wegen (IV 7, 12) auf den eindeutig-umkehrbaren funktionellen Zusammenhang von τ_1 und τ_2 berufen und den numerischen Ankunftszeitpunkt τ_2 des kontrollierten Elektrons in der Ebene ζ der im ganzen System einheitlichen, numerischen Normaluhr-Zeit τ gleichsetzen, finden wir für den Konvektionsstrom in der Ebene ζ die Gleichung

$$J(\tau, \zeta) = J_0 \left(\frac{\partial \tau_1}{\partial \tau_2}\right)_{\tau_2 \to \tau} = J_0 \left[1 + k(\zeta) \cos (\tau - \zeta)\right]. \qquad \text{(IV 7, 15)}$$

Aus (IV 7, 7) entspringt demnach für die elektrische Achsialfeldstärke $E^z = E^z(\tau, \zeta)$ die partielle Differentialgleichung

$$\frac{\partial E^z}{\partial \tau} = \frac{1}{\omega} \frac{\partial E^z}{\partial t} = - \frac{J_0}{\pi a^2 \Delta \cdot \omega} k(\zeta) \cos (\tau - \zeta). \qquad \text{(IV 7, 16)}$$

Ihr Integral lautet, da E^z voraussetzungsgemäß keinen zeitfreien Bestandteil enthält,

$$E^z = - \frac{J_0}{\pi a^2 \Delta \cdot \omega} k(\zeta) \sin (\tau - \zeta), \qquad \text{(IV 7, 17)}$$

so daß Gl. (IV 7, 9) in

$$\frac{d^2 \zeta}{d\tau^2} = - \frac{q_0}{m_0} \frac{J_0}{\pi a^2 \Delta\, \omega^2 v_0} k(\zeta) \sin (\tau - \zeta) \qquad \text{(IV 7, 18)}$$

übergeht.

d) Wir stellen der Dynamik (IV 7, 18) der Elektronenbewegung die kinematische Wanderbeschreibung (IV 7, 11) des Elektronenjahrganges τ_1 zur Seite; sie lautet nach Ersatz von τ_2 durch τ

$$\zeta = \zeta(\tau, \tau_1) = \tau - \tau_1 + k(\zeta) \sin \tau_1. \qquad \text{(IV 7, 19)}$$

Aus ihr bilden wir durch wiederholte partielle Differentiation nach τ

$$\frac{\partial \zeta}{\partial \tau} = 1 + \frac{dk}{d\zeta} \frac{\partial \zeta}{\partial \tau} \sin \tau_1 \qquad \text{(IV 7, 20)}$$

und

$$\frac{\partial^2 \zeta}{\partial \tau^2} = \left[\frac{d^2 k}{d\zeta^2} \left(\frac{\partial \zeta}{\partial \tau}\right)^2 + \frac{dk}{d\zeta} \frac{\partial^2 \zeta}{\partial \tau^2}\right] \sin \tau_1, \qquad \text{(IV 7, 21)}$$

also

$$\frac{\partial^2 \zeta}{\partial \tau^2} = \frac{d^2 k}{d\zeta^2} \frac{\left(\frac{\partial \zeta}{\partial \tau}\right)^2 \sin \tau_1}{1 - \frac{dk}{d\zeta} \sin \tau_1}. \tag{IV 7, 22}$$

Mit Rücksicht auf (IV 7, 12) folgen nun aus (IV 7, 19) in hinreichender Genauigkeit die Relationen

$$\frac{\partial \zeta}{\partial \tau} = 1; \qquad \sin \tau_1 = \sin (\tau - \zeta). \tag{IV 7, 23}$$

Weiter schließen wir, indem wir vorübergreifend auf die Definition (IV 5, 16) des Triftmoduls der kräftefreien Bewegung zurückgreifen und die Voraussetzung (IV 7, 12) beachten, auf das Bestehen der Ungleichung

$$\left|\frac{dk}{d\zeta}\right| \ll 1. \tag{IV 7, 24}$$

Daher erhält man aus (IV 7, 22) für die Beschleunigung der zur numerischen Zeit τ die Ebene ζ passierenden Elektronen die Approximation

$$\frac{d^2 \zeta}{d\tau^2} = \left[\frac{\partial^2 \zeta (\tau, \tau_1)}{\partial \tau^2}\right]_{\tau_1 = \tau - \zeta} = \frac{d^2 k}{d\zeta^2} \sin (\tau - \zeta). \tag{IV 7, 25}$$

Ihr Vergleich mit (IV 7, 18) liefert für den Triftmodul die Differentialgleichung

$$\frac{d^2 k}{d\zeta^2} + \frac{q_0}{m_0} \frac{J_0}{\pi a^2 \Delta \omega^2 v_0} k = 0. \tag{IV 7, 26}$$

e) Durch die Definition

$$h^2 = \frac{q_0}{m_0} \frac{J_0}{\pi \Delta v_0^3} \tag{IV 7, 27}$$

führen wir das dimensionsfreie *Dispersionsmaß* des Kathodenstrahles ein und erhalten mittels der Integrationskonstanten S und C als allgemeine Lösung der Gl. (IV 7, 26)

$$k = S \sin \left(\frac{h}{a} \frac{v_0}{\omega} \zeta\right) + C \cos \left(\frac{h}{a} \frac{v_0}{\omega} \zeta\right). \tag{IV 7, 28}$$

Zur Ermittelung von S und C dienen die Anfangsbedingungen:

1. Aus (IV 7, 19) folgt wegen

$$\lim_{\zeta \to 0} \tau = \tau_1 \tag{IV 7, 29}$$

die Aussage

$$k(0) = 0. \tag{IV 7, 30}$$

2. Wir berechnen aus (IV 7, 20) mit Rücksicht auf (IV 7, 24)

$$\frac{\partial \zeta}{\partial \tau} = \frac{1}{1 - \frac{dk}{d\zeta} \sin \tau_1} = 1 + \frac{dk}{d\zeta} \sin \tau_1 + \dots. \tag{IV 7, 31}$$

Nun kommt die Tätigkeit des Modulators in der Angabe

$$\lim_{\zeta \to 0} \frac{d\zeta}{d\tau} = \lim_{\tau \to \tau_1} \frac{\partial \zeta (\tau, \tau_1)}{\partial \tau} = 1 + \frac{1}{2} \frac{U_1}{U_0} \sin \tau_1 \tag{IV 7, 32}$$

zum Ausdruck; indem wir die in (IV 7, 31) nicht explizit angeschriebenen Glieder unterdrücken, zieht somit (IV 7, 32) die Forderung

$$\lim_{\zeta \to 0} \frac{dk}{d\zeta} = \frac{1}{2} \frac{U_1}{U_0} \qquad \text{(IV 7, 33)}$$

nach sich.

Auf Grund von (IV 7, 30) und (IV 7, 33) findet man aus (IV 7, 28)

$$C = 0; \qquad \frac{h}{a} \frac{v_0}{\omega} S = \frac{1}{2} \frac{U_1}{U_0}, \qquad \text{(IV 7, 34)}$$

so daß also der Triftmodul durch

$$k = \frac{1}{2} \frac{U_1}{U_0} \frac{\sin\left(\frac{h}{a} \frac{v_0}{\omega} \zeta\right)}{\frac{h}{a} \frac{v_0}{\omega}} = \frac{1}{2} \frac{U_1}{U_0} \frac{\omega a}{v_0 h} \sin\left(h \frac{z}{a}\right) \qquad \text{(IV 7, 35)}$$

dargestellt wird. Durch seine Restitution in (IV 7, 15) resultiert für den Wechselanteil des Konvektionsstromes bei Rückkehr zu den dimensionierten Koordinaten z und t die Gleichung

$$\tilde{J} = J(t, z) - J_0 = \frac{1}{2} \frac{U_1}{U_0} \frac{\omega a}{v_0 h} \sin\left(h \frac{z}{a}\right) \cos \omega \left(t - \frac{z}{v_0}\right), \qquad \text{(IV 7, 36)}$$

welche wir auf zwei unterschiedlichen Wegen interpretieren:

1. Ausgehend von der Form

$$\tilde{J}(t, z) = A \cos \omega \left(t - \frac{z}{v_0}\right); \qquad A = \frac{1}{2} \frac{U_1}{U_0} \frac{\omega a}{v_0 h} \sin\left(h \frac{z}{a}\right) \qquad \text{(IV 7, 37)}$$

erscheint der Wechselanteil des Konvektionsstromes als eine mit der *gleichförmigen Phasengeschwindigkeit* v_0 längs der z-Achse voranschreitende Welle der Länge

$$\lambda = 2\pi \frac{v_0}{\omega}, \qquad \text{(IV 7, 38)}$$

welche durch die Eigenladung des Strahles *longitudinal amplitudenmoduliert* ist; die Länge μ einer Modulationswelle ergibt sich zufolge der Gleichung

$$\mu = 2\pi \frac{a}{h} \qquad \text{(IV 7, 39)}$$

als umgekehrt proportional zum Dispersionsmaß.

2. Wir bringen (IV 7, 36) in die Gestalt

$$\tilde{J}(t, z) = \frac{1}{2} \frac{U_1}{U_0} \frac{\omega a}{v_0 h} \frac{1}{2} \left[\sin\left\{\omega t - \left(\frac{\omega}{v_0} - \frac{h}{a}\right) z\right\} - \right.$$
$$\left. - \sin\left\{\omega t - \left(\frac{\omega}{v_0} + \frac{a}{h}\right) z\right\}\right]. \qquad \text{(IV 7, 40)}$$

Sie schildert den Aufbau des oszillierenden Konvektionsstrom-Anteiles als *Interferenz* zweier einander opponierender Wellen I und II von je der *gleichen, festen Amplitude*

$$A_{I} = A_{II} = \left(\frac{1}{2} \frac{U_1}{U_0} \frac{\omega a}{v_0 h}\right) \frac{1}{2}, \qquad \text{(IV 7, 41)}$$

welche beziehentlich mit den *unterschiedlichen Phasengeschwindigkeiten*

$$v_{I} = \frac{v_0}{1 - \frac{v_0}{\omega}\frac{h}{a}}; \qquad v_{II} = \frac{v_0}{1 + \frac{v_0}{\omega}\frac{h}{a}} \tag{IV 7, 42}$$

der z-Achse entlang wandern. Im Falle *vorherrschender Geschwindigkeitsmodulation*

$$\frac{v_0}{\omega}\frac{h}{a} \equiv \frac{\lambda}{\mu} < 1 \tag{IV 7, 43}$$

begleiten beide Wellen die vom Elektronenwerfer diktierte Bewegung des Kathodenstrahles; dagegen laufen im Falle *vorherrschender Dispersion*

$$\frac{v_0}{\omega}\frac{h}{a} \equiv \frac{\lambda}{\mu} > 1 \tag{IV 7, 44}$$

die beiden Wellen relativ zur z-Achse in entgegengesetzten Richtungen.

IV 8. Geschwindigkeitsmodulation im Bremsfelde.

a) Wir untersuchen im folgenden die Arbeitsweise eines Hochvakuumrohres zur Herstellung geschwindigkeitsmodulierter Kathodenstrahlen von regelbarer Phase [*Reflexklystron*].

Die Elektronenquelle einschließlich des der rhythmischen Änderung der Strahlgeschwindigkeit dienenden Organes gleicht dem in Ziffer IV 5 beschriebenen System der Beschleunigungsstrecke Kathode-Anode in Gemeinschaft mit dem funktionell der Anode verbundenen Modulatorgitter. Statt jedoch den Prozeß der Geschwindigkeitsmodulation der Trägheitskinematik zu überlassen, welche die Elektronen steuerlos durch den primär feldfreien Triftraum transportiert, werden in der hier behandelten Anordnung nach Abb. IV 196 die aus dem Modulator tretenden Elektronen dem dynamischen Eingriff eines regelbaren elektrischen Bremsfeldes unterworfen: Dem Modulatorgitter G steht im Abstande d die *Reflektorelektrode* R gegenüber; man erteilt ihr ein relativ zur Kathode K so stark negatives elektrisches Skalarpotential, daß sich die R nähernden Elektronen vor Erreichen dieser Elektrode zur Umkehr gezwungen werden und daher den Modulator entgegen der Einfallsrichtung des unmodulierten Kathodenstrahles erneut durchkreuzen. Die Gesamtheit der Rückkehr-Elektronen bildet bei der Passage des Modulators einen Konvektionsstrom J; er hängt, im Gegensatz zu dem als konstant vorauszusetzenden Emissionsstrom J_0 des Elektronenwerfers, von der laufenden Zeit t ab. Es gilt, diese Geschwindigkeitsmodulation als Funktion der Betriebsdaten des Beschleunigungsfeldes, des Modulators und des Bremsfeldes quantitativ zu beschreiben.

b) Mit φ_a bezeichnen wir das elektrische Skalarpotential der Anode A gegen die Kathode K; es wird weiterhin als konstant angenommen und der Ungleichung

$$\varphi_a \equiv U_0 > 0 \tag{IV 8, 1}$$

unterworfen. Aus ihm entsteht das Potential φ_g des Modulatorgitters durch Überlagerung einer Wechselspannung der Amplitude U_1, welche mit der Kreisfrequenz ω harmonisch pulsiert:

$$\varphi_g = U_0 + U_1 \sin \omega t; \qquad U_1 > 0. \tag{IV 8, 2}$$

Wie früher möge hierbei

$$\frac{U_1}{U_0} \ll 1 \qquad \text{(IV 8, 3)}$$

vorausgesetzt werden. Die Reflektorelektrode R endlich führe gegen das Modulatorgitter G die zeitunabhängige Spannung

$$U_r < -[U_0 + U_1], \qquad \text{(IV 8, 4)}$$

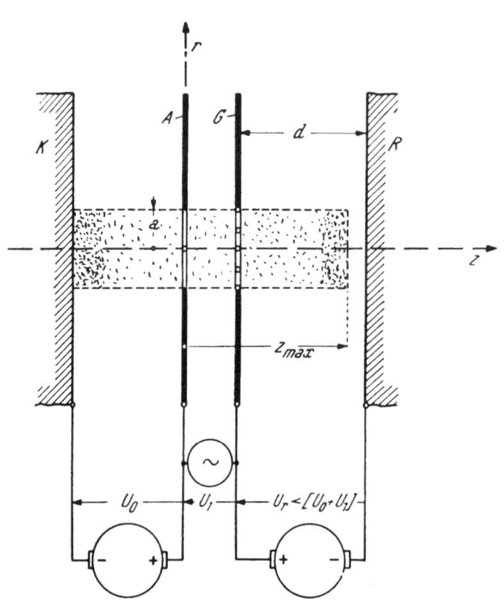

Abb. IV 196. Prinzipschaltung des Reflex-Klystrons.

so daß

$$\varphi_r = U_0 + U_1 \sin \omega t + U_r < 0 \qquad \text{(IV 8, 5)}$$

das Potential der Reflektorelektrode gegen die Kathode mißt.

c) Wir orientieren uns in der Röhre an einem Zylinder-Koordinatensystem z [Achsenkoordinate], r [Radialdistanz] und α [Azimut]; sein Ursprung liegt im Zentrum der Anodenblende [Kreisloch vom Halbmesser $a \ll d$], und die positive z-Achse weise parallel zur Richtung des einfallenden Kathodenstrahles in den Bremsraum hinein. In diesem herrscht auf Grund von (IV 8, 2) und (IV 8, 5) das merklich achsenparallele und homogene elektrische Primärfeld der zeitlich konstanten Stärke

$$E_r = -\frac{U_r}{d} > 0. \qquad \text{(IV 8, 6)}$$

Zu ihm tritt das von den Raumladungen des Kathodenstrahles erregte elektromagnetische Sekundärfeld; wir lassen es außer Betracht.

Wir richten nun unser Augenmerk auf jene Elektronengruppe, welche das Modulatorgitter zwischen den infinitesimal benachbarten Zeitpunkten t_1 und $(t_1 + dt_1)$ in Richtung der positiven z-Achse verläßt. Bei Beschränkung auf den Geschwindigkeitsbereich der *Newton*schen Mechanik gehorcht jedes Einzelelektron der kontrollierten Gruppe während seines Aufenthaltes im Bremsraum der Differentialgleichung

$$m_0 \frac{d^2z}{dt^2} = -q_0 E_r; \qquad z \geqq 0 \qquad \text{(IV 8, 7)}$$

unter den Anfangsbedingungen

$$z = 0; \qquad \frac{dz}{dt} = v_0 \left[1 + \frac{1}{2}\frac{U_1}{U_0} \sin \omega t_1\right] \qquad \text{für} \qquad t = t_1, \qquad \text{(IV 8, 8)}$$

in welchen

$$v_0 = \sqrt{2 \frac{q_0}{m_0} U_0} \qquad \text{(IV 8, 9)}$$

die Einfallsgeschwindigkeit der Elektronen in den Modulator mißt, während bei der Entwicklung ihrer Austrittsgeschwindigkeit

$$v_1 = \sqrt{2 \frac{q_0}{m_0} (U_0 + U_1 \sin \omega t_1)} = v_0 \sqrt{1 + \frac{U_1}{U_0} \sin \omega t_1} \qquad \text{(IV 8, 10)}$$

nach Potenzen von $\frac{U_1}{U_0}$ $\sin \omega t$ mit Rücksicht auf (IV 8, 3) nur die beiden Anfangsglieder beibehalten wurden.

Für $t \geqq t_1$ folgt nunmehr aus (IV 8, 7) durch einmalige Integration

$$\frac{dz}{dt} = v_0 \left[1 + \frac{1}{2} \frac{U_1}{U_0} \sin \omega t_1\right] - \frac{q_0}{m_0} E_r (t - t_1) \qquad \text{(IV 8, 11)}$$

und durch nochmalige Integration

$$z = v_0 \left[1 + \frac{1}{2} \frac{U_1}{U_0} \sin \omega t_1\right] (t - t_1) - \frac{q_0}{m_0} E_r \frac{1}{2} (t - t_1)^2. \qquad \text{(IV 8, 12)}$$

Wir heben folgende Eigenschaften dieser Bewegung hervor:

1. Um die *Eindringtiefe* z_{max} des kontrollierten Elektrons in den Bremsraum zu finden, berechnen wir zunächst den *Kulminations-Zeitpunkt* $t = t_k$ aus dessen Definition

$$\frac{dz}{dt} = 0 \qquad \text{für} \qquad t = t_k \qquad \text{(IV 8, 13)}$$

zu

$$t_k = t_1 + \frac{v_0}{\frac{q_0}{m_0} E_r} \left[1 + \frac{1}{2} \frac{U_1}{U_0} \sin \omega t_1\right] \qquad \text{(IV 8, 14)}$$

und erhalten, mit Rücksicht auf (IV 8, 3), (IV 8, 6) und (IV 8, 9), die Gleichung

$$z_{max} = z(t_k) = \frac{1}{2} \frac{v_0^2}{\frac{q_0}{m_0} E_r} \left[1 + \frac{1}{2} \frac{U_1}{U_0} \sin \omega t_1\right]^2 \approx$$

$$\approx \frac{U_0}{E_r} \left[1 + \frac{U_1}{U_0} \sin \omega t_1\right] = d \cdot \frac{U_0}{-U_r} \left[1 + \frac{U_1}{U_0} \sin \omega t_1\right], \qquad \text{(IV 8, 15)}$$

welche mit der klassischen Energiebilanz des Elektrons identisch ist; da nunmehr (IV 8, 5) die Ungleichung

$$\frac{z_{max}}{d} = \frac{U_0 + U_1 \sin \omega t_1}{-U_r} \leqq \frac{U_0 + U_1}{-U_r} < 1 \qquad \text{(IV 8, 16)}$$

nach sich zieht, ist hiermit die Realität der Elektronen-Reflexion sichergestellt.

2. Aus der Bedingung $z = 0$ entnimmt man, nach Ausschluß der Wurzel $t = t_1$, für die *Verweilzeit* $T = T(t_1)$ des kontrollierten Elektrons im Bremsraum die Angabe

$$T(t_1) = 2 \frac{v_0}{\frac{q_0}{m_0} E_r} \left[1 + \frac{1}{2} \frac{U_1}{U_0} \sin \omega t_1\right] = 2 \frac{v_0 d}{-\frac{q_0}{m_0} U_r} \left[1 + \frac{1}{2} \frac{U_1}{U_0} \sin \omega t_1\right]. \qquad \text{(IV 8, 17)}$$

Es mag zunächst befremden, daß sich gemäß (IV 8, 17) das Elektron umso länger im Bremsraum aufhält, je schneller es in diesen Bezirk eindringt; doch versteht man diesen Sachverhalt leicht im Lichte der dann gleichzeitig anwachsenden Eindringtiefe (IV 8, 15).

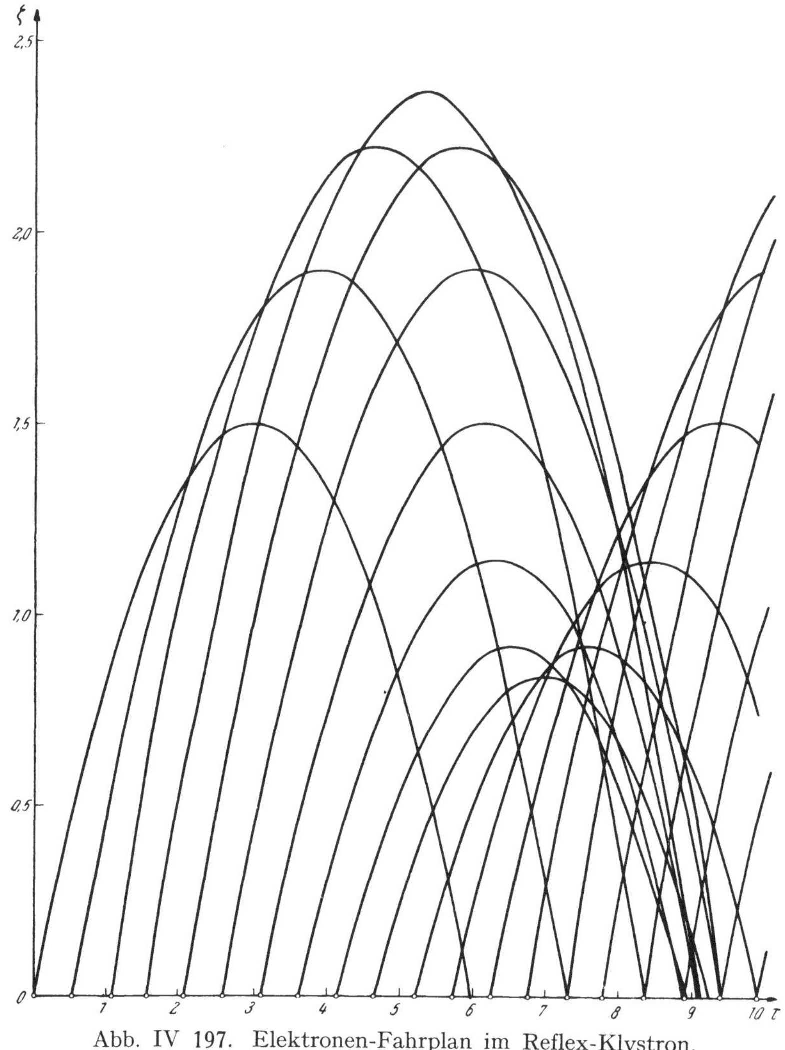

Abb. IV 197. Elektronen-Fahrplan im Reflex-Klystron.

d) Wir führen die *numerische Achsenkoordinate* $\zeta = \frac{\omega z}{v_0}$ und die *numerische Zeit* $\tau = \omega t$ ein und definieren die dimensionsfreien Größen

$$\varrho = 2 \frac{v_0 \omega}{\frac{q_0}{m_0} E_r} \tag{IV 8, 18}$$

als *Reflexionsphase* und

$$k_r = k_r(\varrho) = \frac{1}{2} \frac{U_1}{U_0} \varrho \tag{IV 8, 19}$$

als *Reflexionsmodul.* Mit ihrer Hilfe vereinfachen sich die Gleichungen (IV 8, 11) und (IV 8, 12) zu

$$\frac{d\zeta}{d\tau} = 1 + \frac{k_r}{\varrho} \sin \tau_1 - 2 \frac{\tau - \tau_1}{\varrho} \qquad \text{(IV 8, 20)}$$

und

$$\zeta = (\tau - \tau_1) \left[1 + \frac{k_r}{\varrho} \sin \tau_1 - \frac{\tau - \tau_1}{\varrho} \right]. \qquad \text{(IV 8, 21)}$$

Der kinematische Inhalt dieser Angaben wird durch Abb. IV 197 der Anschauung erschlossen; es repräsentiert die unserem Falle angepaßte, dynamische Verallgemeinerung des in Abb. IV 187 für die kraftfreie Triftbewegung gezeichneten *Appelgate*-Diagrammes.

e) Durch Substitution von τ_1, ϱ und k_r in (IV 8, 17) finden wir für die *numerische Verweilzeit* ω T des zum numerischen Zeitpunkte τ_1 startenden Elektrons im Bremsraum den Ausdruck

$$\omega\, T = \varrho + k_r \sin \tau_1, \qquad \text{(IV 8, 22)}$$

so daß es erst im numerischen Zeitpunkt

$$\tau_2 = \tau_2(\tau_1, \varrho) = \tau_1 + \omega\, T = \tau_1 + \varrho + k_r \sin \tau_1 \qquad \text{(IV 8, 23)}$$

zum Modulargitter zurückkehrt. Die Gesamtheit aller Elektronen, welche während der infinitesimal kurzen numerischen Zeitspanne $d\tau_1 = \omega\, dt_1$ in den Bremsraum einfielen, verlassen diesen somit wieder während der gleichfalls infinitesimal kurzen numerischen Zeitspanne

$$d\tau_2 = \frac{\partial \tau_2 (\tau_1, \varrho)}{\partial \tau_1} d\tau_1 = [1 + k_r \cos \tau_1]\, d\tau_1. \qquad \text{(IV 8, 24)}$$

Auf Grund der Invarianz der elektrischen Ladung, welche von der kontrollierten Elektronengruppe transportiert wird, entspricht demnach der konstanten Stromstärke J_0 des zum numerischen Zeitpunkte τ_1 in den Bremsraum einfallenden Kathodenstrahles bei dessen Austritt im numerischen Zeitpunkte τ_2 der Konvektionsstrom

$$J = J_0 \left| \frac{1}{\dfrac{\partial \tau_2 (\tau_1, \varrho)}{\partial \tau_1}} \right| = J_0 \frac{1}{|1 + k_r \cos \tau_1|}. \qquad \text{(IV 8, 25)}$$

der reflektierten Elektronen. Der Vergleich dieser Relation mit Gl. (IV 5, 20) enthält folgenden Äquivalenzsatz: Die *dynamische* Geschwindigkeitsmodulation des Kathodenstrahles im Bremsfelde des Reflexmoduls k_r gleicht der *kinematischen* Geschwindigkeitsmodulation des sonst gleichen Strahles durch einen Trägheitstriftweg vom Modul $(-k)$

$$k_r = -k. \qquad \text{(IV 8, 26)}$$

Da sich diese Aussage im Falle $k_r > 1$ auf alle dann zeitweilig im nämlichen Augenblick auftretenden Komponenten des resultierenden Konvektionsstromes überträgt, erhalten wir nach (IV 5, 59) mit Rücksicht auf (IV 8, 21) und (IV 8, 22) als *harmonische Analyse* des zur numerischen Normaluhr-Zeit τ am Modulatorgitter festzustellenden Konvektionsstromes aller Rückkehr-Elektronen

$$\frac{J(\tau)}{J_0} = 1 + 2 \sum_{n=1}^{\infty} I_n(-n\, k_r) \cos n(\tau - \varrho). \qquad \text{(IV 8, 27)}$$

Nun gilt auf Grund der *Sommerfeld*schen Integraldarstellung (IV 5, 53) der *Bessel*schen Funktionen

$$\mathrm{I_n}(-\mathrm{n\,k_r}) = \frac{1}{2\pi}\int_{-\pi}^{\pi} \mathrm{e}^{\mathrm{i n}\left(\beta - \frac{\pi}{2}\right)}\,\mathrm{e}^{-\mathrm{i n k_r}\cos\beta}\,\mathrm{d}\beta \qquad \text{(IV 8, 28)}$$

und nach Ersatz von β durch $(\beta' - \pi)$

$$\mathrm{I_n}(-\mathrm{n\,k_r}) = \frac{1}{2\pi}\int_{-\pi}^{\pi} \mathrm{e}^{\mathrm{i n}\left(\beta' - \frac{\pi}{2}\right)}\,\mathrm{e}^{-\mathrm{i n}\pi}\,\mathrm{e}^{\mathrm{i n k_r}\cos\beta'}\,\mathrm{d}\beta' = (-1)^{\mathrm{n}}\,\mathrm{I_n}(\mathrm{n\,k_r}), \qquad \text{(IV 8, 29)}$$

so daß (IV 8, 27) in

$$\frac{\mathrm{J}(\tau)}{\mathrm{J_0}} = 1 + 2\sum_{\mathrm{n}=1}^{\infty}(-1)^{\mathrm{n}}\,\mathrm{I_n}(\mathrm{n\,k_r})\cos\mathrm{n}(\tau - \varrho) =$$

$$= 1 + 2\sum_{\mathrm{n}=1}^{\infty}\mathrm{I_n}(\mathrm{n\,k_r})\cos\mathrm{n}(\tau + \pi - \varrho) \qquad \text{(IV 8, 30)}$$

übergeht.

Bei der Anwendung dieser Formel hat man zu beachten, daß der Elektrizitätstransport der reflektierten Elektronen entgegengesetzt zu jenem des einfallenden Kathodenstrahles erfolgt. Will man jedoch die miteinander verglichenen Konvektionsströme $\mathrm{J_0}$ und $\mathrm{J}(\tau)$ in einheitlichem Sinne als positiv zählen, so muß man $\mathrm{J}(\tau)$ mit

$$\mathrm{J}^*(\tau) = -\mathrm{J}(\tau) \qquad \text{(IV 8, 31)}$$

vertauschen und erhält nun für die *Summe beider Ströme* im Modulator

$$\overline{\mathrm{J}}(\tau) = \overline{\mathrm{J}}_0 + \mathrm{J}^*(\tau) = -\mathrm{J_0}\,2\sum_{\mathrm{n}=1}^{\infty}\mathrm{I_n}(\mathrm{n\,k_r})\cos\mathrm{n}(\tau + \pi - \varrho). \qquad \text{(IV 8, 32)}$$

Insbesondere resultiert als *Grundwelle* [n = 1] dieses Summenstromes

$$\overline{\mathrm{J}}_1(\tau) = \mathrm{J_0}\,2\,\mathrm{I_1}(\mathrm{k_r})\cos(\tau - \varrho). \qquad \text{(IV 8, 33)}$$

Sie eilt hinter der modulierenden Spannung

$$\mathrm{U}(\tau) = \mathrm{U_1}\sin\tau = \mathrm{U_1}\cos\left(\tau - \frac{\pi}{2}\right) \qquad \text{(IV 8, 34)}$$

um den Phasenwinkel

$$\gamma_{\mathrm{r}} = \varrho \mp \frac{\pi}{2}; \qquad \mathrm{J_1}(\mathrm{k_r}) \gtrless 0 \qquad \text{(IV 8, 35)}$$

zeitlich nach.

f) Durch Verbindung der Gleichungen (IV 8, 33) und (IV 8, 34) findet sich der *zeitliche Mittelwert* N *der Modulatorleistung* zu

$$\mathrm{N} = \mathrm{U_1}\,\mathrm{J_0}\,\mathrm{I_1}(\mathrm{k_r})\sin\varrho. \qquad \text{(IV 8, 36)}$$

Wir vergleichen sie mit der *investierten Strahlleistung*

$$\mathrm{N_0} = \mathrm{U_0}\,\mathrm{J_0}. \qquad \text{(IV 8, 37)}$$

Mit Rücksicht auf (IV 8, 19) erhält man für das Verhältnis dieser Leistungen den Ausdruck

$$\frac{\mathrm{N}}{\mathrm{N_0}} = \mathrm{k_r}\,2\,\mathrm{I_1}(\mathrm{k_r})\frac{\sin\varrho}{\varrho}. \qquad \text{(IV 8, 38)}$$

Unter den Bedingungen

$$\left.\begin{array}{ll} I_1(k_r) > 0; & \pi < \varrho < 2\pi \bmod 2\pi \\ I_1(k_r) < 0; & 0 < \varrho < \pi \bmod 2\pi \end{array}\right\} \qquad \text{(IV 8, 39)}$$

wird somit

$$\frac{N}{N_0} < 0, \qquad \text{(IV 8, 40)}$$

so daß nunmehr der Modulator elektromagnetische Schwingleistung nach außen abzugeben vermag: Die Röhre arbeitet als Gleichstrom-Wechselstrom-Umformer.

Wir verschärfen und vertiefen diesen Schluß durch Berechnung des *komplexen Modulator-Leitwertes* $\widetilde{G}$ im Verhältnis zum Betriebs-Leitwert

$$G_0 = \frac{J_0}{U_0} \qquad \text{(IV 8, 41)}$$

des einfallenden Kathodenstrahles. Zu diesem Zwecke bringen wir (IV 8, 33) und (IV 8, 34) beziehentlich in die Gestalten

$$\overline{J}_1(\tau) = \mathrm{Re}\left[J_0\, 2\, I_1(k_r)\, e^{-i(\tau-\varrho)}\right] \qquad \text{(IV 8, 42)}$$

und

$$U(\tau) = \mathrm{Re}\left[U_1\, e^{-i\left(\tau - \frac{\pi}{2}\right)}\right]. \qquad \text{(IV 8, 43)}$$

Wir entnehmen diesen Gleichungen die von τ unabhängigen, komplexen Amplituden des Konvektionsstromes $\overline{J}_1(\tau)$ einerseits, der modulierenden Spannung $U(\tau)$ andererseits und erhalten bei nochmaliger Benutzung von (IV 8, 19)

$$\widetilde{G} = \frac{J_0\, 2\, I_1(k_r)}{U_1}\, e^{-i\left(\frac{\pi}{2} - \varrho\right)} = G_0\, \frac{I_1(k_r)}{k_r}\, \varrho\, [\sin\varrho - i\cos\varrho], \qquad \text{(IV 8, 44)}$$

so daß die Wirkkomponente $\mathrm{Re}[\widetilde{G}]$ des komplexen Modulator-Leitwertes unter den Bedingungen (IV 8, 39) in der Tat negativ ausfällt.

g) Bisher haben wir die modulierende Spannung als eingeprägte, äußere Kraft angesehen. Im Lichte der durch (IV 8, 39) angezeigten Existenz von Bereichen negativer Modulatorleistung erhebt sich die Frage, ob sich seine elektromagnetischen Schwingungen von selbst erregen können.

Um sie zu beantworten, ergänzen wir das „innere" System des mit dem Modulator energetisch gekoppelten Kathodenstrahles durch das „äußere" System des an den Modulator angeschlossenen Arbeitskreises; ihn beschreiben wir phänomenologisch durch seinen komplexen Leitwert $\widetilde{A}$ in der Form

$$\widetilde{A} = A_0\, [\varkappa - i\,\lambda]. \qquad \text{(IV 8, 45)}$$

Hier bezeichne A_0 eine positiv-reelle Konstante von der Dimension eines Leitwertes, während $\varkappa$ als positiv-reelle Funktion der Kreisfrequenz ω und λ als reelle Funktion [beliebigen Vorzeichens] der nämlichen Variabeln vorgegeben sei; definitionsgemäß sind $\varkappa$ und λ dimensionsfrei.

Da die Leitwerte $\widetilde{G}$ und $\widetilde{A}$ einander parallelgeschaltet sind, schildert ihre Summe den resultierenden Leitwert des Gesamtsystemes; sein Realteil, multipliziert mit dem Quadrate

$$U_{\mathrm{eff}}^2 = \frac{1}{2}\, U_1^2 > 0 \qquad \text{(IV 8, 46)}$$

der effektiven Modulatorspannung, mißt den zeitlichen Mittelwert der Systemleistung. Da diese während des Selbsterregungsvorganges negativ sein muß, folgt als Existenzbedingung dieses Prozesses aus (IV 8, 44) und (IV 8, 45) die Ungleichung

$$\mathrm{Re}\,[\widetilde{G} + \widetilde{A}] = G_0 \frac{I_1(k_r)}{k_r} \varrho \sin \varrho + A_0 \varkappa \leqq 0 \qquad \text{(IV 8, 47)}$$

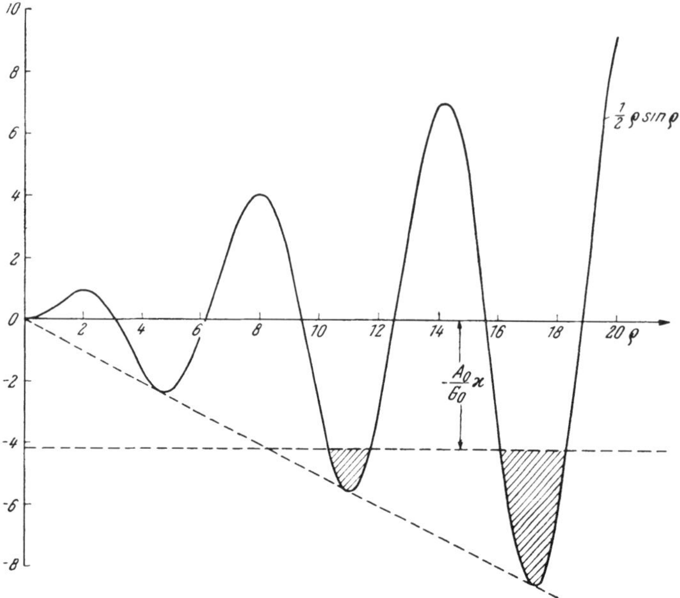

Abb. IV 198. Selbsterregungs-Bedingungen des Reflex-Klystrons.

oder

$$\frac{I_1(k_r)}{k_r} \cdot \varrho \cdot \sin \varrho \leqq - \frac{A_0}{G_0} \cdot \varkappa, \qquad \text{(IV 8, 48)}$$

in welcher der Grenzfall der Gleichheit den *eingeschwungenen Zustand* stationärer Strom- und Spannungsamplituden definiert; überdies muß dann die *Resonanzbedingung*

$$\frac{I_1(k_r)}{k_r} \varrho \cos \varrho + \frac{A_0}{G_0} \lambda = 0 \qquad \text{(IV 8, 49)}$$

erfüllt sein. Zu Beginn der Selbsterregung dagegen gilt gewiß

$$\frac{U_1}{U_0} \to 0. \qquad \text{(IV 8, 50)}$$

Daher fällt dann auch der Reflexionsmodul infinitesimal klein aus

$$\lim_{\frac{U_1}{U_0} \to 0} k_r = 0, \qquad \text{(IV 8, 51)}$$

so daß sich (IV 8, 48) auf

$$\lim_{k_r \to 0} \frac{I_1(k_r)}{k_r} \varrho \sin \varrho = \frac{1}{2} \varrho \sin \varrho \leqq - \frac{A_0}{G_0} \varkappa \qquad \text{(IV 8, 52)}$$

reduziert. In Abb. IV 198 ist die linke Seite dieser Ungleichung als Funktion der Reflexionsphase ϱ dargestellt, die ihrerseits gemäß (IV 8, 18) der Bremsfeldstärke E_r umgekehrt proportional ist und daher durch passende

Wahl der Spannung U_r beliebig eingeregelt werden kann: Die *günstigsten Bedingungen für die Selbsterregung* sind in der Umgebung der Phasen

$$\varrho = \frac{3}{2}\pi + 2\pi m; \qquad m = 0, 1, 2, \ldots \qquad \text{(IV 8, 53)}$$

anzutreffen und verbessern sich mit wachsender Ordnungszahl m; insbesondere kann es vorkommen, daß (IV 8, 52) erst oberhalb eines gewissen Minimalwertes von m [Abb. IV 198] erfüllt werden kann.

IV 9. Erregung zylindrischer Hohlresonatoren durch geschwindigkeitsmodulierte Kathodenstrahlen.

a) Gegeben sei ein Kondensator der planparallelen Kreiselektroden je vom Halbmesser a, welche einander im Abstande d zentriert gegenüber stehen. Wir ergänzen sie zu einem symmetrischen, zylindrischen Hohlresonator nach Abb. IV 199, indem wir folgende Konstruktion durchführen:

1. Mit dem Rand jeder Elektrode wird in Richtung ihrer nach außen weisenden Normale ein Metallrohr der radialen Stärke s und des Außenhalbmessers a je von der achsialen Länge l′ leitend verbunden.

2. Das System des Kondensators einschließlich seiner den Elektroden aufgesetzten Rohrstücke wird auf seine Gesamtlänge

$$2l = d + 2l' \qquad \text{(IV 9, 1)}$$

von einem Metallrohr der radialen Stärke s und des lichten Halbmessers

$$A > a \qquad \text{(IV 9, 2)}$$

konzentrisch umhüllt.

3. An ihren freien Enden werden die inneren Rohrstücke je durch einen Metallring der achsialen Stärke s mit dem Hüllrohr elektrisch leitend verbunden.

Wir stellen uns vor, daß die beiden Elektroden des Kondensators den achsial fliegenden Elektronen eines zentrierten Kathodenstrahles den freien Durchtritt gestatten. Gefragt wird nach der Reaktion des Hohlresonators auf die vom Strahl erzwungene Erregung.

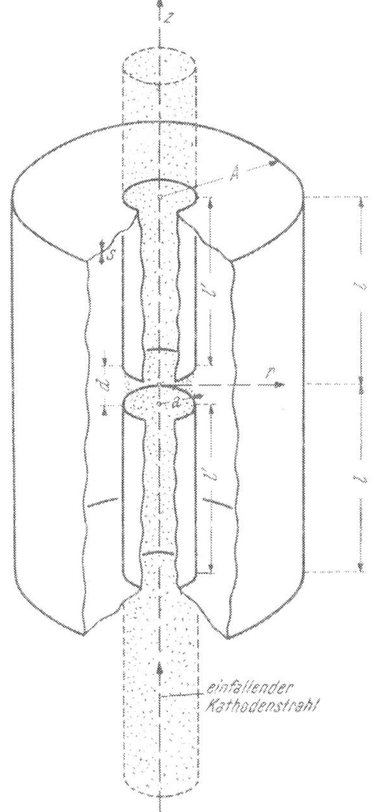

Abb. IV 199. Orientierung im zylindrischen Hohlresonator.

b) Wir orientieren uns im Hohlresonator an Hand eines relativ zu diesem ruhenden Systemes der Zylinder-Koordinaten z [Achse], r [Radialdistanz] und α [Azimut]; sein Ursprung koinzidiere mit dem Zentrum des Kondensators, seine positive z-Achse weise parallel zur Flugrichtung des einfallenden Kathodenstrahles.

Wir richten unser Augenmerk zunächst auf die Symmetrie-Ebene $z = 0$ des Kondensators und beobachten dort die Stromstärke J eines mit der Kreisfrequenz ω geschwindigkeitsmodulierten Kathodenstrahles als Funktion der Zeit t oder ihres dimensionsfreien Maßes, der numerischen Zeit $\tau = \omega t$. Wir setzen voraus, daß die Passage der Elektronen durch den Kondensator hinreichend genau als Trägheitsbewegung behandelt werden darf. Im Dauerzustande des Systemes, auf den wir uns weiterhin beschränken, ist dann die Funktion $J = J(\tau)$ durch die geometrischen und elektrischen Daten der Beschleunigungsapparatur, des Modulators und des Triftraumes vollständig und endgültig bestimmt: Sie wird jedenfalls durch eine *periodische Funktion* dargestellt, welche als solche in eine *Fourier*sche Reihe entwickelt werden kann. Bezeichnen wir durch J_0 den zeitfreien Anteil des Strahlstromes und durch $\tilde{J}_n$ $[n \geqq 1]$ die komplexe Amplitude der harmonischen Strahlstrom-Komponente n-ter Ordnung, so ist also die Reihe

$$J(\tau) = \mathrm{Re}\left[J_0 + \sum_{n=1}^{\infty} \tilde{J}\, e^{-in\tau}\right]; \qquad i = \sqrt{-1} \qquad \text{(IV 9, 3)}$$

als gegeben zu betrachten; doch möge die explizite Angabe der Koeffizienten J_0 und $\tilde{J}_n$ vorerst unterbleiben, um der Theorie des strahlerregten Hohlresonators über den hier gewählten Ausgangspunkt hinaus später möglichst allgemeine Anwendungsgebiete zu erschließen.

c) Wir ergänzen die Kinematik der Trägheitsbewegung der Elektronen innerhalb des Kondensators, indem wir, vereinfachend und schematisierend, die in Wahrheit oszillierende Achsialgeschwindigkeit der einfallenden Elektronen durch deren mittlere Achsialgeschwindigkeit v_0 ersetzen. Damit sind wir zu der approximierten Darstellung der ebenen Elektronenströmung zwischen Eingangs- und Ausgangselektrode des Kondensators nach Ziffer IV 1 zurückgekehrt: Auf Grund der Kenntnis des Konvektionsstromes (IV 9, 3) im Verein mit der uniformisierten Elektronengeschwindigkeit v_0 findet man den Sekundärstrom [Influenzstrom] $J_s = J_s(\tau)$ der Elektroden, indem man den in (IV 9, 3) enthaltenen, zeitfreien Stromanteil unverändert läßt und die harmonischen Stromkomponenten der Ordnung $n \geqq 1$ je mit dem ihrer Kreisfrequenz $\omega^{(n)} = n\,\omega$ entsprechenden Elektronen-Kopplungsfaktor $k_{El}^{(n)}$ multipliziert; dieser geht aus (IV 1, 61) hervor, nachdem man ω mit $\omega^{(n)}$ und, in (IV 1, 60), v mit v_0 vertauscht hat:

$$k_{El}^{(n)} = \frac{\sin \frac{1}{2}\,\omega^{(n)}\,T_V}{\frac{1}{2}\,\omega^{(n)}\,T_V} = \frac{\sin \frac{1}{2}\,n\,\omega\,T_V}{\frac{1}{2}\,n\,\omega\,T_V} = \frac{\sin \frac{n}{2}\,\tau_V}{\frac{n}{2}\,\tau_V}; \qquad \tau_V = \omega\,T_V = \omega\,\frac{d}{v_0}. \qquad \text{(IV 9, 4)}$$

Aus (IV 9, 3) und (IV 9, 4) folgt

$$J_s = \mathrm{Re}\left[J_0 + \sum_{n=1}^{\infty} k_{El}^{(n)}\,\tilde{J}_n\,e^{-in\tau}\right] = \mathrm{Re}\left[J_0 + \sum_{n=1}^{\infty} \frac{\sin \frac{n}{2}\,\tau_V}{\frac{n}{2}\,\tau_V}\,\tilde{J}_n\,e^{-in\tau}\right]. \qquad \text{(IV 9, 5)}$$

Methodische Gründe lassen es angezeigt erscheinen, den in (IV 9, 5) eingehenden Gleichstrom J_0 als Grenzfall eines sehr langsam oszillierenden Wechselstromes $J_\varepsilon = J_\varepsilon(\tau)$ aufzufassen: Nach Wahl der positiv-reellen Zahl $\varepsilon \ll 1$ bilden wir die Kreisfrequenz $\omega^{(\varepsilon)} = \varepsilon\,\omega$ und definieren J_ε durch

$$J_\varepsilon = \mathrm{Re}\,[\tilde{J}_\varepsilon\, e^{-i\varepsilon\tau}]; \qquad \tilde{J}_\varepsilon \equiv J_0, \tag{IV 9, 6}$$

so daß

$$J_0 = \lim_{\varepsilon \to 0} J_\varepsilon(\tau) \tag{IV 9, 7}$$

resultiert.

Wir fassen nunmehr die Gesamtheit der unterschiedlichen Kreisfrequenzen $\omega^{(\varepsilon)}$ und $\omega^{(n)}$ formal in dem einheitlichen Zeichen ω' zusammen und verfahren ebenso mit den komplexen Amplituden $\tilde{J}_\varepsilon$ und $k_{El}^{(n)}\,\tilde{J}_n$ des Sekundärstromes, für welche wir weiterhin das Symbol $\tilde{J}_s'$ schreiben.

d) Wir zerlegen das elektrodynamische Feld des Hohlresonators in zwei Anteile:

1. Der *äußere Feldanteil* wird von Quellen gespeist, welche dem elektronischen Entladungssysteme nicht angehören.

2. Der *innere Feldanteil* ist genetisch mit dem Influenzstrome verknüpft.

Bei fester Größe des äußeren Feldanteiles und unverändert erhaltenen Betriebsbedingungen des Kathodenstrahles sind die *Maxwell-Lorentz*schen Gleichungen des inneren Feldanteiles *linear*. Daher resultiert der innere Feldanteil seinerseits aus jenen Komponenten, deren jede einer bestimmten Partialschwingung des Sekundärstromes entspricht. Der Kürze halber verwenden wir weiterhin die komplexen Amplituden aller Feldgrößen als Synonyma für diese selbst. Daher repräsentiert nunmehr das eine innere Komponentenfeld, welches durch den „eingeprägten" Strom $\tilde{J}_s'$ der Kreisfrequenz ω' erregt wird, auf Grund der oben verabredeten Bedeutung dieser Zeichen tatsächlich alle gleichzeitig auftretenden Komponentenfelder dieser Art, und die Analyse bereits des genannten Komponentenfeldes führt zu einer erschöpfenden Kenntnis ihrer Gesamtheit.

c) Mittels der Ebenen $z = \pm \frac{1}{2}\,d$ teilen wir den Hohlresonator gedanklich in den *Erregerbereich*

$$-\frac{1}{2}\,d \leqq z \leqq +\frac{1}{2}\,d \tag{IV 9, 8}$$

und den an diesen beiderseits symmetrisch anschließenden *Arbeitsbereich*

$$\frac{1}{2}\,d \leqq |z| \leqq l. \tag{IV 9, 9}$$

Beim Betrieb des Gerätes erscheint zwischen der Ausgangselektrode des Kondensators und seiner Eingangselektrode [in dieser Zählrichtung!] die sekundäre Spannung $\tilde{U}_s'$. Im Einklang mit der Dynamik ebener Elektronenströme nach Ziffer IV 1 haben wir daher den Influenzstrom $\tilde{J}_s'$ durch den Ladestrom $\tilde{J}_P'$ der Kondensator-Kapazität C

$$\tilde{J}_P' = -i\,\omega'\,C\,\tilde{U}_s' \tag{IV 9, 10}$$

zum wahren Strome

$$\tilde{J}_w' = \tilde{J}_P' + \tilde{J}_s' = -i\,\omega'\,C\,\tilde{U}_s' + \tilde{J}_s' \tag{IV 9, 11}$$

zu ergänzen. Im Sinne der konventionellen Zählrichtung tritt der wahre Strom von der Eingangselektrode des Kondensators in den unmittelbar anschließenden Teil $z \leqq \left(-\frac{1}{2}\,d\right)$ des Arbeitsgebietes ein und verläßt dieses wieder an der Ausgangselektrode des Kondensators. Auf Grund dieser formalen Vereinbarungen entspricht ein $\frac{\text{positiver}}{\text{negativer}}$ Wert der mittleren Leistung N' einer Energie-$\frac{\text{Ausgabe}}{\text{Einnahme}}$ des Arbeitsbereiches; da dieser nun zufolge der physikalischen Eigenschaften seiner Konstruktionselemente gewiß ein konservatives System darstellt, muß jene mittlere Leistung stets negativ ausfallen.

f) Um die grundlegenden elektrodynamischen Eigenschaften des Hohlresonators explizit kennenzulernen, spalten wir die Gesamtheit der in ihm verkehrenden Ströme in folgende Gruppen auf:

1. Die Leitungsströme im Mantel des Arbeitsbereiches und in den Elektroden des Kondensators.
2. Die Verschiebungsströme im Innern des gesamten Hohlresonators.
3. Der Konvektionsstrom des vorgegebenen Kathodenstrahles.

Im Betriebe des Gerätes sind dann, streng genommen, zwei Fälle zu unterscheiden:

α) Der Hohlresonator ist gegen magnetische Felder äußerer Herkunft vollständig abgeschirmt. Daher reduziert sich das in ihm aktive Magnetfeld auf jenen inneren Teil des Gesamtfeldes, welcher mit $\tilde{J}_s{}'$ verknüpft ist. Aus Gründen der Rotationssymmetrie entwickelt dann keine der vordem genannten Stromgruppen eine azimutale Komponente ihrer Dichte. Aus der Ersten *Maxwell*schen Gleichung [Durchflutungssatz] erschließen wir somit das Verschwinden der achsenparallelen [physikalischen] Komponente $\tilde{H}_z{}'$ der magnetischen Feldstärke

$$\tilde{H}_z{}' = 0. \qquad \text{(IV 9, 12)}$$

β) Es mag sein, daß der Kathodenstrahl durch ein relativ zu den Elektroden des Entladungsgefäßes ruhendes und zeitlich konstantes magnetisches Feld äußerer Herkunft gerichtet oder geführt wird, dessen Induktionsvektor B wesentlich achsenparallel weist [Ziffer V 1 und V 2]. Hat dieses Feld einen Einfluß auf die Elektrodynamik des inneren Feldanteiles?

Im Lichte des Induktionsgesetzes könnte man vermeinen, daß das genannte, äußere Magnetfeld wegen seines stationären Charakters in den leitenden Konstruktionselementen des Systemes keine Dauerströme hervorrufen kann und deshalb jedenfalls keinen Einfluß auf die oszillierenden Komponenten des Gesamtfeldes ausübt. Obwohl nun der erste Teil dieses Satzes gewiß zutrifft, ist der aus ihm gezogene Schluß dennoch nicht richtig. Denn der strahlkonzentrierende Effekt des äußeren Magnetfeldes beruht auf den *Lorentz*-Kräften, welche an den relativ zum genannten Felde sich bewegenden Elektronen angreifen; indem diese Kräfte die ursprünglich nahezu geradlinigen Elektronenbahnen in der Regel zu Schraubenkurven deformieren, erzeugen sie eine endliche Azimutalkomponente der Elektronenstromdichte. Da sich nun diese Drallwirkung auf den geschwindigkeitsmodulierten Kathodenstrahl als ganzes erstreckt, ist der Behauptung (IV 9, 12) nicht allein hinsichtlich der zeitfreien Komponente des inneren Magnetfeldes, sondern auch mit Bezug auf seine schwingenden Komponenten der Boden entzogen: Äußeres und inneres Magnetfeld sind durch die in ihrer funktionellen Struktur nichtlineare *Lorentz*-Kraft miteinander gekoppelt.

Ungeachtet dieser grundsätzlichen Erkenntnis werden wir uns weiterhin durchwegs auf Gl. (IV 9, 12) als Basis der Elektrodynamik des inneren Feldanteiles im Hohlresonator stützen, indem wir das magnetische Feld des Strahlstromes generell vernachlässigen; in der Tat beruhen die Gesetze der ebenen Elektronenströmung, deren wir uns in Gl. (IV 1, 5) bedienten, auf der Voraussetzung eines vernachlässigbar schwachen magnetischen Eigenfeldes der Trägerströme. Im Falle des vom äußeren Magnetfelde freien Hohlresonators bringt der verlangte Rechengang nur eine quantitative Ungenauigkeit von unschwer abschätzbarem Betrage mit sich. Arbeitet das Gerät jedoch mit einem äußeren magnetischen Konzentrationsfelde, so müssen wir uns dessen bewußt bleiben, daß wir mit der Zustimmung zu der genannten Vernachlässigung auf das Erfassen eines qualitativen Effektes verzichten: Die Feinstruktur des inneren Feldanteiles ist in Wahrheit von der Induktion des äußeren Magnetfeldes abhängig, kann somit innerhalb gewisser Grenzen willkürlich geregelt werden.

g) Wir statten den Mantel des Hohlresonators einschließlich der Kondensator-Elektroden vorübergehend mit der Eigenschaft der *Supraleitfähigkeit* aus

$$\varkappa \to \infty \qquad \text{(IV 9, 13)}$$

und gelangen durch diesen Prozeß zum „*vollkommenen*" *Hohlresonator*: Nur in seinem von Materie freien Innern kann das elektrodynamische Feld des Influenzstromes bestehen. Nachdem wir nun Gl. (IV 9, 12) als kennzeichnende Grundeigenschaft dieses Feldes angenommen haben, erweist sich seine elektrische Feldstärke $\tilde{E}'$ in jeder Ebene z = const. als wirbelfrei. Da überdies mit Rücksicht auf die Rotationssymmetrie des Systemes die azimutale [physikalische] Komponente $\tilde{E}_{\alpha}'$ dieser Feldstärke verschwindet

$$\tilde{E}_{\alpha}' = 0, \qquad \text{(IV 9, 14)}$$

verbleibt dort allein die [physikalische] Radialkomponente $\tilde{E}_r'$, welche somit aus einem elektrischen Skalarpotential

$$\tilde{\varphi}' = \tilde{\varphi}(z, r) \qquad \text{(IV 9, 15)}$$

nach der Vorschrift

$$E_r' = -\frac{\partial \tilde{\varphi}'}{\partial r} \qquad \text{(IV 9, 16)}$$

zu bilden ist.

Wir rufen den achsenparallelen *Hertz*schen Vektor $\tilde{Z}'$ zu Hilfe, dessen einzige, von Null verschiedene [physikalische] Komponente durch $\tilde{Z}'$ bezeichnet werde, und stellen $\tilde{\varphi}'$ als seine Quellendichte dar

$$\tilde{\varphi}' = \operatorname{div} \tilde{Z}' = \frac{\partial \tilde{Z}'}{\partial z}. \qquad \text{(IV 9, 17)}$$

Aus (IV 9, 16) und (IV 9, 17) entnehmen wir

$$\tilde{E}_r' = -\frac{\partial^2 \tilde{Z}'}{\partial r\, \partial z}. \qquad \text{(IV 9, 18)}$$

Im Innern des Hohlresonators sind die [physikalischen] Komponenten der elektrischen Verschiebungsstromdichte mit jenen der magnetischen Feldstärke $\widetilde{\mathrm{H}}'$ durch die Aussagen

$$-\mathrm{i}\,\omega'\,\varDelta\,\widetilde{\mathrm{E}}_{z'} = \frac{1}{\mathrm{r}}\frac{\partial(\mathrm{r}\cdot\widetilde{\mathrm{H}}_{\alpha'})}{\partial \mathrm{r}} - \frac{1}{\mathrm{r}}\frac{\partial\widetilde{\mathrm{H}}_{\mathrm{r}'}}{\partial\alpha}, \qquad \text{(IV 9, 19)}$$

$$-\mathrm{i}\,\omega'\,\varDelta\,\widetilde{\mathrm{E}}_{\mathrm{r}'} = \frac{1}{\mathrm{r}}\frac{\partial\widetilde{\mathrm{H}}_{z'}}{\partial\alpha} - \frac{\partial\widetilde{\mathrm{H}}_{\alpha'}}{\partial z}, \qquad \text{(IV 9, 20)}$$

$$-\mathrm{i}\,\omega'\,\varDelta\,\widetilde{\mathrm{E}}_{\alpha'} = \frac{\partial\widetilde{\mathrm{H}}_{\mathrm{r}'}}{\partial z} - \frac{\partial\widetilde{\mathrm{H}}_{z'}}{\partial \mathrm{r}} \qquad \text{(IV 9, 21)}$$

verknüpft; mit Rücksicht auf die Rotationssymmetrie des Systemes sowie mit Beachtung von (IV 9, 12) und (IV 9, 14) reduzieren sie sich auf

$$-\mathrm{i}\,\omega'\,\varDelta\,\widetilde{\mathrm{E}}_{z'} = \frac{1}{\mathrm{r}}\frac{\partial(\mathrm{r}\,\widetilde{\mathrm{H}}_{\alpha'})}{\partial \mathrm{r}}, \qquad \text{(IV 9, 22)}$$

$$-\mathrm{i}\,\omega'\,\varDelta\,\widetilde{\mathrm{E}}_{\mathrm{r}'} = -\frac{\partial\widetilde{\mathrm{H}}_{\alpha'}}{\partial z}, \qquad \text{(IV 9, 23)}$$

$$0 = \frac{\partial\widetilde{\mathrm{H}}_{\mathrm{r}'}}{\partial z}. \qquad \text{(IV 9, 24)}$$

Mit Rücksicht auf (IV 9, 18) genügen wir (IV 9, 23) durch

$$\widetilde{\mathrm{H}}_{\alpha'} = -\mathrm{i}\,\omega'\,\varDelta\,\frac{\partial\widetilde{Z}'}{\partial \mathrm{r}} \qquad \text{(IV 9, 25)}$$

und diese Relation führt nach ihrer Substitution in (IV 9, 22) auf

$$\widetilde{\mathrm{E}}_{z'} = \frac{1}{\mathrm{r}}\frac{\partial}{\partial \mathrm{r}}\left(\mathrm{r}\frac{\partial\widetilde{Z}}{\partial \mathrm{r}}\right). \qquad \text{(IV 9, 26)}$$

Schließlich befriedigen wir (IV 9, 24) durch

$$\widetilde{\mathrm{H}}_{\mathrm{r}'} = 0. \qquad \text{(IV 9, 27)}$$

Nach alledem verbleibt vom Induktionsgesetz nur noch die eine wesentliche Aussage

$$\frac{\partial\widetilde{\mathrm{E}}_{\mathrm{r}'}}{\partial z} - \frac{\partial\widetilde{\mathrm{E}}_{z'}}{\partial \mathrm{r}} = \mathrm{i}\,\omega'\,\varPi\cdot\widetilde{\mathrm{H}}_{\alpha'}, \qquad \text{(IV 9, 28)}$$

welche mit (IV 9, 18), (IV 9, 25) und (IV 9, 26) für den *Hertz*schen Vektor die partielle Differentialgleichung

$$\frac{\partial^2\widetilde{Z}'}{\partial z^2} + \frac{1}{\mathrm{r}}\frac{\partial}{\partial \mathrm{r}}\left(\mathrm{r}\frac{\partial\widetilde{Z}'}{\partial \mathrm{r}}\right) + \frac{\omega'^2}{\mathrm{c}^2}\widetilde{Z}' = 0; \qquad \mathrm{c}^2 = \frac{1}{\varPi\cdot\varDelta} \qquad \text{(IV 9, 29)}$$

liefert: Die *Wellengleichung* rotationssymmetrisch um die Systemachse verteilter Schwingungsvorgänge der Kreisfrequenz ω', welche sich mit der Vakuumgeschwindigkeit c des Lichtes ausbreiten. Nach (IV 9, 13) unterliegen sie im Innern des Hohlresonators den Randbedingungen

$$\widetilde{\mathrm{E}}_{z'} = \frac{1}{\mathrm{r}}\frac{\partial}{\partial \mathrm{r}}\left(\mathrm{r}\frac{\partial\widetilde{Z}'}{\partial \mathrm{r}}\right) = 0 \quad \text{für} \quad \begin{array}{ll} \mathrm{r} = \mathrm{a}; & \frac{1}{2}\mathrm{d} \leqq |z| \leqq 1 \\ \mathrm{r} = \mathrm{A}; & 0 \leqq |z| \leqq 1 \end{array} \qquad \text{(IV 9, 30)}$$

sowie

$$\widetilde{E}_{r}' = -\frac{\partial^2 \widetilde{Z}'}{\partial r\, \partial z} = 0 \qquad \text{für} \qquad \begin{matrix} 0 \leqq r \leqq a; & |z| = \frac{1}{2} d \\ a \leqq r \leqq A; & |z| = l. \end{matrix} \qquad \text{(IV 9, 31)}$$

Der Kurzschluß des elektrischen Feldes längs der leitenden Wände des Hohlresonators wird von einer in diesen stattfindenden *Leitungsströmung* begleitet. Um über deren Intensität Auskunft zu erhalten, bilden wir aus dem magnetischen Felde (IV 9, 25) je in festen Ebenen z längs der Kreise vom Halbmesser r die magnetische Umlaufspannung

$$\widetilde{M}'(z, r) = 2\pi r\, \widetilde{H}_{\alpha}' = -i\, \omega' \varDelta \cdot 2\pi r \frac{\partial \widetilde{Z}'}{\partial r}, \qquad \text{(IV 9, 32)}$$

Auf Grund des Durchflutungssatzes liefert der Grenzwert dieser Spannung für $a < r \to a$ die längs der Innenrohre $\frac{d}{2} \leqq |z| \leqq l$ parallel der z-Achse als positiv gezählte Stromstärke

$$\widetilde{J}_a' = -i\, \omega' \varDelta \cdot 2\pi a \cdot \left(\frac{\partial \widetilde{Z}'}{\partial r}\right)_{r=a}; \qquad \frac{d}{2} \leqq |z| \leqq l \qquad \text{(IV 9, 33)}$$

und ebenso der Spannungsgrenzwert für $A > r \to A$ die längs des Außenrohres $0 \leqq |z| \leqq l$ antiparallel der z-Achse als positiv gezählte Stromstärke

$$\widetilde{J}_A' = -i\, \omega' \varDelta \cdot 2\pi A \cdot \left(\frac{\partial \widetilde{Z}'}{\partial r}\right)_{r=A}; \qquad 0 \leqq |z| \leqq l. \qquad \text{(IV 9, 34)}$$

Ähnlich findet man aus der magnetischen Umlaufspannung für $\pm \frac{1}{2} d \gtrless z \to \pm \frac{1}{2} d$ längs $0 \leqq r \leqq a$ den radial nach $\begin{matrix}\text{außen} \\ \text{innen}\end{matrix}$ fließenden Strom der Elektroden

$$\widetilde{J}_{\pm \frac{d}{2}} = -i\, \omega' \varDelta\, 2\pi r \left(\frac{\partial \widetilde{Z}'}{\partial r}\right)_{z = \pm \frac{d}{2}}; \qquad 0 \leqq r \leqq a \qquad \text{(IV 9, 35)}$$

und schließlich für $\pm l \gtrless z \to \pm l$ längs $a \leqq r \leqq A$ den radial nach $\begin{matrix}\text{außen} \\ \text{innen}\end{matrix}$ fließenden Ringstrom

$$\widetilde{J}'_{\pm l} = -i\, \omega' \varDelta\, 2\pi r \left(\frac{\partial \widetilde{Z}'}{\partial r}\right)_{z = \pm l}; \qquad a \leqq r \leqq A. \qquad \text{(IV 9, 36)}$$

h) Wir setzen weiterhin

$$d \ll 2l \qquad \text{(IV 9, 37)}$$

voraus. Da wir nun die Feldstruktur des Erregerbereiches $0 \leqq |z| \leqq \frac{1}{2} d$ als Träger der ebenen Elektronenströmung bereits festgelegt und in (IV 9, 11) quantitativ erfaßt haben, dürfen wir uns weiterhin auf das elektrodynamische Feld des Arbeitsbereiches beschränken und die Randbedingungen (IV 9, 30), (IV 9, 31) durch die einfacheren Vorschriften

$$\frac{1}{r} \frac{\partial}{\partial r}\left(r \frac{\partial \widetilde{Z}'}{\partial r}\right) = 0 \qquad \text{für} \qquad r = \begin{matrix} a \\ A \end{matrix}; \qquad \frac{1}{2} d \leqq |z| \leqq l \qquad \text{(IV 9, 38)}$$

sowie

$$-\frac{\partial^2 \widetilde{Z}'}{\partial r\,\partial z} = 0 \qquad \text{für} \qquad a \leqq r \leqq A; \qquad |z| = l \qquad \text{(IV 9, 39)}$$

ersetzen. Der Erregerbereich erscheint dann, im Einklang mit der früher vereinbarten positiven Zählrichtung des wahren Stromes, als ,,Verbraucher'', so daß wir gemäß (IV 9, 33)

$$\pm \widetilde{J}_w' = \mp \widetilde{J}_a' = \pm i\,\omega' \Delta\, 2\pi a \left(\frac{\partial \widetilde{Z}'}{\partial r}\right)_{r=a} \qquad \text{für} \qquad z = \pm \frac{1}{2} d \qquad \text{(IV 9, 40)}$$

zu fordern haben.

Da die beiden Zweige $\pm \frac{1}{2} d \lesseqgtr z \lesseqgtr \pm l$ des Arbeitsbereiches einander in ihrem elektrodynamischen Verhalten spiegelbildlich entsprechen, genügt es, etwa den in $\frac{1}{2} d \leqq z \leqq l$ gelegenen Zweig zu untersuchen.

Wir genügen zunächst der Randbedingung (IV 9, 38) mittels jener ,,Hauptlösung'', deren achsenparallele elektrische Feldkomponente durch die dem *Hertz*schen Vektor auferlegte Bedingung

$$\frac{\partial^2 \widetilde{Z}'}{\partial z^2} + \frac{\omega'^2}{c^2} \widetilde{Z}' = 0 \qquad \text{(IV 9, 41)}$$

identisch zum Verschwinden gebracht wird. Um gleichzeitig auch (IV 9, 39) zu befriedigen, wählen wir als Integral der Differentialgleichung (IV 9, 41) die Funktion

$$\widetilde{Z}' = \widetilde{R}(r) \cos \frac{\omega'}{c} (l - z), \qquad \text{(IV 9, 42)}$$

deren komplexe Amplitude $\widetilde{R}(r)$, wie durch deren Schreibweise bereits angedeutet wurde, lediglich von der Radialdistanz r abhängt. In der Tat folgt durch Substitution von (IV 9, 42) in (IV 9, 29) für $\widetilde{R}(r)$ die gewöhnliche Differentialgleichung

$$\frac{1}{r} \frac{d}{dr} \left(r \frac{d\widetilde{R}}{dr}\right) = 0. \qquad \text{(IV 9, 43)}$$

Da in ihrer Lösung eine physikalisch belanglose, additive Konstante willkürlich gewählt werden darf, setzen wir

$$\widetilde{R} = 0 \qquad \text{für} \qquad r = A \qquad \text{(IV 9, 44)}$$

fest. Mit Hilfe einer noch zu bestimmenden, wesentlichen Integrationskonstanten $\widetilde{K}$ folgt aus (IV 9, 43) und (IV 9, 44)

$$\widetilde{R} = \widetilde{K} \ln \frac{A}{r}, \qquad \text{(IV 9, 45)}$$

so daß als *Hertz*scher Vektor die Funktion

$$\widetilde{Z}' = \widetilde{K} \ln \frac{A}{r} \cdot \cos \frac{\omega'}{c} (l - z) \qquad \text{(IV 9, 46)}$$

resultiert; das elektrische Skalarpotential lautet somit

$$\widetilde{\varphi}'(z, r) = \widetilde{K} \frac{\omega'}{c} \ln \frac{A}{r} \cdot \sin \frac{\omega'}{c} (l - z). \qquad \text{(IV 9, 47)}$$

Wir entnehmen dieser Gleichung zunächst das Potential $\tilde{\varphi}_+'$ der in $z = \frac{1}{2} d$ gelegenen Kondensator-Elektrode

$$\tilde{\varphi}_+' = \tilde{\varphi}'\left(\frac{d}{2}, a\right) = \tilde{K}\,\frac{\omega'}{c} \ln \frac{A}{a} \cdot \sin \frac{\omega'}{c}\left(l - \frac{d}{2}\right). \qquad \text{(IV 9, 48)}$$

Aus Symmetriegründen ergibt sich dann das Potential $\tilde{\varphi}_-'$ der in $z = -\frac{1}{2} d$ befindlichen Kondensator-Elektrode zu

$$\tilde{\varphi}_-' = -\tilde{\varphi}_+''. \qquad \text{(IV 9, 49)}$$

Da wir verabredungsgemäß das innere Magnetfeld im Erregerbereiche außer acht lassen, besteht zwischen der Kondensatorspannung $\tilde{U}_s'$ und den Elektrodenpotentialen die Beziehung

$$\tilde{U}_s' = \tilde{\varphi}_+' - \tilde{\varphi}_-' = 2\,\tilde{K}\,\frac{\omega'}{c} \ln \frac{A}{a} \sin \frac{\omega'}{c}\left(l - \frac{d}{2}\right), \qquad \text{(IV 9, 50)}$$

welcher wir

$$\tilde{K} = \frac{\tilde{U}_s'}{2\,\frac{\omega'}{c} \ln \frac{A}{a} \sin \frac{\omega'}{c}\left(l - \frac{d}{2}\right)} \qquad \text{(IV 9, 51)}$$

entnehmen. Nach (IV 9, 18) berechnen wir aus (IV 9, 47) die elektrische Feldstärke zu

$$\tilde{E}_r' = \frac{\tilde{U}_s'}{2 \ln \frac{A}{a} \cdot \sin \frac{\omega'}{c}\left(l - \frac{d}{2}\right)} \cdot \frac{\sin \frac{\omega'}{c}(l - z)}{r}. \qquad \text{(IV 9, 52)}$$

während gemäß (IV 9, 25) die magnetische Feldstärke zu

$$\tilde{H}_\alpha' = i\,\frac{\tilde{U}_s'}{2\sqrt{\frac{\Pi}{\Delta}} \ln \frac{A}{a} \sin \frac{\omega'}{c}\left(l - \frac{d}{2}\right)} \cdot \frac{\cos \frac{\omega'}{c}(l - z)}{r} \qquad \text{(IV 9, 53)}$$

folgt. Mittels der Vorschriften (IV 9, 33) und (IV 9, 34) schließen wir aus (IV 9, 53) auf die Ströme $\tilde{J}_a'$ und $\tilde{J}_A'$:

$$\tilde{J}_a' = \tilde{J}_A' = i\pi\,\frac{\tilde{U}_s'}{\sqrt{\frac{\Pi}{\Delta}} \ln \frac{A}{a} \sin \frac{\omega'}{c}\left(l - \frac{d}{2}\right)} \cos \frac{\omega'}{c}(l - z) \qquad \text{(IV 9, 54)}$$

und ebenso mittels (IV 9, 36) auf den Ringstrom

$$\tilde{J}_e' = i\pi\,\frac{\tilde{U}_s'}{\sqrt{\frac{\Pi}{\Delta}} \ln \frac{A}{a} \sin \frac{\omega'}{c}\left(l - \frac{d}{2}\right)}. \qquad \text{(IV 9, 55)}$$

i) Wir spezialisieren (IV 9, 54) auf $z = \frac{1}{2} d$ und erhalten nach (IV 9, 40) den wahren Strom

$$\tilde{J}_w' = -i\pi \frac{\tilde{U}_s'}{\sqrt{\frac{\Pi}{\Delta}\ln\frac{A}{a}}} \operatorname{cotg}\frac{\omega'}{c}\left(l-\frac{d}{2}\right). \qquad \text{(IV 9, 56)}$$

Durch Verbindung dieser Gleichung mit (IV 9, 11) finden wir also die Relation

$$-i\pi \frac{\tilde{U}_s'}{\sqrt{\frac{\Pi}{\Delta}\ln\frac{A}{a}}} \cdot \operatorname{cotg}\frac{\omega'}{c}\left(l-\frac{d}{2}\right) = -i\,\omega' C\,\tilde{U}_s' + \tilde{J}_s'. \qquad \text{(IV 9, 57)}$$

Das aus ihr berechnete Verhältnis

$$\tilde{g}' = \frac{\tilde{J}_s'}{\tilde{U}_s'} = i\left[\omega' C - \frac{\pi}{\sqrt{\frac{\Pi}{\Delta}\ln\frac{A}{a}}} \operatorname{cotg}\frac{\omega'}{c}\left(l-\frac{d}{2}\right)\right] \qquad \text{(IV 9, 58)}$$

definiert den *komplexen Leitwert* des vollkommenen Hohlresonators. Die Gesamtheit derjenigen Kreisfrequenzen ω', für welche $\tilde{g}'$ verschwindet, führt somit — da $\tilde{J}_s'$ als „eingeprägter" Strom festen Betrages vorausgesetzt wurde — zu einem resonanzhaften Anstieg $|\tilde{U}_s'| \to \infty$ des Spannungsbetrages. Allerdings ist dieser Schluß nur im mathematischen Sinne richtig. Denn tatsächlich wird durch die anwachsende Sekundärspannung die Dynamik des erregenden Kathodenstrahles bei seiner Passage durch den Kondensator gegenüber der früher vorausgesetzten Trägheitskinematik derart verändert, daß die Annahme eines auch dann noch festen Betrages von $\tilde{J}_s'$ unhaltbar wird.

k) Der vordem gebrauchte Begriff der Resonanz, und mit ihm die Bezeichnung des gesamten Systemes als Hohlresonator, wird dem physikalischen Verständnis an Hand einer neuen Interpretation der Gleichung (IV 9, 58) erschlossen: Statt das Verschwinden des komplexen Leitwertes $\tilde{g}'$ funktionell an den Grenzprozeß $|\tilde{U}_s'| \to \infty$ zu binden, wie es oben geschah, gelangen wir zu dem nämlichen Schlusse durch die Annahme einer endlich bleibenden Spannung $\tilde{U}_s'$ bei gleichzeitig gegen Null konvergierendem Strome $\tilde{J}_s'$: Die Geschwindigkeitsmodulation des Kathodenstrahles oder dieser selbst ist unterbrochen worden; wir haben es mit den *Eigenschwingungen* des vollkommenen Hohlresonators zu tun. Führen wir durch

$$\Omega' = \frac{\omega'}{c}\left(l-\frac{d}{2}\right) \qquad \text{(IV 9, 59)}$$

die ω' zugeordnete, *numerische Kreisfrequenz* ein, so definieren also die Wurzeln der transzendenten Gleichung

$$\operatorname{cotg}\Omega' = \left[\frac{C}{\Delta\left(l-\frac{1}{2}d\right)}\,\frac{\ln\frac{A}{a}}{\pi}\right]\Omega' \qquad \text{(IV 9, 60)}$$

die Gesamtheit der numerischen Eigen-Kreisfrequenzen des Systemes; sie können durch die in Abb. IV 200 angegebene Konstruktion graphisch ermittelt werden.

Häufig genügen die Daten des Hohlresonators der Ungleichung

$$\frac{C}{\Delta\left(1-\frac{1}{2}\,d\right)} \cdot \frac{\ln\frac{A}{a}}{\pi} \gg 1. \qquad \text{(IV 9, 61)}$$

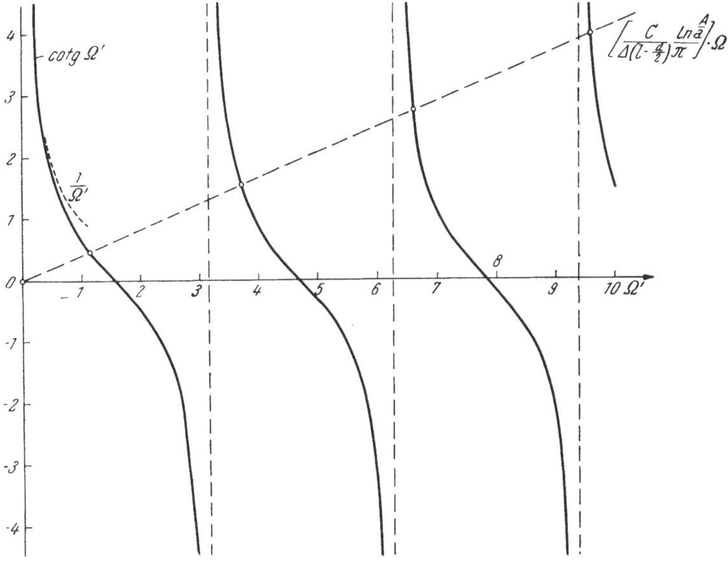

Abb. IV 200. Ermittlung der Eigenschwingungen des zylindrischen Hohlresonators.

Die kleinste positive Lösung Ω_0' der Gl. (IV 9, 60) ergibt sich dann in hinreichender Genauigkeit mittels Approximation der cotg-Funktion durch den Kehrwert ihres Argumentes aus

$$\frac{1}{\Omega_0'} = \left[\frac{C}{\Delta\left(1-\frac{1}{2}\,d\right)} \, \frac{\ln\frac{A}{a}}{\pi}\right] \Omega_0'. \qquad \text{(IV 9, 62)}$$

Kehrt man mittels (IV 9, 59) zur natürlichen Kreisfrequenz ω_0' zurück, so erkennt man in (IV 9, 62) die *Thomson*sche Frequenzgleichung

$$\omega_0'^2\, C\, \Pi\left(1-\frac{1}{2}\,d\right) \frac{\ln\frac{A}{a}}{\pi} = 1. \qquad \text{(IV 9, 63)}$$

Unter der Bedingung (IV 9, 61) darf man somit den vollkommenen Hohlresonator hinsichtlich seiner niedrigsten Eigenfrequenz durch die Parallelschaltung der Elektrodenkapazität C mit der Induktivität

$$L = \Pi \cdot 2\left(l - \frac{d}{2}\right)\frac{\ln\frac{A}{a}}{2\pi} \qquad \text{(IV 9, 64)}$$

der beiden Hohlzylinder des Arbeitsbereiches ersetzen; in diesem Grenzfalle durchfließt der Leitungsstrom den Mantel des Arbeitsbereiches in räumlich konstanter Stärke.

Wir ergänzen die Frequenzberechnung der Eigenschwingungen durch die *Bilanz der Freien Energie* F', welche der Schwingung ω' bei der Spannung $\widetilde{U}_s'$ zugeordnet ist. Wie üblich, sei unter dem Zeichen $|\widetilde{U}_s'|^2$ der quadratische Mittelwert der Spannung $\widetilde{U}_s'$ verstanden; entsprechend verfahren wir mit allen übrigen, durch ihre komplexen Amplituden intensitätsmäßig beschriebenen Feldgrößen.

Wir beginnen mit der Berechnung des zeitlichen Mittelwertes $\overline{F_{el}'}$ der Freien *elektrischen* Energie; sie besteht aus zwei Teilen:

1. Die Freie Energie $\overline{F}'_{el,I}$ des Kondensators

$$\overline{F}'_{el,I} = \frac{1}{2} C\, |\widetilde{U}_s'|^2. \qquad \text{(IV 9, 65)}$$

2. Die Freie Energie $\overline{F}'_{el,II}$ des elektrischen Feldes beider Zweige des Arbeitsbereiches

$$\overline{F}'_{el,II} = 2\frac{\Delta}{2}\int\limits_{r=a}^{A}\;\int\limits_{z=\frac{1}{2}d}^{l} |\widetilde{E}_r'|^2\, 2\pi\, r\, dr\, dz. \qquad \text{(IV 9, 66)}$$

Mit Rücksicht auf (IV 9, 52) und (IV 9, 59) findet man für (IV 9, 66) explizit

$$\overline{F}'_{el,II} = 2\frac{\Delta}{2}\frac{\pi}{4}|\widetilde{U}_s'|^2\frac{l-\frac{1}{2}d}{\ln\frac{A}{a}}\left\{\frac{1}{\sin^2\Omega'} - \frac{\operatorname{cotg}\Omega'}{\Omega'}\right\}. \qquad \text{(IV 9, 67)}$$

Aus (IV 9, 65) und (IV 9, 67) folgt

$$\overline{F}'_{el} = \overline{F}'_{el,I} + \overline{F}_{el,II} = \frac{1}{2}|\widetilde{U}_s'|^2\left[C + \Delta\frac{\pi}{2}\frac{l-\frac{1}{2}d}{\ln\frac{A}{a}}\left\{\frac{1}{\sin^2\Omega'} - \frac{\operatorname{cotg}\Omega'}{\Omega'}\right\}\right] \qquad \text{(IV 9, 68)}$$

Im Gegensatz zum elektrischen Felde, welches den gesamten Hohlresonator erfüllt, beschränkt sich das magnetische Feld voraussetzungsgemäß auf die beiden Zweige des Arbeitsbereiches. Daher ergibt sich der zeitliche Mittelwert $\overline{F}_m'$ der Freien magnetischen Energie aus

$$\overline{F}_m' = 2\frac{\Pi}{2}\int\limits_{r=a}^{A}\;\int\limits_{z=\frac{d}{2}}^{l} |\widetilde{H}_\varphi'|^2\, 2\pi\, r\, dr\, dz, \qquad \text{(IV 9, 69)}$$

also, mit (IV 9, 53) und (IV 9, 59)

$$\overline{F}_m' = 2 \cdot \frac{\Delta}{2} \cdot \frac{\pi}{4} |\widetilde{U}_s'|^2 \frac{l - \frac{1}{2} d}{\ln \frac{A}{a}} \left\{ \frac{1}{\sin^2 \Omega'} + \frac{\operatorname{cotg} \Omega'}{\Omega'} \right\} \quad \text{(IV 9, 70)}$$

Auf Grund der Frequenzgleichung (IV 9, 60) besteht somit zwischen dem elektrischen und dem magnetischen Anteil der Freien Energie die einfache Relation

$$\overline{F}_{el}' = \overline{F}_m', \quad \text{(IV 9, 71)}$$

so daß man für ihre Summe

$$\overline{F}' = \overline{F}_{el}' + \overline{F}_m' = \frac{1}{2} |\widetilde{U}_s'|^2 \Delta \pi \frac{l - \frac{1}{2} d}{\ln \frac{A}{a}} \left\{ \frac{1}{\sin^2 \Omega'} + \frac{\operatorname{cotg} \Omega'}{\Omega'} \right\} \quad \text{(IV 9, 72)}$$

erhält.

l) Der vollkommene Hohlresonator zeichnet sich durch einen rein imaginären Leitwert $\widetilde{g}'$ aus und offenbart in dieser seiner formalen Eigenschaft die *Reversibilität* aller in ihm stattfindenden Energiewandlungen. Diese Sachlage ändert sich, sobald wir (IV 9, 13) aufgeben und durch die Annahme einer *endlichen* Leitfähigkeit $\varkappa$ seiner leitenden, aktiven Konstruktionselemente zum wirklichen Hohlresonator zurückkehren: Das elektromagnetische Feld des „eingeprägten" Sekundärstromes, das vordem auf das Innere des Hohlresonators beschränkt war, fällt nunmehr von dorther in die Wandungen ein und verursacht in diesen die Entstehung *Joule*scher Wärme; derjenige Teil des Feldes, welcher die Wandungen zu durchdringen vermag, veranlaßt eine vom Hohlresonator nach allen Seiten sich ausbreitende *Strahlung*. Der Integralwert aller dieser *irreversiblen* Effekte wird in der mittleren Leistung des Sekundärstromes und der Sekundärspannung manifest.

Es ist nicht unsere Absicht, den geschilderten Vorgängen in allen Einzelheiten nachzugehen, sondern wir begnügen uns mit deren angenäherter Berechnung: Ausgehend von einem vorgegebenen, stets endlichen Werte der Spannung $\widetilde{U}_s'$ sei folgenden vereinfachenden Annahmen zugestimmt:

1. Der mit dem Influenzstrom $\widetilde{J}_s'$ genetisch verknüpfte Anteil des magnetischen Feldes im materiefreien Innern des wirklichen Hohlresonators stimme mit jenem des vollkommenen Hohlresonators nach Gl. (IV 9,53) merklich überein; die dort gesammelte Freie magnetische Energie wird demnach hinreichend genau durch (IV 9, 70) gemessen.

2. Die Rückwirkung der in die Wandungen eindringenden elektromagnetischen Wellen auf die Freie elektrische Energie im materiefreien Innern des Hohlresonators sei unmerklich schwach, so daß Gl. (IV 9, 68) nach wie vor über den Betrag dieser Energie Auskunft erteilt.

3. Die Freie Energie der Felder, welche in die Wandungen des Hohlresonators einfallen oder sie durchdringen, wird systematisch vernachlässigt: Die gesamte, Freie Energie auch des wirklichen Hohlresonators wird durch (IV 9, 72) in ausreichender Genauigkeit erfaßt.

4. Nach Ausschluß der gegen Null konvergierenden Kreisfrequenz ω_ε seien die in ω' symbolisch zusammengefaßten Kreisfrequenzen — auf die

wir uns fortan beschränken — so hoch, daß die in die Wandung des Hohlresonators eindringenden Zylinderwellen als fast eben gelten dürfen.

m) Nach Wahl eines hinreichend kleinen Elementes dS der aktiven, inneren Grenzfläche des Mantels ersetzen wir das bisher benutzte Bezugssystem der Zylinderkoordinaten z, r, α durch ein rechtshändiges, *Kartesisches* System ξ, η, ζ; sein Ursprung koinzidiert nach Abb. IV 201 mit einem Punkte von dS, die ξ-Achse weise normal in den Leiter hinein, während die η-Achse jeweils einer Ebene $z = \text{const.}$ angehöre und in Richtung wachsenden Azimutes positiv gezählt werde.

Auf Grund dieser Festsetzungen reduziert sich im Innern des Leiters die magnetische Feldstärke auf ihre parallel der η-Achse orientierte Komponente, die wir, ohne Unklarheiten ausgesetzt zu sein, durch ihre komplexe Amplitude $\tilde{\vec{H}}' = \tilde{\vec{H}}'(\xi)$ kennzeichnen. Durch die zeitliche Änderung der ihr entsprechend der [relativen] Permeabilität μ des Mantels zugeordneten Induktion

$$\tilde{\vec{B}}' = \tilde{\vec{B}}'(\xi) = \Pi \mu \tilde{\vec{H}}' \qquad \text{(IV 9, 73)}$$

entsteht im Leiter ein elektrisches Feld parallel der ζ-Achse, für dessen Stärke [komplexe Amplitude] wir das Zeichen $\tilde{\vec{E}}' = \tilde{\vec{E}}'(\zeta)$ benutzen. Vermöge des *Ohm*schen Gesetzes der parallel zu $\tilde{\vec{E}}'$ gerichteten Stromdichte

$$\tilde{\vec{j}}' = \varkappa \tilde{\vec{E}}' \qquad \text{(IV 9, 74)}$$

liefert der Durchflutungssatz die Relation

$$\frac{d\tilde{\vec{H}}'}{d\xi} = \varkappa \tilde{\vec{E}}'. \qquad \text{(IV 9, 75)}$$

Sei nun μ merklich gleich 1, so ergibt das Induktionsgesetz

$$\frac{d\tilde{\vec{E}}'}{d\xi} = -i\,\omega' \Pi \tilde{\vec{H}}'. \qquad \text{(IV 9, 76)}$$

Aus (IV 9, 75) und (IV 9, 76) resultiert nach Elimination von $\tilde{\vec{E}}'$ für $\tilde{\vec{H}}'$ die Differentialgleichung

$$\frac{d^2\tilde{\vec{H}}'}{d\xi^2} + i\,\omega' \Pi \varkappa \tilde{\vec{H}}' = 0. \qquad \text{(IV 9, 77)}$$

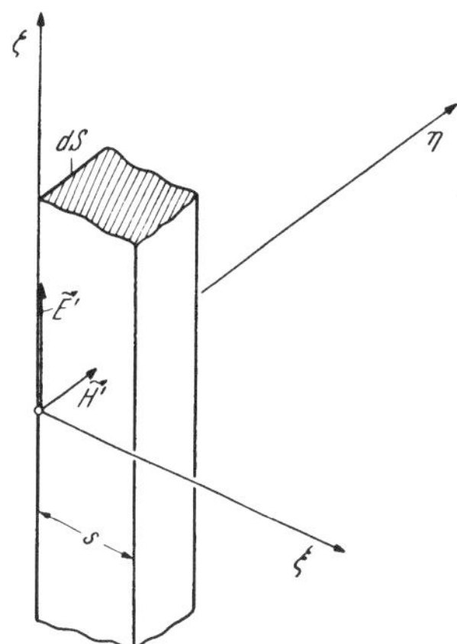

Abb. IV 201. Struktur des elektromagnetischen Feldes an der Wand des Hohlresonators.

Auf Grund der Stetigkeit der tangentiell zu dS orientierten Komponente des magnetischen Feldes gleicht die Größe seiner komplexen Amplitude in $\xi = 0$ dem dort aus (IV 9, 53) zu entnehmenden Werte $\tilde{\vec{H}}^{\alpha\prime} \to \tilde{\vec{H}}_0'$:

$$\tilde{\vec{H}}' = \tilde{\vec{H}}_0' \qquad \text{für} \qquad \xi = 0. \qquad \text{(IV 9, 78)}$$

Wir gehen nun vorübergehend zu einem Mantel von unendlicher Wandstärke über

$$s \to \infty. \qquad \text{(IV 9, 79)}$$

Zufolge (IV 9, 78) und (IV 9, 79) wird das in den Leiter eindringende Magnetfeld surch

$$\tilde{\vec{H}}' = \tilde{\vec{H}}_0' \, e^{-\sqrt{i\,\omega' \Pi \varkappa}\,\zeta} \qquad \text{(IV 9, 80)}$$

dargestellt, sofern wir unter dem Zeichen $\sqrt{i}$ die komplexe Zahl

$$\sqrt{i} = \frac{1 + i}{\sqrt{2}} \qquad \text{(IV 9, 81)}$$

verstehen. Gemäß (IV 9, 80) und (IV 9, 81) wird also der absolute Betrag des Magnetfeldes beim Durchschreiten der „Eindringtiefe"

$$\delta = \sqrt{\frac{2}{\omega' \Pi \varkappa}} \qquad \text{(IV 9, 82)}$$

auf den e-ten Teil seines Anfangswertes (IV 9, 78) geschwächt.

Kehren wir nun von (IV 9, 79) zu einem Mantel von endlicher Wandstärke zurück, so tritt zu der bisher allein in Rechnung gestellten eindringenden Feldwelle die in $\xi = s$ entstehende, reflektierte Welle; sie darf indes als unmerklich schwach vernachlässigt werden, falls die Ungleichung

$$s \gg \delta \qquad \text{(IV 9, 83)}$$

erfüllt ist. In Umkehrung unseres bisher deduktiven Gedankenganges deuten wir weiterhin diese Bedingung als *Konstruktionsvorschrift des Resonatormantels* für die Gesamtheit aller betrieblich zugelassenen Kreisfrequenzen ω', so daß sich nunmehr die Analyse der außerhalb des Mantels auftretenden Strahlungsfelder deren Kleinheit halber erübrigt. Indem wir uns demnach auf Gl. (IV 9, 80) als stets hinreichend genaue Darstellung des Magnetfeldes im Mantel stützen, finden wir gemäß (IV 9, 75) das zugehörige elektrische Feld in

$$\widetilde{E}' = -\frac{1}{\varkappa} \sqrt{i\, \omega' \Pi \varkappa}\, \widetilde{H}' = -\frac{1+i}{\varkappa \delta} \widetilde{H}'. \qquad \text{(IV 9, 84)}$$

Als Leistung N' des Hohlresonators haben wir die Gesamtheit aller jener elektromagnetischen Energieströme definiert, welche seinen Arbeitsbereich verlassen. Bezeichne $\overleftarrow{E}'$ die zu $\widetilde{E}'$ konjugiert-komplexe Amplitude, so liefert der *Poynting*sche Satz für den Leistungsbeitrag dN' des Flächenelementes dS die Aussage

$$dN' = dS \operatorname{Re} [\overleftarrow{E}' \widetilde{H}']_{\zeta=0} = -\frac{dS}{\varkappa \delta} |\widetilde{H}_0'|^2. \qquad \text{(IV 9, 85)}$$

Wir kehren jetzt zu dem ursprünglichen Zylinder-Koordinatensystem zurück und erhalten als Leistung beider Zweige des Arbeitsbereiches die Summe

$$N' = 2 [N_a' + N_A' + N_l'] \qquad \text{(IV 9, 86)}$$

mit

$$N_a' = -\frac{1}{\varkappa \delta} \int_{z=\frac{1}{2}d}^{l} |\widetilde{H}_{\alpha'}|^2_{r=a} \cdot 2\pi a \cdot dz = -\frac{1}{\varkappa \delta 2\pi a} \int_{z=\frac{1}{2}d}^{l} |\widetilde{J}_a'|^2 dz, \qquad \text{(IV 9, 87)}$$

$$N_A' = -\frac{1}{\varkappa \delta} \int_{z=\frac{1}{2}d}^{l} |\widetilde{H}_{\alpha'}|^2\, 2\pi A\, dz = -\frac{1}{\varkappa \delta 2\pi A} \int_{z=\frac{1}{2}d}^{l} |\widetilde{J}_A'|^2\, dz, \qquad \text{(IV 9, 88)}$$

$$N_l' = -\frac{1}{\varkappa \delta} \int_{r=a}^{A} |\widetilde{H}_{\alpha'}|^2\, 2\pi r\, dr = -\frac{\ln \frac{A}{a}}{\varkappa \delta 2\pi} |\widetilde{J}_l'|^2. \qquad \text{(IV 9, 89)}$$

Mit Rücksicht auf (IV 9, 54) und (IV 9, 59) berechnet man

$$\int\limits_{z=\frac{1}{2}d}^{l} |\tilde{J}_a'|^2 \, dz = \int\limits_{z=\frac{1}{2}d}^{l} |\tilde{J}_A'|^2 \, dz = |\tilde{U}_s'|^2 \cdot$$

$$\cdot \frac{\Delta}{\Pi} \left(\frac{\pi}{\ln \frac{A}{a} \cdot \sin \Omega'} \right)^2 \frac{l - \frac{1}{2} d}{2} \left(1 + \frac{\sin \Omega' \cos \Omega'}{\Omega'} \right), \qquad \text{(IV 9, 90)}$$

während man aus (IV 9, 55)

$$|\tilde{J}_e'|^2 = |\tilde{U}_s'|^2 \frac{\Delta}{\Pi} \left(\frac{\pi}{\ln \frac{A}{a} \sin \Omega'} \right)^2 \qquad \text{(IV 9, 91)}$$

entnimmt. Durch Substitution dieser Ausdrücke in (IV 9, 86) findet man also

$$N' = - |\tilde{U}_s'|^2 \frac{\Delta}{\Pi} \frac{\pi}{\varkappa \delta} \frac{1}{\ln \frac{A}{a}} \cdot$$

$$\cdot \left[\frac{l - \frac{1}{2} d}{2 \ln \frac{A}{a}} \left(\frac{1}{A} + \frac{1}{a} \right) \left(\frac{1}{\sin^2 \Omega'} + \frac{\operatorname{cotg} \Omega'}{\Omega'} \right) + \frac{1}{\sin^2 \Omega'} \right] . \qquad \text{(IV 9, 92)}$$

Die algebraische Form dieser Gleichung gestattet es, die Gesamtheit aller im Hohlresonator auftretenden Verluste modellmäßig in einem *reellen Wirkleitwert* g_W' zu erfassen, welcher den Elektroden des Kondensators parallelgeschaltet zu denken ist:

$$g_W' = - \frac{N'}{|\tilde{U}_s'|^2} = \frac{\Delta}{\Pi} \frac{\pi}{\varkappa \delta} \frac{1}{\ln \frac{A}{a}} \cdot$$

$$\cdot \left[\frac{l - \frac{1}{2} d}{2 \ln \frac{A}{a}} \left(\frac{1}{A} + \frac{1}{a} \right) \left(\frac{1}{\sin^2 \Omega'} + \frac{\operatorname{cotg} \Omega'}{\Omega'} \right) + \frac{1}{\sin^2 \Omega'} \right] . \qquad \text{(IV 9, 93)}$$

Während also der vollkommene Hohlresonator dem eingeprägten Strome $\tilde{J}_s'$ nur den rein imaginären Leitwert $\tilde{g}'$ nach Gl. (IV 9, 58) darbietet, erhöht sich der resultierende Leitwert des wirklichen Hohlresonators auf den komplexen Wert

$$g' = \tilde{g}' + g_W'. \qquad \text{(IV 9, 94)}$$

Falls insbesondere die Kreisfrequenz ω' mit einer der Eigen-Kreisfrequenzen des Hohlresonators übereinstimmt, verschwindet zwar $\tilde{g}'$, doch bleibt g_W' und damit auch g' endlich: Die „Resonanzkatastrophe", die dem vollkommenen Hohlresonator im Lichte der Gl. (IV 9, 58) drohte und dort nur durch den Hinweis auf den Eingriff der anwachsenden Sekundärspannung in den Bildungsmechanismus des Influenzstromes ihrer Schärfe entkleidet werden konnte, wird im wirklichen Hohlresonator bereits durch dessen Leistungsverluste hintangehalten: Die Resonanzspannung ist gemäß

$$\tilde{U}'_{s,\,res} = -\frac{1}{g_w}\,\tilde{J}_s' \qquad \text{(IV 9, 95)}$$

begrenzt. Allerdings ist vor der kritiklosen Anwendung dieser Gleichung zu warnen: Man hat auch hier zu prüfen, ob im Resonanzfalle die Voraussetzung eines festen Betrages von $\tilde{J}_s'$ noch zu Recht besteht oder ob sie eine Korrektur erfordert.

n) Wir stellen den *erzwungenen* Schwingungen des wirklichen Hohlresonators seine *Eigenschwingungen* zur Seite. Um deren oszillatorischen Charakter zu garantieren, muß der Energieverlust je primitive Eigenperiode

$$T' = \frac{2\pi}{\omega'} \qquad \text{(IV 9, 96)}$$

klein gegen den jeweils vorhandenen Energievorrat bleiben. Sei diese Bedingung erfüllt, so dürfen wir uns mit ausreichender Genauigkeit in jedem numerischen Zeitpunkt

$$\tau' = \omega'\,t \qquad \text{(IV 9, 97)}$$

auf die Ausdrücke (IV 9, 72) der Freien Energie und (IV 9, 92) der Leistung stützen. Bilden wir also unter Benutzung von (IV 9, 82) das Verhältnis

$$\underset{\sim}{Q}' = -\frac{\omega' F'}{N'} = \frac{2}{\delta}\ln\frac{A}{a}\cdot\frac{1-\frac{1}{2}d}{\left(1-\frac{1}{2}d\right)\left(\frac{1}{A}+\frac{1}{a}\right)+\ln\frac{A}{a}\,\frac{2}{1+\frac{\sin 2\Omega'}{2\Omega'}}}, \qquad \text{(IV 9, 98)}$$

so ist der oszillatorische Verlauf der Eigenschwingungen durch die Ungleichung

$$\frac{2\pi}{\underset{\sim}{Q}'} = -\frac{T'N'}{F'} \ll 1 \qquad \text{(IV 9, 99)}$$

sichergestellt. Ihre physikalische Bedeutung erhellt aus der Leistungsbilanz

$$\frac{dF'}{d\tau'} = \frac{N'}{\omega'} = -\frac{F'}{\underset{\sim}{Q}'}. \qquad \text{(IV 9, 100)}$$

Sei nämlich F_0' der Anfangswert der Freien Energie zur numerischen Zeit $\tau_0' = 0$, so lautet das Integral der Differentialgleichung (IV 9, 100)

$$F' = F_0'\,e^{-\frac{\tau'}{\underset{\sim}{Q}'}}, \qquad \text{(IV 9, 101)}$$

so daß $\underset{\sim}{Q}'$ als *numerische Zeitkonstante* der Eigenschwingung ω' zu interpretieren ist.

o) Unter Berufung auf die Energiegleichheit (IV 9, 71) kann die Freie Energie des Dauerzustandes durch

$$F' = 2\cdot\frac{1}{2}C\cdot|\tilde{U}'|^2 = C\cdot|\tilde{U}'|^2 \qquad \text{(IV 9, 102)}$$

dargestellt werden. Wird also der Hohlresonator mit einer seiner Eigenfrequenzen betrieben, so folgt aus (IV 9, 102) im Verein mit (IV 9, 93) und (IV 9, 98) die Relation

$$\mathfrak{Q}' = \frac{\omega' C}{g_w'}. \qquad \text{(IV 9, 103)}$$

Sie gestattet es, den Wirkleitwert des auf Resonanz mit dem eingeprägten Strome $\tilde{J}_s'$ abgestimmten Systemes durch die numerische Zeitkonstante $\mathfrak{Q}'$ der gleichfrequenten Schwingung auszudrücken

$$g_w' = \frac{\omega' C}{\mathfrak{Q}'}. \qquad \text{(IV 9, 104)}$$

Für die sekundäre Resonanzspannung resultiert somit aus (IV 9, 95)

$$\tilde{U}'_{s,\,res} = -\tilde{J}_s' \frac{\mathfrak{Q}'}{\omega' C}. \qquad \text{(IV 9, 105)}$$

so daß, bei gegebener Strahlstromstärke und festem Wert des kapazitiven Leitwertes $\omega' C$, die Zahl $\mathfrak{Q}'$ die „Güte" des Hohlresonators in Bezug auf den erreichbaren Wert der Spannung $U'_{s,\,res}$ mißt.

Die Benutzung der „*Güteziffer*" $\mathfrak{Q}'$ an Stelle des Leitwertes g_W' gemäß Gl. (IV 9, 104) empfiehlt sich vor allem dann, wenn die *natürlichen Verluste* des Hohlresonators durch Entnahme einer *Nutzleistung* N_n' vergrößert erscheinen. Ohne daß es nötig wäre, den Mechanismus dieses zusätzlichen Vorganges in seinen Einzelheiten zu kennen, kann man ihn nämlich nach dem Muster der Gl. (IV 9, 98) summarisch durch seine numerische Zeitkonstante $\mathfrak{Q}_n'$ beschreiben, indem man

$$N_n' = -\frac{\omega' F'}{\mathfrak{Q}_n'} \qquad \text{(IV 9, 106)}$$

setzt. Aus dieser Definition folgt dann für die resultierende, numerische Zeitkonstante $\mathfrak{Q}_r'$ des Hohlresonators bei der Kreisfrequenz ω' die „Parallelschaltungs-Formel"

$$\frac{1}{\mathfrak{Q}_r'} = \frac{1}{\mathfrak{Q}'} + \frac{1}{\mathfrak{Q}_n'} \qquad \text{(IV 9, 107)}$$

und die Zahl $\mathfrak{Q}_r'$ ist nunmehr im Sinne der Gleichung (IV 9, 105) für die *Güte des Systemes* maßgebend.

Fünftes Kapitel.

Magnetisch gesteuerte Raumladungsfelder.

V 1. Magnetische Konzentration von Kathodenstrahlen.

a) Der Erzeugung stromstarker Kathodenstrahlen in Hochvakuum-Entladungsgefäßen sind durch den dann ausgeprägten *Dispersionseffekt* der einander abstoßenden Elektronen unerwünschte Grenzen gesetzt. Um die hierfür verantwortlichen elektrischen Eigenkräfte des Strahles unschädlich zu machen, sucht man sie durch die *Lorentz*-Kräfte eines magnetischen Feldes äußerer Herkunft zu kompensieren. Inwieweit läßt sich dieses Ziel erreichen, und welche kinetischen Eigenschaften zeichnen einen magnetisch konzentrierten Kathodenstrahl solcher Art aus?

b) Wir beziehen uns auf die in Ziffer I 8 in ihren funktionellen Einzelheiten beschriebene Anordnung: Mittels eines elektronenoptisch gesteuerten Elektronenwerfers wird ein Kathodenstrahl der Stromstärke J und der Voltgeschwindigkeit φ_a erzeugt; er tritt mit der Neigung γ seiner Profilkurve gegen die Achse durch die kreisförmige Anodenblende vom Halbmesser a in den Bereich $z > 0$ eines im Blendenzentrum beginnenden, elektrodenfesten Zylinderkoordinaten-Systemes z [Strahlachse], r [Radialdistanz] und α [Azimut] ein. Dort wird das elektrische Primärfeld der Elektrodenladungen systematisch gegen das Sekundärfeld der Strahl-Raumladungen vernachlässigt. Dagegen wird in $z > 0$ die Existenz eines primären, stationären Magnetfeldes vorausgesetzt, welches, abgesehen von Randeffekten, eine achsenparallele Induktion vom konstanten Betrage B entwickelt; ihm gegenüber bleibe das magnetische Sekundärfeld des Strahlstromes selbst außer Betracht.

c) Indem wir uns auf die Rotationssymmetrie des Systemes berufen und uns auf Strahlprofile von nur schwacher Neigung gegen die Achse beschränken, wird das elektrische Skalarpotential $\varphi = \varphi(z, r, \alpha)$ des Sekundärfeldes merklich eine Funktion allein von r

$$\varphi = \varphi(r). \qquad \text{(V 1, 1)}$$

Sie ist durch die *Poisson*sche Gleichung genetisch mit der Raumladungsdichte $\varrho < 0$ des Kathodenstrahles verbunden

$$\frac{d^2\varphi}{dr^2} + \frac{1}{r}\frac{d\varphi}{dr} = -\frac{\varrho}{\Delta}. \qquad \text{(V 1, 2)}$$

Zur Beschreibung des Magnetfeldes ziehen wir dessen Vektorpotential V heran, welches sich auf Grund der vorausgesetzten Struktur des Induktionsvektors auf seine [physikalische] Azimutalkomponente V^α reduziert:

$$V^\alpha = \frac{1}{2} B\, r. \qquad \text{(V 1, 3)}$$

Wir richten nun unsere Aufmerksamkeit auf ein Elektron, welches zum Zeitpunkt $t = 0$ die Blendenebene passiert. Bezeichnen wir durch $\dot{z}$, $\dot{r}$ und $\dot{\alpha}$ die Ableitungen seiner Koordinaten nach der Zeit t, so lautet also im Gültigkeitsbereich der *Newton*schen Mechanik seine *Lagrange*sche Funktion

$$L = \frac{m_0}{2}(\dot{z}^2 + \dot{r}^2 + r^2 \dot{\alpha}^2) - q_0 (r \dot{\alpha} V_\alpha - \varphi(r)). \qquad (V\ 1,\ 4)$$

Wir entnehmen ihr die *achsiale Bewegungsgleichung* des kontrollierten Elektrons

$$m_0 \frac{d^2 z}{dt^2} = 0, \qquad (V\ 1,\ 5)$$

seine *radiale Bewegungsgleichung*

$$m_0 \frac{d^2 r}{dt^2} - m_0 r \dot{\alpha}^2 + q_0 \left(\dot{\alpha} \frac{d(r V_\alpha)}{dr} - \frac{d\varphi}{dr} \right) = 0 \qquad (V\ 1,\ 6)$$

und seine *azimutale Bewegungsgleichung*

$$\frac{d}{dt}(m_0 r^2 \dot{\alpha} - q_0 r V_\alpha) = 0, \qquad (V\ 1,\ 7)$$

welche den Charakter des Winkels α als *verborgener Koordinate* zum Ausdruck bringt.

d) Indem wir, wie früher, die Startgeschwindigkeit der eben aus der Kathode emittierten Elektronen geflissentlich vernachlässigen und uns abermals auf die Rotationssymmetrie des Feldes berufen, verschwindet der Drehimpuls des kontrollierten Elektrons vor dessen Eintritt in das Magnetfeld

$$m_0 r^2 \dot{\alpha} = 0 \qquad \text{für} \qquad z < 0. \qquad (V\ 1,\ 8)$$

Statt einer in $z = 0$ unstetig erfolgenden Änderung der magnetischen Induktion vom Werte Null bis auf den endlichen Betrag B, wie sie vorher als approximative mathematische Darstellung der Feldstruktur in der Umgebung der Blendenebene benutzt wurde, findet dort tatsächlich ein zwar rascher, doch wesentlich *stetiger* Übergang von der magnetfeldfreien Zone in jene des Magnetfeldes statt. Da sich diese Überlegung auf das Vektorpotential überträgt, folgt durch Integration von (V 1, 7) mit Rücksicht auf (V 1, 3) und (V 1, 8)

$$m_0 r^2 \dot{\alpha} - q_0 r V_\alpha = 0; \qquad \dot{\alpha} = \frac{q_0}{m_0} \frac{V_\alpha}{r} = \frac{1}{2} \frac{q_0}{m_0} B. \qquad (V\ 1,\ 9)$$

Durch Substitution dieses *„modifizierten Flächensatzes“* in (V 1, 6) entsteht wegen (V 1, 3)

$$m_0 \frac{d^2 r}{dt^2} - m_0 r \frac{1}{4} \frac{q_0^2}{m_0^2} B^2 + q_0 \left(r B \frac{1}{2} \frac{q_0}{m_0} B - \frac{d\varphi}{dr} \right) = 0. \qquad (V\ 1,\ 10)$$

Die Geradrichtung der Elektronenbahnen, welche ja das Ziel ihrer Einbettung in das äußere Magnetfeld bildet, wird analytisch durch die Existenz von Partikularintegralen

$$r = \text{const} \qquad (V\ 1,\ 11)$$

der Bahngleichungen ausgedrückt; doch genügen diese Integrale der Differentialgleichung (V 1, 10) dann, und nur dann, falls das elektrische Skalarpotential φ der Bedingung

$$\frac{d\varphi}{dr} = \frac{1}{4}\frac{q_0}{m_0} B^2 r \qquad \text{(V 1, 12)}$$

unterworfen wird. Wählen wir als seine Basis $\varphi = 0$ die Strahlachse, so folgt also durch Integration aus (V 1, 12) das Potentialfeld

$$\varphi = \frac{1}{8}\frac{q_0}{m_0} B^2 r^2, \qquad \text{(V 1, 13)}$$

aus welchem sich weiter gemäß (V 1, 2) die *Raumladungsdichte* ϱ des Strahles zu

$$\varrho = -\Delta \frac{1}{2}\frac{q_0}{m_0} B^2 \qquad \text{(V 1, 14)}$$

berechnet.

e) Welche Strahlstromstärke J wird durch die angegebene Lösung der Bewegungsgleichungen realisiert?

Auf Grund der Gleichung (V 1, 5) ist die Achsialgeschwindigkeit v_z des kontrollierten Elektrons unabhängig von der Zeit

$$v_z = \text{const.} \qquad \text{(V 1, 15)}$$

Um ihre Größe zu ermitteln, prüfen wir die Gesamtenergie W des Elektrons als Summe seiner je klassisch verstandenen kinetischen Energie W_{kin} und potentiallen Energie W_{pot} an drei unterschiedlichen Arten seiner Bahn:

1. An der *Kathode* [Adskript k] finden wir auf Grund des angenommenen Emissionsmechanismus [die Startgeschwindigkeit der Elektronen wurde vernachlässigt!]

$$W^{(k)}_{kin} = 0. \qquad \text{(V 1, 16)}$$

Da nach Übereinkunft das Kathodenpotential verschwindet, gilt

$$W^{(k)}_{pot} = 0, \qquad \text{(V 1, 17)}$$

also

$$W^{(k)} = W^{(k)}_{kin} + W^{(k)}_{pot} = 0. \qquad \text{(V 1, 18)}$$

2. In der *Anodenebene* [Adskript a] ergibt sich die kinetische Energie aus dem Betrage v_a der dort herrschenden Elektronengeschwindigkeit zu

$$W^{(a)}_{kin} = \frac{m_0}{2} v_a^2 \qquad \text{(V 1, 19)}$$

Bei der Berechnung des elektrischen Skalarpotentiales beziehen wir uns auf den Blendenquerschnitt $0 \leqq r \leqq a$. Wir erinnern uns nun, daß das Gebiet $z \leqq 0$ nach Voraussetzung frei vom magnetischen Richtfelde ist. Daher ergibt sich in $z = 0$ selbst das Sekundärpotential der Strahl-Raumladungen aus (V 1, 13) durch den Grenzübergang $B \to 0$ zu

$$\varphi^{(a)} = 0, \qquad \text{(V 1, 20)}$$

so daß das resultierende Potential der Blendenöffnung hinreichend genau mit jenem der Anode identifiziert werden darf: Wir schließen

$$W^{(a)}_{pot} = -q_0 \varphi_a \qquad \text{(V 1, 21)}$$

und also, im Verein mit (V 1, 19)

$$W^{(a)} = \frac{m_0}{2} v_a^2 - q_0 \varphi_a. \qquad \text{(V 1, 22)}$$

3. In einer beliebigen Ebene $z > 0$ berechnet sich die kinetische Energie des kontrollierten Elektrons mit Rücksicht auf (V 1, 9), (V 1, 11) und (V 1, 15) zu

$$W_{\text{kin}}(z) = \frac{m_0}{2}(\dot{z}^2 + \dot{r}^2 + r^2 \dot{\alpha}^2) = \frac{m_0}{2}\left(v_z^2 + r^2 \cdot \frac{1}{4}\frac{q_0^2}{m_0^2} B^2\right). \tag{V 1, 23}$$

Da nun in $z > 0$ das elektrische Primärfeld voraussetzungsgemäß verschwindet, gleicht dort das elektrische Skalarpotential längs der Achse dem Potential des Blendenzentrums, also, auf Grund der Angabe (V 1, 20), dem Anodenpotential φ_a. Indem wir zu ihm das Sekundärpotential (V 1, 13) addieren, folgt

$$W_{\text{pot}}(z) = -q_0\left(\varphi_a + \frac{1}{8}\frac{q_0}{m_0} B^2 r^2\right) \tag{V 1, 24}$$

und somit die Gesamtenergie

$$W(z) = W_{\text{kin}}(z) + W_{\text{pot}}(z) = \frac{m_0}{2}(v_z^2 - q_0 \varphi_a). \tag{V 1, 25}$$

Da die *Lorentz*-Kraft des stationären Magnetfeldes keine Arbeit am Elektron zu leisten vermag, führt das Energieprinzip zu der Dreiergleichung

$$W^{(k)} = W^{(a)} = W(z) = 0. \tag{V 1, 26}$$

Demnach ergibt sich die Achsialgeschwindigkeit v_z des kontrollierten Elektrons, unabhängig von der jeweiligen Radialdistanz r seiner Bahn von der Achse, zu

$$v_z = v_a = \sqrt{2 \frac{q_0}{m_0} \varphi_a}\,. \tag{V 1, 27}$$

Auf Grund seiner homogenen Raumladungsdichte ϱ nach (V 1, 14) führt daher der Strahl die gleichförmige Konvektionsstromdichte

$$j_z = \varrho \cdot v_z = -\Delta \frac{1}{2}\frac{q_0}{m_0} B^2 v_a, \tag{V 1, 28}$$

deren negatives Vorzeichen, wie zu verlangen ist, auf die konventionell positive Stromrichtung entgegen der wirklichen Trägerbewegung hinweist. Da nun gemäß (V 1, 11) der größte, dynamisch mögliche Strahlhalbmesser dem Blendenradius a gleicht, folgt aus (V 1, 27) die Stromstärke J des Strahles zu

$$J = -\pi a^2 \varrho v_z = -\pi a^2 j_z = \pi a^2 \Delta \frac{1}{2}\frac{q_0}{m_0} B^2 v_a. \tag{V 1, 29}$$

f) Im Gegensatz zu ihrer querhomogenen Achsialgeschwindigkeit (V 1, 27) zeichnen sich die Strahlelektronen durch die mit ihrer Radialdistanz r gemäß (V 1, 23) veränderliche kinetische Energie aus

$$W_{\text{kin}} = W_{\text{kin}}(z, r) = \frac{m_0}{2}\left(v_a^2 + r^2 \frac{1}{4}\frac{q_0^2}{m_0^2} B^2\right) = q_0\left(\varphi_a + r^2 \frac{1}{8}\frac{q_0}{m_0} B^2\right). \tag{V 1, 30}$$

welche für alle $r > 0$ den Betrag der seitens der Anode am Einzelelektron geleisteten Arbeit $q_0 \varphi_a$ übersteigt. Wie wird diese kinetische Überschußenergie aufgebracht?

Um die Antwort zu finden, wandern wir von einer beliebigen Ebene $z > 0$ aus auf dem Strahlmantel $r = a$ der Anode zu. Solange wir diese noch nicht erreicht haben, treffen wir auf unserem Wege das konstante Skalarpotential

$$\varphi_R = \varphi_a + a^2 \frac{1}{8} \frac{q_0}{m_0} B^2; \qquad z > 0 \qquad \text{(V 1, 31)}$$

an. Um also die an Hand der partikulären Integration der Bewegungsgleichungen als kinetisch möglich erkannte Elektronenströmung physikalisch zu realisieren, hat man in $r = a$ eine *Rohrelektrode* anzubringen, welche gemäß Abb. V 202 von einer äußeren Spannungsquelle des Potentiales φ_R gegen die Kathode gespeist wird. In der Zuleitung zur Rohrelektrode fließt dann ein solcher Strom J_R, daß die *Leistungsbilanz*

$$\varphi_R J_R = (\varphi_R - \varphi_a) J \qquad \text{(V 1, 32)}$$

erfüllt wird:

$$J_R = J \frac{a^2 \frac{1}{8} \frac{q_0}{m_0} B^2}{\varphi_a + a^2 \frac{1}{8} \frac{q_0}{m_0} B^2}. \qquad \text{(V 1, 33)}$$

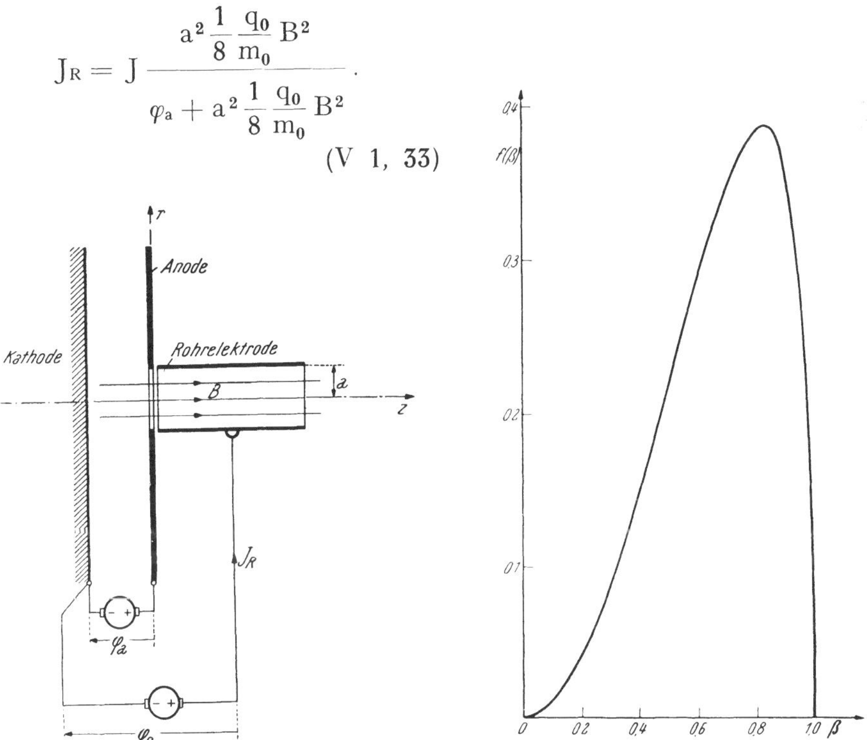

Abb. V 202. Rohrelektrode zur magnetischen Strahlkonzentration.

Abb. V 203. Maximalstrom des magnetisch konzentrierten Strahles.

Man hüte sich jedoch vor der Meinung, daß dieser Strom durch den Elektronenstrahl unmittelbar geschlossen wird; vielmehr kann man die Quellenfreiheit dieses Stromes erst im Zusammenhang mit dem Rücktransport der Strahlelektronen verstehen.

g) Bei vorgegebenem Werte φ_R des Rohrpotentiales wird nach (V 1, 31)

$$v_a = \sqrt{2 \frac{q_0}{m_0} \varphi_a} = \sqrt{2 \frac{q_0}{m_0}} \sqrt{\varphi_R - a^2 \frac{1}{8} \frac{q_0}{m_0} B^2}. \qquad \text{(V 1, 34)}$$

so daß man aus (V 1, 29) für die Strahlstromstärke J mit Hilfe der „numerischen Induktion“

$$\beta = \frac{a}{2} \frac{\frac{q_0}{m_0} B}{\sqrt{2 \frac{q_0}{m_0} \varphi_R}} \qquad \text{(V 1, 35)}$$

die Relation

$$\frac{J}{4 \pi \Delta \sqrt{2 \frac{q_0}{m_0} \varphi_R^3}} = \beta^2 \sqrt{1 - \beta^2} \qquad \text{(V 1, 36)}$$

findet; sie zeigt, im Einklang mit Abb. V 203, die Möglichkeit eines *maximalen Strahlstromes* J_{max} bei der „optimalen“ numerischen Induktion β_{opt} an: Aus der Extremalbedingung

$$\frac{d}{d\beta^2} \frac{J}{4 \pi \Delta \sqrt{2 \frac{q_0}{m_0} \varphi_R^3}} = \left[\sqrt{1 - \beta^2} - \frac{1}{2} \frac{\beta^2}{\sqrt{1 - \beta^2}} \right]_{\beta^2 = \beta^2_{opt}} = 0 \qquad \text{(V 1, 37)}$$

folgt

$$\beta_{opt} = \sqrt{\frac{2}{3}}; \qquad J_{max} = 8 \pi \Delta \sqrt{2 \frac{q_0}{m_0} \left(\frac{\varphi_R}{3} \right)^3}. \qquad \text{(V 1, 38)}$$

Die zugehörige Anodenspannung beträgt nur

$$\varphi_{a,\,opt} = \varphi_R (1 - \beta^2_{opt}) = \frac{\varphi_R}{3}. \qquad \text{(V 1, 39)}$$

Von der kinetischen Energie jener Grenzelektronen, welche sich längs des Strahlmantels vorwärts schrauben, entfällt somit lediglich ein Drittel auf die Longitudinalbewegung: Die Zirkulargeschwindigkeit dieser Elektronen übertrifft dem Betrage nach deren Achsialgeschwindigkeit im Verhältnis $\sqrt{2}$.

V 2. Magnetisch geführte Kathodenstrahlen.

a) Wir beziehen uns auf die in Ziffer V 1 behandelte Hochvakuum-Entladung eines Kathodenstrahles der Stromstärke J und der Voltgeschwindigkeit φ_a im achsenparallelen magnetischen Primärfelde vom Betrage B seiner Induktion. Allein während wir dort den Elektronenwerfer absichtlich von dem aktiven Bereiche dieses Feldes trennten, treffen wir hier gerade die umgekehrte Voraussetzung: Das *gesamte Entladungssystem* mit Einschluß seiner Glühkathode wird vom *magnetischen Felde erfaßt.* Gefragt wird nach der Kinetik der Strahlelektronen, wobei das magnetische Sekundärfeld der bewegten Ladungsträger außer Betracht bleibe.

b) Wir orientieren uns im Existenzgebiet der Elektronenbewegung an Hand eines elektrodenfesten Zylinder-Koordinatensystemes z [Strahlachse], r [Radialdistanz] und α [Azimut], dessen Ursprung wir in die emittierende Kathodenoberfläche legen; die positive z-Achse weise in den Entladungsbereich hinein. In diesem System ist das elektrische Skalarpotential φ aus Symmetriegründen nur von z und r abhängig. Wir zerlegen es in den *Primäranteil*

$$\varphi_P = \varphi_P(z, r) \qquad \text{(V 2, 1)}$$

der Elektrodenladungen und den *Sekundäranteil*

$$\varphi_s = \varphi_s(z, r) \qquad (V\ 2,\ 2)$$

der Raumladungen, indem wir

$$\varphi(z, r) = \varphi_P(z, r) + \varphi_s(z, r) \qquad (V\ 2,\ 3)$$

setzen; beide Potentialanteile mögen auf die Kathode als Basis [$\varphi_P = 0$; $\varphi_s = 0$] bezogen werden.

Längs der z-Achse des Entladungsgefäßes unterscheiden wir zwei Bereiche verschiedener physikalischer Wirksamkeit:

1. Die *Beschleunigungszone* wird durch $|\varphi_s| \ll |\varphi_P|$ gekennzeichnet, und das Primärpotential hängt wesentlich nur von z ab

$$\varphi \rightarrow \varphi_P = \varphi_P(z). \qquad (V\ 2,\ 4)$$

2. In der *Strahlzone* kann das Primärpotential φ_P dem Anodenpotential φ_a des Elektronenwerfers gleichgesetzt werden, während das Sekundärpotential φ_s gegen eine merklich nur von r abhängige Funktion konvergiert

$$\varphi \rightarrow \varphi_a + \varphi_s = \varphi_a + \varphi_s(r). \qquad (V\ 2,\ 5)$$

In beiden Arbeitsbereichen reduziert sich das magnetische Vektorpotential V auf seine [physikalische] Azimutal-Komponente

$$V^\alpha = \frac{1}{2} B\, r. \qquad (V\ 2,\ 6)$$

Die Kinetik des zum Zeitpunkt t kontrollierten Elektrons wird daher, im Rahmen der *Newton*schen Mechanik, von der *Lagrange*schen Funktion

$$L = \frac{m_0}{2}(\dot z^2 + \dot r^2 + r^2 \dot\alpha^2) - q_0 \left(\dot\alpha \frac{1}{2} B\, r^2 - \varphi(z, r)\right); \qquad z \geqq 0 \qquad (V\ 2,\ 7)$$

beherrscht; aus ihr entspringen die *achsiale Bewegungsgleichung*

$$m_0 \frac{d^2 z}{dt^2} - q_0 \frac{\partial\varphi}{\partial z} = 0, \qquad (V\ 2,\ 8)$$

die *radiale Bewegungsgleichung*

$$m_0 \frac{d^2 r}{dt^2} - m_0\, r\, \dot\alpha^2 + q_0 \left(\dot\alpha\, B\, r - \frac{\partial\varphi}{\partial r}\right) = 0 \qquad (V\ 2,\ 9)$$

und die *azimutale Bewegungsgleichung*

$$\frac{d}{dt}\left(m_0\, r^2\, \dot\alpha - q_0 \frac{1}{2} B\, r^2\right) = 0. \qquad (V\ 2,\ 10)$$

Die Startgeschwindigkeit der eben aus der Glühkathode emittierten Elektronen werde vernachlässigt. Identifizieren wir dann den Startaugenblick des kontrollierten Elektrons mit dem Beginn der Zeitzählung, so genügen die Bewegungsgleichungen den kinematischen Anfangsbedingungen

$$\left.\begin{aligned} z &= 0; & r &= r_0; & \alpha &= 0 \\ \dot z &= 0; & \dot r &= 0; & \dot\alpha &= 0 \end{aligned}\right\} \text{ für } \quad t = 0. \qquad (V\ 2,\ 11)$$

c) Auf Grund der Angaben (V 2, 11) liefert die Integration von (V 2, 10) den „*modifizierten Flächensatz*"

$$m_0\, r^2\, \dot\alpha - q_0 \frac{1}{2} B\, r^2 = - q_0 \frac{1}{2} B\, r_0^2, \qquad (V\ 2,\ 12)$$

dem wir die Gleichung der Winkelgeschwindigkeit

$$\dot\alpha = \frac{1}{2} \frac{q_0}{m_0} B \left[1 - \frac{r_0^2}{r^2}\right] \qquad (V\ 2,\ 13)$$

entnehmen. Ihre Substitution in (V 2, 9) führt auf die radiale Bewegungsgleichung

$$m_0 \frac{d^2r}{dt^2} - m_0 r \left(\frac{1}{2}\frac{q_0}{m_0} B\right)^2 \left(1 - \frac{r_0^2}{r^2}\right)^2 + q_0 \left[\frac{1}{2}\frac{q_0}{m_0} B^2 \left(1 - \frac{r_0^2}{r^2}\right) r - \frac{\partial \varphi}{\partial r}\right] = 0, \tag{V 2, 14}$$

bei deren Diskussion wir zwei Fälle unterscheiden:

1. Innerhalb der Beschleunigungszone erfordert die Integration der Gl. (V 2, 14) mit Rücksicht auf (V 2, 3) die simultane Lösung der achsialen Bewegungsgleichung (V 2, 8), es sei denn, man begnügt sich mit der in (V 2, 4) gegebenen Näherung. Der Allgemeinheit halber verzichten wir deshalb auf die explizite Rechnung und beschränken uns auf eine qualitative Aussage: Da sich in der Beschleunigungszone die Elektronengeschwindigkeit definitionsgemäß von ihrem infinitesimalen Anfangswerte aus erst allmählich entwickelt, überwiegen dort gewiß zunächst die gegenseitigen Abstoßungskräfte der Elektronen über die Konzentrationstendenz der *Lorentz*-Kräfte des Magnetfeldes, so daß wir auf

$$r > r_0 \tag{V 2, 15}$$

schließen.

2. In der Strahlzone stützen wir uns auf Gl. (V 2, 5), so daß wir dort

$$\frac{\partial \varphi}{\partial r} \to \frac{d\varphi_s}{dr} \tag{V 2, 16}$$

setzen dürfen. Daher sind mit der Bewegungsgleichung (V 2, 14) achsenparallele Elektronenbahnen

$$r = \text{const.} \tag{V 2, 17}$$

verträglich, falls wir das Sekundärpotential der Gleichung

$$-m_0 r \left(\frac{1}{2}\frac{q_0}{m_0} B\right)^2 \left(1 - \frac{r_0^2}{r^2}\right)^2 + q_0 \left[\frac{2}{1}\frac{q_0}{m_0} B^2 \left(1 - \frac{r_0^2}{r^2}\right) r - \frac{d\varphi_s}{dr}\right] = 0 \tag{V 2, 18}$$

unterwerfen; aus ihr entnehmen wir

$$\frac{d\varphi_s}{dr} = \frac{1}{4}\frac{q_0}{m_0} B^2 r \left(1 - \frac{r_0^4}{r^4}\right). \tag{V 2, 19}$$

d) In der Strahlzone sei die maximale Radialdistanz a des kontrollierten Elektrons durch die elektronenoptische Konstruktion der Beschleunigungsapparatur vorgeschrieben

$$r \leqq a. \tag{V 2, 20}$$

Hierin definiert das Gleichheitszeichen die *Grenzbahn* der zum Strahl gehörigen Elektronen. Verfolgen wir diese Bahn rückwärts bis zu ihrem Ursprung auf der emittierenden Kathodenoberfläche, so gleicht die dort gemessene Radialdistanz r_0 des kontrollierten „Grenzelektrons“ einem gewissen Werte r_{gr}, welche nach (V 2, 15) der Einschränkung

$$r_{gr} < a \tag{V 2, 21}$$

unterliegt. Welche Stromstärke J kann ein solcher Strahl transportieren?

Mangels einer über die vage Angabe (V 2, 15) hinausgehenden Kenntnis über die Struktur des Kathodenstrahles während seines Durchganges durch die Beschleunigungszone haben wir uns in der Beschreibung seiner Arbeitsgrößen bei seinem Eintritt in die Strahlzone mit Mittelwerten zu begnügen:

Es sei $\overline{v}_a$ die durchschnittliche Achsialgeschwindigkeit des Strahles, welche mit dem Mittelwert $\overline{\varphi}_a$ des Potentiales in der Anodenblende [doch nicht mit dem Anodenpotential φ_a selbst!] durch die Gleichung

$$q_0 \overline{\varphi}_a = \frac{m_0}{2} \overline{v}_a^2 \qquad (V\ 2,\ 22)$$

verknüpft ist; da in der Strahlzone die achsiale Komponente v_z der Geschwindigkeit zufolge (V 2, 5) und (V 2, 8) konstant ist, dürfen wir den Mittelwert $\overline{v}_z$ mit $\overline{v}_a$ identifizieren

$$\overline{v}_z = \overline{v}_a = \sqrt{2 \frac{q_0}{m_0} \overline{\varphi}_a}. \qquad (V\ 2,\ 23)$$

Sei nun $\overline{\varrho}$ die mittlere Dichte der Raumladung in der Strahlzone, so liefert der *Gauß*sche Integralsatz, angewandt auf die Längeneinheit des Kathodenstrahles, mit Rücksicht auf (V 2, 19) den Zusammenhang zwischen dem Ladungsbelag $\pi a^2 \overline{\varrho}$ und der am Strahlmantel wirksamen elektrischen Radialfeldstärke

$$-\Delta \left(\frac{d\varphi_s}{dr}\right)_{r=a} \cdot 2\pi a = -\Delta \cdot \frac{\pi}{2} \frac{q_0}{m_0} B^2 a^2 \left[1 - \frac{r_{gr}^4}{a^4}\right] = \pi a^2 \overline{\varrho}. \qquad (V\ 2,\ 24)$$

Wir entnehmen ihm die Aussage

$$\overline{\varrho} = -\Delta \frac{1}{2} \frac{q_0}{m_0} B^2 \left[1 - \frac{r_{gr}^4}{a^4}\right]. \qquad (V\ 2,\ 25)$$

Hiernach kennen wir in

$$\overline{j}_z = \overline{\varrho}\, \overline{v}_z = \overline{\varrho}\, \overline{v}_a \qquad (V\ 2,\ 26)$$

die mittlere Stromdichte und in

$$J = -\pi a^2 \overline{j}_z = -\pi a^2 \overline{\varrho}\, \overline{v}_a \qquad (V\ 2,\ 27)$$

den absoluten Betrag der gesuchten Stromstärke; wir schreiben ihn in der Form

$$\frac{J}{\pi r_{gr}^2 \Delta \frac{1}{2} \frac{q_0}{m_0} B^2 \overline{v}_a} = \frac{a^2}{r_{gr}^2} - \frac{r_{gr}^2}{a^2}. \qquad (V\ 2,\ 28)$$

Die Umkehrung dieser Gleichung lautet

$$\frac{a}{r_{gr}} = \sqrt{\frac{J}{\pi r_{gr}^2 \Delta \frac{1}{2} \frac{q_0}{m_0} B^2 \overline{v}_a} + \sqrt{1 + \left(\frac{J}{\pi r_{gr}^2 \Delta \frac{1}{2} \frac{q_0}{m_0} B^2 \overline{v}_a}\right)^2}}. \qquad (V\ 2,\ 29)$$

Steigert man also bei fester Strahl-Stromstärke J den Betrag B der magnetischen Induktion mehr und mehr, so schließt man auf

$$\lim_{B \to \infty} \frac{a}{r_{gr}} = 1. \qquad (V\ 2,\ 30)$$

Gleichzeitig resultiert aus (V 2, 13) die Aussage

$$\lim_{B \to \infty} \dot{\alpha}_{(r=a)} = \lim_{B \to \infty} \frac{1}{2} \frac{q_0}{m_0} B \left[\frac{J}{\pi r_{gr}^2 \Delta \cdot \frac{1}{2} \frac{q_0}{m_0} B^2 \overline{v}_a} + \ldots\right] = 0. \qquad (V\ 2,\ 31)$$

Die Gleichungen (V 2, 30) und (V 2, 31) enthalten das Prinzip der durch sehr [unendlich] starke *Magnetfelder geführten Kathodenstrahlen.* Die hierdurch gekennzeichnete kinematische Wirkung übertrifft die Geradrichtung der Kathodenstrahlen nach Ziffer V 1 um ein beträchtliches: Dort wurden die Elektronen des Strahlmantels lediglich zu einer Schraubenbewegung längs der Achse des richtenden Feldes veranlaßt, während sie hier in die Kraftlinien des „Führungsfeldes" selbst hineingezwungen werden.

e) Von der pauschalen Strukturanalyse des Strahles gemäß (V 2, 25) gehen wir zur Feinstruktur der Raumladung für den Grenzfall $B \to \infty$ über. Verlangen wir auch dann noch einen überall endlichen Betrag $\frac{d\varphi_s}{dr}$ des radialen elektrischen Potentialgradienten, so folgt aus (V 2, 19) und (V 2, 13)

$$\lim_{B\to\infty} \frac{r_0}{r} = 1; \qquad \lim_{B\to\infty} \dot{\alpha} = 0 \qquad \text{für} \qquad r \neq 0. \qquad (V\ 2,\ 32)$$

Das Prinzip der magnetischen Strahlführung regelt demnach die Kinetik aller inneren Strahlbahnen mit Ausnahme der Achse selbst, welche bezüglich $\dot{\alpha}$ eine singuläre Rolle spielt. Mangels einer Arbeitsleistung der *Lorentz*-Kräfte an den bewegten Elektronen liefert daher das Energieprinzip im Verein mit den Gleichungen (V 2, 5) und (V 2, 11) die Aussage

$$\frac{1}{2} m_0 v_z^2 = q_0(\varphi_a + \varphi_s), \qquad (V\ 2,\ 33)$$

welche an Stelle der pauschalen Relation (V 2, 22) tritt. Zufolge der nach (V 2, 32) geradlinig verlaufenden Elektronenbahnen ist nun die achsiale Stromdichte j_z jener Stromdichte j_0 gleichzusetzen, welche im Sättigungsfalle der wahren Kathode, im Untersättigungsfalle der virtuellen Kathode entspringt. Unter der Voraussetzung homogener Emissionseigenschaften der Glühelektrode ist daher j_z gleichförmig über den Strahlquerschnitt verteilt

$$j_z = -\frac{1}{\pi a^2} J. \qquad (V\ 2,\ 34)$$

Aus (V 2, 33) und (V 2, 34) berechnen wir die Raumladungsdichte

$$\varrho = \frac{j_z}{v_z} = -\frac{J}{\pi a^2 \sqrt{2 \frac{q_0}{m_0} (\varphi_a + \varphi_s)}}, \qquad (V\ 2,\ 35)$$

so daß für das elektrische Skalarpotential $\varphi = \varphi_a + \varphi_s$ die *Poisson*sche Gleichung

$$\frac{1}{r} \frac{d}{dr}\left(r \frac{d\varphi}{dr}\right) = -\frac{\varrho}{\Delta} = \frac{J}{\pi a^2 \Delta \sqrt{2 \frac{q_0}{m_0} \varphi}} \qquad (V\ 2,\ 36)$$

resultiert. Bei ihrer Integration sind zwei *Anfangsbedingungen* zu erfüllen:

1. Die genetische Verknüpfung des Sekundärpotentiales mit den Raumladungen des Strahles kommt in

$$\varphi \to \varphi_a \qquad \text{für} \qquad r \to 0 \qquad (V\ 2,\ 37)$$

zum Ausdruck.

2. Wir verlangen

$$\frac{d\varphi}{dr} \to 0 \qquad \text{für} \qquad r \to 0, \qquad (V\ 2,\ 38)$$

da ein endlicher Wert dieses Differentialquotienten nach seiner Substitution in (V 2, 36) zu einem Widerspruch mit der Vorschrift (V 2, 37) führen würde.

Wir definieren nun durch

$$v = \frac{\varphi}{\varphi_a} = 1 + \frac{\varphi_s}{\varphi_a} \tag{V 2, 39}$$

das *numerische Skalarpotential* im Strahle und ersetzen die Koordinate r durch die *numerische Radialdistanz*

$$p = \frac{r}{a} \sqrt{\frac{J}{\pi \Delta \sqrt{2 \frac{q_0}{m_0} \varphi_a^3}}}\,. \tag{V 2, 40}$$

Die numerischen Feldkenngrößen je als Funktion der numerischen Radialdistanz.

p	v	$\frac{dv}{dp}$	$\frac{1}{\sqrt{v}}$	p	v	$\frac{dv}{dp}$	$\frac{1}{\sqrt{v}}$
0,0	1,0000	0,0000	1,0000	4,0	4,0841	1,3048	0,4948
0,2	1,0100	0,1000	0,9950	4,2	4.3484	1,3385	0,4795
0,4	1,0399	0,1991	0,9804	4,4	4,6193	1,3707	0,4653
0,6	1,0896	0,2976	0,9580	4,6	4,8965	1,4014	0,4519
0,8	1,1584	0,3900	0,9291	4,8	5,1798	1,4309	0,4393
1,0	1,2452	0,4783	0,8961	5,0	5,4688	1,4591	0,4276
1,2	1,3492	0,5618	0,8609	5,2	5,7633	1,4862	0,4165
1,4	1,4694	0,6403	0,8249	5,4	6,0642	1,5224	0,4061
1,6	1,6048	0,7140	0,7893	5,6	6,3712	1,5473	0,3962
1,8	1,7545	0,7826	0,7550	5,8	6,6831	1,5713	0,3868
2,0	1,9174	0,8467	0,7222	6,0	6,9997	1,5945	0,3779
2,2	2,0927	0,9066	0,6919	6,2	7,3208	1,6169	0,3696
2,4	2,2796	0,9625	0,6623	6,4	7,6464	1,6387	0,3617
2,6	2,4773	1,0148	0,6354	6,6	7,9763	1,6598	0,3541
2,8	2,6852	1,0638	0,6102	6,8	8,3093	1,6703	0,3470
3,0	2,9026	1,1098	0,5869	7,0	8,6454	1,6909	0,3402
3,2	3,1289	1,1532	0,5653	7,2	8,9855	1,7101	0,3335
3,4	3,3636	1,1941	0,5453	7,4	9,3294	1,7293	0,3274
3,6	3,6063	1,2329	0,5266	7,6	9,6771	1,7480	0,3214
3,8	3,8566	1,2698	0,5092	7,8	10,0285	1,7663	0,3158
4,0	4,0841	1,3048	0,4948	8,0	10,3835	1,7841	0,3110

Mit (V 2, 39) und (V 2, 40) nimmt (V 2, 36) die Normalform

$$\frac{1}{p}\frac{d}{dp}\left(p\frac{dv}{dp}\right) = \frac{1}{\sqrt{v}} \tag{V 2, 41}$$

an, während (V 2, 37) in

$$v = 1 \quad \text{für} \quad p = 0 \tag{V 2, 42}$$

und (V 2, 38) in

$$\frac{dv}{dp} = 0 \quad \text{für} \quad p = 0 \tag{V 2, 43}$$

übergeht. Aus diesen Angaben gewinnen wir durch den Potenzansatz

$$v = 1 + K\,p^{\lambda}\,[1 + k_1\,p + k_2\,p + \ldots] \qquad \text{(V 2, 44)}$$

für $p \to 0$

$$K\,\lambda^2\,p^{\lambda-2} = 1;$$

$$\lambda = 2; \qquad K = \frac{1}{4}, \qquad \text{(V 2, 45)}$$

so daß der Beginn der Entwicklung (V 2, 44) lautet

$$v = 1 + \frac{p^2}{4} + \ldots. \qquad \text{(V 2, 46)}$$

Auf Grund dieser Kenntnis findet man jetzt mittels numerischer Integration der Gleichung (V 2, 41) die Funktion

$$v = v(p) \qquad \text{(V 2, 47)}$$

für beliebige $p > 0$; aus ihr ergibt sich bei festen Werten von J, φ_a und a als „numerische Radialfeldstärke" der Ausdruck

$$\frac{dv}{dp} = \frac{a}{\varphi_a} \cdot \left[\sqrt{\frac{\pi\,\Delta\,\sqrt{2\,\frac{q_0}{m_0}\,\varphi_a^3}}{J}}\right] \frac{d\varphi}{dr} \qquad \text{(V 2, 48)}$$

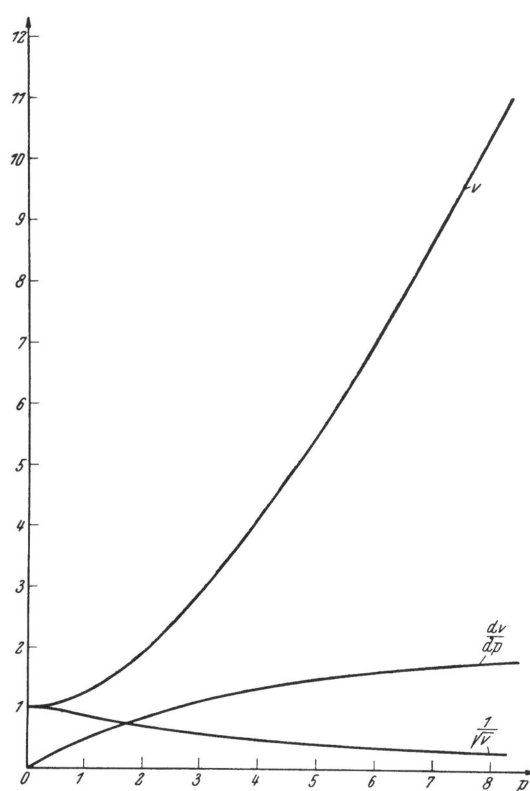

Abb. V 204. Die numerischen Kenngrößen v, dv/dr und $1/\sqrt{v}$ in ihrer Abhängigkeit von der numerischen Radialdistanz p.

und als „numerische Raumladungsdichte"

$$\frac{1}{p}\,\frac{d}{dp}\left(p\,\frac{dv}{dp}\right) = \frac{1}{\sqrt{v}} = \frac{a^2}{\varphi_a}\left[\frac{\pi\,\Delta\,\sqrt{2\,\frac{q_0}{m_0}\,\varphi_a^3}}{J}\right]\frac{1}{r}\,\frac{d}{dr}\left(r\,\frac{d\varphi}{dr}\right). \qquad \text{(V 2, 49)}$$

Abb. V 204 zeigt die aus vorstehender Zahlentafel entnommenen Werte der numerischen Kenngrößen v, $\frac{dv}{dr}$ und $\frac{1}{\sqrt{v}}$ in ihrer beziehentlichen Abhängigkeit von der numerischen Radialdistanz p.

f) Aus den in Ziffer V 1 erläuterten, energetischen Gründen verlangt die Realisierung des magnetisch geführten Kathodenstrahles längs dessen Mantels eine Rohrelektrode vom Halbmesser $r = a$, welcher das Potential

$$\varphi_R = \varphi_{(r=a)} \qquad \text{(V 2, 50)}$$

relativ zur Kathode erteilt wird. Man denke sich jetzt φ_R festgehalten und das Anodenpotential φ_a verändert; wie beeinflußt diese Maßnahme die Strahl-Stromstärke J?

Wir definieren durch

$$I = \frac{J}{\pi \Delta \sqrt{2 \frac{q_0}{m_0} \varphi_R^3}} \qquad \text{(V 2, 51)}$$

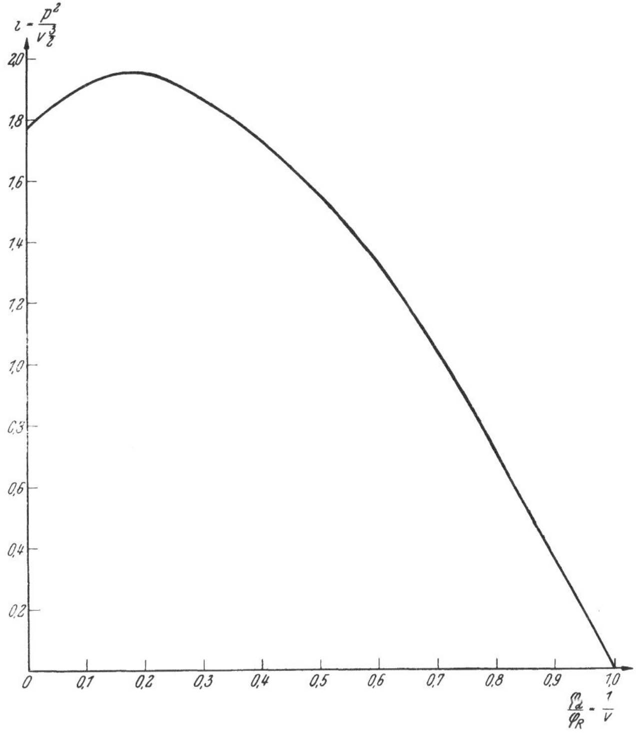

Abb. V 205. Maximum des magnetisch geführten Strahlstromes.

den in der „natürlichen Einheit"

$$J_0 = \pi \Delta \sqrt{2 \frac{q_0}{m_0} \varphi_R^3} \qquad \text{(V 2, 52)}$$

gemessenen numerischen Strom. Mit der Bezeichnung $p_a = p_{(r=a)}$ entnehmen wir dann aus (V 2, 40)

$$p_a^2 = I \cdot \left(\frac{\varphi_R}{\varphi_a}\right)^{3/2}. \qquad \text{(V 2, 53)}$$

Auf Grund von (V 2, 39) und (V 2, 47) gilt nun

$$\frac{\varphi_R}{\varphi_a} = v(p_a), \qquad \text{(V 2, 54)}$$

so daß wir aus (V 2, 52)

$$I = \frac{p_a^2}{[v(p_a)]^{3/2}} \qquad \text{(V 2, 55)}$$

erhalten. Schreiben wir nun statt (V 2, 54)

$$\frac{\varphi_a}{\varphi_R} = \frac{1}{v(p_a)}, \qquad (V\ 2,\ 56)$$

so enthalten die Gleichungen (V 2, 55) und (V 2, 56) nach Elimination des Parameters p_a die Abhängigkeit des numerischen Stromes I von dem Verhältnis des Anodenpotentiales zum [festen] Rohrpotential: Nach Abb. V 205 erreicht der numerische Strom beim optimalen Potentialverhältnis

$$\left(\frac{\varphi_a}{\varphi_R}\right)_{opt} = 0.185 \qquad (V\ 2,\ 57)$$

seinen mit den gegebenen Bedingungen verträglichen Höchstwert

$$I_{max} = 1{,}96. \qquad (V\ 2,\ 58)$$

V 3. Stationäre Raumladungen im ebenen Magnetron.

a) Die elementare Konzeption des Magnetrons beruht auf der *Lorentz*schen Krafteinwirkung des Magnetfeldes an den im elektrischen Primärfelde der Elektrodenladungen beschleunigten Elektronen. Indessen beteiligen sich am Aufbau des im Röhreninnern resultierenden elektrischen Feldes die Raumladungen der bewegten Elektrizitätsträger selbst. Wie verändern sich durch deren Sekundärfeld die Elektronenbahnen, und welches sind die Arbeitseigenschaften des raumladungsbeschwerten Magnetrons?

b) Wir behandeln die Entladungsvorgänge in einem hochevakuierten Gefäß, dessen planparallele, seitlich als unbegrenzt zu denkende Elektroden einander im Abstand d gegenüberstehen. Eine dieser leitenden Platten fungiere als Glühkathode. Wir setzen voraus, daß ihre aktive Oberfläche gleichförmig auf die absolute Temperatur T erhitzt sei, so daß sie die homogene Sättigungsstromdichte vom absoluten Betrage

$$j_s = j_s(T) \qquad (V\ 3,\ 1)$$

zu emittieren vermag. Die Gegenelektrode werde stets auf so niedriger Temperatur erhalten, daß sie keine Glühelektronen merklicher Stromdichte entsendet; sie bildet die Anode des Magnetrons.

c) Wir orientieren uns im Entladungsraume an Hand eines rechtshändigen, *Kartesi*schen Koordinatensystemes x, y, z, welches relativ zu den Elektroden ruht; sein Ursprung liege in der Kathodenoberfläche, und seine positive x-Achse weise senkrecht zu dieser Ebene gegen die Anode hin.

Die magnetische Induktion B sei parallel der positiven z-Achse justiert. Wir setzen sie als homogen sowie als unabhängig von der laufenden Zeit t voraus, so daß sie ein für allemal durch den festen Betrag B gemessen wird. Seien also $1_x, 1_y, 1_z$ die beziehentlich der x-, y- und z-Achse parallel gerichteten Einheitsvektoren, so wird der Induktionsvektor durch

$$B = 1_x \cdot 0 + 1_y \cdot 0 + 1_z B \qquad (V\ 3,\ 2)$$

dargestellt; aus ihm bilden wir im Verein mit den achsenparallelen Komponenten v_x, v_y, v_z des Geschwindigkeitsvektors v die *Lorentz*-Kraft

$$K_L = -q_0 [v B] = -q_0 \{1_x(v_y B) + 1_y(-v_x B\}. \qquad (V\ 3,\ 3)$$

Die elektrische Feldstärke E ist aus Symmetriegründen lediglich von der x-Koordinate abhängig und dieser Achse parallel gerichtet. Indem wir die entsprechende Komponente $E_x = -E$ von der Anode zur Kathode hin als positiv zählen, gelangen wir also zu der Vektorgleichung

$$\mathfrak{E} = \mathfrak{1}_x(-E) + \mathfrak{1}_y \cdot 0 + \mathfrak{1}_z \cdot 0. \qquad \text{(V 3, 4)}$$

d) Aus (V 3, 3) und (V 3, 4) resultieren bei hinreichend niedrigem Betrage der Geschwindigkeit $v = \sqrt{v_x^2 + v_y^2 + v_z^2}$ die *Newton*schen Bewegungsgleichungen der Elektronen

$$m_0 \frac{d^2x}{dt^2} \equiv m_0 \frac{dv_x}{dt} = q_0 \{E - v_y B\}, \qquad \text{(V 3, 5)}$$

$$m_0 \frac{d^2y}{dt^2} \equiv m_0 \frac{dv_y}{dt} = q_0 \cdot v_x B, \qquad \text{(V 3, 6)}$$

$$m_0 \frac{d^2z}{dt^2} \equiv m_0 \frac{dv_z}{dt} = 0. \qquad \text{(V 3, 7)}$$

Mit Hilfe der sogenannten *Zyklotron-Kreisfrequenz*

$$\omega = \frac{q_0}{m_0} B \qquad \text{(V 3, 8)}$$

ersetzen wir die dimensionierte Zeit t durch ihr numerisches Maß

$$\tau = \omega t, \qquad \text{(V 3, 9)}$$

schreiben also

$$v_x = \omega \frac{dx}{d\tau}; \qquad v_y = \omega \frac{dy}{d\tau}; \qquad v_z = \omega \frac{dz}{d\tau} \qquad \text{(V 3, 10)}$$

und erhalten statt (V 3, 5), (V 3, 6) und (V 3, 7) die Gleichungen

$$\frac{dv_x}{d\tau} = \frac{E}{B} - v_y, \qquad \text{(V 3, 11)}$$

$$\frac{dv_y}{d\tau} = v_x, \qquad \text{(V 3, 12)}$$

$$\frac{dv_z}{d\tau} = 0. \qquad \text{(V 3, 13)}$$

Wir ergänzen sie durch die Annahme, daß die beziehentlich achsenparallelen Komponenten der thermischen Elektronengeschwindigkeit bei der Emission aus der Kathode vernachlässigt werden dürfen. Wählen wir nun den Startaugenblick eines bestimmten Kontrollelektrons als Beginn der numerischen Zeitzählung und identifizieren wir den Startort dieses Elektrons mit dem Ursprung des Bezugssystemes, so lauten also die Anfangsbedingungen der gesuchten Bewegung

$$x = 0; \qquad y = 0; \qquad z = 0 \qquad \text{für} \qquad \tau = 0 \qquad \text{(V 3, 14)}$$

und

$$v_x = 0; \qquad v_y = 0; \qquad v_z = 0 \qquad \text{für} \qquad \tau = 0. \qquad \text{(V 3, 15)}$$

Zufolge (V 3, 10) und (V 3, 13) schließen wir hieraus zunächst auf

$$z = 0, \qquad \text{(V 3, 16)}$$

so daß die Bahn des kontrollierten Elektrons dauernd in dieser Ebene verbleibt. Weiter folgt, abermals unter Berufung auf (V 3, 10), durch Integration von (V 3, 12) die Relation

$$v_y = \omega \cdot x, \qquad \text{(V 3, 17)}$$

mit deren Hilfe (V 3, 11) in die Gleichung

$$\frac{d^2x}{d\tau^2} + x = \frac{E}{\omega B} \qquad \text{(V 3, 18)}$$

übergeht. Sie schildert die Schwingungen eines harmonischen Oszillators der numerischen Grundperiode 2π, dessen Bewegung von der reduzierten Feldkraft

$$\frac{E}{\omega B} = \frac{q_0}{m_0} \frac{E}{\omega^2} \qquad \text{(V 3, 19)}$$

erzwungen wird; es handelt sich somit vorerst darum, die Funktion

$$E = E(\tau) \qquad \text{(V 3, 20)}$$

kennenzulernen.

e) Wir spezialisieren auf den stationären Betriebszustand des Magnetrons, welcher durch

$$\frac{\partial E}{\partial t} = \omega \frac{\partial E}{\partial \tau} = 0 \qquad \text{(V 3, 21)}$$

definiert ist. Daher kann das elektrische Feld gewiß aus einer skalaren Potentialfunktion φ hergeleitet werden, welche mit Rücksicht auf (V 3, 4) und (V 3, 21) lediglich von x abhängt:

$$\varphi = \varphi(x); \qquad E = -E_x = \frac{d\varphi}{dx}. \qquad \text{(V 3, 22)}$$

Wir wählen das Kathodenpotential als Basis

$$\varphi = \varphi_k = 0 \qquad \text{für} \qquad x = 0, \qquad \text{(V 3, 23)}$$

so daß das Potential φ_a der Anode deren Spannung $U_a > 0$ gegen die Kathode mißt

$$\varphi = \varphi_a = U_a > 0 \qquad \text{für} \qquad x = d. \qquad \text{(V 3, 24)}$$

Mit der Struktur des elektrischen Feldes E ist jene der Raumladungsdichte ϱ genetisch durch die Gleichung

$$\varrho = \Delta \frac{dE_x}{dx} = -\Delta \frac{dE}{dx} = -\Delta \frac{d^2\varphi}{dx^2} \qquad \text{(V 3, 25)}$$

verbunden, in welcher Δ die sogenannte Dielektrizitätskonstante des leeren Raumes bezeichnet; der Charakter der Strömung als Transport negativer Ladung kommt in der Ungleichung

$$\varrho \leqq 0 \qquad \text{(V 3, 26)}$$

zum Ausdruck.

Auf Grund der Stationaritätsbedingung (V 3, 20) verschwindet die *Maxwell*sche Verschiebungsstromdichte im gesamten Existenzgebiet der Elektronenbewegung. Daher gleicht dort die Dichte $\mathfrak{j}$ des wahren Stromes jener des Konvektionsstromes allein. Gemäß (V 3, 16) annulliert sich die Komponente j_z dieser Dichte, während ihre sonach allein verbleibenden Komponenten j_x und j_y aus Symmetriegründen nur von x abhängen:

$$\mathfrak{j} = \mathfrak{1}_x j_x(x) + \mathfrak{1}_y j_y(x) + \mathfrak{1}_z \cdot 0. \qquad \text{(V 3, 27)}$$

Die Quellenfreiheit des wahren Stromes führt also auf die Aussage

$$\operatorname{div} \mathfrak{j} = \frac{\partial j_x}{\partial x} + \frac{\partial j_y}{\partial y} + \frac{\partial j_z}{\partial z} = \frac{dj_x}{dx} = 0. \qquad \text{(V 3, 28)}$$

Mit Rücksicht auf (V 3, 1) und (V 3, 26) liefert ihre Integration

$$j_x = \text{const.}; \qquad |j_x| \leqq j_s. \qquad \text{(V 3, 29)}$$

Wir bezeichnen die Bewegung der Elektronen parallel zur x-Achse als *longitudinal* und parallel zur y-Achse als *transversal* relativ zum elektrischen Felde. In der Kinematik der Elektronenbahnen sind dann folgende Fälle zu unterscheiden:

1. *Einsinnige Longitudinalströmung.*

Alle Elektronen des Entladungsgebietes genügen der Bedingung

$$v_x \geqq 0. \qquad \text{(V 3, 30)}$$

Daher berechnet sich die Stromdichte aus

$$-j_x = -\varrho\, v_x \gtreqless 0; \qquad -j_y = -\varrho\, v_y = -\varrho\, \omega\, x. \qquad \text{(V 3, 31)}$$

2. *Doppelsinnige Longitudinalströmung.*

An jedem Kontrollort des Entladungsgebietes sind Elektronen der gegenläufigen Geschwindigkeitskomponenten

$$0 \gtreqless v_x = \pm |v_x| \qquad \text{(V 3, 32)}$$

anzutreffen. Seien dann $\varrho \pm < 0$ die Raumladungsdichten der $\frac{\text{anodenstrebigen}}{\text{kathodenstrebigen}}$ Elektronen, so definiert die Summe

$$\varrho = \varrho_+ + \varrho_- \qquad \text{(V 3, 33)}$$

die für die *Poisson*sche Gleichung (V 3, 25) maßgebliche Dichte der Gesamtladung. Nun entsprechen den Teil-Raumladungsdichten ϱ_+ und ϱ_- beziehentlich die gegenläufigen Komponenten

$$j_{x,+} = \varrho_+ |v_x| \qquad \text{(V 3, 34)}$$

und

$$j_{x,-} = -\varrho_- |v_x| \qquad \text{(V 3, 35)}$$

der Stromdichte. Die aus ihnen zusammengesetzte x-Komponente der Stromdichte

$$j_x = j_{x,+} + j_{x,-} = (\varrho_+ - \varrho_-)\, |v_x| \qquad \text{(V 3, 36)}$$

wird also, im Gegensatz zur Raumladungsdichte nach (V 3, 33), wesentlich von der *Differenz* der Teil-Raumladungsdichten diktiert.

3. *Gemischte Longitudinalströmung:* Das Entladungsgebiet $0 \leqq x \leqq d$ ist in einzelne Zonen $|\Delta x| < d$ aufgeteilt, welche lückenlos aneinander grenzen, ohne jedoch einander zu überdecken. In jeder derartigen Zone herrscht entweder eine einsinnige oder eine doppelsinnige Longitudinalströmung, deren jeweilige x-Komponenten der Stromdichte durch die Kontinuitätsgleichung (V 3, 29) uniformisiert sind.

f) Wir behandeln zunächst die einsinnige Longitudinalströmung im Untersättigungs-Gebiete

$$|j_x| < j_s. \qquad \text{(V 3, 37)}$$

Das Magnetfeld im Augenblick außer acht lassend, erinnern wir an den Strömungsmechanismus des Zustandes (V 3, 37): Seine Existenz beruht auf der differenzierenden Wirkung einer zwischen Kathode und Anode in der Ebene $x = x_{\min}$ zu denkenden, virtuellen Kathode vom Minimumpotential $\varphi_{\min} < 0$, welche die Gesamtheit der aus der Glühkathode emittierten Elektronen je nach deren thermischer Startgeschwindigkeit in die Gruppen der zur wahren Kathode zurückgetriebenen Elektronen einerseits und der zum Anodenflug freigegebenen Elektronen andererseits separiert; nur mit den letztgenannten „Transelektronen" haben wir es weiterhin zu tun. Im Lichte dieser Dynamik hat man die Anfangsbedingungen (V 3, 15) als Grenzübergang zu einem freilich nur ideellen Grenzprozeß zu deuten, welcher bei der absoluten Temperatur $T \to 0$ noch die endliche Sättigungsstromdichte j_s liefert; gleichzeitig rückt die virtuelle Kathode von $x_{min} > 0$ her gegen $x_{min} = 0$, und ihr Potential φ_{min} konvergiert gegen jenes der wahren Kathode. Da nun am Orte des Minimumpotentiales definitionsgemäß die elektrische Feldstärke verschwindet, zieht (V 3, 37) die Randbedingung

$$E = 0 \qquad \text{für} \qquad x = 0 \tag{V 3, 38}$$

nach sich, welche ergänzend neben (V 3, 23) tritt.

Wir kehren zum Felde des Magnetrons zurück und begleiten das Kontrollelektron auf seinem Wege durch den Entladungsraum. Die kinematische Formel der hierbei in einem elektromagnetischen Systeme beliebiger räumlicher und zeitlicher Struktur beobachtbaren elektrischen Feldänderung

$$\frac{dE}{dt} = \frac{\partial E}{\partial t} + \frac{\partial E}{\partial x} v_x + \frac{\partial E}{\partial y} v_y + \frac{\partial E}{\partial z} v_z \tag{V 3, 39}$$

reduziert sich wegen (V 3, 4) und (V 3, 21) auf

$$\frac{dE}{dt} = \frac{dE}{dx} v_x . \tag{V 3, 40}$$

Nun gilt zufolge (V 3, 25) und (V 3, 31) für die x-Komponente der Stromdichte

$$j_x = -\varDelta \frac{dE}{dx} v_x, \tag{V 3, 41}$$

so daß (V 3, 40), nach Division mit ω, in

$$\frac{dE}{d\tau} = -\frac{j_x}{\varDelta\, \omega} \tag{V 3, 42}$$

übergeht. Mit Rücksicht auf (V 3, 29) und (V 3, 38) lautet das Integral dieser Gleichung

$$E = -\frac{j_x}{\varDelta\, \omega} \tau \tag{V 3, 43}$$

und hieraus entnimmt man im Verein mit (V 3, 19)

$$\frac{E}{\omega B} = -\frac{q_0}{m_0} \frac{j_x}{\varDelta\, \omega^3} \tau . \tag{V 3, 44}$$

g) Wir substituieren (V 3, 44) in (V 3, 18) und erhalten für die Longitudinalbewegung des kontrollierten Elektrons die Differentialgleichung

$$\frac{d^2 x}{d\tau^2} + x = -\frac{q_0}{m_0} \frac{j_x}{\varDelta\, \omega^3} \tau . \tag{V 3, 45}$$

Der dimensionelle Vergleich ihrer beiden Seiten offenbart für jeden festen Wert von j_x in

$$\lambda = -\frac{q_0}{m_0} \frac{j_x}{\varDelta\, \omega^3} \tag{V 3, 46}$$

die sozusagen natürliche Längeneinheit des arbeitenden Magnetrons; mit ihrer Hilfe ersetzen wir die Koordinaten x und y des Systemes durch ihre numerischen Maße

$$\xi = \frac{x}{\lambda}; \qquad \eta = \frac{y}{\lambda} . \tag{V 3, 47}$$

Die mit (V 3, 46) und (V 3, 47) aus (V 3, 45) hervorgehende, standardisierte Gleichung

$$\frac{d^2\xi}{d\tau^2} + \xi = \tau \qquad \text{(V 3, 48)}$$

wird nach vorerst beliebiger Wahl der beiden Integrationskonstanten S und C durch

$$\xi = \xi(\tau) = \mathrm{S} \sin \tau + \mathrm{C} \cos \tau + \tau \qquad \text{(V 3, 49)}$$

allgemein gelöst. Aus den Anfangsbedingungen (V 3, 14) und (V 3, 15) folgen nun im Verein mit (V 3, 47) die Aussagen

$$\xi(0) = \mathrm{C} = 0 \qquad \text{(V 3, 50)}$$

sowie

$$\left(\frac{d\xi}{d\tau}\right)_{\tau=0} = \mathrm{S} + 1 = 0; \qquad \mathrm{S} = -1, \qquad \text{(V 3, 51)}$$

so daß (V 3, 49) in

$$\xi = \tau - \sin \tau \qquad \text{(V 3, 52)}$$

übergeht. Schreiben wir jetzt (V 3, 17) unter Vermittlung von (V 3, 47) in der Form

$$\frac{d\eta}{d\tau} = \xi \qquad \text{(V 3, 53)}$$

so finden wir, unter wiederholter Berufung auf die Anfangsbedingungen, durch Integration der Gl. (V 3, 53)

$$\eta = \frac{\tau^2}{2} - (1 - \cos \tau). \qquad \text{(V 3, 54)}$$

Abb. V 206 a zeigt den Verlauf der numerischen Koordinaten als Funktion der numerischen Zeit τ, während Abb. V 206 b die aus diesen Bewegungskomponenten resultierende Bahnkurve veranschaulicht. Insbesondere ergibt sich für $\tau \to 0$ die Entwicklung

$$\xi = \frac{\tau^3}{3!} + \ldots; \qquad \eta = \frac{\tau^4}{4!} + \ldots = \sqrt[3]{\frac{3}{32}\,\xi^4} + \ldots \qquad \text{(V 3, 55)}$$

und für $\tau \to \infty$

$$\xi = \tau + \ldots; \qquad \eta = \frac{\tau^2}{2} + \ldots = \frac{\xi^2}{2} + \ldots . \qquad \text{(V 3, 56)}$$

Im Einklang mit der Voraussetzung der einsinnigen Longitudinalbewegung vermag somit das kontrollierte Elektron niemals zur Kathode zurückzukehren.

h) Wir wenden uns der Analyse des elektrischen Potentialfeldes zu, welches die einsinnige Longitudinalströmung bei vorgegebenem Werte der Stromdichten-Komponente $\mathrm{j_x}$ auszeichnet:

1. Im Lichte der Gleichung (V 3, 43) erweist sich die Größe

$$\mathrm{E_0} = -\frac{\mathrm{j_x}}{\varDelta\,\omega} \qquad \text{(V 3, 57)}$$

als sozusagen natürliche Einheit der elektrischen Feldstärke. Daher resultiert für die numerische Feldstärke $\frac{E}{E_0}$ die Gleichung

$$\frac{E}{E_0} = \tau, \tag{V 3, 58}$$

welche im Verein mit (V 3, 52) die Ortsabhängigkeit der Feldstärke schildert [Abb. V 207].

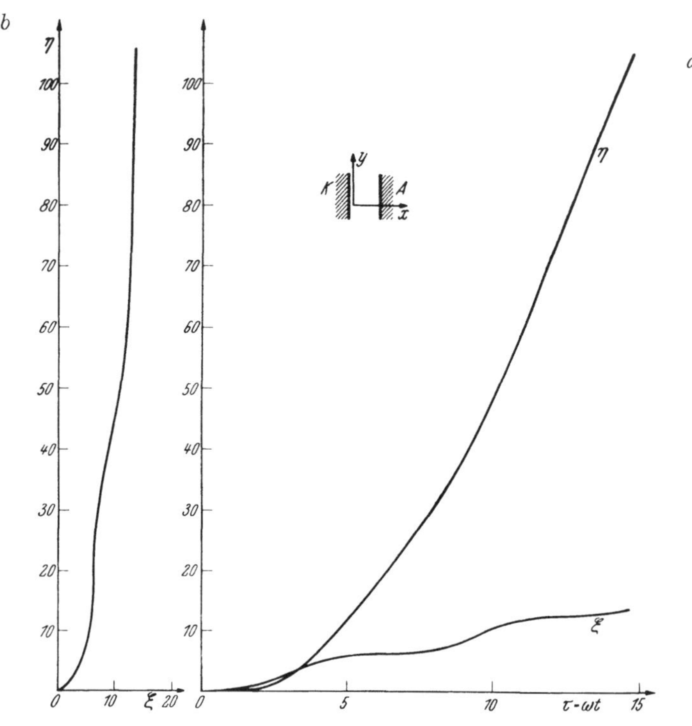

Abb. 206. Elektronenbewegung im stationären Felde des parallelebenen Magnetrons. *a*) Dynamik der numerischen Koordinaten, *b*) Kinematik der Bahnkurve.

2. Aus der Längeneinheit λ nach (V 3, 46) und der Einheit E_0 der elektrischen Feldstärke bilden wir die „natürliche Einheit" ϱ_0 der Raumladungsdichte

$$\varrho_0 = \Delta \frac{E_0}{\lambda} = \frac{m_0}{q_0} \Delta\, \omega^2 \tag{V 3, 59}$$

und berechnen, mit Benutzung von (V 3, 52), das Verhältnis

$$\frac{\varrho}{\varrho_0} = -\frac{\Delta}{\varrho_0}\frac{dE}{dx} = -\frac{d}{d\xi}\left(\frac{E}{E_0}\right) = -\frac{d}{d\tau}\left(\frac{E}{E_0}\right)\frac{d\tau}{d\xi} = -\frac{1}{1-\cos\tau}. \tag{V 3, 60}$$

Diese Gleichung liefert zusammen mit (V 3, 52) die Verteilung der Raumladungsdichte im Interelektrodengebiet [Abb. V 207]. Immer dann, wenn bei ganzzahligem $n \geqq 0$ der numerische Zeitpunkt

$$\tau = \tau_n = 2\pi n \tag{V 3, 61}$$

herannaht, wächst der absolute Betrag $\left|\frac{\varrho}{\varrho_0}\right|$ über alles Maß an. Die äquidistanten Ebenen

$$\xi = \xi_n = 2\pi n, \tag{V 3, 62}$$

in denen diese „*Raumladungs-Katastrophe*" manifest wird, definieren die Gesamtheit der virtuellen Kathoden n-ter Ordnung. An jeder von ihnen annulliert sich gemäß (V 3, 60) die longitudinale Elektronengeschwindigkeit; doch verschwindet die elektrische Feldstärke laut (V 3, 58) nur an

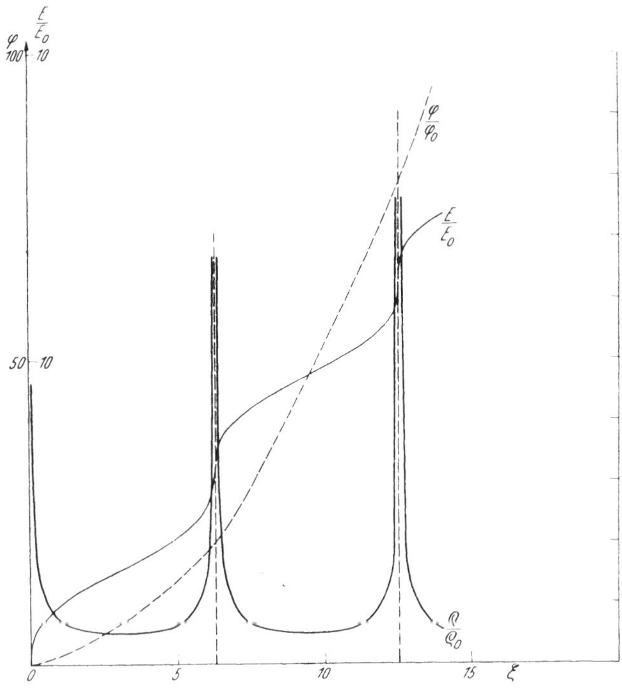

Abb. V 207. Stationäre Verteilung des elektrischen Skalarpotentiales, der elektrischen Feldstärke und der Raumladungsdichte im parallelebenen Magnetron.

der virtuellen Kathode der Ordnung n = 0, die ihrerseits — im Rahmen der hier entwickelten, approximativen Theorie — mit der emittierenden Oberfläche der wahren Kathode zusammenfällt.

3. Aus E_0 und λ resultiert die „natürliche Potentialeinheit"

$$\varphi_0 = E_0 \lambda = -\frac{j_x}{\Delta\,\omega}\left(-\frac{q_0}{m_0}\frac{j_x}{\Delta\,\omega^2}\right) = \frac{q_0}{m_0}\left(\frac{j_x}{\Delta\,\omega^2}\right)^2. \tag{V 3, 63}$$

Hiernach besteht die Relation

$$\frac{d}{d\xi}\left(\frac{\varphi}{\varphi_0}\right) = \frac{\lambda}{\varphi_0}\frac{d\varphi}{dx} = \frac{E}{E_0}. \tag{V 3, 64}$$

so daß wir aus (V 3, 23), (V 3, 52) und (V 3, 58) auf

$$\frac{\varphi}{\varphi_0} = \int_0^\xi \left(\frac{E}{E_0}\right) d\xi' = \int_0^\tau \left(\frac{E}{E_0}\right) \frac{d\xi}{d\tau'} d\tau' = \int_0^\tau \tau' (1 - \cos\tau')\, d\tau' =$$

$$= \frac{\tau^2}{2} - \tau \sin\tau - \cos\tau + 1 \qquad \text{(V 3, 65)}$$

schließen.

Wir ergänzen diese feldkinematische Berechnung des Potentiales durch die *Energiebilanz* des kontrollierten Elektrons

$$q_0 \varphi = \frac{m_0}{2} \{v_x^2 + v_y^2\} = \frac{m_0}{2} \lambda^2 \omega^2 \left\{ \left(\frac{d\xi}{d\tau}\right)^2 + \left(\frac{d\eta}{d\tau}\right)^2 \right\} =$$

$$= \frac{1}{2} \frac{q_0^2}{m_0} \left(\frac{j_x}{\Delta\, \omega}\right)^2 \left\{ \left(\frac{d\xi}{d\tau}\right)^2 + \left(\frac{d\eta}{d\tau}\right)^2 \right\}. \qquad \text{(V 3, 66)}$$

Mit Rücksicht auf (V 3, 52), (V 3, 53) und (V 3, 63) folgt hieraus

$$\frac{\varphi}{\varphi_0} = \frac{1}{2} \left\{ \left(\frac{d\xi}{d\tau}\right)^2 + \left(\frac{d\eta}{d\tau}\right)^2 \right\} = \frac{1}{2} \{(1 - \cos\tau)^2 + (\tau - \sin\tau)^2\}, \qquad \text{(V 3, 67)}$$

identisch mit (V 3, 65). Der räumliche Verlauf des Potentiales ergibt sich nunmehr wiederum mit Hilfe der Gl. (V 3, 52) durch Elimination der numerischen Zeit τ [Abb. V 207].

i) Wie lautet die *Kennlinie des Magnetrons* bei einsinniger Longitudinalströmung seiner Elektronen?

Im Gegensatz zur Methodik des vorigen Abschnittes ist nunmehr die x-Komponente der Stromdichte als Betriebsveränderliche zu betrachten. Ausgehend von der numerischen Elektrodendistanz

$$\delta = \frac{d}{\lambda} = -\frac{m_0}{q_0} \frac{\Delta\, \omega^3\, d}{j_x} \qquad \text{(V 3, 68)}$$

führen wir eine dimensionsfreie Konstante γ ein, deren Wahl wir uns noch vorbehalten, und definieren die „natürliche" Stromdichten-Einheit j_0 des untersuchten Magnetrons durch

$$j_0 = \gamma \frac{m_0}{q_0} \cdot \Delta \cdot \omega^3\, d. \qquad \text{(V 3, 69)}$$

Sei nun τ_f die numerische Flugdauer des Kontrollelektrons von der Kathode zur Anode, so liefert (V 3, 68) im Verein mit (V 3, 52) den Zusammenhang

$$-\frac{j_x}{j_0} = \frac{1}{\gamma\, \delta} = \frac{1}{\gamma} \frac{1}{\tau_f - \sin\tau_f}. \qquad \text{(V 3, 70)}$$

Das zugehörige Anodenpotential φ_a berechnet sich aus (V 3, 67) zu

$$\varphi_a = \varphi_0 \cdot \frac{1}{2} \{(1 - \cos\tau_f)^2 + (\tau_f - \sin\tau_f)^2\}. \qquad \text{(V 3, 71)}$$

Indem wir nochmals die hier wesentliche Veränderlichkeit der Stromdichten-Komponente j_x betonen, verliert das Potential φ_0 nach (V 3, 63) seinen Charakter als feste Maßeinheit; wir ersetzen es durch die zufolge (V 3, 69) bei konstanter magnetischer Induktion B invariable Spannung

$$U_0 = \frac{1}{2} \frac{q_0}{m_0} \left(\frac{j_0}{\gamma \Delta\, \omega^2}\right)^2 = \frac{1}{2} \varphi_0 \left(\frac{j_0}{\gamma\, j_x}\right)^2 = \frac{1}{2} \frac{m_0}{q_0} (\omega\, d)^2 = \frac{1}{2} \frac{q_0}{m_0} (B\, d)^2 \qquad \text{(V 3, 72)}$$

als Einheit und erhalten aus (V 3, 71) mit Rücksicht auf (V 3, 63), (V 3, 70) und (V 3, 72) die Gleichung

$$\frac{\varphi_a}{U_0} = \frac{\varphi_a}{\varphi_0} \cdot \frac{\varphi_0}{U_0} = 1 + \left(\frac{1 - \cos \tau_f}{\tau_f - \sin \tau_f}\right)^2. \qquad \text{(V 3, 73)}$$

In (V 3, 70) und (V 3, 73) liegt die gesuchte Kennlinie als Funktion des Parameters τ_f vor. Wir stellen der Untersuchung ihrer allgemeinen Eigenschaften folgende Sonderfälle voran:

1. Grenzübergang zu verschwindendem Magnetfeld: Der Prozeß

$$\omega \to 0; \qquad \tau_f \to 0 \qquad \text{(V 3, 74)}$$

transformiert die einsinnige Longitudinalströmung des Magnetrons in das Feld einer Diode bei verschwindender Startgeschwindigkeit ihrer Elektronen. Aus (V 3, 70) entnehmen wir nun im Falle (V 3, 74) die Entwicklung

$$-\frac{j_x}{j_0} = \frac{1}{\gamma} \frac{3!}{\tau_f^3} + \dots \qquad \text{(V 3, 75)}$$

und aus (V 3, 73)

$$\frac{\varphi_a}{U_0} = \left(\frac{3!}{2!\,\tau_f}\right)^2 + \dots, \qquad \text{(V 3, 76)}$$

also

$$\lim_{\omega \to 0} \left(\frac{\varphi_a}{U_0}\right)^{3/2} = -\frac{j_x}{j_0} \cdot \frac{9}{2} \gamma. \qquad \text{(V 3, 77)}$$

Wir normieren diese *Langmuir*sche Kennliniengleichung durch die Wahl

$$\gamma = \frac{2}{9}. \qquad \text{(V 3, 78)}$$

Die Einheit (V 3, 69) der Stromdichte wird also realisiert, indem man das Magnetfeld abschaltet und dann das Entladungsrohr mit derjenigen Anodenspannung U_0 betreibt, welche dem vorher wirksamen Magnetfelde gemäß (V 3, 72) zugeordnet ist. In der Tat entnimmt man den Gleichungen (V 3, 69) und (V 3, 72) durch Elimination von ω die Relation

$$j_0 = \frac{4}{9} \Delta \sqrt{2 \frac{q_0}{m_0} \frac{U_0^{3/2}}{d^2}}, \qquad \text{(V 3, 79)}$$

welche mit (I 3, 33) vollständig übereinstimmt.

2. Grenzübergang zu sehr schwachen Stromdichten: Für $\left(-\frac{j_x}{j_0}\right) \to 0$ entsteht aus (V 3, 70) die Entwicklung

$$-\frac{j_x}{j_0} = \frac{1}{\gamma}\left[\frac{1}{\tau_f} + \dots\right] = \frac{9}{2} \frac{1}{\tau_f} + \dots \qquad \text{(V 3, 80)}$$

und aus (V 3, 73)

$$\frac{\varphi_a}{U_0} = 1 + \left(\frac{1 - \cos \tau_f}{\tau_f}\right)^2 + \dots, \qquad \text{(V 3, 81)}$$

also

$$\lim_{-\frac{j_x}{j_0} \to 0} \frac{\varphi_a}{U_0} = \lim_{\tau_f \to \infty} \frac{\varphi_a}{U_0} = 1. \qquad \text{(V 3, 82)}$$

Hiernach gleicht U_0 jener kritischen Anodenspannung, deren Unterschreitung bei fester magnetischer Induktion B zur Unterbrechung des Stromflusses durch die Röhre führt.

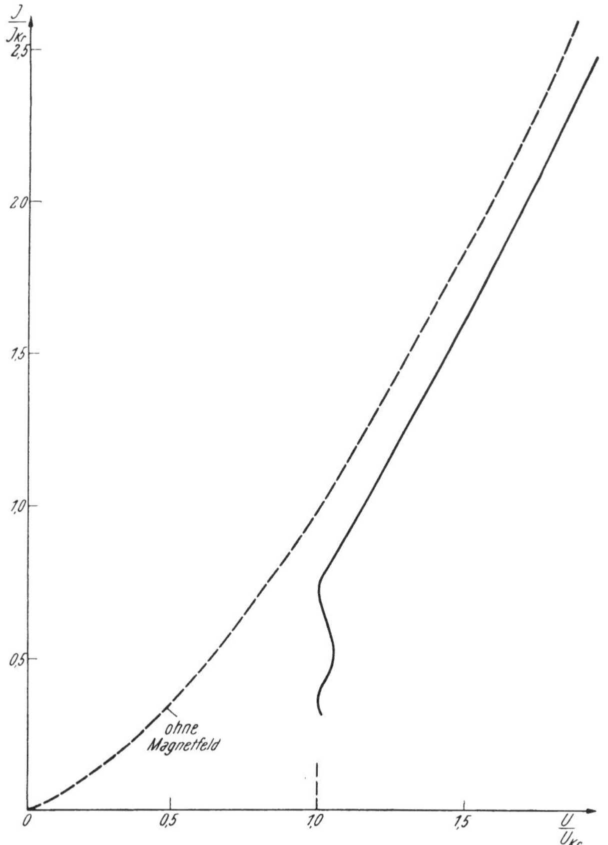

Abb. V 208. Stationäre Kennlinie des parallelebenen Magnetrons.

Zum allgemeinen Falle zurückkehrend, beziehen wir uns auf die graphische Darstellung der Kennlinie nach Abb. V 208. Man beachte insbesondere die bei hinreichend kleinen Absolutwerten der Stromdichte auftretenden Oszillationen der Kurve, in welchen abschnittsweise gemäß

$$\frac{d}{d\left(\frac{\varphi_a}{U_0}\right)}\left(-\frac{j_x}{j_0}\right) \leqq 0 \qquad (V\ 3,\ 83)$$

negative Differential-Leitwerte erscheinen. Fallende Kennlinienstrecken solcher Art manifestieren sich bei hinreichend kleinen Arbeits-Leitwerten des Gesamtsystemes durch dessen Neigung zur *Labilität*, welche bis zur Selbstanfachung schwingungsfähiger, mit der Röhre verbundener Kreise führen kann.

Auf Grund der monotonen Abnahme des absoluten Betrages $|j_x|$ mit zunehmender numerischer Flugdauer τ_f gemäß (V 3, 70) ist die Eigenschaft (V 3, 83) der Kennlinie analytisch an die Ungleichung

$$\frac{d}{d\tau_f}\left(\frac{\varphi_a}{U_0}\right) = 2\,\frac{1-\cos\tau_f}{\tau_f-\sin\tau_f}\cdot\frac{2\sin\tau_f}{(\tau_f-\sin\tau_f)^2}\left(\frac{\tau_f}{2}-\operatorname{tg}\frac{\tau_f}{2}\right) \geqq 0 \qquad (V\ 3,\ 84)$$

gebunden; sie wird für eine unendliche Zahl diskreter Bereiche von τ_f erfüllt, welche wir durch die ganzzahligen Ordnungsnummern $n > 0$ beziffern: Sei $u_n > 0$ die n-te der in Reihenfolge zunehmende Größe aufgeschriebenen positiven Wurzeln der transzendenten Gleichung

$$u = \operatorname{tg} u, \qquad (V\ 3,\ 85)$$

so entnimmt man aus (V 3, 84)

$$\tau_{n,\,min} = 2\pi n \leqq \tau_f \leqq 2 u_n = \tau_{n,\,max}. \qquad (V\ 3,\ 86)$$

Der geschilderte Effekt hängt somit, wie durch Vergleich mit (V 3, 62) hervorgeht, genetisch mit der *Bildung virtueller Kathoden* zwischen der wahren Kathode und der Anode zusammen. Die folgende Zahlentafel enthält die Lage der in der angegebenen Rangordnung niedrigsten Labilitätsbereiche:

n	1	2	3	4
$\tau_{n,\,min}$	6.283	12.566	18.849	25.132
$\tau_{n,\,max}$	8.987	15.451	21.808	28.132

Die jeweils zugehörigen Werte von Stromdichte und Anodenspannung berechnen sich aus (V 3, 70), (V 3, 73) und (V 3, 78); beispielsweise findet man für $n = 1$

$$\left|\frac{j_x}{j_0}\right|_{1,\,max} = 0{,}714 \geqq \left|\frac{j_x}{j_0}\right| \geqq 0{,}525 = \left|\frac{j_x}{j_0}\right|_{1,\,min} \qquad (V\ 3,\ 87)$$

und

$$\left(\frac{\varphi_a}{U_0}\right)_{1,\,min} = 1 \leqq \frac{\varphi_a}{U_0} \leqq 1{,}049 = \left(\frac{\varphi_a}{U_0}\right)_{1,\,max} \qquad (V\ 3,\ 88)$$

k) Mit wachsender Anodenspannung erreicht man den Sättigungszustand der Glühkathode bei jener numerischen Flugdauer $\tau_f = \tau_{f,s}$, welche der Gleichung

$$\frac{9}{2}\,\frac{1}{\tau_{f,s} - \sin\tau_{f,s}} = \frac{j_s}{j_0} \qquad (V\ 3,\ 89)$$

genügt; er bleibt für alle Anodenspannungen

$$\frac{\varphi_a}{U_0} \geqq 1 + \left(\frac{1 - \cos\tau_{f,s}}{\tau_{f,s} - \sin\tau_{f,s}}\right)^2 \qquad (V\ 3,\ 90)$$

erhalten. An der Oberfläche $x = 0$ der wahren Kathode tritt nunmehr, im Gegensatz zur Definition (V 3, 38) der am Orte $x_{min} \to +0$ zu denkenden virtuellen Kathode des Untersättigungszustandes, die elektrische Feldstärke

$$E_k \geqq 0 \qquad (V\ 3,\ 91)$$

auf. Nachdem man daher in Gleichung (V 3, 42) die Stromdichten-Komponente j_x mit $(-j_s)$ gleichgesetzt hat, folgt durch Integration dieser Gleichung die stationäre Feldverteilung im Magnetron bei gesättigter, einsinniger Longitudinalströmung zu

$$E = E_k + \frac{j_s}{\Delta\cdot\omega}\,\tau, \qquad (V\ 3,\ 92)$$

so daß mit

$$\lambda \to \lambda_s = \frac{q_0}{m_0} \frac{j_s}{\varDelta \cdot \omega^3}; \qquad \varepsilon_k = \frac{E_k}{\omega B \lambda_s} \tag{V 3, 93}$$

für die numerische Longitudinalkoordinate $\xi = \frac{x}{\lambda_s}$ des kontrollierten Elektrons zum numerischen Zeitpunkt τ die Differentialgleichung

$$\frac{d^2\xi}{d\tau^2} + \xi = \varepsilon_k + \tau \tag{V 3, 94}$$

resultiert. Ihr Integral lautet mit Rücksicht auf die Anfangsbedingungen (V 3, 14) und (V 3, 15)

$$\xi = \varepsilon_k [1 - \cos\tau] + \tau - \sin\tau \tag{V 3, 95}$$

und seine Substitution in (V 3, 53) liefert für die numerische Transversalkoordinate $\eta = \frac{y}{\lambda_s}$ die Darstellung

$$\eta = \varepsilon_k [\tau - \sin\tau] + \frac{\tau^2}{2} - (1 - \cos\tau). \tag{V 3, 96}$$

Der Kürze halber übergehen wir die Diskussion der aus (V 3, 95) und (V 3, 96) entstehenden Bahnkurven und ebenso der Struktur des elektrischen Skalarpotentiales im Entladungsgebiet, um uns sogleich der Berechnung des Anodenpotentiales φ_a in seiner Abhängigkeit von der numerischen Kathodenfeldstärke ε_k zuzuwenden: Wir vertauschen in (V 3, 63) die Stromdichten-Komponente $(-j_x)$ mit j_s und erhalten mittels (V 3, 66) die *Energiebilanz*

$$\frac{\varphi_a}{\varphi_0} = \frac{1}{2}\{(\varepsilon_k \sin\tau_{f,s} + 1 - \cos\tau_{f,s})^2 + (\varepsilon_k [1 - \cos\tau_{f,s}] + \tau_{f,s} - \sin\tau_{f,s})^2\} =$$
$$= \varepsilon_k(\varepsilon_k + \tau_{f,s})(1 - \cos\tau_{f,s}) + \frac{1}{2}\{(1 - \cos\tau_{f,s})^2 + (\tau_{f,s} - \sin\tau_{f,s})^2\}. \tag{V 3, 97}$$

Im Sättigungsgebiete definiert die numerische Elektrodendistanz

$$\delta = \frac{d}{\lambda_s} = \frac{m_0}{q_0} \cdot \frac{\varDelta\, \omega^3 d}{j_s} \tag{V 3, 98}$$

eine durch die Konstruktion des Entladungsgefäßes [d], die Temperatur der Glühkathode [j_s] und das Magnetfeld [ω] vorgegebene Konstante; daher gilt dasselbe für das aus (V 3, 70) und (V 3, 72) resultierende Verhältnis

$$\frac{\varphi_0}{U_0} = 2\left(\frac{\gamma j_s}{j_0}\right)^2 = \frac{2}{\delta^2}, \tag{V 3, 99}$$

so daß (V 3, 97) in die Gestalt

$$\frac{\varphi_a}{U_0} = \frac{1}{\delta^2}[2\,\varepsilon_k(\varepsilon_k + \tau_{f,s})(1 - \cos\tau_{f,s}) + \{(1 - \cos\tau_{f,s})^2 + (\tau_{f,s} - \sin\tau_{f,s})^2\}] \tag{V 3, 100}$$

gebracht werden kann. Mit Rücksicht auf (V 3, 95) ist nun

$$\delta = \varepsilon_k [1 - \cos\tau_{f,s}] + \tau_{f,s} - \sin\tau_{f,s} \tag{V 3, 101}$$

oder

$$\varepsilon_k = \frac{\delta - [\tau_{f,s} - \sin\tau_{f,s}]}{1 - \cos\tau_{f,s}}. \tag{V 3, 102}$$

In (V 3, 100) und (V 3, 102) liegt der gesuchte Zusammenhang zwischen dem [numerischen] Anodenpotential und der [numerischen] Kathodenfeldstärke als Funktion des Parameters $\tau_{f,s}$ vor.

l) Welcher Zustand stellt sich im Magnetron ein, falls es, bei fester magnetischer Induktion B und fester Glühtemperatur T der Kathode, mit einer Anodenspannung

$$\varphi_a < U_0 \qquad \text{(V 3, 103)}$$

betrieben wird?

Wir behaupten, daß nunmehr der zur Anode übergehende Strom verschwindet

$$j_x = 0. \qquad \text{(V 3, 104)}$$

Die unausgesetzte Elektronenemission der Glühelektrode manifestiert sich jedoch im Aufbau einer Raumladungsschicht, welche die Nachbarschaft $x \geqq 0$ der Kathode bis zu einer Grenzebene $x_{gr} < d$ erfüllt, während das Gebiet $x_{gr} < x \leqq d$ frei von Elektronen bleibt.

Wir genügen der kinematischen Bedingung (V 3, 104) auf Grund von (V 3, 36) durch die Annahme einer auf das Gebiet $0 \leqq x < x_{gr}$ beschränkten, doppelsinnigen Longitudinalströmung der Eigenschaft

$$\varrho_+ = \varrho_- = \frac{\varrho}{2}. \qquad \text{(V 3, 105)}$$

Durch diese Relation wird, im Verein mit der Antimetrie (V 3, 32) der longitudinalen Strömungsgeschwindigkeiten, die in (V 3, 28) verlangte Quellenfreiheit der Gesamtstromdichte sichergestellt. Da nun in dem hier behandelten Systeme die Elektronen physikalisch nicht voneinander unterscheidbar sind — denn die sie tatsächlich diskriminierenden Emissionsgeschwindigkeiten haben wir gemäß (V 3, 15) geflissentlich außer Betracht gelassen —, kann es nur eine einzige umkehrende Ebene geben, an welcher alle von der Kathode her einfallenden Elektronen reflektiert werden; sie ist mit der oben genannten Grenzebene identisch. Daher verschärft sich das Kontinuitätsgesetz (V 3, 28) zu der den beiden gegenläufigen x-Komponenten der Stromdichte gleichzeitig aufzuerlegenden Bedingung

$$-\frac{dj_{x+}}{dx} = \frac{dj_{x-}}{dx} = \frac{d}{dx}\left|\frac{\varrho}{2}\, v_x\right| = 0. \qquad \text{(V 3, 106)}$$

Mit Hilfe des Symboles

$$\overleftrightarrow{j} = -2\, j_{x+} = +2\, j_{x-} = |j_{x+}| + |j_{x-}| \qquad \text{(V 3, 107)}$$

der „Schwarmstromdichte" folgt daher

$$\overleftrightarrow{j} = -\varrho\, |v_x| = \text{const.}; \qquad 0 \leqq x < x_{gr}. \qquad \text{(V 3, 108)}$$

Auf Grund dieses Ergebnisses liefert (V 3, 40), nach Division mit ω, für einen Beobachter, welcher das Kontrollelektron während seines $\frac{\text{anodenstrebigen}}{\text{kathodenstrebigen}}$ Fluges begleitet, die Aussagen

$$\frac{dE}{d\tau} = \frac{1}{\omega}\frac{dE}{dx} v_x = -\frac{\varrho}{\Delta \cdot \omega} v_x = \pm \frac{\overleftrightarrow{j}}{\Delta \cdot \omega}. \qquad \text{(V 3, 109)}$$

Unter der weiterhin zu wahrenden Voraussetzung

$$|j_{x+}| < j_s \qquad \text{(V 3, 110)}$$

bleibt die Randbedingung (V 3, 38) der elektrischen Feldstärke unverändert erhalten. Wir unterscheiden nun in der Bewegung des Kontrollelektrons zwei Epochen:

1. Anflug gegen die Anode.

Das hierfür zuständige Integral der Gl. (V 3, 109) [oberes Vorzeichen!] lautet

$$E = \frac{\overleftrightarrow{j}}{\Delta \cdot \omega} \cdot \tau; \qquad \tau > 0. \qquad (V\ 3,\ 111)$$

Nachdem man daher in (V 3, 46) $(-j_x)$ durch $\overleftrightarrow{j}$ ersetzt hat, resultiert für die numerische Longitudinalkoordinate ξ die Differentialgleichung (V 3, 48) samt der mit (V 3, 52) identischen Lösung

$$\xi = \tau - \sin \tau. \qquad (V\ 3,\ 112)$$

Daher entnehmen wir aus (V 3, 54) den Verlauf der numerischen Transversalkoordinate

$$\eta = \frac{\tau^2}{2} - (1 - \cos \tau). \qquad (V\ 3,\ 113)$$

Die Reflexion des Kontrollelektrons

$$\frac{d\xi}{d\tau} = 0 \qquad (V\ 3,\ 114)$$

erfolgt somit zum numerischen Zeitpunkte

$$\tau_n = 2\pi n; \qquad n = 1, 2, \ldots \qquad (V\ 3,\ 115)$$

an der virtuellen Kathode n-ter Ordnung

$$\xi_n = 2\pi n < \delta \qquad (V\ 3,\ 116)$$

im transversalen Abstande

$$\eta_n = \frac{1}{2}(2\pi n)^2 \qquad (V\ 3,\ 117)$$

vom Startorte; an der reflektierenden Ebene herrscht gemäß (V 3, 111) die elektrische Feldstärke

$$E_n = \frac{\overleftrightarrow{j}}{\Delta \cdot \omega} \cdot 2\pi n. \qquad (V\ 3,\ 118)$$

2. Rückflug zur Kathode.

Wir brechen die bisherige Zeitzählung ab und ersetzen τ durch die „gestrichene" numerische Zeit

$$\tau' = \tau - \tau_n \geqq 0. \qquad (V\ 3,\ 119)$$

Relativ zu τ' spielen die numerischen Koordinaten ξ_n und η_n die Rolle der Anfangswerte

$$\xi = 2\pi n; \qquad \eta = \frac{1}{2}(2\pi n)^2 \qquad \text{für} \qquad \tau' = 0, \qquad (V\ 3,\ 120)$$

während die zugehörigen numerischen Anfangsgeschwindigkeiten durch

$$\frac{d\xi}{d\tau'} = 0; \qquad \frac{d\eta}{d\tau'} = \tau_n = 2\pi n \qquad \text{für} \qquad \tau' = 0 \qquad (V\ 3,\ 121)$$

gegeben sind.

Da in Gl. (V 3, 109) nunmehr das negative Vorzeichen zu benutzen ist, liefert ihre Integration mit Rücksicht auf die Größe (V 3, 118) der elektrischen Feldstärke zum numerischen Zeitpunkt $\tau' = 0$

$$E = \frac{\overleftrightarrow{j}}{\Delta\, \omega}(\tau_n - \tau'); \qquad \tau' > 0. \qquad (V\ 3,\ 122)$$

An Stelle der vordem gültigen Differentialgleichung (V 3, 48) unterliegt demnach das kontrollierte Elektron während seines Rückfluges zur Kathode der Gleichung

$$\frac{d^2\xi}{d\tau'^2} + \xi = \tau_n - \tau' = 2\pi n - \tau'. \qquad \text{(V 3, 123)}$$

Ihre den Anfangsbedingungen (V 3, 120), (V 3, 121) angepaßte Lösung lautet

$$\xi = 2\pi n - \tau' + \sin\tau', \qquad \text{(V 3, 124)}$$

so daß das kontrollierte Elektron zum numerischen Zeitpunkte

$$\tau' = 2\pi n; \qquad \tau = 2 \cdot 2\pi n \qquad \text{(V 3, 125)}$$

wieder an der Kathode eintrifft.

Nachdem in (V 3, 53) τ mit τ'' vertauscht wurde, resultiert mit Rücksicht auf (V 3, 120), (V 3, 121) durch Integration von (V 3, 124) der zeitliche Verlauf der numerischen Transversalkoordinate

$$\eta = \eta_n + \tau'\left(\tau_n - \frac{\tau'}{2}\right) + (1 - \cos\tau') = \frac{(2\pi n)^2 + 2\tau' 2\pi n - \tau'^2}{2} + (1 - \cos\tau'). \qquad \text{(V 3, 126)}$$

An Hand der Ausdrücke (V 3, 124) und (V 3, 126) überzeugt man sich, daß Hin- und Rückflug des kontrollierten Elektrons sich zu einer bezüglich der Ebene $\eta = \eta_n$ symmetrisch gelegenen Bahnkurve ergänzen, so daß das Elektron während seiner gesamten, numerischen Flugdauer $2 \cdot 2\pi n$ um die Strecke

$$\Delta\eta = 2\eta_n = (2\pi n)^2 \qquad \text{(V 3, 127)}$$

parallel der Kathodenoberfläche vorwärts getrieben wird.

Durch die vorstehende Analyse ist zwar die Stetigkeit der Elektronenbahn vom *mechanischen* Standpunkte aus nachgewiesen; doch wird ihre physikalische Realisierbarkeit im Magnetron erst dann garantiert, falls das Gleichungspaar (V 3, 111), (V 3, 112) einerseits, (V 3, 122), (V 3, 124) andererseits je auf die nämliche, eindeutige Abhängigkeit der Feldstärke E führt. Um diese grundlegende Frage zu prüfen, setzen wir vorübergehend

$$\tau_n - \tau' = \tau''. \qquad \text{(V 3, 128)}$$

Dann entsteht, wegen $\tau_n = 2\pi n$, aus (V 3, 122) und (V 3, 124)

$$E = \frac{\overleftrightarrow{j}}{\Delta \cdot \omega}\tau''; \qquad \xi = \tau'' - \sin\tau''. \qquad \text{(V 3, 129)}$$

Der Vergleich von (V 3, 129) mit (V 3, 111), (V 3, 112) enthält, nach Elimination der nur je im Namen τ und τ'' unterschiedlichen Parameter, den verlangten Eindeutigkeitsbeweis des funktionellen Zusammenhanges $E = E(\xi)$. Wir dürfen uns hiernach, ohne Zweifeln ausgesetzt zu sein, für die Felddarstellung im Raumladungsgebiete $0 \leq x < x_{gr}$ etwa auf (V 3, 111), (V 3, 112) stützen; welcher Zusammenhang zwischen der Schwarmstromdichte $\vec{j}$ und der Anodenspannung φ_a resultiert aus ihr?

An Hand der Definition $\xi_n = \frac{x_{gr}}{\lambda}$ findet man bei Benutzung von (V 3, 69) die Relation

$$\xi_n = 2\pi n = \frac{m_0}{q_0} \cdot \frac{\Delta \cdot \omega^3 \cdot x_{gr}}{\overleftrightarrow{j}} = \frac{1}{\gamma} \cdot \frac{j_0}{\overleftrightarrow{j}} \frac{x_{gr}}{d} \qquad \text{(V 3, 130)}$$

und aus ihr die Schwarmstromdichte

$$\frac{\overset{\leftrightarrow}{j}}{j_0} = \frac{1}{\gamma} \cdot \frac{x_{gr}}{d} \cdot \frac{1}{2\pi n} = \frac{9}{2} \frac{1}{2\pi n} \frac{x_{gr}}{d}. \qquad \text{(V 3, 131)}$$

Zur Berechnung der Anodenspannung schreiben wir

$$\varphi_a = \int_0^{x_{gr}} E\,dx + \int_{x_{gr}}^{d} E\,dx. \qquad \text{(V 3, 132)}$$

Der erste Posten dieser Summe mißt die „Raumladespannung" gleich dem Potentiale φ_{gr} der reflektierenden Ebene gegen die Kathode. Nachdem man in (V 3, 63) $(-j_x)$ mit $\overset{\leftrightarrow}{j}$ vertauscht hat, erhält man zunächst mit $\tau = \tau_n = 2\pi n$ aus (V 3, 67)

$$\frac{\varphi_{gr}}{\varphi_0} = \frac{1}{2} (2\pi n)^2 \qquad \text{(V 3, 133)}$$

und hieraus, mit (V 3, 72) und (V 3, 131)

$$\frac{\varphi_{gr}}{U_0} = \frac{\varphi_{gr}}{\varphi_0} \cdot \frac{\varphi_0}{U_0} = (2\pi n)^2 \left(\frac{\gamma \overset{\leftrightarrow}{j}}{j_0}\right)^2 = \left(\frac{x_{gr}}{d}\right)^2. \qquad \text{(V 3, 134)}$$

Der zweite Posten der Summe (V 3, 132) gleicht der Potentialdifferenz des homogenen elektrostatischen Feldes zwischen der Ebene $x = x_{gr}$ und der Anode. Wir bestimmen seine Feldstärke E aus der im Grenzfalle

$$x_{gr} < x \to x_{gr} \qquad \text{(V 3, 135)}$$

zu fordernden Stetigkeit der longitudinalen Komponente D_x der dielektrischen Induktion $D = \Delta \cdot E$; sie wird vermöge (V 3, 118) durch

$$E = E_n = \frac{\overset{\leftrightarrow}{j}}{\Delta \cdot \omega} 2\pi n; \qquad x_{gr} \leqq x \leqq d \qquad \text{(V 3, 136)}$$

gewährleistet. Daher berechnet man mit Rücksicht auf (V 3, 69) und (V 3, 131)

$$\int_{x_{gr}}^{d} E\,dx = \frac{\overset{\leftrightarrow}{j}}{\Delta \cdot \omega} 2\pi n (d - x_{gr}) = \frac{\overset{\leftrightarrow}{j}\, d}{\Delta \cdot \omega} 2\pi n = \frac{m_0}{q_0} \omega^2 d^2 \frac{x_{gr}}{d} \left(1 - \frac{x_{gr}}{d}\right) \qquad \text{(V 3, 137)}$$

und also, mit Hilfe von (V 3, 72)

$$\frac{1}{U_0} \int_{x_{gr}}^{d} E\,dx = 2 \frac{x_{gr}}{d} \left(1 - \frac{x_{gr}}{d}\right). \qquad \text{(V 3, 138)}$$

Die Addition der Gleichungen (V 3, 134) und (V 3, 138) liefert schließlich den Ausdruck

$$\frac{\varphi_a}{U_0} = 2 \frac{x_{gr}}{d} - \left(\frac{x_{gr}}{d}\right)^2 \equiv 1 - \left(1 - \frac{x_{gr}}{d}\right)^2, \qquad \text{(V 3, 139)}$$

welcher für $0 \leqq x_{gr} < d$ der Ungleichung (V 3, 103) genügt. Bildet man aus (V 3, 139)

$$\frac{x_{gr}}{d} = 1 - \sqrt{1 - \frac{\varphi_a}{U_0}}, \qquad \text{(V 3, 140)}$$

so nimmt (V 3, 131) die Gestalt der „Schwarmstrom-Kennlinie“ an

$$\frac{\overleftrightarrow{j}}{j_0} = \frac{9}{2} \frac{1}{2\pi n} \left[1 - \sqrt{1 - \frac{\varphi_a}{U_0}}\right]. \qquad \text{(V 3, 141)}$$

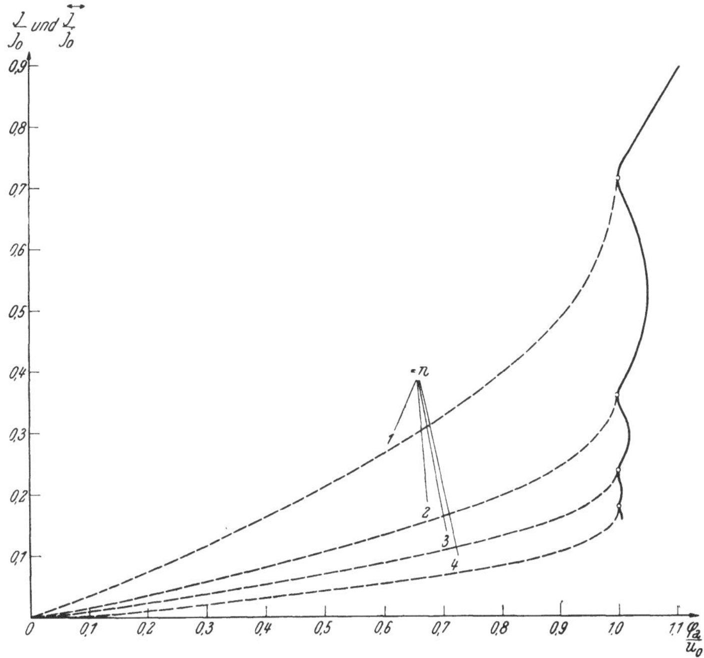

Abb. V 209. Das parallelebene Magnetron. Feld der stationären Strom- und Schwarmstrom-Kennlinien.

Es gibt also für jede Zahl $n > 0$ eine besondere Charakteristik dieser Art, welche für $\frac{\varphi_a}{U_0} \to 1$ entsprechend Abb. V 209 jeweils stetig in die Raumladekennlinie des einsinnig-longitudinalen Stromüberganges einmündet.

V 4. Das Monomagnetron im quasistatischen Betriebe.

a) Als *Monomagnetron* bezeichnen wir ein Magnetron mit ungeteilter Anode, welche gegen die Kathode eine mit der Kreisfrequenz ω zeitlich periodisch pulsierende Spannung führt, während das eingeprägte, primäre Magnetfeld vom Betrage B seines homogen verteilten Induktionsvektors konstant gehalten wird. Gesucht wird die Abhängigkeit des wahren Anodenstromes J von der laufenden Zeit t bei bekannten Werten der Magnetron-Kenngrößen.

b) Als Modell des Monomagnetrons wählen wir ein Hochvakuum-Entladungssystem mit planparallelen Elektroden nach Abb. V 210. In der Röhre orientieren wir uns mittels eines relativ zu den Elektroden ruhenden, *Kartesi*schen Bezugssystemes der rechtsläufigen Koordinaten x, y, z. Die Ebene $x = 0$ werde mit der elektronenemittierenden Oberfläche der Kathode identifiziert, während die ihr zugewandte, aktive Anodenoberfläche durch die Ebene $x = d > 0$ dargestellt werde. Der Vektor B der eingeprägten magnetischen Induktion zeige parallel der z-Achse, während der Vektor E der elektrischen Feldstärke parallel der x-Achse gerichtet sei.

c) Wir definieren den *quasistatischen Betriebszustand* des Monomagnetrons durch folgende Festsetzungen:

1. Das sekundäre Magnetfeld des im Entladungsgebiete einschließlich seiner äußeren Zuleitungen verkehrenden wahren elektrischen Stromes bleibe systematisch außer Betracht.

2. Die Anodenspannung U resultiere als Summe des Gleichanteiles $\overline{U} > 0$ und des einfach-harmonisch schwingenden Wechselanteiles $\tilde{U}$ der Amplitude $U_{max} > 0$ und der Kreisfrequenz ω entsprechend der Gleichung

$$U = U(t) = \overline{U} + \tilde{U} = \overline{U} + U_{max} \cdot \sin \omega t \equiv \overline{U} [1 + \mu \sin \omega t], \quad \text{(V 4, 1)}$$

in welcher der *Modulationsgrad* $\mu = \frac{U_{max}}{\overline{U}}$ der einschränkenden Ungleichung

$$0 < \mu \ll 1 \quad \text{(V 4, 2)}$$

unterworfen werde.

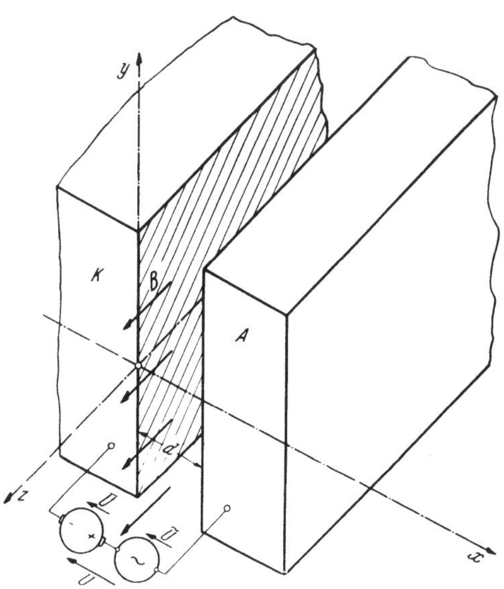

Abb. V 210. Orientierung im Monomagnetron.

3. Die Raumladungen der im Entladungsgebiet verweilenden Elektronen werden bei der Berechnung der dort herrschenden elektrischen Feldstärke E vernachlässigt. Daher folgt deren einzige, von Null verschiedene Komponente parallel der x-Achse aus der Angabe

$$E_x = -\frac{U}{d} = -E[1 + \mu \sin \omega t]; \quad E = \frac{\overline{U}}{d}. \quad \text{(V 4, 3)}$$

d) Wir setzen den absoluten Betrag der Elektronengeschwindigkeit im Monomagnetron als stets so klein im Verhältnis zur Lichtgeschwindigkeit im leeren Raume voraus, daß wir den Bewegungsgleichungen der Elektronen die *Newton*sche Mechanik zugrunde legen dürfen:

$$m_0 \frac{d^2x}{dt^2} = -q_0 \left[E_x + B \frac{dy}{dt}\right], \quad \text{(V 4, 4)}$$

$$m_0 \frac{d^2y}{dt^2} = -q_0 \left[-B \frac{dx}{dt}\right], \quad \text{(V 4, 5)}$$

$$m_0 \frac{d^2z}{dt^2} = 0. \quad \text{(V 4, 6)}$$

Wir ergänzen sie durch die kinematischen Anfangsbedingungen des zu kontrollierenden Elektrons

$$x = 0; \quad y = y_0; \quad z = 0 \quad \text{für} \quad t = t_0 \quad \text{(V 4, 7)}$$

und

$$\frac{dx}{dt} = 0; \qquad \frac{dy}{dt} = 0; \qquad \frac{dz}{dt} = 0 \qquad \text{für} \qquad t = t_0. \tag{V 4, 8}$$

Aus (V 4, 6), (V 4, 7) und (V 4, 8) geht hervor, daß die Elektronenbahn in der Ebene

$$z = 0 \tag{V 4, 9}$$

verharrt. Die hiernach allein verbleibenden Differentialgleichungen (V 4, 4) und (V 4, 5) definieren im Grenzfalle $\mu \to 0$ die *Grundbewegung* [Index g]

$$\frac{d^2 x_g}{dt^2} = \frac{m_0}{q_0}\left[E - B\frac{dy_g}{dt}\right], \tag{V 4, 10}$$

$$\frac{d^2 y_g}{dt^2} = \frac{q_0}{m_0} B \frac{dx_g}{dt}. \tag{V 4, 11}$$

Setzt man abkürzend

$$\Omega = \frac{q_0}{m_0} B; \qquad R = \frac{E}{\Omega B}, \tag{V 4, 12}$$

so lautet das den Bedingungen (V 4, 7) und (V 4, 8) angepaßte Integral des simultanen Differentialgleichungs-Systemes (V 4, 10), (V 4, 11)

$$x_g = R\,[1 - \cos\Omega(t - t_0)], \tag{V 4, 13}$$

$$y_g = y_0 + R\,[\Omega(t - t_0) - \sin\Omega(t - t_0)]. \tag{V 4, 14}$$

Es schildert eine Zykloide, deren erzeugender Rollkreis vom Halbmesser R sich mit der Winkelgeschwindigkeit Ω längs der positiven y-Achse abwälzt.

e) Zum Falle $\mu \neq 0$ zurückkehrend, ersetzen wir x und y durch die *numerischen Koordinaten*

$$\xi = \frac{x}{R}; \qquad \eta = \frac{y}{R}, \tag{V 4, 15}$$

welchen wir die *numerische Zeit*

$$\tau = \Omega\, t \tag{V 4, 16}$$

zur Seite stellen. Im Verein mit (V 4, 3) nimmt daher das System (V 4, 4), (V 4, 5) der Bewegungsgleichungen die dimensionsfreie Gestalt

$$\frac{d^2\xi}{d\tau^2} = 1 + \mu \sin\frac{\omega}{\Omega}\tau - \frac{d\eta}{d\tau} \tag{V 4, 17}$$

und

$$\frac{d^2\eta}{d\tau^2} = \frac{d\xi}{d\tau} \tag{V 4, 18}$$

an, während die Anfangsbedingungen (V 4, 7) und (V 4, 8) beziehentlich die Angaben

$$\xi = 0; \qquad \eta = \eta_0 = \frac{y_0}{R} \qquad \text{für} \qquad \tau = \tau_0 = \Omega\, t_0 \tag{V 4, 19}$$

sowie

$$\frac{d\xi}{d\tau} = 0; \qquad \frac{d\eta}{d\tau} = 0 \qquad \text{für} \qquad \tau = \tau_0 \tag{V 4, 20}$$

liefern. Daher folgt aus (V 4, 18) durch Integration der kinematische Zusammenhang

$$\frac{d\eta}{d\tau} = \xi, \tag{V 4, 21}$$

so daß die „longitudinale" Bewegung längs der ξ-Achse der linearen Differentialgleichung zweiter Ordnung

$$\frac{d^2\xi}{d\tau^2} + \xi = 1 + \mu \sin \frac{\omega}{\Omega} \tau \tag{V 4, 22}$$

unterliegt; bei ihrer Integration unterscheiden wir zwei Fälle:

1. Die *elektrische* Kreisfrequenz ω der anodischen Wechselspannung $\tilde{U}$ sei von der *kinematischen* Winkelgeschwindigkeit Ω der zykloidenerzeugenden Rollkreis-Grundbewegung verschieden:

$$\omega \neq \Omega. \tag{V 4, 23}$$

Dann lautet ein Partikularintegral von (V 4, 22)

$$\xi = 1 + \frac{\mu}{1 - \left(\frac{\omega}{\Omega}\right)^2} \sin \frac{\omega}{\Omega} \tau. \tag{V 4, 24}$$

Mit Hilfe zweier vorerst noch unbekannter Konstanten S und C wird somit die allgemeine Lösung von (V 4, 22) durch

$$\xi = 1 + \frac{\mu}{1 - \left(\frac{\omega}{\Omega}\right)^2} \sin \frac{\omega}{\Omega} \tau + S \sin \tau + C \cos \tau \tag{V 4, 25}$$

dargestellt. Aus ihr finden wir gemäß (V 4, 19) und (V 4, 21) durch Integration

$$\eta - \eta_0 = \int_{\tau_0}^{\tau} \xi \, d\tau' = \tau - \tau_0 + \frac{\mu}{1 - \left(\frac{\omega}{\Omega}\right)^2} \frac{\Omega}{\omega} \left[\cos \frac{\omega}{\Omega} \tau_0 - \cos \frac{\omega}{\Omega} \tau\right] + $$
$$+ S\,[\cos \tau_0 - \cos \tau] + C\,[\sin \tau - \sin \tau_0]. \tag{V 4, 26}$$

Die Anfangsbedingungen liefern für S und C das Gleichungspaar

$$1 + \frac{\mu}{1 - \left(\frac{\omega}{\Omega}\right)^2} \sin \frac{\omega}{\Omega} \tau_0 + S \sin \tau_0 + C \cos \tau_0 = 0 \tag{V 4, 27}$$

und

$$\frac{\mu}{1 - \left(\frac{\omega}{\Omega}\right)^2} \frac{\omega}{\Omega} \cos \frac{\omega}{\Omega} \tau_0 + S \cos \tau_0 - C \sin \tau_0 = 0. \tag{V 4, 28}$$

Wir entnehmen ihnen

$$S = -\left[\sin \tau_0 + \frac{\mu}{1 - \left(\frac{\omega}{\Omega}\right)^2} \left\{\frac{\omega}{\Omega} \cos \frac{\omega}{\Omega} \tau_0 \cdot \cos \tau_0 + \sin \frac{\omega}{\Omega} \tau_0 \sin \tau_0\right\}\right] \tag{V 4, 29}$$

und

$$C = -\left[\cos\tau_0 - \frac{\mu}{1-\left(\frac{\omega}{\Omega}\right)^2}\left\{\frac{\omega}{\Omega}\cos\frac{\omega}{\Omega}\tau_0\cdot\sin\tau_0 - \sin\frac{\omega}{\Omega}\tau_0\cos\tau_0\right\}\right], \tag{V 4, 30}$$

so daß durch Restitution dieser Ausdrücke in (V 4, 25)

$$\xi = 1 - \cos(\tau-\tau_0) + \frac{\mu}{1-\left(\frac{\omega}{\Omega}\right)^2}\cdot$$
$$\cdot\left[\sin\frac{\omega}{\Omega}\tau - \frac{\omega}{\Omega}\cos\frac{\omega}{\Omega}\tau_0\sin(\tau-\tau_0) - \sin\frac{\omega}{\Omega}\tau_0\cos(\tau-\tau_0)\right] \tag{V 4, 31}$$

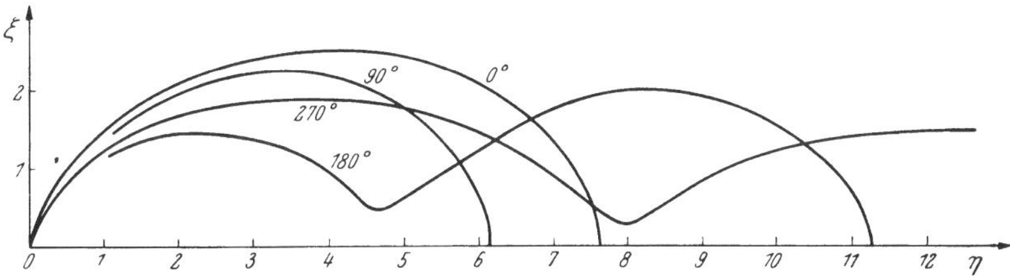

Abb. V 211. Elektronenbahnen im Monomagnetron.

und (V 4, 26)

$$\eta - \eta_0 = (\tau-\tau_0) - \sin(\tau-\tau_0) + \frac{\mu}{\left(1-\frac{\omega}{\Omega}\right)^2}\cdot\left[\left(\frac{\Omega}{\omega}-\frac{\omega}{\Omega}\right)\cos\tau_0 -\right.$$
$$\left.-\frac{\Omega}{\omega}\cos\tau + \frac{\omega}{\Omega}\cos\frac{\omega}{\Omega}\tau_1\cdot\cos(\tau-\tau_0) - \sin\frac{\omega}{\Omega}\tau_0\sin(\tau-\tau_0)\right] \tag{V 4, 32}$$

resultiert. Abb. V 211 zeigt die hiernach gemäß (V 4, 31) und (V 4, 32) zu erwartenden Elektronenbahnen bei verschiedenen Startphasen für das Beispiel

$$\frac{\omega}{\Omega} = \frac{3}{4}; \qquad \frac{\mu}{1-\left(\frac{\omega}{\Omega}\right)^2} = \frac{3}{2}.$$

dessen Modulationsgrad μ allerdings aus zeichnerischen Gründen im Vergleiche zu (V 4, 2) übertrieben groß gewählt werden mußte.

2. Im Gegensatz zu (V 4, 23) sei *Resonanz* zwischen der elektrischen Kreisfrequenz ω und der Winkelgeschwindigkeit Ω der Rollkreisbewegung vorausgesetzt

$$\omega = \Omega. \tag{V 4, 33}$$

Da dann das Partikularintegral (V 4, 24) sinnlos wird, gehen wir vorübergehend auf den Fall

$$\frac{\omega}{\Omega} = 1 + \varepsilon \tag{V 4, 34}$$

zurück und erhalten aus (V 4, 31) durch Entwicklung nach Potenzen des Parameters ε

$$\xi = 1 - \cos(\tau - \tau_0) - \frac{\mu}{2\,\varepsilon + \varepsilon^2}\,[\sin(1+\varepsilon)\,\tau - (1+\varepsilon)\cos(1+\varepsilon)\,\tau_0 -$$

$$- \sin(1+\varepsilon)\,\tau_0\cos(\tau - \tau_0)] = 1 - \cos(\tau - \tau_0) - \frac{\mu}{2\,\varepsilon + \ldots}\,[\varepsilon\,\{\tau\cos\tau +$$

$$+ \tau_0\sin\tau_0\sin(\tau - \tau_0) - \cos\tau_0\sin(\tau - \tau_0) - \tau_0\cos\tau_0\cos(\tau - \tau_0)\} + \ldots]. \quad \text{(V 4, 35)}$$

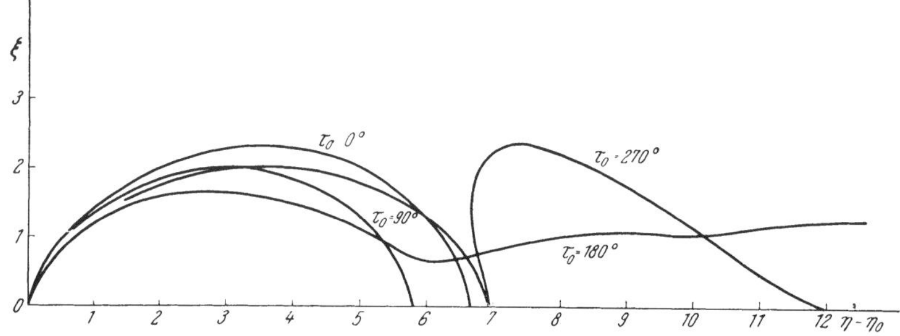

Abb. V 212. Monomagnetron. Elektronenbahnen im Falle der Resonanz der Betriebsfrequenz mit der Zyklotronfrequenz.

Durch die Operation $\varepsilon \to 0$ entsteht aus (V 4, 35) die gesuchte Resonanzlösung:

$$\xi = 1 - \cos(\tau - \tau_0) -$$

$$- \frac{\mu}{2}\,[\tau\cos\tau + (\tau_0\sin\tau_0 - \cos\tau_0)\sin(\tau - \tau_0) - \tau_0\cos\tau_0\cos(\tau - \tau_0)]. \quad \text{(V 4, 36)}$$

Ihre Integration führt gemäß (V 4, 21) auf

$$\eta - \eta_0 = \int_{\tau_0}^{\tau} \xi(\tau')\,d\tau' = \tau - \tau_0 - \sin(\tau - \tau_0) - \frac{\mu}{2}\,[\tau\sin\tau -$$

$$- 2\cos\tau_0 + \cos\tau - (\tau_0\sin\tau_0 - \cos\tau_0)\cos(\tau - \tau_0) - \tau_0\cos\tau_0\sin(\tau - \tau_0)]. \quad \text{(V 4, 37)}$$

Abb. V 212 zeigt den nach (V 4, 36) und (V 4, 37) berechneten Verlauf der Elektronenbahnen bei Resonanz $\omega = \Omega$ für verschiedene Startphasen im Falle des Modulationsgrades $\mu = 0{,}2$.

f) Wir bezeichnen durch $\mathfrak{j}$ den Vektor der Konvektionsstromdichte im Entladungsgebiete des Monomagnetrons. In dem von uns gewählten Modell reduziert sich die parallel der y-Achse gerichtete Komponente $\mathfrak{j}_y$ der Konvektionsstromdichte auf eine Funktion lediglich von x und t, so daß

$$\frac{\partial \mathfrak{j}_y}{\partial y} = 0 \quad \text{(V 4, 38)}$$

gilt, während die Komponente $\mathfrak{j}_z$ nach Voraussetzung identisch verschwindet. Ergänzen wir jetzt die Konvektionsstromdichte durch Hinzunahme der parallel der x-Achse weisenden Verschiebungsstromdichte $\Delta \frac{\partial E}{\partial t}$ zur wahren Stromdichte j_w, so zieht deren Quellenfreiheit die Gleichung

$$\operatorname{div} j_w = \frac{\partial}{\partial x}\left[j_x + \Delta \frac{\partial E_x}{\partial t}\right] = 0 \qquad \text{(V 4, 39)}$$

nach sich; wir schreiben sie auf die numerischen Koordinaten (V 4, 15), (V 4, 16) um, vertauschen die Zeichen j_x und E_x beziehentlich mit j_ξ und E_ξ und erhalten durch Integration

$$j_\xi + \Delta \cdot \Omega \cdot \frac{\partial E_\xi}{\partial \tau} = f(\tau). \qquad \text{(V 4, 40)}$$

Der Kürze halber werden wir uns weiterhin auf den eingeschwungenen Zustand beschränken, in welchem die vorstehend eingeführte Funktion $f(\tau)$ synchron mit der Anodenspannung pulsiert.

g) Da wir verabredungsgemäß im Entladungsgebiet das sekundäre Magnetfeld außer acht lassen, sind für die Dynamik der Elektronenströmung in ξ-Richtung die Gesetze parallelebener Elektronenbewegungen nach Ziffer IV 1 maßgebend. Auf Grund dieser Anweisung begleiten wir das kontrollierte Elektron vom „Namen" (η_0, τ_0) auf seinem Wege von der Kathode gegen die Anode und fragen nach seiner numerischen Ankunftszeit τ_1 in der Ebene $\xi' > 0$ des Entladungsgebietes.

Ausgehend von Gl. (V 4, 31) ergibt sich im Falle $\mu = 0$ die erste Näherung $\tau_1 = \tau_1^{(1)}$ des gesuchten Zeitpunktes aus

$$\xi' = 1 - \cos(\tau_1^{(1)} - \tau_0) \equiv 2 \sin^2 \frac{\tau_1^{(1)} - \tau_0}{2} \qquad \text{(V 4, 41)}$$

mittels

$$\tau_1^{(1)} - \tau_0 \equiv \Delta \tau = 2 \arcsin \sqrt{\frac{\xi'}{2}}. \qquad \text{(V 4, 42)}$$

Nunmehr verschärfen wir (V 4, 2) zur Voraussetzung eines infinitesimal schwachen Modulationsgrades μ; dann unterscheidet sich τ_1 von $\tau_1^{(1)}$ um die gleichfalls nur infinitesimal kleine Zahl ϑ

$$\tau_1 = \tau_1^{(1)} + \vartheta, \qquad \text{(V 4, 43)}$$

so daß wir durch Entwicklung von (V 4, 31) nach Potenzen von ϑ bei Vernachlässigung infinitesimaler Größen von zweiter und höherer Ordnung die Relation

$$\vartheta \sin(\tau_1^{(1)} - \tau_0) = -\frac{\mu}{1 - \left(\frac{\omega}{\Omega}\right)^2}\left[\sin \frac{\omega}{\Omega} \tau_1^{(1)} - \right.$$

$$\left. - \frac{\omega}{\Omega} \cos \frac{\omega}{\Omega} \tau_0 \sin(\tau_1^{(1)} - \tau_0) - \sin \frac{\omega}{\Omega} \tau_0 \cos(\tau_1^{(1)} - \tau_0)\right] \qquad \text{(V 4, 44)}$$

finden. Wir fassen nun gemäß (V 4, 42), (V 4, 43) und (V 4, 44) die numerische Ankunftszeit τ_1 bei festem Modulationsgrade μ als Funktion sowohl des numerischen Startzeitpunktes τ_0 wie der numerischen Koordinate ξ' auf und berechnen

$$\frac{\partial \tau_1(\tau_0, \xi')}{\partial \tau_0} = 1 - \frac{\mu}{1 - \left(\frac{\omega}{\Omega}\right)^2} \cdot \frac{1}{\mathrm{s\,n}\,\Delta\,\tau} \cdot$$

$$\cdot \frac{\omega}{\Omega} \left[\cos \frac{\omega}{\Omega} \tau_1 + \frac{\omega}{\Omega} \sin \frac{\omega}{\Omega} \tau_0 \sin \Delta\,\tau - \cos \frac{\omega}{\Omega} \tau_0 \cos \Delta\,\tau\right]. \tag{V 4, 45}$$

Innerhalb der eckigen Klammer darf man τ_0 mit $(\tau_1 - \Delta\,\tau)$ vertauschen und erhält in der hierdurch angezeigten Genauigkeit

$$\left[\cos \frac{\omega}{\Omega} \tau_1 + \ldots\right] =$$

$$= \left\{1 - \cos \Delta\,\tau \cos \frac{\omega}{\Omega} \Delta\,\tau - \frac{\omega}{\Omega} \sin \Delta\,\tau \sin \frac{\omega}{\Omega} \Delta\,\tau\right\} \cos \frac{\omega}{\Omega} \tau_1 -$$

$$- \left\{\cos \Delta\,\tau \sin \frac{\omega}{\Omega} \Delta\,\tau - \frac{\omega}{\Omega} \sin \Delta\,\tau \cos \frac{\omega}{\Omega} \Delta\,\tau\right\} \sin \frac{\omega}{\Omega} \tau_1. \tag{V 4, 46}$$

Wir beschränken uns weiterhin auf ein Monomagnetron, welches im schwingungsfreien Zustande $[\mu = 0]$ *unterkritisch* eingestellt ist

$$\delta = \frac{\mathrm{d}}{\mathrm{R}} < 2 \tag{V 4, 47}$$

und setzen voraus, daß auch im schwingenden System sämtliche Elektronen des Entladungsgebietes die Anode erreichen. Insbesondere identifizieren wir hiernach die Konvektionsstromdichte an der Oberfläche der Kathode mit deren Sättigungsstromdichte j_0

$$\mathrm{j}_\xi = \mathrm{j}_0 \qquad \text{für} \qquad \xi = 0 \tag{V 4, 48}$$

und sehen diese als „eingeprägte", von der Kathodentemperatur diktierte und sonach zeitfreie Größe an.

Mittels der Substitution

$$\tau_1 \to \tau \tag{V 4, 49}$$

befreien wir uns nunmehr von der Bindung an die Elektronen des „Jahrganges" τ_0 und kehren zu der im gesamten Entladungsgebiet einheitlichen, numerischen Normalzeit τ zurück. Unter nochmaliger Berufung auf den infinitesimalen Charakter von μ folgt dann wegen (V 4, 38) die parallel der ξ-Achse fließende Komponente $\mathrm{j}_\xi = \mathrm{j}_\xi(\xi', \tau)$ aus

$$\frac{\mathrm{j}_\xi(\xi', \tau)}{\mathrm{j}_0} = 1 + \frac{\mu}{1 - \left(\frac{\omega}{\Omega}\right)^2} \cdot \frac{\omega}{\Omega} \cdot \frac{1}{\sin \Delta\,\tau} \left[\gamma \cos \frac{\omega}{\Omega} \tau + \sigma \sin \frac{\omega}{\Omega} \tau\right], \tag{V 4, 50}$$

wobei abkürzend

$$\gamma = 1 - \frac{1 - \frac{\omega}{\Omega}}{2} \cos \left\{\left(1 + \frac{\omega}{\Omega}\right) \Delta\,\tau\right\} - \frac{1 + \frac{\omega}{\Omega}}{2} \cos \left\{\left(1 - \frac{\omega}{\Omega}\right) \Delta\,\tau\right\} \tag{V 4, 51}$$

und

$$\sigma = \frac{1+\frac{\omega}{\Omega}}{2} \sin\left\{\left(1-\frac{\omega}{\Omega}\right)\Delta\tau\right\} - \frac{1-\frac{\omega}{\Omega}}{2} \sin\left\{\left(1+\frac{\omega}{\Omega}\right)\Delta\tau\right\} \tag{V 4, 52}$$

gesetzt wurde. Der zeitfreie Anteil $\bar{\mathrm{j}}$ der Konvektionsstromdichte gleicht daher überall der Sättigungsstromdichte

$$\bar{\mathrm{j}} = \mathrm{j}_0 \tag{V 4, 53}$$

Ihm überlagert sich ein mit $\tilde{\mathrm{U}}$ synchron schwingender, einfach harmonischer Wechselanteil $\tilde{\mathrm{j}}$ der Konvektionsstromdichte; seine zu $\tilde{\mathrm{U}}$ gleichphasige *Arbeitskomponente* $\tilde{\mathrm{j}}^{(a)}$ besitzt die Amplitude

$$\mathrm{j}^{(a)}_{\max} = \mathrm{j}_0 \frac{\mu}{1-\left(\frac{\omega}{\Omega}\right)^2} \cdot \frac{\omega}{\Omega} \cdot \frac{\sigma}{\sin\Delta\tau}, \tag{V 4, 54}$$

während die um 90^0 gegen $\tilde{\mathrm{U}}$ phasenverschobene *Blindkomponente* $\tilde{\mathrm{j}}^{(b)}$ die Amplitude

$$\mathrm{j}^{(b)}_{\max} = \mathrm{j}_0 \frac{\mu}{1-\left(\frac{\omega}{\Omega}\right)^2} \cdot \frac{\omega}{\Omega} \cdot \frac{\gamma}{\sin\Delta\tau} \tag{V 4, 55}$$

aufweist.

h) Die in Richtung der ξ-Achse resultierende *Influenzstromdichte* [Sekundärstromdichte] darf, ohne daß Irrtümer entstehen, durch das Symbol j_s bezeichnet werden; sie ist durch

$$\mathrm{j}_s(\tau) = \frac{1}{\delta} \int_0^\delta \mathrm{j}_\xi(\xi', \tau)\, d\xi' \tag{V 4, 56}$$

definiert. Demnach erweist sich ihr *zeitfreier Anteil* $\bar{\mathrm{j}}_s$ als identisch mit der Sättigungsstromdichte

$$\bar{\mathrm{j}}_s = \mathrm{j}_0, \tag{V 4, 57}$$

während ihr *Wechselanteil* $\tilde{\mathrm{j}}_s$ gemäß (V 4, 54), (V 4, 55) in den mit $\tilde{\mathrm{U}}$ gleichphasigen *Arbeitsanteil* $\tilde{\mathrm{j}}_s^{(a)}$ und den gegen $\tilde{\mathrm{U}}$ um 90^0 phasenverschobenen *Blindanteil* $\tilde{\mathrm{j}}_s^{(b)}$ zerlegt werden kann. Aus ihren Amplituden bilden wir die Ausdrücke

$$\mathrm{g}^{(a)} = \frac{1}{\mu} \frac{\mathrm{j}^{(a)}_{s,\max}}{\mathrm{j}_0}; \qquad \mathrm{g}^{(b)} = \frac{1}{\mu} \frac{\mathrm{j}^{(b)}_{s,\max}}{\mathrm{j}_0}, \tag{V 4, 58}$$

deren erster den mit $\frac{\bar{\mathrm{U}}}{\mathrm{j}_0}$ multiplizierten Arbeitsleitwert je Flächeneinheit der Elektroden und deren zweiter den ebenso normierten spezifischen Blindleitwert mißt. Um diese beiden Kenngrößen des Monomagnetrons explizit zu berechnen, substituieren wir in (V 4, 56) statt ξ' die Integrationsvariable $\Delta\tau$ nach Gl. (V 4, 42). Mit Beachtung des Zusammenhanges

$$d\xi' = \sin\Delta\tau \cdot d\Delta\tau \tag{V 4, 59}$$

folgt dann

$$g^{(a)} = \frac{\frac{\omega}{\Omega}}{1-\left(\frac{\omega}{\Omega}\right)^2} \frac{1}{\delta} \int\limits_0^{2\arcsin\sqrt{\frac{\delta}{2}}} \left[\frac{1+\frac{\omega}{\Omega}}{2} \sin\left\{\left(1-\frac{\omega}{\Omega}\right)\Delta\tau\right\} - \right.$$

$$\left. - \frac{1-\frac{\omega}{\Omega}}{2} \sin\left\{\left(1+\frac{\omega}{\Omega}\right)\Delta\tau\right\}\right] d\Delta\tau =$$

$$= \frac{\frac{\omega}{\Omega}}{1-\left(\frac{\omega}{\Omega}\right)^2} \frac{1}{\delta} \left[\frac{1+\frac{\omega}{\Omega}}{1-\frac{\omega}{\Omega}} \sin^2\left\{\left(1-\frac{\omega}{\Omega}\right)\arcsin\sqrt{\frac{\delta}{2}}\right\} - \right.$$

$$\left. - \frac{1-\frac{\omega}{\Omega}}{1+\frac{\omega}{\Omega}} \sin^2\left\{\left(1+\frac{\omega}{\Omega}\right)\arcsin\sqrt{\frac{\delta}{2}}\right\}\right] \qquad \text{(V 4, 60)}$$

sowie

$$g^{(b)} = \frac{\frac{\omega}{\Omega}}{1-\left(\frac{\omega}{\Omega}\right)^2} \frac{1}{\delta} \int\limits_0^{2\arcsin\sqrt{\frac{\delta}{2}}} \left[1 - \frac{1-\frac{\Omega}{\omega}}{2} \cos\left\{\left(1+\frac{\omega}{\Omega}\right)\Delta\tau\right\} - \right.$$

$$\left. - \frac{1+\frac{\omega}{\Omega}}{2} \cos\left\{\left(1-\frac{\omega}{\Omega}\right)\Delta\tau\right\}\right] d\Delta\tau = \frac{\frac{\omega}{\Omega}}{1-\left(\frac{\omega}{\Omega}\right)^2} \frac{1}{\delta} \left[2\arcsin\sqrt{\frac{\delta}{2}} - \right.$$

$$- \frac{1-\frac{\omega}{\Omega}}{1+\frac{\omega}{\Omega}} \cdot \frac{1}{2} \sin\left\{\left(1+\frac{\omega}{\Omega}\right) 2\arcsin\sqrt{\frac{\delta}{2}}\right\} -$$

$$\left. - \frac{1+\frac{\omega}{\Omega}}{1-\frac{\omega}{\Omega}} \frac{1}{2} \sin\left\{\left(1-\frac{\omega}{\Omega}\right) 2\arcsin\sqrt{\frac{\delta}{2}}\right\}\right]. \qquad \text{(V 4, 61)}$$

Wir heben die wichtigsten Sonderfälle hervor:

1. *Verschwindendes Magnetfeld:* Im Grenzfalle $B \to 0$ wird nach (V 4, 12)

$$\Omega \to 0; \qquad \delta \to 0; \qquad \frac{1}{\Omega}\sqrt{\frac{\delta}{2}} \to \frac{d}{\sqrt{2\,\frac{q_0}{m_0}\,\overline{U}}}. \qquad \text{(V 4, 62)}$$

Durch Ausführung dieser Operationen an (V 4, 60), (V 4, 61) finden wir

$$\lim_{B\to 0} g^{(a)} = \frac{q_0}{m_0}\frac{\overline{U}}{(\omega d)^2}\left[2\left(1-\cos\frac{2\,\omega\, d}{\sqrt{2\frac{q_0}{m_0}\overline{U}}}\right)-\frac{2\,\omega\, d}{\sqrt{2\frac{q_0}{m_0}\overline{U}}}\sin\frac{2\,\omega\, d}{\sqrt{2\frac{q_0}{m_0}\overline{U}}}\right] \tag{V 4, 63}$$

und

$$\lim_{B\to 0} g^{(b)} = \frac{q_0}{m_0}\frac{\overline{U}}{(\omega d)^2}\left[2\sin\frac{2\,\omega\, d}{\sqrt{2\frac{q_0}{m_0}\overline{U}}}-\frac{2\,\omega\, d}{\sqrt{2\frac{q_0}{m_0}\overline{U}}}\left(1+\cos\frac{2\,\omega\, d}{\sqrt{2\frac{q_0}{m_0}\overline{U}}}\right)\right]. \tag{V 4, 64}$$

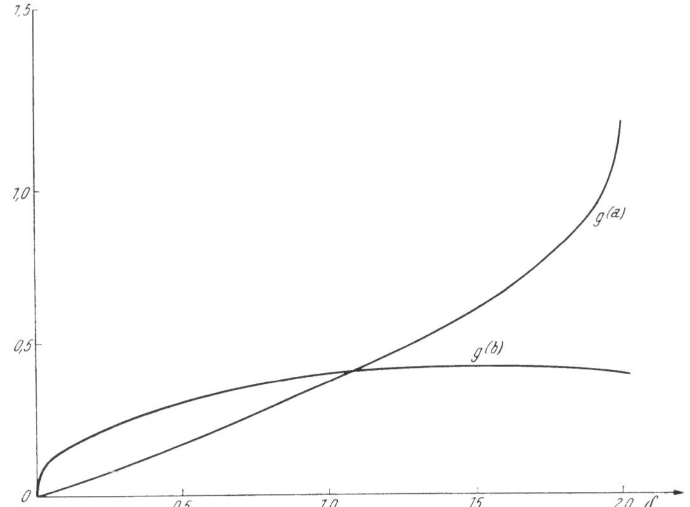

Abb. V 213. Monomagnetron. Die Komponenten des komplexen Leitwertes im Resonanzfalle.

Mit Rücksicht auf (IV 2, 40) sind diese beiden Gleichungen, wie es sein muß, inhaltlich mit der komplexen Leitwertgleichung (IV 2, 41) des Monotrons identisch.

2. Resonanz: Im Falle $\omega \to \Omega$ gelangen wir durch den Grenzübergang $\varepsilon \to 0$ in (V 4, 34) von (V 4, 60) und (V 4, 61) zu den Gleichungen

$$\lim_{\omega\to\Omega} g^{(a)} = \frac{1}{\delta}\left[\left(\arcsin\sqrt{\frac{\delta}{2}}\right)^2-\frac{\delta}{2}+\frac{\delta^2}{4}\right] \tag{V 4, 65}$$

und

$$\lim_{\omega\to\Omega} g^{(b)} = \frac{1}{\delta}\left[\frac{1}{2}\arcsin\sqrt{\frac{\delta}{2}}-\frac{1}{4}(1-\delta)\sqrt{2\,\delta-\delta^2}\right], \tag{V 4, 66}$$

deren Inhalt durch Abb. V 213 veranschaulicht wird. Insbesondere bleibt der Arbeitsleitwert stets positiv: Im Zustande der Resonanz können sich die Schwingungen des Monomagnetrons nicht von selbst erregen.

3. *Kritische Einstellung* des Monomagnetrons: Wir gehen in (V 4, 47) zur Grenze

$$\delta \to 2 \tag{V 4, 67}$$

über und erhalten mit

$$\lim_{\delta \to 2} \sin\left\{\left(1 \mp \frac{\omega}{\Omega}\right) \arcsin \sqrt{\frac{\delta}{2}}\right\} = \cos\frac{\pi}{2}\frac{\omega}{\Omega} \qquad \text{(V 4, 68)}$$

und

$$\lim_{\delta \to 2} \sin\left\{\left(1 \mp \frac{\omega}{\Omega}\right) \cdot 2 \arcsin \sqrt{\frac{\delta}{2}}\right\} = \pm \sin \pi \frac{\omega}{\Omega}, \qquad \text{(V 4, 69)}$$

aus (V 4, 60) und (V 4, 61)

$$\lim_{\delta \to 2} g^{(a)} = 2\left[\frac{\frac{\omega}{\Omega}\cos\frac{\pi}{2}\frac{\omega}{\Omega}}{1-\left(\frac{\omega}{\Omega}\right)^2}\right]^2 \qquad \text{(V 4, 70)}$$

und

$$\lim_{\delta \to 2} g^{(b)} = \frac{\frac{\omega}{\Omega}}{1-\left(\frac{\omega}{\Omega}\right)^2}\left[\frac{\pi}{2} - \frac{\frac{\omega}{\Omega}}{1-\left(\frac{\omega}{\Omega}\right)^2}\sin\pi\frac{\omega}{\Omega}\right]. \qquad \text{(V 4, 71)}$$

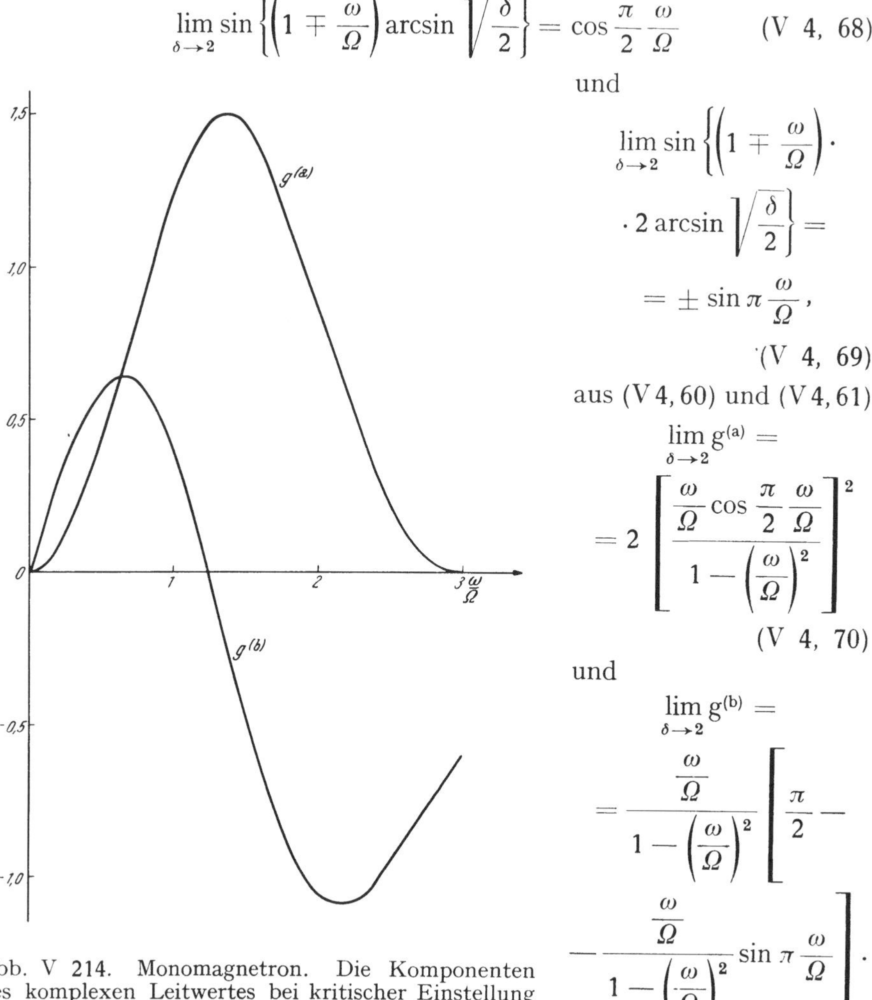

Abb. V 214. Monomagnetron. Die Komponenten des komplexen Leitwertes bei kritischer Einstellung des Magnetfeldes.

Abb. V 214 zeigt den nach diesen Gleichungen berechneten Frequenzgang des Arbeitsleitwertes und des Blindleitwertes; auch hier können sich die elektrischen Schwingungen des Monomagnetrons nicht von selbst erregen.

V 5. Das Monomagnetron im faststationären Betriebe.

a) Wir handeln im folgenden von einem Monomagnetron der in Ziffer V 4 beschriebenen Art. Von dort her übernehmen wir das konstruktive Modell des Gerätes einschließlich des ihm verbundenen, *Kartesi*schen Bezugssystemes x, y, z, in welchem die laufende Zeit t gemessen wird.

Im quasistatischen Betriebszustande des Monomagnetrons wurde der Einfluß der Elektronen-Raumladung auf die Struktur des zwischen den

Elektroden ausgespannten elektrischen Feldes E außer acht gelassen, und die Emissionsstromdichte j der Kathode wurde mit deren Sättigungsstromdichte j_0 identifiziert. Demgegenüber definieren wir den faststationären Betrieb des Gerätes durch folgende Voraussetzungen:

1. Die Emissionsstromdichte an der Kathode bleibt stets kleiner als die Sättigungsstromdichte.

2. Die „longitudinale" Komponente der wahren Stromdichte in Richtung der ξ-Achse [Kathode-Anode] werde durch j_w bezeichnet; sie reduziert sich gemäß (IV 1, 7) auf eine Funktion allein der Zeit t oder ihres numerischen Wertes τ, welche im eingeschwungenen Zustande des Systemes durch die einfach-harmonische Pulsation

$$j_w = \bar{j} + \tilde{j} = \bar{j} + j_{max} \sin \omega t = \bar{j} \left[1 + \nu \sin \frac{\omega}{\Omega} \tau \right] \qquad (V\ 5,\ 1)$$

dargestellt werde; auf Grund der konventionellen Zählrichtung des Stromes ist $\bar{j} < 0$ zu setzen.

3. Der Modulationsgrad $\nu = \frac{j_{max}}{\bar{j}}$ wird der Ungleichung

$$0 < \nu \ll 1 \qquad (V\ 5,\ 2)$$

unterworfen.

4. Das mit j_w genetisch verbundene sekundäre Magnetfeld wird innerhalb des Entladungsgebietes systematisch gegen das eingeprägte Primärmagnetfeld vernachlässigt.

5. Wir betrachten die Eigengeschwindigkeit der Elektronen bei ihrer Emission aus der Kathodenoberfläche als verschwindend klein, so daß die Ebene $\xi = 0$ mit der virtuellen Kathode koinzidiert:

$$E_\xi = 0 \qquad \text{für} \qquad \xi = 0. \qquad (V\ 5,\ 3)$$

Insbesondere gleicht hiernach die Komponente (V 5, 1) der wahren Stromdichte der in Richtung der ξ-Achse fließenden Konvektionsstromdichte j_ξ an der Kathode

$$j_\xi = j_w(\tau) \qquad \text{für} \qquad \xi = 0. \qquad (V\ 5,\ 4)$$

Während im quasistatischen Betriebe des Monotrons die Anodenspannung U vorgegeben und die Stromdichte j gesucht wurde, liegt hier die umgekehrte Aufgabe vor: Wir fragen nach der Spannung, welche zum Transport der verlangten, wahren Stromdichte erforderlich ist; dabei setzen wir unterkritische Einstellung des schwingungsfreien Magnetrons gemäß (V 4, 47) voraus.

b) Bei Beschränkung auf hinreichend kleine Geschwindigkeiten der Elektronen [*Newton*sche Mechanik] unterliegen diese im Entladungsgebiet den Differentialgleichungen (V 4, 4), (V 4, 5) und (V 4, 6); indessen ist die dort auftretende, parallel der ξ-Achse weisende elektrische Feldkomponente

$$E_x(x, t) \equiv E_\xi(\xi, \tau) \qquad (V\ 5,\ 5)$$

vorerst nicht bekannt. Um diese Schwierigkeit zu überwinden, gehen wir auf die Raumladungsdichte ϱ der Elektronengesamtheit zurück

$$\varrho = \Delta \frac{\partial E_x}{\partial x} = \frac{\Delta}{R} \frac{\partial E_\xi}{\partial \xi}. \qquad (V\ 5,\ 6)$$

Ihr Produkt mit der ξ-Komponente der Strömungsgeschwindigkeit

$$v_x \equiv v_\xi = \frac{dx}{dt} = \Omega R \frac{d\xi}{d\tau} \qquad (V\ 5,\ 7)$$

mißt die ξ-Komponente der *Konvektionsstromdichte*

$$j_x(x, t) \equiv j_\xi(\xi, \tau) = \varrho\, v_x = \Omega \cdot \Delta \cdot \frac{\partial E_\xi}{\partial \xi} \cdot \frac{d\xi}{d\tau}. \qquad (V\ 5,\ 8)$$

Daher folgt die ebenso gerichtete Komponente der *wahren Stromdichte* aus der Gleichung

$$j_w = \Delta \frac{\partial E_x}{\partial t} + j_x = \Omega \cdot \Delta \cdot \frac{\partial E_\xi}{\partial \tau} + j_\xi = \Omega \cdot \Delta \left[\frac{\partial E_\xi}{\partial \tau} + \frac{\partial E_\xi}{\partial \xi} \cdot \frac{d\xi}{d\tau}\right] = \Omega \cdot \Delta \cdot \frac{dE_\xi}{d\tau}, \qquad (V\ 5,\ 9)$$

in welcher der totale Differentialquotient $\frac{dE_\xi}{d\tau}$ jene Änderung der elektrischen Feldstärke je Einheit der numerischen Zeit definiert, welche ein mit den Elektronen reisender Beobachter konstatiert. Im Sinne dieser Vorschrift begleiten wir das Elektron der kinematischen Daten

$$\xi = 0; \qquad \eta = \eta_0 \qquad \text{für} \qquad \tau = \tau_0 \qquad (V\ 5,\ 10)$$

und

$$\frac{d\xi}{d\tau} = 0; \qquad \frac{d\eta}{d\tau} = 0 \qquad \text{für} \qquad \tau = \tau_0 \qquad (V\ 5,\ 11)$$

in seiner invariablen Bahnebene $z = 0$ auf seinem Wege zur Anode hin. Vermöge (V 5, 3) schließen wir dann aus (V 5, 9) auf die am Kontrollelektron angreifende Feldstärke

$$E_\xi = \frac{1}{\Omega \cdot \Delta} \cdot \int_{\tau_0}^{\tau} j_w(\tau')\, d\tau' \qquad (V\ 5,\ 12)$$

und erhalten auf Grund des Ansatzes (V 5, 1)

$$E_\xi = \frac{\bar{j}}{\Omega \cdot \Delta}\left[(\tau - \tau_0) + \nu \frac{\Omega}{\omega}\left(\cos\frac{\omega}{\Omega}\tau_0 - \cos\frac{\omega}{\Omega}\tau\right)\right]. \qquad (V\ 5,\ 13)$$

c) Wir ersetzen den zeitfreien Anteil $\bar{j}$ der wahren Stromdichte j_W durch die *numerische Gleichstromdichte*

$$\gamma = -\frac{q_0}{m_0} \frac{\bar{j}}{R \cdot \Omega^3 \cdot \Delta} > 0 \qquad (V\ 5,\ 14)$$

und finden durch Substitution von (V 5, 13) und (V 5, 14) in Gl. (V 4, 4), nachdem diese auf die numerischen Veränderlichen umgeschrieben wurde,

$$\frac{d^2\xi}{d\tau^2} = \gamma\left[(\tau - \tau_0) + \nu \frac{\Omega}{\omega}\left(\cos\frac{\omega}{\Omega}\tau_0 - \cos\frac{\omega}{\Omega}\tau\right)\right] - \frac{d\eta}{d\tau}. \qquad (V\ 5,\ 15)$$

während (V 4, 5) auf dem gleichen Wege in

$$\frac{d^2\eta}{d\tau^2} = \frac{d\xi}{d\tau} \qquad (V\ 5,\ 16)$$

übergeht. Mit Rücksicht auf (V 5, 10) und (V 5, 11) erschließen wir aus (V 5, 16) die kinematische Relation

$$\frac{d\eta}{d\tau} = \xi, \qquad (V\ 5,\ 17)$$

so daß sich (V 5, 15) in

$$\frac{d^2\xi}{d\tau^2} + \xi = \gamma\left[(\tau - \tau_0) + \nu\,\frac{\Omega}{\omega}\left(\cos\frac{\omega}{\Omega}\tau_0 - \cos\frac{\omega}{\Omega}\tau\right)\right] \tag{V 5, 18}$$

verwandelt.

Falls wir den Resonanzfall $\omega = \Omega$ vorerst ausschließen, lautet ein Partikularintegral der Gleichung (V 5, 18)

$$\xi = \gamma\left[(\tau - \tau_0) + \nu\,\frac{\Omega}{\omega}\left(\cos\frac{\omega}{\Omega}\,\tau_0 - \frac{\cos\frac{\omega}{\Omega}\tau}{1-\left(\frac{\omega}{\Omega}\right)^2}\right)\right]. \tag{V 5, 19}$$

Als ihr allgemeines Integral finden wir sonach mit Hilfe der beiden Integrationskonstanten S und C

$$\xi = \gamma\left[(\tau - \tau_0) + \nu\,\frac{\Omega}{\omega}\left(\cos\frac{\omega}{\Omega}\tau_0 - \frac{\cos\frac{\omega}{\Omega}\tau}{1-\left(\frac{\omega}{\Omega}\right)^2}\right)\right] + \mathrm{S}\sin\tau + \mathrm{C}\cos\tau. \tag{V 5, 20}$$

Für S und C resultieren aus (V 5, 10) und (V 5, 11) die linearen Gleichungen

$$\xi_{\tau=\tau_0} = \gamma\left[-\nu\,\frac{\frac{\omega}{\Omega}}{1-\left(\frac{\omega}{\Omega}\right)^2}\cos\frac{\omega}{\Omega}\,\tau_0\right] + \mathrm{S}\sin\tau_0 + \mathrm{C}\cos\tau_0 = 0 \tag{V 5, 21}$$

und

$$\left(\frac{d\xi}{d\tau}\right)_{\tau=\tau_0} = \gamma\left[1 + \nu\,\frac{1}{1-\left(\frac{\omega}{\Omega}\right)^2}\sin\frac{\omega}{\Omega}\,\tau_0\right] + \mathrm{S}\cos\tau_0 - \mathrm{C}\sin\tau_0 = 0, \tag{V 5, 22}$$

welchen wir

$$\mathrm{S} = \gamma\left[\nu\,\frac{\frac{\omega}{\Omega}}{1-\left(\frac{\omega}{\Omega}\right)^2}\cos\frac{\omega}{\Omega}\,\tau_0\right]\sin\tau_0 - {}$$

$$-\gamma\left[1 + \nu\,\frac{1}{1-\left(\frac{\omega}{\Omega}\right)^2}\sin\frac{\omega}{\Omega}\,\tau_0\right]\cos\tau_0, \tag{V 5, 23}$$

$$\mathrm{C} = \gamma\left[\nu\,\frac{\frac{\omega}{\Omega}}{1-\left(\frac{\omega}{\Omega}\right)^2}\cos\frac{\omega}{\Omega}\,\tau_0\right]\cos\tau_0 + {}$$

$$+\gamma\left[1 + \nu\,\frac{1}{1-\left(\frac{\omega}{\Omega}\right)^2}\sin\frac{\omega}{\Omega}\,\tau_0\right]\sin\tau_0 \tag{V 5, 24}$$

entnehmen; durch Substitution dieser Ausdrücke in (V 5, 20) entsteht

$$\xi = \gamma \left[(\tau - \tau_0) + \nu \frac{\Omega}{\omega} \left(\cos\frac{\omega}{\Omega}\tau_0 - \frac{\cos\frac{\omega}{\Omega}\tau}{1 - \left(\frac{\omega}{\Omega}\right)^2} \right) + \right.$$

$$\left. + \nu \frac{\frac{\omega}{\Omega}\cos\frac{\omega}{\Omega}\tau_0}{1 - \left(\frac{\omega}{\Omega}\right)^2} \cos(\tau - \tau_0) - \left\{ 1 + \nu \frac{\sin\frac{\omega}{\Omega}\tau_0}{1 - \left(\frac{\omega}{\Omega}\right)^2} \right\} \sin(\tau - \tau_0). \right] \qquad \text{(V 5, 25)}$$

d) Da das sekundäre Magnetfeld nach Voraussetzung außer acht bleibt, ist das elektrische Feld des Entladungsgebietes wirbelfrei. Es kann somit als negativer Gradient des elektrischen Skalarpotentiales

$$\varphi = \varphi(\xi, \tau) \qquad \text{(V 5, 26)}$$

dargestellt werden, welches wir aufzusuchen haben:

Wir richten unser Augenmerk auf die Ebene ξ' des Interelektrodengebietes $[0 < \xi' < \delta]$, in welcher wir, das Kontrollelektron begleitend, die Feldstärke E_ξ nach Gl. (V 5, 13) antreffen. Ihrem mathematischen Charakter nach erscheint somit E_ξ als Funktion sowohl jenes numerischen Zeitpunktes τ, für welchen wir das Potential φ kennenlernen wollen, wie auch des Emissionsaugenblickes [„Geburtsstunde"] τ_0 des Kontrollelektrons

$$E_\xi = E_\xi(\tau, \tau_0). \qquad \text{(V 5, 27)}$$

Es ist scharf zu betonen, daß das Potential keineswegs durch das Feldstärkenintegral gegeben ist, welches sich das Kontrollelektron bei seinem Fluge von der Kathode zum Aufpunkt dynamisch zu Nutze macht. Denn während dieses Fluges ändert sich ja die numerische Zeit um die Dauer $(\tau - \tau_0)$; dagegen ist das Potential im numerischen Augenblick τ durch das zu eben diesem Zeitpunkt von der Kathode zum Aufpunkt zu erstreckende [negative] Linienintegral der Feldstärke, also durch einen „zeitlosen" Prozeß definiert; das Kontrollelektron spielt nur die Rolle eines methodischen Hilfsmittels für die geplante Berechnung.

Um diese Überlegungen analytisch zu erfassen, denke man sich (V 5, 25) formal nach τ_0 aufgelöst:

$$\tau_0 = \tau_0(\xi, \tau). \qquad \text{(V 5, 28)}$$

Durch Substitution dieser Gleichung in (V 5, 27) geht diese Feldstärke unter Wahrung ihrer physikalisch einsinnigen Bedeutung in eine von der ursprünglichen mathematisch wesentlich verschiedene Funktion über, welche wir deshalb der Deutlichkeit halber durch das Symbol E_ξ^* bezeichnen

$$E_\xi(\tau, \tau_0) \rightarrow E_\xi^*(\tau, \xi). \qquad \text{(V 5, 29)}$$

Mit Hilfe von E_ξ^* wird das gesuchte Potential durch

$$\varphi(\xi, \tau) = -R \int_0^\xi E_\xi^*(\tau, \xi')\, d\xi' \qquad \text{(V 5, 30)}$$

dargestellt. Nun folgt für festes τ aus (V 5, 25)

$$d\xi = \frac{\partial \xi(\tau_0, \tau)}{\partial \tau_0} d\tau_0 = \gamma \left[-1 - \nu \sin \frac{\omega}{\Omega}\tau_0 - \nu \frac{\left(\frac{\omega}{\Omega}\right)^2 \sin \frac{\omega}{\Omega}\tau_0}{1 - \left(\frac{\omega}{\Omega}\right)^2} \cos(\tau - \tau_0) + \right.$$

$$+ \nu \frac{\frac{\omega}{\Omega} \cos \frac{\omega}{\Omega}\tau_0}{1 - \left(\frac{\omega}{\Omega}\right)^2} \sin(\tau - \tau_0) - \nu \frac{\frac{\omega}{\Omega} \cos \frac{\omega}{\Omega}\tau_0}{1 - \left(\frac{\omega}{\Omega}\right)^2} \sin(\tau - \tau_0) +$$

$$\left. + \left\{ 1 + \nu \frac{\sin \frac{\omega}{\Omega}\tau_0}{1 - \left(\frac{\omega}{\Omega}\right)^2} \right\} \cos(\tau - \tau_0) \right] d\tau_0 = -\gamma \left[1 + \nu \sin \frac{\omega}{\Omega}\tau_0 \right] \cdot$$

$$\cdot [1 - \cos(\tau - \tau_0)]\, d\tau_0, \qquad \text{(V 5, 31)}$$

so daß wir nach Ersatz der Integrationsvariabeln ξ' durch τ_0' wegen $\tau_0(0, \tau) \equiv \tau$ aus (V 5, 30)

$$\varphi(\tau, \xi) = -\mathrm{R} \int_{\tau}^{\tau_0(\xi, \tau)} \mathrm{E}_\xi(\tau, \tau_0') \left(\frac{\partial \xi}{\partial \tau_0} \right)_{\tau_0 = \tau_0'} d\tau_0' =$$

$$= \mathrm{R} \frac{\bar{\mathrm{j}}}{\Omega \cdot \Delta} \cdot \gamma \int_{\tau}^{\tau_0(\xi, \tau)} \left[(\tau - \tau_0') + \nu \frac{\Omega}{\omega} \left(\cos \frac{\omega}{\Omega}\tau_0' - \cos \frac{\omega}{\Omega}\tau \right) \right] \left[1 + \nu \sin \frac{\omega}{\Omega}\tau_0' \right] \cdot$$

$$\cdot [1 - \cos(\tau - \tau_0')]\, d\tau_0' \qquad \text{(V 5, 32)}$$

finden. Nach Ausführung der Integration verschwindet, wie es sein muß, mit dem numerischen Emissionszeitpunkt τ_0 des Kontrollelektrons dieses selbst aus der Darstellung des Potentialfeldes; der gleiche Schluß trifft somit auch für

$$\mathrm{E}_\xi^*(\tau, \xi) = -\frac{\partial \varphi(\tau, \xi)}{\partial \xi} \qquad \text{(V 5, 33)}$$

zu.

e) Es muß hervorgehoben werden, daß in den vorstehenden Entwicklungen die Annahme (V 5, 2) nirgends benutzt wurde; solange also die sonstigen Definitionen des faststationären Betriebes als gültig angesehen werden dürfen, enthalten die Gleichungen (V 5, 13), (V 5, 25) und (V 5, 32) die Theorie *endlicher* Raumladeschwingungen des unterkritisch eingestellten Magnetrons. Allerdings ist dann die Funktion (V 5, 28) im allgemeinen nicht in geschlossener analytischer Form herstellbar; da sich diese Schwierigkeit jedoch mittels numerischer oder graphischer Verfahren überwinden läßt, schränkt sie die Tragweite des genannten Satzes nicht wesentlich ein.

Wir benutzen diesen Sachverhalt, um die in Ziffer IV 3 nur für infinitesimal schwache Schwingungen des faststationär betriebenen Monotrons entwickelte Theorie auf harmonische Elektronenwellen beliebigen Modulationsgrades zu erweitern: Der Grenzübergang zu verschwindendem Primärmagnetfeld [B → 0] führt auf

$$\Omega \to 0; \qquad \tau \to 0; \qquad \mathrm{R} \to \infty. \qquad \text{(V 5, 34)}$$

Da indes bei dieser Operation sowohl die „modifizierte" numerische Zeit

$$\tau^* = \frac{\omega}{\Omega}\,\tau = \omega\,t, \tag{V 5, 35}$$

wie auch die „modifizierte" numerische Koordinate

$$\xi^* = \frac{R}{d}\,\xi = \frac{x}{d} \tag{V 5, 36}$$

endlich bleiben, während der Modulationsgrad $\nu = \left|\frac{j_{max}}{\bar{j}}\right|$ seine Bedeutung unverändert beibehält, so verwandelt sich (V 5, 25) mit Rücksicht auf (V 5, 14) in

$$\xi^* = -\lim_{\Omega\to 0}\frac{q_0}{m_0}\frac{\bar{j}}{d\cdot\Omega^3\cdot\Delta}\left[\frac{\Omega}{\omega}(\tau^*-\tau_0^*) + \nu\frac{\Omega}{\omega}\left(\cos\tau_0^* - \frac{\cos\tau^*}{1-\left(\frac{\omega}{\Omega}\right)^2}\right) + \right.$$
$$+\nu\frac{\omega}{\Omega}\frac{\cos\tau_0^*}{1-\left(\frac{\omega}{\Omega}\right)^2}\cos\frac{\Omega}{\omega}(\tau^*-\tau_0^*) - \sin\frac{\Omega}{\omega}(\tau^*-\tau_0^*) -$$
$$\left. -\nu\frac{\sin\tau_0^*}{1-\left(\frac{\omega}{\Omega}\right)^2}\sin\frac{\Omega}{\omega}(\tau^*-\tau_0^*).\right]. \tag{V 5, 37}$$

Innerhalb der eckigen Klammer entwickeln wir nach Potenzen von Ω

$$\left[\frac{\Omega}{\omega}(\tau^*-\tau_0^*) + \ldots\right] = \frac{\Omega}{\omega}(\tau^*-\tau_0^*) + \nu\frac{\Omega}{\omega}\cos\tau_0^* + \nu\left(\frac{\Omega}{\omega}\right)^3\cos\tau^* + \ldots -$$
$$-\nu\left\{\frac{\Omega}{\omega} + \left(\frac{\Omega}{\omega}\right)^3 + \ldots\right\}\cos\tau_0^*\left\{1-\left(\frac{\Omega}{\omega}\right)^2\frac{(\tau^*-\tau_0^*)^2}{2!} + \ldots\right\} - \frac{\Omega}{\omega}(\tau^*-\tau_0^*) +$$
$$+\left(\frac{\Omega}{\omega}\right)^3\frac{(\tau^*-\tau_0^*)^3}{3!} - \ldots + \nu\left(\frac{\Omega}{\omega}\right)^3(\tau^*-\tau_0^*)\sin\tau_0 + \ldots =$$
$$= \left(\frac{\Omega}{\omega}\right)^3\left[\frac{(\tau^*-\tau_0^*)^3}{3!} + \nu\left\{(\cos\tau^* - \cos\tau_0^*) + (\tau^*-\tau_0^*)\sin\tau_0^* + \right.\right.$$
$$\left.\left. + \frac{(\tau^*-\tau_0^*)^2}{2!}\cos\tau_0^*\right\}\right] + \ldots. \tag{V 5, 38}$$

Definieren wir nun die modifizierte numerische Gleichstromdichte γ^* durch

$$\gamma^* = -\frac{q_0}{m_0}\frac{\bar{j}}{d\,\omega^3\,\Delta} > 0, \tag{V 5, 39}$$

so führt der in (V 5, 37) verlangte Grenzübergang auf

$$\xi^* = \gamma^*\left[\frac{(\tau^*-\tau_0^*)^3}{3!} + \nu\left\{(\cos\tau^* - \cos\tau_0^*) + (\tau^*-\tau_0^*)\sin\tau_0^* + \right.\right.$$
$$\left.\left. + \frac{(\tau^*-\tau_0^*)^2}{2!}\cos\tau_0^*\right\}\right]. \tag{V 5, 40}$$

Ebenso entsteht aus (V 5, 13)

$$E_{\xi^*} = \frac{\bar{j}}{\omega\,\Delta}\left[(\tau^*-\tau_0^*) + \nu(\cos\tau_0^* - \cos\tau)\right]. \tag{V 5, 41}$$

Wir bilden aus (V 5, 40)

$$\frac{\partial \xi^* (\tau^*, \tau_0^*)}{\partial \tau^*} = \gamma^* \left[\frac{(\tau^* - \tau_0^*)^2}{2!} + \nu \{\sin \tau_0^* - \sin \tau^* + (\tau^* - \tau_0^*) \cos \tau_0^*\} \right] \quad \text{(V 5, 42)}$$

und

$$\frac{\partial^2 \xi^* (\tau^*, \tau_0^*)}{\partial \tau^{*2}} = \gamma^* \left[(\tau^* - \tau_0) + \nu (\cos \tau_0^* - \cos \tau^*) \right]. \quad \text{(V 5, 43)}$$

Durch Vergleich von (V 5, 41) mit (V 5, 43) gelangen wir bei Beachtung von (V 5, 39) zu der Differentialgleichung

$$\frac{\partial^2 \xi^* (\tau^*, \tau_0^*)}{\partial \tau^{*2}} = \frac{\mathfrak{q}_0}{\mathfrak{m}_0} \frac{1}{\mathrm{d} \cdot \omega^2} \mathrm{E}_{\xi^*}, \quad \text{(V 5, 44)}$$

welche in der Tat für die Elektronenbewegung im faststationären Monotron zuständig ist; die Lösung (V 5, 40) genügt den Anfangsbedingungen

$$\xi^* = 0; \qquad \frac{\partial \xi^* (\tau^*, \tau_0^*)}{\partial \tau^*} = 0 \qquad \text{für} \qquad \tau^* = \tau_0^*. \quad \text{(V 5, 45)}$$

Aus der Darstellung von ξ^* entnehmen wir

$$\frac{\partial \xi^* (\tau^*, \tau_0^*)}{\partial \tau_0^*} = \gamma^* \left[- \frac{(\tau^* - \tau_0^*)^2}{2!} + \nu \left\{ \sin \tau_0^* - \frac{(\tau^* - \tau_0^*)^2}{2!} \sin \tau_0^* + \right. \right.$$
$$\left. \left. + (\tau^* - \tau_0^*) \cos \tau_0^* - (\tau^* - \tau_0^*) \cos \tau_0^* - \sin \tau_0^* \right\} \right] =$$
$$= - \gamma^* \frac{(\tau^* - \tau_0^*)^2}{2} [1 + \nu \sin \tau_0^*], \quad \text{(V 5, 46)}$$

so daß wir durch Umrechnung von (V 5, 32) auf modifizierte Koordinaten

$$\varphi(\tau^*, \xi^*) = - \mathrm{d} \int_{\tau^*}^{\tau_0^*(\xi^*, \tau^*)} \mathrm{E}_{\xi^*} (\tau^*, \tau_0^*) \left(\frac{\partial \xi^*}{\partial \tau_0^*} \right)_{\tau_0^* = \tau_0^{*\prime}} \cdot \mathrm{d}\tau_0^{*\prime} =$$
$$= \mathrm{d} \frac{\bar{\mathrm{j}}}{\omega \cdot \Delta} \gamma^* \int_{\tau^*}^{\tau_0^*} [\tau^* - \tau_0^{*\prime} + \nu \{\cos \tau_0^{*\prime} - \cos \tau^*\}] \cdot$$
$$\cdot \frac{(\tau^* - \tau_0^*)^2}{2} [1 + \nu \sin \tau_0^*] \, \mathrm{d}\tau_0^* \quad \text{(V 5, 47)}$$

finden. Die verlangte Integration läßt sich unschwer mittels elementarer Funktionen ausführen; doch sei der Kürze halber auf die explizite Angabe des entstehenden Ausdruckes verzichtet. Insbesondere geht φ für die modifizierte Koordinate

$$\xi^* \to 1 \quad \text{(V 5, 48)}$$

in die Anodenspannung U über; da dann vermöge (V 5, 48) der aus (V 5, 40) zu berechnende numerische Zeitpunkt τ_0^* lediglich von τ^* abhängt

$$\tau_0^* = \tau_0^*(\tau^*) \qquad \text{für} \qquad \xi^* = 1, \quad \text{(V 5, 49)}$$

resultiert U gleichfalls als Funktion lediglich von τ^*.

f) Um die Betriebseigenschaften des Monomagnetrons geschlossen darstellen zu können, verschärfen wir die Ungleichung (V 5, 2) zur Voraussetzung eines infinitesimal kleinen Modulationsgrades. Beschränken wir uns auf die Kenntnis der dynamischen Kennlinie des Gerätes, so haben wir die numerische Koordinate ξ mit dem numerischen Abstande der Anode von der Kathode zu identifizieren

$$\xi \to \delta = \frac{\mathrm{d}}{\mathrm{R}} \cdot \qquad \text{(V 5, 50)}$$

Wir fragen zunächst nach dem entsprechenden Zusammenhang von τ_0 mit τ:

1. Im Falle $\nu = 0$ resultiert für die Differenz

$$\varDelta\, \tau = \lim_{\nu \to 0} (\tau - \tau_0) \qquad \text{(V 5, 51)}$$

aus (V 5, 25) und (V 5, 50) die Gleichung

$$\varDelta\, \tau - \sin \varDelta\, \tau = \frac{\delta}{\gamma} \cdot \qquad \text{(V 5, 52)}$$

2. Für $\nu \neq 0$ unterscheidet sich die Differenz $(\tau - \tau_0)$ von $\varDelta\, \tau$ um die infinitesimal kleine Korrektur ϑ

$$\tau - \tau_0 = \varDelta\, \tau + \vartheta. \qquad \text{(V 5, 53)}$$

Mit Rücksicht auf den infinitesimalen Charakter von ν liefert dann (V 5, 25) wegen (V 5, 52) die Gleichung

$$0 = \vartheta\, [1 - \cos \varDelta\, \tau] + \nu \left[\frac{\Omega}{\omega} \left\{ \cos \frac{\omega}{\Omega} (\tau - \varDelta\, \tau) - \frac{\cos \frac{\omega}{\Omega}\, \tau}{1 - \frac{\omega}{\Omega}^2} \right\} + \right.$$
$$\left. + \frac{\frac{\omega}{\Omega} \cos \frac{\omega}{\Omega} (\tau - \varDelta\, \tau)}{1 - \left(\frac{\omega}{\Omega}\right)^2} \cos \varDelta\, \tau - \frac{\sin \frac{\omega}{\Omega} (\tau - \varDelta\, \tau)}{1 - \left(\frac{\omega}{\Omega}\right)^2} \sin \varDelta\, \tau \right], \qquad \text{(V 5, 54)}$$

welcher wir

$$\vartheta = - \frac{\nu}{1 - \cos \varDelta\, \tau} \left[\left\{ \frac{\Omega}{\omega} \left(\cos \frac{\omega}{\Omega} \varDelta\, \tau - \frac{1}{1 - \left(\frac{\omega}{\Omega}\right)^2} \right) + \right. \right.$$
$$\left. + \frac{\frac{\omega}{\Omega} \cos \varDelta\, \tau \cos \frac{\omega}{\Omega} \varDelta\, \tau + \sin \varDelta\, \tau \sin \frac{\omega}{\Omega} \varDelta\, \tau}{1 - \left(\frac{\omega}{\Omega}\right)^2} \right\} \cos \frac{\omega}{\Omega}\, \tau +$$
$$\left. + \left\{ \frac{\Omega}{\omega} \sin \frac{\omega}{\Omega} \varDelta\, \tau + \frac{\frac{\omega}{\Omega} \cos \varDelta\, \tau \sin \frac{\omega}{\Omega} \varDelta\, \tau - \sin \varDelta\, \tau \cos \frac{\omega}{\Omega} \varDelta\, \tau}{1 - \left(\frac{\omega}{\Omega}\right)^2} \right\} \sin \frac{\omega}{\Omega}\, \tau \right] \qquad \text{(V 5, 55)}$$

entnehmen.

Jetzt wenden wir uns zur Berechnung der Anodenspannung

$$U = \varphi(\tau, \delta). \tag{V 5, 56}$$

Bei der gemäß (V 5, 32) auszuführenden Integration berücksichtigen wir neben den von ν freien Posten nur jene, welche den Modulationsgrad in höchstens der ersten Potenz enthalten. Substituieren wir statt τ_0' die Integrationsvariable

$$\Delta\tau' = \tau - \tau_0', \tag{V 5, 57}$$

so entsteht

$$\frac{U \cdot \Omega \cdot \Delta}{R(-\bar{j}) \cdot \gamma} = \int\limits_0^{\Delta\tau+\vartheta} \Delta\tau' (1 - \cos\Delta\tau')\, d\Delta\tau' +$$

$$+ \nu \cos\frac{\omega}{\Omega}\tau \left[\frac{\Omega}{\omega}\int\limits_0^{\Delta\tau} \cos\frac{\omega}{\Omega}\Delta\tau'\, d\Delta\tau' - \frac{\Omega}{\omega}\int\limits_0^{\Delta\tau} \cos\frac{\omega}{\Omega}\Delta\tau' \cos\Delta\tau'\, d\Delta\tau' -\right.$$

$$- \frac{\Omega}{\omega}\int\limits_0^{\Delta\tau} d\Delta\tau' + \frac{\Omega}{\omega}\int\limits_0^{\Delta\tau} \cos\Delta\tau'\, d\Delta\tau' -$$

$$\left. - \int\limits_0^{\Delta\tau} \Delta\tau' \sin\frac{\omega}{\Omega}\Delta\tau'\, d\Delta\tau' + \int\limits_0^{\Delta\tau} \Delta\tau' \sin\frac{\omega}{\Omega}\Delta\tau' \cos\Delta\tau'\, d\Delta\tau'\right] +$$

$$+ \nu \sin\frac{\omega}{\Omega}\tau \left[\frac{\Omega}{\omega}\int\limits_0^{\Delta\tau} \sin\frac{\omega}{\Omega}\Delta\tau'\, d\Delta\tau' - \frac{\Omega}{\omega}\int\limits_0^{\Delta\tau} \sin\frac{\omega}{\Omega}\Delta\tau' \cos\Delta\tau'\, d\Delta\tau' +\right.$$

$$\left. + \int\limits_0^{\Delta\tau} \Delta\tau' \cos\frac{\omega}{\Omega}\Delta\tau'\, d\Delta\tau' - \int\limits_0^{\Delta\tau} \Delta\tau' \cos\frac{\omega}{\Omega}\Delta\tau' \cos\Delta\tau'\, d\Delta\tau'\right]. \tag{V 5, 58}$$

Da ϑ infinitesimal klein ist, wird zunächst

$$\int\limits_0^{\Delta\tau+\vartheta} \Delta\tau' (1 - \cos\Delta\tau')\, d\Delta\tau' = \frac{1}{2}\Delta\tau^2 - \Delta\tau \sin\Delta\tau +$$

$$+ (1 - \cos\Delta\tau) + \vartheta\,\Delta\tau\,(1 - \cos\Delta\tau). \tag{V 5, 59}$$

Für die weiteren, in (V 5, 58) auftretenden Integrale finden wir auf elementarem Wege

$$J_1 = \frac{\Omega}{\omega}\int\limits_0^{\Delta\tau} \cos\frac{\omega}{\Omega}\Delta\tau'\, d\Delta\tau' = \left(\frac{\Omega}{\omega}\right)^2 \sin\frac{\omega}{\Omega}\Delta\tau, \tag{V 5, 60}$$

$$J_2 = -\frac{\Omega}{\omega}\int\limits_0^{\Delta\tau} \cos\frac{\omega}{\Omega}\Delta\tau' \cos\Delta\tau' \, d\Delta\tau' =$$

$$= -\frac{1}{2}\frac{\Omega}{\omega}\int\limits_0^{\Delta\tau}\left[\cos\left(1+\frac{\omega}{\Omega}\right)\Delta\tau' + \cos\left(1-\frac{\omega}{\Omega}\right)\Delta\tau'\right] d\Delta\tau' =$$

$$= -\frac{1}{2}\frac{\Omega}{\omega}\left[\frac{\sin\left(1+\frac{\omega}{\Omega}\right)\Delta\tau}{1+\frac{\omega}{\Omega}} + \frac{\sin\left(1-\frac{\omega}{\Omega}\right)\Delta\tau}{1-\frac{\omega}{\Omega}}\right], \quad \text{(V 5, 61)}$$

$$J_3 = -\frac{\Omega}{\omega}\int\limits_0^{\Delta\tau} d\Delta\tau' = -\frac{\Omega}{\omega}\Delta\tau, \quad \text{(V 5, 62)}$$

$$J_4 = \frac{\Omega}{\omega}\int\limits_0^{\Delta\tau}\cos\Delta\tau' \, d\Delta\tau' = \frac{\Omega}{\omega}\sin\Delta\tau, \quad \text{(V 5, 63)}$$

$$J_5 = -\int\limits_0^{\Delta\tau}\Delta\tau' \sin\frac{\omega}{\Omega}\Delta\tau' \, d\Delta\tau' =$$

$$= -\left|-\frac{\Omega}{\omega}\Delta\tau' \cos\frac{\omega}{\Omega}\Delta\tau' + \left(\frac{\Omega}{\omega}\right)^2 \sin\frac{\omega}{\Omega}\Delta\tau'\right|_0^{\Delta\tau} =$$

$$= \frac{\Omega}{\omega}\Delta\tau\cos\frac{\omega}{\Omega}\Delta\tau - \left(\frac{\Omega}{\omega}\right)^2 \sin\frac{\omega}{\Omega}\Delta\tau, \quad \text{(V 5, 64)}$$

$$J_6 = \int\limits_0^{\Delta\tau}\Delta\tau' \sin\frac{\omega}{\Omega}\Delta\tau' \cos\Delta\tau' \, d\Delta\tau' =$$

$$= \frac{1}{2}\int\limits_0^{\Delta\tau}\Delta\tau'\left[\sin\left(1+\frac{\omega}{\Omega}\right)\Delta\tau' - \sin\left(1-\frac{\omega}{\Omega}\right)\Delta\tau'\right] d\Delta\tau' =$$

$$= \frac{1}{2}\left| -\frac{\Delta\tau' \cos\left(1+\frac{\omega}{\Omega}\right)\Delta\tau'}{1+\frac{\omega}{\Omega}} + \frac{\sin\left(1+\frac{\omega}{\Omega}\right)\Delta\tau'}{\left(1+\frac{\omega}{\Omega}\right)^2} + \right.$$

$$\left. + \frac{\Delta\tau' \cos\left(1-\frac{\omega}{\Omega}\right)\Delta\tau'}{1-\frac{\omega}{\Omega}} - \frac{\sin\left(1-\frac{\omega}{\Omega}\right)\Delta\tau'}{\left(1-\frac{\omega}{\Omega}\right)^2}\right|_0^{\Delta\tau} =$$

$$= \frac{\Delta\,\tau\,\frac{\omega}{\Omega}\cos\Delta\,\tau\cos\frac{\omega}{\Omega}\Delta\,\tau + \Delta\,\tau\sin\Delta\,\tau\sin\frac{\omega}{\Omega}\Delta\,\tau}{1-\left(\frac{\omega}{\Omega}\right)^2} +$$

$$+\frac{1}{2}\left[\frac{\sin\left(1+\frac{\omega}{\Omega}\right)\Delta\,\tau}{\left(1+\frac{\omega}{\Omega}\right)^2} - \frac{\sin\left(1-\frac{\omega}{\Omega}\right)\Delta\,\tau}{\left(1-\frac{\omega}{\Omega}\right)^2}\right], \qquad \text{(V 5, 65)}$$

$$J_7 = \frac{\Omega}{\omega}\int_0^{\Delta\tau}\sin\frac{\omega}{\Omega}\Delta\,\tau'\,d\Delta\,\tau' = \left(\frac{\Omega}{\omega}\right)^2\left[1-\cos\frac{\omega}{\Omega}\Delta\,\tau\right], \qquad \text{(V 5, 66)}$$

$$J_8 = -\frac{\Omega}{\omega}\int_0^{\Delta\tau}\sin\frac{\omega}{\Omega}\Delta\,\tau'\cos\Delta\,\tau'\,d\Delta\,\tau' =$$

$$= -\frac{1}{2}\frac{\Omega}{\omega}\int_0^{\Delta\tau}\left[\sin\left(1+\frac{\omega}{\Omega}\right)\Delta\,\tau' - \sin\left(1-\frac{\omega}{\Omega}\right)\Delta\,\tau'\right]d\Delta\,\tau' =$$

$$= \frac{1}{2}\frac{\Omega}{\omega}\left|\frac{\cos\left(1+\frac{\omega}{\Omega}\right)\Delta\,\tau'}{1+\frac{\omega}{\Omega}} - \frac{\cos\left(1-\frac{\omega}{\Omega}\right)\Delta\,\tau'}{1-\frac{\omega}{\Omega}}\right|_0^{\Delta\tau} =$$

$$= -\frac{1}{2}\frac{\Omega}{\omega}\left[\frac{1-\cos\left(1+\frac{\omega}{\Omega}\right)\Delta\,\tau}{1+\frac{\omega}{\Omega}} - \frac{1-\cos\left(1-\frac{\omega}{\Omega}\right)\Delta\,\tau}{1-\frac{\omega}{\Omega}}\right], \qquad \text{(V 5, 67)}$$

$$J_9 = \int_0^{\Delta\tau}\Delta\,\tau'\cos\frac{\omega}{\Omega}\Delta\,\tau'\,d\Delta\,\tau' = \left|\frac{\Omega}{\omega}\Delta\,\tau'\sin\frac{\omega}{\Omega}\Delta\,\tau' + \left(\frac{\Omega}{\omega}\right)^2\cos\frac{\omega}{\Omega}\Delta\,\tau'\right|_0^{\Delta\tau} =$$

$$= \frac{\Omega}{\omega}\Delta\,\tau\sin\frac{\omega}{\Omega}\Delta\,\tau - \left(\frac{\Omega}{\omega}\right)^2\left[1-\cos\frac{\omega}{\Omega}\Delta\,\tau\right], \qquad \text{(V 5, 68)}$$

$$J_{10} = -\int_0^{\Delta\tau}\Delta\,\tau'\cos\frac{\omega}{\Omega}\Delta\,\tau'\cos\Delta\,\tau'\,d\Delta\,\tau' =$$

$$= -\frac{1}{2}\int_0^{\Delta\tau}\Delta\,\tau'\left[\cos\left(1+\frac{\omega}{\Omega}\right)\Delta\,\tau' + \cos\left(1-\frac{\omega}{\Omega}\right)\Delta\,\tau'\right]d\Delta\,\tau' =$$

$$= -\frac{1}{2}\left|\frac{\varDelta\tau'\sin\left(1+\frac{\omega}{\Omega}\right)\varDelta\tau'}{1+\frac{\omega}{\Omega}} + \frac{\cos\left(1+\frac{\omega}{\Omega}\right)\varDelta\tau'}{\left(1+\frac{\omega}{\Omega}\right)^2} + \right.$$

$$\left. + \frac{\varDelta\tau'\sin\left(1-\frac{\omega}{\Omega}\right)\varDelta\tau'}{1-\frac{\omega}{\Omega}} + \frac{\cos\left(1-\frac{\omega}{\Omega}\right)\varDelta\tau'}{\left(1-\frac{\omega}{\Omega}\right)^2}\right|_0^{\varDelta\tau} =$$

$$= -\frac{\varDelta\tau\sin\varDelta\tau\cos\frac{\omega}{\Omega}\varDelta\tau - \frac{\omega}{\Omega}\varDelta\tau\cos\varDelta\tau\sin\frac{\omega}{\Omega}\varDelta\tau}{1-\left(\frac{\omega}{\Omega}\right)^2} +$$

$$+ \frac{1}{2}\left[\frac{1-\cos\left(1+\frac{\omega}{\Omega}\right)\varDelta\tau}{\left(1+\frac{\omega}{\Omega}\right)^2} + \frac{1-\cos\left(1-\frac{\omega}{\Omega}\right)\varDelta\tau}{\left(1-\frac{\omega}{\Omega}\right)^2}\right]. \qquad \text{(V 5, 69)}$$

Wir bringen das Ergebnis der Rechnung in die Form

$$\frac{\mathrm{U}\cdot\Omega\cdot\varDelta}{\mathrm{R}(-\bar{\mathrm{j}})\gamma} = \bar{\mathrm{r}} + \nu\left[\mathrm{r}^{(a)}\sin\frac{\omega}{\Omega}\tau - \mathrm{r}^{(b)}\cos\frac{\omega}{\Omega}\tau\right]. \qquad \text{(V 5, 70)}$$

In dieser Gleichung mißt $\bar{\mathrm{r}}$ den mit $\frac{\Omega\cdot\varDelta}{\mathrm{R}\cdot\gamma}$ multiplizierten *Gleichstromwiderstand* des schwingungsfreien, raumladungsbeschwerten Magnetrons je Einheit seines Strömungsquerschnittes, während $\mathrm{r}^{(a)}$ den ebenso normierten *Wechselstrom-Arbeitswiderstand* und $\mathrm{r}^{(b)}$ den korrespondierenden *Wechselstrom-Blindwiderstand* definiert. Zunächst ergibt sich aus (V 5, 59)

$$\bar{\mathrm{r}} = \frac{1}{2}\varDelta\tau^2 - \varDelta\tau\sin\varDelta\tau + (1-\cos\varDelta\tau). \qquad \text{(V 5, 71)}$$

Für $\mathrm{r}^{(a)}$ finden wir aus (V 5, 55) und (V 5, 59) im Verein mit (V 5, 66), (V 5, 67), (V 5, 68) und (V 5, 69)

$$\mathrm{r}^{(a)} = -\varDelta\tau\frac{\Omega}{\omega}\sin\frac{\omega}{\Omega}\varDelta\tau -$$

$$-\frac{\varDelta\tau\frac{\omega}{\Omega}\cos\varDelta\tau\sin\frac{\omega}{\Omega}\varDelta\tau}{1-\left(\frac{\omega}{\Omega}\right)^2} + \frac{\varDelta\tau\sin\varDelta\tau\cos\frac{\omega}{\Omega}\varDelta\tau}{1-\left(\frac{\omega}{\Omega}\right)^2} + \mathrm{J}_7 + \mathrm{J}_8 + \mathrm{J}_9 + \mathrm{J}_{10} =$$

$$= \frac{1}{2\frac{\omega}{\Omega}}\left[\frac{1-\cos\left(1-\frac{\omega}{\Omega}\right)\varDelta\tau}{\left(1-\frac{\omega}{\Omega}\right)^2} - \frac{1-\cos\left(1+\frac{\omega}{\Omega}\right)\varDelta\tau}{\left(1+\frac{\omega}{\Omega}\right)^2}\right]. \qquad \text{(V 5, 72)}$$

Auf dem gleichen Wege ergibt sich aus (V 5, 55) und (V 5, 59) im Verein mit (V 5, 60), (V 5, 61), (V 5, 62), (V 5, 63), (V 5, 64) und (V 5, 65)

$$\mathrm{r}^{(b)} = \Delta\tau\frac{\Omega}{\omega}\cos\frac{\omega}{\Omega}\Delta\tau - \Delta\tau\frac{\frac{\Omega}{\omega}}{1-\left(\frac{\omega}{\Omega}\right)^2} +$$

$$+\Delta\tau\frac{\frac{\omega}{\Omega}\cos\Delta\tau\cos\frac{\omega}{\Omega}\Delta\tau + \sin\Delta\tau\sin\frac{\omega}{\Omega}\Delta\tau}{1-\left(\frac{\omega}{\Omega}\right)^2} -$$

$$-[J_1+J_2+J_3+J_4+J_5+J_6] = \frac{1}{2\frac{\omega}{\Omega}}\left[\frac{\sin\left(1-\frac{\omega}{\Omega}\right)\Delta\tau}{\left(1-\frac{\omega}{\Omega}\right)^2} +\right.$$

$$\left.+\frac{\sin\left(1+\frac{\omega}{\Omega}\right)\Delta\tau}{\left(1+\frac{\omega}{\Omega}\right)^2}\right] - \Delta\tau\frac{\frac{\omega}{\Omega}}{1-\left(\frac{\omega}{\Omega}\right)^2} - \frac{1}{\frac{\omega}{\Omega}}\sin\Delta\tau. \qquad \text{(V 5, 73)}$$

g) Zusammen mit (V 5, 52) enthalten die Gleichungen (V 5, 72) und (V 5, 73) die gesuchten Wechselstrom-Eigenschaften des faststationär betriebenen Monomagnetrons, wobei die numerische Flugdauer $\Delta\tau$ der Elektronen im Grenzfalle verschwindend kleinen Modulationsgrades als Parameter auftritt; insbesondere schließt Gl. (V 5, 73) auch die Kapazitätseffekte des „kalten" Gerätes in sich ein. Wir besprechen an Hand dieser allgemeinen Ergebnisse eine Reihe wichtiger Sonderfälle:

1. *Verschwindendes Magnetfeld:* Wir führen die Grenzprozesse (V 5, 34), (V 5, 35) aus, vertauschen die numerischen Widerstände $\mathrm{r}^{(a)}$ und $\mathrm{r}^{(b)}$ mit den „modifizierten" Größen

$$\mathrm{r}^{*(a)} = \frac{d}{R}\frac{\gamma}{\gamma^*}\cdot\frac{\omega}{\Omega}\cdot = \left(\frac{\omega}{\Omega}\right)^4\mathrm{r}^{(a)}; \qquad \mathrm{r}^{*(b)} = \left(\frac{\omega}{\Omega}\right)^4\mathrm{r}^{(b)}, \qquad \text{(V 5, 74)}$$

welche die Komponenten des mit $\frac{\omega\cdot\Delta}{d\cdot\gamma}$ multiplizierten Wechselstrom-Widerstandes je Einheit des Strömungsquerschnittes definieren, und erhalten

$$\mathrm{r}^{*(a)} = \lim_{\frac{\Omega}{\omega}\to 0}\frac{1}{2}\left(\frac{\omega}{\Omega}\right)^3\left[\frac{1-\cos\left(\frac{\Omega}{\omega}-1\right)\Delta\tau^*}{\left(1-\frac{\omega}{\Omega}\right)^2} - \frac{1-\cos\left(\frac{\Omega}{\omega}+1\right)\Delta\tau^*}{\left(1+\frac{\omega}{\Omega}\right)^2}\right] =$$

$$= 2\,[1-\cos\Delta\tau^*] - \Delta\tau^*\sin\Delta\tau^* \qquad \text{(V 5, 75)}$$

sowie

$$\mathfrak{r}^{(b)} = \lim_{\frac{\Omega}{\omega}\to 0} \left(\frac{\omega}{\Omega}\right)^3 \left[\frac{1}{2}\left\{\frac{\sin\left(\frac{\Omega}{\omega}-1\right)\Delta\tau^*}{\left(1-\frac{\omega}{\Omega}\right)^2} + \frac{\sin\left(\frac{\Omega}{\omega}+1\right)\Delta\tau^*}{\left(1+\frac{\omega}{\Omega}\right)^2}\right\} - \right.$$

$$\left. -\Delta\tau^* \frac{\frac{\omega}{\Omega}}{1-\left(\frac{\omega}{\Omega}\right)^2} - \sin\frac{\Omega}{\omega}\Delta\tau^*\right] = \frac{(\Delta\tau^*)^3}{6} + \Delta\tau^*\left[1+\cos\Delta\tau^*\right] -$$

$$-2\sin\Delta\tau^*. \qquad \text{(V 5, 76)}$$

Hierin ist die modifizierte numerische Flugdauer $\Delta\tau^*$ mittels der aus (V 5, 40) für $\xi^* = 1$ hervorgehenden Relation

$$\lim_{\nu\to 0}\frac{1}{\gamma^*} = \frac{(\Delta\tau^*)^3}{6} \qquad \text{(V 5, 77)}$$

zu ermitteln. Diese Aussagen sind, wie zu verlangen, mit Gl. (IV 3, 43) des faststationär betriebenen Monotrons inhaltlich identisch.

2. Resonanz: Wir setzen $\frac{\omega}{\Omega} = 1 + \varepsilon$ und finden

$$\lim_{\varepsilon\to 0}\mathfrak{r}^{(a)} = \left[\frac{\Delta\tau}{2}\right]^2 - \left[\frac{\sin\Delta\tau}{2}\right]^2 \qquad \text{(V 5, 78)}$$

und

$$\lim_{\varepsilon\to 0}\mathfrak{r}^{(b)} = \left[\Delta\tau - \sin\Delta\tau\right] - \frac{2\Delta\tau - \sin 2\Delta\tau}{8}. \qquad \text{(V 5, 79)}$$

Gleich dem quasistatisch arbeitenden Monomagnetron ist also auch das faststationär betriebene Gerät im Resonanzfalle keiner selbsterregten Schwingungen fähig.

V 6. Das kritische Magnetfeld des kreiszylindrischen Magnetrons.

a) Wir handeln im folgenden von der stationären Elektronenbewegung in einem kreiszylindrischen Magnetron. Nach Abb. V 215 bezeichne r_1 den Halbmesser der Kathode, $r_2 > r_1$ den Halbmesser der konzentrisch zur Kathode angeordneten Anode; die achsiale Länge beider Elektroden gilt als sehr [unendlich] groß im Vergleich sowohl zu r_1 wie zu r_2.

Wir lassen die Startgeschwindigkeit der Elektronen bei ihrer Emission aus der Kathode außer Betracht; sie werden daher erst durch das radial gerichtete elektrische Feld gegen die Anode hin beschleunigt, welche die feste Spannung U_a relativ zur Kathode führt. Während dieser Bewegung unterliegen die Elektronen gleichzeitig der *Lorentz*-Kraft des achsenparallelen, homogenen Magnetfeldes vom Betrage B seiner Induktion. Gesucht wird der funktionelle Zusammenhang von U_a und B, welcher die Grenze zwischen der interelektrodischen Elektronenpassage und der Reflexion der Elektronen zur Kathode vor Erreichen der Anode definiert.

b) Wir orientieren uns an einem relativ zu den Elektroden ruhenden Bezugssystem der Zylinderkoordinaten z [Achse], r [Radialdistanz] und α [Azimut].

Das elektrische Skalarpotential φ des Interelektrodengebietes hängt aus Symmetriegründen nur von r ab

$$\varphi = \varphi(r). \qquad \text{(V 6, 1)}$$

Es werde auf so niedrige Werte beschränkt, daß der Elektronenbewegung die *Newton*sche Mechanik zugrunde gelegt werden darf.

Das magnetische Vektorpotential V entwickelt vermöge der vorausgesetzten Struktur seines Induktionsfeldes lediglich in Richtung des Azimuts eine von Null verschiedene Komponente der [physikalischen] Größe

$$V^{\alpha} = \frac{1}{2} B r. \qquad \text{(V 6, 2)}$$

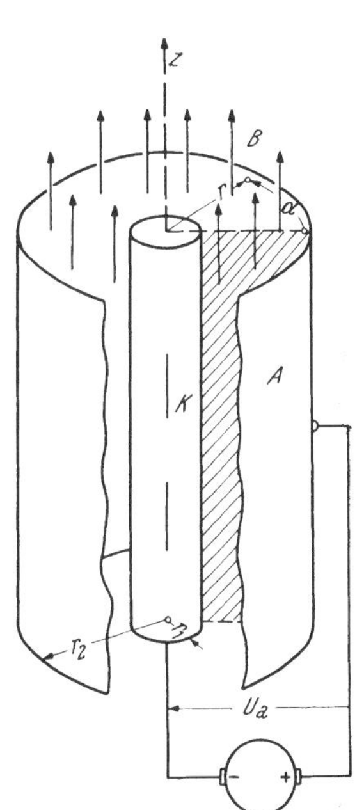

Abb. V 215. Orientierung im kreiszylindrischen Magnetron.

Seien also

$$v_z = \frac{dz}{dt} \equiv \dot{z}; \qquad v_r = \frac{dr}{dt} \equiv \dot{r};$$

$$v_\alpha = r \frac{d\alpha}{dt} \equiv r\,\dot{\alpha} \qquad \text{(V 6, 3)}$$

die [physikalischen] Komponenten des Vektors v der Elektronengeschwindigkeit, so lautet mit Rücksicht auf die negative Ladung $q = -q_0$ des Elektrons dessen *Lagrange*sche Funktion

$$L = \frac{1}{2} m_0 (v)^2 - q\,\{\varphi - (v\,V)\} =$$

$$= \frac{1}{2} m_0 \{\dot{z}^2 + \dot{r}^2 + r^2 \dot{\alpha}^2\} +$$

$$+ q_0 \left\{\varphi(r) - \frac{1}{2} B r^2 \dot{\alpha}\right\}. \qquad \text{(V 6, 4)}$$

Aus L entwickeln wir die Differentialgleichungen der achsialen Elektronenbewegung

$$m_0 \frac{d^2 z}{dt^2} = 0 \qquad \text{(V 6, 5)}$$

der radialen Elektronenbewegung

$$m_0 \frac{d^2 r}{dt^2} - m_0 r\,\dot{\alpha}^2 - q_0 \left[\frac{d\varphi}{dr} - B r\,\dot{\alpha}\right] = 0 \qquad \text{(V 6, 6)}$$

und der azimutalen Elektronenbewegung

$$\frac{d}{dt}\left\{m_0 r^2 \dot{\alpha} - q_0 \frac{1}{2} B r^2\right\} = 0, \qquad \text{(V 6, 7)}$$

deren letzte den Charakter des Azimutes als verborgener Koordinate zum Ausdruck bringt.

c) Auf Grund der Rotationssymmetrie des untersuchten Magnetrons dürfen wir, ohne die Allgemeinheit zu beschränken, die Dynamik der Bewegung an jenem Elektron studieren, welches im Zeitpunkt $t = 0$ am Orte $z = 0$; $\alpha = 0$ der Kathodenoberfläche $r = r_1$ startet:

$$z = 0; \quad r = r_1; \quad \alpha = 0 \quad \text{für} \quad t = 0. \qquad \text{(V 6, 8)}$$

Gleichzeitig gilt nach Voraussetzung

$$\dot z = 0; \qquad \dot r = 0; \qquad r\,\dot\alpha = 0 \qquad \text{für} \qquad t = 0. \tag{V 6, 9}$$

Demnach schließen wir zunächst aus (V 6, 5)

$$z = 0, \tag{V 6, 10}$$

so daß das kontrollierte Elektron dauernd in seiner Startebene verharrt. Auf Grund der Gleichung (V 6, 7) bleibt dann in dieser Ebene der gesamte Drehimpuls des Elektrons erhalten, welcher seinerseits als Differenz des mechanischen Anteiles $m_0\, r^2\, \dot\alpha$ und des magnetischen Anteiles $q_0\,\frac{1}{2}\,B\,r^2$ resultiert: Mit Rücksicht auf (V 6, 8) und (V 6, 9) gelangen wir von (V 6, 7) zum *erweiterten Flächenintegral*

$$m_0\, r^2\, \dot\alpha - q_0\,\frac{1}{2}\,B\,r^2 = \text{const.} = -\,q_0\,\frac{1}{2}\,B\,r_1^2. \tag{V 6, 11}$$

Die Winkelgeschwindigkeit $\dot\alpha$ des kontrollierten Elektrons wächst somit bei zunehmender Entfernung vom Kathodenzylinder $r = r_1$ entsprechend der Relation

$$\dot\alpha = \frac{1}{2}\,\frac{q_0}{m_0}\,B\left(1 - \frac{r_1^2}{r^2}\right) \tag{V 6, 12}$$

an. Durch Substitution von (V 6, 12) in (V 6, 6) folgt für die Dynamik der radialen Elektronenbewegung die Differentialgleichung

$$\frac{d^2r}{dt^2} = \frac{q_0}{m_0}\,\frac{d\varphi}{dr} - \left(\frac{1}{2}\,\frac{q_0}{m_0}\,B\right)^2 r\left(1 - \frac{r_1^4}{r^4}\right). \tag{V 6, 13}$$

welche wegen $\dfrac{d^2r}{dt^2} \equiv \dfrac{d}{dr}\left(\dfrac{1}{2}\,\dot r^2\right)$ in die Gestalt

$$\frac{d}{dr}\left(\frac{1}{2}\,\dot r^2\right) = \frac{q_0}{m_0}\,\frac{d\varphi}{dr} - \left(\frac{1}{2}\,\frac{q_0}{m_0}\,B\right)^2 \frac{1}{2}\,\frac{d}{dr}\left(r^2 + \frac{r_1^4}{r^2}\right), \tag{V 6, 14}$$

umgeschrieben werden kann. Indem wir abermals auf (V 6, 8) und (V 6, 9) zurückgreifen, finden wir aus (V 6, 14) durch Integration die Aussage

$$\frac{1}{2}\,\dot r^2 = \frac{q_0}{m_0}\,\varphi(r) - \left(\frac{1}{2}\,\frac{q_0}{m_0}\,B\right)^2 \frac{1}{2}\left[(r^2 - r_1^2) + \left(\frac{r_1^4}{r^2} - r_1^2\right)\right] \equiv \frac{q_0}{m_0}\,\varphi(r) - {}$$
$$- \frac{1}{8}\left(\frac{q_0}{m_0}\,B\right)^2 \left(r - \frac{r_1^2}{r}\right)^2. \tag{V 6, 15}$$

Wir ermitteln aus ihr diejenige Maximalentfernung $r_{\max}$ des kontrollierten Elektrons von der Systemachse, welche ihm — zunächst ohne Rücksicht auf die Anode — dynamisch eben noch zugänglich ist. Da in diesem Kulminationspunkte definitionsgemäß die Radialgeschwindigkeit des Elektrons verschwindet, folgt

$$\frac{q_0}{m_0}\,\varphi(r_{\max}) = \frac{1}{8}\left(\frac{q_0}{m_0}\,B\right)^2 \left(r_{\max} - \frac{r_1^2}{r_{\max}}\right)^2. \tag{V 6, 16}$$

Nun ist der radiale Verlauf $\varphi = \varphi(r)$ des elektrischen Skalarpotentiales in seiner Gesamtheit allerdings erst auf Grund der Raumladungsverteilung der strömenden Elektronen berechenbar. Von dieser allgemeinen Regel ist jedoch der Anodenzylinder $r = r_2$ ausgenommen; denn betriebsgemäß gilt

$$\varphi(r_2) = U_a. \tag{V 6, 17}$$

Da nun der kritische Zustand des Magnetrons durch

$$r_{max} \to r_2 \qquad \text{(V 6, 18)}$$

definiert ist, findet sich aus (V 6, 16) die gesuchte Relation zwischen der Anodenspannung U_a und des ihr nach (V 6, 18) zugeordneten Betrages B_{kr} der „kritischen“ Induktion mittels der Vorschrift

$$\left(\frac{q_0}{m_0} B_{kr}\right)^2 = \lim_{r_{max} \to r_2} 8 \frac{q_0}{m_0} \varphi(r_{max}) \frac{1}{\left(r_{max} - \frac{r_1^2}{r_{max}}\right)^2} = \frac{8 \frac{q_0}{m_0} U_a}{\left(r_2 - \frac{r_1^2}{r_2}\right)^2}. \qquad \text{(V 6, 19)}$$

Bei festem Abstand d der Anode von der Kathode transformiert der Prozeß

$$r_2 - r_1 = d; \qquad r_1 \to \infty \qquad \text{(V 6, 20)}$$

das kreiszylindrische in ein ebenes Magnetron, dessen kritische Induktion somit aus

$$\left(\frac{q_0}{m_0} B_{kr}\right)^2 = \lim_{r_1 \to \infty} \frac{8 \frac{q_0}{m_0} U_a}{\left(r_2 - \frac{r_1^2}{r_2}\right)^2} = \frac{2 \frac{q_0}{m_0} U_a}{d^2} \qquad \text{(V 6, 21)}$$

zu berechnen ist.

V 7. Das Eigenwertspektrum des elektromagnetischen Schwingtopfes.

a) Gegeben sei ein Schlitzanoden-Magnetron der in Abb. V 216 skizzierten Bauart: Die Kathode besteht aus einem Kreiszylinder vom Halbmesser r_1 und von der Höhe 2 h. Sie wird konzentrisch von der Anode umschlossen; diese ihrerseits ist aus einem Hohlzylinder vom lichten Halbmesser $r_2 > r_1$ hergestellt, längs dessen aktiven, der Kathode zugekehrten Umfanges N schlitzbildende Nuten gleichmäßig verteilt sind. Das an den Elektronen vermöge seiner *Lorentz*-Kraft angreifende Magnetfeld bleibt in den Entwicklungen dieser Ziffer außer Betracht.

Der zwischen der Kathode und der Anode mit Einschluß ihrer Nuten liegende Raum definiert einen *elektromagnetischen Schwingtopf*. Gesucht werden diejenigen seiner Eigenschwingungen, welche bei kalter Kathode den dann in den Gefäßwänden verbleibenden Leitungsströmen genetisch verknüpft sind.

b) Wir orientieren uns an einem relativ zum Schwingtopf ruhenden Bezugssysteme der Zylinderkoordinaten z [Achse], r [Radialabstand], α [Azimut]; sein Ursprung liege im Zentrum der Kathode, und die z-Achse soll mit der Achse des Schwingtopfes koinzidieren. Da das gewählte Bezugssystem ein orthogenales ist, können und wollen wir zur Beschreibung des elektromagnetischen Feldes in ihm stets die physikalischen Komponenten der elektrischen Feldstärke E und der magnetischen Feldstärke H heranziehen.

Wir beschränken uns auf Vorgänge, deren erregende Leitungsströme keine Achsialkomponente entwickeln; gleichzeitig verschwindet die achsiale Komponente des elektrischen Feldes

$$E_z = 0. \qquad \text{(V 7, 1)}$$

Auf Grund dieser Eigenschaft kann das elektromagnetische Feld im Schwingtopf aus einem achsial orientierten *Fitz-Gerald*schen Vektor hergeleitet werden, dessen einzige, von Null verschiedene [physikalische] Komponente durch F bezeichnet werde; sie genügt der Wellengleichung

$$\frac{\partial^2 F}{\partial z^2} + \frac{\partial^2 F}{\partial r^2} + \frac{1}{r}\frac{\partial F}{\partial r} + \frac{1}{r^2}\frac{\partial^2 F}{\partial \alpha^2} = \frac{1}{v_0^2}\frac{\partial^2 F}{\partial t^2}, \qquad (V\ 7,\ 2)$$

in welcher v_0 den Betrag der Lichtgeschwindigkeit im leeren Raum bezeichnet. Aus F berechnen sich die Komponenten der magnetischen Feldstärke nach den Vorschriften

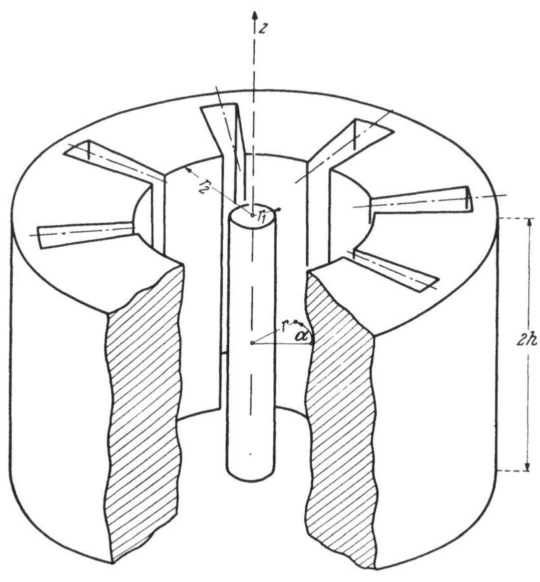

Abb. V 216. Elektromagnetischer Schwingtopf.

$$H^z = \frac{1}{r}\frac{\partial}{\partial r}\left(r\frac{\partial F}{\partial r}\right) + \frac{1}{r^2}\frac{\partial^2 F}{\partial \alpha^2};$$

$$H^r = -\frac{\partial^2 F}{\partial r\,\partial z};$$

$$H^\alpha = -\frac{1}{r}\frac{\partial^2 F}{\partial \alpha\,\partial z} \qquad (V\ 7,\ 3)$$

und jene der elektrischen Feldstärke aus

$$E^z = 0;$$

$$E^r = \Pi\frac{1}{r}\frac{\partial^2 F}{\partial \alpha\,\partial t};$$

$$E^\alpha = -\Pi\frac{\partial^2 F}{\partial r\,\partial t}. \qquad (V\ 7,\ 4)$$

c) Wir schließen den Schwingtopf in $z = \pm h$ durch je eine „*strahlungsfreie Fläche*" energetisch ab. Alle konstruktiven Fragen, welche für die Aufrechterhaltung des Vakuums im Innern des Schwingtopfes von entscheidender Bedeutung sind, lassen wir außer Betracht. Die geforderte Eigenschaft der Fläche $z = \pm h$ wird dann jedenfalls sichergestellt, wenn auf jeder von ihnen die achsial gerichtete [physikalische] Komponente des *Poynting*schen Strahlvektors identisch verschwindet; dies tritt schon dann ein, falls eine der beiden folgenden Bedingungen erfüllt ist:

1. Die in den Grenzebenen liegenden Komponenten der magnetischen Feldstärke annullieren sich

$$H^r = 0; \quad H^\alpha = 0 \quad \text{für} \quad z = \pm h. \qquad (V\ 7,\ 5)$$

2. Die in den Grenzebenen liegenden Komponenten der elektrischen Feldstärke annullieren sich

$$E^r = 0; \quad E^\alpha = 0 \quad \text{für} \quad z = \pm h. \qquad (V\ 7,\ 6)$$

Denken wir uns jetzt überdies die *Ohm*sche Leitfähigkeit $\varkappa$ der in $r < r_1$ und $r > r_2$ befindlichen Metallteile unbegrenzt gesteigert

$$\varkappa \to \infty, \qquad (V\ 7,\ 7)$$

so gelangen wir zu einem verlustfreien Systeme, in welchem alle physikalisch möglichen elektromagnetischen Eigenschwingungen ungedämpft sind. Gesucht werden deren Kreisfrequenzen: sei ω eine unter ihnen, so dürfen wir hiernach die Lösung der Gleichung (V 7, 2) in der funktionellen Form

$$F = \overline{F}(z, r, \alpha)\, e^{-i\omega t} \qquad (V\ 7,\ 8)$$

ansetzen, deren komplexe Amplitude $\overline{F}$ der partiellen Differentialgleichung

$$\frac{\partial^2 \overline{F}}{\partial z^2} + \frac{\partial^2 \overline{F}}{\partial r^2} + \frac{1}{r}\frac{\partial \overline{F}}{\partial r} + \frac{1}{r^2}\frac{\partial^2 \overline{F}}{\partial \alpha^2} + \frac{\omega^2}{v_0^2}\overline{F} = 0 \qquad (V\ 7,\ 9)$$

genügt.

d) Durch den Grenzübergang zu Nuten verschwindender Breite verwandelt sich der Schwingtopf in einen Hohlzylinder. Wir versuchen das ihm angepaßte Integral der Gleichung (V 7, 9) als Produkt dreier Funktionen $Z(z)$, $R(r)$ und $A(\alpha)$ je nur einer der Koordinaten darzustellen

$$\overline{F} = Z(z)\, R(r)\, A(\alpha). \qquad (V\ 7,\ 10)$$

Nach Substitution von (V 7, 10) in (V 7, 9) teilen wir die entstehende Relation durch F und erhalten die Forderung

$$\frac{1}{Z}\frac{d^2 Z}{dz^2} + \frac{1}{R}\left(\frac{d^2 R}{dr^2} + \frac{1}{r}\frac{dR}{dr}\right) + \frac{1}{r^2}\frac{1}{A}\frac{d^2 A}{d\alpha^2} + \frac{\omega^2}{v_0^2} = 0. \qquad (V\ 7,\ 11)$$

Sie zerfällt nach Wahl der zwei vorerst willkürlichen Separationskonstanten p^2 und λ^2 in die drei gewöhnlichen Differentialgleichungen

$$\frac{d^2 Z}{dz^2} + \lambda^2 Z = 0, \qquad (V\ 7,\ 12)$$

$$\frac{d^2 R}{dr^2} + \frac{1}{r}\frac{dR}{dr} + \left(\frac{\omega^2}{v_0^2} - \lambda^2 - \frac{p^2}{r^2}\right) R = 0, \qquad (V\ 7,\ 13)$$

$$\frac{d^2 A}{d\alpha^2} + p^2 A = 0. \qquad (V\ 7,\ 14)$$

Um die Statur der Separationskonstanten aufzudecken, richten wir unser Augenmerk vorerst auf die azimutale Struktur der komplexen Amplitude $\overline{F}$: Von jeder physikalisch zu realisierenden Lösung haben wir gewiß deren *Eindeutigkeit* im gesamten Existenzgebiete des *Fitz-Gerald*schen Vektors zu verlangen; sie wird dann und nur dann gewährleistet, falls p als positive oder negative ganze Zahl mit Einschluß der Null gewählt wird, welche gemäß

$$A = e^{+ip\alpha} \qquad (V\ 7,\ 15)$$

die *Polpaarzahl* des mit der elektrischen Kreisfrequenz ω pulsierenden *Drehfeldes* definiert.

Wir wenden uns jetzt zu den Bedingungen (V 7, 5) oder (V 7, 6), welche je nach der Statur der strahlungsfreien Flächen dort zu erfüllen sind. Bezeichnen wir vorübergehend die trigonometrischen Funktionen sinus und cosinus durch das gemeinsame Symbol tri, so gelangen wir zu einem mit den genannten Bedingungen verträglichen *Fitz-Gerald*schen Vektor durch den Ansatz

$$Z = \mathrm{tri}\left(\pi m \frac{z}{h}\right), \qquad (V\ 7,\ 16)$$

falls auch m als positive oder negative ganze Zahl einschließlich der Null gewählt und der spezielle Charakter der trigonometrischen Funktion jeweils passend bestimmt wird. Da nun der Vergleich von (V 7, 12) und (V 7, 16) auf

$$\lambda^2 = \left(\frac{\pi m}{h}\right)^2 \qquad \text{(V 7, 17)}$$

führt, resultiert aus (V 7, 13) für R die *Bessel*sche Differentialgleichung p-ter Ordnung

$$\frac{d^2R}{dr^2} + \frac{1}{r}\frac{dR}{dr} + \left[\left(\frac{\omega^2}{v_0^2} - \frac{\pi^2 m^2}{h^2}\right) - \frac{p^2}{r^2}\right] R = 0. \qquad \text{(V 7, 18)}$$

Die Alternative

$$\frac{\omega^2}{v_0^2} - \frac{\pi^2 m^2}{h^2} \gtrless 0 \qquad \text{(V 7, 19)}$$

entscheidet über den $\begin{matrix}\text{reellen}\\ \text{imaginären}\end{matrix}$ Charakter des Argumentes

$$u = \sqrt{\frac{\omega^2}{v_0^2} - \frac{\pi^2 m^2}{h^2}}\, r \qquad \text{(V 7, 20)}$$

in den als Lösung von (V 7, 18) auftretenden Zylinderfunktionen p-ter Ordnung; seien $Z_p(u)$; $\overline{Z}_p(u)$ zwei solcher, voneinander linear unabhängiger Fundamentalintegrale und C; $\overline{C}$ zwei vorerst willkürliche Konstanten, so resultiert hiernach für die Radialstruktur des *Fitz-Gerald*schen Vektors die allgemeine Darstellung

$$R = C\, Z_p(u) + \overline{C}\, \overline{Z}_p(u). \qquad \text{(V 7, 21)}$$

Wir fassen die Teilergebnisse (V 7, 15), (V 7, 16) und (V 7, 21) in

$$\overline{F} = [C\, Z_p(u) + \overline{C}\, \overline{Z}_p(u)]\, e^{ip\alpha} \operatorname{tri}\left(\pi m \frac{z}{h}\right) \qquad \text{(V 7, 22)}$$

zusammen. Gemäß (V 7, 7) wird nun das azimutale elektrische Feld an den zylindrischen Grenzen des hier behandelten, nutenfreien Schwingtopfes vernichtet. Bezeichnen wir daher beziehentlich durch $Z_p'(u)$, $\overline{Z}_p'(u)$ die Ableitungen der Zylinderfunktionen $Z_p(u)$, $\overline{Z}_p(u)$ nach ihrem Argument:

$$\left.\begin{aligned} Z_p'(u) &= -\frac{p}{u} Z_p(u) + Z_{p-1}(u) \\ \overline{Z}_p'(u) &= -\frac{p}{u} \overline{Z}_p(u) + \overline{Z}_{p-1}(u) \end{aligned}\right\}, \qquad \text{(V 7, 23)}$$

so finden wir gemäß (V 7, 4)

$$\overline{E}^{\alpha} = i\,\omega\, \Pi \frac{\partial \overline{F}}{\partial r} = i\,\omega\, \Pi \sqrt{\frac{\omega^2}{v_0^2} - \frac{\pi^2 m^2}{h^2}}\, [C\, Z_p'(u) + \overline{C}\, \overline{Z}_p'(u)]\, e^{ip\alpha} \operatorname{tri}\left(\pi m \frac{z}{h}\right). \qquad \text{(V 7, 24)}$$

Setzen wir also abkürzend

$$u_1 = \sqrt{\frac{\omega^2}{v_0^2} - \frac{\pi^2 m^2}{h^2}}\, r_1; \qquad u_2 = \sqrt{\frac{\omega^2}{v_0^2} - \frac{\pi^2 m^2}{h^2}}\, r_2, \qquad \text{(V 7, 25)}$$

so sind gleichzeitig die beiden Forderungen

$$C\, Z_p'(u_1) + \overline{C}\, \overline{Z}'(u_1) = 0 \qquad \text{(V 7, 26)}$$

und

$$C\, Z_p'(u_2 + \overline{C}\, \overline{Z}'(u_2) = 0 \qquad \text{(V 7, 27)}$$

zu befriedigen. Sie sind nur dann mit endlichen Werten der Konstanten C und $\overline{C}$ verträglich, falls die Kreisfrequenz ω der Gleichung

$$\begin{vmatrix} Z_p'(u_1) & \overline{Z}_p'(u_1) \\ Z_p'(u_2) & \overline{Z}_p'(u_2) \end{vmatrix} = 0 \qquad \text{(V 7, 28)}$$

genügt.

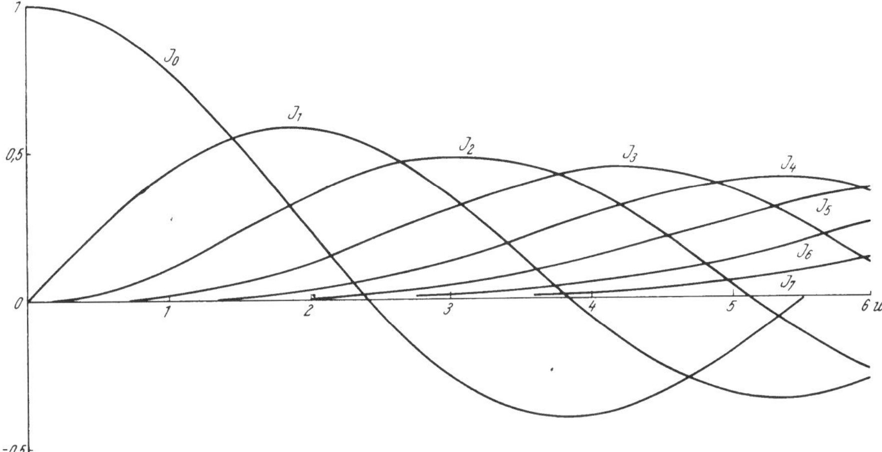

Abb. V 217. Die *Bessel*schen Zylinderfunktionen ganzer, positiver Ordnungszahlen und reellen Argumentes.

Um ein Beispiel durchzuführen, möge angenommen werden, daß sich die strahlungsfreien Ebenen durch die Eigenschaft verschwindender magnetischer Tangentialfeldstärken auszeichnen. Gemäß (V 7, 3) wird sie garantiert, falls wir den *Fitz-Gerald*schen Vektor der Bedingung

$$\frac{\partial \overline{F}}{\partial z} = 0 \qquad \text{für} \qquad z = \pm h \qquad \text{(V 7, 29)}$$

unterwerfen; daher werden wir vermittels (V 7, 16), nach Wahl einer ganzen Zahl n einschließlich der Null, auf die Achsialstruktur

$$Z = \begin{matrix} \sin\,(2\,n + 1)\dfrac{\pi}{2}\dfrac{z}{h} \\ \\ \cos\,(2\,n)\dfrac{\pi}{2}\dfrac{z}{h} \end{matrix} \qquad \text{(V 7, 30)}$$

hingeleitet. Insbesondere definieren wir das Grundfeld durch die Angabe

$$m \equiv 2\,n = 0, \qquad \text{(V 7, 31)}$$

so daß das zugehörige Argument

$$u = \frac{\omega}{v_0}\, r \qquad \text{(V 7, 32)}$$

stets *reell* ausfällt. Um uns diesem Sachverhalte anzupassen, identifizieren wir in (V 7, 21) das Symbol $Z_p(u)$ mit der *Bessel*schen Funktion $I_p(u)$,

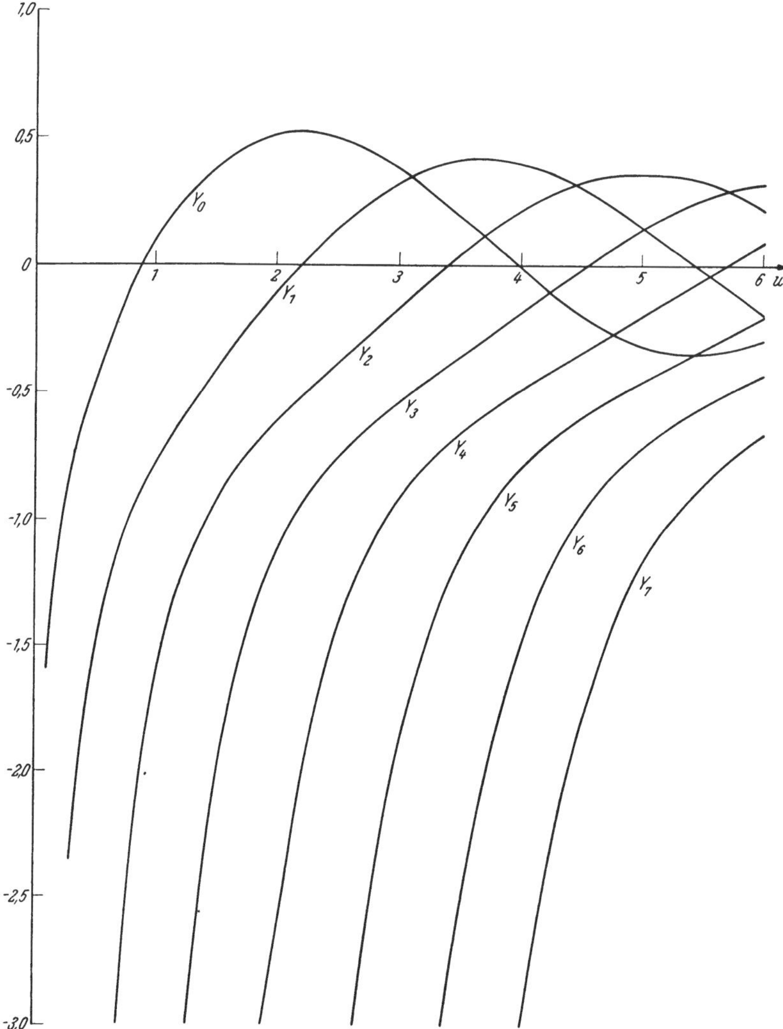

Abb. V 218. Die *Neumann*schen Zylinderfunktionen ganzer, positiver Ordnungszahlen und reeller Argumente.

das Zeichen $\overline{Z}_p(u)$ hingegen mit der von *C. Neumann* eingeführten Funktion $Y_p(u)$ [Abb. V 217 und V 218]. Aus (V 7, 28) entsteht dann mit Rücksicht auf (V 7, 32)

$$\begin{vmatrix} I_p'\left(\frac{\omega}{v_0} r_1\right) & Y_p'\left(\frac{\omega}{v_0} r_1\right) \\ I_p'\left(\frac{\omega}{v_0} r_2\right) & Y_p'\left(\frac{\omega}{v_0} r_2\right) \end{vmatrix} = 0. \tag{V 7, 33}$$

Seien also $u_{p,k}$ die nach zunehmender Größe geordneten, positiven Wurzeln der transzendenten Gleichung

$$\frac{I_p'(u)}{Y_p'(u)} = \frac{I_p'\left(u\frac{r_2}{r_1}\right)}{Y_p'\left(u\frac{r_2}{r_1}\right)}, \qquad \text{(V 7, 34)}$$

so folgen die Eigen-Kreisfrequenzen $\omega_{p,k}$ des Grundfeldes $m = 0$ mittels der Umrechnung

$$\omega_{p,k} = \frac{v_0}{r_1} \cdot u_{p,k}. \qquad \text{(V 7, 35)}$$

Aus ihnen folgen die Phasen-Winkelgeschwindigkeiten der zugehörigen Drehfelder zu

$$\frac{d\alpha_{p,k}}{dt} = \frac{\omega_{p,k}}{p}; \qquad p \neq 0, \qquad \text{(V 7, 36)}$$

während das Feld der Ordnungszahl $p = 0$ eine lediglich radiale Bewegung ausführt.

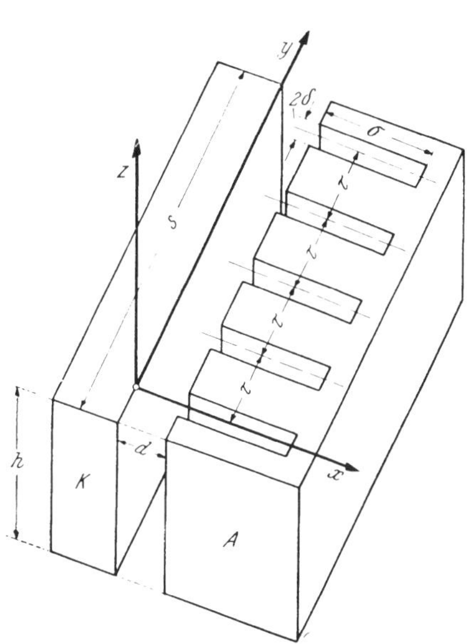

Abb. V 219. Elektromagnetische Feldstraße.

e) Zum Schwingtopf mit genuteter Anode zurückkehrend, gehen wir aus analytischen Gründen zu einem vereinfachten Modell über: Wir denken uns den Schwingtopf längs der Meridianebene $\alpha = 0$ aufgeschnitten, öffnen ihn dann und deformieren ihn derart, daß die anfangs konzentrisch gelegenen Zylinder-Oberflächen der Kathode und der Anode in parallele Ebenen des festen Abstandes d und der einheitlichen Länge s übergehen; gleichzeitig verwandelt sich das System der N ursprünglich radial weisenden Nuten des Anodenkörpers in die gleiche Anzahl von Nachbarn innerhalb einer unbegrenzten Reihe von $N^* \to \infty$ einander paralleler Nuten vom gleichmäßigen Zentralabstand τ nebeneinanderliegender Öffnungen. Abb. V 219 veranschaulicht die entstehende „Feldstraße" samt den von ihr abzweigenden Seitengassen.

Der geschilderte kinematische Prozeß wird durch die Vorschriften

$$r_1 \to \infty; \qquad r_2 \to \infty; \qquad \lim_{r_1 \to \infty;\, r_2 \to \infty} (r_2 - r_1) = d \qquad \text{(V 7, 37)}$$

im Verein mit

$$N^* = \frac{2\pi r_2}{\tau} \to \infty; \qquad \lim_{r_2 \to \infty;\, N^* \to \infty} \frac{2\pi r_2}{N^*} = \tau = \frac{s}{N} \qquad \text{(V 7, 38)}$$

geregelt. Um uns ihnen anzupassen, vertauschen wir das bisher benutzte Bezugssystem der Zylinder-Koordinaten z, r, α mit dem elektrodenfesten System der rechtsläufigen *Kartesi*schen Koordinaten x, y, z, dessen Ursprung in der Kathodenoberfläche liegt. Die positive x-Achse zeige zur Anode hin, die y-Achse möge mit der abgerollten Peripherie der ursprünglichen Kathode koinzidieren, so daß die z-Achse parallel zu den begrenzenden Geraden der Nutenöffnungen orientiert ist. Die teilende Symmetrie-Ebene einer Nut werde zur Ebene $y = 0$ gemacht. Da dann die Gesamtheit der Ebenen

$$y = \ldots, -2s, -s, 0, s, 2s, \ldots \qquad \text{(V 7, 39)}$$

elektrodynamisch ein und dieselbe Ebene repräsentiert, definiert jeder der Abschnitte

$$0 < y < s \quad \mod s \qquad \text{(V 7, 40)}$$

ein volles Exemplar des Schwingtopfes.

Auf Grund der vorstehenden Festsetzungen kann das elektrodynamische Feld des Systemes wiederum aus einem *Fitz-Gerald*schen Vektor hergeleitet werden, dessen einzige, von Null verschiedene Komponente F der positiven z-Achse parallel gerichtet ist; sie genügt der Wellengleichung

$$\frac{\partial^2 F}{\partial x^2} + \frac{\partial^2 F}{\partial y^2} + \frac{\partial^2 F}{\partial z^2} = \frac{1}{v_0^2}\frac{\partial^2 F}{\partial t^2}. \qquad \text{(V 7, 41)}$$

Aus F berechnen sich die achsenparallelen Komponenten der magnetischen Feldstärke H mittels

$$H_x = -\frac{\partial^2 F}{\partial x\,\partial z}; \quad H_y = -\frac{\partial^2 F}{\partial y\,\partial z}; \quad H_z = \frac{\partial^2 F}{\partial x^2} + \frac{\partial^2 F}{\partial y^2} \qquad \text{(V 7, 42)}$$

und jene der elektrischen Feldstärke E aus

$$E_x = \Pi\frac{\partial^2 F}{\partial t\,\partial y}; \quad E_y = -\Pi\frac{\partial^2 F}{\partial t\,\partial x}; \; E_z = 0. \qquad \text{(V 7, 43)}$$

Für ungedämpfte Eigenschwingungen der Kreisfrequenz ω ist F als Realteil der komplexen Funktion

$$F = \overline{F}(x, y, z)\, e^{-i\omega t} \qquad \text{(V 7, 44)}$$

darzustellen; ihre zeitfreie komplexe Amplitude $\overline{F}$ gehorcht nach (V 7, 41) der partiellen Differentialgleichung

$$\frac{\partial^2 \overline{F}}{\partial x^2} + \frac{\partial^2 \overline{F}}{\partial y^2} + \frac{\partial^2 \overline{F}}{\partial z^2} + \frac{\omega^2}{v_0^2}\overline{F} = 0. \qquad \text{(V 7, 45)}$$

Aus ihrer jeweiligen Lösung sind die komplexen Amplituden der magnetischen Feldkomponenten gemäß

$$\overline{H}_x = -\frac{\partial^2 \overline{F}}{\partial x\,\partial z}; \quad \overline{H}_y = -\frac{\partial^2 \overline{F}}{\partial y\,\partial z};$$

$$\overline{H}_z = \frac{\partial^2 \overline{F}}{\partial x^2} + \frac{\partial^2 \overline{F}}{\partial y^2} = -\left[\frac{\partial^2 \overline{F}}{\partial z^2} + \frac{\omega^2}{v_0^2}\overline{F}\right] \qquad \text{(V 7, 46)}$$

und jene der elektrischen Feldkomponenten gemäß

$$\overline{E}_x = -i\,\omega\,\Pi\frac{\partial \overline{F}}{\partial y}; \quad \overline{E}_y = i\,\omega\,\Pi\frac{\partial \overline{F}}{\partial x}; \quad E_z = 0 \qquad \text{(V 7, 47)}$$

zu bilden.

f) Wir beschränken uns auf den Fall strahlungsfreier Grenzebenen mit verschwindender magnetischer Tangentialfeldstärke

$$\overline{H}_x = 0; \quad \overline{H}_y = 0 \quad \text{für} \quad z = \pm h. \qquad \text{(V 7, 48)}$$

Diese Bedingungen werden nach (V 7, 46) gewiß durch jeden von z unabhängigen *Fitz-Gerald*schen Vektor befriedigt:

$$\frac{\partial \overline{F}}{\partial z} \equiv 0. \qquad \text{(V 7, 49)}$$

Unter dieser Voraussetzung reduziert sich (V 7, 45) auf

$$\frac{\partial^2 \overline{F}}{\partial x^2} + \frac{\partial^2 \overline{F}}{\partial y^2} + \frac{\omega^2}{v_0^2} \overline{F} = 0 \qquad \text{(V 7, 50)}$$

und es verbleiben lediglich die Feldkomponenten

$$\overline{H}_z = -\frac{\omega^2}{v_0^2} \overline{F}; \qquad \overline{E}_x = -i\,\omega\,\Pi \frac{\partial \overline{F}}{\partial y}; \qquad \overline{E}_y = i\,\omega\,\Pi \frac{\partial \overline{F}}{\partial x}. \qquad \text{(V 7, 51)}$$

Wir teilen nun den in $0 < y < s$ gelegenen Abschnitt der Feldstraße in die N untereinander kongruenten Blöcke

$$k\,\tau < y < (k+1)\,\tau \qquad \text{(V 7, 52)}$$

mit ganzzahligen $0 \leqq k \leqq (N-1)$. Jeder Block spielt in der Elektrodynamik der Feldstraße die nämliche Rolle wie das einzelne Glied eines uniform aufgebauten Kettenleiters. Im Lichte dieser Erkenntnis zerfällt die weitere Untersuchung in drei Teilaufgaben:

1. Es ist die „*Mikrostruktur*“ des Feldes m Einzelblocke anzugeben.

2. Die Theorie der Kettenschaltung der N Blöcke führt zur Kenntnis der „*Makrostruktur*“ des Feldes an den N Kopplungsebenen je benachbarter Blöcke.

3. Die in (V 7, 39) ausgesprochene Periodizitäts-Bedingung liefert das gesuchte *Eigenwert-Spektrum.*

g) Wir richten unser Augenmerk auf den Block (V 7, 52) der Ordnungszahl k. Mit $2\,\delta$ bezeichnen wir die Öffnungsweite je Nut; wir unterwerfen sie der einschränkenden Ungleichung

$$\delta \ll \tau. \qquad \text{(V 7, 53)}$$

Nunmehr unterscheiden wir

1. den *Eingangsbereich*

$$k\,\tau \leqq y \leqq k\,\tau + \delta. \qquad \text{(V 7, 54)}$$

2. den *Blockkern*

$$k\,\tau + \delta \leqq y \leqq (k+1)\,\tau - \delta. \qquad \text{(V 7, 55)}$$

3. den *Ausgangsbereich*

$$(k+1)\,\tau - \delta \leqq y \leqq (k+1)\,\tau, \qquad \text{(V 7, 56)}$$

deren Felder wir getrennt behandeln.

1. Die dem Eingangsbereich angehörige Halbnut wird durch die unmittelbar benachbarte Halbnut des Blockes $(k-1)$ zu einer Vollnut ergänzt; diese sei längs der Strecke

$$d \leqq x \leqq d + \sigma \qquad \text{(V 7, 57)}$$

mit der konstanten Breite $2\,\delta$ [der Öffnungsweite] ausgestattet. Vermöge der Annahme vollkommen leitender Gefäßwände haben wir dann

$$\overline{E}_x = -i\,\omega\,\Pi \frac{\partial \overline{F}}{\partial y} = 0 \qquad \text{für} \qquad d \leqq x \leqq d + \sigma; \qquad y = k\,\tau \pm \delta \qquad \text{(V 7, 58)}$$

und

$$\overline{E}_y = i\,\omega\,\Pi \frac{\partial \overline{F}}{\partial x} = 0 \qquad \text{für} \qquad x = d + \sigma; \qquad k\,\tau - \delta \leqq y \leqq k\,\tau + \delta \qquad \text{(V 7, 59)}$$

zu fordern.

Wir erfüllen zunächst (V 7, 59) durch einen *Fitz-Gerald*schen Vektor, welcher sich innerhalb der Nut durch die Eigenschaft

$$\frac{\partial \overline{F}}{\partial y} \equiv 0 \qquad \text{(V 7, 60)}$$

auszeichnet; er schildert eine Welle, deren elektrisches und deren magnetisches Feld gemäß (V 7, 51) stets transversal zur x-Richtung orientiert sind.

Der durch (V 7, 60) definierte Grundvektor genügt nach (V 7, 50) der gewöhnlichen Differentialgleichung

$$\frac{d^2\overline{F}}{dx^2} + \frac{\omega^2}{v_0^2}\overline{F} = 0, \qquad \text{(V 7, 61)}$$

deren allgemeine Lösung wir mittels zweier vorerst willkürlicher Integrationskonstanten c^+ und c^- in der Form

$$\overline{F} = c^+ e^{i\frac{\omega}{v_0}x} + c^- e^{-i\frac{\omega}{v_0}x} \qquad \text{(V 7, 62)}$$

ansetzen. In der Nut tritt demnach das elektrische Feld

$$\overline{E}_y = -\frac{\omega^2}{v_0^2}\sqrt{\frac{\Pi}{\Delta}}\left[c^+ e^{i\frac{\omega}{v_0}x} - c^- e^{-i\frac{\omega}{v_0}x}\right] \qquad \text{(V 7, 63)}$$

auf, welchem die Nutenspannung

$$\overline{u} = \overline{E}_y \cdot 2\,\delta \qquad \text{(V 7, 64)}$$

zugeordnet ist. Das magnetische Feld

$$\overline{H}_z = -\frac{\omega^2}{v_0^2}\left[c^+ e^{i\frac{\omega}{v_0}x} + c^- e^{-i\frac{\omega}{v_0}x}\right] \qquad \text{(V 7, 65)}$$

bindet an den Nutwandungen den parallel der x-Achse fließenden Strombelag [Durchflutungsgesetz!]

$$\overline{A}_x = \pm\,\overline{H}_z; \qquad d \leqq x \leqq d+\sigma; \qquad y = k\,\tau \mp \delta. \qquad \text{(V 7, 66)}$$

Insbesondere gilt am Nutengrund [Adskript g]

$$\overline{E}_y^{(g)} = -\frac{\omega^2}{v_0^2}\sqrt{\frac{\Pi}{\Delta}}\left[c^+ e^{i\frac{\omega}{v_0}(d+\sigma)} - c^- e^{-i\frac{\omega}{v_0}(d+\sigma)}\right] \qquad \text{(V 7, 67)}$$

und

$$\overline{H}_z^{(g)} = -\frac{\omega^2}{v_0^2}\left[c^+ e^{i\frac{\omega}{v_0}(d+\sigma)} + c^- e^{-i\frac{\omega}{v_0}(d+\sigma)}\right] \qquad \text{(V 7, 68)}$$

Man entnimmt diesen Gleichungen die Relationen

$$-\frac{\omega^2}{v_0^2}c^+ = \left[\frac{\overline{E}_y^{(g)}}{\sqrt{\frac{\Pi}{\Delta}}} + \overline{H}_z^{(g)}\right]\frac{e^{-i\frac{\omega}{v_0}(d+\sigma)}}{2}, \qquad \text{(V 7, 69)}$$

$$-\frac{\omega^2}{v_0^2}c^- = \left[-\frac{\overline{E}_y^{(g)}}{\sqrt{\frac{\Pi}{\Delta}}} + \overline{H}_z^{(g)}\right]\frac{e^{i\frac{\omega}{v_0}(d+\sigma)}}{2}, \qquad \text{(V 7, 70)}$$

mit deren Hilfe man für die Felder an der Nutenöffnung [Adskript o] die Darstellungen

$$\overline{E}_y^{(o)} = \overline{E}_y^{(g)}\cos\frac{\omega}{v_0}\sigma - i\sqrt{\frac{\Pi}{\Delta}}\,\overline{H}_z^{(g)}\sin\frac{\omega}{v_0}\sigma \qquad \text{(V 7, 71)}$$

und

$$\overline{H}_z^{(o)} = -i \frac{E_y^{(g)}}{\sqrt{\frac{\Pi}{\Delta}}} \sin \frac{\omega}{v_0} \sigma + \overline{H}_z^{(g)} \cos \frac{\omega}{v_0} \sigma \qquad \text{(V 7, 72)}$$

gewinnt; wir behandeln folgende Sonderfälle:

1. Entsprechend (V 7, 59) ist der Nutengrund kurzgeschlossen

$$\overline{E}_y^{(g)} = 0. \qquad \text{(V 7, 73)}$$

Durch Elimination von $\overline{H}_z^{(g)}$ aus (V 7, 71) und (V 7, 72) finden wir dann

$$\overline{E}_y^{(o)} = -i \sqrt{\frac{\Pi}{\Delta}}\, \overline{H}_z^{(o)} \operatorname{tg} \frac{\omega}{v_0} \sigma . \qquad \text{(V 7, 74)}$$

2. Wir verlassen die in $x = d + \sigma$ kurzgeschlossene Nut und nehmen an, daß sie dort nach Abb. V 220 in einen zylindrischen Hohlraum vom Halbmesser $a > \delta$ übergehe.

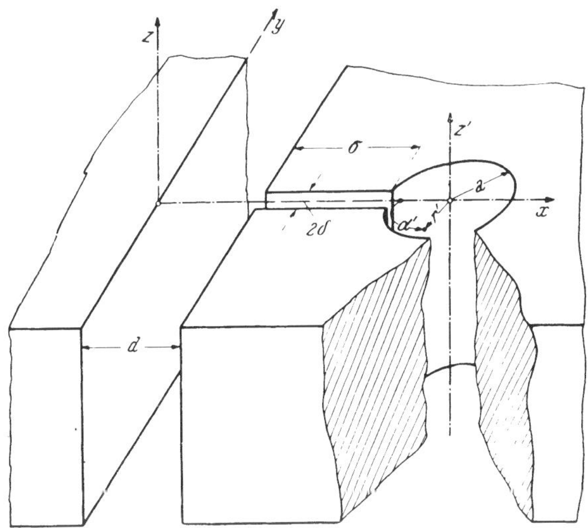

Abb. V 220. Übergang der Nut in einen zylindrischen Hohlraum.

Im Zusatzraume führen wir ein lokales Zylinder-Koordinatensystem z' [Achse], r' [Radialdistanz] und α' [Azimut] ein. Wir identifizieren seine z'-Achse mit jener des Hohlzylinders und machen $z' = z$; die Meridianebene $\alpha' = 0$ gehe für $r' > a$ in die teilende Symmetrie-Ebene $y = k\tau$ der Nut über, so daß in $(-\pi) < \alpha' < \pi$ die Wandung $r' = a$ des Hohlzylinders den Bereich

$$\vartheta \equiv \arcsin \frac{\delta}{a} < |\alpha'| \leqq \pi \qquad \text{(V 7, 75)}$$

erfüllt. In $r' < a$ kann dann das elektromagnetische Feld aus einem *Fitz-Gerald*schen Vektor der komplexen Amplitude $\overline{F}'$ hergeleitet werden, deren partielle Differentialgleichung aus (V 7, 9) durch Vertauschung der ungestrichenen mit den gestrichenen Zylinderkoordinaten hervorgeht; die nämliche Vorschrift regelt die Berechnung der komplexen Amplituden der Feldstärken-Komponenten.

Wir ergänzen diese geometrischen Angaben durch die $\overline{\mathrm{F}}'$ aufzuerlegenden *Randbedingungen:*

I. Für $\mathrm{r}' \to 0$ müssen sämtliche Feldkomponenten endlich bleiben.

II. Längs der elektrisch vollständig leitenden Wandung des Hohlzylinders bricht das elektrische Tangentialfeld zusammen

$$\overline{\mathrm{E}}_{\alpha'} = \mathrm{i}\,\omega\,\Pi\,\frac{\partial \overline{\mathrm{F}}'}{\partial \mathrm{r}'} = 0 \qquad \text{für} \qquad \mathrm{r}' = \mathrm{a}; \qquad \vartheta < |\alpha'| \leqq \pi. \tag{V 7, 76}$$

III. Längs des mit der Nut kommunizierenden Teiles des Zylindermantels darf bei hinreichend kleinem Verhältnis $\frac{\delta}{\mathrm{a}}$ in ausreichender Genauigkeit die Feldkomponente $\overline{\mathrm{E}}_{\alpha'}$ als konstant betrachtet werden; wir bestimmen sie aus der Spannungsgleichheit

$$\begin{aligned} &\overline{\mathrm{E}}_{\alpha'} \cdot 2\,\mathrm{a}\,\vartheta = -\,\overline{\mathrm{E}}_{\mathrm{y}}^{(\mathrm{g})}\,2\,\delta; \\ &\overline{\mathrm{E}}_{\alpha'} = -\,\overline{\mathrm{E}}_{\mathrm{y}}^{(\mathrm{g})}\,\frac{\sin\vartheta}{\vartheta} \end{aligned} \qquad \text{für} \qquad \mathrm{r}' = \mathrm{a} \qquad |\alpha'| < \vartheta. \tag{V 7, 77}$$

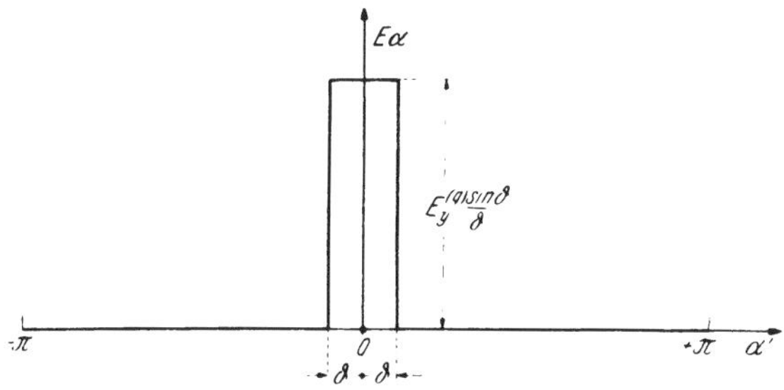

Abb. V 221. Zur *Fourier*schen Analyse des elektrischen Zirkularfeldes längs der Zylinderwandung.

Im Einklang mit Abb. V 221 werden die Eigenschaften (V 7, 76), (V 7, 77) des elektrischen Feldes durch die *Fourier*sche Reihe

$$\overline{\mathrm{E}}_{\alpha'} = -\,\overline{\mathrm{E}}_{\mathrm{y}}^{(\mathrm{g})}\,\frac{\sin\vartheta}{\pi}\left[1 + 2\sum_{\mathrm{p}=1}^{\infty}\frac{\sin\mathrm{p}\,\vartheta}{\mathrm{p}\,\vartheta}\cos\mathrm{p}\,\alpha'\right] \qquad \text{für} \qquad \mathrm{r}' = \mathrm{a} \tag{V 7, 78}$$

zusammengefaßt. Vermöge der in ihr ausgedrückten Kohärenz mit dem elektrischen Felde im Innern der Nut zeichnet sich der *Fitz-Gerald*sche Vektor durch die Eigenschaft

$$\frac{\partial \overline{\mathrm{F}}'}{\partial \mathrm{z}'} = 0 \tag{V 7, 79}$$

seiner komplexen Amplitude aus, so daß sich deren partielle Differentialgleichung auf

$$\frac{\partial^2 \overline{\mathrm{F}}'}{\partial \mathrm{r}'^2} + \frac{1}{\mathrm{r}'}\frac{\partial \overline{\mathrm{F}}'}{\partial \mathrm{r}'} + \frac{1}{\mathrm{r}'^2}\frac{\partial^2 \overline{\mathrm{F}}'}{\partial \alpha'^2} + \frac{\omega^2}{\mathrm{v}_0^2}\overline{\mathrm{F}}' = 0 \tag{V 7, 80}$$

reduziert. Auf Grund der für $\mathrm{r}' \to 0$ geforderten Regularität des Feldes haben wir die Lösung dieser Gleichung mit Hilfe der vorerst noch unbekannten Koeffizienten f_0 und f_p $[\mathrm{p} \geqq 1]$ in der Form

$$\overline{\mathrm{F}}' = \mathrm{f}_0\,\mathrm{I}_0\left(\frac{\omega}{\mathrm{v}_0}\,\mathrm{r}'\right) + \sum_{\mathrm{p}=1}^{\infty}\mathrm{f}_\mathrm{p}\,\mathrm{I}_\mathrm{p}\left(\frac{\omega}{\mathrm{v}_0}\,\mathrm{r}'\right)\cos\mathrm{p}\,\alpha' \tag{V 7, 81}$$

anzusetzen, in welcher I_0 und I_p die *Bessel*schen Funktionen beziehentlich der Ordnung 0 und p bedeuten. Wir bilden aus (V 7, 81)

$$\overline{E}_{\alpha'} = i \frac{\omega^2}{v_0^2} \sqrt{\frac{\Pi}{\Delta}} \left[f_0 I_0' \left(\frac{\omega}{v_0} r' \right) + \sum_{p=1}^{\infty} f_p I_p' \left(\frac{\omega}{v_0} r' \right) \cos p \alpha' \right] \quad \text{(V 7, 82)}$$

und finden durch Vergleich mit (V 7, 78)

$$f_0 = - \frac{\overline{E}_y^{(g)} \sin \vartheta}{i\pi \frac{\omega^2}{v_0^2} \sqrt{\frac{\Pi}{\Delta}}} \frac{1}{I_0' \left(\frac{\omega}{v_0} a \right)};$$

$$f_p = - \frac{\overline{E}_y^{(g)} \sin \vartheta}{i\pi \frac{\omega^2}{v_0^2} \sqrt{\frac{\Pi}{\Delta}}} \, 2 \frac{\sin p \vartheta}{p \vartheta} \frac{1}{I_p' \left(\frac{\omega}{v_0} a \right)} \, [p \geqq 1] \quad \text{(V 7, 83)}$$

also

$$\overline{F}' = - \frac{\overline{E}_y^{(g)} \sin \vartheta}{i\pi \frac{\omega^2}{v_0^2} \sqrt{\frac{\Pi}{\Delta}}} \left[\frac{I_0 \left(\frac{\omega}{v_0} r' \right)}{I_0' \left(\frac{\omega}{v_0} a \right)} + 2 \sum_{p=1}^{\infty} \frac{\sin p \vartheta}{p \vartheta} \frac{I_p \left(\frac{\omega}{v_0} r' \right)}{I_p' \left(\frac{\omega}{v_0} a \right)} \cos p \alpha' \right]. \quad \text{(V 7, 84)}$$

Das im Hohlzylinder auftretende Magnetfeld

$$\overline{H}_{z'} = - \frac{\omega^2}{v_0^2} \overline{F}' \quad \text{(V 7, 85)}$$

bindet längs der Wandung den zirkularen Strombelag

$$\overline{A}_{\alpha'} = \lim_{r' \to a} \overline{H}_{z'} = \frac{\overline{E}_y^{(g)} \sin \vartheta}{i\pi \sqrt{\frac{\Pi}{\Delta}}} \left[\frac{I_0 \left(\frac{\omega}{v_0} a \right)}{I_0' \left(\frac{\omega}{v_0} a \right)} + 2 \sum_{p=1}^{\infty} \frac{\sin p \vartheta}{p \vartheta} \cdot \frac{I_p \left(\frac{\omega}{v_0} a \right)}{I_p' \left(\frac{\omega}{v_0} a \right)} \cos p \alpha' \right]. \quad \text{(V 7, 86)}$$

Insbesondere ergibt sich am Übergang der Nut in den Hohlzylinder [$\alpha' = \pm \vartheta$]

$$\overline{A}_{\alpha'(g)} = \frac{\overline{E}_y^{(g)} \sin \vartheta}{i\pi \sqrt{\frac{\Pi}{\Delta}}} \left[\frac{I_0 \left(\frac{\omega}{v_0} a \right)}{I_0' \left(\frac{\omega}{v_0} a \right)} + 2 \sum_{p=1}^{\infty} \frac{\sin p \vartheta \cos p \vartheta}{p \vartheta} \cdot \frac{I_p \left(\frac{\omega}{v_0} a \right)}{I_p' \left(\frac{\omega}{v_0} a \right)} \right]. \quad \text{(V 7, 87)}$$

Nach Ausweis der Gleichungen (V 7, 66) und (V 7, 74) ist daher der Zylinder-Hohlraum in seinen integralen Eigenschaften elektrodynamisch einer Nut der konstanten Breite $2\,\delta$ gleichwertig, deren von der Öffnung bis zum kurzgeschlossenen Grunde gemessene Länge σ' aus

$$\operatorname{tg} \frac{\omega}{v_0} \sigma' = \frac{\frac{\pi}{\sin \vartheta}}{\frac{I_0 \left(\frac{\omega}{v_0} a \right)}{I_0' \left(\frac{\omega}{v_0} a \right)} + 2 \sum_{p=1}^{\infty} \frac{\sin p \vartheta \cos p \vartheta}{p \vartheta} \cdot \frac{I_p \left(\frac{\omega}{v_0} a \right)}{I_p' \left(\frac{\omega}{v_0} a \right)}}. \quad \text{(V 7, 88)}$$

zu bestimmen ist. Sei insbesondere

$$\frac{\omega}{v_0} a \ll 1, \tag{V 7, 89}$$

so gelten die Entwicklungen

$$I_0\left(\frac{\omega}{v_0} a\right) = 1 - \frac{1}{4}\left(\frac{\omega}{v_0} a\right)^2 + \ldots; \quad I_0'\left(\frac{\omega}{v_0} a\right) = -\frac{1}{2}\frac{\omega}{v_0} a + \ldots, \tag{V 7, 90}$$

$$I_p\left(\frac{\omega}{v_0} a\right) = \frac{\left(\frac{1}{2}\frac{\omega}{v_0} a\right)^p}{p!} + \ldots;$$

$$I_p'\left(\frac{\omega}{v_0} a\right) = \frac{p}{2}\frac{\left(\frac{1}{2}\frac{\omega}{v_0} a\right)^{p-1}}{p!} + \ldots \quad [p \geqq 1]. \tag{V 7, 91}$$

Begnügen wir uns mit ihren Anfangsgliedern und ersetzen gleichzeitig die Funktion $\operatorname{tg}\frac{\omega}{v_0}\sigma'$ durch ihr Argument, so entsteht aus (V 7, 88)

$$\frac{\sigma'}{a} = \frac{\frac{\pi}{2\sin\vartheta}}{1 - \left(\frac{\omega}{v_0} a\right)^2\left[\frac{1}{4} + \sum_{p=1}^{\infty}\frac{\sin p\vartheta\cos p\vartheta}{p^2\vartheta}\right]}. \tag{V 7, 92}$$

Für kleine Winkel ϑ, auf welche wir uns hier zu beschränken haben, schließt die langsame Konvergenz der im Nenner des vorstehenden Ausdruckes auftretenden Summe deren unmittelbare Berechnung aus. Um diese Schwierigkeit zu überwinden, bedienen wir uns der Umformungen

$$\sum_{p=1}^{\infty}\frac{\sin p\vartheta\cos p\vartheta}{p^2\vartheta} = \frac{1}{\vartheta}\int_0^{\vartheta}\sum_{p=1}^{\infty}\frac{\cos 2p\vartheta'}{p}\,d\vartheta' =$$

$$= \frac{1}{2\vartheta}\int_0^{\vartheta}\left[\sum_{p=1}^{\infty}\frac{e^{i2p\vartheta'} + e^{-i2p\vartheta'}}{p}\right]d\vartheta' =$$

$$= \frac{1}{2\vartheta}\int_0^{\vartheta}\ln\frac{1}{(1 - e^{i2\vartheta'})(1 - e^{-i2\vartheta'})}\,d\vartheta' =$$

$$= \frac{1}{2\vartheta}\int_0^{\vartheta}\ln\frac{1}{2(1 - \cos 2\vartheta')}\,d\vartheta' = \frac{1}{\vartheta}\int_0^{\vartheta}\ln\frac{1}{\sin\vartheta'}\,d\vartheta' \tag{V 7, 93}$$

und finden nach Ersatz des $\sin\vartheta'$ durch ϑ'

$$\lim_{\vartheta\to 0}\sum_{p=1}^{\infty}\frac{\sin p\vartheta\cos p\vartheta}{p^2\vartheta} = \frac{1}{\vartheta}\int_0^{\vartheta}\ln\frac{1}{\vartheta'}\,d\vartheta' = 1 + \ln\frac{1}{\vartheta}. \tag{V 7, 94}$$

Da in gleicher Genauigkeit nach (V 7, 75) der Winkel ϑ mit dem Verhältnis $\frac{\delta}{a}$ vertauscht werden darf, folgt schließlich aus (V 7, 92) die Formel

$$\frac{\sigma'}{a} = \frac{\frac{\pi}{2}\frac{a}{\delta}}{1 - \left(\frac{\omega}{v_0} a\right)^2 \left[\frac{5}{4} + \ln\frac{a}{\delta}\right]}. \quad (V\ 7,\ 95)$$

Sie darf solange benutzt werden, als ω klein gegen die aus

$$\left(\frac{\omega_0}{v_0} a\right)^2 \left[\frac{5}{4} + \ln\frac{a}{\delta}\right] = 1; \qquad \omega_0 = \frac{v_0}{a} \frac{1}{\sqrt{\frac{5}{4} + \ln\frac{a}{\delta}}} \quad (V\ 7,\ 96)$$

approximativ berechnete [niederste] Eigen-Kreisfrequenz ω_0 des Zylinder-Hohlraumes bleibt.

Um die vorstehenden Ergebnisse zusammenzufassen, weisen wir der Nut die gleichförmige Breite $2\,\delta$ und die wirksame Länge σ_W zu, welche den Abstand zwischen der realen Nutenöffnung bis zum virtuellen, kurzgeschlossenen Nutengrunde definiert; in der an ihrem konstruktiven Ende schon kurzgeschlossenen Nut ist $\sigma_W = \sigma$, während für die in den Zylinder-Hohlraum kommunizierende Nut $\sigma_W = \sigma + \sigma'$ zu setzen ist.

2. Zum Blockkern übergehend, haben wir an seinen vollkommen leitenden Wandungen

$$\overline{E}_y = i\,\omega\,\Pi \frac{\partial \overline{F}}{\partial x} = 0 \qquad \text{für} \qquad x = 0 \qquad \text{und} \qquad x = d;$$

$$k\,\tau + \delta \leqq y \leqq (k+1)\,\tau + \delta \quad (V\ 7,\ 97)$$

zu verlangen. Dieser Bedingung genügen wir durch einen *Fitz-Gerald*schen Vektor der Eigenschaft

$$\frac{\partial \overline{F}}{\partial x} = 0, \quad (V\ 7,\ 98)$$

dessen elektrisches und dessen magnetisches Feld je aufeinander und auf der y-Achse senkrecht stehen. Die durch diese Eigenschaften gekennzeichnete Grundlösung gehorcht der gewöhnlichen Differentialgleichung

$$\frac{d^2\overline{F}}{dy^2} + \frac{\omega^2}{v_0^2}\overline{F} = 0, \quad (V\ 7,\ 99)$$

deren allgemeine Lösung mittels zweier Integrationskonstanten C^+ und C^- in

$$\overline{F} = C^+ e^{i\frac{\omega}{v_0}y} + C^- e^{-i\frac{\omega}{v_0}y} \quad (V\ 7,\ 100)$$

vorliegt. Daher treffen wir im Blockkern das elektrische Feld

$$\overline{E}_x = \frac{\omega^2}{v_0^2}\sqrt{\frac{\Pi}{\Delta}}\left[C^+ e^{i\frac{\omega}{v_0}y} - C^- e^{-i\frac{\omega}{v_0}y}\right] \quad (V\ 7,\ 101)$$

an, welches in den Ebenen y = const. zwischen der Anode und der Kathode die Blockspannung

$$\overline{U} = \int_d^0 \overline{E}_x\, dx = -\overline{E}_x \cdot d \quad (V\ 7,\ 102)$$

erregt. Das gleichzeitig auftretende Magnetfeld

$$\overline{H}_z = -\frac{\omega^2}{v_0^2}\left[C^+ e^{i\frac{\omega}{v_0}y} + C^- e^{-i\frac{\omega}{v_0}y}\right] \tag{V 7, 103}$$

bindet an den Wandungen den parallel der y-Achse fließenden Strombelag

$$\overline{A}_y = \pm\overline{H}_z \qquad \text{für} \qquad x = \begin{matrix} d \\ 0 \end{matrix}. \tag{V 7, 104}$$

Auf Grund der Voraussetzung (V 7, 53) darf δ gegen τ vernachlässigt werden. Sei nun am Ende $y = (k+1)\tau$ des Blockkernes [Adskript e]

$$\overline{E}_x^{(e)} = \frac{\omega^2}{v_0^2}\sqrt{\frac{\Pi}{\Delta}}\left[C^+ e^{i\frac{\omega}{v_0}(k+1)\tau} - C^- e^{-i\frac{\omega}{v_0}(k+1)\tau}\right], \tag{V 7, 105}$$

$$H_z^{(e)} = -\frac{\omega^2}{v_0^2}\left[C^+ e^{i\frac{\omega}{v_0}(k+1)\tau} + C^- e^{-i\frac{\omega}{v_0}(k+1)\tau}\right], \tag{V 7, 106}$$

so wird

$$\frac{\omega^2}{v_0^2}C^+ = \left[\frac{\overline{E}_x^{(e)}}{\sqrt{\frac{\Pi}{\Delta}}} - \overline{H}_z^{(e)}\right]\frac{e^{-i\frac{\omega}{v_0}(k+1)\tau}}{2}, \tag{V 7, 107}$$

$$\frac{\omega^2}{v_0^2}\overline{C} = -\left[\frac{\overline{E}_x^{(e)}}{\sqrt{\frac{\Pi}{\Delta}}} + \overline{H}_z^{(e)}\right]\frac{e^{i\frac{\omega}{v_0}(k+1)\tau}}{2}. \tag{V 7, 108}$$

Daher folgen die Felder am Anfang $y = k\tau$ des Blockkernes [Adskript a] zu

$$\overline{E}_x^{(a)} = \overline{E}_x^{(e)}\cos\frac{\omega}{v_0}\tau + i\sqrt{\frac{\Pi}{\Delta}}\,\overline{H}_z^{(e)}\sin\frac{\omega}{v_0}\tau, \tag{V 7, 109}$$

$$\overline{H}_z^{(a)} = i\frac{\overline{E}_x^{(e)}}{\sqrt{\frac{\Pi}{\Delta}}}\sin\frac{\omega}{v_0}\tau + \overline{H}_z^{(e)}\cos\frac{\omega}{v_0}\tau. \tag{V 7, 110}$$

3. Von seiner Intensität abgesehen, gleicht das Feld m Ausgangsbereiche strukturell jenem des Eingangsbereiches.

h) An der Anodenseite des Entladungsgefäßes bezeichne $\overline{A}_k$ den in den Blockkern eintretenden, $\overline{A}_{k+1}$ den austretenden Strombelag

$$\overline{A}_k = \overline{H}_z^{(a)}; \qquad \overline{A}_{k+1} = \overline{H}_z^{(e)}. \tag{V 7, 111}$$

Aus Stetigkeitsgründen gleichen diese Strombeläge jeweils den Strombelägen der anschließenden Nutenwandungen für $d < x \to d$.

Als Eingangsspannung $\overline{U}_k$ des Blockes definieren wir das Integral

$$\overline{U}_k = \int_d^0 \overline{E}_x\,dx; \qquad y = k\tau \tag{V 7, 112}$$

und als Ausgangsspannung das Integral

$$\overline{U}_{k+1} = \int_d^0 \overline{E}_x\,dx; \qquad y = (k+1)\tau. \tag{V 7, 113}$$

Auf Grund der Voraussetzung (V 7, 53) vernachlässigen wir die magnetischen Induktionsflüsse der in $0 \leqq x \leqq d$ gelegenen Teilgebiete des Eingangs- und des Ausgangsbereiches. Aus Abb. V 222 folgen dann mittels (V 7, 64) und (V 7, 74) nach Ersatz von σ durch σ_W die Relationen

$$\overline{U}_k = -d \cdot \overline{E}_x^{(a)} - i \overline{A}_k \sqrt{\frac{\Pi}{\Delta}} \cdot \delta \cdot \operatorname{tg} \frac{\omega}{v_0} \sigma_W, \qquad (V\ 7,\ 114)$$

$$\overline{U}_{k+1} = -d \cdot \overline{E}_x^{(e)} + i \overline{A}_{k+1} \sqrt{\frac{\Pi}{\Delta}} \cdot \delta \cdot \operatorname{tg} \frac{\omega}{v_0} \sigma_W. \qquad (V\ 7,\ 115)$$

Wir entnehmen ihnen die Feldstärken $\overline{E}_x^{(a)}$, $\overline{E}_x^{(e)}$ und erhalten mit Rücksicht auf (V 7, 111) aus (V 7, 109) und (V 7, 110) die Gleichungen

$$\overline{U}_k = a_I \overline{U}_{k+1} + a_{II} \overline{A}_{k+1}, \qquad (V\ 7,\ 116)$$

$$\overline{A}_k = a_{III} \overline{U}_{k+1} + a_{IV} \overline{A}_{k+1}, \qquad (V\ 7,\ 117)$$

in welchen abkürzend

$$a_I = \cos \frac{\omega}{v_0} \tau - \frac{\delta}{d} \operatorname{tg} \frac{\omega}{v_0} \sigma_W \sin \frac{\omega}{v_0} \tau = a_{IV}, \qquad (V\ 7,\ 118)$$

$$a_{II} = -i \sqrt{\frac{\Pi}{\Delta}}\, d \left[\left\{1 - \left(\frac{\delta}{d} \operatorname{tg} \frac{\omega}{v_0} \sigma_W\right)^2\right\} \sin \frac{\omega}{v_0} \tau + 2 \frac{\delta}{d} \operatorname{tg} \frac{\omega}{v_0} \sigma_W \cos \frac{\omega}{v_0} \tau\right], \qquad (V\ 7,\ 119)$$

$$a_{III} = -i \frac{1}{\sqrt{\frac{\Pi}{\Delta}} \cdot d} \sin \frac{\omega}{v_0} \tau \qquad (V\ 7,\ 120)$$

die Vierpolkonstanten des Blockes definieren; ihr funktioneller Bau offenbart neben der Längssymmetrie des Blockes $[a_I = a_{IV}]$ dessen konservativen Charakter an Hand der für solche Systeme allgemein gültigen Relation

$$\begin{vmatrix} a_I & a_{II} \\ a_{III} & a_{IV} \end{vmatrix} = 1. \qquad (V\ 7,\ 121)$$

Definieren wir daher die [komplexe] *makroskopische Ausbreitungsziffer*

$$\gamma = \frac{1}{i} [\alpha + i \beta] \qquad (V\ 7,\ 122)$$

des Blockes und seinen, auf den Strombelag bezogenen [komplexen] Wellenwiderstand $\overline{Z}$ durch

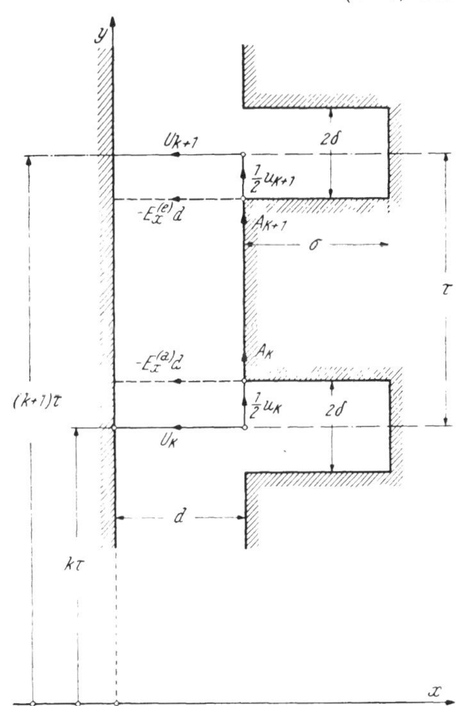

Abb. V 222. Randbedingungen am Einzelblock der Feldstraße.

$$a_I = a_{IV} = \cosh \gamma; \qquad a_{II} = \overline{Z} \sinh \gamma; \qquad a_{III} = \frac{\sinh \gamma}{\overline{Z}}. \qquad (V\ 7,\ 123)$$

so finden wir aus (V 7, 118) und (V 7, 122)

$$\cos\alpha\cosh\beta = \cos\frac{\omega}{v_0}\tau - \frac{\delta}{d}\operatorname{tg}\frac{\omega}{v_0}\sigma_W\sin\frac{\omega}{v_0}\tau \qquad (V\ 7,\ 124)$$

und

$$\sin\alpha\sinh\beta = 0, \qquad (V\ 7,\ 125)$$

während (V 7, 119) und (V 7, 120) die Angabe

$$\overline{Z}^2 = \frac{\Pi}{\Delta}d^2\left[1 - \left(\frac{\delta}{d}\operatorname{tg}\frac{\omega}{v_0}\sigma_W\right)^2 + 2\frac{\delta}{d}\operatorname{tg}\frac{\omega}{v_0}\sigma_W\operatorname{cotg}\frac{\omega}{v_0}\tau\right] \qquad (V\ 7,\ 126)$$

liefern.

i) Von der Analyse des Einzelblockes kehren wir zu jener der aus N kongruenten Blöcken bestehenden Feldstraße zurück. Auf Grund der Kettenschaltung dieser Blöcke werden die längs der Feldstraße verkehrenden Wellen makroskopisch durch

$$\overline{U}_0 = \overline{U}_k\cosh k\gamma + \overline{A}_k\overline{Z}\sinh k\gamma, \qquad (V\ 7,\ 127)$$

$$\overline{A}_0 = \frac{\overline{U}_k}{\overline{Z}}\sinh k\gamma + A_k\cosh k\gamma \qquad (V\ 7,\ 128)$$

beschrieben. Nach (V 7, 39) sind nun die formal durch ihre Ordnungszahlen $k = 0$ und $k = N$ unterschiedenen Kontrollebenen $y = 0$ und $y = N\tau$ tatsächlich miteinander identisch, so daß

$$\overline{U}_0 \equiv \overline{U}_N; \qquad \overline{A}_0 \equiv \overline{A}_N \qquad (V\ 7,\ 129)$$

zu fordern ist. Diese Eigenschaften des Schwingtopfes sind indessen dann und nur dann mit dem Wellensystem (V 7, 127), (V 7, 128) verträglich, falls man nach Wahl einer ganzen, positiven Zahl n mit Einschluß der Null die Ausbreitungsziffer γ der Gleichung

$$N\gamma = \frac{2\pi n}{i}; \qquad i = \sqrt{-1} \qquad (V\ 7,\ 130)$$

unterwirft. Gemäß (V 7, 127), (V 7, 128) führen nun alle Ausbreitungsziffern, welche durch Hinzufügung von $2\pi\sqrt{-1}$ auseinander hervorgehen, zu physikalisch ununterscheidbaren Makrowellen. Daher gibt es nur N wesentlich voneinander verschiedene „*Quantenzahlen*" n, welche wir ohne Beschränkung der Allgemeinheit dem Bereiche

$$0 \leqq n \leqq N - 1 \qquad (V\ 7,\ 131)$$

entnehmen dürfen.

Wir genügen zunächst dem in (V 7, 130) verlangten, rein imaginären Charakter von γ, indem wir, im Einklang mit (V 7, 125),

$$\beta = 0 \qquad (V\ 7,\ 132)$$

setzen. Damit reduziert sich (V 7, 130) auf

$$\alpha = 2\pi\frac{n}{N} \qquad (V\ 7,\ 133)$$

und (V 7, 124) verwandelt sich in die „*Quantisierungsvorschrift*"

$$\cos\frac{\omega}{v_0}\tau - \frac{\delta}{d}\operatorname{tg}\frac{\omega}{v_0}\sigma_W\sin\frac{\omega}{v_0}\tau = \cos 2\pi\frac{n}{N}. \qquad (V\ 7,\ 134)$$

Ihre Wurzeln

$$\omega = \pm\,\omega^{(n)} \qquad (V\ 7,\ 135)$$

definieren die zur Quantenzahl n gehörigen, *Fitz-Gerald*schen Eigen-Kreisfrequenzen der im Schwingtopf realisierbaren Hauptwellen. Da nun nach

(V 7, 119), (V 7, 120) dem doppelten Vorzeichen der Eigenwerte (V 7, 135) je zwei entgegengesetzt gleiche Werte sowohl von a_{II} wie von a_{III} entsprechen, sind jedem $|\omega^{(n)}|$ zwei gegenläufige Wellen zuzuordnen. Um uns diesem kinematischen Standpunkte anzupassen, lösen wir zunächst (V 7, 127), (V 7, 128) nach $\overline{U}_k$ und $\overline{A}_k$ auf und erhalten mit Rücksicht auf (V 7, 130) und (V 7, 131)

$$\overline{U}_k = \overline{U}_0 \cos\left(k\, 2\pi \frac{n}{N}\right) + i\, \overline{Z}\, \overline{A}_0 \sin\left(k\, 2\pi \frac{n}{N}\right), \qquad \text{(V 7, 136)}$$

$$\overline{A}_k = i\, \frac{\overline{U}_0}{\overline{Z}} \sin\left(k\, 2\pi \frac{n}{N}\right) + \overline{A}_0 \cos\left(k\, 2\pi \frac{n}{N}\right). \qquad \text{(V 7, 137)}$$

Nunmehr zerlegen wir die hier auftretenden trigonometrischen Funktionen je in ihre Exponential-Komponenten $e^{\pm i k 2\pi \frac{n}{N}}$ $[i = \sqrt{-1}]$ und finden für die im Sinne steigender Ordnungszahl k fortschreitende, „positive" Welle

$$\left.\begin{aligned} \overrightarrow{U}_k &= \overrightarrow{U}_0\, e^{i k 2\pi \frac{n}{N}} \\ \overrightarrow{A}_k &= \frac{\overrightarrow{U}_0}{\overline{Z}}\, e^{i k 2\pi \frac{n}{N}} \end{aligned}\right\} \overrightarrow{U}_0 = \frac{1}{2} [\overline{U}_0 + \overline{Z}\, \overline{A}_0] \qquad \text{(V 7, 138)}$$

und für die im Sinne fallender Ordnungszahlen k rückschreitende, „negative" Welle

$$\left.\begin{aligned} \overleftarrow{U}_k &= \overleftarrow{U}\, e^{-i k 2\pi \frac{n}{N}} \\ \overleftarrow{A}_k &= -\frac{\overleftarrow{U}_0}{\overline{Z}}\, e^{-i k 2\pi \frac{n}{N}} \end{aligned}\right\} \overleftarrow{U}_0 = \frac{1}{2} [\overline{U}_0 - \overline{Z}\, \overline{A}_0]. \qquad \text{(V 7, 139)}$$

Welche Phasengeschwindigkeit v_{ph} zeichnet diese Wellen aus?

Wir kehren von den komplexen Amplituden der Spannung $\overline{U}$ und des Strombelages $\overline{A}$ zu deren Augenblickswerten zurück, indem wir die Gleichungssysteme (V 7, 138), (V 7, 139) je mit $e^{-i\omega t}$ multiplizieren und von den entstehenden Ausdrücken den Realteil in Rechnung stellen. Bei dieser Operation verwandeln sich die Exponentialfunktionen in trigonometrische Funktionen, deren Argument, von einer jeweils auftretenden, hier jedoch belanglosen Phasenkonstanten abgesehen, durch

$$\psi = \omega\, t \mp \left(2\pi \frac{n}{N}\right) k \qquad \text{(V 7, 140)}$$

gegeben ist. Wir wählen nun eine solche Zeitspanne Δt, daß beim Fortschritt gerade um einen Block $[|\Delta k| = 1;\ |\Delta y| = \tau]$ die Phase (V 7, 140) invariant bleibt: Aus

$$\Delta \psi = \omega\, \Delta t \mp \left(2\pi \frac{n}{N}\right) \cdot \Delta k = 0 \qquad \text{(V 7, 141)}$$

folgt

$$\frac{\Delta k}{\Delta t} = \pm \frac{\omega}{2\pi} \frac{N}{n} \qquad \text{(V 7, 142)}$$

und also die gesuchte Phasengeschwindigkeit

$$v_{ph} = \tau\, \frac{\Delta k}{\Delta t} = \pm\, \tau\, \frac{\omega}{2\pi} \frac{N}{n}. \qquad \text{(V 7, 143)}$$

Die vorstehende Berechnung beruht wesentlich auf der Einführung des *Differenzenquotienten* $\frac{\Delta k}{\Delta t}$ und nicht etwa des Differentialquotienten der genannten Variabeln, der ja wegen der Ganzzahligkeit von k garnicht existiert. Die Phasengeschwindigkeit (V 7, 143) ist demnach der durchschnittlichen Reisegeschwindigkeit eines periodisch anhaltenden Eisenbahnzuges zu vergleichen und als solche scharf von der „Fahrgeschwindigkeit" der Mikrowellen innerhalb des kontrollierten Blockes zu unterscheiden, die ihrerseits der Ausbreitungsgeschwindigkeit des Lichtes im leeren Raume gleicht.

Um die in (V 7, 135) nur formal angedeuteten Lösungen der Eigenwert-Gleichung (V 7, 134) wirklich herzustellen, muß man in der Regel graphische Verfahren benutzen. Begnügt man sich indessen mit der angenäherten Ermittelung der niedersten Eigenfrequenzen, so darf man statt (V 7, 134) schreiben

$$1 - \frac{1}{2}\frac{\omega^2}{v_0^2}\tau^2 + \ldots - \frac{\delta}{d}\,\frac{\left(\frac{\omega}{v_0}\sigma w + \ldots\right)\left(\frac{\omega}{v_0}\tau + \ldots\right)}{1 - \frac{1}{2}\frac{\omega^2}{v_0^2}\sigma w^2 + \ldots} = \cos 2\pi\frac{n}{N} \qquad \text{(V 7, 144)}$$

oder, mit $\tau = \frac{s}{N}$,

$$\left(1 - \frac{1}{2}\frac{\omega^2}{v_0^2}\frac{s^2}{N^2} + \ldots\right)\left(1 - \frac{1}{2}\frac{\omega^2}{v_0^2}\sigma w^2\right) - \frac{\delta}{d}\frac{\omega^2}{v_0^2}\sigma w\frac{s}{N} + \ldots =$$
$$= \left(1 - \frac{1}{2}\frac{\omega^2}{v_0^2}\sigma w^2 + \ldots\right)\cos 2\pi\frac{n}{N}. \qquad \text{(V 7, 145)}$$

Behält man weiterhin neben den konstanten die in ω höchstens quadratischen Glieder bei, so folgt aus (V 7, 145) die Gleichung

$$\frac{\sigma w^2}{2}\frac{\omega^2}{v_0^2} = \frac{1}{1 + \dfrac{\left(\frac{1}{N}\frac{s}{\sigma w}\right)^2 + \frac{2}{N}\frac{\delta}{d}\frac{s}{\sigma w}}{1 - \cos 2\pi\frac{n}{N}}}. \qquad \text{(V 7, 146)}$$

Wegen $\cos\frac{\omega}{v_0}\sigma w = 1 - \frac{1}{2}\frac{\omega^2}{v_0^2}\sigma w^2 + \ldots$ darf in der hier erstrebten Genauigkeit

$$\omega_0^2 = 2\frac{v_0^2}{\sigma w^2} \qquad \text{(V 7, 147)}$$

als Quadrat der Eigenfrequenz einer Nut gedeutet werden. Spezialisiert man dann auf tiefe Nuten der Eigenschaft $\sigma w \gg s$, so reduziert sich (V 7, 146) auf die Relation

$$\frac{\omega^2}{\omega_0^2} = \frac{1}{1 + \frac{2}{N}\frac{\delta}{d}\frac{s}{\sigma w}\dfrac{1}{1 - \cos 2\pi\frac{n}{N}}}. \qquad \text{(V 7, 148)}$$

V 8. Das Synchro-Magnetron.

a) Gegeben sei ein Schlitzanoden-Magnetron, dessen Teilanoden-Wechselspannungen ein symmetrisches Mehrphasensystem je einfach harmonischer Schwingungen der Kreisfrequenz ω bilden. Das ihnen genetisch verbundene elektrodynamische Drehfeld tauscht seine Energie mit jener der im Entladungsraum wandernden Elektronen aus. Falls dieser Prozeß so geleitet werden kann, daß die Feldenergie auf Kosten der Elektronenenergie zunimmt, werden die elektrodynamischen Schwingungen angefacht; das Magnetron ist dann dauernder, selbsterregter Schwingungen fähig.

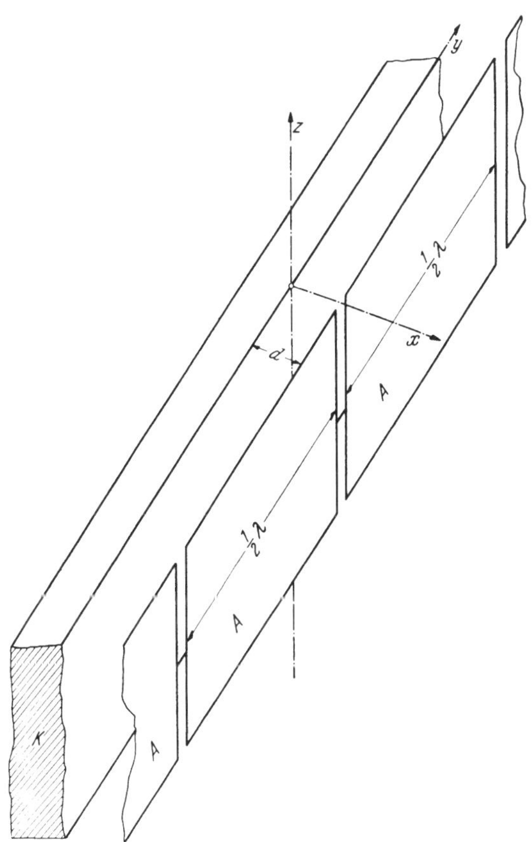

Abb. V 223. Orientierung im parallelebenen Schlitzanoden-Magnetron.

b) Wir untersuchen die Energetik eines ebenen Schlitzanoden-Magnetrons nach Abb. V 223. Die elektronenemittierende Kathodenoberfläche gelte als unbegrenzte Ebene. Ihr stehe die elektronenabsorbierende Oberfläche der Anode im festen Abstande d gegenüber; sie ist durch schmale, parallele Schnitte in die einander kongruenten Teilanoden je der Länge $\frac{\lambda}{2}$ aufgespalten.

Wir orientieren uns im Existenzgebiet der Elektronenbewegung an Hand des relativ zu den Elektroden ruhenden Bezugssystemes der rechtsläufigen *Kartesi*schen Koordinaten x, y, z: Die emittierende Kathodenoberfläche werde mit der Ebene $x = 0$ identifiziert; die x-Achse möge einen der Anodenschlitze halbieren, und die z-Achse soll parallel zur Längserstreckung dieser Schlitze weisen.

Gegenüber den Komponenten E_x und E_y der elektrischen Feldstärke E lassen wir die Komponente E_z außer Betracht. Umgekehrt stellen wir bei der Berechnung der *Lorentz*-Kraft nur das parallel der positiven z-Achse weisende, homogene Magnetfeld vom festen Betrage B seiner Induktion in Rechnung. Unter Beschränkung auf hinreichend kleine Beträge der beziehentlich achsenparallelen Geschwindigkeitskomponenten v_x, v_y, v_z lauten dann die *Newton*schen Bewegungsgleichungen der Elektronen zur Zeit t

$$m_0 \frac{d^2x}{dt^2} = -q_0 \{E_x + v_y B\} \qquad (V\ 8,\ 1)$$

$$m_0 \frac{d^2y}{dt^2} = -q_0 \{E_y - v_x B\}, \qquad (V\ 8,\ 2)$$

$$m_0 \frac{d^2z}{dt^2} = 0. \qquad (V\ 8,\ 3)$$

Das weiterhin zu kontrollierende Elektron möge zum Zeitpunkt $t = t_0$ den Ort $(0, y_0, 0)$ der Kathodenoberfläche mit verschwindend kleiner Anfangsgeschwindigkeit verlassen:

$$x = 0; \quad y = y_0; \quad z = 0 \quad \text{für} \quad t = t_0, \qquad (V\ 8,\ 4)$$

$$\frac{dx}{dt} = 0; \quad \frac{dy}{dt} = 0; \quad \frac{dz}{dt} = 0 \quad \text{für} \quad t = t_0. \qquad (V\ 8,\ 5)$$

Aus diesen Anfangsbedingungen folgt im Verein mit (V 8, 3)

$$z = 0, \qquad (V\ 8,\ 6)$$

so daß wir es fortan nur noch mit der Untersuchung der Bahnkoordinaten x und y zu tun haben werden.

c) Wir vernachlässigen die Raumladung der interelektrodischen Elektronenströmung; das verbleibende elektrische Feld der Stärke E wird in zwei Anteile zerlegt:

1. Das zeitfreie *Primärfeld* $E^{(p)}$: Wir erteilen der Gesamtheit aller Teilanoden die einheitliche, feste Spannung U_a gegen die Kathode. Lassen wir die lokalen Feldstörungen in der Umgebung der Anodenschlitze außer Betracht, so wird also

$$E_x^{(p)} = -\frac{U_a}{d} \equiv -E_0; \quad E_y^{(p)} = 0; \quad E_z^{(p)} = 0. \qquad (V\ 8,\ 7)$$

2. Das zeitabhängige *Sekundärfeld* $E^{(s)}$. Seine Struktur wird von der Elektrodynamik des Schwingtopfes nach Ziffer V 7 diktiert; insbesondere entnehmen wir dieser Analyse die makroskopische Phasengeschwindigkeit v der in Richtung der positiven y-Achse fortschreitenden Wanderwellen als Funktion ihrer Kreisfrequenz

$$v = v(\omega). \qquad (V\ 8,\ 8)$$

Gleich jedem Felde dieser Art resultiert $E^{(s)}$ aus einem Wirbelanteil [Abnahmegeschwindigkeit des magnetischen Vektorpotentiales $V^{(s)}$] und einem wirbelfreien Anteil, dem negativen Gradienten des elektrischen

Skalarpotentiales $\varphi^{(s)}$; indem wir jedoch die elektrische Feldstärke weiterhin als quasistationär behandeln, stellen wir nur seine wirbelfreie Komponente in Rechnung

$$\mathfrak{E}^{(s)} = -\operatorname{grad} \varphi^{(s)} \qquad \text{(V 8, 9)}$$

und unterwerfen $\varphi^{(s)}$ der zweidimensionalen, *Laplace*schen Gleichung

$$\frac{\partial^2 \varphi^{(s)}}{\partial x^2} + \frac{\partial^2 \varphi^{(s)}}{\partial y^2} = 0. \qquad \text{(V 8, 10)}$$

Bei der expliziten Berechnung dieses Potentiales lassen wir die endliche Breite der Anodenschlitze außer Betracht und beschränken uns auf jene Grundwelle, deren Randwerte gemäß

$$\varphi^{(s)} = \varphi_0^{(s)} \sin 2\pi \frac{y - v t}{\lambda} \qquad \text{für} \qquad x = d \qquad \text{(V 8, 11)}$$

längs der Anode verlaufen, während sie längs der Kathode verschwinden

$$\varphi^{(s)} = 0 \qquad \text{für} \qquad n = 0. \qquad \text{(V 8, 12)}$$

Die diesen Bedingungen angepaßte Lösung der *Laplace*schen Gleichung lautet

$$\varphi^{(s)} = \varphi_0^{(s)} \frac{\sinh 2\pi \frac{x}{\lambda}}{\sinh 2\pi \frac{d}{\lambda}} \sin 2\pi \frac{y - v t}{\lambda}. \qquad \text{(V 8, 13)}$$

Aus ihr entnehmen wir gemäß (V 8, 9)

$$E_x^{(s)} = -\varphi_0^{(s)} \frac{2\pi}{\lambda} \frac{\cosh 2\pi \frac{x}{\lambda}}{\sinh 2\pi \frac{d}{\lambda}} \sin 2\pi \frac{y - v t}{\lambda} \qquad \text{(V 8, 14)}$$

und

$$E_y^{(s)} = -\varphi_0^{(s)} \frac{2\pi}{\lambda} \frac{\sinh 2\pi \frac{x}{\lambda}}{\sinh 2\pi \frac{d}{\lambda}} \cos 2\pi \frac{y - v t}{\lambda}. \qquad \text{(V 8, 15)}$$

Durch Substitution von (V 8, 7), (V 8, 14) und (V 8, 15) in (V 8, 1) und (V 8, 2) entstehen als Grundgleichungen der Elektronenbewegung

$$\frac{d^2 x}{dt^2} = \frac{q_0}{m_0} \left\{ E_0 - v_y B + \varphi_0^{(s)} \frac{2\pi}{\lambda} \frac{\cosh 2\pi \frac{x}{\lambda}}{\sinh 2\pi \frac{d}{\lambda}} \sin 2\pi \frac{y - v t}{\lambda} \right\} \qquad \text{(V 8, 16)}$$

$$\frac{d^2 y}{dt^2} = \frac{q_0}{m_0} \left\{ v_x B + \varphi_0^{(s)} \frac{2\pi}{\lambda} \frac{\sinh 2\pi \frac{x}{\lambda}}{\sinh 2\pi \frac{d}{\lambda}} \cos 2\pi \frac{y - v t}{\lambda} \right\}. \qquad \text{(V 8, 17)}$$

d) Wir definieren den Grundzustand des Schlitzanoden-Magnetrons durch

$$\varphi_0^{(s)} = 0. \qquad \text{(V 8, 18)}$$

Dem kontrollierten Elektron wird dann eine Bewegung aufgezwungen, welche mit der Zykloidenbewegung der Elektronen im raumladungsfreien Magnetron identisch ist. In der Tat liefert im Falle (V 8, 18) die Integration von (V 8, 17) mit Rücksicht auf (V 8, 4) und (V 8, 5) mit

$$\Omega = \frac{q_0}{m_0} B \qquad \text{(V 8, 19)}$$

die Aussage

$$\frac{dy}{dt} = \Omega x, \qquad \text{(V 8, 20)}$$

so daß aus (V 8, 16) für x die Differentialgleichung

$$\frac{d^2x}{dt^2} + \Omega^2 x = \frac{q_0}{m_0} E_0 \qquad \text{(V 8, 21)}$$

resultiert. Ihr Integral lautet mit der Abkürzung

$$R = \frac{\frac{q_0}{m_0} E}{\Omega^2}. \qquad \text{(V 8, 22)}$$

bei abermaliger Benutzung von (V 8, 4) und (V 8, 5)

$$x = R\,[1 - \cos\Omega(t - t_0)], \qquad \text{(V 8, 23)}$$

nach dessen Substitution in (V 8, 20) wir durch Integration

$$y = y_0 + R\,[\Omega(t - t_0) - \sin\Omega(t - t_0)] \qquad \text{(V 8, 24)}$$

finden: R mißt den Halbmesser jenes Kreises, dessen für $t = t_0$ mit $(0, y_0)$ koinzidierender Peripheriepunkt die Bahnzykloide der Grundbewegung beschreibt, während sich der Kreis als ganzes mit der Winkelgeschwindigkeit Ω längs der positiven y-Achse abwälzt; insbesondere wird demnach der $\genfrac{}{}{0pt}{}{\text{unterkritische}}{\text{überkritische}}$ Betriebszustand des schwingungsfreien Magnetrons durch die Alternative

$$2R = \frac{2\frac{q_0}{m_0} E_0}{\left(\frac{q_0}{m_0} B\right)^2} \gtrless d \qquad \text{(V 8, 25)}$$

beschrieben.

e) Als *numerische Zeit* τ definieren wir das Produkt

$$\tau = \Omega \cdot t. \qquad \text{(V 8, 26)}$$

Ähnlich ersetzen wir die Koordinaten x und y, indem wir R als Längeneinheit einführen, durch die *numerischen Koordinaten*

$$\xi = \frac{x}{R}; \quad \eta = \frac{y}{R}. \qquad \text{(V 8, 27)}$$

Damit nehmen die Gleichungen (V 8, 16), (V 8, 17) die dimensionsfreie Gestalt an

$$\frac{d^2\xi}{d\tau^2} = 1 - \frac{d\eta}{d\tau} + 2\pi \frac{\varphi_0^{(s)}}{E\lambda} \frac{\cosh\frac{2\pi R}{\lambda}\xi}{\sinh\frac{2\pi d}{\lambda}} \sin\frac{2\pi R}{\lambda}\left[\eta - \frac{v}{\Omega R}\tau\right]. \qquad \text{(V 8, 28)}$$

$$\frac{d^2\eta}{d\tau^2} = \frac{d\xi}{d\tau} + 2\pi \frac{\varphi_0^{(s)}}{E\lambda} \frac{\sinh \frac{2\pi R}{\lambda} \xi}{\sinh \frac{2\pi d}{\lambda}} \cos \frac{2\pi R}{\lambda} \left[\eta - \frac{v}{\Omega R} \tau\right]. \qquad (V\ 8,\ 29)$$

f) Durch Regelung der Betriebsdaten des Magnetrons machen wir die Phasengeschwindigkeit v der Wanderwelle (V 8, 13) gleich der zentralen Translationsgeschwindigkeit Ω R der zykloidenerzeugenden Rollkreise der Grundbewegung: Die kinematische Bedingung

$$v = \Omega R \qquad (V\ 8,\ 30)$$

definiert das System als *Synchro-Magnetron*. Um einer irrtümlichen Interpretation dieses Namens vorzubeugen, sei jedoch nachdrücklich betont, daß Synchronismus lediglich in Bezug auf die *Grundbewegung* besteht, während im schwingenden Schlitzanoden-Magnetron die parallel der η-Achse weisende Komponente der Elektronengeschwindigkeit durchaus nicht mit (V 8, 30) übereinstimmt. Damit dieser Sachverhalt deutlich hervortritt, gehen wir von dem bisher benutzten, elektrodenfesten Bezugssystem (ξ, η) mittels der *Galilei*-Transformation

$$\eta = \eta_0 + \frac{v}{\Omega R}(\tau - \tau_0) + \eta^*; \quad \xi = \xi^* \quad \left[\eta_0 = \frac{y_0}{R};\ \tau_0 = \Omega t_0\right] \qquad (V\ 8,\ 31)$$

auf das Bezugssystem (ξ^*, η^*) über, dessen Ursprung zum Zeitpunkte $\tau = \tau_0$ mit dem kontrollierten Elektron koinzidiert, sich dann aber von diesem Ladungsträger löst und mit der gleichförmigen Geschwindigkeit der Sekundärpotential-Welle längs der Kathodenoberfläche fortschreitet. Vermöge (V 8, 30) wird durch (V 8, 31) die *Lorentz*-Kraft der Grundbewegung samt der elektrischen Primärfeldkraft aus (V 8, 28) forttransformiert, so daß wir die einfachere Gleichung

$$\frac{d^2\xi^*}{d\tau^2} = -\frac{d\eta^*}{d\tau} + 2\pi \frac{\varphi_0^{(s)}}{E_0\lambda} \cdot \frac{\cosh \frac{2\pi R}{\lambda} \xi^*}{\sinh \frac{2\pi d}{\lambda}} \sin \frac{2\pi R}{\lambda} [\eta^* + \eta_0 - \tau_0] \qquad (V\ 8,\ 32)$$

finden; gleichzeitig geht (V 8, 29) in

$$\frac{d^2\eta^*}{d\tau^2} = \frac{d\xi^*}{d\tau} + 2\pi \frac{\varphi_0^{(s)}}{E_0\lambda} \cdot \frac{\sinh \frac{2\pi R}{\lambda} \xi^*}{\sinh \frac{2\pi d}{\lambda}} \cos \frac{2\pi R}{\lambda} [\eta^* + \eta_0 - \tau_0] \qquad (V\ 8,\ 33)$$

über.

g) Wir nehmen an, daß das Magnetron vor dem Einsetzen der Schwingungen *überkritisch* eingestellt sei

$$\frac{2R}{d} < 1 \qquad (V\ 8,\ 34$$

und verschärfen diese Ungleichung mittels der Konstruktionsvorschrift

$$\frac{d}{\lambda} \ll 1 \qquad (V\ 8,\ 35)$$

zu der Betriebsbedingung

$$\frac{2\pi R}{\lambda} \equiv \frac{\pi d}{\lambda} \cdot \frac{2R}{d} \ll 1. \qquad (V\ 8,\ 36)$$

Da nun innerhalb des Existenzgebietes der Elektronenbewegung gewiß

$$\frac{2\pi R}{\lambda}\xi^* = \frac{2\pi x}{\lambda} \leqq \frac{2\pi d}{\lambda} \qquad \text{(V 8, 37)}$$

gilt, folgt durch Potenzreihen-Entwicklung

$$\cosh\frac{2\pi R}{\lambda}\xi^* = 1 + \ldots; \qquad \sinh\frac{2\pi R}{\lambda}\xi^* = \frac{2\pi R}{\lambda}\xi^* + \ldots;$$

$$\sinh\frac{2\pi d}{\lambda} = \frac{2\pi d}{\lambda} + \ldots. \qquad \text{(V 8, 38)}$$

Ebenso ergeben sich innerhalb des Bereiches

$$\frac{2\pi R}{\lambda}|\eta^*| \ll 1 \qquad \text{(V 8, 39)}$$

der Elektronenbewegung die Entwicklungen

$$\sin\frac{2\pi R}{\lambda}[\eta^* + \eta_0 - \tau_0] = \frac{2\pi R}{\lambda}\eta^*\cos\frac{2\pi R}{\lambda}(\eta_0 - \tau_0) +$$

$$+ \sin\frac{2\pi R}{\lambda}(\eta_0 - \tau_0) + \ldots, \qquad \cos\frac{2\pi R}{\lambda}[\eta^* + \eta_0 - \tau_0] =$$

$$= \cos\frac{2\pi R}{\lambda}(\eta_0 - \tau_0) - \frac{2\pi R}{\lambda}\eta^*\sin\frac{2\pi R}{\lambda}(\eta_0 - \tau_0) + \ldots. \qquad \text{(V 8, 40)}$$

Wir tragen (V 8, 38) und (V 8, 40) in (V 8, 32), (V 8, 33) ein und streichen in den entstehenden Ausdrücken alle Posten, welche ξ^* und η^* in höherer als erster Potenz oder welche das Produkt von ξ^* und η^* enthalten. Definieren wir nun den *Modulationsgrad* μ des Magnetrons durch

$$\mu = \frac{\varphi_0^{(s)}}{E_0 d} = \frac{\varphi_0^{(s)}}{U_a} \qquad \text{(V 8, 41)}$$

und setzen abkürzend für das kontrollierte Elektron vom „Namen“ (η_0, τ_0)

$$k = \mu\left\{\frac{2\pi R}{\lambda}\cos\frac{2\pi R}{\lambda}(\eta_0 - \tau_0)\right\}. \qquad \text{(V 8, 42)}$$

so lauten also schließlich die *linearisierten Bewegungsgleichungen* dieses Ladungsträgers

$$\frac{d^2\xi^*}{d\tau^2} = -\frac{d\eta^*}{d\tau} + \mu\sin\frac{2\pi R}{\lambda}(\eta_0 - \tau_0) + k\,\eta^*, \qquad \text{(V 8, 43)}$$

$$\frac{d^2\eta^*}{d\tau^2} = \frac{d\xi^*}{d\tau} + k\,\xi^*. \qquad \text{(V 8, 44)}$$

h) Ein Partikular-Integral des simultanen Systemes (V 8, 43), (V 8, 44) wird durch

$$\xi^* = \xi_0^* = 0; \qquad \eta^* = \eta_0^* = -\frac{\lambda}{2\pi R}\,\mathrm{tg}\frac{2\pi R}{\lambda}(\eta_0 - \tau_0) \qquad \text{(V 8, 45)}$$

angegeben. Um die allgemeine Lösung zu finden, bezeichnen wir durch a und b zwei vorerst unbekannte Amplituden und durch γ einen gleichfalls noch unbekannten Exponenten, mit deren Hilfe wir die Gleichungen

$$\xi^* = a\,e^{\gamma(\tau - \tau_0)}; \qquad \eta^* = \eta_0^* + b\,e^{\gamma(\tau - \tau_0)} \qquad \text{(V 8, 46)}$$

ansetzen, Durch ihre Substitution in (V 8, 43), (V 8, 44) folgen mit Rücksicht auf (V 8, 45) für a und b die homogenen, linearen Gleichungen

$$a\,\gamma^2 + b(\gamma - k) = 0, \tag{V 8, 47}$$

$$-a(\gamma + k) + b\,\gamma^2 = 0. \tag{V 8, 48}$$

Sollen also für a und b endliche Lösungen existieren, welche als solche erst den Anfachungsmechanismus zu beschreiben vermögen, so ist der Exponent γ der biquadratischen Gleichung

$$\begin{vmatrix} \gamma^2 & \gamma - k \\ -(\gamma + k) & \gamma^2 \end{vmatrix} \equiv \gamma^4 + \gamma^2 - k^2 = 0 \tag{V 8, 49}$$

zu unterwerfen; man entnimmt ihr die Wurzeln

$$\gamma = \pm \sqrt{-\frac{1}{2} \pm \frac{1}{2}\sqrt{1 + 4\,k^2}}. \tag{V 8, 50}$$

Wir beschränken uns weiterhin auf die Voraussetzung kleiner Modulationsgrade

$$0 < \mu \ll 1, \tag{V 8, 51}$$

welche gemäß (V 8, 36) und (V 8, 42) die Ungleichung

$$|k| \ll 1 \tag{V 8, 52}$$

nach sich zieht. Daher erhalten wir aus (V 8, 50) durch binomische Entwicklung, mit $i = \sqrt{-1}$,

$$\gamma_1 = -i\left[1 + \frac{k^2}{2} + \ldots\right]; \quad \gamma_2 = i\left[1 + \frac{k^2}{2} + \ldots\right]; \quad \gamma_3 = -k + \ldots;$$
$$\gamma_4 = k + \ldots. \tag{V 8, 53}$$

Die beiden erstgenannten, rein imaginären Wurzeln entsprechen je einer ungedämpften Schwingung, während die beiden letztgenannten, reellen Wurzeln einander in der Beschreibung eines Paares exponentiell $\begin{matrix}\text{abnehmender}\\\text{zunehmender}\end{matrix}$ Bewegungsvorgänge dual ergänzen. Für das jeweils einer der vier Wurzeln korrespondierende Verhältnis der Amplituden a und b berechnen wir aus (V 8, 47) und (V 8, 48)

$$\left(\frac{b}{a}\right)_1 = \frac{\gamma_1 + k}{\gamma_1{}^2} = i - k + \ldots, \tag{V 8, 54}$$

$$\left(\frac{b}{a}\right)_2 = \frac{\gamma_2 + k}{\gamma_2{}^2} = -i - k + \ldots, \tag{V 8, 55}$$

$$\left(\frac{b}{a}\right)_3 = -\frac{\gamma_3}{\gamma_3 - k} = \frac{k}{2} + \ldots, \tag{V 8, 56}$$

$$\left(\frac{b}{a}\right)_4 = \frac{\gamma_4 + k}{\gamma_4{}^2} = \frac{2}{k} + \ldots. \tag{V 8, 57}$$

Mit Rücksicht auf (V 8, 52) behalten wir in den folgenden Entwicklungen nur die in k höchstens linearen Glieder bei. Auf Grund der Vierheit (V 8, 53) unterschiedlicher Exponenten γ haben wir dann (V 8, 46) in

$$\xi^* = a_1\,e^{-i(\tau-\tau_0)} + a_2\,e^{i(\tau-\tau_0)} + a_3\,e^{-k(\tau-\tau_0)} + \frac{k}{2}\,b_4\,e^{k(\tau-\tau_0)}, \tag{V 8, 58}$$

$$\eta^* - \eta_0 = (i - k)\,a_1\,e^{-i(\tau-\tau_0)} - (i + k)\,a_2\,e^{i(\tau-\tau_0)} + \frac{k}{2}\,a_3\,e^{-k(\tau-\tau_0)} + b_4\,e^{k(\tau-\tau_0)} \tag{V 8, 59}$$

zu verallgemeinern. Die Anfangsbedingungen (V 8, 4), (V 8, 5) verlangen nun nach (V 8, 30), (V 8, 31) im Verein mit (V 8, 26), (V 8, 27)

$$\xi^* = 0; \qquad \eta^* = 0 \qquad \text{für} \qquad \tau = \tau_0, \tag{V 8, 60}$$

$$\frac{d\xi^*}{d\tau} = 0; \qquad \frac{d\eta^*}{d\tau} = -1 \qquad \text{für} \qquad \tau = \tau_0. \tag{V 8, 61}$$

Sie liefern, in der angezeigten Genauigkeit, für die vier Unbekannten a_1, a_2, a_3 und b_4 die Gleichungen

$$a_1 + a_2 + a_3 + \frac{k}{2} b_4 = 0, \tag{V 8, 62}$$

$$-i\,a_1 + i\,a_2 - k\,a_3 = 0, \tag{V 8, 63}$$

$$(i - k)\,a_1 - (i + k)\,a_2 + \frac{k}{2} a_3 + b_4 = -\eta_0^*, \tag{V 8, 64}$$

$$(1 + i\,k)\,a_1 + (1 - i\,k)\,a_2 + k\,b_4 = -1. \tag{V 8, 65}$$

Aus (V 8, 62) und (V 8, 63) entnehmen wir die Relationen

$$a_1 = -a_3 \frac{1 - i\,k}{2} - b_4 \frac{k}{4}; \qquad a_2 = -a_3 \frac{1 + i\,k}{2} - b_4 \frac{k}{4} \tag{V 8, 66}$$

Ihre Substitution in (V 8, 64), (V 8, 65) liefert

$$a_3 = 1 - \frac{k}{2} \eta_0^*; \qquad b_4 = -\eta_0^* - \frac{k}{2} \tag{V 8, 67}$$

also, nach Rückkehr zu (V 8, 66)

$$a_1 = -\frac{1}{2} + \frac{k}{2} (i + \eta_0^*); \qquad a_2 = -\frac{1}{2} - \frac{k}{2} (i - \eta_0^*). \tag{V 8, 68}$$

Mit Hilfe dieser Konstanten finden wir aus (V 8, 58) und (V 8, 59)

$$\xi^* = e^{-k(\tau - \tau_0)} - \cos(\tau - \tau_0) + k\,[\sin(\tau - \tau_0) + \eta_0^* \{\cos(\tau - \tau_0) - \\ - \cosh k\,(\tau - \tau_0)\}] \tag{V 8, 69}$$

und

$$\eta^* = \eta_0^* [1 - e^{k(\tau - \tau_0)}] - \sin(\tau - \tau_0) + k\,[\eta_0^* \sin(\tau - \tau_0) - \sinh k\,(\tau - \tau_0)] \tag{V 8, 70}$$

In der bisher beobachteten Genauigkeit gilt somit

$$\frac{d\xi^*}{d\tau} = -k\,e^{-k(\tau - \tau_0)} + \sin(\tau - \tau_0) + k\,[\cos(\tau - \tau_0) - \eta_0^* \sin(\tau - \tau_0)], \tag{V 8, 71}$$

$$\frac{d^2\xi^*}{d\tau^2} = \cos(\tau - \tau_0) - k\,[\sin(\tau - \tau_0) + \eta_0^* \cos(\tau - \tau_0)] \tag{V 8, 72}$$

sowie

$$\frac{d\eta^*}{d\tau} = -\eta_0^*\,k\,e^{k(\tau - \tau_0)} - \cos(\tau - \tau_0) + k\,\eta_0^* \cos(\tau - \tau_0), \tag{V 8, 73}$$

$$\frac{d^2\eta^*}{d\tau^2} = \sin(\tau - \tau_0) - k\,\eta_0^* \sin(\tau - \tau_0). \tag{V 8, 74}$$

Mittels dieser Relationen im Verein mit (V 8, 45) verifiziert man unschwer, daß in der Tat die Integrale (V 8, 69), (V 8, 70) den Differentialgleichungen (V 8, 43), (V 8, 44) unter den Anfangsbedingungen (V 8, 60), (V 8, 61) bis auf solche Glieder genügen, welche in k von zweiter und höherer

Ordnung sind. In derselben Genauigkeit wird sonach gemäß (V 8, 30) und (V 8, 31) die Bewegung des kontrollierten Elektrons relativ zum elektrodenfesten Bezugssystem durch

$$\xi = e^{-k(\tau - \tau_0)} - \cos(\tau - \tau_0) + k\,[\sin(\tau - \tau_0) + \\ + \eta_0^* \{\cos(\tau - \tau_0) - \cosh k(\tau - \tau_0)\}] \qquad (V\ 8,\ 75)$$

und

$$\eta = \eta_0 + (\tau - \tau_0) - \sin(\tau - \tau_0) + \\ + \eta_0^* [1 - e^{k(\tau - \tau_0)}] + \\ + k\,[\eta_0^* \sin(\tau - \tau_0) - \sinh k(\tau - \tau_0)] \qquad (V\ 8,\ 76)$$

beschrieben.

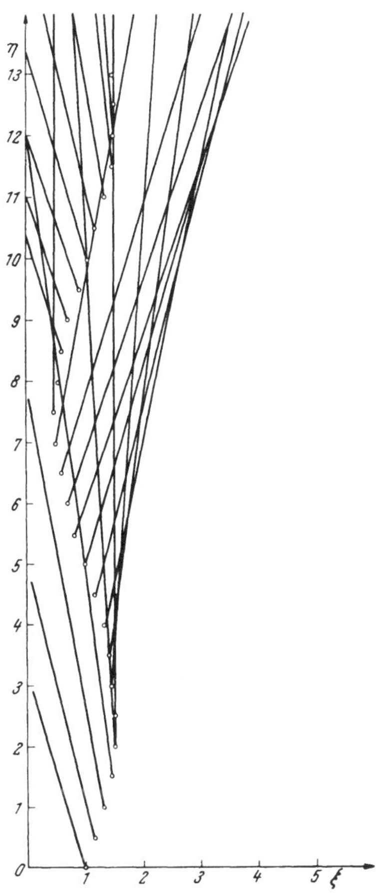

Abb. V 224. Synchro-Magnetron. Strahlbildung durch Bündel der Leitgeraden.

i) Nach Ausweis der Gleichungen (V 8, 75), (V 8, 76) oszillieren die Koordinaten des kontrollierten Elektrons um die nur langsam veränderlichen Mittelwerte

$$\bar{\xi} = e^{-k(\tau - \tau_0)} - k\,\eta_0^* \cosh k(\tau - \tau_0), \qquad (V\ 8,\ 77)$$

$$\bar{\eta} = \eta_0 + (\tau - \tau_0) + \\ + \eta_0^* [1 - e^{k(\tau - \tau_0)}] - k \sinh k(\tau - \tau_0). \qquad (V\ 8,\ 78)$$

Für hinreichend kleine [numerische] Zeitdifferenzen $(\tau - \tau_0)$ vereinfachen sich diese Gleichungen mit Rücksicht auf (V 8, 42) und (V 8, 45) zu

$$\bar{\xi} = 1 - k\,\eta_0^* - k(\tau - \tau_0) = \\ = \left[1 + \mu \sin \frac{2\pi R}{\lambda}(\eta_0 - \tau_0)\right] - \\ - \left[\mu \frac{2\pi R}{\lambda} \cos \frac{2\pi R}{\lambda}(\eta_0 - \tau_0)\right](\tau - \tau_0), \qquad (V\ 8,\ 79)$$

$$\bar{\eta} = \eta_0 + \\ + \left[1 + \mu \sin \frac{2\pi R}{\lambda}(\eta_0 - \tau_0)\right](\tau - \tau_0), \qquad (V\ 8,\ 80)$$

so daß sie durch die Geradenschar der Abb. V 224 dargestellt werden. Nach Elimination von $(\tau - \tau_0)$ ergibt sich aus (V 8, 79), (V 8, 80) die Gleichung derjenigen „Leitgeraden", welche dem Elektron vom Namen (η_0, τ_0) zugeordnet ist

$$\bar{\xi} = \left[1 + \mu \sin \frac{2\pi R}{\lambda}(\eta_0 - \tau_0)\right] - \\ - \frac{\mu \frac{2\pi R}{\lambda} \cos \frac{2\pi R}{\lambda}(\eta_0 - \tau_0)}{1 + \mu \sin \frac{2\pi R}{\lambda}(\eta_0 - \tau_0)}(\bar{\eta} - \eta_0). \qquad (V\ 8,\ 81)$$

Man entnimmt ihr den Tangens des Neigungswinkels β zwischen der Leitgeraden und der positiven η-Achse zu

$$\operatorname{tg}\beta = \frac{d\bar{\xi}}{d\bar{\eta}} = -\frac{\mu \frac{2\pi R}{\lambda} \cos \frac{2\pi R}{\lambda}(\eta_0 - \tau_0)}{1 + \mu \sin \frac{2\pi R}{\lambda}(\eta_0 - \tau_0)}. \qquad \text{(V 8, 82)}$$

Da der Nenner dieses Ausdruckes auf Grund der Voraussetzung (V 8, 51) stets der Einheit nahe bleibt, werden durch das elektrodynamische Drehfeld alle Elektronen des Startbereiches

$$-\frac{\pi}{2} < \frac{2\pi R}{\lambda}(\eta_0 - \tau_0) < \frac{\pi}{2} \qquad \operatorname{mod} 2\pi \qquad \text{(V 8, 83)}$$

der Kathode zugeführt; sie scheiden damit aus dem Energiespiel aus. Dagegen treibt das Drehfeld alle Elektronen des Startbereiches

$$\frac{\pi}{2} < \frac{2\pi R}{\lambda}(\eta_0 - \tau_0) < 3\,\frac{\pi}{2} \qquad \operatorname{mod} 2\pi \qquad \text{(V 8, 84)}$$

der Anode zu und aktiviert damit diese Ladungsträger für den geplanten Energieaustausch. In der Tat entnimmt man aus (V 8, 15), daß durch den beschriebenen Aussortierungsmechanismus diejenigen Elektronen der Eigenschaft (V 8, 83) beseitigt werden, welche von der Komponente $E_y^{(s)}$ des Drehfeldes *beschleunigt* werden, diesem also *Energie entziehen*; umgekehrt werden die „aktiven" Elektronen der Gruppe (V 8, 84) von der genannten Feldkomponente *gebremst*, führen also dem Drehfelde *Energie zu*.

Um diesen qualitativen Schluß zu einer quantitativen Aussage zu verschärfen, richten wir unser Augenmerk auf die aktiven *Zentral-Elektronen* der sie als solche definierenden Starteigenschaft

$$\frac{2\pi R}{\lambda}(\eta_0 - \tau_0) = \pi \qquad \operatorname{mod} 2\pi. \qquad \text{(V 8, 85)}$$

Für sie resultiert aus (V 8, 42) und (V 8, 45)

$$k = -\mu\frac{2\pi R}{\lambda}; \qquad \eta_0{}^* = 0, \qquad \text{(V 8, 86)}$$

so daß sich die Gleichungen (V 8, 75), (V 8, 76) zu

$$\xi = e^{\mu \frac{2\pi R}{\lambda}(\tau - \tau_0)} - \cos(\tau - \tau_0) - \mu\frac{2\pi R}{\lambda}\sin(\tau - \tau_0), \qquad \text{(V 8, 87)}$$

$$\eta = \eta_0 + (\tau - \tau_0) - \sin(\tau - \tau_0) - k \sinh k(\tau - \tau_0) \qquad \text{(V 8, 88)}$$

vereinfachen; die zugehörigen numerischen Elektronengeschwindigkeiten berechnen sich, in der stets benutzten Genauigkeit, zu

$$\frac{d\xi}{d\tau} = \mu\frac{2\pi R}{\lambda}\left[e^{\mu \frac{2\pi R}{\lambda}(\tau - \tau_0)} - \cos(\tau - \tau_0)\right] + \sin(\tau - \tau_0), \qquad \text{(V 8, 89)}$$

$$\frac{d\eta}{d\tau} = 1 - \cos(\tau - \tau_0). \qquad \text{(V 8, 90)}$$

In der Grenze $\mu \to 0$ [Übergang zur Grundbewegung] erreicht ξ sein Maximum im Kulminationspunkt der Zykloide zu den numerischen Zeitpunkten

$$\tau - \tau_0 = (2l + 1)\pi; \qquad l = 0, 1, 2, \ldots. \qquad \text{(V 8, 91)}$$

Behalten wir diese Aussage approximativ auch im Falle (V 8, 51) bei, so findet sich aus (V 8, 87) für das Maximum der Ordnung l für den numerischen Abstand des kontrollierten Elektrons von der Startebene [Kathodenoberfläche] der Ausdruck

$$\xi_{\max} = e^{\mu \frac{2\pi R}{\lambda}(2l+1)\pi}. \qquad \text{(V 8, 92)}$$

Ungeachtet der Voraussetzung (V 8, 34), die ja den Transport von Elektronen zur Anode des überkritisch eingestellten Magnetrons in dessen schwingungsfreiem Zustande ausschließt, gelangen also die aktiven Zentral-Elektronen des Synchro-Magnetrons mit zunehmendem l gewiß auf die Anode; dort beträgt der zeitliche Mittelwert ihrer potentiellen Energie

$$\overline{W}_{\text{pot}} = q_0 U_a = q_0 E_0 d. \qquad \text{(V 8, 93)}$$

Andererseits ist im numerischen Zeitpunkt (V 8, 91) definitionsgemäß

$$\frac{d\xi}{d\tau} = 0, \qquad \text{(V 8, 94)}$$

während aus (V 8, 90)

$$\frac{d\eta}{d\tau} = 2 \qquad \text{(V 8, 95)}$$

folgt. Demnach berechnet sich die kinetische Energie W_{kin} eines jeden Zentral-Atomes bei seiner Ankunft auf der Anode zu

$$W_{\text{kin}} = \frac{1}{2} m_0 \left(\frac{dy}{dt}\right)^2 = \frac{1}{2} m_0 (\Omega R)^2 \left(\frac{d\eta}{d\tau}\right)^2 = (m_0 \Omega^2 R)\, 2 R \qquad \text{(V 8, 96)}$$

und also, mit Rücksicht auf (V 8, 22), zu

$$W_{\text{kin}} = q_0 E_0 2 R. \qquad \text{(V 8, 97)}$$

Die Differenz

$$\Delta W = \overline{W}_{\text{pot}} - W_{\text{kin}} = q_0 E_0 [d - 2 R] \qquad \text{(V 8, 98)}$$

wird von den aktiven Zentral-Elektronen in Drehfeld-Energie umgesetzt: Sie definiert die Nutzenergie des Arbeitsprozesses. Daher findet sich als dessen *Wirkungsgrad* w das Verhältnis

$$w = \frac{\Delta W}{\overline{W}_{\text{pot}}} = 1 - \frac{2 R}{d}. \qquad \text{(V 8, 99)}$$

Der Wirkungsgrad fällt hiernach umso höher aus, je kleiner der Durchmesser 2 R des Rollkreises der zykloidischen Grundbewegung im Verhältnis zum Abstande d der Anode von der Kathode gewählt wird. Da allerdings nur ein Teil aller im Synchro-Magnetron strömenden Elektronen den genannten, energetisch optimalen Prozeß durchlaufen, bleibt der resultierende Wirkungsgrad stets kleiner als der Wert (V 8, 99); doch liefert dieser eine brauchbare Abschätzung für die erreichbare Größenordnung des Nutzeffektes.

V 9. Das Doppelfeld-Magnetron.

a) Wir untersuchen im folgenden die Arbeitsweise eines Schlitzanoden-Magnetrons, dessen zeitabhängige Anodenspannungs-Anteile, im Gegensatz zu dem *drehfeldbetriebenen* Synchro-Magnetron, ein mit der Kreisfrequenz ω einfach-harmonisch pulsierendes *Einphasensystem* bilden.

Die konstruktiven Daten des zu behandelnden Röhrenmodelles samt der Lage des an seinen Elektroden befestigten Bezugssystemes der rechtsläufigen, *Kartesischen* Koordinaten x, y, z werden den Angaben der Ziffer V 8 unverändert entnommen; ebenso sollen folgende vereinfachenden Voraussetzungen beibehalten werden:

1. Der Einfluß der im Existenzgebiet der Elektronenströmung verteilten Raumladung auf die Struktur des elektrischen Feldes wird vernachlässigt.
2. Bei der Berechnung der *Lorentz*-Kraft wird nur der zeitfreie Anteil des Magnetfeldes berücksichtigt; er wird durch den homogenen Absolutbetrag B des Induktionsvektors gemessen, welcher parallel der positiven z-Achse gerichtet ist.
3. Der zeitfreie Anteil U_a der Gesamtheit aller Teilanodenspannungen erregt das elektrische Primärfeld $E^{(p)}$ nach Gl. (V 8, 7).
4. Das zeitabhängige elektrische Sekundärfeld $E^{(s)}$ kann in jedem Augenblick t approximativ als negativer Gradient eines räumlich zweidimensionalen Skalarpotentiales $\varphi^{(s)} = \varphi^{(s)}(x, y, t)$ dargestellt werden, welches der *Laplace*schen Gleichung (V 8, 10) genügt.
5. Der Analyse der Elektronenbewegung wird die *Newton*sche Mechanik zugrunde gelegt.

b) Wir bezeichnen mit $\varphi_{max}^{(s)}$ die Amplitude des Sekundärpotentiales auf einer der Teilanoden gegen die Kathode als Basis. Im Grenzfalle verschwindender Schlitzbreite zwischen je benachbarten Teilanoden wird dann der Verlauf des Sekundärpotentiales auf der Anodenebene x = d durch eine *stehende Rechteckwelle* dargestellt, deren Knoten mit den Anodenschlitzen koinzidieren; sie kann, bei geeigneter Wahl des Zeitursprunges, durch die *Fourier*sche Reihe

$$\varphi^{(s)} = \varphi_{max}^{(s)} \frac{4}{\pi} \sum_{m=0}^{\infty} \frac{\sin(2m+1)\, 2\pi \frac{y}{\lambda}}{2m+1} \cos\omega t \qquad \text{für} \qquad x = d \qquad \text{(V 9, 1)}$$

beschrieben werden. Wir ergänzen diese Anoden-Randbedingung durch jene der Kathode

$$\varphi^{(s)} = 0 \qquad \text{für} \qquad x = 0. \qquad \text{(V 9, 2)}$$

Die diesen Angaben angepaßte Lösung der *Laplace*schen Gleichung lautet

$$\varphi^{(s)} = \varphi_{max}^{(s)} \cdot \frac{4}{\pi} \sum_{m=0}^{\infty} \frac{\sinh(2m+1)\, 2\pi \frac{x}{\lambda}}{\sinh(2m+1)\, 2\pi \frac{d}{\lambda}} \cdot \frac{\sin(2m+1)\, 2\pi \frac{y}{\lambda}}{2m+1} \cos\omega t. \qquad \text{(V 9, 3)}$$

In ihr setzen wir abkürzend

$$\varphi_0^{(s)} = \frac{4}{\pi} \varphi_{max}^{(s)} \qquad \text{(V 9, 4)}$$

und behalten weiterhin nur die Grundwelle m = 0 bei:

$$\varphi^{(s)} = \varphi_0^{(s)} \frac{\sinh 2\pi \frac{x}{\lambda}}{\sinh 2\pi \frac{d}{\lambda}} \sin 2\pi \frac{y}{\lambda} \cos\omega t. \qquad \text{(V 9, 5)}$$

Mittels der Identität

$$\sin 2\pi \frac{y}{\lambda} \cos \omega t \equiv \frac{1}{2}\left[\sin\left(2\pi \frac{y}{\lambda} + \omega t\right) + \sin\left(2\pi \frac{y}{\lambda} - \omega t\right)\right] \qquad (V\ 9,\ 6)$$

wird das Wechselfeld (V 9, 5) in zwei gegenläufige Wanderwellen je der halben Wechselfeld-Amplitude aufgespalten, welche beziehentlich mit der Phasengeschwindigkeit

$$\pm v = \pm \lambda \frac{\omega}{2\pi} \qquad (V\ 9,\ 7)$$

parallel / antiparallel der y-Achse fortschreiten.

Aus (V 9, 5) berechnen sich die Komponenten des elektrischen Sekundärfeldes zu

$$E_x^{(s)} = -\varphi_0^{(s)} \frac{2\pi}{\lambda} \frac{\cosh 2\pi \frac{x}{\lambda}}{\sinh 2\pi \frac{d}{\lambda}} \sin 2\pi \frac{y}{\lambda} \cos \omega t, \qquad (V\ 9,\ 8)$$

$$E_y^{(s)} = -\varphi_0^{(s)} \frac{2\pi}{\lambda} \frac{\sinh 2\pi \frac{x}{\lambda}}{\sinh 2\pi \frac{d}{\lambda}} \cos 2\pi \frac{y}{\lambda} \cos \omega t. \qquad (V\ 9,\ 9)$$

Daher lauten die Bewegungsgleichungen der Elektronen

$$\frac{d^2x}{dt^2} = \frac{q_0}{m_0}\left[E_0 - v_y B + \varphi_0^{(s)} \frac{2\pi}{\lambda} \frac{\cosh 2\pi \frac{x}{\lambda}}{\sinh 2\pi \frac{d}{\lambda}} \sin 2\pi \frac{y}{\lambda} \cos \omega t,\right] \qquad (V\ 9,\ 10)$$

$$\frac{d^2y}{dt^2} = \frac{q_0}{m_0}\left[v_x B + \varphi_0^{(s)} \frac{2\pi}{\lambda} \frac{\sinh 2\pi \frac{x}{\lambda}}{\sinh 2\pi \frac{d}{\lambda}} \cos 2\pi \frac{y}{\lambda} \cos \omega t.\right]. \qquad (V\ 9,\ 11)$$

Sie gehen nach Einführung der numerischen Veränderlichen (V 9, 26), (V 9, 27) und des Modulationsgrades μ gemäß (V 9, 41) in die dimensionsfreie Gestalt

$$\frac{d^2\xi}{d\tau^2} = 1 - \frac{d\eta}{d\tau} + \mu \frac{2\pi \frac{d}{\lambda}}{\sinh 2\pi \frac{d}{\lambda}} \cosh \frac{2\pi R}{\lambda} \xi \sin \frac{2\pi R}{\lambda} \eta \cos \frac{\omega}{\Omega} \tau, \qquad (V\ 9,\ 12)$$

$$\frac{d^2\eta}{d\tau^2} = \frac{d\xi}{d\tau} + \mu \frac{2\pi \frac{d}{\lambda}}{\sinh 2\pi \frac{d}{\lambda}} \sinh \frac{2\pi R}{\lambda} \xi \cos \frac{2\pi R}{\lambda} \eta \cos \frac{\omega}{\Omega} \tau \qquad (V\ 9,\ 13)$$

über; wir ergänzen sie durch die Anfangsbedingungen

$$\xi = 0; \qquad \frac{d\xi}{d\tau} = 0 \qquad \text{für} \qquad \tau = \tau_0, \tag{V 9, 14}$$

$$\eta = \eta_0; \qquad \frac{d\eta}{d\tau} = 0 \qquad \text{für} \qquad \tau = \tau_0. \tag{V 9, 15}$$

c) Wir setzen weiterhin

$$0 < \mu \ll 1 \tag{V 9, 16}$$

voraus und verschärfen diese einschränkende Ungleichung zur Annahme eines infinitesimal schwachen Modulationsgrades.

Im Falle $\mu = 0$ gehen die Differentialgleichungen (V 9, 12), (V 9, 13) in jene des ungeschlitzten Magnetrons über; sie werden unter den Anfangsbedingungen (V 9, 14), (V 9, 15) durch

$$\xi^{(0)} = 1 - \cos(\tau - \tau_0), \tag{V 9, 17}$$

$$\eta^{(0)} = \eta_0 + (\tau - \tau_0) - \sin(\tau - \tau_0) \tag{V 9, 18}$$

integriert. Für die Elektronenbewegung im schwingenden Magnetron $[\mu \neq 0]$ setzen wir nun an

$$\xi = \xi^{(0)} + \xi^{(1)}; \qquad \eta = \eta^{(0)} + \eta^{(1)}. \tag{V 9, 19}$$

Mit Rücksicht auf (V 9, 16) definieren die zusätzlichen numerischen Koordinaten $\xi^{(1)}$, $\eta^{(1)}$ eine nur *schwache Störung* der Grundbewegung (V 9, 17), (V 9, 18). Daher dürfen wir in (V 9, 12) und (V 9, 13) rechter Hand innerhalb der zu μ proportionalen Posten die Koordinaten ξ und η beziehentlich mit $\xi^{(0)}$, $\eta^{(0)}$ vertauschen, so daß die Störung durch die Differentialgleichungen

$$\frac{d^2\xi^{(1)}}{d\tau^2} + \frac{d\eta^{(1)}}{d\tau} = \mu \frac{2\pi\frac{d}{\lambda}}{\sinh 2\pi\frac{d}{\lambda}} \cosh\left[\frac{2\pi R}{\lambda}\{1 - \cos(\tau - \tau_0)\}\right] \sin\left[\frac{2\pi R}{\lambda}\{\eta_0 + (\tau - \tau_0) - \sin(\tau - \tau_0)\}\right] \cos\frac{\omega}{\Omega}\tau \tag{V 9, 20}$$

und

$$\frac{d^2\eta^{(1)}}{d\tau^2} - \frac{d\xi^{(1)}}{d\tau} = \mu \frac{2\pi\frac{d}{\lambda}}{\sinh 2\pi\frac{d}{\lambda}} \sinh\left[\frac{2\pi R}{\lambda}\{1 - \cos(\tau - \tau_0)\}\right] \cos\left[\frac{2\pi R}{\lambda}\{\eta_0 + (\tau - \tau_0) - \sin(\tau - \tau_0)\}\right] \cos\frac{\omega}{\Omega}\tau \tag{V 9, 21}$$

geregelt wird.

d) Wir stellen der *Phasengeschwindigkeit* v nach (V 9, 7) die *Translationsgeschwindigkeit*

$$V = \Omega \cdot R \tag{V 9, 22}$$

zur Seite, mit welcher die Zentren der zykloidenerzeugenden Rollkreise der Elektronen-Grundbewegung parallel der positiven y-Achse fortschreiten; dann gilt

$$\frac{\omega}{\Omega}\tau \equiv \frac{2\pi R}{\lambda} \cdot \frac{v}{V} \cdot \tau. \tag{V 9, 23}$$

Mit Hilfe der Identitäten

$$2\sin\left[\frac{2\pi R}{\lambda}\{\eta_0+(\tau-\tau_0)-\sin(\tau-\tau_0)\}\right]\cos\frac{\omega}{\Omega}\tau\equiv$$

$$\equiv\sin\left[\frac{2\pi R}{\lambda}\{\eta_0+(\tau-\tau_0)-\sin(\tau-\tau_0)\}-\frac{\omega}{\Omega}\tau\right]+\sin\left[\frac{2\pi R}{\lambda}\{\eta_0+\right.$$

$$\left.+(\tau-\tau_0)-\sin(\tau-\tau_0)\}+\frac{\omega}{\Omega}\tau\right] \qquad \text{(V 9, 24)}$$

sowie

$$2\cos\left[\frac{2\pi R}{\lambda}\{\eta_0+(\tau-\tau_0)-\sin(\tau-\tau_0)\}\right]\cdot\cos\frac{\omega}{\Omega}\tau\equiv$$

$$\equiv\cos\left[\frac{2\pi R}{\lambda}\{\eta_0+(\tau-\tau_0)-\sin(\tau-\tau_0)\}-\frac{\omega}{\Omega}\tau\right]+\cos\left[\frac{2\pi R}{\lambda}\{\eta_0+\right.$$

$$\left.+(\tau-\tau_0)-\sin(\tau-\tau_0)\}+\frac{\omega}{\Omega}\tau\right] \qquad \text{(V 9, 25)}$$

nehmen bei Benutzung von (V 9, 23) die Gleichungen (V 9, 20), (V 9, 21) die Gestalt an

$$\frac{d^2\xi^{(1)}}{d\tau^2}+\frac{d\eta^{(1)}}{d\tau}=\frac{\mu}{2}\,\frac{2\pi\frac{d}{\lambda}}{\sinh 2\pi\frac{d}{\lambda}}\cosh\left[\frac{2\pi R}{\lambda}\{1-\cos(\tau-\tau_0)\}\right]\cdot$$

$$\cdot\left\{\sin\left[\frac{2\pi R}{\lambda}\left\{\eta_0-\tau_0-\tau\left(\frac{v}{V}-1\right)-\sin(\tau-\tau_0)\right\}\right]+\sin\left[\frac{2\pi R}{\lambda}\left\{\eta_0-\right.\right.\right.$$

$$\left.\left.\left.-\tau_0-\tau\left(\frac{v}{V}+1\right)-\sin(\tau-\tau_0)\right\}\right]\right\} \qquad \text{(V 9, 26)}$$

und

$$\frac{d^2\eta^{(1)}}{d\tau^2}-\frac{d\xi^{(1)}}{d\tau}=\frac{\mu}{2}\,\frac{2\pi\frac{d}{\lambda}}{\sinh 2\pi\frac{d}{\lambda}}\sinh\left[\frac{2\pi R}{\lambda}\{1-\cos(\tau-\tau_0)\}\right]\cdot$$

$$\cdot\left\{\cos\left[\frac{2\pi R}{\lambda}\left\{\eta_0-\tau_0-\tau\left(\frac{v}{V}-1\right)-\sin(\tau-\tau_0)\right\}\right]+\cos\left[\frac{2\pi R}{\lambda}\left\{\eta_0-\right.\right.\right.$$

$$\left.\left.\left.-\tau_0+\tau\left(\frac{v}{V}+1\right)-\sin(\tau-\tau_0)\right\}\right]\right\}. \qquad \text{(V 9, 27)}$$

Wir verlangen, daß diese Gleichungen den eingeschwungenen, periodischen Zustand des Magnetrons zu schildern vermögen: Nach Wahl der ganzen, positiven Zahl m muß das Intervall

$$\Delta\tau_m=2\pi m \qquad \text{(V 9, 28)}$$

eine Periode der in (V 9, 26), (V 9, 27) rechter Hand auftretenden Störungsfunktionen definieren. Setzen wir nun

$$\frac{\mathrm{v}}{\mathrm{V}} \geqq 1 \qquad \text{(V 9, 29)}$$

voraus, so zieht die Periodizitätsforderung (V 9, 28) die „*Quantisierungsvorschriften*"

$$\frac{2\pi R}{\lambda} m \left(\frac{\mathrm{v}}{\mathrm{V}} - 1\right) = \overrightarrow{n}; \qquad \frac{2\pi R}{\lambda} m \left(\frac{\mathrm{v}}{\mathrm{V}} + 1\right) = \overleftarrow{n} \qquad \text{(V 9, 30)}$$

nach sich, in welchen $\overrightarrow{n}$ und $\overleftarrow{n}$ je als ganze positive Zahlen einschließlich der Null zu wählen sind. Für ein bestimmtes Tripol m, $\overrightarrow{n}$ und $\overleftarrow{n}$ folgen aus (V 9, 30) die Bedingungen

$$\frac{2\pi R}{\lambda} = -\frac{\overrightarrow{n} - \overleftarrow{n}}{2m} \qquad \text{(V 9, 31)}$$

und

$$\frac{\mathrm{v}}{\mathrm{V}} = \frac{\lambda}{2\pi R} \frac{\overrightarrow{n} + \overleftarrow{n}}{2m}, \qquad \text{(V 9, 32)}$$

Bei gegebener Wellenlänge λ bestimmt (V 9, 31) wesentlich das erforderliche Magnetfeld oder diejenige Gleich-Anodenspannung, welche einem vorgegebenen Magnetfeld zuzuordnen ist; durch (V 9, 32) wird dann im Verein mit (V 9, 7) und (V 9, 22) die Kreisfrequenz ω der Feldschwingungen festgelegt.

e) Mit Rücksicht auf (V 9, 30) gehen die Differentialgleichungen (V 9, 26), (V 9, 27) in

$$\frac{d^2\xi^{(1)}}{d\tau^2} + \frac{d\eta^{(1)}}{d\tau} = \frac{\mu}{2} \frac{2\pi \frac{d}{\lambda}}{\sinh 2\pi \frac{d}{\lambda}} \cosh\left[\frac{2\pi R}{\lambda}\{1 - \cos(\tau - \tau_0)\}\right] \cdot$$
$$\cdot \left\{\sin\left[\frac{2\pi R}{\lambda}\{\eta_0 - \tau_0 - \sin(\tau - \tau_0)\} - \frac{\overrightarrow{n}}{m}\tau\right] + \sin\left[\frac{2\pi R}{\lambda}\{\eta_0 - \right.\right.$$
$$\left.\left. - \tau_0 - \sin(\tau - \tau_0)\} + \frac{\overleftarrow{n}}{m}\tau\right]\right\} \qquad \text{(V 9, 33)}$$

und

$$\frac{d^2\eta^{(1)}}{d\tau^2} - \frac{d\xi^{(1)}}{d\tau} = \frac{\mu}{2} \frac{2\pi \frac{d}{\lambda}}{\sinh 2\pi \frac{d}{\lambda}} \sinh\left[\frac{2\pi R}{\lambda}\{1 - \cos(\tau - \tau_0)\}\right] \cdot$$
$$\cdot \left\{\cos\left[\frac{2\pi R}{\lambda}\{\eta_0 - \tau_0 - \sin(\tau - \tau_0)\} - \frac{\overrightarrow{n}}{m}\tau\right] + \cos\left[\frac{2\pi R}{\lambda}\{\eta_0 - \right.\right.$$
$$\left.\left. - \tau_0 - \sin(\tau - \tau_0)\} + \frac{\overleftarrow{n}}{m}\tau\right]\right\} \qquad \text{(V 9, 34)}$$

über. Die am kontrollierten Elektron angreifende Doppelfeld-Kraft definiert eine periodische Funktion der primitiven [numerischen] Periode $2\pi m$.

Daher setzen wir

$$\cosh\left[\frac{2\pi R}{\lambda}\{1-\cos(\tau-\tau_0)\}\right]\cdot\left\{\sin\left[\frac{2\pi R}{\lambda}\{\eta_0-\tau_0-\sin(\tau-\tau_0)\}-\frac{\vec{n}}{m}\tau\right]+\right.$$

$$\left.+\sin\left[\frac{2\pi R}{\lambda}\{\eta_0-\tau_0-\sin(\tau-\tau_0)\}+\frac{\overleftarrow{n}}{m}\tau\right]\right\}=$$

$$=\sum_{l=-\infty}^{\infty} A_l\, e^{-i\frac{l}{m}\tau}; \qquad i=\sqrt{-1} \qquad \text{(V 9, 35)}$$

und

$$\sinh\left[\frac{2\pi R}{\lambda}\{1-\cos(\tau-\tau_0)\}\right]\left\{\cos\left[\frac{2\pi R}{\lambda}\{\eta_0-\tau_0-\sin(\tau-\tau_0)\}-\frac{\vec{n}}{m}\tau\right]+\right.$$

$$\left.+\cos\left[\frac{2\pi R}{\lambda}\{\eta_0-\tau_0-\sin(\tau-\tau_0)\}+\frac{\overleftarrow{n}}{m}\tau\right]\right\}=$$

$$=\sum_{l=-\infty}^{\infty} B_l\, e^{-i\frac{l}{m}\tau}; \qquad i=\sqrt{-1}. \qquad \text{(V 9, 36)}$$

Mit Rücksicht auf die Linearität der Gleichungen (V 9, 33), (V 9, 34) korrespondiert den Reihen (V 9, 35), (V 9, 36) die Zerlegung

$$\xi^{(1)}=\sum_{l=-\infty}^{\infty}\xi_l^{(1)}; \qquad \eta^{(1)}=\sum_{l=-\infty}^{\infty}\eta_l^{(1)}, \qquad \text{(V 9, 37)}$$

deren Komponenten l-ter Ordnung den simultanen Differentialgleichungen

$$\frac{d^2\xi_l^{(1)}}{d\tau^2}+\frac{d\eta_l^{(1)}}{d\tau}=\frac{\mu}{2}\frac{2\pi\frac{d}{\lambda}}{\sinh 2\pi\frac{d}{\lambda}}A_l\, e^{-i\frac{l}{m}\tau}. \qquad \text{(V 9, 38)}$$

$$\frac{d^2\eta_l^{(1)}}{d\tau^2}-\frac{d\xi_l^{(1)}}{d\tau}=\frac{\mu}{2}\frac{2\pi\frac{d}{\lambda}}{\sinh 2\pi\frac{d}{\lambda}}B_l\, e^{-i\frac{l}{m}\tau} \qquad \text{(V 9, 39)}$$

unter den Anfangsbedingungen

$$\xi_l^{(1)}=0; \qquad \eta_l^{(1)}=0 \qquad \text{für} \qquad \tau=\tau_0, \qquad \text{(V 9, 40)}$$

$$\frac{d\xi_l^{(1)}}{d\tau}=0; \qquad \frac{d\eta_l^{(1)}}{d\tau}=0 \qquad \text{für} \qquad \tau=\tau_0 \qquad \text{(V 9, 41)}$$

genügen. Bei ihrer Integration unterscheiden wir drei Fälle:

1. Für $l=0$ degenerieren die Komponenten des Doppelfeldes zu *zeitfreien Kräften*; die Bewegungsgleichungen des kontrollierten Elektrons

$$\xi_0^{(1)}=\frac{\mu}{2}\frac{2\pi\frac{d}{\lambda}}{\sinh 2\pi\frac{d}{\lambda}}[A_0\{1-\cos(\tau-\tau_0)\}-B_0\{(\tau-\tau_0)-\sin(\tau-\tau_0)\}], \qquad \text{(V 9, 42)}$$

$$\eta_0^{(1)} = \frac{\mu}{2} \frac{2\pi \frac{d}{\lambda}}{\sinh 2\pi \frac{d}{\lambda}} [A_0 \{(\tau - \tau_0) - \sin(\tau - \tau_0)\} + B_0 \{1 - \cos(\tau - \tau_0)\}]$$

(V 9 43)

schildern eine gleichförmige Translation, welcher harmonische Schwingungen der [numerischen] Periode 2π überlagert sind.

2. Im Falle $l = m$ besteht *Resonanz* zwischen den freien Schwingungen des ungestörten Elektrons und den am Elektron angreifenden Kraftkomponenten des pulsierenden Feldes. Man findet nunmehr die Integrale

$$\xi_m^{(1)} = \frac{\mu}{2} \frac{2\pi \frac{d}{\lambda}}{\sinh 2\pi \frac{d}{\lambda}} \cdot \frac{i}{2} A_m e^{-i\tau_0} [(\tau - \tau_0) e^{-i(\tau-\tau_0)} - \sin(\tau - \tau_0)] -$$

$$- \frac{\mu}{2} \frac{2\pi \frac{d}{\lambda}}{\sinh 2\pi \frac{d}{\lambda}} \cdot \frac{i}{2} B_m e^{-i\tau_0} [\{i(\tau - \tau_0) + 1\} e^{-i(\tau-\varepsilon_0)} + \cos(\tau - \tau_0) - 2]$$

(V 9, 44)

$$\eta_m^{(1)} = \frac{\mu}{2} \frac{2\pi \frac{d}{\lambda}}{\sinh 2\pi \frac{d}{\lambda}} \frac{i}{2} A_m e^{-i\tau_0} [\{i(\tau - \tau_0) + 1\} e^{-i(\tau-\tau_0)} + \cos(\tau - \tau_0) - 2] +$$

$$+ \frac{\mu}{2} \cdot \frac{2\pi \frac{d}{\lambda}}{\sinh 2\pi \frac{d}{\lambda}} \frac{i}{2} B_m e^{-i\tau_0} [(\tau - \tau_0) e^{-i(\tau-\tau_0)} - \sin(\tau - \tau_0)]. \quad \text{(V 9, 45)}$$

Diese Gleichungen beschreiben neben zeitfreien Posten die Kombination einer harmonischen Schwingung der numerischen Periode 2π mit einer gleichfrequenten Schwingung, deren Amplituden linear mit der numerischen Zeitdifferenz $(\tau - \tau_0)$ zunehmen.

3. Im Falle $l \neq 0 \neq m$ lautet die Lösung der Gleichungen (V 9, 38), (V 9, 39)

$$\xi_l^{(1)} = \frac{\mu}{2} \frac{2\pi \frac{d}{\lambda}}{\sinh 2\pi \frac{d}{\lambda}} \frac{e^{-i\frac{l}{m}\tau_0}}{1 - \frac{l^2}{m^2}} \Bigg[\left(A_l - i\frac{m}{l} B_l\right) e^{-i\frac{l}{m}(\tau-\tau_0)} +$$

$$+ \left(i\frac{l}{m} A_l + B_l\right) \sin(\tau - \tau_0) -$$

$$- \left(A_l - i\frac{l}{m} B_l\right) \cos(\tau - \tau_0) - i\left(\frac{l}{m} - \frac{m}{l}\right) B_l \Bigg], \quad \text{(V 9, 46)}$$

$$\eta_l^{(1)} = \frac{\mu}{2} \frac{2\pi\frac{d}{\lambda}}{\sinh 2\pi\frac{d}{\lambda}} \frac{e^{-i\frac{l}{m}\pi_0}}{1-\frac{l^2}{m^2}} \left(\left[i\frac{m}{l}A_l + B_l\right) e^{-i\frac{l}{m}(\tau-\tau_0)} - \right.$$

$$-\left(i\frac{l}{m}A_l + B_l\right)\cos(\tau-\tau_0) -$$

$$\left.-\left(A_l - i\frac{l}{m}B_l\right)\sin(\tau-\tau_0) + i\left(\frac{l}{m}-\frac{m}{l}\right)A_l\right]. \quad \text{(V 9, 47)}$$

Sie stellt Schwebungen von Oszillationen der numerischen Periode 2π mit solchen der numerischen Periode $2\pi\frac{m}{l}$ dar.

f) Zur expliziten Berechnung der *Fourier*-Koeffizienten A_l und B_l zerlege man die in (V 9, 35), (V 9, 36) auftretenden hyperbolischen und trigonometrischen Funktionen je in die Summe zweier Exponentialfunktionen. Faßt man dann vorübergehend $\vec{n}$ und $\overleftarrow{n}$ in dem gemeinsamen Symbol n zusammen, so hat man es mit acht unterschiedlichen Integralen zu tun:

1. Wir beschäftigen uns mit dem Integral

$$J_1 = \frac{1}{2\pi m}\int_{-\pi m}^{\pi m} e^{\frac{2\pi R}{\lambda}\{1-\cos(\tau-\tau_0)\}}\, e^{i\frac{2\pi R}{\lambda}\{\eta_0-\tau_0-\sin(\tau-\tau_0)\}}\, e^{-i\frac{n-1}{m}\tau}\, d\tau =$$

$$= \frac{e^{\frac{2\pi R}{\lambda}\{1+i(\eta_0-\tau_0)\}}}{2\pi m}\int_{-\pi m}^{\pi m} e^{-\frac{2\pi R}{\lambda}e^{i(\tau-\tau_0)}}\, e^{-i\left(k-\frac{n-1}{m}\right)\tau}\, d\tau =$$

$$= \frac{e^{\frac{2\pi R}{\lambda}\{1+i(\eta_0-\tau_0)\}}}{2\pi m}\sum_{k=0}^{\infty}\frac{\left(-\frac{2\pi R}{\lambda}\right)^k}{k!}\, e^{-ik\tau_0}\int_{-\pi m}^{\pi m} e^{-i\left(k-\frac{n-1}{m}\right)\tau}\, d\tau. \quad \text{(V 9, 48)}$$

Das innerhalb der Summe auftretende Integral verschwindet für alle k mit Ausnahme von

$$k = \frac{n-1}{m}. \quad \text{(V 9, 49)}$$

Mit Benutzung dieser Auswahlregel resultiert aus (V 9, 48)

$$J_1 = e^{\frac{2\pi R}{\lambda}\{1+i(\eta_0-\tau_0)\}} \cdot \frac{\left(-\frac{2\pi R}{\lambda}\right)^k}{k!}\, e^{-ik\tau_0} \quad \text{(V 9, 50)}$$

2. Auf dem nämlichen Wege finden wir die Integrale

$$J_2 = \frac{1}{2\pi m}\int_{-\pi m}^{\pi m} e^{\frac{2\pi R}{\lambda}\{1-\cos(\tau-\tau_0)\}}\, e^{-i\frac{2\pi R}{\lambda}\{\eta_0-\tau_0-\sin(\tau-\tau_0)\}}\, e^{i\frac{n+1}{m}\tau}\, d\tau =$$

$$= e^{\frac{2\pi R}{\lambda}\{1-i(\eta_0-\pi_0)\}} \cdot \frac{\left(-\frac{2\pi R}{\lambda}\right)^k}{k!}\, e^{ik\tau_0}; \qquad k = \frac{n+1}{m}, \quad \text{(V 9, 51)}$$

$$J_3 = \frac{1}{2\pi m}\int_{-\pi m}^{\pi m} e^{-\frac{2\pi R}{\lambda}\{1-\cos(\tau-\tau_0)\}}\, e^{i\frac{2\pi R}{\lambda}\{\eta_0-\tau_0-\sin(\tau-\tau_0)\}}\, e^{-i\frac{n-1}{m}\tau}\, d\tau =$$

$$= e^{-\frac{2\pi R}{\lambda}\{1-i(\eta_0-\tau_0)\}}\frac{\left(\frac{2\pi R}{\lambda}\right)^k}{k!}\, e^{ik\tau_0}; \qquad k = -\frac{n-1}{m}, \qquad (V\ 9,\ 52)$$

$$J_4 = \frac{1}{2\pi m}\int_{-\pi m}^{\pi m} e^{-\frac{2\pi R}{\lambda}\{1-\cos(\tau-\tau_0)\}}\, e^{-i\frac{2\pi R}{\lambda}\{\eta_0-\tau_0-\sin(\tau-\tau_0)\}}\, e^{i\frac{n+1}{m}\tau}\, d\tau =$$

$$= e^{-\frac{2\pi R}{\lambda}\{1+i(\eta_0-\tau_0)\}}\frac{\left(\frac{2\pi R}{\lambda}\right)^k}{k!}\, e^{-ik\tau_0}; \qquad k = -\frac{n+1}{m}, \qquad (V\ 9,\ 53)$$

$$J_5 = \frac{1}{2\pi m}\int_{-\pi m}^{\pi m} e^{\frac{2\pi R}{\lambda}\{1-\cos(\tau-\tau_0)\}}\, e^{i\frac{2\pi R}{\lambda}\{\eta_0-\tau_0-\sin(\tau-\tau_0)\}}\, e^{i\frac{n+1}{m}\tau}\, d\tau =$$

$$= e^{\frac{2\pi R}{\lambda}\{1+i(\eta_0-\tau_0)\}}\frac{\left(-\frac{2\pi R}{\lambda}\right)^k}{k!}\, e^{-ik\tau_0}; \qquad k = -\frac{n+1}{m}, \qquad (V\ 9,\ 54)$$

$$J_6 = \frac{1}{2\pi m}\int_{-\pi m}^{\pi m} e^{\frac{2\pi R}{\lambda}\{1-\cos(\tau-\tau_0)\}}\, e^{-i\frac{2\pi R}{\lambda}\{\eta_0-\tau_0-\sin(\tau-\tau_0)\}}\, e^{-i\frac{n-1}{m}\tau}\, d\tau =$$

$$= e^{\frac{2\pi R}{\lambda}\{1-i(\eta_0-\tau_0)\}}\frac{\left(-\frac{2\pi R}{\lambda}\right)^k}{k!}\, e^{ik\tau_0}; \qquad k = -\frac{n-1}{m}, \qquad (V\ 9,\ 55)$$

$$J_7 = \frac{1}{2\pi m}\int_{-\pi m}^{\pi m} e^{-\frac{2\pi R}{\lambda}\{1-\cos(\tau-\tau_0)\}}\, e^{i\frac{2\pi R}{\lambda}\{\eta_0-\tau_0-\sin(\tau-\tau_0)\}}\, e^{i\frac{n+1}{m}\tau}\, d\tau =$$

$$= e^{-\frac{2\pi R}{\lambda}\{1-i(\eta_0-\tau_0)\}}\frac{\left(\frac{2\pi R}{\lambda}\right)^k}{k!}\, e^{ik\tau_0}; \qquad k = \frac{n+1}{m}, \qquad (V\ 9,\ 56)$$

$$J_8 = \frac{1}{2\pi m}\int_{-\pi m}^{\pi m} e^{-\frac{2\pi R}{\lambda}\{1-\cos(\tau-\tau_0)\}}\, e^{-i\frac{2\pi R}{\lambda}\{\eta_0-\tau_0-\sin(\tau-\tau_0)\}}\, e^{-i\frac{n-1}{m}\tau}\, d\tau =$$

$$= e^{-\frac{2\pi R}{\lambda}\{1+i(\eta_0-\tau_0)\}}\frac{\left(\frac{2\pi R}{\lambda}\right)^k}{k!}\, e^{-ik\tau_0}; \qquad k = \frac{n-1}{m}. \qquad (V\ 9,\ 57)$$

Bei der Zusammenfassung dieser Teilergebnisse beachten wir, daß das Zeichen k! für ganzzahlige $k < 0$ eine Zahl von unendlich hohem absoluten Betrage bezeichnet; daher dürfen wir, unbeschadet der nach dem Muster von (V 9, 48) zunächst auszusprechenden Einschränkung $k \geqq 0$, die entwickelten Integralformeln nachträglich für beliebige, ganzzahlige k benutzen.

g) Unter Verzicht auf die Feinstruktur der Elektronenbewegung lassen wir deren oszillatorische Anteile außer Betracht und begnügen uns mit der

Angabe der linear mit der numerischen Zeitdifferenz $(\tau - \tau_0)$ anwachsenden Komponenten der Störkoordinaten; sie sind gemäß (V 9, 42), (V 9, 43) durch

$$\overline{\xi}^{(1)} = -\frac{\mu}{2}\,\frac{2\pi\frac{d}{\lambda}}{\sinh 2\pi\frac{d}{\lambda}}\,B_0(\tau-\tau_0), \qquad \text{(V 9, 58)}$$

$$\overline{\eta}^{(1)} = \frac{\mu}{2}\,\frac{2\pi\frac{d}{\lambda}}{\sinh 2\pi\frac{d}{\lambda}}\,A_0(\tau-\tau_0) \qquad \text{(V 9, 59)}$$

gegeben.

Bei der Berechnung von A_0 und B_0 haben wir zwei Fälle zu unterscheiden:

1. Synchronismus zwischen der zentralen Translationsgeschwindigkeit V der zykloidenerzeugenden Rollkreise der Grundbewegung einerseits und der Phasengeschwindigkeit v des gleichläufigen elektrischen Drehfeldes andererseits

$$v = V. \qquad \text{(V 9, 60)}$$

Nach Gl. (V 9, 30) wird nunmehr

$$\overrightarrow{n} = 0; \qquad \overleftarrow{n} = \frac{2\pi R}{\lambda}\cdot m\cdot 2, \qquad \text{(V 9, 61)}$$

so daß (V 9, 31), (V 9, 32) identisch befriedigt werden. Wegen $l = 0$ genügt man durch (V 9, 61) allen auf $\overrightarrow{n}$ bezüglichen Auswahlregeln; dagegen annullieren sich stets die $\overleftarrow{n}$ enthaltenden Integrale J_5 und J_6, während die Integrale J_7 und J_8 genau im Falle ganzzahliger

$$\overleftarrow{k} = \frac{\overleftarrow{n}}{m} = 2\cdot\frac{2\pi R}{\lambda} \qquad \text{(V 9, 62)}$$

endliche Werte aufweisen. Man findet demnach

$$A_0 = \cosh\frac{2\pi R}{\lambda}\sin\left[\frac{2\pi R}{\lambda}(\eta_0-\tau_0)\right] + \begin{cases} 0; & \frac{\overleftarrow{n}}{m} \neq \overleftarrow{k} \\ \frac{1}{2}e^{-\frac{2\pi R}{\lambda}}\dfrac{\left(\frac{2\pi R}{\lambda}\right)^{\overleftarrow{k}}}{\overleftarrow{k}!}\sin\left[\frac{2\pi R}{\lambda}(\eta_0-\tau_0)+\overleftarrow{k}\,\tau_0\right]; & \frac{\overleftarrow{n}}{m} = \overleftarrow{k} \end{cases} \qquad \text{(V 9, 63)}$$

und

$$B_0 = \sinh\frac{2\pi R}{\lambda}\cos\left[\frac{2\pi R}{\lambda}(\eta_0-\tau_0)\right] + \begin{cases} 0; & \frac{\overleftarrow{n}}{m} \neq \overleftarrow{k} \\ \frac{1}{2}e^{-\frac{2\pi R}{\lambda}}\dfrac{\left(\frac{2\pi R}{\lambda}\right)^{\overleftarrow{k}}}{\overleftarrow{k}!}\cos\left[\frac{2\pi R}{\lambda}(\eta_0-\tau_0)+\overleftarrow{k}\,\tau_0\right]; & \frac{\overleftarrow{n}}{m} = \overleftarrow{k}. \end{cases} \qquad \text{(V 9, 64)}$$

2. Im Falle

$$v > V \tag{V 9, 65}$$

resultieren nach (V 9, 30) sowohl $\overleftarrow{n}$ wie $\vec{n}$ als positive, ganze Zahlen. Demnach wird für ganzzahlige $\vec{k}$ und $\overleftarrow{k}$

$$A_0 = \begin{array}{ll} 0 \hspace{6cm} +; & \vec{k} \neq \dfrac{\vec{n}}{m} \\ \dfrac{1}{2} e^{\frac{2\pi R}{\lambda}} \dfrac{\left(-\dfrac{2\pi R}{\lambda}\right)^{\vec{k}}}{\vec{k}!} \sin\left[\dfrac{2\pi R}{\lambda}(\eta_0 - \tau_0) - \vec{k}\,\tau_0\right] +; & \vec{k} = \dfrac{\vec{n}}{m} \\ +\,0 \hspace{6cm} ; & \overleftarrow{k} \neq \dfrac{\overleftarrow{n}}{m} \\ +\,\dfrac{1}{2} e^{\frac{2\pi R}{\lambda}} \dfrac{\left(\dfrac{2\pi R}{\lambda}\right)^{\overleftarrow{k}}}{\overleftarrow{k}!} \sin\left[\dfrac{2\pi R}{\lambda}(\eta_0 - \tau_0) + \overleftarrow{k}\,\tau_0\right] \quad ; & \overleftarrow{k} = \dfrac{\overleftarrow{n}}{m} \end{array} \tag{V 9, 66}$$

und

$$B_0 = \begin{array}{ll} 0 \hspace{6cm} +; & \vec{k} \neq \dfrac{\vec{n}}{m} \\ \dfrac{1}{2} e^{\frac{2\pi R}{\lambda}} \dfrac{\left(-\dfrac{2\pi R}{\lambda}\right)^{\vec{k}}}{\vec{k}!} \cos\left[\dfrac{2\pi R}{\lambda}(\eta_0 - \tau_0) - \vec{k}\,\tau_0\right] +; & \vec{k} = \dfrac{\vec{n}}{m} \\ +\,0 \hspace{6cm} ; & \overleftarrow{k} \neq \dfrac{\overleftarrow{n}}{m} \\ +\,\dfrac{1}{2} e^{-\frac{2\pi R}{\lambda}} \dfrac{\left(\dfrac{2\pi R}{\lambda}\right)^{\overleftarrow{k}}}{\overleftarrow{k}!} \cos\left[\dfrac{2\pi R}{\lambda}(\eta_0 - \tau_0) + \overleftarrow{k}\,\tau_0\right] \quad ; & \overleftarrow{k} = \dfrac{\overleftarrow{n}}{m} \end{array} \tag{V 9, 67}$$

h) Wir setzen voraus, daß das Magnetron vor Einsatz der Schwingungen *überkritisch* eingestellt war. Nach deren Beginn sind dann nur jene Elektronen zur Energieabgabe an das Wechselfeld befähigt, welche schließlich zur Anode gelangen. Die für diesen Prozeß notwendige Bedingung lautet nach (V 9, 58)

$$B_0 < 0. \tag{V 9, 68}$$

In der Tat befinden sich dann die „aktiven", zur Anode übergehenden Elektronen im Felde einer Kraft, welche sie im zeitlichen Mittel bremst. Nehmen wir nun

$$e^{\frac{2\pi R}{\lambda}} \gg e^{-\frac{2\pi R}{\lambda}} \tag{V 9, 69}$$

an, so führt (V 9, 68) für alle $\vec{k} \geqq 0$ zu der einheitlichen Vorschrift

$$-3\,\frac{\pi}{2} + \vec{k}\pi < \frac{2\pi R}{\lambda}(\eta_0 - \tau_0) - \vec{k}\,\tau_0 < -\frac{\pi}{2} + \vec{k}\pi \qquad \text{mod } 2\pi. \tag{V 9, 70}$$

Denn für die Zentralelektronen

$$\frac{2\pi R}{\lambda}(\eta_0 - \tau_0) - \vec{k}\,\tau_0 = (\vec{k} - 1)\,\pi \qquad (V\ 9,\ 71)$$

wird dann, in der durch (V 9, 69) angezeigten Genauigkeit,

$$B_0 = -\frac{1}{2}\,e^{\frac{2\pi R}{\lambda}}\,\frac{\left(\frac{2\pi R}{\lambda}\right)^{\vec{k}}}{\vec{k}!}\,; \qquad \vec{k} \geqq 0. \qquad (V\ 9,\ 72)$$

Der Parameter $\frac{2\pi R}{\lambda}$ ist einer einfachen kinematischen Deutung fähig: Wir richten unser Augenmerk auf ein mit fadenförmiger Kathode ausgerüstetes Zylindermagnetron nach Abb. V 225. Bei eben kritischer Einstellung des ruhend [schwingungsfrei] gedachten Gerätes gleicht der Durchmesser 2 R des zykloidenerzeugenden Rollkreises dem Anodenhalbmesser $\frac{r}{2}$, während λ die Bogenlänge eines Teilanodenpaares auf der Anodenperipherie mißt. Sei also p die „Polpaarzahl" des elektrischen Wechselfeld-Anteiles, so gilt

$$\frac{2\pi R}{\lambda} = \frac{1}{2}\,p. \qquad (V\ 9,\ 73)$$

Mit Hilfe dieser Relation nimmt (V 9, 72) die Form

$$B_0 = -\frac{1}{2}\,e^{\frac{p}{2}}\,\frac{\left(\frac{p}{2}\right)^{\vec{k}}}{\vec{k}!}\,; \qquad \vec{k} \geqq 0 \qquad (V\ 9,\ 74)$$

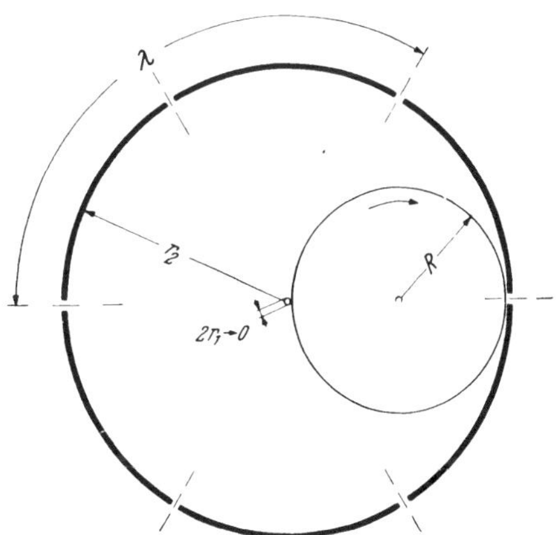

Abb. V 225. Zylindrisches Schlitzanoden-Magnetron mit Fadenkathode.

an. Unter den verschiedenen, mit dieser Gleichung verträglichen Betriebszuständen des schwingenden Magnetrons zeichnet sich gemäß Abb. V 226 für jede feste Zahl p eine gewisse, ganze Zahl $\vec{k} = \vec{k}_{opt} \geqq 0$ durch den ihr zugehörigen Höchstwert von $|B_0|$ aus. Es darf angenommen werden, daß der hierdurch beschriebene Zustand die optimalen Bedingungen zur Anfachung selbsterregter Schwingungen des Doppelfeld-Magnetrons definiert. Stimmen wir dieser Arbeitshypothese zu, so gelangen wir, umgekehrt, zu der Betriebsvorschrift

$$\frac{\vec{n}}{m} = \vec{k}_{opt}. \qquad (V\ 9,\ 75)$$

Aus (V 9, 31) folgt dann

$$\frac{\overleftarrow{n}}{m} = 2\cdot\frac{2\pi R}{\lambda} + \frac{\vec{n}}{m} = 2\cdot\frac{2\pi R}{\lambda} + \vec{k}_{opt}, \qquad (V\ 9,\ 76)$$

so daß nunmehr (V 9, 32) die Relation

$$\frac{v}{V} = \frac{\lambda}{2\pi R}\frac{\omega}{\Omega} = \frac{\lambda}{2\pi R}\vec{k}_{opt} + 1 \tag{V 9, 77}$$

liefert. Sei also die Eigenfrequenz ω des elektrischen Wechselfeld-Anteiles aus den Konstruktionsdaten des Schwingtopfes gemäß Ziffer V 7 bekannt, so führt (V 9, 77) in der Form

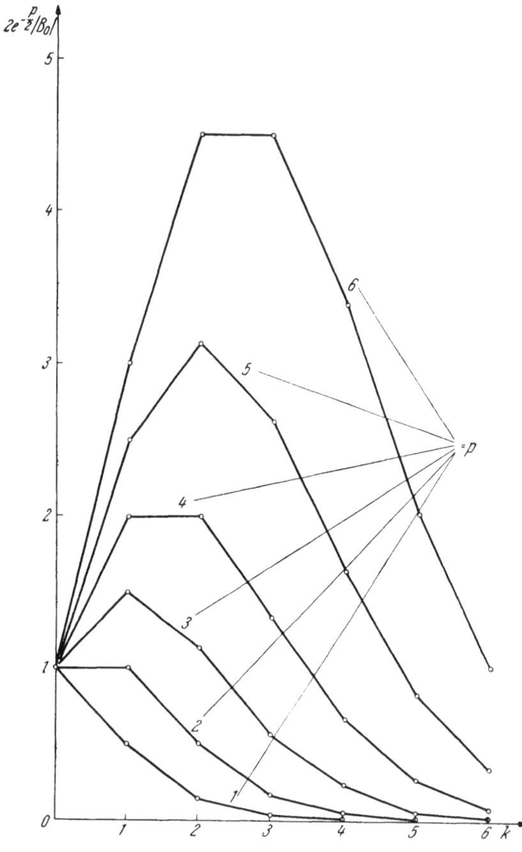

Abb. V 226. Optimale Betriebsbedingungen des Synchro-Magnetrons.

$$\Omega = \frac{\omega}{\vec{k}_{opt} + \frac{2\pi R}{\lambda}} \tag{V 9, 78}$$

für jedes Verhältnis $\frac{2\pi R}{\lambda}$ auf die zugehörige Winkelgeschwindigkeit Ω des zykloidenerzeugenden Rollkreises der Grundbewegung. Da nun Ω mit dem Betrage B der magnetischen Induktion durch

$$\Omega = \frac{q_0}{m_0} B \tag{V 9, 79}$$

verknüpft ist, wird diese gleichfalls durch (V 9, 78) bestimmt. Um schließlich die zugehörige, zeitfreie Anodenspannung U_a zu finden, beziehen wir uns auf ein Zylindermagnetron vom Kathodenhalbmesser r_1 und vom Anodenhalbmesser $r_2 > r_1$, für welches Gl. (V 6, 19) den Zusammenhang

$$\frac{q_0}{m_0} U_a = \left(\frac{q_0}{m_0} B\right)^2 \frac{\left(r_2 - \frac{r_1^2}{r_2}\right)^2}{8} \tag{V 9, 80}$$

fordert; er geht im Grenzfalle des ebenen Magnetrons

$$r_1 \to \infty; \qquad r_2 \to \infty; \qquad \lim_{\substack{r_1 \to \infty \\ r_2 \to \infty}} (r_2 - r_1) = d \tag{V 9, 81}$$

in die Vorschrift

$$\frac{q_0}{m_0} U_a = \left(\frac{q_0}{m_0} B\right)^2 \frac{d^2}{2} \tag{V 9, 82}$$

über, welche nach (V 9, 78) und (V 9, 79) die Gestalt

$$\frac{q_0}{m_0} U_a = \frac{1}{2} \left(\frac{\omega d}{\vec{k}_{opt} + \frac{2 \pi R}{\lambda}} \right)^2 \qquad (V\ 9,\ 83)$$

annimmt.

Sechstes Kapitel

Elektromagnetisch gesteuerte Raumladungsfelder.

VI 1. Elektrodynamik des Wendelrohres.

a) Unter einem *Wendelrohr* verstehen wir einen Kreis-Hohlzylinder vom mittleren Halbmesser a, dessen Wandung vermöge einer ihr eingeprägten, *anisotropen Leitfähigkeit* die dort fließenden elektrischen Ströme in *konachsiale Schraubenbahnen* der festen Ganghöhe h zwingt. Wird das Wendelrohr in ein isolierendes Medium der [relativen] Dielektrizitätskonstante ε und der [relativen] Permeabilität μ eingebettet, so können sich in diesem elektromagnetische Wellen ausbilden, welche sich längs der Achsenrichtung des Wendelrohres fortpflanzen. Ihr Grundtypus wird

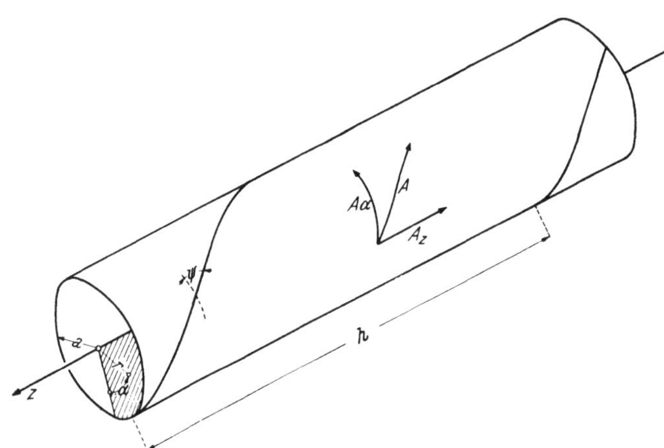

Abb. VI 227. Orientierung am Wendelzylinder.

durch ein elektromagnetisches Feld definiert, dessen Vektoren an jedem relativ zum Wendelrohr festen Orte mit der Kreisfrequenz ω einfach harmonisch pulsieren, während sich das Feld als ganzes mit der achsenparallelen Phasengeschwindigkeit v gegen das Wendelrohr bewegt. Gefragt wird nach dem funktionellen Zusammenhange von ω und v und der von ihm diktierten Struktur des elektromagnetischen Feldes bei gegebenen Abmessungen des Wendelrohres.

b) Wir orientieren uns an einem relativ zum Wendelrohr ruhenden Bezugssystem der Zylinder-Koordinaten z [Achse], r [Radialdistanz] und

α [Azimut]; sein Ursprung soll mit einem Punkte der Rohrachse koinzidieren, und die positive z-Achse weise parallel der beabsichtigten Phasengeschwindigkeit.

Durch den Grenzübergang zu infinitesimal schwacher Wandstärke konvergiert das Wendelrohr gegen den Wendelzylinder $r = a$, und dieser wird zum Träger einer zweidimensionalen elektrischen Leitungsströmung längs der Schraubenlinien

$$z = \frac{\alpha}{2\pi} h + \text{const.}; \qquad r = a, \tag{VI 1, 1}$$

deren Neigungswinkel ψ gegen die Ebenen $z = \text{const.}$ entsprechend Abb. VI 227 durch

$$\operatorname{tg} \psi = \frac{h}{2\pi a} \tag{VI 1, 2}$$

bestimmt wird. Mit Hilfe dieser Kurven beschreiben wir die Intensität der Strömung durch Angabe des *Strombelages* A, welcher im Kontrollpunkte (z, a, α) die Breiteneinheit des Wendelzylinders senkrecht zu der dort anzutreffenden Stromlinie durchfließt; wir zerlegen den Flächenvektor A in seine achsenparallele Komponente

$$A^z = A \sin \psi \tag{VI 1, 3}$$

und seine Zirkularkomponente

$$A^\alpha = A \cos \psi. \tag{VI 1, 4}$$

Der hierin ausgesprochenen *Kinematik der Leitungsströmung* stellen wir die *Dynamik der elektrischen Feldstärke* E auf dem Wendelzylinder zur Seite. Dort degeneriert E zu einem *Flächenvektor* E_{Fl}, welchen wir als solchen mittels der [physikalischen] Achsialkomponente E^z und der [physikalischen] Zirkularkomponente E^α des *dreidimensionalen* Vektors $E = E(z, a, \alpha)$ erschöpfend beschreiben. Statten wir nun den Zylinder $r = a$, um seiner Wendelstruktur Rechnung zu tragen, in Richtung der Stromlinien mit vollkommener Leitfähigkeit, senkrecht zu diesen jedoch mit vollkommener Isolationsfähigkeit aus, so wird die stromlinienparallele Komponente des Vektors E_{Fl} vernichtet. Die Flächenvektoren A und E_{Fl} müssen aufeinander senkrecht stehen; ihr skalares Produkt verschwindet

$$(A\, E_{Fl}) = A^z E^z + A^\alpha E^\alpha = 0. \tag{VI 1, 5}$$

Im Verein mit (VI 1, 3) und (VI 1, 4) folgt hieraus für den dreidimensionalen Vektor E die Bedingung

$$E^z \sin \psi + E^\alpha \cos \psi = 0 \qquad \text{für} \qquad r = a. \tag{VI 1, 6}$$

c) Die Komponenten der Feldvektoren samt allen aus diesen gebildeten Größen können den kinematischen Daten der zu untersuchenden Welle angepaßt werden, indem man die jeweils auftretende Funktion $f = f(z, r, \alpha, t)$ als Realteil einer komplexen Funktion in der Gestalt

$$f(z, r, \alpha, t) = \operatorname{Re}\left[\tilde{f}\, e^{-i\omega\left(t - \frac{z}{v}\right)}\right] \tag{VI 1, 7}$$

darstellt. Wir beschränken uns auf rotationssymmetrische Felder; die Unabhängigkeit ihrer Struktur vom Azimut α kommt in der analytischen Eigenschaft

$$\tilde{f} = \tilde{f}(r) \tag{VI 1, 8}$$

der für f maßgeblichen komplexen Amplitude zum Ausdruck.

Wir ersetzen die laufende Zeit t durch ihr dimensionsfreies Maß

$$\tau = \omega t \tag{VI 1, 9}$$

und stellen dieser *numerischen Zeit* die *numerischen Koordinaten* ζ und ϱ durch die Definitionen

$$\zeta = \frac{\omega z}{v}; \qquad \varrho = \frac{\omega r}{v} \tag{VI 1, 10}$$

zur Seite. Substituieren wir nun diese Größen in (VI 1, 7), wobei hier, wie im folgenden, die Zeichen f und $\tilde{f}$ auch für die neu entstehende Funktion beibehalten werden mögen, so resultiert mit Rücksicht auf (VI 1, 8)

$$f(\zeta, \varrho, \tau) = \operatorname{Re}[\tilde{f} e^{-i(\tau-\zeta)}]; \qquad \tilde{f} = \tilde{f}(\varrho). \tag{VI 1, 11}$$

Der Kürze halber werden wir überall da, wo Mißverständnisse ausgeschlossen sind, auf das Symbol Re als Hinweis auf die verlangte Abspaltung des reellen Anteiles der komplexen Funktion verzichten. Sei also insbesondere der Strombelag in

$$A = \tilde{A} e^{-i(\tau-\zeta)} \tag{VI 1, 12}$$

gegeben, so lauten seine Komponenten (VI 1, 3) und (VI 1, 4), nachdem der frühere Index z sinngemäß mit ζ vertauscht wurde,

$$A_\zeta = \tilde{A}_\zeta e^{-i(\tau-\zeta)}; \qquad \tilde{A}_\zeta = \tilde{A} \sin\psi \tag{VI 1, 13}$$

sowie

$$A_\alpha = \tilde{A}_\alpha e^{-i(\tau-\zeta)}; \qquad \tilde{A}_\alpha = \tilde{A} \cos\psi. \tag{VI 1, 14}$$

d) Wir setzen weiterhin voraus, daß das Wendelrohr allseitig vom leeren Raum umgeben sei:

$$\varepsilon = 1; \qquad \mu = 1. \tag{VI 1, 15}$$

Zunächst beschäftigen wir uns mit dem von A_φ erregten elektrodynamischen Felde; es kann aus einem achsenparallelen *Hertz*schen Vektor *Z* hergeleitet werden, dessen einzige, von Null verschiedene Komponente in Richtung der z-Achse wir durch Z bezeichnen. Die physikalischen Komponenten der elektrischen Feldstärke *E* sind aus Z nach den Vorschriften

$$E_\zeta = \frac{1}{r}\frac{\partial}{\partial r}\left(r\frac{\partial Z}{\partial r}\right) = \left(\frac{\omega}{v}\right)^2 \frac{1}{\varrho}\frac{\partial}{\partial \varrho}\left(\varrho\frac{\partial Z}{\partial \varrho}\right);$$

$$E_\varrho = -\frac{\partial^2 Z}{\partial z\,\partial r} = -\left(\frac{\omega}{v}\right)^2 \frac{\partial^2 Z}{\partial\zeta\,\partial\varrho}; \qquad E_\alpha = 0 \tag{VI 1, 16}$$

zu berechnen. Für den Vektor der magnetischen Feldstärke wählen wir hier aus formalen Gründen das Symbol *M*; ihre physikalischen Komponenten ergeben sich aus

$$M_\zeta = 0; \qquad M_\varrho = 0; \qquad M_\alpha = \Delta \frac{\partial^2 Z}{\partial r\,\partial t} = \frac{\omega^2}{v}\Delta\frac{\partial^2 Z}{\partial\varrho\,\partial\tau}. \tag{VI 1, 17}$$

Der *Hertz*sche Vektor Z selbst genügt der partiellen Differentialgleichung

$$\frac{\partial^2 Z}{\partial z^2} + \frac{1}{r}\frac{\partial}{\partial r}\left(r\frac{\partial Z}{\partial r}\right) = \Pi\Delta\frac{\partial^2 Z}{\partial t^2}. \tag{VI 1, 18}$$

Wir setzen

$$\beta^2 = v^2\Pi\Delta = \left(\frac{v}{v_0}\right)^2; \qquad v_0 = \frac{1}{\sqrt{\Pi\Delta}}, \tag{VI 1, 19}$$

wobei also v_0 die Ausbreitungsgeschwindigkeit des Lichtes im leeren Raume mißt, vertauschen die unabhängigen Veränderlichen mit ihren je nach (VI 1, 9) und (VI 1, 10) gebildeten dimensionsfreien Maßen und erhalten aus (VI 1, 18) und (VI 1, 19)

$$\frac{\partial^2 Z}{\partial \zeta^2} + \frac{1}{\varrho}\frac{\partial}{\partial \varrho}\left(\varrho \frac{\partial Z}{\partial \varrho}\right) = \beta^2 \frac{\partial^2 Z}{\partial \tau^2}. \qquad \text{(VI 1, 20)}$$

Wir ergänzen die differentiellen Relationen (VI 1, 16) und (VI 1, 17) durch die *Randbedingungen,* welche den Feldvektoren an der Grenze ihres jeweiligen Existenzgebietes auferlegt sind; sie gliedern sich in zwei Gruppen:

1. *Physikalische* [eigentliche] *Randbedingungen.*

Wir richten unser Augenmerk auf den Wendelzylinder $r = a$, welcher durch den numerischen Halbmesser

$$\varrho_a = \frac{\omega a}{v} \qquad \text{(VI 1, 21)}$$

gegeben ist und verlangen:

I. Das *magnetische Zirkularfeld* springt an der Fläche $\varrho = \varrho_a$ entsprechend Abb. VI 228 nach Maßgabe des Strombelages A_ζ. Schreiben wir abkürzend $\varrho = \varrho_a \pm 0$ für $\varrho_a \lessgtr \varrho \to \varrho_a$, so gilt also

$$M^\alpha_{\varrho_a+0} - M^\alpha_{\varrho_a-0} = A_\zeta. \qquad \text{(VI 1, 22)}$$

II. Das *elektrische Achsialfeld* bleibt in $\varrho = \varrho_a$ stetig

$$E_{\zeta\,\varrho_a+0} = E_{\zeta\,\varrho_a-0}. \qquad \text{(VI 1, 23)}$$

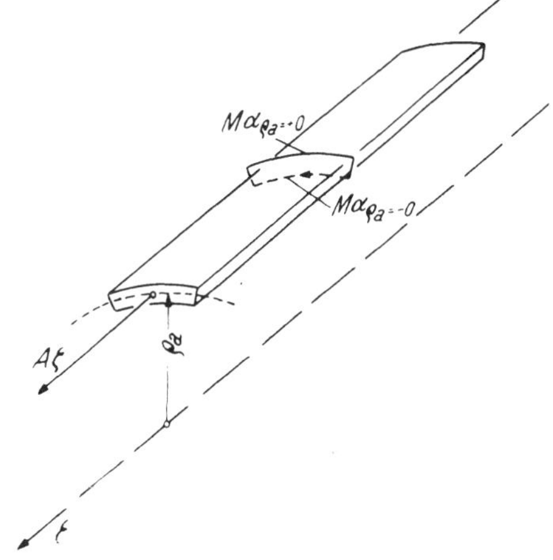

Abb. VI 228. Sprung des magnetischen Zirkularfeldes am Wendelrohr.

2. *Mathematische* [uneigentliche] *Randbedingungen:*

I. Sämtliche Feldkomponenten müssen längs der Systemachse $\varrho = 0$ endlich und stetig bleiben.

II. Für $\varrho \to \infty$ sollen sämtliche Feldkomponenten gegen Null konvergieren.

e) Im Einklang mit (VI 1, 11) setzen wir die Lösung der Differentialgleichung (VI 1, 20) in der Form

$$Z = \widetilde{Z}(\varrho)\, e^{-i(\tau-\zeta)} \qquad \text{(VI 1, 24)}$$

an und erhalten für die komplexe Amplitude $\widetilde{Z}$ die *Bessel*sche Differentialgleichung

$$\frac{1}{\varrho}\frac{d}{d\varrho}\left(\varrho \frac{d\widetilde{Z}}{d\varrho}\right) + (\beta^2 - 1)\,\widetilde{Z} = e. \qquad \text{(VI 1, 25)}$$

Ihre Integrale definieren die allgemeinen Zylinderfunktionen nullter Ordnung vom rein imaginären Argumente $i\sqrt{1-\beta^2}\,\varrho$. Um mit ihrer Hilfe die uneigentlichen Randbedingungen des Feldes gleichzeitig befriedigen zu können, sind für $\varrho \lessgtr \varrho_a$ unterschiedliche Lösungen zu entwickeln:

1. In $\varrho = 0$ bleibt nur die *Bessel*sche Funktion $I_0 (i \sqrt{1 - \beta^2}\, \varrho)$ endlich. Nach Wahl einer vorerst noch beliebigen Konstanten $K^{(i)}$ ist somit

$$\widetilde{Z} = K^{(i)} I_0(i \sqrt{1 - \beta^2}\, \varrho); \qquad \varrho < \varrho_a \qquad \text{(VI 1, 26)}$$

anzusetzen.

2. Für $\varrho \to \infty$ konvergiert nur die *Hankel*sche Funktion erster Art $H_0^{(1)} (i \sqrt{1 - \beta^2}\, \varrho)$ gegen Null. Mit Hilfe einer weiteren, einstweilen gleichfalls beliebigen Konstanten $K^{(a)}$ werden wir demnach auf

$$\widetilde{Z} = K^{(a)} H_0^{(1)}(i \sqrt{1 - \beta^2}\, \varrho); \qquad \varrho > \varrho_a \qquad \text{(VI 1, 27)}$$

geführt.

Wir bilden aus (VI 1, 26) und (VI 1, 27) gemäß (VI 1, 16) die komplexe Amplitude der elektrischen Feldstärke und erhalten mit Rücksicht auf (VI 1, 16) und (VI 1, 25)

$$\widetilde{E}_\zeta = \left(\frac{\omega}{v}\right)^2 \frac{1}{\varrho} \frac{d}{d\varrho}\left(\varrho \frac{d\widetilde{Z}}{d\varrho}\right) =$$

$$= \left(\frac{\omega}{v}\right)^2 (1 - \beta^2)\widetilde{Z} = \begin{cases} \left(\frac{\omega}{v}\right)^2 (1 - \beta^2)\, K^{(i)} I_0 (i \sqrt{1 - \beta^2}\, \varrho); & \varrho < \varrho_a \\ \left(\frac{\omega}{v}\right)^2 (1 - \beta^2)\, K^{(a)} H_0^{(1)}(i \sqrt{1 - \beta^2}\, \varrho); & \varrho > \varrho_a, \end{cases} \qquad \text{(VI 1, 28)}$$

sowie

$$\widetilde{E}_\varrho = -\left(\frac{\omega}{v}\right)^2 i \frac{d\widetilde{Z}}{d\varrho} = \begin{cases} -\left(\frac{\omega}{v}\right)^2 \sqrt{1 - \beta^2}\, K^{(i)} I_1 (i \sqrt{1 - \beta^2}\, \varrho); & \varrho < \varrho_a \\ -\left(\frac{\omega}{v}\right)^2 \sqrt{1 - \beta^2}\, K^{(a)} H_1^{(1)} (i \sqrt{1 - \beta^2}\, \varrho); & \varrho > \varrho_a \end{cases} \qquad \text{(VI 1, 29)}$$

und

$$\widetilde{E}_\alpha = 0; \qquad \varrho \lessgtr \varrho_a. \qquad \text{(VI 1, 30)}$$

Ähnlich folgt aus (VI 1, 17) für die komplexe Amplitude der magnetischen Feldstärke

$$\widetilde{M}_\zeta = 0; \qquad \widetilde{M}_\varrho = 0 \qquad \text{für} \qquad \varrho \lessgtr \varrho_a \qquad \text{(VI 1, 31)}$$

sowie

$$\widetilde{M}_\alpha = \frac{\omega^2}{v} \Delta (-i) \frac{d\widetilde{Z}}{d\varrho} =$$

$$= \frac{\beta}{\sqrt{\frac{\Pi}{\Delta}}} E_\varrho = \begin{cases} -\left(\frac{\omega}{v}\right)^2 \frac{\beta \sqrt{1 - \beta^2}}{\sqrt{\frac{\Pi}{\Delta}}} K^{(i)} I_1 (i \sqrt{1 - \beta^2}\, \varrho); & \varrho < \varrho_a \\ -\left(\frac{\omega}{v}\right)^2 \frac{\beta \sqrt{1 - \beta^2}}{\sqrt{\frac{\Pi}{\Delta}}} K^{(a)} H_1^{(1)} (i \sqrt{1 - \beta^2}\, \varrho); & \varrho > \varrho_a. \end{cases} \qquad \text{(VI 1, 32)}$$

Bezeichnen wir der Kürze halber dort, wo Mißverständnisse ausgeschlossen sind, die auf das Argument

$$\mathrm{i\,u_a} = \mathrm{i}\sqrt{1-\beta^2}\,\varrho_a \tag{VI 1, 33}$$

bezogenen Zylinderfunktionen jeweils nur durch ihr Funktionssymbol, so liefern nunmehr die Randbedingungen (VI 1, 22) und (VI 1, 23) die Gleichungen

$$\mathrm{K^{(a)}\,H_1^{(1)} - K^{(i)}\,I_1} = -\left(\frac{\mathrm{v}}{\omega}\right)^2 \frac{1}{\beta\sqrt{1-\beta^2}}\sqrt{\frac{\Pi}{\Delta}}\,\tilde{\mathrm{A}}^{\zeta} \tag{VI 1, 34}$$

und

$$\mathrm{K^{(a)}\,H_0^{(1)} = K^{(i)}\,I_0}. \tag{VI 1, 35}$$

Mit Hilfe der Identität

$$\mathrm{I_0(i\,u)\,H_1^{(1)}(i\,u) - I_1(i\,u)\,H_0^{(1)}(i\,u)} = -\frac{2}{\pi\,\mathrm{u}} \tag{VI 1, 36}$$

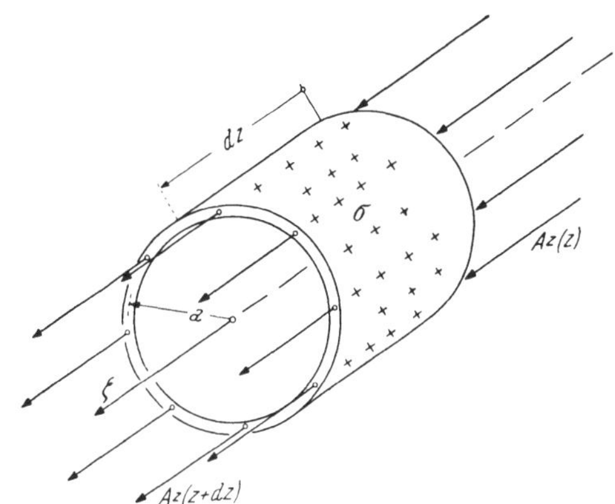

Abb. VI 229. Kontinuität der Elektrizität im Wendelrohr.

erhält man also

$$\left.\begin{aligned} \mathrm{K^{(i)}} &= \frac{\pi}{2}\,\varrho_a\,\mathrm{H_0^{(1)}}\cdot\left(\frac{\mathrm{v}}{\omega}\right)^2\frac{1}{\beta}\sqrt{\frac{\Pi}{\Delta}}\,\tilde{\mathrm{A}}\zeta \\ \mathrm{K^{(a)}} &= \frac{\pi}{2}\,\varrho_a\,\mathrm{I_0}\cdot\left(\frac{\mathrm{v}}{\omega}\right)^2\frac{1}{\beta}\sqrt{\frac{\Pi}{\Delta}}\,\tilde{\mathrm{A}}\zeta. \end{aligned}\right\} \tag{VI 1, 37}$$

Die Ladungsdichte σ je Einheit der Wendelzylinder-Fläche beträgt hiernach

$$\sigma = \Delta\left[\mathrm{E}\varrho_{\varrho_a+0} - \mathrm{E}\varrho_{\varrho_a-0}\right] = -\Delta\left(\frac{\omega}{\mathrm{v}}\right)^2\sqrt{1-\beta^2}\,[\mathrm{K^{(a)}\,H_1^{(1)} - K^{(i)}\,I_1}]\,e^{-\mathrm{i}(\tau-\zeta)} =$$

$$= -\Delta\left(\frac{\omega}{\mathrm{v}}\right)^2\sqrt{1-\beta^2}\,\frac{\pi}{2}\,\varrho_a\left(\frac{\mathrm{v}}{\omega}\right)^2\frac{1}{\beta}\sqrt{\frac{\Pi}{\Delta}}\,\tilde{\mathrm{A}}\zeta\left(-\frac{2}{\pi\sqrt{1-\beta^2}\,\varrho_a}\right)e^{-\mathrm{i}(\tau-\zeta)} = \frac{\mathrm{A}\zeta}{\mathrm{v}}. \tag{VI 1, 38}$$

Die physikalische Bedeutung dieser einfachen Relation erhellt aus Abb. VI 229. Das Kontinuitätsgesetz der Elektrizität, angewandt auf ein Längenelement des Wendelzylinders, liefert die Gleichung

$$\frac{\partial}{\partial \mathrm{z}}(2\pi\,\mathrm{a}\cdot\mathrm{A^z}) = -\frac{\partial}{\partial \mathrm{t}}(2\pi\,\mathrm{a}\cdot\sigma). \tag{VI 1, 39}$$

Nach Einführung numerischer Bezugsgrößen geht sie in die Beziehung

$$2\pi\,\mathrm{a}\,\frac{\omega}{\mathrm{v}}\,\frac{\partial \mathrm{A}\zeta}{\partial\zeta} = -2\pi\,\mathrm{a}\,\omega\,\frac{\partial\sigma}{\partial\tau} \tag{VI 1, 40}$$

über, welche wegen (VI 1, 11) inhaltlich mit (VI 1, 38) identisch ist.

Zum Zwecke der späteren Verwendung stellen wir folgende Eigenschaften des analysierten elektromagnetischen Feldes zusammen:

1. Das elektrische Longitudinalfeld ist durch die komplexe Amplitude

$$\tilde{E}_\zeta = \begin{cases} \frac{\pi}{2} \varrho_a H_0^{(1)} I_0 (i \sqrt{1-\beta^2}\,\varrho) \frac{1-\beta^2}{\beta} \sqrt{\frac{\Pi}{\Delta}} \tilde{A}_\zeta ; & \varrho < \varrho_a \\ \frac{\pi}{2} \varrho_a I_0 H_0^{(1)} (i \sqrt{1-\beta^2}\,\varrho) \frac{1-\beta^2}{\beta} \sqrt{\frac{\Pi}{\Delta}} \tilde{A}_\zeta ; & \varrho > \varrho_a \end{cases} \qquad \text{(VI 1, 41)}$$

gegeben. Längs der Systemachse tritt die *Zentralfeldstärke*

$$\underset{(\varrho=0)}{\tilde{E}_\zeta} = \frac{\pi}{2} \varrho_a H_0^{(1)} \frac{1-\beta^2}{\beta} \sqrt{\frac{\Pi}{\Delta}} \tilde{A}_\zeta \qquad \text{(VI 1, 42)}$$

auf; wir vergleichen sie mit der elektrischen Longitudinalfeldstärke längs der Oberfläche des Wendelzylinders

$$\underset{(\varrho=\varrho_a)}{\tilde{E}_\zeta} = \frac{\pi}{2} \varrho_a I_0 H_0^{(1)} \frac{1-\beta^2}{\beta} \sqrt{\frac{\Pi}{\Delta}} \tilde{A}_\zeta \qquad \text{(VI 1, 43)}$$

und definieren das reelle Verhältnis

$$\frac{\tilde{E}_{\zeta\,(\varrho=0)}}{\tilde{E}_{\zeta\,(\varrho=\varrho_a)}} = \frac{E_{\zeta\,(\varrho=0)}}{E_{\zeta\,(\varrho=\varrho_a)}} = \frac{1}{I_0} < 1 \qquad \text{(VI 1, 44)}$$

als *numerische Feldschwächung*.

2. Das elektrische Transversalfeld besitzt nach (VI 1, 30) lediglich eine radiale Komponente der komplexen Amplitude

$$\tilde{E}_\varrho = \begin{cases} -\frac{\pi}{2} \varrho_a H_0^{(1)} I_1 (i \sqrt{1-\beta^2}\,\varrho) \frac{\sqrt{1-\beta^2}}{\beta} \sqrt{\frac{\Pi}{\Delta}} \tilde{A}_\zeta ; & \varrho < \varrho_a \\ -\frac{\pi}{2} \varrho_a I_0 H_1^{(1)} (i \sqrt{1-\beta^2}\,\varrho) \frac{\sqrt{1-\beta^2}}{\beta} \sqrt{\frac{\Pi}{\Delta}} \tilde{A}_\zeta ; & \varrho > \varrho_a . \end{cases} \qquad \text{(VI 1, 45)}$$

In jeder Kontrollebene $\zeta = \text{const.}$ definieren wir als Transversalspannung $U_T = U_T(z, t) = U_T(\zeta, \tau)$ des Wendelzylinders das Integral

$$U_T = \int_a^\infty E_r\,dr = \frac{v}{\omega} \int_{\varrho_a}^\infty E_\varrho\,d\varrho . \qquad \text{(VI 1, 46)}$$

Mittels (VI 1, 45) finden wir für die komplexe Amplitude dieser Spannung

$$\tilde{U}_T = -\frac{\pi}{2} \varrho_a I_0 \frac{\sqrt{1-\beta^2}}{\beta} \sqrt{\frac{\Pi}{\Delta}} \tilde{A}_\varrho \cdot \frac{v}{\omega} \int_{\varrho_a}^\infty H_1^{(1)} (i \sqrt{1-\beta^2}\,\varrho)\,d\varrho =$$

$$= \frac{v}{\omega} \cdot \frac{\pi}{2} \varrho_a \cdot I_0\, i\, H_0^{(1)} \frac{1}{\beta} \sqrt{\frac{\Pi}{\Delta}} \tilde{A}_\zeta . \qquad \text{(VI 1, 47)}$$

Zwischen der Zentralfeldstärke und der Transversalspannung besteht somit die Relation

$$\underset{(\varrho=0)}{E_\zeta} = -\frac{1-\beta^2}{I_0} \cdot \frac{\omega}{v} \cdot \frac{\partial U_T}{\partial \zeta} . \qquad \text{(VI 1, 48)}$$

3. Das magnetische Feld reduziert sich gemäß (VI 1, 17) auf die Zirkularkomponente der komplexen Amplitude

$$\tilde{M}_\alpha = \begin{cases} -\frac{\pi}{2}\,\varrho_a\,H_0^{(1)}\,I_1\,(i\sqrt{1-\beta^2}\,\varrho)\sqrt{1-\beta^2}\,\tilde{A}_\zeta\,; & \varrho < \varrho_a \\ -\frac{\pi}{2}\,\varrho_a\,I_0\,H_1^{(1)}\,(i\sqrt{1-\beta^2}\,\varrho)\sqrt{1-\beta^2}\,\tilde{A}_\zeta\,; & \varrho > \varrho_a \end{cases} \qquad \text{(VI 1, 49)}$$

f) Wir gehen zum *zirkularen Strombelage* A_α nach Gl. (VI 1, 4) über. Sein elektrodynamisches Feld wird von einem der Systemachse parallelen, *Fitz-Gerald*schen Vektor *F* hergeleitet, dessen einzige, von Null verschiedene Komponente in Richtung der z-Achse durch F bezeichnet werde. Aus F ergeben sich die physikalischen Komponenten der magnetischen Feldstärke *M* nach den Vorschriften

$$M_\zeta = \frac{1}{r}\frac{\partial}{\partial r}\left(r\frac{\partial F}{\partial r}\right) = \left(\frac{\omega}{v}\right)^2 \frac{1}{\varrho}\frac{\partial}{\partial \varrho}\left(\varrho\frac{\partial F}{\partial \varrho}\right);$$

$$M_\varrho = -\frac{\partial^2 F}{\partial z\,\partial r} = -\left(\frac{\omega}{v}\right)^2 \frac{\partial^2 F}{\partial \zeta\,\partial \varrho}; \qquad M_\alpha = 0, \qquad \text{(VI 1, 50)}$$

während die physikalischen Komponenten der elektrischen Feldstärke *E* aus

$$E_\zeta = 0; \qquad E_\rho = 0; \qquad E_\alpha = -\Pi\frac{\partial^2 F}{\partial r\,\partial t} = -\frac{\omega^2}{v}\,\Pi\frac{\partial^2 F}{\partial \varrho\,\partial \tau} \qquad \text{(VI 1, 51)}$$

zu berechnen sind; F selbst gehorcht der partiellen Differentialgleichung

$$\frac{\partial^2 F}{\partial \zeta^2} + \frac{1}{\varrho}\frac{\partial}{\partial \varrho}\left(\varrho\frac{\partial F}{\partial \varrho}\right) = \beta^2\frac{\partial^2 F}{\partial \tau^2}. \qquad \text{(VI 1, 52)}$$

Die eigentlichen Randbedingungen, welche den Feldvektoren auferlegt sind, lauten:

I. Das *magnetische Achsialfeld* springt an der Fläche $\varrho = \varrho_a$ entsprechend Abb. VI 230 nach Maßgabe des Strombelages A_α

$$M_{\zeta\,\varrho_a+0} - M_{\zeta\,\varrho_a-0} = -A_\alpha. \qquad \text{(VI 1, 53)}$$

II. Das elektrische Zirkularfeld bleibt in $\varrho = \varrho_a$ stetig

$$E_{\alpha\,\varrho_a+0} = E_{\alpha\,\varrho_a-0}. \qquad \text{(VI 1, 54)}$$

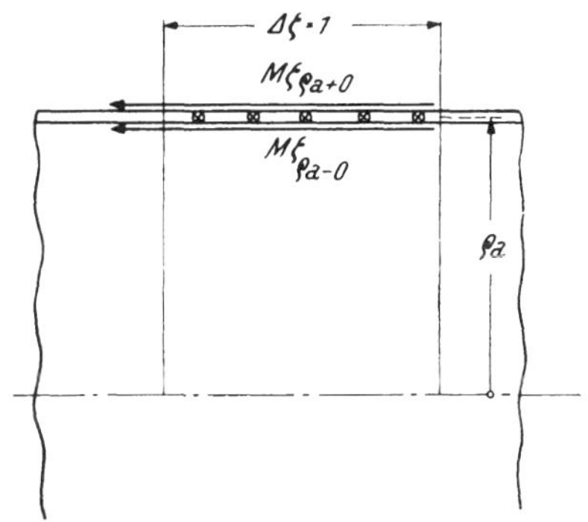

Abb. VI 230. Sprung des magnetischen Achsialfeldes am Wendelrohr.

Die für $\varrho \to 0$ und $\varrho \to \infty$ zu verlangenden, uneigentlichen Randbedingungen stimmen mit jenen überein, die früher für das Feld des *Hertz*schen Vektors angegeben wurden.

g) Durch den aus (VI 1, 11) und (VI 1, 14) hervorgehenden Wellenansatz

$$F = \tilde{F}(\varrho)\,e^{-i(\tau-\zeta)} \qquad \text{(VI 1, 55)}$$

folgt für die komplexe Amplitude $\tilde{F}$ des *Fitz-Gerald*schen Vektors die *Bessel*sche Differentialgleichung

$$\frac{1}{\varrho}\frac{d}{d\varrho}\left(\varrho\frac{d\tilde{F}}{d\varrho}\right) + (\beta^2 - 1)\,\tilde{F} = 0. \qquad \text{(VI 1, 56)}$$

Wir rufen zwei zunächst noch willkürliche Konstanten $L^{(i)}$ und $L^{(a)}$ zu Hilfe und finden mit Rücksicht auf die uneigentlichen Randbedingungen des elektromagnetischen Feldes aus (VI 1, 56)

$$\tilde{F} = \begin{cases} L^{(i)}\, I_0 (i \sqrt{1-\beta^2}\,\varrho); & \varrho < \varrho_a \\ L^{(a)}\, H_0^{(1)} (i \sqrt{1-\beta^2}\,\varrho); & \varrho > \varrho_a \end{cases}. \qquad \text{(VI 1, 57)}$$

Hiermit berechnen wir gemäß [VI 1, 50) und (VI 1, 56)

$$\tilde{M}_\zeta = \left(\frac{\omega}{v}\right)^2 \frac{1}{\varrho} \frac{d}{d\varrho}\left(\varrho \frac{d\tilde{F}}{d\varrho}\right) =$$

$$= \left(\frac{\omega}{v}\right)^2 (1-\beta^2)\, \tilde{F} = \begin{cases} \left(\frac{\omega}{v}\right)^2 (1-\beta^2)\, L^{(i)}\, I_0 (i \sqrt{1-\beta^2}\,\varrho); & \varrho < \varrho_a \\ \left(\frac{\omega}{v}\right)^2 (1-\beta^2)\, L^{(a)}\, H_0^{(1)} (i \sqrt{1-\beta^2}\,\varrho); & \varrho > \varrho_a \end{cases} \qquad \text{(VI 1, 58)}$$

sowie

$$\tilde{M}_\varrho = -\left(\frac{\omega}{v}\right)^2 i \frac{d\tilde{F}}{d\varrho} = \begin{cases} -\left(\frac{\omega}{v}\right)^2 \sqrt{1-\beta^2}\; L^{(i)}\, I_1 (i \sqrt{1-\beta^2}\,\varrho); & \varrho < \varrho_a \\ -\left(\frac{\omega}{v}\right)^2 \sqrt{1-\beta^2}\, L^{(a)} H_1^{(1)} (i \sqrt{1-\beta^2}\,\varrho); & \varrho > \varrho_a, \end{cases} \qquad \text{(VI 1, 59)}$$

während (VI 1, 51) auf

$$\tilde{E}_\alpha = -\frac{\omega^2}{v} \Pi (-i) \frac{d\tilde{F}}{d\varrho} = \begin{cases} \frac{\omega^2}{v} \sqrt{1-\beta^2}\; \Pi\, L^{(i)} I_1 (i \sqrt{1-\beta^2}\,\varrho); & \varrho < \varrho_a \\ \frac{\omega^2}{v} \sqrt{1-\beta^2}\; \Pi\, L^{(a)}\, H_1^{(1)} (i \sqrt{1-\beta^2}\,\varrho); & \varrho > \varrho_a \end{cases} \qquad \text{(VI 1, 60)}$$

führt. Aus (VI 1, 53) und (VI 1, 54) folgen somit für $L^{(i)}$ und $L^{(a)}$ die beiden linearen Gleichungen

$$L^{(a)}\, H_0^{(1)} - L^{(i)}\, I_0 = -\left(\frac{v}{\omega^2}\right)^2 \frac{\tilde{A}_\alpha}{1-\beta^2} \qquad \text{(VI 1, 61)}$$

sowie

$$L^{(a)}\, H_1^{(1)} = L^{(i)}\, I_1. \qquad \text{(VI 1, 62)}$$

Mit Benutzung der Identität (VI 1, 36) lauten ihre Lösungen

$$\left. \begin{aligned} L^{(i)} &= -\left(\frac{v}{\omega}\right)^2 \frac{\pi}{2} \varrho_a\, H_1^{(1)} \frac{\tilde{A}_\alpha}{\sqrt{1-\beta^2}} \\ L^{(a)} &= -\left(\frac{v}{\omega}\right)^2 \frac{\pi}{2} \varrho_a\, I_1 \frac{\tilde{A}_\alpha}{\sqrt{1-\beta^2}} \end{aligned} \right\} . \qquad \text{(VI 1, 63)}$$

Wir stellen folgende Eigenschaften des analysierten elektromagnetischen Feldes zusammen:

1. Die komplexe Amplitude des magnetischen Longitudinalfeldes folgt aus (VI 1, 58) zu

$$\tilde{M}_\zeta = \begin{cases} -\frac{\pi}{2} \varrho_a\, H_1^{(1)} I_0 (i \sqrt{1-\beta^2}\,\varrho) \sqrt{1-\beta^2}\; \tilde{A}_\alpha; & \varrho < \varrho_a \\ -\frac{\pi}{2} \varrho_a\, I_1\, H_0^{(1)} (i \sqrt{1-\beta^2}\,\varrho) \sqrt{1-\beta^2}\; \tilde{A}_\alpha; & \varrho > \varrho_a \end{cases}. \qquad \text{(VI 1, 64)}$$

2. Das magnetische Transversalfeld reduziert sich auf seine radiale Komponente; ihre komplexe Amplitude ergibt sich aus (VI 1, 59) zu

$$\tilde{M}_\varrho = \begin{cases} \frac{\pi}{2}\varrho_a H_1^{(1)} I_1(i\sqrt{1-\beta^2}\,\varrho)\cdot \tilde{A}_\alpha; & \varrho < \varrho_a \\ \frac{\pi}{2}\varrho_a I_1 H_1^{(1)}(i\sqrt{1-\beta^2}\,\varrho)\cdot \tilde{A}_\alpha; & \varrho > \varrho_a \end{cases}. \quad \text{(VI 1, 65)}$$

3. Die elektrische Feldstärke beschränkt sich auf ihre Zirkularkomponente mit der aus (VI 1, 60) zu entnehmenden komplexen Amplitude

$$\tilde{E}_\alpha = \begin{cases} -\frac{\pi}{2}\varrho_a H_1^{(1)} I_1(i\sqrt{1-\beta^2}\,\varrho)\,\beta\sqrt{\frac{\Pi}{\Delta}}\,\tilde{A}_\alpha; & \varrho < \varrho_a \\ -\frac{\pi}{2}\varrho_a I_1 H_1^{(1)}(i\sqrt{1-\beta^2}\,\varrho)\,\beta\sqrt{\frac{\Pi}{\Delta}}\,\tilde{A}_\alpha; & \varrho > \varrho_a \end{cases}. \quad \text{(VI 1, 66)}$$

Für $\varrho = \varrho_a$ resultiert hieraus

$$\tilde{E}_{\alpha\,(\varrho=\varrho a)} = -\frac{\pi}{2}\varrho_a I_1 H_1^{(1)}\beta\sqrt{\frac{\Pi}{\Delta}}\,\tilde{A}_\alpha. \quad \text{(VI 1, 67)}$$

h) Wir entnehmen den Gleichungen (VI 1, 43) und (VI 1, 67) die Komponenten der elektrischen Feldstärke längs der Oberfläche des Wendelzylinders, setzen sie in die kinematische Bedingungsgleichung (VI 1, 6) ein und erhalten, nachdem wir dort E_z mit E_ζ identifiziert haben, mit Benutzung von (VI 1, 13) und (VI 1, 14)

$$I_0 H_0^{(1)}\frac{1-\beta^2}{\beta}\sin^2\psi - I_1 H_1^{(1)}\beta\cos^2\psi = 0 \quad \text{(VI 1, 68)}$$

oder

$$\frac{I_0 H_0^{(1)}}{I_1 H_1^{(1)}} = \frac{\beta^2}{1-\beta^2}\operatorname{cotg}^2\psi. \quad \text{(VI 1, 69)}$$

Mit Rücksicht auf die Definition (VI 1, 21) des numerischen Zylinderhalbmessers ϱ_a im Verein mit der Abkürzung (VI 1, 33) kann man diese Relation in die Gestalt bringen

$$u_a^2\frac{I_0(i\,u_a)\,H_0^{(1)}(i\,u_a)}{I_1(i\,u_a)\,H_1^{(1)}(i\,u_a)} = (\varrho_a\,\beta\operatorname{cotg}\psi)^2 = \left(\frac{\omega\,a}{v_0}\operatorname{cotg}\psi\right)^2. \quad \text{(VI 1, 70)}$$

Definiert man also mittels der Kreisfrequenz ω oder, anschaulicher, mittels der ihr zugeordneten Vakuum-Wellenlänge

$$\lambda_0 = 2\pi\frac{v_0}{\omega} \quad \text{(VI 1, 71)}$$

die *numerische Kreisfrequenz* Ω durch

$$\Omega = \frac{\omega\,a}{v_0} = \frac{2\pi\,a}{\lambda_0} \quad \text{(VI 1, 72)}$$

und setzt

$$\Omega^* = \Omega\cdot\operatorname{cotg}\psi, \quad \text{(VI 1, 73)}$$

so liefern die Gleichungen (VI 1, 70) und (VI 1, 73) zunächst den Zusammenhang

$$u_a = u_a(\Omega^*) = u_a(\Omega, \psi) \quad \text{(VI 1, 74)}$$

gemäß Abb. VI 231. Die numerische Phasengeschwindigkeit β der untersuchten Welle folgt dann aus (VI 1, 69) und (VI 1, 74) zu

$$\beta = \beta(\Omega), \psi) = \frac{1}{\sqrt{1 + \frac{I_1\, H_1^{(1)}}{I_0\, H_0^{(1)}} \operatorname{cotg}^2 \psi}}\,. \qquad \text{(VI 1, 75)}$$

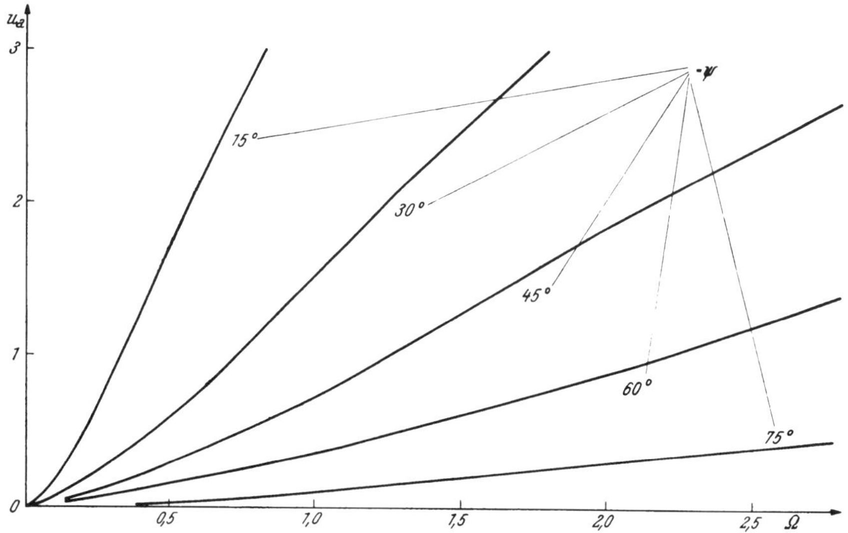

Abb. VI 231. Der numerische Halbmesser u_a des Wendelzylinders als Funktion der numerischen Kreisfrequenz Ω.

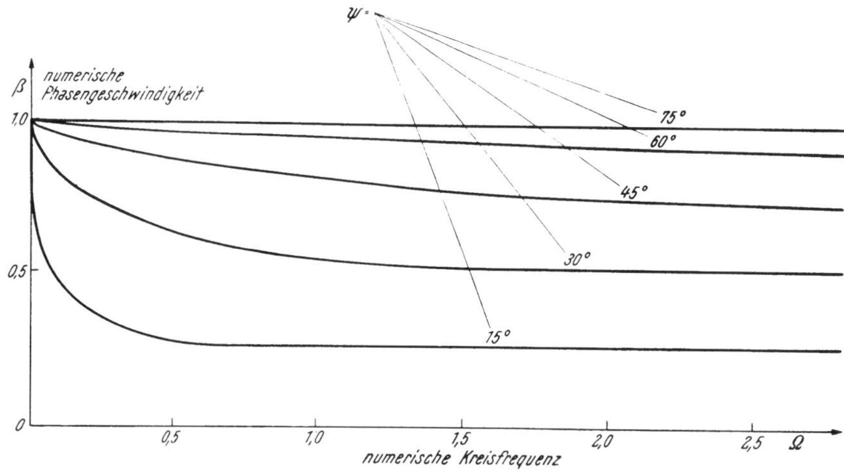

Abb. VI 232. Die Phasengeschwindigkeit der Wellen, welche längs des Wendelzylinders fortschreiten, als Funktion ihrer numerischen Kreisfrequenz.

Nach Abb. VI 232 nähert sich somit die numerische Phasengeschwindigkeit mit wachsender numerischer Kreisfrequenz Ω rasch dem Grenzwert

$$\lim_{\Omega \to \infty} \beta = \sin \psi, \qquad \text{(VI 1, 76)}$$

so daß dann die Bewegung des Feldes längs der Stromlinien mit der Geschwindigkeit des Lichtes im leeren Raume fortschreitet. Da hierbei im Falle hinreichend kleiner Neigungswinkel ψ die numerische Phasengeschwindigkeit $\beta \ll 1$ bleibt, erhält man in oft ausreichender Genauigkeit aus (VI 1, 33)

$$u_a \approx \varrho_a \qquad \text{(VI 1, 77)}$$

und also aus (VI 1, 70) die Gleichung

$$\beta^* \equiv \beta \operatorname{cotg} \psi = \sqrt{\frac{I_0 H_0^{(1)}}{I_1 H_1^{(1)}}}\,. \qquad \text{(VI 1, 78)}$$

welche im Verein mit (VI 1, 74) einen für alle Wendelrohre einheitlichen Zusammenhang zwischen β^* und Ω^* gemäß Abb. VI 233 herstellt.

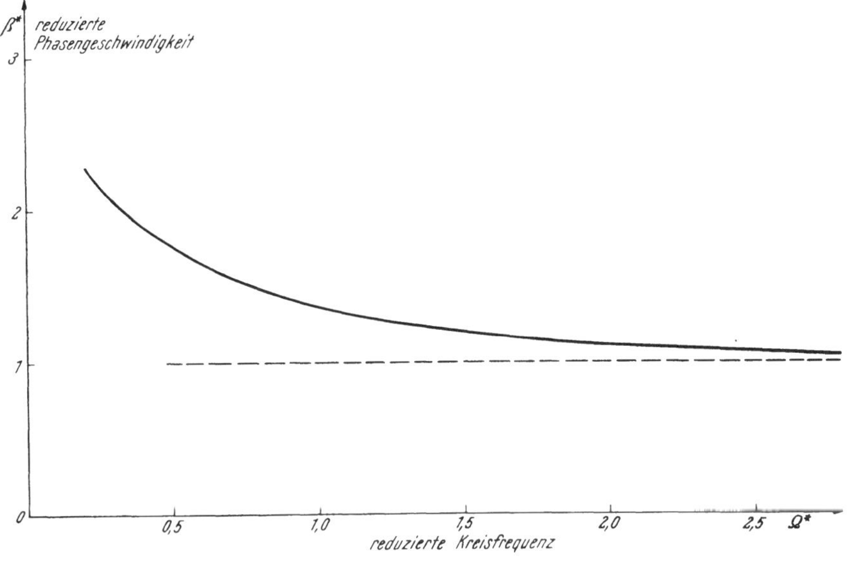

Abb. VI 233. Phasengeschwindigkeit der Wendelrohr-Wellen im Grenzfalle $\beta \ll 1$.

i) Wir vergleichen die elektrodynamischen Eigenschaften des Wendelrohres mit jenen einer verlustfreien, homogenen Doppelleitung bei deren Betrieb mit der „Hauptfeld-Struktur": Die Vektoren sowohl der elektrischen wie der magnetischen Feldstärke weisen überall senkrecht zur Längserstreckung der Leitung, welche wir mit der positiven z-Richtung eines relativ zur Leitung ruhenden, *Kartesi*schen Bezugssystemes x, y, z identifizieren. In jeder Kontrollebene z = const. wird dann die Spannung U durch das von einem Leiter zum anderen erstreckte Linienintegral der elektrischen Feldstärke eindeutig definiert; in der gleichen Kontrollebene liefert das je einen Leiter umschlingende Linienintegral der magnetischen Feldstärke eindeutig den entsprechenden Strom $\pm$ J. Legt man die Zählrichtungen von Spannung und Strom derart fest, daß einem positiven Werte ihres Produktes ein Energietransport in Richtung der positiven z-Achse korrespondiert, so ergeben sich mit Hilfe des *Induktivitätsbelages* l und des *Kapazitätsbelages* c der Doppelleitung ihre *Kirchhoff*schen Gleichungen

$$\frac{\partial U}{\partial z} = -l \frac{\partial J}{\partial t} \tag{VI 1, 79}$$

und

$$\frac{\partial J}{\partial z} = -c \frac{\partial U}{\partial t}. \tag{VI 1, 80}$$

Mit

$$J = \tilde{J}(z)\, e^{-i\omega t}; \qquad U = \tilde{U}(z)\, e^{-i\omega t} \tag{VI 1, 81}$$

folgen aus (VI 1, 79) und (VI 1, 80) für die komplexen Amplituden $\tilde{J}$ und $\tilde{U}$ die simultanen Differentialgleichungen

$$\frac{d\tilde{U}}{dz} = i\,\omega\, l\, \tilde{J} \tag{VI 1, 82}$$

und

$$\frac{d\tilde{J}}{dz} = i\,\omega\, c\, \tilde{U}. \tag{VI 1, 83}$$

Zum Zwecke des gewünschten Vergleiches benötigen wir die Partikularlösung

$$\tilde{U} = \tilde{U}_0\, e^{i\omega\sqrt{lc}\,z}; \qquad \tilde{J} = \frac{\tilde{U}_0}{\sqrt{\frac{l}{c}}}\, e^{i\omega\sqrt{lc}\,z}, \tag{VI 1, 84}$$

welche eine längs der positiven z-Richtung mit der Phasengeschwindigkeit

$$v = \frac{1}{\sqrt{lc}} \tag{VI 1, 85}$$

fortschreitende elektromagnetische Welle schildert; das in jeder Kontrollebene gleiche Verhältnis der Spannungs- zur Stromamplitude

$$\frac{\tilde{U}}{\tilde{J}} = W = \sqrt{\frac{l}{c}} \tag{VI 1, 86}$$

definiert den *Wellenwiderstand* der Doppelleitung.

Inwieweit lassen sich diese Begriffe auf das Wendelrohr übertragen?

Wir stellen der Transversalspannung U_T nach Gl. (VI 1, 46) als Strom J in der Kontrollebene die Größe

$$J = 2\pi\, a\, A_\zeta; \qquad \tilde{J} = 2\pi\, a\, \tilde{A}_\zeta \tag{VI 1, 87}$$

zur Seite. Zwischen U_T und J bestehen zwar im allgemeinen keine partiellen Differentialgleichungen der Form (VI 1, 79) und (VI 1, 80); doch kann man für die komplexen Amplituden $\tilde{U}_T$ und $\tilde{J}$ zeitlich harmonisch schwingender Betriebsgrößen der Kreisfrequenz ω die Permanenz der Gleichungen (VI 1, 82) und (VI 1, 83) erzwingen, sofern man nur den Induktivitätsbetrag l und den Kapazitätsbelag c des Wendelrohres je als Funktion von ω betrachtet. Da dann die Relationen (VI 1, 85) und

(VI 1, 86) automatisch erfüllt sind, bilden wir aus (VI 1, 47), (VI 1, 75) und (VI 1, 87) den Wellenwiderstand

$$W = \frac{\tilde{U}_T}{\tilde{J}} = \frac{1}{4}\sqrt{\frac{\Pi}{\Delta}\, I_0\, i\, H_0^{(1)}}\sqrt{1 + \frac{I_1 H_1^{(1)}}{I_0 H_0^{(1)}} \operatorname{cotg}^2 \psi} = \sqrt{\frac{1}{c}} \qquad \text{(VI 1, 88)}$$

nach Abb. VI 234 und erhalten durch Kombination von (VI 1, 85) und (VI 1, 88)

$$l = \frac{W}{v} = \frac{W}{\beta}\,\frac{1}{v_0} = \frac{\Pi}{4}\left[I_0\, i\, H_0^{(1)} + \frac{1}{i}\, I_1 (-H_1^{(1)}) \operatorname{cotg}^2 \psi\right] \qquad \text{(VI 1, 89)}$$

und

$$c = \frac{1}{W \cdot v} = \frac{1}{W \beta} \cdot \frac{1}{v_0} = \frac{4 \Delta}{I_0\, i\, H_0^{(1)}}. \qquad \text{(VI 1, 90)}$$

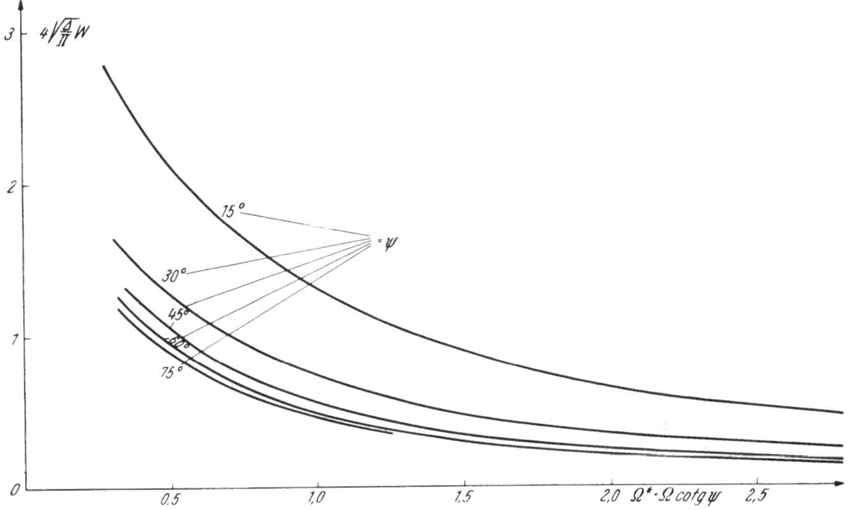

Abb. VI 234. Wellenwiderstand des Wendelzylinders.

Die Abhängigkeit dieser spezifischen Größen von $\Omega^* = \Omega \operatorname{cotg} \psi$ ist in den Abb. VI 235 und VI 236 dargestellt.

Im Gegensatz zu dem bisher durchgeführten Parallelismus von Doppelleitung und Wendelrohr ist zu betonen, daß sich die verglichenen Systeme mit Bezug auf die von ihnen transportierte Leistung wesentlich verschieden verhalten.

Bezeichnen wir durch $\overset{\smile}{f}$ die zu $\tilde{f}$ konjuziert-komplexe Amplitude einer Betriebsveränderlichen sowie durch $|\tilde{f}|^2 = \tilde{f}\,\overset{\smile}{f}$ ihren quadratischen Mittelwert, so folgt zunächst die mittlere Leistung N der Doppelleitung aus

$$N = \frac{\tilde{U}\,\overset{\smile}{U}}{W} = \tilde{U}\,\overset{\smile}{J} = W \tilde{J}\,\overset{\smile}{J} = W\,|\tilde{J}\,|^2. \qquad \text{(VI 1, 91)}$$

Um die mittlere Leistung des Wendelrohres zu finden, bilden wir in der Kontrollebene ζ zunächst den zeitlichen Mittelwert der achsenparallelen Komponente S_ζ des *Poynting*schen Vektors

$$S_\zeta = \tilde{E}_\rho \overset{\smile}{M}_\alpha - \tilde{E}_\alpha \overset{\smile}{M}_\rho \qquad \text{(VI 1, 92)}$$

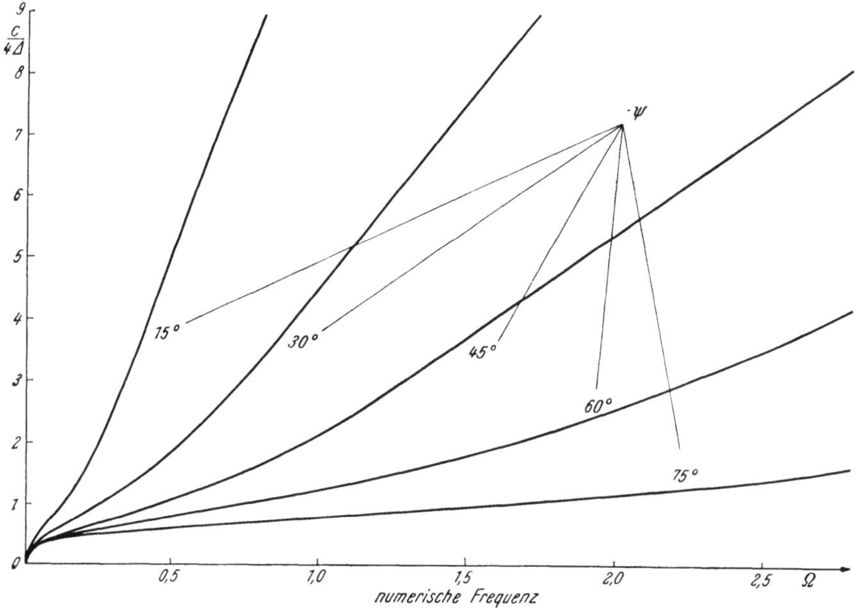

Abb. VI 235. Kapazitätsbelag des Wendelzylinders.

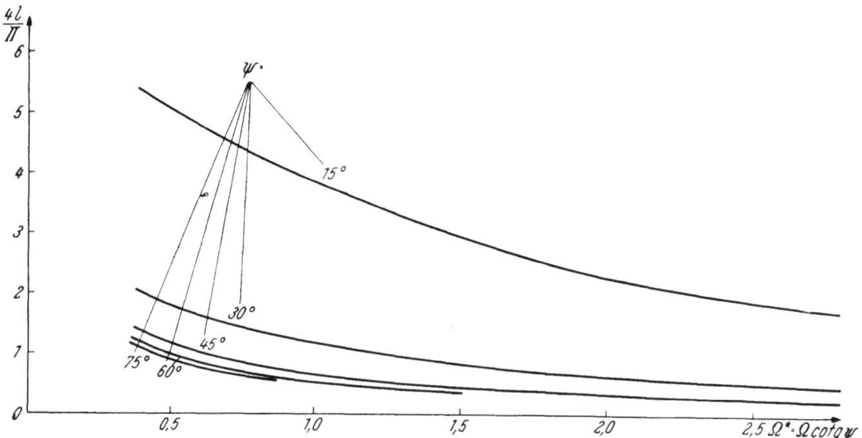

Abb. VI 236. Induktivitätsbelag des Wendelzylinders.

und finden mit (VI 1, 45), (VI 1, 49), (VI 1, 65) und (VI 1, 66)

$$
S_\zeta = \begin{cases} \left(\frac{\pi}{2}\varrho_a\right)^2 \sqrt{\frac{\Pi}{\Delta}} \left[\frac{1-\beta^2}{\beta}\{H_0^{(1)}\}^2 |\widetilde{A}_\zeta|^2 - \right. \\ \left. \qquad - \beta\,\{H_1^{(1)}\}^2 |\widetilde{A}_\alpha|^2\right] \{I_1(i\sqrt{1-\beta^2}\,\varrho)\}^2; \quad \varrho < \varrho_a \\ \left(\frac{\pi}{2}\varrho_a\right)^2 \sqrt{\frac{\Pi}{\Delta}} \left[\frac{1-\beta^2}{\beta}\{I_0\}^2 |\widetilde{A}_\zeta|^2 - \right. \\ \left. \qquad - \beta\,\{I_1\}^2 |\widetilde{A}_\alpha|^2\right] \{H_1^{(1)}(i\sqrt{1-\beta^2}\,\varrho)\}^2; \quad \varrho > \varrho_a. \end{cases} \qquad \text{(VI 1, 93)}
$$

Durch Integration dieses Ausdruckes über die gesamte Kontrollebene folgt somit

$$N = \int_{r=0}^{\infty} S_\zeta \, 2\pi r \, dr = \left(\frac{v}{\omega}\right)^2 \int_{\varrho=0}^{\infty} S_\zeta \, 2\pi \varrho \, d\varrho =$$

$$= 2\pi \left(\frac{\pi}{2} a\right)^2 \sqrt{\frac{\Pi}{\Delta}} \left[\left(\frac{1-\beta^2}{\beta} \{H_0^{(1)}\}^2 |\tilde{A}_\zeta|^2 - \right.\right.$$

$$\left. - \beta \{H_1^{(1)}\}^2 |\tilde{A}_\alpha|^2\right) \int_0^{\varrho_a} \{I_1 (i\sqrt{1-\beta^2}\, \varrho\}^2 \varrho) \, d\varrho +$$

$$\left. + \left(\frac{1-\beta^2}{\beta} \{I_0\}^2 |\tilde{A}_\zeta|^2 - \beta \{I_1\}^2 |\tilde{A}_\alpha|^2\right) \int_{\varrho_a}^{\infty} \{H_1^{(1)} (i\sqrt{1-\beta^2}\,\varrho)\}^2 \, \varrho \, d\varrho\right]. \qquad \text{(VI 1, 94)}$$

Mit Rücksicht auf (VI 1, 13), (VI 1, 14), (VI 1, 36), (VI 1, 69) und (VI 1, 87) entsteht hieraus

$$N = |\tilde{J}|^2 \frac{1}{4 u_a} \sqrt{\frac{\Pi}{\Delta}} \frac{1-\beta^2}{\beta} \left[\frac{H_0^{(1)}}{I_1} \int_0^{\varrho_a} \{I_1 (i\sqrt{1-\beta^2}\,\varrho)\}^2 \varrho \, d\varrho - \right.$$

$$\left. - \frac{I_0}{H_1^{(1)}} \int_{\varrho_a}^{\infty} \{H_1^{(1)} (i\sqrt{1-\beta^2}\,\varrho)\}^2 \varrho \, d\varrho\right]. \qquad \text{(VI 1, 95)}$$

Wir benutzen die Formeln

$$\int_0^{\varrho_a} \{I_1 (i\sqrt{1-\beta^2}\,\varrho)\}^2 \varrho \, d\varrho = \frac{\varrho_a^2}{2} [\{I_1\}^2 - I_0 I_2] \equiv \frac{\varrho_a^2}{2}\left[\{I_0\}^2 - 2\frac{I_0 I_1}{i u_a} + \{I_1\}^2\right] \qquad \text{(VI 1, 96)}$$

sowie

$$\int_{\varrho_a}^{\infty} \{H_1^{(1)} (i\sqrt{1-\beta^2}\,\varrho)\}^2 \varrho \, d\varrho = -\frac{\varrho_a^2}{2} [\{H_1^{(1)}\}^2 \quad H_0^{(1)} H_2^{(1)}] \equiv -$$

$$-\frac{\varrho_a^2}{2}\left[\{H_0^{(1)}\}^2 - 2\frac{H_0^{(1)} H_1^{(1)}}{i u_a} + \{H_1^{(1)}\}^2,\right] \qquad \text{(VI 1, 97)}$$

so daß mit Rücksicht auf (VI 1, 88) und (VI 1, 75)

$$N = |\tilde{J}|^2 \frac{u_a}{8} \sqrt{\frac{\Pi}{\Delta}} \frac{I_0 H_0^{(1)}}{\beta} \left[\frac{I_0}{I_1} + \frac{I_1}{I_0} + \frac{H_1^{(1)}}{H_0^{(1)}} + \frac{H_0^{(1)}}{H_1^{(1)}} - \frac{4}{i u_a}\right] =$$

$$= |\tilde{J}|^2 W \frac{u_a}{2}\left[\frac{4}{u_a} - i\left\{\frac{I_0}{I_1} + \frac{I_1}{I_0} + \frac{H_1^{(1)}}{H_0^{(1)}} + \frac{H_0^{(1)}}{H_1^{(1)}}\right\}\right] \qquad \text{(VI 1, 98)}$$

resultiert. Das Verhältnis der mittleren Leistung N zum quadratischen Mittelwert des Stromes definiert den *Strahlungswiderstand* W_{str} des Wendelrohres:

$$\frac{N}{|\tilde{J}|^2} = W_{str}. \qquad \text{(VI 1, 99)}$$

Aus (VI 1, 98) entnimmt man für den Strahlungswiderstand des Wendelrohres im Verhältnis zu dessen Wellenwiderstand die Formel

$$\frac{W_{stv}}{W} = 2 - \frac{i\,u_a}{2}\left\{\frac{I_0}{I_1} + \frac{I_1}{I_0} + \frac{H_1^{(1)}}{H_0^{(1)}} + \frac{H_0^{(1)}}{H_1^{(1)}}\right\}. \qquad \text{(VI 1, 100)}$$

welche durch Abb. VI 237 veranschaulicht wird.

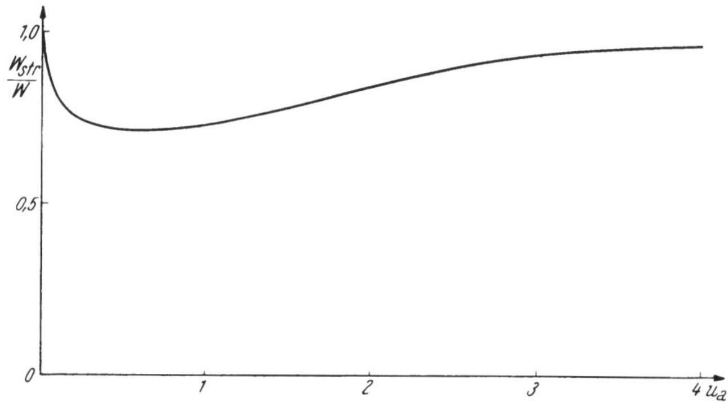

Abb. VI 237. Strahlungswiderstand des Wendelzylinders im Verhältnis zu dessen Wellenwiderstand.

VI 2. Der Wendelrohr-Verstärker.

a) In einem hoch evakuierten Gefäße sei ein Wendelrohr vom mittleren Halbmesser a und vom Neigungswinkel ψ seiner leitfähigen Strombahnen gegeben. Die Analyse seines elektromagnetischen Feldes gemäß Ziffer VI 1 führt auf Wellen, welche an jedem relativ zum Wendelrohr festen Orte mit der Kreisfrequenz ω harmonisch schwingen, während sie sich mit der Phasengeschwindigkeit $v < v_0$ [v_0 = Ausbreitungsgeschwindigkeit des Lichtes im leeren Raum] längs der Achse des Systemes fortpflanzen. Vermöge der longitudinalen elektrischen Zentralfeldstärke, welche diese Wellen auszeichnet, können sie auf die Elektronen eines achsial gerichteten Kathodenstrahles mechanische Kräfte ausüben. Wird der hierbei stattfindende Austausch zwischen der kinetischen Elektronen-Energie und der Energie der elektromagnetischen Wellen so geleitet, daß die letztgenannte auf Kosten der erstgenannten zunimmt, so definiert das System einen *Wendelrohr-Verstärker*; es gilt, die Existenzbedingungen des gewünschten Effektes und seine quantitativen Gesetzmäßigkeiten aufzufinden.

b) Wir orientieren uns an dem Bezugssystem der in Ziffer VI 1 eingeführten Zylinderkoordinaten z [Achse], r [Radialdistanz] und α [Azimut]. Da nun der Elektronenstrahl wesentlich in die Ausbreitungsgesetze des elektromagnetischen Feldes eingreift, hat man in der Regel eine quantitative Änderung der ursprünglichen Phasengeschwindigkeit v zu gewärtigen, und gleichzeitig mag die Amplitude der resultierenden Wellen längs deren Fortschrittsrichtung exponentiell zu- oder abnehmen. Beide Erscheinungen lassen sich formal zusammenfassen, indem man die jeweils zu untersuchende Welle bei fester komplexer Amplitude mit einer *komplexen Phasengeschwindigkeit*

$$v' = \frac{v}{\gamma} \qquad \text{(VI 2, 1)}$$

ausstattet, in welcher

$$\gamma = \xi + i\eta \qquad \text{(VI 2, 2)}$$

eine vorerst noch beliebige, komplexe Konstante des Realteiles ξ und des Imaginärteiles η definiert. Aus (VI 1, 7) folgt dann nach Ersatz von v durch v′ als Darstellung der Welle f — das Symbol Re wird nach Übereinkunft unterdrückt —

$$f(z, r, \alpha, t) = \tilde{f}\, e^{-i\omega\left(t - \frac{z}{v'}\right)} = \tilde{f}\, e^{-i\omega\left(t - \frac{\xi + i\eta}{v} z\right)} = \tilde{f}\, e^{-\frac{\omega\eta}{v} z}\, e^{-i\omega\left(t - \frac{\xi}{v} z\right)}. \qquad \text{(VI 2, 3)}$$

so daß für $\eta \lessgtr 0$ der Ausdruck $\frac{\omega\,\eta}{v}$ die logarithmische $\genfrac{}{}{0pt}{}{\text{Zunahme}}{\text{Abnahme}}$ der Wellenamplitude je Einheit der Fortschrittsrichtung mißt, während der Quotient $\frac{v}{\xi}$ den modifizierten Wert der reellen Phasengeschwindigkeit angibt.

An Hand der Gl. (VI 2, 1) bilden wir mittels

$$\beta' = \frac{v'}{v_0} = \frac{1}{\gamma} \cdot \frac{v}{v_0} = \frac{\beta}{\gamma} \qquad \text{(VI 2, 4)}$$

die *numerische, komplexe Phasengeschwindigkeit* der Welle und definieren durch

$$\zeta' = \frac{\omega z}{v'} = \gamma\,\zeta; \qquad \varrho' = \frac{\omega r}{v'} = \gamma\,\varrho \qquad \text{(VI 2, 5)}$$

die von (VI 1, 10) im Verhältnis γ verschiedenen *numerischen Koordinaten* des Aufpunktes; hingegen werde die *numerische Zeit* τ, wie früher, durch

$$\tau = \omega\, t \qquad \text{(VI 2, 6)}$$

bestimmt. Da die Rotationssymmetrie der Wellen durch den zentral geführten Elektronenstrahl nicht gestört wird, reduzieren sich somit die Wellen (VI 2, 3) auf die Gestalt

$$f = \tilde{f}\, e^{-i(\tau - \zeta')} = \tilde{f}\, e^{-i(\tau - \gamma\zeta)}; \qquad \tilde{f} = \tilde{f}(\varrho). \qquad \text{(VI 2, 7)}$$

c) Mittels einer Beschleunigungsapparatur, welche in Abb. VI 238 angedeutet ist, erteilen wir den Elektronen die uniforme, parallel der positiven z-Achse gerichtete Geschwindigkeit v_e, mit welcher sie in der Ebene $z = z_0 < 0$ in das Wendelrohr einfallen. Sie bilden dann einen Strahl der Stromstärke J_0, die wir hier, entgegen den üblichen Gepflogenheiten, parallel der positiven z-Achse als positiv zählen; um dennoch mit der konventionellen Berechnungsart der Stromstärke in Übereinstimmung zu bleiben, ist also

$$J_0 < 0 \qquad \text{(VI 2, 8)}$$

vorauszusetzen. Wir lassen die Dispersion dieses Strahles außer acht, indem wir ihm den festen Halbmesser r_0 der Eigenschaft

$$r_0 \ll a \qquad \text{(VI 2, 9)}$$

zuschreiben; innerhalb des Strahles $[r < r_0]$ gelte die Stromdichte als gleichförmig.

In der Terminologie des Klystrons definiert das Wendelrohr relativ zum einfallenden Kathodenstrahl einen *zylindrischen Modulator*. Wir tragen diesem Sachverhalte Rechnung, indem wir dem raum-zeitlichen Verlaufe des Elektronenstromes J in allen Kontrollebenen $z > z_0$ den in seinem veränderlichen Anteil mit der Welle (VI 2, 7) kohärenten Ansatz

$$J = J_0 + \tilde{J}\, e^{-i(\tau - \gamma\zeta)} \tag{VI 2, 10}$$

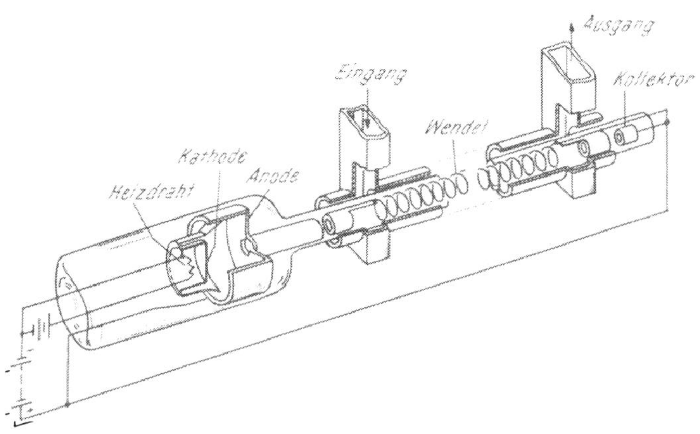

Abb. VI 238. Schema eines Wendelrohr-Verstärkers.

zugrunde legen. Indem wir uns nun, bei festen Daten des Kathodenstrahles, auf die Linearität der *Maxwell*schen Feldgleichungen berufen, können wir gedanklich das elektrodynamische Feld des Systemes in zwei Komponenten zerlegen, die sich einander überlagern:

1. Das *Primärfeld* [Index p] wird von den Leitungsströmen des Wendelrohres erregt, während der Kathodenstrahl außer acht bleibt.

2. Das *Sekundärfeld* [Index s] wird von dem Kathodenstrahl erzeugt, während gleichzeitig das Wendelrohr stromlos und ladungsfrei bleibt.

d) Um uns von der Notwendigkeit zu befreien, den Rücktransport des Gleichstromes J_0 mittels einer bestimmten konstruktiven Anordnung festzulegen, scheiden wir den zeitfreien Anteil des Feldes von der weiteren Untersuchung aus. Für die dann allein verbleibende Analyse des zeitabhängigen Feldanteiles ersetzen wir das Wendelrohr durch den Wendelzylinder vom Halbmesser a und berechnen nunmehr die primären und sekundären Komponenten getrennt:

1. Das Primärfeld geht aus jenem der Ziffer VI 1 hervor, falls man dort die Substitutionen

$$v \to v'; \qquad \zeta \to \zeta'; \qquad \varrho \to \varrho'; \qquad \beta \to \beta' \tag{VI 2, 11}$$

ausführt; durch sie verwandelt sich der Parameter u_a der Gl. (VI 2, 33) in

$$u_a' = \sqrt{1 - \beta'^2}\, \varrho_a' = \sqrt{\gamma^2 - \beta^2}\, \varrho_a. \tag{VI 2, 12}$$

2. Die geometrische Struktur des Kathodenstrahles ermöglicht die Entwicklung des Sekundärfeldes aus einem *Hertz*schen Vektor, dessen einzige, von Null verschiedene Komponente parallel der positiven z-Achse weist; sie sei durch Z_s bezeichnet. Die partielle Differentialgleichung des in Z_s enthaltenen zeitfreien Anteiles geht aus (VI 1, 20) mittels der Substitutionen (VI 2, 11) hervor, so daß der Wellenansatz

$$Z_s = \tilde{Z}_s\, e^{-i(\tau - \gamma\zeta)} \tag{VI 2, 13}$$

für die komplexe Amplitude $\widetilde{Z}_s = \widetilde{Z}_s(\varrho)$ die *Bessel*sche Differentialgleichung

$$\frac{1}{\varrho}\frac{d}{d\varrho}\left(\varrho\frac{d\widetilde{Z}_s}{d\varrho}\right) + (\beta^2 - \gamma^2)\,\widetilde{Z}_s = 0 \qquad \text{(VI 2, 14)}$$

liefert.

Welche Randbedingungen sind den sekundären Feldkomponenten auferlegt?

I. In jeder Kontrollebene $\zeta = \text{const.}$ gleicht das längs der Strahlperipherie erstreckte Ringintegral der magnetischen Feldstärke M, welche als Summe der schon bekannten Primärfeldstärke M_p und der noch unbekannten Sekundärfeldstärke M_s resultiert, dem diese Ebene passierenden Konvektionsstrom J:

$$2\pi r_0\left[\underset{p}{\widetilde{M}_\alpha} + \underset{s}{\widetilde{M}_\alpha}\right]_{r = r_0} = 2\pi\frac{v'}{\omega}\varrho_0'\left[\underset{p}{\widetilde{M}_\alpha} + \underset{s}{\widetilde{M}_\alpha}\right]_{\varrho' = \varrho_0'} = \widetilde{J}; \qquad \varrho_0' = \frac{\omega r_0}{v'}. \qquad \text{(VI 2, 15)}$$

II. Bei endlichen Werten von ζ müssen mit $\varrho \to \infty$ gleich den primären auch die sekundären Feldkomponenten gegen Null konvergieren.

e) Wir setzen in (VI 2, 2) weiterhin $\xi \gtrless 0$ voraus und verstehen unter dem Zeichen $\sqrt{\gamma^2 - \beta^2} = \gamma\sqrt{1 - \beta'^2}$ denjenigen Zweig dieser als Funktion von γ aufgefaßten Wurzel, deren Realteil positiv ausfällt. Auf Grund der für $\varrho \to \infty$ verlangten, uneigentlichen Randbedingung des Sekundärfeldes haben wir dann als Lösung der Gl. (VI 2, 14) die mit einer Konstanten C multiplizierte *Hankel*sche Zylinderfunktion nullter Ordnung und erster Art vom komplexen Argumente $i\gamma\sqrt{1 - \beta'^2}\,\varrho$ zu wählen

$$\widetilde{Z}_s = C\,H_0^{(1)}\left(i\gamma\sqrt{1 - \gamma'^2}\,\varrho\right). \qquad \text{(VI 2, 16)}$$

Um sie auch der Forderung (VI 2, 15) anzupassen, verschärfen wir die Angabe (VI 2, 9) durch den freilich nur ideell ausführbaren Grenzübergang zu einem „*Fadenstrahl*"

$$r_0 \to 0. \qquad \text{(VI 2, 17)}$$

Da bei diesem Prozeß die primäre magnetische Zirkularfeldstärke auf dem Strahlumfange gegen Null konvergiert, reduziert sich nunmehr (VI 2, 15) auf die vom Primärfeld unabhängige Bedingung

$$\lim_{\varrho_0' \to 0} 2\pi\frac{v'}{\omega}\varrho_0'\left[\underset{s}{\widetilde{M}_\alpha}\right]_{\varrho' = \varrho_0'} = \widetilde{J}. \qquad \text{(VI 2, 18)}$$

Bilden wir daher aus (VI 2, 16) und (VI 2, 17) mit Beachtung von (VI 2, 11)

$$\underset{s}{\widetilde{M}_\alpha} = -\left(\frac{\omega}{v'}\right)^2 \frac{\beta'\gamma\sqrt{1 - \beta'^2}}{\sqrt{\frac{\Pi}{\Delta}}}\,C\,H_1^{(1)}\left(i\gamma\sqrt{1 - \beta'^2}\,\varrho\right) \qquad \text{(VI 2, 19)}$$

und bedienen uns der Formel

$$\lim_{u \to 0}\frac{\pi u}{2}\{-H_1^{(1)}(i u)\} = 1, \qquad \text{(VI 2, 20)}$$

so folgt aus (VI 2, 18) und (VI 2, 19)

$$4\frac{\omega}{v'}\frac{\beta'}{\sqrt{\frac{\Pi}{\Delta}}}C \equiv 4\,\omega\,\Delta\,C = \widetilde{J}; \qquad C = \frac{1}{4\,\omega\,\Delta}\widetilde{J} \qquad \text{(VI 2, 21)}$$

und demnach

$$\widetilde{Z}_s = \frac{1}{4\,\omega\,\Delta}\,\widetilde{J}\;H_0^{(1)}\,(i\,\gamma\sqrt{1-\beta'^2}\,\varrho)\,. \tag{VI 2, 22}$$

f) Nach (VI 2, 16), (VI 2, 11) und (VI 2, 14) entwickelt der zeitabhängige Anteil des *Hertz*schen Vektors Z_s das elektrische Longitudinalfeld E_{ζ_s} von der komplexen Amplitude

$$\widetilde{E}_{\zeta_s} = \left(\frac{\omega}{v'}\right)^2 \frac{1}{\varrho'}\frac{\partial}{\partial\varrho'}\left(\varrho'\frac{\partial \widetilde{Z}_s}{\partial\varrho'}\right) = \left(\frac{\omega}{v'}\right)^2 \frac{1}{\gamma^2}\frac{1}{\varrho}\frac{\partial}{\partial\varrho}\left(\varrho\frac{\partial \widetilde{Z}_s}{\partial\varrho}\right) =$$

$$= \frac{\omega}{v'}\,\frac{1-\beta'^2}{\beta'}\,\frac{1}{4}\,H_0^{(1)}\,(i\,\gamma\sqrt{1-\beta'^2}\,\varrho)\sqrt{\frac{\Pi}{\Delta}}\,\widetilde{J}. \tag{VI 2, 23}$$

Mit Hilfe des vereinbarten Symboles $H_0^{(1)} \equiv H_0^{(1)}(i\,u_a')$ entnimmt man aus (VI 2, 23) für das longitudinale elektrische Sekundärfeld am Wendelzylinder ($\varrho = \varrho_a$) den Ausdruck

$$\widetilde{E}_{\zeta_s\,(\varrho=\varrho_a)} = \frac{\omega}{v'}\,\frac{1-\beta'^2}{\beta'}\,\frac{1}{4}\,H_0^{(1)}\sqrt{\frac{\Pi}{\Delta}}\,\widetilde{J}. \tag{VI 2, 24}$$

Am gleichen Orte treffen wir nach (VI 2, 43) und (VI 2, 11) das longitudinale elektrische Primärfeld

$$\widetilde{E}_{\zeta_p\,(\varrho=\varrho)} = \frac{\pi}{2}\,\varrho_a'\,I_0\,H_0^{(1)}\,\frac{1-\beta'^2}{\beta'}\sqrt{\frac{\Pi}{\Delta}}\,\widetilde{A}_\zeta \tag{VI 2, 25}$$

an, während aus (VI 2, 67) und (VI 2, 11) das dort herrschende, primäre elektrische Zirkularfeld zu

$$\widetilde{E}_{\alpha_p\,(\varrho=\varrho_a)} = -\frac{\pi}{2}\,\varrho_a'\,I_1\,H_1^{(1)}\,\beta'\sqrt{\frac{\Pi}{\Delta}}\,\widetilde{A}_\alpha \tag{VI 2, 26}$$

zu entnehmen ist. Die geometrische Feldbedingung (VI 2, 6), welche die anisotrope elektrische Leitfähigkeit des Wendelzylinders beschreibt, führt zu der Gleichung

$$\left[\widetilde{E}_{\zeta_p} + \widetilde{E}_{\zeta_s}\right]_{\varrho=\varrho_a}\sin\psi + \left[E_{\alpha_p}\right]_{\varrho=\varrho_a}\cos\psi = 0, \tag{VI 2, 27}$$

welche im Verein mit der Kinematik (VI 2, 13), (VI 2, 14) der Strombelags-Komponenten die Relation

$$\frac{\pi}{2}\,\varrho_a'\left[I_0\,H_0^{(1)}\,\frac{1-\beta'^2}{\beta'}\,\sin^2\psi - \right.$$

$$\left. - I_1\,H_1^{(1)}\,\beta'\cos^2\psi\right]\widetilde{A} + \frac{\omega}{v'}\,\frac{1-\beta'^2}{\beta'}\,\frac{1}{4}\,H_0^{(1)}\,\widetilde{J}\,\sin\psi = 0 \tag{VI 2, 28}$$

liefert; mit Rücksicht auf $\varrho_a' = \dfrac{\omega\,a}{v'}$ geht sie in

$$\left[I_0\,H_0^{(1)}\sin^2\psi - \frac{\beta'^2}{1-\beta'^2}\,I_1\,H_1^{(1)}\cos^2\psi\right]\widetilde{A} + H_0^{(1)}\sin\psi\,\frac{1}{2\pi\,a}\,\widetilde{J} = 0 \tag{VI 2, 29}$$

über.

g) Während wir bisher den zeitabhängigen Anteil des Strahlstromes J als sozusagen eingeprägte Größe behandelten, ohne nach seiner Herkunft zu fragen, wird diese Stromkomponente doch tatsächlich erst von den längs der Wendelachse fortschreitenden Wellen erregt; es gilt, diesem genetischen Zusammenhange nachzugehen.

Wir kehren von der Vorschrift (VI 2, 17) zur Annahme eines zwar im Sinne der Ungleichung (VI 2, 9) sehr schmalen, doch endlichen Strahlhalbmessers zurück und ergänzen die frühere Voraussetzung einer in jeder Kontrollebene z = const. gleichförmigen achsialen Strahlstromdichte durch den Ansatz einer ebendort querhomogenen elektrischen Longitudinal-Feldstärke

$$\tilde{E}_\zeta = \tilde{E}_{\zeta\,(\varrho=\varrho_0)} \qquad \text{für} \qquad 0 \leqq \varrho \leqq \varrho_0 = \frac{\omega}{v} r_0. \qquad \text{(VI 2, 30)}$$

Ihr Primäranteil darf wegen (VI 2, 9) mit der Zentralfeldstärke identifiziert werden, welche aus (VI 2, 42) nach Ausführung der Substitutionen (VI 2, 11) hervorgeht

$$\tilde{E}_{\zeta\,p\,(\varrho=\varrho_0)} \approx \tilde{E}_{\zeta\,p\,(\varrho=0)} = \frac{\pi}{2} \varrho_a' H_0^{(1)} \frac{1-\beta'^2}{\beta'} \sqrt{\frac{\Pi}{\Delta}}\, \tilde{A} \sin\psi. \qquad \text{(VI 2, 31)}$$

Mit der nämlichen Begründung benutzen wir in ausreichender Genauigkeit Gl. (VI 2, 23) als Darstellung des Sekundäranteiles für alle $\varrho \geqq \varrho_0$ und erhalten

$$\tilde{E}_{\zeta\,s\,(\varrho=\varrho_0)} = \frac{\omega}{v'} \frac{1-\beta'^2}{\beta'} \frac{1}{4} H_0^{(1)} \left(i\gamma \sqrt{1-\beta'^2}\, \varrho_0\right) \sqrt{\frac{\Pi}{\Delta}}\, \tilde{J}\,. \qquad \text{(VI 2, 32)}$$

Das resultierende Longitudinalfeld

$$\tilde{E}_{\zeta\,(\varrho=\varrho_0)} = \left[\tilde{E}_{\zeta\,p} + \tilde{E}_{\zeta\,s}\right]_{(\varrho=\varrho_0)} \qquad \text{(VI 2, 33)}$$

vermag die Einfallsgeschwindigkeit v_e der Elektronen nur um vergleichsweise kleine Beträge zu modulieren. Verscharfen wir diesen Sachverhalt zur Voraussetzung einer Modulation von infinitesimal schwachem Grade, so darf die träge Masse m der Elektronen während ihres Aufenthaltes im Wendelrohr als merklich konstant angesehen werden; sie berechnet sich aus der Ruhmasse m_0 des Elektrons nach der *Lorentz-Einstein*schen Formel

$$m = \frac{m_0}{\sqrt{1-\left(\frac{v_e}{v_0}\right)^2}}. \qquad \text{(VI 2, 34)}$$

Daher gehorchen die Elektronen der wesentlich *Newton*schen Bewegungsgleichung

$$m \frac{d^2 z}{dt^2} = -q_0 E_{\zeta\,(\varrho=\varrho_0)} \qquad \text{(VI 2, 35)}$$

welche nach Einführung der numerischen Koordinate ζ und der numerischen Zeit τ in

$$\frac{d^2\zeta}{d\tau^2} = -\frac{q_0}{m} \frac{1}{v^2} \frac{v}{\omega} \tilde{E}_{\zeta\,(\varrho=\varrho_0)}\, e^{-i(\tau-\gamma\zeta)} = \tilde{\mu}\, e^{-i(\tau-\gamma\zeta)} \qquad \text{(VI 2, 36)}$$

mit der Abkürzung

$$\tilde{\mu} = -\frac{q_0}{m}\frac{1}{v^2}\frac{v}{\omega}\tilde{E}_{\zeta\,(\varrho=\varrho_0)} \qquad \text{(VI 2, 37)}$$

übergeht; der absolute Betrag $|\tilde{\mu}|$ soll weiterhin als infinitesimal klein gelten.

Der Kürze halber beschränken wir uns von nun ab auf jenen Betriebsfall, bei welchem die Einfallsgeschwindigkeit v_e der Elektronen der Phasengeschwindigkeit v der Wellen längs des strahlfreien Wendelrohres gemäß

$$v_e = v \qquad \text{(VI 2, 38)}$$

angepaßt ist.

Begleiten wir jetzt ein Elektron, welches die Ebene $\zeta = 0$ im numerischen Zeitpunkt τ_0 durchkreuzt, auf seinem Wege durch das Gebiet $\zeta > 0$ des Entladungsraumes! Zunächst folgt aus (VI 2, 38) im Grenzfalle $|\tilde{\mu}| \to 0$

$$\zeta = \tau - \tau_0, \qquad \text{(VI 2, 39)}$$

so daß auf Grund der infinitesimalen Kleinheit von $|\tilde{\mu}|$ die Differentialgleichung (VI 2, 36) hinreichend genau durch

$$\frac{d^2\zeta}{d\tau^2} = \tilde{\mu}\, e^{-i(1-\gamma)\tau}\, e^{-i\gamma\tau_0} \qquad \text{(VI 2, 40)}$$

ersetzt werden darf. Ihre einmalige Integration liefert wegen (VI 2, 39) bei passender Verfügung über die Anfangsgeschwindigkeit

$$\frac{d\zeta}{d\tau} = 1 - \frac{\tilde{\mu}}{i(1-\gamma)}\, e^{-i(1-\gamma)\tau}\, e^{-i\gamma\tau_0}, \qquad \text{(VI 2, 41)}$$

so daß man durch nochmalige Integration für den Verlauf der kontrollierten Bewegung die Gleichung

$$\zeta = \tau - \tau_0 - \frac{\tilde{\mu}}{(1-\gamma)^2}\left[e^{-i(1-\gamma)\tau}\, e^{-i\gamma\tau_0} - e^{-i\tau_0}\right] \qquad \text{(VI 2, 42)}$$

findet.

Wir richten unsere Aufmerksamkeit auf die Ebene $\zeta = \zeta_1$ und fragen nach dem numerischen Zeitpunkt $\tau = \tau_1$, in welchem das kontrollierte Elektron diese Ebene passiert. Für $|\tilde{\mu}| \to 0$ ergibt sich aus (VI 2, 42) als erste Näherung

$$\tau_1^{(1)} = \tau_0 + \zeta_1. \qquad \text{(VI 2, 43)}$$

Im Falle eines infinitesimal kleinen $|\tilde{\mu}| \neq 0$ unterscheidet sich τ_1 von $\tau_1^{(1)}$ um das infinitesimal kleine Maß δ

$$\tau_1 = \tau_0 + \zeta_1 + \delta, \qquad \text{(VI 2, 44)}$$

so daß wir nunmehr aus (VI 2, 42) bis auf Glieder, welche $\tilde{\mu}$ in zweiter und höherer Potenz enthalten,

$$\delta = \frac{\tilde{\mu}}{(1-\gamma)^2}\left[e^{-i(1-\gamma)\tau_1^{(1)}}\, e^{-i\gamma\tau_0} - e^{-i\tau_0}\right] = \frac{\tilde{\mu}}{(1-\gamma)^2}\, e^{-i\tau_0}\left[e^{-i(1-\gamma)\zeta_1} - 1\right] \qquad \text{(VI 2, 45)}$$

finden. Aus (VI 2, 44) und (VI 2, 45) berechnen wir

$$\frac{\partial\tau_1(\tau_0, \zeta_1)}{\partial\tau_0} = 1 - \frac{i\,\tilde{\mu}}{(1-\gamma)^2}\, e^{-i\tau_0}\left[e^{-i(1-\gamma)\zeta_1} - 1\right] \qquad \text{(VI 2, 46)}$$

oder in gleicher Genauigkeit, mit nochmaliger Benutzung von (VI 2, 44),

$$\frac{\partial\tau_0(\tau_1, \zeta_1)}{\partial\tau_1} = 1 + \frac{i\,\tilde{\mu}}{(1-\gamma)^2}\left[e^{-i(\tau_1-\gamma\zeta_1)} - e^{-i\tau_0}\right]. \qquad \text{(VI 2, 47)}$$

Unter Berufung auf die Invarianz der Elektronenladung folgt daher der Konvektionsstrom J in der Ebene $\zeta = \zeta_1$ aus jenem in der Ebene $\zeta = 0$ mittels der Bilanz

$$J(\zeta_1) = J(0)\,\frac{\partial \tau_0}{\partial \tau_1} = J(0)\left[1 + \frac{i\,\tilde{\mu}}{(1-\gamma)^2}\,e^{-i(\tau_1 - \gamma\zeta_1)} - \frac{i\,\tilde{\mu}}{(1-\gamma)^2}\,e^{-i\tau_0}\right]. \tag{VI 2, 48}$$

Nun werde der Elektronentransport durch die Ebene $\zeta = 0$ so geregelt, daß dort der Konvektionsstrom J(0) in Abhängigkeit von der numerischen Passagezeit τ_0 der Elektronen durch das Gesetz

$$J(0) = J_0\left[1 + \frac{i\,\tilde{\mu}}{(1-\gamma)^2}\,e^{-i\tau_0}\right] \tag{VI 2, 49}$$

seiner harmonischen Schwingung mit der Gleichstromstärke J_0 des einfallenden Kathodenstrahles verbunden ist. Substituiert man diesen Ausdruck in (VI 2, 48) und streicht dann wiederum alle Glieder, welche $\tilde{\mu}$ in höherer als erster Potenz enthalten, so verbleibt

$$J(\zeta_1) = J_0\left[1 + \frac{i\,\tilde{\mu}}{(1-\gamma)^2}\,e^{-i(\tau_1 - \gamma\zeta_1)}\right]. \tag{VI 2, 50}$$

Schließlich kehren wir durch $\zeta_1 \to \zeta$ und $\tau_1 \to \tau$ zu einer beliebigen Ebene des Entladungsraumes und der einheitlichen numerischen Normaluhr-Zeit des Systemes zurück, so daß

$$J(\zeta) = J_0\left[1 + \frac{i\,\tilde{\mu}}{(1-\gamma)^2}\,e^{-i(\tau - \gamma\zeta)}\right] \tag{VI 2, 51}$$

resultiert; durch Vergleich dieser Darstellung mit (VI 2, 10) folgt somit unter Beachtung von (VI 2, 31) und (VI 2, 32)

$$\begin{aligned} \tilde{J} &= \tilde{J}_0\,\frac{i\,\tilde{\mu}}{(1-\gamma)^2} = \\ &= \frac{q_0}{m\,v^2}\,\tilde{J}_0\,\frac{1}{(1-\gamma)^2}\cdot\frac{i\,v}{\omega}\cdot\left[\frac{\pi}{2}\,\varrho_a'\,H_0^{(1)}\,\frac{1-\beta'^2}{\beta'}\sqrt{\frac{\Pi}{\Delta}}\,\tilde{A}\sin\psi + \right. \\ &\quad \left. + \frac{\omega}{v'}\,\frac{1-\beta'^2}{\beta'}\,\frac{1}{4}\,H_0^{(1)}\,(i\,\gamma\sqrt{1-\beta'^2}\,\varrho_0)\sqrt{\frac{\Pi}{\Delta}}\,\tilde{J}\right] \end{aligned} \tag{VI 2, 52}$$

und also

$$\tilde{J} = -\frac{\dfrac{q_0\,J_0}{m\,v^2}\,\dfrac{\gamma}{(1-\gamma)^2}\,\dfrac{\pi}{2}\,a\cdot i\,H_0^{(1)}\,\dfrac{1-\beta'^2}{\beta'}\sqrt{\dfrac{\Pi}{\Delta}}\,\tilde{A}\sin\psi}{1 + \dfrac{q_0\,J_0}{m\,v^2}\,\dfrac{\gamma}{(1-\gamma)^2}\,i\,H_0^{(1)}\,(i\,\gamma\sqrt{1-\beta'^2}\,\varrho_0)\sqrt{\dfrac{\Pi}{\Delta}}}. \tag{VI 2, 53}$$

Von nun an werde

$$\left|\frac{q_0\,J_0}{m\,v^2}\,\frac{\gamma}{(1-\gamma)^2}\,i\,H_0^{(1)}\,(i\,\gamma\sqrt{1-\beta'^2}\,\varrho_0)\sqrt{\frac{\Pi}{\Delta}}\right| \ll 1 \tag{VI 2, 54}$$

vorausgesetzt, so daß sich (VI 2, 53) auf

$$\tilde{J} = -\frac{q_0\,J_0}{m\,v^2}\,\frac{\gamma}{(1-\gamma)^2}\cdot\frac{\pi}{2}\,a\cdot i\,H_0^{(1)}\,\frac{1-\beta'^2}{\beta'}\sqrt{\frac{\Pi}{\Delta}}\,\tilde{A}\sin\psi \tag{VI 2, 55}$$

reduziert.

h) Wir tragen (VI 2, 55) in (VI 2, 29) ein und erhalten

$$\mathrm{I}_0\,\mathrm{H}_0^{(1)}\sin^2\psi - \frac{\beta'^2}{1-\beta'^2}\,\mathrm{I}_1\,\mathrm{H}_1^{(1)}\cos^2\psi =$$

$$= \frac{q_0\,J_0}{m\,v^2}\,\frac{\gamma}{(1-\gamma)^2}\,\frac{i\,\mathrm{H}_0^{(1)}}{4}\cdot\mathrm{H}_0^{(1)}\,\frac{1-\beta'^2}{\beta'}\sqrt{\frac{\Pi}{\Delta}}\sin^2\psi \qquad \text{(VI 2, 56)}$$

oder, nach Kürzen mit $\mathrm{I}_0\,\mathrm{H}_0^{(1)}\sin^2\psi$ und Ersatz von β' durch $\frac{\beta}{\gamma}$,

$$1 - \frac{\beta^2}{\gamma^2-\beta^2}\cdot\frac{\mathrm{I}_1\,\mathrm{H}_1^{(1)}}{\mathrm{I}_0\,\mathrm{H}_0^{(1)}}\cot g^2\psi = \frac{q_0\,J_0}{m\,v^2}\sqrt{\frac{\Pi}{\Delta}}\,\frac{1}{\beta}\,\frac{i\,\mathrm{H}_0^{(1)}}{4\,\mathrm{I}_0}\,\frac{\gamma^2-\beta^2}{(1-\gamma)^2}. \qquad \text{(VI 2, 57)}$$

Dies ist eine transzendente Gleichung für die komplexe Unbekannte γ, welche gemäß (V 2, 2) und (VI 2, 3) den Charakter der längs des Systemes sich ausbreitenden Wellen regelt.

Ehe wir uns der allgemeinen Diskussion der Gleichung (VI 2, 57) zuwenden, kehren wir vorübergehend zur Wellenausbreitung längs des „leeren" Wendelrohres bei ausgeschaltetem Kathodenstrahle zurück: Die für $J_0 = 0$ aus (VI 2, 57) hervorgehende Relation

$$1 - \frac{\beta^2}{\gamma^2-\beta^2}\,\frac{\mathrm{I}_1\,\mathrm{H}_1^{(1)}}{\mathrm{I}_0\,\mathrm{H}_0^{(1)}}\cot g^2\psi = 0 \qquad \text{(VI 2, 58)}$$

muß gewiß (VI 1, 69) beinhalten; in der Tat werden für

$$\gamma = \gamma_0 = 1 \qquad \text{(VI 2, 59)}$$

die in Parallele gesetzten Gleichungen miteinander identisch. Indessen geht (VI 2, 58) über diesen Sachverhalt ein wenig hinaus: Auch durch

$$\gamma = -\gamma_0 = -1 \qquad \text{(VI 2, 60)}$$

wird (VI 2, 58) gelöst, falls man jetzt unter dem Zeichen $\sqrt{1-\beta^2}$ den negativen Zweig der Wurzelfunktion versteht. Da nämlich das leere Wendelrohr keine achsiale Vorzugsrichtung offenbart, sind hin- und rückläufige Wellen wesentlich der gleichen Feldstruktur nebeneinander existenzfähig.

Beim wirklichen Betriebe des Gerätes arbeitet man nun in der Regel mit einer so schwachen Stromstärke J_0 des einfallenden Kathodenstrahles, daß, im Einklang mit (VI 2, 54), auch die Ungleichung

$$\left|\frac{q_0\,J_0}{m\,v^2}\sqrt{\frac{\Pi}{\Delta}}\,\frac{1}{\beta}\,\frac{i\,\mathrm{H}_0^{(1)}}{4\,\mathrm{I}_0}\right| \ll 1 \qquad \text{(VI 2, 61)}$$

erfüllt ist. Dann fällt $|\gamma|$ nur wenig verschieden von 1 aus, so daß man in (VI 2, 61) das Argument $i\,u_a' = i\,\gamma\,u_a$ der Zylinderfunktionen mit $i\,u_a$ vertauschen darf. Der Deutlichkeit halber fügen wir in den folgenden Formeln dem Funktionssymbol das jeweils gemeinte Argument hinzu. Mit Hilfe von (VI 1, 90) erhalten wir zunächst

$$\sqrt{\frac{\Pi}{\Delta}}\,\frac{1}{\beta}\,\frac{i\,\mathrm{H}_0^{(1)}(i\,u_a)}{4\,\mathrm{I}_0(i\,u_a)} = \frac{W}{\{\mathrm{I}_0(i\,u_a)\}^2}. \qquad \text{(VI 2, 62)}$$

Unter abermaliger Berufung auf (VI 2, 61) ist weiter auf der rechten Seite von (VI 2, 57) der Ersatz der Differenz $(\gamma^2 - \beta^2)$ durch $(1-\beta^2)$ zulässig, so daß sich die transzendente Gleichung für γ zu

$$(1-\gamma)^2\left[1 - \frac{\beta^2}{\gamma^2-\beta^2}\,\frac{\mathrm{I}_1(i\,\gamma\,u_a)\,\mathrm{H}_1^{(1)}(i\,\gamma\,u_a)}{\mathrm{I}_0(i\,\gamma\,u_a)\,\mathrm{H}_0^{(1)}(i\,\gamma\,u_a)}\cot g^2\psi\right] = \frac{q_0\,J_0}{m\,v^2}\,W\cdot\frac{1-\beta^2}{\{\mathrm{I}_0(i\,u_a)\}^2} \qquad \text{(VI 2, 63)}$$

vereinfacht. Bei ihrer Lösung sind, im Anschluß an die Alternative (VI 2, 59), (VI 2, 60), zwei Fälle zu unterscheiden:

I. Wir fragen nach der Modulation der längs der positiven ζ-Achse des leeren Wendelrohres fortschreitenden Welle $[\gamma_0 = 1]$ durch den Kathodenstrahl, in dem wir

$$\gamma = 1 + \varepsilon; \qquad |\varepsilon| \ll 1 \tag{VI 2, 64}$$

ansetzen. Nun bedienen wir uns der Potenzentwicklungen

$$\frac{\gamma^2 - \beta^2}{\beta^2} = \frac{\beta^2}{1-\beta^2}\left[1 - \frac{2\,\varepsilon}{1-\beta^2} + - \ldots\right] \tag{VI 2, 65}$$

sowie

$$\left.\begin{aligned} \frac{I_1(i\,\gamma\,u_a)\,H_1^{(1)}(i\,\gamma\,u_a)}{I_0(i\,\gamma\,u_a)\,H_0^{(1)}(i\,\gamma\,u_a)} &= \frac{I_1(i\,u_a)\,H_1^{(1)}(i\,u_a)}{I_0(i\,u_a)\,H_0^{(1)}(i\,u_a)}\,[1 - 2\,\varepsilon\,f(u_a) + \ldots] \\ f(u_a) = 1 - \frac{i\,u_a}{2}\left\{\frac{I_0(i\,u_a)}{I_1(i\,u_a)} + \frac{I_1(i\,u_a)}{I_0(i\,u_a)} + \frac{H_0^{(1)}(i\,u_a)}{H_1^{(1)}(i\,u_a)} + \frac{H_1^{(1)}(i\,u_a)}{H_0^{(1)}(i\,u_a)}\right. &= \frac{W_{str}}{W} - 1 \end{aligned}\right\} \tag{VI 2, 66}$$

wobei der Zusammenhang (VI 1, 100) zwischen dem Strahlungswiderstand W_{str} des leeren Wendelrohres und seinem Wellenwiderstande W beachtet wurde. Mit Rücksicht auf (VI 2, 69) entsteht daher aus (VI 2, 63)

$$2\,\varepsilon^3\left[\frac{1}{1-\beta^2} + \frac{W_{str}}{W} - 1\right] = \frac{q_0\,J_0}{m\,v^2}\,W \cdot \frac{1-\beta^2}{\{I_0(i\,u_a)\}^2}. \tag{VI 2, 67}$$

Wir setzen abkürzend

$$c = \frac{1}{2}\,\frac{\dfrac{q_0\,J_0}{m\,v^2}\,W\,\dfrac{1-\beta^2}{\{I_0(i\,u_a)\}^2}}{\dfrac{1}{1-\beta^2} + \dfrac{W_{str}}{W} - 1} > 0. \tag{VI 2, 68}$$

Falls insbesondere $\beta^2 \ll 1$ bleibt, gleicht $\frac{1}{2}\,m\,v^2$ dem Produkte der absoluten Elektronenladung q_0 mit der Beschleunigungsspannung U_0 des Elektronenwerfers, so daß (VI 2, 68) in

$$c = \frac{1}{4} \cdot \frac{J_0\,W}{U_0} \cdot \frac{W}{W_{str}}\,\frac{1}{\{I_0(i\,u_a)\}^2} \tag{VI 2, 69}$$

übergeht.

Die mit (VI 2, 68) aus (VI 2, 67) entstehende Gleichung

$$\varepsilon^3 = c \tag{VI 2, 70}$$

liefert die drei wesentlich voneinander verschiedenen Wurzeln

$$\varepsilon_1 = \sqrt[3]{c} \cdot 1, \tag{VI 2, 71}$$

$$\varepsilon_2 = \sqrt[3]{c}\,e^{i\frac{2\pi}{3}} = \sqrt[3]{c}\left[-\frac{1}{2} + \frac{i}{2}\sqrt[3]{3}\right], \tag{VI 2, 72}$$

$$\varepsilon_3 = \sqrt[3]{c}\,e^{i\frac{4\pi}{3}} = \sqrt[3]{c}\left[-\frac{1}{2} - \frac{i}{2}\sqrt[3]{3}\right]. \tag{VI 2, 73}$$

Die bei ausgeschaltetem Kathodenstrahle ursprünglich einfache, längs der positiven z-Achse mit der Phasengeschwindigkeit v fortschreitende Welle spaltet also vermöge ihrer elektrodynamischen Kopplung mit dem Kathodenstrahle in drei Wellen der nämlichen Bewegungsrichtung auf, welche gemäß (VI 2, 3) und (VI 2, 64) durch ihre jeweiligen ε-Werte kinematisch gekennzeichnet sind:

1. Die ε_1-Welle läuft langsamer als die Ausgangswelle; ihre Amplitude bleibt längs des Wanderweges konstant.

2. Die ε_2-Welle eilt rascher als die Ausgangswelle längs der Systemachse entlang, während sich ihre Amplitude exponentiell verringert.

3. Die ε_3-Welle begleitet die ε_2-Welle mit gleicher Phasengeschwindigkeit; doch nimmt ihre Amplitude während dieses Ausbreitungsvorganges exponentiell zu.

II. Wir untersuchen die Modulation der in Richtung der negativen ζ-Achse im leeren Wendelrohr wandernden Welle $[\gamma_0 = -1]$ durch den Kathodenstrahl, indem wir

$$\gamma = -1 + \varepsilon; \qquad |\varepsilon| \ll 1 \tag{VI 2, 74}$$

ansetzen. Hier benutzen wir die Entwicklungen

$$(1 - \gamma)^2 = 4 - 4\,\varepsilon + \ldots \tag{VI 2, 75}$$

sowie

$$\frac{\beta^2}{\gamma^2 - \beta^2} = \frac{\beta^2}{1 - \beta^2}\left[1 + \frac{2\,\varepsilon}{1 - \beta^2} + \ldots\right] \tag{VI 2, 76}$$

und schließlich, mit Rücksicht auf (VI 2, 66)

$$\frac{I_1(i\,\gamma\,u_a)\,H_1^{(1)}(i\,\gamma\,u_a)}{I_0(i\,\gamma\,u_a)\,H_0^{(1)}(i\,\gamma\,u_a)} = \frac{I_1(i\,u_a)\,H_1^{(1)}(i\,u_a)}{I_0(i\,u_a)\,H_0^{(1)}(i\,u_a)}\left[1 + 2\,\varepsilon\left(\frac{W_{str}}{W} - 1\right) + \ldots\right]. \tag{VI 2, 77}$$

Wir tragen sie in (VI 2, 63) ein, streichen alle über die erste hinausgehenden Potenzen von ε und erhalten wegen (VI 2, 69) mit Hilfe der Abkürzung (VI 2, 68) die Gleichung

$$-4\,\varepsilon = \tau \tag{VI 2, 78}$$

mit der einzigen Lösung

$$\varepsilon \equiv \varepsilon_4 = -\frac{c}{4}. \tag{VI 2, 79}$$

Nach (VI 2, 3) und (VI 2, 74) schildert sie eine Welle konstanter Amplitude, welche zwar in der Richtung der Ausgangswelle fortschreitet, hinter ihr jedoch in der Phasengeschwindigkeit zurückbleibt.

i) Bei der Konstruktion eines realen Wendelrohr-Verstärkers weist das Rohr, welches aus theoretischen Gründen bisher als unbegrenzt galt, die endliche Länge s auf. Wir identifizieren den Rohranfang mit der Ebene $\zeta = 0$, das Ende des Rohres also mit der Ebene

$$\zeta = \sigma = \frac{\omega\,s}{v}. \tag{VI 2, 80}$$

Entsprechend der Vierheit synchroner Wellen verschiedener räumlicher Struktur, welche längs des kathodenstrahlerregten Wendelrohres gleichzeitig existenzfähig sind, dürfen in $\zeta = 0$ und $\zeta = \sigma$ zusammen bei gegebener Kreisfrequenz ω genau vier Betriebsbedingungen vorgeschrieben werden; sie bestimmen dann ihrerseits die komplexen Amplituden jener vier Wellen.

Der Verstärkungsvorgang als solcher wird durch die ε_3-Welle bewirkt. Das logarithmische Maß ihrer Verstärkung folgt also aus (VI 2, 73) zu

$$V = \sqrt[3]{c}\,\frac{\sigma}{2}\sqrt{3}. \tag{VI 2, 81}$$

Insbesondere erhält man im Falle $\beta^2 \ll 1$ mit Rücksicht auf (VI 2, 69) explizit

$$V = \left[\frac{1}{4}\,\frac{J_0\,W}{U_0}\cdot\frac{W}{W_{str}}\cdot\frac{1}{\{I_0(i\,u_a)\}^2}\right]^{1/3}\cdot\frac{\sigma}{2}\sqrt{3}\,. \qquad \text{(VI 2, 82)}$$

VI 3. Mischstrahl-Verstärker.

a) Die Arbeitsweise der Wanderfeldröhren vom Typus des Wendelrohr-Verstärkers beruht auf dem Energieaustausch zwischen den Elektronen eines relativ zum Gefäßmantel zentrierten Kathodenstrahles und der ihn begleitenden elektromagnetischen Welle, deren Phasengeschwindigkeit durch ein elektrodynamisches Verzögerungssystem der materiellen Strahlgeschwindigkeit angepaßt wird. Im Lichte dieses Mechanismus liegt es nahe, die elektrodynamische Führung der Wanderwelle durch deren kinetische Bindung an einen zweiten Kathodenstrahl von regelbarer Korpuskulargeschwindigkeit zu ersetzen. Wählt man hierbei die Stromstärken der beiden Kathodenstrahlen von derselben Größenordnung und bringt sie in der Achse des Entladungsgefäßes zur Koinzidenz, so entsteht der *Mischstrahlverstärker*. Da in ihm die beiden Komponentenstrahlen einander funktionell gleichwertig sind, ist die sie begleitende Feldwelle nunmehr dem resultierenden Mischstrahl genetisch zugeordnet; es gilt, diesen dynamischen Kopplungsprozeß analytisch zu beschreiben.

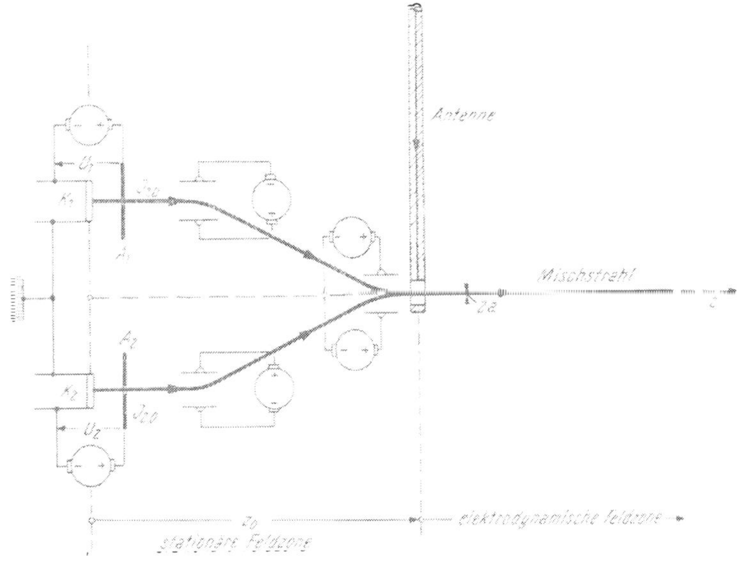

Abb. VI 239. Schema eines Mischstrahl-Verstärkers.

b) Wir orientieren uns an einem relativ zum Entladungsgefäß ruhenden System der Zylinderkoordinaten z [Achse], r [Radialdistanz] und α [Azimut]. Entsprechend Abb. VI 239 unterscheiden wir in der Mischstrahl-Verstärkerröhre zwei ihrer Aufgabe nach wesentlich voneinander verschiedene Gebiete:

1. Der Halbraum $z < z_0$ [$z_0 < 0$] definiert die *stationäre Feldzone*. Den dort fest nebeneinander angeordneten Kathoden K_1 und K_2 stehen die

Lochanoden A_1 und A_2 gegenüber, welche jeweils gegen die gleichnamige Kathode das zeitlich konstante elektrische Skalarpotential

$$\varphi_1 = U_1 > 0; \qquad \varphi_2 = U_2 > 0 \qquad \text{(VI 3, 1)}$$

führen; nach ihrer Ergänzung durch geeignete Elektronenlinsen können diese Beschleunigungsapparaturen die stationären Elektronenströme

$$J_1 = J_{1,0} > 0; \qquad J_2 = J_{2,0} > 0 \qquad \text{(VI 3, 2)}$$

entnommen werden, welche sodann mittels zweier passend justierter Elektronenprismen derart zum Mischstrahl vereinigt werden, daß dessen Achse mit der z-Achse des Bezugssystemes koinzidiert.

2. Der Halbraum $z \geqq z_0$ definiert die *elektrodynamische Feldzone*. Sie enthält in der Ebene $z = z_0$ ein Erregersystem [Antenne], welches es gestattet, dem von $z < z_0$ her einfallenden Mischstrahle eine mit der laufenden Zeit t harmonisch pulsierende Geschwindigkeits-Modulation der Kreisfrequenz ω aufzuzwingen; daher hängen in der elektrodynamischen Feldzone [Gesamtheit der Kontrollebenen $z > z_0$] die Teil-Konvektionsströme J_1 und J_2 explizit von der Zeit ab:

$$J_1 = J_1(z, t); \qquad J_2 = J_2(z, t). \qquad \text{(VI 3, 3)}$$

Wir lassen die transversale Selbstdispersion der Elektronen im Mischstrahle systematisch außer acht. In der hierdurch angezeigten Genauigkeit dürfen wir annehmen, daß J_1 und J_2 gleichzeitig ein und denselben Zylinder vom festen Halbmesser a mit der achsenparallelen Stromdichte j erfüllen, welche innerhalb jeder Kontrollebene $z = \text{const.}$ gleichförmig auf die Elemente des Strahlquerschnittes verteilt ist; sie werde in Richtung der positiven z-Achse als positiv gezählt:

$$j(z, t) = j_1(z, t) + j_2(z, t); \qquad j_1 = -\frac{1}{\pi a^2} J_1, \qquad j_2 = -\frac{1}{\pi a^2} J_2. \qquad \text{(VI 3, 4)}$$

c) Wir beschränken uns weiterhin auf Elektronenbewegungen, welche dem Gültigkeitsbereiche der *Newton*schen Mechanik angehören.

Die Startgeschwindigkeit der Elektronen bei ihrer Emission aus der Mutterkathode werde vernachlässigt. Bei richtiger Justierung aller elektronenoptischen Hilfsgeräte fallen dann die Elektronen der Teilstrahlen 1 und 2 in die elektrodynamische Feldzone mit den je in sich uniformen, achsenparallelen Geschwindigkeiten

$$v_1 = \sqrt{2 \frac{q_0}{m_0} U_1}; \qquad v_2 = \sqrt{2 \frac{q_0}{m_0} U_2} \qquad \text{(VI 3, 5)}$$

ein, welche wir fortan als vorgegebene Konstanten betrachten. Aus ihnen bilden wir gemäß der Vorschrift

$$\frac{1}{v_0} = \frac{1}{2}\left[\frac{1}{v_1} + \frac{1}{v_2}\right] \qquad \text{(VI 3, 6)}$$

die *mittlere Einfallsgeschwindigkeit* v_0. Da uns die Bezifferung der Teilstrahlen freisteht, dürfen wir ohne Beschränkung der Allgemeinheit

$$v_1 > v_2 \qquad \text{(VI 3, 7)}$$

voraussetzen; mit Hilfe der numerischen Geschwindigkeits-Differenz

$$\varkappa = \frac{v_0}{2}\left(\frac{1}{v_2} - \frac{1}{v_1}\right) > 0 \qquad \text{(VI 3, 8)}$$

kann man dann schreiben

$$\frac{1}{v_1} = \frac{1}{v_0}(1-\varkappa); \qquad \frac{1}{v_2} = \frac{1}{v_0}(1+\varkappa). \qquad \text{(VI 3, 9)}$$

d) Wir führen an Stelle der laufenden Zeit t die numerische Zeit

$$\tau = \omega\, t \qquad \text{(VI 3, 10)}$$

ein und ersetzen die Koordinaten z und r durch die numerischen Koordinaten

$$\zeta = \frac{\omega}{v_0} z; \qquad \varrho = \frac{\omega}{v_0} r. \qquad \text{(VI 3, 11)}$$

Die in der Kontrollebene

$$\zeta_0 = \frac{\omega}{v_0} z_0 < 0 \qquad \text{(VI 3, 12)}$$

befindliche Antenne erregt nun nach Voraussetzung ein elektrodynamisches Wechselfeld der Kreisfrequenz ω. Indem diese Erregung durch die Korpuskeln des Mischstrahles in die elektrodynamische Feldzone verschleppt wird, entsteht dort eine *Wanderwelle*. Wir richten unser Augenmerk zunächst auf ihren längs der Strahlachse wirksamen elektrischen Feldanteil

$$E = E(\zeta, \tau) \qquad \text{für} \qquad \varrho = 0. \qquad \text{(VI 3, 13)}$$

Indem wir uns auf den eingeschwungenen Zustand beschränken, wählen wir für das Zentralfeld (VI 3, 13) den komplexen Ansatz

$$E = \tilde{E}\, e^{-i(\tau - \gamma\zeta)}. \qquad \text{(VI 3, 14)}$$

Der absolute Betrag $|\tilde{E}|$ der komplexen Zentralfeld-Amplitude kann als *Maß der Erregung* dienen, welche von nun ab als gegeben gelte; dagegen bildet die Berechnung der *komplexen Ausbreitungsziffer*

$$\gamma = \xi + i\,\eta \qquad \text{(VI 3, 15)}$$

das wesentliche Ziel der Untersuchung. Insbesondere ist der beabsichtigte *Verstärkungsvorgang* an die Ungleichung

$$\eta < 0 \qquad \text{(VI 3, 16)}$$

geknüpft, deren Existenzgebiet wir zu bestimmen haben.

e) Wir lassen im Mischstrahl alle Kräfte magnetischen Ursprunges [*Lorentz*-Kräfte] systematisch außer Betracht. Unterwerfen wir überdies den numerischen Strahlhalbmesser $\alpha = \frac{\omega}{v_0} a$ der Ungleichung

$$\alpha = \frac{\omega}{v_0} a \ll 1, \qquad \text{(VI 3, 17)}$$

so beschränkt sich zufolge der Voraussetzung a = const. die Elektronenbewegung im Mischstrahl auf eine überall merklich *longitudinal* orientierte Welle. Sei also E_z die Achsialkomponente der elektrischen Feldstärke, so wird in der elektrodynamischen Feldzone die Kinetik des Einzelelektrons lediglich von der Differentialgleichung

$$m_0 \frac{d^2 z}{dt^2} = -q_0 E_z \qquad \text{(VI 3, 18)}$$

beherrscht; in ihr dürfen wir, unter Berufung auf (VI 3, 17), die von der Radialdistanz des kontrollierten Elektrons abhängige Feldkomponente E_z mit dem Zentralfelde E nach Gl. (VI 3, 14) vertauschen und erhalten, indem wir gemäß (VI 3, 10) und (VI 3, 11) zu dimensionsfreien Veränderlichen übergehen,

$$\frac{d^2\zeta}{d\tau^2} = -\frac{1}{\omega\, v_0} \cdot \frac{q_0}{m_0} \tilde{E}\, e^{-i(\tau - \gamma\zeta)}. \qquad \text{(VI 3, 19)}$$

Im Anschluß an (VI 3, 6) führen wir durch

$$q_0 U_0 = \frac{1}{2} m_0 v_0^2 \qquad \text{(VI 3, 20)}$$

die mittlere Voltgeschwindigkeit U_0 der Mischstrahl-Elektronen ein und definieren die Zahl

$$\tilde{\mu} = -\frac{v_0}{\omega} \cdot \frac{\tilde{E}}{2\, U_0} \qquad \text{(VI 3, 21)}$$

als *komplexen Modulationsgrad* der mittleren Geschwindigkeit v_0; damit nimmt (VI 3, 19) die Gestalt an

$$\frac{d^2\zeta}{d\tau^2} = \tilde{\mu}\, e^{-i(\tau - \gamma\zeta)}. \qquad \text{(VI 3, 22)}$$

Wir unterwerfen hierin $\tilde{\mu}$ der Ungleichung

$$|\tilde{\mu}| < 1, \qquad \text{(VI 3, 23)}$$

welche wir im Hinblick auf die zu entwickelnde Theorie des Gerätes als *Verstärker* zur Voraussetzung eines Modulationsgrades von infinitesimal kleinem Betrage verschärfen; diese Anweisung mag durch

$$|\tilde{\mu}| \ll 1 \qquad \text{(VI 3, 24)}$$

symbolisiert werden.

f) Um die Dynamik der beiden Komponentenstrahlen gemeinsam behandeln zu können, unterdrücken wir vorübergehend die unterscheidenden Strahlenindizes 1 und 2. Bezeichnen wir jetzt mit τ_0 den numerischen Zeitpunkt, in welchem das kontrollierte Elektron die Ebene $\zeta = 0$ kreuzt, so darf mit Rücksicht auf (VI 3, 24) die in Gl. (VI 3, 22) rechter Hand auftretende Koordinate ζ aus der Einfallsgeschwindigkeit v des Elektrons mittels der Kinematik der kräftefreien Bewegung berechnet werden:

$$\zeta = \frac{v}{v_0}(\tau - \tau_0); \qquad \tau - \tau_0 > 0. \qquad \text{(VI 3, 25)}$$

Die zu behandelnde Bewegungsgleichung vereinfacht sich hierdurch in

$$\frac{d^2\zeta}{d\tau^2} = \tilde{\mu}\, e^{-i\left[\tau - \gamma \frac{v}{v_0}(\tau - \tau_0)\right]} = \tilde{\mu}\, e^{-i\left[1 - \gamma \frac{v}{v_0}\right]\tau}\, e^{-i\gamma \frac{v}{v_0}\tau_0}. \qquad \text{(VI 3, 26)}$$

Wegen

$$\dot{\zeta} \equiv \frac{d\zeta}{d\tau} = \frac{\omega}{v_0}\frac{dz}{d\tau} = \frac{1}{v_0}\frac{dz}{dt} \qquad \text{(VI 3, 27)}$$

ergibt sich aus (VI 3, 26) durch einmalige Integration, bei passender Verfügung über die Geschwindigkeit im numerischen Zeitpunkte $\tau = \tau_0$,

$$\dot{\zeta} = \frac{v}{v_0} + \tilde{\mu}\, \frac{i}{1 - \gamma \frac{v}{v_0}}\, e^{-i\left[1 - \gamma \frac{v}{v_0}\right]\tau}\, e^{-i\gamma \frac{v}{v_0}\tau_0}. \qquad \text{(VI 3, 28)}$$

und also durch nochmalige Integration

$$\zeta = \frac{v}{v_0}(\tau - \tau_0) - \tilde{\mu} \frac{1}{\left(1 - \gamma \frac{v}{v_0}\right)^2} \left\{ e^{-i\left[1-\gamma \frac{v}{v_0}\right]\tau} e^{-i\gamma \frac{v}{v_0}\tau_0} - e^{-i\tau_0} \right\}.$$

(VI 3, 29)

g) Wir begleiten das kontrollierte Elektron auf seinem Wege durch die elektrodynamische Feldzone bis zur Passage der Ebene $\zeta = \zeta' > 0$; in welchem numerischen Zeitpunkt τ' findet dieses Ereignis statt?

Für $\tilde{\mu} = 0$ folgt aus (VI 3, 29) die erste Näherung

$$\tau'^{(0)} = \tau_0 + \frac{v_0}{v} \zeta', \qquad \text{(VI 3, 30)}$$

also für einen Modulationsgrad $\tilde{\mu}$ von zwar infinitesimal kleinem, doch von Null verschiedenem Betrage

$$\tau' = \tau'^{(0)} + \delta, \qquad \text{(VI 3, 31)}$$

bei gleichfalls infinitesimal kleinem Betrage von δ.

Wir tragen den Ansatz (VI 3, 31) in (VI 3, 29) ein und finden mit Rücksicht auf (VI 3, 30)

$$\delta = \frac{v_0}{v} \frac{\tilde{\mu}}{\left(1 - \gamma \frac{v}{v_0}\right)^2} e^{-i\tau_0} \left\{ e^{-i\left[1-\gamma \frac{v}{v_0}\right]\frac{v_0}{v}\zeta'} - 1 \right\}. \qquad \text{(VI 3, 32)}$$

Für festes ζ' berechnen wir hieraus, indem wir (VI 3, 30) beachten und abermals die infinitesimale Kleinheit von $|\tilde{\mu}|$ in Betracht ziehen,

$$\frac{\partial \tau'(\tau_0, \zeta')}{\partial \tau_0} = 1 - \frac{v_0}{v} \frac{i\tilde{\mu}}{\left(1 - \gamma \frac{v}{v_0}\right)^2} e^{-i\tau_0} \left\{ e^{-i\left[1-\gamma \frac{v}{v_0}\right]\frac{v_0}{v}\zeta'} - 1 \right\} =$$

$$= 1 - \frac{v_0}{v} \frac{i\tilde{\mu}}{\left(1 - \gamma \frac{v}{v_0}\right)^2} \{ e^{-i[\tau' - \gamma\zeta']} - e^{-i\tau_0} \}. \qquad \text{(VI 3, 33)}$$

h) Wir kehren mittels der Substitutionen

$$\tau' \to \tau; \qquad \zeta' \to \zeta \qquad \text{(VI 3, 34)}$$

zur Beobachtung der Elektronenbewegung in einer beliebigen Ebene der elektrodynamischen Feldzone zu der für das gesamte Entladungssystem einheitlichen, numerischen „Normaluhr-Zeit" τ zurück. Aus der Invarianz der elektrischen Ladung, welche von einer bestimmten Gruppe von Elektronen längs des Mischstrahles transportiert wird, folgt die Stärke $J = J(\zeta, \tau)$ des Konvektionsstromes im Verhältnis zu seinem Werte $J(0), \tau_0)$ in der Ebene $\zeta = 0$ mittels der Gleichung

$$J(\zeta, \tau) = J(0, \tau_0) \frac{\partial \tau_0(\zeta, \tau)}{\partial \tau} =$$

$$= J(0, \tau_0) \left[1 + \frac{v_0}{v} \frac{i\tilde{\mu}}{\left(1 - \gamma \frac{v}{v_0}\right)^2} \{ e^{-i[\tau - \gamma\zeta]} - e^{-i\tau_0} \} \right]. \qquad \text{(VI 3, 35)}$$

Nun werde die Antennen-Erregung so geregelt, daß der Strom $J(0, \tau_0)$ aus der einfallenden, stationären Stromstärke J_0 in Abhängigkeit von der numerischen Passagezeit τ_0 ihrer Elektronen durch die Ebene $\zeta = 0$ nach der Vorschrift

$$J(0, \tau_0) = J_0 \left[1 + \frac{v_0}{v} \frac{i \tilde{\mu}}{\left(1 - \gamma \frac{v}{v_0}\right)^2} e^{-i\tau_0} \right] \qquad \text{(VI 3, 36)}$$

hervorgeht. Wir substituieren diesen Ausdruck in (VI 3, 35), behalten in der entstehenden Gleichung neben dem zeitfreien Posten nur das in $\tilde{\mu}$ lineare Glied bei und finden

$$J(\zeta, \tau) = J_0 \left[1 + \frac{v_0}{v} \frac{i \tilde{\mu}}{\left(1 - \gamma \frac{v}{v_0}\right)^2} e^{-i(\tau - \gamma\zeta)} \right]. \qquad \text{(VI 3, 37)}$$

Vermöge (VI 3, 4) liefert wesentlich die gleiche Beziehung das Verhältnis der Stromdichte j zu ihrem Einfallswerte j_0

$$j(\zeta, \tau) = j_0 \left[1 + \frac{v_0}{v} \frac{i \tilde{\mu}}{\left(1 - \gamma \frac{v_0}{v}\right)^2} e^{-i(\tau - \gamma\zeta)} \right]; \qquad j_0 = \frac{1}{\pi a^2} J_0. \qquad \text{(VI 3, 38)}$$

i) Welches elektromagnetische Feld wird durch den Strom J erregt?

Wir extrapolieren den Existenzbereich des Mischstrahles vorübergehend über $\zeta = \zeta_0 < 0$ hinaus bis $\zeta \to (-\infty)$ und legen dem nunmehr lückenlos von $(-\infty)$ bis $(+\infty)$ verkehrenden Strome das einheitliche kinematische Gesetz (VI 3, 37) seiner raum-zeitlichen Veränderung zugrunde. Dieses System sei von einem konzentrisch zur z-Achse justierten, leitenden Hüllzylinder umgeben, welchem wir die Rückführung des zeitfreien Stromanteiles übertragen. Der zugehörige, stationäre Feldanteil ist für den Verstärkungsvorgang als solchen belanglos; lassen wir ihn weiterhin außer Betracht, so können wir uns von den Konstruktionsdaten des Hüllzylinders befreien, indem wir an ihm gedanklich den allerdings nicht realisierbaren Grenzübergang zu maßlos anwachsendem Halbmesser vornehmen.

Wir behaupten, daß das nach Abzug des stationären Anteiles allein verbleibende elektrodynamische Feld aus einem achsial orientierten *Hertz*schen Vektor Z hergeleitet werden kann, dessen einzige, von Null verschiedene Komponente mit Z bezeichnet sei; der Kürze halber behalten wir für deren Darstellung sowohl in Abhängigkeit von den dimensionierten Variablen wie von den numerischen Veränderlichen das gleiche Funktionssymbol bei. Zum Beweise führen folgende Schritte:

1. Wir bilden das elektrische Skalarpotential φ als Quellendichte des *Hertz*schen Vektors

$$\varphi = \operatorname{div} Z = \frac{\partial Z}{\partial z} = \frac{\omega}{v_0} \frac{\partial Z}{\partial \zeta}. \qquad \text{(VI 3, 39)}$$

2. Aus φ berechnen wir die [physikalischen] Komponenten E_ϱ und E_α der elektrischen Feldstärke E nach den Vorschriften

$$E_\varrho = -\frac{\partial \varphi}{\partial r} = -\frac{\partial^2 Z}{\partial z\, \partial r} = -\left(\frac{\omega}{v_0}\right)^2 \frac{\partial^2 Z}{\partial \zeta\, \partial \varrho}; \qquad E_\alpha = -\frac{1}{r} \frac{\partial \varphi}{\partial \alpha} = 0. \qquad \text{(VI 3, 40)}$$

3. Auf Grund der Definition des *Hertz*schen Vektors verschwindet die ihm gleichgerichtete Komponente der magnetischen Feldstärke M; für deren physikalische Komponenten M^{α} und M^{ϱ} finden wir daher auf Grund der Ersten *Maxwell*schen Feldgleichung die Relationen

$$\frac{1}{r}\frac{\partial(rM^{\alpha})}{\partial r}=\Delta\frac{\partial E^{\zeta}}{\partial t}+j^{\zeta} \qquad \text{(VI 3, 41)}$$

sowie, mit Rücksicht auf (VI 3, 40)

$$\frac{\partial M^{\alpha}}{\partial z}=-\Delta\frac{\partial E^{\varrho}}{\partial t}=\Delta\frac{\partial^{3}Z}{\partial z\,\partial r\,\partial t} \qquad \text{(VI 3, 42)}$$

und

$$\frac{\partial M^{\varrho}}{\partial z}=0\,. \qquad \text{(VI 3, 43)}$$

Verabredungsgemäß lassen wir bei der gegenwärtigen Feldanalyse dessen stationären Anteil außer Betracht, so daß wir die in (VI 3, 41) eingehende Achsialkomponente der Konvektionsstromdichte allein mit deren Wechselanteil $\tilde{j}$ zu identifizieren haben:

$$j^{\zeta}\to\tilde{j}=j-j_{0}=\begin{cases} j_{0}\dfrac{v_{0}}{v}\dfrac{i\,\tilde{\mu}}{\left(1-\gamma\dfrac{v}{v_{0}}\right)^{2}}\,e^{-i(\tau-\gamma\zeta)}\,; & r\leqq a\\[2ex] 0\,; & r>a. \end{cases} \qquad \text{(VI 3, 44)}$$

Wir befriedigen (VI 3, 43) durch

$$M^{\varrho}=0 \qquad \text{(VI 3, 45)}$$

und (VI 3, 42) durch

$$M^{\alpha}=\Delta\frac{\partial^{2}Z}{\partial r\,\partial t}=\frac{\omega^{2}\Delta}{v_{0}}\frac{\partial^{2}Z}{\partial\varrho\,\partial\tau}\,. \qquad \text{(VI 3, 46)}$$

Aus (VI 3, 41) und (VI 3, 46) folgt dann die Relation

$$\Delta\frac{1}{r}\frac{\partial}{\partial r}\left(r\frac{\partial^{2}Z}{\partial r\,\partial t}\right)=\Delta\frac{\partial E^{\varrho}}{\partial t}+j^{\zeta}. \qquad \text{(VI 3, 47)}$$

Sie wird zur Identität, falls wir E^{ζ} gemäß

$$E^{\zeta}=-\frac{1}{\Delta}\int j^{\zeta}\,dt+\frac{1}{r}\frac{\partial}{\partial r}\left(r\frac{\partial Z}{\partial r}\right)=-\frac{1}{\omega\Delta}\int j^{\zeta}\,d\tau+\left(\frac{\omega}{v_{0}}\right)^{2}\frac{1}{\varrho}\frac{\partial}{\partial\varrho}\left(\varrho\frac{\partial Z}{\partial\varrho}\right) \qquad \text{(VI 3, 48)}$$

bestimmen; hier sind die nicht angeschriebenen Grenzen des Stromdichte-Integrales so zu wählen, daß der resultierende Ausdruck kein zeitfreies Glied enthält:

$$\int j^{\zeta}\,d\tau=\begin{cases} -j_{0}\dfrac{v_{0}}{v}\dfrac{\tilde{\mu}}{\left(1-\gamma\dfrac{v}{v_{0}}\right)^{2}}\,e^{-i(\tau-\gamma\zeta)}\,; & r\leqq a\\[2ex] 0\,; & r>a. \end{cases} \qquad \text{(VI 3, 49)}$$

4. Die Zweite *Maxwell*sche Feldgleichung reduziert sich auf die einzige Aussage

$$\frac{\partial E^{\varrho}}{\partial z}-\frac{\partial E^{\zeta}}{\partial r}=-\Pi\frac{\partial M^{\alpha}}{\partial t}, \qquad \text{(VI 3, 50)}$$

welche mit Rücksicht auf (VI 3, 40), (VI 3, 46) und (VI 3, 49) die Gleichung

$$-\frac{\partial^3 Z}{\partial r\,\partial z^2}+\frac{1}{\Delta}\frac{\partial}{\partial r}\int j_\zeta\,dt-\frac{\partial}{\partial r}\left[\frac{1}{r}\frac{\partial}{\partial r}\left(r\,\frac{\partial Z}{\partial r}\right)\right]=-\Pi\,\Delta\,\frac{\partial^3 Z}{\partial r\,\partial t^2}\qquad\text{(VI 3, 51)}$$

nach sich zieht. Sie wird erfüllt, indem wir Z der Forderung

$$\frac{\partial^2 Z}{\partial z^2}+\frac{1}{r}\frac{\partial}{\partial r}\left(r\,\frac{\partial Z}{\partial r}\right)=\Pi\,\Delta\,\frac{\partial^2 Z}{\partial t^2}+\frac{1}{\Delta}\int j_\zeta\,dt\qquad\text{(VI 3, 52)}$$

unterwerfen. Wir setzen hierin, die Gleichheit von $\Pi\,\Delta$ mit dem Kehrwert der quadratischen Lichtgeschwindigkeit v_0^2 im leeren Raume beachtend,

$$\beta_0^2 = v_0^2\,\Pi\,\Delta\qquad\text{(VI 3, 53)}$$

und erhalten aus (VI 3, 52), nach Ersatz der dimensionierten Veränderlichen durch deren numerische Werte,

$$\frac{\partial^2 Z}{\partial \zeta^2}+\frac{1}{\varrho}\frac{\partial}{\partial \varrho}\left(\varrho\,\frac{\partial Z}{\partial \varrho}\right)=\beta_0^2\,\frac{\partial^2 Z}{\partial \tau^2}+\frac{v_0^2}{\omega^3\,\Delta}\int j_\zeta\,d\tau.\qquad\text{(VI 3, 54)}$$

k) Die Lösung der Gl. (VI 3, 54) werde in der Form

$$Z=\tilde{Z}(\varrho)\cdot e^{-i(\tau-\gamma\zeta)}\qquad\text{(VI 3, 55)}$$

angesetzt; mit Rücksicht auf (VI 3, 49) resultieren dann aus (VI 3, 54) für die komplexe Amplitude $\tilde{Z}(\varrho)$ die Differentialgleichungen

$$\frac{d^2\tilde{Z}}{d\varrho^2}+\frac{1}{\varrho}\frac{d\tilde{Z}}{d\varrho}+(\beta_0^2-\gamma^2)\,\tilde{Z}=-\frac{v_0^3}{\omega^3\cdot\Delta\cdot v}\,j_0\,\frac{\tilde{\mu}}{\left(1-\gamma\,\frac{v}{v_0}\right)^2};\qquad \varrho\leqq a\qquad\text{(VI 3, 56)}$$

und

$$\frac{d^2\tilde{Z}}{d\varrho^2}+\frac{1}{\varrho}\frac{d\tilde{Z}}{d\varrho}+(\beta_0^2-\gamma^2)\,\tilde{Z}=0;\qquad \varrho> a.\qquad\text{(VI 3, 57)}$$

Das gesuchte Integral dieser Gleichungen muß in der Achse $\varrho=0$ endlich bleiben und für $\varrho\to\infty$ gegen Null konvergieren. Wir bezeichnen durch $\sqrt{\gamma^2-\beta_0^2}$ weiterhin denjenigen Zweig dieser Funktion von γ, dessen Realteil positiv ausfällt. Mit Hilfe zweier zunächst noch beliebiger Konstanten A und B lautet dann die allgemeine Lösung der Gl. (VI 3, 56), indem wir durch das Symbol I_0 die *Bessel*sche Zylinderfunktion nullter Ordnung einführen,

$$\tilde{Z}=\frac{v_0^3}{\omega^3\,\Delta\,v}\,j_0\,\frac{\tilde{\mu}}{\left(1-\gamma\,\frac{v}{v_0}\right)^2}\,\frac{1}{\gamma^2-\beta_0^2}+A\,I_0\left(i\sqrt{\gamma^2-\beta_0^2}\,\varrho\right);\qquad \varrho\leqq a\qquad\text{(VI 3, 58)}$$

und die allgemeine Lösung der Gl. (VI 3, 57), mit Benutzung der *Hankel*schen Zylinderfunktion erster Art von der Ordnung Null,

$$\tilde{Z}=B\,H_0^{(1)}\left(i\sqrt{\gamma^2-\beta_0^2}\,\varrho\right);\qquad \varrho> a.\qquad\text{(VI 3, 59)}$$

Wir erweitern den Gültigkeitsbereich dieser Gleichung bis zu $\varrho=a$ und verlangen längs des Strahlmantels $[\varrho=a]$ die Stetigkeit sowohl des tangentialen elektrischen Feldes

$$\lim_{\varepsilon\to 0}\;E_\zeta\,{}_{(\varrho=a-\varepsilon)}=\lim_{\varepsilon\to 0}\;E_\zeta\,{}_{(\varrho=a+\varepsilon)},\qquad\text{(VI 3, 60)}$$

wie des tangentiellen magnetischen Feldes

$$\lim_{\varepsilon \to 0} \mathrm{M}^a_{(\varrho = a - \varepsilon)} = \lim_{\varepsilon \to 0} \mathrm{M}^a_{(\varrho = a + \varepsilon)}. \qquad \text{(VI 3, 61)}$$

Auf Grund von (VI 3, 48) und (VI 3, 54) gilt nun im gesamten Existenzbereiche des *Hertz*schen Vektors

$$\mathrm{E}_\zeta = \left(\frac{\omega}{\mathrm{v}_0}\right)^2 \left[\beta_0{}^2 \frac{\partial^2 \mathrm{Z}}{\partial \tau^2} - \frac{\partial^2 \mathrm{Z}}{\partial \zeta^2}\right], \qquad \text{(VI 3, 62)}$$

so daß sich die komplexe Amplitude $\widetilde{\mathrm{E}}_\zeta$ der Feldkomponente E_ζ mit Rücksicht auf (VI 3, 55) mittels

$$\widetilde{\mathrm{E}}_\zeta = \left(\frac{\omega}{\mathrm{v}_0}\right)^2 [\gamma^2 - \beta_0{}^2]\, \widetilde{\mathrm{Z}}(\varrho) \qquad \text{(VI 3, 63)}$$

berechnen läßt. Demnach wird (VI 3, 60) durch

$$\lim_{\varepsilon \to 0} \widetilde{\mathrm{Z}}(a - \varepsilon) = \lim_{\varepsilon \to 0} \widetilde{\mathrm{Z}}(a + \varepsilon) \qquad \text{(VI 3, 64)}$$

befriedigt, während (VI 3, 61) auf Grund des Zusammenhanges (VI 3, 42) die Bedingung

$$\lim_{\varepsilon \to 0} \left(\frac{\mathrm{d}\widetilde{\mathrm{Z}}}{\mathrm{d}\varrho}\right)_{\varrho = a - \varepsilon} = \lim_{\varepsilon \to 0} \left(\frac{\mathrm{d}\widetilde{\mathrm{Z}}}{\mathrm{d}\varrho}\right)_{\varrho = a + \varepsilon} \qquad \text{(VI 3, 65)}$$

nach sich zieht.

Aus (VI 3, 58), (VI 3, 59) und (VI 3, 64) entnehmen wir die Gleichung

$$\frac{\mathrm{v}_0{}^3}{\omega^3 \cdot \Delta \cdot \mathrm{v}} \cdot \mathrm{j}_0 \cdot \frac{\widetilde{\mu}}{\left(1 - \gamma \frac{\mathrm{v}}{\mathrm{v}_0}\right)^2} \cdot \frac{1}{\gamma^2 - \beta_0{}^2} + \mathrm{A}\, \mathrm{I}_0 \left(\mathrm{i} \sqrt{\gamma^2 - \beta_0{}^2}\, a\right) =$$

$$= \mathrm{B}\, \mathrm{H}_0^{(1)} \left(\mathrm{i} \sqrt{\gamma^2 - \beta_0{}^2}\, a\right) \qquad \text{(VI 3, 66)}$$

und aus (VI 3, 65), nach Einführung der *Bessel*schen Zylinderfunktion erster Ordnung I_1 sowie der *Hankel*schen Zylinderfunktion erster Art und erster Ordnung $\mathrm{H}_1^{(1)}$

$$\mathrm{A}\, \mathrm{I}_1 \left(\mathrm{i} \sqrt{\gamma^2 - \beta_0{}^2}\, a\right) = \mathrm{B}\, \mathrm{H}_1^{(1)} \left(\mathrm{i} \sqrt{\gamma^2 - \beta_0{}^2}\, a\right). \qquad \text{(VI 3, 67)}$$

Mit Hilfe der Identität

$$\mathrm{I}_0 \left(\mathrm{i} \sqrt{\gamma^2 - \beta_0{}^2}\, a\right) \mathrm{H}_1^{(1)} \left(\mathrm{i} \sqrt{\gamma^2 - \beta_0{}^2}\, a\right) -$$

$$- \mathrm{I}_1 \left(\mathrm{i} \sqrt{\gamma^2 - \beta_0{}^2}\, a\right) \mathrm{H}_0^{(1)} \left(\mathrm{i} \sqrt{\gamma^2 - \beta_0{}^2}\, a\right) \equiv \frac{1}{-\frac{\pi}{2} \sqrt{\gamma^2 - \beta_0{}^2}\, a} \qquad \text{(VI 3, 68)}$$

findet man aus (VI 3, 66) und (VI 3, 67)

$$\mathrm{A} = \frac{\pi}{2} \sqrt{\gamma^2 - \beta_0{}^2}\, a\, \mathrm{H}_1^{(1)} \left(\mathrm{i} \sqrt{\gamma^2 - \beta_0{}^2}\, a\right) \frac{\mathrm{v}_0{}^3}{\omega^3 \cdot \Delta \cdot \mathrm{v}}\, \mathrm{j}_0 \frac{\widetilde{\mu}}{\left(1 - \gamma \frac{\mathrm{v}}{\mathrm{v}_0}\right)^2} \cdot \frac{1}{\gamma^2 - \beta_0{}^2} \qquad \text{(VI 3, 69)}$$

sowie

$$\mathrm{B} = \frac{\pi}{2} \sqrt{\gamma^2 - \beta_0{}^2}\, a\, \mathrm{I}_1 \left(\mathrm{i} \sqrt{\gamma^2 - \beta_0{}^2}\, a\right) \frac{\mathrm{v}_0{}^3}{\omega^3 \cdot \Delta \cdot \mathrm{v}}\, \mathrm{j}_0 \frac{\widetilde{\mu}}{\left(1 - \gamma \frac{\mathrm{v}}{\mathrm{v}_0}\right)^2} \cdot \frac{1}{\gamma^2 - \beta_0{}^2}. \qquad \text{(VI 3, 70)}$$

Insbesondere ergibt sich nach (VI 3, 58) und (VI 3, 63) für die komplexe Amplitude des elektrischen Zentralfeldes der Ausdruck

$$\tilde{E} = \left(\frac{\omega}{v_0}\right)^2 [\gamma^2 - \beta_0^2]\, \tilde{Z}(0) =$$

$$= \frac{j_0}{\omega \Delta} \cdot \frac{v_0}{v} \cdot \frac{\tilde{\mu}}{\left(1 - \gamma \frac{v}{v_0}\right)^2} \left[1 + \frac{\pi}{2} \sqrt{\gamma^2 - \beta_0^2}\, \alpha\, H_1^{(1)} (i \sqrt{\gamma^2 - \beta_0^2}\, \alpha)\right]. \tag{VI 3, 71}$$

l) Wir nehmen die getrennte Darstellung der im Mischstrahl vereinigten Komponentenstrahlen wieder auf und finden aus (VI 3, 9), (VI 3, 38) und (VI 3, 71)

$$\tilde{E}_1 = - \frac{J_{1,0}}{\pi a^2 \omega \Delta} \left(\frac{v_0}{v_1}\right)^3 \frac{\tilde{\mu}}{(1 - \varkappa - \gamma)^2} \cdot$$
$$\cdot \left[1 + \frac{\pi}{2} \sqrt{\gamma^2 - \beta_0^2}\, \alpha\, H_1^{(1)} (i \sqrt{\gamma^2 - \beta_0^2}\, \alpha)\right] \tag{VI 3, 72}$$

sowie

$$\tilde{E}_2 = - \frac{J_{2,0}}{\pi a^2 \omega \Delta} \left(\frac{v_0}{v_2}\right)^3 \frac{\tilde{\mu}}{(1 + \varkappa - \gamma)^2} \cdot$$
$$\cdot \left[1 + \frac{\pi}{2} \sqrt{\gamma^2 - \beta_0^2}\, \alpha\, H_1^{(1)} (i \sqrt{\gamma^2 - \beta_0^2}\, \alpha)\right]. \tag{VI 3, 73}$$

Mit Rücksicht auf die Definition (VI 3, 21) des Modulationsgrades $\tilde{\mu}$ führt die Addition von (VI 3, 72) und (VI 3, 73) auf die *Selbsterhaltungs-Bedingung des Mischstrahles*

$$\frac{1}{2\pi a^2 \Delta} \frac{v_0}{\omega^2} \left[\frac{J_{1,0}}{U_0} \left(\frac{v_0}{v_1}\right)^3 \frac{1}{(1 - \varkappa - \gamma)^2} + \frac{J_{2,0}}{U_0} \left(\frac{v_0}{v_2}\right)^3 \frac{1}{(1 + \varkappa - \gamma)^2}\right] \cdot$$
$$\cdot \left[1 + \frac{\pi}{2} \sqrt{\gamma^2 - \beta_0^2}\, \alpha\, H_1^{(1)} (i \sqrt{\gamma^2 - \beta_0^2}\, \alpha)\right] = 1. \tag{VI 3, 74}$$

Wir bilden aus $J_{1,0}$ und $J_{2,0}$ den „Mittelwert“ $J_{m,0}$ des einfallenden Strahlstromes nach der Vorschrift

$$J_{m,0} = J_{1,0} \left(\frac{v_0}{v_1}\right)^3 + J_{2,0} \left(\frac{v_0}{v_2}\right)^3 \tag{VI 3, 75}$$

und definieren den numerischen Strahl-Leitwert g_0 mittels

$$\frac{1}{g_0} = \frac{U_0}{J_{m,0}} \cdot \frac{\omega^2 \cdot \Delta \cdot 2\pi a^2}{v_0}. \tag{VI 3, 76}$$

Mit (VI 3, 75) und (VI 3, 76) nimmt Gl. (VI 3, 74) die dimensionsfreie Gestalt an

$$\frac{1}{(1 - \varkappa - \gamma)^2} + \frac{1}{(1 + \varkappa - \gamma)^2} = \frac{1}{g_0} \frac{1}{1 + \frac{\pi}{2} \sqrt{\gamma^2 - \beta_0^2}\, \alpha\, H_1^{(1)} (i \sqrt{\gamma^2 - \beta_0^2}\, \alpha)}, \tag{VI 3, 77}$$

aus welcher die komplexe Ausbreitungsziffer γ zu bestimmen ist.

m) Im Falle sehr hoher Betriebsfrequenzen wird

$$\alpha = \frac{\omega}{v_0} a \gg 1. \tag{VI 3, 78}$$

Setzen wir dann vorübergehend

$$1 - \gamma = \delta, \qquad \text{(VI 3, 79)}$$

so reduziert sich wegen

$$\lim_{a \to \infty} \frac{\pi}{2} \sqrt{\gamma^2 - \beta_0^2}\, a\, H_1^{(1)} \left(i \sqrt{\gamma^2 - \beta_0^2}\, a\right) = 0 \qquad \text{(VI 3, 80)}$$

die zu lösende, transzendente Gleichung (VI 3, 77) approximativ auf die in δ biquadratische Gleichung

$$\delta^4 - 2\varkappa^2 \delta^2 + \varkappa^4 = 2 g_0(\delta^2 + \varkappa^2). \qquad \text{(VI 3, 81)}$$

Aus der hiernach gültigen Relation

$$\delta^2 = \varkappa^2 + g_0 \pm \sqrt{1 + 4 \frac{\varkappa^2}{g_0}} \qquad \text{(VI 3, 82)}$$

erschließen wir für den Betrieb des Gerätes folgende fundamentale Alternative:

1. Im Falle

$$g_0 \sqrt{1 + 4 \frac{\varkappa^2}{g_0}} < \varkappa^2 + g_0 \qquad \text{(VI 3, 83)}$$

ergeben sich sämtliche vier Wurzeln der Gl. (VI 3, 81) als reell, und wegen (VI 3, 79) zeichnet dieselbe Eigenschaft die vier unterschiedlichen Werte der Ausbreitungsziffer γ aus: Längs des Mischstrahles können vier Wellen zwar unterschiedlicher Phasengeschwindigkeit verkehren, doch bleibt die Amplitude jeder Einzelwelle während deren Wanderung längs der Systemachse konstant.

2. Sei

$$g_0 \sqrt{1 + 4 \frac{\varkappa^2}{g_0}} > \varkappa^2 + g_0, \qquad \text{(VI 3, 84)}$$

so liefert (VI 3, 82) für δ^2 einen positiv-reellen und einen negativ-reellen Wert; dem erstgenannten entspringen für δ selbst zwei reelle Wurzeln, dem letztgenannten dagegen zwei konjugiert-imaginäre Wurzeln. Gemäß (VI 3, 79) korrespondieren den reellen Wurzeln zwei Wellen, deren jeweilige Amplitude längs der Fortschrittsrichtung des Strahles konstant bleibt; zu ihnen gesellen sich zwei andere Wellen, deren eine in der angezeigten Richtung eine abnehmende Amplitude offenbart, während die Amplitude der anderen anwächst: Sie ist es, welche den erstrebten Verstärkungsvorgang zu realisieren vermag.

Wir quadrieren (VI 3, 84) und bringen das Ergebnis in die Form

$$2 g_0 > \varkappa^2. \qquad \text{(VI 3, 85)}$$

Aus ihr erschließen wir mit Rücksicht auf (VI 3, 76) als notwendige Betriebsbedingung des Mischstrahl-Verstärkers

$$\frac{1}{\pi a^2} J_{m,0} > \varkappa^2 \frac{\omega^2 \Delta}{v_0} U_0. \qquad \text{(VI 3, 86)}$$

Unter sonst gleichen Umständen muß also die Dichte des gemittelten Stromes denjenigen kritischen Betrag überschreiten, welcher durch die rechte Seite von (VI 3, 86) dargestellt wird. Wählt man dementsprechend

$$\frac{1}{\pi a^2} J_{m,0} = n \cdot \varkappa^2 \frac{\omega^2 \Delta}{v_0} U_0; \qquad n > 1, \qquad \text{(VI 3, 87)}$$

so resultiert aus (VI 3, 82)

$$\delta^2 = \varkappa^2\left(1 + \frac{n}{2}\right) \pm \frac{n}{2}\varkappa^2 \sqrt{1 + \frac{8}{n}} \qquad \text{(VI 3, 88)}$$

und also für die verstärkende Welle, im Einklang mit (VI 3, 16),

$$\gamma = 1 - i\varkappa \sqrt{\frac{n}{2}\left(\sqrt{1 + \frac{8}{n}} - 1\right) - 1}. \qquad \text{(VI 3, 89)}$$

Ordnet man in der Ebene $z = s > 0$ am Mischstrahl eine „Empfangsantenne" an, so entspricht der numerischen Länge

$$\sigma = \frac{\omega}{v_0} s \qquad \text{(VI 3, 90)}$$

der aktiven Strahlstrecke unter optimalen Betriebsbedingungen das *logarithmische Verstärkungsmaß*

$$V = \varkappa\sigma \sqrt{\frac{n}{2}\left(\sqrt{1 + \frac{8}{n}} - 1\right) - 1}. \qquad \text{(VI 3, 91)}$$

VI 4. Plasma-Wellen.

a) Während wir bisher die Wellenbewegung elektronischer Raumladungen im Vakuum untersuchten, handeln wir im folgenden von der Kinetik elektrodynamischer Wellen in einem Raume, welcher *freie Ionen* beiderlei Vorzeichens enthalte; als solcher definiert er den Begriff des *elektrischen Plasmas*.

Wir orientieren uns im Plasma an Hand des rechtsläufigen Bezugssystemes der *Kartes*ischen Koordinaten x, y, z. Bei einer im Zeitpunkt t ausgeführten Kontrolle mag man in dem ruhenden Quader der beziehentlich achsenparallelen Kantenlängen Δx, Δy, Δz, welcher den Aufpunkt (x, y, z) einschließt, die Anzahl

$$N_+ = n_+ \Delta x \Delta y \Delta z \qquad \text{(VI 4, 1)}$$

positiver und die Anzahl

$$N_- = n_- \Delta x \Delta y \Delta z \qquad \text{(VI 4, 2)}$$

negativer Ladungsträger vorfinden, so daß durch n_+ und n_- beziehentlich die *Konzentration* eines unipolaren Ionenkollektivs im Kontrollquader gemessen wird. Wir setzen voraus, daß jedes dieser Ionen die invariante Ladung $\pm q_0$ vom absoluten Betrage der Elektronenladung mit sich führt; dann gibt das Produkt

$$\varrho = q_0(n_+ - n_-) \qquad \text{(VI 4, 3)}$$

die zum Zeitpunkt t am Kontrollort herrschende *Raumladungsdichte* an.

b) Wir beschäftigen uns zunächst mit dem *statistischen Gleichgewichtszustande* des Plasmas: Nach Wahl einer hinreichend langen Zeitspanne T erweisen sich die zeitlichen Mittelwerte

$$n_+^{(0)} = \frac{1}{T}\int_0^T n_+(t)\,dt \qquad \text{(VI 4, 4)}$$

und

$$n_-^{(0)} = \frac{1}{T}\int_0^T n_-(t)\,dt \qquad \text{(VI 4, 5)}$$

als unabhängig von T, so daß die gleiche Eigenschaft die Raumladungsdichte

$$\varrho^{(0)} = \frac{1}{T}\int_0^T \varrho(t)\,dt = q_0\,(n_+^{(0)} - n_-^{(0)}) \qquad \text{(VI 4, 6)}$$

auszeichnet; überdies seien die Konzentrationen $n_+^{(0)}$ und $n_-^{(0)}$, also auch die Raumladungsdichte ϱ_0 gleichförmig über das Existenzgebiet des Plasmas verteilt.

Wir ergänzen die Annahme des thermodynamischen Gleichgewichtes durch die Vorschrift, daß innerhalb des Kontrollquaders die durch Mittelung gebildeten, makroskopischen Werte der elektromagnetischen Feldkomponenten verschwinden. Da nun die Raumladungsdichte ϱ mit dem Vektor E der elektrischen Makrofeldstärke durch die Relation

$$\varrho = \Delta \cdot \operatorname{div} E \qquad \text{(VI 4, 7)}$$

[Δ = sogenannte Dielektrizitätskonstante des leeren Raumes] genetisch verknüpft ist, kann der verlangte Zustand nur für „*quasineutrale*“ Plasmen der Eigenschaften

$$\varrho^{(0)} = 0; \qquad n_+^{(0)} = n_-^{(0)} \equiv n^{(0)} \qquad \text{(VI 4, 8)}$$

realisiert werden; ihre Existenz wird weiterhin vorausgesetzt.

c) Das Plasma werde dem Eingriff eines zeitlich konstanten elektrischen Homogenfeldes der vektoriellen Stärke $E^{(0)}$ ausgesetzt, dessen beziehentlich achsenparallele Komponenten durch

$$E_x^{(0)} = 0; \qquad E_y^{(0)} = 0; \qquad E_z^{(0)} = -E_0 < 0 \qquad \text{(VI 4, 9)}$$

beschrieben werden; seine Wirkung offenbart sich in folgenden Erscheinungen:

1. Das Feld $E^{(0)}$ erteilt den positiven Ionen nach Maßgabe ihrer Beweglichkeit b_+ die mittlere, vektorielle Geschwindigkeit $\vec{v}_+^{(0)}$ der beziehentlich achsenparallelen Komponenten

$$\vec{v}^{(0)}_{+,x} = 0; \qquad \vec{v}^{(0)}_{+,y} = 0; \qquad \vec{v}^{(0)}_{+,z} = b_+ E_z^{(0)} = -b_+ E_0 < 0 \qquad \text{(VI 4, 10)}$$

und den negativen Ionen entsprechend ihrer Beweglichkeit b_- die vektorielle Geschwindigkeit $\vec{v}_-^{(0)}$ der beziehentlich achsenparallelen Komponenten

$$\vec{v}^{(0)}_{-,x} = 0; \qquad \vec{v}^{(0)}_{-,y} = 0; \qquad \vec{v}^{(0)}_{-,z} = -b_- \cdot E_z^{(0)} = b_- E_0 > 0. \qquad \text{(VI 4, 11)}$$

2. Unter der Annahme der einheitlichen Ruhmasse m_+ der positiven Ionen und der einheitlichen Ruhmasse m_- der negativen Ionen erzeugt die Translation (VI 4, 10), (VI 4, 11) der Ladungsträger durch das quasineutrale Plasma einen *elektrischen Konvektionsstrom* der vektoriellen Dichte

$$j^{(0)} = q_0\,n_+^{(0)}\,\vec{v}_+^{(0)} - q_0\,n_+^{(0)}\,\vec{v}_-^{(0)} = \varrho_0(b_+ + b_-)\,E^{(0)}; \qquad \varrho_0 = q_0\,n^{(0)} \qquad \text{(VI 4, 12)}$$

der beziehentlich achsenparallelen Komponenten

$$j_x^{(0)} = 0; \qquad j_y^{(0)} = 0; \qquad j_z^{(0)} = -\varrho_0(b_+ + b_-)\,E_0. \qquad \text{(VI 4, 13)}$$

3. Der mit dem Konvektionsstrom verknüpfte Energietransport erhöht die absolute Temperatur des positiven Ionenkollektivs von deren Gleichgewichtswert T auf

$$T_+ > T, \qquad \text{(VI 4, 14)}$$

während gleichzeitig die absolute Temperatur T_- des negativen Ionenkollektivs auf

$$T_- > T \qquad \text{(VI 4, 15)}$$

ansteigt; in der Regel sind die resultierenden Ionentemperaturen wesentlich voneinander verschieden.

d) Von dem realen Plasma gehen wir zu einem virtuellen, *„vollkommenen" Plasma* über, welches wir mit folgenden ideellen Eigenschaften ausstatten:

1. Die positiven Ionen werden je durch elektrisch gleichwertige Ladungsträger ersetzt, deren träge Masse m_+ jedoch über alles Maß wächst:

$$m_+ \to \infty. \qquad \text{(VI 4, 16)}$$

Da dieser Grenzübergang die Aussage

$$\lim_{m_+ \to \infty} b_+ = 0 \qquad \text{(VI 4, 17)}$$

nach sich zieht, reduziert sich (VI 4, 12) auf die Angabe

$$\vec{j}^{(0)} = -\varrho_0 \vec{v}^{(0)} = \varrho_0 b_- \vec{E}^{(0)}, \qquad \text{(VI 4, 18)}$$

während (VI 4, 13) die Gestalt

$$j_x^{(0)} = 0; \quad j_y^{(0)} = 0; \quad j_z^{(0)} = -\varrho_0 b_- E_0 \qquad \text{(VI 4, 19)}$$

annimmt; gleichzeitig verwandelt sich (VI 4, 14) in

$$\lim_{m_+ \to \infty} T_+ = T. \qquad \text{(VI 4, 20)}$$

2. Die negativen Ionen werden mit Elektronen der Ruhmasse m_0 identifiziert:

$$m_- \to m_0. \qquad \text{(VI 4, 21)}$$

3. Wir denken uns die Beweglichkeit b_- bei gleichzeitig gegen Null konvergierender Stärke des elektrischen Gleichgewichtsfeldes $\vec{E}^{(0)}$ derart vergrößert, daß die gerichtete Elektronengeschwindigkeit $\vec{v}_-^{(0)}$ gegen den endlichen, konstanten Vektor

$$\vec{v}_-^{(0)} = \lim_{\substack{|E^{(0)}| \to 0 \\ b_- \to \infty}} (-b_- \vec{E}^{(0)}) \qquad \text{(VI 4, 22)}$$

vom absoluten Betrage

$$\vec{v}_{-,z}^{(0)} \equiv v_0 = b_- E_0 \qquad \text{(VI 4, 23)}$$

strebt.

4. Wir lassen die im realen Plasma zu dessen Erhaltung lebensnotwendigen, einander dual ergänzenden Prozesse der *Ionisation* und der *Rekombination* bei der Beschreibung des virtuellen Plasmas geflissentlich außer Betracht: Sowohl die positiven Ionen wie die Elektronen gelten als eingeprägte, unzerstörbare Einheiten, deren Gesamtzahl innerhalb des Plasmas weder vermehrt noch verringert werden kann.

Auf Grund dieser Festsetzungen kann die Elektronenbewegung durch das virtuelle Plasma mit der Trift vorbeschleunigter Elektronen durch das feldfreie Gebiet eines Vakuumgefäßes verglichen werden, in welchem die Selbstdispersion der Elektronen durch ein hinreichend starkes, parallel der z-Achse justiertes magnetisches Führungsfeld hintangehalten wird. Mit dieser Erkenntnis ist die Brücke zwischen der hier zu entwickelnden inneren Elektronik des vollkommenen Plasmas und der früher beschriebenen Elektrodynamik freier Kathodenstrahlen geschlagen.

e) Wir überlagern dem stationären Zustand des virtuellen Plasmas eine *schwache Störung,* welche als solche jedoch von den spontanen, statistischen Schwankungserscheinungen innerhalb des Ionenkollektivs deutlich unterscheidbar sei. Die Quasineutralität bleibt dann in der Regel nicht mehr erhalten: Während die positiven Ionen des virtuellen Plasmas zufolge (VI 4, 16) unverrückbar an ihren Platz gefesselt sind, mögen die leichtbeweglichen Elektronen im Augenblicke t ihre vektorielle Geschwindigkeit $\vec{v}_-$ am Aufpunkte (x, y, z) gegenüber dem [homogenen] Gleichgewichtswerte $\vec{v}_-^{(0)}$ nach (VI 4, 22) um $\delta\vec{v}_-$ geändert haben

$$\vec{v}_- = \vec{v}_-^{(0)} + \delta\vec{v}_-; \qquad \delta\vec{v}_- = \delta\vec{v}_-(x, y, z, t). \qquad \text{(VI 4, 24)}$$

Zufolge der Invarianz der kollektiven Elektronenladung zieht diese Geschwindigkeitsänderung eine Störung $\delta\varrho_-$ der elektronischen Raumladungsdichte

$$\varrho_- = -\varrho_0 + \delta\varrho_-; \qquad \delta\varrho_- = \delta\varrho_-(x, y, z, t) \qquad \text{(VI 4, 25)}$$

nach sich, welche durch die Kontinuitätsgleichung

$$-\frac{\partial\varrho_-}{\partial t} = \operatorname{div}(\varrho_- \vec{v}_-) = \varrho_- \operatorname{div}\vec{v}_- + (\vec{v}_- \operatorname{grad}\varrho_-) \qquad \text{(VI 4, 26)}$$

geregelt wird; in ihr darf man auf Grund der Voraussetzung nur schwacher Störungen des stationären Zustandes die quadratischen Störungsglieder gegen die linearen vernachlässigen, so daß sie sich zu

$$-\frac{\partial}{\partial t}(\delta\varrho_-) = -\varrho_0 \operatorname{div}\delta\vec{v}_- + v_0 \frac{\partial}{\partial z}(\delta\varrho_-) \qquad \text{(VI 4, 27)}$$

vereinfacht. In gleicher Genauigkeit findet sich für die resultierende Dichte

$$j = j^{(0)} + \delta j; \qquad \delta j = \delta j(x, y, z, t) \qquad \text{(VI 4, 28)}$$

des Konvektionsstromes die Störung

$$\delta j = -\varrho_0 \delta\vec{v}_- + \delta\varrho_- \vec{v}_-^{(0)}. \qquad \text{(VI 4, 29)}$$

Hand in Hand mit der skalaren Störung $\delta\varrho_-$ der Raumladungsdichte und der vektoriellen Störung δj der Konvektionsstromdichte ändern sich die Vektoren E der elektrischen und M der magnetischen Feldstärke gegenüber ihren Gleichgewichtswerten $E^{(0)} \to 0$ und $M^{(0)}$ beziehentlich um die Störungen δE und δM:

$$E = 0 + \delta E(x, y, z, t), \qquad \text{(VI 4, 30)}$$

$$M = M^{(0)}(x, y, z) + \delta M(x, y, z, t). \qquad \text{(VI 4, 31)}$$

Zwischen E und M stiften die *Maxwell*schen Gleichungen den Zusammenhang

$$\operatorname{rot} M = \varDelta \frac{\partial E}{\partial t} + j \qquad \text{(VI 4, 32)}$$

und

$$\operatorname{rot} E = -\varPi \frac{\partial M}{\partial t}, \qquad \text{(VI 4, 33)}$$

in welchem neben der sogenannten Dielektrizitätskonstanten $\varDelta$ des leeren Raumes dessen sogenannte Permeabilität $\varPi$ auftritt; diese beiden universellen Konstanten sind mit der Ausbreitungsgeschwindigkeit c des Lichtes durch die Relation

$$c^2 = \frac{1}{\varDelta\varPi} \qquad \text{(VI 4, 34)}$$

verbunden.

Die Feldgleichungen (VI 4, 32), (VI 4, 33) bedürfen der Ergänzung durch die *Dynamik der Elektronenbewegung*. Zu diesem Zwecke erweitern und verschärfen wir die in (VI 4, 22) formulierte Annahme zu der Voraussetzung, daß die Elektronen niemals mit anderen Mitgliedern des Plasmakollektivs zusammenstoßen. Unter Beschränkung auf den Gültigkeitsbereich der *Newton*schen Mechanik lautet dann die Bewegungsgleichung eines Elektrons

$$\mathrm{m_0} \frac{\mathrm{d}\vec{v}_-}{\mathrm{dt}} = -\mathrm{q_0} (E + \Pi\, [\vec{v}_- M]). \qquad \text{(VI 4, 35)}$$

Wir lassen weiterhin die Transversalbewegung des kontrollierten Elektrons gegen die z-Achse außer Betracht, so daß sich die Longitudinalkomponente der *Lorentz*-Kraft annulliert. Falls daher in (VI 4, 35) wiederum nur Störungsglieder erster Ordnung beibehalten werden, reduziert sich diese Gleichung auf

$$\mathrm{m_0} \frac{\mathrm{d}\vec{\mathrm{v}}_{-,\,z}}{\mathrm{dt}} = \mathrm{m_0} \frac{\mathrm{d}\delta\vec{\mathrm{v}}_{-,\,z}}{\mathrm{dt}} = \mathrm{m_0} \left(\frac{\partial \delta\vec{\mathrm{v}}_{-,\,z}}{\partial \mathrm{t}} + \mathrm{v_0} \frac{\partial \delta\vec{\mathrm{v}}_{-,\,z}}{\partial z} \right) = -\mathrm{q_0}\, \delta \mathrm{E_z}, \qquad \text{(VI 4, 36)}$$

so daß sich die Vektorgleichung (VI 4, 29) in die drei Komponentengleichungen

$$\delta \mathrm{j_x} = 0; \qquad \delta \mathrm{j_y} = 0; \qquad \delta \mathrm{j_z} = -\varrho_0\, \delta\vec{\mathrm{v}}_{-,\,z} + \delta\varrho_-\, \mathrm{v_0} \qquad \text{(VI 4, 37)}$$

aufspalten läßt.

f) Wir ergänzen die *Maxwell*schen Gleichungen (VI 4, 32), (VI 4, 33) durch die Angabe ihrer Feldquellen

$$\Pi \operatorname{div} M = 0 \qquad \text{(VI 4, 38)}$$

und

$$\Delta \operatorname{div} E = \varrho. \qquad \text{(VI 4, 39)}$$

Nun verwandeln wir (VI 4, 38) in eine Identität, indem wir die magnetische Feldstärke M aus dem Vektorpotential V nach der Vorschrift

$$M = \frac{1}{\Pi} \operatorname{rot} V \qquad \text{(VI 4, 40)}$$

bilden. In Gemeinschaft mit dem elektrischen Skalarpotential φ liefert dann das Induktionsgesetz (VI 4, 33) für die elektrische Feldstärke E die Darstellung

$$E = -\operatorname{grad} \varphi - \frac{\partial V}{\partial \mathrm{t}}. \qquad \text{(VI 4, 41)}$$

Da wir uns nach Vereinbarung *Kartesi*scher Koordinaten bedienen, folgt durch Substitution von (VI 4, 40) und (VI 4, 41) in (VI 4, 32) die Vektorgleichung

$$\operatorname{grad} \operatorname{div} V - \nabla^2 V = -\frac{1}{\mathrm{c}^2} \left(\operatorname{grad} \frac{\partial \varphi}{\partial \mathrm{t}} + \frac{\partial^2 V}{\partial \mathrm{t}^2} \right) + \Pi\, j. \qquad \text{(VI 4, 42)}$$

Verknüpfen wir jetzt V und φ durch die Differentialrelation

$$\operatorname{div} V = -\frac{1}{\mathrm{c}^2} \frac{\partial \varphi}{\partial \mathrm{t}}, \qquad \text{(VI 4, 43)}$$

so entsteht aus (VI 4, 42) die Gleichung

$$\nabla^2 V = \frac{1}{\mathrm{c}^2} \frac{\partial^2 V}{\partial \mathrm{t}^2} - \Pi\, j \qquad \text{(VI 4, 44)}$$

allein des magnetischen Vektorpotentiales, während (VI 4, 39) im Verein mit (VI 4, 41) und (VI 4, 43) für das elektrische Skalarpotential die partielle Differentialgleichung

$$\nabla^2 \varphi = \frac{1}{c^2} \frac{\partial^2 \varphi}{\partial t^2} - \frac{\varrho}{\Delta} \qquad \text{(VI 4, 45)}$$

liefert.

Wir zerlegen V und φ beziehentlich in ihre stationären Anteile $V^{(0)}$, $\varphi^{(0)}$ und ihre Störungsanteile δV, $\delta\varphi$:

$$V = V^{(0)} + \delta V, \qquad \text{(VI 4, 46)}$$

$$\varphi = \varphi^{(0)} + \delta\varphi. \qquad \text{(VI 4, 47)}$$

Im Existenzgebiete des virtuellen Plasmas gehorchen daher die stationären Potentialanteile den Gleichungen

$$\nabla^2 V^{(0)} = -\Pi j^{(0)} \qquad \text{(VI 4, 48)}$$

und

$$\nabla^2 \varphi^{(0)} = -\frac{\varrho^{()}}{\Delta} = 0 \qquad \text{(VI 4, 49)}$$

falls gemäß (VI 4, 43) das Vektorpotential $V^{(0)}$ keine Quellen aufweist:

$$\operatorname{div} V^{(0)} = 0. \qquad \text{(VI 4, 50)}$$

Die Lösungen der Gleichungen (VI 4, 48), (VI 4, 49) und (VI 4, 50) sind den jeweils an den Plasmagrenzen vorgeschriebenen Randbedingungen anzupassen; sie gelten weiterhin als bekannt. Demnach haben wir uns nur noch mit den Gleichungen

$$\nabla^2 \delta V = \frac{1}{c^2} \frac{\partial^2 \delta V}{\partial t^2} - \Pi \delta j \qquad \text{(VI 4, 51)}$$

und

$$\nabla^2 \delta\varphi = \frac{1}{c^2} \frac{\partial^2 \delta\varphi}{\partial t^2} - \frac{\delta\varrho}{\Delta} \qquad \text{(VI 4, 52)}$$

zu beschäftigen, welche zufolge (VI 4, 43) und (VI 4, 50) durch

$$\operatorname{div} \delta V = -\frac{1}{c^2} \frac{\partial \delta\varphi}{\partial t} \qquad \text{(VI 4, 53)}$$

miteinander verknüpft sind.

Wir ergänzen nun die Annahme (VI 4, 36) der rein longitudinalen Elektronenbewegung im Plasma durch die beschränkende Voraussetzung, daß auch in dessen Berandung lediglich longitudinale elektrische Ströme verkehren; hierdurch werden insbesondere „tensorielle" Leiter nach Art der Wendelrohre von der hier zu entwickelnden Theorie der Plasmawellen ausgeschlossen. Auf Grund dieses wesentlichen Verzichtes kann die Integration der Gleichungen (VI 4, 51), (VI 4, 52) und (VI 4, 53) auf einen *Hertz*schen Vektor δZ zurückgeführt werden, dessen einzige, von Null verschiedene Komponente parallel der positiven z-Achse weist; sie sei durch das Symbol δZ bezeichnet:

$$\delta Z_x = 0; \qquad \delta Z_y = 0; \qquad \delta Z_z = \delta Z. \qquad \text{(VI 4, 54)}$$

Denn nunmehr verwandelt sich (VI 4, 53) mittels der Ansätze

$$\delta\varphi = \operatorname{div} \delta Z = \frac{\partial \delta Z}{\partial z} \qquad \text{(VI 4, 55)}$$

und

$$\left.\begin{aligned} \delta V &= \frac{1}{c^2}\frac{\partial\delta Z}{\partial t} \\ \delta V_x = 0; \quad \delta V_y = 0; \quad \delta V_z &= \frac{1}{c^2}\frac{\partial\delta Z}{\partial t} \end{aligned}\right\} \qquad \text{(VI 4, 56)}$$

in eine Identität. Die Komponente δZ des *Hertz*schen Vektors selbst genügt dann der Wellengleichung

$$\nabla^2 \delta Z = \frac{1}{c^2}\frac{\partial^2\delta Z}{\partial t^2} + \frac{1}{\Delta}\int\limits_{t_0}^{t} \delta j_z(t')\,dt', \qquad \text{(VI 4, 58)}$$

in welcher der Zeitpunkt t_0 den Beginn der Störung angibt; aus dem Integral dieser Gleichung findet man zufolge (VI 4, 41), (VI 4, 55) und (VI 4, 56) die Longitudinalkomponente

$$\delta E_z = -\left(\frac{\partial^2\delta Z}{\partial z^2} - \frac{1}{c^2}\frac{\partial^2\delta Z}{\partial t^2}\right) \qquad \text{(VI 4, 59)}$$

der elektrischen Feldstörung.

g) Wir fragen nach der Existenz „monochromatischer" Plasmawellen der Kreisfrequenz ω, welche mit der gleichförmigen Phasengeschwindigkeit

$$v_{ph} = \frac{v_0}{\gamma} \qquad \text{(VI 4, 60)}$$

längs der positiven z-Achse fortschreiten.

Nach Wahl der vorerst noch beliebigen komplexen Amplitudenfunktion

$$\bar{\zeta} = \bar{\zeta}(x, y) \qquad \text{(VI 4, 61)}$$

legen wir dem *Hertz*schen Vektor δZ dieser Welle den Ansatz

$$\delta Z = \bar{\zeta}\, e^{-i\omega\left(t - \gamma\frac{z}{v_0}\right)} \qquad \text{(VI 4, 62)}$$

zugrunde, aus welchem die tatsächlich beobachtbare Schwingung durch Abspaltung seines Realteiles hervorgeht; die gleiche Interpretationsvorschrift bezieht sich auf alle weiteren Plasmawellen:

1. Mittels (VI 4, 59) berechnet sich die komplexe Amplitude

$$\bar{\varepsilon} = \bar{\varepsilon}(x, y) \qquad \text{(VI 4, 63)}$$

der longitudinalen elektrischen Feldwelle

$$\delta \tilde{E}_z = \bar{\varepsilon}\, e^{-i\omega\left(t - \gamma\frac{z}{v_0}\right)} \qquad \text{(VI 4, 64)}$$

zu

$$\bar{\varepsilon} = \frac{\omega^2}{v_0^2}(\gamma^2 - \beta_0^2)\,\bar{\zeta}, \qquad \text{(VI 4, 65)}$$

wobei

$$\beta_0 = \frac{v_0}{c} \qquad \text{(VI 4, 66)}$$

die stationäre Geschwindigkeit der Elektronen im Verhältnis zur Lichtgeschwindigkeit mißt.

2. Für die komplexe Amplitude

$$\bar{w} = \bar{w}(x, y) \qquad \text{(VI 4, 67)}$$

der Geschwindigkeitswelle

$$\delta \tilde{v}_{z,-} = \overline{w}\, e^{-i\omega\left(t - \gamma \frac{z}{v_0}\right)} \tag{VI 4, 68}$$

folgt aus (VI 4, 36) und (VI 4, 64) die Gleichung

$$-i\,\omega\,\overline{w}\,m_0\,(1-\gamma) = -\,q_0\,\overline{\varepsilon}, \tag{VI 4, 69}$$

welcher wir die Angabe

$$\overline{w} = \frac{q_0}{m_0\,i\,\omega}\,\frac{1}{1-\gamma}\,\overline{\varepsilon} \tag{VI 4, 70}$$

entnehmen.

3. Für die komplexe Amplitude

$$\delta\overline{\varrho}_- = \delta\overline{\varrho}_-(x, y) \tag{VI 4, 71}$$

der Raumladungswelle

$$\delta\tilde{\varrho}_- = \delta\overline{\varrho}_-\, e^{-i\omega\left(t - \gamma \frac{z}{v_0}\right)} \tag{VI 4, 72}$$

liefert die Kontinuitätsgleichung (VI 4, 27) wegen (VI 4, 37) im Verein mit (VI 4, 68) die Relation

$$i\,\omega\,\delta\overline{\varrho}_- = -\,\varrho_0\,i\,\omega\,\frac{\gamma}{v_0}\,\overline{w} + i\,\omega\,\gamma\,\delta\overline{\varrho}_-, \tag{VI 4, 73}$$

aus welcher mit Rücksicht auf (VI 4, 70)

$$\delta\overline{\varrho}_- = -\,\frac{\varrho_0\,\gamma}{v_0}\,\frac{1}{1-\gamma}\,\overline{w} = -\,\frac{q_0\,\varrho_0\,\gamma}{m_0\,i\,\omega\,v_0}\,\frac{1}{(1-\gamma)^2}\,\overline{\varepsilon} \tag{VI 4, 74}$$

resultiert.

4. Für die komplexe Amplitude

$$\delta\overline{j}_z = \delta\overline{j}_z(x, y) \tag{VI 4, 75}$$

der Stromdichten-Welle

$$\delta\tilde{j}_z = \delta\overline{j}_z\, e^{-i\omega\left(t - \gamma \frac{z}{v_0}\right)} \tag{VI 4, 76}$$

erhalten wir aus (VI 4, 37) mit (VI 4, 68), (VI 4, 70), (VI 4, 72) und (VI 4, 74) die Angabe

$$\delta\overline{j}_z = -\,\varrho_0\,\overline{w} + \delta\overline{\varrho}_-\,v_0 = -\,\frac{q_0\,\varrho_0}{m_0\,i\,\omega}\,\frac{1}{(1-\gamma)^2}\,\overline{\varepsilon}, \tag{VI 4, 77}$$

welche durch Substitution von (VI 4, 65) in

$$\delta\overline{j}_z = -\,\frac{q_0\,\varrho_0}{m_0\,i\,\omega}\cdot\frac{\omega^2}{v_0^2}\,\frac{\gamma^2-\beta_0^2}{(1-\gamma)^2}\,\overline{\zeta} \tag{VI 4, 78}$$

übergeht. Verfügen wir nun über den Zeitpunkt t_0 derart, daß auch das Integral

$$\int_{t_0}^{t} \delta\tilde{j}_z(t')\,dt' = \overline{\sigma}\, e^{-i\omega\left(t - \gamma \frac{z}{v_0}\right)} \tag{VI 4, 79}$$

eine mit dem *Hertz*schen Vektor δZ kohärente Welle darstellt, so ergibt sich deren komplexe Amplitude

$$\overline{\sigma} = \overline{\sigma}(x, y) \tag{VI 4, 80}$$

zu

$$\overline{\sigma} = \frac{\delta\overline{j}_z}{-\,i\,\omega} = -\,\frac{q_0\,\varrho_0}{m_0}\,\frac{1}{v_0^2}\,\frac{\gamma^2-\beta_0^2}{(1-\gamma)^2}\,\overline{\zeta}. \tag{VI 4, 81}$$

Wir definieren durch

$$\omega_P{}^2 = \frac{q_0\, \varrho_0}{m_0\, \varDelta} \qquad \text{(VI 4, 82)}$$

die „*ionosphärische*“ *Eigenfrequenz* des virtuellen Plasmas. Nach Substitution von (VI 4, 61) und (VI 4, 81) in (VI 4, 58) entsteht dann für die komplexe Amplitude $\overline{\zeta}$ des *Hertz*schen Vektors δZ die partielle Differentialgleichung

$$\frac{\partial^2 \overline{\zeta}}{\partial x^2} + \frac{\partial^2 \overline{\zeta}}{\partial y^2} + \frac{\omega^2}{v_0{}^2}(\gamma^2 - \beta_0{}^2)\left\{\frac{\omega_P{}^2}{\omega^2}\frac{1}{(1-\gamma)^2} - 1\right\}\overline{\zeta} = 0. \qquad \text{(VI 4, 83)}$$

Wir haben Partikularintegrale aufzusuchen, welche sich physikalisch realisieren lassen.

h) *Querhomogene Plasmawellen* zeichnen sich durch die kinematischen Eigenschaften

$$\frac{\partial \overline{\zeta}}{\partial x} = 0; \qquad \frac{\partial \overline{\zeta}}{\partial y} = 0 \qquad \text{(VI 4, 84)}$$

aus. Ihre Existenz ist daher an die Bedingung

$$(\gamma^2 - \beta_0{}^2)\left\{\frac{\omega_P{}^2}{\omega^2}\frac{1}{(1-\gamma)^2} - 1\right\} = 0 \qquad \text{(VI 4, 85)}$$

gebunden, welche die vier reellen Ausbreitungsziffern

$$\gamma_1 = \beta_0; \qquad \gamma_2 = -\beta_0, \qquad \text{(VI 4, 86)}$$

$$\gamma_3 = 1 + \frac{\omega_P}{\omega}; \qquad \gamma_4 = 1 - \frac{\omega_P}{\omega} \qquad \text{(VI 4, 87)}$$

zuläßt. Zufolge (VI 4, 62) und (VI 4, 65) schildert das Paar γ_1 und γ_2 der Ausbreitungsziffern Wellen, welche nach dem Muster der Drahtwellen längs verlustfreier Leitungen je mit Lichtgeschwindigkeit durch das Plasma eilen; sie sind daher mit der stationären Elektronenbewegung nicht gekoppelt. Dagegen entsprechen die Ausbreitungsziffern γ_3 und γ_4 beziehentlich den Plasmawellen der unterschiedlichen Phasengeschwindigkeiten

$$v_3 = \frac{v_0}{1 + \frac{\omega_P}{\omega}}; \qquad v_4 = \frac{v_0}{1 - \frac{\omega_P}{\omega}}. \qquad \text{(VI 4, 88)}$$

welche aufs engste mit der stationären Elektronengeschwindigkeit verbunden sind. Dieser Zusammenhang offenbart sich noch deutlicher, falls wir von den bisher untersuchten monochromatischen Schwingungen zu Wellengruppen der mittleren Kreisfrequenz ω übergehen: Aus deren Wellenzahlen

$$k_3 = \frac{\omega}{v_0}\gamma_3 = \frac{\omega + \omega_P}{v_0}; \qquad k_4 = \frac{\omega}{v_0}\gamma_4 = \frac{\omega - \omega_P}{v_0} \qquad \text{(VI 4, 89)}$$

resultiert mittels der Definitionsgleichung der *Gruppengeschwindigkeit* v_{gr}

$$\frac{1}{v_{gr}} = \frac{dk}{d\omega} \qquad \text{(VI 4, 90)}$$

für diese die einheitliche Größe

$$v_{gr,3} = v_{gr,4} = v_0 \qquad \text{(VI 4, 91)}$$

vom Werte der stationären Korpuskulargeschwindigkeit der Elektronen.

In dieser Hinsicht ähneln also diese querhomogenen Plasmawellen den *de Broglie*schen *Wahrscheinlichkeitswellen*, welche die Elektronenbewegung im feldfreien Raume begleiten; doch mag es hier mit diesem formalen Vergleich sein Bewenden haben.

i) Wir bilden aus dem virtuellen Plasma einen in der z-Achse zentrierten „*Kathodenstrahl*" vom Halbmesser a, der seinerseits von einem elektrisch vollkommen leitenden Kreiszylinder vom Halbmesser $A > a$ konzentrisch umschlossen werde. Um uns der Geometrie dieses Systemes anzupassen, vertauschen wir in jeder Ebene $z = \text{const.}$ die rechtwinkeligen Koordinaten x und y durch die Transformation

$$r = \sqrt{x^2 + y^2}; \qquad \alpha = \operatorname{arctg} \frac{y}{x} \tag{VI 4, 92}$$

mit den Polarkoordinaten r [Radialdistanz] und α [Azimut]; für die von ihnen abhängige komplexe Amplitudenfunktion behalten wir der Kürze halber das Symbol $\bar{\zeta}$ bei. Im Bereich des Kathodenstrahles unterliegt dann $\bar{\zeta}$ der aus (VI 4, 83) vermittels (VI 4, 92) hervorgehenden Differentialgleichung

$$\frac{\partial^2 \bar{\zeta}}{\partial r^2} + \frac{1}{r}\frac{\partial \bar{\zeta}}{\partial r} + \frac{1}{r^2}\frac{\partial^2 \bar{\zeta}}{\partial \alpha^2} + \frac{\omega^2}{v_0^2}(\gamma^2 - \beta_0^2)\left\{\frac{\omega_P^2}{\omega^2}\frac{1}{(1-\gamma)^2} - 1\right\}\bar{\zeta} = 0; \quad 0 \leqq r < a. \tag{VI 4, 93}$$

Außerhalb des Strahles dagegen verschwindet mit der Raumladungsdichte ϱ_0 des quasineutralen Plasmas auch die ihr nach (VI 4, 82) genetisch verbundene Eigenfrequenz ω_P, so daß dort die Gleichung

$$\frac{\partial^2 \bar{\zeta}}{\partial r^2} + \frac{1}{r}\frac{\partial \bar{\zeta}}{\partial r} + \frac{1}{r^2}\frac{\partial^2 \bar{\zeta}}{\partial \alpha^2} - \frac{\omega^2}{v_0^2}(\gamma^2 - \beta_0^2)\,\bar{\zeta} = 0; \qquad a < r < A \tag{VI 4, 94}$$

für die komplexe Amplitude $\bar{\zeta}$ zuständig ist.

Welche *Randbedingungen* sind der Funktion $\bar{\zeta}$ aufzuerlegen?

1. Der Hüllzylinder vernichtet an seiner Innenwandung das elektrische Longitudinalfeld durch Kurzschluß; mit Rücksicht auf (VI 4, 65) lautet diese „eigentliche", physikalische Randbedingung

$$\bar{\zeta} = 0 \qquad \text{für} \qquad r = A. \tag{VI 4, 95}$$

2. Längs der Strahlachse verlangt die Realisierbarkeit der Welle die „uneigentliche", mathematische Raumbedingung

$$\bar{\zeta} \text{ beschränkt für } r \to 0. \tag{VI 4, 96}$$

Den Aussagen (VI 4, 95) und (VI 4, 96) treten die *Stetigkeitsbedingungen* der tangentiellen Feldkomponenten an der Strahlgrenze $r = a$ ergänzend zur Seite:

1. Die Stetigkeit des elektrischen Longitudinalfeldes wird zufolge (VI 4, 65) durch die Gleichheit

$$\lim_{\delta \to 0} \bar{\zeta}(a - \delta) = \lim_{\delta \to 0} \bar{\zeta}(a + \delta) \tag{VI 4, 97}$$

gewährleistet.

2. Die Stetigkeit der zirkularen magnetischen Feldstärke verlangt gemäß (VI 4, 40), (VI 4, 46) und (VI 4, 56) die Gleichheit

$$\lim_{\delta \to 0} \left(\frac{\partial \bar{\zeta}}{\partial r}\right)_{r = a - \delta} = \lim_{\delta \to 0} \left(\frac{\partial \bar{\zeta}}{\partial r}\right)_{r = a + \delta}. \tag{VI 4, 98}$$

Wir begnügen uns mit der Untersuchung rotationssymmetrischer Plasmawellen der Eigenschaft

$$\frac{\partial \overline{\zeta}}{\partial \alpha} = 0. \qquad \text{(VI 4, 99)}$$

Im Strahlgebiet genügt dann $\overline{\zeta}$ der Differentialgleichung der Zylinderfunktionen nullter Ordnung

$$\frac{d^2\overline{\zeta}}{dr^2} + \frac{1}{r}\frac{d\overline{\zeta}}{dr} + \frac{\omega^2}{v_0^2}(\gamma^2 - \beta_0^2)\left\{\frac{\omega_P^2}{\omega^2}\frac{1}{(1-\gamma)^2} - 1\right\}\overline{\zeta} = 0, \qquad \text{(VI 4, 100)}$$

welche durch ein lineares Aggregat der *Bessel*schen Funktion I_0 und der *Neumann*schen Funktion N_0 des Argumentes

$$u = u(r) = \frac{\omega}{v_0} r \sqrt{(\gamma^2 - \beta_0^2)\left\{\frac{\omega_P^2}{\omega^2}\frac{1}{(1-\gamma)^2} - 1\right\}} \qquad \text{(VI 4, 101)}$$

allgemein integriert wird. Da indes das Verhalten der *Neumann*schen Funktion für $u \to 0$ der Bedingung (VI 4, 96) widerspricht, wird die Lösung nach Wahl einer beliebigen Intensitätskonstanten C_1 durch

$$\overline{\zeta} = C_1 I_0(u) \qquad \text{(VI 4, 102)}$$

dargestellt.

Außerhalb des Strahles unterliegt ζ zufolge (VI 4, 94) und (VI 4, 99) wiederum der Differentialgleichung der Zylinderfunktionen nullter Ordnung

$$\frac{d^2\overline{\zeta}}{dr^2} + \frac{1}{r}\frac{d\overline{\zeta}}{dr} - \frac{\omega^2}{v_0^2}(\gamma^2 - \beta_0^2)\,\overline{\zeta} = 0, \qquad \text{(VI 4, 103)}$$

welche sich jedoch in ihrem Koeffizienten von $\overline{\zeta}$ wesentlich von (VI 4, 100) unterscheidet: Unter den weiterhin festzuhaltenden Annahmen

$$\gamma^2 - \beta_0^2 > 0; \qquad \frac{\omega_P^2}{\omega^2}\frac{1}{(1-\gamma)^2} - 1 > 0 \qquad \text{(VI 4, 104)}$$

fällt das Argument (VI 4, 101) reell aus; dagegen wird (VI 4, 103) durch ein lineares Aggregat der *Bessel*schen Funktion I_0 und der *Hankel*schen Funktion erster Art $H_1^{(1)}$ vom rein imaginären Argument

$$u(r) = i\,\overline{u}(r) = i\,\frac{\omega}{v_0} r \sqrt{\gamma^2 - \beta_0^2} \qquad \text{(VI 4, 105)}$$

allgemein integriert, so daß wir mittels zweier multiplikativer Konstanten C_2 und $i\,C_3$ zu der Lösung

$$\overline{\zeta} = C_2 I_0(i\,\overline{u}) + C_3\, i\, H_0^{(1)}(i\,\overline{u}) \qquad \text{(VI 4, 106)}$$

gelangen.

Mit Hilfe der Zahlen

$$\overline{u}_a = \frac{\omega}{v_0} a \sqrt{\gamma^2 - \beta_0^2}; \qquad \overline{u}_A = \frac{\omega}{v_0} A \sqrt{\gamma^2 - \beta_0^2};$$

$$u_a = \overline{u}_a \sqrt{\frac{\omega_P^2}{\omega^2}\frac{1}{(1-\gamma)^2} - 1} \qquad \text{(VI 4, 107)}$$

folgt aus (VI 4, 95) und (VI 4, 106) die Relation

$$C_3 = -C_2 \frac{I_0(i\,\overline{u}_A)}{i\,H_0^{(1)}(i\,\overline{u}_A)}. \qquad \text{(VI 4, 108)}$$

Mit ihr liefert (VI 4, 97) die Gleichung

$$C_1 I_0(u_a) = \frac{C_2}{i\, H_0^{(1)}(i\, \bar{u}_A)} [I_0(i\, \bar{u}_a)\, i\, H_0^{(1)}(i\, \bar{u}_A) - I_0(i\, \bar{u}_A)\, i\, H_0^{(1)}(i\, \bar{u}_a)]. \tag{VI 4, 109}$$

Bedienen wir uns nun der Differentialformeln

$$\frac{dI_0(u)}{du} = - I_1(u); \qquad \frac{dI_0(i\, \bar{u})}{d\bar{u}} = \frac{I_1(i\, u)}{i}; \qquad i\, \frac{dH_0^{(1)}(i\, \bar{u})}{d\bar{u}} = H_1^{(1)}(i\, \bar{u}), \tag{VI 4, 110}$$

welche die Zylinderfunktionen nullter Ordnung mit jenen der ersten Ordnung verknüpfen, so führt (VI 4, 98) im Verein mit (VI 4, 101) und (VI 4, 105) auf die Gleichung

$$- C_1 u_a I_1(u_a) = \frac{C_2}{i\, H_0^{(1)}(i\, \bar{u}_A)}\, \bar{u}_a \left[\frac{I_1(i\, \bar{u}_a)}{i}\, i\, H_0^{(1)}(i\, \bar{u}_A) - I_0(i\, \bar{u}_A)\, H_1^{(1)}(i\, \bar{u}_a)\right]. \tag{VI 4, 111}$$

Bei endlicher Intensität der Plasmawellen ist sie dann und nur dann mit (VI 4, 109) vereinbar, falls die Ausbreitungsziffer γ der transzendenten Gleichung

$$- u_a \frac{I_1(u_a)}{I_0(u_a)} = \bar{u}_a \frac{\dfrac{I_1(i\, \bar{u}_a)}{i}\, i\, H_0^{(1)}(i\, \bar{u}_A) - I_0(i\, \bar{u}_A)\, H_1^{(1)}(i\, \bar{u}_a)}{I_0(i\, \bar{u}_a)\, i\, H_0^{(1)}(i\, \bar{u}_A) - I_0(i\, \bar{u}_A)\, i\, H_0^{(1)}(i\, \bar{u}_a)} \tag{VI 4, 112}$$

genügt.

Um uns eine Übersicht über ihre technisch wichtigen Lösungen zu verschaffen, sei die Betriebsfrequenz ω so hoch im Vergleich zur Eigenfrequenz ω_P des Plasmas gewählt, daß die allein wesentlich elektronischen Ausbreitungsziffern γ_3 und γ_4 der querhomogenen Wellen nach (VI 4, 87) nahe bei der Einheit liegen. Übertragen wir diese Aussage als größenordnungsmäßige Abschätzung auch auf die hier untersuchten Zylinderwellen, so gelangt man zu einem brauchbaren Iterationsverfahren für die Auflösung der vorgelegten Gleichung (VI 4, 112), indem man von der allerdings nur angenähert zutreffenden Annahme

$$\bar{u}_a = u_a \tag{VI 4, 113}$$

ausgeht. Denn setzt man dann

$$f_1(u) = \frac{I_1(u)}{I_0(u)} \tag{VI 4, 114}$$

und

$$f_2(u) = - \frac{I_0\left(i \frac{A}{a} u\right) H_1^{(1)}(i\, u) + i\, I_1(i\, u)\, i\, H_0^{(1)}\left(i \frac{A}{a} u\right)}{I_0\left(i \frac{A}{a} u\right) i\, H_0^{(1)}(i\, u) - I_0(i\, u)\, i\, H_0^{(1)}\left(i \frac{A}{a} u\right)}, \tag{VI 4, 115}$$

so verlangt (VI 4, 112) die Gleichung

$$f_1(u_a) = f_2(u_a), \tag{VI 4, 116}$$

deren Wurzeln für jedes Verhältnis des Zylinderhalbmessers A zum Strahlradius a gemäß Abb. VI 240 auf graphischem Wege unschwer bestimmt werden können. Man hat hiernach ein Linienspektrum abzählbar unendlich vieler verschiedener Lösungen zu erwarten. Da ihre Werte sämtlich größer als 1 ausfallen, darf man mit meist ausreichender Genauigkeit die in (VI 4, 114) und (VI 4, 115) eingehenden Zylinderfunktionen durch die Anfangsglieder ihrer semikonvergenten asymptotischen Entwicklungen approximieren, so daß wir zu den Näherungsdarstellungen

$$f_1(u) = \operatorname{tg}\left(u - \frac{\pi}{4}\right) \qquad \text{(VI 4, 117)}$$

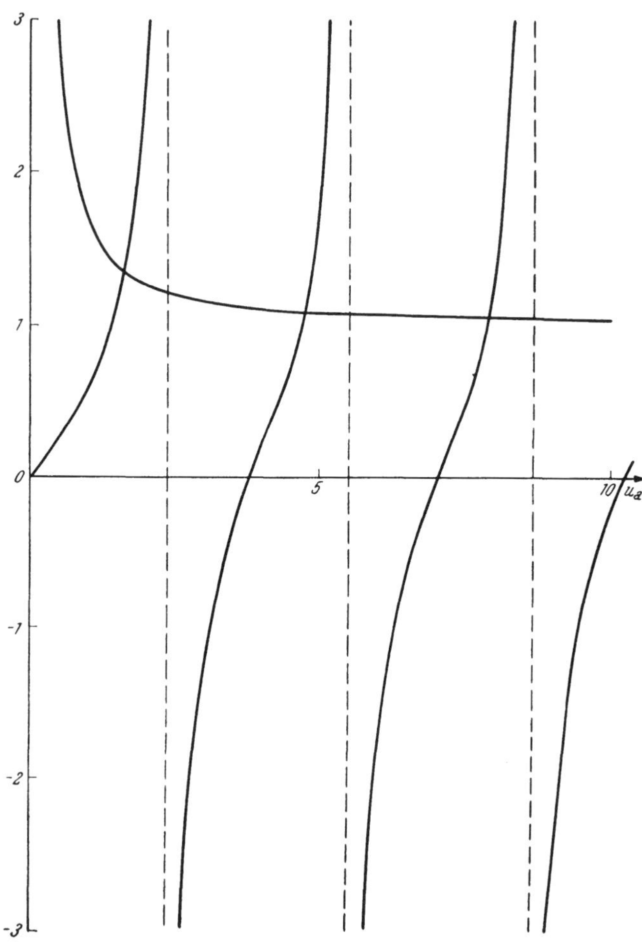

Abb. VI 240. Graphische Ermittlung des Linienspektrums der Plasmawellen im Hohlzylinder.

und

$$f_2(u) = \operatorname{cotgh}\left[\left(\frac{A}{a} - 1\right) u\right] \qquad \text{(VI 4, 118)}$$

gelangen. Mittels dieser Ergebnisse kann man, unter Verzicht auf die Annahme (VI 4, 113), aus (VI 4, 112) genauere Wurzeln dieser Gleichung berechnen; doch darf die explizite Durchführung des Verfahrens unterbleiben.

Literaturhinweise.

Das Studium der weiterhin angegebenen Literatur ist zur Ergänzung des hier gebotenen Stoffes unerläßlich. Leider war es mir unmöglich, die einschlägigen Arbeiten in der Vollständigkeit anzugeben, die wünschenswert wäre, weil mir nicht alle dazu notwendigen Quellen zur Verfügung standen; die Nennung einer Arbeit oder ihr Fehlen bedeutet daher keinerlei Werturteil.

Zusammenfassende Darstellungen.

Barkhausen, H.: Die Vakuumröhre und ihre technischen Anwendungen. Jb. drahtl. Telegraphie u. Teleph. **14**, 27 (1919).

Beck, A. H. W.: Thermionic valves. Their theory and design. Cambridge, University Press 1953.

Dow, W. G.: Fundamentals of Engineering Electronics (2. ed). New York, Wiley 1952.

Eastman, A. V.: Fundamentals of Vacuum Tubes (3. ed). New York, McGraw-Hill 1949.

Engel, A. V. und *Steenbeck, M.:* Elektrische Gasentladungen. Berlin, Springer 1932 und 1934.

Espe, W. und *Knoll, M.:* Werkstoffkunde der Hochvakuumtechnik. Berlin, Springer 1936.

Goldstein, L.: Electrical Discharge in Gases and Modern Electronics. Advances in Electronics and Electron Physics VII, 401 (1955). New York, Academic Press.

Gray, T. und *Truman, S.:* Applied Electronics, Second Edition. New York, Wiley 1954.

Heyboer, J. P. and *Zijlstra, P.:* Transmitting valves. Eindhoven, N. V. Philips Gloeilampenfabricken 1951.

Koller, L. R.: The Physics of Electron Tubes. New York, McGraw-Hill 1937.

Knoll, M., Ollendorff, F. und *Rompe, R.:* Gasentladungstabellen. Berlin, Springer 1935.

Millman, J. and *Seely, S.:* Electronics (2. ed). New York, McGraw-Hill 1951.

Ollendorff, F.: Die Grundlagen der Hochfrequenztechnik. Berlin, Springer 1926.

Ollendorff, F.: Potentialfelder der Elektrotechnik. Berlin, Springer 1932.

Ollendorff, F.: Die Welt der Vektoren. Wien, Springer 1950.

Ollendorff, F.: Innere Elektronik des Einzelelektrons. Wien, Springer 1955.

Pöschl, K.: Mathematische Methoden in der Hochfrequenztechnik. Berlin, Springer 1956.

Reich, H. J.: Theory and Application of Electron Tubes. New York, McGraw-Hill 1941.

Rothe, Horst und *Kleen, Werner:* Grundlagen und Kennlinien der Elektronenröhren. Leipzig, Akademische Verlagsgesellschaft 1948.

Spangenberg, Karl R.: Vacuum Tubes. New York, McGraw-Hill 1948.

Spreadbury, F. G.: Electronics. London, Sir Isaac Pitman and Sons, Ltd.

Strutt, M. J. O.: Moderne Mehrgitter-Elektronenröhren. Erster Band: Berlin, Springer 1937. Zweiter Band: Berlin, Springer 1938.

Strutt, M. J. O.: Moderne Mehrgitterröhren [2. Aufl.]. Berlin, Springer 1940.

Williams, A. O.: Electronics. Princeton, New Jersey, van Nostrand 1953.

Einleitung.

Phänomenologische Grundlagen.

Ansbacher, F. and *Ehrenberg, W.*: Electron bombardment conductivity of dielectric films. Proc. Phys. Soc. (London) A **36**, 362 (1951).

Blewett, John P.: Oxide coated cathode literature 1940—1945. Journ. Appl. Phys. **17**, 643 (1946).

de Boer, J. H.: Elektronenemission und Adsorptionserscheinungen. Leipzig, J. A. Barth 1937.

Bruining, H.: Physics and applications of secondary electron emission. New York, McGraw-Hill 1954.

Coomes, E. A.: The pulsed properties of oxide cathodes. Journ. Appl. Phys. **17**, 647 (1946).

Daene, H. und *Schmerwitz, G.*: Prüfung der theoretischen Erklärungen der Sekundärelektronen-Emission von Isolatoren. Z. Phys. **53**, 404 (1929).

Eisenstein, A. S.: Oxide-coated cathodes. Adv. Electronics **1**, 1 (1948).

Ferris, W. R.: Some characteristics of diodes with oxide-coated cathodes. R. C. A. Review **10**, 134 (1949).

Garlick, G. F. J.: The physics of cathode ray tube screens. Electronic Engng. **21**, 287 (1949).

Garlick, G. F. J.: Luminescent materials. London, Oxford University Press 1949.

Garlick, G. F. J.: Cathodoluminiscence. Advances in Electronics II, 152 (1950). New York, Academic Press.

Garlick, G. F. J.: Excitation of phosphors by electrons. Brit. Journ. Appl. Phys. **6**, Suppl. **4**, 103 (1955).

Grünwald, A.: Approximate expression of valve characteristics by hyperbolic tangents and exponential functions. Slabopr. Obz. **12**, 152 (1951).

Hagen, C. und *Bey, H.*: Aufladepotentiale elektronenbestrahlter Isolatoren. Zeit. Phys. **104**, 681 (1937).

Hannay, N. B., *Mac Nair, D.* and *Wright, A. H.*: Semi-conducting properties in oxide cathodes. Journ. of Appl. Phys. **20**, 669 (1949).

Herring, Conyers and *Nichols, M. H.*: Thermionic emission. Rev. mod. Phys. **21**, 185 (1949).

Hill, G. G. A.: Applied cathodoluminiscence. Brit. Journ. Appl. Phys. **6**, Suppl. **4**, 6 (1955).

Hintenberger, H.: Über Sekundärelektronen-Emission und Aufladungserscheinungen an Isolatoren. Z. Phys. **114**, 98 (1939).

Katz, H.: Metal capillary cathodes. Journ. of Appl. Phys. **24**, 597 (1953).

Knoll, M.: Aufladepotential und Sekundäremissionsvermögen elektronenbestrahlter Körper. Z. Techn. Phys. **16**, 467 (1935).

Knoll, M., *Hackenberg, O.* und *Randmer, J.*: Zum Mechanismus der Sekundäremission im Inneren von Ionenkristallen. Z. Phys. **122**, 137 (1944).

Kalckhoff, G.: Über die Geschwindigkeitsverteilung der an Isolatoren ausgelösten Sekundärelektronen. Z. Phys. **80**, 3, 323 (1933).

Krantz, E.: Zur Aufladung und Aufladungserniedrigung elektronenbestrahlter Leuchtstoffe und Halbleiter. Z. Phys. **114**, 459 (1939).

Hermann, G. und *Wagener, S.*: Die Oxydkathode. Leipzig, J. A. Barth 1948—1950.

Lenard, P., *Schmidt, Ferd.* und *Tomschek, R.*: Phosphoreszenz und Fluoreszenz. Handbuch der Experimentalphysik XXIII. Leipzig, Akad. Verlagsgesellschaft 1928.

Leverenz, H. W.: An introduction to luminiscence of solids. New York, Wiley 1950.

Leverenz, H. W.: Luminiscent solids (phosphors). Science **110**, Nr. 2826, 183 (1949).

Levy, L. and *West, D. W.*: Phosphors for cathode-ray tubes. Some recent developments. J. Televis. Soc. **6**, 178 (1951).
Levy, I. E.: The effect of impurity migrations in thermionic emission from oxide cathodes. Proc. IRE **71**, 365 (1953).
Loosjes, R., *Vink, H. J.* and *Jansen, C. G. J.*: Thermionic emitters under pulsed operation. Philips. Techn. Rev. **13**, 337 (1952).
Mahlmann, G. W.: Work functions and conductivity of oxide-coated cathodes. Journ. Appl. Phys. **20**, 197 (1949).
Malter, L.: Thin film field emission. Phys. Rev. **50**, 48 (1936).
Martin, S. T. and *Headrick, L. B.*: Light output and secondary emission characteristics of luminescent material. Journ. of Appl. Phys. **10**, 116 (1939).
McKay, K. G.: Secondary electron emission. Advances in Electronics, **1**, 66 (1948) New York, Academic Press, 1948.
Metson, G. H., *Wagener, S.* and *Holmes, M. F.*: Oxidcathodes. Proc. IRE **69**, 69 (1952).
Metson, G. H., *Wagener, S.*, *Holmes, M. F.* and *Child, M. R.*: The life of oxide cathodes in modern receiving valves. Proc. IEE **99**, Pt. III, 69 (1952).
Mueller, C. W.: Secondary emission of Pyrex glass. Journ. Appl. Phys. **16**, 453 (1945); **17**, 62 (1946).
Nail, N. R., *Pearlman, D.* and *Urbach, F.*: Solid luminescent materials. New York, Wiley 1948.
Nevin, S. and *Salinger, H.*: Secondary-Emitting surfaces in the presence of oxide-coated cathodes. Proc. IRE **39**, 191 (1951).
Nottingham, W. B.: Electrical and luminiscent properties of willemite under electron bombardement. Journ. of Appl. Phys. **8**, 762 (1937); **10**, 73 (1939).
Parker, C. V.: Charge storage in cathode-ray tubes. Proc. IRE **39**, 900 (1951).
Pomerantz, M. A. and *Marshall, J. F.*: Fundamentals of secondary electron emission. Proc. IRE **39**, 1367 (1951).
Poehler, H. A.: The influence of the core material on the thermionic emission of oxide cathodes. Proc. IRE **40**, 190 (1952).
Reimann, A. L.: Thermionic Emission. Chapman and Hall, 1934.
Reimann, A. L.: Thermionic Emission. New York, Wiley 1934.
Richardson, O. W.: Emission of Electricity from Hot Bodies. 2nd edition. New York, Longmans, Green and Co., 1921.
Salow, H.: Über den Sekundäremissionsfaktor elektronenbestrahlter Isolatoren. Z. Techn. Phys. **21**, 8 (1940).
Suhrmann, R. und *Kundt, W.*: Über die Sekundäremission reiner Metallschichten im ungeordneten und geordneten Zustand und deren Durchlässigkeit für Sekundärelektronen. Z. Phys. **120**, 363 (1943).
Venema, A.: Thermionic emission. T. Ned. Radiogenoot. **6**, 283 (1954).
Wright, D. A.: Thermionic Emission from oxide-coated cathodes. Proc. of the Phys. Soc. **62** B, 188 (1949).
Wright, D. A.: A survey of present knowledge of thermionic emitters. Proc. IEE Pt. III, **100**, 125 (1953).

Erstes Kapitel.

Freie Raumladungsfelder.

Barut, Asim O.: Die Laufzeit, Elektronenbahnen, Kathodenfeldstärke und Potential der Raumladungsdiode für jede Anfangsgeschwindigkeit, Anfangsrichtung und Strom. Zamp. II, 35 (1951).
Bell, D. A. and *Berkbay, H. O.*: The cylindrical diode. J. Electronics **2**, 425 (1957).

Bell, D. A., Cluley, J. C. and *Berkbay, H. O.:* Electrical measurement of the cathode temperature of diodes. Brit. Journ. Appl. Phys. **3**, 322 (1952).

Bonifas, H.: A method of calculating the space potential distribution and the $I(V_a)$-curve in a diode. Bull Soc. Franç. Elect. (Sér. 7) **1**, 741 (1951).

Borries, B. v. und *Dosse, J.:* Aufspreizung von Elektronenstrahlen infolge Raumladung. Arch. Elektrotechnik **32**, 221 (1938).

Brubaker, W. M.: Potential and gradient distributions in parallel plane diodes at currents below space-charge-limited values. Phys. Rev. **83**, 268 (1951).

Bull, C. S.: Space charge in planar diodes. Proc. IEE **97** III, 159 (1950).

Bulyginsky, D. G. and *Dobretsov, D. N.:* Electron temperature in oxide coated cathodes (Russisch). Zh. tekh. Fiz. **26**, 977 (1956).

Cockburn, R.: The variation of voltage distribution and of electron transit-time with current in the planar diode. Proc. Phys. Soc. London **47**, 810 (1935).

Convert, G.: Etude de la focalisation magnétique de faisceau électronique cylindriques. Ann. de Radioélectricité **4**, 279 (1949).

Crank, J., Hartree, D. R., Ingham, J. and *Sloane, R. W.:* Distribution of potential in thermionic valves. Proc. Phys. Soc. London **51**, 952 (1939).

Cutler, C. C. and *Hines, M. E.:* Thermal velocity effects in electron guns. Proc. IRE **43**, 307 (1955).

Danielson, W. E., Rosenfeld, J. L. and *Saloom, J. A.:* A detailed analysis of beam formation with electron guns of the Pierce type. Bell Syst. Tech. J. **35**, 375 (1956).

Darrow, K. K.: Electrical Phenomena in Gases. Chap. X. Williams and Wilkins, Baltimore 1932.

Daykin, P. N.: Electrode shapes for a cylindrical electron beam. Brit. Journ. Appl. Phys. **6**, 248 (1955).

Dehn, R.: Electron trajectories in coaxial diodes. Wireless Engr. **33**, 1 (1956).

Diemer, G. and *Dukgraaf, H.: Langmuir's* ξ, η tables for the exponential region of the $I_a - V_a$-characteristic. Philips Res. Rep. **7**, 45 (1952).

Dow, W. G.: Equivalent electrostatic circuits for vacuum tubes. Proc. IRE **28**, 548 (1940).

Ferris, W. R.: Some characteristics of diodes with oxide-coated cathodes. RCA Rev. **10**, 134 (1949).

Fürth, R.: Space-charge distribution, characteristic and current fluctuation in double diodes. Proc. phys. Soc. Sect. B **64**, 404 (1951).

Gray, F.: Electron streams in a diode. Bell Syst. tech. J. **30**, 830 (1951).

Guénard, P.: Sur la possibilité d'une focalisation purement électrostatique dans un tube à modulation de vitesse à conversion par glissement. Ann. de Radioélectricité **1**, 74 (1945).

Gysae, B. und *Wagener, S.:* Der Einfluß des Kontaktpotentiales auf die Kennlinie von Empfänger- und Senderöhren. Z. techn. Physik **19**, 264 (1938).

Haeff, A. V.: Space-charge effects in electron beams. Proc. IRE **27**, 586 (1939).

Harrison, E. R.: Approximate electrode shapes for a cylindrical electron beam. Brit. Journ. Appl. Phys. **5**, 40 (1954).

Helm, R., Spangenberg, K. and *Field, L. M.:* Cathode design procedure for electron beams. Electrical Commun. **24**, 101 (1947).

Hines, M. E : Nullification of space-charge effects in a converging electron beam by a magnetic field Proc. IRE **40**, 61 (1952).

Huber, H.: Détermination d'un canon électronique en tenant compte de la charge spatiale du faisceau. Ann. de Radioélectricité **4**, 26 (1949).

Huber, H. und *Kleen, W.:* Elektronenstrahlen hoher Stromdichte in elektrostatischen Feldern. Arch. Elektrotechnik **39**, 394 (1949).

Ivey, Henry F.: Effect of filament voltage on the plate current of a diode. Journ. of Appl. Phys. **23**, 1254 (1952).

Ivey, H. F.: Space charge and transit time considerations for planar diodes for relativistic velocities. J. Appl. Phys. **23**, 208 (1952).

Ivey, H. F.: Space charge limited currents between inclined plane electrodes. J. Appl. Phys. **23**, 240 (1952).

Ivey, Henry F.: Approximate solutions of the space-charge problem for some unusual electrode geometrics. Journ. of Appl. Phys. **24**, 1466 (1953).

Ivey, H. F.: Space charge limited currents. Advances in Electronics and Electron Physics VI (1954). New York, Academic Press.

Kleinwächter, H.: Drei elementare Fälle der Expansion von Raumladungswolken. Funk und Ton **1**, 25 (1952).

Klemperer, O.: Influence of space charge on thermionic emission velocities. Proc. Roy. Soc. A **190**, 376 (1947).

Laberderie, J.: The use of spherical electron guns in cathode-ray tubes. Ann. Radioélectr. **9**, 366 (1954).

Langmuir, J.: The effect of space charge and initial velocities on the potential distribution and thermionic current between parallel plane electrodes. Phys. Rev. **21**, 419 (1923).

Langmuir, J. and *Blodgett, K. B.*: Currents limited by space charge between coaxial cylinders. Phys. Rev. **22**, 347 (1923).

Langmuir, J. and *Blodgett, K. B.*: Currents limited by space charge between concentric spheres. Phys. Rev. **24**, 49 (1924).

Loeb, L. B.: Fundamental Processes of Electrical Discharges in Gases, Chap. VII. New York, Wiley 1939.

Louisell, W. H. and *Pierce, J. R.*: Power flow in electron beam devices. Proc. IRE **43**, 425 (1955).

Mandys, F.: Effect of the space charge on the characteristic of electron valves. Slabopr. Obz. **17**, 194 (1956).

Matricon, M. and *Trouvé, S.*: The distribution of space charge in transmitting valves. Onde électr. **30**, 510 (1950).

Metson, G. H.: Vacuum factor of the oxide cathode valve. Brit. Journ. Appl. Phys. **1**, 73 (1950).

Metson, G. H.: The physical basis of the residual vacuum characteristic of a thermionic valve. Brit. Journ. Appl. Phys. **2**, 46 (1951).

Moss, H.: Thermionic diodes as energy converters. J. Electronics **2**, 305 (1957).

Page, L. and *Adams, N. I.*: Diode space charge for any initial velocity and current. Phys. Rev. **76**, 381 (1949).

Pardee, O. O.: Mathematical Theory of High-Current-Density Electron Beams. Ph. D. Thesis, Stanford Univ. (1948).

Petric, D. P. R.: The effect of space charge in electron beams. Electr. Commun. **20**, 100 (1941).

Pierce, J. R.: A gun for starting electrons straight in a magnetic field. Bell. Syst. Techn. Journ. XXX, 825 (1951).

Pierce, J. R.: Rectilinear flow in beams. Journ. Appl. Phys. **11**, 548 (1940).

Pierce, J. R.: Theory and design of electron beams. New York, Nostrand 1949.

Pierce, J. R. and *Walker, L. R.*: Brillouin flow with thermal velocities. Journ. of Appl. Phys. **24**, 1328 (1953).

Poritsky, H.: Electron gas equations for electron flow in diodes. Trans. Inst. Radio Engrs. Prof. Group on Electron Devices **2**, 60 (1953).

Ramberg, E. G. and *Malter, L.*: Potential distribution for space-charge limited current between a plane accelerating grid and parallel anode. J. Appl. Phys. **23**, 1333 (1952).

Reusse, W. und *Ripper, N.:* Der Einfluß der Raumladung auf die Fokussierung von Kathodenstrahlen. Telegr. u. Fernsprech-Technik **29**, 68 (1940).

Sperry Gyroscope Co.: Hollow-Beam Study. Rept. 5270–6143 (1953).

Sponsler, G. C.: Potential distribution and prevention of a space-charge-induced minimum between a plane secondary emitter and parallel control grid. J. Appl. Phys. **25**, 282 (1954).

Süsskind, Ch.: Electron Guns and Focusing for High-Density Electron Beams. Advances in Electronics and Electron Physics VIII, 363 (1956). New York, Academic Press.

Taub, A. H. and *Wax, Nelson:* Theory of the parallel plan diode. Journ. of Appl. Phys. **21**, 974 (1950); **22**, 108 (1951).

Thompson, B. J.: Space-current flow in vacuum-tube structures. Proc. IRE **31**, 485 (1943).

Thompson, B. J. and *Headrick, L. B.:* Space-charge limitations on the focus of electron beams. Proc. IRE **28**, 318 (1940).

Thomson, H. C.: Electron beams and their applications in low-voltage devices. Proc. IRE **24**, 1276 (1936).

Veith, W.: Energieverteilung der Elektronen in raumladungsbeschwerten Elektronenströmen. Zeits. angew. Phys. VII, 437 (1955).

Visvanathan, S.: Effect of variable mass of the electron on the space-charge limited current in a diode. Canad. J. Phys. **29**, 159 (1951).

Walker, L. R.: Stored energy and power flow in electron beams. Journ. of Appl. Phys. **25**, 615 (1954).

Walker, G. B.: Theory of the equivalent diode. Wireless Engr. **24**, 5 (1947).

Wallmark, J. T.: Space-charge conditions in a reflected flow of electrons. K. Tekn. Högsk. Avhandl. No. **88** (1953).

Wallmark, J. T.: Space charge conditions in a reflected flow of electrons. IRE Trans. Electron Devices, Vol. ED-**2**, 48 (1955).

Watson, E. E.: The dispersion of an electron beam. Phil. Mag. **3**, 849 (1927).

Wax, Nelson: Some properties of tubular electron beams. Journ. of Appl. Phys. **20**, 242 (1949).

Wendt, G.: Die Aufsplitterung eines elektronenoptischen Griffels unter dem Einfluß seiner Eigenladung. Ann. Phys. Lpz. (Folge 6) **2**, 256 (1948).

Wheatcroft, E. L. E.: The theory of the thermionic diode. Journ. IEE **86**, 473 (1940); **87**, 691 (1940).

Zweites Kapitel.

Einfach elektrisch gesteuerte Raumladungsfelder.

Abraham, M.: Zur Theorie der Elektronenröhre, Gitterstrom und Anodenstrom bei positiver Gitterspannung. Z. techn. Phys. **6**, 437 (1925).

Abraham, M.: Berechnung des Durchgriffs von Verstärkerröhren. Arch. Elektrotechnik **8**, 42 (1919).

Ballantine, S. and *Snow, H. A.:* Reduction of distortion and cross talk in radio receivers by means of variable-μ-tetrodes. Proc. Inst. Radio Engrs. **18**, 2102 (1930).

Bennet, W. R. and *Peterson, I. C.:* The electrostatic field in vacuum tubes with arbitrarily spaced elements. Bell Syst. Tech. J. **28**, 303 (1949)

Brubaker, W. M.: Potential and gradient distributions in parallel plane diodes at currents below space-charge-limited valves. Phys. Rev. **83**, 268 (1951).

Calpine, H. C.: Conditions in the anode-screen-space of thermionic valves. Wirel. Engr. **13**, 473 (1936).

McCarty, L. E.: The relation between plate current and plate potential in the thermionic amplifier deduced from the orbital motions of the electrons. Phys. Rev. **30**, 878 (1927).

Dahlke, W.: Gittereffektivpotential und Kathodenstromdichte einer ebenen Triode unter Berücksichtigung der Inselbildung. Telef. Z. **24**, 213 (1951).

Dahlke, W.: Kennlinienfeld-Berechnungen für die ebene Triode, deren negatives Steuergitter aus Runddrähten endlicher Dicke und Steigung besteht. Telef. Z. **25**, 83 (1952).

Dahlke, W.: Der Eingangsleitwert von Trioden. Fernmeldetech. Z. **10**, 522 (1954).

Dahlke, W.: Statische Parameter nicht-idealer Trioden. Telef. Ztg. **27**, 172 (1954).

Deb, S. and *Sanyal, G. S.:* Amplification factor and perveance of an elliptic triode. Journ. of Appl. Phys. **25**, 1196 (1954).

Dehlinger, W.: Space charge grid tube with variable-μ-grid. Physics **5**, 173 (1934).

Ellias, G. J., Pol, B. van der und *Tellegen, B. D. H.:* Das elektrostatische Feld einer Triode. Ann. Physik **78**, 370 (1925).

Espersen, G. A. and *Rogers, J. W.:* Studies in grid emission. IRE Trans. Electron Devices, Vol. ED-**3**, 100 (1956).

Feldkeller, R.: Durchgriffsverzerrung. Elektr. Nachr. Techn. **11**, 403 (1934).

Fremlin, J. H.: Calculation of triode constants. Phil. Mag. **27**, 709 (1939).

Fremlin, J. H., Hall, R. N. and *Shatford, P. A.:* Triode amplification factors. Elect. Commun. **23**, 426 (1946).

Gontscharski, L.: Mechanisch steuerbare Elektronenröhren (Russisch). Radio **2**, 56 (1956).

Greve, F.: Untersuchungen über den Durchgriff von Empfängerröhren. Hochfrequenztechn. und Elektroakustik **38**, 234 (1931).

Gundert, E.: Die Stromverteilungssteuerung von Elektronenströmen. Telef. Z. **24**, 223 (1951).

Harnisch, M. und *Raudorf, W.:* Untersuchungen zur Beurteilung von Verstärkerröhren. Elektr. Nachr. Techn. **15**, 65 (1938).

Hentschel, F.: Die Nichtkonstanz des Durchgriffes bei Elektronenröhren. Diss. Danzig 1933.

Herne, H.: Valve amplification factor. Wireless. Engineer **21**, 59 (1944).

Heymann, O.: Über die strenge Berechnung des Durchgriffs ebener Systeme auf potentialtheoretischer Grundlage. Frequenz **5**, 57, 97 (1951).

Heymann, O.: Über die Berechnung von Kennlinien für Trioden mit ebenen Elektroden. Frequenz **8**, 33 (1954).

Howland, R. C. J.: Potential functions with periodicity in one co-ordinate. Proc. of the Cambridge Phil. Soc. **30**, 315 (1934).

Howland, R. C. J. and *McMullen, B. W.:* Potential functions related to groups of circular cylinders. Proc. of the Cambridge Phil. Soc. **32**, 402 (1936).

Jaekel, K.: Über die Bestimmung der Durchgriffsverteilung aus der Entladungsfunktion mit veränderlichem Durchgriff. Hochfrequenztechn. u. Elektroakustik **50**, 125 (1937).

Jaffé, George: On the currents carried by electrons of uniform initial velocity. Phys. Rev. **65**, 91 (1944).

Jobst, G.: Über den Zusammenhang zwischen Durchgriff und Entladungsgesetz bei Röhren mit veränderlichem Durchgriff. Telefunken Ztg. **12**, Nr. 59, 29, (1931).

Jonker, J. L. H. and *Tellegen, B. D. H.:* The current to a positive grid in electron tubes. Philips Res. Rep. **1**, 13 (1945).

Jonker, J. L. H.: The control of the current distribution in electron tubes. Philips Res. Rep. **1**, 331 (1946).

King, R. W.: Calculation of the constants of the three electrode thermionic vacuum tube. Phys. Rev. **15**, 256 (1920).

Kleijnen, P. H. J. A.: The penetration factor and the potential field of a planar triode. Philips Res. Rep. **6**, 15 (1951).

Knoll, M.: Die Verstärker- und Senderöhre als elektronenoptisches Problem. Zeitschr. f. techn. Phys. **15**, 584 (1934).

Knoll, M. und *Schloemilch, J.:* Elektronenoptische Stromverteilung in steuerbaren Elektronenröhren. Arch. Elektrotechn. **28**, 507 (1934).

Labin, E.: The Formatron. Onde électrique **34**, 518, 614 (1954).

Lange, H.: Die Stromverteilung in Dreielektrodenröhren und ihre Bedeutung für die Messung der Voltaspannungen. Jb. d. drahtl. Telegr. u. Teleph. **31**, 105, 133, 191 (1928).

Langmuir, J. and *Compton, K. T.:* Electrical discharges in gases. Rev. Mod. Phys. **3**, 209 (1931).

Laue, M. v.: Über die Wirkungsweise der Verstärkerröhren. Ann. Phys. **59**, 465 (1919).

Liebmann, G.: The calculation of amplifier valve characteristics. Journ. IEE **93**, Pt. III, 138 (1946).

Miller, J. M.: The dependance of the amplification constant and plate resistance of a three electrode vacuum tube upon the structural dimensions. Proc. IRE **8**, 64 (1920).

Moullin, E. B.: On the amplification factor of the triode. Proc. IEE **1040**, 222 (1956).

Myers, D. M.: The division of primary electron current between grid and anode of a triode. Proc. Phys. Soc. **49**, 264 (1937).

Oertel, L.: Zur Theorie der Elektronenröhren, deren Gitter-Kathodenabstand kleiner ist als die Steigung. Telefunken-Röhre **4**, 12 (1938).

Okress, E. C.: Potential functions for a thermionic vacuum tube. Journ. Appl. Phys. **20**, 850 (1949).

Ollendorff, F.: Potentialfelder der Elektrotechnik. Berlin, Springer 1932.

Ollendorff, F.: Berechnung des Durchgriffes durch enge Steggitter. E. u. M. **52**, 585 (1934).

O'Neill, George D.: On the space-charge-limited current between nonsymmetrical electrodes. Journ. of Appl. Phys. **26**, 1034 (1955).

Owaki, K., Takashima, K., Nakamura, T. and *Takagi, T.:* On the radial-beam type of commutator tube. J. Inst. Elect. Commun. Engrs. Japan **35**, 347 (1952).

Pol, B. van der: Über Elektronenbahnen in Trioden. Jb. drahtl. Telegraphie und Teleph. **25**, 121 (1925).

Ramberg, E. G. and *Malter, L.:* Potential distribution for space-charge limited current between a plane accelerating grid and parallel anode. Journ. of Appl. Phys. **23**, 1333 (1952).

Richard, H.: Der Kennlinienverlauf bei Verstärkerröhren mit veränderlichem Durchgriff. Diss. T.H. Berlin 1936.

Robert, B. A.: A transformation for calculating the constants of vacuum tubes with cylindrical elements. Proc. IRE **25**, 1300 (1937).

Rogozinski, A. et *Weill, J.:* Some properties and applications of the inverted triode. J. Phys. Radium **13**, 28 A (1952).

Rosenhead, L. and *Daymond, S. D.:* The distribution of potential in some thermionic tubes. Proc. Royal Soc. London (A) **161**, 382 (1937).

Rukop, H.: Die Hochvakuum-Eingitterröhre. Jb. drahtl. Telegraphie u. Teleph. **14**, 110 (1919).

Runge, J.: Die Berechnung des Durchgriffes auf Grund der Potentialverteilung. Telefunken-Röhre **7**, 21/22, 229 (1941).

Salzberg, B.: Formulas for the amplification factor for triodes. Proc. IEE **30**, 134 (1942).
Salzberg, B. and *Haeff, A. V.*: Effects of space charge in the grid anode region of vacuum tubes. RCA Rev. **2**, 336 (1938).
Scheel, J. E.: Beitrag zur primären Elektronenstromverteilung in technischen Dreielektrodenröhren. Arch. Elektrotechnik **23**, 383 (1930).
Scheel, J. E.: Zur Bestimmung der Steuerspannung von Elektronenröhren mit unveränderlichem Durchgriff längs der Systemachse. Arch. Elektrotechnik **28**, 47 (1935).
Scheel, J. E. und *Marguerre, F.*: Zur Theorie der Elektronenröhre mit veränderlichem Durchgriff längs der Systemachse. Arch. Elektrotechn. **28**, 210 (1934).
Schottky, W.: Über Hochvakuumverstärker. Arch. Elektrotechnik **8**, 13 (1919).
Schottky, W.: Zur Raumladungstheorie der Verstärkerröhre. Wiss. Veröff. Siemens-Konzern **1**, 64 (1920).
Schulze, E.: Zur Theorie der Bremsfeldkennlinie. Hochfrequenztechn. u. Elektroak. **44**, 118 (1934).
Spangenberg, K.: Current division in a plane-electrode-triode. Proc. IRE **28**, 226 (1940).
Strutt, M.: On the calculation of the electric field in modern electron tubes. Schweiz. Bauzeitg. **67**, 36 (1949).
Tank, F.: Zur Kenntnis der Vorgänge in Elektronenröhren. Jb. drahtl. Telegr. u. Teleph. **20**, 82 (1922).
Tellegen, B. D. H.: De grootte van de emissiestrom in een triode. Physica **5**, 301 (1925).
Tellegen, B. D. H.: De grootte van den roosterstrom in een triode. Physica **6**, 113 (1926).
Vodges, F. B. and *Elder, F. R.*: Formulas for the amplification constant for three element tubes in which the diameter of the grid wire is large compared to the spacing. Phys. Rev. **24**, 683 (1924) **25**, 255 (1925).
Wada, M.: The amplification factor of a triode. Sci. Rep. Res. Inst. Tôhoku Univ. B **1—2**, 399 (1951).
Wada, M.: The amplification factor of a triode. Rep. Res. Inst. Elect. Commun Tôhoku Univ. **3**, 19 (1951).
Walker, G. B.: On the electric field in a single-grid radio valve. Proc. IEE Pt. III, **98**, 57 (1951).
Walker, G. B.: On the electric field in a multigrid radio valve. Proc. IEE, Pt. III, **98**, 64 (1951).
Wood, Georg W.: Positive-grid characteristics of a triode. Proc. IRE **36**, 804 (1948).

Drittes Kapitel.

Mehrfach elektrisch gesteuerte Raumladungsfelder.

Below, F.: Zur Theorie der Raumladegitterröhren. Z. Fernmeldetechnik **9**, 113, 136 (1928).
Bell, D. A.: Secondary emission in valves. Wirel. Engr. **13**, 315 (1936).
Bennet, W. P.: New beam power tubes for U. H. F. service. IRE Trans. Electron Devices, Vol. ED-**3**, 57 (1956).
Bittmann, H.: Der Einfluß der Sekundäremission auf Röhrenkennlinien. Ann. Physik **8**, 737 (1931).
Bey, H.: Aufladepotentiale elektronenbestrahlter Leuchtmassen. Phys. Zeit. **39**, 605 (1938).
Bull, C. S.: The alignment of grids in thermionic valves. Journ. IEE **92**, Pt. III, 86 (1945).

Bull, C. S.: Space-charge effects in beam tetrodes and other valves. Journ. IEE **95**, Pt. III, 17 (1948).

Deb, S.: Electron-optical treatment of current division in radio valves. Indian J. Phys. **28**, 349 (1954).

Deb, S.: Amplification constants and mutual characteristics of a beam power valve. Proc. IEE, Nr. 1835 R (1955).

Dick, K. F.: Verstärkungsfaktor und Verstärkung von Pentoden. Öst. Z. Telegr.-Teleph.-Funk-Fernsehtech. [ÖTF] **5**, 145 (1951).

Dreyer, J. F.: The beam power output tube. Electronics **9**, 4, 18 (1936).

Gier, J. de, Kleisma, A. C. and *Peper, J.:* Secondary emission from the screen of a picture-tube. Philips. Techn. Rev. **16**, 26 (1954).

Gill, E. W. B.: A space charge effect. Phil. Mag. **49**, 993 (1925).

Göllnitz, H.: Die Stromverteilung in Elektronenröhren beim Vorhandensein mehrerer positiver Elektroden für kleine Stromdichten. Hochfrequenztechn. u. Elektroakust. **61**, 95 (1956).

Hagen, C.: Aufladepotentiale, Sekundäremission und Ermüdungserscheinungen elektronenbestrahlter Metalle und Leuchtsubstanzen. Phys. Zeit. **40**, 621 (1939).

Harries, J. H. O.: The anode to accelerating space in thermionic valves. Wirel. Engr. **13**, 190 (1936).

Hernqvist, Karl G.: Space-charge and ion-trapping effects in tetrodes. Proc. IRE **39**, 1541 (1951).

Herweg, J. und *Ulbricht, G.:* Über das Verhalten von Schirmgitterröhren bei Anwesenheit von Sekundärelektronen. Hochfrequenztechn. u. Elektroak. **41**, 189 (1933).

Hull, A. W.: A vacuum tube possessing negative electric resistance. Proc. IRE **6**, 5 (1918).

Hull, A. W.: Das Dynatron, eine Vakuumröhre mit der Eigenschaft des negativen elektrischen Widerstandes. Jb. drahtl. Telegraphie u. Teleph. **14**, 47, 157 (1919).

Jobst, G.: Außerordentliche Emissionsquellen in Senderöhren. Telefunken-Ztg. **9**, Nr. 47, 11 (1928).

Jonker, J. L. H.: Pentode and tetrode output valves. Wirel. Engr. **16**, 274, 344 (1939).

Jonker, J. L. H.: The computation of electrode systems in which the grids are lined up. Philips Res. Rep. **4**, 357 (1949).

Jonker, J. L. H.: Ont wikkelingen in electronen-buizen. Electro-Techniek **29**, 93 (1951).

Jonker, J. L. H.: The internal resistance of a pentode. Philips Res. Rep. **6**, 1 (1951); Tijdschr. Ned. Radiogenost. **15**, 179 (1950).

Jonker, J. L. H. and *van Gelder, Z.:* The internal resistance of a radio-frequency pentode. Philips Res. Rep. **12**, 141 (1957).

Jonker, J. L. H. and *Overbek, A. I. W. M. v.:* The application of secondary emission in amplifying valves. Wirel. Engr. **15**, 150 (1938).

Knoll, M. and *Kazan, B.:* Storage tubes and their basic principles. New York, Wiley 1952.

Knoll, M. and *Kazan, B.:* Viewing Storage Tubes. Advances in Electronics and Electron Physics VIII, 447 (1956). New York, Academic Press.

Lange, H.: Über die Sekundärstrahlung in Elektronenröhren. Jahrb. drahtl. Telegraphie u. Teleph. **26**, 38 (1925).

Kleen, W. und *Rothe, H.:* Ein neuartiger negativer Widerstand. Telefunken-Röhre **3**, 10, 157 (1937).

Kühle, W. E.: Über Sekundärelektronen in Glühkathoden-Röhren. Diss. Göttingen 1927.

Lussanet de la Sablonière, C. J. de: Der innere Widerstand von Schirmgitter-Senderöhren. Hochfrequenztechn. u. Elektroak. **41**, 191 (1933).

Lussanet de la Sablonière, C. J. de: Der innere Widerstand von Schirmgitterröhren. Hochfrequenztechn. u. Elektroak. **41**, 204 (1933).
Lussanet de la Sablonière, C. J. de: Die Sekundäremission in Elektronenröhren, namentlich Schirmgitterröhren. Hochfrequenztechn. u. Elektroak. **41**, 195 (1933).
Parker, C. V.: Charge storage in cathode ray tubes. Proc. IRE **39**, 900 (1951).
Pidgeon, H. A.: Theory of multi-electrode vacuum tubes. Bell. Syst. Techn. Journ. **14**, 44 (1935).
Rodda, S.: Space charge and electron deflection in beam tetrode theory. Electronic Engng. **17**, 541, 589, 649, 652 (1945).
Rodda, S.: Beam tetrode characteristics. The effect of electron deflections. Wireless Engr. **23**, 140 (1946).
Rothe, H. und *Kleen, W.:* Theorie der Mehrgitterröhren. Telefunken-Röhre **2**, 1, 6 (1936).
Sawada, R.: Calculating formulae of multigrid-tube characteristics. J. Inst. Electr. Engr. Japan **73**, 954 (1953).
Schade, O.: Beam power tubes. Proc. IRE **26**, 137 (1938).
Schulze, E.: Über Doppelgitterröhren. Hochfrequenztechn. u. Elektroak. **45**, 80 (1935).
Straschkewitsch, A. M. und *Reislin, A. Ss.:* Über die elektronenoptische Wirkung von Röhrengittersystemen (Russisch). Radiotechnik **10**, 66 (1955).
Strübig, H.: Das Potential eines im Hochvakuum isolierten Auffangschirmes bei Beschießung mit Elektronen. Phys. Zeit. **37**, 402 (1936).
Strutt, M. O. and *Ziel, A. van der:* Some dynamic measurements of electronic motion in multigrid valves. Proc. IRE **27**, 218 (1939).
Wada, M.: Study on the characteristics of a beam power output tube. Rep. Res. Inst. Elect. Commun. Tôhoku Univ. **3**, 135 (1952).
Wallis, Clifford M.: Space-current division in power tetrode. Proc. IRE **35**, 369 (1947).
Wing, Alexander H.: On the theory of tubes with two control grids. Proc. IRE **29** 121 (1941).

Viertes Kapitel.

Raumladungsschwingungen.

Arams, F. R. and *Jenny, H. K.:* Wide-range electronic tuning of microwave cavities. Proc. IRE **43**, 1102 (1955).
Bailey, F. M. and *Thomas, H. P.:* Phasitron F—M transmitter. Electronics **19**, 107 (1946).
Ballantyne, N. Z.: The Balitron tube. Radio-Electronic Engng. **16** (March and April 1951).
Barford, N. C. and *Bowman-Manifold:* Elementary theory of velocity-modulation oscillators. Journ. IEE **94**, III, 302 (1947).
Bartos, H. and *Novacek, M.:* Theory of the reflex klystron and measurement of its principal charakteristics. Slabopr. Obz. **16**, 632 (1955).
Beck, A. H. W.: High order space charge waves in klystrons. J. Electronics **2**, 489 (1957).
Begovich, Nicholas A.: High frequency total emission loading in diodes. Journ. of Appl. Phys. **20**, 457 (1949).
Begovich, N. A.: Extension of the planar diode transit-time solution. Proc. IRE **37**, 1340 (1949).
Benham, W. E.: Induced charges and currents. Electronic Engng. **26**, 366 (1954).

Bernier, J.: Présentation d'un klystron réflex pour la bande de 8 mm. Communication to the 1th and 5th Sections of the Société des Radioélectriciens. 19 March 1953.

Birdsall, C. K.: Equivalence of *Llewellyn* and space charge wave equations. IRE Trans. Electron Devices, Vol. ED-**3**, 76 (1956).

Bliokh, P. V. and *Fainberg, Y. B.:* Waves of charge density in electron beams with variable velocity (Russisch). Zh. tekn. Fiz. **26**, 530 (1956).

Bronwell, A. B., Wang, T. C., Nitz, I. C., May, J. and *Wachowski, H.:* Vacuum-tube detector and converter for microwaves using large electron transit angles. Proc. IRE **42**, 1117 (1954).

Bruijsten, J.: Graphical determination of reflex klystron characteristics. Philips Res. Rep. **10**, 81 (1955).

Bull, C. S.: The capacitance between diode electrodes in the presence of space charges. Proc. IEE **104** B, 374 (1957).

Cacheris, J. C., Jones, G. and *Diehl, L.:* Magnetic tuning of klystron cavities. Proc. IRE **43**, 1017 (1955).

Cayzac, J.: Générateur hyperfréquences utilisant le klystron à réflexions multiples. Onde électr. **36**, 920 (1956).

Chai, Yeh: Effect of space charge on the frequency of oscillation in positive grid oscillators. Chin. J. Phys. **6**, 80 (1946).

Chodorow, M. and *Westburg, V. B.:* Space-charge effects in reflex klystrons. Proc. IRE **39**, 1548 (1951).

Clavier, A. et *Le Boiteux, H.:* Velocity modulation tubes. Rev. Gén. Electr. **50**, 109 (1941).

Coeterier, F.: The multireflection tube. A new oscillator for very short waves. Philips tech. Rev. **8**, 257 (1946).

Coeterier, F.: Tubes à réflexions multiples. Onde électr. **36**, 917 (1956).

Copeland, Paul L. and *Eggenberger, Delbert N.:* Electron transit time in space-charge limited current between coaxial cylinders. Journ. of Appl. Phys. **20**, 1148 (1949).

Copeland, Paul L. and *Eggenberger, Delbert N.:* The electric field in diodes and the transit time of electrons as function of current. Journ. of Appl. Phys. **23**, 280 (1952).

Critchley, O. H. and *Gavin, M. R.:* Transit time oscillations in triodes. Brit. Journ. Appl. Phys. **3**, 92 (1952).

Dällenbach, W.: Resonanzbedingung, schwingende Feldenergie, Verlustleistung, Dämpfungskonstante und Frequenzänderung kreiszylindrischer, konzentrischer Hohlraumresonatoren. Hochfrequenztechn. **61**, 129 (1943).

Denis, M.: Généralités sur les TBO auto oscillateurs à reaction. Ann. Radioélectr. **7**, 169 (1952).

Diemer, G.: Microwave diode conductance in the exponential region of the characteristic. Philips Res. Rep. **6**, 211 (1951).

Diemer, G.: Transit-time functions of a dynatron oscillator. Appl. Sci. Res. B **4**, 457 (1955).

Döring, H.: Triftröhren. Fernmeldetechn. Z. **2**, 105 (1949).

Döring, H.: Theorie der geschwindigkeitsmodulierten Laufzeitröhren. Arch. el. Übertragung **3**, 293 (1949);

Döring, H.: Zur Theorie geschwindigkeitsgesteuerter Laufzeitröhren. Arch. el. Übertragung **4**, 147, 223 (1950).

Döring, H.: Die Reflexionstriftröhre. Elektrotechn. u. Maschinenbau **68**, 8 (1951).

Ebers, J. J.: Retarding-field oscillators. Proc. IRE **40**, 138 (1952).

Faragó, P. S. and *Groma, G.:* Reflex oscillators. Acta phys. Hungar. **4**, 7 (1954).

Feenberg, Eugene: Elementary treatment of longitudinal debunching in a velocity modulation system. Journ. Appl. Phys. **17**, 852 (1946).

Freeman, J. J.: The admittance of a diode with a retarding field. Journ. of Appl. Phys. **23**, 743 (1952).
Fricke, H.: Überblick über Aufbau und Wirkungsweise der Laufzeitröhren. ETZ A **71**, 421, 485 (1950).
Gamble, Edward H.: The current build-up in a planar diode. Journ. of Appl. Phys. **21**, 108 (1950).
Gebauer, R. und *Kosmal, H.:* Aufbau, Eigenschaften und Wirkungsweise der Triftröhren (Klystrons) und Probleme bei ihrer Anwendung. Z. angew. Physik **4**, 267 (1952).
German, V. I. and *Kompaneets, A. S.:* The theory of the buncher (Russisch). Zh. tekn. Fiz. **26**, 678 (1956).
Gundlach, F. W.: The excitation of resonant circuits by electron currents in the transit time regime. Rev. Sci. Paris **85**, 19 (1947).
Gundlach, F. W.: Grundlagen der Höchstfrequenztechnik. Berlin, Springer 1950.
Hahn, W. C.: A new method for the calculation of cavity resonators. Journ. Appl. Phys. **12**, 62 (1941).
Hahn, W. C. and *Metcalf, G. F.:* Velocity-modulated tubes. Proc. IRE **27**, 106 (1939).
Hamilton, D. R., Knipp, J. K. and *Kuper, J. B. H.:* Klystrons and Microwave Triodes. (MIT Rad. Lab. Ser.) New York, McGraw-Hill 1948.
Harman, W. W. and *Tillotson, J. H.:* Beam-loading effects in small reflex klystrons. Proc. IRE **37**, 1419 (1949).
Harrison, A. E.: Klystron Tubes. New York, McGraw-Hill 1947.
Harvey, A. F.: High Frequency Thermionic Tubes. New York, Wiley 1943.
Hechtel, R.: Moderne Reflex-Klystrons. Arch. El. Übertragung **10**, 133 (1956).
Hirashima, M.: On the motion of electrons in a *Barkhausen-Kurz* tube. J. Phys. Soc. Japan **5**, 339 (1950).
Hollmann, H. E. und *Masing, W.:* Zur Theorie der Triftröhren. Fortschritte der Hochfrequenztechnik **3**, 461. Leipzig, Akademische Verlagsgesellschaft 1954.
Huggins, W. H.: Multifrequency bunching in reflex klystrons. Proc. IRE **36**, 624 (1948).
Ishida, M. and *Ibaraki, Y.:* Electron oscillation of the reflex klystron. Sci. Rep. Res. Inst. Tôhoku Univ. B **1–2**, 327 (1951).
Iwanow, N. I.: Die Elektronenbewegung in der Entladungsstrecke einer Diode bei schneller Anodenspannungsänderung (Russisch). Radiotechnik **11**, 50 (1956).
Ivey, Henry F.: Space charge and transit time considerations in planar diodes for relativistic velocities. Journ. of Appl. Phys. **23**, 208 (1952).
Jensen, A. S.: Discharging an insulator surface by secondary emission without redistribution. RCA Rev. **16**, 216 (1955).
Katsman, Yu A.: Equations for the oscillations in a homogeneous flow of electrons (Russisch). Zh. tekh. Fiz. **22**, 1467 (1952).
Kent, G.: Space-charge waves in inhomogeneous electron beams. J. Appl. Phys. **25**, 32 (1954).
Kleen, Werner: Einführung in die Mikrowellen-Elektronik. Zürich, Hirzel 1952.
Kleen, W.: Raumladungswellen in Elektronenströmen. Entwicklungsber. Siemens u. Halske **17**, 89 (1954).
Knipp, Julian K.: On the velocity-dependent characteristics of high frequency tubes. Journ. Appl. Phys. **20**, 425 (1949).
Koehler, J. G. G., Reich, H. J. and *Woodruff, L. F.:* Ultra High Frequency. New York, van Nostrand 1942.
König, H. W.: Laufzeittheorie der Elektronenröhren. Wien, Springer 1948.
König, H. W.: Dynamische Elektronenströmung unter dem Einfluß dynamischer Felder. Acta Phys. Austriaca **2**, 312 (1949).

Knol, K. S. and *Diemer, G.*: High-frequency diode admittance with retarding direct-current field. Philips Res. Rep. **7**, 251 (1952).

Kosmal, H.: Ströme und Leitwerte von Trioden im Laufzeitgebiet. Elektron. Rdsch. **9**, 415 (1955).

Labus, J.: Raumladungseffekte in hochfrequenz-modulierten Elektronenstrahlen. Ann. Phys. Lpz. **9**, 6 (1951).

Llewellyn: Electron-Inertia Effects. Cambridge Physical Tracts. Cambridge University Press 1943.

Matsuo, Y. and *Takakura, T.*: On the reflex electron streams by the shapes of repeller electrode of reflex klystron. J. Inst. Elect. Engrs. Japan **69**, 226 (1949).

Mihran, T. G.: The duplex traveling-wave klystron. Proc. IRE **40**, 308 (1952).

Möller, H. G.: Die Theorie von *Barkhausen*-Schwingungen im Magnetron. Elektrotechnik **3**, 1304 (1949).

Motz, H.: Calculation of the electromagnetic field, frequency and circuit parameters of high-frequency resonator cavities. Journ. IEE **93**, Pt. III, 335 (1946).

Motz, H.: An analysis of klystron reflector performance. Journ. IEE **95**, Pt. III, 295 (1948).

Müller, J.: Untersuchungen über elektromagnetische Hohlräume. Hochfrequenztechnik u. Elektroakustik **54**, 157 (1939).

Müller, R.: Raumladungswellen in beschleunigten und verzögerten eindimensionalen Elektronenströmungen. Arch. el. Übertragung **9**, 505 (1955).

Neiman, M. S.: Energy utilization of electrons moving in rapidly alternating homogeneous electric fields (Russisch). Radiotekhnika **3**, 3 (1948).

Norris, V. J.: The frequency-multiplier klystron. J. Electronic **1**, 477 (1956).

Paucksch, H.: Das Verhalten von Raumladungsdioden bei sehr hohen Frequenzen unter Berücksichtigung der *Maxwell*schen Geschwindigkeitsverteilung. Nachrichtentech. Z. (NTZ) **9**, 410 (1956).

Phillips, H. B. and *Ware, L. A.*: Transit-time effect in klystron gaps. Proc. IRE, Wav. Electrons **35**, 1076 (1947).

Ramo, S. and *Whinnery, J. R.*: Fields and Waves in Modern Radio. New York, Wiley 1944.

Raudorf, W.: An electronic ram. Wireless Engr. **28**, 215 (1951).

Reed, E. D.: A coupled resonator reflex klystron. Bell. Syst. Techn. Journ. XXXII, 715 (1953).

Reed, E. D.: A tunable, low-volt reflex klystron for operation in the 50 to 60 kmc band. Bell. Syst. Techn. Journ. XXXIV, 563 (1955).

Renne, H. S.: Development of the phasitron. Radio-Electronic Engng. **6**, 12, 38 (1946).

Rothe, H.: The operation of electron tubes at high frequencies. Proc. IRE **28**, 325 (1940).

Rottgardt, K. H. J., *Berthold, W.* und *Dietrich, H.*: Sekundäremission in Kathodenstrahlröhren. Z. angew. Phys. **6**, 560 (1954).

Sarbacher, Robert I. and *Edson, William A.*: Tubes employing velocity modulation. Proc. IRE **31**, 439 (1943).

Sarbacher, R. I. and *Edson, W. A.*: Hyper and Ultra High Frequency Engineering. New York, Wiley 1943.

Shevchik, V. N.: Theory of the klystron. J. Tech. Phys. USSR **19**, 1271 (1949).

Sigrist, W.: Betrachtungen über einige elektronische Grundlagen der Mikrowellen-Röhren. Bull. SEV **41**, 35 (1950).

Sims, G. D. and *Gabor, D.*: Theory of the preoscillating magnetron. J. Electrons **1**, 231 (1955).

Strutt, M. J. O. and *van der Ziel, A.*: The consequences of some electron-inertia effects in electron tubes. Physica, 's. Grav. **8**, 81 (1941); **9**, 65 (1942).

Takahashi, I.: On the possibility of *Barkhausen-Kurz* oscillation. Mem. Coll. Sci. Univ. Kyoto A **25**, 15 (1947).
Takahashi, I.: A wave-mechanical treatment of the electron oscillation. Mem. Coll. Sci. Univ. Kyoto A **25**, 103 (1949).
Terada, M.: A space charge retarding field. Technol. Rep. Osaka Univ. **3**, 87 (1953).
Tillman, J. R.: Space current changes in thermionic valves following small pulses of current. Proc. Phys. Soc. [London] B **64**, 1046 (1951).
Vasilev, E. I. and *Lopukhin, V. M.:* On the self-excitation of a retarding system (Russisch). Zh. Tekh. Fiz. **21**, 527 (1951).
Vaughan, J. R. M.: Klystron modulation and *Schlömilch* series. J. Electronics **1**, 430 (1956).
Wallmark, J. T.: Influence of initial velocities on electron transit time in diodes. Journ. of Appl. Phys. **23**, 1096 (1952).
Wang, Chao-Chen: Large-signal high-frequency electronics of thermionic vacuum tubes. Proc. IRE **29**, 200 (1941).
Ware, L. A.: Electron-repulsion effects in a klystron. Proc. IRE **33**, 591 (1945).
Warnecke, R.: New electronic tubes for ultra high frequencies: velocity modulation tubes. Rev. Gén. Electr. **49**, 381 (1941).
Warnecke, R.: Physics and technics of transmitting valves with velocity modulation. Onde électr. **20**, 47 (1945).
Warnecke, R., Bernier, J. et *Guénard, P.:* Groupement et dégroupement au sein d'un faisceau cathodique injecté dans un espace exempt de champ extérieur après avoir été modulé dans sa vitesse. Journ. de Physique et le Radium. Ser. 8, **4**, 116 (1943).
Warnecke, R. and *Guénard, P.:* Les tubes életroniques à commande par modulation de vitesse. Paris, Gauthier-Villars 1951.
Watkins, Dean A.: The effect of velocity distribution in a modulated electron stream. Journ. of Appl. Phys. **23**, 568 (1952).
Webster, D. L.: Cathode ray bunching. Journ. Appl. Phys. **10**, 501 (1939).
Whinnery, J. R. and *Jannieson, H. W.:* Study of transit-time effects in disk-seal power-amplifier triodes. Proc. IRE **34**, 483 (1946); **36**, 76 (1948).
Woo, Way Dong: The transit time effect in a cylindrical diode. Journ. of Appl. Phys. **22**, 1333 (1951).

Fünftes Kapitel.

Magnetisch gesteuerte Raumladungsfelder.

Alfvén, H., Lindberg, L., Malmfors, K. G., Wallmark, I. and *Astroem, E.:* Theory and applications of trochotrons. Transactions of the Royal Institute of Technology (Stockholm) **22** (1948).
Alfvén, Hannes and *Romell, Dag:* A new electron tube: The *strophotron*. Proc. IRE **42**, 1239 (1954).
Allis, W. P.: Electronic orbits in the cylindrical magnetron with static fields. Rep. V.G.S.M.I.T. Rad. Lab. (1941).
Auner, M.: Beitrag zur Theorie der ebenen Magnetfeld-Röhren. S. B. Akad. Wiss. Wien **152**, Abt. IIa, 143 (1943).
Azéma, C.: The modes of oscillation of magnetron anodes. Bull. Soc. Franc. Elect. (Sér. 6) **9**, 559 (1949).
Bakhrakh, L. E.: Theory of multi-segment magnetrons (Russisch). Zh. tekh. Fiz. **22**, 1008 (1952).
Blewett, J. P. and *Ramo, S.:* High frequency behavior of a space charge rotating in magnetic-field. Phys. Rev. **57**, 635 (1940).

Boot, H. A. H. and *Randall, J. T.:* The cavity magnetron. Journ. IEE **93**, Pt. III, 928 (1946).
Boyd, J. A.: The *mitron* — an interdigital voltage — tunable magnetron. Proc. IRE **43**, 322 (1955).
Brillouin, L.: Practical results from theoretical studies of magnetrons. Proc. IRE **32**, 216 (1944).
Brillouin, L.: Electron trajectories in a plane single angle magnetron. Elec. Commun. **23**, 460 (1946).
Brillouin, L.: Electronic theory of the plane magnetron. Advances in Electronics III, 85 (1951). New York, Academic Press.
Brillouin, L. and *Bloch, F.:* Electronic theory of the cylindrical magnetron. Advances in Electronics III, 145 (1951). New York, Academic Press.
Bunemann, O.: A toroidal magnetron. Proc. Phys. Soc. **63**, 278 (1950).
Buneman, O.: Comments on magnetron theory with particular reference to some recent publications. J. Electronics **1**, 314 (1955).
Casimir, H. B. G.: A magnetron for d. c. amplification. Philips techn. Rev. **8**, 361 (1946).
Chang, Hsu and *Chaffee, E. L.:* The characteristics of the negative-resistance magnetron oscillator. Proc. IRE **28**, 519 (1940).
Collins, G. B.: Microwave Magnetrons. New York, McGraw-Hill 1948.
Coste, J. and *Delcroix, J. L.:* Plasma oscillations and resonance frequencies in a magnetron in the brillouin régime. Comptes rendus de l'Académie des Sciences (Paris) **242**, 87 (1956).
David, E. E.: R. F. phase control in pulsed magnetrons. Proc. IRE **40**, 669 (1952).
Delcroix, J. L.: The static cut-off magnetron, progression from cylindrical to planar case. Comptes rendues Acad. Sci. Paris **232**, 2298 (1951).
Djakov, E. und *Raer, A.:* Elektronenschwingungen höherer Ordnung bei Schlitzanodenmagnetronen. Hochfrequenztechn. **61**, 140 (1943).
Doehler, O.: Sur les propriétés des tubes à champs magnétique constant. Ann. de Radioélectricité **3**, 29; 169; 328 (1948).
Döhler, O.: Das Magnetron als Travelling-wave-Röhre. Funk und Ton **6**, 257 (1951).
Doehler, O., Brossart, J. and *Mourier, G.:* The properties of valves with Constant magnetic field. Ann. Radioélectr. **5**, 293 (1950).
Donal, J. S.: Modulation of Continuous-Wave Magnetrons. Advances in Electronics IV, 188 (1952). New York, Academic Press.
Dunsmuir, R.: The electronic mechanism of the magnetron. BT-H. Res. Lab. Publ. No. **241** (1952).
Fechner, P.: Etude sur le magnétron à l'état bloqué. Annales de Radioélectricité **7**, 83; 199; 225 (1952).
Filippov, M. M.: Behaviour of the space charge in a diode with axial magnetic field (Russisch). Zh. tekh. Fiz. **26**, 1004 (1956).
Fisk, J. B., Hagstram, H. D. and *Hartman, P. L.:* The magnetron as a generator of centimeter waves. Bell. Syst. Techn. Journ. **25**, 167 (1946).
Frič, V.: Die Grundgleichungen und die Betriebskennlinien eines Magnetrons. Slabopr. Obz. **16**, 249 (1955).
Fritz, K.: Über die Potentiale und die Elektronenbahn im Vielschlitzmagnetron. Arch. el. Übertragung **6**, 211 (1952).
Gabor, D.: Stationary electron swarms in electro-magnetic fields. Proc. Roy. Soc. (London) A **183**, 436 (1945).
Gabor, D. and *Sims, G. D.:* Theory of the preoscillating magnetron I. J. Electronics **1**, 25, 449 (1955).

Glagolev, V. M.: Stationary current processes in cylindrical nonslit magnetron. J. Tech. Phys. USSR **19**, 943 (1949).

Gvozdover, S. D. and *Lopukhin, V. M.:* Block theory of the plane magnetron (Russisch). J. Tech. Phys. USSR **20**, 954 (1950).

Hagihara, Y.: Application of celestial mechanics to the theory of a magnetron. J. Phys. Soc. Japan **3**, 70 (1948).

Hardie, A. M.: Magnetron effect in high-power valves. Wireless Engr. **29**, 232 (1952).

Harris, Lawrence A.: Instabilities in the smooth-anode cylindrical magnetron. Journ. of Appl. Phys. **23**, 562 (1952).

Hines, M. E.: Nullification of space-charge effects in a converging electron beam by a magnetic field. Proc. IRE **40**, 61 (1952).

Hok, Gunnar: A statistical approach to the space-charge distribution in a cut-off magnetron. Journ. of Appl. Phys. **22**, 761 (1951). **23**, 983 (1952).

Hok, G.: The Microwave Magnetron. Advances in Electronics II, 220 (1950). New York, Academic Press.

Hollenberg, A. V., Kroll, N. and *Millman, S.:* Rising sun magnetrons with large numbers of cavities. Journ. Appl. Phys. **19**, 624 (1948).

Hull, J. F.: Inverted magnetron. Proc. IRE **40**, 1038 (1952).

Hull, J. F. and *Greenwald, L. W.:* Modes in interdigital magnetrons. Proc. IRE **37**, 1258 (1949).

Hunter, Lloyd P.: Energy build-up in magnetrons. Journ. Appl. Phys. **17**, 833 (1946).

Kalinin, V. I. and *Wassermann, I. I.:* On the problem of electron oscillations in a magnetron (Russisch). Bull. Acad. Sci. USSR Sér. Phys. **10**, 103 (1946).

Kinjiro, Okabe: Electron-beam magnetrons and type-B magnetron oscillations. Proc. IRE **27**, 24 (1939).

Kleen, W. und *Pöschl, K.:* Fokussierung von Kathodenstrahlen mittels magnetischer Felder. Arch. elektr. Übertragung **9**, 295 (1955).

Kotani, M.: On the oscillation mechanism of the magnetron. J. Phys. Soc. Japan **3**, 86 (1946).

Kroll, Norman M. and *Lamb, Willis E.:* The resonant modes of the rising sun and other unstrapped magnetron anode blocks. Journ. Appl. Phys. **19**, 166 (1948).

Lamb, W. E. and *Phillips, M.:* Space charge frequency dependence of magnetron cavity. Journ. Appl. Phys. **18**, 230 (1947).

Latham, R., King, A. H. and *Rushforth, L.:* An introduction to multiresonator magnetrons. Engineer, London **181**, 310, 331 (1946).

Latham, R., King, A. H. and *Rushforth, L.:* The magnetron. London, Chapman and Hall 1952.

Leblond, D., Doehler, O. et *Warnecke, R.:* Sur un nouveau magnétron oscillateur à circuit interdigital. Comptes rendus hebdomadaires des séances de l'Académie des Sciences (Paris) **236**, 55 (1953).

Linder, E. G.: The anode-tank-circuit magnetron. Proc. IRE **27**, 732 (1939).

Lopukhin, V. M.: The electronics of the planar magnetron (Russisch). Zh. Tekh. Fiz. **21**, 505 (1951).

Lüdi, F.: Zur Theorie des Magnetfeldgenerators für Mikrowellen. Helv. Phys. Acta XIX, 3, 112 (1946).

Lüdi, F.: Zur Theorie des Magnetronverstärkers. Zamp. III, 119 (1952).

Marié, P.: A new type of magnetron amplifier. Onde électr. **30**, 13, 90, 200 (1950).

Megaw, E. C. S.: The high power pulsed magnetron. J. IEE, Pt. III, A **93**, 977 (1946).

Metson, G. H.: Wavelength laws of split anode magnetrons. Wireless Eng. **24**, 352 (1947).

Millman, S. and *Nordsieck, A. T.:* The rising sun magnetron. Journ. Appl. Phys. **19**, 156 (1948).

Moizhes, B. Ya.: The problem of the form of electron trajectories in the magnetron in a static case (Russisch). Zh. tekh. Fiz. **26**, 1836 (1956).

Müller, L.: Ein gittergesteuertes Magnetron. Hochfrequenztechn. u. Elektroakustik **58**, 81 (1941).

Nedderman, H. C.: Space charge distribution in a static magnetron. J. Appl. Phys. **26**, 1420 (1955).

Nelson, R. B.: Methods of tuning multiple-cavity magnetrons. Proc. IRE **36**, 53 (1948).

Nergaard, L. S.: Analysis of a simple model of a two-beam growing-wave tube. RCA Rev. **9**, 585 (1948).

Oda, M. and *Suga, K.:* On the magnetron oscillation. Sci. Pap. Osaka Univ. No. **13**, 12 (1949).

Okress, E. C.: A magnetron resonator system. Journ. Appl. Phys. **18**, 1098 (1947). **19**, 338 (1948).

Okress, E. C.: Magnetron Mode Transitions. Advances in Electronics and Electron Physics VIII, 503 (1956). New York, Academic Press.

Page, L. and *Adams, N.:* Space charge in plane magnetron. Phys. Rev. **69**, 492 (1946).

Page, L. and *Adams, N.:* Space charge in cylindrical magnetrons. Phys. Rev. **69**, 494 (1946).

Palócz, I.: The frequency spectrum of the strapped magnetron. Acta tech. Hungar. **9**, 135 (1954).

Pimenov, Yu., V.: Transient processes in a plane diode with an external magnetic field (Russisch). Zh. tekh. Fiz. **26**, 1955 (1956).

Posthumus, K.: Principles underlying the generation of oscillations by means of a split anode magnetron. Philips Trans. News **1**, 11 (1934).

Posthumus, K.: Oscillations in a split anode magnetron. Wireless Eng. **12**, 126 (1935).

Praxmarer, W.: Die Erzeugung von kurzen Wellen mit der Magnetfeldröhre. Nachrichtentechn. **3**, 55, 68 (1953).

Robertshaw, R. G. and *Willshaw, W. E.:* Some properties of magnetrons using spatial harmonic operation. Proc. IEE Monogr. No. 168 E.

Samuel, A. L.: On the theory of axially symmetric electron beams in an axial magnetic field. Proc. IRE **37**, 1252 (1949).

Singh, Amarjit: Modes and operating voltages of interdigital magnetrons. Proc. IRE **43**, 470 (1955).

Smith, R. M.: Orbital-beam u. h. f. tubes. Electronics **18**, 103 (1945).

Tien, Ping King and *Field, Lester M.:* Space-charge waves in an accelerated electron stream for amplification of microwave signals. Proc. IRE **40**, 688 (1952).

Tomonaga, I.: Theory of split-anode magnetrons. J. Phys. Soc. Japan **3**, 56, 62 (1946).

Twiss, R. Q.: On the steady state and noise properties of linear and cylindrical magnetrons. Doctoral Thesis M.I.T. (1949).

Twiss, R. Q.: On the Steady-State Theory of the Magnetron. Advances in Electronics V, 247 (1953). New York, Academic Press.

Twiss, R. Q.: On the initial space charge distribution in a cylindrical magnetron diode. J. Electronics **1**, 1 (1955).

Versnel, A. and *Jonker, J. L. H.:* A magnetless „magnetron". Philips Res. Rep. **9**, 458 (1954).

Verweel, J.: Magnetrons. Philip Techn. Rev. **14**, 44 (1952).

Warnecke, R. R., Guénard, P., Doehler, O. and *Epsztein, B.:* The „M"-type carcinotron tube. Proc. IRE **43**, 413 (1955).

Watanabe, Y. and *Katsura, S.:* The cut-off characteristic and the potential distribution of the magnetron tube. Techn. Rep. Tôkohu Univ. **14**, 10 (1949).

Welch, H. W.: Effects of space charge on frequency characteristics of magnetrons. Proc. IRE **38**, 1434 (1950).

Welch, H. W. and *Dow, W. G.:* Analysis of synchronous conditions in the cylindrical magnetron space charge. Journ. of Appl Phys. **22**, 433 (1951).
Welch, H. William, Prediction of traveling-wave magnetron frequency characteristics. Proc. IRE **41**, 1631 (1953).
Willshaw, W. E., Rushforth, L., Stainsby, A. G., Latham, R., Balls, A. W. and *King, A. H.:* The high-power pulsed magnetron. Development and design for radar applications. J. IEE, Pt. III, A **93**, 985 (1946).
Zamorozkov, B. M.: Phase focussing in a magnetron with plane electrodes. J. Tech. Phys. USSR **19**, 1321 (1949).

Sechstes Kapitel.

Elektromagnetisch gesteuerte Raumladungsfelder.

Adler, R., Kromhout, O. M. and *Clavier, P. A.:* Transverse-field traveling-wave tubes with periodic electrostatic focusing. Proc. IRE **44**, 82 (1956).
Alfvén, H.: Trochoidal electron rays and the trochotron. Tekn. Tidskr. **78**, 723 (1948).
Beam, Walter R.: On the possibility of amplification in space-charge-potential-depressed electron streams. Proc. IRE **43**, 454 (1955).
Bernier, J.: Essai de théorie du tube électronique à propagation d'onde. Ann. Radioélectr. **2**, 87 (1947); L'Onde Elect. **27**, 231 (1947).
Birdsall, C. K. and *Whinnery, J. R.:* Waves in a electron stream with general admittance walls. J. Appl. Phys. **24**, 314 (1953).
Björkman, J.: Basic trochotron technics. K. Tekn. Högsk. Handl. No. **80** (1953).
Bjoerkman, J. and *Lindberg, L.:* Development of Trochotrons. Ericsson Technics **10**, 3 (1954).
Blanc-Lapierre, A.: Contribution à l'étude des amplificateurs à ondes progressives. Ann. de Télécomm. **1**, 283 (1946).
Blanc-Lapierre, A., Lapostolle, P. et *Wallauschek, R.:* Sur la théorie des amplificateurs à ondes progressives. L'Onde 194 (1947).
Blanc-Lapierre, A. et *Lapostolle, P.:* Sur l'interaction entre une onde progressive et un faisceau électronique de vitesse voisine de celle de l'onde. Comptes rendues de l'Académie des Sciences **224**, 104 (1947).
Blanc-Lapierre, A. et *Kuhner, M.:* Réalisation d'amplificateurs à onde progressive à hélice. Ann. de Télécomm **3**, 259 (1948).
Borgnis, F.: Zur Theorie der Elektronen-Plasmaschwingungen. Helv. Phys. Acta XX, 207 (1947).
Bray, W. J.: The traveling-wave valve as a microwave phase-modulator and frequency shifter. Proc. IEE **99**, III, 15 (1952).
Brewer, G. R.: Some effects of magnetic field strength on space-charge-wave propagation. Proc. IRE **44**, 896 (1956).
Brillouin, L.: Waves and electrons traveling together — a comparison between traveling — wave tubes and linear accelerators. Phys. Rev. **74**, 90 (1948).
Brillouin, L.: The traveling-wave tube [Discussion of waves for large amplitudes]. Journ. Appl. Phys. **20**, 1196 (1949).
Brillouin, L.: Interaction between electrons and waves. Proc. Nat. Acad. Sci. USA **41**, 401 (1955).
Brück, L.: Comparaison des valeurs mesurées pour le gain linéaire du tube à propagation d'onde avec les valeur indiquées par diverses théories. Ann. de Radioélectr. **4**, 222 (1949).
Brück, L.: Die Lauffeldröhre. Arch. f. Elektrotechn. **39**, 633 (1950).
Buneman, O.: Generation and amplification of waves in dense charged beams under crossed fields. Nature (London) **165**, 474 (1950).

Choderow, M. and *Fan, S. P.*: A floating-drift-tube klystron. Proc. IRE **41**, 25 (1953).

Chu, L. J. and *Jackson, J. D.*: Field theory of traveling-wave tubes. Proc. IRE **36**, 853 (1948).

Currie, M. R. and *Whinnery, J. R.*: The cascade backward wave amplifier. Proc. IRE **43**, 1617 (1955).

Cutler, C. C.: Experimental determination of helical-wave properties. Proc. IRE **36**, 230 (1948).

Dällenbach, W.: Traveling-waves zwischen zwei parallelen und mit Diaphragmen belasteten Spiegelebenen. Arch. el. Übertragung **7**, 297 (1953).

Derfler, H.: Zur Theorie der Elektronenstrahlröhren mit periodischem Aufbau. Mitteilungen a. d. Inst. f. Hochfrequenztechn. ETH Nr. 19 (Leemann A.G., Zürich 1954).

Derfler, H.: An electromagnetic difference-equation of importance in the theory of traveling-wave tubes. Zamp. VI, 104 (1955).

Dewey, C. G.: Aperiodic wave guide traveling-wave amplifier. Proc. Nat. Electronics Conf., Chicago **4**, 253 (1948).

Dodds, W. J. and *Peter, R. W.*: Filter-helix traveling-wave tube. RCA Rev. **14**, 502 (1953).

Döhler, O. et *Kleen, W.*: Théorie cinématique de l'échange d'énergie entre un faisceau électronique et une onde électromagnétique. Ann. de Radioélectr. **2**, 232 (1947).

Döhler, O. et *Kleen, W.*: Sur l'influence de la charge d'espace dans le tube à propagation d'onde. Ann. de Radioélectr. **3**, 184 (1948).

Döhler, O. et *Kleen, W.*: Phénomènes non linéaires dans les tubes à propagation d'onde. Ann. de Radioélectr. **3**, 124 (1948).

Döhler, O. und *Kleen, W.*: Über die Wirkungsweise der Traveling-Wave-Röhre. Arch. Elektr. Übertr. **3**, 54, 98 (1949).

Döhler, O. und *Kleen, W.*: Der Wirkungsgrad der „Traveling-Wave"-Röhre. Arch. el. Übertragung **4**, 207 (1950).

Döhler, O., *Kleen, W.* et *Palluel, P.*: Les tubes à propagation d'onde comme oscillateurs à large bande d'accorde électronique. Ann. de Radioélectr. **4**, 68 (1949).

Doehler, O. et *Kleen, W.*: Influence du vecteur électrique transversal dans la ligne à retard du tube à propagation d'onde. Ann. de Radioélectr. **4**, 76, 117 (1949).

Doehler, O. et *Kleen, W.*: Sur le rendemend du tube à propagation d'onde. Ann. de Radioélectr. **4**, 216 (1949).

Dunn, D. A., *Harman, W. A.*, *Field, L. M.* and *Kino, G. S.*: Theory of the transverse-current traveling-wave tube. Proc. IRE **44**, 879 (1956).

Emeleus, K. G. and *Bailey, R. A.*: High frequency plasma electron oscillation. Brit. Journ. Appl. Phys. **6**, 127 (1955).

Epsztein, B.: Influences des effects de la charge d'espace sur le courant d'accrochage d'un oscillateur „carcinotron" type magnetron. Comptes rendues Acad. Sci. (Paris) **240**, 408 (1955).

Feenberg, Eugene and *Feldmann, David*: Theory of small signal bunching in a parallel electron beam of rectangular cross section. Journ. Appl. Phys. **17**, 1025 (1946).

Field, Lester M.: Some slow-wave structures for traveling-wave tubes. Proc. IRE **37**, 34 (1949).

Frey, W. und *Lüdi, F.*: Zur Theorie der traveling-wave tube. Zamp. I, 237 (1950); V, 438 (1955).

Friedman, Bernard: Amplification of the traveling wave tube. Journ. of Appl. Phys. **22**, 443 (1951).

Gabor, D.: Plasma oscillations. Brit. Journ. Appl. Phys. **2**, 209 (1951).

Garbuny, M.: Theory of the reflex resnatron. Proc. IRE **41**, 37 (1953).

Grow, R. W. and *Walkins, D. A.:* Backward wave oscillator efficiency. Proc. IRE **43**, 848 (1955).

Guénard, P.: L'échange d'énergie entre un faisceau électronique et un champ électromagnétique de faible intensité. Comptes rendues de l'Académie des Sciences **224**, 898 (1947).

Guénard, P., Berterottiere, R. et *Doehler, O.:* Amplification par interaction électronique directe dans des tubes sans circuits. Ann. de Radioélectr. **4**, 171 (1949).

Guénard, P., Doehler, O., Epsztein, B. et *Warnecke, R.:* Nouveaux tubes oscillateurs à large bande d'accord électronique pour hyperfréquences. Comptes rendus hebdomanaires des séances de l'Académie des Sciences (Paris) **235**, 236 (1952).

Haeff, A. V.: Space-charge wave amplification effects. Phys. Rev. **74**, 1542 (1948).

Haeff, A. V.: The electron-wave tube — a novel method of generation and amplification of microwave energy. Proc. IRE **37**, 4 (1949).

Hahn, W. C.: Small signal theory of velocity modulated beams. Gen. Electr. Rev. **42**, 258 (1939).

Heffner, H.: Analysis of the backward-traveling-wave tube. Proc. IRE **42**, 930 (1954).

Hines, M. E.: Traveling-wave tube. Radio and Telev. News **49**, 12, 26 (1953).

Hopkins, E. G.: A beam-deflection phase-modulator valve. A. W. A. Techn. Rev. **9**, 53 (1951).

Hutter, R. G. E.: Traveling-Wave Tubes. Advances in Electronics and Electron Physics VI, 372 (1954).

Iperen, B. B. van: On the generation of electromagnetic oscillations in a spiral by an axial electron current. Philips Res. Rep. **4**, 20 (1949).

Jen, C. K.: Electromagnetic theory of electronics at ultrahigh frequencies. Sci. Rep. Nat. Tsing Hua Univ. **4**, 478 (1948).

Johnson, H. R.: Backward-wave oscillators. Proc. IRE **43**, 684 (1955).

Johnson, H. R. and *Whinnery, R. J.:* Traveling-wave tube oscillators. Trans. Inst. Radio Engrs. Prof. Group on Electron Devices No. **2**, 11 (1953).

Kaden, H.: Eine allgemeine Theorie des Wendelleiters. Arch. el. Übertragung **5**, 534 (1951).

Kent, G.: Space charge waves in inhomogeneous electron beams. Journ. of Appl. Phys. **25**, 32 (1954).

Kiel, A. and *Parzen, P.:* Nonlinear wave propagation in traveling-wave amplifiers. IRE Trans. Electron Devices ED **2**, 26 (1955).

Kleen, W.: Die Traveling-Wave-Röhre. Phys. Blätter **5**, 211 (1949).

Kleen, W.: Aktuelle Probleme der Mikrowellen-Röhrentechnik. VDE-Fachber. **16**, V, 38 (1952).

Kleen, W.: Verzögerungsleitungen mit periodischer Struktur in Wanderfeldröhren. Fernmeldetechn. Z. **7**, 547 (1954).

Kleen, W.: Geschichte, Systematik und Physik der Höchstfrequenz-Elektronenröhren. ETZ, A **76**, 53 (1955).

Kleen, W., Brück, L., Döhler, O. und *Huber, H.:* Steuerung von Elektronenströmen durch fortschreitende elektromagnetische Wellen (Lauffeldröhren). Fortschritte der Hochfrequenztechnik III. Leipzig, Akademische Verlagsgesellschaft 1954.

Kleen, W., Bruck, L., Döhler, O. und *Huber, H.:* Steuerung von Elektronenströmen durch fortschreitende elektromagnetische Wellen (Lauffeldröhren). Fortschritte d. Hochfrequenztechnik **3**, 226 (1952).

Kleen, W. und *Ruppel, W.:* Die Verzögerungsleitung als Bauelement von Elektronenröhren. Arch. Elektrotechn. **40**, 280 (1952).

Klinger, H. H.: Über neue Laufwellenröhren für Mikrowellen. Arch. el. Übertragung **5**, 167 (1951).

Kompfner, R.: The traveling wave valve. Wirel. World **52**, 369 (1946).

Kompfner, R.: The traveling wave tube. New amplifier for centimetric wavelengths. Wireless world **52**, 369 (1946).

Kompfner, R.: The traveling wave tube as centimeter wave amplifier. Wirel. Engr. **24**, 255 (1947).

Kompfner, R.: Traveling-wave tubes. Rep. Phys. Soc. Progr. Phys. **15**, 275 (1952).

Kompfner, R.: Backward-wave oscillator. Bell Lab. Rev. **31**, 281 (1953).

Kompfner, R. and *Williams, N. T.:* Backward-wave tubes. Proc. IRE **41**, 1602 (1953).

Labus, J.: H.-F-Verstärkung durch Wechselwirkung zweier Elektronenstrahlen. Arch. el. Übertragung **4**, 353 (1950).

Labus, J.: Raumladungswellen in Elektronenströmungen. ETZ, A **74**, 129 (1953).

Labus, J. und *Pöschl, K.:* Raumladungswellen in Plasmaströmungen. Arch. el. Übertragung **8**, 49 (1954).

Labus, J. und *Pöschl, K.:* Raumladungswellen in freien Elektronenstrahlen. Arch. el. Übertragung **9**, 39 (1955).

Laplume, J.: The interaction between an electron beam and a helix circuit used in the traveling-wave tube. Comptes rendues Acad. Sci. Paris **224**, 1766 (1947).

Laplume, J.: Théorie du tube à propagation à onde progressive. L'Onde Electr. **29**, 66 (1949).

Lapostolle, P.: Généralisation de certains résultats relativs à l'interaction d'ondes guidées avec un faisceau électronique. Comptes rendues de l'Académie des sciences **224**, 814 (1947).

Lapostolle, P.: Etude de la propagation simultanée d'une onde progressive et d'un faisceau électronique de vitesse voisine. Comptes rendues de l'Académie des sciences **224**, 268 (1947).

Lapostolle, P.: Etude de diverses ondes progressives guidées susceptibles de se propager en interaction avec un faisceau électronique. Comptes rendus de l'Académie des sciences **224**, 558 (1947).

Lapostolle, P.: Les phénomenes d'interaction dans un tube à onde progressive (Théorie et vérifications experimentales). Ann. de Télécomm. **3**, 13 (1948).

Linhart, J. G.: Effet Cherenkow en hyperfréquences. Onde électr. **36**, 979 (1956).

MacFarlane, G. G. and *Woodward, A. M.:* Small-signal theory of wave propagation in a uniform electron beam. Journ. IEE **97**, Pt. III, 232 (1950).

Marcum, J.: Interchange of energy between an electron beam and an oscillating electric field. J. Appl. Phys. **17**, 4 (1946).

Mathews, W. E.: Transmission-line equivalent of electronic traveling-wave system. Journ. of Appl. Phys. **22**, 310 (1951).

Mihran, T. G.: The duplex traveling-wave klystron. Proc. IRE **40**, 308 (1952).

Mihran, T. G.: Scalloped beam amplification. IRE Trans. Electron Devices, Vol. ED-**3**, 32 (1956).

Mikhalevskij, V. S. and *Venerovskij, D. N.:* The generation of electromagnetic oscillations with the aid of a travelling wave tube having a sectionalized external helix (Russisch). Zh. tekh. Fiz. **26**, 526 (1956).

Millman, S.: A spatial harmonic traveling-wave amplifier for six millimeters wavelength. Proc. IRE **39**, 1035 (1951).

Moral, J. J. R.: Sobre los tubos a progacion de ondas. Revista de Télécomm. **14**, 29 (1948).

Mourier, G.: The anticyclotron, a new type of magnetic traveling-wave tube. Ann. Radioélectr. **5**, 206 (1950).

Motz, H.: Electromagnetic Problems of Microwave Theory. New York, Wiley. 1951.

Müller, Johannes: Untersuchungen über Elektronenströmungen. Zamp. V, 203, 409 (1954).

Müller, R.: Teilwellen in Elektronenströmungen. Arch. el. Übertragung **10**, 505 (1956).

Müller, R. und *Stetter, W.:* Der Stand der Entwicklung und die Wirkungsweise von Mikrowellenröhren. Elektronische Rundschau **11**, 211, 242 (1957).

Muller, Marcel: Traveling-wave amplifiers and backward-wave oscillators. Proc. IRE **42**, 1651 (1954).

Owaki, K., Terahata, S., Hada, T. and *Nakamura, T.:* The traveling-wave cathode-ray tube. Proc. IRE **38**, 1172 (1950).

Palluel, P. and *Goldberger, A. K.:* The O-Type Carcinotron tube. Proc. IRE **44**, 333 (1956).

Parzen, Philip: Space-charge-wave propagation in a cylindrical electron beam of finite lateral extension. Journ. of Appl. Phys. **23**, 215 (1952).

Parzen, P.: Propagation of space-charge waves in infinite and finite electron beams. Elect. Commun. **30**, 134 (1953).

Parzen, P.: Integral equation solution for traveling-wave tube parameters. IRE Trans. Electron Devices, Vol. ED-**2**, 6 (1955).

Peter, R. W., Bloom, S. and *Ruetz, J. A.:* Space-charge-wave amplification along an electron beam by periodic change in the beam impedance. RCA Rev. **15**, 95 (1954).

Peter, R. W., Ruetz, J. A. and *Olson, A. B.:* Attenuation of wire helices in dielectric supports. RCA Rev. **13**, 558 (1952).

Pierce, J. R.: Possible fluctuations in electron streams due to ions. Journ. of Appl. Phys. **19**, 231 (1948).

Pierce, J. R.: Instability of hollow beams. IRE Trans. Electron Devices, Vol. ED-**3**, 183 (1956).

Pierce, J. R.: Theory of the beam-type traveling-wave tube. Proc. IRE **35**, 111 (1947).

Pierce, J. R.: Transverse field in traveling wave tubes. Bell. Syst. Techn. Journ. **27**, 732 (1948).

Pierce, J. R.: Double-stream amplifiers. Proc. IRE **37**, 980 (1949).

Pierce, J. R.: Circuits for traveling-wave tubes. Proc. IRE **37**, 510 (1949).

Pierce, J. R.: Increasing space-charge waves. Journ of Appl. Phys. **20**, 1060 (1949).

Pierce, J. R.: A note on filter-type traveling-wave amplifiers. Proc. IRE **37**, 622 (1949).

Pierce, J. R.: Millimeter waves. Electronics **24**, 66 (1951).

Pierce, J. R.: Some recent advances in micro-wave tubes. Proc. IRE **42**, 1735 (1954).

Pierce, J. R.: Interaction of moving charges with wave circuits. Journ. of Appl. Phys. **26**, 627 (1955).

Pierce, J. R.: Waves in electron streams and circuits. Bell. Syst. Techn. Journ. XXX, 626 (1951).

Pierce, J. R.: Coupling of modes of propagation. Journ. of Appl. Phys. **25**, 179 (1954).

Pierce, J. R.: The wave picture of microwave tubes. Bell. Syst. Techn. Journ. XXXIII, 1342 (1954).

Pierce, J. R. and *Field, L. M.:* Traveling-wave tubes. Proc. IRE **35**, 108 (1947).

Pierce, J. R. and *Hebenstreit, W. B.:* A new type of high frequency amplifier. Bell. Syst. Tech. Journ. **28**, 33 (1949).

Pierce, J. R. and *Tien, P. K.:* Coupling of modes in helixes. Proc. IRE **42**, 1389 (1954).

Pierce, J. R. and *Walker, L. R.:* Growing waves due to transverse velocities. Bell Syst. Tech. J. **35**, 109 (1956).

Pöschl, K.: Zur Theorie des Carcinotrons. Fernmeldetechn. Z. **7**, 558 (1954).

Ramo, S.: Space charge and field waves in electron beams. Phys. Rev. **56**, 276 (1939).

Ramo, S.: The electronic-wave theory of velocity-modulation tubes. Proc. IRE **27**, 757 (1939).

Reverdin, D.: Hyperfrequenz-Röhren. Schweiz. tech. Z. **51**, 49 (1954).

Rigrod, W. W. and *Lewis, J. A.:* Wave propagation along a magnetically focused cylindrical electron beam. Bell. Syst. Techn. Journ. XXXIII, 399 (1954).

Roberts, J. A.: Wave amplification by interaction with a stream of electrons. Phys. Rev. **76**, 340 (1949).

Robinson, F. N. H.: Traveling-wave tubes with dispersive helices. Wireless Engr. **28**, 110 (1951).

Roubine, E.: Sur le circuit à hélice utilisé dans les tubes à ondes progressives. L'Onde Electr. **27**, 203 (1947).

Rowe, J. E.: A large-signal analysis of the traveling-wave amplifier. Theory and general results. IRE Trans. Electron Devices, Vol. ED-**3**, 39 (1956).

Ruedenberg, R.: The electromagnetic waves in transformer coils. Journ. Appl. Phys. **12**, 219 (1941).

Rydbeck, O. E. H.: The theory of the traveling wave tube. Ericson. Technics **46**, 3, (1948).

Rydbeck, O. E. H.: Erregung verschiedener Raumladungswellenformen in Wanderfeldröhren. Arch. el. Übertragung **7**, 409 (1953).

Rydbeck, O. E. H. and *Agdur, B.:* The propagation of electronic space charge waves in periodic structures. Chalmers Tekn. Hagsk. Handl., No. **138** (1954).

Salisburg, W. W.: The resnatron. Electronics **19**, 92 (1946).

Schnitger, H. und *Weber, D.:* Untersuchungen über selbsterregte Schwingungen in der Wanderfeldröhre. Frequenz **3**, 190 (1949).

Schumann, W. O.: Über Plasmalaufzeitschwingungen. Zeit. Phys. **121**, 7 (1943).

Scotto, M. and *Parzen, P.:* The electronic theory of tape-helix traveling-wave structures. IRE Trans. Electron Devices ED-**2**, 19 (1955).

Seidl, M.: Conduction of electromagnetic waves by an electron flux. Slabopr. Obz. **11**, 122 (1950).

Sensiper, Samuel: Electromagnetic wave propagation on helical structures. Proc. IRE **43**, 149 (1955).

Shulman, C. and *Heagy, M. S.:* Small signal analysis of the traveling wave tube. RCA Rev. **8**, 585 (1947); **10**, 313 (1949).

Sigrist, W.: Verstärkerprobleme der Ultrakurzwellen. Bull. SEV **37**, 5 (1946).

Sigrist, W.: Röhrenprobleme der Radartechnik. Bull. SEV **38**, 601 (1947).

Skalak, J. and *Holau, V.:* Helical structures for backward-wave oscillators. Slabopr. Obz. **17**, 123 (1956).

Slater, J. C.: Microwave Transmission. New York, McGraw-Hill 1942.

Slater, J. C.: Microwave Electronics. New York, van Nostrand 1950.

Smullin, L. D.: Propagation of disturbances in one-dimensional accelerated electron streams. J. Appl. Phys. **22**, 1496 (1951).

Sollfrey, W.: Effects of initial conditions on traveling wave tubes. New York Univ. Math. Res. Group, Res. Rep. No. TW-**15** (1951).

Sollfrey, W.: Magnetic field effects in traveling wave tubes. New York Univ. Math. Res. Group, Res. Rep. No. TW-**18** (1951).

Sollfrey, William: Wave propagation in helical wires. Journ. of Appl. Phys. **22**, 905 (1951).

Solomon, Salim S.: Space-charge waves in crossed electric and magnetic fields. Journ. of Appl. Phys. **26**, 1443 (1955).

Steiger, J.: Neue Elektronenröhren. Bull. SEV **41**, 112 (1950).

Sullivan, J. W.: A wide-band voltage-tunable oscillator. Proc. IRE **42**, 1658 (1954).

Tien, Ping King: Traveling-wave tube helix impedance. Proc. IRE **41**, 1617 (1953).

Tien, P. K., Walker, L. R. and *Wolontis, V. M.:* A large signal theory of traveling-wave amplifiers. Proc. IRE **43**, 260 (1955).

Tien, P. K. and *Field, L. M.:* Space-charge waves in an accelerated electron stream for amplification of microwave signals. Proc. IRE **40**, 688 (1952).

Vasilev, E. I. and *Lopukhin, V. M.:* On the theory of an electron tube with a helical traveling wave (Russisch). Zh. tekh. Fiz. **22**, 1838 (1952).

Veith, W.: Das Carcinotron, ein elektrisch durchstimmbarer Generator für Mikrowellen. Fernmeldetechn. Z. **7**, 554 (1954).

Wallauschek, R.: Sur un amplificateur électronique à onde guidée dans un milieu de constante diélectrique élevée. Comptes rendues de l'Académie des sciences **224** 191, 976 (1947).

Walker, L. R.: Starting currents in the backward-wave oscillator. Journ. of Appl. Phys. **24**, 854 (1953).

Warnecke, R.: Some results recently obtained in the field of ultra-high-frequency electron tubes. Ann. Radioélectr. **9**, 107 (1954).

Warnecke, R.: Principaux résultats acquis dans le domaine des tubes électroniques pour hyperfréquences. Onde électr. **36**, 875 (1956).

Warnecke, R., Doehler, O. and *Kleen, W.:* Amplification of e. m. waves by interaction of electron streams moving in crossed electric and magnetic fields. Comptes rendues Acad. Sci. Paris **229**, 109 (1949).

Warnecke, R., Doehler, O. and *Kleen, W.:* Electron beams and electromagnetic-waves. Wirel. Engr. **28**, 167 (1951).

Warnecke, R., Guenard, P. et *Doehler, O.:* Phénomènes fondamentaux dans les tubes à onde progressive. Onde électr. **34**, 323 (1954).

Warnecke, R., Kleen, W., Doehler, O. and *Huber, H.:* Groupement életronique dans un tube à modulation de vitesse au moyen d'un organe à ondes progressives. Comptes rendus hebdomadaires des séances de l'Académie des Sciences (Paris) **229**, 648 (1949).

Warnecke, R. and *Guenard, P.:* Some recent work in France on new types of valves for the highest radio frequencies. Proc. IEE **100**, Pt. III, 351 (1953).

Warnecke, R. et *Doehler, O.:* Sur l'interaction entre une onde électromagnétique et un faisceau électronique se déplacant dans un système cylindrique perpendiculaire à des champs électrique et magnétique constants et croisés. Comptes rendus hebdomadaires des séances de l'Académie des Sciences (Paris) **231**, 1132 (1950).

Warnecke, R., Huber, H., Guenard, P. et *Doehler, O.:* Amplification par ondes de charge d'espace dans un faisceau électronique se déplacant dans des champs électrique et magnétique croisés. Comptes rendus hebdomadaires des séances de l'Académie des Sciences (Paris) **235**, 470 (1952).

Watkins, D. A. and *Ash, E. A.:* The helix as a backward-wave circuit structure. Journ. of Appl. Phys. **25**, 782 (1954).

Weber, D.: Ein rechnerischer Beitrag zur linearen Theorie der Wanderfeldröhren. Arch. el. Übertragung **8**, 341 (1954).

Wehner, Gottfried: Electron plasma oscillations. Journ. of Appl. Phys. **22**, 761 (1951).

Weibel, G. E.: Studien über Traveling-Wave Tubes. Zürich, Leemann 1956.

Weitz, M. L.: Propagation constants of traveling waves. New York Univ. Math. Res. Group, Res. Rep. No. TW-**19** (1953).

Wiesner, R.: Energetische Wechselwirkung zwischen dynamischer Elektronenströmung und dynamischem Feld verschiedener Geschwindigkeit. Öster. Ing.-Arch. **4**, 303 (1950).

Namen- und Sachverzeichnis

(ausschließlich der Literaturhinweise.)

Monotypesatz und Druck von Berger & Schwarz, Zwettl, N.-Ö.

Berichtigungen.

Seite 4, Zeile 10 von unten lies: Materiebilanz statt Materialbilanz.

Seite 147, Zeile 15 und 16 von oben lies: empirischen statt enpirischen.

Seite 307, Zeile 5 von oben lies: sie statt sei.

Seite 478, Gleichung (V 5, 25) lies: $\ldots \sin(\tau - \tau_0)]$. statt $\ldots \sin(\tau - \tau_0)$.

Ollendorff, Elektronik freier Raumladungen.

Zeitfracht Medien GmbH
Ferdinand-Jühlke-Straße 7
99095 Erfurt, Deutschland
produktsicherheit@kolibri360.de